CAMBRIDGE LIBRARY COLLECTION

Books of enduring scholarly value

Mathematics

From its pre-historic roots in simple counting to the algorithms powering modern desktop computers, from the genius of Archimedes to the genius of Einstein, advances in mathematical understanding and numerical techniques have been directly responsible for creating the modern world as we know it. This series will provide a library of the most influential publications and writers on mathematics in its broadest sense. As such, it will show not only the deep roots from which modern science and technology have grown, but also the astonishing breadth of application of mathematical techniques in the humanities and social sciences, and in everyday life.

Werke

The genius of Carl Friedrich Gauss (1777–1855) and the novelty of his work (published in Latin, German, and occasionally French) in areas as diverse as number theory, probability and astronomy were already widely acknowledged during his lifetime. But it took another three generations of mathematicians to reveal the true extent of his output as they studied Gauss' extensive unpublished papers and his voluminous correspondence. This posthumous twelve-volume collection of Gauss' complete works, published between 1863 and 1933, marks the culmination of their efforts and provides a fascinating account of one of the great scientific minds of the nineteenth century. At the suggestion of Felix Klein, Gauss' twentieth-century successors planned a scientific biography consisting of essays covering the various areas in which he worked. Volume 11, Part II (dated 1924–9) contains three contributions, individually paginated and originally sold separately, relating to geodesy, physics and astronomy.

Cambridge University Press has long been a pioneer in the reissuing of out-of-print titles from its own backlist, producing digital reprints of books that are still sought after by scholars and students but could not be reprinted economically using traditional technology. The Cambridge Library Collection extends this activity to a wider range of books which are still of importance to researchers and professionals, either for the source material they contain, or as landmarks in the history of their academic discipline.

Drawing from the world-renowned collections in the Cambridge University Library, and guided by the advice of experts in each subject area, Cambridge University Press is using state-of-the-art scanning machines in its own Printing House to capture the content of each book selected for inclusion. The files are processed to give a consistently clear, crisp image, and the books finished to the high quality standard for which the Press is recognised around the world. The latest print-on-demand technology ensures that the books will remain available indefinitely, and that orders for single or multiple copies can quickly be supplied.

The Cambridge Library Collection will bring back to life books of enduring scholarly value (including out-of-copyright works originally issued by other publishers) across a wide range of disciplines in the humanities and social sciences and in science and technology.

Werke

VOLUME 11
PART 2

CARL FRIEDRICH GAUSS

CAMBRIDGE UNIVERSITY PRESS

Cambridge, New York, Melbourne, Madrid, Cape Town,
Singapore, São Paolo, Delhi, Tokyo, Mexico City

Published in the United States of America by Cambridge University Press, New York

www.cambridge.org
Information on this title: www.cambridge.org/9781108032353

© in this compilation Cambridge University Press 2011

This edition first published 1924-29
This digitally printed version 2011

ISBN 978-1-108-03235-3 Paperback

CARL FRIEDRICH GAUSS WERKE

BAND XI 2.

CARL FRIEDRICH GAUSS

WERKE

ELFTEN BANDES ZWEITE ABTEILUNG.

HERAUSGEGEBEN

VON DER

GESELLSCHAFT DER WISSENSCHAFTEN

ZU

GÖTTINGEN.

IN KOMMISSION BEI JULIUS SPRINGER IN BERLIN.

1924—1929.

BEMERKUNGEN
ZUR ZWEITEN ABTEILUNG DES ELFTEN BANDES.

Der lange gehegte Plan einer wissenschaftlichen Biographie von GAUSS gewann um das Jahr 1910 feste Gestalt, indem (vergl. den 9. *Bericht über den Stand der Herausgabe von Gauss' Werken*, Nachrichten der K. Gesellschaft der Wissenschaften zu Göttingen, Geschäftliche Mitteilungen 1911, 1. Heft) beschlossen wurde, »monographische Darstellungen der wissenschaftlichen Lebensarbeit von GAUSS auf den einzelnen Gebieten« (sogenannte Essays) abfassen zu lassen. Diese sollten »nach der auch sonst bei der Herausgabe der Werke und bei der Anordnung des Archivs gewählten Reihenfolge: Arithmetik, Analysis, Geometrie, Geodäsie, Physik, Astronomie« geordnet, vorerst (vergl. den 10. *Bericht*, Nachrichten usw. 1913) einzeln, jeweils nach Fertigstellung, im Buchhandel ausgegeben, dann aber in den zweiten Abteilungen der Bände X und XI der Werke gesammelt werden, so zwar, dass der Band X, 2 die auf die Reine Mathematik bezüglichen, der Band XI, 2 die auf die Anwendungsgebiete bezüglichen Essays enthält. — Es liegt in der Natur von GAUSS' wissenschaftlicher Produktion, dass eine scharfe Scheidung dessen, was zu X, 2 und was zu XI, 2 gehören sollte, nicht möglich ist; wir haben die auf Geodäsie, Physik (insbesondere Magnetismus, Elektrodynamik und Optik) und Astronomie (praktische und theoretische) bezüglichen Essays zu dem vorliegenden Bande XI, 2 vereinigt und bemerken, dass die Essays, die die Gebiete der Mechanik fester und flüssiger Körper und die Potentialtheorie einerseits, das numerische Rechnen und die Chronologie andererseits behandeln, für den Band X, 2 vorbehalten bleiben.

Die hier zusammengefassten drei Essays sind einzeln paginiert und bilden, besonders soweit sie eine Darstellung der nur im Nachlass und Briefwechsel niedergelegten Untersuchungen zu geben suchen, eine unentbehrliche Ergänzung der in den Bänden V, VII, IX, XI, 1 veröffentlichten, zum Teil sehr fragmentarischen Nachlassteile und der zugehörigen Bemerkungen der Bearbeiter. —

Die Redaktion lag in den Händen der Unterzeichneten.

M. BRENDEL. L. SCHLESINGER.

INHALT.

GAUSS WERKE BAND XI 2,

ABHANDLUNGEN
ÜBER GAUSS' WISSENSCHAFTLICHE TÄTIGKEIT AUF DEN GEBIETEN DER GEODÄSIE, PHYSIK UND ASTRONOMIE.

ÜBER DIE
GEODÄTISCHEN ARBEITEN VON GAUSS

VON

A. GALLE

Die Wissenschaft soll die Freundin der Praxis sein, aber nicht ihre Sklavin, sie soll ihr schenken, aber nicht ihr dienen.

Gauss nach M. Stern.

Einleitung[1]).

Als sich Gauss auf dem Collegium Carolinum in Braunschweig für die Universitätsstudien vorbereitete, fand er 1794, also im Alter von siebzehn Jahren die Methode der kleinsten Quadrate. Während die Konstruktion des Siebzehnecks, die ihm zwei Jahre später glückte, nach glaubwürdigen Berichten[2]) die endgültige Entscheidung für das Studium der Mathematik zur Folge hatte, und damit seinem Leben die innere Richtung wies, hat jene frühere Entdeckung dazu beigetragen, seinen äusseren Lebensgang zu beeinflussen.

Zum ersten Mal erwähnt Gauss dieses Verfahren in einem Schreiben an den Freiherrn von Zach in Gotha, mit dem er, vermutlich auf den Rat des Obersten von Lecoq (vgl. weiter unten Nr. 8, S. 16) in einen Briefwechsel getreten war, in dessen Verlaufe er um die Erlaubnis bat, auf der Gothaer Sternwarte einige Zeit zu seiner Ausbildung zu beobachten[3]). In den von von Zach begründeten und redigierten »Allgemeinen Geographischen Ephemeriden« war ein Auszug von Ulugh Beighs Zeitgleichungstafel erschienen[4]), auf den Gauss im Frühjahr

---

1) Verzeichnis der Abkürzungen.

Werke für C. F. Gauss, Werke, Bd. I—XI.

G.-Sch. für Briefwechsel zwischen C. F. Gauss und H. C. Schumacher, herausgegeben von C. A. F. Peters. 6 Bände, Altona 1860—65.

G.-B. für Briefwechsel zwischen Gauss und Bessel. Herausgegeben auf Veranlassung der Königlich Preussischen Akademie der Wissenschaften. Leipzig 1880.

G.-O. für Wilhelm Olbers, sein Leben und seine Werke. Zweiter Band. Briefwechsel zwischen Olbers und Gauss. Erste Abteilung. Berlin 1900. Zweite Abteilung. Berlin 1909.

G.-G. für Briefe von Gauss an Gerling und von Gerling an Gauss, nicht veröffentlicht.

2) W. Sartorius v. Waltershausen, *Gauss zum Gedächtnis*, Leipzig 1856.

3) Vergl. M. Brendel, *Über Gauss' praktisch-astronomische Arbeiten*, in diesem Bande.

4) Allg. Geogr. Ephemeriden Band 3, 1799 Februar, S. 182, Werke, Bd. XI 1.

1799 sein Verfahren anwandte und dabei zu »manchen ganz kuriosen Resultaten« gelangte. Er hebt hervor, dass er dabei eine ihm eigentümliche, seit Jahren gebrauchte Methode benutzt habe, Grössen, die zufällige Fehler involvieren, auf eine willkürfreie, konsequente Art zu kombinieren[1]).

Die Methode der kleinsten Quadrate war zugleich für GAUSS eine der Brücken, die von der reinen zur angewandten Mathematik hinüberführten und damit die vielseitige Entfaltung seines Geistes ermöglichten, der auch auf allen praktischen Gebieten, denen er sich zuwandte, bahnbrechend wirkte. GAUSS hat in der Betätigung in beiden Richtungen sein höchstes Ideal erblickt und dies OLBERS gegenüber in die im Ausdruck sich beschränkenden, aber die Sache treffenden Worte gekleidet, die wie eine vorahnend verfasste Überschrift über seinem Leben und Wirken leuchten: »Der feinste Geometer und der vollendete Astronom — das sind zwei Titel, die ich von ganzem Herzen einzeln hoch schätze, und denen ich mit leidenschaftlicher Wärme huldige, wenn sie vereint sind«[2]).

I. Abschnitt.   Die Methode der kleinsten Quadrate.

1. Entstehungszeit. GAUSS hat nach seinem eigenen Zeugnis auf das von ihm gebrauchte Verfahren, für das er später nach LEGENDRES Vorgang den Namen »Methode der kleinsten Quadrate« einführte, niemals grossen Wert gelegt, und zwar insofern nicht, als ihm vom ersten Anfang an der Gedanke so natürlich, so äusserst naheliegend schien, dass er nicht im geringsten zweifelte, viele Personen, die mit Zahlenrechnungen zu verkehren gehabt, z. B. EULER, LAMBERT, HALLEY, müssten von selbst auf einen solchen Kunstgriff gekommen sein und ihn gebraucht haben, ohne deswegen es der Mühe wert zu halten, viel Aufhebens von einer so natürlichen Sache zu machen. Namentlich hat er sich oft geäussert, er wolle die allergrösste Wette eingehen, dass TOBIAS MAYER bei seinen Rechnungen dieselbe Methode schon angewandt habe. Später musste er sich allerdings aus Papieren von MAYER, die er in die Hände bekam, überzeugen, dass er jene Wette verloren haben würde[3]).

---

1) G.-SCH. Nr. 410. Werke VIII, S. 138, vergl. G.-O. Nr. 255, Werke VIII, S. 140.
2) G.-O. Nr. 1.
3) G.-SCH. Nr. 701, Werke VIII, S. 141.

Auf der andern Seite betonte er in den Briefen an seine Freunde, dass er früher als Legendre, der ihm mit der Veröffentlichung zuvorgekommen war, die Methode gefunden hatte[1]). Er erwähnt dabei, dass er sie verschiedenen seiner Mitstudierenden mitgeteilt habe, unter anderm seinem Freunde Bolyai. Auch hatte er sie dem damals sechzigjährigen Klügel gezeigt, den er 1799 in Helmstedt getroffen zu haben scheint.

Gauss hat aber das Verfahren in Bezug auf den grossen Nutzen, den es leistet, durchaus nicht unterschätzt; und es bleibt nur merkwürdig, dass er es in einem Alter entdeckt hat, in dem die für einen erfahrenen Rechner in ihrer Tragweite vielleicht übersehbare Erfindung andern ganz fern gelegen hätte.

2. Grundgedanke. Auf den Grundgedanken kam er zuerst im Herbst 1794, als er in dem Werke von Lambert »*Beiträge zum Gebrauch der Mathematik und deren Anwendung*« die Betrachtungen über die Behandlung einer Überzahl von Beobachtungen las. Es handelt sich offenbar um den Artikel[2]) »*Theorie der Zuverlässigkeit der Beobachtungen und Versuche*«, in dem Lambert unter andern Beispielen die Länge des tropischen Jahres, wofür zwei Beobachtungen genügen würden, aus Cassinis mehr als ein halbes Jahrhundert umfassenden Beobachtungen der Zeiten der Nachtgleichen und Sonnenwenden berechnet. Das Verfahren, das Lambert geometrisch einkleidet, kommt auf folgendes hinaus:

Die Fehlergleichungen haben in seinem Beispiel die einfache Form

$$l_i + v_i = t_i x + y,$$

so dass die Normalgleichungen

$$[tl] = [t^2]x + [t]y \quad \text{und} \quad [l] = [t].x + ny$$

lauten. Lambert teilt nun die n Beobachtungen in zwei Teile und setzt statt der letzten Normalgleichung für die beiden Teile getrennt

$$[l_1] = [t_1].x + n_1 y \quad \text{und} \quad [l_2] = [t_2].x + n_2 y$$

oder mit Einführung von Mittelwerten L, T

$$L_1 = T_1 x + y \quad \text{und} \quad L_2 = T_2 x + y,$$

1) Vergl. v. Lindenau und Bohnenberger, Zeitschrift für Astronomie, Bd. II, S. 192, Fussnote.
2) Bd. I, Berlin 1765, S. 424.

woraus er

$$x = \frac{L_1 - L_2}{T_1 - T_2}, \qquad y = L_1 - T_1 \frac{L_1 - L_2}{T_1 - T_2}$$

berechnet. Hierbei beachtet er nicht, dass die Werte x, y aus zwei verschiedenen Beobachtungsreihen erhalten und daher nicht dieselben in beiden Gleichungen sind, abgesehen davon, dass die Gewichte nicht berücksichtigt werden.

Gauss fühlte, obgleich Lambert ein befriedigendes Resultat erhalten hatte, den Mangel eines festen Prinzips und gelangte von Zweckmässigkeitsrücksichten ausgehend zu seiner Methode.

Möglicherweise haben einige Bemerkungen Lamberts, dessen Schreibweise nicht einer anregenden Wirkung entbehrt, seinen Gedankengang mit beeinflusst. Lambert unterscheidet bereits die regelmässigen und zufälligen Fehler und beschäftigt sich nur mit den letzteren, die er unvermeidliche nennt. Von ihnen sagt er aus, dass gleich grosse Abweichungen nach beiden Seiten gleich möglich sind, dass die geringeren Fehler häufiger, die grösseren seltner sind und dass eine Kurve, welche die Wahrscheinlichkeiten (die er als Möglichkeiten bezeichnet) zu Ordinaten hat, sich selbst auf beiden Seiten ähnlich (symmetrisch) ist; die mittelste Ordinate (im Anfangspunkte) ist die grösste, die Kurve hat auf beiden Seiten einen Wendepunkt, und zu äusserst ist die Abszissenachse ihre Tangente. Wird noch hinzugefügt, dass Lambert die Fehler als Grössen erster Ordnung betrachtet, deren Dignitäten (Potenzen) vernachlässigt werden können, und demnach Differentialformeln für die Beziehungen zwischen verschiedenen Fehlern verwendet, so sind die wesentlichsten Punkte, die in Betracht kommen, zusammengestellt.

In einem nach dem Vortrage von Gauss ausgearbeiteten Vorlesungsheft über die Methode der kleinsten Quadrate aus dem Winterhalbjahr 1852/53 wird der Weg angegeben, auf dem er zu einem Kriterium für die Unvollkommenheit einer Beobachtungsreihe gelangte. Als vollkommen stellte er dabei eine Reihe hin, bei der alle Beobachtungen fehlerfrei sind. Die Summe der absoluten Werte der Fehler verwarf er als Mass der Unvollkommenheit: 1. weil dadurch der mathematischen Einheit und Reinheit widersprochen würde, 2. weil die verschiedene Verteilung der Fehler dabei unberücksichtigt bliebe, 3. weil dieses Prinzip in vielen Fällen keine Entscheidung gäbe, 4. weil die

Anwendung der Methode mit Schwierigkeiten verbunden wäre und 5. weil die überschüssigen Beobachtungen nur in soweit in Betracht kämen, als sie zur entscheidenden Wahl beitrügen[1]). Keinen dieser Fehler habe das Prinzip der Darstellung der Unvollkommenheit durch die Summe der geraden Potenzen, unter denen die Quadrate als die einfachsten den Vorzug verdienten.

Gauss hat, nach einer Bemerkung in demselben Heft, ausdrücklich gesagt, dass er in der Weise, wie er es vorgetragen habe, auf seine Methode gekommen sei. Mit Ausnahme der Gewichte und deren Anwendung hatte er bereits 1795 alles ausgearbeitet, so dass er für seinen Privatgebrauch die Methode anwenden konnte.

Am 17. Juni 1798 schrieb Gauss in sein *Tagebuch*[2]): »Calculus probabilitatis contra Laplace defensus«. Diese Bemerkung bezog sich wahrscheinlich auf den Inhalt einer Abhandlung von Laplace in den Memoiren der französischen Akademie von 1789[3]). Das hier angegebene Ausgleichungsverfahren beruht, wie auch Gauss in der *Theoria motus* (Art. 186 Werke VII, S. 254) erwähnt, auf einem von Boscovich aufgebrachten Prinzip, die Summe der positiven und negativen Fehler einander gleich und möglichst klein zu machen. Boscovich hat hierüber zuerst in dem von ihm mit Erläuterungen und Anmerkungen versehenen Werke: »*Philosophiae recentioris a Benedicto Stay versibus traditae libri X cum adnotationibus et supplementis P. Rogerii Josephi Boscovich*«

---

1) Vgl. Dedekind, *Gauss in seiner Vorlesung über die Methode der kleinsten Quadrate.* Festschrift der Königl. Gesellschaft der Wissenschaften zu Göttingen. Berlin 1901, S. 50. Zu 1. hat sich Gauss öfter geäussert, z. B. in der Anzeige der *Theoria Combinationis* vom 26. Februar 1821 in den Göttingischen gelehrten Anzeigen, Werke IV, S. 97. Zu 2. bemerkt er, es würde z. B. einerlei sein, ob ein Fehler zweimal gemacht ist, oder ob einmal der doppelt so grosse Fehler und das andremal der Fehler 0 gemacht worden wäre, wobei offenbar die letztere Beobachtung schlechter wäre. Bei 3. käme es, wenn nur eine unbekannte Grösse auftritt, darauf an, ob die Zahl der Beobachtungen gerade oder ungerade ist. Im letzteren Falle würde der mittlere der Beobachtungswerte die kleinste Unvollkommenheit darstellen, während im andern Falle sich dieselbe Unvollkommenheit der Beobachtungen ergeben würde, welchen Wert man immer zwischen den beiden mittleren der nach der Grösse geordneten Beobachtungswerte für den wahren oder genauesten annimmt. Zu 4. vgl. Werke VIII, S. 143; die Schwierigkeit würde auch darin bestehen, dass die Fehler ohne Rücksicht auf ihre Vorzeichen in die Rechnung eingeführt werden müssten. Zu 5. vgl. *Theoria motus*, Art. 186.

2) Vgl. Werke X 1, S. 533 [88].

3) Histoire de l'Académie des Sciences, Année 1789, Paris 1793 avec les Mémoires de Mathématique et de Physique pour la même année, tirés des registres de cette Académie (VIII. *Sur les degrés mesurés des Méridiens et sur les longueurs observées du pendule* etc.)

geschrieben[1]). Als dann im Jahre 1770 in Paris eine (von dem Jesuiten P. HUGON verfasste) französische Übersetzung seines Berichtes über die Gradmessung im Kirchenstaate: »*De litteraria expeditione per pontificiam ditionem 1755*« unter dem Titel: »*Voyage astronomique et géographique dans l'état de l'église*« erschien, wurde seine Methode dort (S. 501—512) aufgenommen. Ausser dem an der erstgenannten Stelle fünf ausgewählte Gradmessungsbogen behandelnden Beispiele enthält die französische Ausgabe eine Anwendung auf neun Bogen, und in demselben Jahre veröffentlichte BOSCOVICH eine Kometenbahnbestimmung, bei der das Verfahren zur Ableitung der Bahnelemente diente[2]). Es liegt aber kein Anhalt zu der Annahme vor, dass GAUSS die Arbeiten von BOSCOVICH gekannt hat. Später ist dieses Ausgleichungsverfahren als letztes und bevorzugtes von drei verschiedenen in die *Mécanique céleste* (tome II, livre III, 1799) von LAPLACE aufgenommen und daselbst verwendet worden.

GAUSS hat später unter Bezugnahme auf die Tagebuchnotiz nochmals OLBERS gegenüber erwähnt[3]), dass er im Juni 1798 die Unverträglichkeit von LAPLACES Methode mit den Grundsätzen der Wahrscheinlichkeitsrechnung dargetan habe. Zugleich wird man diesen Zeitpunkt als denjenigen annehmen dürfen, in dem GAUSS auf die Begründung seiner Methode durch die Wahrscheinlichkeitsrechnung mit der Annahme des arithmetischen Mittels als Axiom kam[4]).

Hierzu äussert sich auch GAUSS in einem Briefe an LAPLACE vom 30. Januar 1812: »Ich habe von der Methode der kleinsten Quadrate seit dem Jahre 1795 Gebrauch gemacht, und ich finde in meinen Papieren, dass der Monat Juni 1798 der Zeitpunkt ist, wo ich sie den Prinzipien der Wahrscheinlichkeitsrechnung angepasst habe. Eine Bemerkung darüber findet sich in einem Tagebuche, welches ich über meine mathematischen Beschäftigungen seit dem Jahre 1796 geführt und das ich in diesen Tagen Herrn v. LINDENAU gezeigt habe. Indessen datieren meine häufigen Anwendungen dieser Methode erst vom Jahre

---

1) Bd. II, S. 420—425, Rom 1760.

2) Monatliche Correspondenz zur Beförderung der Erd- und Himmelskunde herausgegeben von FR. VON ZACH II, S. 306, 1800.

3) G.-O. Nr. 255, Werke VIII, S. 140.

4) Dies stimmt mit der Angabe eines Vorlesungsheftes überein, in dem (allerdings wohl irrtümlich) der 17. Juni 1797 (statt 1798) als Entstehungstag dieser Begründung bezeichnet ist.

1802, von welcher Zeit an ich sie dann, so zu sagen, alle Tage bei meinen astronomischen Rechnungen über die neuen Planeten benützte«[1]).

Im Frühjahr 1799 machte GAUSS die bereits erwähnte Anwendung seiner Methode auf ULUGH BEIGHS Zeitgleichungstafel[2]). Zum ersten Male aber wurde etwas darüber im Druck veröffentlicht in einer Notiz vom 24. August 1799 in ZACHS Allgemeinen geographischen Ephemeriden (Bd. IV, S. 378, Werke VIII, S. 136), wo GAUSS einen Druckfehler in der von ZACH gegebenen Übersicht der Ergebnisse der Breitengradmessung zwischen Dünkirchen und Barcelona berichtigt (a. a. O., S. XXXV). Er benutzte seine Methode, um aus den vier gemessenen Stücken des Meridianbogens die Ellipse zu berechnen[3]).

Die Entdeckung der Ceres am 1. Januar 1801 hatte GAUSS zur Beschäftigung mit der Bahnbestimmung des neuen Himmelskörpers veranlasst, die er mehrmals mit verbesserten Grundlagen wiederholte. Die Ephemeride, die er aus seinen VI. Elementen erhielt, führte zur Wiederauffindung des Planeten. Als sich nun die Beobachtungen mehrten, trat ausser der Aufgabe, die Bahn zu finden, die drei gegebenen Beobachtungen Genüge tut, die andere Forderung an ihn heran, die gefundene Bahn so zu verbessern, dass die Quadratsumme der Differenzen zwischen der Rechnung und dem ganzen Vorrat von Beobachtungen so gering als möglich wird, und dazu dient eben die Methode der kleinsten Quadrate[4]).

GAUSS wurde nun vielfach aufgefordert, seine Methode bekannt zu machen; aber nicht um sie geheim zu halten, sondern um zur vollkommenen Klarheit über ihre Begründung zu kommen, zögerte er mit der Veröffentlichung, da er eine Abneigung hatte, vorläufige Ergebnisse in Druck zu geben[5]).

---

[1]) Der Wortlaut des französisch abgefassten Briefes findet sich Werke X 1, S. 373.

[2]) Ein Zettel mit den wesentlichen Ergebnissen der hierauf bezüglichen Rechnung, die GAUSS verlegt hatte, hat sich später wiedergefunden und ist in seinem Nachlass vorhanden. Vgl. hierüber Werke X 1, S. 445 und XI 1.

[3]) Vgl. Werke VIII, S. 136—137.

[4]) Während das V. und VI. Elementensystem wiederum auf drei Beobachtungen beruhten, scheint GAUSS zuerst für das VII., sicher für das VIII. (siehe Werke VIII, S. 140), etwa im Februar 1802, die Methode der kleinsten Quadrate angewandt zu haben; ZACH schreibt nämlich, dass GAUSS jetzt seine Elemente den vorhandenen Beobachtungen möglichst genau anpassen wolle, und GAUSS selbst sagt, dass sie die sämtlichen Palermer Beobachtungen möglichst genau darstellen. Vergl. Werke VI, S. 207.

[5]) Er bezeichnet es z. B. als sein »Prinzip, einzelne Lehrsätze nicht ins Publikum zu werfen, ehe er eine anständige Gelegenheit habe, sie gehörig zu entwickeln« (G.-G. 13. 12. 1837).

Im Jahre 1805 und besonders in dem folgenden Winter begann er aber die *Theorie der Bewegung der Himmelskörper* auszuarbeiten, die er 1806 in deutscher Sprache vollendete. Die politische Lage Deutschlands und seine eigenen Verhältnisse, die nach seiner Verheiratung im Jahre 1805 und vor der Übersiedlung nach Göttingen (1807) wenig gesicherte und unruhige waren, störten vielfach seine Arbeit, und ausserdem verzögerte die Schwierigkeit, einen Verleger zu finden, die Drucklegung, bis 1807 PERTHES unter der Bedingung der Abfassung in lateinischer Sprache den Verlag übernahm.

So kam es, dass das von LEGENDRE 1806 herausgegebene Werkchen über die Berechnung der Kometenbahnen[1], das die Méthode des moindres carrés enthält, früher erschien, als die erste von GAUSS in der *Theoria motus corporum coelestium* (Liber II, Sectio III) gegebene Darstellung der Methode der kleinsten Quadrate (Werke VII, S. 236)[2]. Während aber GAUSS zu dieser Zeit bereits die Begründung durch die Wahrscheinlichkeitsrechnung[3], unter Annahme seines Fehlergesetzes und des nun hieraus folgenden arithmetischen Mittels als Grundsatz, gefunden hatte, ging LEGENDRE nur von Zweckmässigkeitsrücksichten unter Hinweis auf statische Analogien aus[4].

---

1) A. M. LEGENDRE, *Nouvelles méthodes pour la détermination des orbites des comètes avec un supplément contenant divers perfectionnemens de ces méthodes et leur application aux deux comètes de 1805.* Paris 1806.

2) Vergl. über die verschiedenen Gelegenheiten, bei denen GAUSS mit LEGENDRE zusammengetroffen ist, STÄCKEL, *Gauss als Geometer*, Werke X 2, S. 20, Fussnote 5).

3) In der Theoria motus ist das nach GAUSS benannte Fehlergesetz aufgestellt, das 1808 auch von ADRAIN aus andrer Annahme entwickelt wurde.

4) LEGENDRE fügt der Bestimmung einer parabolischen Kometenbahn aus drei Beobachtungen durch seine Methode der unbestimmten Korrektionen folgende Bemerkung bei:

»Man muss dann, wenn alle Bedingungen des Problems passend ausgedrückt sind, die Koeffizienten so bestimmen, dass die Fehler möglichst klein gemacht werden. Die Methode, die mir zu diesem Zwecke die einfachste und allgemeinste zu sein scheint, besteht darin, die Summe der Quadrate der Fehler zu einem Minimum zu machen. Man erhält dann ebensoviele Gleichungen, als unbekannte Koeffizienten vorhanden sind, wodurch die Bestimmung aller Bahnelemente erreicht wird. Da die Methode, die ich Methode der kleinsten Quadrate nenne, vielleicht von grossem Nutzen in allen Fragen der Physik und Astronomie sein kann, wo es sich darum handelt, aus der Beobachtung die genauesten Ergebnisse, welche sie liefern kann, zu erhalten, so habe ich im Anhang (S. (74)—(75)) besondere Einzelheiten hinzufügt und eine Anwendung auf die Meridianmessung in Frankreich gegeben«.

In diesem Anhang macht LEGENDRE folgende Ausführungen:

»Wenn die Zahl der (linearen) Gleichungen die der Unbekannten übertrifft, tritt notwendig eine Willkür bei der Verteilung der Fehler auf, und man darf nicht erwarten, dass alle Hypothesen zu genau den-

Die Erwähnung dieser Schrift in der »Monatlichen Correspondenz« (Bd. XIV, S. 70) hat Gauss nicht veranlasst, sie kennen zu lernen, weil er bei seiner Methode der Bahnbestimmung ganz in der Kette seiner eigenen Ideen bleiben wollte. Er erfuhr aber aus einer Bemerkung von Lalande, dass darin jene Methode enthalten sei und vermutete alsbald, dass sie mit seinem Prinzip übereinstimmte. Wie fern Gauss bei der Priorität von Legendres Veröffentlichung das Empfinden verletzter Eitelkeit lag, wie er vielmehr nach seinen eigenen Worten um der Sache und nicht um seiner selbst willen arbeitete, und dass er, wie Zimmermann von ihm rühmte, ein sehr edeldenkender und uninteressierter junger Mann war, dafür ist die Übertragung der von Legendre angewandten Bezeichnung auf seine eigene Erfindung ein sichtbares Zeugnis.

Am 25. November 1810 überreichte Gauss der Sozietät der Wissenschaften in Göttingen die *Disquisitio de elementis ellipticis Palladis* (Werke VI, S. 1), in der er die reduzierten Normalgleichungen aufstellt und damit zugleich die Bezeichnungen des nach ihm benannten Algorithmus[1]) einführt, auch den Wert für das Minimum der Quadratsumme der Fehler angibt.

---

selben Resultaten führen werden; aber man muss sie in der Weise vornehmen, dass die extremen Fehler ohne Rücksicht auf ihre Vorzeichen in möglichst enge Grenzen eingeschlossen werden.

Von allen Prinzipien, die man hierfür vorschlagen kann, ist meiner Meinung nach das allgemeinste, genaueste und am leichtesten anwendbare dasjenige, das die Summe der Quadrate der Fehler zu einem Minimum macht. Hierdurch wird zwischen den Fehlern eine Art Gleichgewicht hergestellt, welches verhindert, dass die extremen vorwiegen, und sehr geeignet ist, das der Wahrheit am nächsten kommende Ergebnis des Gleichungssystems erkennen zu lassen«.

Nachdem er sodann angegeben hat, in welcher Weise die Gleichungen des Minimums (d. h. die Normalgleichungen) gebildet werden, weist er darauf hin, dass das arithmetische Mittel der einfachste Fall der Methode ist. Er fährt dann fort:

»Bei der Bestimmung eines Punktes x, y, z im Raume, für dessen Koordinaten durch verschiedene Beobachtungen $a', b', c'; a'', b'', c''; \ldots$ gefunden seien, ist das Quadrat der Entfernung für die erste Beobachtung

$$(a' - x)^2 + (b' - y)^2 + (c' - z)^2;$$

aus allen n Beobachtungen erhält man für das Minimum der Summe der Quadrate der Entfernungen

$$x = \frac{\int a}{n}, \quad y = \frac{\int b}{n}, \quad z = \frac{\int c}{n},$$

woraus man sieht, dass der Schwerpunkt des Systems folgende allgemeine Eigenschaft hat:

Teilt man die Masse eines Körpers in gleiche und genügend kleine Moleküle, um sie als Punkte betrachten zu können, so ist die Summe der Quadrate der Entfernungen der Moleküle vom Schwerpunkt ein Minimum.

Man sieht also, dass die Methode der kleinsten Quadrate in gewisser Weise das Zentrum erkennen lässt, um das sich alle durch die Erfahrung erlangten Resultate in der Weise ordnen lassen, dass sie sich möglichst wenig davon entfernen.«

1) Vergl. Helmert, *Die Ausgleichsrechnung usw.* 2. Aufl. 1907. S. 120.

Im Jahre 1816 folgte dann ein Aufsatz: »*Bestimmung der Genauigkeit der Beobachtungen*« in der Zeitschrift für Astronomie und verwandte Wissenschaften von LINDENAU und BOHNENBERGER, Bd. I, S. 185 (Werke IV, S. 109), in dem GAUSS den wahrscheinlichen Fehler aus einer hinlänglichen Anzahl wirklicher Beobachtungsfehler finden lehrt und zur Vergleichung auch aus andern Potenzsummen wahrer Beobachtungsfehler ableitet.

  3. Zweite Begründung. Inzwischen hatte LAPLACE in der zum ersten Male 1809 erschienenen *Théorie analytique des Probabilités* nachgewiesen, dass unter allen linearen Kombinationen, die man mit den Fehlergleichungen[1] vornehmen kann, diejenige, welche man als Methode der kleinsten Quadrate bezeichnet, in dem Sinne die vorteilhafteste ist, als sie Werte liefert, bei denen kleinstmögliche Fehler[2] zu befürchten sind, und zwar ohne Rücksicht auf die Form des Gesetzes, dem der Fehler der einzelnen Beobachtung unterworfen ist. Allerdings beschränkte sich seine Untersuchung auf zwei Unbekannte, auch setzte er voraus, dass positive und negative Fehler gleichen Betrages gleich wahrscheinlich seien und für alle Beobachtungen dasselbe, wenn auch ein beliebiges Fehlergesetz gelte, und nahm ausserdem an, dass die Anzahl der Beobachtungen unendlich gross sei, so dass es ganz im Dunkeln blieb, was bei einer mässigen Anzahl von Beobachtungen zu tun sei.

  GAUSS erhielt am 23. Januar 1812 mehrere kleine Aufsätze von LAPLACE über diesen Gegenstand, die ihm viel Interessantes zu enthalten schienen[3]. Ob GAUSS dadurch mit veranlasst wurde, eine andre Grundlage als die in der *Theoria motus* angewandte zu suchen, muss dahin gestellt bleiben. Er selbst hat sich ausser an den sogleich zu erwähnenden Stellen seiner Veröffentlichungen später in einem Briefe an BESSEL vom 28. Februar 1839 (G.-B.

---

  1) Die besonders durch W. JORDAN (*Handbuch der Vermessungskunde*, I. Band: *Ausgleichungsrechnung* 4. Aufl. 1895, S. 41) und F. R. HELMERT (a. a. O. S. 39) üblich gewordene Bezeichnung »Fehlergleichungen« kommt bereits bei GAUSS vor (Werke V, S. 632 und IX, S. 290).

  2) LAPLACE versteht darunter den kleinsten durchschnittlichen Fehler, d. h. den durchschnittlichen Wert aller positiv genommenen Fehler.

  3) G.-O. Nr. 255. Vielleicht ist hier auf den ersten der als »Additions par M. le Cte. LAPLACE« erschienenen Aufsätze: *Du milieu, qu'il faut choisir entre les résultats d'un grand nombre d'observations* in der Connaissance des Tems ou des mouvemens célestes, à l'usage des astronomes et des navigateurs pour l'an 1813; publiée par le bureau des longitudes; Paris, juillet 1811; p. 213—223 Bezug genommen, in dem LAPLACE auf eine eingehendere Behandlung in seinem zu publizierenden Werke über Wahrscheinlichkeiten hinweist.

Nr. 176) in folgender Weise geäussert: »Dass ich die in der *Theoria motus corp. coel.* angewandte Metaphysik für die Methode der kleinsten Quadrate späterhin habe fallen lassen, ist vorzugsweise auch aus einem Grunde geschehen, den ich selbst öffentlich nicht erwähnt habe. Ich muss es nämlich in alle Wege für weniger wichtig halten, denjenigen Wert einer unbekannten Grösse auszumitteln, dessen Wahrscheinlichkeit die grösste ist, die ja doch immer nur unendlich klein bleibt, als vielmehr denjenigen, an welchen sich haltend man das am wenigsten nachteilige Spiel hat; oder wenn fa die Wahrscheinlichkeit des Wertes a für die Unbekannte x bezeichnet, so ist weniger daran gelegen, dass fa ein Maximum werde, als daran, dass $\int fx \cdot F(x-a)\,dx$, ausgedehnt durch alle möglichen Werte des x, ein Minimum werde, indem für F eine Funktion gewählt wird, die immer positiv und für grössere Argumente auf eine schickliche Art immer grösser wird. Dass man dafür das Quadrat wählt, ist rein willkürlich und diese Willkürlichkeit liegt in der Natur der Sache. Ohne die bekannten, ausserordentlich grossen Vorteile, die die Wahl des Quadrates gewährt, könnte man jede andere jenen Bedingungen entsprechende Funktion wählen«[1]).

4. **Dritte Begründung.** Als Gauss am 15. Februar 1821 der Königlichen Sozietät die Abhandlung: »*Theoria combinationis observationum erroribus minimis obnoxiae, pars prior*« (Werke IV, S. 1), vorlegte, war er zu der dritten Begründungsart gelangt, von der er bei verschiedenen Gelegenheiten ausgesprochen hat, dass sie seiner Überzeugung nach die ausschliesslich einzige zulässige Anknüpfung an die Wahrscheinlichkeitsrechnung sei[2]).

In der Selbstanzeige in den Göttingischen gelehrten Anzeigen vom 26. Februar 1821[3]) weist Gauss zum Schluss ausdrücklich darauf hin, dass er von einem ähnlichen Gesichtspunkt wie Laplace ausgegangen sei, aber den Begriff des mittleren zu befürchtenden Fehlers[4]) auf eine andere, und wie ihm schien, schon an und für sich natürlichere Art festgestellt habe, und dass er hoffe, dass die Freunde der Mathematik mit Vergnügen sehen würden, wie die Methode der kleinsten Quadrate in ihrer neuen hier gegebenen Begründung

---

1) Werke VIII, S. 147. Vergl. Werke IV, S. 97.
2) Vgl. G.-Sch. Nr. 955, Werke VIII, S. 147.
3) Werke IV, S. 95.
4) Laplace spricht von la valeur moyenne de l'erreur à craindre au plus.

allgemein als die zweckmässigste Kombination der Beobachtungen erscheint, nicht nur näherungsweise, sondern nach mathematischer Schärfe — die Funktion für die Wahrscheinlichkeit der Fehler sei, wie sie wolle, und die Anzahl der Beobachtungen möge gross oder klein sein.

Am 2. Februar 1823 überreichte GAUSS der Sozietät eine Fortsetzung seiner Untersuchungen unter demselben Titel als *pars posterior* (Werke IV, S. 27). Mit ihrem Inhalt machte er die Zeitgenossen durch eine Anzeige in den Göttinger gelehrten Anzeigen vom 24. Februar 1823 (Werke IV, S. 100) bekannt. Ausser dem Verfahren zur Bestimmung der Gewichte sämtlicher Unbekannten werden noch die Aufgaben behandelt, beim Hinzutreten einer noch nicht berücksichtigten Beobachtung, und bei Änderung des Gewichtes einer schon verwendeten Beobachtung, ohne Wiederholung der ganzen Eliminationsarbeit die Veränderungen der Endresultate zu erhalten.

Wenn man vermuten kann, dass GAUSS auf diese Aufgaben durch seine geodätische Tätigkeit geführt worden ist, so zeigen die Beispiele in der als *Supplementum theoriae combinationis observationum erroribus minimis obnoxiae* der Sozietät am 16. September 1826 überreichten Vorlesung (Werke IV, S. 104), dass die hier behandelte Theorie der bedingten Beobachtungen eine Frucht seiner Beschäftigung mit der Gradmessung gewesen ist. In den Göttingischen gelehrten Anzeigen vom 25. September 1826 (Werke IV, S. 107) betont er dies noch ausdrücklich: »Die trigonometrischen Messungen gehören ganz besonders in das Feld, wo die Wahrscheinlichkeitsrechnung Anwendung findet, und namentlich in derjenigen Form Anwendung findet, die in der gegenwärtigen Abhandlung entwickelt ist«.

Bei dieser Gelegenheit hat GAUSS noch auf eine Eigenschaft der Methode der kleinsten Quadrate hingewiesen, die nicht ihre mathematische Seite berührt, sondern das sittliche Gebiet streift, indem sie das verwerfliche Verfahren des Auswählens und Ausschliessens von Beobachtungen, sei es aus Unbekanntschaft mit den wahren Grundsätzen einer richtigen Theorie, oder aus dem geheimen Wunsche, den Messungen das Ansehen grösserer Genauigkeit zu geben, mit immer wachsendem Erfolge verhindert hat[1]).

---

1) Vgl. GAEDE, *Beiträge zur Kenntniss von Gauss' praktisch-geodätischen Arbeiten*, Zeitschrift für Vermessungswesen 1885, S. 53.

5. Ausbreitung. In erster Linie, namentlich in bezug auf die Mannigfaltigkeit der Anwendungen, hat die Methode der kleinsten Quadrate in der Geodäsie Eingang gefunden. Dies ist ihr zunächst nicht durch die Originalarbeiten von GAUSS gelungen, sondern es bedurfte erst der Einführung durch seine Schüler, um das neue Gebiet grösseren Kreisen zugänglich zu machen. JOHANN FRANZ ENCKES Abhandlungen über die Methode der kleinsten Quadrate in den Berliner Astronomischen Jahrbüchern von 1834, 1835, 1836, die *Grundzüge der Wahrscheinlichkeitsrechnung* von GOTTHILF HAGEN (1837), sowie CHRISTIAN LUDWIG GERLINGS *Ausgleichungsrechnungen der praktischen Geometrie* (1843) haben ihr zur allgemeinen Anwendung verholfen, und für die Geodäsie im Besondern ist später das *Handbuch der Vermessungskunde* von WILHELM JORDAN von förderndem Einfluss geworden[1]).

II. Abschnitt. Die Anfänge geodätischer Tätigkeit seit 1796.

6. Eine Aufgabe der praktischen Geometrie. In die Jahre zwischen 1796 und 1801 fällt nach einer Bemerkung von GAUSS gegenüber GERLING[2]) seine Beschäftigung mit einer ganz eigenartigen Frage. Es handelt sich zwar um die sogenannte POTHENOTsche Aufgabe der praktischen Geometrie: die Lage eines Punktes aus den an demselben gemessenen Winkeln zwischen drei andern Punkten von genau bekannter Lage zu finden, die auf jugendliche Mathematiker einen besondern Reiz auszuüben pflegt, nicht zum wenigsten durch den Grenzfall des »gefährlichen Kreises«, der die Berechnung unmöglich macht;

---

1) Die Geschichte der neuen Wissenschaft gehört nicht in den Rahmen des Lebensbildes von GAUSS; HANSEN, ANDRAE, SCHREIBER, THIELE, HELMERT, KRÜGER haben auf GAUSSscher Grundlage weiter gebaut. — Eine deutsche Ausgabe der »Abhandlungen zur Methode der kleinsten Quadrate« von CARL FRIEDRICH GAUSS (Berlin 1887) ist von BÖRSCH und SIMON besorgt worden, die ausser den erwähnten Abhandlungen und ihren Anzeigen den Aufsatz in den Astronomischen Nachrichten (Bd. V, S. 227): Chronometrische Längenbestimmungen (1826) und die Bestimmung des Breitenunterschiedes zwischen den Sternwarten von Göttingen und Altona durch Beobachtungen am RAMSDENschen Zenitsektor (1828, Werke IX, S. 1) enthält. Früher ist bereits eine französische Übersetzung erschienen: GAUSS, *Méthode des moindres carrés; Mémoires sur la combinaison des observations; traduits par J. BERTRAND. Paris 1855.

2) Brief vom 22. November 1841.

aber GAUSS fasste die davon ganz verschiedene, vor dem Bekanntwerden seiner Untersuchung darüber wahrscheinlich noch niemals betrachtete physische Möglichkeit ins Auge, unter welcher Bedingung die zwischen den drei gegebenen Punkten angesetzten Winkel gemessen sein können oder nicht. Die bei wirklich ausgeführten Messungen garnicht begründete Überlegung kann also etwa bei einem Schreibfehler in den Beobachtungszahlen notwendig werden und würde bei einer häufigen Anwendung dieser Methode der Punktbestimmung, die man aber bei GAUSS in jener Zeit nicht annehmen kann, etwa durch ein immerhin seltsames Versehen veranlasst sein können. Wahrscheinlicher ist das Problem als eine zierliche geometrische Aufgabe für GAUSS verlockend gewesen, worauf die Symmetrie der Behandlung und die Gegenüberstellung der beiden Figuren, die einer Abbildung durch reziproke Radien entsprechen, hinzuweisen scheinen[1].

7. **Geodätische Notiz.** Die erste Veröffentlichung einer geodätischen Notiz wurde bereits (S. 9) erwähnt; GAUSS erhielt durch Anwendung der Methode der kleinsten Quadrate aus den vier Meridianbögen zwischen Dünkirchen-Pantheon-Evaux-Carcassonne-Barcelona des Meridians von Paris allein (ohne Rücksicht auf den Grad in Peru) die Abplattung 1/187 und als Länge des ganzen Quadranten 2565006 Moduln (Doppel-Toisen).

8. **Arbeiten für Lecoq[2].** In demselben Jahre 1799 stand GAUSS im Briefwechsel mit dem damaligen Obersten VON LECOQ in Preussisch-Minden, der für militärische Zwecke eine Vermessung von Westfalen unternommen hatte. Aus einigen Briefen von LECOQ an GAUSS und einem z. Z. in der Autographensammlung DARMSTÄDTER der Staats-Bibliothek in Berlin aufbewahrten Schreiben von GAUSS an LECOQ[3] erfahren wir genaueres über das, worum es sich handelte. Am 3. Februar 1799 schrieb LECOQ aus Minden: »Sollte es mir an Zeit zur Berechnung fehlen oder mir Schwierigkeiten aufstossen, die ich ohne Ihren Rat nicht beseitigen kann, so erlauben Sie mir, dass ich Sie dann an Ihrem gütigen Versprechen erinnere«. Am 3. März folgte dann eine direkte Aufforderung: »Da Ew. Wohlgeboren so gefällig gewesen sind, sich zu astrono-

---

1) Vgl. Werke VIII, S. 309—318, und GALLE, *Geodäsie*, Sammlung SCHUBERT XXIII, Leipzig 1907, § 54, S. 209. Eine besondere Eleganz erreichte GAUSS hierbei später (G.-G. 14. 1. 1842) durch Anwendung komplexer Grössen.

2) Vergl. den Aufsatz über GAUSS praktisch-astronomische Arbeiten von M. BRENDEL in diesem Bande.

3) Werke X 1, S. 540.

mischen Rechnungen zu erbieten, so ersuche ich Sie, die von Ein- und Austritt der letzten Sternbedeckung vom 26. Februar, die ich hier beobachtet habe, gef. zu übernehmen und wo möglich daraus die Länge von Minden abzuleiten«. Am 22. März schickte LECOQ mit dem Dank für die Rechnung der Sternbedeckung wieder Beobachtungen von Monddistanzen. In einem folgenden Briefe schreibt er: »Ich habe nun meine ganze Rechnung und so viel ich von der Ihrigen erhalten, dem Herrn v. ZACH geschickt und ihn ersucht, zu entscheiden, welche ihm richtiger dünke«. LECOQ erwähnt, GAUSS habe offenbar statt BOHNENBERGERS Formeln für Monddistanzen eigene benutzt. In einem späteren Briefe vom 29. April erbittet er sich von GAUSS Meinung und Rat zur Berechnung einiger Azimute.

Der erwähnte Brief von GAUSS (datiert Braunschweig, 17. April 1799) enthält zunächst die Ergebnisse seiner Rechnungen für die »wahre Zusammenkunft von Mond und 8 Scorpii in mittlerer Sonnenzeit« aus 3 Beobachtungen in Paris, und je einer in Minden von LECOQ, in Göttingen von SEYFFER und in Seeberg von ZACH. Er knüpft daran Bemerkungen über die gute Übereinstimmung der in Seeberg und Göttingen beobachteten Ein- und Austritte und der Mittel bei Paris und Seeberg mit den Meridiandifferenzen der Stationen. Er spricht dann über die Abweichungen von den bis dahin angenommenen Längenunterschieden von Göttingen und Seeberg gegen Paris und fährt fort: »Übrigens wird der geringe Unterschied von 7″ [1]) bei Paris wahrscheinlich an den Elementen liegen; ich wünschte noch mehrere Beobb. der Bedeckung zu haben, um die Verbesserung der Elemente [2]) daraus zu bestimmen; vornehmlich von mehr entlegenen Orten (z. B. v. Wien); Göttingen und Gotha liegen einander zu nahe — merkwürdig aber ist immer, dass an dem östlichsten Orte Gotha eine spätere [Konjunktion] folgt aus dem Eintritt, als aus dem Austritt, bei dem westlichsten Paris dieser eine spätere gibt, als jener und bei dem mittleren Göttingen der Unterschied 0 ist. Übrigens werde ich die Resultate meiner Rechnung auch gleich an Herrn v. ZACH schicken und ihn bitten, im Fall er noch andre korr[espondierende] Beobb. erhält, sie mir sogleich mitzuschicken«. Bei Minden vermutet er einen Fehler von 1 Minute. Dann

---

1) GAUSS meint Zeitsekunden.
2) Hierunter dürfte eine Verbesserung des Mondortes zu verstehen sein.

fügt er einiges über die Berechnung hinzu, worüber die in Werke, Bd. X 1, S. 539 ff. abgedruckte Stelle dieses Briefes Aufschluss gibt. Die dort erwähnten Formeln hat GAUSS offenbar selbständig abgeleitet und dabei nicht mehr im Gedächtnis gehabt, was er in Büchern gefunden hatte. Bei dem fehlerlos ausgeführten Rechenbeispiel bemerkt er noch, dass er sich bei den eigenen Rechnungen mancher Kunstgriffe bediene [1]).

LECOQ zollte GAUSS öffentlich seinen Dank (Monatliche Correspondenz, Band 8, Seite 139) mit dem Zeugnis: »Im astronomischen Teil ist mir der Doktor GAUSS von grossem Nutzen gewesen; seine Ausrechnungen und Briefe haben zu meinem Unterricht viel beigetragen«. In der Tat hatte sich GAUSS als der Lehrer erwiesen, der die Aufgaben von der theoretischen Seite vollkommen beherrschte, wenn er auch noch nicht die praktische Erfahrung besass, um die Unsicherheit der Beobachtungen zu beurteilen, auf die er siebenstellige logarithmische Rechnungen anwandte und weitgehende Schlüsse baute.

Wie LECOQ hatte auch Ober-Appellationsrat v. ENDE in Celle [2]) den Vorsatz gefasst, das Land astronomisch zu bereisen, da in dem ganzen Kurfürstentum Hannover nur 5 Punkte (Göttingen, Hannover, Stade, Lilienthal und Celle) astronomisch bestimmt seien. Er beabsichtigte insbesondere in Braunschweig und Wolfenbüttel zu beobachten, da er von LECOQS Bestimmung der Polhöhe von Braunschweig noch keine Kenntnis hatte. Hier ist GAUSS, wie wir sehen werden, mit v. ENDE in Berührung gekommen.

9. **Erste Beobachtungen und praktische Betätigungen.** Über die Anfänge der praktischen Tätigkeit von GAUSS sind wir wenig unterrichtet. Aus einer Bemerkung gegenüber OLBERS (G.-O. Nr. 46) vom November 1802 geht hervor, dass er während seiner Studienzeit in Göttingen gar keine Anweisung zum Beobachten erhalten hat, obgleich ihn der nach TOBIAS MAYERS Tode mit der Wahrnehmung der Sternwarte beauftragte Professor SEYFFER [3]) einmal seinen Schüler genannt hatte. Seine eigenen Übungen hatten sich bis dahin auf einige Beobachtungen am Mauerquadranten und Spiegelsextanten

---

1) Vgl. GALLE, *Gauss als Zahlenrechner,* Nachrichten der Königl. Gesellschaft der Wissenschaften zu Göttingen, Mathematisch-physikalische Klasse, 1917, S. 5/6.

2) Gest. 1816 in Köln. Er hatte in Celle eine kleine Sternwarte eingerichtet.

3) SEYFFER wurde 1804 von Göttingen nach München berufen und übernahm 1815 nach Aufhebung der alten Münchener Sternwarte die Direktion des k. topographischen Bureaus. S. a.: *Briefwechsel zwischen C. F. Gauss und W. Bolyai,* Leipzig 1899, S. 178.

beschränkt. Dass er aber ein gewisses Interesse für Beobachtungen schon frühzeitig gehabt hat, deutet ein Brief an Hofrat ZIMMERMANN[1]) vom 24. Dezember 1797 an, in dem er erwähnt, dass eine Kränklichkeit ihn um die Beobachtung einer Mondfinsternis[2]) gebracht habe.

Erst die Aussicht auf eine Sternwarte scheint den Anstoss zu einer lebhafteren praktischen Tätigkeit gegeben zu haben; GAUSS erkannte mit Bedauern (G.-O. Nr. 46), dass er nicht nur im Beobachten, sondern auch im Zeichnen, der Baukunst und den mechanischen Künsten noch ganz unerfahren sei.

Professor PFAFF hatte gegenüber dem Etatsrat v. FUSS in Petersburg den Wunsch geäussert, dass GAUSS eine seinen Verdiensten und Neigungen angemessene Anstellung erhalten möchte und angefragt, ob nicht bei der Akademie eine schickliche Stellung für ihn offen wäre. FUSS hatte ihn darauf 1802 für die vakante Stelle des Astronomen HENRY[3]) vorgeschlagen, falls sich GAUSS entschliessen könne, mit seinen eminenten theoretischen Kenntnissen praktische Astronomie zu verbinden und die Sternwarte in Petersburg zu übernehmen. Er erwähnt noch dabei, dass er die Neigung zum Beobachten bei GAUSS voraussetzen dürfe.

Es gelang seinen Freunden, insbesondere OLBERS, GAUSS von der Auswanderung aus Deutschland abzuhalten. KARL WILHELM FERDINAND, von dem LAPLACE rühmte[4]): »Der Herzog von Braunschweig hat in seinem Lande mehr entdeckt, als einen Planeten: einen überirdischen Geist in menschlichem Körper«, war schon längst mit den mathematischen Kenntnissen und Verdiensten von GAUSS durch die Berichte des Geheimen Etatsrats v. ZIMMERMANN (Professor der Mathematik, Physik und Naturgeschichte am Collegium Carolinum in Braunschweig) bekannt geworden und hatte nicht nur GAUSS einst die Aufnahme in diese Schule durch Zuwendungen aus der herzoglichen Schatulle ermöglicht, sondern sicherte ihm auch jetzt aus eigener Bewegung eine ansehnliche Verbesserung seiner Lage zu, ohne seine Musse durch bestimmte

---

1) L. HÄNSELMANN, *Karl Friedrich Gauss* (1878), S. 36.

2) Am 4. Dezember 1797.

3) HENRY war vorher an der Mannheimer Sternwarte tätig gewesen und ist nach seinem Abgange von Petersburg als Chef de Brigade und Directeur des opérations astronomiques bei der Vermessung von Bayern durch die Ingenieur-Geographen bekannt geworden. Monatl. Corr. VII, S. 358.

4) L. HÄNSELMANN a. a. O., S. 52.

Dienste zu beschränken (G.-O. Nr. 8). Zunächst bot sich für GAUSS die Aussicht auf eine unter v. ZACHS Mithilfe in Braunschweig zu errichtende Sternwarte. An diesen hatte sich GAUSS schon früher einmal (1799) mit der Bitte gewandt, nach Seeberg kommen zu dürfen, was ihm aber ZACH abgeschlagen hatte[1]). Auch als GAUSS ihn jetzt um Überlassung einiger Instrumente ersucht hatte, riet ihm v. ZACH in einem Briefe (vom 21. Februar 1802) von der Beschäftigung mit der praktischen Astronomie in zwar freundlicher, aber energischer Weise ab, indem er GAUSS' Kurzsichtigkeit als ein wesentliches Hindernis dabei ansah und auf die Gefährlichkeit von Sextanten- und Sonnenbeobachtungen für die Augen hinwies, wie er selbst erfahren habe. Auch werde GAUSS bei der praktischen Astronomie eine kostbare Zeit verlieren, die er tausendmal besser und nützlicher anwenden könne. Er habe ein so überwiegendes talent de calcul, dass er mit diesem allein wuchern müsse. Immerhin erklärte er sich bereit, ihm einen Sextanten, einen künstlichen Horizont, eine Uhr und ein Fernrohr zu borgen.

Mit dem kleinen, zum Sextanten gehörigen Fernrohr machte GAUSS dann bereits 1802 zum Vergnügen zuweilen Zeitbestimmungen, vielleicht nach der von OLBERS angegebenen Methode (Mon. Corr., Band III, S. 124) durch Sternverschwindungen, die er ganz vorzüglich fand.

Auch beobachtete GAUSS am 8. November 1802 in Braunschweig mit seinen geringen Hilfsmitteln den Vorübergang des Merkur vor der Sonnenscheibe an einem zweifüssigen Achromaten von BAUMANN[2]).

10. Aussicht auf die Göttinger Sternwarte. Bald eröffnete sich ihm aber durch OLBERS' Vermittlung die Aussicht, in Deutschland in einer Weise ganz der Astronomie leben zu können, die seinen Wünschen entsprach und seine Zukunft sicher stellte. Der Umstand, dass die Göttinger Sternwarte, deren Leiter er werden sollte, noch nicht vollendet war, erschien ihm gerade erwünscht, da er sich in der Zwischenzeit erst recht zum praktischen Astronomen ausbilden

_____

1) Siehe M. BRENDEL, *Über Gauss' praktisch-astronomische Arbeiten*, Werke XI 2.

2) Monatliche Correspondenz, Band VI, S. 570 und Werke VI, S. 231. An dieser Stelle wird erwähnt, daß GAUSS, da ihm kein Passagen-Instrument zur Verfügung stand, sich mit einigen nach 1 Uhr auf einem unbedeckten Öl-Horizont genommenen einzelnen Sonnenhöhen zur Zeitbestimmung für die Beobachtung des Merkurdurchgangs begnügen musste, und dass es seine erste Zeitbestimmung dieser Art war. Ausser zur Beobachtung des Austrittes hat er auch das Fernrohr als Kreismikrometer zu gebrauchen versucht und mehrere Rektaszensionsdifferenzen zwischen Merkur und dem Mittelpunkte der Sonne genommen.

könne. Hierzu hielt er den Beistand v. Zachs für unentbehrlich, der ihm allerdings wegen der erwähnten Abmahnungen des Seeberger Astronomen nicht sicher erschien.

Die Vorbereitungen für seinen künftigen Beruf betrieb Gauss mit der ihm eigenen Beharrlichkeit und Gründlichkeit. Nachdem er im Laufe des Jahres 1802 bereits eine ziemliche Übung in den gewöhnlichen Beobachtungen mit dem Sextanten erlangt hatte, so dass er hoffen konnte, sich durch Autopsie auch in die Behandlung andrer Instrumente wohl zu finden, wünschte er, sich nach und nach mit einem guten Vorrat von optischen Werkzeugen zu versehen. Aus einer Bemerkung, die er mit der Bitte an Olbers, ihm hierbei behülflich zu sein, verband, geht aber zugleich hervor, dass er nicht willens war, seine ganze Zeit praktischen Beschäftigungen zu opfern, dass ihm, wie er sich ein andres Mal ausdrückt[1]), das Beobachten mehr zu einer sehr angenehmen Abwechslung dienen, an theoretischen Arbeiten aber nicht hindern werde, da er diese viel zu lieb habe. »Glauben Sie nicht«, schreibt er[2]), »dass mich solche praktische Beschäftigungen von der Spekulation abbringen werden; es wird mir damit immer gehen, wie einem Reisenden, dem seine Heimat, wenn er eine Zeit lang sich in der Fremde herumgetrieben hat, nur doppelt teuer geworden ist.« Mag es aber aus diesen Äusserungen, besonders beim Beginn seiner Beobachtungstätigkeit, ersichtlich sein, dass Gauss einen andern innern Beruf fühlte, so war ihm das Praktische doch nicht nur eine angenehme Abwechslung, gewissermassen ein Ersatz für andre ihm fremde Zerstreuungen, sondern er hatte bei allem, was er tat, ein starkes sachliches Interesse. Solche Arbeiten, die andre wohl hätten ausführen können, übernahm er selbst auch dann, wenn sie beschwerlich und vielleicht aufreibend für ihn waren, falls er sie für nützlich hielt und überzeugt war, dass sie sonst garnicht zur Ausführung kommen würden. Die Beobachtungen waren ihm das Mittel, zu einer bestimmten Erkenntnis zu gelangen, gerade so wie Rechnungen und Formeln ihm nicht Selbstzweck waren, sondern der Kalkül das Kleid war, in dem er seine Gedanken über eine Sache vorführte. Durch genaue Ausarbeitung der Methode, gründliche Untersuchung des Instrumentes und hohe Anspannung der Aufmerksamkeit suchte er die grösstmögliche Genauigkeit und Sicherheit

---

1) G.-O. Nr. 48.
2) G.-O. Nr. 61.

des Ergebnisses zu gewinnen und er empfand bei der Erreichung des gesteckten
Zieles grosse innere Befriedigung. Die Freude am Beobachten an sich oder
der Wunsch, Beobachtungen zwecks späterer Verwertung zu sammeln, tritt in
der Glanzzeit seines Wirkens zurück, erst später finden sich Anklänge in dieser
Richtung, als er magnetische Beobachtungen häufte oder als ihn in vorge-
schrittenem Alter die Betrachtung der Mondoberfläche lockte.

11. **Winkelmessungen bei Braunschweig.** In den folgenden Jahren 1803—
1805 sehen wir GAUSS wieder mit kleinen Messungen beschäftigt, die er freilich vorerst mehr als Übungen und Veranlassung zu Exkursionen in die Umgebung Braunschweigs ansah. Sie erstreckten sich z. B. bis in die Gegend
von Broizen[1]), wo er auf einer Erhebung alle sichtbaren Punkte einstellte.
Er bediente sich bei den Winkelmessungen des ihm von v. ZACH über-
lassenen Sextanten. Er wunderte sich selbst über die grosse dabei erlangte
Genauigkeit, ungeachtet er seine Winkel in Ermangelung eines Instrumentes
zum Höhenmessen nicht auf den Horizont reduzieren konnte. Bereits damals
dachte er schon daran, aus seinen Messungen mehr zu machen: »Ich habe
den Plan, einst das ganze Land mit einem Dreiecksnetz zu beziehen. Eine
hinlängliche Anzahl trigonometrisch bestimmter Punkte mit seinem Detail verbunden müssen zu einer guten Karte dienen können«[2]), denn die Vermessung
des Braunschweigschen Landes durch Major GERLACH mit dem Astrolabium
und der Kette oder gar nur mit Messtisch und Schrittmass konnte für eine
zuverlässige Karte nicht in Betracht kommen.

12. **Beobachtungen von Pulverblitzen. Seeberger Basis.** Ein Aufsatz von
BEIGEL über die trigonometrische Vermessung in Bayern in ZACHS Monatlicher
Correspondenz[3]) erregte die Aufmerksamkeit von GAUSS. BEIGEL hoffte, dass
Seeberg zum Mittelpunkt einer umfassenden trigonometrischen Messung über
einen grossen Teil Deutschlands genommen werden möchte und v. ZACH bemerkte dazu, dass dieser Wunsch bereits seiner Erfüllung nahe sei, worüber
er bald genaueres bekannt geben werde. Auf eine hierauf bezügliche Anfrage von GAUSS antwortete ZACH nur in Rätseln, aber OLBERS konnte ihm

---

1) Wohl übereinstimmend mit der jetzigen Bahnstation Broitzen, 5 km von Braunschweig an der nach
Hildesheim führenden Linie gelegen.

2) G.-O. Nr. 61.

3) Band VII, Seite 354.

mitteilen, dass ZACH vom König von Preussen zur Vermessung seiner neu akquirierten Länder aufgefordert sei, und dies unter der Bedingung angenommen habe, dass sie wenigstens mit den letzten englischen und französischen Messungen rivalisieren könne. Ferner habe der Herzog von Gotha die Kosten übernommen, um damit eine grosse deutsche Gradmessung von 4 Grad Breite und 6 Grad Länge zu verbinden, und ZACH wolle im Sommer 1803 im Meridian von Seeberg eine Basis von 10000 Toisen Länge messen. »Mich wundert«, schreibt OLBERS, »dass er Ihnen noch nichts Umständliches davon gemeldet hat, da er in dem, was Theoria bei diesen Messungen betreffen wird, auf Ihren Beistand rechnet«.

GAUSS kam nun bald durch den Oberappelationsrat v. ENDE, der wie schon erwähnt wurde (vergl. S. 18), in Braunschweig und Umgebung Breiten- und Längenbestimmungen machte, mit diesen Arbeiten in Berührung. Über v. ENDE hat er sich gelegentlich GERLING gegenüber geäussert[2]), dass er kein ungeschickter Beobachter wäre. Der Wert von Dilettanten-Beobachtungen mit geringen Werkzeugen sei aber sehr gering für die Geographie verglichen mit dem, was selbst eine mittelmässige Triangulation leisten könne. Fast alle 1803 durch Pulversignale bestimmten Längen wichen von den Resultaten aus MÜFFLINGS Dreiecken mehr ab, als man auf die Irregularitäten der Erde schieben könne. Die Polhöhe des Brockens folge aus den Dreiecken auch über 9″ kleiner als aus ZACHS Beobachtungen: »hier freilich können«, fügt GAUSS mit genialer Erkenntnis der wahren Ursache hinzu, »die Harzberge, die nach Süden noch so bedeutende Massen vorlegen, während im Norden nichts mehr ist, wohl viel mitgewirkt haben«.

v. ZACH befand sich im August auf dem Brocken und gab von dort fast täglich Signale für die Längenbestimmungen[3]), während die Arbeiten in Braunschweig, Helmstedt und Wolfenbüttel v. ENDE und GAUSS übertragen waren[4]).

---

1) Über den Plan für die Königlich Preussische trigonometrische und astronomische Aufnahme von Thüringen und dem Eichsfelde und die Herzogl. Sachsen-Gothaische Gradmessung zur Bestimmung der wahren Gestalt der Erde vergleiche Monatliche Correspondenz Band IX, Seite 3 ff.

2) Brief von 21. Febr. 1822. Vergl. GAEDE, *Beiträge* S. 37, Anm. 85. Originalbericht vom 26. 1. 1831.

3) Vergl. EGEN, *Vorschlag zu einer neuen Methode der Zeitübertragung usw.* Astr. Nachr. Bd. 8, Nr. 171, S. 62 f.

4) In Braunschweig beobachtete v. ENDE mit einem eigenen ARNOLDschen Chronometer in seiner in der Steinstrasse gelegenen Wohnung, GAUSS im Süden der Stadt im Garten des Kaufmanns KÖPPE vom 9.

Gauss bestimmte die Zeit mit einem dem Herzog von Gotha gehörenden Chronometer, das Zach an Ende geschickt hatte, aus Sonnenbeobachtungen; auch beobachtete er in Braunschweig eine Sternbedeckung zur Längenbestimmung. Bevor Zach den Brocken verliess, reiste Gauss am 27. August 1803 von Braunschweig dorthin und begleitete ihn dann nach Gotha, um zugleich mit v. Ende und Professor Bürg aus Wien an der Seeberger Grundlinienmessung teilzunehmen. Es wurde nur ein Teil derselben, ungefähr 2000 Toisen lang, nördlich von der Sternwarte hin und zurück gemessen; bekanntlich wurde die Messung der ganzen Linie nie vollendet und die zur Bezeichnung der Endpunkte gewählten unbrauchbaren Kanonenrohre wurden nach der Schlacht bei Jena, weil es verboten war, Waffen zu vergraben oder zu verbergen, ausgegraben, so dass, wie Gauss sich einmal ausdrückte, die Endpunkte auf eine wahrhaft Schildaische Art verloren gingen (G.-O. Nr. 343).

Damals freute sich Gauss über die Uebereinstimmung der Messungen in beiden Richtungen, die nach allen Reduktionen nur um eine ganz unbedeutende Kleinigkeit von ein paar Linien differierten. Später überzeugte er sich, dass die gemessene Länge, besonders aber der ungenügende Anschluss des Dreiecksnetzes auf zu kleine Dreiecksseiten führte. Er war drei Monate lang Gast der Seeberger Sternwarte, wo mannigfaltige Beschäftigungen seine Zeit zersplitterten und bedeutende theoretische Arbeiten nicht zuliessen. Am 7. Dezember reiste er sodann mit Zach von Gotha ab, der auf 10 Tage mit ihm nach Braunschweig kam, um einen geeigneten Platz für die dort projektierte Sternwarte auszusuchen und einen solchen auch in dem ehemaligen Pulvermagazin fand. Es sollte aber nicht zu dem Bau dieser Sternwarte kommen.

Vielmehr begannen schon die Vorbereitungen für den Bau der Göttinger Sternwarte. Im April 1803 war auch der Observator Harding aus Lilienthal nach der Seeberger Sternwarte gekommen, da er den Auftrag hatte, die Mittagslinie der neuen Sternwarte in Göttingen festzulegen und dazu von Zach ausser einem Chronometer Rat für die Ausführung nach einer von Zach[1]) ange-

---

bis 18. August. In Helmstedt nahmen beide korrespondierende Sonnenhöhen im Garten des Hofrat Pfaff am 19. August und abends die Brockensignale auf. Am 21. August wurden die korrespondierenden Höhen im Gasthofe zum Erbprinzen gemessen. In Wolfenbüttel wurden 16 Paar Sonnenhöhen am 25. August im Pavillon des Drosten v. Rodenberg und dann die Feuersignale beobachtet. Mon. Corr. X, S. 302—307, Werke XI 1, S. 261.

1) Mon. Corr. XXV, Seite 544.

gebenen Methode erbitten wollte. Vermutlich hat diese Reise das erste persönliche Zusammentreffen von GAUSS mit dem 12 Jahre älteren Kollegen herbeigeführt[1]), dem (nach der Anstellungsurkunde vom 25. Juli 1807) mit ihm zusammen die Direktion der Göttinger Sternwarte übertragen wurde. Dies eigenartige Verhältnis zu einem Manne, den GAUSS von Anfang an als einen geschickten, fleissigen, gefälligen und bescheidenen Gehilfen[2]) betrachtete und betrachten musste, hat jedenfalls dazu beigetragen, dass Reibungen nicht ausblieben, so freundschaftlich die Stellung beider anfangs war[3]), und so gerecht ihn auch später GAUSS beurteilte. Besonders zur Zeit der Gradmessungsarbeiten verbitterte dies Verhältnis GAUSS das Leben, wobei das Gefühl, auch selbst nicht ganz schuldlos zu sein[4]), nicht ohne Einfluss blieb.

Im Jahre 1804 begann v. ZACH mit Veröffentlichungen über die Gradmessung, zu der die Seeberger Basis den Anfang gebildet hatte. Er schlug dabei die Anschaffung eines Zenitsektors vor, obgleich zwei vortreffliche BORDAsche Multiplikationskreise zur Bestimmung des Breitenunterschiedes der Endpunkte der Meridianmessung vorhanden waren und obgleich ein solcher Kreis, wie sich ZACH ausdrückt, »das Senkblei durchaus entbehrt und folglich die Einwirkung der Gebirgsattraktion auf dasselbe ganz wegfällt«[5]). Ein Zenitsektor würde ausser andern Verwendungen von einem neuen Nutzen bei der Gradmessung sein, weil man damit in Verbindung mit dem BORDAschen Kreise die unmittelbaren Attraktionen der Thüringer und der Harzgebirge ausmitteln könnte. GAUSS erkannte sofort den Irrtum dieser Aeusserungen und schrieb an OLBERS: »Ich hätte gewünscht, dass die Aeusserung, als würde nur das Lot am Zenitsektor von der Attraktion der Gebirge afficiert (und nicht das Niveau am BORDAschen Kreise) nicht geschehen wäre«. (G.-O. Nr. 81).

Auch über die Beobachtungen, an denen er teilgenommen hatte, äusserte sich GAUSS zu OLBERS. Mit der Genauigkeit der durch die Pulversignale erhaltenen Längenunterschiede gab er sich zufrieden, obgleich Differenzen von

---

1) G.-Sch. Nr. 459.

2) G.-O. Nr. 114.

3) Monatliche Correspondenz, Band 28, S. 501. Als HARDING im Juli 1804 in Lilienthal den Planeten Juno entdeckt hatte, beobachtete ihn GAUSS mit einem Spiegelteleskop von SHORT.

4) Nach Bemerkungen von ENCKE in Briefen an GERLING vom 3. August und 4. September 1821.

5) Monatliche Correspondenz, Band 9, 1804, S. 106.

5 Zeitsekunden vorkamen, indem sich aus den Beobachtungsfehlern keine grössere Genauigkeit erwarten liess. Besonders freute es ihn, dass das Ergebnis für den Beobachtungsplatz in Braunschweig mit seiner Berechnung des Längenunterschiedes gegen Brocken aus der genügend bekannten Breitendifferenz und dem von ihm in Braunschweig beobachteten Azimute des Brockens sich bis auf die Sekunde übereinstimmend ergab. Man kann vermuten, dass Gauss hierzu die später bei der Lösung der Hauptaufgabe für die Kugel aufgestellte Formel[1] angewandt hat: $\tang l = \sin b \tang T \sec (B - b)$, wo l und b den Längen- und Breitenunterschied, hier T das Azimut und B die Breite in Braunschweig bezeichneten.

Sein Interesse an diesen Arbeiten verrät sich auch dadurch, dass er die meisten der von Leutnant Freiherrn v. Müffling angestellten Beobachtungen zu seinem Vergnügen berechnete. v. Müffling, 2 Jahre älter als Gauss, hatte bereits 1797—1802 an der trigonometrischen Vermessung Westfalens für die Lecoqsche Karte teilgenommen und sich jetzt mit Lindenau zusammen an der Basismessung beteiligt. Mit zwei andern Gehilfen bereiste er dann in Zachs Auftrag ganz Thüringen und mass mit dem Theodolithen die Winkel zwischen allen sichtbaren Kirchtürmen usw. auf einer sehr grossen Anzahl von Standpunkten. Diese Triangulation schloss Gauss mit dem Sextanten an das gemessene Stück der Basis an, und seine Rechnung gab ihm eine Menge von Örtern vom Brocken bis in den fränkischen Kreis, die seiner Meinung nach genau genug für die Bedürfnisse einer Karte bestimmt waren.

Selbst einen kurzen Aufenthalt in dem kleinen »paradiesischen« Badeorte Rehburg, etwa 35 km von Hannover (Olbers gibt nur 3 Meilen an), wo Olbers öfter durch laue Bäder und Driburger Wasser seine Gesundheit zu stärken pflegte, und Gauss ihn im August 1804 auf einige Tage besuchte, benutzten die beiden Freunde zur Messung einiger Winkel zwischen Hannover, Brocken und Minden, aus deren genähert bekannter geographischer Lage Gauss die Länge und Breite des Georgplatzes (einer kleinen Anhöhe[2]) in Bad Rehburg) berechnete und die Ungenauigkeit der Güssefeldschen Karte nachwies. Vielleicht hat er damals das eigenartige Rechnungsverfahren in seine Logarithmen-

---

[1] Vergl. *Untersuchungen über Gegenstände der höheren Geodäsie.* Erste Abhandlung. Art. 17. Werke IV, S. 287.

[2] Nach Mitteilung von Professor Oertel in Hannover.

tafel eingetragen, das Werke IX, S. 238 abgedruckt ist[1]). Diese Messungen waren ihm auch insofern von Interesse, als bis dahin Hameln als der westlichste Punkt betrachtet worden war, von dem aus der Brocken erblickt werden konnte[2]). ZACH nahm die Entdeckung des Brockens in Rehburg mit grossem Interesse auf und lud GAUSS ein, bei Wiederholung der Pulversignale auf dem Brocken im Frühjahr 1805 die Bestimmung von Rehburg zu übernehmen, während er selbst auf dem Keulenberge bei Dresden[3]) beobachten wollte. GAUSS hatte es selbst für wünschenswert gehalten, dass noch auf mehreren entfernteren Punkten, wie Hameln, im Lüneburgschen, in der Alt-Mark usw. korrespondierende Beobachtungen von geübten Beobachtern angestellt werden möchten, wobei der Wirt auf dem Brocken Pulversignale geben sollte. Jedoch scheinen sich diese Pläne nicht verwirklicht zu haben.

13. Berührung mit Epailly. In den Jahren 1803—1805 leitete der französische Oberst EPAILLY die Vermessungen in dem besetzten Gebiete, und seine Dreiecke, besonders im südlichen Teile des Kurfürstentumes Hannover, sind GAUSS später bei der Gradmessung von grossem Nutzen für die Anlage seines eigenen Dreiecksnetzes gewesen, haben allerdings auch manchmal die Konfiguration desselben ungünstig beeinflusst. In welcher Weise EPAILLY, dem ein starkes Personal an Ingenieuren, berittenen Ordonnanzen, Wagen und Pferden zu Gebote stand, seine Arbeiten durchführte, erhellt aus seinem eigenen Bericht[4]) *Sur les moyens d'exécution:* »pour faire marcher de front la reconnaissance des triangles, la disposition, l'élévation des signaux et l'observation des angles, il fallait. . . . . malgré les cris et les plaintes des paysans pouvoir impitoyablement abattre leurs bois, percer des fenêtres dans les toîts de leurs clochers, y faire des observatoires; il fallait pouvoir jouir partout du droit

---

1) Und vielleicht auch Werke IX, S. 223, Notiz 2.

2) Auf die Sichtbarkeit des Brockens bezügliche Mitteilungen scheinen auch später für GAUSS von Interesse gewesen zu sein, vergl. G.-SCH. Nr. 318.

3) Der Keulenberg (Augustusberg), 443 m hoch, befindet sich bei Königsbrück im Pulsnitztal. Dort wurden 1803, obgleich der Brocken selbst nicht sichtbar ist, doch die Pulverblitze wahrgenommen.

4) Im Besitz der Trigonometrischen Abteilung der Preussischen Landesaufnahme befindet sich ein Aktenstück über diese Triangulation. Den Hauptbestandteil desselben bildet ein 55 Seiten langer Bericht EPAILLYs: »Compte rendu à Monsieur le Général de Brigade du Génie SANSON, directeur du dépôt général de la guerre, par le chef de section, directeur du Bureau Topographique de l'armée d'Hanovre, des travaux faits à ce Bureau pendant l'an douze«; GAUSS hat dieses Aktenstück, insbesondere den Compte rendu, in Händen gehabt, vergleiche Werke, Band IV, S. 488 und G.-O. Nr. 427, S. 125.

de conquête et n'avoir à craindre nulle part ni refus, ni résistance; il fallait que nous pussions en imposer, qu'on respectât jusqu'aux signaux que nous avons élevés dans les déserts, où ils n'ont d'autre sauve-garde que la frayeur.«

1805 kam EPAILLY auch nach Braunschweig, um mit einem LENOIRschen Kreise auf dem Andreasturme Winkel zu nehmen. GAUSS hat offenbar die Gelegenheit benützt, diese Arbeiten und die Instrumente kennen zu lernen, wobei er sich über die grobe Teilung des Kreises wunderte. Er wünschte sich dagegen einen solchen Kreis von TROUGHTON. Sonst erfahren wir über diese Messungen nichts durch GAUSS, als dass EPAILLY in Braunschweig erkrankte.

In den folgenden Jahren scheinen die geodätischen Interessen etwas mehr in den Hintergrund getreten zu sein. Im Jahre 1805 verheiratete sich GAUSS, im folgenden wurde sein Sohn Joseph geboren, der später sein Gehilfe bei der Gradmessung werden sollte. Die politischen Vorgänge, die auch das Schicksal der Georgia Augusta berührten, haben sein Gemüt vielfach beschäftigt, und die Entwicklung und die Sorgen seiner eigenen Verhältnisse ihn bedrückt. Doch hat ihn dies alles nicht gehindert, inmitten der Unruhe und der Kriegswirren die bedeutendsten Früchte seines Geistes zu pflücken. Auf astronomischen Gebiete verfasste er in dieser Zeit die *Theoria motus corporum coelestium.*

III. Abschnitt.   Das erste Jahrzehnt in Göttingen: 1807—1816.

14. Azimut von Clausberg, Polhöhe von Freytagswerder. Alsbald nach seinem Eintreffen in Göttingen, im November 1807, scheint GAUSS in seinem auch sonst hervortretenden Bestreben, die grundlegenden Bestimmungen an erste Stelle zu setzen[1]), eine Azimutbestimmung auf der Sternwarte gemacht zu

---

1) Dieses zeigt sich auch bei seinen astronomischen Arbeiten, bei denen er von vornherein die Bestimmung der Konstanten des Sonnensystems im Auge hatte. Vergleiche C. BRUHNS, *Johann Franz Encke*. Leipzig 1869. S. 31 (Beobachtungen des Solstitiums 1814—15) und G.-Sch. Nr. 98, wo Verabredungen mit

haben, über die er sich in einem Briefe an Olbers äussert[1]): »Vor kurzem habe ich von der Methode[2]), von einem terrestrischen Gegenstande Höhe und Azimut durch Abstände von der wahren und der im Quecksilberhorizont reflektierten Sonne zu bestimmen, eine praktische Anwendung gemacht; ich finde, dass es damit ganz vortrefflich geht, und die Beobachtungen von zwei Tagen geben sehr gut übereinstimmende Resultate. Vom Mittelpunkt der Sternwarte[3]) gesehen ist das Azimut von Clausberg $220^0\,24'\,50''$. Die direkte Auflösung jenes Problems beruht auf 3 sphärischen Dreiecken, ich ziehe aber eine Art indirekten Verfahrens vor. Sind zwei Messungen des Abstandes vom wahren und reflektierten Sonnenbilde gleichzeitig (was man leicht durch Inter-

---

NICOLAI, SOLDNER und ENCKE für korrespondierende Mondbeobachtungen zur Bestimmung der Längenunterschiede zwischen Göttingen und mehreren Sternwarten erwähnt werden, die (1820) bereits 5 Monate im Gange waren. In demselben Briefe werden von GAUSS berechnete Aberrations- und Nutationstafeln erwähnt.

1) G.-O. Nr. 207.

2) Sind $OS = d$ und $OS' = d'$ die gemessenen Abstände zwischen dem Objekte O und der Sonne S und der im Quecksilberhorizonte reflektierten Sonne S', bedeutet ferner Z das Zenit, so ist im Dreieck ZSS':

$$ZS = 90^0 - h_1, \quad ZS' = 90^0 + h_2, \quad \text{Winkel } Z = a_2 - a_1$$

wenn $a_1 h_1$ Azimut und Höhe der Sonne zur Zeit der ersten Messung, $a_2 h_2$ zur Zeit der zweiten Messung sind. Man erhält daraus die andern Stücke des Dreiecks $SS' = \Delta$, und die Winkel bei $S : S + \alpha$ und bei $S' : \beta - S'$ etwa durch die Gleichungen des art. 54 der *Theoria motus*.

Sodann erhält man die Winkel α, β, γ des Dreiecks $SS'O$ aus den drei Seiten d, d', Δ.

Damit werden entweder aus Dreieck ZSO, in dem $SZ = 90^0 - h_1$, $SO = d$ und der eingeschlossene Winkel S bekannt sind, der Winkel bei Z d. h. die Differenz $A - a_1$, des Azimutes A des Objektes (und gleichzeitig $ZO = 90^0 - H$, die Zenitdistanz des Objekts) und a_1 der Sonne berechnet, oder aus Dreieck $ZS'O$, in dem $ZS' = 90^0 + h_2$, $ZS'O = S'$, $S'O = d'$ ist, $Z = A - a_2$ (und $ZO = 90^0 - H$).

Sind abwechselnd mehrere Abstände von der Sonne und ihrem Bilde nahe nach einander gemessen, so kann man durch Interpolation Abstände d und d' erhalten, die zu demselben Sonnenort gehören. Man erhält α oder β aus den drei Seiten $2h$, d und d' des Dreiecks $OS'S$ und $A - a$ (sowie H) aus $ZS = 90^0 - h$, $OS = d$ und $S = 180^0 - \alpha$ des Dreiecks ZSO oder auch aus $ZS' = 90^0 + h$, $OS' = d'$ und $S' = \beta$ des Dreiecks $ZS'O$.

3) Hier ist die alte Sternwarte gemeint, wo TOBIAS MAYER beobachtete. Sie lag in der Strasse Klein-Paris (jetzt Turmstrasse) auf einem alten Festungsturm. GAUSS wohnte damals in der Nachbarschaft in dem grossen Hause an der Ecke von Klein-Paris und der Kurzen Strasse, wo er auch die *Theoria motus* vollendet hat. Vergl. W. SCHUR, *Festschrift der K. Ges. d. Wissensch. zu Göttingen*, 1901, S. 128.

polation erhält, wenn mehrere Abstände immer wechselsweise gemessen sind),
so führt die Auflösung sogleich auf sehr bequeme Formeln«.

HARDING trat GAUSS einen neuen Sextanten ab, den vormals Dr. HEINEKEN
in Bremen besessen und ihm überlassen hatte. Mit diesem 10-zölligen Sextanten von TROUGHTON[1]), für den ihm REPSOLD noch ein Stativ liefern sollte
und der in mehreren Rücksichten besser war, als der alte, beabsichtigte GAUSS
im Sommer 1808 auf gemeinsamen Exkursionen mit HARDING die Gegend von
Göttingen mit Dreiecken zu überziehen[2]).

Der Mangel an grösseren Instrumenten und guten Uhren vor Vollendung
der neuen Sternwarte, die sich bis zum Jahre 1818 verzögert hat, dürfte auch
die 1808 erschienene Programmabhandlung: *Methodum peculiarem elevationem
poli determinandi explicat D. Carolus Friedericus Gauss* (Werke VI, S. 37), veranlasst haben; bei dieser Methode, welche aus den beobachteten Höhen zweier
Sterne und der Zwischenzeit der Beobachtung die Zeit und Breite gibt, konnte
der Sextant und eine mittelmässige Uhr gute Resultate liefern. Sie erforderte
nicht so viel vorbereitende Rechnungen, als die kurz vorher von ihm in ZACHS
Mon. Corr. XVIII, S. 277 (Werke VI, S. 129) veröffentlichte: *Über eine Aufgabe
der sphärischen Astronomie*, bei der drei gleiche Sternhöhen beobachtet werden.

Im Zusammenhang mit diesen Bestrebungen, durch die ihm zur Verfügung
stehenden einfachen Instrumente möglichst genaue Resultate zu erhalten, steht
wohl auch eine im August 1810 nach Münden unternommene Fahrt, bei der
es sich z. T. darum handelte, den Einfluss des Fahrens auf den Gang eines
Chronometers zu finden. Bei dieser Gelegenheit bestimmte GAUSS auf dem
sogenannten Freytagswerder am Zusammenfluss von Werra und Fulda die Polhöhe und den Längenunterschied gegen Göttingen durch die Sonne (letzteren
offenbar durch Chronometerübertragung)[3]).

---

1) Auf diesen neuen, in dem Brief von GAUSS an OLBERS vom 19. April 1808 (G.-O. Nr. 207) erwähnten Sextanten scheint sich die Bemerkung von GAUSS in der Abhandlung *Über eine Aufgabe der
sphärischen Astronomie* in der Mon. Corr. vom Oktober 1808, Band XVIII, S. 281, Werke VI, S. 131 zu
beziehen: »Ich selbst besitze einen 10 zölligen [Sextanten] von TROUGHTON Nr. 420, der zwar übrigens
vortrefflich ist, aber ganz entschieden die Winkel von 100 bis 120° um 50 bis 60 oder 70″ zu klein gibt«.

2) Die Winkelmessungen bei Göttingen werden 1821 im G.-O. Nr. 399 erwähnt, wobei GAUSS sich
erinnert, dass er 1812 auf dem Hanstein die Winkel zwischen Göttingen, Brocken und der Boineburg
(zwei MÜFFLINGschen Punkten) bestimmt hatte.

3) Am 19. und 20. Februar 1812 beobachtete GAUSS zur Bestimmung der Länge von Göttingen Sternbedeckungen (G.-SCH. Nr. 192).

15. Schumacher. Aufforderung zur Teilnahme an der Gradmessung. Im Winter 1808—1809 begann für GAUSS durch die Vorlesungen noch eine andere Tätigkeit, der er ein inneres Widerstreben entgegenbrachte (G.-B. Nr. 143, vergl. G.-SCH. Nr. 192 und Nr. 1076), insbesondere weil sie seine Zeit zerstückelte und ihm so die Unabhängigkeit »das grosse Losungswort für Geistesarbeiten in die Tiefe« (G.-O. Nr. 596) raubte. Trotzdem hat er bis in sein Alter mit grosser Gewissenhaftigkeit auch diese akademische Pflicht erfüllt und die Anregung und Belehrung, die seine Schüler dadurch erhalten und dankbar anerkannt haben (WINNECKE, *Festschrift zu Gauss' hundertjährigem Geburtstage.* Braunschweig 1877, S. 21), bezeugen den grossen Erfolg gerade auch dieser Tätigkeit.

Mehr Freude hatte GAUSS allerdings an der Unterweisung solcher Männer, die seinetwegen nach Göttingen kamen, um mehr privatim ihre Studien zu betreiben oder ihre Ausbildung zu vervollkommnen und dabei seinen Rat und seine Hilfe in Anspruch zu nehmen[1]). Zu ihnen gehörte SCHUMACHER, der sich in demselben Winter 1808/09 in Göttingen einfand. Er war 3 Jahre jünger als GAUSS, hatte ursprünglich Rechtswissenschaft studiert, sich aber dann der Mathematik und Astronomie zugewandt und sich bei LALANDE in Paris ausbilden wollen, als der Krieg ausbrach und dann LALANDES Tod (4. April 1807) dies verhinderte. Neben dem Arzt und Astronomen OLBERS wurde SCHUMACHER bald einer der bevorzugten Männer, die sich GAUSS' Freunde nennen durften. Aber nicht der intime und umfangreiche Briefwechsel, der ihr Verhältnis widerspiegelt, in dem GAUSS in wissenschaftlicher Beziehung der Gebende war und in praktischer Hinsicht oft den Rat und die Erfahrung des feinfühlenden und geschäftsgewandten Vermittlers in Anspruch nahm, bildet den Anlass zur Erwähnung ihrer Bekanntschaft an dieser Stelle, sondern der entscheidende Einfluss, den SCHUMACHER auf die geodätische Laufbahn von GAUSS ausgeübt hat.

SCHUMACHER wurde im Oktober 1810 als ausserordentlicher Professor der Astronomie nach Kopenhagen berufen, von wo er 1813 als Direktor der Sternwarte nach Mannheim ging. GAUSS war sehr erfreut über die Verkürzung des Abstandes ihrer Wohnorte. Auch gedachte er sogleich, Göttingen und Mann-

---

1) Vergl. G.-SCH. Nr. 77, wo DIRKSEN gemeint zu sein scheint.

heim durch eine Triangulation zu verbinden, zumal er einen »unübertrefflichen« achtzölligen Theodolithen[1]) von Reichenbach erhalten hatte, der bei der Messung des Winkels[2]) zwischen Clausberg und Geismar auf der Sternwarte nur einen Unterschied von 0,5″ gegen die Messung mit dem zwölfzölligen Bordaschen Kreise gegeben hatte. Zunächst wollte er, falls Gerling von Cassel aus den Hohehagen sehen könnte, von dort aus Pulversignale geben lassen, um den Längenunterschied zwischen Cassel und Göttingen zu bestimmen. Sollte der Hohehagen aber unsichtbar sein, so schlug Gauss vor, im Herbst 1813 gleichzeitige Sternschnuppenbeobachtungen zu diesem Zwecke auszuführen. Ferner gedachte er im Frühjahr 1814 zunächst Göttingen und Gotha durch Dreiecke mit einander zu verbinden, worüber er sich vielleicht schon im Herbst 1811, als er 14 Tage auf der Seeberger Sternwarte weilte, mit Zach verständigt hatte.

Zur Durchführung aller dieser Pläne kam es nicht, zumal Schumacher bereits 1815 wieder nach Kopenhagen, nunmehr als ordentlicher Professor zurückkehrte. Von dort schrieb er am 8. Juni 1816 an Gauss in einem Briefe, der geschichtliche Bedeutung erlangt hat (G.-Sch. Nr. 68), über eine Sache, die ihm sehr am Herzen lag: »Der König hat mir die nötigen Fonds zu einer Gradmessung von Skagen bis Lauenburg (4 ¹/₃ Grad der Breite) und eine Längengradmessung von Kopenhagen bis zur Westküste von Jütland (4 ²/₃ Längengrade) bewilligt. Ich wäre jetzt schon an der Arbeit, wenn nicht wirklich unverantwortlicher Weise Reichenbach mich mit den Instrumenten im Stich gelassen hätte. ... Sie können leicht denken, dass ich alles aufbieten werde, etwas so vollkommenes als möglich zu leisten und hier ist es, wo ich mir Ihren Rat erbitte. Zeigen Sie mir doch an, worin Sie Verbesserung der gewöhnlichen Methoden wünschen, und entwerfen Sie mir den Plan der Berechnungen. Wäre es nicht möglich, dass Sie oder Lindenau, oder alle beide, den Meridian durch Hannover fort bis gegen Gotha, oder bis an die

---

1) Gauss schreibt darüber an Gerling (2. Mai 1813): »Morgen werde ich eine vorläufige Rekognoszierung auf dem Hohen Hagen vornehmen. Der Theodolith ist ein herrliches Instrument, mit den kleinen Fernrohr von 1 Zoll Öffnung sieht man bei hellem Sonnenglanz den Sirius so schön, dass man darüber in Erstaunen gerät. Ich zweifle nicht, dass man fast alle Sterne erster Grösse am Tage damit beobachten kann«.

2) Dies gab ihm den Anlass zur Beschäftigung mit der Reduktion schief gemessener Winkel auf den Horizont (vergl. Werke IX, S. 510).

bayerischen Dreiecke führten, und dass wir dann gemeinschaftlich eine Grundlinie in der Gegend von Hamburg mässen? Die eine Grundlinie bei Gotha
ist ja, meine ich, beinahe schon von ZACH fertig? Ist das, was Sie mir mitzuteilen haben, zuviel, um schriftlich abgemacht werden zu können, so laden
Sie mich nur durch einen ostensibeln Brief, mit dem ich dann gleich zum
Könige gehen werde, auf ein Rendezvous in Hamburg diesen Herbst ein, wo
wir unsern ganzen Operationsplan verabreden können. Ich zweifle nicht, dass,
wenn Sie sonst Lust dazu haben, Ihre Regierung nicht jede Unterstützung
dazu geben werde, und gegen diese können Sie auch gerne die Nachricht
brauchen, dass der König von Dänemark mir bereits alle Fonds bewilligt habe,
sonst bitte ich aber, nichts öffentlich von dieser Gradmessung bekannt zu
machen, bis Sie entweder sich zur Teilnahme entschlossen haben, oder bis
ich sie allein vollführt habe. Wollen Sie in Ihrem Briefe an mich Ihr Vergnügen darüber bemerken, dass der König sich zu einer solchen wissenschaftlichen Operation entschlossen habe, so würden Sie ihm ein grosses Vergnügen
machen (er hat mich express gefragt, was Sie wohl dazu sagen würden) und
mir zu ähnlichen wissenschaftlichen Operationen ein desto leichteres Gelingen
bahnen.«

16. Antwort von Gauss. Mit grosser Begeisterung begrüsste GAUSS die von
SCHUMACHER geplante Gradmessung, deren von diesem angeregte Fortsetzung
nach Süden er nur im Augenblicke nicht zu übernehmen wagte. Er antwortete am 5. Juli 1816[1]):

»Vor allen Dingen, teuerster Freund, meinen herzlichen Glückwunsch
zu der herrlichen grossen Unternehmung, welche Sie mir in Ihrem letzten
Briefe ankündigen. Diese Gradmessung in den k. dänischen Staaten wird uns,
an sich schon, über die Gestalt der Erde schöne Aufschlüsse geben. Ich
zweifle indessen garnicht, dass es in Zukunft möglich zu machen sein wird,
Ihre Messungen durch das Königreich Hannover südlich fortzusetzen. In diesem
Augenblicke kann ich zwar einen solchen Wunsch in H[annover] noch nicht in
Anregung bringen, da erst die Astronomie selbst noch so grosser Unterstützung
bedarf: allein ich bin überzeugt, dass demnächst unsere Regierung, die auch
die Wissenschaften gern unterstützt, dem glorreichen Beispiele Ihres trefflichen

---

1) W. IX, 345/6. G.-SCH. Nr. 69.

Königs folgen werde. Wir würden dann schon einen respektabeln Meridianbogen von 6 ½ Grad haben, und leicht würden sich dann auch noch diese
Operationen mit den bayerischen Dreiecken in Verbindung setzen lassen. Letztere sind gewiss mit grösster Sorgfalt gemessen, und es ist nur zu beklagen,
dass sie der Publizität entzogen werden.

Über die Art, die gemessenen Dreiecke im Kalkul zu behandeln, habe ich
mir eine eigene Methode entworfen, die aber für einen Brief viel zu weit-
läuftig sein würde. In Zukunft, falls ich bis dahin, wo Sie Ihre Dreiecke
gemessen haben, sie nicht schon öffentlich bekannt gemacht haben sollte,
werde ich mit Ihnen darüber umständlich konferieren: ja ich erbiete mich,
die Berechnung der Hauptdreiecke selbst auf mich zu nehmen.

Bei dem zweiten Teile Ihrer Unternehmung, der Messung des Längen-
grades, habe ich nur einen kleinen Zweifel. Ich meinte nämlich, dass die
Länder der dänischen Monarchie eher flach zu nennen sind, wenigstens keine
hohen Berge haben. Ist diese Voraussetzung gegründet, und sind Sie dann
dadurch genötigt, zur Bestimmung des astronomischen Längenunterschiedes
einen Zwischenpunkt oder gar mehrere zu nehmen, so wird jener Bestimmung,
auch wenn Sie noch so geschickte Gehülfen und Hülfsmittel haben, doch
immer eine kleine Ungewissheit ankleben.

Einen grossen Vorteil haben Sie in dem Umstande, dass Dänemark schon
einmal trigonometrisch vermessen ist[1)], ich meine natürlich nicht in den gemessenen Winkeln selbst, die weit davon entfernt sind, sich zu einer Gradmessung zu qualifizieren, sondern weil jene Operationen Ihnen das Auswählen
der Stationspunkte ungemein erleichtern wird. Dies Aufsuchen würde mir
bei einer ähnlichen Arbeit gerade das unangenehmste sein, weil dabei so viele
Zeit umsonst verloren wird. Ich habe mir viele Mühe gegeben (in ähnlichen
Rücksichten auf künftige Operationen) die von EPAILLY im Hannöverschen
gemessenen Winkel zu erhalten, aber ohne Erfolg.«

17. **Unregelmässigkeit des französischen Meridians.** Die ausserordentliche Teilnahme, die GAUSS an SCHUMACHERS Unternehmung bekundete, ist erst dann
verständlich, wenn sie bis zu den Wurzeln ihrer Entstehung verfolgt wird.

---

1) [Vergl. V. H. O. MADSEN, *Le Service géodésique du Danemark 1816—1916.* Den Danske Gradmaaling Ny Raekke, Hefte Nr. 16. Kopenhagen 1916.]

Sie ruft die Erinnerung an jene kleine Berichtigung wach, die der zweiundzwanzigjährige Jüngling als erstmaligen Beitrag an ZACHS Allgemeine Geographische Ephemeriden einsandte (W. VIII, S. 136). Sie bezog sich auf die Einleitung, die v. ZACH dem vierten Bande dieser Zeitschrift vorausgeschickt hatte. Es war hierin die grösste damals vorhandene Gradmessung erwähnt, deren 90 Dreiecke den Meridian von Dünkirchen bis Barcelona umspannten. Diese zwecks Einführung des Dezimalsystems bei der Mass- und Gewichtsreform unternommene Neumessung des französischen Meridians war soeben von MÉCHAIN und DELAMBRE mit den besten damals zur Verfügung stehenden Hülfsmitteln vollendet worden[1]). Die ungünstige Gestaltung der CASSINISchen Dreiecke[2]) war durch eine vollständig neue Anlage vermieden worden und die innere Übereinstimmung der Ergebnisse befriedigte die damaligen Anforderungen durchaus. Aber die ermittelten Breitengradlängen zeigten wie bei den beiden früheren Messungen[3]) des Pariser Meridians Abweichungen von der regelmässigen Zunahme nach Norden, die man nicht den Beobachtungsfehlern zuschreiben konnte.

Als nun GAUSS zur Bestimmung der Meridianellipse auf die in dem Aufsatze von ZACH angegebenen vier Stücke des gemessenen Bogens die Methode der kleinsten Quadrate anwandte, erhielt er statt der von LALANDE (A. G. E. IV, S. XXXVII) errechneten Abplattung von $1 : 150$ den Wert $1 : 50$ (vergl. die Berichtigung, die GAUSS seiner eigenen Notiz folgen liess, W. VIII, S. 137) und bemerkte hierdurch einen Druckfehler in der Tabelle, nach dessen Verbesserung er die Abplattung $1 : 187$ fand, deren Unterschied von dem französischen Ergebnis $1 : 150$ er für nicht eben erheblich erachtete, weil die Endpunkte sich zu nahe lagen.

Wenn aber der ganze gemessene Meridianbogen mit jenem in Peru[4])

---

1) *Base du Système métrique décimal, ou mesure de l'arc du méridien compris entre les parallèles de Dunkerque et de Barcelone, exécutée en 1792 et années suivantes par M. M. Méchain et Delambre.* Rédigée par M. DELAMBRE. Suite des Mémoires de l'Institut. Paris 1806, 1807 et 1810. 3 vol. in 4°.

2) *La méridienne de l'Observatoire royal de Paris vérifiée dans toute l'étendue du royaume par de nouvelles observations . . .* par M. CASSINI DE THURY. Paris 1744.

3) *De la Grandeur et de la Figure de la Terre* par J. CASSINI. Suite des Mémoires de l'Académie royale des Sciences, année 1718 und die in Anm. 2) erwähnte Messung von CASSINI DE THURY.

4) *La Figure de la Terre, déterminée par les observations des M. M. Bouguer et de La Condamine,* par M. BOUGUER, Paris 1749. — *Journal du voyage fait par ordre du Roi, à l'Équateur, servant d'introduction historique à la mesure des trois premiers degrés du méridien.* Par M. LA CONDAMINE. Paris 1751.

verglichen wurde, so erhielt man, wie v. Zach (A. G. E. II, S. XXXVI) angibt, 1 : 334 für die Abplattung, ein Resultat, das mit den Pendelbeobachtungen und den astronomischen Ergebnissen weit besser übereinstimmte[1]). Man legte daher der Berechnung des Meters als des zehnmillionten Teiles des Erdquadranten diesen Abplattungswert zu Grunde[2]).

18. Unregelmässigkeit der Erdgestalt. Sicherlich hat Gauss einerseits aus der Ungleichmässigkeit der Gradlängen der französischen Meridianbögen, andererseits aus der Verschiedenheit des Abplattungswertes, je nachdem er aus dem einen kleinen Umfang begreifenden Bogen oder aus der Kombination von Gradmessungen in verschiedenen geographischen Breiten abgeleitet wurde, bereits damals die Erkenntnis gewonnen, dass die Erdfigur unregelmässig ist und dass nur, wie er 1819 in einem Berichte (W. IV, S. 482) auseinandersetzte, die Vervielfältigung solcher Operationen Aufklärung über die noch dunkeln Punkte erbringen könne. Er erkannte zwar, wie aus seiner (S. 23 erwähnten) Äusserung über die Bestimmung der Polhöhe des Brockens im Jahre 1803 hervorgeht, dass durch Gebirgsattraktionen Lotabweichungen hervorgerufen werden, die sich als Unstimmigkeiten der aus Dreiecksberechnungen erhaltenen Breitenunterschiede mit den astronomisch beobachteten Polhöhen bemerkbar machen. Dunkel war ihm vielleicht damals noch das Zustandekommen solcher Unterschiede, wenn keine sichtbaren Gebirgsmassen vorhanden waren. Wenigstens kann man aus der vertraulichen Art der Mitteilung an Soldner [Brief v. 12. 11. 1823, Werke XI 1] über die zwischen Göttingen und Altona von ihm und Schumacher erhaltene relative Lotabweichung von 5″ (vgl. G.-Sch. Nr. 195 u. 378) schliessen, dass Gauss 1823/24 noch nicht wagte, mit voller Sicherheit über ihre Ursache sich zu äussern. Zu dieser späteren Zeit erblickte er zwar selbst darin einen entscheidenden Beweis für das unregelmässige Fortschreiten der Schwere, auch wenn sich dafür auf der Oberfläche der Erde kein Anhalt ergab[3]), woraus hervorgeht,

---

1) v. Zach fand allerdings mit der zu kleinen Mondmasse 1 : 92 aus der Nutation das Achsenverhältnis 332,8 : 333,9 (M. C. XII, S. 339). Aus Pendellängen wurde 1 : 321, aus Mondsgleichungen 1 : 305 (M. C. XXIII, S. 254) angenommen. Der im Text angegebene Wert weicht von dem jetzt angenommenen 1 : 298 nach der andern Seite ab, wie der aus dem französischen Meridian allein gewonnene.

2) Die Kombination der Länge des französischen Meridianbogens mit der auf anderm Wege erhaltenen Abplattung zeigt die Willkür in der Festsetzung der Masseinheit.

3) G.-Sch. Nr. 192 (20. 12. 1823).

dass nicht ein Misstrauen gegen das Ergebnis der Bestimmung des Breitenunterschiedes bei ihm vorlag. Es war ihm aber eine neue Erkenntnis, deren
Bestätigung durch Beobachtungen an andern Orten, wie z. B. in Helgoland
ihm willkommen gewesen wäre, um ein Erfahrungsdatum mehr über vermutete
Irregularitäten zu erhalten[1]). Man wird weiter gehen und annehmen dürfen,
dass GAUSS bereits jene Definition der Erdgestalt gefunden hatte, die er in
der »*Bestimmung des Breitenunterschiedes* usw.« (Werke IX, S. 49) 1828 veröffentlicht hat. Gerade Helgoland musste darum für ihn besondre Bedeutung haben, weil an der Küste ein Wechsel der Dichte in der äussersten
Erdrinde stattfindet und daher der Sinn der Abweichung des Lotes von der
Ellipsoidnormalen ihm eine Bestätigung seiner Vorstellung zu geben versprach.

19. Erddimensionen. Dass GAUSS die dänische Gradmessung ganz besonders
aus dem Grunde begrüsste, weil sie über die Gestalt der Erde schöne Aufschlüsse geben würde, stimmt mit seinem erwähnten, besonders seit der Übernahme der Leitung der Göttinger Sternwarte hervorgetretenen Bestreben überein, in erster Linie Fundamentalbestimmungen vorzunehmen. Wie er die
Festlegung der Sternwarte nach geographischer Länge und Breite als ein erstes
Erfordernis ansah (G.-B. Nr. 74, 75, 93, 102, 113, 115, 118, 122, 143,
160), so lagen ihm auch die grundlegenden astronomischen Konstanten am
Herzen. Er beschäftigt sich[2]) mit der Eigenbewegung des Sonnensystems
(G.-B. Nr. 135, 140), mit der Schiefe der Ekliptik (G.-B. Nr. 69), mit Funda-
mentalsternbeobachtungen (G.-B. Nr. 102, 118, 120, 124, 127, 128). Er konstruierte Aberrationstafeln (G.-B. Nr. 105, G.-SCH. Nr. 63, 94, 98) und interessierte sich für die Präzessions- und Nutationskonstante (G.-B. Nr. 95) und
so fort. Seine Aberrations- und Nutationstafeln machten auch in den Mai-
länder Ephemeriden einen stehenden Artikel aus (G.-SCH. Nr. 63). Untersuchungen über die Theorie der Refraktion werden G.-SCH. Nr. 59 erwähnt.
Seine Bemühungen trafen hierbei mit denen BESSELS zusammen, der in den
Fundamenta astronomiae (1818) seine Untersuchungen über die Aberrations-
und Nutationskonstante, über Refraktion usw. niederlegte und damit einen
Teil dieser Arbeiten GAUSS abnahm. Sodann hat GAUSS die Prüfung und

---

1) G.-SCH. Nr. 182.
2) Man vergl. die einschlägigen Stücke W. XI 1.

Untersuchung der Instrumente als eine den Beobachtungen voranzustellende Aufgabe mit Umsicht und Ausdauer durchgeführt und hierbei vielfach mit Bessel neue Berührungspunkte gefunden, die ebenfalls in dem Briefwechsel zwischen beiden Männern einen häufigen Gedankenaustausch herbeiführten.

Zu diesen Konstanten gehören nun auch die Erddimensionen, die grosse Achse und die Abplattung. Welchen Wert er auf ihre Bestimmung gelegt hat, geht daraus hervor, dass er den als zuverlässigen Rechner von ihm geschätzten Dr. Schmidt veranlasst hat, an Stelle der von Walbeck[1]) erhaltenen Werte, die dieser zum ersten Male nach einwandfreien Grundsätzen abgeleitet hatte, eine auf sieben Gradmessungen, worunter sich die hannoversche befand, beruhende neue Herleitung der Dimensionen vorzunehmen (W. IX, S. 56).

Es war aber nicht nur die Bedeutung der Kenntnis der Erdgestalt für die Astronomie, weswegen Gauss auf ihre Erforschung Wert legte, sondern er hatte schon frühzeitig für die Geodäsie selbst ein lebhaftes Interesse gezeigt. Zwar mag der von ihm in der Braunschweiger Zeit geäusserte Plan[2]), das Land mit Dreiecken zu überziehen, zunächst mit dem Wunsche zusammengehangen haben, seinem Fürsten einen Zoll der Dankbarkeit abzutragen, weil er seine Zuwendungen als unverdient betrachtete, so lange er noch nichts für das Land getan hätte. Aber seine Teilnahme an der Seeberger Grundlinienmessung[3]), die Lebhaftigkeit, mit der er sich nach der Zach vom König von Preussen aufgetragenen Vermessung[4]) der aquirierten Länder erkundigte, der im Briefwechsel mit v. Lindenau immer wiederkehrende Plan, Göttingen mit Gotha durch Dreiecke zu verbinden[5]), sind Zeichen für seine fortgesetzte Beschäftigung mit dem Gedanken einer Triangulierung und der Herstellung einer Karte[6]).

Er war sich nun klar darüber, dass nur eine ins Grosse gehende Operation (W. IV, S. 482) einen wirklichen Nutzen haben könne, dass isolierte Gradmessungen in Europa, die nur einen kleinen Umfang umfassen, nach den

---

1) Walbeck, *De forma et magnitudine telluris, ex dimensis arcibus meridiani, definiendis*. Abo 1819.
2) G.-O. Nr. 61.
3) G.-O. Nr. 77.
4) G.-O. Nr. 63.
5) Vergl. auch G.-Sch. Nr. 52.
6) G.-O. Nr. 81.

grossen Unternehmungen in Frankreich und England[1] höchstens einen sehr untergeordneten Wert haben könnten, wogegen noch eine oder ein paar ähnliche Messungen von einer bedeutenden Ausdehnung für die Kenntnis der Erde ungemein wichtig sein würden.

Ausser dem grossen Bogen von den Orkney-Inseln bis zu den Balearen[2] waren in ähnlichem Umfang in Europa noch zwei Meridianmessungen möglich: der russische[3] und der von Jütland bis zur Insel Elba reichende Meridian. Der letztere umfasst 16 Breitengrade. Dieser Plan hatte, nachdem der Anfang mit einem Bogen von $4^1/_2$ Graden in Dänemark gemacht war, um so mehr Aussicht auf Verwirklichung, als bereits in einigen dazwischen liegenden Ländern, wie Thüringen und Bayern, Vorarbeiten wirklich vorlagen. Die Fortsetzung der dänischen Dreiecke durch Hannover war die erste und notwendige Bedingung dafür. Dadurch wurde bereits eine Verlängerung um 2^0 erreicht, und wenn die auch sonst erwünschte Triangulation zwischen den Sternwarten in Göttingen und Gotha zu Stande kam, so war damit ein Bogen von 7^0 verwirklicht.

Zudem fasste GAUSS auch sogleich den Zweck einer Landesvermessung in Hannover ins Auge, die sich an die Meridianmessung leicht anschliessen liess.

Dass er nun nicht sofort dieses Unternehmen in Angriff nehmen wollte, ist ganz erklärlich, da die Beschaffung der Instrumente[4] für die neue Sternwarte seine Zeit und für die Regierung bedeutende Kosten erforderte.

---

1) *Exposé des opérations faites en France, en 1787, pour la jonction des Observatoires de Paris et de Greenwich*; par M. M. CASSINI, MÉCHAIN et LE GENDRE, Paris. — *An account of the operations carried for accomplishing a trigonometrical survey of England and Wales, from the commencement in the year* 1784 *to the end of* 1796. By captain WILLIAM MUDGE and ISAAC DALBY. Vol. I. 1799. Vgl. G.-O. Nr. 342.

2) Der Pariser Meridian wurde durch BIOT und ARAGO bis zur Insel Formentera verlängert, zum Teil, um bei der Bestimmung des Meters von der Abplattung unabhängiger zu sein, da die Mitte des Bogens nach dieser Erweiterung nahezu auf den 45. Parallel fiel. Der Meridianbogen, mit dem Krümmungshalbmesser R_{45} für die Mittelbreite, hat nämlich bis auf Glieder vierter Ordnung die Länge

$$m = R_{45}\frac{\varphi_2 - \varphi_1}{\rho} + a\,(1-e^2)\,\frac{e^2}{8}\left(\frac{\varphi_2 - \varphi_1}{\rho}\right)^3 \cos(\varphi_1 + \varphi_2).$$

(Vergl. JORDAN-EGGERT, *Handbuch der Vermessungskunde*. Bd. 3 (6. Aufl.). Stuttgart 1916. S. 221). Für $\varphi_1 + \varphi_2 = 90^0$ fällt aber das zweite Glied fort.

3) Die russisch-skandinavische Breitengradmessung wurde von F. G. W. STRUVE 1821—1831 auf dem 44. Meridian von Jakobstadt bis zur Insel Mäki-päälys im Finnischen Meerbusen ausgeführt. Bis 1852 wurde sie nordwärts bis zum Eismeer, südlich bis zur Donaumündung verlängert, so dass sie eine Amplitude von 25^0 erreicht.

4) Am 18. April 1816 war GAUSS, von seinem Sohne JOSEPH begleitet, zu einer fünfwöchentlichen Reise nach München und Benediktbeurn aufgebrochen, um mit FRAUNHOFER und REICHENBACH persönliche

20. Preisaufgabe. Dass er aber im Ernste mit dem Gedanken umging, an einer solchen Unternehmung mitzuwirken, geht daraus hervor, dass er sich bereits viele Mühe gegeben hatte, in Rücksicht auf eine solche Operation, die von EPAILLY[1] im Hannoverschen gemessenen Winkel zu erhalten[2], während SCHUMACHER, worauf er hinwies, den Vorteil hatte, dass Dänemark schon einmal trigonometrisch vermessen war[3] und daher die zeitraubende und lästige Auswahl der Dreieckspunkte erleichtert wurde.

Besprechungen wegen eines Passage-Instruments und Meridiankreises zu erledigen. Ein mehrtägiger Aufenthalt auf dem Seeberge bei seiner Rückkehr hatte wohl auch den Zweck, sich wegen der Instrumentbeschaffungen zu orientieren. S. Werke X 1, S. 305.

1) EPAILLY gehörte, wie PUISSANT, TRANCHOT, BONNE, HENRY, BROSSIER zu den französischen Ingenieur-Geographen, deren Tätigkeit im Anschluss an die DELAMBRE-MÉCHAINsche Meridianmessung besonders unter dem Konsulat und dem Kaiserreich Bedeutung erlangte, indem sie einen grossen Teil von Europa aufnahmen. Nachdem EPAILLY bereits an der Karte von Schwaben gearbeitet hatte, wurde 1803 die Karte von Hannover befohlen; in den Jahren 1804—05 machte er nach einer Rekognoszierung des Landes, die durch fast ganz Hannover umfassende, von ihm aufgefundene Pläne unterstützt wurde, die Aufnahmen selbst. Im Herbst 1805 unterbrachen die kriegerischen Ereignisse seine Arbeit. Später wurde die Karte von Hannover mit der Karte des Kaiserreichs vereinigt. Vgl. noch W. IX, S. 365. Die Abschrift der EPAILLYschen Dreiecke erhielt GAUSS 1816 (G.-O. Nr. 448). Ein von GAUSS selbst geschriebenes Verzeichnis der geographischen Koordinaten der EPAILLYschen Punkte befindet sich in dem Seite 27 Anm. 4 erwähnten Aktenstücke,

2) v. LINDENAU, an den sich demnach GAUSS auch in dieser Angelegenheit gewendet hatte, schreibt am 21. Okt. 1815: »Dass ich noch bis zu diesem Augenblicke von meiner Korrespondenz mit EPAILLY auch nicht eine Zeile auffinden konnte, macht mich höchst unmutig ... Der Ort wo alle hierher gehörigen Notizen in Paris aufbewahrt werden, heisst Dépôt de la Guerre de l'Empire français. Direktor ist General SANSON, Souschef, der das ganze dirigiert, Obrist MURIEL, da SANSON ein arger Ignorant ist; unter diesen arbeiten zunächst PUISSANT und HENRY.« (Nr. 143), und am 31. Dez. 1816: »Bei Durchsuchung meiner älteren Briefschaften sind mir auch drei Briefe von EPAILLY an ZACH und mich in die Hände gefallen, die ich hier beilege, wiewohl eben nicht viel erhebliches daraus zu ersehen ist. Wohin mein mitgeteiltes Dreiecktableau hingeraten ist, wird der Himmel wissen. Ich glaube, dass es in den Händen des GR. [?] THÜMMEL ist, da ich diesem 1812 alle Papiere, die auf meine Verbindung mit dem Bureau général de la guerre Bezug hatten, ausgehändigt habe« (Nr. 180).

3) Die ersten ausgedehnteren Triangulationen in Dänemark wurden durch die geographischen Karten veranlasst, welche die Königliche Akademie der Wissenschaften in Dänemark im Verlaufe der zweiten Hälfte des 18. und im Anfange des 19. Jahrhunderts ausführen liess. Um die zur Konstruktion der Karten nötigen Anhaltspunkte zu bekommen, begann man schon 1765 eine Reihe von Dreiecken bei Kopenhagen zu messen und führte diese Arbeiten ohne Unterbrechung fort, indem man verschiedene Dreiecksketten von Seeland mit den umliegenden Inseln durch Fünen und Langeland nach der Halbinsel führte, wo sie sich nach Süden und Norden erweiterten, so dass sie am Ende des Jahrhunderts von Skagen bis zur Elbe reichten. Da man ebenso einen Bogen von nahe 4° auf dem Meridian von Skagen gemessen hatte, lag es nahe ihn zu einer Gradmessung zu benützen, für die Bugge 1787 einen Vorschlag einreichte, der selbst an den topographischen Arbeiten beteiligt gewesen war. Indessen sollte diese erst 30 Jahre später von SCHUMACHER ins Leben gerufen werden (V. H. O. MADSEN, Le Service géodésique du Danemark 1816—19. Den Danske Gradmaaling. Ny RAEKKE, Hefte Nr. 16. Kopenhagen 1916).

Aber nicht nur für die Anlage der Dreiecke hatte GAUSS sich vorzubereiten gesucht, er hatte auch die rechnerische Behandlung der Dreiecksmessungen zum eingehenden Studium gemacht. Hierauf wirft der Schluss des oben im Auszug mitgeteilten Briefes an SCHUMACHER einiges Licht. GAUSS schreibt (vgl. W. IX, S. 346): »Das Programm mit der Preisfrage Ihrer Sozietät ist mir noch nicht zu Gesichte gekommen. Mit LINDENAU habe ich auch über eine Preisfrage konferiert, die in der neuen Zeitschrift[1]) mit dem Preise von 100 Dukaten aufgegeben werden soll. Mir war eine interessante Aufgabe eingefallen, nämlich: »»allgemein eine gegebene Fläche so auf einer anderen (gegebenen) zu projizieren (abzubilden), dass das Bild dem Original in den kleinsten Teilen ähnlich werde.«« Ein spezieller Fall ist, wenn die erste Fläche eine Kugel, die zweite eine Ebene ist. Hier sind die stereographische und die merkatorsche Projektion partikuläre Auflösungen. Man will aber die allgemeine Auflösung, worunter alle partikulären begriffen sind, für jede Art von Flächen. Es soll hierüber in dem Journal philomathique[2]) bereits von MONGE und POINSOT gearbeitet sein (wie BURCKHARDT an LINDENAU geschrieben hat), allein da ich nicht genau weiss, wo, so habe ich noch nicht nachsuchen können, und weiss daher nicht, ob jener Herren Auflösungen ganz meiner Idee entsprechen und die Sache erschöpfen. Im entgegengesetzten Falle schien mir dies einmal eine schickliche Preisfrage für eine Sozietät zu sein. Bei der hiesigen kommt die Reihe des Aufgebens nur alle 12 Jahre an mich.«

21. Die Entstehungszeit der Projektionsmethode. Am deutlichsten spricht sich GAUSS später (13. Januar 1821) an OLBERS[3]) darüber aus (vergl. W. IX, S. 368): »Ich habe mir schon seit Jahren[4]) eine eigene Methode entworfen, wie solche Messungen am zweckmässigsten behandelt werden können, denn alles, was ich darüber gelesen habe, finde ich herzlich wertlos. So haben sich

---

1) LINDENAU setzte ZACHs Monatliche Korrespondenz der Erd- und Himmelskunde (1807—14) fort und gab mit BOHNENBERGER zusammen die Zeitschrift für Astronomie (6 Bände, Tübingen 1816—18) heraus, die GAUSS mit der neuen Zeitschrift meint.

2) Vergl. P. STÄCKEL, *Gauss als Geometer.* W. X 2, Abh. 4, S. 90, Fussnote 1.

3) G.-O. Nr. 399.

4) KRÜGER gibt als Entstehungszeit der Artikel [1] bis [15], [21] und [22] in W. IX, S. 143 ff. die Jahre 1816—20 an, in denen bereits die Projektion der hannoverschen Landesvermessung entstanden sein dürfte. In dieselbe Zeit wird die Beschäftigung mit der konformen Projektion des Sphäroids auf die Kugel verlegt (W. IX, S. 115). Gleichzeitig dürfte sich GAUSS auch mit der Theorie der geodätischen Linie (Artikel [1] und [3] in W. IX, S. 72 und 78) beschäftigt haben. Vergl. W. IX, S. 96. 204.

z. B. viele Mathematiker grosse Mühe mit der Aufgabe gegeben, aus Abständen vom Meridian und Perpendikel die Längen und Breiten zu berechnen, mit Rücksicht auf die elliptische Gestalt der Erde, während, so viel ich weiss, niemand vorher gefragt hat, 1) wie denn jene Abstände, so verstanden, wie man sie gewöhnlich versteht, aus den Messungen mit ebenso grosser Schärfe gefunden werden können, denn es scheint, dass die meisten diese Rechnung wie in der Ebene führen; oder doch ganz unrichtige oder unbrauchbare Vorschriften dafür geben; 2) ob es denn überhaupt nur zweckmässig sei, die so verstandenen Abstände zu gebrauchen, da es entschieden ist, dass, wenn man sie hinlänglich scharf aus den Dreiecken ableiten will, dies nur durch höchst beschwerliche Rechnungen geschehen kann, so wie man aus ihnen nur mit vieler Mühe wieder zu den Längen und Breiten herabsteigt. Das Ganze würde nur ein »die Pferde hinter den Wagen spannen« sein. ☞ »»Soll etwas Brauchbares zwischen die Dreiecke und die Längen und Breiten gesetzt werden, so muss es etwas ganz Anderes wie jene so wie gewöhnlich verstandenen Koordinaten sein.«« Wie dies bei meiner Theorie geschieht, kann ich hier freilich nicht umständlich ausführen; nur soviel bemerke ich, dass das, was ich zwischen die Dreiecke und die Längen und Breiten setze, diejenigen Koordinaten sind, mit denen am zweckmässigsten jeder Punkt in einer Ebene dargestellt werden kann. Diese Koordinaten folgen höchst bequem und leicht aus den gemessenen Dreiecken, und ohne eine sehr genaue Kenntnis der Abplattung der Erde vorauszusetzen; und zweitens aus ihnen folgt wieder ebenso leicht die Länge und Breite, natürlich indem man die Abplattung kennen muss. Ich habe die Absicht, diese Theorie, wo nicht früher, doch mit meinen künftigen Messungen bekannt zu machen, und bitte vorher diese angedeuteten Ideen noch für sich zu behalten. Sehr gern würde ich sie nicht blos auf die hannoverschen Dreiecke, sondern auf alle andern damit in Verbindung kommenden anwenden und so eine Description géométrique eines grossen Teils von Europa geben, wenn ich durch Mitteilungen gehörig unterstützt würde. Aber!«

Es geht aus diesen Briefstellen mit Deutlichkeit hervor, dass Gauss die konforme Projektion für die Darstellung der Koordinaten der Dreieckspunkte in der Ebene bereits vor dem Vorschlage der Preisaufgabe besessen hat. Durch die Briefe von Lindenau wird es wahrscheinlich, dass die erste Idee der konformen Projektion im allgemeinen nicht lange vor Beginn des Jahres 1815 entstanden ist. Leider scheinen die Briefe von GAUSS an v. LINDENAU verloren zu sein (W. VI, S. 654) und man ist auf LINDENAUS Briefe angewiesen, die immerhin einen Anhalt geben.

22. Besuch in Seeberg. Briefwechsel mit Lindenau[1]). Bei dem etwa vierzehntägigen Besuch auf dem Seeberg, der, wie es scheint, am 18. September 1812 begann, hatte ein Gespräch über den Unterschied im Niveau des roten und des mittelländischen Meeres GAUSS den ersten Anstoss zur Bearbeitung der Attraktion der Sphäroide gegeben[2]), die ihm als eine für die Gestalt der Erde besonders interessante Untersuchung erschien[3]) (W. V, S. 281).

Es scheint aber auch dort eine Triangulation zur Verbindung der Sternwarten Seeberg und Göttingen zur Sprache gekommen zu sein. LINDENAU schreibt im Anschluss an diese Unterredung am 24. Januar 1813: »Einen Theodolit werde ich vielleicht früher erhalten und dann können wir die geodätische Verbindung unserer Sternwarten sogleich in Ausführung bringen. Was

---

1) V. LINDENAU hatte an der S. 23 erwähnten Vermessung Thüringens teilgenommen. In einem Briefe an GAUSS vom 3. 7. 1808 klagt er, dass ihn die trigonometrischen Arbeiten dieses Jahres sieben Wochen statt drei Wochen aufgehalten hätten; er erwähnt noch einen ihm von Seiten des französischen Gouvernements wegen Triangulierung der Flussgebiete der Werra und Weser gemachten Antrag und setzt hinzu: »Gehen diese Operationen wirklich vor sich, so komme ich in Ihre Nähe und werde dann das Vergnügen haben, Sie in Göttingen zu besuchen«. In einem Schreiben vom 2. 11. 1808 bedauert er wieder seine lange Abwesenheit von der Sternwarte, während der er sich auf höheren Befehl mit einer trigonometrischen Verbindung des Ochsenkopfes mit dem Seeberg beschäftigen musste. Am 8. 9. 1809 dankt er GAUSS für »die so angenehmen und lehrreichen Stunden, die er in GAUSS' Gesellschaft während seines nur leider zu kurzen Aufenthaltes in Göttingen« zugebracht hatte, und am 4. 10. 1810 schreibt er an GAUSS: »Nicht frohen Mutes schied ich in Langensalza von Ihnen, mein teuerster Freund, und oft wünschte ich mich den Abend nach Mühlhausen, um dort noch ein paar Stunden in Ihrer Gesellschaft zu sein. Aber doch ist es mir sehr lieb, Sie jetzt nicht nach Göttingen begleitet zu haben«. Am 18. 4. 1811 erwähnt LINDENAU wiederum einen fünftägigen Aufenthalt in Göttingen, worauf dann im folgenden Jahre der Besuch von GAUSS in Seeberg ein Wiedersehen brachte.

2) GAUSS schrieb in sein Tagebuch: »Theoriam attractionis sphaeroidis elliptici in puncta extra solidum sita prorsus novam invenimus. 1812 Sept. 26. Seebergae« und etwas später: »Etiam partes reliquas ejusdem theoriae per methodum novam mirae simplicitatis absolvimus. 1812 Oct. 15 Gott[ingae]«. W. X 1. S. 570, [142] und [143]. Im folgenden Jahre erschien die Abhandlung: *Theoria attractionis corporum sphaeridicorum ellipticorum homogeneorum methodo nova tractata societati regiae scientiarum tradita* 18. Mart. 1813. W. V, S. 3. Anzeige darüber in den Göttingischen gelehrten Anzeigen: 1813 April 5. W. V, S. 279. Schon MACLAURIN hatte sich mit diesem Gegenstande in der Preisschrift über Ebbe und Flut beschäftigt.

3) LINDENAU erwähnt in einem Briefe (19. 10. 1812), dass GAUSS untersuchen wollte, inwiefern es möglich sei, dass sich vielleicht das Meer in einer Spirale erheben könne.

für Punkte dazu zu benutzen sind, darüber müssen wir beide einmal auf Rekognition ausgehen.« Am 5. Februar 1813 kommt LINDENAU wieder darauf zurück: »Meinen Theodolit erwarte ich in den nächsten Tagen und notwendig müssen wir im Laufe des nächsten Sommers unsere trigonometrische Verbindung zu Stande bringen. Aus meinen Dreiecken habe ich die Seite Hörselberg-Wartburg und auf diese, glaube ich, werden sich die andern Dreiecke am besten gründen lassen.«

Ein Brief vom 28. Mai 1813 scheint eine vorausgegangene Anfrage von GAUSS über die Art der von LINDENAU verwendeten Signale anzudeuten: »Ich gedenke bald einmal eine kleine Rekognoszierungs-Expedition zum Behufe unserer trigonometrischen Verbindung zu machen. Meine Signale waren vierkantige 10—12 Fuss hohe Pyramiden ... Sehr weit und deutlich waren diese Signale sichtbar.«

Am 13. Juni 1813 kündigt LINDENAU seinen Besuch an: »Ich denke dann meine Wanderung zu Fuss und über den Meissner zu machen und mich da zugleich mit nach Dreieckspunkten umzuschauen.«

Die Verbindungstriangulation kam nicht zu Stande, indessen scheint GAUSS aus diesem Anlass im Laufe des Jahres 1814 begonnen zu haben, sich mit der rechnerischen Behandlung der Messungen zu beschäftigen. Am 24. November 1814 nimmt LINDENAU auf eine einschlägige Äusserung von ihm Bezug: »Zu Ihrer Bemerkung über das Irrige, die Koordinaten aus terrestrischen Messungen herzuleiten[1]), so wie dies früher geschah, erlaube ich mir eine Einwendung. Dass das Verfahren, wie es z. B. SOLDNER[2]) in der Mon. Corr. vorgeschlagen und wie es ZACH und andere in Anwendung gebracht haben, irrig ist, darüber bin ich ganz einverstanden[3]). Allein wenn die Koordinaten so berechnet werden,

---

[1]) GAUSS dürfte sich ähnlich wie an der oben angeführten Stelle aus dem Briefe an OLBERS auch LINDENAU gegenüber geäussert haben.

[2]) Monatliche Correspondenz, Band XI, Seite 1. Über die kürzeste Linie auf dem Sphäroide, und insbesondere S. 11: Perpendiculaire à la méridienne, und Methoden, vermittelst derselben die geographischen Längen und Breiten aus einem Triangelnetze zu berechnen und Seite 17: Nähere Bestimmung der Methode, aus Perpendikel und Abstand die Länge und Breite zu finden. [Im Register zu ZACHs Mon. Corr. fehlt dieser Aufsatz unter SOLDNER.]

[3]) SOLDNER vernachlässigt bei seiner Theorie der kürzesten Linie das Quadrat von

$$\varepsilon = \frac{a^2 - b^2}{a^2 + b^2} = \omega + \frac{\omega^2}{2} - \frac{\omega^4}{4} - \frac{\omega^5}{4} \cdots$$

wie es PUISSANT (*Géodésie*[1]), p. 122) tut, oder wenn die gemessenen Dreiecks-
stücke auf Chorden und Chorden-Winkel reduziert werden, oder wenn das
berücksichtigt wird, was LEGENDRE (Mémoires de l'institut 1806) darüber gesagt, so scheint es mir, als werde man die Abstände vom Meridian und Perpendikel richtig erhalten. Sehr neugierig bin ich auf Ihre neue zu diesem
Behuf entwickelte Methode und auf die Art, wie Sie dadurch Kontrollen für
überzählige Winkel erhalten[2]). Die aus ZACHS Messungen sich ergebenden
Differenzen sind arg und ich kann Ihre Vermutung, dass Mangel an Genauigkeit im Zentrieren die Ursache davon sei, aus eigener Erfahrung bestätigen. . .
Beiläufig bemerke ich, dass die von Ihnen selbst als die einzig gut anerkannte
Methode für Bestimmung von Längen und Breiten aus geodätischen Messungen
von DELAMBRE ist.«

Hierauf scheint GAUSS mit einigen Widerlegungen geantwortet zu haben,
denn LINDENAU kommt am 6. Dezember 1814 darauf zurück: »PUISSANTS ange-
zogene Stelle spricht nicht von DELAMBRES Methode, sondern gibt eine Art
an, die Koordinaten zu berechnen, die mir strenge Resultate zu gewähren
scheint. Resultate von Landesvermessungen, wo Koordinaten berechnet wurden,
kommen in der Mon. Corr. mehrere vor. In diesem Augenblicke fallen mir
nur zwei: die österreichische und die BOHNENBERGERsche ein«[3]).

(wenn wir mit GAUSS die Abplattung mit ω bezeichnen), also auch das Quadrat der Abplattung. Er erhält
in etwas andrer Form damit aus der gegebenen Breite, Länge und dem Azimut im Anfangspunkte dieselben
Ausdrücke für den Längenunterschied des Endpunktes und die lineare Länge der geodätischen Linie wie
EULER (Mémoires de l'Académie de Berlin 1753, S. 258) und fügt noch die Breite des Endpunktes durch
Umkehrung der durch Integration der Differentialgleichung der geodätischen Linie erhaltenen Reihe hinzu,
die EULER aus Unkenntnis des LAGRANGEschen Satzes noch nicht anwenden konnte. Bei der dann fol-
genden Anwendung auf die Berechnung der Breite und Länge aus Perpendikel und Abstand werden die
letzteren durch Projektion der Dreiecksseiten wie in der Ebene abgeleitet und darauf die gefundenen Aus-
drücke durch Einsetzung des Azimutes = 90° am Fusspunkt des Perpendikels angewendet. ZACH hat
»*Über die Vortrefflichkeit der k. k. österreichischen und der k. bayerischen Landesvermessung und ihre genaue
Übereinstimmung*« (M. C. Bd. XXVIII, S. 135) Untersuchungen angestellt. Er scheint nur die SOLDNERschen
Resultate, aber nicht seine Formeln unmittelbar benutzt zu haben, sondern behandelt dieselbe Aufgabe
(M. C. Bd. XXVIII, S. 135) auf Grund der Methode von BUZENGEIGER (M. C. Bd. XXV, S. 478) und ver-
gleicht sie mit der von ORIANI (M. C. Bd. XI, S. 557).

1) Diese Angabe bezieht sich auf die erste Auflage von L. PUISSANT, *Traité de Géodésie*, Paris 1805.
2) Man könnte etwa an die Notizen [1] und [2] in Werke IX, S. 245—249 denken; jedenfalls sind es
wohl Seitenbedingungsgleichungen, auf die von GAUSS angespielt war.
3) Vergleiche: BOHNENBERGER »*Berechnung der Länge und Breite der trigonometrischen Vermessungen*«

Auf eine freie Seite dieses Briefes hat GAUSS eine kleine Berechnung geschrieben, der er als Überschrift vorsetzte: »Beweis dass PUISSANT nichts taugt«.

Dieser Brief zeigt, dass GAUSS am Ende des Jahres 1814 sich mit der
Darstellung der Dreieckspunkte durch Koordinaten beschäftigte. Der Hinweis
LINDENAUS auf Landesvermessungen, für die Kooordinaten berechnet waren, klingt
wie eine Antwort auf eine sich darauf beziehende Anfrage von GAUSS, der literarischen Nachforschungen abgeneigt war[1]) und daher öfter seine Freunde um

---

und „trigonometrische Vermessung in Süddeutschland«, insbesondere: ZACH. Monatliche Correspondenz, Band
VII, Seite 43, 354, 384, 520 und »trigonometrische Vermessung von Österreich«, besonders Band VIII, S. 18
und Band XXVIII, S. 135 in derselben Zeitschrift.

Band XXVIII, S. 141 gibt der Herausgeber in dem S. 44, Fussnote 3 genannten Aufsatze eine Übersicht über das Verfahren: »Man pflegt ein trigonometrisches Netz gemeiniglich auf den Meridian eines Ortes
zu beziehen. Erstens, um bei einer Länder-Aufnahme und Karten-Entwurf alle Stationen und Dreieckspunkte unabhängig von einander auf das Papier bringen zu können. Dies geschieht, indem man die Abszissen und Ordinaten dieser Punkte von einem angenommenen Meridian und dessen Perpendikel berechnet
und so diese Punkte viel bequemer und genauer, senkrecht von diesen beiden Linien nach einem Massstab
auf die Papier-Sektionen bringt, als wenn man die nach verschiedenen Winkeln geneigten Dreiecks-Seiten
selbst auftrüge. Hierzu wird gerade keine Meridian-Linie unbedingt erfordert, jede willkürliche Linie und
ihre Senkrechte würden dieselben Dienste leisten, sobald man nur einen Winkel kennt oder voraussetzt,
den eine Seite des Dreiecksnetzes mit dieser willkürlichen Linie macht. Allein man will bei geographischen
und topographischen Karten nicht nur allein die richtige respektive Lage aller Ortschaften ... haben, sondern man fordert, dass diese Karten auch genau nach den vier Weltgegenden orientiert sein sollen ...,
man will die geographische Länge und Breite aller Punkte kennen, dazu wird eine richtige und genaue
Orientierung des ganzen Dreiecks-Netzes nach dem wahren Meridian erfordert. Man bewirkt dieses durch
die Beobachtung des Azimuts einer Dreiecks-Seite, das heisst, man bestimmt den Winkel, den eine dieser
Seiten mit dem Meridian eines Ortes macht, und wenn man diesen hat, so hat man auch die Richtungswinkel mit dem Meridian aller übrigen zusammenhängenden Seiten eines Dreiecksnetzes. Damit berechnet
man die Abszissen und Ordinaten, das ist die senkrechten Abstände vom Perpendikel und vom Meridian
aller Punkte, und daraus ferner ihre Längen- und Breitenunterschiede mit dem Hauptorte, durch welchen
man, so zu sagen, den ersten Meridian gelegt hat.

Um sich zu überzeugen, dass ein Dreiecksnetz am äussersten Ende der Messung keine falsche Richtung gegen den Meridian genommen hat, so pflegt man an den beiden äussersten Enden einer langen Drei-
ecksreihe den Richtungswinkel einer Seite mit dem Meridian zu bestimmen. Ist der durch die Dreieckswinkel und vom ersten Richtungswinkel abgeleitete letzte Richtungswinkel dem unmittelbar astronomisch
beobachteten gleich, so ist dies eine Probe, dass das Netz keine Schwenkung gelitten hat. Allein diese
Probe prüft keineswegs des Geodäten Arbeit, sondern blos die des Astronomen, uud beweist nur, dass dieser
in seinen Beobachtungen der beiden Richtungswinkel nicht gefehlt hat«.

[1]) G.-SCH. Nr. 624: »Belesenheit und Nachsuchen ist nicht meine Stärke. Vielleicht können Sie
aber etwas auffinden«. — G.-SCH. Nr. 701: »Ich müsste, wenn meine Mitteilungen Autoritätsrang haben
sollten, erst selbst literarische Recherchen machen, wozu es mir an Zeit — ich gestehe auch an Neigung
fehlt, da derartige Forschungen nicht gerade mein Geschmack sind«.

Mitteilung solcher Angaben bat. Er wollte sich vielleicht überzeugen, ob andre in ähnlicher Weise wie er sich die Sache zurechtgelegt hätten, was dann darauf hindeuten würde, dass er bereits diejenigen Koordinaten, die er in dem Briefe an OLBERS als Zwischenglied zwischen Dreiecksmessungen und den geographischen Koordinaten erwähnt (vergl. Seite 42), ins Auge gefasst hatte.

Seine eigene Aufzeichnung auf dem Briefe von LINDENAU verbessert das Verfahren von PUISSANT, der die Rechnung wie in der Ebene führte, durch Berücksichtigung der sphärischen Exzesse und kennzeichnet es zugleich als eine Koordinatendarstellung in Bezug auf den Meridian und das dazu senkrechte Perpendikel im Anfangspunkte. Dass diese Art der Berechnung »nichts taugt«, liegt wesentlich daran, dass für die grossen dabei vorkommenden Dreiecke die einfache Berechnung der Exzesse nicht ausreicht. Dem gegenüber stellt GAUSS die Berechnung rechtwinklicher sphärischer Koordinaten durch Reihenentwicklung als Muster auf. Er gelangt dabei, teilweise sogar genau, zu denselben Ergebnissen, die SOLDNER einige Jahre früher[1] gefunden hatte. Diese Untersuchungen SOLDNERS konnten ihm aber nicht bekannt sein, da sie viel später veröffentlich worden sind und erst durch die Verwendung bei der Bayerischen Landesvermessung Anerkennung und eine grosse praktische Bedeutung erlangt haben[2]. Auch ist bei denjenigen Formeln, die bei GAUSS

---

[1] SOLDNER übergab der Kgl. Steuervermessungskommission am 5. Mai 1810 im Manuskript eine Abhandlung: »*Über die Berechnung eines geodätischen Dreiecksnetzes und die Ermittlung der sphärischen Koordinaten der Dreieckspunkte*«, welche diese Behörde als ein nicht für die Öffentlichkeit bestimmtes Aktenstück behandelte, und die erst auf Veranlassung von v. BAUERNFEIND zum ersten Male in dem 1873 erschienenen Werke: »*Die bayerische Landesvermessung*« abgedruckt wurde, vergl. F. J. MÜLLER, *Studien zur Geschichte der theoretischen Geodäsie*. Augsburg 1918, Seite 26. An dieser Stelle ist noch auf BAUERNFEIND: *J. G. v. Soldner*, Seite 21, verwiesen.

Die Abhandlung von SOLDNER ist auch in OSTWALDS Klassikern der exakten Wissenschaften Nr. 184, herausgegeben von J. FRISCHAUF, Leipzig 1911 erschienen. Dort ist noch S. 61 angegeben: In Bayern hatte der Kurfürst MAXIMILIAN JOSEPH bereits 1801 ein topographisches Bureau errichtet, das von einer »Steuervermessungskommission« besorgt wurde; dieses wurde mit einer zweiten Behörde »Steuerrektifikationskommission« 1804 zu einer Behörde »Unmittelbare Königliche Steuerkatasterkommission« vereinigt, dessen Vorstand JOSEPH V. UTZSCHEIDER für die topographischen Arbeiten ULRICH SCHIEGG und 1808 SOLDNER berief.

[2] Eine Besprechung von SOLDNERS Theorie findet sich in einem Aufsatze: *Geschichtliche Nachrichten über die ältere Topographie und die neueren Institute für die Landesvermessung in Bayern* von J. N. AULITSCHECK in den Militärischen Mitteilungen, herausgegeben von J. v. XYLANDER und L. KRETSCHMER. 1829. Vergl. F. J. MÜLLER, *Johann Georg von Soldner, der Geodät*. Dissertation. München 1914. Seite 78. Vergl. ferner E. v. HAMMER, *Die Berechnungen der trigonometrischen Vermessungen mit Rücksicht auf die*

und SOLDNER nicht übereinstimmen, die Gestalt, die ihnen SOLDNER gegeben hat, vorteilhafter, so dass man auch hieraus entnehmen kann, dass GAUSS ganz selbständig dazu gelangt ist. GAUSS hätte wahrscheinlich nicht OLBERS gegenüber (in dem Briefe vom 13. Januar 1821) den Ausspruch getan: »Ich habe mir seit Jahren eine eigene Methode entworfen, wie solche Messungen (Dreiecksmessungen I. Ordnung) am zweckmässigsten behandelt werden können; denn alles, was ich darüber gelesen habe, finde ich herzlich wertlos«, wenn er SOLDNERS Arbeiten gekannt hätte.

Nebenbei ist bei der kleinen Rechnung erwähnenswert, dass der von GAUSS verwendete Erdradius der Radius des Äquators ist. Wir wissen leider nicht, wie er auf die naheliegende und berechtigte Frage LINDENAUS, für welche Breite das Beispiel gerechnet sei, geantwortet hat. Man wird aber den Schluss ziehen dürfen, dass GAUSS den mittleren Krümmungsradius für eine bestimmte Breite deshalb nicht verwendet hat, weil ihm damals noch der Begriff des Krümmungsmasses einer Fläche fehlte[1]).

Endlich sei noch darauf hingewiesen, dass die Werte des Erdradius, die GAUSS bei seinen Rechnungen verwendet hat, einen Anhalt für die Zeit geben können, in der sie enstanden sind. In manchen Fällen erhält man eine Bestätigung für diese Zeitfeststellung durch die Werte der benutzten geographischen Breite von Göttingen, für die ebenfalls immer neue verbesserte Werte eingeführt wurden[2]).

---

sphäroidische Gestalt der Erde von J. G. F. BOHNENBERGER. Stuttgart 1885. Einleitung, F. J. MÜLLER, *Studien* usw., Seite 32.

FRISCHAUF sagt a. a. O., Seite 63: Bedeutend war die Anregung, die durch die Landesaufnahme von Bayern an die Nachbarstaaten ausging. Württemberg, Baden, Hessen wurden fast genau nach SOLDNERS Muster aufgenommen. Ihm und seinen hervorragenden Nachfolgern ist der hohe Stand des Vermessungswesens in Bayern zu danken. Die wenigen Stellen, wo allgemein Bekanntes des Zusammenhanges wegen mitgeteilt wird, abgerechnet, geht SOLDNER seine eigenen Wege. Originalität, Gründlichkeit und überaus klare Darstellung zeichnen die ... Abhandlung aus.

1) Siehe P. STÄCKEL, *Gauss als Geometer.* W. X 2, Abh. 4, Seite 96, 103.

2) Wir geben hier eine Zusammenstellung der von GAUSS für die Dimensionen der Erde und für die Polhöhe von Göttingen verwendeten Zahlenwerte.

Zuerst benutzte GAUSS den Abplattungswert 1 : 310.

Für diesen Wert erklärte sich Freiherr v. ZACH (Bibl. Britannique Août 1810; Mon. Corr. XXIII, S. 254/255, vergl. S. 156). Derselben Abplattung bediente sich v. MÜFFLING bei allen Formeln und Hülfstafeln für die topographischen Arbeiten des Preussischen Generalstabs (Instruktion für die topographischen Arbeiten des Kgl. Preuss. Generalstabs vom 15. Januar 1821) und bei der Längengradmessung zwischen

Am 6. Februar 1816 erinnert LINDENAU von neuem an den Triangulierungsplan: »Im Laufe dieses Jahres müssen wir doch auch ernstlich an die trigonometrische Verbindung unserer Sternwarten denken und solche bewerk-

---

Dünkirchen und dem Seeberg bei Gotha (1826, Seite 19 ff.), aus der er aber folgerte, dass sie zu gross sei und nur 1 : 315,2 betrage (Seite 20/21 und Astr. Nachr., Band 2, Nr. 27, Seite 37). Für den Äquatorradius nahm v. MÜFFLING bei den topographischen Arbeiten 1 693 183,15 Pr. Ruthen an, welchem Wert $\log a = 6,8046121$ in Metern entsprechen würde.

GAUSS berechnete dagegen mit der Abplattung 1 : 310, unter Annahme des Meridian-Quadranten $Q = 10\,000\,000$ m $\log a = 6,8045809$ (Werke IX, Seite 68, 119). Denselben Wert hat er bei der Rechnung auf dem oben (Seite 46) erwähnten Briefe von LINDENAU vom 6. Dezember 1814 verwendet. Mit dem Verwandlungslogarithmus 9,7101800 (genauer ist er 9,71018007) erhält er daraus $\log a = 6,5147609$ (Werke IX, S. 118).

Im Jahre 1819 erschien die *Dissertatio de forma et magnitudine telluris* von WALBECK (Werke IX, S. 71, Zeitschrift für Vermessungswesen 1893, S. 426—434), nach der die Abplattung 1 : 302,78, die Länge des Meridian-Quadranten 5 130 878,22 Toisen ist. GAUSS nimmt $Q = 5130878,3$ Toisen an (Werke IX, S. 69). Spätestens im August 1820 (wo WALBECK sich 8 Tage in Göttingen aufhielt) wird GAUSS die Abhandlung von WALBECK kennen gelernt haben. Beim Beginn der Gradmessungsarbeiten hat er dann die Zahlen benutzt (G.-O. Nr. 448)

$$a = 3\,271\,821 \qquad b = 3\,261\,011 \qquad \omega = 1 : 302,68,$$

wobei er infolge eines Schreibfehlers 302,68 an Stelle von 302,78 verwendete und bis 1824 beibehielt.

Für $Q = 5130878,3$ Toisen erhielt er $\log a$ (in Toisen) $= 6,5147893106$ und für $Q = 10\,000\,000$ m $\log a = 6,8045978348$ (Werke IX, S. 69). Mit der Abplattung 1 : 302,68 sind die Rechnungen und Tabellen in Werke IX, S. 83, 87, 114, 125, 126, 149, 160—162, 172, 173 ausgeführt, sodass ihre Entstehungszeit vor 1824 anzunehmen ist.

Von 1824 an benutzte GAUSS (G.-O. Nr. 523) die Abplattung 1 : 302,78. Für $Q = 10\,000\,000$ berechnete er $\log a = 6,804597596978$. Werke IX, S. 69. Dieser Abplattungswert, bezw. der genauere 1 : 302,7827, ist in Werke IX verwendet: S. 82, 139, 182, 184, 192, vergl. 197 (vergl. auch Werke X 1, S. 230).

Auf Veranlassung von GAUSS berechnete Dr. SCHMIDT (vergl. Astronomische Nachrichten Bd. 7, und J. C. EDUARD SCHMIDT, Lehrbuch der mathematischen und physischen Geographie. Teil I. Göttingen 1829) neue Elemente und erhielt die Abplattung 1 : 298,39 und den Meridiangrad 57010,35 Toisen. Nach einer neuen Rechnung erhielt SCHMIDT die Abplattung 1 : 297,732 und 57008,551 Toisen für den Meridiangrad (G.-SCH. Nr. 362,378); diese Werte legte GAUSS seinen neuen Hilfstafeln zu Grunde (Werke IX, S. 213). Die Länge des Meters ist darnach 443,29849 Linien (Werke IX, S. 207). Diese Werte sind ungefähr 1830 in Gebrauch genommen. (Im Koordinatenverzeichnis hatte GAUSS nach einem Briefe von Dezember 1827 (Werke IX, S. 281) an SCHUMACHER als Einheit 443,307885 Par. Linien angewendet, was dem früheren Werte von SCHMIDTs Meridiangrad entsprechen würde.)

In den »*Untersuchungen über Gegenstände der höheren Geodäsie*« verwendete GAUSS die von BESSEL 1841 abgeleiteten Erddimensionen (Astronom. Nachr., Band 19, Nr. 438, Seite 116): $\log a = 6,5148235337$ (in Toisen), $\log \cos \varphi = \log \sqrt{1 - e^2} = 9,9985458202$ (die Abplattung ist nach BESSEL a. a. O. 1 : 299,1528). Wird a blos von der Abplattung abhängig angesehen, d. h. $Q = 10\,000\,000$ m gesetzt, so findet GAUSS $\log a = 6,8046062999$ und $a = 6376851,447$ (Werke IV, S. 330).

XI 2 Abb. 1.   7

stelligen.« In dem Briefe an SCHUMACHER (S. 41) hatte GAUSS erwähnt, dass er mit LINDENAU über eine Preisfrage konferiert hatte, die in der neuen Zeitschrift bekannt gegeben werden sollte. Hierauf antwortet LINDENAU in einem (nicht datierten) Briefe: »Ihre Aufgabe über allgemeine Theorie der Projektionen spricht mich sehr an und mein Wunsch entscheidet für diese; nur frage ich an, ob Sie meinen, dass man die ganzen (von COTTA ausgesetzten) 100 Dukaten darauf setze oder nur 50 und die andern auf zwei der besten

---

Gelegentlich erwähnt, aber nicht verwendet wird noch die Abplattung nach Sabine 1 : 289 (Werke IX, S. 378).

Ebenso wie die Zahlenwerte der Erddimensionen kommen diejenigen der Polhöhe von Göttingen in Betracht, die sich bis 1816 auf die alte Sternwarte, von 1817 ab auf die neue Sternwarte beziehen. Da es sich hier nur um Feststellung der Entstehungszeit von Rechnungen und Rechnungsbeispielen handelt, erübrigt sich ein Eingehen auf die Gründe der Verschiedenheit der Polhöhenwerte und es wird auf die Abhandlung von M. BRENDEL *über die astronomischen Arbeiten* (Werke XI 2) verwiesen.

Die erste Angabe scheint $51^0 31' 55{,}''61$ in dem Briefe vom 8. April 1813 an OLBERS zu sein (G.-O. Nr. 266).

In dem Briefe vom 13. Dezember 1814 wird die Länge $30^0 23'$, die Breite $51^0 31' 55''$ (G.-SCH. Nr. 64) angegeben. In Briefen an OLBERS aus demselben Jahre werden als Ergebnisse aus Beobachtungen von Südsternen $52{,}''5$, aus Polarsternbeobachtungen $55{,}''5$, aus Sonnenbeobachtungen im Sommer $49''$, im Winter $51''$ erwähnt (G.-O. Nr. 278). Im Dezember 1814 gaben die Polarsternbeobachtungen $51^0 31' 55{,}''44$ (G.-O. Nr. 287, vergl. G.-SCH. Nr. 64). Im Januar 1815 wird $55{,}''31$ aus Polarsternbeobachtungen, $50{,}''47$ aus Sonnenbeobachtungen angegeben (G.-O. Nr. 289). Auf den Polarsternergebnissen scheint die Angabe in dem Schreiben an SCHUMACHER zu beruhen.

Im Jahre 1817 wird $51^0 31' 49{,}''3$ in einem Briefe an OLBERS (G.-O. Nr. 335) angeführt mit der Bemerkung: Ebenso viel gibt die Übertragung von der alten Sternwarte. In den folgenden Jahren sind folgende Werte angegeben:

1820	Febr.	$51^0 31' 50''$	(G.-SCH. Nr. 98).
1820	Okt. 4.	48,7	(G.-O. Nr. 394) ⎫ (G.-B. 143).
1822/3		48,7	(G.-O. Nr. 523) ⎭
1824	Febr.	46,84	(G.-O. Nr. 491).

$$\left.\begin{matrix} 47{,}92 \\ 48{,}03 \end{matrix}\right\} \quad 48{,}0 \text{ aus Zirkumpolarsternen im Jahre 1820 (G.-O. Nr. 493).}$$

47,92 stimmt mit der Zahl für den Platz des Zenitsektors im »Breitenunterschied« überein.

1824	Mai	51 31 47,638	(G.-O. Nr. 502).
		48,00	(G.-O. Nr. 523).
		48,10	(G.-SCH. 215).
1828	Juli	51 31 47,85	wurde aus den Beobachtungen zur Bestimmung des Breitenunterschiedes, die 1827 ausgeführt waren, als Polhöhe des REICHENBACHschen Meridiankreises erhalten.

Abhandlungen, die über Kometen und Mondtheorie eingingen, bestimmte. In den Mémoires de l'Institut kommt nichts hierher gehöriges vor, allein ob nicht vielleicht Monge den Gegenstand in dem Journal de l'école polytechnique abgehandelt haben könnte, dies lasse ich unentschieden, da ich diese Sammlung nicht vollständig besitze. Eine Abhandlung von Euler über einen verwandten Gegenstand erinnere ich mich früherhin einmal gelesen zu haben.«

Nachdem an einigen Stellen des Briefwechsels von der Reise[1]), die Gauss wegen Bestellung von Instrumenten nach München und Benediktbeuern unternehmen wollte und an der nach Gauss Wunsch Lindenau teilnehmen sollte, die Rede war, kommt Lindenau am 31. Mai 1816 wieder auf die Triangulation zurück: »Käme unsre längst projektierte Verbindung noch im Laufe dieses Sommers oder Herbsts zu Stande, so könnten wir einander wohl noch einmal auf einer Bergkuppe treffen. Ich habe Herrn von Studtnitz, der jetzt eine Reise ins Hessische macht, aufgegeben, behufige Dreieckspunkte für uns ausfindig zu machen.«

Am 18. Juni 1816 teilt Lindenau bezüglich des Themas der Preisfrage mit: »Burckhardt, an den ich vor einiger Zeit geschrieben und befragt hatte, ob wohl Ihre mir mitgeteilte Aufgabe über Projektionen schon irgend in Paris behandelt worden sei, schreibt mir, dass dies im wesentlichen im Journal polytechnique von Monge und Poinsot geschehen. Ist dies nun wirklich der Fall, so hätte ich dann wohl Lust, für die Preisfrage die Sonnenparallaxe und den Kometen von 1680 mit Berücksichtigung der Störungen zu wählen.«

Diese, wie bereits (Seite 41) bemerkt, irrige Bemerkung Burckhardts veranlasste Gauss wohl zu einer Rückfrage, auf die Lindenau am 28. Juni 1816 antwortete: »Burckhardts Brief enthält kein ganz genaues Zitat, indem es nur heisst, die Arbeiten stünden im Journal polytechnique; leider existiert dies in Gotha nicht, so dass ich mich noch nicht näher von der Sache unterrichten konnte.«

Nachdem Gauss den Brief von Schumacher mitgeteilt hatte, erwiderte Lindenau am 6. Juli 1816: »Das wesentliche in Schumachers Briefe ist für mich die darinnen angekündigte Gradmessung, von der ich günstige Resultate wünsche und hoffe. Hinsichtlich meiner Teilnahme daran werde ich sehr

---

[1]) Vergleiche Seite 39, Anmerkung 4.

laxif oder richtiger verneinend antworten, denn, im Vertrauen gesagt, finde ich, dass es eine etwas sonderbare Zumutung ist, eine Reise von circa 200 Meilen auf eigene Kosten zu machen, um eine Rakete platzen zu sehen. Daran aber, dass ich in meiner Antwort an SCHUMACHER den Nutzen einer solchen Expedition auf das beste lobe und preise, will ich es nicht fehlen lassen. Auch spreche ich da ganz meiner Überzeugung gemäss, indem es mir sehr wünschenswert erscheint, dass eine anderweite nordische Gradmessung befriedigender als seither über die Differenzen von MAUPERTUIS und SVANBERG entscheiden möge.«

Am 17. Juli 1816 folgte ein anderer Brief aus Seeberg, in dem es heisst: »SCHUMACHER habe ich nun geantwortet: ich wünsche auf das lebhafteste, dass seine Operation, die für Topographie und höhere Geodäsie von grosser Wichtigkeit werden kann, zu Stande kommen möge, und ich glaube, dass SCHUMACHER die Sorgfalt und Emsigkeit besitzt, um eine solche Unternehmung mit Erfolg auszuführen. Sehr interessant wäre, wenn Sie die Hannöverschen Dreiecke mit den SCHUMACHERschen in Verbindung bringen und dadurch die Länge und Breitendifferenz von Göttingen-Copenhagen trigonometrisch bestimmen könnten. Sobald das Wetter schön wird, werde ich auf den Schneekopf gehen, um Jena-Seeberg zu verbinden. Die Signale sind gesetzt und vier Dreiecke werden zu dieser Verbindung hinreichen. Könnten wir doch nur auch einmal unsre Verbindung zu Stande bringen.«

Sodann sei eine Äusserung LINDENAUS vom 7. September 1816 erwähnt: »Ich habe jetzt jemanden mit der Gegend von hier nach Göttingen bekannten ausgeschickt, um uns Dreieckspunkte auszusuchen; wären diese erhalten, und das Wetter dann noch günstig, so hätte ich gar nicht übel Lust, noch im Laufe dieses Herbstes eine kleine Exkursion deshalb zu machen. Mit NICOLAI versuche ich jetzt die Methode der Längenbestimmungen durch Mondkulminationen . . .; wenn Sie die Sternwarte bewohnen, wollen wir diesen Versuch für unsere Längendifferenz doch auch machen.«

Endlich schreibt LINDENAU am 27. September 1816: »Unsere doch sicher im nächsten Sommer auszuführende trigonometrische Verbindung wird wenig Schwierigkeiten haben: 1. Dreieck: Seeberg-Inselsberg-Struth. 2. Dreieck: Inselsberg-Struth-Meissner. 3. Dreieck: Struth-Meissner-Gleichen. Von Meissner und Gleichen sieht man ja wohl den Göttinger Turm und so wäre die Verbindung gemacht. Unsere Längendifferenz würde sich vielleicht sogleich durch die auf der Struth zu gebenden Pulver-Signale bestimmen lassen.«

LINDENAU hat, wie aus seinen Briefen hervorgeht, das Interesse von GAUSS für Triangulationen wach zu halten verstanden. Nicht weniger mögen die gegenseitigen Besuche beiden Männern Gelegenheit gegeben haben, geodätische Fragen zu besprechen. Von dem Aufenthalt auf dem Seeberge im Herbst 1812 wissen wir, wie bereits erwähnt, dass solche Themata zur Sprache kamen, und die 1813 erschienene Arbeit von GAUSS über die Theorie der Anziehung homogener Ellipsoide war eine Frucht dieses Besuches. Leider erwähnt ENCKE, der zwei Jahre später GAUSS am 25. September 1814 nach Seeberg begleitete, nichts von dem Inhalt der damals zwischen GAUSS und LINDENAU geführten Gespräche, die er mit dem grössten Interesse verfolgte. Die Fülle der Gedanken, die GAUSS in dem zweiten Jahrzehnt hervorbrachte, ist nur vergleichbar derjenigen in seiner Jugendzeit, etwa dem letzten Jahrzehnt des vorangegangenen Jahrhunderts. Dieses gewaltige Wehen seines Geistes offenbarte sich damals dem jungen ENCKE, der seinen Eindruck in Worte kleidet, die sonst wohl nur einem Dichter oder Künstler gegenüber angebracht erscheinen: er sei von den herrlichen Ansichten, die GAUSS Abends nach Tische aufstellte, wie berauscht gewesen.

23. Abbildungsaufgabe. Von den Gedankengängen, die GAUSS damals im Hinblick auf die Geodäsie und in engem Zusammenhang damit auf die Flächentheorie beschäftigten, ist vieles erst später und manches erst nach 30 Jahren in die Erscheinung getreten. Nur wenige Anhaltspunkte für die Zeit der Entstehung der einzelnen Gedanken lassen sich finden. In der *Theoria attractionis* kommen hierfür zwei Stellen in Betracht. Wenn im Artikel 6 um den angezogenen Punkt eine Kugel mit dem Einheitsradius beschrieben wird und durch einen Strahlenkegel kleine Flächenstücke auf ihr und der Fläche ausgeschnitten, auf einander projiziert und über die Fläche integriert werden, so liegt es nicht fern, damit die Notiz 2 (Werke VIII, S. 367) zu vergleichen, in der das Element der Oberfläche eines Ellipsoids durch das entsprechende auf der Himmelskugel ausgedrückt wird. Die an derselben Stelle und wohl nahezu gleichzeitig entstandene Bemerkung [1] (Werke VIII, S. 367), bei der ein Flächenelement und ein Kugelflächenelement in der Weise mit einander korrespondieren, dass der Kugelradius und die Flächennormale in den

entsprechenden Punkten einander parallel sind, enthält zum ersten Male das Krümmungsmass, das aber noch nicht als solches bezeichnet wird. (Vergleiche P. STÄCKEL, *Gauss als Geometer*, Werke X 2, Abh. 4, S. 86).

Den mittleren Krümmungsradius scheint GAUSS damals auch noch nicht gekannt zu haben. Es wäre denkbar, dass LINDENAUS Frage (vergl. Seite 48) für welche Breite die von GAUSS angestellte Rechnung gelte, ihn zu diesem Begriff hingeführt hätte; jedoch ist es wahrscheinlicher, dass er hierzu erst nach der Veröffentlichung der Preisarbeit (im Jahre 1822) gelangt ist. Denn die Preisarbeit benutzt bei der Abbildung des Ellipsoids auf die Kugel den Querkrümmungsradius als Kugelhalbmesser und nicht den mittleren Krümmungs-radius, wie bei der Abbildung in den »Untersuchungen«.

Auf eine andere Stelle der *Theoria attractionis* hat bereits P. STÄCKEL auf-merksam gemacht (*Gauss als Geometer*, a. a. O. S. 87). Sie betrifft eine neue Auffassung der Gleichung einer Fläche, indem in $W(x, y, z) = 0$ die Koordi-naten als Funktionen von zwei unabhängigen Variabeln angesehen werden. So vorteilhaft sich dieses Hilfsmittel für die Flächentheorie im allgemeinen er-weist, so tritt der Nutzen doch ganz besonders bei der Abbildungsaufgabe hervor. Denn es ist auf diese Weise ohne weiteres möglich, die Punkte von zwei verschiedenen Flächen zu einander in Beziehung zu setzen, indem den-selben Werten t, u der unabhängigen Variabeln auf der einen Fläche x, y, z, auf der andern X, Y, Z entsprechen (vergl. Werke IV, S. 194).

Es wird sich kaum ermitteln lassen, in wie weit vor dem Beginn der dänischen Gradmessung bereits die theoretischen Grundlagen von GAUSS aus-gearbeitet waren. Dass er verschiedene Arten der Abbildung ausgeprobt hat, geht aus den Zusammenstellungen in Werke IX, S. 107—140 hervor, je-doch ist sicher ein Teil derselben erst in der Mitte des dritten Jahrzehnts des vorigen Jahrhunderts entstanden. Zweifellos hat er von Anfang an eine winkeltreue Abbildung ins Auge gefasst, bei der die Ähnlichkeit des Bildes mit dem Urbilde in den kleinsten Teilen stattfindet.

23. Verschiedene Abbildungsarten. Die Notizen [1] Werke IX, S. 107, [6] S. 112, [10] S. 115, [1] S. 117, [1] S. 123 folgen in demselben Handbuch unmittelbar auf einander (Werke IX, S. 115). Unter ihnen betreffen die drei ersten die Übertragung des Ellipsoids auf die Kugelfläche[1]), die vierte und fünfte die Abbildung der Kugel auf die Ebene durch stereographische und MERKATORS Projektion. Hiernach scheint GAUSS zunächst eine konforme Doppel-projektion beabsichtigt zu haben.

Bezüglich der Notiz [1] Werke IX, S. 117 kann man vermuten, dass sie ungefähr zur Zeit des Briefes von LINDENAU am 6. Dezember 1814 entstanden ist. Denn die Wahl des Beispiels, das sich auf Marseille und die Insel Planier[2]) bezieht, deutet auf eine Zeit, in der eigene Messungen von GAUSS noch nicht vorlagen. Und in dem Beispiel von Brocken und Göttingen wird die Breite von Göttingen verwendet, die in einem Briefe an SCHUMACHER (G.-SCH. Nr. 64) vom 13. Dezember 1814 vorkommt (vergl. Seite 50, Fussnote). Die Breite von Brocken stimmt mit der Angabe in der Monatlichen Correspondenz Band IX, S. 503 (1804) überein. Ferner ist die Abplattung 1 : 310 auch bei der Rechnung auf dem erwähnten Briefe von LINDENAU (1814) verwendet und jeden-falls von 1820 an nicht mehr benutzt worden. Ebenso ist der Logarithmus der grossen Halbachse in beiden Beispielen derselbe, der in jener Briefnotiz (1814) und Werke IX, Seite 68 vorkommt (vergl. Seite 48, Fussnote).

Unter den im Nachlasse aufgefundenen Aufzeichnungen (Werke IX) sind die genannten hiernach die frühesten. Die Notiz Werke IX, S. 117 *(Stereo-graphische Projektion der Kugel auf die Ebene)* kann man mit ziemlicher Sicher-heit in das Jahr 1814 verlegen, von den andern wird man annehmen können, dass sie erst im Winter 1820/21 entstanden sind, als sich GAUSS mit der Aus-arbeitung der Preisaufgabe zu beschäftigen begann.

Bei der Projektion des Sphäroids auf die Kugel wird, wie in der Preis-aufgabe als Radius der Kugel der Querkrümmungsradius in einem Haupt-parallelkreis gewählt. GAUSS untersucht die Veränderung des Vergrösserungs-verhältnisses mit der Breite (Werke IX, S. 108). Er gibt sodann Formeln zur Berechnung der Breite ψ auf der Kugel aus der Breite φ auf dem Sphäroid

---

[1]) Hierbei wählt GAUSS als Kugelhalbmesser den Querkrümmungshalbmesser für einen gegebenen Parallelkreis.

[2]) Die Zahlenwerte (Koordinaten der Insel Planier) sind dem Werke von ZACH *Attraction des mon-tagnes* etc. Avignon 1814 entnommen, über das GAUSS eine Besprechung in den Gött. gel. Anzeigen vom 31. Dezember 1814 verfasst hat (Werke VI, S. 569). Diese Rezensionsarbeit gab ihm das oben erwähnte Beispiel an die Hand, das also auch hiernach im Dezember 1814 entstanden sein dürfte.

und umgekehrt, wobei die Reihenentwicklungen nach Potenzen von $\varphi - P$ bezw. $\psi - P$ fortschreiten; P ist hierin die für Sphäroid und Kugel gemeinsame Breite des Hauptparallelkreises (Werke IX, S. 112). Sodann gibt er auch die Korrektionen der auf der Kugel berechneten Azimute an, die mit umgekehrtem Vorzeichen an den beobachteten Azimuten anzubringen sind (Werke IX, S. 115).

Bei der Verwendung der stereographischen Projektion für die Abbildung der Kugel auf die Ebene werden Formeln für die Berechnung sowohl der Breite auf der Kugel aus den rechtwinkligen Koordinaten, als auch von x und y aus der sphärischen Länge und Breite abgeleitet. Bemerkenswert ist bei dieser Notiz (Werke IX, S. 117), dass irgendwelche Anklänge an die Darstellung von LAGRANGE (vergl. OSTWALDS Klassiker Nr. 55) fehlen. Ferner gibt das Beispiel für Göttingen und Brocken (wo die Breite von Göttingen auf das Jahr 1814 oder 1815 hinweist, wozu auch der Abplattungswert passt) die einzige durchgeführte Rechnung für die konforme Doppelprojektion. Vervollständigt ist die Untersuchung noch durch die Angabe der Korrektion des Azimutes der geradlinigen Verbindung der beiden projizierten Örter, um auf das sphärische Azimut übergehen zu können.

Bei MERKATORS Projektion (Werke IX, S. 123) werden ebenfalls Länge und Breite aus den ebenen Koordinaten und umgekehrt diese aus den sphärischen geographischen Koordinaten mit Berechnung der Meridiankonvergenz abgeleitet. Ferner wird die Verbesserung des Azimuts der Richtungslinie und die Längenreduktion angegeben. Diese Notizen sind nach dem Gesagten in gewisser Weise in sich abgeschlossen; die in Werke IX darauf folgenden, z. T. vielleicht etwas später entstandenen, enthalten dann Ausarbeitungen zur bequemeren Durchführung der Rechnung und Tabellen (bei Notiz [2], Seite 124 sind sie weggelassen) und Hilfstafeln. Man wird auch bemerken, dass von der Abbildungsfunktion noch nicht die Rede ist, die in der nach 1825 entstandenen Notiz über die stereographische Abbildung des Sphäroids in der Ebene an die Spitze gestellt wird, wenn auch z. T. die komplexen Grössen verwendet werden. Insbesondere bei der frühesten Notiz lassen sich die Formeln auf elementarem Wege ableiten, wie ja auch die Konformität sich in dieser Weise bei der stereographischen Projektion zeigen lässt.

Kurz zusammengefasst kann gesagt werden, dass GAUSS, vielleicht durch

Unterredungen mit LINDENAU angeregt, im Jahre 1814 die konforme Abbildung der Dreieckspunkte als Ersatz für die Berechnung der Abstände vom Meridian und Perpendikel ins Auge fasste und wahrscheinlich zunächst an eine Abbildung des Sphäroids auf die Kugel und darauf nochmalige Projektion der Kugel auf die Ebene, letztere durch die stereographische Projektion, gedacht hat. Erst 1820 scheint er dann zur eingehenderen Beschäftigung mit dem Gegenstande und zur Erprobung verschiedener Projektionen gekommen zu sein.

IV. Abschnitt. 1816—1820. Beginn der Dänischen Gradmessung.

25. Vorbesprechung wegen der Gradmessung. Im Sommer 1816 hatte GAUSS die bereits erwähnte Reise nach Benediktbeuern unternommen, im Herbst desselben Jahres bezog er die Amtswohnung in der neuen Sternwarte. Hier konnte er die Einrichtung der Beobachtungsräume betreiben und die Aufstellung der Instrumente bewerkstelligen. Mit Ungeduld erwartete er die Ankunft der bei REICHENBACH und REPSOLD bestellten Instrumente, um die praktische Tätigkeit beginnen zu können[1]. Die Zeit, die ihm neben der dienstlichen Beanspruchung und den astronomischen Beobachtungen für theoretische Arbeiten blieb, benutzte er, um die begonnenen Untersuchungen abzuschliessen[2]. Andererseits beschäftigte ihn die nichteuklidische Geometrie

---

[1] Von den Instrumenten der alten Sternwarte waren nach der neuen der sechsfüssige Mauerquadrant von BIRD und das zehnfüssige Spiegelteleskop von WILHELM HERSCHEL gekommen. An einem BORDAschen Kreise, den er gleichzeitig mit einem achtzölligen REICHENBACHschen Theodoliten 1813 erwarb (G.-SCH. Nr. 52), hat er von 1813 bis 1817 oder 1818 namentlich den Nordstern auf der alten und neuen Sternwarte eifrig beobachtet (G.-SCH. Nr. 920). 1814 hatte sodann GAUSS das FRAUNHOFERsche Heliometer angekauft, mit dem er aber nicht viel beobachtet hat. Im April 1818 konnte er den auf Vorschlag von SCHUMACHER gekauften REPSOLDschen Meridiankreis, den dieser auf seiner inzwischen eingegangenen Privatsternwarte benutzt hatte, aufstellen. 1818 und 1819 langten dann noch das REICHENBACHsche Passageninstrument und der REICHENBACHsche Meridiankreis in Göttingen an. Vergl. M. BRENDEL Werke XI 2.

[2] Es sind hier insbesondere die Abhandlungen zu nennen: *Theorematis fundamentalis in doctrina de residuis quadraticis demonstrationes et ampliationes novae* (Werke II, S. 47) und *Theoria attractionis, quam in punctum quodvis positionis datae exerceret planeta* etc. (Werke III, S. 331), ferner die *Bestimmung der Genauigkeit der Beobachtungen* (Werke IV, S. 109).

und er bildete die transzendente Trigonometrie aus (vergl. STÄCKEL, *Gauss als Geometer*, Werke X 2 Abh. 4, S. 30); die Abbildungsaufgabe, die Flächentheorie und die Theorie des Erdmagnetismus nahmen seinen Geist bereits lebhaft in Anspruch. Der Zeitpunkt, in dem die Aufforderung von SCHUMACHER zur Teilnahme an einem ganz neuen, grossen Unternehmen eintraf, war daher ein sehr ungünstiger und es ist ganz verständlich, dass GAUSS sich nicht sofort zu einer Zusage entschloss, zu der ihn sein wissenschaftlicher Eifer gern fortgerissen hätte. Es kamen noch andre Bedenken hinzu. Ihm fehlte in praktischer Hinsicht die Erfahrung und für die Verhandlungen mit den Behörden und den in Betracht kommenden Stellen die Unterstützung von Sachverständigen, auch zur Teilnahme an den Beobachtungen und zu ihrer Vorbereitung hatte er geschickte Hilfskräfte nicht zur Hand. Dann waren es auch die hohen Kosten der geplanten Vermessung, deren Bewilligung zu beantragen ihm peinlich war. Er hatte, als er den REPSOLDschen Kreis für die Sternwarte erwerben wollte (G.-SCH. Nr. 59), auf ein zweites Passageninstrument verzichtet, weil die Regierung trotz besten Willens die notwendigen Gelder für den Bau der Sternwarte, ja selbst für die Besoldungen nicht immer hatte rechtzeitig flüssig machen können. Soeben erst, im Juni 1816 hatte GAUSS ein Promemoria eingereicht (Werke XI 1, S. 294), um auf die Bestellung eines Durchgangsinstrumentes und Meridiankreises von REICHENBACH anzutragen. Sogleich von neuem um Bewilligungen für die Gradmessung und die dazu nötigen Instrumente bei der Regierung einzukommen, erschien ihm untunlich. SCHUMACHER half ihm über diese Schwierigkeiten hinweg, indem er sich persönlich an den Minister, den Geheimen Kammerrat v. ARNSWALDT in Hannover wandte[1]), der sehr entgegenkommend war und sogleich nach allen Einzelheiten fragte, unter anderm auch, ob nicht Gehilfen nötig wären. Als im September v. ARNSWALDT auf der Rückreise von einer Kur in Wiesbaden durch Göttingen hindurchkam, trug er GAUSS die Abfassung einer schriftlichen Eingabe auf. Da GAUSS dazu mehrere Notizen von SCHUMACHER benötigte, und dessen Antwort auf seine Anfrage verloren gegangen war, so verzögerte das Hin- und Herschreiben die Sache, und er erhielt erst Anfang Dezember von SCHUMACHER die verlangten Angaben über die Ökonomie der Operationen in Dänemark, insbesondere über

---

1) v. ARNSWALDT (SCHUMACHER schreibt.ARNSWALD) war zugleich Kurator der Universität Göttingen.

die Dauer der Messungen, über das Personal und über die Kosten im einzelnen. In der Antwort schlug SCHUMACHER zugleich vor, das südlichste Dreieck der dänischen Triangulation und eine Grundlinie bei Hamburg gemeinschaftlich zu messen. Eine zweite Basis wollte er bei Kopenhagen anlegen, während GAUSS am südlichsten Punkte seiner Dreiecke ebenfalls noch eine Grundlinie ins Auge fassen sollte. Zu Gehilfen schlug er Offiziere vor, die am leichtesten mit der Landbevölkerung zu verhandeln verständen.

26. **Teilnahme an der Messung des Verbindungsdreiecks, an den Sektorbeobachtungen und der Basismessung.** Ende Juli 1817 hatten die eigentlichen Operationen in Dänemark begonnen, und im November waren 1 ½ Grade des Meridianbogens von Hamburg bis zur Insel Alsen trianguliert. Als nun SCHUMACHER 1818 daran gehen konnte, seine südlichsten Dreiecke zu messen, forderte er GAUSS nochmals auf, möglichst im September an den Anschlussmessungen teilzunehmen und sandte ihm eine Skizze der gemessenen Dreiecke und der projektierten Verbindung. GAUSS hatte den Brief etwas zu spät erhalten, um mit dem Kurator über diesen Plan sprechen zu können. Durch eine schriftliche Eingabe fürchtete er aber lästig zu werden, bevor seine Denkschrift über die Teilnahme an der Gradmessung einer Antwort gewürdigt wäre. Indessen wollte er die Anschlussmessungen gern übernehmen, falls SCHUMACHER mit dem Minister verhandeln wollte. Dieser tat auch alsbald die nötigen Schritte, die zu einem günstigen Erfolge führten, und konnte zugleich melden, dass die Fortsetzung der Gradmessung durch Hannover zwar noch nicht beschlossen sei, dass aber v. ARNSWALDT keineswegs bezweifle, dass dies für die Wissenschaft wichtige Unternehmen demnächst ausgeführt werde, und dass er es sich angelegen sein lassen werde, es zu befördern. Am 10. September 1818 konnte GAUSS melden, dass er selbst vom Minister den Auftrag zur Vornahme der Messungen in Lüneburg erhalten habe. Er bat daher SCHUMACHER, ihm die Beschreibung der einzustellenden Signale zu senden und womöglich die genäherten Winkel in Lüneburg anzugeben, um Verwechslungen der Objekte zu verhüten. Auch wegen der Auswahl des zur Aufstellung geeignetsten Turmes in Lüneburg fragte er um Rat (Werke IX, S. 347, G.-SCH. Nr. 79). GAUSS hatte sich nicht wohl befunden; als sich aber seine Gesundheit besserte, freute er sich recht herzlich auf die Reise. Er kaufte einen Wagen und nahm ausser dem zwölfzölligen BORDASCHEN Kreise noch den achtzölligen Theodoliten mit,

um zu sehen, wie die Resultate passen würden. Als Gehilfen hatte ihm ALBERS[1]) den Artillerie-Kapitän MÜLLER (seinen späteren langjährigen Mitarbeiter) vorgeschlagen, er nahm aber für dieses Mal SCHUMACHERS Anerbieten an, der ihm seinen Gehilfen Kapitän CAROC zur Verfügung stellen wollte. Da aber CAROC zunächst noch in Lauenburg mit der Winkelmessung beschäftigt war, wurde URSIN (GEORG FREDERIK KRÜGER) damit beauftragt, GAUSS an die Hand zu gehen. Nachher kam noch SCHUMACHER selbst mit einem REPSOLDschen achtzölligen Theodolithen nach Lüneburg. Die Messungen der beiden Winkel Hamburg-Hohenhorn und Hohenhorn-Lauenburg fanden auf dem Michaelisturm in Lüneburg statt. Die grosse schöne Laterne desselben war aus ganz solidem Stein und die Zentrierung leicht und sicher[2]). Bei diesen Beobachtungen erhielt GAUSS durch ein die Sonne spiegelndes Fenster des Michaelisturmes in Hamburg, das ihn beim Beobachten störte, die erste Anregung zu der im Herbst 1820 gemachten Erfindung des Heliotrops. Die beiden am 8. und 9. Oktober 1818 gemessenen Hauptwinkel teilte GAUSS Ende des Monats SCHUMACHER mit (G.-SCH. Nr. 84). Auch die Zenitdistanzen der drei Punkte hatte er gemessen. Eine Anzahl von Richtungen nach Nebenpunkten hatte er bereits am 3. Oktober beobachtet, wobei er auch Wilsede hatte mitnehmen wollen, das in dem EPAILLYschen Dreiecke Hamburg-Wilsede-Lüneburg vorkam, aber wohl nicht zu sehen war. Am 9. Oktober bestimmte er noch auf der Bastei vor einem Tore von Lüneburg zum Zwecke der Zentrierung mit dem Theodoliten die Winkel zwischen den verschiedenen Türmen und dem Standpunkte von SCHUMACHERS Theodolit. Über die Lüneburger Messungen sandte GAUSS einen Bericht nach Hannover und beantragte die Bewilligung eines grösseren Theo-

---

1) H. C. ALBERS hat sich durch eine nach ihm benannte flächentreue Kegelprojektion bekannt gemacht. Der Empfehlungsbrief von H. C. ALBERS an GAUSS lautet: »Durch den Herrn Prof. SCHUMACHER habe ich ... erfahren, dass Euer Hochwohlgeboren den Auftrag bekommen haben, hierher zu kommen, um den Punkt Lüneburg an die Dreiecksmessung anzuschliessen, die Herr Prof. SCHUMACHER jetzt im speziellen Auftrag seines Königs vollzieht. Vielleicht fehlt es Ihnen an einem tüchtigen Gehilfen und in dieser Absicht wage ich es, Ihnen einen Freund, den jetzigen Artillerie-Kapitän, Herrn Dr. MÜLLER (nicht den Ingenieur-Kapitän und Aide General-Quartiermeister gleichen Namens) in Hannover vorzuschlagen, der einer Ihrer würdigsten Schüler ist und das Wenige, was an seiner Brauchbarkeit vielleicht noch fehlen möchte, sicher bald erwerben und durch Fleiss ersetzen wird. Auch SCHUMACHERS Freund ist er, da er vor dessen Rufe nach Mannheim mit ihm eine zeitlang in Hamburg sich aufgehalten hat«.

2) GAUSS wohnte auf ALBERS' Rat im Schütting, einem vom Michaelisturm etwas entfernten Gasthof am Markte.

doliten. Aber er bekam hierauf, wie auf seine Denkschrift lange keine Antwort. Da benutzte Schumacher, der im April 1819 nach England reiste, um den Ramsdenschen Zenitsektor[1]) persönlich auf dem Woolwich Observatory in Empfang zu nehmen, die Gelegenheit, in London Sir Joseph Banks »der beinahe allmächtig war« die Hannoversche Gradmessung ans Herz zu legen. Er veranlasste ferner den dänischen Gesandten in England, Geheimrat v. Bourke mit dem Grafen Münster, dem Minister für die hannoverschen Angelegenheiten in London, über die Gradmessungsangelegenheit zu verhandeln. Dieser war ein wenig stutzig, dass Gauss nicht selbst sich an ihn gewandt hatte, und wünschte sobald als möglich eine Mitteilung über die Kosten; wenn diese 1500 Pfund Sterling nicht überschritten, würde die Sache schnell entschieden werden. Gauss legte infolgedessen in einem Schriftstück dem Grafen Münster die Bedeutung und den Nutzen der hannoverschen Gradmessung dar (Werke IV, S. 482/483) und unterrichtete auf Schumachers Rat[2]) auch v. Arnswaldt von diesem Schreiben, indem er zugleich nahelegte, ihm die Teilnahme an den Beobachtungen in Lauenburg zu ermöglichen (Werke IV, S. 484/5). Anfang Juni sprach Schumacher auch noch persönlich mit Arnswaldt und es gelang ihm, eine Ministerialverfügung zu erwirken, nach der sich Gauss nach Lauenburg begeben und alle nötigen Vorschüsse erhalten solle. Ende Juni wurde der Sektor in Lauenburg aufgestellt und Gauss nahm

---

1) Der Zenitsektor war das letzte Werk von Ramsden, das er selbst nicht mehr vollenden konnte. Eine Beschreibung des Instrumentes findet sich in: »*An Account of the Trigonometrical Survey carried in he Years* 1791, 1792, 1793 and 1794 by W. Mudge and J. Dalby, woraus ein Auszug in Bigourdan, *Grandeur et figure de la Terre*, Paris 1912, Seite 353—356 gegeben ist. — 1802 hatte General Mudge bei der englischen Gradmessung mit diesem Sektor beobachtet, 1818 wurden von englischen und französischen Gelehrten gemeinschaftlich in Dünkirchen, als dem nördlichsten Endpunkt der französischen Gradmessung eine Reihe von Beobachtungen damit gemacht. Sodann wurde er von der englischen Regierung zu der dänischen Gradmessung auf zwei Jahre geliehen, und Schumacher wollte ihn anfangs von Dünkirchen abholen. Der Sektor gehörte dem Board of Ordnance, die Verfügung darüber hatte der Herzog von Wellington als Great Master of the Ordnance, die besondere Aufsicht lag nach dem Tode von Mudge in den Händen des Oberstleutnant Colby.

Gauss legte Wert darauf mit diesem selben Instrument, das zu den Bestimmungen in Lauenburg, Lysabbel (auf Alsen) und Skagen, auch in Kopenhagen 1819 und 1820 verwendet worden war, in Göttingen, vielleicht auch in Celle oder Hannover die astronomischen Beobachtungen für die Gradmessung anzustellen. Schliesslich diente der Sektor zur Bestimmung des Breitenunterschiedes zwischen den Sternwarten in Altona und Göttingen. 1827 wurde er durch Hauptmann Müller nach London zurückgebracht.

2) In etwas weitgehender Bevormundung legte Schumacher einen Entwurf des Briefes Gauss vor.

an den Beobachtungen teil, von denen er durch die Hitze des Sommers ermattet am 18. Juli etwas überstürzt heimkehrte[1]). Fast überraschen muss es, dass er im Anfang 1820 aus freien Stücken an Schumacher schrieb, es würde ihm grosse Freude machen, in diesem Jahre nochmals einige Wochen in Schumachers Gesellschaft zuzubringen und an seinen Arbeiten teilzunehmen[2]). Nur dass die hannoversche Gradmessung trotz eines freundlichen Schreibens des Grafen Münster noch immer nicht bewilligt war, rief in Gauss das Gefühl der Besorgnis hervor, durch einen Antrag auf eine dritte mit der Gradmessung nur in loser Verbindung stehende Unternehmung, nämlich die Basismessung, lästig zu werden. Wohl nicht ohne die Absicht, seinen Plan von dänischer Seite gefördert zu sehen, sprach er zugleich seine Bereitwilligkeit aus, auf einen von Schumacher geäusserten Wunsch (G.-Sch. Nr. 95) einzugehen, in den Göttinger Anzeigen einen Aufsatz über die dänische Gradmessung zu veröffentlichen und darin ihrer Förderung durch König Friedrich VI. zu gedenken. Freilich wollte er eine blosse Huldigung um so mehr vermeiden, als darin ein verblümter Druck auf seine Regierung erblickt werden könnte. Die Bereitstellung der Mittel für die Fortführung der Dreiecksmessungen sollte freiwillig geschehen, nur dann, aber dann auch recht gern wolle er im wissenschaftlichen Interesse das persönliche Opfer bringen, als das er die ihm bevorstehende Tätigkeit ansah. Bereits nach wenigen Wochen konnte Schumacher melden, der König habe an seinen Gesandten in London Ordre geschickt, von der Hannoverschen Regierung die Gegenwart von Gauss bei der Grundlinienmessung zu erbitten, woran sich noch seine Teilnahme an den Beobachtungen in Lauenburg schliessen sollte. — In einer formellen, wohl zugleich an die Adresse des Königs gerichteten Antwort gab Gauss seine Bereitwilligkeit kund: »Vor allen Dingen muss ich Ihnen zu erkennen geben, wie sehr ich mich dadurch geehrt fühle, dass Ihr vortrefflicher König meine Gegenwart bei Ihrer

---

1) Darauf deuten die in der Eile zurückgelassenen Kleidungsstücke (G.-Sch. Nr. 93/4).

2) Die Gründe, die ihn hierbei leiteten, erhellen aus dem Berichte vom 27. Februar 1820, hier genüge der Hinweis auf folgende Stelle: Da die ganze Gradmessung in extenso in einem eigenen Werke der gelehrten Welt bekannt gemacht werden soll, wird die Anwesenheit eines Zeugen bei einigen der wichtigsten Operationen dazu dienen, die Authentizität zu verstärken (Werke IV, S. 487). — Bei der Basismessung waren ausserdem noch, wie es scheint, Struve (vgl. Struve, *Arc du méridien*), Walbeck und Olbers zugegen, und als Mitarbeiter von Schumacher u. a. Hansen, der dann 1825 Leiter der Sternwarte auf dem Seeberge bei Gotha wurde.

bevorstehenden Standlinienmessung verlangt und sogar geruhet hat, mir den Urlaub dazu zu erwirken. Wenn ich, wie nicht zu bezweifeln ist, diesen erhalte, wird es mir die angenehmste Pflicht sein, Sr. Majestät Befehlen nachzukommen« (G.-Sch. Nr. 98). Endlich konnte Gauss in einem Briefe vom 20. Mai 1820 anzeigen, dass infolge eines Schreibens vom Grafen Münster aus London als Antwort auf den ein Jahr zuvor durch Schumacher besorgten Brief der König die Fortsetzung der Gradmessung durch das Königreich Hannover genehmigt habe (G.-Sch. Nr. 100). Die hierauf bezügliche Kabinetsordre Georgs IV., Königs von Grossbritannien und Hannover an das Ministerium war am 9. Mai 1820 ergangen, die Mitteilung des Ministeriums an Gauss erfolgte unter dem 30. Juni 1820 (Werke IX, S. 431). — Über seine Teilnahme an der Braaker Grundlinienmessung[1]), die einschliesslich der Reise vom 12. September bis 25. Oktober 1820 währte, hat Gauss am 1. November 1820 an das Ministerium berichtet. Über den dabei verwendeten Repsoldschen Apparat urteilt er, dass er an Genauigkeit, Solidität und Zweckmässigkeit alle bei andern Gelegenheiten gebrauchten übertreffe[2]). Die Beendigung der Messung hatte Gauss nicht abgewartet; er bat Schumacher, ihn über den Fortgang bis ins einzelne zu unterrichten. Auf der Rückreise erfuhr Gauss durch v. Arnswaldt, dass Graf Münster mit dem Herzoge v. Wellington wegen Überlassung des Sektors das Nötige vereinbaren wollte. Vor der Reise hatten Gauss und Schumacher verabredet dieselben Sterne in Skagen, wohin letzterer im Mai 1820 gehen wollte, und in Göttingen gleichzeitig zu beobachten. Später wurde Skagen durch Altona ersetzt. Die dänische Gradmessung ist in der beabsichtigten Weise nicht vollständig zu Schumachers Lebzeiten vollendet worden, die Messungen zur Verbindung der Basis und der Dreiecke nahm die folgenden Jahre in Anspruch und 1824 trat eine Unterbrechung ein. 1838 wurde dann noch eine Basis bei Amager bei Kopenhagen gemessen (vergl.

---

1) Braak liegt etwa 12 km nordöstlich von Hamburg.

2) Eine definitive Bestimmung der Stangen ist nie erfolgt, so dass die von Caroc angegebene Entfernung Hamburg-Hohenhorn, auf der die absolute Länge der dänischen und der Gaussschen Triangulation, so wie von Gerlings Dreiecken in Kurhessen beruht, ebenfalls nur als vorläufiger Wert angesehen werden kann. (Vergleiche: Schreiben an den Herrn Doctor W. Olbers in Bremen von H. C. Schumacher, enthaltend eine Nachricht über den Apparat, dessen er sich zur Messung der Basis bei Braak im Jahre 1820 bedient hat, mit 2 von Herrn Ingenieur-Kapitän v. Caroc gestochenen Steindrucken. Altona 1821.)

Den Danske Gradmaaling, Ny Raekke, Hefte 16: *Le Service Géodésique du Danemark* 1816—1916 par V. H. O. MADSEN. Kopenhagen 1916).

V. Abschnitt. Vorbereitungen für die hannoversche Gradmessung.

27. Meridianzeichen. Am Schlusse des Jahres 1820 begann GAUSS mit mancherlei Vorbereitungen für die Gradmessung. Sie brachten ihm viele Widerwärtigkeiten und machten ihn oft unmutig (G.-SCH. Nr. 106). Eine wichtige Vorbereitung war ihm mit einiger Mühe gelungen. Er hatte nach Aufgeben des Planes, von Hamburg anzufangen (G.-SCH. Nr. 113), die Sternwarte in Göttingen als Ausgangspunkt für die Vermessungen ausersehen und musste für die Beobachtung eines Anfangsazimutes die notwendigen Einrichtungen herstellen. Er hatte zu diesem Zwecke anfangs zwei Meridianzeichen, ein nördliches und ein südliches, ins Auge gefasst. Es gelang ihm indes nur auf der Nordseite die Schwierigkeiten zu überwinden und sich die Aussicht auf einen Hügel jenseits des Dorfes Weende zu verschaffen, der etwa 5 km entfernt war. Das Gelände eignete sich sehr zu einem Meridianzeichen, das in 42′ Höhe sich gegen den Horizont projizierte[1]). Am 14. Dezember war der Meridianschnitt frei, und es konnte zunächst ein Interimszeichen gesetzt werden.

28. Auswahl der Dreieckspunkte. Welche Schwierigkeiten GAUSS hatte, um die von EPAILLY 1804—05 gemessenen 94 Dreiecke zu erhalten, die den südlichen Teil von Hannover mit Hamburg auf einem grossen Umwege verbanden, wurde bereits erwähnt (S. 40)[2]). Auch LAPLACE konnte ihm kein vollständiges

---

[1] Schade, sagt GAUSS, »dass α Lyrae bei der untern Kulmination noch mehrere Minuten tiefer durchgehen wird; nach etwa 150 Jahren, wenn dann hier noch observiert wird, muss der Stern aber herausleuchten«.

[2] »Die Fragmente, die ich von EPAILLYs Messungen auf verschiedenen Wegen erhalten habe, setzen mich in den Stand, eine Kette von Dreiecken von Herkules bis Bentheim so ziemlich zu restituieren und meine eigenen damit zu verbinden. Bei Bentheim schliessen sich wieder die KRAYENHOFFschen und an diese bei Dünkirchen die französischen an«. (G.-G. 21. Februar 1822. Vergl. G.-O. Nr. 447. 448 und G.-SCH. Nr. 113.)

Winkelverzeichnis, sondern nur eine Übersichtskarte verschaffen. Das Aussuchen der Dreieckspunkte wurde dadurch sehr behindert, dass im Lüneburgschen eine grosse Lücke vorhanden war. Nur für den südlichen Teil erhielt Gauss auf verschiedenen Wegen einzelne Resultate und kannte alle Epaillyschen Punkte. Dies war mitbestimmend für ihn, die Triangulation von Süden zu beginnen, wobei noch die Nähe von Göttingen wegen der leichteren Abhilfe bei Verlegenheiten im Anfange der Operationen in Betracht kam.

Als sehr wesentlich sah er den Anschluss an diejenigen fremden Triangulationen an, die Hannover im Süden berührten, wodurch die Gradmessung einer Ausdehnung in dieser Richtung fähig würde. Seit 1816 hatte der preussische Generalstab die Vermessungen für eine Karte übernommen und v. Müffling hatte mit einer Dreieckskette begonnen, die durch Hessen, Thüringen und Brandenburg führte, das französische, bayerische und österreichische Netz verbinden sollte und Ende der zwanziger Jahre vollendet wurde. Die bereits vorliegenden Ergebnisse wurden Gauss bereitwillig mitgeteilt.

29. **Instrumente.** Eine wesentliche Vorbereitung betraf die Bestellung der zur Gradmessung nötigen Instrumente. Der Bemühungen um den Ramsdenschen Sektor wurde schon gedacht (S. 61, Fussnote); als transportables Instrument war er notwendig, falls noch ein Zwischenpunkt, an dem die Breite bestimmt werden sollte, eingeschaltet wurde; sodann war es wünschenswert, mit demselben Instrumente am südlichen Endpunkte der Gradmessung zu beobachten, das am andern Endpunkte verwendet worden war; endlich erschien es wichtig und lehrreich, die Güte des Instrumentes, mit dem so viele wichtige Bestimmungen ausgeführt waren, durch vergleichende Beobachtungen an diesem Instrument mit dem Reichenbachschen Meridiankreise zu prüfen; die hierbei gemachten Erfahrungen liessen sich dann bei den Meridianbeobachtungen der Sternwarte verwerten.

Ebenso traf Gauss bereits im Sommer 1820 angemessene Einleitungen, um die unmittelbar auf den geodätischen Teil der Gradmessung bezüglichen Instrumente zu beschaffen. Für die eigentlichen Winkelmessungen bestellte er bei Reichenbach, dessen Werkstatt gerade sein ehemaliger Werkmeister Ertel übernommen hatte, einen 12-zölligen Theodoliten und ein Universalinstrument[1]), die im Mai und Juli 1821 abgeliefert werden sollten. Auch

---

1) Das vorzüglich wegen der Azimutmessungen bestellte Universalinstrument hat Gauss im November 1822 erhalten (G.-B. Nr. 135).

bei diesen Verhandlungen hatte er vielfach Verdruss, indem er keine Antwort erhielt, obwohl er deshalb noch an SOLDNER in München geschrieben hatte (G.-SCH. Nr. 106). Ein Trost war es nur, dass er für Rekognoszierungszwecke einen kleinen (5-zölligen) Theodoliten von TROUGHTON durch SCHUMACHERS Besorgung im März 1821 in Händen hätte, und dass ihm dieser auch ein Universalinstrument mit gebrochenem Fernrohr, den sogenannten Stutzschwanz, anbieten konnte, auf den GAUSS aber nachher verzichtete.

Viel Not bereitete ihm noch die Saumseligkeit von REPSOLD, von dem er eine Reverberenlampe wünschte, um damit Versuche anzustellen. Auch dieser gab ihm keine Antwort und GAUSS erhielt die Lampe erst im Mai 1821. Über die Absichten, die GAUSS hierbei hatte, wird im Folgenden im Zusammenhange gesprochen werden.

30. Gehilfen. Als Gehilfen hatte OLBERS einen Schüler von REICHENBACH, TREVIRANUS, vorgeschlagen, doch führten die Verhandlungen nicht zum Ziele. Als zweiten Mitarbeiter wollte GAUSS aus verschiedenen Gründen einen Offizier wählen. Auch nahm er noch einen dritten in Aussicht, wobei er an G. K. CHR. V. STAUDT dachte. Ferner wollte er noch Volontäre teilnehmen lassen. Anfangs hatte er darauf gerechnet, dass SCHUMACHER ihm CAROC, »das Muster aller Gehilfen«[1]) zur Einübung seiner Mitarbeiter überlassen würde, doch verzichtete er bei den leichten Arbeiten des ersten Jahres auf diese Unterstützung. Er gewann schliesslich als Gehilfen zwei Offiziere der Artillerie, Hauptmann MÜLLER[2]) und Leutnant HARTMANN aus Hannover (GAEDE a. a. O., S. 28 Anm.).

---

1) »Die erforderlichen Eigenschaften für solche Gehilfen sind nicht sowohl besonders tiefe mathematische oder astronomische Einsichten, als vielmehr reger Eifer für die Sache, die grösste Pünktlichkeit und Sinn für die grösste Genauigkeit, eine gewisse praktische Anstelligkeit, einige Kenntnisse vom Bauwesen, einige Bekanntschaft mit dem Geschäftsgange in unserm Lande bei denjenigen Behörden, mit welchen in solchen Angelegenheiten Berührungen vorkommen« (Werke IV, S. 483).

2) Siehe S. 60.

VI. Abschnitt.
Die Erkundung der Dreieckspunkte[1]) (1821) und die Erfindung des Heliotrops.

31. Errichtung von Signalen. Nach diesen Vorbereitungen begann GAUSS um Mitte April 1821 die ersten Erkundungen und vorläufigen Messungen in der Umgebung Göttingens. Auf dem etwa 15 km entfernten Hohehagen bei Dransfeld hatte in 508 m Meereshöhe ehemals ein französischer Signalturm gestanden und die noch erkennbare Stelle erwies sich wegen der sehr ausgedehnten Aussicht überaus schicklich zu einem Hauptdreieckspunkte[2]). Auf Grund von vorläufigen, hier vorgenommenen Messungen wies GAUSS seine beiden Gehilfen an, sogleich bei ihrer Herreise von Hannover, das sie Mitte Mai verliessen, die höchsten Bergspitzen im Hildesheimschen zu erkunden, um einen Punkt ausfindig zu machen, der mit dem Hohehagen und dem von ihm sichtbaren Kötersberge[3]) im Amte Polle ein Dreieck bilden könnte. Dies gelang jedoch nicht, und der Kötersberg selbst erwies sich für die Gradmessung als ungeeignet. Es kamen aber noch der Hils bei Ammensen und der Kahlberg unweit Gandersheim, der ein französischer Punkt gewesen war, zur Berücksichtigung und die Erkundung durch Hauptmann MÜLLER und Leutnant HARTMANN ergab, dass der Kahlberg infolge der seinem Namen widersprechenden starken Bewaldung nur mit grossen Schwierigkeiten als Dreieckspunkt benutzt werden konnte, während der Hils sich sehr gut eignete, zumal auf ihm nach Norden bis Hannover, ja wie sich später zeigte, bis zum Brelinger Berge freie Aussicht vorhanden war.

Nach der Ankunft der beiden Mitarbeiter in Göttingen wurde dem Leutnant HARTMANN[4]) der Bau des Signals auf dem Hohehagen übertragen, während Hauptmann MÜLLER nach einem nochmaligen vergeblichen Besuche des Köters-

---

1) Eine Übersichtskarte der gemessenen Dreieckssysteme findet sich Werke IX, zwischen S. 434 u. 435.

2) Nahezu an dieser Stelle ist in den Jahren 1909—11 ein 35 m hoher Gaussturm vom Verschönerungsverein Dransfeld aus Basalt errichtet worden, in dem sich eine Gaussbüste von EBERLEINS Hand befindet. Die Aussicht umfasst 9000 qkm.

3) Vom Kötersberge war auch der Herkules bei Kassel sichtbar, der bei einer Verbindung mit den hessischen Dreiecken in Betracht kam.

4) HARTMANN wurde auch damit beauftragt, eine Schneise für das südliche Meridianzeichen auszulichten. Davon ist aber später nicht mehr die Rede.

9*

berges den Bau des Signals auf dem Hils einleitete[1]) und den von GAUSS ausersehenen, bereits im Braunschweigschen gelegenen Kruksberg bei Lichtenberg rekognoszierte. Die Genehmigung zur Abholzung des dort befindlichen Hochwalds konnte leicht erlangt werden.

Eine einheitliche Erkundung des ganzen Gebietes der Gradmessung hat nicht stattgefunden und ist offenbar auch nicht beabsichtigt gewesen. Diese Unterlassung, die sich später in mancher Beziehung fühlbar gemacht und GAUSS manche trübe Stunde verursacht hat, ist zunächst in den damals bestehenden Schwierigkeiten begründet: Die schlechten Reiseverbindungen, die langsame Nachrichtenvermittlung, die Mangelhaftigkeit der Karten, die schwierige Unterkunft in kleinen Ortschaften, die Kostspieligkeit und die technischen Schwierigkeiten des Baues von Erkundungsgerüsten u. a. m. bildeten grosse Erschwernisse. Die Gehilfen waren mit den ihnen obliegenden Aufgaben wenig vertraut, GAUSS musste sie im Gebrauch der wissenschaftlichen Hilfsmittel erst unterrichten[2]) und übernahm manches selbst, was er ihnen nicht zutraute. Immerhin würde, wenn diese Gründe den Ausschlag gegeben hätten, GAUSS wahrscheinlich in Briefen an seine Freunde sein Bedauern über die Unmöglichkeit falls solchen systematischen Vorarbeit ausgesprochen haben. Es waren jedeneiner auch innere Gründe, die ihn davon abhielten. Nicht so sehr, weil er den Anstrengungen einer mehrere Monate dauernden derartigen Tätigkeit sich körperlich und seelisch nicht gewachsen fühlte, sondern mehr noch wird der Wunsch, bald Resultate der Gradmessung zu sehen und vorlegen zu können, in ihm rege gewesen sein. Auch war es seine Arbeitsmethode, keinen Schritt weiter vorzuschreiten, bevor der vorangehende vollständig gesichert war. Diese bei theoretischen Untersuchungen vorbildliche Art übertrug er, wohl nicht immer zum Vorteile, auch auf die praktischen geodätischen Arbeiten. Im letzten Grunde war es indessen ein neuer Gedanke, der wie ein Funke in seinem Geiste erglühte, und der zur leuchtenden Flamme entfacht das ganze Verfahren der Erkundung, ja die Anlage der Dreieckskette durchaus umzugestalten versprach. Es war die Erfindung eines neuen Apparats, des Helio-

---

1) Den ein Angestellter der Karlshütte weiter überwachte.

2) »Während Sie an CAROC einen Gehilfen haben, auf den Sie sich ganz verlassen, und dem Sie alle Details überlassen können, muss ich meine Gehilfen erst selbst dressieren, und wenigstens anfangs mich in viele, mir zum Teil selbst fremde Details einlassen« (G.-SCH. Nr. 116).

tropen, die er erst lange in sich trug, ehe er sie auch nur den nächsten seiner Freunde mitteilte.

32. Heliotrop. Wie lange ihn bereits die Sichtbarmachung der Dreieckspunkte beschäftigt hatte, zeigten die Briefe von LINDENAU (vergl. S. 44). Er hoffte, im Frühjahr 1821 mündlich mit SCHUMACHER über diese Dinge sprechen zu können, wenn dieser zur Vornahme von Pendelbeobachtungen auf der Sternwarte nach Göttingen gekommen sein würde. Durch Krankheit und wegen der Fortsetzung der Basismessung zerschlug sich diese Aussicht. Es handelte sich für GAUSS besonders um die Frage der Bauart der Signale, ob dieselbe Form auf allen Stationen angewendet werden sollte, ob die bei den Franzosen übliche Verbindung der vier Pfeiler am Erdboden durch ein Kreuz zweckmässig sei, kurz, er wollte SCHUMACHERS Erfahrungen kennen lernen, ob sich seine Signale in Rücksicht auf gute Sichtbarkeit, wie auf Stabilität gut bewährt hätten.

Signaltürme schienen ihm überhaupt in manchen Fällen unzweckmässig, namentlich wenn die Objekte tiefer als der Standpunkt liegen und sich gegen die Erde projizieren, wie es z. B. vom Brocken aus der Fall sein würde. Ja selbst die vollkommensten Signaltürme, geschwärzte, die sich gegen den Himmel projizieren, wären in sehr grossen Entfernungen, wenn man eine von der Sonne beleuchtete und eine im Schatten befindliche Seitenfläche sieht, nicht gänzlich von einer beschwerlichen Phase frei. Deshalb schwankte er eine Zeit lang zwischen der Wahl von Tag- und Nachtbeobachtungen. Die Nachtbeobachtungen schienen ihm allerdings grosse Unbequemlichkeiten zu bringen, besonders wenn die Stationen auf schwer zugänglichen, vom Quartier weit entfernten Bergen lägen. Doch riet v. MÜFFLING sehr dringend zu ihnen und empfahl die Anwendung von Reverberen. REPSOLD wollte ihm seinerseits white-fires schicken[1]. Bei mässigen Entfernungen entsprachen die mit den Lampen angestellten Versuche seinen Erwartungen[2]. Indem ihm aber alle

---

[1] Es handelt sich um bengalische Flammen, vielleicht durch Verwendung von Magnesiumpulver.

[2] Beim Beinberg, den GAUSS vor der Erkundung des Hils als den einzig möglichen Punkt in Betracht zog, von dem aus der Hohehagen, Hannover, Braunschweig und der Brocken zugleich gesehen werden konnten, hätte ein im Theodolit sichtbares Signal nach seinen Versuchen sehr grosse Dimensionen haben müssen. Deshalb wollte er mit den von REPSOLD im Mai 1821 erhaltenen Reverberen (Lampen mit Reflektoren) und mit zwei kleineren bei KÖRNER in Jena bestellten, Versuche anstellen, den Beinberg auf dem

erwähnten Schwierigkeiten bei Bildung grosser Dreiecke nach fremden Erfahrungen, bevor er eigene gemacht hatte, vorschwebten, war er auf ein ganz neues Mittel bedacht, ihnen abzuhelfen. Bei der Messung des Winkels Hamburg-Hohenhorn in Lüneburg hatte er in seinem Beobachtungsjournal vermerkt: »Hamburg schlecht zu sehen, das westliche von der Sonne beleuchtete Fenster geniert das Pointieren« und später hinzugefügt: »N. B. Diese Erfahrung ist die erste Veranlassung zu der im Herbst 1820 gemachten Erfindung des Heliotrops gewesen« [1].

Die Art, wie er bei dieser Erfindung vorging, ist kennzeichnend für seine Arbeitsweise. Zunächst überzeugte er sich durch theoretische Untersuchungen, die auf photometrischen Grundlagen beruhten, davon, dass selbst von ganz kleinen Planspiegeln reflektiertes Sonnenlicht hinreichende Kraft hat, um in den grössten Entfernungen sichtbar zu sein [2] und sich viel leichter und besser beobachten lässt, als alle Türme und Signale, ja selbst besser als mehrere ARGANDsche [3] Lampen bei Nacht. Um sodann diese Idee brauchbar zu machen, bedurfte es eines besonderen Instrumentes, wodurch man das reflektierte Sonnenlicht mit grösster Genauigkeit und Sicherheit ununterbrochen nach jedem beliebigen noch so weit entfernten Punkte richten kann. Er versuchte zunächst einen Spiegel am Deckel des Fernrohrs eines Theodoliten zu befestigen und ihm durch vorher mühsam berechnete Azimute und Höhen die richtige Lage zu geben, um das Licht nach einer bestimmten Richtung zu werfen, kam aber damit nicht zum Ziel.

---

70 km entfernten Hohehagen sichtbar zu machen. Für die Entfernung Brocken-Inselsberg glaubte er aber, mit diesem Hilfsmittel nicht auszureichen. S. a. Anhang.

1) Nach GAUSS heisst das Instrument der (nicht das) Heliotrop. Dieser Name erschien ihm besonders schicklich trotz seiner Verwendung in der Botanik und in der Mineralogie.

2) Im Astronomischen Jahrbuch für 1825 schreibt GAUSS: »Bei einem nur einigermassen günstigen Zustande der Luft gibt es jetzt für die Grösse der Dreiecksseiten keine Grenzen mehr, als die die Krümmung der Erde setzt (Werke IX, S. 466). Nach dem Göttinger Almanach soll er die Bemerkung gemacht haben, diese Entdeckung wäre grösser als die von Amerika, wenn wir mit diesem Instrument mit unsern Nachbarn auf dem Monde verkehren könnten. Hierzu passt die Äusserung: »Mit 100 Spiegeln, jeden zu 16 Quadratfuss Fläche, vereint gebraucht würde man gutes Heliotrop-Licht nach dem Monde schicken können. Schade, dass wir nicht einen solchen Apparat mit einem Detachement von 100 Leuten und ein paar Astronomen dahin senden können, uns zu Längenbestimmungen Zei[ch]en zu geben (G.-O. Nr. 446).

3) AIMÉ ARGAND erfand 1783 in London Brenner mit doppeltem Luftzug, worüber er die Schrift verfasste: *Découverte des lampes à courant d'air et à cylindre*, Genf 1785. Die in Frage kommenden Lampen waren mit sehr genauen parabolischen Spiegeln versehen.

Um dann seinen im wesentlichen fertigen Entwurf des Heliotrops zu verwirklichen, bedurfte er eines Mechanikers, dessen Arbeiten er fortlaufend überwachen konnte und fand ihn in der Person des Inspektors Rumpf in Göttingen, der im Frühjahr 1821 die Arbeit begann[1]). Das weitere Nachdenken über diesen Gegenstand führte ihn auf eine zweite ganz verschiedene Einrichtung des Instruments, an deren Herstellung Rumpf sogleich nach Vollendung eines Apparates der ersten Art ging. An diese zweite Konstruktion denkt man gewöhnlich, wenn man vom Gaussschen Heliotrop spricht[2]). (Siehe Anhang.)

Noch vor der Vollendung kam Gauss auf einen dritten Gedanken, in allerdings unvollkommnerer Weise, aber mit wesentlicher Kostenersparnis einen Ersatz, einen Vizeheliotrop, wie er ihn nannte, zu schaffen, indem er einen Spiegelsextanten dazu einrichtete. Diese Vorrichtung war fast über seine Erwartung auf 2 Meilen Entfernung brauchbar und machte den beabsichtigten Signalbau in Lichtenberg entbehrlich. Die zur Reflexion benützten Spiegel waren 2 Zoll in Breite und 1 ¼ Zoll in Höhe (5,5 mal 4 cm), bei dem Heliotrop zweiter Konstruktion, »der eigentlich ein vom ersten ganz verschiedenes Instrument ist«, (G.-G. 21. 2. 22) konnten grössere Spiegel angebracht werden (Spiegelgrösse 6 ¼ Quadratzoll).

Bei den ersten Versuchen mit dem Heliotropen zwischen der Sternwarte und dem Hohehagen (15 km) gab selbst das Licht einer beleuchteten Wolke den schönsten Zielpunkt[3]). Zwischen Hils und dem Meridianzeichen der Sternwarte (etwa 40 km Entfernung) war das Licht mit blossem Auge zu sehen. Encke, seit Januar 1820 Vizedirektor der Seeberger Sternwarte[4]), kam nun auf Gauss Einladung im Sommer nach Göttingen, um sich mit dem Vizeheliotrop einzuüben. Während Gauss sich mit dem eigentlichen Heliotropen auf dem Hohehagen aufstellte, begab sich Encke nach dem 85 km davon entfernten Inselsberge. Die Beobachtungen und Versuche, die vom 19. bis 29. Juli dauerten, hatten den allerwünschenswertesten Erfolg und die gemessenen

---

1) Philipp Rumpf wurde 1819 als Mechanikus bei der Sternwarte angestellt.

2) Göttinger gelehrte Anzeigen 9. August 1821 (Werke IX, S. 462).

3) Im November 1821 machte Gauss auch einen geglückten Versuch mit Mondlicht (G.-Sch. Nr. 130, Werke IX, S. 70). Über die ersten Versuche berichtete Gauss an Olbers (G.-O. Nr. 422, Werke IX, S. 467).

4) C. Bruhns, *Johann Franz Encke.* Leipzig 1869. S. 94.

Winkel gaben solche Übereinstimmung, wie sie bei andrer Signalisierung kaum zu erwarten war.

GAUSS hat, was nach solchen Erfolgen[1]) nicht Wunder nimmt, auf seine Erfindung hohen Wert gelegt, und in der Tat hat er ein Hilfsmittel geschaffen, das seitdem für alle Tagesmessungen ersten Ranges unentbehrlich geworden ist, indem es gleichzeitig die Arbeit erleichtert und die Genauigkeit erhöht. Es ist auch natürlich, dass den grossen Theoretiker die erste Erfindung auf praktischem Gebiete mit Stolz erfüllte, sogar mit grösserem Stolze, als die später mit WILHELM WEBER gemeinsam verwirklichte erste Anlage eines elektrischen Telegraphen[2]), deren Bedeutung unvergleichlich grösser für die Nachwelt geworden ist.

Wenn heutzutage der GAUSSsche Heliotrop nicht mehr in seiner ursprünglichen Gestalt, sondern in einer einfacheren Konstruktion verwendet wird, so ist doch das Grundprinzip geblieben. Die Vereinfachung wäre zur Zeit, als GAUSS die Gradmessung vornahm, kaum angängig gewesen, hauptsächlich wegen der Schwierigkeit, gutes Spiegelglas zu erhalten, über die er selbst klagt[3]).

---

1) Am 15. Juli 1821 schreibt GAUSS an LINDENAU: »Gestern Nachmittag fing ich, da der Amtmannshau im Schatten lag und das dortige Signal noch nicht vollendet erschien, wieder mit Messung des Winkels zwischen Sternwarte und Hohehagen an; während ich damit beschäftigt war, erhob sich auf einmal unter meinen Kanonieren ein lauter Jubel, und ein zartes glänzendes Sternchen zeigte sich auf dem 37000 m entfernten Bergrücken dem blossen Auge. Die Sichtbarkeit wurde nachher öfters unterbrochen. . . Doch erhielt ich 30 Winkelmessungen zwischen Hohehagen, Signal und Amtmannshau, Heliotrop, unter denen gerade die sich am schönsten machen liessen, wo das Licht mit den blossen Augen garnicht gesehen werden konnte. Noch ¼ Stunde vor Sonnenuntergang war das herrliche Sternchen mit blossem Auge zu sehen. Etwas schöneres wie diesen Zielpunkt in der späten Abendstunde, wo die Luft ruhig und alle Gegenstände scharf begrenzt waren, kann Ihre Einbildungskraft sich nicht denken.«

An BESSEL berichtet GAUSS über die günstigen Erfahrungen mit dem Heliotropen am 26. Dezember 1821 und bemerkt dabei: »Einen sehr wesentlichen Vorzug hat das Heliotroplicht vor jedem andern Signale, worüber ich oft artige Erfahrungen gemacht habe; nämlich das Heliotroplicht sieht man desto besser, je stärker man vergrössert, irdische Signale hingegen (bei grossen Entfernungen) desto schlechter, denn bei letzteren ist es vorzüglich die Blässe, die das Sehen hindert; ... Die Sache erklärt sich leicht; auch bei der stärksten Vergrösserung bleibt das Heliotroplicht ein Punkt und dessen Licht ist immer dasselbe, aber der Grund ist desto düsterer, je stärker man vergrössert« (G.-B. Nr. 131).

2) GAUSS hat auch beim Heliotropen bereits auf den »vielleicht noch wichtigeren Gebrauch eines den Raum so kräftig durchdringenden Mittels zu telegraphischen Signalisierungen im Krieg und Frieden« hingewiesen (Werke IX, S. 465) und zur Verständigung zwischen Beobachter und Heliotropisten eine Zeichensprache verabredet und benutzt (G.-G. 11. 8. 23, Werke IX, S. 382 ff., 395).

3) G.-G. 19. 5. 1822.

VII. Abschnitt. Die eigentlichen Winkelmessungen (1821—1823).

33. (1821) Sternwarte, Meridianzeichen, Hohehagen, Hils, Brocken. Nachdem das Signal auf dem Hohehagen fertig war, konnten am 24. Juni 1821 die wirklichen Messungen zunächst auf der Sternwarte ihren Anfang nehmen. Da der REICHENBACHsche Theodolit noch nicht angekommen war, beobachtete GAUSS mit dem von SCHUMACHER entliehenen Theodoliten. Die zweite Station war das nördliche Meridianzeichen, wo vom 13. bis 17. Juli gemessen wurde. Da inzwischen RUMPF den Heliotropen fertig gestellt hatte, konnte er zum ersten Male zu einer Winkelmessung im Grossen verwendet werden. MÜLLER wurde mit ihm nach dem Hils entsandt. Der Versuch fiel günstig aus und es bestand kein Zweifel mehr, dass auch für die Entfernung von 85 km zwischen dem Hohehagen und dem Inselsberg der Heliotrop verwendbar wäre. Den Inselsberg und zwar den Dreieckspunkt der preussischen Vermessung besetzte, wie schon erwähnt wurde, ENCKE mit dem Vizeheliotropen, während GAUSS sich mit dem eigentlichen Heliotropen auf dem Hohehagen aufstellte. Vom 19.—29. Juli wurden auf dem Hohehagen die Richtungen nach dem Inselsberg, der Sternwarte, dem Meridianzeichen und einer grossen Zahl anderer Punkte festgelegt. Auf dem Inselsberge war ENCKE angewiesen, den Winkel zwischen Hohehagen und einem gut sichtbaren Hilfspunkte[1] zu messen, der später an den Brocken angeschlossen werden sollte.

Die vierte Station war der Hils. Da nur ein eigentlicher Heliotrop zur Verfügung stand, musste MÜLLER mit ihm nach einander den Lichtenberg, das Meridianzeichen, den Brelingerberg[2] und Deister besetzen. GAUSS benutzte seinerseits den Vizeheliotropen zu telegraphischen Zeichen, wenn die Station gewechselt werden sollte und zu ähnlichen Zwecken. Vor Beginn der Messungen musste über die Fortsetzung der Arbeiten nach Norden entschieden werden, da zwar vom Hils aus alle Türme der Stadt Hannover sichtbar waren, es aber zweifelhaft blieb, ob einer derselben sich zur weiteren Fortsetzung gut gelegener Dreiecke eignen würde. Zu diesem Behufe reiste GAUSS selbst nach Hannover

---

1) G.-G. 3. 10. 1823. Werke IX, S. 390.

2) Brelingerberg ist kein Punkt der Gradmessung, sondern nur von Hils und Deister eingeschnitten. Siehe das Folgende.

und liess MÜLLER noch weiter nördlich nach der höchsten Erhebung dieser Gegend, dem bei Meinersen gelegenen Wohlenberge gehen. Da von hier aus nur die äusserste Spitze des Marktturmes in Hannover erblickt werden konnte, wurde Hannover als Hauptdreieckspunkt aufgegeben[1]. Die hierauf begonnenen Messungen auf dem Hils unterbrach GAUSS, indem er einen Tag nach Göttingen zurückkehrte, um mit MÜLLER wegen der Fortführung nach Norden Rücksprache zu nehmen und um den inzwischen von REICHENBACH gesandten Theodoliten zu besichtigen. Dann beendete er die Messungen auf dem Hils, die die Zeit vom 7. bis 27. August in Anspruch genommen hatten.

Am 2. September begab er sich in Begleitung von HARTMANN nach dem Brocken, dem letzten Dreieckspunkte dieses Jahres, von wo die Richtungen nach Lichtenberg, Hils, Hohehagen und Inselsberg genommen werden sollten. Zwar hatten Hils und Hohehagen[2] Signale, aber der weiten Entfernungen wegen sollte auch hier Heliotroplicht verwendet werden, und MÜLLER alle vier Punkte nach einander bereisen. Indessen war das Wetter in der sonst

---

[1] »Ich bemerke hierbei, dass dessen ungeachtet die Lage von Hannover ebenso genau mit bestimmt werden wird, als wenn es ein Hauptdreieckspunkt wäre, sowie ich überhaupt mit den unmittelbar zur Gradmessung gehörenden Beobachtungen auf jedem Standpunkt allezeit, soweit es ohne erheblichen Zeitverlust geschehen kann, alle diejenigen gern verbinde, die für die Geographie des Königreichs nützlich sein können« (Bericht an das Kabinetsministerium 7. Januar 1822).

»Der oberste Zweck der Triangulierung als Teil der Gradmessung ist, die Göttinger Sternwarte mit den dänischen Dreiecken zu verbinden, und dazu war es am vorteilhaftesten, die Dreiecke so gross wie möglich einzurichten, und daher die Dreieckspunkte im Allgemeinen auf den höchsten Stellen, die die weiteste Aussicht darbieten, zu wählen. Diese Punkte haben aber grösstenteils kein unmittelbares Interesse für die Geographie des Königreichs. Neben dem Hauptzwecke habe ich jedoch auch für diese meine Operationen überall nach Möglichkeit nützlich zu machen gesucht. Ich habe die Lage der Ortschaften, die in dem Bereich der Hauptdreiecke sich befinden, mit Sorgfalt bestimmt; einige derselben mit einer Schärfe, die der der Hauptdreieckspunkte kaum nachsteht, alle aber mit solcher Genauigkeit, wie nur zu einer Landesvermessung gefordert werden kann. Von Städten nenne ich Hannover, Braunschweig, Celle, Lüneburg, Neustadt am Rübenberge, Burgdorf. Die Anzahl der Dorfkirchtürme, deren Lage genau bestimmt wurde, ist sehr gross. Die Bahn ist gebrochen, diese Ernte, wenn es gewünscht wird, über einen grösseren Teil des Königreichs oder über das ganze auszudehnen« (Arbeitsbericht für 1822).

»Ich schnitt überdies auch alle sichtbaren Objekte bei Gelegenheit und ich muss sagen, dass ich dieses Geschäft mit seinen täglichen Ausgleichungen so lieb gewann, dass mir das Bemerken, Ausmitteln und Berechnen eines neuen Kirchturms wohl ebensoviel Vergnügen macht, wie das Beobachten eines neuen Gestirns. Vor Gott ists am Ende auch wohl einerlei, ob wir die Lage eines Kirchturms auf einen Fuss oder die eines Sternes auf eine Sekunde bestimmt haben« (G.-B. Nr. 135).

[2] Das Signal auf dem Hohehagen wurde am Ende des Jahres in Brand gesteckt, wozu GAUSS bemerkt: »Glücklich, dass die Heliotrope es entbehrlich machen« (G.-G. 15. 11. 21. GAEDE S. 82. G.-B. Nr. 131).

in dieser Gegend besonders günstigen Jahreszeit so schlecht, dass vom Hohehagen nur selten Licht kam und der Inselsberg innerhalb 14 Tagen nur einmal
eine Viertelstunde Sonnenschein hatte. Da für Oktober kein besseres Wetter
erwartet werden konnte, kehrte Gauss am 3. Oktober auch wegen des erwarteten Eintreffens des Königs nach Göttingen zurück[1]. Die Feldarbeiten
hatten mit geringen Unterbrechungen 5 ½ Monate in Anspruch genommen
und waren bei der verhältnismässig kühlen Witterung des Sommers der Gesundheit von Gauss förderlich gewesen.

Am Schlusse des Jahres (22. November bis 14. Dezember) fuhr Gauss
nach Altona, um den Ramsdenschen Zenitsektor abzuholen, wobei ihn Rumpf
begleitete, um die Verpackung zu besorgen.

34. (1822) Anwendung der Wahrscheinlichkeitsrechnung. Dass Gauss sich
bei aller Unruhe und Vielseitigkeit seiner Tätigkeit noch mit theoretischen
Arbeiten beschäftigt hatte, wobei ihm als einzige Erleichterung eine zufällige
Unterbrechung der Vorlesungen im Anfang des Jahres (G.-B. Nr. 127) zu
statten kam, ersieht man aus der Veröffentlichung des Aufsatzes: *Anwendung
der Wahrscheinlichkeitsrechnung auf eine Aufgabe der praktischen Geometrie*
(Werke IX, S. 231). Er ist, worauf die Wahl des Beispiels[2] schliessen lässt,
zunächst für Schumacher bestimmt gewesen und vielleicht durch eine Anfrage
von ihm veranlasst werden. Es macht den Eindruck, dass ihm Gauss in dem
Begleitschreiben bei der Übersendung seine Herablassung zeigen wollte, wenn
er in etwas schroffer Form bemerkt, dass er bei dem Niederschreiben so tri-
vialer Sachen dasselbe unangenehme Gefühl habe, das ihn bei dem Kolleg-
lesen oft begleitet habe[3].

35. Lüneburger Heide. Die Gradmessung war an ihre schwierigste Stelle
gelangt, wo sie sich der Lüneburger Heide näherte. Hier fehlt es fast
ganz an Höhen, und Waldungen verhinderten weite Sichten. Wie im vor-

---

1) Nach dem ursprünglichen Programm wollte der König die Bibliothek, die Reitbahn und die Sternwarte besichtigen (Brief von Müller 19. 8. 1821).

2) Das die Messungen von Caroc benützte (Werke IX, S. 233).

3) Im Juni 1821 waren die Astronomischen Nachrichten von Schumacher begründet worden. Gauss
zur Mitarbeit aufgefordert antwortet: »Wenn Ihre astronomische Wochenschrift zu Stande kommt, werde
ich sie gern nach Vermögen unterstützen. Aber freilich können Sie nie von mir Beiträge erwarten, die viel
Raum füllen« (G.-Sch. Nr. 119). Dies war der äussere Anlass zu der Abhandlung von Gauss.

hergehenden Jahre brach GAUSS wieder frühzeitig (28. April) zur Erkundung auf. In Hannover entdeckte er zwar, dass dort Celle sichtbar
war, wo MÜLLER im vorigen Jahre von Wohlenberg aus einen falschen Turm
eingeschnitten hatte. Aber die Türme in Celle waren völlig unbrauchbar;
hingegen fand er 1½ Stunden nordöstlich von Celle auf einem Plateau bei
Garssen, wo ein französischer Signalturm gestanden hatte, einen brauchbaren
Punkt, der sich nicht nur mit dem Deister, sondern auch mit Lichtenberg
verknüpfen liess. Inzwischen hatte Hauptmann MÜLLER den Brelingerberg
von neuem besucht und sich davon überzeugt, dass Lichtenberg von ihm nicht
zu erreichen war, so dass er ganz aufgegeben werden musste. Auf dem Falkenberg, wohin sich GAUSS dann wandte, war nicht bloss Deister und Garssen zu
sehen, sondern auch der Lichtenberg als schmaler Saum über dem zwischen-
liegenden Gelände erkennbar. Damit wurde nun auch der 1821 von Lichtenberg aus eingestellte Wohlenberg überflüssig, den GAUSS als EPAILLYschen
Punkt ausgewählt hatte, wie überhaupt die Verfolgung von EPAILLYS Spuren
seine Entschlüsse oft ungünstig beeinflusste[1]).

Soweit war alles vortrefflich gegangen, aber die weitere Fortsetzung nach
Norden von Garssen und Falkenberg aus machte »unsägliche Schwierigkeiten«.
GAUSS liess MÜLLER die Gegend westlich von Falkenberg und nördlich davon
rekognoszieren, und ging selbst zunächst nach Lüneburg. Während die Erkundung von MÜLLER gar kein Resultat hatte, ergab auch seine eigene, dass
es, wenn überhaupt möglich, ungeheuer schwer sein würde, von Lüneburg
nach Süden durchzudringen, weil der Süsing[2]) eine undurchdringliche Mauer
entgegenstellte. Dagegen hatte er die Genugtuung, die Möglichkeit zweier
Dreiecke recht im Herzen der Heide festzustellen: Wulfsode-Hauselberg-Wil-
sede und Wulfsode-Hauselberg-Falkenberg. Aber er sah weder eine Möglichkeit einer Verbindung mit seinen südlichen Dreiecken, noch fand er eine
solche Verknüpfung mit den nördlichen Punkten, bei der er sich beruhigen

---

1) EPAILLYsche Punkte waren Wohlenberg, Braunschweig, Hannover, Hils, Hohehagen, Deister,
Hauselberg, Garssen, Lüneburg, Wilsede, Falkenberg.

2) Nach ANDREES Handatlas und der topographischen Übersichtskarte des deutschen Reiches (1:200 000)
Blatt 58 (Lüneburg) 1904 muss es Süsing heissen, die verschiedentlich vorkommende Bezeichnung Lüsing
beruht vielleicht auf unrichtiger Lesung.

mochte. Es war gerade diejenige Stelle, an der EPAILLY es aufgegeben hatte, ein zusammenhängendes Dreiecksnetz durch die Heide zu legen[1]).

Am 1. Juni kehrte GAUSS durch die Anstrengungen der Reise und die Hitze in seiner Gesundheit angegriffen nach Göttingen zurück, um das Weitere auf eine Zeit zu verschieben, wenn er ein grösseres Personal und vollständigere Instrumente besässe. Er verwandte 14 Tage dazu, um alles für die wirkliche Messung vorzubereiten, zu der er seinen sechzehnjährigen Sohn JOSEPH als dritten Gehilfen heranzuziehen beschloss[2]).

Am 17. Juni traf GAUSS bereits in Lichtenberg ein, um am folgenden Tage mit den Messungen zu beginnen, die am 8. Juli beendet wurden. Die Richtung nach Falkenberg war sehr durch den eine Woche anhaltenden Moorbrand gestört worden[3]).

Vom 6. bis 16. Juli wurde die Station Deister bezogen. Hier wurde der älteste Heliotrop benutzt, dessen Rektifikation vermutlich durch unsanften Transport gelitten hatte, um dem Heliotropisten ein Zeichen zu geben, wenn die Richtung gut war. Es wurden in diesem Sommer immer drei Heliotrope gebraucht und noch ein heliotropartig montierter Spiegel zum Telegraphieren. Von Garssen aus leuchtete JOSEPH, die andern Stationen machte HARTMANN sichtbar. Während dieser Zeit hatte MÜLLER die Richtung von Falkenberg nach Wilsede vermittels eines grossen Durchhaus[4]) geöffnet, dessen herrliches Gelingen GAUSS um so mehr zur Satisfaktion gereichte, als er die Richtung auf künstliche Art aus seinen Frühjahrsmessungen hatte ableiten müssen. Einen

---

1) EPAILLY, bei dem Hauselberg und Garssen unverbunden blieben, sagt: »j'eus le désagrément de perdre quinze jours pour reconnaître l'impossibilité de conduire dans cette partie un canevas trigonométrique.« »N'ayant pu pénétrer d'Hanovre vers Ulsen, je sentis que ma seule ressource était de descendre le Weser pour remonter l'Elbe.«

2) Werke IX, S. 411.

3) Im Arbeitsbericht für 1824 klagt GAUSS über die habituell dunstige Beschaffenheit der Atmosphäre, eine Folge des allgemein verbreiteten Moorbrennens. In dem Briefe an GERLING vom 7. 11. 1822, dem ein grosser Teil des obigen Berichtes über die Messungen des Jahres 1822 entnommen ist, erwähnt GAUSS noch: »Mein grosser Spiegel, 1 Quadratfuss, war sogar durch den dichten Moorbrandsqualm, der mehrere Quadratmeilen bedeckte, von Lichtenberg bis Falkenberg fast 12 Meilen durchgedrungen, welcher Qualm freilich für die winzigen Heliotropspiegel zu dicht gewesen war«.

4) »Wenn ich alle grösseren und kleineren Durchhaue aus den Jahren 1821—1824 zusammen zähle, von solchen, wo vielleicht ein Dutzend Bäume gefällt sind, bis zu den grössten, so mögen etwa 16 oder 17 Durchhaue vorgekommen sein. Der allergrösste, nach der Ausdehnung, war im Becklinger Holz unweit der Strasse von Bergen nach Soltau« (G.-SCH. Nr. 233).

auf dem Wilsederberg gesetzten Signalbaum sah er mitten im Spalt, als er nachher selbst nach Falkenberg kam. Am 18. Juli kam er nach Garssen, wo die Beobachtungen durch das weisse Zelt in Scharnhorst[1]), das ihm seine Südseite zukehrte und dadurch das Heliotroplicht sehr schwächte, einen ganzen Tag lang unbrauchbar gemacht wurden. Ehe er Garssen verliess, musste die Verbindung mit Hauselberg ernstlich bedacht werden. Die Richtung ging durch dichtes Holz, zum Teil Buchen und Eichen, und ein Durchhau hätte gewiss mehrere tausend Taler gekostet und dazu war es nicht einmal wahrscheinlich, dass er zum Ziel führen würde, weil das Land dazwischen vermutlich zu hoch oder vielmehr nicht tief genug gewesen wäre. Denn der Hauselberg ist kein eigentlicher Berg, sondern nur ein etwas hohes Plateau und wenn auch alles, was zwischen diesem Punkt und Garssen ist, weniger hoch liegt als diese beiden Punkte, so ist doch in diesen flachen Gegenden die Krümmung der Erde schon ein Hindernis der Verbindung. Es war daher unerlässlich, noch einen Zwischenpunkt zu finden. Nach langem Suchen und als schon fast alle Hoffnung aufgegeben war, fand sich der Punkt bei Scharnhorst, der etwa 40 Fuss höher liegt als Garssen, und von wo der Falkenberg unmittelbar zu sehen war, während Garssen vermittels ein Paar Durchhaue sichtbar gemacht werden konnte; auch war nun wegen der grösseren Nähe und Höhe mehr Hoffnung vorhanden, dass die Richtung Hauselberg-Scharnhorst vermittels eines Durchhaues geöffnet werden könnte (durch das Haassel, das wie eine Mauer auf der Nordseite jede Aussicht abschneidet). Nachdem GAUSS nun noch in Garssen die Richtung nach Scharnhorst festgelegt hatte, ging er am 4. August nach Falkenberg ab, und wohnte in Bergen. Die Menge der hier zu machenden Messungen, das im Ganzen nicht sehr günstige Wetter und die Notwendigkeit, ehe er Falkenberg verliess, noch die weitere Fortsetzung nach Nordosten zu sichern, machte, dass er hier fünf Wochen zubringen musste[2]). Bei der Ungewissheit, ob Hauselberg-Scharnhorst sich durch einen

---

1) G.-G. 5. 9. 1823. Werke IX, S. 389.

2) Der Aufenthalt zog sich auch länger hin, weil GAUSS alle Hauptwinkel gern wenigstens an zwei verschiedenen Tagen mass. Die Stimmung, in der er sich befand, spiegelt sich in dem Briefe vom 23. August 1822 an SCHUMACHER wieder, an den er schreibt: »Noch ist gar kein Definitivplan zu machen, wovon gewiss wäre, dass die dabei vorkommenden Schwierigkeiten sich überwinden lassen, wenigstens kein solcher, zu welchem ich mich jetzt schon entschliessen könnte. Möchte doch das ganze Geschäft erst zu Ende sein!« (G.-SCH. Nr. 151).

Durchhau öffnen lassen werde, brauchte er die Vorsicht, auch gleich noch eine Richtung Falkenberg-Breithorn festzulegen, nämlich, nach einem inzwischen aufgefundenen Punkte, von dem Wilsede (aber nicht Wulfsode, was aber nach der Öffnung von Falkenberg-Wilsede nicht sehr wesentlich war) sichtbar war; die Hoffnung einer Verbindung mit Scharnhorst vermittels Durchhau erschien grösser als bei Hauselberg.

Am 7. September verliess GAUSS Falkenberg und wandte sich nach Hauselberg[1]). Leider fand er hier gleich in der ersten Minute, dass das Terrain, auf dem der Haasselwald steht, nicht genug Depression hatte[2]) und die Zuziehung von Breithorn unerlässlich wurde. Doch wollte er die auf Hauselberg bezüglichen Messungen nicht verlieren und entschloss sich daher, beide Punkte beizubehalten[3]). Allein um dies zu können, musste auch die durch einen Wald versperrte Linie Hauselberg-Breithorn geöffnet werden. Unter günstigem Wetter und angestrengtester Arbeit wurden indessen in 6 Tagen nicht bloss alle Messungen auf dem Hauselberg absolviert[4]), sondern es wurde

---

1) Auf dem Hauselberge konnte GAUSS überhaupt keine Briefe bekommen. Das Quartier schildert er von Barlhof, seinem Wohnort bei Wilsede aus mit Humor: »Ganz so schlecht, wie ich gefürchtet hatte, ist der Aufenthalt hier doch nicht, ohne Vergleich besser, wie in Ober Ohe, von wo ich den Hauselberg und Breithorn bestritt. Dort lebte eine Familie, deren Haupt »PETER HINRICH VON DER OHE ZUR OHE« sich schreibt (falls er schreiben kann), dessen Eigentum vielleicht 1 Quadratmeile gross ist, dessen Kinder aber die Schweine hüten. Manche Bequemlichkeiten kennt man dort garnicht, z. B. einen Spiegel, einen Abort und dergleichen. Gott sei Dank, dass ich den 10 tägigen Aufenthalt daselbst überstanden habe, und bei der kühlen meinem Körper zusagenden Witterung recht gut überstanden habe« (G.-SCH. Nr. 157).

2) GAUSS bemerkt dazu: »Sie sehen, dass ich immer Calcul und Messung gleichen Schritt halten lasse, und mir die Mittel verschafft hatte, Richtung und Depression von Scharnhorst auf Hauselberg genau vorauszuwissen. Ohne diese Verfahrungsart, die mich selten vor Mitternacht zur Ruhe kommen liess, wäre ich bestimmt nicht durchgekommen« (G.-G. 7. 11. 1822).

3) GAUSS tröstete sich durch die Erkenntnis: »Dies gibt so vielfältige unschätzbare Kontrollen und am Ende muss jeder gemessene Winkel pro rata beitragen« (G.-G. 7. 11. 1822). »Es wäre zu wünschen, dass man bei jeder Messung solche Prüfungen hätte. Es gibt Messungen, wobei die Summen der drei Winkel um 2″ bis 3″ gewiss unrichtig sind. In der Tat ist die Prüfung vermittelst der Summe der Winkel à la portée von jedermann; die durch Diagonalen ist es weniger, so leicht sie auch für einen Mathematiker ist, und man kann sich der Vermutung nicht erwehren, dass die erstere Prüfung zuweilen dazu gedient haben mag, wenn auch nicht die Beobachtungen zu verfälschen, doch etwas zu wählen (man bemerkt eine Tendenz dazu selbst bei DELAMBRE)« (G.-B. Nr. 135).

4) Auf dem Hauselberge mass GAUSS nur Winkel zwischen Falkenberg, Wilsede (woher HARTMANN ihm Heliotroplicht schickte) und Wulfsode und das, was zur Beurteilung der Möglichkeit des Durchhaus nach Eschede (Station Scharnhorst) erforderlich war.

auch während dieser Zeit ein steinernes Postament auf Breithorn gesetzt[1]) und zugleich der Durchhau von Breithorn nach Scharnhorst durch den Haassel grösstenteils vollendet[2]).   Er begab sich daher gleich nach Breithorn, stellte seine Instrumente auf und fing unmittelbar, nachdem der letzte Baum gefallen war, die Beobachtung an.   »Dieser Durchhau ist wirklich eine Art von mathematischem Triumph geworden; als der letzte Baum fiel, hatte ich das Scharnhorstpostament zwischen den beiden Vertikalfäden« schrieb GAUSS an GERLING. Der eine und grössere Teil der Schwierigkeit war also glücklich überwunden[3]). Für die weitere Fortsetzung im Norden war schon früher der Timpenberg aufgefunden, der sich mit Wulfsode, Wilsede und Hamburg verbinden liess, so dass hierdurch die Verbindung mit Hamburg schon vollständig möglich war, doch hätte GAUSS gern wegen des in Hamburg etwas spitzen Winkels noch die Verbindung Timpenberg-Lüneburg (die durch das Ende des Süsing geht) mitgenommen.   Nun konnte zwar vom 18.—21. September in Wulfsode beobachtet werden, aber leider war Lüneburg nicht zu sehen.   Deshalb ging GAUSS am 22. September nach dem Zwischenpunkte Timpenberg, wo er sich überzeugte, dass ein schon begonnener Durchhau nach Lüneburg nicht zum Ziele führte und daher aufgegeben werden musste.   Es musste also für dieses Jahr von der Einschaltung eines weiteren Zwischenpunktes abgesehen werden; am 23. und 24. September wurden noch die Messungen in Wulfsode vollendet.   Vom 26. September bis 7. Oktober wurden die obgleich sehr zahlreichen Messungen in Wilsede schnell absolviert, wo noch zwei SCHUMACHERSCHE Punkte Syk und Hohenhorn gesehen und festgelegt werden konnten.   Nach Hohenhorn konnte auch von da aus Licht gesendet werden.   In Wilsede hat GAUSS an einem Tage bei sehr schöner Luft 150 Winkel ohne Heliotroplicht gemessen, was ihm in gleichem Umfange nur noch zweimal während seiner ganzen Beobachtungstätigkeit gelungen ist.   Als neunte und letzte Station des Jahres 1822 folgte

---

1) Bei der Seltenheit der Steine in der Heide mussten dazu Grabsteine einige Meilen weit hergeholt werden.   Auf allen Dreieckspunkten diente ein etwa $3\frac{1}{2}$—4 Fuss hohes aufgemauertes steinernes Postament zur Aufstellung des Heliotropen und des Theodoliten.   Auf der Station Garssen musste wegen der zu kleinen Dimensionen des Postaments der Theodolit etwas verschieden vom Heliotropplatz aufgestellt werden.

2) Die beiden Durchhaue von Breithorn nach Hauselberg und von Breithorn nach Scharnhorst hatte Hauptmann MÜLLER mit so viel Präzision durchgeführt, dass, sowie der letzte Baum fiel, die schon aufgemauerten Postamente in der Mitte der schmalen Spalte erschienen (G.-SCH. Nr. 155).

3) Vergl. G.-G. 7. 11. 1822.

noch Scharnhorst, wo er die Messung des Winkels zwischen Deister und Lichtenberg, da die Tage schon kürzer waren und Vormittags gewöhnlich garnichts scharf zu messen war, auf das nächste Jahr verschob und am 13. Oktober nach dreitägigem Aufenthalt die Arbeiten dieses Jahres abbrach[1]).

36. Preisaufgabe, Theoria combinationis, Pars II. Nach den Anstrengungen und der Unruhe der beinahe halbjährigen Abwesenheit von Göttingen fand GAUSS einen Haufen sehr widerwärtiger Geschäfte zu Hause vor, die seine Zeit zerstückelten und eine freie Geistesstimmung verhinderten.

Um so bewundernswerter ist es, dass er die Preisaufgabe, mit der er sich im vorhergehenden Winter erst ernstlich zu befassen angefangen hatte, bereits im Dezember an SCHUMACHER absenden konnte. Allerdings beschränkte er die astronomischen Beobachtungen in diesem Winter, auch um seine angegriffene Gesundheit nicht durch die Kälte zu gefährden.

Infolge eines eigentümlichen Missverständnisses einer Notiz in der Leipziger Literaturzeitung, wonach von zwei der Kopenhagener Sozietät eingereichten Arbeiten keine des Preises würdig befunden wäre, erbat GAUSS am Beginn des Jahres 1823 die umgehende Rücksendung seiner Abhandlung über die Umformung der Flächen, wie er seine Bewerbungsschrift kurz benannte, zumal er keine Abschrift (die SCHUMACHER aber sofort durch NEHUS hatte anfertigen lassen) genommen hätte. SCHUMACHER konnte ihn aufklären, dass es sich um eine ganz andre Preisaufgabe gehandelt hatte.

GAUSS nahm noch andre theoretische Untersuchungen wieder mit Erfolg auf und konnte im Februar den zweiten Teil der *Theoria combinationis* nach

---

1) Zur Messung dieses Winkels ist es auch später nicht mehr gekommen. Über die Arbeiten dieses Jahres bemerkt GAUSS noch zu GERLING in dem Briefe vom 7. 11. 1822, dem die obige Darstellung zum grossen Teile und vielfach wörtlich entnommen ist: »Etwas einfacher hätte sich mein Netz einrichten lassen, wenn ich, was ich jetzt weiss, schon im vorigen Frühjahr gewusst hätte. Es liesse sich nämlich Scharnhorst vermittelst ein paar leichter Durchhaue unmittelbar mit Deister und Lichtenberg verbinden. Auf diese Art hätte also Garssen und Hauselberg ganz wegbleiben können. Aber was jetzt möglich wäre, war damals so gut wie unmöglich. Denn wie hätten diese ganz unscheinbaren Plätze bei Scharnhorst und Breithorn aufgefunden, ihre Brauchbarkeit erkannt und ihre genaue Lage behuf der Durchhaue ausgemittelt werden können, wenn nicht die erzählten Messungen schon vorausgegangen wären? Erlaubt es Zeit und Umstände, so möchte ich sehr gern die Winkel des Dreiecks Lichtenberg—Deister—Scharnhorst noch messen« (siehe vorher). »Die ganze Linie Scharnhorst-Breithorn (11218 Meter) hat keine unübersteigliche Hindernissen um als Basis gemessen zu werden. SCHUMACHERS Basis (in anliegender Zeichnung die Linie von Hamburg-Syk kreuzend) hält nicht viel über die halbe Länge«.

zweijähriger Zwischenzeit dem ersten folgen lassen. Zwei darin enthaltene Aufgaben sind vielleicht mit durch die praktischen geodätischen Arbeiten veranlasst worden. Die eine betrifft die Hinzuziehung einer neuen Beobachtung (Art. 35), die andre eine nachträgliche Gewichtsänderung einer Beobachtung (Art. 36) und zeigt, wie ohne Wiederholung der ganzen Rechnung das Ergebnis verbessert wird.

37. (1823) **Pläne für Erweiterung der Gradmessung.** Für die Feldarbeiten[1]) standen in diesem Jahr zwei notwendige Ergänzungen im Vordergrunde: der Anschluss an die dänische Gradmessung und die Verknüpfung mit den hessischen Dreiecken. Dass die Messungen im vergangnen Jahre rascher vorgerückt und besser geworden waren, glaubte GAUSS der Hilfe seines Sohnes neben der seiner älteren Mitarbeiter zu verdanken[2]). Mit einem vierten Gehilfen und einem weiteren Heliotrop wäre er seiner Meinung nach noch weiter gekommen, aber man hatte ihm wiederholt die möglichste Kostenersparnis ans Herz gelegt. Immerhin dachte er daran, einen Neffen von OLBERS, ADOLF KULENKAMP, der bei BESSEL studiert hatte, für den Fall anzunehmen, dass sich seine Messungen weiter ausdehnen sollten. In der Tat trug er sich mit dem Plane, seine Triangulation nach Westen zu erweitern, um an die KRAYENHOFFSCHEN Dreiecke anzuschliessen und auf diese Weise eine Verbindung mit dem englisch-franzö-

---

1) Am 30. März schrieb GAUSS an OLBERS (G.-O. Nr. 469): »Gar wenig hat gefehlt, dass es mit meinen Gradmessungsarbeiten und allem Ähnlichen auf einmal ganz vorbei gewesen wäre, durch einen Sturz, den ich vor acht Tagen von einem nicht zugerittenen Pferde auf das Pflaster tat. Diesmal bin ich aber buchstäblich noch mit einem blauen Auge davon gekommen, d. i. mit einigen Fleischwunden am Arme, an der Nase und einer Quetschung hart unter dem Auge, welches ich allein zum Observieren brauchen kann. Jetzt sind meine Wunden schon ganz wieder geheilt und blos noch einige Regenbogenfarben unter dem Auge übrig. Das Auge selbst ist garnicht affiziert gewesen«.

2) »Die wirklichen Messungsarbeiten haben in diesem Jahre vier Monate gedauert, nämlich bis Mitte Oktobers, und während dieser Zeit sind neun Hauptdreieckspunkte absolviert: im Jahre 1821 konnten in einer nicht viel kürzeren Zeit nur fünf vorgenommen werden; dies so viel raschere Fortschreiten ist hauptsächlich der Vermehrung der Zahl der Gehilfen und der Heliotrope zuzuschreiben; allein noch wichtiger ist der daraus erhaltene Gewinn in der Vergrösserung der Genauigkeit der Messungen selbst.« Werke IX, S. 411. »Mein ältester Sohn hat in diesem wie in den beiden vorhergehenden Jahren an den Geschäften teilgenommen und an praktischen Arbeiten so viel Neigung gewonnen, dass er seinen früheren Entschluss, die Rechte zu studieren, aufgegeben hat und als Kadet in unser Artilleriekorps eingetreten ist. Er hat viel Geschick zu praktischen Arbeiten, aber nicht so feurige Liebe zur abstrakten Spekulation, dass ich es hätte gern sehen können, wenn er sich der Mathematik ex professo gewidmet hätte. Jetzt, denke ich, ist er am rechten Platz«. G.-B. Nr. 146.

sischen Meridianbogen herbeizuführen. Er hielt diese Messungen in Verbindung mit Azimutalbestimmungen in Bentheim oder einem andern westlichen Orte für ebenso wichtig hinsichtlich des obersten Zweckes, nämlich in Rücksicht auf die Gestalt der Erde, als die Breitengradmessung. Nicht geringer wäre der Nutzen für die Geographie des Königreichs Hannover anzuschlagen, wenn die Messungen einen soviel grösseren Teil desselben umfassten. Er legte aber Wert darauf, zu dieser Erweiterung seiner Gradmessung aufgefordert zu werden und bat OLBERS, durch seine Beziehungen zu den Bremer Behörden einen solchen Vorschlag in Anregung zu bringen. Eine Beschleunigung dieser Angelegenheit war ihm um so mehr erwünscht, als er fürchtete, dass seine Dreieckspunkte, bei denen fast kein Steinpostament unbeschädigt geblieben war, verloren gehen könnten[1].

OLBERS ging darauf ein und erreichte, dass der Bremer Senat durch den Bürgermeister SCHMIDT bei der Hannoverschen Regierung diese Vermessung beantragte, da sie insbesondere auch für die Stadt Bremen von praktischer Bedeutung war. Bremen erklärte sich bereit, einen Gehilfen zu stellen und da KULENKAMPS Bewerbung zurückgezogen wurde, nahm GAUSS den ebenfalls von OLBERS genannten Studiosus KLÜVER in Aussicht, der schon in Göttingen bei GAUSS gewesen war und vom Bremer Senat begünstigt wurde. Zur Erprobung seiner Brauchbarkeit schlug GAUSS vor, ihm die Erkundung des EPAILLYSCHEN Punktes Haverloh bei Verden zu übertragen. Es handelte sich darum zu entscheiden, ob das Dreieck Haverloh-Wilsede-Falkenberg möglich sei. Dass Bremen, Asendorf und Wilstädt dort sichtbar seien, nahm GAUSS ohne weiteres an. Diese Rekognoszierung, an der sich noch der Wasserbauinspektor BLOHM aus Bremen mit seinem Bruder beteiligte, blieb zunächst ungenügend. Da wegen SCHUMACHERS erst Ende Mai bevorstehender Rückkehr von Kopenhagen nach Altona die Anschlussmessungen bei Hamburg aufgeschoben werden mussten, so entschloss sich GAUSS, selbst am 15. Mai nach Bremen zu fahren. Auf dem Wege dahin erfuhr er in Hannover, dass das Ministerium seinen Plänen nichts

---

1) Eine Festlegung oder Sicherung seiner Dreieckspunkte hat GAUSS nirgends vorgesehen. Auch auf den Postamenten waren die eigentlichen Dreieckspunkte nicht fixiert. Die Zielpunkte waren zuweilen durch die Kreise, die GAUSS durch die drei Fussspitzen des Heliotrops beschrieb, als Zentrum des Kreises erkennbar. Vergl. G.-SCH. Nr. 252.

in den Weg legte[1]). Er wollte von einem Turme in Hannover eine grosse Menge von Punkten festlegen, die von Deister aus eingeschnitten waren, was er aber erst später ausführte. Er ging dabei von der Ansicht aus, dass es im allgemeinen viel kürzer, wohlfeiler und schärfer sei, die Türme, die im Innern eines Dreiecks ersten Ranges liegen, durch Schnitte von den Hauptpunkten mit einem »superieuren« Instrument zu bestimmen, als durch ein System von sogenannten Dreiecken zweiten und dritten Ranges mit einem untergeordneten Werkzeuge (G.-O. Nr. 474). Am 19. Mai brach er von dort nach Bremen und Rothenburg[2]) auf, wo er bis zum 28. blieb. Er durchmusterte besonders die Horizonte der Bremer Türme, während MÜLLER hieran eine längere Erkundungsreise zwischen Bremen und Wilsede anschloss.

38. **Timpenberg, Niendorf, Lüneburg, Hamburg, Altona, Hannover, Göttingen, Brocken, Hohehagen.** Am 30. Mai 1823 begann GAUSS die eigentlichen Arbeiten dieses Sommers und zwar auf dem Timpenberge. In Niendorf, der folgenden Station, die von seinem Aufenthaltsorte Bäzendorf nur durch eine beschwerliche Fusswanderung zu erreichen war, musste die Verbindung mit Timpenberg erst durch einen Durchhau geschaffen werden. Es waren dort 7 Hauptdreieckspunkte zu sehen, die entfernteren darunter, wie Hamburg und Syk aber schwer erkennbar. Am 11. Juni konnte er jedoch nach Lüneburg abgehen, wohin CAROC von Lauenburg aus Heliotroplicht sandte. Es wurde Wilsede, Hamburg, Hohenhorn[3]), Niendorf eingestellt. Bei Gelegenheit dieser Beobachtungen wird erwähnt, dass bei den Heliotropen in den späten Nachmittagsstunden ein Hülfsspiegel verwendet wurde, wie er auch heutzutage benutzt wird. Am 24 Juni wurden die Beobachtungen in Lüneburg abgeschlossen und GAUSS konnte nun mit SCHUMACHER in Altona zusammentreffen. Der Michaelisturm in Hamburg[4]) erwies sich als eine sehr ungeeignete Station

---

1) »Aus den Ausserungen des Geh. Kab.-Rat HOPPENSTEDT und des Herrn Ministers v. ARNSWALDT, die ich heute gesprochen habe, geht hervor, dass die Ausdehnung meiner Messungen nach Westen wohl meinem Gutbefinden überlassen bleibt. Obwohl mir lieber sein würde, ein wirkliches Interesse für die Sache zu finden als bloss, dass man mich machen lässt, so werde ich mich doch einem so nützlichen Unternehmen nicht entziehen«. G.-O. Nr. 476.

2) Beim Butlerberge.

3) Der Turm in Hohenhorn war nach 1818 umgebaut; alle darauf bezüglichen Messungen mussten deshalb wiederholt werden, da keine feste Marke am Turme bestimmt war. GAEDE S. 44, Anm. 108.

4) »Der in Nindorf, Timpenberg und Lüneburg fast immer bei dem heerrauchigen Zustand der Luft

wegen der unsichern und unbequemen Aufstellung, sodass GAUSS noch auf einen Tag (27. Juni) nach Blankenese ging und hier 27 Punkte einstellte.

Am 21. Juli rief ihn eine gefährliche Erkrankung seiner Frau nach Göttingen zurück, unterwegs blieb er am 19. Juli in Hannover und machte an diesem einen Tage über 100 Einstellungen von Kirchtürmen und andern Punkten im Hildesheimschen. In der letzten Zeit hatte er verschiedentlich mit OLBERS wegen der Rekognoszierungen im Westen korrespondiert, und mit SCHUMACHER verhandelt, dem er sehr dringend riet, von Hohenhorn aus, das SCHUMACHER so wie so noch einmal beziehen musste[1]), Niendorf und Wilsede mit Heliotropen besetzen zu lassen[2]). In Göttingen machte GAUSS vom 22. August bis 3. September Messungen, vermutlich zur Bestimmung des Azimutes der Seite Sternwarte (Theodolitplatz 1823) — Nördliches Meridianzeichen (Werke IX, S. 318. G.-G. 26. 12. 1823).

39. Endpunkt der Gradmessung. SCHUMACHER hatte mit seinem Könige eine eingehende Unterredung gehabt, bei der der König viel von Lokalanziehungen sprach und Bedenken gegen Skagen als Endpunkt der Gradmessung äusserte. Ihm schien vielmehr Helgoland geeigneter und eine vortreffliche astronomische Station zu sein. Hierauf nimmt GAUSS Bezug, wenn er an SCHUMACHER schreibt: »Wenn gleich Helgoland ein an sich guter Punkt für astronomische Beobachtungen sein würde, so sehe ich doch nicht recht ein, dass ein erheblicher Nutzen für die Gestalt der Erde davon gezogen werden könnte, wenigstens nicht, dass er Skagen entbehrlich macht. Denn die Polhöhe wird nur etwa 54 Grad 12 Minuten sein, also die Amplitude zwischen Göttingen und Helgo-

---

sehr blass aussehende Hamburger Turm hat mich sehr geplagt, ebenso wie der Lüneburger in Hamburg, und im allgemeinen sind die Messungen in jenen Gegenden nicht ganz so scharf wie die früheren, wozu übrigens auch das ewige Schwanken der Türme mit beigetragen hat. Der Michaelisturm in Hamburg ist, so lange ich dagewesen bin, nie ruhig gewesen; die horizontalen pendelartigen Schwankungen gehen oft über ½ Minute. Dieser Turm ist von allen meinen Dreieckspunkten als Standpunkt und (den Brocken abgerechnet) auch als Zielpunkt der allerschlechteste gewesen«. G.-G. 27. 7. 1823. Werke IX, S. 382.

1) Seite 84, Fussnote 3.

2) »Auf den Steinen [in Wilsede und Niendorf] werden die eigentlichen Dreieckspunkte noch recht gut zu erkennen sein und zugleich die Kreise, in welche die Heliotropspitzen zu stehen kommen. Sollte dies aber nicht der Fall sein, so ist in Wilsede das Zentrum des Steinquadrats als Dreieckspunkt anzunehmen; in Niendorf hingegen ist der Dreieckspunkt 10,5 mm östlich, 6,0 mm südlich vom Zentrum zu setzen, wenn man die Seitenflächen von N nach S oder von O nach W gehend betrachtet (was eigentlich nicht genau ist, da die Orientierung 20 Grad abweicht)«. G.-SCH. Nr. 182.

land 2 ¹/₂ Grad, viel zu gering um etwas über die Gestalt der Erde entscheiden zu können, und noch weniger würde in dieser Beziehung die Vergleichung mit Lauenburg, Altona und Lysabbel zu etwas führen, nicht zu gedenken, dass er gar zu weit von den Meridianen dieser Örter abliegt; ebenso wenig aber würde er eine brauchbare Parallelgradmessung geben, weil in dieser Rücksicht der Längenunterschied wieder zu klein ist. Dass aber astronomische Beobachtungen an diesem Platze, nachdem er an die Dreiecke[1]) geknüpft wäre, als accessorium zu den übrigen, und um über vermutete Irregularitäten ein Erfahrungsdatum mehr zu bekommen, allerdings seinen Wert hätte, gebe ich gerne zu.«

Am 13. September begab sich GAUSS nochmals nach dem Brocken[2]), um die mangelhaften Messungen von 1821 zu wiederholen, obgleich der Widerspruch des Dreiecks Hohehagen-Hils-Brocken von 3″,7 zum grossen Teil auf die Messungen auf dem Hils zurückzuführen war. Zugleich konnten die Anschlussmessungen an die hessische Triangulation erfolgen[3]), wozu sich GERLING nach

---

1) »Was die Verbindung Helgolands mit dem Kontinente betrifft, so glaube ich fast, Ihnen die Untersuchung der Möglichkeit ersparen zu können. Es lässt sich nicht nur mit Wangeroog und Neuwerk verbinden, sondern ist wirklich durch EPAILLY bereits verbunden, obwohl seine Messungen selbst nicht zu erhalten stehen, also so gut wie nicht vorhanden sind. Auch mit St. Peter, auf der Schleswigschen Küste, hat er die Verbindung als möglich bezeichnet, ebenso wie zwischen St. Peter und Neuwerk«. G.-SCH. Nr. 182.

2) »Ihr Ausdruck, wenn ich vom Brocken aus auf Heliotroplicht pointieren wolle und nicht das Häuschen vorzöge etc., scheint auf einiges Missverständnis der Motive, um deren willen ich zum zweiten Male auf den Brocken gehen könnte, hinzudeuten. Die scharfe Bestimmung der Richtung zum Inselsberg ist in der Tat ein Hauptzweck. . . . Dieser eine Grund allein würde mich allein noch nicht wegen des abermaligen Besuches rechtfertigen. Meine Winkelmessungen 1821 nach meinen eigenen Hauptpunkten waren bei dem ambulierenden Heliotrop und ungünstigen Wetter zu dürftig und des Ganzen nicht völlig würdig ausgefallen, daher ich diese durch gleichzeitige Besetzung mit Heliotropen zu wiederholen, sowie nachher auch noch einmal zum Hohehagen und Hils zurückzukehren wünschte«. G.-G. 11. 8. 1823. Werke IX, S. 382.

3) GERLING an GAUSS, 4. August 1823. »Durch die Punkte Inselsberg, Meissner, Herkules wäre dann die Verbindung der hessischen Dreiecke mit Ihrer Gradmessung und der letzteren mit der bayerischen Seite Taufstein-Oberreisig bewirkt, wozu noch der Feldberg kommt, den, wenn ich nicht sehr irre, die Bayern auch in ihrem System haben«.

»Inzwischen war in dem benachbarten Kurfürstentum Hessen eine trigonometrische Landesvermessung unter der Leitung des Herrn Professor GERLING angefangen, bei welcher die Hauptdreiecke mit ausgezeichnet guten Hilfsmitteln und mit aller erreichbaren Genauigkeit gemessen werden sollten. Eine Verbindung derselben mit den hannoverschen Dreiecken war daher um so wichtiger, weil dadurch diese mit den bayerischen Dreiecken in Zusammenhang kommen mussten, und die in verschiedenen Teilen von Europa

dem Inselsberg begab. Das Wetter war aber sehr ungünstig und GAUSS sass gleich zu Anfang 3 Tage im Nebel. Am 27. September verliess er den Brocken und beobachtete nur noch vom 5. bis 16. Oktober auf dem Hohehagen, womit er seine Arbeiten schloss, die ihn in diesem Jahre 2½ Monat von Göttingen fern gehalten hatten. Nachher wurde das Wetter wieder günstiger; da er aber HARTMANN bereits verabschiedet hatte, konnte er nicht mehr die Messungen auf dem Hils wiederholen. Um diese Zeit war auch SCHUMACHER erst zur Absolvierung der Station Hohenhorn gekommen, wo er aber Wilsede und Niendorf nicht beobachtete, weil er niemand dorthin zur Bedienung des Heliotrops senden konnte.

Die Absicht, die GAUSS am Beginne der Gradmessung gehabt hatte, Göttingen mit Hamburg durch eine Kette möglichst grosser Dreiecke zu verbinden, hatte sich nicht verwirklichen lassen. Im Gegenteil war das Bild seines Dreiecksnetzes ziemlich verwickelt. Die Kontrolle durch Diagonalen, die zunächst aus Not entstanden waren, brachte allerdings Abwechslung in die Ausgleichung und Befriedigung durch die Sicherheit und die Übereinstimmung der Resultate. Sie war in einer Zeit, wo die Beobachter die Messungen, wenn auch nicht fälschten, so doch im Hinblick auf die Übereinstimmung auswählten, ein nachahmenswertes Vorbild und zeigte eine neue Anwendung der Methode der kleinsten Quadrate. Aber hierdurch wurde die Arbeit vermehrt, die GAUSS allein auf sich genommen hatte. Auf den Stationen war er bis Mitternacht am Schreibtisch tätig[1]), und noch im November beschäftigte ihn die Ausgleichung, die er schon einmal infolge der Aufnahme eines fehlerhaften Stationstableaus vergeblich gemacht hatte[2]).

---

ausgeführten Dreiecksmessungen durch ihre Verknüpfung zu einem Ganzen in höherer wissenschaftlicher Beziehung einen vielfach erhöhten Wert erhalten. Jene Verbindung der hannoverschen und kurhessischen Messungen wurde noch im Spätjahr 1823 ausgeführt; letztere sind aber seitdem unvollendet geblieben, obwohl soviel als zu einer notdürftigen Verbindung der hannoverschen mit den bayerischen Dreiecken erforderlich war, nämlich die Messung von wenigstens zwei Winkeln in allen zu der Verbindung nötigen Dreiecken, im Jahre 1823 vollendet ist«. (GAUSS, *Die trigonometrischen Messungen im Königreich Hannover, um* 1830, Werke IX, S. 402.)

1) »Fast jeden Abend mache ich eine neue Auflage des Tableaus [bei der indirekten Stationsausgleichung], wo immer leicht nachzuhelfen ist. Bei der Einförmigkeit des Messungsgeschäfts gibt dies immer eine angenehme Unterhaltung« (Werke IX, S. 280, G.-G. 26. 12. 1823).

2) »Ich habe das System meiner Hauptdreiecke in diesen Tagen sorgfältig ausgeglichen, so dass nicht nur die Summe der Winkel jedes einzelnen Dreiecks, sondern auch die Verhältnisse der Seiten in den ge-

40. Relative Lotabweichung von Altona gegen Göttingen. Gauss hatte nach
Vollendung seiner Ausgleichung die geodätische Breite von Altona von Göttingen übertragen und den erhaltenen Wert Schumacher mitgeteilt. Schumacher
stellte nun seine Polhöhenbeobachtungen am Reichenbachschen Kreise in Altona und zum Vergleiche auch vereinzelte am Stutzschwanz und mit dem von
Lindenau geliehenen Meridiankreise erhaltene zusammen und fand dadurch,
dass die Polhöhe 5,''2 kleiner als durch die Übertragung folgte; Gauss äussert
sich hierzu am 20. Dezember 1823 (G.-Sch. Nr. 192): »Die Differenz Ihrer
mit dem Meridiankreise gefundenen Polhöhe ist sehr merkwürdig. Bestätigt
sie sich[1] demnächst nach oftmaligem Umlegen, wie ich nicht zweifle, so gibt
sie einen für mich entscheidenden Beweis des unregelmässigen Fortschreitens
der Richtung der Schwere, ohne dass wir dafür einen Grund in der sichtbaren Oberfläche der Erde nachweisen können. Anders aber, däucht mir
dürfen wir dies Phänomen nicht aussprechen, und ich kann Ihrem vorigen
Briefe[2] nicht ganz beistimmen, wenn Sie sagen, dass man die Ursache nirgends anders als in der von mir gebrauchten Abplattung suchen könne. Das
Ensemble aller Beobachtungen erfordert diese oder eine wenig davon verschiedene Abplattung gebieterisch, und wenn, wie die Erfahrung zeigt, überall

---

kreuzten Vierecken und Fünfecken genau harmonieren, und zwar ohne alle Willkür, ohne Auswählen,
ohne Ausschliessen, alles nach der Strenge der Probabilitätsrechnung. Es sind zusammen 26 Dreiecke,
worin alle Winkel von mir selbst beobachtet sind. Die grösste Summe der Fehler ist 2,''2 in einem Dreiecke, wo bei einer Seite das Pointieren sehr schwierig war; die nächst grösste ist 1,''8. Keine der 76 vorkommenden Richtungen ist bei der Ausgleichung um eine ganze Sekunde geändert; die grösste Änderung
beträgt 0,''813 bei der oben erwähnten Seite von Nindorf nach Hamburg. Was ich nach meiner neuen
Probabilitätstheorie den mittleren Fehler nenne, bei den Richtungen, ist 0,''48« (G.-B. Nr. 140. Werke IX,
S. 359). Vergleiche den Brief an Bohnenberger, Werke IX, S. 366. »Ich habe nunmehr die mühsame Aus-
gleichung meiner sämtlichen Messungen von 1821—1823, so weit sie die Hauptdreiecke betrifft, vollendet,
so dass nun nicht nur die Summen der Winkel der einzelnen Dreiecke, sondern auch die Verhältnisse der
Seiten in den gekreuzten Vierecken und Fünfecken genau zu einander passen, und zwar nach den strengen
Prinzipien der Wahrscheinlichkeitsrechnung, sine ira et studio, und ohne alle Willkürlichkeit« (G.-O. Nr. 484.
Werke IX, S. 319).

    1) In der *Bestimmung des Breitenunterschiedes zwischen Göttingen und Altona* (1828) ergab sich der
Unterschied 5,''52. Werke IX, S. 49.

    2) Schumacher hatte geschrieben: »Ich habe Ihnen, mein vielverehrter Freund, ein Resultat mitzu-
teilen, das Sie interessieren wird. Nemlich, dass meine bisherigen Beobachtungen mit dem Reichenbachschen Meridiankreise zeigen, dass das von Ihnen angewandte Aplatissement (ich glaube von Walbeck hergeleitet) nicht auf den Bogen zwischen Göttingen und Altona passt«. G.-Sch. Nr. 190.

in mässigen Strecken andere Krümmungen sich zeigen, so beweiset dies nur, dass im Kleinen die Erde gar kein Ellipsoid ist, sondern gleichsam wellenförmig von dem die Erde im Grossen darstellenden Ellipsoid abweicht. Es ist dann, wenn man kleine Stücke durch ein individuelles Ellipsoid darstellen will, einerlei, ob man eine andere Abplattung oder andere Hauptachse annimmt, da dies immer nur eine Art von Interpolationsbehelf ist«. Im Anschluss hieran schlug GAUSS vor, im Spätsommer 1824 mit dem RAMSDENschen Zenitsektor die Breiten der beiden Sternwarten in Altona und Göttingen zu bestimmen. Ausserdem empfahl er, im bevorstehenden Winter gleichzeitige Beobachtungen derselben Sterne an den beiden REICHENBACHschen Kreisen anzustellen.

Diese Reihe, die auf eine Stunde Sternzeit beschränkt und auf eine passende Beobachtungszeit gelegt werden sollte[1]), konnte GAUSS wegen der Krankheit seiner Gattin und der durch zwei Kollegia ohnehin für die übrigen Arbeiten zerstückelten Zeit nicht sogleich zu Stande bringen. Erst im Januar und Februar des folgenden Jahres, 1824, gelang es ihm, den Plan durchzuführen, und eine Bestätigung des bestehenden Unterschiedes der astronomischen und geodätischen Verbindung der beiden Sternwarten zu erhalten. Die Vergleichung der Göttinger mit der von ZACH auf dem Brocken mit einem freilich minderwertigen LENOIRschen Instrumente beobachteten Polhöhe gab eine Abweichung von 15″ im entgegengesetzten Sinne für den Bogen Göttingen-Brocken und GAUSS konnte nun nicht mehr an dem unregelmässigen Fortschreiten der Schwererichtung zweifeln; er hielt es sogar für möglich, dass bereits eine Entfernung von ein paar hundert Schritten Anomalien zeigen könnte[2]). Ausser den zum grossen Teil von HANSEN angestellten Zenitstern-

---

1) »Bei dieser Gelegenheit bemerke ich, dass ich im Allgemeinen ungern in den Frühstunden vor Tage beobachte; ich finde meine Augen dann immer viel schwächer, und mag allenfalls lieber bis zwei Uhr aufbleiben, als um 5 oder 6 Uhr aufstehen«. G.-SCH. Nr. 192.

2) Eine etwas undeutliche Frage von SCHUMACHER veranlasste GAUSS zu einer allgemeineren Klarstellung: »Ihre Frage, wenn mehrere Punkte eines Netzes astronomisch bestimmt sind, und Amplituden geben, die mit der Rechnung nicht harmonieren, welche dann gelten soll, da Lokalattraktionen sowohl in A als B etc. möglich wären? verstehe ich nicht ganz. Für jeden Punkt gilt die Polhöhe, die astronomisch gefunden ist, insofern die Beobachtungen alle Vertrauen verdienen. Das Phänomen besteht ja bloss darin, dass die Polhöhen mit den terrestrischen Entfernungen nicht Schritt halten. Durch den Ausdruck Lokal-Anziehungen wird däucht mir schon alles in einen falschen Gesichtspunkt gestellt. Das gleichmässige Fortschreiten der Polhöhen setzt voraus, dass die Erde in ihrem Innern regelmässig gebildet sei, und fällt weg, wenn diese Voraussetzung unrichtig ist. Ich finde darin garnichts auffallendes und sehe nicht, warum man

Beobachtungen in Altona teilte Schumacher auch die Breite von Lauenburg mit, die er aus Beobachtungen am Troughtonschen(?) Sektor erhalten hatte. Auch hatte Nehus die Wintermonate benutzt, um mit der Sonne Azimutbestimmungen dort zu machen. Gauss konnte daraus einen Azimutunterschied gegen den geodätischen Wert von 2″,4 berechnen.

41. Beschäftigung mit Krayenhoffs und anderen Triangulationen. Im Winter 1823/24 beschäftigte sich Gauss, obgleich er noch keine Entscheidung seiner Regierung über die Fortsetzung der Messungen nach Westen in Händen hatte, eingehend mit den Krayenhoffschen Dreiecken, die er zu seinem Bedauern lange nicht so genau fand, wie er angenommen hatte[1]. Er hatte sich sodann

blos örtliche Störungen annehmen wollte. Meinen Sie aber mit Ihrer Frage, wie man die Polhöhe anderer Punkte, d. i. solcher, wo keine astronomischen Beobachtungen gemacht sind, ansetzen solle, so ist die Antwort leicht: Es fehlt uns dann durchaus an den nötigen Datis dazu, und wir können nichts weiter tun als eine schickliche Interpolation anwenden. Eigentlich aber interessiert die genaue astronomische Polhöhe keinen Menschen, als den Astronomen, der wieder an einem solchen Orte Observationen von adäquater Feinheit anstellen will oder angestellt hat. Für jeden bloss menschlichen Gebrauch, wo die grösste Genauigkeit erfordert wird, d. i. eine grössere als die astronomischen Anomalien komportieren, soll man die geodätische wahre Lage der Örter gegen einander anwenden». G.-Sch. Nr. 197.

1) »Entweder muss Hr. Krayenhoff seine Ausgleichungen nicht gehörig gemacht haben, oder seine Winkelmessungen involvieren versteckter Weise viel grössere Fehler als man nach der Prüfung durch die drei Dreiecks- und die Gyruswinkel erwarten sollte, und im letzten Fall ist man berechtigt zu glauben, dass die angegebenen Beobachtungswinkel wenigstens parteiisch gewählt sind, um diese Schliessungen der einzelnen Dreiecke und Tours d'horizon zu erzwingen. Wahrlich, es ist bei geodätischen Beobachtungen noch viel notwendiger, dass uns die Originalmessungen vorgelegt werden, als bei astronomischen, wo so leicht manche Bände voll Beobachtungen gedruckt werden, aus deren Spreu man nie ein Weizenkorn benutzen wird« (G.-Sch. Nr. 192).

»Selbst Krayenhoffs Messungen sind mir noch nicht detailliert genug bekannt gemacht. Das Tableau von p. 55 bis 86 sollte umständlicher sein und sollte alle Beobachtungen enthalten, denn es ist mir fast zur Gewissheit geworden, dass Krayenhoff ausgewählt hat, um guten Schluss der Winkel zu 180° und 360° zu erhalten. Nach diesem Schluss sollte man die Messungen für viel genauer halten, als sie wirklich sind, denn um die Polygone in Übereinstimmung zu bringen, hat Krayenhoff viel grössere Änderungen anbringen müssen, zum Teil im nordöstlichen Teil ganz barbarische Änderungen. Vergleichen Sie z. B. die beobachteten Winkel pg. 83 mit denen, die er in seinen Definitiv-Tableaus zu Grunde legt .... Freilich hat er im NW-Teil mit einem kleinen Kreise observiert, aber woher immer die guten Schlüsse der einzelnen Dreiecke und des Gyrus horizontis. Und solche Fehler sind doch auch an einem kleinen Kreise, den er noch dazu parfaitement exécuté nennt, nicht zu verzeihen; und höchst befremdend ist die Parallaxe, worüber er pag. 17 klagt; warum stellte er denn die Fäden nicht in den Brennpunkt, oder wenn keine Stellung der Fäden bei dem Instrument möglich war, warum liess er denn keine Vorrichtung dazu machen? Dies ist, deucht mir, ganz unverzeihlich. Im südlichen Teil scheinen zwar so grosse

auch um die Dreieckmessungen von ECKHARDT, BOHNENBERGER, SOLDNER und LITTROW bemüht, um eine zusammenhängende Kette von Lysabbel bis Mailand oder Wien, oder gar bis an die türkische Grenze berechnen zu können. Aber alle waren sehr zurückhaltend mit der Mitteilung ihrer Resultate (selbst GERLING war in dieser Beziehung sehr vorsichtig[1])). Nur der Regierungsrat ECKHARDT schickte ihm die Darmstädter Hauptdreiecke, die GAUSS sogleich zu berechnen begann. Er erhielt dabei ein merkwürdiges Resultat, über das er an SCHUMACHER noch nichts schreiben wollte, während er OLBERS zwei Tage später einige Angaben im Vertrauen kommunizierte[2]).

Einen Bericht und ein Gutachten, das er im Januar nach Hannover schickte, begleitete GAUSS mit einer Karte, die alle bisherigen dänischen, hannoverschen, hessischen, einen Teil der preussischen und sämtliche KRAYENHOFFSCHEN Punkte enthielt. 200 Punkte waren darin nach genau berechneten Koordinaten eingetragen. GAUSS erwartete von dieser Eingabe einen Erfolg für die Genehmigung seiner weiteren Arbeiten, an deren Übernahme ihm offenbar viel lag (G.-O. Nr. 487).

Fehler nicht vorzukommen, doch auch grössere, als man nach Schluss der Dreiecke und des Gyrus erwarten sollte. Es ist wenigstens ein Glück, dass KRAYENHOFFS Netz in sich selbst so viele verräterische Prüfungen darbietet. Aber was soll man von Messungen denken, wo ohne Polygone und ohne Diagonalen bloss eine Reihe Dreiecke fortläuft, wenn man Ursache hat, die Aufrichtigkeit und Unparteilichkeit der Beobachter in Zweifel zu ziehen. Der Kalkul des sphärischen Exzesses ist gar zu leicht und es daher zu verführerisch, wenn auch nicht zu verfälschen, doch auszulesen, was in den Kram passt. Die Verbindung meiner Dreiecke mit den französisch-englischen blos über Ostfriesland scheint mir nach obigem sehr bedenklich, am besten wäre es wohl, zugleich bei Bentheim und Jever anzuschliessen« (G.-O. Nr. 486).

1) »Selbst GERLING hat mir zwar alle seine Messungen mitgeteilt, aber mit grosser Ängstlichkeit und mit der Bitte, ja keine Zahl öffentlich bekannt zu machen, oder mir merken zu lassen, dass er sie geschickt, weil man das in Cassel sehr übel auslegen würde« (G.-.O Nr. 486).

2) »Die Darmstädtischen Dreiecke habe ich an die Punkte Feldberg-Dünsberg, wie sie ohne alle Interrogation MÜFFLINGscher Messungen bloss aus den GERLINGschen (immer zuletzt nach SCHUMACHERS Basis) bestimmt sind, angeschlossen und bis Mannheim berechnet. Hier weicht nun die Darmstädter von ECKHARDT gemessene Basis von meiner Rechnung im Logarithmen nur 2 Einheiten ab, während MÜFFLING durch seine Dreiecke einen ganz enormen Unterschied von der Seeberger Basis fand.

Die Seite Amöneburg-Dünsberg, aus ECKHARDTs Winkeln berechnet, weicht 391 Einh. im Log. von dem Werte ab, den sie nach MÜFFLINGs Dreiecken erhält (das Absolute immer auf einerlei Basis gegründet). Schon bei der Lage des Herkules findet sich ein in geodätischer (wenn gleich nicht in astronomischer) Rücksicht merklicher Unterschied, ob ich ihn bloss auf GERLINGs und meine Messungen oder auf die MÜFFLINGschen gründe, ungefähr 2 m. (Die vorstehenden Notizen bitte ich als im Vertrauen kommuniziert zu betrachten.)« (G.-O. Nr. 487.)

Im Juli 1823 hatte er (durch HORNEMANN) die offizielle Anzeige erhalten, dass ihm der Preis der Kopenhagener Sozietät zuerkannt sei. Die Krankheit seiner Frau, die dadurch bedingten Veränderungen in seinem Hausstande und einige bedeutende Verluste hatten seine Finanzen so derangiert, dass er den Luxus, eine Medaille aufzubewahren, sich nicht verstatten durfte, sondern SCHUMACHER bat, sie in bares Geld zu verwandeln (G.-SCH. Nr. 180). Er hatte damals Aussicht gehabt, einen Ruf nach Berlin zu erhalten, der eine Verbesserung seiner Lage gebracht hätte. So hat auch bei der Erweiterung des Gradmessungsunternehmens der Grund eines kleinen pekuniären Vorteils ihm das Opfer erleichtert, als das er immer wieder die Beschäftigung mit Arbeiten ansah, die ihn aus der ungestörten Geistesverfassung herausrissen, deren er für theoretische Untersuchungen bedurfte[1]).

VIII. Abschnitt.   Ausdehnung der Gradmessung nach Westen.

42. (1824) **Falkenberg, Elmhorst, Bullerberg, Bottel, Brüttendorf, Bremen, Garlste, Brillit, Zeven, Steinberg, Bottel, Litberg, Wilsede.** Am 15. Februar ging das Reskript des Grafen MÜNSTER ein, und am 8. März wurde GAUSS durch das Kabinetsministerium mit der Fortsetzung der Gradmessung betraut. Da MÜLLER und HARTMANN vor Beendigung des Militärschulkursus Hannover nicht verlassen konnten, wurde der Beginn der Messungen bis nach Ostern[2]) verschoben. Auch auf OLBERS Rat sollte eine sorgfältigere Erkundung vorangehen, die GAUSS anfangs einem Manne, der viel Eifer und Geschicklichkeit gezeigt hatte, dem Konrektor KÖHLER in Ilfeld übertragen wollte, zu der aber schliesslich KLÜVER, der in Bremen zur Vorbereitung des künftigen Katasters

---

1) »Wie die Sachen einmal liegen, darf ich eine Unternehmung nicht abweisen, die obwohl mit tausend Beschwerden verbunden und vielleicht aufreibend auf meine Kräfte wirkend, doch reell nützlich ist, die freilich auch von andern ausgeführt werden könnte, während ich selbst unter günstigeren Verhältnissen etwas besseres täte, allein die bestimmt, wenn ich sie nicht auf mich nehme, gar nicht zur Ausführung kommen würde; endlich, auch das darf ich Ihnen nicht verhehlen, eine Sache, die in etwas das Missverhältnis ausgleicht, welches zwischen meiner Diensteinnahme — derselben anno 1824, wie sie 1810 unter JÉROME festgesetzt wurde — und den Bedürfnissen einer zahlreichen Familie stattfindet« (G.-B. Nr. 143).

2) 18. April.

in Aussicht genommen war, bestimmt wurde. Durch seine bewundernswerte Beweglichkeit und viele Anstelligkeit ist er dann GAUSS auch nützlich gewesen.

Am 18. Mai brach GAUSS nach Visselhövede auf, um auf dem Falkenberge, wo er bereits 1822 beobachtet hatte, an die Seite Falkenberg-Wilsede seiner Meridianmessung anzuschliessen. Er liess Wilsede durch Leutnant HARTMANN mit einem Heliotrop besetzen, um zugleich für SCHUMACHER, falls dieser in Hohenhorn die beabsichtigten Messungen ausführte, Licht zu senden. Da in diesem Jahre 4 Heliotrope zur Verfügung standen, konnten die Arbeiten rascher fortschreiten. In den 3 Tagen vom 21.—23. Mai wurde Falkenberg fertig und GAUSS konnte auf dem neuen Punkt Elmhorst beginnen, der der einzige war, auf dem Falkenberg und Wilsede gleichzeitig sichtbar waren. Da der verwünschte Moordampf ihm die Aussicht behinderte, nahmen die Beobachtungen die Zeit vom 24. Mai bis 5. Juni in Anspruch. Ein hochstämmiges Gehölz, von dem Elmhorst eingeschlossen war und auch den Namen hatte, machte für alle übrigen Richtungen Durchhaue erforderlich. Besonders lag es GAUSS an der Freilegung des Litberges; er hatte MÜLLER die Richtung von dort nach Elmhorst genau angeben können. Indessen hinderte unerwarteter Weise hernach eine Baumgruppe in 3 Meilen Entfernung die Sicht, aber KLÜVER fand durch seine Geschicklichkeit im Klettern und sein scharfes Auge schnell die störenden Bäume heraus. Auch nach dem Bullerberge, den GAUSS als dritten Standpunkt gewählt hatte, war die Anlage einer Schneise notwendig. Auf dieser Erhebung beobachtete GAUSS vom 7.—18. Juni. Er entwarf nun eine Skizze, die noch die Punkte Litberg, Brüttendorf und Bottel enthielt, von denen die beiden letzteren mit Bremen ein Dreieck bilden konnten. Es kam aber dabei noch auf einen grossen Durchhau an, — den grössten, der bei seinen Messungen bis dahin vorgekommen war, — der die 27 km von einander entfernten Punkte Brüttendorf und Litberg verbinden sollte. Durch seine Ausführung wurde allerdings der Bullerberg überflüssig; da er aber einmal verwendet war, sollte er auch beibehalten werden. Durch die Seite Litberg-Elmhorst war ein neuer Übergang von der Seite Falkenberg-Breithorn auf die Seite Hamburg-Hohenhorn gewonnen, indem dadurch die kleinen Dreiecke der früheren Messung im Westen umgangen wurden[1].

---

1) Das 2. Stück des X. Bandes der Corr. astr. enthielt in einem anonymen M. U. A. d. l. G. ge-

Durch die drei Seiten Bremen-Brüttendorf, Bremen-Eversen und Brütten-dorf-Litberg hoffte GAUSS, im Falle noch die Verbindung Brüttendorf-Eversen möglich wäre, weiter zu kommen. Eine Erkundung, ob auf dem Brüttendorfer Felde Bremen und Wilsede an einem und demselben Punkte gesehen werden könnten, liess sich bei dem stets herrschenden Moorrauch nicht ermöglichen und GAUSS beabsichtigte, Schritte zu tun, um Verbote des Moorbrennens zu erwirken[1]). Er bedauerte, an Stelle des Bullerbergers nicht Höperhoven ge-

---

zeichneten Briefe eine Stelle (p. 164): Les points trigonométriques entre Hambourg et Celle sont très-mal choisis, quoiqu'il faille convenir, que ce terrain est très-chicaneur; on aurait dû ériger des tours d'obser-vation de 80 à 100 pieds de hauteur, comme on en a construit sur l'Ettersberg près Weimar. Selon mon avis la triangulation du général KRAYENHOFF me semble sous tous les rapports la plus parfaite etc. (G.-O. Nr. 508). GAUSS konnte sich nicht entschliessen, einem so arroganten Menschen zu antworten, »dessen ganze Weisheit darin zu bestehen scheint, den Wert eines Dreieckssystems nach dem Vorkommen von spitzen Winkeln zu beurteilen in der Art wie die einfältige Bemerkung eines gewissen BEIGEL in der Mo-natlichen Correspondenz VIII, pag. 114« (G.-B. Nr. 147). BEIGELs Bemerkung war: »Die Möglichkeit eines beträchtlichen Fehlers lag schon in dem schlechten Dreiecke, das zur Verbindung der gemessenen Basis mit der Triangelreihe diente [bei MAUPERTUIS] und aus folgenden Winkeln bestand: 9° 22' 0", 77° 31' 50", 93° 6' 10"«.

»Es bedurfte nur geringen Nachdenkens, um einzusehen, dass dieser Vorwurf ganz abgeschmackt ist. Nur dann ist ein solches Dreieck geradezu verwerflich, wenn man dasselbe gebrauchen muss, um von der kleinen Seite auf eine der grossen überzugehen oder umgekehrt, obwohl das letzte auch wieder nur dann zu tadeln ist, wenn von dieser kleinen Seite nachher wieder zu grossen fortgeschritten wird. — In allen anderen Fällen ist ein solches Dreieck nur darum von geringerem Wert, weil man damit auf einmal nicht viel weiter kommt. Der Nachteil hat aber nicht viel zu bedeuten, und jeder wird ja von selbst so klug sein, da, wo er gleich einen grossen Schritt machen kann, nicht erst ohne wichtige Gründe einen kleinen zu machen. Auf die Art erklären sich die zum Teil kleinen Winkel in meinem System leicht. ... Allemal ist die Genauigkeit eines Übergangsystems leicht zu berechnen. Z. B. wenn durch 3 Dreiecke von AB auf AC überzugehen ist, so setze man $(\operatorname{ctg} a^2 + \operatorname{ctg} b^2) + (\operatorname{ctg} c^2 + \operatorname{ctg} d^2) + (\operatorname{ctg} e^2 + \operatorname{ctg} f^2) = S$. Alsdann ist das Gewicht, welches der Differenz der Logarithmen von AB und AC beizulegen ist, umgekehrt dem S, oder die Genauigkeit dem $\sqrt{\frac{1}{S}}$ proportional. .... Sie sehen also, dass die eingeschobenen kleinen Dreiecke die Genauigkeit vergrössern. Werden alle Messungen zugleich benutzt, so wird die Genauigkeit sehr viel grösser, aber ihre Bestimmung ist dann altioris indaginis« (G.-O. Nr. 511). »Die starken Linien [in einer Zeichnung] zeigen, wie nunmehr der Übergang von meiner Seite Falkenberg-Breithorn zu der dänischen Hamburg-Hohenhorn gemacht werden kann, die schwachen östlichen, wie er 1822 und 1823 ge-macht ist; die Genauigkeit des letzteren ist zwar wegen der vielfach kontrollierenden Verknüpfung etwas grösser als bei dem neuen, der, ohne dass der alte schon vorhergegangen wäre, gar nicht hätte ausgemittelt werden können; indessen wird der Unterschied der Genauigkeit nicht bedeutend sein, und da natürlich der neue nicht für den alten substituiert wird, sondern alle Messungen pro rata zu den Endresultaten kon-tribuieren müssen, so wird die Genauigkeit etwa verdoppelt werden« (G.-O. Nr. 511).

1) GAUSS ging mit dem Gedanken um, sich an die Landdrostei in Stade zu wenden und bat OLBERS um ein Gutachten über die Schädlichkeit des Moorrauchs, an der aber OLBERS zweifelte (G.-O. Nr.509. 510).

wählt zu haben, da der Höpenhovener Berg ihm auf dem Bullerberge Bremen verdeckte, andrerseits dort auch Wilsede entgegen der Versicherung von Müller und Klüver wahrscheinlich sichtbar war.

Endlich wurde ein Punkt bei Brüttendorf gefunden, wo Bremen, Bullerberg und Wilsede zugleich sichtbar gemacht werden konnten, und ebenso ein Punkt auf dem Everser Felde[1]), von wo die Richtungen nach Wilsede, Bullerberg, Brüttendorf und Bremen genommen werden konnten. Die Verbindung mit Bremen sollte sich auf die Seite Wilsede-Elmhorst stützen. Aus dieser folgte Wilsede-Bullerberg, von dieser war der Übergang zu Eversen-Brüttendorf entweder vermittelst Wilsede-Eversen oder Bullerberg-Eversen oder Bullerberg-Brüttendorf gedacht, oder vielmehr nicht auf einem einzelnen dieser vier Wege, sondern aus der Verbindung aller Messungen in dem vollständigen Viereck. Von Brüttendorf-Eversen sollte dann Bremen erreicht werden. Wenn aber — was auch eintrat — der Durchhau von Brüttendorf nach Litberg gelang, so ergab sich eine noch viel einfachere Verbindung: Hamburg-Wilsede, Wilsede-Litberg, Wilsede-Brüttendorf, Wilsede-Eversen, Brüttendorf-Eversen usw. Durch die Messungen von 1822, 1823, 1824 war Gauss im Stande, die Richtung des Durchhaus auf einige Sekunden genau anzugeben[2]).

Gauss blieb in Rotenburg wohnen, als er die Messungen auf dem Bullerberge beendet hatte und begann auf dem $1\frac{1}{2}$ Meilen von Rotenburg entfernten Everser Plateau oder richtiger Ahauser Feld und offiziell sogenannten Bottel zu beobachten. Er hätte schon damals den weit höheren Steinberg vorgezogen, wenn er die später durchgeführte Freilegung der Richtung nach Wilsede für möglich gehalten hätte.

»Die Stelle, wo ich als erklärter Anhänger der Meinung, der gewöhnlich mit Heerrauch bezeichnete Nebel sei nichts anderes als Moordampf, genannt bin, steht in Okens Isis 1829 S. 343. Ich will gern zugeben, dass auch aus andern Ursachen Nebel entstehen können, die stinken; allein der Moorrauch hat einen so eigenen Geruch, dass, wer lange am Herd desselben gewesen ist und einen feinen Geruchssinn hat (was leider mein Fall ist, da gewöhnlich mehr widerliches als angenehmes vorkommt) ihn auch in grösserer Verdünnung wiedererkennt: mit Gewissheit kann ich übrigens hinzusetzen, dass ich keine Erfahrungen eines anderen riechenden Nebels gemacht habe, sondern dass jeder riechende Nebel, den ich gerochen habe, diesen spezifischen Geruch hatte und stets mit Umständen begleitet war, die jener Voraussetzung nicht nur nicht widersprachen, sondern meistens die Wahrscheinlichkeit sehr erhöhten, oft kaum einen Zweifel übrig liessen« (G.-G. 6. 5. 1831).

1) Bottel, im folgenden mit Eversen bezeichnet, s. a. u.
2) G.-O. Nr. 511. G.-Sch. Nr. 215.

Auf dem Bottel hielt er sich vom 19. bis 24. Juni auf; Müller befand sich gleichzeitig in Brüttendorf, um den Wald nach dem Litberg hin zu durchbrechen[1]), Klüver sollte ihn unterstüzen und gleichzeitig Heliotroplicht nach dem Bottel senden. Als Gauss am 27. Juni nach Zeven kam, fand er den Durchhau schon offen, dessen Richtung nur 2″ von der Vorausberechnung differierte. Aber nach Westen bot sich schlechte Aussicht, weiter zu kommen und Joseph Gauss musste mit Müller die Gegend von Bremervörde bis Hambergen und dann nach Worpswede und Wilstadt hin rekognoszieren. Gauss hätte am liebsten Bremen als Hauptdreieckspunkt ganz aufgegeben, da der Ansgariusturm ein schlechter Zielpunkt und noch schlechterer Standpunkt sein würde[2]). Aber trotz ungünstiger Sicht schnitt er sogleich von Brüttendorf aus Neugierde ein paar mal Bremen ein, das er vorher vom Bottel aus beobachtet hatte, und fand dadurch aus einer vorläufigen Rechnung seine Lage um etwa 7 m nördlich und ebenso viel westlich von der Stelle, die er aus seinen eigenen, Epaillys und Krayenhoffs und wieder Epaillys Messungen geschlossen hatte. Er war davon nicht sehr befriedigt; als aber Olbers irrtümlich 7″ statt 7 m gelesen hatte, wurde Gauss zu einer ausführlichen Darlegung

---

1) »Ohne dass solche Messungen vorangegangen wären, würde ein solcher Durchhau ganz unmöglich gewesen sein, oder er hätte an Zeit und Geld wenigstens beinahe so viel gekostct, wie jene Messungen zusammen; auch abgesehen davon, dass man ohne die vorgängigen Arbeiten garnicht darauf hätte kommen können, gerade diese Plätze zu wählen, da namentlich das Brüttendorfer Feld eine unscheinbare zur Erbauung von 100 Fuss hohen Türmen gar nicht besonders einladende Gegend ist. Epailly war von Bremen aus mit seinen Messungen nach O und NO nicht weiter gekommen als Wilstedt und Haverloh und erklärte die gerade Verbindung mit Hamburg für unmöglich, obgleich er den Vorteil hatte, dass er sich keine Bedenken machte, in der Luft auf hohen Signaltürmen zu beobachten, während ich von Anfang an mir zum Prinzip gemacht habe, dies nicht zu tun, oder höchstens für einen Notfall aufzusparen, wo durchaus auf andre Weise nicht durchzukommen wäre. In der Tat ist der Modus, den Zach [oder eigentlich der Anonymus in Zachs Journal, siehe oben] mir anrät, insofern der leichteste, als dabei gar keine Geistestätigkeit erfordert wird, sondern nur, dass man Zeit, Geld, viel Geld, oft ganz vergeblich aufgewandtes Geld nicht achtet und auf Genauigkeit Verzicht tut. Hätte ich von 1822 an nach seinem Rat agiert, so würde ich die doppelte Zeit und die dreifachen Kosten verbraucht haben, um am Ende die halbe Genauigkeit zu erreichen« (G.-O. Nr. 511).

2) »Vermutlich werden auf dem Turm selbst erst mehrere Vorkehrungen gemacht werden müssen, eine Art Befriedigung in der Laterne, eine Art Kreuz zwischen den Pfeilern der Laterne, unabhängig vom Fussboden, um den Heliotrop und demnächst den Theodolithen darauf zu stellen. Da die Laterne, so viel ich mich erinnere, nur sehr eng ist, so wird der Heliotrop selbst oft und lange im Schatten sein, und daher fast immer doppelte Reflexion angewandt werden müssen. Wie unendlich grosse Vorzüge haben die Plätze zu ebener Erde!« (G.-O. Nr. 512.)

seiner Ansichten über die Genauigkeit astronomischer und geodätischer Messungen veranlasst (G.-O. Nr. 521):

»Durch meine Prüfung der Krayenhoffschen Dreiecke in NO von Holland von deren Schlechtigkeit überzeugt und die Genauigkeit der Epaillyschen Messungen nicht kennend, hatte ich mich allenfalls auf einen Unterschied von 30 m—40 m gefasst gemacht. Auch die 7 m würden mir, wenn ich die ganze Kette selbst gemessen hätte, noch viel zu viel sein; wäre aber wirklich ein Unterschied von 7″ N und W gewesen, also die Lage über 250 m unrichtig, so würde ich nicht anstehen zu erklären, dass entweder Krayenhoffs oder Epaillys Messungen oder beide keinen Dreier wert wären. Es ist mir nicht recht klar, wie Sie jenen vermeinten Unterschied von 7″ mit dem von 6″ bei Altona in Vergleich stellen; bei letzterem Orte war die astronomische Lage von Altona (∗ Lage der Vertikalen daselbst gegen die Erdachse und eine bestimmte Anfangs-Meridianebene) um 5″ oder 6″ abweichend von dem, was aus der astronomischen Lage von Göttingen gefolgert war. Bei Bremen hingegen war die Lage gegen Göttingen bloss geodätisch zweimal bestimmt, einmal auf einem ungeheuer langen Wege und einmal auf einem kurzen. Grösserer Klarheit wegen könnte man 3 Arten, die Lage eines Ortes anzugeben, unterscheiden:

1) Die geodätische, indem ich z. B. sage, dass Bremen auf dem langen Wege 173065,8 m nördlich und 76342,5 m westlich von Göttingen gefunden, auf dem kürzeren aber einstweilen 173073,6 m und 76348,5 m. Da die Erde kein Planum ist, so ist eigentlich erst noch zu erklären, wie dies nördl. und westl. zu verstehen ist. Man kennt den gewöhnlichen (unrichtigen) Sprachgebrauch: Abstand vom Meridian und Perpendikel. Meine Zahlen sind eigentlich etwas anderes, nur Analoges, allein eine gründliche Erklärung ist in der Kürze nicht möglich.

2) Die geodätisch-astronomische oder pseudo-astronomische Lage, wenn man die geodätischen Messungen auf ein regelmässiges Ellipsoid appliziert und danach die Breiten- und Längen-Unterschiede angibt. Ich kann hier Bremen nicht als Beispiel anführen, da ich die in dieser Form sich darauf beziehenden Zahlen gar nicht bei mir habe. . . .

Man kann diese beiden Arten nur wie eine betrachten, wobei gleichsam nur die Form verschieden ist, aber wesentlich verschieden ist.

3) Die wirklich astronomische Lage, die ich oben (bei *) definiert habe. Nach allen neueren Erfahrungen hält diese garnicht Schritt mit 2) und es gibt kein Mittel, sie zu finden als wirkliche astronomische Beobb. Meiner Ansicht nach aber hat sie en récompense bloss für den Astronomen Interesse, insofern an einem Orte auch wirklich astronomische Beobb. angestellt werden, die bis auf eine Bogensekunde genau sind. In jeder andern Beziehung, wo man die gegenseitige Lage von Punkten vergleichen will, kommt es nicht auf 3), sondern auf 1) oder 2) an.

Ich weiss nicht, ob ich mich nicht irre, aber mir däucht, dass man bisher noch nicht recht gewusst hat, was eigentlich die besten geodätischen Messungen im Grossen leisten können, ungefähr wie man vor Entdeckung der neuen Planeten eine ganz falsche Vorstellung von dem hatte, was man von guten astron. Beobb zu fordern berechtigt ist. Ich gestehe, dass es mir ein selbständiges hohes Interesse zu haben scheint, die gegenseitige Lage von einigen 1000 Punkten über ganz Europa mit aller Schärfe zu bestimmen, deren die Kunst und Wissenschaft des 19. Jahrhunderts fähig ist. Dadurch, dass man bei grossen geodätischen Messungen immer sein Auge nur auf 3) richtete, hat man einen ganz falschen Gesichtspunkt und Masstab erhalten. Denn da die höchste Kunst der Astronomie kaum 1″ der Breite und das 3-fache (oder mehr) in der Länge erreichen kann, so meinte man, geodätische Messungen schon genug gerechtfertigt und in Glanz gesetzt zu haben, wenn man zuletzt nur Unterschiede von einigen Sekunden fand. Mehr ist auch nicht möglich, wenn man von der astronomischen Lage 3) mehrerer Punkte ausgehend zu einem Vereinigungspunkte kam. Aber ganz barbarisch und unverantwortlich wäre ein solcher Unterschied bei rein geodätischen Verbindungen 1) oder bei 2), wenn man nur einen Punkt astronomisch zu Grunde legt, insofern solche Messungen nicht schon einen halben Weltteil umfasst haben. . . . Nur bei der hier ausgelegten Ansicht kann ich an meinen Arbeiten ein wahres Interesse haben, und ohne sie würde ich beklagen, meine Zeit 4 Jahre hindurch auf einen ganz unwürdigen Gegenstand gewandt zu haben.«

Vom Bottel aus hatte GAUSS einen entfernten Turm gesehen, den er für Ganderkesee hielt. Die Hoffnung, ein Dreieck Bottel-Worpswede-Ganderkesee zu erhalten, liess sich aber nicht verwirklichen, da sich gar kein Punkt im

Nordwesten mit Brüttendorf verbinden liess. Es musste daher Bremen als Hauptdreieckspunkt beibehalten werden.

In Zeven mit seiner reizenden Naturumgebung (G.-B. Nr. 151) fühlte sich GAUSS anfangs bei kühlem Wetter und der elektrizitätsfreien Luft wohler, wozu auch das gute Quartier im Posthause beitrug, und er konnte den 4 km weiten Weg nach der Beobachtungsstation in Brüttendorf oft zu Fuss zurücklegen (G.-O. Nr. 523). Bald klagte er aber wieder über schwüle Hitze (G O. Nr. 524), und als er am 10. Juli die Beobachtungen in Brüttendorf beendet hatte und nach Bremen kam, brachten ihn die Fatiguen der Messungsarbeiten und die ihm hier nicht zuträgliche Lebensweise so herunter, dass er an der Möglichkeit zweifelte, mit seinen Arbeiten fortfahren zu können (G.-B. Nr. 146). Er hatte bei den Dreiecken dieses Jahres die dritten Dreieckspunkte vorläufig liegenlassen, um erst einmal nach Westen vorzudringen. Für die Seite Bremen-Brüttendorf fand er nun aber überhaupt keinen dritten Punkt, so dass es um die Fortsetzung der Messungen sehr misslich stand[1]. Da trat ein glücklicher Umstand ein, indem GAUSS von dem Ansgariusturm gerade noch die Spitze des Turmes in Zeven erblickte, während er von Zeven aus infolge des Höhenrauchs Bremen nicht bemerkt hatte[2]. Nun erfuhr freilich sein Dreiecksnetz wieder eine Umgestaltung, indem zunächst Brüttendorf als Beobachtungspunkt überflüssig wurde.

Sechs Wochen weilte GAUSS in Bremen. Er fand seinen damals im 66. Lebensjahre stehenden Freund heiter und wohler, als im vorhergehenden Jahre und schied von ihm in der Hoffnung, ihn bald in Zeven wiederzusehen. Er ging aber zunächst nicht dahin, sondern nach dem westlichsten Punkte dieses Jahres auf der Garlster Heide bei Vegesack und ·erreichte somit die Weser. Offenbar leitete ihn der Wunsch, erst einmal den Anschluss an KRAYENHOFF zu erlangen und in der Tat konnte er hier den äussersten von KRAYENHOFFS Punkten, Varel, bereits sehen. Seinen Aufenthalt nahm er in Osterholz, das eine Meile südöstlich von seinem Dreieckspunkt lag. Am Sonntag, den 22. August hatte er nur einen offenen Wagen erhalten[3], mit dem er unter anscheinend günstigen Auspizien um 1 Uhr nach dem Garlster Platze fuhr,

---

1) Arbeitsbericht für 1824.
2) Vergl. G.-O. Nr. 525.
3) Später hat er den Weg von Gnarrenburg nach Brillit einige Male zu Fuss zurücklegen konnen.

13*

allein schon auf halbem Wege stellte sich Regen ein, der den ganzen Tag
nicht wieder aufhörte. Bis auf die Haut durchnässt kehrte er ohne etwas
gesehen zu haben, um 8 ½ Uhr zurück. Doch konnte er bereits am 26. August
nach dem Punkte Brillit bei Gnarrenburg weitergehen, wo er ebenfalls schneller,
als er gedacht, am 30. August 1824 fertig wurde. Während seines dortigen Aufenthaltes war die Luft für das Sehen terrestrischer Gegenstände immer höchst
ungünstig, so dass er mehrere entfernte Punkte, die MÜLLER früher bemerkt
hatte, nie erkennen konnte. Besser ging es dagegen mit den Heliotroplichtern,
die täglich 1 oder 1 ½ Stunden lang sehr gut zu sehen waren, vorher und
nachher aber sehr stark wallten. Weil sich Brillit nicht mit Brüttendorf verbinden liess, wurde Zeven als Beobachtungspunkt gewählt. Hier dauerte es
mehrere Stunden, ehe GAUSS eine Stelle auf dem Turm finden konnte, wo
alle Hauptrichtungen zugleich offen waren oder sich öffnen liessen[1]) und es
liess sich nicht ändern, dass einige nur in genierter Lage beobachtet werden
konnten. Von Bremen, wo sein Gehilfe BAUMANN[2]) heliotropierte, erhielt
er zunächst gar kein Licht, obgleich Sonnenschein dort zu sein schien.
Die enge Lokalität auf dem Ansgariusturm mochte Schuld sein, und BAUMANN
kam mit der doppelten Reflexion nicht zu Stande. Auch das Moorbrennen
nahm wieder überhand, so dass GAUSS auch die andern Richtungen nicht erhielt. Er sandte daher seinen Sohn nach dem Steinberge, um wenigstens den
einen Winkel Steinberg-Wilsede messen zu können. Dazu kam die grässliche
Hitze, die auf sein Befinden nachteilig wirkte, während der Landaufenthalt in
Osterholz es wieder gebessert hatte. Er reduzierte hier die Beobachtungen
in Bremen, wobei die Nebenpunkte, die er durch die zwischen ihnen und den
Hauptpunkten gemessenen Winkel festlegte, schlechter stimmten, als die
Messungen zwischen den Hauptpunkten[3]). Es kam sogar ein Winkel vor, der
durch die Ausgleichung eine Verbesserung von 3″ erhielt[4]). Ausser der schlechten
Sichtbarkeit der irdischen Punkte schrieb er diese Misstimmigkeit dem Um-

---

1) Brillit und Litberg wurden durch Öffnung von zwei Schneisen erhalten.

2) BAUMANN war als Gehilfe (ohne Diäten) angenommen, er war fleissig und hatte guten Willen,
aber es fehlte ihm ganz an iudicium, so dass die Dienste, die er leisten konnte, nach GAUSS Urteil ebenso
gut ein Unteroffizier hätte leisten können (G.-O. Nr. 548).

3) Es waren 6 Hauptpunkte: Steinberg, Bottel, Brüttendorf, Zeven, Brillit, Garlste und 6 Nebenpunkte: Twistringen, Oldenburg, Hude, Neuenkirchen, Verden, Asendorf (G.-O. Nr. 529)

4) Neuenkirchen-Garlste.

stande zu, dass die Hauptpunkte unter sich bei unveränderter Körperstellung beobachtet wurden, bei den Nebenpunkten aber meistens die Vergleichung nicht möglich war, ohne für beide Objekte verschiedene Sitzplätze zu nehmen. Dies brachte höchst wahrscheinlich eine erhebliche Reaktion auf das Instrument hervor, wenn auf Türmen observiert wurde, so dass neben den schwankenden auch noch konstante Fehler entstanden. Ähnliches hatte er auch schon auf dem Brocken, in Lüneburg und Hamburg bemerkt, ebenso wie CAROC in Hohenhorn die gleiche Erfahrung gemacht hatte. Auch in Zeven fürchtete er ähnliche Einflüsse. Obgleich übrigens die Stationsausgleichungen keine schlechtere Übereinstimmung zeigten als anderwärts[1]), gab die Winkelsumme in dem Dreieck Zeven-Bremen-Brillit einen Fehler von mehr als 4″ GAUSS glaubte, dass das harte Wegstreichen der Lichtstrahlen über zwischenliegende Waldungen Lateral-Refraktionen hervorgebracht habe, die gewöhnlich in einem Sinne wirkten, und hat aus diesem Grund dieselben Stationen 1825 noch einmal besucht (G.-G. 27. 1. 25).

In Zeven empfing GAUSS den gleichzeitigen Besuch von OLBERS, SCHUMACHER und REPSOLD; er sah OLBERS nie froher, als in den paar Tagen an diesem freundlichen Orte (G.-B. Nr. 146). Am 5. September 1824 waren die Messungen beendet. Da vom Bottel aus Zeven nicht erreicht werden konnte, trat der von den vorigen Stationen bereits eingeschnittene Steinberg an seine Stelle. Die Beobachtungen erstreckten sich vom 17. bis 24. September, dann ging GAUSS noch einen Tag (25. September) auf den Bottel, offenbar um die Verbindung mit dem Steinberg herzustellen, da er ja die überflüssig gewordenen Beobachtungen in Brüttendorf, Bottel und Bullerberg nicht verwarf, sondern in die Ausgleichung mit einbezog. Am darauf folgenden Tage begab sich GAUSS nach Apensen[2]) eine Meile südwestlich von Buxtehude (wo er bei einem Kaufmann KÖSTER wohnte). Er war dort etwa 5,3 km von seinem Beobachtungspunkte Litberg entfernt. Dort konnte man die Häuser von Altona erblicken und umgekehrt konnte man vom Stadtkirchturm das Zelt auf dem

---

1) Werke IX, S. 263 ff. sind die Stationsausgleichungen für Zeven und Brillit abgedruckt.

2) »Wenn Ihr Gehilfe einen schlechteren aber näheren Aufenthalt einem etwas besseren aber entfernteren vorzieht, so liegt Sauensiek nur etwa 15 Minuten (zu gehen) vom Litberg. Ich selbst bin noch nicht in Sauensiek gewesen, aber MÜLLER hat da logiert, wie auch KLÜVER und BAUMANN. Ich weiss nicht, ob der Name daher kommt, dass die Säue dort krank werden. Aber 2 Bierbrauereien sind da, die auch mein Quartier mit ihrem Gebräu versehen« (G.-SCH. Nr. 221).

Litberge erkennen. Am 3. Oktober wurden die Messungen auf dem Litberge beendet und Gauss musste nun noch einmal auf seinen schon 1822 besetzten Punkt Wilsede zurückkehren, um die neu gewählten Punkte von hier einzustellen. Er wohnte in Barl, wo er sich trotz mancher kleinen Entbehrung sehr wohl befand[1]. Ja er konnte Schumacher schreiben, was er auch nach Schluss der Arbeiten noch wiederholt hat[2], dass er sich seit Jahren nicht so gesund gefühlt habe, wie in den letzten drei bis vier Wochen (G.-Sch. Nr. 225. 17. 10. 24). Daran änderte auch nichts das abscheuliche Wetter, das in den ersten 10 Tagen fast garnichts auszurichten gestattete. Er war aber mit den Beobachtungen, als dann bessere Tage kamen, zufrieden, indem das Dreieck Wilsede-Hamburg-Litberg bis auf 1,5″ schloss. Die Richtung zwischen Litberg und Elmhorst und umgekehrt schien ihm allerdings mit einem Fehler behaftet zu sein, indem sie hart über Bäume hinwegging und dadurch etwas »biassed« war. Schumacher hatte für Gauss zwei Sergeanten zum Heliotropieren beordert[3], ausserdem erwähnt Gauss noch 3 Artilleristen, die bei ihm beschäftigt waren[4]. In Barl lernte er Thomas Clausen kennen, der ihm einen Brief von Schumacher überbrachte. Clausen scheint dann auch beim Lesen der Korrektur der Preisaufgabe, die jetzt gedruckt wurde, mitgewirkt zu haben.

IX. Abschnitt. Zenitdistanzmessungen.

43. Gegenseitige Zenitdistanzen. Bisher ist nur der Messung der Dreieckswinkel Erwähnung geschehen. Aber gleich bei Beginn der Gradmessung hat Gauss auch die Bestimmung der Höhen der Dreieckspunkte ins Auge gefasst und zu diesem Zwecke mit dem zwölfzölligen Multiplikationskreise[5] gegen-

---

1) Schumacher versorgte ihn mit Bier und Wein, wovon besonders der letztere ihm sehr willkommen war (G.-Sch. Nr. 225).

2) G.-O. Nr. 146.

3) Das Signal, das Gauss bei seinem Weggang von der Station sandte, scheint unbemerkt geblieben zu sein, so dass Schumacher über den Verbleib der Leute eine Zeitlang im Ungewissen war.

4) Die Namen zweier Unteroffiziere Biester und Querfeld werden genannt.

5) Ausnahmsweise hat er auch den Theodoliten benützt, vom Bottel nach Steinberg und von Wilsede nach Bullerberg.

seitige Zenitdistanzen zwischen ihnen bestimmt, und nur in einigen Ausnahme-
fällen sich mit einseitigen Zenitdistanzen begnügt[1]). Wenn er namentlich
wegen der schlechten Beschaffenheit der KRAYENHOFFschen Messungen in ihrem
nordöstlichen Teile zwischen einem Anschluss an diese Triangulation bei Bentheim oder bei Jever schwankte, so hat vermutlich ausser noch andern Gründen
der Wunsch den Ausschlag gegeben, durch die Verbindung im Norden seine
Dreieckskette an die Nordsee zu führen, um auf diese Weise die Höhenbe-
stimmungen auf die Meeresfläche beziehen zu können (Werke IX, S. 438—439).

Nachdem er bereits im Januar 1823 eine Berechnung der in den Jahren
1821 und 1822 durchgeführten Triangulation vollendet hatte, wobei ihm der
Anschluss an die ZACHsche Basis[2]) einen vorläufigen, aber genügend genauen
Wert der Längeneinheit lieferte, erhielt er die geographischen Koordinaten
der Dreieckspunkte mit aller für die Höhenberechnung gewünschten Genauigkeit. Es wäre ihm aber zunächst nur möglich gewesen, die relativen Höhen
anzugeben und er beschränkte sich daher zunächst darauf, die terrestrische
Refraktion zu bestimmen, worunter er die Verschiedenheit der Richtungen
des Lichtstrahls an den beiden Endpunkten verstanden wissen wollte[3]). In
einem im Astronomischen Jahrbuch für das Jahr 1826 (Berlin 1823, Seite 89
bis 92) veröffentlichten Aufsatz stellte er für die einzelnen Linien die Krümmung des terrestrischen Bogens mit der beobachteten Refraktion zusammen
Das Verhältnis gab ihm dann den Refraktionskoeffizienten im Mittel aus allen
Bestimmungen der beiden ersten Jahre zu 0,1306. Er erkannte zugleich, dass
bei kleinen Entfernungen sich die grösseren Abweichungen von diesem Werte
zeigten. Sodann hatte er die Erfahrung gemacht, dass in den Vormittags-
und frühen Nachmittagsstunden die Refraktion des Lichts, solange es nahe
über der Erdfläche wegstreicht, gewöhnlich negativ war und die Luft so stark
wallte, dass sich keine scharfen Messungen machen liessen, indem das Heliotroplicht oft einer kometenartigen Scheibe von zuweilen einer Minute Durchmesser glich (Werke IX, S. 440). Er hatte deswegen in den Jahren 1821—
1823, um für die Theodolitmessungen die Zeiten der guten und ruhigen Bilder
benutzen zu können, die Zenitdistanzmessungen, die er als etwas mehr Unter-

---

1) Bremen nach Bottel und Brüttendorf nach Zeven (1824).

2) Durch die Seite Brocken-Inselsberg, die der preussischen Vermessung von MÜFFLING angehörte.

3) Die meisten damaligen Schriftsteller und Astronomen bezeichneten die Hälfte davon als Refraktion.

geordnetes betrachtete, auf die Vormittagsstunden und die Zeit um Mittag
herum verlegt. Im Jahre 1824 aber, wo die Richtungen vielfach ganz knapp
über den Erdboden hinstrichen, gab er die Verwendung der Vormittagsstunden
überhaupt auf und die Zenitdistanzen sind daher in diesem Jahre sämtlich in
den Nachmittagsstunden, meist zwischen 3 und 4 Uhr, mit fortschreitender
Jahreszeit früher gemessen, im Oktober wallte die Luft schon um 1 $\frac{1}{2}$ oder
2 Uhr nicht mehr merklich. Auch bestrebte er sich, bei jeder Linie die Messung an beiden Endpunkten ungefähr bei gleicher Luftbeschaffenheit zu machen.
Die der früheren Rechnung entsprechende Rechnung für 1824 (unter Mit-
nahme der beiden 1822/23 beobachteten Linien Falkenberg-Wilsede und Wil-
sede-Hamburg) gab ihm im Mittel aus 22 Linien, die mit 20 maliger Repetition am 12 zölligen Kreise gegenseitig beobachtet waren, 0,14778[1]). Die
Zahlenwerte der einzelnen Jahre haben bei einer späteren Zusammenstellung
eine stete Zunahme gezeigt und GAUSS hat die Ursache in der Beobachtungszeit erkannt[2]). Während die Refraktion am Mittag am kleinsten ist, nimmt
sie in den späteren Nachmittagsstunden mit ausserordentlicher Regelmässigkeit
zu, schrieb er im Jahre 1846 an SCHUMACHER (G.-SCH. Nr. 1130).

44. Rückkehr nach Göttingen. Als GAUSS Ende Oktober wieder in Göttingen
eintraf, erfuhr er erst, wie ernstlich die Erkrankung seiner Frau in den Sommermonaten gewesen war. Und bald war wieder sein Haus der Schauplatz von
Unruhe und Sorge, als drei seiner Kinder von den Masern befallen wurden
und dann seine durch zweijährige Krankheit geschwächte Frau sich ansteckte
und eine Zeitlang in grösster Gefahr schwebte.

---

1) Hierbei waren 7 Linien ausgeschlossen, bei denen die Messung nicht vorschriftsmässig ausgeführt
war, insbesondere die nur einseitig bestimmten.

2) Die Ergebnisse waren (Werke IX, S. 441):

1821/22	0,12981	
1823	0,12643	bis Wilsede-Niendorf
	0,14126	bis Hamburg
1824	0,14778	
1825	0,15826.	

Ein Aufsatz von GAUSS im *Astronomischen Jahrbuch für 1826* und die Briefstellen, die sich auf
den Refraktionskoeffizienten beziehen, sind Werke IX, S. 434—444 abgedruckt. Daran schliesst sich
(S. 445—455) eine theoretische Abhandlung über die terrestrische Refraktion und die Ausgleichung der
Höhenmessungen.

Eine weitere Beunruhigung seiner Gemütsverfassung brachte noch die Berliner Berufungsangelegenheit, die zur Entscheidung drängte. Gleich nach seiner Rückkehr hatte er ein Schreiben von HOPPENSTÄDT erhalten, mit dem Anerbieten einer bedeutenden Gehaltszulage, wenn er die Berufung nach Berlin ablehnen würde. Um sich nicht die Hoffnung auf eine gründliche Verbesserung seiner Lage zu verderben, ging er auf das Anerbieten nicht ein. Aber als sich die Angelegenheit weiter verzögerte und er vertraulich erfuhr, dass man trotz seiner Absage den Vorschlag zu einer wahrhaft liberalen Verbesserung seiner Lage nach London an den König abgesandt habe und bald darauf auch die Genehmigung des Königs eintraf, entschied sich GAUSS, die fremden Anträge nach einem solchen Beweise von Wohlwollen durch seine Regierung nicht anzunehmen, und blieb dabei, obgleich ihm von verschiedenen Seiten eine Zurücknahme seiner Absage an Berlin nahe gelegt wurde. Dass die Erhöhung seines Gehaltes auf 2500 Taler letzten Endes auf die erfolgreiche Durchführung der Gradmessung sich gründete, und die Wichtigkeit dieses kurz vor seiner Vollendung stehenden Unternehmens für den hannoverschen Staat anerkannte, rechtfertigt seine Erwähnung im Zusammenhange mit den geodätischen Arbeiten.

Andrerseits blieb auch der Einfluss innerer Erregung nie ganz bei der wissenschaftlichen Tätigkeit unbemerkt. Sie spiegelt sich in der Unzufriedenheit mit dem Erreichten und einer Unlust, die dann wieder dem Bestreben wich, den Arbeiten die möglichste Vollkommenheit zu sichern.

Eine vorläufige Diskussion der Messungen des Jahres 1824 zeigte GAUSS, dass noch viel zu wünschen übrig blieb. — Von 15 Hauptdreiecken hatten drei eine Winkelsumme, die über 2″ fehlerhaft war, und er fasste den Entschluss, falls er überhaupt die Messungen fortsetzen sollte (G.-O. Nr. 540), das am wenigsten stimmende Dreieck Zeven-Brillit-Bremen im folgenden Jahre nochmals zu messen. Dann glich er alsbald die Zenitdistanzmessungen nach der Methode der kleinsten Quadrate aus, um die Ergebnisse den Berichten an das Hannoversche Ministerium und den Senat von Bremen einfügen zu können. Allerdings mussten für die Ableitung absoluter Höhen einige Zahlen verwertet werden, die aus fremden Messungen stammten. Der mittlere Fehler der relativen Höhen von 4,8 Fuss wäre nach seiner Schätzung um 50 % grösser ausgefallen, wenn er nicht die gegenseitigen Zenitdistanzen genau gleich-

zeitig[1]) und dabei möglichst unter ähnlichen atmosphärischen Umständen gemessen hätte.

X. Abschnitt.   Beendigung der Gradmessung.

45. (1825) Brüttendorf, Zeven, Bremen, Garlste, Bremerlehe, Varel, Langwarden,
Jever, Brillit, Zeven. Die Unlust, die Beobachtungen fortzusetzen, hatte GAUSS
bald überwunden. Er kaufte an Stelle des verbrauchten Wagens im März
1825 einen neuen in Hannover und beschloss, die Triangulierung sehr früh
im Jahre zu beginnen.

SCHUMACHER, der im vergangnen Jahre durch die Chronometerexpedition
zur Bestimmung der Länge von Altona und Helgoland gegen Greenwich in
Anspruch genommen war, plante nun, Schweremessungen an verschiedenen bedeutenden Orten zu machen. Es war für ihn sehr günstig, dass er Aussicht
hatte, mit BESSEL persönlich über diese Beobachtungen sprechen zu können,
da dieser seinen Pendelapparat von REPSOLD in Hamburg selbst abholen wollte.
Leider konnte BESSEL einen Besuch in Göttingen damit nicht verbinden, und
auch eine Zusammenkunft von GAUSS und BESSEL in Hamburg liess sich nicht
verwirklichen. GAUSS lud vielmehr SCHUMACHER und BESSEL zu einem Besuche
seiner Station Zeven ein, wo er auch OLBERS erwartete. Indessen kam keine
feste Verabredung zu Stande und GAUSS brach um die Mitte des Monats (wohl
am 18. oder 19.) über Hannover, Walsrode, Rothenburg nach Zeven auf, das
er am Mittag des 25. April erreichen wollte. In Hannover, wo er sich verschiedener Geschäfte wegen aufhielt, traf er im Gasthofe[2]) mit ENCKE zusammen,
der von Hamburg nach Seeberg zurückkehrte. In jenen Tagen begaben sich
SCHUMACHER, Professor THUNE[3]), der längere Zeit bei SCHUMACHER als Gast
weilte, BESSEL, HANSEN und REPSOLD nach Bremen, wobei SCHUMACHER mehrere

---

1) GAUSS versteht hierunter offenbar die gleiche Tageszeit, während ein wirklich gleichzeitiges Beobachten nur bei zwei Beobachtern möglich ist.

2) In der Hasenschenke. G.-SCH. Nr. 1192.

3) THUNE war Professor der Astronomie in Kopenhagen, nachdem SCHUMACHER sein Lehramt aufgegeben und in Altona eine Sternwarte erhalten hatte.

Chronometer und den Repetitionskreis, BESSEL ebenfalls ein Chronometer mit sich führte, um die Länge von Bremen zu bestimmen, wo dann HANSEN die Zeit und Zirkum-Meridianhöhen für die Breite beobachtete. Dabei trafen sie zufällig am Sonntag, den 24. April mit GAUSS in Rothenburg zusammen. GAUSS war mehr überrascht als erfreut, als er bei der Ankunft in ELLERMANNS Gasthof zunächst des Professors THUNE ansichtig wurde und dann die unerwartet grosse Reisegesellschaft erblickte. Die letzten Tage in Göttingen, wo er wegen Erkrankung des Inspektors RUMPF das Auseinandernehmen und die Reinigung der Instrumente hatte selbst vornehmen müssen, die Strapazen der Reise und der Besorgungen in Hannover hatten ihn so mitgenommen, dass er die nur kurze Zeit nicht ausnutzen konnte. Er war daher unbefriedigt von dieser Begegnung, bei der er nicht einmal mit BESSEL über die Berliner Angelegenheit, auch mit Rücksicht auf die Gegenwart ihm ferner stehender Menschen hatte sprechen können. Auch BESSEL bedauerte das Misslingen dieses ersten Wiedersehens nach langer Zeit[1]), nur den Eindruck behielt er davon in angenehmer Erinnerung, dass GAUSS ein sehr kräftiges Äussere besitze, wie er es nicht erwartet hatte (G.-B. Nr. 152).

Gleich am 25 wurde GAUSS durch zwei bis in sein Zimmer geleitete Zwischentelegraphen benachrichtigt, dass auf dem Brüttendorfer Berge das Heliotroplicht des Bremer Turmes erschienen sei. Trotzdem er noch ganz erschöpft war, fuhr er sogleich dahin und erhielt einige gute Winkel. Auf dem Rückwege wurde er auf der Strasse von Ottersberg nach Zeven, 500 Schritt von der Stelle, wo sie dicht bei seinem Brüttendorfer Postament vorbeiführte, infolge eines tief ausgefahrenen Geleises mit seinem Wagen umgeworfen. Der Kasten mit dem Theodoliten fiel auf seinen Schenkel, der Kreis auf seine rechte Seite, am Schenkel erhielt er eine leichte Kontusion, in der Seite fühlte er Schmerzen. Der Unfall hatte infolge der langsamen Bewegung des Wagens keine schlimmeren Folgen gehabt, und die Schmerzen verloren sich schon am nächsten Tage. Auch die Instrumente waren nicht beschädigt, aber GAUSS fühlte eine Mutlosigkeit, die er sonst garnicht an sich kannte (G.-O. Nr. 564). Er lud OLBERS sehr dringend ein, ihn zu be-

---

1) GAUSS hatte BESSEL zuerst 1807 in Lilienthal persönlich kennen gelernt. (GAUSS an JOH. VON MÜLLER 15. 7. 1808, Journal für reine und angewandte Mathematik, Band 131. G.-B. Nr. 28. 29.)

suchen und wollte sogar nötigenfalls seinen Aufenthalt in Zeven verlängern, wo er übrigens noch den Durchhau zwischen Bremerlehe und Brillit, den MÜLLER und sein Sohn besorgten, abwarten wollte. Ungefähr vom 6. bis 8. Mai führte OLBERS seinen Besuch in Zeven zur grossen Freude von GAUSS wirklich aus. Am 10. Mai verliess auch GAUSS dann Zeven und begab sich nach Bremen, was sich erst im letzten Augenblick entschied. Er teilte noch vorher OLBERS die telegraphischen Zeichen mit, durch die er HARTMANN, der von Bremen aus leuchten sollte, und KLÜVER, der den Heliotropen in Garlste zu bedienen bestimmt war, von seinen Absichten verständigen wollte. Hauptmann MÜLLER wurde nach Langwarden und Jever gesandt, um diese Stationen vorzubereiten. Zehn Tage bis zum 22. Mai nahmen die Beobachtungen in Bremen in Anspruch. GAUSS ging nun nochmals nach Osterholz, um in Garlste zu beobachten. Bis zum 28. erhielt er nichts wegen des dicken Moorrauchs und der unaufhörlich auf einander folgenden Gewitterschauer und benutzte die ersten Tage zur Berechnung der Stationsbeobachtungen. Die Winkel wurden durch die neuen Messungen verschlechtert[1]). Über die Ursache äusserte sich GAUSS zunächst noch nicht, er scheint aber mit OLBERS in Bremen über die merkwürdigen Erfahrungen, die er gemacht hatte, gesprochen zu haben (G.-SCH. Nr. 257)[2]).

Am 6. Juni reiste er nach Bremerlehe (Lehe) ab, wo er in einer Woche (7. bis 13. Juni) die Messungen vollendete. Schlechtes Quartier[3]) hatte wieder seinem Befinden geschadet, und er sehnte sich nach Varel, wo der Aufenthalt sehr gut sein sollte.

In Varel war jedoch das Wetter nicht sehr günstig, auch das Befinden hob sich nur langsam trotz der eingetretenen Kälte und des Gebrauchs einiger Seebäder in dem eine Stunde entfernten Dangart[4]). Am 26. konnten die Arbeiten dort beendet werden, und es kam nun zunächst Langwarden an die Reihe, weil Neuwerk eingemessen werden sollte, das SCHUMACHER mit einem

---

1) Die Beobachtungen in Garlste litten auch dadurch, dass die Lichter von Varel und Lehe vor 5 Uhr gewöhnlich garnicht über die vorliegenden Holzsäume kamen und dann auch noch so wallend waren, dass in der Regel vor 6 oder 6½ Uhr keine gescheiten Messungen gemacht werden konnten (G.-O. Nr. 577).

2) Vergl. G.-SCH. Nr. 259 und G.-O. Nr. 570.

3) Er wohnte bei Madame MUHL.

4) Es scheinen warme Seebäder gewesen zu sein. G.-SCH. Nr. 252.

Heliotropen hatte besetzen lassen; es sollte der Anschluss an die dänischen Dreiecke dadurch hergestellt werden. GAUSS kam am 27. Mittags an und blieb bis zum 12. Juli. Die Messungen quälten ihn lange unbeschreiblich, Diskordanzen wie sonst nirgends machten ihn ganz irre (G.-SCH. Nr. 256). Endlich kam er einer wichtigen Fehlerquelle auf die Spur[1]). Von Langwarden

---

1) »Die hiesigen Messungen« (in Langwarden) »haben mir unbeschreibliche Qual gemacht. Diskordanzen so gross, wie ich sie nie und nirgends gehabt habe, liessen mich wegen ihrer Quellen in Ungewissheit und machten mich ganz irre, so dass ich keiner einzigen Messung mehr trauen konnte. Was hatte Schuld? Lateral-Refraktionen, das Instrument, Wind, der auf die Objektivhälfte öfter überwiegend wirkte, Seiten-Refraktionen« (GAUSS hat übersehen, dass er sie eben genannt hatte) »genierte Körperstellung in dem sehr engen Turm, Reaktion des Körpergewichts, wenn während der Messung immer der Platz wechselweise verändert werden muss pp.? Längst war ich überzeugt, dass das Instrument seiner Natur nach strikte alle Messungen zu klein zu geben eine Tendenz hat; allein immer hatten die Versuche gezeigt, dass der Unterschied zwischen direkter und Supplement-Messung kaum merklich war, höchstens ein paar Zehntel-Sekunden, und höchstens aus einer sehr grossen Anzahl Messungen ausgemittelt werden konnte. Hier zeigten sich nun Fälle, wo der Gyrus horizontis über 6″ oder 7″ betrug und immer zu klein war. Das Instrument ist dasselbe, was 1822—24 (nicht 1821) gebraucht ist, immer von mir selbst sorgfältig gereinigt und zusammengesetzt. Hatte es sich dieses Jahr so verschlechtert? Durchgreifende Versuche wurden durch ungünstiges Wetter, Windsturm und dergl. fast unmöglich gemacht, da dazu natürlich immer viele und gute Messungen erfordert werden. Bei den nicht zahlreichen Versuchen wollte aber immer weder ein bedeutender Einfluss des Zukleinmessens, wenn es durch Supplementmessung geprüft wurde, noch von dem Körpergewicht sich ergeben; ich nahm das Instrument ganz auseinander, ohne irgend etwas Fehlerhaftes, Loses pp. zu finden, liess abwechselnd meinen Sohn pointieren und mehr dergl., die Ungewissheit wurde nur immer grösser und dunkler. Endlich habe ich aber doch einige Hoffnung, einem Umstande auf der Spur zu sein, den ich zwar längst gekannt, aber seinen Einfluss nicht für so gross gehalten habe, wie er zu sein scheint. Ich fand nämlich, dass sämmtliche hiesige Messungen, insofern sie nicht sonst unter verdächtigen Umständen gemacht waren, z. B. [bei] starkem Wind, unruhiger Luft, die hier oft oder gewöhnlich sogar in den anderwärts fast immer besseren späten Nachmittagsstunden Statt hat, sich ganz gut unter einander vertrugen, wenn ich nur die Messungen auf das Bremerleher Heliotroplicht (die freilich gerade die zahlreichsten waren) ausschloss; allein diese, obwohl gewöhnlich unter sich in den einzelnen Reihen harmonierend, passten nicht zu dem Ganzen und differierten auch zuweilen unter sich sehr stark, wenn ich allein oder mit meinem Sohne zusammen versuchsweise gemessen hatte. Dies führte auf die Vermutung, dass (wenn nicht sonst quid pro quo's dort vorgefallen) das Pointieren auf das Heliotroplicht in der noch nicht 3 Meilen entfernten Laterne, die gewöhnlich deutlich miterscheint, fehlerhaft ist, indem das Auge das nicht reine Fadenintervall nicht unbefangen biseciert. Es wäre jetzt zu weitläufig, Ihnen zu schreiben, was mich noch in dieser Vermutung mehr bestärkte. Gestern habe ich nun das Bremerleher Licht auf andre Weise, nämlich immer a u f einen Faden pointiert, und die sehr zahlreichen so gemachten Messungen stimmen nun unter sich und mit den übrigen, wo die Richtung nicht entriert, sehr gut, aber nicht mit den früheren. Der Unterschied scheint im Pointieren auf mehr als 2″ bis 3″ gehen zu können und zwar gerade in dem Sinn, wie ich es nicht erwartete, obgleich es auch so psychologisch sehr natürlich sein mag. Das Licht erscheint nicht im Zentrum der etwa 30″ breiten Laterne; es sollte nach der dortigen Abmessung etwa 1½″ rechts erscheinen, aber das Ensemble aller Messungen zeigt, dass ich immer wohl 4″ rechts

aus nahm GAUSS noch Zenitdistanzen der Meeresfläche zur Zeit der Ebbe und von verschiedenen Punkten auf den Deichen, die er durch eine kleine Triangulation festlegte; er tat dies, um die Meereshöhe der Göttinger Sternwarte ableiten zu können.

In Jever, wo an dem Turm ein kanzelartiger Anbau hatte angebracht werden müssen, um alle Richtungen zu erhalten, erreichte GAUSS den anderen Endpunkt der Anschlussseite Jever-Varel der KRAYENHOFFschen Vermessung. Er dachte daran, die Triangulation auf einer Seite Varel-Wangeroog fortzubauen und begab sich für zwei Tage nach Wangeroog, wo er aber weder Langwaarden, noch Neuwerk erblickte. Da es ferner sehr schwierig schien, eine feste Aufstellung auf dem dortigen Turm zu erhalten, gab er auch in Rücksicht auf seine unter der Hitze wieder sehr angegriffene Gesundheit den Plan ganz auf. Die von ihm in Varel erhaltenen Winkel zeigten grosse Verschiedenheiten (von 15″) gegen die KRAYENHOFFschen, die möglichenfalls in einem Zentrierungsunterschied zu suchen waren. Doch war eine Anfrage bei KRAYENHOFF zur Zeit unmöglich, da dieser sich in Surinam befand[1]).

Nachdem er am 19. Juli fertig geworden war, blieb GAUSS auf der Durchreise die Nacht vom 23. zum 24. in Bremen. An diesem Abende kam auch der unsichere Anschluss durch die KRAYENHOFFschen Dreiecke an den englisch-französischen Bogen zur Besprechung. OLBERS schlug vor, da die südlichen KRAYENHOFFschen Dreiecke genauer als die nördlichen waren, eine neue Reihe von Dreiecken anzufangen, die von Bremen in südwestlicher Richtung durch das Osnabrücker Gebiet sich zögen und bei Bentheim eine neue Ver-

---

pointiert haben muss. Man ist sich also wohl, wenn auch nicht deutlich bewusst, dass das Licht seitwärts von der Mitte ist, und tut, um dies gewiss zu berücksichtigen, mehr als man sollte. Wenn ich übrigens oben sagte, dass die Laterne gewöhnlich deutlich erscheint, so ist dies doch nicht so zu verstehen, dass diese Deutlichkeit immer so gross ist, wie zu einem ganz scharfen Sehen erfordert wird. Allein die Erfahrung zeigt nun, wie es scheint, dass es gewöhnlich auf eine nachteilige Weise geniert. Bei dem Pointieren von Brillit auf Zeven tritt ein ganz ähnlicher Fall ein, und ich bin nun sehr neugierig, ob auch dort die künftigen Messungen bei der anderen (übrigens für das Auge viel beschwerlicheren und ermüdenderen) Methode eine günstige Änderung erleiden werden«. G.-O. Nr. 587.

Ich habe bei meinen trigonometrischen Winkelmessungen unzählige Male die Erfahrung gemacht, dass ich die Bisektion des Fadenintervalls bedeutend unrichtig beurteilte, wenn die Symmetrie fehlte, bei Heliotroplicht z. B. auf einem Turme in mässiger Entfernung; ich musste in solchen Fällen immer, um richtige Messungen zu machen, das Licht a u f einen Faden bringen«. G.-O. Nr. 631.

1) Holländische Kolonie in Guayana in Südamerika.

bindung bringen könnten. Er fügte die Versicherung hinzu, dass der Senat von Bremen aus Interesse für das wissenschaftliche Unternehmen die Beihülfe von KLÜVER während der noch übrigen Zeit des Jahres gern bewilligen würde. GAUSS trug aber doppeltes Bedenken, einmal wegen Überschreitung seines Auftrages, dann wegen seiner gänzlichen Unbekanntschaft mit dem Gelände zwischen Bremen und Bentheim, auf diesen Plan einzugehen.

GAUSS ging nun nach Gnarrenburg bei Brillit, wo er sich vom 29. Juli bis 2. August aufhielt; er hatte diesen Platz im Frühjahr des Moorrauchs wegen im Rücken gelassen, hatte aber auch jetzt wieder mit diesem Hindernis zu kämpfen. Durch die von neuem eingetretene Hitze, fühlte er sich gänzlich ausser Stande, noch weitere Messungen vorzunehmen, holte nur noch einige Richtungen in Zeven am 4. und 5. August nach, wollte dann von Wilsede aus noch nach dem Kötersberge, gab aber auch diesen auf und kehrte direkt nach Göttingen zurück. Er hat zwar später noch eine Fortsetzung seiner Arbeiten ins Auge gefasst, stand aber tatsächlich am Ende seiner Gradmessung.

46. Erholungsreise nach Süddeutschland. Gegen den Herbst machte GAUSS mit seiner Frau, der eine Badekur verordnet war, eine Reise in das südliche Deutschland über Marburg und Mannheim nach Baden-Baden und zurück über den Schwarzwald, das Murgtal, Tübingen, Stuttgart, Würzburg und Gotha[1]), bei welcher Gelegenheit er GERLING, NICOLAI und LINDENAU wiedersah und ECKHARDT, BOHNENBERGER und WURM persönlich kennen lernte. Mit Befriedigung sah er, dass bei den Darmstädtischen, Badischen und Württembergischen Messungen sehr viele Heliotrope in Gebrauch waren, wobei die für BOHNENBERGER, der ihre Einrichtung nur nach den wesentlichsten Angaben von GAUSS kannte, von BAUMANN konstruierten in Beziehung auf Dimensionen und Gestalt kompendiöser, transportabler und wohlfeiler als die von RUMPF hergestellten waren.

---

1) G.-O. Nr. 591.

XI. Abschnitt.   Flächentheorie.

47. Angestrengte theoretische Arbeiten.   Die Reise wirkte infolge des übermässig heissen Spätsommers nicht wohltätig auf die Gesundheit von GAUSS,
und er kränkelte während des ganzen folgenden Winters[1]. Nachdem die Preisschrift im Herbst 1825 im Druck erschienen war, fing GAUSS im Oktober an,
einen Teil der allgemeinen Untersuchungen über die krummen Flächen wieder
vorzunehmen, die die Grundlage seines projektierten Werkes über höhere
Geodäsie bilden sollten.   Dieser so reichhaltige, wie schwierige Gegenstand[2]
liess ihn zu anderen Arbeiten zunächst garnicht kommen, und es war ihm sehr
angreifend, wenn Vormittags die Stunde des Kollegs kam, sich mit Frische
in die Sachen hineinzudenken, die er seinen Zuhörern vorzutragen hatte, und
dann wieder mit Lebendigkeit bei seinen Meditationen heimisch zu sein.   Es
kam hinzu, dass die Nächte meist bis auf eine oder zwei Stunden schlaflos
waren, aber OLBERS hatte wohl nicht Unrecht, wenn er die Beschwerden, die
GAUSS empfand, mit den Wehen verglich, die so unangenehm und schmerzhaft sie auch seien, die Geburt eines stattlichen Heros ankündigten.   GAUSS
glaubte, bei seinen Untersuchungen sehr weit ausholen zu müssen, indem er
sogar seine Ansicht über die Krümmungshalbmesser bei ebenen Kurven vor-
auszuschicken beabsichtigte.   Es war ihm zweifelhaft, ob er die rein geometrischen Teile von dem Werke abtrennen und in den Abhandlungen der Gesellschaft der Wissenschaften veröffentlichen sollte, beschloss aber vorerst
die Form der Bekanntmachung auf sich beruhen zu lassen und zunächst alles
zu Papier zu bringen[3]. GAUSS bekennt, kaum während einer Periode seines
Lebens so angestrengt gearbeitet zu haben, wie in diesem Winter, und er
glaubte, vergleichsweise auch nie so wenig reinen Ertrag geerntet zu haben.
Bei mathematischen Anstrengungen, wo nicht das Arbeiten, wie das Verfertigen eines Schuhs über einen gegebenen Leisten vollendet werden könne,
war dies nicht anders zu erwarten.   Wochen ja Monate lang beschäftigte er

---

1) G.-E. 12. 3. 26., G.-B. Nr. 153.

2) »Man muss den Baum zu allen seinen Wurzelfäden verfolgen und manches davon kostet mir wochen-
langes angestrengtes Nachdenken« (G.-SCH. Nr. 262).

3) G.-O. Nr. 591.

sich mit einer Aufgabe, ohne sie zu seiner Zufriedenheit lösen zu können[1]). SCHUMACHER, dem gegenüber er sich in dieser Weise äusserte, bat ihn, nicht zu strenge an dem Grundsatz, ut nihil amplius desiderari possit, festzuhalten, da ihm die Materie weit wichtiger, als die möglichst vollendete Form erschien. Aber GAUSS, der nur in Bezug auf einen für die Astronomischen Nachrichten in Aussicht gestellten Beitrag gesagt hatte, dass er etwas ganz Unbedeutendes sehr ungern gäbe, erwidert auf diesen Rat etwas erregt: »So werden Sie es doch nicht verstehen, als ob ich mehr für die Wissenschaft leisten würde, wenn ich mich mehr damit begnügte, einzelne Mauersteine, Ziegel etc. zu liefern, anstatt eines Gebäudes, sei es nun ein Tempel oder eine Hütte, da gewissermassen doch das Gebäude auch nur Form der Backsteine ist. Aber ungern stelle ich ein Gebäude auf, worin Hauptteile fehlen, wenn gleich ich wenig auf den äussern Aufputz gebe. Auf keinen Fall aber, wenn Sie sonst mit Ihrem Vorwurf auch Recht hätten, passt er auf meine Klagen über die gegenwärtigen Arbeiten, wo es nur das gilt, was ich Materie nenne; und ebenso kann ich Ihnen bestimmt versichern, dass wenn ich gern auch eine gefällige Form gebe, diese vergleichsweise nur sehr wenig Zeit und Kraft in Anspruch nimmt oder bei früheren Arbeiten genommen hat. Höchst drückend aber fühle ich bei schleunigen Arbeiten meine äusseren Verhältnisse«[2]).

Solche trübe Stimmungen wurden abgelöst durch frohlockende Ausrufe[3]): »Ich habe viel, viel Schönes herausgebracht!« So gelang ihm als ein glück-

---

1) P. STÄCKEL bemerkt hierzu (*Gauss als Geometer*, Werke X 2, Abh. 4, S. 104): »Wie wir sahen [a. a. O., S. 95], hatte GAUSS bei zwei besondern Formen des Linienelementes [$ds^2 = m(dp^2 + dq^2)$ bei der konformen Abbildung, und $ds^2 = dp^2 + G dq^2$ bei der Darstellung durch geodätische Polarkoordinaten] das Krümmungsmass durch den darin auftretenden Koeffizienten und dessen erste und zweite partiellen Ableitungen ausdrücken können. Er wusste, dass das Krümmungsmass bei den Biegungen erhalten bleibt, folglich musste bei der allgemeinen Form des Linienelementes [$ds^2 = E dp^2 + 2F dp dq + G dq^2$] das Krümmungsmass ebenfalls durch die darin auftretenden Koeffizienten und deren partielle Ableitungen darstellbar sein. Allein die Rechnungen, die dort zum Ziel geführt hatten, liessen sich nicht ohne weiteres auf den Fall beliebiger bestimmender Grössen übertragen; hierauf beziehen sich wohl die Klagen über die Unfruchtbarkeit langer Bemühungen in dem Briefe an OLBERS vom 19. Februar 1826.«

In der angeführten Abhandlung von P. STÄCKEL ist die Entstehung der *Disquisitiones circa superficies curvas* eingehend behandelt; es konnte daher hier um so mehr auf eine Wiederholung verzichtet werden, als direkte Beziehungen zur Geodäsie dabei nicht in Frage kommen.

2) Er prägte das für ihn bezeichnende Wort: »Unabhängigkeit ist das grosse Losungswort für Geistesarbeiten in die Tiefe.«

3) G.-O. Nr. 596.

licher Fund die Generalisierung des LEGENDREschen Theorems, dass auf der
Kugel die Seiten proxime den Sinus der um ein Drittel des sphärischen Ex-
zesses verminderten Winkel proportional sind[1]), auf krumme Flächen jeder
Art auszudehnen, wo die Verteilung ungleich geschehen muss[2]).

48. Ausgleichung, Krayenhoffsche Triangulation, Theoria combinationis Pars III.
Da GAUSS damals hoffte, die Beobachtungen am Zenitsektor gleichzeitig mit
SCHUMACHER noch im Spätsommer vornehmen zu können, beschäftigte er sich
im Sommer 1826 bereits mit Vorbereitungen dazu.

Im Frühjahr 1827 begann GAUSS die scharfe Ausgleichung seines Dreiecksnetzes, das 32 Punkte, 51 Dreiecke und 146 Richtungen enthielt. Die
Ausgleichung der Höhen hatte er als ein viel leichteres Geschäft bereits im
April beendet. Aber die Ausgleichung des Winkelsystems, bei der alle Willkür
ausgeschlossen werden sollte, war ein sehr beschwerliches Geschäft. Insbesondere war es langweilig, bei allen Messungen vorher die kleinen Reduktionen anzubringen. Es handelte sich um die von GAUSS gefundene Reduktion wegen der Höhe des Objekts über der Erdoberfläche, die daher rührt,
dass die Punkte, die in einer Vertikallinie liegen, nicht in einer Vertikalebene erscheinen, während BESSEL die weniger erhebliche wegen des Winkels
der geodätischen Linie mit dem Vertikalschnitt angebracht hatte[3]). Den
grössten Betrag (— 0″,041) hatte die GAUSSsche Reduktion bei der Richtung
von Lichtenberg zum Brocken.

Sodann nahm GAUSS von neuem eine Prüfung der KRAYENHOFFschen
Messungen im Innern von Holland vor, die ihn über seine eigenen Rich-
tungsfehler (in maximo 1″,3) beruhigten. Denn wenn auch die Schlussfehler
der Dreiecke stimmten, so zeigte sich durch Prüfung der Seitenverhältnisse,
dass z. B. in einem von KRAYENHOFF gemessenen Fünfeck die Winkel an der
Peripherie im Durchschnitt 3″,0 geändert werden müssten, so dass Fehler der
Winkelsumme im Dreieck von 10″ zu erwarten waren. Diese Anomalien
konnten aber in Holland bei kurzen Sichten und hochgelegenen Stationen
nicht den Wirkungen der Seitenrefraktion, sondern mussten den Messungen

---

1) Vergl. LEGENDRE, *Éléments de géométrie*, 14. édition. Bruxelles 1832, Seite 411.

2) *Disquisitiones c. s. c.* art. 29, Werke IV, S. 285; G.-O. Nr. 593.

3) G.-O. Nr. 602. Vergl. GALLE, *Über die Gauss-Besselschen Azimutreduktionen. Lotabweichungen
im Harz*. Veröffentl. des Preuss. Geodätischen Instituts. N. F. Nr. 36. Anhang. Berlin 1908.

selbst zur Last gelegt werden. KRAYENHOFFS *Précis historique des opérations trigonométriques faites en Hollande* (La Haye 1815) hatte er sich für diese Untersuchungen von OLBERS zugleich mit MÜLLERS Karte geliehen.

Die Beschäftigung mit den Bedingungen, denen die Messungen in einem Dreiecksnetze zu genügen haben, gab GAUSS den Anstoss, in einem Supplementum oder dritten Teil seiner Theorie der Kombination der Beobachtungen[1]) die Ausgleichung nach der Methode der kleinsten Quadrate nach bedingten Beobachtungen niederzulegen. Er illustrierte sie durch zwei Beispiele, von denen das erste der KRAYENHOFFschen Triangulation[2]) entnommen ist und 9 Punkte derselben umfasst, während das zweite das Netz zwischen den 5 Punkten Falkenberg, Breithorn, Hauselberg, Wulfsode, Wilsede seiner eigenen Triangulation entnommen ist. Diese Dreiecke benutzte er dann auch, um die Genauigkeit zu ermitteln, mit welcher eine Seite (Falkenberg-Breithorn) aus einer andern (Wilsede-Wulfsode) mit Hilfe der ausgeglichenen Beobachtungen bestimmt werden kann. In kurzer Zeit war diese Arbeit vollendet[3]), die er als einen Teil des projektierten Werkes über höhere Geodäsie ansah, den er aber als eine selbständige Abhandlung herauszugeben vorzog. Am 16. September 1826 legte er sie der Göttinger Sozietät vor.

XII. Abschnitt. Vorbereitung zu den Sektorbeobachtungen.

49. Bestimmung der Instrumentalfehler. Im Beginn des Jahres 1827 wusste GAUSS selbst noch nicht, ob er seine Messungsarbeiten als vollendet ansehen sollte oder nicht[4]). Er wollte eine zweite Verbindung über Bentheim nur

---

1) Dieser dritte Teil betrifft den Fall »wo die data der Aufgabe nicht in der Form vorliegen, die im 1. Teil vorausgesetzt wird. Ob man sie gleich immer in diese Form bringen kann, so ist es doch oft vorteilhaft, es nicht zu tun, sondern die Aufgabe auf eine ganz eigene Art zu behandeln« G.-E. 9. 7. 26.

2) »Beiläufig ist daraus indirekt auch ersichtlich, wie weit die KRAYENHOFFschen Messungen von derjenigen Genauigkeit entfernt sind, die man ihnen mit Unrecht beigelegt hat.« G. B. Nr. 154.

3) Bei der Ausarbeitung machte ihm vorzüglich die Wahl der Bezeichnungen viel Plage. G.-E. 9.7.26. »Keine meiner Schriften hat mich in dieser Beziehung mehr Zeit gekostet, als das *Suppl. theor comb.*; worin so viele Sachen zu bezeichnen waren; blos aus diesem Grunde (und weil man beim ersten Ausarbeiten sich gleichsam festfährt) hat sie wohl 3 oder 4 mal umgearbeitet werden müssen.« G.-G. 29. 12. 1839

4) G.-SCH. Nr. 265.

dann herstellen, wenn es verlangt würde, aber sich nicht dazu drängen[1]). Dagegen sah er die Bestimmung des Breitenunterschiedes zwischen Altona und Göttingen als ein dringendes Erfordernis an[2]). Sehr erwünscht kam es ihm, dass der Herzog von Sussex der Sternwarte eine gute Pendeluhr von Hardy zum Geschenk machte.

Es gereichte Gauss, wie er an Olbers schreibt[3]), zum Vergnügen, eine Idee zuerst ins Leben gerufen zu haben, die für die gesamte praktische Astronomie von unendlicher Wichtigkeit sei[4]). Die Idee, die in ähnlicher Weise schon Rittenhouse[5]) und Lambert[6]) gehabt hatten, war bis dahin noch eine tote, jetzt war sie lebend: »Es scheint, dass sie in den Köpfen der praktischen Astronomen erst recht zur Klarheit bringt, für jede Aufgabe der praktischen Astronomie das direkte Mittel sofort aufzuspüren und dadurch gewissermassen erst dieses Feld der Geistestätigkeit zu einer Wissenschaft zu machen, das bisher nur ein dunkles Herumtappen war. Die Anwendbarkeit jener Idee ist von unerschöpflicher Mannigfaltigkeit; ich habe zuerst nur ein paar Fälle angedeutet, viele andre sind mir ausserdem zum Teil gleich anfangs, zum Teil nachher eingefallen«[3]). Gauss hat nun nichts über diesen Gedanken, der ihn damals beschäftigte, veröffentlicht und es scheint auch in seinem Nachlasse nichts darüber vorhanden zu sein. Wenn daher auch über die ursprüngliche allgemeinste Idee[7]) nichts vorliegt, so sind doch verschiedene Formen, in denen

---

1) Um Anfang April sandte er ein Schreiben an Münster, in dem er schrieb, dass er auch künftig seine Kräfte den trigonometrischen Messungen zur Verfügung stellen wolle, wenn es von ihm gefordert würde.

2) G.-Sch. Nr. 285. Wie Cato seine Reden mit ceterum censeo, so schloss Gauss seine Briefe an Schumacher mit einer Mahnung, den Breitenunterschied nicht zu vergessen.

3) G.-O. Nr. 596.

4) Vergl. F. A. L. Ambronn, *Instrumentenkunde*, Teil I, Berlin 1899, Seite 296.

5) Vergl. die Bemerkung von Kater in den Astronomischen Nachrichten, Band 4 (1826), S. 225.

6) J. H. Lambert, *Deutscher gelehrter Briefwechsel*, Augsburg 1782—84, Band 3, S. 199, vergl. Band 4, S. 209.

7) Die allgemeine Idee dürfte darin bestanden haben, dass ohne mechanische Eingriffe am Instrument mit Hilfe rein optischer Methoden Instrumentalfehler bestimmt oder eliminiert werden. Sie beruhen einmal darauf, dass die von einem durch Beleuchtung sichtbar gemachten Punkte der Brennebene eines Fernrohrs ausgehenden Lichtstrahlen das Objektiv desselben parallel verlassen und dann in das Objektiv des mit dem Beobachtungsinstrument verbundenen Fernrohrs eintretend sich wieder in der Brennebene dieses Fernrohrs vereinigen; sodann dass die aus dem vertikal gestellten Beobachtungsrohr parallel austretenden Lichtstrahlen durch einen horizontalen Spiegel in dasselbe Fernrohr zurückgeworfen werden, endlich dass ein Stern direkt

sie in die Erscheinung getreten ist, dadurch bekannt geworden, dass andere ihm, wie das öfter geschehen ist, in der Veröffentlichung zuvorgekommen sind. Zuerst war es Bessel, der die Methode, die Biegung astronomischer Fernrohre zu bestimmen, in den Astronomischen Nachrichten[1]) veröffentlichte, die mit derjenigen von Gauss übereinstimmte, von der Bessel im Juli 1824 Olbers Mitteilung gemacht hatte. Sodann schrieb Bohnenberger über eine neue Methode, den Indexfehler eines Höhenkreises zu bestimmen und die Horizontalachse eines Mittagsfernrohres ohne Lot oder Libelle zu berichtigen[2]). Gauss hatte dieselbe Idee zur Bestimmung des Kollimationsfehlers gleich anfangs gehabt, aber die Ausführbarkeit war ihm noch schwierig erschienen[3]). Erst jetzt gelang es ihm, wie er an Olbers am 14. Juli 1826 schrieb, den Nadirpunkt nach dieser Methode zu bestimmen[4]), wobei er nicht die Fäden im Quecksilberhorizont mit ihrem Spiegelbild zur Deckung brachte, sondern zwei symmetrische Einstellungen in die Mitte der Fäden machte[5]).

Eine andere Messung, die mit den Vorbereitungen der Breitenbestimmung zusammenhing, war die Bestimmung der Teilungsfehler des Reichenbachschen Meridiankreises. An diesem war 1824 durch 89 Beobachtungen des Polarsterns die absolute Polhöhe von Göttingen erhalten worden. Andrerseits sind dann auch die Zenitdistanzen der 43 Sterne, die am Zenitsektor zur relativen Polhöhenbestimmung von Göttingen gegen Altona verwendet sind, zur Kontrolle noch am Reichenbachschen Meridiankreise gemessen worden[6]), was Gauss

---

und sein Spiegelbild im horizontalen Spiegel eingestellt werden. Auf diesen Wegen können der Zenitpunkt bezw. Nadir- oder Horizontpunkt des Kreises, der Kollimationsfehler, die Biegung, die Fadendistanzen, der Fokus usw. bestimmt werden.

1) Band 3, Altona 1825, Nr. 61. Briefwechsel Olbers-Bessel, Nr. 382.

2) Astronomische Nachrichten, Band 4, 1826, Nr. 89.

3) »Ich wusste nicht recht, wo ich die Illumination anbringen sollte; Bohnenberger hat nun die praktische Ausführbarkeit bewährt, obgleich ich wünschte, dass er in seiner Beschreibung etwas deutlicher gewesen wäre. Er bringt bei doppeltem Okular sie zwischen beiden an; aber bei einfachem zwischen dem Netz und dem Augendeckel. Zwischen beiden sitzt ja aber das Glas beinahe in der Mitte der Theorie nach; ist nun sein Illuminateur zwischen Netz und Okular, oder zwischen Okular und Augendeckel? Welche Form hat der Illuminateur und welche Grösse ungefähr die Öffnung? Ich werde nun darüber, da Bohnenberger so unvollständig sich ausdrückt, Versuche machen, obwohl es unangenehm ist, dazu ein Okular gleichsam erst aufopfern zu müssen, da hier niemand auf solche Glasarbeiten eingerichtet ist. Es wäre vielleicht gut, die ganze letzte Okularröhre von Glas zu machen.« G.-O. Nr. 596.

4) G.-O. Nr. 604.

5) G.-Sch. Nr. 274.

6) *Breitenunterschied*, Art. 11, 21, Werke IX, S. 39, 50.

sicherlich von vornherein ins Auge gefasst hatte. Es wurden mit vier von REPSOLD gelieferten Mikroskopen 30 Teilstriche von 12 zu 12 Grad je fast 200 Mal in abgeänderten Kombinationen eingestellt. Anfangs hatte sich GAUSS vorgenommen, die Untersuchung auf die doppelte Anzahl der Teilstriche auszudehnen, gab aber des grossen dazu erforderlichen Zeitaufwands wegen angesichts der Geringfügigkeit der erhaltenen Verbesserungen diese Absicht auf. Von diesem Zeitpunkt ab hat er immer zwei REPSOLDsche Mikroskope zur Ablesung des Kreises benutzt.

50. Zwei Veröffentlichungen. Katalog der Koordinaten. SCHUMACHER sandte GAUSS die Ergebnisse der vorjährigen Chronometer-Expedition, die eine gute Übereinstimmung zeigten[1]), da TIARKS um Rat gebeten hatte, wie er die Längendifferenzen aus diesen Elementen ableiten solle. Diese Anregung gab GAUSS Veranlassung einen Artikel über chronometrische Längenbestimmungen für die Astronomischen Nachrichten zu verfassen[2]). Er weist in dieser Abhandlung, in der die Fehlergleichungen aufgestellt und die Gewichte den Längendifferenzen umgekehrt proportional gesetzt werden, noch besonders darauf hin, bei der Auflösung der Gleichungen nach der Methode der kleinsten Quadrate Näherungswerte der Unbekannten einzuführen und deren Verbesserungen als neue Unbekannte zu betrachten.

Im Oktober erhielt GAUSS den Besuch von SCHUMACHER, der auf der Hin- und Rückreise von München bei ihm einkehrte. GAUSS hatte bei dieser Gelegenheit SCHUMACHER einige Belehrung über die Berichtigung des Heliotropen der zweiten Konstruktion gegeben. Auf Wunsch von SCHUMACHER schickte er ihm noch einen Aufsatz über diese Berichtigungsmethoden, der, nachdem ihn CLAUSEN ins Reine geschrieben, im Anfang 1827 dann auch im Druck mit erläuternden Figuren erschienen ist[3]).

Eine sehr ermüdende und zeitraubende Beschäftigung bestand in der Berechnung der Koordinaten der Nebenpunkte; GAUSS konnte einen Katalog

---

1) Die Chronometerbeobachtungen sind 1824 bei Gelegenheit der von der englischen Admiralität veranstalteten Expedition zur chronometrischen Bestimmung der Längenunterschiede zwischen Altona, Bremen, Helgoland und Greenwich ausgeführt worden. Astronomische Nachrichten, Band 5, 1827, S. 225. Die Übereinstimmung des Längenunterschieds zwischen Altona und Helgoland bezeichnet GAUSS als bewundernswert. G.-SCH. Nr. 279.

2) Astronomische Nachrichten, Band 5, 1827, S. 227.

3) Astronomische Nachrichten, Band 5, 1827, Nr. 116.

aufstellen, der fast 400 Punkte enthielt, schliesslich legte er aber diese Arbeit bei Seite, obgleich noch der südliche Teil seines Messungsgebietes fehlte, und widmete sich bei Beginn des neuen Jahres der eigentlichen Ausarbeitung der dritten geodätischen Abhandlung, wie er die *Disquisitiones* anfänglich bezeichnete. Unter den Theoremen, die er bereits gefunden hatte, befand sich der Lehrsatz, dass die Verbindungslinie der Endpunkte der von einem Punkte ausgehenden geodätischen Linien gleicher Länge auf ihnen allen senkrecht stehen[1]). Gauss erwähnt dann die höchst zierliche Relation zwischen der Summe der Winkel eines durch kürzeste Linien begrenzten Polygons und der Fläche, die die Normalen auf der krummen Fläche an der Himmelskugel ausfüllen[2]). Er gedachte auch die allgemeine Theorie der Reduktion der beobachteten Winkel auf die Winkel, die bei der konformen Projektion zwischen den geradlinigen Verbindungen stattfinden, in diese Abhandlung aufzunehmen[3]), hat dann aber tatsächlich die Abbildungsaufgaben zurückgestellt[4]).

XIII. Abschnitt. Bestimmung des Breitenunterschiedes.

51. Die Beobachtungen am Sektor. Schumacher hatte Sir Edward Sabine gebeten, ein unveränderliches Pendel für ihn zu bestellen und damit an dem Platze, wo Kater eine Schweremessung gemacht hatte, zu beobachten. Sabine stellte darauf seinen Besuch in Altona in Aussicht, wohin er das Pendel selbst bringen wollte. Dies schien Schumacher eine günstige Gelegenheit, den

---

1) *Disquisitiones circa superficies curvas* Art. 15. Werke IV, S. 239.

2) Hierauf bezieht sich vermutlich eine Bemerkung, die auf demselben Blatte steht, dem die Notiz [8] in Werke IX, S. 113 entnommen ist. Sie lautet:

»Dieses Theorem integriert und mit $dr \cdot \tan i - d\varphi = 0$ verbunden, welches die charakteristische Bedingung für die Darstellung der kürzesten Linie enthält, indem $90^\circ - i$ die Neigung eines Elements der Darstellung gegen die Linie konstanter n enthält, dient zum einfachen Beweise des schönen Lehrsatzes, dass der Überschuss der Winkel eines durch kürzeste Linien begrenzten Polygons über 360° allemal dem Flächeninhalt der korrespondierenden Figur auf der Himmelskugel, Radius = 1, gleich ist.«

Für das Dreieck ist der Satz im Art. 20, Werke IV, S. 244, der Abhandlung gegeben.

3) Also etwa dasjenige, was in Art. 12 der ersten Abhandlung der *Untersuchungen über Gegenstände der höheren Geodäsie*, Werke IV, S. 275, enthalten ist.

4) G.-O. Nr. 607.

RAMSDENschen Sektor nach seiner Verwendung in Göttingen und Altona wieder nach England zurück zu befördern. Er schlug deshalb GAUSS vor, die Breitenbeobachtungen im März und April vorzunehmen, an denen er dann allerdings selbst in vollem Umfange teilzunehmen durch eine notwendige Reise nach Kopenhagen verhindert war, und empfahl, den Ingenierleutnant v. NEHUS auf Kosten der dänischen Regierung als Gehilfen bei diesen Beobachtungen zu verwenden, den er als tüchtigen Beobachter und angenehmen Gesellschafter rühmte. Obgleich GAUSS lieber gesehen hätte, wenn SCHUMACHER selbst nach Göttingen gekommen wäre, erklärte er sich doch auch mit der Assistenz von NEHUS einverstanden. Er rechnete darauf, dass SCHUMACHER bei Zeiten die nötigen Vorkehrungen für die Aufstellung des Sektors in seinem Garten in Altona, in dem auch die Sternwarte lag, treffen würde, wo unter demselben Beobachtungszelte, das MUDGE in England gebraucht hatte, die Beobachtungen vorgenommen werden sollten. GAUSS ging nun an die Auswahl der Sterne, bei der er den Rat von SCHUMACHER erbitten musste, da er über die Lichtstärke des Sektors nicht unterrichtet war, während SCHUMACHER ihn schon durch die Beobachtungen in Kopenhagen kannte. Nachdem NEHUS im März nach Göttingen gekommen war, wo ihm GAUSS eine Unterkunft in der Nähe der Sternwarte besorgt hatte, begannen in den ersten Tagen des April die Beobachtungen, bei denen GAUSS die Einstellungen machte und die Antritte an die Meridianfäden beobachtete, während NEHUS die Ablesung der Mikrometerschrauben und die Einstellung des Lotfadens besorgte, auch darauf achtete, dass das Wassergefäss, worin das Lot eintauchte, immer gehörig gefüllt war. Am 16. Mai konnte der Sektor von Göttingen nach Altona abgehen, wohin ihn RUMPF transportierte, und GAUSS begann dort wieder dieselben 43 Sterne, die in Göttingen benutzt waren, zu beobachten. Anfangs war das Wetter so ungünstig, dass er fürchtete, zu einem Teile der Göttinger Beobachtungen die korrespondierenden nicht bekommen zu können, dazu fehlte ihm bis Ende des Monats die Hülfe von NEHUS[1]). Um den 20. Juli wurden auch die Messungen in Altona beendet, wo GAUSS die Gastfreundschaft von SCHU-

---

1) Das Befinden von GAUSS war noch durch Unannehmlichkeiten, »bei denen er sich nur leidend verhalten konnte«, affiziert; zu diesen gehörten Schwierigkeiten, die man seinem Sohne JOSEPH beim Eintritt in die Offizierslaufbahn wegen geringer Kurzsichtigkeit machte. JOSEPH hatte nach der Teilnahme an den Gradmessungsarbeiten alle Neigung zur Jurisprudenz verloren und sich bei der Artillerie beworben.

MACHER genossen hatte. In Göttingen und Altona zusammen hatte GAUSS gegen 900 Beobachtungen gemacht, wobei jeder Stern möglichst 12 mal eingestellt wurde. Der mittlere Fehler einer Beobachtung war annähernd derselbe, wie an dem Meridiankreise. Die Beobachtungen waren besonders auch dadurch anstrengend gewesen, das sie oft bis 4 oder 5 Uhr morgens gedauert hatten[1].

Da die Ankunft von SABINE, der sich auf eine Anfrage von GAUSS bereit erklärt hatte, den Transport des Sektors zu übernehmen, sich hinzögerte, so beauftragte GAUSS damit den Hauptmann MÜLLER, der die Überführung nach England erledigen konnte, ohne Schwierigkeiten zu begegnen.

GAUSS hatte noch HANSEN aufgefordert, die in Göttingen und Altona beobachteten Sterne auch am ERTELSCHEN zweifüssigen Meridiankreise der Seeberger Sternwarte zu beobachten, da der Breitenunterschied zwischen Göttingen und Seeberg durch die trigonometrische Verbindung beider Sternwarten auf Grund der GAUSSSCHEN und MÜFFLINGSCHEN Dreiecke ein noch erhöhtes Interesse beanspruchte. Auch HANSEN ermittelte täglich meistens zweimal den Kollimationsfehler durch Einstellung auf den Nadirpunkt, nachdem er im Herbst 1826 dieses Verfahren in Göttingen praktisch kennen gelernt hatte. Der Breitenunterschied ergab sich zwischen Seeberg und Göttingen 0″,73 kleiner als aus der Dreiecksverbindung, während, wie bereits erwähnt[2], die Polhöhe von Altona um 5″,52 kleiner aus den astronomischen Beobachtungen folgte, als aus dem gemessenen Meridianbogen, für dessen Berechnung allerdings der vorläufige Wert der Braaker Basis angenommen werden musste.

GAUSS hatte die Abhandlung über die krummen Flächen zwar schon im März vollendet, sie aber noch nicht der Sozietät überreicht, weil zur Ostermesse kein Band der Denkschriften herauskam. Erst im Oktober übergab er sie der Gesellschaft[3] und liess am 5. November eine Selbstanzeige derselben erscheinen[4].

Nachdem sich die Lotabweichung zwischen Göttingen und Altona durch die Sektorbeobachtungen bestätigt hatte, dachte GAUSS daran, noch einen Zwischen-

---

1) G.-O. Nr. 164.
2) Seite 88.
3) Werke IX, S. 377.
4) Werke IV, S. 341. Göttingische gelehrte Anzeigen, Stück 177, Seite 1761—1768. 1827 Nov. 5.

punkt einzuschalten. Mit dem Sektor war dies unter den obwaltenden Umständen nicht möglich; SCHUMACHER sollte daher mit einem im Ersten Vertikal aufzustellenden Passageninstrumente zunächst in Altona beginnen, dann wollte GAUSS mit ihm gemeinsam in Celle[1]) beobachten; zum Schlusse wollte GAUSS selbst noch in Göttingen eine neue Polhöhenbestimmung machen. Indessen konnte sich SCHUMACHER, wenigstens im laufenden Jahre nicht, auf diese Beobachtungen einlassen[2]).

Am Ende des Jahres konnte der Druck des *Supplementum theoriae combinationis* beginnen, nachdem die Vorlesung über die quadratischen Reste herausgekommen war.

Der *Breitenunterschied* erschien erst im folgenden Jahre (1828) im Verlage von Vandenhoek & Rupprecht in Göttingen; anfangs war an eine Veröffentlichung in den von SCHUMACHER als Ergänzungshefte der Astronomischen Nachrichten herausgegebenen astronomischen Abhandlungen gedacht. GAUSS hatte nämlich eine Abhandlung über die mathematische Theorie der Refraktion von Dr. J. C. EDUARD SCHMIDT[3]), dessen Talente er sehr hoch hielt[4]), für das vierte Heft der Astronomischen Abhandlungen in Vorschlag gebracht, weil es SCHMIDT bis dahin nicht gelungen war, einen Verleger zu finden. Als ihm dies aber doch gelang, was seiner bedrängten Lage durch ein kleines Honorar nachhelfen sollte, bot GAUSS die Zenitsektormessungen, die nahezu denselben Raum einnehmen würden, SCHUMACHER zur Veröffentlichung an derselben Stelle an, da er der Einverleibung in die *Commentationes* der Göttinger Sozietät deshalb abgeneigt war, weil er ungern etwas in fremder Sprache erscheinen liess[5])

---

1) Er fasste wohl auch Celle deshalb ins Auge, weil sich sein Sohn EUGEN dort aufhielt.

2) G.-SCH. Nr. 305.

3) I. C. E. SCHMIDT hatte sich bereits mit Kometenrechnungen beschäftigt (Komet von 1823, Nr. 165 in J. G. GALLES Verzeichnis, Astr. Jahrbuch 1827, 129). Durch GAUSS wurde er veranlasst, eine erweiterte und verbesserte Ausgleichung der Gradmessungen zur Bestimmung der Erddimensionen vorzunehmen, wobei die in den Zwischenpunkten beobachteten Polhöhen mit berücksichtigt wurden und insbesondere auch die hannoversche Gradmessung zugezogen wurde. In seinem Lehrbuche der mathematischen und physischen Geographie, Göttingen 1829—30 sind die Ergebnisse noch weiter fortgesetzter Berechnungen mitgeteilt. Vergl. JORDAN, *Handbuch der Vermessungskunde*, Band III (1916), S. 8.

4) G -SCH. Nr. 316.

5) Erst am 27. Juni 1837 stellte O. MÜLLER den Antrag auf Zulassung der deutschen Sprache in den Verhandlungen und Schriften der Gesellschaft der Wissenschaften in Göttingen. Unter den sämtlich zustimmenden Voten befand sich auch das von GAUSS. Göttinger Festschrift, Berlin 1901, S. 210 Anm.

SCHUMACHER rechnete sich dies Anerbieten zu grosser Ehre an und liess ein Porträt von GAUSS lithographieren, das dann, als GAUSS zurücktrat[1]), als Beilage der Astronomischen Nachrichten erschienen ist.

XIV. Abschnitt. Die Erdgestalt.

52. Definition der Erdfigur, Laplacesche Gleichung. Die im IX. Bande der Werke abgedruckte *Bestimmung des Breitenunterschiedes* usw. kann als ein Muster gedrängter Darstellung der Beobachtungen und umfassender Berücksichtigung aller Fehlerquellen bei der Behandlung nach der Methode der kleinsten Quadrate gelten. Sie enthält ausser den Ergebnissen der Beobachtungen und der Vergleichung mit dem terrestrischen Bogen und Zusätzen über den Breitenunterschied zwischen Göttingen und Seeberg und über die Erddimensionen im Artikel 20 zum ersten Male die deutliche Definition der Erdgestalt, die zur Grundlage für die weitere Entwicklung der Geodäsie geworden ist[2]):

---

1) G.-SCH. Nr. 332, 333. GAUSS gab fünf Gründe an, die Schrift einem Buchhändler in Verlag zu geben: »1) dass ich dadurch den Vorteil erreiche, dass die Schrift unter meinen Augen gedruckt werden kann, also, da mir immer in der Handschrift vieles entgeht, was gedruckt mir sogleich auffällt, viel korrekter; 2) dass der Druck des Anfangs dann schon beginnen kann, ehe das Ganze vollendet ist; 3) dass es wohl allerdings schicklicher ist, dass die Resultate einer auf öffentliche Autorität und Kosten ausgeführten Arbeit nicht als ein Artikel in einem Heft einer periodischen Sammlung, sondern wie eine selbständige Schrift erscheint; 4) dass der buchhändlerische Vertrieb gewöhnlich sich eine leichtere Zirkulation zu verschaffen weiss; 5) dass Sie [SCHUMACHER] selbst dabei gar kein weiteres Interesse haben, sondern dass, so wie Ihr König zum Besten der Wissenschaft Kosten, Sie Ihrerseits Zeit und Mühe lediglich opfern, um das Erscheinen von Arbeiten zu befördern, die sonst vielleicht ungedruckt bleiben müssten«.

2) Von den Definitionen von GAUSS und BESSEL (Astronomische Nachrichten 14, S. 269) ist HEINRICH BRUNS in seiner Abhandlung *»Die Figur der Erde«* (Publikation des Kgl. Preussischen Geodätischen Instituts, Berlin 1878) ausgegangen. Er hat jedoch an die Stelle der Entwicklung einer besonderen durch die Bezeichnung »mathematische Figur der Erde« von den übrigen ausgezeichneten Niveaufläche die Ermittlung der Kräftefunktion als Aufgabe der Geodäsie hingestellt. Seite 4: »Nach der GAUSS-BESSELschen Definition ist die mathematische Figur der Erde eine von den Niveauflächen und zwar diejenige, von der die Oberfläche der Weltmeere einen Teil bildet. Hierbei wird stillschweigend vorausgesetzt, dass die Meeresoberfläche eine Niveaufläche sei, eine Annahme, welche offenbar nicht in aller Strenge richtig ist«. Seite 5: »Erstlich ist, ganz abgesehen von den rascheren und vorübergehenden Barometerschwankungen, der mittlere

»Was wir im geometrischen Sinn Oberfläche der Erde nennen, ist nichts anderes als diejenige Fläche, welche überall die Richtung der Schwere senkrecht schneidet, und von der die Oberfläche des Weltmeers einen Teil ausmacht. Die Richtung der Schwere an jedem Punkte wird aber durch die Gestalt des festen Teils der Erde und seine ungleiche Dichtigkeit bestimmt, und an der äussern Rinde der Erde, von der allein wir etwas wissen, zeigt sich diese Gestalt und Dichtigkeit als höchst unregelmässig: die Unregelmässigkeit der Dichtigkeit mag sich leicht noch ziemlich tief unter die äussere Rinde erstrecken, und entzieht sich ganz unsern Berechnungen, zu welchen fast alle Data fehlen. Die geometrische Oberfläche ist das Produkt der Gesammtwirkung dieser ungleich verteilten Elemente, und anstatt vorkommende unzweideutige Beweise der Unregelmässigkeit befremdend zu finden, scheint es eher zu bewundern, dass sie nicht noch grösser ist. .... Bei dieser Sachlage hindert aber noch nichts, die Erde im Ganzen als ein elliptisches Revolutionssphäroid zu betrachten, von dem die wirkliche (geometrische) Oberfläche überall bald in stärkern, bald in schwächern, bald in kürzern, bald in längern Undulationen abweicht.«

Des Zusammenhanges wegen soll an dieser Stelle auf eine 1830 in den Göttinger gelehrten Anzeigen (Werke IV, S. 370) erschienene Besprechung eingegangen werden. Gauss hatte mit lebhafter Anteilnahme den Plan für die Fortsetzung der Längengradmessung Brest-Wien bis zur österreichischen Grenze und darüber hinaus durch Russland bis zum Ural verfolgt. Die noch ältere, von Laplace angeregte Gradmessung längs des 45. Breitengrades war 1821—23

---

jährliche Luftdruck im Meeresniveau nicht konstant. Zweitens lässt sich zeigen, dass die von Sonne und Mond hervorgerufenen Oszillationen des Meeres sich in dem mittleren Meeresspiegel im Allgemeinen nicht zu dem Betrage Null ausgleichen«. Seite 6: »Drittens lehrt die Existenz der beständigen Meeresströmungen, dass der mittlere Meeresspiegel keine Niveaufläche sein kann« »Man hat also bei der Gauss-Besselschen Definition die Bedingung fallen zu lassen, durch welche eine der Niveauflächen als mathematische Figur der Erde charakterisiert wird«. Seite 7: »Will man jedoch, um von einer bestimmten mathematischen Figur der Erde im Sinne der Gauss-Besselschen Definition reden zu können, die im Vergleich zu den Dimensionen des Erdkörpers geringfügigen Unterschiede zwischen den einzelnen Geoiden vernachlässigen, so ist offenbar mit dem aus dem Vorangehenden sich ergebenden Vorbehalt nichts dagegen einzuwenden«. Gauss legte auf die Ausdrucksweise nicht immer besonderen Wert, sondern nur darauf, dass der Mathematiker sich der Sachen bewusst bleibe (G.-Sch. Nr. 381), und wenn es selbstverständlich ist, dass er eine mittlere Niveaufläche ins Auge gefasst hat, so darf man mit gleichem Rechte annehmen, dass er zeitliche Änderungen ebenso ausgeschlossen hat.

durch die astronomisch-geodätischen Arbeiten von CARLINI und PLANA im Königreich Sardinien ergänzt worden, die 1825 und 1827 in zwei Bänden niedergelegt sind[1]).

Das Referat von GAUSS über dieses Werk zeichnet sich durch das genaue Eingehen auf die Beobachtungsmethoden und die dabei auftretenden Fehler aus, wobei bisweilen noch zwischen den Zeilen Bedenken angedeutet sind, noch vielmehr aber durch die weitschauenden geodätischen Gesichtspunkte, die darin zum Ausdruck gebracht werden. Er weist auf die von LAPLACE 1799[2]) aufgestellte Kontrollgleichung hin: »Nach einem von LAPLACE zwar unter speziellen Beschränkungen[3]) aufgestellten, aber einer grossen Generalisierung fähigen Theorem[4]) steht die Konvergenz der Meridiane in einem notwendigen und von der Gestalt der Erde unabhängigen[5]) Zusammenhange mit dem Längenunterschiede[6]), so dass die Ungleichförmigkeit der einen[7]) sich aus denen der andern[8]) beim Fortschreiten in einer Kette von geodätischen Linien a priori abnehmen lassen«[9]) Er wendet dies auf die Beobachtungen an, wobei er folgende Zahlen erhält:

		Berechnete Anomalie	Unterschied von der beobachteten Anomalie
Turin	— 5,″5	+ 0,″52	+ 2,″60
Mont Cénis	— 51,2	+ 4,81	+ 4,11
Colombier	— 25,2	+ 2,34	+ 1,95.

---

1) *Opérations géodésiques et astronomiques pour la mesure d'un arc du parallèle moyen exécutées en Piémont et en Savoie par une commission composée d'officiers de l'état major général et d'astronomes Piémontais et Autrichiens en 1821, 1822, 1823. Milan.* Tome I, 1825, tome II, 1827.

2) LAPLACE, *Mécanique céleste* T. II, L. III, 1799, p. 117.

3) LAPLACE stellte die Gleichung zunächst nur für die Endpunkte eines Meridianbogens auf.

4) Die erweiterte Kontrollgleichung findet jetzt bei der Berechnung von Lotabweichungssystemen nach HELMERTS Vorgang ausgedehnte Anwendung.

5) Zunächst denkt GAUSS hierbei wohl an die Unregelmässigkeiten der Erde, wie an der weiter unten zitierten Stelle, aber auch die erweiterte Gleichung ist fast unabhängig von der Grösse der Achse und der Abplattung der Erde.

6) Die Gleichung gilt, so lange man die Quadrate des Längen- und Breitenunterschiedes der Endpunkte vernachlässigen darf, auch für endliche Linien.

7) Der Meridiankonvergenz.

8) Aus den Ungleichförmigkeiten der Längenunterschiede.

9) Wenn die Lotabweichungen im Azimut längs einer Kette gegeben sind, lassen sich daraus die Lotabweichungen in Länge berechnen.

Die dritte Kolumne müsste null ergeben[1]). GAUSS äussert sich darüber in folgender Weise (Werke IV, S. 377): »Nach unserer Ansicht sind diese 3 Zahlen[2]) von grösster Wichtigkeit, als sie uns einen nicht zurückweisbaren Masstab für die Genauigkeit der Operation selbst geben, da sie (Rechnungsfehler bei Seite gesetzt) nichts anderes sein können, als die Aggregate der Fehler, die bei den astronomischen Längenbestimmungen, den Azimutalbestimmungen und den Messungen der Winkel im Dreiecksnetze begangen sind. Man kann freilich diese Einflüsse nicht trennen, allein das Dasein des Gesamtfehlers, unabhängig von den Irregularitäten der Erdfigur, ist eine unleugbare Tatsache, wenn auch die Meinung, die man sonst wohl von der absoluten, bei allen drei Geschäften erreichten Genauigkeit gehabt hat, merklich herabgestimmt werden muss. Vermutlich hat jedes seinen Anteil beigetragen, obwohl wir geneigt sind, die grössere Hälfte den gemessenen Dreieckswinkeln zuzuschreiben«[3]).

Das Hauptinteresse erregte bei GAUSS der von ihm abgeleitete Unterschied des terrestrischen Bogens von dem astronomischen Längenunterschied, der mit nahezu 48″ die merkwürdigste Tatsache dieser Art darstellte, die bis dahin in den Annalen der höheren Geodäsie vorgekommen war. GAUSS führte sie auf die Attraktion der im Norden und Süden das Gebiet der Messung begrenzenden Alpenketten zurück; allein für ebenso wahrscheinlich hielt er es, dass die ungleiche Dichtigkeit der untern Erdschichten, vielleicht bis zu grosser Tiefe hinab, nicht minder Anteil daran habe. Wenigstens liessen sich ähnliche, bei ganz in der Ebene liegenden Punkten vorgekommene Unterschiede von

---

1) Die drei Kolumnen entsprechen den Werten: $T' - T$, $-\dfrac{T' - T}{\sin B}$, $\lambda - \dfrac{T' - T}{\sin B}$. Die Zahlen der zweiten und dritten Kolumne sind in Zeitsekunden zu verstehen, also mit $15.\sin B$ im Nenner erhalten. Für B ist die Breite von Mailand verwendet.

2) Der dritten Kolumne. In der Tat ist die LAPLACEsche Gleichung von den eben erwähnten unbedeutenden Einflüssen abgesehen nicht von der Länge der geodätischen Linie, sondern nur von den Lotabweichungen im Anfangspunkte, den Azimuten im Anfangs- und Endpunkt und den Winkeln der Brechungspunkte der Kette abhängig. GAUSS hat also diese aus den Differentialgleichungen der geodätischen Linie sich ergebenden Tatsachen vollständig überblickt.

3) Dies ist im vorliegenden Falle vielleicht nicht so sicher begründet, wie GAUSS annimmt, weil die Längenbestimmungen durch Zeitsignale und dazu noch durch Chronometerübertragung erhalten sind und wenig Vertrauen verdienen. In jetziger Zeit, wo die telegraphischen Längenbestimmungen den Breitenbestimmungen nahezu ebenbürtig sind, wird man in der Tat das Auftreten eines absoluten Gliedes in der LAPLACEschen Gleichung in erster Linie auf Fehler der Winkelmessungen zurückführen.

sehr bedeutender Grösse (z. B. eine Anomalie von $21{,}''9$ zwischen Mailand und Parma) nicht wohl anders erklären· »Wir setzen hinzu«, fährt er fort, »dass je mehr die sorgfältig ausgeführten Gradmessungen vervielfältigt werden, desto mehr die Überzeugung Platz gewinnt, dass solche Abweichungen nur in Rücksicht auf ihre Grösse, aber nicht an sich als Ausnahmen betrachtet werden dürfen, und dass sich solche nach grösserem oder kleinerem Massstabe überall zeigen«[1]).

Am Schlusse der ausführlichen Besprechung erwähnt GAUSS die von den Verfassern benutzten Näherungsformeln zur Übertragung der geographischen Koordinaten längs einer Dreiecksseite und setzt hinzu, dass sich bei einer andern Form der Rechnung eine Berücksichtigung der Glieder bis zur vierten Ordnung durch sehr geschmeidige Methoden erreichen lasse, ein Zeugnis dafür, dass er damals die in der zweiten Abhandlung der *Untersuchungen über Gegenstände der höheren Geodäsie* gegebene Methode, vielleicht in der Form, wie sie Werke IX, S. 80/81 mitgeteilt ist, bereits aufgestellt hatte.

XV. Abschnitt. Die Zeit der hannoverschen Landesvermessung.

53. Plan. Da das Seite 114 Fussn. 4 erwähnte Schreiben von GAUSS an den Grafen MÜNSTER (G.-O. Nr. 599) noch nicht beantwortet war, benutzte der Hauptmann MÜLLER die Gelegenheit der Rücklieferung des Zenitsektors zur Überreichung eines Promemoria, in dem die Erweiterung der Triangulation über das ganze Königreich vorgeschlagen wurde[2]).

---

1) Werke IV, S. 379.

2) MÜLLER schreibt aus Hannover am 13. November 1827: »Der Graf MÜNSTER hat mir aufgetragen, ihn angelegentlichst wegen Nichtbeantwortung eines Briefes von Ihnen zu entschuldigen, er habe denselben wegen der darin enthaltenen interessanten Mitteilungen an den Lord FITZROY SOMMERSET als damaligen Secretary des Master General gegeben; dieser sei bald darauf bei der bekannten Ministerialveränderung aus dem Board of Ordnance ausgetreten und er, der Graf MÜNSTER, habe den Brief nicht wieder zurückbekommen können. In Beziehung auf Ihre Autorisation übergab ich dem Graf M. einige Zeilen, die den Zweck hatten, die Nützlichkeit einer ferneren Ausdehnung der Gradmessungsarbeiten, insoweit es zur Vervollständigung der Geographie des Landes erforderlich sei und als Basis für topographische Aufnahmen zu dienen, darzustellen und ich fügte dann die Versicherung hinzu, dass Sie bereitwillig sein würden, soweit es die Gesundheit erlaubte, sich ferner damit zu befassen«.

In welcher Weise sich GAUSS diese Ausdehnung der Gradmessungsarbeiten gedacht hat, geht aus seinem Bericht vom 21. November 1827 (Werke IX, S. 413) hervor. Er stellt zunächst die Kosten der Gradmessung zusammen, die in den Jahren 1821—23 für die Meridianmessung rund 11000 Taler, 1824—25 für den Parallelbogen etwa 7000 Taler erfordert hatten[1]). Davon waren etwa 2500—3000 Taler zur Anschaffung von Instrumenten und für die Abholung des englischen Zenitsektors verausgabt. Hiernach glaubte GAUSS, die Kosten für die bevorstehenden Operationen, die hauptsächlich der Vervollkommnung der Landesgeographie dienen sollten, auf 12000 Taler veranschlagen zu dürfen, indem sie nicht denselben Grad von äusserster Schärfe wie die Gradmessung erfordern würden. — Es waren noch drei getrennte, von den Dreiecksmessungen nicht berührte Stücke des Königreichs übrig: A. der nördliche Teil des Lüneburgschen, B. der nördlichste Teil des Bremischen und C. der westlich von der grossen Dreieckskette liegende Landesteil, enthaltend besonders das Hoyesche, Diepholz, Osnabrück bis Bentheim, Lingen und Meppen.

Bei der Triangulierung würde man sich nicht beschränken, blos Netze von Hauptdreiecken erster Ordnung über diese Landesteile zu legen, sondern damit die Bestimmung der Lage einer möglichst grossen Zahl sekundärer Punkte verbinden, besonders von Kirchtürmen, wie auch bereits bei der Gradmessung über 500 derartige Punkte bestimmt waren Die Angabe dieser Punkte in Zahlen bilde dann eine sichere Grundlage[2]) für alle Detailaufnahmen. Jede Messtischplatte würde dann unabhängig von den andern bearbeitet und eine Fehlerfortpflanzung auf andere Blätter falle fort. Diese Blätter liessen sich dann zu einem genau orientierten und überall zusammenpassenden Ganzen vereinigen[3]). Gleichzeitig wurde auch die Herstellung einer

---

1) Als persönliche »Defrayierung« hatte GAUSS täglich 5 Rtlr., ferner als Diäten Hauptmann MÜLLER 4 Rtlr., Leutn. HARTMANN und JOSEPH GAUSS je 3 Rtlr. erhalten, ferner bekamen der Unteroffizier Bombardier MAX (ein junger kräftiger, resoluter Mann), der Kanonier LUWES (ein junger, anstelliger und dienstfertiger Mensch), der Kanonier LANDERS (zugleich Tischler und Rademacher) und der Aufwärter TEIPEL je 16 Ggr. Nach Beendigung der Gradmessungsarbeiten hat GAUSS noch eine persönliche Gratifikation von 1000 Taler in Gold erhalten. GAEDE, *Beiträge* usw., S. 29, Brief von MÜLLER vom 1. Mai 1821

2) GAUSS hatte schon im Frühjahr 1821 dem Oberstleutnant PROTT mehr als 50 scharf bestimmte Punkte für seine Detailaufnahme mitgeteilt.

3) In einem späteren Bericht (vom 22. April 1828) äussert sich GAUSS: »Bei den älteren unvoll-

Karte ins Auge gefasst[1]) Die Zeitdauer schätzte GAUSS für die Landesvermessung[2]) auf etwa 10 Jahre, tatsächlich hat sie 17 Jahre erfordert und erst
1844 ihren Abschluss gefunden.

Bereits im Sommer 1827 hatte auf Grund eines Entschlusses des Kabinetts-
ministeriums eine Detailvermessung begonnen, bei der Offiziere der Generalstabsakademie sich im Aufnehmen übten. Von den meisten Gegenden waren
Karten vorhanden, die in England aufbewahrt wurden. Auf Hauptmann MÜLLERS
Vorschlag wurde zunächst die Gegend um Hildesheim gewählt, um die Vorteile zu zeigen, die das Vorhandensein der durch die Gradmessung erhaltenen Koordinaten böte. HARTMANN berichtete dann ausführlich über die
ausgeführten Arbeiten und erwähnte dabei, dass Verwerfungen der Messtische
vorgekommen seien, und dass er an Stelle der zuerst benutzten hölzernen Lineale
starke Lineale aus Glas habe anwenden lassen Diese Bemerkung veranlasste
GAUSS zu einer Anfrage bei SCHUMACHER, ob in Dänemark sich auch Einflüsse
des Sonnenscheins auf die Messtischplatten gezeigt hätten; SCHUMACHER, bei
dessen Messtischen Messinglineale und Fernrohre gebraucht wurden, hatte aber
keine ungünstigen Erfahrungen gemacht.

Es waren nämlich für die Karte von Dänemark Aufnahmen im Gange,
und es fanden Ergänzungsmessungen statt, die PETERS auf den Elbinseln und
bei Hamburg (G.-SCH. Nr. 318) mit einem 8-zölligen Theodoliten vornahm.
Hierzu erbat SCHUMACHER die Mitteilung der Koordinaten der Punkte, die
GAUSS eingemessen hatte, und es lag ihm besonders daran, die von PETERS
gemessenen Azimute mit den berechneten vergleichen zu können. Dieser
Bitte entsprach GAUSS, indem er ihm die ebenen Koordinaten von mehr als
50 Punkten (G.-SCH. Nr. 321) mitteilte und in mehreren auf einander folgenden
Briefen ausführliche Rechnungsvorschriften hinzufügte, die besonders dadurch

---

kommenen und nicht auf eine vorgängige scharfe Triangulierung basierten Methoden der Detailaufnahme
war die Zusammensetzung der einzelnen Blätter zu Einer Karte immer ein ebenso langwieriges, als schlüpf-
riges Geschäft, womit die Ingenieurs während eines grossen Teils des Winters vollauf zu tun hatten. Es
blieb dabei unvermeidlich, dass bald hier, bald da etwas nicht zusammenpasste; man musste dann willkürliche, unsichere Ausgleichungen versuchen, überall abzwicken oder zerren und verrenken, um so, auf einem
Prokrustesbett, die Blätter taliter qualiter zum Zusammenhang zu bringen. Auch von unserer älteren Landesvermessung ist mir manches der Art erzählt, was jedoch weniger den Arbeitern, als der Methode zur Last
fällt«. GAEDE, *Beiträge* usw., S. 61.

1) Kabinetsordre GEORGS IV. vom 25. 3. 1828. Vergl. das Folgende.
2) Nach dem Berichte vom 26. 6. 1828.

von Bedeutung sind, dass sie die von GAUSS tatsächlich verwendeten Formeln erkennen lassen. Als Muster gab er ein vollständig ausgeglichenes Tableau der Azimute für eine Station mit 93 Richtungen. Zugleich erbot er sich, die Detailaufnahme zu bearbeiten und leitete aus den Messungen von NEHUS und PETERS die Koordinaten von 76 Punkten ab (G.-SCH. Nr. 334). Es hätte ihm auch viel daran gelegen, den Zusammenhang seiner und der dänischen Dreiecke noch inniger zu gestalten, und er schlug vor, in einem Polygon um Hamburg die Winkel scharf zu messen. Indessen scheint SCHUMACHER, der solche Arbeiten wegen seiner andern Beschäftigungen hinauszögerte, dazu nicht Zeit gefunden zu haben.

Am 25 März 1828 kam die Kabinettsordre König GEORGS IV. heraus, die eine Ausdehnung der Triangulation über das ganze Königreich Hannover unter Leitung von GAUSS befahl. Gleichzeitig sollte eine auf diese Triangulation zu stützende Spezialaufnahme und die Herausgabe einer Karte stattfinden. Dabei wurde die Verwendung von Generalstabsoffizieren empfohlen, um zugleich Ersparnisse zu erzielen. Die Gesamtkosten sollten jährlich 5000 Taler nicht übersteigen.

GAUSS hat dann alljährlich im Frühjahr einen Arbeitsplan für die im Sommer auszuführenden Arbeiten vorgelegt und im Herbst einen Bericht über die stattgehabten Fortschritte erstattet. Für das erste Jahr 1828 schlug er einige trigonometrische Vorarbeiten für die Detailaufnahme des Hildesheimschen und des Eichsfeldes vor (G.-O. Nr. 629), die auch im Spätsommer begonnen wurden.

Er hatte von SCHUMACHER einen Kostenanschlag für die Aufnahme einer Quadratmeile erbeten und hielt es für angebracht, in den ersten Jahren auf die Triangulation etwa zwei Drittel, auf die Detailaufnahme ein Drittel der zur Verfügung stehenden Gelder zu verwenden, um Stockungen bei letzterer zu vermeiden. Er selbst wollte sich nicht an den Messungen beteiligen, hatte aber vor, zum Beginn einige Tage nach Hannover zu kommen, wohin ihn auch andre Geschäfte riefen.

Die Leitung der Operationen erforderte, namentlich im Anfang, eine fast tägliche, weitläufige Korrespondenz. Nach Beendigung der Feldarbeiten widmete sich GAUSS dann sofort der Berechnung, bei der er keine Hilfe hatte, und die ihn mehrere Wochen ganz in Anspruch nahm. Die Koordinaten wurden in Verzeichnisse gebracht, deren im Ganzen 16 vorhanden sind, die zusammengenommen über 3000 Bestimmungen enthalten. Diese Koordinaten bildeten die Grundlage der Detailaufnahmen und der Karten des PAPENschen Atlas. Zum Schlusse hat sie GAUSS zu einem allgemeinen Verzeichnis verschmolzen, das etwa 2600 Punkte umfasst, indem ein Teil mehrfach in den partiellen Verzeichnissen vorhanden war[1]).

54. **Beobachter. Instrumente.** Die Triangulierungsarbeiten lagen in den Händen seiner drei Mitarbeiter, GAUSS selbst hat nur ein einziges Mal, am 7. September 1828, auf dem Hohehagen, eine Station besucht. Als Instrumente wurden drei andere Theodolite als bei der Gradmessung gebraucht. HARTMANN beobachtete mit dem 8-zölligen REICHENBACHschen Instrumente, das seit 1812 der Sternwarte gehörte; der 12-zöllige ERTELsche Theodolit, den MÜLLER verwendete, gehörte dem hannoverschen Generalstab und war dem vorigen ähnlich, besass aber keinen Höhenkreis und kein Versicherungsfernrohr; JOSEPH GAUSS benutzte einen 8-zölligen ERTELschen Theodoliten, auch ohne Höhenkreis und Versicherungsfernrohr, optisch aber von derselben Güte, wie der 12-Zöller. Die Beobachter konnten aber nicht ihre ganze Zeit dem Vermessungsgeschäft widmen. Ein näheres Eingehen auf die jährlichen Fortschritte der Arbeiten wird entbehrt werden können, weil sie nur in einem äusseren Zusammenhang mit der geodätischen Tätigkeit von GAUSS stehen. Immerhin wird sich Gelegenheit bieten, Einzelheiten im Anschluss an den Bericht über die Tätigkeit von GAUSS zu erwähnen[2]).

---

1) Der Abschluss der rechnerischen Bearbeitung der Landesvermessung hat sich bis 1848 verzögert. Ein Teil der Beobachtungsjournale und das allgemeine Koordinaten-Verzeichnis wurden von dem Wärter der Sternwarte SCHLÜTER abgeschrieben und von Professor GOLDSCHMIDT kollationiert. Im Jahre 1859 wünschte das Ministerium des Innern die Herausgabe durch den Druck, was aber von dem Chef des Hannoverschen Generalstabes, Generalmajor v. SICHART, abgelehnt wurde. Er begründete das damit, dass die in dem Verzeichnis enthaltenen Koordinaten nicht nur einen ausserordentlich relativen Wert hätten, sondern auch viele derselben, ausser den ausdrücklich als unsicher bezeichneten, unzuverlässig und gar falsch seien. Von solchen müsste es also zuvor gesäubert werden. Später ist das allgemeine Koordinaten-Verzeichnis, so wie es vorlag, zweimal abgedruckt: 1868 von WITTSTEIN zum Gebrauch bei der Katastervermessung, 1873 in Band IV der Werke. An der letzteren Stelle sind auch die Abrisse der Gradmessung vollständig, die übrigen auszugsweise veröffentlicht. GAEDE, *Beiträge* usw., S. 72—74.

2) GAEDE hat in den *Beiträgen* usw., S. 56—78 einen besondern Abschnitt GAUSS' Anteil an der Hannoverschen Landesvermessung gewidmet, wobei er einige vierzig ungedruckte Originalberichte von GAUSS zu Grunde legte. Ein mehrere Bogen langer historischer Bericht über alle von ihm teils ausgeführten, teils geleiteten Messungen im Königreich Hannover, aus Anlass der Trennung von England und Hannover nach

Im Frühjahr 1828 hatte GAUSS noch eine neue umfangreiche Reihe von Beobachtungen zur Bestimmung der absoluten Polhöhe von Göttingen angestellt, die sich auf mikroskopische Ablesungen von nur 8 verschiedenen Teilstrichen des Kreises gründete und eine vortreffliche Übereinstimmung zeigte. Im Sommer besuchte ihn auf einige Tage SCHUMACHER, der nach Königsberg unterwegs war, um BESSELS Pendelapparat in Empfang zu nehmen. Am 14. August 1828 reichte GAUSS ein Urlaubsgesuch mit der Begründung ein, dass seine Gesundheit nach den anhaltenden Anstrengungen einer Stärkung bedürftig sei und reiste gleich nach der erwähnten Besteigung des Hohehagen nach Berlin zur Naturforscherversammlung, wo er drei Wochen als Gast bei ALEXANDER V. HUMBOLDT verweilte. Dort lernte er WILHELM WEBER kennen, der damals ausserordentlicher Professor in Halle war und 1831 als Ordinarius der Physik nach Göttingen berufen wurde.

Diese Reise war ein Wendepunkt im Leben von GAUSS, insofern von da ab die physikalischen Interessen bei ihm in den Vordergrund traten. Im Verein mit WILHELM WEBER widmete er sich den Untersuchungen des Erdmagnetismus, die den dritten Höhepunkt[1] in seiner wissenschaftlichen Tätigkeit bezeichnen dürften.

Auch noch eine andre Arbeit hatte GAUSS sich aufbürden lassen, indem er zum Mitgliede einer Masskommission ernannt war, die das Mass- und Gewichtswesen für Hannover neu ordnen sollte. Im März 1829 begab er sich nach Hannover zur Teilnahme an einer Konferenz dieser Kommission, und im Mai fuhr er nochmals dahin, um die in diesem Jahre auszuführenden Triangulationen zu besprechen. Die drei Offiziere sollten darnach ein Dreiecksnetz erster und zweiter Ordnung in den westfälischen Landesteilen anlegen und zwar sollte MÜLLER zunächst das Land bereisen und Vorbereitungen treffen, HARTMANN im Hildesheimschen und JOSEPH GAUSS im Eichsfelde noch einige

---

dem 1837 erfolgten Tode GEORGS IV. ist vom 8. Februar 1838 datiert (Werke IX, S. 418—425). — Eine Übersicht der jährlichen Arbeiten lässt sich aus der Übersichtskarte des PAPENschen Atlas entnehmen, die auch in Werke IX nach Seite 434 Aufnahme gefunden hat.

1) Die erste Epoche kann von 1791—1805 gerechnet werden, die zweite etwa von 1815—1825. Für GAUSS gilt, was GOETHE zu ECKERMANN (Gespräche, III. Teil, Abschnitt 1828) von genialen Naturen, mit denen es eine eigene Bewandtnis habe, sagt: »sie erleben eine wiederholte Pubertät, während andere Leute nur einmal jung sind.« »Wir nehmen bei vorzüglich begabten Menschen auch während ihres Alters immer noch frische Epochen besonderer Produktivität wahr.«

Detailaufnahmen ausfüllen und erst dann alle drei gleichzeitig in Westfalen operieren. Gauss gedachte damals, im September selbst noch einen Monat ins Feld zu gehen und die Nähe Bremens zu einem Besuch bei Olbers zu benutzen. Allein wegen vielfacher Hindernisse fügte sich alles anders. Joseph Gauss konnte seine Aufgabe in vierzehn Tagen vollenden. Er reiste Müller nach, konnte ihn aber nicht mehr erreichen. Er begann nun auf eigene Faust auf dem Dörnberge, einem Epaillyschen Platze und Hauptdreieckspunkte zu messen, wurde aber durch Müller nach Twistingen abberufen, wo beide gemeinschaftlich beobachteten. Inzwischen erhielt Müller einen andern Auftrag vom Ministerium und konnte an den Messungen in diesem Jahre nicht mehr teilnehmen. Da Hartmann mit seiner Aufgabe im Hildesheimschen noch lange nicht fertig war, blieb mithin Joseph Gauss als einziger für die Triangulierungsarbeiten übrig. Das Wetter war sehr schlecht, und er hatte in selbständigen Arbeiten mit einem Reichenbachschen Theodoliten fast gar keine Übung. Trotzdem absolvierte er 8 Hauptpunkte und 6 Punkte II. Ordnung abgesehen von verschiedenen Nebenpunkten. Das ganze an die Seite Bremen-Steinberg anschliessende Netz mit Ausnahme des Knickberges bei Üchte, den Hartmann noch im August übernehmen konnte, war sein Werk, und sein Vater war sehr erfreut darüber, da die Messungen sich als sehr sorgfältig ausgeführt und die ganze Anlage als zweckmässig erwies.

Gauss selbst gab seine Reise auf und widmete sich der Verarbeitung der sowohl bei seinem Sohne als bei Hartmann je 200 Seiten umfassenden Messungen mit grosser Aufopferung; am liebsten hätte er das ganze Messungsgeschäft mit seinen Verdriesslichkeiten und Verhandlungen Knall und Fall aufgegeben.

Zu Beginn des Jahres 1830 erschien ausser der bereits (Seite 124) angeführten Besprechung, die ein Zeugnis Gaussscher Genialität ist, eine andere über das *Mémorial du dépôt général de la guerre*, bei der man zunächst stutzig sein kann, was Gauss veranlasst haben mochte, über den Inhalt dieser Schrift zu schreiben (Werke IV, S. 381). Vielleicht lag ihm daran, hervorzuheben, welche ansehnlichen Summen den Ingenieur-Geographen bei der Herstellung der Karte von Frankreich zur Verfügung standen im Gegensatz zu den geringen Mitteln, die in Hannover für diesen Zweck beansprucht wurden. Denn die historischen Notizen, z. B. die Unterredung des Grafen de Gisors mit Friedrich dem Grossen und Briefe Ludwigs XIV., die er zwar offenbar mit viel Interesse gelesen hatte, und bei deren Erwähnung er Gelegenheit nimmt, französischer Anmassung entgegen zu treten, sind kaum ein Anlass zu diesem Bericht gewesen. Vielmehr werden ihm die Erwägungen über den Kartenmasstab von Bedeutung gewesen sein; man kann annehmen, dass ihn diese Fragen damals beschäftigten[1]), die im Jahre 1832 für ihn wichtig wurden, als der Ingenieur-Leutnant Papen es unternahm, unter Gauss' Mitwirkung eine Karte von Hannover im Masstab 1 : 100000 herauszugeben. Am Schlusse fügte Gauss die oft von ihm erhobene Forderung hinzu, die Dreiecksmessungen ausführlich zu veröffentlichen, wobei es dahingestellt bleiben muss, ob das Erscheinen von Puissant, *Nouvelle description géométrique de la France* (Paris 1832) dadurch beschleunigt worden ist.

Am Ende dieses Jahres erwirkte Gauss seinem Sohne einen Urlaub von 6 Wochen[2]) bis zum 20. Dezember, damit er manches, was zur Verarbeitung

---

1) Gauss hat sich, wie an dieser Stelle erwähnt werden möge, nach einer eigenen Methode mit der Berechnung des Flächeninhaltes auf der Erdoberfläche beschäftigt und z. B. die Grösse des grossen Ozeans und der wichtigsten Länder Australiens auf Grundlage von Karten ermittelt. Vergl. E. A. W. v. Zimmermann, *Australien in Hinsicht der Erd-, Menschen- und Produktenkunde nebst einer allgemeine Darstellung des grossen Ozeans*, Hamburg 1810, Vorrede S. XV: »Der Herr Professor Gauss, dessen Name jede weitere Anpreisung unnütz macht, übernahm, aus vieljähriger Freundschaft, die Berechnung der Grösse mehrerer der wichtigsten Länder Australiens nach einigen der neuesten Karten. Er schuf sich hierzu eigene Methoden, worüber er gelegentlich etwas Bestimmtes bekannt machen wird« Bereits in einem 1814 abgefassten Referat über Fr. Kries, *Lehrbuch der mathematischen Geographie* legt Gauss Wert auf derartige Berechnungen (Werke IV, S. 363).

2) Das Schreiben vom 1. Oktober 1830 ist ausführlicher von Gaede, *Beiträge*, S. 69 abgedruckt. Hier mögen einige Stellen wiedergegeben werden: »In andern Ländern, wo ähnliche Operationen ausgeführt sind oder werden, wie in Bayern, Frankreich, Preussen, Österreich, Dänemark etc., sind eigene topographische Bureaus errichtet, wo sich die rohen Materialien konzentrieren, und wo behufs des zweiten Geschäfts (deren Verarbeitung zu Resultaten) eigene Verifikatoren, Kalkulatoren etc. angestellt sind, oder auch das Personale, welches in den Sommermonaten den Messungen obgelegen hat, so weit es dazu tüchtig ist, in den Wintermonaten zu diesen Geschäften mit verwandt wird. Bei der hiesigen trigonometrischen Vermessung habe ich bisher diesen Teil des Geschäfts ganz allein auf mich selbst genommen. . . Ohne hier in umständliche Details einzugehen, darf ich doch nicht unbemerkt lassen, dass mir diese Verarbeitung nur dadurch möglich gewesen ist, dass ich ihr meine ganze, mir von meinen unmittelbaren Dienstgeschäften gebliebene Zeit gewidmet habe.

Wie gerne ich auch zu der Verarbeitung der im verflossenen Sommer gewonnenen rohen Materialien abermals meine Zeit und Kräfte opfern werde, da es einen so nützlichen Zweck gilt, so lässt sich doch schon mit Bestimmtheit voraussehen, dass, ohne wenigstens einige Hilfe dabei benutzen zu können, es nicht möglich sein wird, mit dieser Verarbeitung im Laufe des Winters fertig zu werden. . . Bei der fast in jeder Beziehung

der Messungen diente, ihm abnehmen konnte. Einer der Offiziere hatte die im vorhergehenden Jahre von seinem Sohne bis Bentheim geführten Dreiecke bis nach Ostfriesland hinein fortgesetzt, der Kapitän MÜLLER und sein Sohn hatten den östlich von der Gradmessung liegenden Teil zu bearbeiten angefangen; deshalb war ihm die Hilfe — die ihm nur in diesem einen Jahre zu Teil wurde — sehr erwünscht.

Die häuslichen Verhältnisse waren in dieser Zeit sehr betrübende, EUGEN GAUSS hatte sich mit seinem Vater überworfen und war nach Amerika ausgewandert, nach qualvoller Krankheit starb am 13. September 1831 GAUSS' zweite Gattin, und die Klage drang aus seinem Herzen: »Von unsern Handlungen sind wir Herr, aber nicht von den Wirkungen, welche Lebensverhältnisse auf unser Gemüt machen« (G. O. Nr. 666). Die Energie seines Willens suchte einen Ausweg in der Beschäftigung mit der Kristallographie, bis ihn das Eintreffen von WILHELM WEBER in neue Bahnen lenkte.

55. Fortsetzung der hannoverschen Landesvermessung. Die Landesvermessungsarbeiten waren in mehreren aufeinander folgenden Jahren durch anderweite Inanspruchnahme der Offiziere behindert; auch beschränkte die Choleragefahr die Wahl des Vermessungsgebietes. MÜLLER vertrat 1831 den Oberstleutnant PROTT und gebrauchte im nächsten Jahre eine Kur in Karlsbad; HARTMANN musste Lektionen an der polytechnischen Schule halten, es gelang ihm jedoch, das von JOSEPH GAUSS 1829 bis zu den Seiten Mordkuhlenberg-Queckenberg-Kirchhesepe geführte, von ihm selbst 1830 fortgesetzte Polygon um Oldenburg bei der Seite Varel zu schliessen[1]). Leutnant GAUSS konnte eine Nachlese zu seinen Beobachtungen in Lüneburg halten.

mir eigentümlichen Behandlung des ganzen Geschäfts, welche hier zu entwickeln, unpassend sein würde, kann ich eine reelle Hilfe bei dieser Verarbeitung nur von solchen Personen erwarten, die mit jener Eigentümlichkeit schon in gewissem Grade vertraut sind: jeder andre, selbst schon sehr fertige Rechner, würde doch erst eines längeren Unterrichts bedürfen, und dadurch die für mich intendierte Zeitersparnis absorbiert werden. Unter den drei erwähnten Artillerieoffizieren, welche mit diesem Geiste bekannt sind, ist mein Sohn, der Leutnant GAUSS, der einzige gegenwärtig disponible, da die beiden anderen, wegen des von ihnen bei der Militärschule und Generalstabsakademie zu erteilenden Unterrichts, nicht abkommen können.

Unter diesen Umständen bin ich daher zu der untertänigsten Bitte genötigt: Königliches Kabinettsministerium wolle veranlassen, dass der Artillerieleutnant GAUSS behufs Hilfeleistung bei Verarbeitung der Messungen vorerst noch auf zwei Monate zu meiner Disposition gestellt werde.«

1) Vergleiche die Übersichtskarte im PAPENschen Atlas oder Werke IX, S. 434: Messungen in Westphalen, ferner die Ausgleichung des Dreieckskranzes, der das Oldenburgsche umgibt: Werke IX, S. 331—342.

56. Gausssche Koordinaten-Rechnung. In den Briefen an SCHUMACHER setzte GAUSS die Erläuterung seiner Methoden fort, indem er die Berechnung der Koordinaten aus den Längen und Breiten (G.-SCH. Nr. 391), den Weg, aus der wirklichen (linearen) Länge die Entfernung in der Darstellung zu erhalten (G.-SCH. Nr. 394), ferner die Aufgabe, aus einem gemessenen Winkel den ihm in der Abbildung korrespondierenden zu finden (G.-SCH. Nr. 394) nach und nach behandelte[1]).

57. Verbesserung der Erddimensionen. GAUSS regte sodann den Dr. SCHMIDT zu einer weiteren Verbesserung der Erddimensionen an, indem er ihn auf das schon 1815 von LAMBTON gemessene Stück des ostindischen Bogens von Namthabad bis Dasmerjidda und auf die EVERESTsche Fortsetzung bis Kullianpoor aufmerksam machte.

58. Vermessung von Braunschweig. Auf Veranlassung von GAUSS oder wenigstens unter seiner Mitwirkung kam 1833 eine Vermessung von Braunschweig zu Stande, mit der Professor SPOHR vom Collegium Carolinum beauftragt war[2]). Aber auch die von ihm geleiteten Arbeiten nahmen einen

---

1) GAUSS hat über die von ihm benutzten Formeln nichts veröffentlicht. In einer Nachschrift der Vorlesung über höhere Geodäsie, die GOLDSCHMIDT ausgearbeitet hat, sind die Gebrauchsformeln angegeben, aber nicht entwickelt. Durch die Briefe an SCHUMACHER sind sie erst zu allgemeinerer Kenntnis gelangt Hieraus hat sie der Wasserbauinspektor TAAKS, der auch mehrere Druck- oder Schreibfehler berichtigte, übersichtlich zusammengestellt in: *Geodätische Tafeln für die Nord- und Ostseeküste berechnet nach Gaussschen Formeln.* Aurich 1865. Eine Ableitung und auch Weiterentwicklung der GAUSSschen Formeln hat zuerst O SCHREIBER in: *Theorie der Projektionsmethode der Hannoverschen Landesvermessung.* Hannover 1866 gegeben. Näherungsformeln für die GAUSSsche Projektion der Hannoverschen Landesvermessung veröffentlichte F. R. HELMERT in der Zeitschrift für Vermessungswesen, Band 5 (1876), S. 238—253 Eine ausführliche Darstellung der GAUSSschen Methode, mit Berücksichtigung der im Nachlass aufgefundenen Formeln und eine Erweiterung zum Zwecke der Verwendung bei Darstellung grösserer Gebiete ist in der Veröffentlichung des Kgl. preuss. Geodätischen Instituts. N. F. Nr. 52: L. KRÜGER, *Konforme Abbildung des Erdellipsoids in der Ebene,* Potsdam 1912, enthalten. Es ist darin die Abbildungsgleichung Werke IX, S. 144 als Grundlage der GAUSSschen Methode angesehen.

2) GAUSS schreibt an den Gatten einer Freundin seiner ersten Frau, GERHARD SCHNEIDER am 6. März 1829: »Wahrscheinlich wissen Sie bereits, dass das Herzogtum Braunschweig nun auch trigonometrisch vermessen wird. Ich freue mich sehr darüber, dass so eine den heutigen Anforderungen angemessene Karte meines Vaterlandes zur Ausführung kommen wird, und werde in Gemässheit der deshalb an mich ergangenen Aufforderung sehr gern demnächst alle Mitteilungen aus meinen eigenen Messungen machen, die dazu beförderlich sein können. Einen zwölfzölligen Theodolithen habe ich bereits, auf spezielles Verlangen, in München für diese Messungen bestellt«. L. HÄNSELMANN, *Karl Friedrich Gauss, Zwölf Kapitel aus seinem Leben,* Leipzig 1878, S. 98.

neuen Aufschwung, insofern Hartmann mit der Vermessung des Harzes beauftragt wurde. Müller war bei der Anlage der Linie Köln-Berlin des optischen Telegraphen auf der Strecke Hornburg bis Höxter dem Major O'Etzel von der Regierung beigeordnet, konnte aber auch noch mit Joseph Gauss an der Mittelweser in Tätigkeit treten.

59. Bearbeitung der Landesvermessung. Mit der Berechnung der Harzbeobachtungen beschäftigte sich Gauss 1834 in viermonatlicher angestrengter Arbeit, ohne ganz fertig zu werden; sein Sohn konnte allerdings am Ende des Jahres nach Göttingen kommen, scheint aber nur an den magnetischen Beobachtungen teilgenommen zu haben.

Übrigens verfuhr Gauss bei der Bearbeitung der Landesvermessung in Westfalen, dem Lüneburgschen, dem Harz, der Wesergegend und bei den Dreiecksmessungen des Jahres 1836, nicht mit derselben Strenge, wie bei den 40 Dreiecken zwischen den 33 Punkten seiner Gradmessung, sondern in der Weise, dass er zunächst die Winkelmessungen allein in Betracht zog und scharf ausglich, dann zu diesen ausgeglichenen Zahlen die neue Ausgleichung hinzufügte, welche die Seitenverhältnisse erfordern. Eine alternative Wiederholung, bis stehende Resultate erscheinen, die zu demselben Ergebnis wie die Ausgleichung in einem Gusse führen, unterliess er dagegen für diese Zwecke.

Nachdem am 31. August 1834 Harding gestorben war, wurde Goldschmidt, der im Jahre 1831 die von Gauss gestellte Preisaufgabe gelöst hatte[1]), Ostern 1835 Observator an der Sternwarte und ging im Sommer nach Osnabrück, um Joseph Gauss bei den Messungen Hilfe zu leisten.

---

1) Die Preisaufgabe, die Gauss 1830 gestellt hat, lautete: »Determinetur inter lineas duo puncta data jungentes ea, quae circa axem datum revoluta gignat superficiem minimam«. H. A. Schwarz spricht sich darüber wie folgt aus: »Infolge eines von Gauss ausgegangenen Vorschlages wurde von der philosophischen Fakultät der hiesigen Universität für das Jahr 1831 eine die Rotationsfläche kleinsten Flächeninhalts betreffende Preisaufgabe gestellt, für deren Bearbeitung Goldschmidt den ausgesetzten Preis erhielt. In der gekrönten Preisschrift wird die durch Rotation einer Kettenlinie um ihre Direktrix als Achse entstehende Minimalfläche, welche nach einem von Plateau ausgegangenen Vorschlage den Namen Katenoid erhalten hat, genauer untersucht. Insbesondere wird die Frage erledigt, welche Bedingung erfüllt sein muss, damit es möglich sei, durch zwei Parallelkreise einer Rotationsfläche zwei von einander verschiedene Katenoide zu legen, unter welchen Bedingungen durch beide Kreise nur ein Katenoid oder überhaupt kein Katenoid gelegt werden kann. Auf diejenigen Fragen, deren Erörterung mit der Untersuchung des Vorzeichens der Werte zusammenhängt, welche die zweite Variation des Flächeninhalts einer von zwei Parallelkreisen begrenzten Zone eines Katenoids annehmen kann, geht Goldschmidt nicht ein.« (H. A. Schwarz, *Gesammelte mathematische Abhandlungen*, Bd. 1 (Berlin 1890), S. 271—272.)

In einem Briefe des folgenden Jahres (G.-Sch. Nr. 521) erwähnt GAUSS eine bereits von TOBIAS MAYER[1]) behandelte Aufgabe, aus den geographischen Breiten zweier Orte und ihren gegenseitigen Azimuten die Abplattung zu finden, die bei dem damaligen Stande der Beobachtungskunst keine brauchbaren Ergebnisse hätte liefern können. Er macht darauf aufmerksam, dass die Aufgabe unbestimmt wird, wenn beide Punkte entweder gleiche Längen oder gleiche Polhöhen haben.

Im Jahre 1836 ruhten die Messungen nicht ganz; allerdings war JOSEPH GAUSS nach Amerika gegangen, um die dortigen Eisenbahnen kennen zu lernen, aber Hauptmann MÜLLER widmete sich der Triangulierung des Landstrichs an der Oberweser zwischen Uslar, Göttingen und Münden und traf im folgenden Jahre (1837) weitere Vorbereitungen zur Detailaufnahme im Osnabrückschen. Auch rekognoszierte er die Allergegend für künftige trigonometrische Messungen. Für seine Arbeiten erhoffte GAUSS ein Zusammenwirken mit GERLING, der im Jahre 1835 nach elfjähriger Unterbrechung die hessische Landesvermessung von neuem wieder aufgenommen hatte, und es gelang auch MÜLLER und GERLING, ihre Punkte gegenseitig zu verbinden. GOLDSCHMIDT beteiligte sich gleichfalls durch Heliotropieren von Göttingen nach dem Hohehagen.

XVI. Abschnitt.   Längenbestimmung zwischen Göttingen und Mannheim.

60. Beobachtung der Pulverblitze und Heliotropsignale. Beendigung der Landesvermessung. GERLING frug noch bei GAUSS an, ob er eine Längenbestimmung zwischen Göttingen und Mannheim für wichtig halte und GAUSS stellte gern seine Mitwirkung durch Beobachtung der Pulverblitze in Aussicht[2])

Diese Längenbestimmung kam 1837 zu Stande, nachdem GERLING die hessische Landesvermessung beendet hatte. Es gelang noch vorher die wegen

---

1) Vergl. Astronomische Nachrichten, Band 13, 1836, S. 354.

2) Bei dieser Gelegenheit gab GAUSS GERLING Ratschläge, wie man die Libelle am Instrument zu füllen habe, wenn die Blase zu lang geworden sei. Er selbst habe dazu nur immer $1/4$ bis $1/2$ Stunde Zeit gebraucht.

des Göttinger Universitätsjubiläums[1]) notwendig gewordene Renovierung der Sternwartenräume rechtzeitig fertig zu stellen. Die Signale mussten nämlich vom Saale aus beobachtet werden, weil das vorhandene Chronometer für die Zeitübertragung nach dem Dache zu unzuverlässig war und es fand sich glücklicherweise eine Stelle in der Sternwarte, wo die Kuppe des Meissner noch eben sichtbar war. Am 22. August 1837 nahmen die Signale ihren Anfang und am 9. September wurden die letzten gegeben. Ausser Pulverblitzen wurden auch Signale durch vereinfachte Heliotropen verwendet, die vom Meissner und Feldberg gegeben und in Göttingen, Frauenberg und Mannheim aufgenommen wurden[2]).

---

1) Das Jubiläum der Georgia Augusta wurde vom 17. bis 19. September 1837 gefeiert, A. v. HUMBOLDT nahm daran teil und hielt sich neun Tage in Göttingen auf.

2) Vom Meissner wurden 179 Heliotropsignale und 92 Pulverblitze gesandt, vom Feldberg 58 Heliotrop- und 83 Pulversignale.

Auf eine Frage von GERLING wegen der Ausgleichung der Signale antwortet GAUSS am 29. Dezember 1839:

»Ich komme nun auf Ihre Frage wegen der geodätischen Aufgabe, wo die Länge von Linien in überzähliger Zahl gemessen sind und gefragt wird, wie man die Methode der kleinsten Quadrate darauf anwendbar machen könne. Solche Fragen lassen sich zwar mit wenigen Worten stellen, während eine gründliche Beantwortung eine kleine Abhandlung erfordert. Ich habe den Kopf jetzt voll von vielerlei häklichen Dingen, so dass ich zu meiner grossen Betrübnis z. B. zu einer wissenschaftlichen Arbeit, die ich seit Mai d. J. habe bei Seite legen müssen, da sie einen auf längere Zeit freien Geist erfordert, noch garnicht wieder zurückkehren kann. Um Ihnen aber meinen guten Willen zu beweisen, will ich einen Versuch machen, mich auf einige Stunden zu Ihrer Frage zusammenzunehmen, und bitte daher im Voraus um Entschuldigung, wenn mein Versuch Ihnen nicht vollkommen Genüge leistet.

[Aufgabe, wo die Länge von Linien in überzähliger Art gemessen sind und gefragt wird, wie man die Methode der kleinsten Quadrate darauf anwendbar machen könne.] Die Sache, aus höherem allgemeinen Standpunkte betrachtet, läuft immer zuerst darauf hinaus, dass gewisse Grössen ... P, Q, R ... durch einen in der Natur der Sache liegenden Zusammenhang verknüpft sind, so dass, wenn alle bis auf Eine gegeben sind, diese Eine sich a priori aus den übrigen berechnen lässt. Ein solcher Zusammenhang lässt sich auf eine Gleichung $V = 0$ reduzieren, wo V eine gegebene Funktion von ... P, Q, R ... ist. Nehmen wir an, das vollständige Differential von V sei

$$\ldots p.dP + q.dQ + r.dR + \cdots$$

und bezeichnen dieses Polynomium Kürze halber mit ω. Es ist klar, dass wenn anstatt desjenigen Systems von Werten, welches das wahre ist, ein anderes ... $P + dP, Q + dQ, R + dR$ ... betrachtet werde, so bleibt noch unentschieden, ob diese unter einander verträglich sind. Sind sie es, so muss notwendig $\omega = 0$ werden; sind sie es nicht, so erhält ω einen von 0 verschiedenen Wert, der aber immer sehr klein sein wird, wenn die neuen Werte z. B. beobachtete, also mit kleinen Fehlern behaftete Werte, allgemein, wenn sie von unter sich verträglichen Werten alle nur sehr wenig verschieden sind. Ihre Substitution in V wird nicht $V = 0$, sondern $V = u$ geben, wo u nichts anderes ist, als der Wert von ω, wenn statt

18*

Ende 1838 war GAUSS mit der Reduktion von MÜLLERS Messungen an der Aller beschäftigt. 1839 hat dann MÜLLER noch den westlichen Teil des Gebietes um Bremen bearbeitet und 1841 das Netz in Ostfriesland angelegt, das die Nordseeinseln mit dem Festlande verband. Nach MÜLLERS Tode (1843)

... dP, dQ, dR ... die Fehler der Beobachtungen oder die erforderlichen Korrektionen mit entgegengesetzten Zeichen substituiert würden (oder substituiert werden könnten). In praktischer Rücksicht ist es ferner einerlei, ob man zur Berechnung der Koeffizienten von ... dP, dQ, dR ... d i. der Grössen ... p, q, r ..., die an sich Funktionen von ... P, Q, R ... sind, die wahren Werte dieser Grössen oder die beobachteten ... $P+dP$, $Q+dQ$, $R+dR$ ... zum Grunde legt.

Zur Anwendung der Methode der kleinsten Quadrate ist offenbar nichts weiter erforderlich, als die Werte von ... p, q, r ... u zu kennen, man gelange nun zu ihnen, wie man wolle. Es kann nämlich in einzelnen Fällen unbequem sein, erst die endliche Gleichung $V = 0$ auszuarbeiten und zu differentiieren; kann man auf anderem Wege zu jenen Grössen oder »zu solchen, die ihnen respektive proportional sind«, gelangen, so ist dies ebenso gut. In der Tat sind auch ihre absoluten Werte ganz indifferent, da anstatt der Gleichung $V = 0$ unzählige andere, mit derselben gleichbedeutende aufgestellt werden könnten, die andere Werte von ... p, q, r, ... u geben würden, aber notwendig solche, die jenen proportional bleiben.

Dies wohl verstanden, kommt es nun jedesmal auf zwei Dinge an

1) das Verhältnis der Koeffizienten ... p, q, r ... unter einander auszumitteln,

2) das Verhältnis der Grösse u zu Einem dieser Koeffizienten,

und zwar beides, ohne die endliche Gleichung $V = 0$ zu besitzen.

Was die erste Aufgabe betrifft, so lassen sich darüber zwar keine allgemeinen Regeln geben, aber in einzelnen Fällen wird man sich gewöhnlich leicht helfen können. (Richtiger sollte ich mich wohl so ausdrücken, dass ich jetzt nicht Zeit habe, das dem einzelnen Fall zum Grunde liegende Prinzip ganz generalisiert in Worte einzukleiden.) Betrachten wir z. B. den Fall eines Polygons, worin alle Linien gemessen sind, also eine überzählige vorhanden ist. Hier muss die Gleichung $\cdots + p \cdot dP + q \cdot dQ + r \cdot dR \cdots = 0$ auf jedes System von Änderungen ... dP, dQ, dR ... passen, die unter sich verträglich sind, also auf das System, wo nur zwei Linien, z. B. nur P und Q geändert werden. Hier kann man also sämtliche Punkte mit Ausnahme von * als fest annehmen und darf blos solche Abänderung der Lage von zulassen, wo R ungeändert bleibt. Da finden Sie dann, dass $dP : dQ = \sin PR : \sin QR$ sein muss, folglich muss notwendig $p \cdot \sin PR + q \cdot \sin Qr = 0$ sein oder $p : q = \sin QR : -\sin PR$. Auf gleiche Weise findet sich das Verhältnis von $q : r = -\sin PR : \sin PQ$ und indem Sie so durch die ganze Figur fortschreiten,

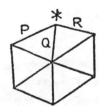

ergibt sich das Verhältnis sämtlicher Koeffizienten zu einander. Ja wenn Sie nach Vollendung wieder vom letzten zum ersten fortschritten, so bekämen Sie blos die Bestätigung dessen, was Sie schon haben, insofern Sie die wahren Werte von den Winkeln zum Grunde legten (indem dies Bestätigen nichts anderes ist als die triviale Bedingungsgleichung der Seitenverhältnisse). Numerisch ausführen können Sie freilich die Rechnung nur, indem Sie nach den gewöhnlichen Regeln der Trigonometrie die einzelnen Dreiecke nach den beobachteten Seiten berechnen, so dass Sie am Ende einen kleinen Unterschied finden würden, der aber insofern es sich hier nur erst von dem Verhältnis der Koeffizienten ... p, q, r, ... handelt, infolge der oben gemachten Bemerkung für 0 zu achten ist.

Was dann die zweite Aufgabe betrifft, so bedenken Sie, dass der Gleichung

$$\cdots + p \cdot dP + q \cdot dQ + r \cdot dR + \cdots = u$$

blieb Joseph Gauss als einziger zurück, dem die Vollendung des Werkes zufiel, indem er von der Seite Hamburg-Litberg bis zur Seite Silberberg-Bardahl gelangte.

XVII. Abschnitt. Untersuchungen über Gegenstände der höheren Geodäsie.

61. Erste Abhandlung. Als Wilhelm Weber 1843 nach Leipzig berufen wurde, ging der Hauptreiz, sich mit dem Magnetismus zu beschäftigen, für Gauss verloren und er veröffentlichte noch in demselben Jahre die erste Abhandlung der *Untersuchungen über Gegenstände der höheren Geodäsie* (Werke IV, S. 259— 300). Er behandelt darin einen Spezialfall der in seiner Preisschrift gegebenen Abbildungen, die er jetzt zum ersten Male als konforme bezeichnete, in grösserer Ausführlichkeit, nämlich die konforme Abbildung des Ellipsoids auf die Kugel. Während die Annahme $f(v) = v$ für die Abbildungsfunktion bei der Projektion der ganzen Oberfläche des Ellipsoids am geeignetsten ist, legte er für die Abbildung eines kleineren Gebietes die Funktion $f(v) = av - i \cdot \log k$ zu Grunde,

---

Genüge geleistet wird, wenn $\cdots - dP, -dQ, -dR \cdots$ nur solche Korrektionen der Beobachtungen bedeuten, die dieselben unter einander verträglich machen, wenn es gleich nicht die Reduktionen auf die im konkreten Fall wahren Werte sind. Das einfachste System solcher Korrektionen ist dasjenige, wo alle bis auf Eine gleich 0 gesetzt werden, und auch diesem System muss also obige Gleichung genügen. Das ist aber ganz leicht, wenn Sie im gegenwärtigen Beispiel nach den gewöhnlichen Regeln der Trigonometrie aus den beobachteten Werten der übrigen diese Eine z. B. das R berechnen und mit dem beobachteten Werte vergleichen; die Differenz, wenn vom letzteren der erstere subtrahiert wird, ist das jetzt in Frage kommende dR, bei welcher ganzen Rechnung natürlich alle Schärfe angewandt werden muss, während bei den Operationen, die sich auf obige erste Aufgabe beziehen (insofern sie nicht selbst Teile der jetzigen Operation sind) eine viel geringere Schärfe zureicht. Da nun aus 1) das Verhältnis aller $\ldots p. q, r \ldots$ bekannt war, eine von ihnen ganz willkürlich angenommen werden konnte, und mithin alle bekannt sind, so haben Sie jetzt $u = r \cdot dR$, dR in der oben angeführten Bedeutung genommen.

Ich hoffe, dass dieses Ihnen genügen wird. Hätte ich mehr Zeit darauf wenden können, so würde alles zierlicher ausgedrückt werden können, besonders in der Anordnung der Bezeichnungen. Aber [um] in dieser Beziehung zierlich zu schreiben, ist es gewöhnlich nötig, wenigstens die Sachen zweimal auszuarbeiten, da man erst, wenn alles schon einmal auf dem Papier steht, beurteilen kann, wie es etwa klarer hätte dargestellt werden können. Keine meiner Schriften hat mich in dieser Beziehung mehr Zeit gekostet, als das *Suppl. Theor. Comb.*, worin so viele Sachen zu bezeichnen waren; blos aus diesem Grunde (und weil man beim ersten Ausarbeiten sich gleichsam festfährt) hat sie wohl 3 oder 4 mal umgearbeitet werden müssen.

in der also zwei Konstanten a und k zur Verfügung standen, um die Abweichung des Vergrösserungsverhältnisses von dem Werte 1 im mittleren Parallelkreis auf eine Grösse dritter Ordnung (abgesehen von dem Faktor e^2) herabzudrücken. Ausser einem Beispiel ist noch eine Tafel hinzugefügt[1]) (Werke IV, S. 293).

62. Zweite Abhandlung. Die zweite Abhandlung folgte 1846 (Werke IV, S. 301—340). Die in der ersten sphärisch behandelte Aufgabe der Übertragung der geographischen Koordinaten durch eine Dreiecksseite wird hier auf dem Ellipsoid behandelt. Der wichtigste Fortschritt ist dabei die Einführung der Mittelwerte der Breiten und der Azimute der beiden Endpunkte der geodätischen Linie, und es entstanden jene Formeln zur indirekten Lösung der Aufgabe, mit sechs aus Hilfstafeln zu entnehmenden Koeffizienten, die mit geringen Abänderungen noch jetzt, namentlich für die andere Aufgabe, aus den Koordinaten der Endpunkte die lineare Länge und die Azimute zu berechnen, Anwendung finden.

Ob GAUSS, als er am 30. Dezember GERLING gegenüber erwähnte, dass ihm zur Ausführung einer grösseren Arbeit, die er vorhätte, Möglichkeit und Mut fehle, sein geplantes Werk über die trigonometrischen Messungen in Hannover im Auge gehabt hat, bleibt zweifelhaft[2]). In seinem Nachlasse hat sich nur ein Plan dazu (Werke IX, S. 401), die Einleitung und der Anfang des ersten Abschnittes gefunden.

Mit jener Ausdauer, die nach seinen eigenen Worten das untrügliche Zeichen des Genies sind, einen Gegenstand nicht eher zu verlassen, bis er ihn ergrübelt habe, kam er immer wieder auf Untersuchungen zurück, die aufklären sollten, welche Ursache den Winkelfehlern, die namentlich zuletzt seine Beobachtungen in störender Weise beeinflusst hatten, zu Grunde lag. In ausführlicher Weise hat er darüber an GERLING Bericht erstattet[3])

---

1) In der Ausgabe in OSTWALDS Klassikern Nr. 177 hat der Herausgeber, J. FRISCHAUF, aus den dort Seite 89 angegebenen Gründen bei beiden Abhandlungen die Tafeln weggelassen.

2) Möglicher Weise handelte es sich um die Untersuchungen des Planeten Pallas.

3) GAUSS an GERLING, 15. Januar 1844: »An dem Theodoliten, womit mein Sohn vorigen Sommer (nach MÜLLERS Tode) gemessen hat, und der den ärgerlichen Fehler, alle Winkel zu klein zu geben, in einem unverschämten Grade angenommen hatte, habe ich jetzt durch MEYERSTEIN Abänderungen machen lassen, auf deren Wirksamkeit ich sehr neugierig bin. Sie bestehen hauptsächlich in Vorrichtungen, durch

63. Änderung der Polhöhe mit der Höhe. Die letzte Bemerkung von Bedeutung, die eine geodätische Frage betrifft, findet sich in einem Briefe an General BAEYER vom 22. Juni 1853 (Werke IX, S. 99). Sie betrifft die

die man die Federn, welche unten die Zapfen unterstützen, nach Gefallen stark, schwach oder garnicht wirken lassen und damit schnell und leicht wechseln kann«.

8. April 1844: »Ich komme nun zu dem Theodoliten. Sie finden die Fälle besonders rätselhaft, wo die gemessenen Winkel die Tendenz eines positiven Fehlers zeigen, (während meine Erfahrungen immer negative Fehler d. i. zu kleine Resultate ergeben) und reden von 3 solchen Fällen. ... Glück aber muss ich Ihnen wünschen, dass Sie so schnell [die] Quelle des Fehlers entdeckten. Mir ist es nicht so gut geworden; mit dem Fehler der 3 Theodoliten, in kleinerem oder grösserem Masse die Winkel zu klein zu geben, quäle ich mich schon seit fast 20 Jahren und kann bis diese Stunde noch nicht Herr davon werden. So nahe liegende Ursachen, wie eine lose Schraube oder Mangel an Fett, sind gewiss nicht Schuld. Ich will Ihnen jetzt einen kleinen Bericht von meinen bisherigen Erfahrungen und den in den letzten Monaten gemachten Versuchen geben.

Ich entdeckte das Dasein dieses Fehlers zuerst an meinem 12-zölligen Theodoliten im Jahr 1825. Die in den vorhergehenden Jahren gemachten Messungen hatten keine Spur davon gezeigt. An der letzten Station von 1825 half ich mir so, dass ich, wenn der Winkel gleich A gesetzt wird, eine Reihe Messungen wie gewöhnlich, die andere in etwa ebenso vielen Repetitionen so machte, dass die Alhidade von rechts nach links, also durch den Bogen $-(360^0 - A)$ gedreht wurde; die zweite Art gab dann das A natürlich zu gross und das Mittel aus beiden nahm ich für den richtigen Winkel. Von der Grösse des Winkels schien der Fehler garnicht oder nicht merklich abzuhängen; der mittlere Wert des Fehlers war etwa $^3/_4$ Sekunde.

MÜLLER gebrauchte einen andern Theodoliten, aber von gleichen Dimensionen. Auch hier zeigte sich der Fehler nicht gleich, aber unverkennbar in den späteren Jahren. Ich gab ihm auf, dasselbe Palliativ anzuwenden, was jedoch nicht ganz konsequent befolgt sein mag, da die grossen Alhidadenbewegungen immer etwas länger aufhalten. Einen numerischen mittleren Wert des Fehlers kann ich jetzt nicht angeben, jedenfalls war er wenigstens doppelt so gross als bei meinem Theodoliten.

Mein Sohn gebrauchte einen 8-zölligen Theodoliten, aber mit ebenso starkem Fernrohr wie das des 12-zölligen. In den früheren Jahren war der Fehler nicht, aber im letzten Sommer, wo mein Sohn nach fast 10-jähriger Zwischenzeit wieder mit diesem Theodoliten operierte (den MEYERSTEIN vorher gereinigt und sorgfältig untersucht hatte) erschien er auch, nur anfangs zugleich mit grosser Unregelmässigkeit der Resultate verbunden. Er erkannte aber bald, dass hievon die Ursache in dem Umstande lag, dass er bloss ziemlich die letzten Gänge der untern Stellschraube angewandt, die wie gewöhnlich stark ausgenutzt waren. Später schraubte er diese Schraube viel weiter durch die Mutter, und die grosse Unregelmässigkeit hörte fast auf, aber alle Winkel [wurden] wieder zu klein. Ich veranlasste ihn, die Winkel alle auf zwei Arten zu messen 1) die gewöhnliche, wo von dem Objekt links angefangen, die Alhidade also durch $+ A$, und dann der ganze Kreis durch $- A$ bewegt wird, 2) anfangend von dem Objekt rechts und die Alhidade durch $+(360^0 - A)$, Kreis durch $-(360^0 - A)$ drehend. Die Mittel geben dann in der Generalausgleichung eine leidliche Übereinstimmung, aber die Fehler der einseitigen Messung gingen auf 3″, 4″, auch wohl 5″.

Ich habe nun, nachdem der Theodolit zurückgekommen war, folgende Schlüsse und Abänderungen gemacht.

I. Da bei allen drei Theodoliten der Fehler anfangs garnicht oder nicht merklich vorhanden war, so müsste jedenfalls Abnutzung mit im Spiele sein. Ich habe daher für die obere und untere Stellschraube nebst den Muttern ganz neue machen lassen. Die alten fand MEYERSTEIN stark und ungleich ausgenutzt. Die neuen haben einen sehr schönen leichten, gleichen Gang.

Änderung der Polhöhe mit der Meereshöhe. Aus der Formel, die Gauss dafür angibt und deren bedingten Wert wegen der Nichtberücksichtigung der Lokalattraktion er hervorhebt, geht mit Wahrscheinlichkeit hervor, dass er einen

---

II. Von Fehlern, die in konstantem Sinn wirken, kann ich mir nur die einzige Erklärung denken, dass entweder

A) der Kreis nicht ganz unbeweglich bleibt während eines Zeitintervalles, wo seine Unbeweglichkeit vorausgesetzt wird, oder

B) die Alhidade ihre relative Stellung gegen den Kreis nicht beibehält während einer Zeit, wo diese unveränderte Stellung stattfinden sollte.

Biegung der Speichen könnten hierunter begriffen gedacht werden. Ich ziehe aber vor, diese Biegung aus folgendem Gesichtspunkte zu betrachten. Bei dem 8-zölligen Theodoliten, wo die Fernrohrträger nicht auf dem Rande der Alhidade, sondern auf dem Herzen derselben aufstehen (eine Einrichtung, die übrigens einiges gegen sich hat) ist eigentlich eine Biegung der Speichen fast ganz irrelevant. Nachteilig wirkt sie eigentlich nur, insofern bei der Anfangsablesung und bei der Endablesung eine ungleiche Biegung der Speichen stattfindet, und der Betrag dieser Ungleichheit wird dann mit der Anzahl aller Repetitionen dividiert, ist also jedenfalls um so mehr unmerklich, da, wie Versuche mich gelehrt haben, (indem ich das Objekt einmal blos durch Schrauben in einem Sinne, und nachher durch Schrauben von der andern Seite her auf den Faden bringe und beidemal ablese) der ganze Betrag so klein ist, dass er sich in der Ungewissheit der Ablesung verliert. Es bleibt also nur A und B zu betrachten.

Was B betrifft, so kann eine solche Änderung während der Drehung des ganzen Kreises (insofern diese nicht unvernünftig schleudernd, sondern sehr langsam geschieht) nur in der Reibung des Zapfens auf der Tragfeder eine Erklärung finden. Dieses fällt aber jetzt weg, nachdem ich diese Feder ganz anders habe einrichten lassen, wie ich weiterhin erklären werde.

Dann kann aber eine solche schädliche Änderung auch stattfinden, während man abliest, ich meine, während man den Lupenträger um 90° dreht, um ihn über die beiden andern Verniers zu bringen. Dieser Fehler hat gewiss stattgefunden, da der Lupenträger wirklich etwas schwer ging; ich habe ihn aber jetzt so leicht gehend gemacht, dass nicht mehr an einen merklichen Einfluss zu denken ist. Überdies kann daraus kein konstanter Fehler entstehen, sondern höchstens wechselweise eine Messung zu gross, die folgende zu klein pp. Ich lese nämlich immer so ab: anfangs I, III; Drehung; II, IV; dann die folgende Ablesung II, IV; Drehung; I, III, u. s. f.

Es scheint also, dass wir es nur noch mit A zu tun haben. Ich hatte mir gedacht, dass, indem die Alhidade gedreht wird, infolge der Reibung des Zapfens in der Büchse diese und damit der Kreis sich immer in demselben Sinne etwas mitdrehen wird, wenn irgendwo einiger Spielraum dazu da ist; die Alhidade durchläuft also relativ gegen den Kreis einen kleinern Bogen als im Raume und so erklärt sich, dass alle Winkel zu klein ausfallen.

Es sind also immer zwei Dinge zu betrachten, die Kraft, welche die Alhidadenbewegung zum Bewegen des Kreises ausübt, und die Empfänglichkeit des letztern, dem Impuls der Kraft zu folgen. Ich trachtete daher beides wo nicht zu heben, doch zu vermindern. Ein Mittel zu dem letztern Zweck waren die neuen tadellosen Schrauben. Das zweite Mittel ist die neue Einrichtung der Tragfedern. Diese sind jetzt so eingerichtet, dass sie nach Gefallen das ganze Gewicht, einen beliebigen Teil oder garnicht tragen, und dass man damit leicht und schnell nach Gefallen wechseln kann. Die Beschreibung der dazu angewandten, sehr gut exekutierten Einrichtung übergehe ich für jetzt. Der Gebrauch ist folgender: Während der Ablesung trägt die Alhidadenfeder garnicht, oder die Alhidade liegt mit ihrem ganzen Gewicht in der Büchse;

Ausdruck für die Niveaufläche, das von LISTING so genannte Geoid (also eine Formel für das Erdpotential) abgeleitet hatte, aus dem dann auch das CLAIRAUTsche Theorem gefolgert wird.

die Kreisfeder hingegen trägt vollkommen, so dass ich den Kreis mit grosser Leichtigkeit drehe, um jeden Index in einerlei Beleuchtung abzulesen. Nun wird bei demselben Zustand der Federn durch Kreisdrehen das erste Objekt sehr nahe auf den Faden gebracht, dann die Klemmschraube festgesetzt*), die Kreisfeder abgespannt und die Freistellung gemacht, für welche die Stellschraube dann selten mehr als etwa 15″ in Anspruch genommen zu werden braucht. Nun wird die Alhidadenklemme leicht gelöst, die Tragfeder abgespannt, die Klemme völlig und **recht ordentlich** (*) gelöst und dann das Fernrohr sehr nahe auf das zweite Objekt geführt; dann die Tragfeder wieder angespannt (d. i. zum Tragen gebracht), die Klemme ein wenig befestigt, die Tragfeder wieder abgespannt, die Klemme ganz befestigt, die Stellung feiner d. i. bis auf etwa 10″ genau gemacht, die Feder wieder angespannt und die Stellung ganz fein vollendet. Jetzt wird wieder die Kreisfeder abgespannt, die Klemme gelöst und entweder abgelesen oder zu einer zweiten Messung geschritten. Das ganze anfangs verwickelt scheinende (und wohl einiges Lehrgeld kostende) Spiel wird einem in kurzer Zeit ganz mechanisch.

Ich habe nun hiemit eine bedeutende Anzahl Winkelmessungen gemacht; gross muss die Zahl immer sein, um die Ablesungsfehler unschädlich zu machen, da diese ziemlich gross sind. Die Teilstriche sind nicht so edel, wie an den andern Theodoliten, und ich bleibe bei der Schätzung öfters 5″—10″ ungewiss. Ich habe daher zu jedem Winkel 50 oder mehr Repetitionen gebraucht. Die Gegenstände waren 1) Geismar 2) Rosdorf 3) Hohehagen Signal 4) Sesebühl, die ich an Einem Platze in der Sternwarte sehe. Es liegt daselbst ein grosser fundierter Stein, bestimmt dem 6-füssigen Merz für Mikrom[eter]messungen eine feste Lage zu geben; ich sehe durch das Fenster etwa 90⁰ im Azimuth; Geismar wird durch die zugleich geöffnete Tür sichtbar. Der Theodolit bleibt hier fortwährend stehen und ist wegen des Nivellierens immer nur eine **s e h r** kleine Nachhülfe erforderlich gefunden. Freilich steht der Theodolit zunächst auf einem hölzernen Stativ; aber es liess sich für jetzt eine andere Aufstellung durchaus nicht erreichen. Im Freien hätte ich eine Aufstellung auf einem Steine haben können, wo aber nicht so viele gute Objekte sichtbar gewesen wären und wo die Notwendigkeit, das Instrument jedesmal erst neu aufzustellen, die Gewinnung von vielen Repetitionen in der ungünstigen Jahreszeit ganz unmöglich gemacht hätte. Die folgenden 650 Repetitionen haben 5 Wochen gekostet; in günstigerer Jahreszeit hätten sie in Einer erhalten werden können.

Unter I verstehe ich hier die Messung A, $-A$, d. i. wo die Alhidade von der Linken nach der Rechten um A, der Kreis [um] ebensoviel von der Rechten nach der Linken gedreht wird, unter II hingegen $360-A$, $-(360-A)$, wo beide durch das Supplement gedreht werden. Bei I wird also mit den links liegenden, bei II mit den rechts liegenden angefangen; bei I bilden die Ablesungen wachsende, bei II abnehmende Zahlen. In der letzten Kolumne setze ich die Ausgleichung der Mittel hin, um sie in Übereinstimmung zu bringen.

	jedes	I		II		Mittel	
1.2	50	72⁰ 51′ 42″800		72⁰ 51′ 46″100	100	72⁰ 51′ 44″450	+ 0″136
1.3	60	89 23 24,292		89 23 26,646	120	89 23 25,469	+ 0,014
1.4	50	98 31 21,850		98 31 24,225	100	98 31 23,037	— 0,154
2.3	55	16 31 40,000		16 31 41,787	110	16 31 40,864	+ 0,033
2.4	55	25 39 37,841		25 39 38,568	110	25 39 38,205	+ 0,092
3.4	55	9 7 56,386		9 7 58,318	110	9 7 57,352	+ 0,048.

*) D. i. heruntergedrückt, so dass sie garnicht trägt; genau genommen ist dies eigentlich eine stärkere Anspannung. Das Abspannen bezieht sich also auf die Büchse, gegen die die Feder vorher drückte.

64. Zusammenfassung. Bei einem Rückblicke auf die geodätische Tätigkeit von GAUSS denkt man in erster Linie an seine Gradmessung. Sie hatte ein

---

Die ausgeglichenen Azimute sind (natürlich salva correctione communi)

$$
\begin{array}{rl}
1 & 334^0\ 37'\ 50{,}''817 \\
2 & 47\ 29\ 35{,}403 \\
3 & 64\ 1\ 16{,}300 \\
4 & 73\ 9\ 13{,}700.
\end{array}
$$

Es erhellet also, dass trotz der angebrachten Änderungen die Winkel noch immer zu klein ausfallen, im Mittel um $1{,}''194$, dass aber die Mittel aus I und II sich so schon vereinigen lassen, wie man nur wünschen kann, und besser als jemals mit dem 12-zölligen erreicht ist. In Ihren Bezeichnungen finde ich $m = \sqrt{\dfrac{\Sigma p v v}{3}} = 1{,}''360$ Wenn auch etwas hiebei zufällig sein mag, so kann man doch mit vieler Sicherheit schliessen, dass jeder Winkel, wo die Alhidade von L nach R, der Kreis von R nach L bewegt wird, erscheint zu klein, durchschnittlich $1{,}''194$ und wenn man so auf gleiche Art vom ersten Objekt zum zweiten und vom zweiten zum ersten (immer Alhidade von L nach R, und Kreis von R nach L drehend) misst, so ist die Summe beider Resultate $360^0 - 2{,}''388$ und das Mittel zwischen dem ersten Winkel und dem Supplement des zweiten sehr nahe der richtige Wert. 1) Nach den von mir gebrauchten Vorsichten war mir nicht wahrscheinlich, dass Reibung des Alhidadenzapfens in der Büchse allein noch durchschnittlich $1''$ hervorbringen könnte. Ich überlegte zuvörderst, dass es noch eine zweite ganz auf dieselbe Weise wirkende Ursache gibt, nämlich die Reibung der am Limbuskreise herumschleppenden Alhidadenklemme. 2) Es ist möglich, dass diese zweite Ursache auch etwas weniges beigetragen hat, da vor dieser Reflexion nicht immer gleich sorgfältig darauf geachtet ist, die Alhidadenklemme vor der freien Alhidadenbewegung **recht ordentlich** (s. o. [S 145]) zu öffnen. 3) Allein die weitere Überlegung lehrte mich, dass noch eine dritte Ursache existiert, die wohl reichlich ebensoviel wirken kann, wie die beiden ersten. Das ist die Kraft, die man mit den Fingern ausübt, indem man die Alhidade festklemmt. Man drehet dadurch gewiss auch etwas den Limbuskreis in dem Sinn $\nearrow \bigcirc$, falls nur einiger Spielraum zu drehen da ist. Man überzeugt sich leicht, dass diese dritte Ursache in demselben Sinne wirkt, wie die beiden ersten, so oft man die Alhidadenbewegung von der Linken nach der Rechten ausführt, aber im entgegengesetzten, wenn man die Alhidade rückwärts dreht. Das letzte war bei obiger Messung nicht vorgekommen. Ich habe daher versucht, den Winkel 3.4 auch auf die Art $-A$, $+A$ zu messen, d. i. ich drehe von Sesebühl anfangend die Alhidade von rechts nach links, und nachher den Kreis von links nach rechts, dies gab mir

$$
3.4\quad 60\quad 9^0\ 7'\ 57{,}''292
$$

also fast genau dem Mittel aus I und II gleich, so dass man schliessen möchte, die Ursache 3) wirke nahe ebensoviel, wie 1) und 2) zusammen, und während bei den Messungen I und II die Ursachen konspirieren, destruieren sie einander bei III. Hier entsteht nun das Bedauern, dass die Zeit nicht erlaubt, alle Kombinationen durchzuprobieren. Ich würde sie symbolisch so vorstellen.

$$
\begin{array}{rl}
1. & +A,\ -A \\
2. & +A,\ 360^0 - A \\
3. & -A,\ +A \\
4. & -A,\ -(360^0 - A) \\
5. & 360^0 - A,\ +A \\
6. & 360^0 - A,\ -(360^0 - A) \\
7. & -(360^0 - A),\ -A \\
8. & -(360^0 - A),\ +(360^0 - A).
\end{array}
$$

Teil einer grossen Meridianmessung werden sollen. Die anderen Teile waren nicht vollendet und die Anschlüsse waren nicht genügend. Die Grundlinien

---

Es steht hier immer voran die Bewegung der Alhidade und nachher die Bewegung des Kreises. + bedeutet immer von links nach rechts. Die obigen Bezeichnungen waren also

$$I \ldots \ldots 1$$
$$II \ldots \ldots 6$$
$$III \ldots \ldots 3.$$

Aber die Zeit hat nur diese drei bisher durchzumachen verstattet und III = 3 auch nur an Einem der Winkel. Die übrige Zeit ist mit Versuchen an den alten Schrauben und mit allerlei andern Abänderungen zugebracht. Letztere haben sich nicht alle bewährt. Namentlich habe ich Spannfedern an der untern und obern Stellschraube anbringen lassen, um den toten Gang aufzuheben, habe sie aber wieder verwerfen müssen, da sehr schlechte Resultate damit hervorgingen. Die Ursache ist, dass durch diese Spannfedern immer auch die offene Klemme auf eine solche Art sich an den Limbus stemmt, dass die freie Drehung (der Alhidade oder des ganzes Kreises) die (besonders die erstere nach (*) [oben S. 145] s e h r   l e i c h t gehen sollten, s e h r s c h w e r gehend werden. Ich habe daher die obere Spannfeder g a n z in Untätigkeit gesetzt und lasse die untere nur schwach wirken.

Man könnte fragen, in wie fern möglicherweise ein Unterschied zwischen 1. und 2. oder zwischen 3. und 4. u. s. f. entstehen kann aus dem Sinn der Bewegung des Kreises? Ich antworte, eine solche Wirkung ist allerdings denkbar, obwohl von mir faktisch nur bei 5. und 6. und zwar mit den alten Schrauben und während an der untern Schraube die eben erwähnte Spannfeder noch wirkte. Aus 6. fand sich der Wert von $(360^0 - A)$ erheblich kleiner als aus 5., oder mit andern Worten: aus 6. folgt der Wert von A erheblich (mehrere Sekunden) grösser als aus 5., während sowohl 5. als 6. das A wirklich zu gross geben (ich fand aus 5. $A = 9^0\,7'\,58\overset{''}{.}542$ mit 60 Repet[itionen], aus 6. $A = 9^0\,8'\,2\overset{''}{.}000$ aus 15 Repet[itionen]). Ich erkläre dies so, dass beidemale (5. und 6.) der zu grosse Wert von A aus dem unzeitigen Vorwärtsgehen des Kreises entsteht, aber bei 6. ist der ganze Kreis durch das vorherige (zumal ziemlich stete) Rückwärtsdrehen viel mehr disponibel gemacht, nachher wieder schädlichen Spielraum zur Vorwärtsbewegung zu besitzen, als bei 5. Ich beklage, dass die Zeit nicht verstattet, alle Kombinationen recht gründlich durchzumachen. Am schwierigsten ist immer zu entscheiden, w o eigentlich der Spielraum ist. Vermutlich ist hier ein Zusammenwirken vieler Ursachen, etwas wenn auch noch so wenig toter Gang der Stellschraube, einige Bosheit in den Fussschrauben, obwohl natürlich immer nach dem Nivellieren (oder während der letzten Nivellierungsnachhilfe) die Fussschrauben tüchtig festgebremst werden, vielleicht selbst die Spitzen in den Telleröffnungen, oder auch etwas das hölzerne Stativ. Wer vermag es zu [ent]scheiden? Die Tatsache steht fest genug, dass noch immer, wenn die obigen Ursachen 1., 2., 3. in Einem Sinne wirken, die Winkel zu klein ausfallen. Bei verschiedenen Instrumenten und bei verschiedenen Beobachtern mag der Effekt von 1. 2. 3. sehr ungleich sein. Klemmt man die Alhidade nur schwach an, so scheint die Wirkung von 3. sich sehr zu vermindern; ich habe aber nur wenige Versuche darüber gemacht, da es immer ängstlich ist, ob man nicht z u wenig tue? ich habe im Gegenteil gewöhnlich die Klemme ziemlich scharf angezogen. Hat BRANDT sich vielleicht bei allen seinen Winkeln auf dem Knill der obigen Art 3. bedient, und überwiegt an seinem Instrument der Effekt der Ursache 3. die Ursachen 1., 2. bedeutend, so wäre daraus erklärt, warum alle seine Winkel zu gross ausfielen. ... Es ist aber wohl Zeit, diesen langen Brief zu schliessen. Um ihn nicht noch länger zu machen, habe ich manches abkürzen und für manches die Motive weglassen müssen, was Sie hoffentlich leicht selbst supplieren werden, wenn Sie den Gegenstand Ihres eigenen weiteren Nachdenkens würdigen wollen.«

19*

waren nicht endgültig bestimmt und unter einander nicht ausgeglichen. Da

GAUSS an GERLING, 14. 7. 1844. »Ich beschränke mich heute darauf, in Beziehung auf den einen Passus [Ihres Briefes]: »»Was Ihre neue Federeinrichtung betrifft, so muss ich gestehen, dass ich mir die Manöver damit bis jetzt [nicht] ganz klar habe machen können, sondern vielmehr glaube, dass ich entweder Sie missverstehe, *wenn ich Tragfeder sowohl die eine Feder nenne, die den Limbuskreis trägt, als die, welche den Alhidadenkreis trägt, und mir vorstelle, dass beide unabhängig von einander angespannt* (zum Tragen gebracht) *und abgespannt* (ausser Wirksamkeit gesetzt) *werden können,* und mir dann die Manöver so denke, wie unten näher angegeben; oder, dass in Ihrem Briefe eine Anspannung anzumerken vergessen sei etc., worauf dann eine symbolische Bezeichnung der Operationen folgt«« zu erwidern, dass ich mit Vergnügen bereit bin, zu versuchen, aufzuklären, was Ihnen unklar ist, sobald Sie mir nur anzeigen, was Ihnen denn eigentlich unklar ist, was ich in der Tat aus obigem Passus nicht erraten kann. Ich meinerseits verstehe nicht, wie Sie das Vorhandensein zweier Tragfedern, einer für die Alhidade, der anderen für den Limbuskreis, und die Unabhängigkeit des Spiels der einen von dem Spiel der andern in der rot unterstrichenen [hier kursiv gedruckten] Stelle noch gleichsam als hypothetisch hinstellen, da ich geglaubt habe, beides in meinem letzten Briefe oder schon in einem früheren expressis verbis selbst gesagt zu haben. Es war also darin ein Missverständnis nicht möglich, und ebenso finde ich nachher Ihre Übertragung der Operationsvorschriften in eine symbolische Form im Wesentlichen (d. i. mit einigen ganz unwesentlichen Abänderungen) ganz übereinstimmend mit der Instruktion, welche ich an meinen Sohn geschickt habe. Ich bitte daher recht sehr, mir anzugeben, was Ihnen dabei dunkel geblieben. Ich sollte nicht glauben, dass die drei Operationen

$$+ \text{l[imbus]} + a$$
$$a \text{ etwas geklemmt}$$
$$+ \text{l[imbus]} - a$$

Ihnen Anstoss gegeben haben können, die offenbar zu dem Zweck hineingesetzt sind, damit nicht bei äusserst beweglicher Alhidade das Anklemmen das vorher erhaltene nahe Zielen wieder bedeutend verstelle, und also (was ich immer vermeide) der Stellschraube nachher zu viel zugemutet werden müsse. Dass aber vorher bei der Kreisbewegung nicht ähnliche 3 Operationen eingeschoben sind, hat offenbar seinen Grund darin, weil es da nicht nötig ist; auch bei −l verrückt das Anklemmen die Fernrohrrichtung nicht erheblich. Ich habe den Passus Ihres Briefes wohl 8 mal durchgelesen, finde mich aber durchaus ausser Stande, den Gegenstand ihres Zweifels zu erraten.«

GAUSS an GERLING 30. Juli 1844: »Nach den von Ihnen jetzt gegebenen Erläuterungen scheint das Missverständnis in Beziehung auf das Spiel der Tragfedern nur daher gekommen zu sein, dass ich einmal abgespannt (nun wird die Tragfeder leicht gelöst, die Tragfeder abgespannt etc.) anstatt angespannt geschrieben habe; solch eine Verwechslung kann leicht begegnen bei Anwendung einer Terminologie, die von einem Gesichtspunkt aus vollkommen passend ist, während ein anderer Gesichtspunkt gerade das Widerspiel erfordert, solange man sich eine solche Terminologie noch nicht ganz mechanisch gemacht hat. In jener Stelle soll die Feder angespannt werden, an oder gegen den Alhidadenzapfen, nämlich sie soll in den Zustand gebracht werden, wo ihre Spannung gegen den Alhidadenzapfen wirkt; dies ist aber gegen den vorhergehenden Zustand insofern eine Abspannung, als man die Spannung vermindert hat. In der meinem Sohn gegebenen Instruktion sind die Wörter anspannen und abspannen garnicht gebraucht, sondern Kreis leicht = Kreistragfeder tragend, und Kreis schwer, Alhidade leicht, Alhidade schwer, und mein Sohn hat nirgends Anstoss gefunden; auch ist der Erfolg seiner Messungen mit dem Theodoliten fortwährend ein sehr befriedigender.«

Vgl. AMBRONN, *Der zwölfzöllige Theodolit, welchen Gauss bei seinen Messungen zur hannoverschen Triangulation in den Jahren* 1822 *und* 1823 *benutzt hat.* Zeitschr. f. Vermessungswesen, Bd. 29, S. 177—180.

auch die hannoversche Gradmessung auf dem vorläufigen Ergebnis der Braaker Basis beruht, kann sie nicht als vollwertiger Beitrag zur Bestimmung der Grösse der Erde betrachtet werden. Die Gestaltung der GAUSSschen Dreiecke ist ungünstig und verwickelt. Als Grundlage der Katastervermessung hat sie nicht verwendet werden können, noch weniger ihre Erweiterung, die Landesvermessung, deren Genauigkeit geringer war. Ein Hauptgrund lag darin, dass bereits ein Menschenalter nach dem Tode von GAUSS die trigonometrischen Punkte, von einigen Kirchtürmen und dergleichen abgesehen, in der Natur nicht mehr vorhanden waren. Die Landesaufnahme konnte daher beim hannoverschen Dreiecksnetz von diesen Punkten auch keinen Gebrauch machen. Die grosse Sorgfalt bei den Messungen und die gewaltige Rechenarbeit, die nach GAUSS' eigener Schätzung mehr als eine Million von Zahlen bewältigte, sind also nicht in dem Umfange ausgenutzt worden, wie sie verdient hätten.

Während so die Koordinaten der GAUSSschen Dreieckspunkte nur zur Topographie ausreichten, liegt die wesentliche Bedeutung der praktischen Tätigkeit von GAUSS in der Umgestaltung der Methoden, die durch die Erfindung des Heliotrops und das Verfahren der Winkelmessung hervorgerufen ist. In letzterer Beziehung hat GAUSS, der die Winkel durch Repetition mass, keine Gewichtsgleichungen aufgestellt, sondern die hervorgehenden Richtungswerte als gleichgewichtig und von einander unabhängig in die Systemausgleichung eingeführt. Er hat auf jeder Station so lange gemessen, »bis jeder Winkel sein Recht bekommen hatte«. Als Ideal hat er die Methode der Winkelbeobachtung in allen Kombinationen betrachtet (Werke IX, S. 288, 289), die dann bei der preussischen Landesaufnahme (und bei dem Reichsamt für Landesaufnahme) ausgebildet und streng durchgeführt worden ist.

Ausser durch diese Verbesserungen der Beobachtungsweise beginnt mit GAUSS eine neue Zeit für die Berechnung der Dreiecksmessungen. Die Methode der kleinsten Quadrate ist zwar auf vielen Gebieten angewandt worden, aber in der Geodäsie hat sie eine besondere Pflegestätte gefunden. Gerade das verwickelte hannoversche Dreieckssystem hat ihrem Urheber zu ihrer vielseitigen Ausbildung Anlass gegeben.

Im engen Zusammenhang mit der Gradmessung stehen theoretische Arbeiten von GAUSS, die wiederum nicht nur der Geodäsie zugute kamen, sondern auch die Mathematik befruchteten. Die Lehre von den konformen Abbildungen bildet den Anfang der durch die Gradmessung angeregten schöpferischen Tätigkeit von Gauss, ihren Abschluss und ihre Krönung findet diese Tätigkeit in der Flächentheorie. Auf dem Wege dahin sind bereits damals in den Grundzügen die erst später veröffentlichten Untersuchungen über die höhere Geodäsie entstanden.

Die Feldarbeit und die Bearbeitung der Messungen haben durch die Beanspruchung kostbarer Zeit eine zusammenhängende Darstellung der theoretischen Grundlagen der Gradmessung nicht zu Stande kommen lassen. Aber Gauss hat als einer der ersten der Geodäsie ihr eigentliches Ziel gezeigt, indem er die Gestalt der Erde definierte und die Ursachen ihrer Unregelmässigkeiten klarlegte. Die Internationale Erdmessung hat in einer Weise, wie Gauss es kaum hoffen konnte, die Theorie der Lotabweichungen zur Erforschung der Erdgestalt weitergeführt.

Schliesslich ist auch der Lebensabschnitt von Gauss, in dem er sich von der Geodäsie abwandte und den Erdmagnetismus als Arbeitsfeld erkor, durch die einflussreichste seiner praktischen Erfindungen, den elektro-magnetischen Telegraphen, den astronomisch-geodätischen Arbeiten förderlich geworden. Durch die Anwendung der Telegraphie ist die Genauigkeit der Bestimmung von Längenunterschieden erheblich der Genauigkeit der Breitenbestimmungen genähert worden.

Anhang.
Zur Erfindung des Heliotrops.

Nachdem Gauss zu Repsold in Beziehungen getreten war, wurde er durch Repsold und Schumacher aufgefordert (Werke XI 1, S. 142, G.-Sch. Nr. 19) sich mit dioptrischen Untersuchungen zu beschäftigen, zu denen er schon früher den Grund gelegt hatte; ein weiterer Anlass zu solchen Untersuchungen ergab sich, als Gauss die Instrumente für die neue Sternwarte erhalten hatte. Er erfand aber auch kleinere Einrichtungen auf dem Gebiete der Katoptrik. Am Repsoldschen Kreise verbesserte er die Beleuchtungsvorrichtung, um die äusserst feinen Fäden erkennen zu können (G.-O. Nr. 380). Beim Mittagsfernrohr hatte er von vorn herein, um die Beleuchtung zu verstärken, polierte Messing-

röhren angebracht (G.-B. Nr. 127). Mit dem REICHENBACHSCHEN Kreise beobachtete er den Nordstern aus einem Wasserspiegel und konnte ihn auf diese
Weise bei Tage in oberer Kulmination recht gut beobachten, ja selbst Sterne
dritter Grösse am Tage sehen, wenn dies nicht die zitternde Bewegung des
Wassers vereitelte (Werke V, S. 432, G.-O. Nr. 386). Über den neuen Gedanken, das reflektierte Licht zum Erkennen der trigonometrischen Punkte zu
verwenden, schreibt er an OLBERS (G.-O. Nr. 396): »Erste Veranlassung gab
dazu die Erinnerung an eine Erfahrung, die ich 1818 in Lüneburg machte,
wo ich in der Entfernung von 6 Meilen das zufällig von einem [Sonnenstrahl
getroffene] Fenster des obersten Kabinets im Michaelisturm in Hamburg als
einen überaus glänzenden Lichtpunkt sah«. BESSEL machte zu dieser originellen
Idee die Bemerkung: »Wie oft hat jeder die Fenster meilenweit entfernter
Häuser durch den Widerschein der Abendsonne bemerkt, ohne an die Anwendung desselben Prinzips zu denken, wodurch Sie jetzt den geodätischen
Vermessungen eine neue Vollkommenheit aneignen« (G.-B. Nr. 130). Aber
GAUSS hat (wie wir einem Heft von G. STISSER über die von GAUSS im Sommer-
halbjahr 1848 gehaltene Vorlesung »Höhere Geodäsie« entnehmen, auf die sich
auch die folgenden Bemerkungen gründen) auf diesen Gedanken selbst gar
kein bedeutendes Gewicht gelegt, sondern nur auf die Ausführung des Instrumentes. Bevor er an die Konstruktion ging, berechnete er nach photometrischen
Grundsätzen, wie sie besonders in dem Werke von BOUGUER[1]) behandelt sind,
wie gross der Spiegel sein müsse, damit das Licht bei der grössten Entfernung,
die bei seinen Messungen vorkommen würde, und die er auf 15 Meilen schätzte,
gut sichtbar, aber auch nicht zu blendend sei. Er fand, dass ein Spiegel etwa
von der Grösse einer Visitenkarte[2]) genügen würde, um das Sonnenbild mit der
Helligkeit der Sterne erster Grösse bei Tage erscheinen zu lassen, wenn eine
mittlere Absorption der Luft vorausgesetzt werde. Abgesehen von der Berücksichtigung dieser Absorption würde die Rechnung sehr einfach sein. Aber indem
jene wirke, und zwar bei arithmetischem Fortschritt der Entfernung in geome-

---

1) BOUGUER, *Essai d'optique sur la gradation de la lumière.* Paris 1729. 12⁰. *Traité d'optique sur
la gradation de la lumière,* ouvrage posthume de M. BOUGUER, publié par DE LA CAILLE, Paris 1760. 4⁰.
BOUGUER gibt an, dass ein Spiegel von 1 Linie Dicke das Licht bei einem Einfallswinkel von 15⁰ im
Verhältnis von 1000 : 628 schwächt, und dass eine Luftschicht von 200 Toisen den 100. Teil des Lichts
absorbiert.

2) Die zur Reflexion verwendeten Spiegel hatten eine Breite von 2 Zoll und eine Höhe von 1½ Zoll.

trischem Verhältnisse zunähme, sei sie sehr zu berücksichtigen. Bei verschiedenem Zustande der Luft sei der Koeffizient selbst sehr verschieden und die Helligkeit davon abhängig; übrigens könne der Spiegel durch vorgesetzte Scheiben mehr oder weniger verkleinert werden, wenn das allzu helle Licht dem Beobachter unangenehm wäre. »Andrerseits«, sagt GAUSS, »hindert nichts, die Spiegel, wenn es nötig ist, noch grösser zu nehmen. Ein Fehler von 5′ in der Richtung, oder genau genommen einer, der nicht grösser ist als ¼ Sonnendurchmesser, hindert die Brauchbarkeit nicht« (G.-O. Nr. 396).

Die photometrische Berechnung erwähnt GAUSS noch in einem Briefe an OLBERS (G.-O. Nr. 420): »Nach einem Rechnungsüberschlage, der sich grossen Teils auf Ihre Angaben[1]) gründet, wird die Helligkeit in der Distanz Δ Meter[2])

$$= \left(\frac{620\,000}{\Delta}\right)^2 \cdot \left(\frac{1}{2}\right)^{\frac{\Delta}{25457}}$$

sein, die des Aldebaran bei Tage, wenn er so hoch stände, wie eben die Sonne steht, wenn sie den Heliostat beleuchtet, als Einheit betrachtet. Die Höhe der Sonne wird aber hiebei wenig influieren, da, wenn sie niedrig steht, auch das Auge für schwächeres Licht empfänglicher ist. In der Distanz 50000 Meter (etwa der grössten, die bei der französischen und schwedischen Gradmessung angewendet ist) hätten wir also die Helligkeit noch etwa = 36; in der Distanz 105000, ungefähr die allergrösste, die bei meinen Operationen vorkommen könnte, Brocken-Inselsberg, noch etwa = 2; die Helligkeit 1 ist aber für die Theodoliten-Fernrohre noch ganz bedeutend.«

OLBERS bemerkte hierzu, dass noch ein Faktor in der Formel fehle wegen der scheinbaren Winkel-Entfernung der Sonne von dem Ort, wohin das Licht zurückgeworfen wird. Darauf antwortete GAUSS (G.-O. Nr. 424): »Den Faktor Kosinus der halben Elongation habe ich deshalb nicht beigesetzt, weil ich nur das Maximum des zu erhaltenden Effekts abschätzen wollte, wobei man die Stunde auswählen kann, wo die Sonne im Vertikal des Punktes steht, wohin man das Licht schicken will, und wodurch jener Kosinus nicht so sehr viel kleiner als 1 wird. Sonst versteht sich, dass bei sehr schiefem Auffallen

---

[1] Wahrscheinlich in der Abhandlung von OLBERS, *Mars und Aldebaran am 23. Februar 1801* (*Wilhelm Olbers, Sein Leben und seine Werke*, Band I, S. 122. Berlin 1894).]

2) Bei den Dimensionen, die RUMPF den Spiegeln gibt.

der Effekt viel schwächer wird. Die konstante Zahl 25 427 m[1]) habe ich nach BOUGUER angenommen, sie ist aber gewiss bei verschiedenem Luftzustande sehr verschieden und vielleicht zuweilen noch viel grösser. Denn sonst würde ich die Möglichkeit, dass die Franzosen in der Distanz 160 000 m noch ihre Reverberes auf Formentera erkannten, kaum begreifen.«

Die geringe Grösse, die sich für den Spiegel ergeben hatte, überraschte GAUSS anfangs, bestätigte sich aber dann als völlig genügend, ja die Erwartungen wurden noch übertroffen (Werke VI, S. 462).

Der Herbst 1820 brachte GAUSS die Gelegenheit, bei der Braaker Grundlinienmessung mit REPSOLD, SCHUMACHER, STRUVE u. a. über die verschiedenen Hilfsmittel zur Sichtbarmachung seiner Dreieckspunkte zu sprechen. Am 4. Oktober erwähnt GAUSS von Altona aus die Versuche, die mit angezündeten ARGANDschen Lampen mit Reflektoren gemacht wurden und bei Tage in einer Entfernung von 3½ Meilen sehr gute Sichtbarkeit ergaben. Am nächsten Tage sollte eine Lampe in Lübeck aufgestellt und vom Michaelisturm in Hamburg in mehr als 8 Meilen Entfernung beobachtet werden. Wenn dies gelang (was nicht der Fall gewesen zu sein scheint), wollte GAUSS bei seiner ganzen künftigen Triangulation keine anderen Signale als solche Lampen gebrauchen (G.-O. Nr. 390).

Der Anfang der Basismessung verzögerte sich, und die unfreiwillige Musse hat GAUSS vermutlich gestattet, über die Einrichtung eines Heliostaten nachzusinnen. Diese Annahme liegt nahe, weil er den Herbst 1820 als Zeitpunkt seiner Erfindung angibt (Werke IX, S. 483).

Am 25. Oktober kehrte er nach Göttingen zurück; am 3. Dezember schreibt er an OLBERS (G.-O. Nr. 396): »Ich habe über eine Maschine nachgesonnen, wodurch die Stellung des Spiegels überall leicht erhalten und bei gehöriger Achtsamkeit auch unterhalten werden kann, ohne Uhrwerk und Weltachse, kurz eine Art von portativem Heliostat[2]). Mir däucht, die Gestalt, auf die ich nach mehreren Umänderungen gekommen bin, ist wohl die einfachste.

---

1) OLBERS hat bei Wiederholung der Formel für die Helligkeit (G.-O. Nr. 243) 25 427 statt 25 457 geschrieben. Diesen Wert hat GAUSS bei der Antwort offenbar vor Augen gehabt.

2) GAUSS hat also nicht an einen Heliostaten gedacht, wie ihn zuerst FAHRENHEIT oder S'GRAVESANDE (POGGENDORFF Annalen, 17, S. 572) erfunden haben. Vielmehr passt die nachfolgende Beschreibung auf die erste Form des von ihm konstruierten Heliotrops.

Sie gründet sich darauf, dass, wenn ein Spiegel die Sonnenstrahlen nach einer vorgeschriebenen Richtung reflektieren soll, seine Fläche auf der Basis eines gleichschenkligen Dreiecks senkrecht sein muss, während die Richtung der einen Seite nach der Sonne, die der andern nach dem zu erleuchtenden Objekt gekehrt ist (die beiden Seiten in entgegengesetzter Richtung verstanden, d. i. die eine von der Spitze des Dreiecks nach der Basis, die andere von der Basis nach der Spitze). . . . Haben Sie doch die Güte, mir Ihre Meinung darüber zu sagen und auch Hrn. TREVIRANUS[1]) zu befragen, der vielleicht noch vorteilhaftere Abänderungen ersinnt, ihn auch zu fragen, für welchen Preis ungefähr eine solche Maschine geliefert werden könnte. Ich möchte wohl erst eine zur Probe machen lassen; zeigte sie sich brauchbar, so würde ich aber wenigstens 2 oder 3 haben müssen. Die Dimensionen brauchten nicht gross zu sein, wenn die Arbeit recht akkurat wäre. Ich meine, ein Fernrohr von etwa 9 Zoll wäre hinreichend. Der Spiegel und das Fadenkreuz des Fernrohrs müssten wohl jedes 2 Korrektionen haben, damit man nicht zu sehr von der vollkommenen Ausführung des Künstlers abhinge.«

TREVIRANUS schlug kleine Abänderungen vor, die GAUSS zum Teil berücksichtigt zu haben scheint. GAUSS schrieb aber auch noch an REPSOLD, den er an die Sendung der Lampen erinnerte: »Ob Sie doch noch neue Versuche gemacht haben, in wiefern das Lampenlicht bei Tage in grosser Entfernung sichtbar ist, hat mir SCHUMACHER nicht geschrieben. Sollte dies vielleicht doch nicht so gelingen, wie zu wünschen wäre, so habe ich noch eine andere Idee, wovon man, wie ich glaube, wenn auch nur für einzelne Fälle, einen vorteilhaften Gebrauch machen könnte. Ich glaube nämlich, dass man das reflektierte Sonnenlicht selbst gebrauchen kann, und dass, wenn der Spiegel gut poliert und plan, auch hinreichend genau gerichtet ist, man selbst in einer Entfernung von zehn und mehreren Meilen einen sehr glänzenden Punkt sehen wird, wenn gleich der Spiegel nur 1—2 Zoll im Durchmesser hielte. Alles kommt darauf an, durch eine Maschine den Spiegel bei dem beständigen Vorrücken der Sonne immer leicht und genau in der gehörigen Richtung zu erhalten. Ich habe eine solche Maschine ausgesonnen, wodurch, wie ich glaube, dies leicht bewerkstelligt wird, wenn sie mit Akkuratesse gearbeitet ist und mit

---

1) TREVIRANUS, ein Schüler REICHENBACHs, war Mechaniker in Bremen.

Achtsamkeit gebraucht wird. Ich lege davon eine Zeichnung bei[¹)], die das Wesentliche vorstellt und die ich Ihrer Prüfung unterwerfe. Gewiss werden Sie noch manches dabei vorteilhafter einzurichten wissen. Aber für einen sehr grossen Freundschaftsdienst würde ich es ansehen, wenn Sie selbst die Anfertigung eines solchen Apparats auf sich nehmen wollten. . . Wenn der Gebrauch auch nur auf die Fälle beschränkt ist, wo sehr grosse Dreiecksseiten vorkommen, so würde dies doch schon viel wert sein«.

Erst im Mai 1821 erhielt GAUSS durch einen reisenden Hamburger darauf den Bescheid, dass eines der bestellten Instrumente fertig sei und das andere sofort in Arbeit genommen werde. GAUSS antwortete, dass ihm dies sehr erwünscht sei, wenn mit dem zweiten Instrument der transportable Heliostat gemeint sei, und behielt sich vor, noch umständlicher darüber zu schreiben.

Es hätte ihm daran gelegen, beim Aussuchen der Stationen für die südliche Hälfte seiner Triangulation im April und Mai bereits einen Apparat zur Verfügung zu haben, worauf sich die Bemerkung in einem Briefe an BESSEL bezieht: »Ich denke daran, hiebei noch ein besonderes Experiment zu machen, wovon ich Ihnen, wenn der Erfolg die Anwendbarkeit meiner Idee bestätigt, nähere Nachricht geben werde« (G.-B. Nr. 127).

GAUSS hatte inzwischen den Inspektor RUMPF in Göttingen mit der Herstellung eines Apparates beauftragt, der im Juli fertig wurde. Ein Heliotrop von dieser Form befindet sich im geophysikalischen Institut der Göttinger Universität. Die Beschreibungen dieser Form des Heliotrops in POGGENDORFFS Annalen, Band 17, S. 83, Fussnote und in Werke IX, S. 483 erwähnen eine Kreisscheibe, die aber bei dem Göttinger Instrumente nicht vorhanden ist. Der in der Figur a. a. O. gezeichnete Kreis ist jedoch zur Versinnlichung der geometrischen Beziehungen geeignet. Eine andere Darstellung hat HELMERT in dem *Berichte über die wissenschaftlichen Apparate auf der Londoner internationalen Ausstellung im Jahre 1876* (herausgegeben von A. W. HOFMANN, Braunschweig 1878, S. 169) gegeben, die genau, aber nicht ganz übersichtlich ist.

Auf einem Dreifuss mit Fussschrauben erhebt sich eine Säule (siehe die Figur Werke IX, S. 483), die in C eine zu ihr normale, also angenähert hori-

---

[1) Nicht mehr vorhanden.]

20*

zontale Achse AB trägt, die um ihren Mittelpunkt C und in ihren Lagern drehbar ist. Ein Fernrohr HD ist an ihr so befestigt, dass es sich um eine in C zu AB normale Achse dreht, also mit AB jeden Winkel bilden, insbesondere auch mit der Richtung dieser Achse zusammenfallen kann, was dazu dient, diese auf einen entfernten Punkt zu richten. Die Drehung der Achse AB in ihren Lagern ermöglicht es, die Ebene, in der sich das Fernrohr bewegt, zu kippen, so dass das Fernrohr in jede Richtung gebracht und auf die Sonne eingestellt werden kann. Am Ende A der Achse AB befindet sich bei F ein Spiegel, der um eine Achse drehbar ist, die selbst wiederum bei Drehung von AB in ihren Lagern eine zu AB normale Ebene beschreibt. An der Rückseite des Spiegels ist ein Stiel FG normal zur Spiegelfläche angebracht, der sich in einer mit dem Fernrohr fest verbundenen Hülse E verschiebt, wobei die Entfernung $EC = EA$ unveränderlich bleibt. ACE ist daher ein gleichschenkliges Dreieck, auf dessen Ebene die Spiegelachse senkrecht steht. Ein parallel zur Fernrohrrichtung DC auf den Spiegel fallender Sonnenstrahl, dessen Einfallswinkel $= CEA$ ist, wird daher in der Richtung CA, die den Winkel $DCA = 2\,CEA$ mit DC bildet, reflektiert. Der Spiegel F ist etwas seitlich an einem an der Achse AB befestigten Ringe angebracht, um die Sicht frei zu lassen.

Noch vor Vollendung des Apparates benutzte GAUSS auch einen einfachen Sextanten zum Heliotropieren. Wird er auf einem festen Stativ angebracht, und der Winkel Sonne-Objekt eingestellt, so ist es nur nötig, die Alhidade um den doppelten Schärfungswinkel vorwärts zu drehen, um das Licht nach dem Objekte hinzuwerfen. Eine Vereinfachung wurde dadurch erzielt, dass ein dritter Spiegel (wie die andern senkrecht zur Sextantenebene), um den Schärfungswinkel gegen den grossen Spiegel gedreht, angebracht wurde. Über die Versuche, die damit gemacht wurden, gibt der Werke IX, S. 467 abgedruckte Brief Auskunft.

Inzwischen war GAUSS noch auf eine ganz andere, sehr viel einfachere Einrichtung verfallen, die er REPSOLD mitteilte, nachdem er die Lampen bekommen hatte: »Was die Heliostate betrifft, so hat die weitere Überlegung mir die Überzeugung gegeben, dass, wenn ein solcher Apparat zuverlässige Wirkung tun soll, die verschiedenen Drehungsachsen mit sehr grosser Akkuratesse und Stabilität gearbeitet sein, und dass dabei die verschiedenen Be-

dingungen des Parallelismus und der Rechtwinkligkeit in grösserer Genauigkeit ausgeführt sein müssen, als von dem Künstler allein erwartet werden
kann, so dass dazu noch die nötigen Korrektionsschrauben hinzukommen müssen.
Dieser Überlegung zufolge hat die Konstruktion des Instrumentes die Einrichtung erhalten, die beiliegende [nicht mehr vorhandene] Zeichnung zeigt . . . .
und Herr RUMPF hatte, noch ehe ich von Ihnen wusste, dass Sie zur Ausführung erbötig sein wollten, ein soches Instrument angefangen, welches jetzt
beinahe vollendet ist. Ich zweifle jedoch keineswegs, dass Ihr Nachdenken
noch mancherlei Verbesserungen an die Hand geben würde. — Inzwischen
bin ich in diesen Tagen noch auf eine ganz andere Idee gekommen, die bei
weitem einfacher ist, so dass ich es für besser halten möchte, künftig die
Heliostate nur nach dieser Idee einzurichten, wo die Konstruktion und Berichtigung viel leichter ist, und wo auch nötigenfalls ein grösserer Spiegel und
ein stärkeres Fernrohr angewandt werden kann. Diese Idee ist indessen noch
nicht ganz in Rücksicht der mechanischen Einrichtung zur Reife gebracht;
allein bei Ihnen bedarf es nur eines Winkes, so dass Sie die letztere viel
vollkommner werden ausführen können, als ich im Stande wäre.

Die Hauptsache ist diese: Zwei
Spiegel *A*, *B* sind so mit einer
Achse *CC* verbunden, dass ihre
Flächen mit dieser Achse parallel
und unter sich senkrecht sind. Die
Pfannen der Achse *CC* sind mit
dem Fernrohr *E* verbunden und
alles dies zusammen dreht sich um

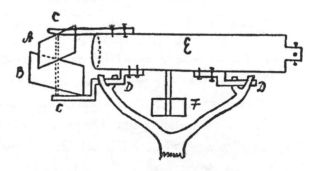

die Achse *DD*, die mit *CC* einen rechten Winkel macht, und mit der die
optische Achse des Fernrohrs parallel ist. Das System der Spiegel *A*, *B* kann
mit Leichtigkeit aus den Pfannen genommen und sicher und genau wieder
eingesetzt werden. Die Fortsetzung der Achse *DD* geht durch die Mitte des
Spiegels *B*. — *F* ist ein Gegengewicht. Das Ganze steht auf einem Fuss,
wodurch das Fernrohr in jede Richtung, die aber nie sehr stark von der horizontalen abweicht, gebracht werden kann.

Der Gebrauch ist folgender: Indem die Spiegel fortgenommen sind, wird
das Fernrohr genau nach dem Ort gerichtet, wohin man Sonnenlicht reflek-

tieren will, und in dieser Lage sicher befestigt. Dann werden die Spiegel eingesetzt und (durch Drehung um die Achse DD) die Achse CC ungefähr in eine Richtung gebracht, die senkrecht zu der Linie nach der Sonne ist. Man erkennt dies beiläufig schon an dem Schatten der Spiegel, indem die Sonne in der Ebene sein muss, die durch die untere Kante des Spiegels A und durch die obere des Spiegels B geht.

Hierauf wird das Spiegelsystem um CC so gedreht, dass das von A reflektierte Sonnenlicht in die Gesichtslinie des Fernrohrs kommt. (Ungefähr erhält man dies auch schon leicht, indem man nur so lange dreht, bis das Objektiv von dem reflektierten Sonnenlicht am besten erleuchtet ist.) Man hilft nun nach durch Verbindung der Drehung um die Achsen CC und DD, bis das Zentrum der Sonne (oder eigentlich nur ein Punkt der Sonnenscheibe) genau auf der Gesichtslinie ist. Dann ist man sicher, dass der Spiegel B das Sonnenlicht in der gewünschten Richtung reflektiert.

Es würde mir sehr angenehm sein, wenn Sie dieser Idee weiter nachdenken und auf die bequemste mechanische Anordnung der Teile denken wollten. Mittlerweile hoffe ich, dass ich bald über die Kraft des Sonnenlichts bei der ersten Einrichtung, nach Rumpfs Spezimen, werde Erfahrungen anstellen können, die bei dieser neuen Einrichtung mit Vorteil benutzt werden mögen. — Sobald das reflektierte Sonnenlicht einmal in der optischen Achse des Fernrohrs ist, werde ich es leicht in derselben erhalten, und ich glaube aus freier Hand, wenigstens ohne feine Schrauben«[1]).

Der hier beschriebene Apparat unterscheidet sich nicht wesentlich von der endgiltigen zweiten Gestalt des Heliotrops (Werke IX, S. 477, Figur 2), bei der ein Spiegel in zwei Teile zerlegt ist, so dass sich die Spiegel durchdringen.

Anfang Juli vollendete Rumpf in der Hauptsache den Heliotrop erster Konstruktion, bei dem allerdings das provisorische Fernrohr und auch der Spiegel sehr schlecht waren, wodurch die Benutzung ausserordentlich erschwert wurde. Doch gelangen einige Versuche und als Hauptmann Müller den Spiegel einmal auf eine helle Wolke richtete, gab dies auf 1800 m Distanz ein überaus schönes Bild, so dass Gauss nicht zweifelte, bei Wahl einer recht glänzenden

---

1) Der Brief ist abgedruckt in dem Aufsatz: *Über J. G. Repsolds Heliotropen* von J. A. Repsold, Zeitschrift für Instrumentenkunde XVII, 1897, S. 1 ff.

Wolke noch auf eine Meile weit mit einem guten Fernrohr das Licht pointieren zu können (G.-O. Nr. 424). Um diese Zeit entschied sich auch GAUSS für die Bezeichnung Heliotrop, nachdem er noch am 1. Juli in einem Briefe an OLBERS von dem »Heliostat oder Heliotrop oder Sonnenspiegel« gesprochen hatte.

Den Heliotrop zweiter Konstruktion zog GAUSS vor, da sein Gebrauch bequemer, die Berichtigung etwas einfacher und die grössere Spiegelfläche in manchen Fällen angenehmer und schliesslich die Herstellungskosten etwas geringer wären (G.-SCH. Nr. 171). Doch ist auch dieser zweite Heliotrop ein ziemlich kompliziertes Instrument, zu dessen Berichtigung 8 Operationen erforderlich sind (Werke IX, S. 472, 479). HELMERT hat ausserdem gezeigt (HOFMANN, Bericht S. 165), dass Abweichungen von der geforderten Rechtwinkligkeit der Spiegelachse gegen die Visierlinie des Fernrohrs und der gegenseitigen normalen Lage der Ebenen der beiden Spiegel als Fehler erster Ordnung auftreten.

Merkwürdig erscheint es, dass GAUSS diejenige Form der Heliotrope kaum beachtet hat, die als Erfindung des Ingenieur-Geographen BERTRAM bezeichnet wird (vergl. C. HOFFMANN und G. SALZENBERG, *Trigonometrisches Nivellement der Oder*. Berlin 1841, S. 11), und durch BESSELS *Gradmessung in Ostpreussen* (1838) und durch BAEYERS *Küstenvermessung* (1849) in die geodätische Praxis eingeführt, tatsächlich die GAUSSschen Konstruktionen verdrängt hat.

Ob BERTRAM selbständig zu seiner Heliotropform gekommen ist, mag dahingestellt bleiben, jedenfalls hat REPSOLD, alsbald nach der Aufforderung von GAUSS, über Verbesserungen des Heliotrops nachzudenken, dieselbe einfache Konstruktion mit dem Blicke des praktischen Mechanikers gefunden, wie die in Kopenhagen bei der dänischen Gradmessung aufbewahrten REPSOLDschen Apparate zeigen. SCHUMACHER erwähnt am 16. November 1821 kurz, dass er bei der Alignierung und Verbindung seiner Basis kleine Heliotrope mit dem grössten Vorteil gebraucht habe (G.-SCH. Nr. 131). GAUSS selbst äussert sich über sie gegenüber OLBERS und fügt eine Zeichnung bei, so dass er sie vielleicht auch gesehen hat. Er schreibt (G.-O. Nr. 434): »SCHUMACHER hat beim Alignieren seiner Basis eine ganz rohe Art von Heliotrop angewandt. Auf einem etwa 2½ Fuss langen Brett steht ein Spiegelgestell, welches den Spiegel in jede Lage zu bringen erlaubt. Das Bild des Spiegels wird auf einem zweiten senkrechten kleinen Brett aufgefangen, so dass das Zentrum von jenem mit dem Zentrum eines Loches zusammenfällt, welches mit dem (ruhenden) Zentrum des Spiegels zuvor in die Richtung gebracht ist, wohin man das Licht zu reflektieren wünscht. Eine sichere und ununterbrochene Lichtlenkung ist zwar auf diese Art nicht wohl zu erhalten, doch zeigt Schu-machers Erfahrung, dass sie doch nicht unbrauchbar ist, und ich werde daher eine ähnliche, etwas abgeänderte Einrichtung für einen grossen Spiegel von wenigstens 1 oder 2 Quadratfuss Fläche machen lassen, welcher für das Re-kognoszieren oder für das erste tägliche Einstellen von vielem Nutzen sein wird«.

Ob eine spätere Bemerkung (G.-O. Nr. 439) am 22. Januar 1822 sich auf die hier angedeutete Absicht bezieht, ist nicht sicher: »Der Apparat zu meinem grossen Heliotrop wird bald fertig sein, und ich bin sehr neugierig auf die ersten Versuche damit. Der Spiegel hat 145 Quadratzoll Par. Fläche, also 58 mal so viel wie der älteste oder 23 mal so viel wie der zweite. Die Be-richtigungen werden sehr einfach sein.«

Auf die einfache Repsoldsche Konstruktion bezieht sich wohl auch eine Notiz von Schubach. Hierüber schreibt Gauss an Schumacher (G.-Sch. Nr. 159): »Für Sie ist die Bemerkung überflüssig, dass die von Hrn. Schubach im Astronom. Jahrbuch von 1825 gegebene Nachricht über die Einrichtung der Heliotrope ganz auf einem Irrtum beruht und mit meinem Heliotrop gar nichts gemein hat«.

Dass Repsold sich über die Vorteile seiner Heliotrope den Gaussschen gegenüber klar war, zeigt die Antwort, die er 1825 dem General Baeyer gab, als dieser darüber klagte, dass die Spiegel der Gaussschen Heliotrope sich bei jedem Transporte derangierten und dass die mit dem Heliotropieren beauf-tragten Leute sie nicht zu korrigieren verstünden: »Mein Gott! nehmen Sie doch ein Brettchen und stellen an dem einen Ende einen Spiegel auf, der um eine vertikale und eine horizontale Achse drehbar ist, so dass er in eine jede Ebene gebracht werden kann. In der Mitte des Spiegels machen Sie ein kleines Loch und stellen am andern Ende des Brettchens ein Fadenkreuz auf. Richten Sie nun durch das Loch im Spiegel das Fadenkreuz auf ein Objekt und drehen den Spiegel so, dass der Schatten von dem Loch im Spiegel auf das Fadenkreuz fällt, so hat das Objekt Licht«. (Die Mitteilungen von Repsold sind dem S. 158 genannten Aufsatz von J. A. Repsold entnommen.)

Jedenfalls hätte Repsold eine ähnliche Äusserung Gauss gegenüber nicht zu tun gewagt und die Zurückhaltung von Gauss' Freunden und Bekannten in Bezug auf schriftliche Mitteilungen über die Verwendung der einfachen Heliotrope ist unverkennbar.

Die Gausssche Erfindung hat, obwohl sie gegenwärtig nicht mehr in ihrer ursprünglichen Form verwendet wird, der Geodäsie einen unvergänglichen Nutzen gebracht. Die in wissenschaftlicher, aber auch in mechanischer Hinsicht bis ins Einzelne durchdachten Instrumente sind ein bleibendes Denkmal der schöpferischen Kraft und der Geistesschärfe ihres Urhebers. Wollte man die Erfindung des Heliotrops bei Seite lassen, so wäre es nicht möglich, ein vollständiges Bild von der vielseitigen Begabung von Gauss zu gewinnen.

Inhaltsverzeichnis.

Berichtigungen.

Seite 9, Norm   lies XI 2 statt X 2.
» 54, Zeile 3 v. u. » 24 » 23.
» 68, » 18 » einer » falls.
» 68, » 19 » falls » einer.
» 72, » 15 » die » dic.

GAUSS-MEDAILLE.

Die Göttinger Gesellschaft der Wissenschaften besitzt von der Bronzemedaille, die sie 1877 anlässlich der 100-jährigen Wiederkehr von GAUSS' Geburtstag hat prägen lassen, noch 12 Stück (Dm. 7 cm). Sie möchte diese allerletzten Exemplare nicht im Handel verschwinden sehen, sondern sie am liebsten in den Händen solcher wissen, die ein inneres und wissenschaftliches Verhältnis zu unserm grossen Mathematiker haben. Sie gibt daher die Gelegenheit hier an dieser Stelle bekannt und bittet diejenigen, die gegen Einsendung von 25 Rentenmark ein Exemplar zu erhalten wünschen, sich baldigst an den Unterzeichneten zu wenden.

Göttingen, im September 1924.

Der vorsitzende Sekretär:

H. Thiersch.

ÜBER GAUSS' PHYSIKALISCHE ARBEITEN
(MAGNETISMUS, ELEKTRODYNAMIK, OPTIK)

VON

CLEMENS SCHAEFER

I. Gauss' magnetische Untersuchungen[1].

Erster Abschnitt: Die Anfänge.

1. In einem Briefe vom 1. März 1803[2] schreibt GAUSS an OLBERS: »Was halten Sie von der Nachricht aus Glasgow von der magnetischen Terella, womit der amerikanische Schiffer seine Länge so sicher bestimmte? Ich bin dagegen etwas misstrauisch, ob ich gleich glaube, dass über die magnetische Kraft der Erde noch viel zu entdecken sein möchte, und dass sich hier noch ein grösseres Feld für Anwendung der Mathematik finden wird, als man bisher davon kultiviert hat.« Wenige Tage später (am 4. März 1803[3]) antwortet OLBERS auf GAUSSENS Frage, wobei er ihn auffordert, diesen Untersuchungen sein Interesse zu widmen: »Die Erzählung von der auf Quecksilber schwimmenden magnetischen Kugel habe ich für ein Märchen gehalten. Allerdings ist über den Magnetismus unserer Erde noch viel zu tun, und ich wünschte

---

1) Bei den Zitaten ist in dieser Abhandlung durchgehends eine Anzahl von Abkürzungen verwendet worden. Es werden zitiert:

1. C. F. GAUSS, Werke, Band I bis XII	als: Werke, I bis XII.
2. *Briefwechsel zwischen C. F. Gauss und H. C. Schumacher*, herausgegeben von C. A. F. PETERS, Altona 1861—1865	als: GAUSS-SCHUMACHER, I bis VI.
3. *Briefwechsel zwischen C. F. Gauss und C. L. Gerling*, herausgegeben von C. SCHAEFER, Berlin 1927	als: GAUSS-GERLING.
4. *Briefwechsel zwischen C. F. Gauss und F. W. Bessel*, herausgegeben von der Preuss. Akad. d. Wissensch., Berlin 1880	als: GAUSS-BESSEL.
5. *Wilhelm Olbers, Sein Leben und seine Werke*, II, 1 und II, 2, enthaltend den Briefwechsel mit GAUSS, herausgegeben von C. SCHILLING und J. KRAMER, 1900—1909	als: GAUSS-OLBERS, II, 1 u. II, 2.
6. *Briefe zwischen A. v. Humboldt und C. F. Gauss*, herausgegeben von K. BRUHNS, Leipzig 1877	als: GAUSS-HUMBOLDT.

2) GAUSS-OLBERS, II, 1, S. 128.

3) Ebenda, S. 132.

1*

sehr, dass Sie, mein teurer Freund, Ihre scharfsinnigen Untersuchungen auf diesen Gegenstand richten mögen. Es ist mir oft leid gewesen, dass TOBIAS MAYERS Abhandlung über diese Materie nicht gedruckt worden ist.«

Unmittelbare Folgen hat dieser Briefwechsel nicht gehabt[1]).

2. Neun Jahre später (am 18. Juli 1812[2])) schreibt wieder OLBERS aus Paris, wo er mit HUMBOLDT zusammen war, an GAUSS: »HUMBOLDT hat mir neulich als ein Problem die merkwürdige Beobachtung von SCHEUBLER[3]) in Tübingen über die tägliche Veränderung der Magnetnadel vorgelegt. Diese beträgt bekanntlich bei gewöhnlichen Magnetnadeln 14′. Allein, wenn man eine Magnetnadel aus zwei magnetisierten Stäbchen zusammensetzt, sodass sie also auf ihren beiden Enden einen sogenannten Nordpol hat, so kann man nicht allein die Abweichung der Magnetnadel nach der verschiedenen Stärke der beiden Pole beliebig verändern, (dies versteht sich von selbst), sondern jene täglichen Veränderungen ganz ungemein vermehren. Bei SCHEUBLERS auf solche Art zusammengesetzter Magnetnadel gingen sie statt auf 14′ vielmehr auf 1° 45′. Dies schien HUMBOLDT ganz unerklärbar. — Ich habe ihm geantwortet, dass eine so isolierte Beobachtung noch erst wiederholt zu werden verdiene, dass es misslich sei, ein Faktum erklären zu wollen, wenn die Realität desselben noch zweifelhaft sei; dass es mir aber, wenn man SCHEUBLERS Beobachtung als gewiss und als allgemein geltend voraussetzen wolle, daraus zu folgen scheine, unsere Erde habe nicht blos zwei, sondern wenigstens 4 magnetische Pole, wie dies auch schon von mehreren Physikern behauptet worden sei. — Wie bei 4 Polen das SCHEUBLERsche Problem erklärt wird, füge ich hier nicht umständlich bei.« Am 6. September 1812[4]) antwortete GAUSS darauf Folgendes: »Die Beobachtung des Herrn SCHUEBLER in Stuttgart würde sehr interessant sein, obwohl ich mit Ihnen ihre Zuverlässigkeit zu bezweifeln noch sehr geneigt sein möchte. Ich bin überaus begierig auf Ihre Erklärung durch vier magnetische Pole der Erde. Zu meiner grossen Beschämung muss ich indess bekennen, dass ich selbst nicht einsehe, wie man

---

1) Ein Brief an HARDING vom 28. November 1806 wird in Artikel 51 besprochen.

2) GAUSS-OLBERS, II, 1, S. 508.

3) Gemeint ist offenbar GUSTAV SCHUEBLER; eine Arbeit, in der die obige Beobachtung enthalten wäre, habe ich nicht feststellen können. — SCHAEFER.

4) Werke XII, S. 253.

durch Zusammensetzung zweier Nadeln (vorausgesetzt, dass sie eine gerade
Linie bilden) jede Deklination hervorbringen kann; ich begreife wohl, dass
eine solche Nadel weniger magnetische Intensität haben, also langsamere
Schwingungen machen muss; aber woher eine andere Deklination oder Inklination erfolgen müsse, ist mir nicht recht klar.« Eine Antwort von Olbers
auf diese sehr berechtigten Gaussschen Zweifel kennen wir nicht.

3. Wieder acht Jahre später (im Mai oder Juni 1820)[1] erfolgt eine neue
Anregung Olbers' an Gauss: »Haben Sie, lieber Gauss, Hansteens *Untersuchungen über den Magnetismus der Erde*[2] durchgeblättert? Weiter habe ich
bisher noch nichts getan. Ob es überhaupt schon hohe Zeit ist, wie Hansteen
meint, aus den bisherigen Beobachtungen eine Theorie zu entwickeln, weiss
ich nicht; ich fürchte aber, für Hansteen war es doch noch zu früh, da er
erst in den Zusätzen der von Flinders mit Bestimmtheit gemachten Bemerkung, dass für jedes Schiff die Magnetnadel eine eigene Abweichung zeige,
die nach der Richtung des Schiffs veränderlich ist, erwähnt. Dies macht alle
zur See angestellten Beobachtungen mehr oder weniger unsicher, wenn man
nicht durch Vergleichungen und Kritik die individuelle erforderliche Korrektion ausmitteln kann.« Es erfolgt nur eine kurze Antwort Gaussens (am
28. Juni 1820)[3]: »Hansteens Werk über den Magnetismus ist mir noch nicht
zu Gesicht gekommen. Vor einiger Zeit erkundigte ich mich danach bei
Reuss, der es noch nicht kannte. Ich werde nächstens wieder einmal anfragen, ob die Bibliothek es schon besitzt. Gewöhnlich ruhen dann aber
solche Werke erst sehr lange in den Händen der Rezensenten.«

Alle diese Briefstellen zeigen wohl deutlich, dass Gauss einerseits durch
andere Dinge noch zu sehr beschäftigt war, um dem Magnetismus mehr als
ein allgemeines Interesse entgegenzubringen. Anderseits fehlte Gauss auch
das Material, dessen er zur Durchführung seiner wissenschaftlichen Pläne be-
durft hätte, und man darf annehmen, dass diese selbst noch nicht über eine
allgemeine Konzeption hinaus gediehen waren.

4. Es bedurfte neuer Anstösse, um den Stein ins Rollen zu bringen.
Diese sind einmal in der allgemeinen wissenschaftlichen Situation der

---

1) Gauss-Olbers II, 2, S. 8.

2) Chr. Hansteen, *Untersuchungen über den Magnetismus der Erde*, (nebst Atlas); Christiania 1819.

3) Gauss-Olbers II, 2, S. 13.

Zeit von 1820 bis 1831 zu finden, anderseits in dem persönlichen Einflusse, den der grosse Naturforscher ALEXANDER V. HUMBOLDT inzwischen auf GAUSS gewonnen hatte, und schliesslich in den nahen Beziehungen zu WILHELM WEBER.

Die wissenschaftliche Situation wird durch folgende Daten beleuchtet: 1820 entdeckte OERSTEDT den Elektromagnetismus, d. h. die Tatsache, dass ein elektrischer Strom magnetische Kräfte ausübt. Diese gewaltige Entdeckung beschäftigte in den nächsten Jahren die bedeutendsten Geister. Um die magnetische Wirkung eines beliebigen Stromleiters auf einen Magnetpol berechnen zu können, stellten 1820/21 BIOT und SAVART das nach ihnen benannte Elementargesetz auf; 1822/24 folgte ihnen AMPÈRE, indem er zeigte, dass ein geschlossener Strom eine magnetische Lamelle in ihrer Wirkung auf den Aussenraum ersetzen könne; von da bis zur Aufstellung des AMPÈRE-schen Elementargesetzes, das die magnetischen Wirkungen zweier Stromleiter auf einander bestimmt und zur Berechnung der ponderomotorischen Kräfte zweier beliebiger Ströme aufeinander dient, war nur noch ein Schritt. 1827 stellte OHM das nach ihm benannte Gesetz der galvanischen Kette auf; 1828 erschien zu Nottingham die Abhandlung GREENS über Potentialtheorie, von der wir allerdings nicht wissen, ob GAUSS sie überhaupt gekannt hat; 1831 entdeckte MICHAEL FARADAY das Gegenstück des Elektromagnetismus, die Induktion, d. h. die Tatsache, dass ein bewegter Magnet elektrische Wirkungen auszuüben vermag.

Dadurch war die Lehre vom Magnetismus, bisher ein kleines und relativ unscheinbares Gebiet der Physik, in ganz anderer Weise als vorher in das Zentrum des wissenschaftlichen Interesses gerückt.

Dazu kam der Einfluss, den ALEXANDER V. HUMBOLDT auf GAUSS ausgeübt hat. Spätestens seit 1807[1]) stand GAUSS mit HUMBOLDT im Briefwechsel; 1810 versuchte dessen Bruder WILHELM V. HUMBOLDT ihn an die Berliner Akademie und an die neu zu gründende Universität zu ziehen[2]), ein Versuch, der mit gleichem negativen Ergebnis in den Jahren 1821/24 wiederholt wurde. Im Jahre 1828 endlich fand, wie A. v. HUMBOLDT[3]) an GAUSS schreibt »die Versammlung deutscher und nordischer Naturforscher, Physiker und Astronomen«

---

1) GAUSS-HUMBOLDT, S. 1 und 2.
2) Ebenda, S. 3 ff. und Werke XII, S. 320 ff.
3) Ebenda, S. 20.

in Berlin, und zwar vom 18.—26. September statt. Der äusserst dringenden Einladung HUMBOLDTS, nach Berlin zu kommen und sein Gast zu sein, leistete GAUSS Folge, und es ist kein Zweifel möglich, dass er dort von HUMBOLDT direkt auf erdmagnetische Probleme hingewiesen worden ist; denn HUMBOLDT hatte eine kleine Ausstellung ihm gehöriger magnetischer Apparate in seinem Hause veranstaltet, die er GAUSS zeigte. Hierauf spielt HUMBOLDT an, wenn er an GAUSS schreibt[1]): »Ihr bereits mit so schönem Erfolge gekröntes Unternehmen befriedigt meine Eitelkeit auf eine sehr individuelle Weise. Ich träume, dass meine Bitten, die Versuche, die Sie in meinem Hause mit Auffindung der Inklination durch 3 und 6 Extra-Meridian-Beobachtungen machten, mitgewirkt haben zu dem Entschlusse, diesen verworrenen Teil der Physik aufzuklären.«

5. Diese Anregungen insgesamt genommen mögen es wohl gewesen sein, die GAUSSENS Aufmerksamkeit definitiv auf den Magnetismus hingelenkt haben. Zwar dauert es noch einige Jahre, bis sich in seiner Korrespondenz mit OLBERS, BESSEL, ENCKE, GERLING, HUMBOLDT fast in jedem Briefe Mitteilungen über seine magnetischen Arbeiten befinden; aber schon 1829, also ein Jahr nach seinem Besuche bei HUMBOLDT, schreibt er an OLBERS am 12. Oktober[2]) sehr befriedigt über einen Besuch des belgischen Physikers QUETELET, der damals in Deutschland, Holland, der Schweiz und Italien erdmagnetische Messungen machte: »Die Bekanntschaft des Herrn QUETELET ist mir sehr angenehm gewesen; wir haben mit seinem artigen Apparat in meinem Garten verschiedene Reihen von Versuchen über die Intensität der magnetischen Kraft angestellt, die eine von mir kaum erwartete Übereinstimmung gewährten.« Um welche Versuche es sich hier gehandelt hat, ersieht man aus dem Berichte QUETELETS[3]); auf S. 4 desselben heisst es: »Ayant eu l'avantage de faire des observations sur l'intensité magnétique à Goettingue avec M. le professeur GAUSS, cet illustre géomètre me conseillait de compter les oscillations à partir d'un point fixe, devant lequel l'aiguille devait repasser constamment, tel que

---

1) GAUSS-HUMBOLDT, S. 25.

2) GAUSS-OLBERS II, 2, S. 525.

3) »*Recherches sur l'intensité magnétique de differens lieux de l'Allemagne et des Pays-Bas*; lues dans la séance du 5. déc. 1829, Nouveaux Mémoires de l'Académie Royale des Sciences et Belles-Lettres de Bruxelles, Bd. VI, Bruxelles 1830, S. 1—18.

le point du cercle gradué qui répondait au méridien magnétique. L'aiguille passe chaque fois devant ce point avec le maximum de vitesse, tandis qu'elle reste un instant immobile vers le maximum d'amplitude; ce qui rend ce dernier point moins précis. En faisant néanmoins simultanément une série d'observations, et en adoptant chacun une manière de compter différente, nous sommes parvenus à des résultats qui ne différaient que de $0'',05$ pour 391 secondes. On ne peut disconvenir qu'un point fixe comporte plus de précision, mais il exige qu'on se tienne très-près de l'instrument.«

Hier taucht also zum ersten Mal der Gedanke auf, den GAUSS später 1837) in seiner Abhandlung: *Anleitung zur Bestimmung der Schwingungsdauer einer Magnetnadel* entwickelt hat, nämlich den Beginn einer Schwingung von der Stelle grösster Geschwindigkeit statt von der Stelle grösster Elongation, wie bis dahin allgemein üblich, zu zählen. Ob GAUSS erst durch den Besuch QUETELETS, als er dessen Versuche mit eigenen Augen sah, auf diesen Gedanken gekommen ist, oder ob er sich damals schon so viel mit der praktischen Bestimmung von Schwingungsdauern beschäftigt hatte, dass ihm dieser Gedanke geläufig war, ist nicht zu entscheiden.

Schliesslich findet sich aus diesen Jahren in einer kurzen Notiz[1]) über ein am 7. Januar 1831 von GERLING in Marburg beobachtetes Nordlicht, die GAUSS der Göttinger Gesellschaft der Wissenschaften am 28. Februar 1831 vorlegte. zum Schluss eine Bemerkung, die darauf schliessen lässt, dass zu dieser Zeit auf der Göttinger Sternwarte die Magnetnadel bereits regelmässig beobachtet wurde (Deklination). Es heisst nämlich zum Schluss: »Die hier in Göttingen von Herrn Professor HARDING an diesem Nordlichte gemachten Wahrnehmungen stimmen im Wesentlichen mit den von andern Orten bekannt gewordenen überein, doch verdient der Umstand erwähnt zu werden, dass während der Dauer des Phänomens die Magnetnadel um etwa dreiviertel Grad von ihrer gewöhnlichen Stellung nach Norden ging, und am andern Morgen wieder auf dieselbe zurückgekommen war.«

Das Ende dieser Vorbereitungsperiode ist dadurch charakterisiert, dass es mit dem Amtsantritte WILHELM WEBERS in Göttingen zusammenfällt, der im Herbste des Jahres 1831 als Nachfolger von TOBIAS MAYER auf Betreiben von

---

1) Werke V, S. 519.

GAUSS auf den Lehrstuhl der Physik berufen worden war. In ihm fand GAUSS die gleichgestimmte Seele, den wissenschaftlich interessierten Physiker und hingebenden Freund, dessen Mitwirkung an der Ausführung der wissenschaftlichen Pläne geradezu die Vorbedingung dafür war, dass GAUSS sich jetzt mit Erfolg der Physik zuwenden konnte. In einem Briefe an HUMBOLDT hat sich GAUSS am 13. Juli 1833[1]) übrigens selbst über den Einfluss HUMBOLDTS und WEBERS folgendermassen geäussert: »Dass die unbedeutenden Versuche, die ich vor 5 Jahren bei Ihnen zu machen das Vergnügen hatte, mich dem Magnetismus zugewandt hätten, kann ich zwar nicht eigentlich sagen, denn in der Tat ist mein Verlangen danach so alt, wie meine Beschäftigung mit den exakten Wissenschaften überhaupt, also weit über 40 Jahr; allein ich habe den Fehler, dass ich erst dann recht eifrig mich mit einer Sache beschäftigen mag, wenn mir die Mittel zu einem rechten Eindringen zu Gebote stehen und daran fehlte es früher. Das freundschaftliche Verhältnis, in welchem ich zu unserm trefflichen WEBER stehe, seine ungemein grosse Gefälligkeit, alle Hülfsmittel des physikalischen Kabinetts zu meiner Disposition zu stellen und mich mit seinem eigenen Reichtum an praktischen Ideen zu unterstützen, machte mir die ersten Schritte erst möglich, und den ersten Impuls dazu haben doch wieder Sie gegeben, durch einen Brief an WEBER, worin Sie (Ende 1831) der unter Ihren Auspizien errichteten Anstalten für Beobachtung der täglichen Variation erwähnten.«

Zweiter Abschnitt.
Zurückführung des Erdmagnetismus auf absolutes Mass.

6. Schon im Anfang des Jahres 1832 zeigt die Korrespondenz von GAUSS deutlich, dass er sich inzwischen mit aller Kraft auf die Probleme des Magnetismus geworfen hat[2]). Am 14. Februar kommt in einem Briefe an GERLING[3]) zum ersten Male die in Zukunft sich häufig wiederholende Bemerkung vor, dass er sich in der letzten Zeit viel mit dem »Magnetismus überhaupt« beschäftigt habe, und dass es ihm insbesondere auch gelungen sei, die Inten-

---

1) Werke XII, S. 312 (Antwort auf den S. 7 oben zitierten Brief HUMBOLDTS).
2) Man vergl. hierzu auch den Bericht von SARTORIUS V. WALTERSHAUSEN: *Gauss zum Gedächtnis*, S. 62.
3) GAUSS-GERLING, S. 386; Werke XI, 1, S. 72.

sität des Erdmagnetismus auf absolute Einheiten zu reduzieren; er gibt dabei, wie wir heute sagen würden, die Dimension der magnetischen Kraft an und sogar schon einen angenäherten Wert für die Horizontalintensität in absoluten Einheiten für Göttingen. Am 18. Februar 1832 in einem Briefe an OLBERS[1]) finden sich zum Teil dieselben Auseinandersetzungen fast wörtlich wieder, wie auch in einem Briefe an SCHUMACHER vom 3. März[2]). In dem genannten Briefe an OLBERS findet sich auch eine kurze Andeutung über die experimentelle Methode, deren sich GAUSS bedient hat. Man erkennt deutlich, dass in grossen Zügen die Konzeption des Inhaltes der »Intensitas«, ja weit darüber hinaus bis zur allgemeinen Theorie des Erdmagnetismus fertig war. Es handelt sich nur noch darum, genauere Messungen zu machen und die Methoden zu verfeinern. Eine Fülle von Ideen strömt ihm zu (Brief vom 2. April an GERLING[3]) und vom 2. August[4]) an OLBERS), in denen er dies selbst in stolzer Freude mitteilt; und in der Tat findet sich in seinen Briefen bis zum Ende des Jahres vieles, ja das meiste von dem angedeutet, was er später in seinen Abhandlungen ausgeführt hat. Darüber wird im Einzelnen später zu berichten sein.

7. Am 2. August 1832 schreibt GAUSS an OLBERS[5]), dass er für später ein grosses zusammenfassendes Werk über Magnetismus zu schreiben beabsichtige; vorläufig wolle er einen kleinen Teil desselben, über die Intensität des Erdmagnetismus, in Angriff nehmen und gesondert veröffentlichen. Eine »mehr populäre« Einleitung legt er dem Freunde bei, die uns verloren gegangen ist; sie war wohl im wesentlichen identisch mit der Einleitung, die GAUSS seiner Abhandlung vorausgeschickt hat und stimmte dem Inhalte nach natürlich im Ganzen überein mit der eigenen Anzeige[6]) seiner Abhandlung in den Göttingischen Gelehrten Anzeigen. Am 31. August teilt er an SCHUMACHER[7]) mit, dass er mit der Ausarbeitung der »Intensitas« begonnen habe, am 14. De-

---

1) GAUSS-OLBERS II, 2, S. 584; Werke XI, 1, S. 72.
2) GAUSS-SCHUMACHER IV, S. 294 ff.
3) GAUSS-GERLING, S. 387; Werke XI, 1, S. 77.
4) GAUSS-OLBERS II, 2, S. 587 ff.; Werke XI, 1, S. 79.
5) Vergl. die vorhergehende Anmerkung.
6) Werke V, S. 293.
7) GAUSS-SCHUMACHER II, S. 304.

zember[1]) gibt er ihm die Nachricht von der Vollendung dieses Teils seines Programms; am 15. Dezember las er die Abhandlung in der Sozietät vor.

Die »*Intensitas*«[2]) ist die erste reife Frucht von GAUSS' magnetischen Arbeiten.

Einleitend gibt GAUSS nach einem kurzen historischen Überblick eine kritische Schilderung der bisherigen Messungen, die nur relative sein konnten. Für eine gegebene Magnetnadel an einem gegebenen Orte zu einer bestimmten Zeit hängt der Wert der Intensität des Erdmagnetismus von der Schwingungsdauer der Nadel ab, auf deren Bestimmung man sich bisher beschränkt hatte; dieselbe Zahl von Schwingungen in der Sekunde an verschiedenen Orten bedeutet also gleiche, veränderte Schwingungszahl veränderte magnetische Kraft — unter der Voraussetzung der Unveränderlichkeit der Nadel, die aber streng genommen nie garantiert werden kann. Kann dieser Nachteil für kurze Zeit auch durch Benutzung mehrerer Nadeln und gegenseitigen Vergleich der mit ihnen gewonnenen Ergebnisse erheblich vermindert werden, so verliert die Methode alle Brauchbarkeit, sobald es sich um sehr grosse Zeiträume handelt, so bald man also die säkularen Variationen, z. B. der Horizontalintensität, messen will. Deshalb muss an Stelle der »relativen« eine »absolute« Methode treten[3]).

8. Im ersten Abschnitt der »*Intensitas*« formuliert GAUSS zunächst die Voraussetzungen und Hypothesen, die er über den Magnetismus zugrunde legt: er nimmt zwei imponderable magnetische Flüssigkeiten, die nördliche oder positive und die südliche oder negative, an, deren Elemente Kräfte auf einander ausüben, die den wirkenden Mengen proportional sind und überdies mit dem Quadrate der Entfernung abnehmen. Dieses Gesetz hält GAUSS zwar schon durch COULOMBS Untersuchungen für gesichert. Er setzt aber später allgemeiner die $n$te Potenz der Entfernung an und bestimmt aus seinen eigenen Messungen den Wert $n = 2$ mit grösster Genauigkeit. Auf Grund der obigen Voraussetzung hat man, wenn zwei Quantitäten der beiden Flüssigkeiten mit m_1 und m_2 bezeichnet werden und f einen Proportionalitätsfaktor bedeutet,

---

1) GAUSS-SCHUMACHER II, S. 316.

2) *Intensitas vis magneticae terrestris ad mensuram absolutam revocata*, Werke V, S. 79.

3) Vergl. hierzu weiter unten Art. 16, S. 23.

2*

für die Kraft einen Ausdruck von der Form:

$$(1) \qquad f\,\frac{m_1 m_2}{r^2},$$

der positiv (d. h. bei gleichartigen Elementen) Abstossung, negativ (ungleichartige Elemente) Anziehung bedeutet. Dadurch ist gleichzeitig der Tatsache
Rechnung getragen, dass ungleichartige magnetische Flüssigkeiten sich anziehen,
gleichartige sich abstossen. Diese Kraft kann man nun messen. Da nämlich
die magnetischen Flüssigkeiten nicht für sich allein auftreten, sondern nur mit
ponderablen Teilchen der magnetischen Körper untrennbar verbunden, so erfahren die gewöhnlichen ponderabeln Körper unter dem Einfluss der magnetischen Kräfte Bewegungsantriebe, die gemessen werden können. Denn da
eine ponderomotorische Kraft die Erzeugung einer Beschleunigung an einer
gegebenen Masse bewirkt, so ist eine Kraftwirkung zwischen zwei Teilchen
magnetischer Flüssigkeiten äquivalent mit der Wirkung einer bestimmten be-
schleunigenden Kraft auf eine gegebene Masse. Führt man drei passende
Einheiten für die Masse, die Länge und die Zeit ein, so ist also eine ponderomotorische Kraft zu messen durch das Produkt aus Masse M und Beschleunigung α; man erhält also die Gleichung

$$(2) \qquad f\,\frac{m_1 m_2}{r^2} = M\alpha.$$

Nun aber tritt die Hauptschwierigkeit auf. Von »Quantitäten« m_1 und m_2
magnetischer Flüssigkeiten kann man ja eigentlich erst sprechen, wenn man
ein Mass dafür besitzt, was noch nicht der Fall ist. Gauss formuliert daher
den Grundsatz: Da die magnetischen Flüssigkeiten selbst nur durch
die Wirkungen, die sie hervorbringen, erkennbar sind, so müssen
gerade diese zur Messung jener dienen.

Versteht man unter der Kraft 1 diejenige, die einer Masse 1 in der
Zeit 1 die Beschleunigung 1 erteilt, so definiert Gauss die Einheit der Menge
(nördlicher oder positiver, südlicher oder negativer) magnetischer Flüssigkeit
als diejenige, die auf eine andere ihr gleiche in der Entfernung 1 befindliche
Menge die abstossende Kraft 1 ausübt. Das kommt darauf heraus, in der
Gleichung (2) den Proportionalitätsfaktor als dimensionslos zu betrachten und
ihn gleich 1 zu setzen. Dies ist natürlich willkürlich, (und man könnte jede
beliebige andere Festsetzung treffen). Aber es ist Gaussens grosses Verdienst,

als erster erkannt zu haben, dass eine derartige Festsetzung nicht nur möglich, sondern auch notwendig ist, wenn man zu einer rationellen Messung der magnetischen Mengen und aller daraus abgeleiteten Grössen, also auch der magnetischen Kräfte, gelangen will. Auch der Name »absolute Messung« oder »Messung in absoluten Einheiten« geht auf GAUSS zurück und hat sich bis heute erhalten.

Nachdem durch GAUSSENS Verfahren der Begriff der magnetischen Menge eine präzise Fassung erhalten hat, kann man noch bemerken, dass (2) auch das Vorzeichen der Kraft richtig wiedergibt, wenn man allgemein abstossende Kräfte als positiv, anziehende als negativ rechnet.

9. Einen weiteren fundamentalen Punkt berührt dann GAUSS, indem er als fernere Voraussetzungen die folgenden formuliert: Jeder magnetische Körper enthält gleiche Quantitäten der beiden magnetischen Flüssigkeiten; dies gilt sogar für jedes kleinste Teilchen eines magnetischen Körpers. Diese Voraussetzung wird durch das bekannte Experiment notwendig, dass durch Zerbrechen eines Magneten, wie oft diese Prozedur auch vorgenommen wird, die beiden Flüssigkeiten nicht getrennt werden können; man erhält immer wieder einen vollständigen Magneten. Auf den ersten Blick steht diese Voraussetzung im Widerspruch mit der Beobachtung, dass ein Magnet zwei »Pole« an den Enden zu besitzen, also nur an seinen Enden je eine isolierte magnetische Flüssigkeit vorhanden zu sein scheint. GAUSS selbst hat dieser scheinbare Widerspruch manche Schwierigkeit verursacht; so schreibt er z. B. am 18. August 1832 an ENCKE[1]): »In dem bisherigen Vortrag der Lehre vom Magnetismus findet sich aber so viel Vages, Nichtssagendes, Unlogisches (auch selbst bei BIOT), dass hier erst ganz von vorne an aufgebauet werden muss. Es gehört dahin der Begriff der Pole, dann der schreiende Widerspruch, dass man einmal annimmt, in jedem Teilchen einer Nadel sei ebensoviel nördlicher als südlicher Magnetismus, und nachher doch immer so spricht als sei an einem Ende der Nadel blos der Eine, am anderen der andere Magnetismus. Mich hat diese Verworrenheit bei BIOT[2]) im vorigen Herbst, als

---

1) Werke XI, 1, S. 83.

2) Gemeint ist wohl der 3. Band von I. B. BIOT, *Traité de Physique expérimentale et mathématique*, 4 Bände, Paris 1816; man vergleiche auch die Ausführungen BIOTS in seinem *Précis élementaire de physique expérimentale*, Paris 1824, Band 2, S. 16 ff.

ich anfing mich mit diesen Dingen zu beschäftigen, erst lange gequält. Ich konnte mit seinem freien Magnetismus gar keinen Sinn verbinden. Durch die Beziehung auf die Elektrizität hat BIOT die Sache nur verwirrter gemacht. Ich bin nun freilich in diesen Dingen schon lange zu völliger Klarheit gekommen, allein es gehören dazu mehrere neue höchst interessante Lehrsätze, die sehr tief liegen, deren Entwicklung die Grenzen der mir zunächst vorgesetzten Abhandlung weit, sehr weit überschreiten würde, und die ich daher in dieser nur mit wenigen Zeilen anzudeuten haben werde.« — Die Auflösung der Schwierigkeit gibt GAUSS, indem er, ohne Beweis, folgendes Theorem ausspricht: »Wie auch immer aber die Verteilung des freien Magnetismus innerhalb des Körpers sich verhalten mag, stets kann man an deren Stelle, infolge eines allgemeinen Theorems, nach einem bestimmten Gesetze eine andere Verteilung auf der Oberfläche des Körpers allein einsetzen, welche nach aussen hin vollständig dieselben Kräfte ausübt wie jene, so dass ein irgendwo ausserhalb gelegenes Element von magnetischer Flüssigkeit genau dieselbe Anziehung oder Abstossung von der wirklichen Verteilung des Magnetismus innerhalb des Körpers erfährt, wie von der auf der Oberfläche desselben gedachten. Dieselbe Fiktion kann man auf zwei Körper ausdehnen, welche nach Massgabe des in ihnen entwickelten freien Magnetismus auf einander wirken, so dass für jeden von beiden die auf der Oberfläche gedachte Verteilung an die Stelle der wirklichen inneren treten kann. Auf diese Weise können wir endlich der gewöhnlichen Sprechweise, welche z. B. dem einen Ende einer Magnetnadel ausschliesslich Nordmagnetismus, dem anderen Südmagnetismus zuschreibt, den wahren Sinn unterlegen.«

Den Lehrsatz, den GAUSS hier ausgesprochen hat, hat er erst veröffentlicht im Jahre 1840 in der Abhandlung: »*Allgemeine Lehrsätze usw.*«[1]). Dieses Theorem, das am Schlusse der genannten Abhandlung als eine Folge allgemeiner potentialtheoretischer Sätze auftritt, hat GAUSS also spätestens seit Mitte 1832 besessen und damit auch den wesentlichen Inhalt dieser Abhandlung, auf die wir später zurückkommen.

10. Indem GAUSS die Untersuchung auf sogenannte »magnetisch harte« Körper beschränkt (d. h. auf solche mit grosser »Koerzitivkraft«) und noch be-

---

1) *Allgemeine Lehrsätze in Bezug auf die im umgekehrten Verhältnisse des Quadrates der Entfernung wirkenden Anziehungs- und Abstossungs-Kräfte* 1839; Werke V, S. 195.

merkt hat, dass die magnetischen Kräfte eines Magneten von der Temperatur abhängen, es also notwendig sei, den Temperatureinfluss experimentell festzulegen, um alle Beobachtungen auf dieselbe Temperatur reduzieren zu können, wendet er sich zu der Tatsache, dass die Erde magnetische Kräfte ausübt; er bespricht kurz die Variationen des magnetischen Meridians (der Deklination) und betont, dass über die Variation der Intensität so gut wie nichts bekannt sei. Dann geht er dazu über, die gemachten Voraussetzungen mathematisch zu formulieren.

Aus der Tatsache, dass in einem Magneten, ja sogar in jedem kleinsten Teilchen eines solchen, beide magnetische Flüssigkeiten in gleicher Menge vorhanden sind, folgt zunächst:

$$(3) \qquad \int dm = 0,$$

wenn dm ein Element des Magnetismus bezeichnet und das Integral über den ganzen Körper erstreckt wird.

Dann führt Gauss den Begriff des »magnetischen Momentes« ($\mathfrak{M}$) ein. Darunter ist ein Vektor verstanden, dessen Komponenten $\mathfrak{M}_x$, $\mathfrak{M}_y$, $\mathfrak{M}_z$ in bezug auf drei beliebige zu einander senkrechte im Raume feste Achsen x, y, z folgendermassen definiert sind:

$$(4) \qquad \int x\,dm = \mathfrak{M}_x, \quad \int y\,dm = \mathfrak{M}_y, \quad \int z\,dm = \mathfrak{M}_z.$$

In der bequemeren Vektorschreibweise ist, wenn $\mathfrak{r}$ den Lagenvektor mit den Komponenten x, y, z des Teilchens dm bedeutet, offenbar das Moment selbst:

$$(4\,a) \qquad \mathfrak{M} = \int \mathfrak{r}\,dm.$$

In Verbindung mit (3) ergeben sich Gleichungen von der Form:

$$(5) \qquad \int x\,dm = \int (x - a)\,dm = \mathfrak{M}_x \text{ usw.,}$$

wo a eine beliebige Konstante ist. Daraus folgt, dass die Wahl des Anfangspunktes gleichgültig ist und der Vektor $\mathfrak{M}$ keine bestimmte materielle Linie in einem Magneten, sondern nur eine Richtung festlegt. Aus dem Vektorcharakter von $\mathfrak{M}$ folgt für die Komponente $\mathfrak{M}_\xi$ des Momentes in bezug auf eine beliebige Achse ξ, die mit den Koordinatenachsen die Winkel A, B, C bildet:

$$(6) \qquad \begin{aligned} \mathfrak{M}_\xi &= \int (x \cos A + y \cos B + z \cos C)\,dm \\ &= \mathfrak{M}_x \cos A + \mathfrak{M}_y \cos B + \mathfrak{M}_z \cos C, \end{aligned}$$

während sich aus (4) für den Betrag $|\mathfrak{M}| = M$ des Momentes

$$(7) \qquad\qquad |\mathfrak{M}| = M = + \sqrt{\mathfrak{M}_x^2 + \mathfrak{M}_y^2 + \mathfrak{M}_z^2}$$

und für die Richtungskosinusse desselben:

$$(8) \qquad\qquad \cos \alpha = \frac{\mathfrak{M}_x}{M}, \quad \cos \beta = \frac{\mathfrak{M}_y}{M}, \quad \cos \gamma = \frac{\mathfrak{M}_z}{M}$$

ergibt. Damit kann man für die Komponente $\mathfrak{M}_\xi$ nach (6) schreiben:

$$(9) \qquad \mathfrak{M}_\xi = M \{\cos A \cos \alpha + \cos B \cos \beta + \cos C \cos \gamma\} = M \cos \omega,$$

wenn ω den Winkel zwischen der Achse ξ und der Richtung des magnetischen Momentes bedeutet. Diese letztere wird als »magnetische Achse« des Körpers bezeichnet; für $\omega = 0$, d. h. in bezug auf die magnetische Achse ist das Moment ein Maximum $(= M)$, es ist gleich 0 für $\omega = \frac{\pi}{2}$, negativ für $\frac{\pi}{2} < \omega < \pi$. Die Enden der magnetischen Achse, die nach dem Obigen ja keine materielle Gerade, sondern nur eine Richtung ist, nennt GAUSS die Pole.

11. GAUSS geht nun dazu über, die Wirkung der Kraft des Erdmagnetismus, die wir mit $\mathfrak{H}$ (Betrag $|\mathfrak{H}| = H$; Komponenten $\mathfrak{H}_x, \mathfrak{H}_y, \mathfrak{H}_z$) bezeichnen, auf einen Magneten festzustellen; dabei wird die vereinfachende Annahme gemacht, die stets zulässig ist, dass $\mathfrak{H}$ innerhalb des vom Magneten eingenommenen Raumgebietes konstant ist. Die Wirkung kann nach den bekannten Gesetzen der Statik starrer Körper berechnet werden; denn es ist bekannt, dass das an einem starren Körper angreifende Kräftesystem im allgemeinen Falle äquivalent ist einer Einzelkraft $\mathfrak{K}$ und einem Kräftepaar $\mathfrak{P}$.

In dem besonderen Falle, mit dem wir es hier zu tun haben, ist die Einzelkraft gleich 0. Denn auf ein Flüssigkeitsteilchen dm wirkt die Kraft $\mathfrak{H} dm$, also ist die Gesamtkraft nach (3):

$$(10) \qquad\qquad \mathfrak{K} = \int \mathfrak{H}\, dm = \mathfrak{H} \int dm = 0.$$

Es bleibt also nur die Wirkung des Kräftepaars übrig; der Erdmagnetismus übt also auf eine Magnetnadel nur ein Drehmoment aus. Das Kräftepaar $\mathfrak{P}$ ergibt sich zu:

$$(11) \qquad \mathfrak{P} = \int [\mathfrak{r}, \mathfrak{H} dm] = \int [\mathfrak{r}\, dm, \mathfrak{H}] = [\int \mathfrak{r}\, dm, \mathfrak{H}] = [\mathfrak{M}, \mathfrak{H}],$$

wenn $[\mathfrak{A}, \mathfrak{B}]$ das sogenannte vektorielle Produkt aus $\mathfrak{A}$ und $\mathfrak{B}$ bezeichnet.

Er ist senkrecht zur Ebene von $\mathfrak{M}$ und $\mathfrak{H}$ und sein Betrag ist:

$$(12) \qquad\qquad |\mathfrak{P}| = MH \sin(\mathfrak{M}, \mathfrak{H}).$$

Sein Maximalbetrag, die sogenannte »Direktionskraft«, ist also $M.H$ selbst. Aus (11) und (12) folgt sofort die Bedingung dafür, dass ein Magnet unter dem Einfluss der erdmagnetischen Kraft im stabilen Gleichgewicht ist; denn aus $\mathfrak{P} = 0$ folgt, da weder M noch H verschwinden, dass $\sin(\mathfrak{M}\mathfrak{H}) = 0$ sein muss, d. h. $\mathfrak{M} \parallel \mathfrak{H}$, die Richtung der magnetischen Achse muss also parallel der äusseren Feldkraft sein[1]).

Nach (11) und (12) ist es, da $\mathfrak{P}$ ein »freier« Vektor ist, stets möglich, die Wirkung des Erdfeldes auf einen Magneten zu ersetzen durch zwei gleiche und entgegengesetzt gerichtete Kräfte, die in zwei beliebigen Punkten A und B des Magneten im gegenseitigen Abstande R angreifen, den Betrag $\frac{MH}{R}$ und die Richtung von $\mathfrak{H}$ haben.

12. Diese letzteren Betrachtungen wendet GAUSS an, um eine sehr originelle Darstellung der Wirkung der Vertikalkomponente der erdmagnetischen Kraft auf eine Magnetnadel zu geben.

Nennt man die Vertikalkomponente des Erdmagnetismus etwa V, so ist auch das von dieser Teilkraft ausgeübte Kräftepaar nach (12) gleich $VM \sin(VM)$, also wieder zwei gleichen, aber entgegengesetzt (vertikal nach oben und unten) gerichteten Kräfte von der Grösse $\frac{MV}{R}$ äquivalent, die in zwei beliebigen Punkten A und B der Magnetnadel angreifen, die den Abstand R voneinander haben. Man kann also z. B. den Punkt A und seinen Abstand R von B beliebig annehmen, z. B. A in den Schwerpunkt der Nadel legen. Ist das Gewicht der Nadel gleich G, so kann man den Abstand $R = \frac{VM}{G}$ machen, sodass die beiden äquivalenten Kräfte den Betrag $\frac{MV}{R} = G$ erhalten, d. h. gleich dem Gewicht der Nadel werden. Die eine, die im Schwerpunkt A nach oben angreift, wird gerade kompensiert durch das gleichfalls im Schwerpunkt angreifende Gewicht G der Nadel; die andere Kraft greift in einem Punkte B im Abstande $\frac{VM}{G}$ vom Schwerpunkt nach unten an. Es kommt also die Wirkung der Vertikalkomponente V einfach auf eine Verlegung des Schwerpunktes der Nadel von A nach B hinaus.

---

[1]) $\mathfrak{M} \parallel -\mathfrak{H}$ würde eine instabile Lage ergeben.

Auf der nördlichen Halbkugel verschiebt sich der Schwerpunkt nach dem Ende hin, das nordmagnetische Flüssigkeit besitzt. Mit dieser uns etwas ungewohnten Darstellung der Wirkung der Vertikalkomponente verbindet Gauss einen bestimmten Zweck; er zieht aus ihr nämlich eine praktische Folgerung für die experimentelle Bestimmung der Inklination. Er sagt darüber:

»Bei dieser Auffassungsweise leuchtet von selbst ein, dass, was immer für Versuche mit einer Magnetnadel in einem einzigen magnetischen Zustande gemacht werden mögen, aus diesen allein die Inklination nicht abgeleitet werden kann, sondern dass die Lage des wirklichen Schwerpunktes anderswoher schon bekannt sein muss. Diese Lage pflegt bestimmt zu werden, bevor die Nadel magnetisiert wird; aber diese Art ist nicht sicher genug, da meistens eine Stahlnadel schon während ihrer Herstellung einen, wenn auch schwachen, Magnetismus annimmt. Es ist daher für die Bestimmung der Inklination notwendig, dass durch eine zweckmässige Änderung des magnetischen Zustandes der Nadel eine andere Verlegung des Schwerpunktes hervorgerufen werde. Damit diese von der ersteren möglichst verschieden werde, wird es notwendig sein, die Pole umzukehren, wodurch eine doppelte Verlegung erhalten wird. Übrigens kann die Verlegung des Schwerpunktes selbst bei Nadeln, welche die geeigneteste Form haben und mit Magnetismus gesättigt sind, eine gewisse Grenze nicht überschreiten, die (für eine einfache Verschiebung) in unseren Gegenden ungefähr 0,4 mm beträgt, und in Gegenden, wo die vertikale Kraft am grössten ist, unter 0,6 mm bleibt; daraus ersieht man gleichzeitig, eine wie grosse mechanische Feinheit bei den Nadeln erfordert wird, die zur Bestimmung der Inklination dienen sollen.«

13. Von nun an setzt Gauss voraus, dass die Magnetnadel nur um eine vertikale Achse drehbar sei, sodass die Vertikalkomponente V nicht in Betracht kommt; der Einfachheit halber werden wir mit Gauss die Horizontalkomponente von jetzt an mit dem Buchstaben H bezeichnen, wodurch ein Irrtum wohl nicht entstehen kann.

Das Problem, das Gauss nun löst, ist die absolute Bestimmung von H; hat man H gefunden und den Inklinationswinkel i gemessen, so ist die totale Intensität des Erdmagnetismus $= \frac{H}{\cos i}$.

Die Bestimmung von H erreicht Gauss dadurch, dass er einmal das Produkt HM der Horizontalintensität in das magnetische Moment und dann nach einer zweiten Methode den Quotienten $\frac{H}{M}$ bestimmt; seine Methode liefert also gleichzeitig das magnetische Moment der zur Untersuchung benutzten Magnetnadel und macht die Messung der Intensität unabhängig von dem Zustande der Nadel.

Gauss' Methode zur Bestimmung von HM ist die folgende: Lässt man eine Magnetnadel vom Trägheitsmoment K um eine vertikale Achse unter dem Einfluss der Horizontalintensität schwingen, so ist, da die Direktionskraft den Wert HM besitzt, die (ganze) Schwingungsdauer T nach bekannten Sätzen der Mechanik:

$$(13) \qquad T = 2\pi\sqrt{\frac{K}{HM}}$$

Für die Gültigkeit dieser Formel ist vorausgesetzt, dass die Schwingungsamplituden unendlich klein sind. Die besondere Methode, die Gauss zur Bestimmung von T entwickelt hat, ist in einer eigenen Abhandlung behandelt[1]), die hier nicht zu besprechen ist, ebensowenig wie Gauss' Verfahren, um das Trägheitsmoment K experimentell zu bestimmen. Beide Methoden haben mit Magnetismus an sich nichts zu tun, sondern gehören in das Gebiet der Mechanik. Hier sei nur erwähnt, dass sein Verfahren darauf herauskommt, der Nadel ein bekanntes Zusatzträgheitsmoment K' zu geben und sie so mit der Schwingungsdauer T'

$$(14) \qquad T' = 2\pi\sqrt{\frac{K + K'}{HM}}$$

schwingen zu lassen. Durch Kombination von (13) und (14), d. h. durch die blosse Bestimmung zweier Schwingungsdauern, die nach Gauss' Verfahren mit ausserordentlicher Genauigkeit möglich ist, gewinnt man das Produkt

$$(15) \qquad HM = 4\pi^2 \frac{K'}{T'^2 - T^2}.$$

In den Formeln (13) bis (15) ist die Torsionskraft des Aufhängefadens vernachlässigt. Gauss hat auch zur Berücksichtigung dieses Umstandes eine Methode angegeben, die gleichfalls in das Gebiet der Mechanik zu rechnen ist.

14. Es handelt sich jetzt um die Bestimmung von $\frac{H}{M}$. Dazu bedient sich Gauss einer Hilfsnadel, die um eine vertikale Achse drehbar ist; sie

---

1) *Anleitung zur Bestimmung der Schwingungsdauer einer Magnetnadel* 1837; Werke V, S. 374.

stellt sich ohne die Wirkung störender Kräfte natürlich in den magnetischen Meridian ein. Der zu untersuchende Magnet — wir wollen ihn von jetzt an den Hauptmagneten nennen — d. h. derjenige, für den das magnetische Moment M bestimmt werden soll, kann nun in zwei Lagen so angebracht werden, dass auf die Hilfsnadel gleichzeitig die Horizontalintensität H und die magnetischen Kräfte des Hauptmagneten wirken.

In der sogenannten ersten Hauptlage ist die Stellung der beiden Nadeln zueinander folgende: Der Hauptmagnet liegt mit seiner Achse senkrecht zum magnetischen Meridian, und zwar so, dass seine Achse auf den Aufhängepunkt der Hilfsnadel hinweist. Bei gleicher Entfernung der beiden Nadeln sind nun vier verschiedene Stellungen des Hauptmagneten möglich:

1. Der Hauptmagnet liegt östlich von der Hilfsnadel und zwar ist
   a) sein Nordpol der Hilfsnadel zugewendet;
   b) sein Südpol der Hilfsnadel zugewendet.

2. Der Hauptmagnet liegt westlich von der Hilfsnadel und zwar ist
   a) sein Nordpol der Hilfsnadel zugewendet;
   b) sein Südpol der Hilfsnadel zugewendet.

Alle vier Stellungen werden benötigt, um Asymmetrien der Anordnung auszugleichen.

Bezeichnet man die Entfernung der beiden Nadeln von Mitte zu Mitte mit R, die Länge des Hauptmagneten mit l, die der Hilfsnadel mit λ, und sind die Längsdimensionen beider Nadeln sehr klein gegen R, so ist die Ablenkung φ_1 der Hilfsnadel aus dem Meridian (natürlich das Mittel aus allen vier Stellungen)

$$(16) \qquad \operatorname{tang} \varphi_1 = \frac{M}{H} \left\{ \frac{n}{R^{n+1}} + \frac{\psi_1}{R^{n+3}} + \frac{\psi_2}{R^{n+5}} + \cdots \right\}, \cdot$$

wo die Grössen ψ von der Verteilung des Magnetismus im Hauptmagneten abhängen. Gauss hat hier den Exponenten 2 des Coulombschen Gesetzes zunächst noch nicht eingeführt, sondern, wie bereits erwähnt wurde, ihn allgemeiner durch die unbekannte Zahl n ersetzt.

Die sogenannte zweite Hauptlage ist durch folgende Angaben charakterisiert: Der Hauptmagnet liegt mit seiner Achse wiederum senkrecht zum magnetischen Meridian, aber jetzt weist die magnetische Achse der Hilfsnadel auf seine Mitte hin; der Abstand der Nadeln von Mitte zu Mitte sei wieder R. Auch hier sind wieder vier spezielle Lagenmöglichkeiten vorhanden und zur Elimination von Asymmetrien notwendig:

1. Der Hauptmagnet liegt südlich von der Hilfsnadel und zwar
   a) sein Nordpol westlich;
   b) sein Südpol westlich.

2. Der Hauptmagnet liegt nördlich von der Hilfsnadel und zwar
   a) sein Nordpol westlich;
   b) sein Südpol westlich.

In diesem Falle ist die Ablenkung φ_2 der Hilfsnadel aus dem Meridian gegeben durch

$$(17) \qquad \operatorname{tang} \varphi_2 = \frac{M}{H}\left\{\frac{1}{R^{n+1}} + \frac{\chi_1}{R^{n+3}} + \frac{\chi_2}{R^{n+5}} + \cdots\right\},$$

wo die χ wieder gewisse Konstanten des Magneten sind.

Sowohl in (16) wie in (17) werden die höheren Glieder mit den Koeffizienten ψ und χ immer weniger merklich, je grösser R im Verhältnis zu den Längsdimensionen der verwendeten Magnete ist; im Grenzfall für unendlich grosse Entfernung bleibt in beiden Formeln nur das erste Glied übrig.

15. Gauss hat nun zunächst Messungen in beiden Hauptlagen und in verschiedenen Entfernungen R angestellt. Dann müssen nach (16) und (17) die beiden Winkel φ_1 und φ_2 (wenigstens insofern die Tangenten durch die Winkel ersetzt werden dürfen) um so genauer in dem Verhältnis $n : 1$ stehen, je grösser R genommen wird, d. h. man kann ohne weiteres aus dem Vergleich der in beiden Hauptlagen gewonnenen Zahlen den genauen Wert des Exponenten im Coulombschen Gesetz bestimmen. Aus der Gaussschen Messung vom 24. bis 28. Juni 1832, die nach seinen Angaben in der folgenden Tabelle wiedergegeben wird, erkennt man sofort, dass nur $n = 2$ in Frage kommen kann, da die Winkel φ_1 fast genau doppelt so gross sind als φ_2; ebenso nehmen die Werte tang φ_1 und tang φ_2 fast genau mit der dritten Potenz der Entfernung R ab.

R	φ_1	φ_2
1,1 m		1^0 57' 24,8"
1,2		1 29 40,5
1,3	2^0 13' 51,2"	1 10 19,3
1,4	1 47 28,6	0 55 58,9
1,5	1 27 19,1	0 45 14,3
1,6	1 12 7,6	0 37 12,2
1,7	1 0 9,9	0 30 57,9
1,8	0 50 52,5	0 25 59,5
1,9	0 43 21,8	0 22 9,2
2,0	0 37 16,2	0 19 1,6
2,1	0 32 4,6	0 16 24,7
2,5	0 18 51,9	0 9 36,1
3,0	0 11 0,7	0 5 33,7
3,5	0 6 56,9	0 3 28,9
4,0	0 4 35,9	0 2 22,2

Nach der Methode der kleinsten Quadrate hat GAUSS die obigen Zahlen als Funktionen von R dargestellt durch:

$$(18) \quad \begin{cases} \text{tang } \varphi_1 = 0,086\,870\,R^{-3} - 0,002\,185\,R^{-5}, \\ \text{tang } \varphi_2 = 0,043\,435\,R^{-3} + 0,002\,449\,R^{-5}. \end{cases}$$

Die Berücksichtigung der dritten Glieder in (16) und (17) erwies sich schon als unnötig.

Mit diesen Werten hat GAUSS Werte für φ_1 und φ_2 berechnet, die nebst ihren Unterschieden von den experimentell gewonnenen Zahlen in der folgenden Tabelle zusammengestellt sind.

R	φ_1	Unterschied	φ_2	Unterschied
1,1 m			1^0 57' 22,0''	$+ 2,8''$
1,2			1 29 46,5	$- 6,0$
1,3	2^0 13' 50,4''	$+ 0,8''$	1 10 13,3	$+ 0,6$
1,4	1 47 24,1	$+ 4.5$	0 55 58,7	$+ 0,2$
1,5	1 27 28,7	$- 9,6$	0 45 20,9	$- 6,6$
1,6	1 12 10,9	$- 3,3$	0 37 15,4	$- 3,2$
1,7	1 0 14,9	$- 5,0$	0 30 59,1	$- 1,2$
1,8	0 50 48,3	$+ 4,2$	0 26 2,9	$- 3,4$
1,9	0 43 14,0	$+ 7,8$	0 22 6,6	$+ 2,6$
2,0	0 37 5,6	$+ 10,6$	0 18 55,7	$+ 5,9$
2,1	0 32 3,7	$+ 0,9$	0 16 19,8	$+ 4,9$
2,5	0 19 2,1	$- 10,2$	0 9 38,6	$- 2,5$
3,0	0 11 1,8	$- 1,1$	0 5 33,9	$- 0,2$
3,5	0 6 57,1	$- 0,2$	0 3 29,8	$- 1,0$
4,0	0 4 39,6	$- 3,7$	0 2 20,5	$+ 1,7$

16. Ausser dem in Nr. 14 besprochenen Verfahren zur Bestimmung von $\frac{M}{H}$ hat Gauss noch eine zweite Methode angegeben — er selbst bezeichnet sie umgekehrt als »modus prior« — von der er freilich in der Abhandlung selbst keinen Gebrauch macht, da sie weniger genau sei, als die erste. Aber in der Einleitung zur »*Intensitas*« gibt er eine kurze Schilderung des Gedankenganges.

Das Verfahren soll darin bestehen, einmal eine Hilfsnadel im Erdfelde allein schwingen zu lassen, ein zweites Mal unter der kombinierten Wirkung des Erdfeldes und des Hauptmagneten, wenn dessen Achse in dem durch die Mitte der Hilfsnadel gehenden magnetischen Meridian liegt. Dann werden je nach Lage der Pole die Schwingungen der Hilfsnadel beschleunigt oder verzögert, und man kann z. B. durch Umlegen des Hauptmagneten zwei Werte für die Schwingungsdauern erhalten, aus denen dann H und M berechnet werden können.

Gauss bemerkt dazu, dass bereits Poisson[1]) diese Methode vorgeschlagen

---

1) S. D. Poisson, *Solution d'un problème rélatif au Magnétisme terrestre*, in: Additions à la Connaissance des temps pour l'an 1828. Paris 1825, S. 322; Auszug in den Annales de Chimie et de Phy-

habe. In der Abhandlung POISSONS findet sich in der Tat folgender Gedankengang: Zwei Nadeln A und B liegen hintereinander im magnetischen Meridian. Man entfernt zunächt B und lässt 1) A unter der alleinigen Wirkung der Horizontalintensität H schwingen (Schwingungsdauer T); dann 2) ebenso B nach Entfernung von A (Schwingungsdauer T'). Dann wird B festgehalten und A schwingt 3) unter der kombinierten Wirkung von H und B (Schwingungsdauer θ); dann endlich 4) schwingt bei festgehaltenem A die Nadel B unter der Wirkung von H und A (Schwingungsdauer θ'). Bezeichnet man die Trägheitsmomente der beiden Nadeln mit K_A und K_B, ihre Entfernung von Mitte zu Mitte mit R, das als sehr gross gegen die Lineardimensionen der Nadeln genommen wird, die magnetischen Momente mit M_A und M_B, und behält man endlich im COULOMBschen Gesetz den Proportionalitätsfaktor f bei (statt ihn, wie GAUSS tut, gleich 1 zu setzen), so hat man folgende vier Gleichungen:

$$(19) \quad \begin{cases} \dfrac{4\pi^2 K_A}{T^2} = HM_A, & \dfrac{4\pi^2 K_B}{T'^2} = HM_B, \\[2mm] \dfrac{4\pi^2 K_A}{\theta^2} = HM_A + \dfrac{2f}{R^3} M_A M_B, & \dfrac{4\pi^2 K_B}{\theta'^2} = HM_B + \dfrac{2f}{R^3} M_A M_B. \end{cases}$$

Durch geeignete Kombination derselben gewinnt man leicht die POISSONsche Formel:

$$(20) \qquad H^2 = \frac{8\pi^2}{R^2} f \, \frac{\sqrt{K_A K_B}\cdot\theta\theta'}{TT'\sqrt{T^2-\theta^2}\,\sqrt{T'^2-\theta'^2}}.$$

Man erkennt daraus erstens, dass der Faktor f von POISSON beibehalten, also kein Versuch gemacht wird, die Quantität der magnetischen Flüssigkeiten und damit die Horizontalintensität im »absoluten« Masse zu bestimmen. POISSON sagt auch ausdrücklich: »Le Coefficient f étant une constante qui exprime cette même action à l'unité de distance et entre deux quantités de fluide dont chacune serait prise pour unité«. Der Gedanke, durch Festlegung von f erst ein brauchbares Mass für die magnetischen Mengen zu schaffen, lag POISSON also fern.

Man erkennt zweitens, dass in POISSONS Formel die beiden Trägheitsmomente der benutzten Nadeln eingehen, die er — unter Annahme der Ho-

sique, Vol. 30, S. 257, 1825; deutsch in BAUMGARTNERS Zeitschrift für Physik und Mathematik, Bd. I, S. 117, Wien 1826.

mogeneität — berechnet wissen will. Hier liegt vom experimentellen Standpunkt natürlich ein Nachteil gegenüber der GAUSSschen Methode vor, die das Trägheitsmoment experimentell bestimmt. Auch dieser Teil der GAUSSschen Leistung findet sich demnach nicht bei POISSON.

Drittens aber sieht man, dass POISSONS Formel für H unabhängig ist von dem magnetischen Zustande der zur Untersuchung verwendeten Nadeln. Die POISSONsche Methode ist also sicher keine »relative« Methode in dem Sinne, wie GAUSS dieses Wort in der Einleitung seiner Abhandlung gebraucht[1]); denn nach POISSON ist es durchaus möglich, z. B. die säkulare Variation der erdmagnetischen Elemente mit voller Sicherheit festzustellen. POISSONS Methode ist also in diesem Sinne eine »absolute«; sie ist es nur insofern nicht, als man dieses Wort nach dem Vorgange von GAUSS neuerdings für solche Methoden reserviert, die den Faktor f irgendwie festlegen.

Der allgemeine Gedanke also, dem POISSON folgt, nämlich auf eine Magnetnadel den kombinierten Einfluss von H und einer zweiten Nadel wirken zu lassen, findet sich bei GAUSS wieder. Bei beiden kommt das Verfahren darauf heraus, sowohl HM als $\frac{H}{M}$ zu bestimmen. Es liegt dennoch keine Abhängigkeit GAUSSENS von POISSON bezüglich der Methode vor; denn wir besitzen in dem Briefe an SCHUMACHER[2]) vom 6. August 1835 sein eigenes Zeugnis dafür, dass er POISSONS Abhandlung damals nicht gekannt hat: »Allerdings habe ich meine Methode, die Intensität des Erdmagnetismus zu bestimmen, nicht von POISSON entlehnt, da ich dessen Aufsatz damals (Frühjahr 1832) noch gar nicht gelesen hatte . . . .«. Auch in allem übrigen ist er gänzlich unabhängig von POISSON.

17. Die POISSONsche Methode und ihre Leistung, Werte für die erdmagnetische Kraft zu liefern, die unabhängig sind von dem magnetischen Zustande der benutzten Nadeln, hat schon vor Erscheinen der GAUSSschen Arbeit die Aufmerksamkeit einiger Physiker auf sich gezogen. In einer im Jahre 1830 erschienenen Arbeit *Über die Messung der Intensität des tellurischen Magnetismus* haben LUDWIG MOSER und PETER RIESS[3]) auf die Bedeutung der Poisson-

---

1) Vergl. den Schluss von art. 7 auf S. 11.
2) GAUSS-SCHUMACHER, Bd. II, S. 410.
3) Poggendorffs Annalen der Physik und Chemie, Band 18, S. 226, 1830.

schen Methode hingewiesen und sie experimentell auszuführen versucht. Zu diesem Zwecke haben sie die Poissonschen Formeln in eine (wie sie glauben) für das Experiment geeignetere Form gebracht und einige Messungen ausgeführt. Infolge falscher Berechnungsart sind ihre Resultate aber fehlerhaft ausgefallen. Gauss hat diese Messungen gekannt. In einem Briefe an Schumacher vom 3. März 1832[1]) äussert er sich folgendermassen: »Wenn ich nicht irre, hat Poisson zuerst ein Verfahren angegeben, und ich finde auch in Poggendorffs Annalen einen Versuch, solches zur Anwendung zu bringen. Allein ich finde dabei Verschiedenes, was ich durchaus für unzulässig halten muss, und halte mich überzeugt, dass durch solche Behandlung auch nicht einmal ein grobgenähertes Resultat erhalten werden kann.« Ferner heisst es in einem Briefe an Gerling[2]) vom 20. Juni 1832: »Meine Zurückführung der Intensität auf absolute Einheit, wozu [ich] schon mehrere, obwohl erst als vorläufig anzusehende Versuche gemacht habe, gelingen ganz unvergleichlich. Aber das von Moser und Rieser [so schreibt Gauss irrtümlich den zweiten Namen] aus der Beobachtung in Berlin berechnete Resultat ist nur ein fünftel des meinigen, also ganz unbrauchbar . . . . Jener enorme Fehler hat übrigens seinen Grund hauptsächlich in einer ganz unzulässigen Berechnungsweise: Nach richtigen Prinzipien finden sich, so gut es geht, Resultate, die wenigstens Annäherungen sind und sogar mein Resultat zwischen sich haben.«

Übrigens hat Gauss auch selbst Versuche nach dem »modus prior« gemacht, wie er in der *Intensitas* angibt. Auch in dem Briefe an Schumacher[3]) vom 3. März 1832 erwähnt er dies und gibt dort vorläufige Ergebnisse nach beiden Methoden an.

In dem Briefe an Olbers[4]) vom 2. August 1832 hat er dies noch einmal bemerkt: »Nichts desto weniger ist der modus prior dem zweiten bei weitem nachzusetzen, und zwar deswegen, weil jener eine viel längere Zeit erfordert, während welcher die Veränderlichkeit des Erdmagnetismus sich auf das Entschiedenste bemerklich macht. Ich habe zwar auch mehrere Versuche nach dem modus prior gemacht (die nahezu dieselben Resultate geben), werde aber

---

1) Gauss-Schumacher II, S. 295; Werke XI, 1, S. 73 ff., insbesondere S. 75.
2) Gauss-Gerling, S. 392; Werke XI, 1, S. 78.
3) Gauss-Schumacher II, S. 295; Werke XI, 1, S. 73 ff.
4) Gauss-Olbers II, 2, S. 587; Werke XI, 1, S. 79 ff.; insbesondere S. 81.

bei denen, die gelten sollen, mich nur auf den zweiten Modus beschränken.«

In dieser Bemerkung tritt ein neuer wichtiger Gesichtspunkt zur Bewertung der Poissonschen Methode auf, nämlich die längere Zeitdauer einer Messung, die Gauss mit Recht als einen Nachteil betrachtet. Einmal wegen der in dieser Zeit stattfindenden Variationen des erdmagnetischen Feldes, die also der Beobachtung entgehen, die vielmehr nur einen Mittelwert liefern kann. Dann aber auch, — wie Gauss im Artikel 23 der *Intensitas* hervorhebt — weil eine merkliche Änderung des magnetischen Zustandes der Nadel selbst eintreten könnte. Aus demselben Grunde empfiehlt Gauss auch bei seinem Verfahren die möglichste Abkürzung. In diesem Zusammenhange ist es nun von Interesse festzustellen, dass Gauss einen nicht unwesentlichen Umstand, der bei seiner Methode eine Veränderung des magnetischen Moments der Nadel herbeiführt, übersehen hat. G. Th. Fechner[1]) hat zuerst darauf hingewiesen, dass der Hauptmagnet bei der Schwingungsbeobachtung im wesentlichen parallel dem Meridian liegt, bei den Ablenkungsbeobachtungen dagegen in beiden Hauptlagen senkrecht zu demselben. In der ersteren Lage erfährt sein magnetisches Moment durch die magnetisierende Kraft der Horizontalintensität eine Verstärkung, im zweiten Falle nicht; 1855 hat W. Weber[2]) gelehrt, diesen Umstand zu berücksichtigen.

18. Im Artikel 25 der *Intensitas* hat Gauss schliesslich eine Reihe von zahlenmässigen Ergebnissen über die absoluten Werte der Horizontalintensität zusammengestellt. Er benutzt als Einheiten das Milligramm, das Millimeter und die Sekunde. Durch Übergang zu den heute üblichen Einheiten, Gramm, Zentimeter, Sekunde, reduzieren sich seine Werte auf den zehnten Teil. Gauss teilt die Ergebnisse von zehn Messreihen unter den verschiedensten Bedingungen mit, die in der folgenden Tabelle zusammengestellt sind; die Werte von H sind auf gr, cm, sec reduziert. Die Bemerkungen der vierten Spalte geben einen Eindruck davon, mit welcher Umsicht und Sorgfalt Gauss die Bedingungen des Experiments variiert hat.

---

1) G. Th. Fechner, Poggendorffs Annalen, Bd. LV, S. 189; 1842.
2) W. Weber, Abhdl. d. Gött. Ges. d. Wiss., Bd. VI, 1855; auch Webers Werke, Bd. II, S. 326. Vergl. ferner E. Dorn, Wied. Ann. XVII, S. 776, 1882; ebenda XXXV, S. 270 und 275, 1888.

Nr. des Versuchs	Zeit 1832	H in $\mathrm{gr}^{\frac{1}{2}}\ \mathrm{cm}^{-\frac{1}{2}}\ \mathrm{sec}^{-1}$	Bemerkungen	
I	21. Mai	0,17820	bei weitem geringere Sorgfalt	Messungen an verschiedenen Orten angestellt
II	24. Mai	0,17694		
III	4. Juni	0,17713		
IV	24.—28. Juni	0,17625	geringere Sorgfalt	
V	23., 24. Juli	0,17826		
VI	25., 26. Juli	0,17845		
VII	9. September	0,17764	grösste Sorgfalt	Messungen an demselben Orte angestellt
VIII	18. September	0,17821		
IX	27. September	0,17965	sehr leichte Nadel (58 gr)	
X	15. Oktober	0,17860	gemischter Versuch: Ablenkungen am Orte V bis IX, Schwingungen an anderem Orte Nadel 1062 gr, Länge 48,5 cm	

Bei Nr. I—VIII wurden zwar verschiedene Nadeln benutzt, aber alle waren von gleicher Länge und etwa gleichem Gewicht (400—440 gr).

Zu dem Versuch IX bemerkt GAUSS, dass er nur angestellt sei, um zu untersuchen, welche Genauigkeit man mit kleinen Nadeln erreichen könnte. »Es besteht kein Zweifel«, sagt er, »dass die Feinheit der Beobachtungen merklich vermehrt wird, wenn noch schwerere Nadeln benutzt werden, z. B. solche, deren Gewicht bis zu 2000 oder 3000 gr steigt.«

Dies ist ein Punkt, der für GAUSS' Auffassung ganz charakteristisch ist; er ist in der Tat zu immer schwereren Nadeln übergegangen, zum Teil aus dem Grunde, um den Einfluss der Luftströmungen herabzusetzen. Es ist dies einer der wenigen Punkte, wo wir heute — nach dem Vorgange von LAMONT — grundsätzlich von GAUSS abweichen[1])

Mitteilungen über die ersten quantitativen Ergebnisse seiner Messungen hat GAUSS gemacht im Briefe an SCHUMACHER vom 3. März 1832[2]), wo er als vorläufige Werte der Horizontalintensität nach Schwingungsversuchen (POISSON-

---

[1]) Man vergleiche dazu die Darstellung LAMONTs in seiner Schrift *Über das magnetische Observatorium der kgl. Sternwarte bei München* (München 1841, bei HÜBSCHMANN), auch verkürzt in den Astron. Nachrichten, Bd. 19, 1842, S. 211—216. Daran schloss sich eine unerfreuliche Polemik WEBERs mit LAMONT, über die man das Nähere im Briefwechsel GAUSS-SCHUMACHER (Werke XII, S. 285—292) nachlesen kann. (In der PETERSschen Ausgabe des Briefwechsels sind diese Stellen unterdrückt).

[2]) GAUSS-SCHUMACHER II, S. 395; Werke XI, 1, S. 73 ff.

sche Methode) 0,172, nach der Ablenkungsmethode 0,159 angibt; ferner im Brief an OLBERS vom 2. August[1]) 1832, wo schon die genaueren Werte 0,17762 und 0,17780 auftreten.

19. Die *Intensitas* ist die erste reife Frucht von GAUSSENS Untersuchungen über Magnetismus; doch zeigen seine Briefe aus dieser Zeit (1832), dass er sich schon von Anfang an mit weit grösseren Plänen und Ideen trug.

Dass er sich nicht auf die Bestimmung der Horizontalintensität allein beschränken wollte, ist ja von vornherein naheliegend; in der Tat schreibt er schon am 2. April 1832 an GERLING[2]) und am 12. Mai 1832 an ENCKE[3]), dass er begründete Aussicht habe, die Messung aller magnetischer Elemente (Deklination, Inklination, Variationen) zu eben derselben Vollkommenheit zu bringen, wie die Messung der Horizontalintensität.

Bei seinen Versuchen war es natürlich wesentlich für GAUSS, dass er sich mit den besten damals bekannten Methoden zur Magnetisierung vertraut machte; er hat denn in der Tat auch zahlreiche Versuche darüber gemacht, wie aus seiner am 10. September 1832 in den Göttingischen Gelehrten Anzeigen erschienenen Rezension[4]) einer kleinen Schrift von FRIEDRICH FISCHER hervorgeht, in der er seine Erfahrungen in Kürze angibt. Dabei stiess er natürlich auch auf die Frage nach der allmählichen Abnahme der Magnetisierung von Magneten und am 31. August 1832 schreibt er an SCHUMACHER[5]): »Jetzt bin ich unter anderem mit Versuchen beschäftigt, die Sättigungsmethoden zu vervollkommnen, teils den Grad der Beharrlichkeit, oder vielmehr die dekreszierende Geschwindigkeit der allmählichen Abnahme der Nadeln zu prüfen.«

In demselben Briefe heisst es weiter: »Im Winter werde ich den Einfluss der Temperatur untersuchen«; dasselbe Thema hatte er schon in Briefen an GERLING[6]) vom 25. Juli 1832 und an OLBERS[7]) vom 2. August 1832 angeschlagen. In etwas anderer Form, nämlich im Zusammenhang mit der Variation der erd-

---

1) GAUSS-OLBERS II, 2, S. 587; Werke XI, 1, S. 79 ff.

2) GAUSS-GERLING, S. 387; Werke XI, 1, S. 77.

3) Werke XI, 1, S. 78.

4) *Praktische Anweisung* ... von FRIEDRICH FISCHER; Rezension von GAUSS in den Göttingischen Gelehrten Anzeigen, Stück 143, S. 1441 ff., 1832, 10. September; Werke V, S. 591.

5) GAUSS-SCHUMACHER II, S. 303.

6) GAUSS-GERLING, S. 394.

7) GAUSS-OLBERS II, 2, S. 587 ff.; Werke XI, 1, S. 79 ff.

magnetischen Elemente, war das Problem schon im Briefe an Schumacher[1]) vom 3. März 1832 aufgerollt worden, in dem Gauss sich mit einer bei ihm seltenen Offenheit über seine theoretischen Ideen ausspricht: »Ich habe immer diese ungeheuren Änderungen wie etwas höchst merkwürdiges betrachtet. Ohne Zweifel ist die magnetische Erdkraft nicht das Resultat von ein Paar grossen Magneten in der Nähe des Erdmittelpunkts, die nach und nach viele Meilen weit sich von ihrem Platze bewegen, sondern das Resultat aller in der Erde enthaltenen polarisierten Eisenteile, und zwar mehr derjenigen, die der Oberfläche, als der, die dem Mittelpunkte näher liegen. Allein was soll man von den ungeheuren Änderungen, die seit ein paar Jahrhunderten stattgefunden haben, denken? Mir hat immer diese Erscheinung eine besondere Gunst für die von Cordier besonders hervorgehobene Hypothese zu erwecken geschienen, wonach die feste Erdrinde vergleichsweise nur dünn ist. Natürlich können dann nur in dieser die magnetischen Kräfte ihren Sitz haben, und die allmähliche Verdickung dieser Rinde durch Erstarren vorher flüssig gewesener Schichten erklärt die eintretende grosse Veränderung in dem Erdmagnetismus auf das Ungezwungenste, die sonst ein grosses Rätsel bleibt. Auch der Umstand, dass die sogenannten magnetischen Hauptpole der Erde in die kältesten Gegenden fallen, wo vermutlich die Erdrinde am dicksten ist, scheint darauf hin zu deuten.«

In dem gleichen Briefe an Schumacher finden sich Äusserungen Gaussens über zu entwerfende magnetische Karten; aus ihnen geht klar hervor, dass er zu dieser Zeit längst wesentliche Ergebnisse seiner 1837 erschienenen *Allgemeinen Theorie des Erdmagnetismus* besessen hat. Dass ihm damals auch bereits erhebliche Teile seiner grossen potentialtheoretischen Arbeit bekannt waren, haben wir schon in Art. 9 bemerkt, im Anschluss an seine eigenen Andeutungen in der *Intensitas*.

Endlich finden wir gegen Ende des Jahres — es ist dies ja eine ganz naturgemässe und beinahe zwangsläufige Entwicklung — die ersten Mitteilungen Gaussens an seine Freunde, dass er angefangen habe, seine Methoden auf den Galvanismus zu übertragen (Brief an Gerling[2]) vom 28. Oktober 1832

---

1) Gauss-Schumacher II. S. 294 ff.; Werke XI, 1, S. 73.
2) Gauss-Gerling, S. 401.

und an SCHUMACHER[1]) vom 14. Dezember 1832); ein Zufall ermöglicht es uns sogar, festzustellen, dass er am 21. Oktober 1832 die ersten galvanischen Versuche angestellt hat.

Diese kurze Übersicht möge hier genügen, um GAUSSENS Interessensphäre im Jahre 1832 zu charakterisieren. Wir kommen später noch ausführlich darauf zurück.

Dritter Abschnitt.
Der Bau des magnetischen Observatoriums und die Bildung des magnetischen Vereins.

20. Schon im Briefe an OLBERS[2]) vom 2. August 1832 heisst es an einer Stelle: »Gegenwärtig habe ich zwei Apparate fertig (ganz gleiche), womit absolute Deklination und ihre Änderungen, Schwingungsdauer etc. mit einer Schärfe gemessen werden können, die garnichts zu wünschen übrig lässt. ausgenommen für mich ein angemessenes Lokal, wo kein Eisen in der Nähe ist und jeder Luftzug abgehalten ist.« Allerdings, fügt GAUSS hinzu, dürfe man den Einfluss eines solchen Lokals auch nicht überschätzen, denn auch so überböten seine Messungen alles frühere sehr weit. Immerhin taucht hier zum ersten Male, wenn auch in bedingter Weise, der Gedanke auf, dass es wünschenswert sei, ein eigenes Gebäude mit Sonderausrüstung für magnetische Messungen zu besitzen. Wenige Tage später (am 18. August 1832) schreibt GAUSS, fast gleichlautend, an ENCKE[3]): ». . . . und es bleibt jetzt eigentlich garnichts weiter zu wünschen übrig, als ein gegen Eisennähe und Luftzug ganz geschütztes Lokal.«

Inzwischen reift der Plan weiter: denn am 25. Dezember heisst es in einem Brief an ENCKE[4]): »Ich bin nicht abgeneigt, bei unserem Gouvernement auf die Errichtung eines eigenen Gebäudes zu den magnetischen Beobachtungen in der Nähe der Sternwarte anzutragen, wo der Apparat, in noch grösseren Dimensionen ausgeführt, aufgestellt werden könnte. Es könnten dann hier regelmässige Beobachtungen über die täglichen Variationen der Deklination

---

1) GAUSS-SCHUMACHER II, S. 310 ff.
2) GAUSS-OLBERS II, 2, S. 587 ff.; Werke XI, 1, S. 79.
3) Werke XI, 1, S. 85 ff.
4) Brief Nr. 36 an ENCKE (ungedruckt).

in der Art angestellt werden, dass alle Zahlen zugleich auf das schärfste absolute wären«.   Und am 6. Januar 1833 schreibt GAUSS noch bestimmter an SCHUMACHER[1]): »Ich gehe damit um, bei unserem Ministerium auf die Errichtung eines eigenen von Eisen freien Gebäudes für fortwährende magnetische Beobachtungen anzutragen und habe bereits den Baumeister um einen Kostenanschlag ersucht.«

GAUSSens offizielle Eingabe[2]) an das »Königliche Universitäts Kuratorium« ist vom 29. Januar 1833 datiert; der amtliche Bericht trägt den Titel: »Vortrag des Hofrats GAUSS in Göttingen, das Bedürfnis eines besonderen Lokals für magnetische Beobachtungen betreffend.«

Aus einem Briefe an SCHUMACHER[3]) vom 21. März 1833 geht hervor, dass die Einrichtung eines besonderen Gebäudes für magnetische Beobachtungen genehmigt sei und der Bau in kurzem beginnen werde.   Am 20. August meldet GAUSS an ENCKE[4]), dass der Bau langsam fortschreite, das Gebäude aber bereits unter Dach sei, und er schon im Herbst darin zu beobachten hoffe.

Wirklich kann er am 20. November 1833 OLBERS[5]) mitteilen, dass das Observatorium bis auf einige innere Einrichtungen vollendet sei, und dass er schon einen der bisherigen Apparate hineingestellt und mit Justieren begonnen habe.

21. Mit der Fertigstellung des magnetischen Observatoriums war ein zweiter wichtiger Schritt vorwärts getan, und GAUSS wird nicht müde, in den Briefen an seine Freunde stets die Vorzüge seines Observatoriums zu schildern und die Notwendigkeit zu betonen, überall solche Spezialobservatorien für magnetische Messungen einzurichten.   Eine Beschreibung des Gebäudes hat er selbst in den Göttingischen Gelehrten Anzeigen[6]) vom 9. August 1834 gegeben; die innere Einrichtung hat WILHELM WEBER im ersten Bande der Zeitschrift »Resultate aus den Beobachtungen des magnetischen Vereins im Jahre 1836« (Göttingen 1837, S. 13 ff.) bekannt gemacht.

---

1) GAUSS-SCHUMACHER II, S. 319 ff.

2) Werke XI, 1, p. 55 ff.

3) GAUSS-SCHUMACHER II, S. 324 ff.

4) Brief Nr. 38 an ENCKE, der betreffende Passus ist ungedruckt; Teile des Briefes Werke XI, 1, S. 85.

5) GAUSS-OLBERS II, 2 ; S. 601 ff.

6) Göttingische Gelehrte Anzeigen, Stück 128, S. 1265 bis 1274, 1834; Werke V, S. 519.

Die wesentlichsten Punkte der GAUSSschen Beschreibung seien hier wieder-gegeben: Das Observatorium war — abgesehen von Nebenräumen — ein ge-nau im geographischen Meridian orientiertes längliches Viereck von 32 Pariser Fuss Länge und 15 Fuss Breite; im ganzen Gebäude war ohne Ausnahme alles sonst bei Gebäuden übliche Eisen durch Kupfer ersetzt. Die Höhe des Saales betrug etwa 10 Fuss; Doppeltüren und Doppelfenster sorgten für tun-lichste Fernhaltung von Luftzug. Nach den Angaben WEBERS betrugen die Kosten für das Göttinger Observatorium 797 Tlr. 19 Ggr. 6 Pfg. Preussisch Courant, wovon ein erheblicher Teil für den Ersatz des Eisens durch Kupfer erfordert wurde.

Nach GAUSSENS und WEBERS Beschreibung war das Observatorium aus-gerüstet mit einem Theodolithen, der auf besonders fundamentiertem Postament stand, einer astronomischen Uhr, einem Magnetometer mit Kasten, einer An-zahl Messstangen zur Ausführung der GAUSSschen Methode der ersten und zweiten Hauptlage (siehe Art. 14). Der Magnetstab des Magnetometers be-stand aus Uslarschem Gussstahl, hatte eine Länge von 610, eine Breite von 37, eine Dicke von 10 Millimetern und ein Gewicht von ungefähr zwei Kilo-gramm. Er befand sich in einem, wie WEBER besonders betont, »sehr grossen« Kasten; in der ersten Ausführungsform hatte er die Gestalt eines vertikalen Zylinders von 800 mm Durchmesser und 300 mm Höhe. Er war so weit ge-wählt, um einen Stab von 700 mm Länge horizontal am Magneten befestigen zu können, der die als Zusatzträgheitsmomente dienenden Gewichte tragen sollte. Im übrigen war der Kasten leicht zu öffnen, obwohl dicht verschliess-bar, um nach Möglichkeit Luftströmungen abzuhalten[1]).

Die Beobachtungen im Observatorium waren in der Hauptsache nach GAUSSENS Bericht »die Bestimmung der Deklination und ihrer Veränderung in verschiedenen Tagesstunden, Monaten und Jahren.« Alle Tage wurden die Aufzeichnungen zweimal gemacht, vormittags 8 Uhr und nachmittags 1 Uhr, weil zu dieser Zeit erfahrungsgemäss in Göttingen die grössten Variationen stattfanden.

Ferner wurden an gewissen bestimmten Tagen im Jahre, den VON HUM-BOLDT eingeführten sog. »magnetischen Terminen«, 44 Stunden hindurch un-

---

[1]) Dies gelang, wie LAMONT nachwies, eben infolge der Grösse des Kastens, nicht vollkommen; deswegen wählt man heute nach LAMONTS Vorgang den Kasten so eng als möglich.

unterbrochen in kurzen Fristen die Veränderungen der Deklination beobachtet. Der Zweck dieser Messungen war, einmal den regelmässigen Verlauf der Variation der Deklination genauer kennen zu lernen, dann aber auch die Ursache der häufig auftretenden Anomalien der Variation, z. B. den Einfluss der Nordlichter, zu erfassen.

In dem genannten Aufsatze in den Göttingischen Gelehrten Anzeigen erwähnt GAUSS auch schon die fast seit zwei Jahren begonnenen Versuche über Galvanismus, Elektromagnetismus und Induktion; er hebt am Schlusse ausdrücklich, wenn auch nur mit wenigen Worten, den elektromagnetischen Telegraphen hervor, den er mit WEBER zusammen zwischen der Sternwarte, dem physikalischen Kabinet und dem magnetischen Observatorium eingerichtet hatte. Wir kommen hierauf ausführlich zurück.

22. In dem bereits erwähnten Bericht vom 9. August 1834 gibt GAUSS auch eine summarische Übersicht über die bisherigen Beobachtungen im magnetischen Observatorium.

Zu erwähnen sind davon zunächst die sog. »Terminbeobachtungen«. Magnetische »Termine« waren, wie schon erwähnt, von ALEXANDER VON HUMBOLDT an möglichst zahlreichen Orten mit genauer Beobachtungsvorschrift angeregt worden; es wurde an diesen Tagen 44 Stunden hindurch ununterbrochen in kurzen Zeitintervallen die Veränderung der Deklination verfolgt. Die ersten derartigen im Göttinger Observatorium angestellten Terminbeobachtungen fanden am 20./21. März, 4./5. Mai, 21./22. Juni 1834 statt; beobachtet wurde ausser von GAUSS und WEBER noch von 7 Hilfskräften, unter denen sich auch GAUSS' Sohn WILHELM befand. Im Märztermin geschahen die Beobachtungen im allgemeinen in Intervallen von 20 Minuten, nur zum Teil in halb so grossen Zwischenräumen; aber bereits hier wurde erkannt, dass es viel zweckmässiger sein würde, die Zeit von 44 Stunden abzukürzen und dafür häufiger zu beobachten. Im Maitermin wurde alle 10 Minuten, im Junitermin bereits alle 5 Minuten beobachtet. Von Terminbeobachtungen an anderen Orten, die mit den Göttinger Beobachtungen hätten verglichen werden können, kamen am 20./21. März nur Berliner Versuche in Frage, die aber unter dem schweren Mangel litten, dass nur alle Stunden beobachtet war. Infolge dessen konnte ein Vergleich mit den Göttinger Messungen keine wesentlichen Ergebnisse liefern, obwohl sich wenigstens Andeutungen der in Göttingen be-

merkten Anomalien ergaben. Dagegen zeigten die im Maitermin von SARTORIUS
v. WALTERSHAUSEN auf seinem Gute in Bayern angestellten Messungen »eine
wahrhaft bewunderungswürdige Übereinstimmung« mit den Göttinger Ergebnissen. Am 21./22. Juni wurde ausser in Göttingen noch in Berlin von ENCKE,
POGGENDORFF und MÄDLER, in Frankfurt a. M. von SARTORIUS beobachtet; alle
Anomalien stimmten vollkommen überein. Die Folgerung aus diesen Beobachtungen formuliert GAUSS folgendermassen: »Diese Resultate können bereits
als eine schöne Frucht der verabredeten Beobachtungen angesehen werden,
da daraus auf das klarste hervorgeht, dass kleinere und grössere Anomalien
der Magnetnadel, die zuweilen in ziemlich kurzen Fristen wechseln, nicht
lokale, sondern kräftige, weithin wirkende Ursachen haben müssen, was man
in Beziehung auf sehr grosse mit Nordlichtern in Verbindung stehende Unregelmässigkeiten auch schon früher bemerkt hatte. So wie in Zukunft die
Teilnahme an diesen verabredeten Beobachtungen mit den ebenso scharfen
als bequemen Apparaten sich immer weiter ausdehnen wird, ... wird
es nicht fehlen, dass wir über diese höchst merkwürdigen und rätselhaften
Erscheinungen umfassende Aufklärungen erhalten.«

Ausser den Terminbeobachtungen wurden auch sonst häufig entsprechende
Beobachtungsreihen im Göttinger Observatorium ausgeführt; GAUSS erwähnt
besonders eine solche vom 14. Januar 1834, bei der sehr starke Anomalien der
Deklination beobachtet wurden. Endlich sollte regelmässig die Horizontalintensität in absolutem Mass bestimmt werden; zur Zeit des GAUSSschen Be-
richts war dies bereits 3 mal geschehen; am 17. Juli 1834 fand man 0,17743 abs.
Einheiten, am 20. Juli: 0,17740 und am 21. Juli endlich 0,17761, also sehr
nahe unter sich und mit den Ergebnissen der *Intensitas* übereinstimmend.

Ein weiterer Bericht[1]) GAUSSens über die Tätigkeit des magnetischen Observatoriums: *Beobachtungen der Magnetischen Variation in Göttingen und Leipzig
am 1. und 2. Oktober 1834* enthält folgende Angaben: In dem Termine vom
6./7. August wurden starke Variationen der Deklination in Göttingen festgestellt, aber korrespondierende Beobachtungen von anderen Orten, mit
denen sie hätten verglichen werden können, wurden durch zufällige Störungen verhindert. Dagegen wurde im nächsten Termin (23./24. September)

---

1) Werke V, S 525; POGGENDORFFs Annalen d. Phys. u. Chemie, Bd. 33, S. 426, 1834.

ausser in Göttingen in Leipzig, Berlin, Braunschweig und Kopenhagen beobachtet. Der Verlauf der magnetischen Störungen war aber regelmässig und daher wenig interessant, obwohl kleine Anomalien sich gleichzeitig an allen vier Orten zeigten. GAUSS hat dann noch einen ausserordentlichen Termin am 1. und 2. Oktober mit Leipzig verabredet, wo WEBER gerade anwesend war, und die Ergebnisse desselben waren die Veranlassung zu dem GAUSSschen Berichte. »Man wird nicht ohne Vergnügen die grosse Übereinstimmung nicht bloss in den grossen Bewegungen, welche am Abend des 1. Oktobers stattfanden, sondern fast in sämtlichen kleinen bemerken, so dass deren Quellen sich als auf grosse Ferne hinwirkende, obwohl zur Zeit noch sehr rätselhafte Kräfte auf das Unverkennbarste ausweisen. In Leipzig waren die Anomalien im Allgemeinen etwas kleiner, als in Göttingen; letzterem Orte wird daher der Herd der wirkenden Kräfte näher gewesen sein. Ich bemerke nur noch, dass während eines Teils jener Stunden ich selbst an einem zweiten in der hiesigen Sternwarte aufgestellten Apparat, wovon ich bald eine ausführliche Nachricht zu geben gedenke, beobachtet habe, und dass diese Beobachtungen einen fast vollkommenen Parallelismus mit denen des hiesigen magnetischen Observatoriums in den grösseren und kleineren Bewegungen ergeben haben; ein ähnlicher Erfolg hatte auch am 23. und 24. September, so wie bei vielen sonstigen Beobachtungen, statt, in dem Masse, dass schon öfters die Uhren an beiden Plätzen bloss mittels der magnetischen Erscheinungen bis auf einen kleinen Bruchteil einer Zeitminute genau verglichen werden konnten. Dasselbe gelang mittels der grösseren Bewegungen am 1. und 2. Oktober zwischen Göttingen und Leipzig, wo an beiden Orten die Uhren nur wenige Sekunden von der mittleren Ortszeit abwichen.

»Durch diese Erfahrungen erhalten nun auch die kleinen, in sehr kurzen Zeitfristen wechselnden Schwankungen der Magnetnadel ein überaus grosses Interesse; man muss wünschen, dass auch diese durch die Beobachtungen an vielen von einander entfernten Plätzen sorgfältig verfolgt werden, und es wird daher unumgänglich nötig, alle Beobachtungen in recht kurzen Zeitintervallen zu machen. Bisher beobachteten wir von 5 zu 5 Minuten; aber auch dieses Intervall ist noch fast zu lang, und wir denken künftig immer von 3 zu 3 Minuten den Stand der Magnetnadel an den verabredeten Tagen zu bestimmen.«

GAUSS gibt dann noch ein Beispiel für die Art an, wie die Beobachtungen gemacht werden sollen und knüpft daran die Bemerkung: »Ich habe absichtlich dieses Beispiel gewählt, wo die Nadel schnelle Veränderungen zeigte, die selbst von 20 zu 20 Sekunden sich so entschieden darstellen. Wir haben Fälle genug, wo ein ähnlicher Erfolg selbst in halb so grossen Zeitintervallen eintritt.«

23. Die im vorstehenden summarisch nach den offiziellen GAUSSschen Berichten angegebenen Resultate und Forschungen spiegeln sich naturgemäss viel lebendiger und ausführlicher in GAUSSens Briefen an seine Freunde SCHUMACHER, ENCKE und OLBERS aus dieser Zeit wieder.

Am 8. März 1834 schreibt ENCKE[1]), er gedenke bei der Berliner Sternwarte »ein kleines Nebengebäude für magnetische Beobachtungen« einzurichten. Sofort antwortet GAUSS[2]) am 21. März 1834, ENCKE möge doch unter allen Umständen nach Göttingen kommen, ehe er irgendwelche magnetischen Einrichtungen in Berlin treffe: »Jedenfalls zweifele ich nicht, dass Sie es künftig bedauern würden, in Rücksicht Ihres M. O. einen Entschluss gefasst zu haben, ehe Sie die hiesigen Einrichtungen kennen gelernt und die Art der Beobachtung selbst erprobt haben. Wir können hier mehrere Vitaloperationen durchmachen, die sich unendlich viel leichter aus der unmittelbaren Anschauung als aus Beschreibung erkennen lassen, z. B. Intensitätsbeobachtungen, Bestimmungen für die Elemente der Torsion usw.« GAUSS teilt dann mit, dass er »gestern und heute« (d. h. zum Märztermin am 20./21. März) »zum ersten Male in die Beobachtung der stündlichen Variation eingetreten« sei. »Meistens ist (während der 44 Stunden) von 10 zu 10 Minuten aufgezeichnet worden, so jedoch, dass jeder Ansatz ein Mittel aus den 5 nächsten Minuten ist, z. B. für $8^h 50'$ ist beobachtet bei $8^h 48' 0''$, $49' 0''$, $50' 0''$, $51' 0''$, $52' 0''$ an einer Uhr, die genau die M. Z. zeigt. . . . . in der vorigen Nacht von 3^h bis 8^h haben grosse Anomalien stattgefunden, auf deren Parallelismus mit anderen Beobachtungen ich sehr neugierig bin. . . . . . . Der Gebrauch grosser Nadeln hat etwas überaus angenehmes. Die Amplitude der Schwingung nimmt so langsam ab, dass sie erst nach 2 oder $2\frac{1}{4}$ Stunden auf die Hälfte kommt. Die Skala misst einen (ganzen) Bogen von $7\frac{1}{2}$ Grad; fängt man also mit so kleinen Schwin-

---

1) Brief Nr. 68 von ENCKE (ungedruckt).
2) Werke XI, 1, S. 86 ff.

gungen an, die noch innerhalb der Skala fallen, so sind die Schwingungen selbst nach 12 Stunden noch gross genug, um sicher beobachtet zu werden.«

Man erkennt aus den letzten Sätzen wieder die schon einmal betonte Neigung von Gauss, möglichst schwere Magnetnadeln zu nehmen; aus einer anderen Stelle desselben Briefes geht hervor, dass seine obige Bemerkung sich auf einen vierpfündigen Stab bezieht.

Interessant ist es für uns, von einer technischen Schwierigkeit zu hören, die damals bestand und von der wir uns heute nichts mehr träumen lassen: »Eine Hauptschwierigkeit ist, sich gute Spiegel zu verschaffen. Ein von Repsold verfertigter fand sich ganz unbrauchbar. Es ist jetzt ein Spiegel 50 mm hoch, 75 mm breit eingesetzt, den wir durch Zerschneiden und Foliierung eines Troughtonschen Glasdaches gewonnen haben. Dieser ist recht gut. Es ist aber ausserordentlich schwer, Spiegel von solcher Grösse zu machen. Ein Künstler aus Braunschweig beschäftigt sich jetzt mit dieser Aufgabe.« Noch mehrere Male finden sich solche Äusserungen über die Schwierigkeit, gute Spiegel zu beschaffen und an einer Stelle[1]) gibt Gauss den Preis eines solchen zu 40 Gulden an!

Die Göttinger Einrichtungen erweckten natürlich überall das grösste Interesse; wir hören daher in den nächsten Briefen vielfach von Besuchen auswärtiger Gelehrter in Göttingen. So schreibt[2]) Gauss am 25. Mai 1834 an Schumacher: »... dass es mich sehr freuen wird, die Herren Oerstedt und Hansteen hier zu sehen, dass ich mit grösstem Vergnügen ihnen alles, was meine Erfahrung in Beziehung auf die magnetischen Einrichtungen mir an die Hand gegeben hat, mitteilen werde.« Am gleichen Tage meldet er an Gerling[3]): »Morgen geht ein Apparat nach Freiberg ab, der 600 Fuss unter der Erde aufgehängt wird.«

Ein Brief vom 14. Juni 1834 an Encke[4]) enthält eine ausführliche Schilderung des Maitermins: »Für die gewogentliche Mitteilung der Berliner magnetischen Beobachtungen vom 21./22. März habe ich Ihnen, mein teuerster Freund, noch meinen verbindlichen Dank abzustatten. Man erkennt darin, wie Sie

1) Brief Nr. 44 an Encke vom 13. Oktober 1834; der genannte Passus ungedruckt; Teile des Briefes Werke XI, 1, S. 95.

2) Gauss-Schumacher II, S. 355 ff.

3) Gauss-Gerling, S. 442.

4) Werke XI, 1, S. 87.

auch selbst schon bemerkt haben, die Spur der in den Frühstunden des zweiten Tages hier wahrgenommenen Anomalien, aber auch zugleich die Notwendigkeit viel engerer Zwischenzeiten, wenn man dergleichen Anomalien und ihren Parallelismus an verschiedenen Orten vollkommen übersehen will. Die Zahlen der hiesigen Beobachtungen würden Ihnen gern zu Dienst stehen; allein ihre öffentliche Bekanntmachung würde wohl nur in dem Fall von Interesse sein können, wenn an irgend einem dritten Ort viel detailliertere Beobachtungen gemacht sind, als in Berlin. Am 4./5. Mai sind hier die Beobachtungen noch viel detaillierter gemacht als das erste Mal, nämlich durchweg von 10 zu 10 Minuten, ja, wenigstens zur Hälfte noch enger, nämlich von 5 zu 5 Minuten und bei besonderen Vorkommnissen anhaltend von Minute zu Minute. Beim Beobachten von 10 zu 10 Minuten würden also die Aufzeichnungen so stehen:

$$
\text{Schema A} \begin{cases} \left.\begin{array}{l} 8^\text{h}\ 57'\ 49'' \\ 58\ 10 \end{array}\right\} \text{Mittel gilt für } 8^\text{h}\ 58' \\ \left.\begin{array}{l} 58\ 49 \\ 59\ 10 \end{array}\right\} \text{Mittel } \text{»} \quad \text{»} \quad 8^\text{h}\ 59' \\ \left.\begin{array}{l} 59\ 49 \\ 9^\text{h}\ \ 0\ 10 \end{array}\right\} \text{Mittel } \text{»} \quad \text{»} \quad 9^\text{h}\ 0' \\ \left.\begin{array}{l} 0\ 49 \\ 1\ 10 \end{array}\right\} \text{Mittel } \text{»} \quad \text{»} \quad 9^\text{h}\ 1' \\ \left.\begin{array}{l} 1\ 49 \\ 2\ 10 \end{array}\right\} \text{Mittel } \text{»} \quad \text{»} \quad 9^\text{h}\ 2' \\ \qquad\qquad \text{etc. etc.} \end{cases} \left.\vphantom{\begin{array}{l}a\\a\\a\\a\\a\\a\\a\\a\\a\\a\\a\\a\end{array}}\right\} \begin{array}{l} \text{Mittel aus allen} \\ \text{als für } 9^\text{h}\ 0' \\ \text{gültig betrachtet} \end{array}
$$

Bei Aufzeichnungen von 5 zu 5 Minuten ist wohl mit halben Minuten beobachtet, namentlich von Hrn. LISTING und Hrn. Prof. WEBER; z. B.

$$
\text{Schema B} \begin{cases} \left.\begin{array}{l} 10^\text{h}\ 58'\ 49'' \\ 59\ 10 \end{array}\right\} 10^\text{h}\ 59'\ 0'' \\ \left.\begin{array}{l} 59\ 19 \\ 59\ 40 \end{array}\right\} 10^\text{h}\ 59'\ 30'' \\ \left.\begin{array}{l} 59\ 49 \\ 11^\text{h}\ 0'\ 10'' \end{array}\right\} 11^\text{h}\ 0'\ 0'' \\ \left.\begin{array}{l} 0\ 19 \\ 0\ 40 \end{array}\right\} 11^\text{h}\ 0'\ 30'' \\ \left.\begin{array}{l} 0\ 49 \\ 1\ 10 \end{array}\right\} 11^\text{h}\ 1'\ 0'' \end{cases}
$$

»Ich selbst habe gewöhnlich nur von 10 zu 10 Minuten nach A, zuweilen von 5 zu 5 Minuten teils nach A teils nach B beobachtet.

»In diesen Tagen, besonders am zweiten (5. Mai), haben sich nun merkwürdige Anomalien gezeigt, von denen man bei Aufzeichnungen von Stunde zu Stunde kaum eine Idee bekommen haben würde. Ich muss es daher als etwas sehr Interessantes betrachten, dass diesmal korrespondierende Beobachtungen mit beinahe eben so viel Detail da sind. Hr. SARTORIUS hat nämlich in Waltershausen unter Beistand von zwei Gehilfen an einem zwar kleineren, aber dem hiesigen ähnlichen Apparat beobachtet und die Mittel von 10 zu 10 Minuten, wie sie aus dem Schema A sich ergeben, mir mitgeteilt. Der Beobachtungsort zwischen Meiningen und Männerstadt liegt ein paar Zeitminuten östlich von Göttingen.

»Hr. SARTORIUS hat in den ersten Stunden versäumt, wieder nach der Marke zu sehen, welche er dann um 10^h 40 Minuten zu seinem Schrecken bedeutend verstellt fand. Von da an hat er jede Stunde mehrere Male nachgesehen und nötigenfalls nachgeholfen. Die ersten Beobachtungen sind mithin zu kassieren; ich habe sie jedoch punktiert mitgezeichnet. Sie werden nun gewiss mit freudiger Überraschung die graphische Darstellung der Göttinger und Waltershauser Beobachtungen (jene schwarz, diese rot) in dem anliegenden Blatt, untere Hälfte, betrachten. (Nach gleichem Massstabe gezeichnet). Die grossen, schnell wechselnden Anomalien erkennt man alle wieder und selbst von den meisten kleineren findet man die kenntliche Spur. Ja, ich halte für wahrscheinlich, dass die Harmonie noch frappanter ausfallen würde, wenn die Waltershauser Beobachtungen in den kritischen Stunden, auch anstatt von 10 zu 10 Minuten (wo sich kleinere Krausheiten verwischen) von 5 zu 5 Minuten gemacht wären. Ich habe Hrn. SARTORIUS aufgefordert, mir noch die Resultate für jede einzelne Minute, die vorhanden sind, anstatt der extrahierten Mittel, zu schicken, und hoffe, dass sich dann auch die Spur der hier mit entschiedenster Gewissheit den 5. Mai morgens 8^h—8^h 20′ bemerkten Einsenkung finden wird. Ich bemerke nur noch, dass die Göttinger Zahlen nicht nach Mitteln aus je 5 Werten, sondern direkt nach den einzelnen vorhandenen Minuten zuerst in eine Zeichnung mit 5 mal grösserem Massstabe und danach nach dem Augenmasse verjüngt (in die korrespondierenden Quadrate) eingetragen sind.

»Zur Vergleichung habe ich in der oberen Hälfte des Blattes nun auch noch die hiesigen Beobachtungen vom 21./22. März nach demselben Massstabe gezeichnet und darunter die mir von Ihnen mitgeteilten Berliner Zahlen, ohne jedoch letztere Punkte durch Linien zu verbinden, wobei zuviel Willkürlichkeit sich hätte einmischen müssen.

»Ich glaube, dass durch die erwähnten Tatsachen sich ganz unzweifelbar herausstellt, dass nicht bloss die grösseren Ausschweifungen, sondern selbst die kleineren und in kurzen Zeiten wechselnden Fluktuationen nicht lokal, sondern durch Kräfte, welche bis auf sehr grosse Entfernungen hinaus wirken, hervorgebracht sind, und das Interesse für die gleichzeitig an vielen Orten anzustellenden Beobachtungen wird mithin umso mehr gesteigert.

»Ich muss in Beziehung auf die Zeichnungen noch bemerken, dass sie überall nur nach der nominellen Zeit (Uhrzeit) gemacht sind. In Göttingen war dies auf ein paar Sekunden genau mittlere Zeit; in Waltershausen war die Uhr etwa ein bis zwei Minuten voraus, was mit dem Meridianunterschied zusammen eine Verschiebung von etwa 3—4 Minuten nötig machen würde, um die dortigen Beobachtungen den Göttinger gleichzeitig zu machen. Mir deucht, dass man dieses selbst in der Zeichnung an den hervortretenden Stellen wiedererkennt. Ich möchte behaupten, dass, wenn in Waltershausen an einem ebenso feinen Apparat beobachtet wäre, wie der hiesige ist, ... und die Aufzeichnungen in den letzten 6 Stunden von Minute zu Minute gemacht wären, man daraus den Meridianunterschied bis auf einen kleinen Bruchteil einer Minute würde ableiten können, vorausgesetzt, dass die dabei tätigen Kräfte den hierbei in Frage kommenden Raum in unmerklicher Zeit durchdringen.

»Ob diese Voraussetzung wahr ist oder nicht, ist freilich noch unbekannt; allein ich lebe der Hoffnung, dass, wenn vielleicht in nicht langer Zeit ähnliche Etablissements wie das hiesige in Altona, Kopenhagen, Christiania und Russland (vielleicht auch Nordamerika) bestehen, wir über diese transzendentinteressante Frage bald ins Reine kommen werden.«

Und in einem Nachtrag fügt er noch erläuternd hinzu:

»Damit Sie mich nicht missverstehen, muss ich noch eine Bemerkung beifügen. Ich erwarte garnicht, dass die Waltershauser Beobachtungen, wären sie ebenso detailliert wie die hiesigen, genau die Kopie von letzteren darbieten würden, sondern finde vielmehr natürlich, wenn die Wirkungen, je entfernter vom eigentlichen Herd, (den wir doch der Wahrscheinlichkeit nach weit im Norden von Göttingen zu suchen haben) sich desto mehr verflachen. Die Zukunft wird uns darüber schon Licht geben.«

Wieder einen Monat später schreibt GAUSS an ENCKE[1]) über den Juni-termin, bei dem ENCKE in Berlin und SARTORIUS in Frankfurt a. M. beobachtet hatten. »Ich schicke daher mit den hiesigen Beobachtungen . . . . die Abschrift derjenigen, die SARTORIUS in den letzten Stunden des 21. Juni selbst gemacht hat, worin Sie . . . . mit Vergnügen die Übereinstimmung mit den in Berlin und Göttingen in diesen Stunden vorgekommenen Auswüchsen bemerken werden.«

In diesem Briefe findet sich dann noch die Mitteilung, dass OERSTEDT, der in Kopenhagen ein »dem hiesigen gleiches Etablissement« errichten wolle, z. Zt. in Göttingen sei, sowie, dass GAUSS in der Sternwarte (nicht im magnetischen Observatorium) jetzt eine 25 pfündige Magnetnadel aufgehängt habe, über deren besonderen Zweck er sich an dieser Stelle nicht ausspricht, über den er aber am 8. August 1834 an ENCKE[2]) folgende Mitteilungen macht: »Ich habe mich darauf beschränkt, zuweilen einen kleinen Satz genau gleichzeitig korrespondierender Beobachtungen in der Sternwarte mit der 25 pfündigen Nadel zu machen[3]), welche . . . . . eine höchst merkwürdige Harmonie zeigen und beweisen, dass auch die kleineren Sprünge innerhalb weniger Minuten, die uns früher etwas beunruhigt haben, durchaus reell sind, obwohl erst künf-tige Vergleichung mit scharfen entfernteren Beobachtungen ausweisen wird, ob auch diese sehr weit entlegene Ursachen haben. Jedenfalls sind die Intervalle von 5 zu 5 Minuten keineswegs zu enge, sondern zu Zeiten starker oder sprudelnder Anomalien eher noch zu gross. . . . . Wenn die schärferen Apparate erst noch mehr verbreitet sein werden, möchte es nützlich sein, zu-weilen solche korrespondierende Beobachtungen mit sehr engen Intervallen für eine kleine Anzahl von Stunden zu verabreden.« Daran schliesst sich eine Mitteilung über eine Beobachtung an, die GAUSS zum ersten Male in dem

1) Brief Nr. 41 an ENCKE vom 20. Juli 1834 (ungedruckt).

2) Werke XI, 1, S. 92.

3) Nämlich korrespondierend mit den offiziellen Beobachtungen des Augusttermins an der 4 pfündigen Nadel im magnetischen Observatorium. — SCHAEFER.

Brief vom 14. Juni 1834 an ENCKE andeutete und die ihm offenbar sehr starken Eindruck gemacht hat, da sie sich in mehreren Briefen hervorgehoben findet: »Wir haben hier schon zuweilen solche Aufzeichnungen gleichzeitig an beiden Apparaten, 5 bis 6 Resultate in der Minute, gemacht, versuchsweise sogar einmal dadurch die Uhren verglichen, was sich hinterdrein auf 12 Sekunden richtig fand. Ich bin geneigt, zu glauben, dass durch die Erscheinung am 7. August 7¾ Uhr abends die Längenunterschiede zwischen Göttingen und anderen Orten wohl viel genauer als durch Mond- oder Trabanten-Finsternisse bestimmt werden könnten[1]. WEBERS Aufzeichnungen geben immer für jede Schwingungsdauer (20″) zwei Skalenteile Wachstum.« Die gleiche Mitteilung findet sich im Briefe vom 31. August an OLBERS und noch in einem späteren Briefe vom 14. September an ENCKE wiederholt[2].

Schliesslich findet sich eine letzte Mitteilung GAUSSens darüber zwei Jahre später in einem Briefe an SCHUMACHER[3] vom 23. April 1836, den dieser in Nr. 310 der Astronomischen Nachrichten zur allgemeinen Kenntnis brachte. Die betreffende Stelle lautet: »Es waren heute morgen ausserordentliche Bewegungen der Magnetnadel, noch grösser als am 7. Februar 1835. Dies veranlasste mich, einige Sets in der Sternwarte zu beobachten, während GOLDSCHMIDT im magnetischen Observatorium aufzeichnete. Schön bestätigte sich hier der gleichförmige Gang, sodass ich wagte, den gegenseitigen Uhrstand daraus abzuleiten. Es fand sich

aus einem schnellen Aufsteigen:

CAMPE VOR SHELTON[4] 4′ 41″,1

aus einem wenige Minuten nachher erfolgten Niedersteigen:

CAMPE VOR SHELTON 4′ 42″,4

4′ 41″,5

Eine direkte Vergleichung der Uhren:

1. durch ein Zeichen am Fenster gab . . . . 4′ 41″,5
2. durch einen Induktionsimpuls . . . . 4′ 41″,5,

---

1) In dem schon erwähnten Bericht GAUSSens über den Oktobertermin 1834 findet sich die Bemerkung, dass am 6. u. 7. August »recht merkwürdige und starke Anomalien« beobachtet wurden.

2) Weitere Ausführungen hierzu: *Beobachtungen der magnetischen Variation in Göttingen und Leipzig am 1. und 2. Oktober 1834*; POGGENDORFFs Annalen 33, 1834; Werke V, S. 525. Ferner Göttingische Gelehrte Anzeigen, Stück 36, S 345 ff.; Werke V, S. 528 ff., sowie Werke V, S. 537 ff.

3) GAUSS-SCHUMACHER III, S. 52; Werke V, S. 540.

4) CAMPE und SHELTON ist die kurze Bezeichnung der beiden Uhren in der Sternwarte und im magnetischen Observatorium. — SCHAEFER.

6*

also eine herrliche Bestätigung dessen, was ich in den A[stronomischen] N[achrichten] Nr. 276 gesagt habe.«

In dem eben erwähnten Briefe an ENCKE vom 14. September 1834 finden wir auch die ersten Mitteilungen über vorläufige Versuche, mit einer neuen Methode die Inklination zu bestimmen, auf die wir später zurückkommen.

Von Interesse ist es noch, aus einem Briefe ENCKES vom 28. August 1834 zu entnehmen, dass ALEXANDER VON HUMBOLDT, trotz aller Bewunderung für GAUSS, leise Bedenken über die veränderten Methoden von GAUSS hegte — und äusserte, z. B. darüber, dass GAUSS neben der Horizontalintensität nicht auch die Bestimmung der Inklination für notwendig hielt. Er konnte freilich nicht wissen, dass GAUSS schon damals im Besitze von Theoremen war, die er später in seiner *Allgemeinen Theorie des Erdmagnetismus* veröffentlicht hat, und die die Beschränkung auf die Horizontalkomponente der magnetischen Erdkraft rechtfertigten[1]).

24. In den kurzen Berichten, die GAUSS seit 1834, zum Teil in POGGENDORFFS Annalen der Physik und Chemie, zum Teil in den Nachrichten der Göttinger Gesellschaft der Wissenschaften veröffentlicht hat, sowie in den gleichzeitigen Briefen an seine Freunde finden sich weitere Angaben über die fortlaufende Tätigkeit des magnetischen Observatoriums, auf die wir hier im ein-

---

[1]) Die erste öffentliche Andeutung GAUSSENS über diese Frage findet sich in dem oben erwähnten Aufsatze in den Astronomischen Nachrichten Nr. 276 vom 21. März 1835 (Werke V, S. 538 ff.). Dort sagt er in einer Anmerkung: »Im neunten Bande der Astronomischen Nachrichten hat dieser hochverdiente Naturforscher [HANSTEEN] uns auch mit einer allgemeinen Karte für die g a n z e Intensität beschenkt. So dankbar man diese schöne Arbeit anerkennen muss, so kann ich doch die Bemerkung nicht unterdrücken, dass eine allgemeine Karte für die h o r i z o n t a l e Intensität in v i e l f a c h e r Hinsicht noch ungleich nützlicher sein würde, namentlich auch in Verbindung mit einer zuverlässigen allgemeinen Deklinationskarte, zu einer durchgreifenden Begründung einer allgemeinen Theorie. Zu d i e s e m Zweck ist die Bestimmung der magnetischen Kraft durch Angabe der g a n z e n Intensität, Inklination und Deklination (die man wohl als die einfachste Wahl der Elemente zu betrachten gewöhnt ist) gerade die am wenigsten brauchbare. Die weitere Entwickelung dieser Behauptung, die vielleicht manchem paradox erscheinen könnte, muss ich mir aber für einen anderen Ort vorbehalten. Möchte nur jener Naturforscher uns aus der Fülle seiner gesammelten Schätze bald mit jenen Erfordernissen beschenken.« Es ist nicht unwahrscheinlich, dass diese Anmerkung GAUSSENS durch ENCKES Brief veranlasst ist; sie wäre dann gewissermassen als Abwehr solcher Auffassungen, wie sie HUMBOLDT hegte, aufzufassen. Man vergleiche hierzu noch folgende Äusserung GAUSSENS in einem (ungedruckten) Briefe (Nr. 56) an ENCKE vom 2. April 1839: »Übrigens werden Sie in dem Aufsatze [gemeint ist die *Allgemeine Theorie des Erdmagnetismus*], wenn Sie zwischen den Zeilen lesen, auch die indirekte Beantwortung einiger Einwendungen des Hrn. v. HUMBOLDT finden, die Sie mir vor einigen Jahren schrieben. . . . .«.

zelnen nicht näher einzugehen brauchen. Es sind im wesentlichen Angaben über die Mittelwerte der Deklination zu Göttingen, über die Terminbeobachtungen, dann aber auch in immer steigendem Masse über seine Versuche über Elektromagnetismus und Induktion, auf die wir später zurückkommen müssen.

Von Wichtigkeit ist jedoch folgender Punkt: In einem Brief an ENCKE[1]) vom 13. Oktober 1834 betont GAUSS wieder, wie schon mehrere Male vorher, die Notwendigkeit, in kurzen Zeitintervallen zu beobachten, und bezeichnet es im Zusammenhang damit als zweckmässig, die lang andauernden HUMBOLDTschen Termine abzuändern. Er schreibt: »Die Beobachtungen vom 23./24. September zeigen aufs neue, wie notwendig und wichtig es ist, in kleinen Zeitintervallen zu beobachten. Da jedoch besonders an den Orten, wo nicht zahlreiche Gehilfen sind, solche Beobachtungen 44 Stunden und 8 Mal im Jahr zu machen, gar zu ermüdend ist, so ist es wohl am besten, künftig eine andere Terminbestimmung zu machen und die bisherigen ganz fahren zu lassen. Ohnehin können die mit GAMBEYschen Apparaten und in grossen Zeitintervallen gemachten für unsere Zwecke als ziemlich unnütz betrachtet werden. Ich dächte, 24 Stunden und 6 Mal im Jahre wäre genug und würden gewiss, wenn auch nicht jedesmal, doch oft genug interessante Erscheinungen zu erwarten sein. Nach allen bisherigen Erfahrungen kommen grosse Anomalien mehr bei Nacht vor: Um also solche nicht zu zerschneiden, würde am ratsamsten sein, von einem Mittag bis zum folgenden zu beobachten; ausserdem hat dies den Vorteil, dass das beschwerliche Beleuchtungsarrangement nur einmal getroffen zu werden braucht. Sobald WEBER zurück ist, werden wir das nötige deshalb konzertieren und Ihnen anzeigen.«

Dieser Plan hat bald feste Gestalt angenommen; denn in der Mitteilung[2]) vom 5. November 1834 *Beobachtung der magnetischen Variation in Göttingen und Leipzig am 1. und 2. Oktober 1834* heisst es zum Schlusse: »Wir werden daher anstatt der jährlichen acht Termine künftig 6, und anstatt der 44 stündigen Dauer eine 24 stündige wählen, auch die Termine, nach mehrfach geäussertem Wunsche, auf bestimmte Wochentage festsetzen. Die nächsten Termine sind sonach

---

1) Werke XI, 1, S. 94 ff.

2) POGG. Ann. 33, S. 426, 1834; Werke V, S. 525; der hier folgende Passus ist dort nicht abgedruckt.

1834 November 29. und 30.
1835 Januar 31. und Februar 1.   allemal von Mittag bis Mittag;
     März 28. und 29.   Göttinger mittlere Zeit,
     Mai 30. und 31. etc.

nämlich immer vom letzten Sonnabend jedes ungeraden Monats bis zum folgenden Sonntag.

»Ausserdem werden wir noch allemal nach jedem Haupttermine noch an dem nächsten Dienstag und Mittwoch 2 Abendstunden von 8—10 Uhr (Göttinger mittlere Zeit) die Beobachtungen anstellen, also 1834 Dezember 2. und 3., 1835 Februar 3. und 4. u. s. w. Beobachter an Orten, deren Meridian von dem Göttinger bedeutend verschieden ist, werden daher aufgefordert, damit die Vergleichung die volle Zeit umfasse, diesen Unterschied zu berücksichtigen, besonders an den Nebenterminen.«

Diese Aufforderung Gaussens, die alten und eingebürgerten Termine, die die grosse Autorität Humboldts eingerichtet hatte, zu verlassen und neue Termine einzuhalten, zeigt wohl am besten, wie stark der Eindruck war, den Gaussens und Webers Untersuchungen auf die Zeitgenossen gemacht haben. Der Schwerpunkt der magnetischen Forschung lag von jetzt ab in Göttingen. Natürlich haben sich die neuen Termine nicht sofort durchgesetzt, aber in immer steigender Zahl beteiligten sich Astronomen und Physiker daran, mit Instrumenten, die mit den Göttinger Apparaten identisch waren. Diese Zusammenarbeit unter dem geistigen »Vorort« Göttingen ist der Ursprung des sogenannten »Magnetischen Vereins«, der durchaus kein Verein mit festen Satzungen, sondern eine allmählich organisch zusammengewachsene »Arbeitsgemeinschaft« war[1]).

Schon im Februar 1835 (das genauere Datum des Briefes ist unbekannt) gibt Gauss an Olbers[2]) einen Bericht über den Erfolg des ersten Termins vom 29. und 30. November, an dem Göttingen, Leipzig und Berlin teilnahmen.

Ein offizieller Bericht[3]) über den Ausfall des Termins wurde von Gauss in den Göttingischen Gelehrten Anzeigen vom 7. März 1835 erstattet.

---

1) Man vergleiche hierzu die Darstellung A. v. Humboldts in seinem *Kosmos*, Bd. I, S. 436; Anmerkung 36 (zu Seite 197), 1845.

2) Gauss-Olbers, abgedruckt Werke XI, 1, S. 97.

3) Göttingische Gelehrte Anzeigen, Stück 36, S. 345 ff. vom 7. März 1833; Werke V, S. 528 ff.

Eine nochmalige Bekanntmachung der neuen Termine befindet sich in GAUSSENS Abhandlung[1]) vom 21. März 1835: *Beobachtung der Variationen der Magnetnadel in Kopenhagen und Mailand am 5. und 6. März 1834*, der in SCHU-MACHERS Astronomischen Nachrichten erschien. —

In der nächsten Zeit finden wir in GAUSSENS Briefen an seine Freunde häufig Nachrichten über die Ausbreitung der Teilnahme an den neuen Ter-minen, wobei denn auch allmählich die Bezeichnung »Verein« auftaucht. Zum erstenmal scheint dies der Fall zu sein in einem Briefe an GERLING[2]) vom 15. Dezember 1835, in dem es heisst: »Fortwährend erweitert sich übrigens unser Verein. Hoffentlich nimmt im nächsten Jahre ENCKE mit besseren Mitteln als bisher teil. Für Bonn hat MEYERSTEIN einen Apparat in Arbeit, und in diesen Tagen ersuchte mich AIRY, (bisher in Cambridge, künftig in Greenwich) ihm einen Apparat zu bestellen.« Ähnlich in einem Brief an OLBERS[3]) vom 11. November 1835: »Die Teilnahme an magnetischen Beob-achtungen verbreitet sich immer mehr; es sind Apparate von hier nach Up-sala, Freiberg, München und Wien gekommen. In Russland wird bald bis Nertschinsk mit Magnetometern beobachtet werden. Dieser Tage zeigte mir auch AIRY (PONDS Nachfolger) an, dass er die Absicht habe, bei Greenwich regelmässig magnetische Beobachtungen zu machen, und verlangte mein Gut-achten«.

Auch in dem zusammenfassenden, mehr populären Aufsatz GAUSSENS: *Erdmagnetismus und Magnetometer*, der den ersten Jahrgang von SCHUMACHERS Jahrbuch[4]) 1836 eröffnete, findet sich eine hierauf bezügliche Stelle: »Diesem Vereine zu magnetischen Beobachtungen, an jährlich 6 im Voraus festgesetzten Terminen, schliessen sich schon immer mehr Teilnehmer an; binnen Jahres-frist wird er schon in den entferntesten Teilen des russischen Reiches Mit-arbeiter haben.« Ähnliche Bemerkungen finden sich noch häufig; im Januar 1836 meldet GAUSS an ENCKE[5]), dass MEYERSTEIN Apparate nach Freiberg, Haag, Halle, München, Upsala, Wien, Bonn, Dublin und Greenwich geliefert oder in Auftrag habe. Dieselben Namen als Teilnehmer der »Assoziation«

---

1) Astronomische Nachrichten, Nr. 276 vom 21. März 1835; Werke V, S. 538.
2) GAUSS-GERLING, S. 454 ff.
3) GAUSS-OLBERS II, 2, S. 628
4) Werke V, S. 315.
5) Werke XI, 1, S. 102.

werden aufgeführt in einem Brief an OLBERS[1]), dazu noch Breslau und Krakau. In einem späteren Brief an ENCKE[2]) werden noch Neapel und Kasan genannt. Schliesslich findet sich in einem Briefe HUMBOLDTS[3]) an GAUSS vom 27. Juli 1837 die folgende Angabe: »Ihr grosser Name und die völlige Umgestaltung der Beobachtungen, welche Sie geschaffen und verbreitet haben, hat jetzt eine Assoziation zustande gebracht, deren Früchte allmählich die Entzifferung »jener geheimnissvollen Hieroglyphenschrift« sein wird. Auf mehr als 20 Punkten sind jetzt schon Ihre Instrumente aufgestellt . . . .«.

25. Das Jahr 1836 war für den neu entstandenen Verein bedeutungsvoll. Einmal fassten GAUSS und WEBER den Entschluss, die magnetischen Untersuchungen der Mitglieder fortan in einer besonderen Zeitschrift zu veröffentlichen. Zum andern benutzte HUMBOLDT das Schwergewicht seiner international anerkannten und berühmten Persönlichkeit, um auf die englische Regierung dahin einzuwirken, dass in den englischen Kolonien an möglichst vielen Orten magnetische Observatorien eingerichtet würden.

Über die Entstehung des Gedankens, eine eigene Zeitschrift zu gründen, unterrichtet uns ein Brief von GAUSS an OLBERS[4]) vom 18. März 1836: »Die Beobachtungen des Termins werden wohl auch noch lithographiert werden. Es entsteht jedoch die Schwierigkeit, wie für künftige regelmässige Lithographierung die Kosten gedeckt werden sollen. WEBER meinte, dass dies vielleicht durch Zusammentreten der Teilnehmer und Freunde geschehen könnte, wo dann der Aufwand für einen einzelnen nicht gar so gross sein und er dafür ein halbes Dutzend Abdrücke erhalten könnte. Ich zweifle aber, ob dies ausführbar ist, denn natürlich kann Herr·Professor WEBER sich nicht auf das Versenden und Einkassieren einlassen, das müsste durch Vermittlung etwa eines Kunst- oder Buchhändlers geschehen, was sich aber schwerlich hier in Göttingen einrichten lässt, zumal das Geschäft bei seiner Zersplitterung doch zu unbedeutend sein würde.

»Ich habe dagegen Herrn Professor WEBER vorgeschlagen, in Göttingen ein allgemeines eigenes physikalisches Journal zu gründen, welches ausser

---

1) Werke XI, 1, S. 107.
2) Brief Nr. 50 an ENCKE vom 3. Juni 1836; ungedruckt.
3) GAUSS-HUMBOLDT, S. 29.
4) GAUSS-OLBERS II, 2, S. 635; Werke XI, 1, S. 107.

vielem andern Nutzen auch zur Magazinierung der magnetischen Beobachtungen ein bequemes Mittel darbieten würde. Ich weiss aber noch nicht, ob seine grosse Bescheidenheit ihm erlauben wird, so etwas zu unternehmen. Ich selbst kann freilich nichts dabei tun, als zu Zeiten einmal einen kleinen Beitrag geben . . . .«

Die geplante Zeitschrift erschien zum ersten Mal im Jahre 1837 unter dem Titel »*Resultate aus den Beobachtungen des magnetischen Vereins im Jahre . . . .*, herausgegeben von Carl Friedrich Gauss und Wilhelm Weber.« Sie hat es auf 6 Bände gebracht, die die Berichte aus den Jahren 1836—1841 umfassen; die beiden ersten Bände sind in Göttingen im Verlage der Dieterichschen Buchhandlung erschienen, die vier letzten in Leipzig von der Weidmannschen Buchhandlung verlegt worden. Der dritte Jahrgang enthält, was zur Beurteilung der Verbreitung der Zeitschrift wichtig ist, ein Subskribentenverzeichnis, nach dem man feststellen kann, dass im ganzen 181 Exemplare subskribiert waren, darunter 30 von der preussischen, 20 von der bayerischen, 15 von der russischen Akademie der Wissenschaften, sodass also rund 110 Exemplare von Einzelpersonen abonniert waren. Wie aus einem späteren Briefe Gaussens[1]) hervorgeht, hat die Zeitschrift sehr bald mit Schwierigkeiten zu kämpfen gehabt, die dann schliesslich auch ihr Eingehen verursacht haben. Ihre Bedeutung als Sammelstelle für die Publikationen über Erdmagnetismus und verwandte Gebiete ist dennoch sehr hoch anzuschlagen: Gauss selbst hat in den 6 Bänden fünfzehnmal das Wort ergriffen, Weber 23 Abhandlungen beigesteuert; da im ganzen (von reinen Beobachtungszahlen abgesehen) 55 Mitteilungen in den *Resultaten* erschienen sind, haben Gauss und Weber zusammen 38 Abhandlungen, d. h. reichlich $\frac{2}{3}$ des gesamten Inhaltes geliefert.

Das andere wichtige Ereignis für den magnetischen Verein war, wie schon erwähnt, eine Anregung Humboldts bei der Royal Society in London. In einem ausführlichen Schreiben[2]) vom April 1836 an den Herzog von Sussex, den damaligen Präsidenten der Royal Society, gibt Humboldt zunächst eine allgemeine Schilderung der Entwicklung der Lehre vom Erdmagnetismus und schliesst mit der Bitte, die Royal Society möge zusammen mit der Göttinger

---

1) Gauss-Olbers II, 2, S. 665.

2) Abgedruckt in den Abhandlungen der Kgl. Ges. d. Wiss. zu Göttingen Bd. 34, 1887, in der Abhandlung: *C. F. Gauss und die Erforschung des Erdmagnetismus*, von Ernst Schering, S. 9 ff.; Scherings Werke, Bd. II, S. 233.

Gesellschaft der Wissenschaften, dem Institut von Frankreich und der kaiserlich russischen Akademie der Wissenschaften in Beratungen darüber eintreten, auf welche Weise am zweckmässigsten die erdmagnetischen Messungen gefördert werden könnten. Humboldt deutet an, welch' grosse Bedeutung es haben würde, wenn in den den Erdball umspannenden englischen Kolonien an geeigneten Stellen magnetische Observatorien eingerichtet würden. Die Royal Society beauftragte Airy und Christie, ein Gutachten auszuarbeiten, das noch im nämlichen Jahre 1836 im Druck erschien[1]). Darin schlugen sie, wie Humboldt voll Freude am 30. Juli 1836 an Gauss schreibt[2]), »weit mehr Stationen in der Südsee, Ost- und Westindien vor«, als er zu erwarten gewagt habe. »Der Report schlägt als leicht zu errichtende Stationen vor: Neufundland, Halifax, Gibraltar, die Jonischen Inseln, St. Helena, Paranatta, Mauritius, Madras, Ceylon und Jamaica«[3]).

26. Immerhin dauerte es noch mehrere Jahre, bis die Royal Society zu einem endgültigen Entschlusse kam. Am 1. Juli 1839 erliess sie ein Zirkular, das Gauss und Weber im 3. Bande der *Resultate* abdruckten[4]) und mit folgenden Worten begleiteten: »In dem Augenblick, wo wir im Begriffe sind, diesen Band zu schliessen, erhalten wir das Zirkular der kgl. Sozietät zu London, welches wir hier noch mitteilen, weil daraus am besten ersichtlich ist, zu welchen Erwartungen wir durch die grossartigen Massregeln des englichen Gouvernements zur Beförderung dieses Teils der Naturwissenschaften berechtigt werden.« Das Zirkular selbst hat (im Wesentlichen) folgenden Wortlaut:

Royal Society
1 st July, 1839

Sir,

In pursuance of the directions of the President and Council of the Royal Society of London I have the honour to forward you the annexed papers, being copies of a Report made by the Joint Committee of Physics and Meteorology of the Society to the Council on the subject of an extended system

---

1) Es ist mir nicht zugänglich gewesen.

2) Gauss-Humboldt, S. 26 ff.

3) In den Gutachten finden sich übrigens Bedenken gegen die Gauss-Weberschen Apparate angedeutet (wegen der grossen dabei verwendeten Magnetstäbe), die sich ganz mit Lamonts späteren Ausführungen decken.

4) *Resultate* 1839, S. 149 u. 150.

of Magnetic Observation, and of the Resolution of the Council taken thereon; and to acquaint you that, in consequense of the representations made, Her Majesty's Governement has ordered the equipment (now in progress) of a naval expedition of discovery, consisting of two ships under the command of Captain James C. Ross, to proceed to the Antarctic Seas for purposes of magnetic research, and also the establishment of fixed magnetic observatories at St. Helena, Montreal, the Cape of Good Hope and Van Diemens Land, having for their object the execution of a series of corresponding magnetic observations during a period of three years, in consonance with the views expressed in that Report. The Court of Directors of the Honourable East India Company have also, in compliance with the suggestions of the Royal Society, resolved to establish similar observatories at Madras, Bombay and at a station in the Himalaya Mountains. . . . . The general tenor of these observations is sufficiently indicated in the Report annexed, but a more particular programme of them will be forwarded to you as soon as the details are sufficiently matured to admit of its printing and circulation; but it may here be noticed, that one essential feature of them will consist in observations to be made at each station, in conformity with the system (in so far as applicable) and at the times already agreed on by the German Magnetic Association, either as they now stand or as (on communication) they shall, by mutual consent, be modified.

A series of meteorological observations subordinate to, and in connexion and coextensive with, the magnetic observations will be made at each station.

The following is a list of the instruments intended to form the essential equipment of each observatory:

LIST (with estimated Prices).

Instrumental equipment for one fixed magnetic observatory:

1 Declination Magnetometer . .⎫ 1 Horizontal Force Magnetometer ⎭ GRUBB, Dublin	£ 73	10
1 Vertical Force Magnetometer . ROBINSON	21	0
1 Dipping Needle . . . . . . ROBINSON	24	0
1 Azimuthal Transit . . . . . SIMMS	50	0
2 Reading Telescopes . . . . . SIMMS	6	6
2 Chronometers	100	0

7*

The above are all the instruments required for magnetical purposes.

The declination and horizontal force magnetometers are similar, with slight modifications, to those devised by Mr. Gauss, and already in extensive use; so that the observations made with the latter instruments and with those specified above will be strictly comparable. . . . .

W. H. Smyth, foreign Secretary.

Man erkennt aus dem Zirkular, wie fest begründet das Ansehen war, das die Göttinger Forscher genossen, da sowohl die Apparate (im wesentlichen), als auch die Termine in Übereinstimmung mit der »German Magnetic Association« gewählt wurden.

27. Die von Gauss geschriebene »Einleitung«[1]), mit der die neue Zeitschrift eröffnet wurde, enthält einmal eine Rekapitulation des bisher Geleisteten, dann eine Begründung für die von Humboldt abweichende Wahl der Termine, endlich die Formulierung der ersten Aufgaben des »magnetischen Vereins«, nämlich die genaue Untersuchung der Variationen der magnetischen Deklination an möglichst vielen Orten. Er fügt folgende Bemerkung hinzu: »Wenn, wie nicht zu bezweifeln ist, die beiden anderen Elemente der erdmagnetischen Kraft, die Inklination und die Intensität, ähnlichen Veränderungen unterworfen sind, so kann man fragen, warum vorzugsweise oder für jetzt ausschliesslich, jenem ersten Elemente so sorgfältige Bemühungen gewidmet werden?« Die Antwort findet Gauss einmal in der praktischen Wichtigkeit der Deklination für den Seefahrer, den Geodäten und den Markscheider, anderseits und vorzugsweise aber darin, dass die Beobachtung der Inklination und der Intensität zur Zeit noch nicht der Genauigkeit fähig sei, die man dafür verlangen müsse. »Zur Zeit ist es daher noch zu früh, die letzteren in den Kreis ausgedehnter Untersuchungen aufzunehmen. Sobald aber die Beobachtungsmittel soweit vervollkommnet sein werden, dass wir die Veränderungen und namentlich die schnell wechselnden Veränderungen in den anderen Elementen des Erdmagnetismus mit Sicherheit erkennen, mit Leichtigkeit verfolgen und mit Schärfe messen können, werden diese Veränderungen dieselben Ansprüche auf die vereinte Tätigkeit der Naturforscher haben, wie die Ver-

---

1) *Resultate* im Jahre 1836, S. 3—11, 1837; Werke V, S. 345.

änderungen der Deklination. Man darf hoffen, dass dieser Zeitpunkt nicht gar entfernt mehr sein wird.«

28. Eine weitere Mitteilung Gaussens[1]) im ersten Bande der Zeitschrift betrifft »das in den Beobachtungsterminen anzuwendende Verfahren.« Wir brauchen, da es sich in der Hauptsache um technische Details handelt, hier nicht näher darauf einzugehen. Nur eine Stelle ist aus zwei Gründen wichtig. Es handelt sich um die Bestimmung des »Standes der Magnetnadel«: »Unter dem Stand der Magnetnadel . . . . ist hier nicht diejenige Stellung verstanden, welche der aufgehängte Magnetstab in dem betreffenden Augenblick wirklich eben hat, sondern diejenige, welche er haben würde, wenn er . . . . in diesem Augenblicke genau im magnetischen Meridian wäre. Diese Distinktion war unnötig, solange man sich nur solcher Nadeln bediente, die eine sehr grosse Genauigkeit nicht geben konnten; man brauchte nur dafür zu sorgen, dass die Nadel um die Zeit der Beobachtung in keiner erkennbaren Schwingung begriffen war, und erhielt damit das Gesuchte unmittelbar. Bei den viel grösseren Forderungen, die man an die Genauigkeit der Bestimmungen durch die jetzt eingeführten Apparate machen kann und machen muss, kann aber von einer solchen unmittelbaren Bestimmung nicht mehr die Rede sein. Es steht nicht in unserer Macht, die Nadel des Magnetometers so vollkommen zu beruhigen, dass gar keine erkennbaren Schwingungsbewegungen zurückbleiben; wenigstens kann es nicht mit Sicherheit ohne Zeitaufwand und nicht auf die Dauer geschehen. Es werden daher an die Stelle der unmittelbaren Beobachtung solche mittelbare Bestimmungen treten müssen, zu denen eine vollkommene Beruhigung unnötig ist.« Es folgt dann die Anleitung, aus den Schwingungsbögen selbst die Ruhelage zu bestimmen, eine Methode, die wir auch heute noch, unter anderm bei feinen Messungen an der Wage genau nach der Gaussschen Vorschrift ausführen — und das ist der eine Grund, weshalb wir die obige Stelle zitiert haben. Der andere Grund ist der folgende: Lamont, der Münchener Astronom, ist, wie schon erwähnt, später in der Konstruktion erdmagnetischer Apparate stark von Gauss und Weber abgewichen und setzt sich grade mit der angeführten Stelle in Gegensatz.

Gauss hat ferner im gleichen Bande noch einen *Auszug aus den drei-*

---

1) *Resultate* im Jahre 1836, S. 34—50, 1837; Werke V, S. 541.

jährigen täglichen Beobachtungen der magnetischen Deklination zu Göttingen[1]) sowie *Erläuterungen zu den Terminzeichnungen und Beobachtungszahlen*[2]) veröffentlicht; es sind der Hauptsache nach teils Anweisungen, wie die reinen Beobachtungen rechnerisch zu behandeln sind, um die täglichen und säkularen Variationen von den »zufälligen Anomalien zu befreien, teils eine kurze Diskussion der Ergebnisse der Terminbeobachtungen.

29. In dem im Artikel 27 mitgeteilten Schlusswort seiner »Einleitung« zu den *Resultaten* gibt GAUSS der Hoffnung Ausdruck, dass die Zeit nicht mehr entfernt sei, in der man auch die Variationen der Intensität mit derselben Genauigkeit werde messen können, wie die der Deklination· In der Tat hatte GAUSS, als er diese Worte niederschrieb, schon die Idee zu einem Apparat gefasst, der dies leisten sollte, ja, schon Versuche mit einem vorläufigen Modell desselben gemacht[3]).

Am 2. Mai 1837 schreibt GAUSS an GERLING[4]): »Ein anderer Apparat zur unmittelbaren Beobachtung der Intensitätsänderungen ist in Arbeit«, und am 9. Juli 1837 heisst es ebenfalls an GERLING[5]): »Meine beiden neuen Apparate scheinen meinen Erwartungen zu entsprechen. Schreiben aber will ich Ihnen noch nichts davon.« Genauere Mitteilungen enthält dann ein Brief an OLBERS[6]) vom 2. Sept. 1837 »In der Sitzung der Sozietät im Jubiläum (19. September) werde ich eine Vorlesung halten über ein neues Mittel für die magnetischen Beobachtungen. Es bezieht sich auf einen neuen Apparat, der für die (horizontale) Intensität ganz dasselbe leistet, was das Magnetometer für die Deklination, wodurch also die Aufgabe (*Resultate*, S. 12), soweit von dem horizontalen Teile der erdmagnetischen Kraft die Rede ist, erledigt wird. Von einer rohen Probe der Grundidee finden Sie eine Andeutung in SCHUMACHERS Jahrbuch 1836, S. 19, woraus freilich nicht zu erkennen ist, in was das Mittel besteht, sondern nur ein sekundärer Teil von dem, was damit geschieht. In diesem Sommer habe ich aber den Apparat ordentlich ausführen lassen, und es sind sogar die beiden letzten Termine (der Haupttermin vom 29. Juli und

---

1) *Resultate* für das Jahr 1836, S. 50 ff.; Werke V, S. 556.
2) Ebenda 1836, S. 90 ff.; Werke V, S. 568.
3) Ebenda 1837, S. 6; Werke V, S. 362.
4) GAUSS-GERLING, S. 511 ff.
5) Ebenda, S. 515 ff.
6) GAUSS-OLBERS II, 2, S. 649; Werke XI, 1, S. 111 ff.

der Extratermin vom 31. August) vollständig damit beobachtet, während ebenso vollständig in beiden auch im m[agnetischen] O[bservatorium] der Verlauf der Deklination beobachtet ist.

»Der horizontale Teil des Erdmagnetismus kann also jetzt so scharf beobachtet werden, wie die Sterne am Himmel. Aber mit dem vertikalen Teile wird eine ähnliche Genauigkeit niemals erreicht werden können; wer die Stelle der *Intensitas vis* etc. S. 15 »Ex hoc rem — requiratur« gehörig studiert und beherzigt hat, wird dies leicht von selbst einsehen. Wenn man aber auch nicht die gleiche Genauigkeit wie bei dem horizontalen Teil erreichen kann, so bin ich doch überzeugt, dass man viel mehr erreichen kann, als bis jetzt erreicht ist. Das ist aber etwas, worauf ich mich nicht einlassen kann. Bei den Instrumental-Hilfsmitteln für die beiden Elemente des horizontalen Teiles konnten geistige Mittel ausreichen, d. h. durch eine gehörige Einrichtung konnte man Apparate zur Erreichung der höchsten Genauigkeit darstellen, die eigentlich keine übermässig feine mechanische Arbeit erfordern und mit geringen Kosten angefertigt werden können. (Der neue Apparat kommt nicht auf 50 ℔, natürlich alles schon vorhandene, was dabei gebraucht wird, ungerechnet, namentlich Uhr, Theodolit und Magnetstab.) Dagegen sind bei allem, wobei der vertikale Teil der magnetischen Kraft auf irgend eine Art mit ins Spiel kommt, sei es als Inklination oder anders, sehr fein, sehr vollkommen ausgearbeitete, also auch am Ende kostbare Instrumente unentbehrlich, unerlässlich und können durch nichts anderes ersetzt werden. Ein Inklinationsapparat von der gewöhnlichen Einrichtung, der nur so weit befriedigen würde, als wir jetzt wirklich sind, also wobei man noch weit, sehr weit zurück ist gegen das, was man wünschen muss, kostet schon mehr als ich in einem oder zwei Jahren für Sternwarte und magnetische Anlagen zusammen zu verausgaben habe . . . .«

30. Der in Frage stehende Apparat war das von GAUSS so genannte »Bifilarmagnetometer«. GAUSS benutzt dabei den Gedanken, die magnetische Direktionskraft[1]) zu messen durch die Direktionskraft, die ein an zwei Fäden aufgehängter fester Körper erfährt, wenn er aus seiner Gleichgewichtslage

---

1) »Direktionskraft«, das maximale Drehungsmoment, ist eine bei dieser Gelegenheit von GAUSS eingeführte Bezeichnung, die sich bis heute erhalten hat, obwohl sie in der Hinsicht nicht glücklich gewählt ist, dass die Direktionskraft nicht die Dimension einer Kraft besitzt.

abgelenkt wird. Wir geben Gaussens eigene Worte wieder[1]): »Die Bedingungen
des Gleichgewichts eines an zwei Fäden aufgehängten Körpers von beliebiger
Gestalt, dessen Teile einstweilen bloss der Schwerkraft unterworfen und in
festem Zusammenhange vorausgesetzt werden, lassen sich kurz so zusammen-
fassen, dass die Vertikale durch den Schwerpunkt des Körpers und die durch
die Fäden dargestellten geraden Linien sich in einer Ebene befinden, und zugleich entweder unter sich parallel sein, oder sich in einem Punkt schneiden
müssen. Allemal sind also bei der Gleichgewichtsstellung die beiden Fäden
und der Schwerpunkt in einer Vertikalebene. Um die Vorstellungen zu fixieren,
mag man annehmen, dass die beiden Fäden gleich lang, ihre oberen Anknüpfungspunkte in gleicher Höhe sind und von einander ebenso weit abstehen, wie die beiden unteren, endlich dass die letzteren mit dem Schwer-
punkte ein gleichschenkliges Dreieck bilden. Unter diesen Voraussetzungen
werden also im Gleichgewichtszustande die beiden Fäden vertikal hängen, und
eine dritte Vertikallinie, mitten zwischen diesen Fäden gedacht, wird den
Schwerpunkt des Körpers treffen. Bringt man den Körper aus dieser Lage
mittels einer Drehung um letztere Linie, so werden die beiden Fäden nicht
mehr vertikal, und auch nicht mehr in einer Ebene sein, und zugleich wird
der Körper etwas gehoben. Es entsteht demnach ein Bestreben, zu der
vorigen Lage zurückzukehren, mit einem Drehungsmomente, welches mit hinlänglicher Genauigkeit dem Sinus der Ablenkung von der Ruhestellung proportional gesetzt werden kann, also am grössten ist, wenn die Ablenkung 90
Grad beträgt; dieses grösste Drehungsmoment wird immer stillschweigend
verstanden, wenn man von Drehungsmoment schlechthin spricht. Man kann
dasselbe auch als Mass einer Kraft ansehen, mit welcher der Körper vermöge
der Aufhängungsart in seiner Gleichgewichtsstellung zurückgehalten wird, und
die ich der Kürze wegen die aus der Aufhängungsart entspringende Direktionskraft nennen will. Ihre Grösse hängt übrigens ab von 1) der Länge der Auf-
hängungsfäden, 2) deren Abstande, 3) dem Gewicht des Körpers, und zwar
so, dass sie der Länge der Fäden verkehrt, dem Quadrate ihres Abstandes
direkt, und dem Gewicht des Körpers gleichfalls direkt proportional ist . . .

»Gehen wir jetzt zu der Voraussetzung über, dass ein horizontaler Magnetstab einen Bestandteil des aufgehängten Körpers ausmache, so tritt eine zweite

---

1) *Resultate* im Jahre 1837, S. 1—11, 1838; Werke V, S. 352 u. 357.

Direktionskraft mit ins Spiel, und die Erscheinungen hängen von der Zusammensetzung der beiden Direktionskräfte nach den bekannten Regeln der Statik ab. Es sind in dieser Beziehung drei Fälle zu unterscheiden, indem die beiden Stellungen des Körpers, in welchen er vermöge jeder der beiden Kräfte für sich allein im Gleichgewichtszustande sein würde, entweder zusammenfallen, oder entgegengesetzt sein, oder einen Winkel miteinander machen können. Man sieht leicht, dass der Unterschied dieser drei Fälle auf dem Verhältnis der beiden Winkel beruht, welche einerseits die gerade Linie durch die beiden unteren Anknüpfungspunkte der Fäden mit dem Magnetstabe und anderseits die gerade Linie durch die beiden oberen Befestigungspunkte mit dem magnetischen Meridian macht. Denkt man sich den Körper in derjenigen Gleichgewichtslage, die durch die Aufhängungsart allein bedingt wird, so wird für den ersten unserer drei Fälle der Magnetstab im magnetischen Meridian sein müssen, und zwar in seiner natürlichen Lage (Nordpol auf der Nordseite); für den zweiten Fall muss er in verkehrter Lage im Meridian sein, und für den dritten muss er mit dem magnetischen Meridian einen Winkel machen. Der Kürze halber will ich diese drei möglichen Lagen des Magnetstabes in dem Apparate die natürliche, die verkehrte und die transversale nennen . . . .«

»Im dritten Falle endlich, wo die beiden Direktionskräfte einen Winkel miteinander machen, wird der Konflikt dieser beiden Kräfte durch eine Zwischenstellung vermittelt, wobei weder der Stab im Meridian, noch eine gerade Linie durch die unteren Anknüpfungspunkte der Fäden der durch die oberen parallel ist, und diese Zwischenlage sowohl als die Kraft, mit welcher der Apparat in derselben zurückgehalten wird, richten sich nach dem statischen Gesetze der Zusammensetzung zweier Kräfte. Man übersieht nun aber zugleich, dass, wenn der Apparat Mittel darbietet, die Winkel zwischen den drei in Rede stehenden Stellungen zu messen, das Verhältnis der beiden komponierenden Direktionskräfte sich berechnen lässt, und dass man folglich auch die magnetische Direktionskraft in absolutem Masse angeben kann, wenn die Direktionskraft vermöge der Aufhängungsweise in absolutem Masse bekannt ist. Unsere Aufgabe ist dann also gelöst. Am vorteilhaftesten ist es übrigens, das Einliegen des Magnetstabes relativ gegen die anderen Teile des Apparates so einzurichten, dass jener in der vermittelten Gleichgewichtsstellung nahe einen rechten Winkel mit dem magnetischen Meridian macht, welchem Fall also die Benennung der transversalen Lage vorzugsweise angemessen ist. Teils ist nämlich dann die Ablenkung der Fäden von ihrer Lage in einer Ebene am grössten, und damit die Berechnung des Resultats am schärfsten, teils hat dann auch eine kleine Veränderung der magnetischen Deklination vermöge der stündlichen oder zufälligen Variationen auf die Stellung keinen merklichen Einfluss. Dagegen aber affiziert eine jede Veränderung in der Stärke des Erdmagnetismus die Stellung unmittelbar und lässt sich mit derselben Leichtigkeit, Schnelligkeit und Schärfe sogleich erkennen und messen, wie das Spiel der Veränderungen der Deklination am gewöhnlichen Magnetometer . . . . .«.

Damit ist das Prinzip des Bifilarmagnetometers klar formuliert und GAUSS geht zu einer kurzen Beschreibung des Apparates über, die in einer Abhandlung von WEBER[1] *Bemerkungen über die Einrichtung und den Gebrauch des Bifilarmagnetometers* nach der praktisch-experimentellen Seite hin ergänzt wird — ein Beweis für die enge Zusammenarbeit beider Männer, die es kaum möglich macht, genau zu scheiden, was dem Einen und was dem Andern zukommt.

Beobachtet wurde mit dem neuen Apparat zum ersten Male in den magnetischen Terminen vom 29./30. Juli 1837 sowie am 31. August und 1. September 1837 zu Göttingen. Die lithographierten Kurven[2] zeigen zum erstenmal nebeneinander die »Störungen der magnetischen Intensität« und die »der magnetischen Deklination«. Ausserdem zeigen sie im »Polardiagramm« die gleichzeitige Änderung der Deklination und der horizontalen Intensität.

31. In der gleichen Arbeit bespricht GAUSS noch eine weitere Anwendungsmöglichkeit des Bifilarmagnetometers. In der sogenannten »natürlichen« Lage des Magnetstabes wirken offenbar die mechanische und die magnetische Direktionskraft gleichsinnig, so dass die Gleichgewichtslage in diesem Falle sicher stabil ist. Anders kann es in der sogenannten »verkehrten« Lage des Magneten sein. Da dann mechanische und magnetische Direktionskraft einander entgegenwirken, so ist die Gleichgewichtslage nur dann stabil, wenn die mechanische grösser ist als die magnetische. Umgekehrt ist der Apparat umso empfindlicher, d. h.

---

1) *Resultate* im Jahre 1837, S. 20 ff., 1838.
2) Ebenda, Tafeln II—IV, 1838.

durch umso kleinere Kräfte aus der Gleichgewichtslage abzulenken, je näher die magnetische Direktionskraft ihrem Werte nach der mechanischen kommt. Bei dem GAUSSschen Apparat[1]) war das Verhältnis der mechanischen zur magnetischen Direktionskraft etwa wie 11 : 10; demgemäss war die resultierende Direktionskraft (gleich der Differenz der beiden Direktionskräfte) verhältnismässig = 1, d. h. sie betrug nur den zehnten Teil der magnetischen Direktionskraft. Der Apparat wirkte demnach bei dieser Art der Benutzung wie ein gewöhnliches Magnetometer von 10facher Empfindlichkeit, zeigte also z. B. die Variationen der Deklination in zehnmal vergrössertem Massstabe an. Natürlich betont GAUSS auch, dass der neue Apparat in der »verkehrten« Lage als empfindliches Galvanometer zu benutzen sei, und gibt Proben seiner Leistungsfähigkeit, worauf wir an dieser Stelle nicht eingehen.

Zusammenfassend kommt GAUSS zu folgendem Urteil über die Leistungen des gewöhnlichen und des bifilaren Magnetometers[2]): »Halten wir die Leistungen des neuen Apparates und des Magnetometers zusammen, so ergibt sich, dass beide in Beziehung auf einige Zwecke einander wechselseitig ergänzen müssen, in Beziehung anderer hingegen gleiche Anwendbarkeit haben. Zur Bestimmung der absoluten Deklination kann nur das Magnetometer dienen, nicht aber der neue Apparat; die Veränderungen der Deklination und besonders die schnell wechselnden lassen sich mit beiden verfolgen. Zur Bestimmung der absoluten Intensität können beide Apparate dienen, obwohl die Anwendung des Magnetometers etwas weniger kompliziert ist als der alleinige Gebrauch des neuen Apparates sein würde; aber jenes für sich allein kann die Intensität nur in ihrem Mittelwerte während eines gewissen Zeitraums geben, und die schnell wechselnden Änderungen in demselben entgehen diesem Instrumente gänzlich, während der neue Apparat diese auf das befriedigendste nachweist. Für alle sonstigen Zwecke, z. B. um Magnetstäbe rücksichtlich ihrer magnetischen Stärke untereinander zu vergleichen, ferner in Verbindung mit einem Multiplikator, für galvanometrische und telegraphische Zwecke, sind beide gleich brauchbar; ja, in den beiden letzteren Beziehungen hat der neue Apparat noch einen bedeutenden Vorzug, da man, wie schon bemerkt ist, in seiner Gewalt hat, ihn so nahe man will, astatisch zu machen.«

---

1) *Resultate* im Jahre 1837, S. 8, 1838.
2) Ebenda, S. 11, 1838.

Man erkennt, dass Gauss nicht nur das Prinzip, sondern auch das Anwendungsgebiet des Bifilarinstruments aufs Klarste erkannt hat. Freilich ist er nicht der erste gewesen, der es erdacht und angewendet hat. Vielmehr scheint Snow Harris[1]) die Priorität der Erfindung zuzukommen, während Lloyd[2]) es unabhängig von Gauss auf erdmagnetische Messungen angewendet zu haben angibt. Dass Gauss die schwer zugängliche Arbeit von Harris gekannt habe, darf als ausgeschlossen betrachtet werden, so dass er in jedem Falle als selbständiger Erfinder des Apparates anzusehen ist; unter seinem Namen und durch seine Versuche ist das Instrument der wissenschaftlichen Welt erst zugänglich geworden und wird daher auch heute noch zu Recht mit seinem Namen verknüpft.

32. Durch die Konstruktion des Bifilarmagnetometers tauchten sofort einige Probleme auf, mit deren Lösung sich nun Gauss und Weber beschäftigten.

Zunächst ist folgendes klar: Die Angaben eines »Horizontalvariometers«, wie man das Bifilar bezeichnen kann, unterliegen den folgenden störenden Einflüssen: Änderung der Temperatur verändert das magnetische Moment des benutzten Stabes, die Torsion der Fäden, sowie ihren Abstand. Es bedurfte also zunächst genauer Messungen über die Abhängigkeit der Magnetisierung von der Temperatur.

Eine Abhandlung Webers[3]) versucht diesen Einfluss zu bestimmen. Er verwendet in höchst geistvoller Weise eine Differentialmethode, indem er zwei Magnetstäbe auf das Magnetometer wirken lässt, deren Ablenkung sich gerade gegenseitig kompensiert und von denen der eine einer variabeln Temperatur ausgesetzt wird. So gewinnt er eine äusserst empfindliche Methode zur Untersuchung des Problems. Die Ergebnisse sind durchaus nicht einfach, sondern recht kompliziert; als praktische Folgerung kann man etwa die angeben, dass es erforderlich ist, bei jedem einzelnen Magnetstab die Temperaturkorrektion gesondert zu bestimmen.

Ein weiteres Problem entsprang einem mehr technischen Grunde. Wenn

---

1) Snow Harries, Report of the British Association 1832, S. 563 ff.; ebenda 1835, S. 17; ebenda 1836, S. 19. Phil. Trans. 1836, S. 417.

2) Lloyd, im Account of the magn. Observ. of Dublin 1842, S. 28 ff.

3) Wilhelm Weber, *Resultate* i. J. 1837, S. 38 ff., 1838.

man gleichzeitig in einem als magnetisches Observatorium dienenden Raume das Bifilar- und das Unifilarinstrument anbringt, sodass an ihnen gleichzeitig von denselben Beobachtern gemessen werden kann, so müssen die gegenseitigen Störungen der beiden Instrumente berücksichtigt werden. Mit der experimentellen Durchführung dieses Problems hat sich wieder WILHELM WEBER[1]) in der Arbeit: *Bemerkung über die Einrichtung und den Gebrauch des Bifilarmagnetometers* befasst, auf Grund einer von GAUSS[2]) angegebenen einfachen Konstruktion, die die gegenseitige Einwirkung der beiden Instrumente übersehen lässt, ohne dass es notwendig ist, eine detaillierte Theorie beider Instrumente zu entwickeln. Die GAUSSsche Konstruktion, die von WEBER in der genannten Arbeit mitgeteilt wird, findet sich — übrigens ohne Beweis — unter der Überschrift *Zierliche Konstruktion für die magnetische Ablenkung* im *Handbuch* 15 (Ba, Opuscula varii argumenti, Vol. primum, Brunovici 1800); sie wird etwa gleichzeitig mit dem Bifilarmagnetometer entstanden sein. Die Anwendung der GAUSSschen Konstruktion auf das in Rede stehende Problem formuliert WEBER in der genannten Abhandlung folgendermassen: »Hierbei ist es beachtenswert, dass die beiden Magnetometer in einem grossen Saale sich auf eine solche Weise gegeneinander stellen lassen, dass die mittlere Deklination ganz unverändert bleibt, und die Variationen der Deklination und der Intensität nur insofern affiziert werden, dass der Wert der Skalenteile etwas anders bestimmt werden muss, als ausserdem. Dies ist der Fall, wenn der Pfeiler, auf welchem die Theodoliten stehen, mit den beiden Magnetometern ein Dreieck bildet, dessen eine Seite (nämlich die zwischen dem Pfeiler und dem Deklinationsmagnetometer) im magnetischen Meridian liegt, während die andere Seite, nämlich die gerade Linie, welche die Mittelpunkte der beiden Magnetometer verbindet, einen Winkel von $35^0\,15'\,32''$[3]) mit dem magnetischen Meridian macht«[4]).

---

1) *Resultate* im Jahr 1837, S. 20 ff., 1838.

2) Werke XI, 1, S. 59.

3) Genauer muss der Sinus dieses Winkels $= \sqrt{\tfrac{1}{3}}$ sein. — SCHAEFER.

4) GAUSS ist 1840 auf diese Frage noch einmal ausführlich zurückgekommen (*Resultate* im Jahre 1840, S. 26 ff., 1841, Werke V, S. 427); der letzte Paragraph gibt die Anwendung seiner allgemeinen Formeln auf den speziellen hier behandelten Fall; der wesentliche Inhalt dieser Abhandlung war also jedenfalls schon damals (1837) im Besitze von GAUSS. — SCHAEFER.

33. Das Ergebnis der Termine im Jahre 1837 (im ganzen 7) hat GAUSS wieder in den *Resultaten* kommentiert[1]). Hervorzuheben ist folgendes: Der Novembertermin wurde an einem etwas anderen Datum abgehalten (am 13. November), um — gemäss einer Anregung HUMBOLDTS — zu prüfen, ob »an den Monatstagen, die in den früheren Jahren durch eine ausserordentliche Menge von Sternschnuppen ausgezeichnet gewesen waren, vielleicht auch ungewöhnliche magnetische Bewegungen eintreten könnten.« Das Ergebnis war negativ, die Fragestellung aber deshalb interessant und wichtig, weil man damals über die Herkunft der Störungen (ob tellurischen oder kosmischen Ursprungs) noch völlig im Unklaren war. Zum Schlusse ist noch eine allgemeine Bemerkung GAUSSENS mitteilenswert, die sich gegen etwaige Zweifel an der Brauchbarkeit des Bifilars richtet, eine Bemerkung, die sich auch in mehreren Briefen[2]) wiederfindet: »Wer inzwischen sich schon selbst in Betrachtungen . . . . . . versuchen möchte, braucht sich wenigstens durch keine Zweifel an der Realität der durch das Bifilarmagnetometer angezeigten Intensitätsbewegungen davon abhalten zu lassen. In der Tat sind solche Zweifel ganz unstatthaft geworden, nachdem bereits im Märztermin des gegenwärtigen Jahres 1838 ausser Göttingen noch in drei anderen Orten die gleichzeitigen Intensitätsbewegungen mit ähnlichen Bifilarapparaten beobachtet sind und eine ebenso bewundernswürdige Übereinstimmung gezeigt haben, wie wir seit vier Jahren an den Deklinationsbewegungen zu finden gewohnt sind.«

34. Im gleichen Jahrgang (1837) der *Resultate* hat GAUSS[3]) auch die von ihm verwendete Methode, Schwingungsdauern genau zu messen, bekannt gemacht. Ein genaueres Eingehen darauf erübrigt sich hier, da sie zur Mechanik gehört; nur sei darauf aufmerksam gemacht, dass GAUSS sie (vergl. Artikel 5) spätestens seit 1829 in ihren Grundzügen besass.

35. Horizontalintensität und Deklination, sowie ihre Variationen hatte nun GAUSS exakt zu messen gelehrt. Übrig blieb noch die Inklination und ihre Variation. Bereits mehrfach haben wir darauf hingewiesen, dass GAUSS zwar von Anfang an beabsichtigte, auch dieses dritte Element des Erdmagne-

---

1) *Resultate* im Jahre 1837, S. 130 ff., 1838.

2) GAUSS-GERLING, S. 553 ff.; GAUSS-OLBERS II, 2, S. 682; Brief Nr. 56 an ENCKE vom 2. April 1839 (unveröffentlicht).

3) *Resultate* im Jahre 1837, S. 58 ff.

tismus in den Bereich seiner Untersuchungen einzubeziehen, dass er die Untersuchung der Inklination schliesslich aber bewusst zurückstellte[1]), weil hier das zu lösende Problem am schwierigsten und am wenigsten aussichtsvoll war.

Nicht gleich von Anfang an war sich allerdings GAUSS darüber klar gewesen, dass bei der Inklination besondere Schwierigkeiten zu überwinden sein würden. Denn am 2. April 1832 schreibt er an GERLING[2]): »Ich hoffe in allen einzelnen Momenten, nämlich Intensität, Deklination, Inklination und Variationen dieser drei Elemente, die bisherige Schärfe weit überbieten zu können.« Ähnlich äussert sich GAUSS auch in einem Brief an ENCKE[3]) vom 12. Mai 1832.

Aber schon in der *Intensitas*[4]), die gegen Ende des Jahres 1832 erschien, hatte GAUSS seinen grundsätzlichen späteren Standpunkt gewonnen. Nachdem er (vergl. Artikel 12) auseinandergesetzt hat, dass die Wirkung der Vertikalkomponente der erdmagnetischen Kraft als eine Schwerpunktsverschiebung der Nadel gedeutet werden könne, fährt er fort: »Bei dieser Auffassungsweise leuchtet von selbst ein, dass, was immer für Versuche mit einer Magnetnadel in einem einzigen magnetischen Zustand gemacht werden mögen, aus diesen allein die Inklination nicht abgeleitet werden kann, sondern dass die Lage des wirklichen Schwerpunktes anders woher schon bekannt sein muss. Diese Lage pflegt bestimmt zu werden, bevor die Nadel magnetisiert ist; aber diese Art ist nicht sicher genug, da meistens eine Stahlnadel schon während ihrer Herstellung einen wenn auch schwachen Magnetismus annimmt. Es ist daher für die Bestimmung der Inklination notwendig, dass durch eine zweckmässige Änderung des magnetischen Zustandes der Nadel eine andere Verlegung des Schwerpunktes hervorgerufen werde. Damit diese von der ersteren möglichst verschieden werde, wird es notwendig sein, die Pole umzukehren, wodurch eine doppelte Verlegung erhalten wird. Übrigens kann die Verlegung des Schwerpunktes . . . . . eine gewisse Grenze nicht überschreiten, die . . . . . in unsern Gegenden ungefähr 0,4 mm beträgt und in Gegenden, wo die Vertikalkraft am grössten ist, unter 0,6 mm bleibt; daraus ersieht man gleich-

---

1) Vergl. die im Art. 27 oben erwähnte Einleitung, Werke V, S. 351.
2) GAUSS-GERLING, S. 387 ff.; Werke XI, 1, S. 77.
3) Werke XI, 1, S. 78.
4) Werke V, S. 91.

zeitig, eine wie grosse mechanische Feinheit bei den Nadeln erfordert wird, die zur Bestimmung der Inklination dienen sollen.« In diesem letzten Satz ist schon angedeutet, dass bei der Inklinationsmessung durch die Magnetnadel mechanisch-technische Schwierigkeiten von ganz anderer Grössenordnung zu überwinden sind, wie dies für Deklination und Horizontalintensität notwendig war[1]). Obwohl nun GAUSS in dieser Erkenntnis die genaue Bestimmung der Inklination vorerst zurückstellte, hat er sich doch dauernd mit dem Problem beschäftigt.

36. Die nächste Äusserung von Wichtigkeit findet sich in einem Brief an ENCKE[2]) vom 14. September 1834. Dort heisst es: »Es sind hier bereits einige Versuche mit den Beobachtungen gemacht, wo ein vierpfündiger Stab durch ein kleines, an einem Ende aufgelegtes Gewicht horizontal gemacht wurde, und nachher, nach Umkehrung der Pole, am anderen Ende. Also die COULOMBsche Methode unter Anwendung des Prinzipes, die Horizontalstellung durch Spiegel, Skala und Fernrohr zu ermitteln. Das Fernrohr in der oberen Etage, die Skala an der Decke[3]). . . . . . Dieser Versuch ist garnicht in der Absicht gemacht, die Inklination selbst zu bestimmen, da das Lokal im Physikalischen Kabinett dazu garnicht taugt, indem Eisen und andere Magnetstäbe in der Nähe waren, daher ich auch das Resultat noch garnicht berechnet habe, sondern bloss zunächst zu prüfen, wie genau auf diese Weise die Einstellung beobachtet werden kann. Dieser Versuch ist sehr befriedigend ausgefallen. Man wird gewiss die Entfernung beider Auflagestellen auf weniger als $\frac{1}{10000}$ bestimmen können. Ich bin daher überzeugt, dass durch diese Methode die Inklination genauer als mit irgend einem Inklinatorium bestimmt werden kann, und in Zukunft werden wir gewiss diese Operation im magnetischen Observatorium ausführen. Wenn Herr v. HUMBOLDT behauptet, BIOT habe die Methode unbrauchbar gefunden, so vermute ich, dass jener solche mit einer andern Methode verwechselt hat, denn BIOT selbst urteilt schon in seiner Physik III, S. 35, dass sie die genaueste von allen sei. Hätte aber BIOT ein anderes Urteil aus-

---

1) Auch in einem späteren Brief an OLBERS (Werke XI, 1, S. 111) wird dies unter Bezugnahme auf die obige Stelle der *Intensitas* näher ausgeführt.

2) Werke XI, 1, S. 93.

3) Man vergl. die in dem Briefe sich findende Figur zur Erläuterung des Prinzips; Werke XI, 1, S. 94. — SCHAEFER.

gesprochen, so würde ich vorerst daraus weiter nichts schliessen, als dass er ein schlechter Beobachter sein müsste . . . .«

Die Coulombsche Methode[1]), die Gauss hier durch Benutzung der Spiegelablesung zu verbessern beabsichtigt, ist die folgende:

Man lässt einen frei aufgehängten Magnetstab, der durch ein Gewicht P (am südlichen Pole derselben) in horizontale Lage gebracht ist, horizontale Schwingungen um den magnetischen Meridian ausführen; in diesem Falle wirkt natürlich nur die Horizontalkomponente H. Bezeichnet M das magnetische Moment des Stabes, so ist die Schwingungsdauer T_H nach Gleichung (13) (oben S. 19):

$$(13\,\text{a}) \qquad T_H = 2\pi\sqrt{\frac{k}{HM}},$$

wenn k das Trägheitsmoment der Nadel ist. Bedeutet ferner l die halbe Länge der Nadel, p ihr Gewicht, g die Erdbeschleunigung, so wird $k = \frac{p}{g}l^2$; drückt man noch die Schwingungsdauer T_H durch die reduzierte Länge λ eines isochron schwingenden Pendels aus, so ergibt sich:

$$(21) \qquad HM = \frac{pl^2}{3\lambda}.$$

Ist anderseits das Gewicht P im Abstand l' anzubringen, um die Nadel horizontal zu stellen, so hält das Drehmoment Pl' dem Moment VM der Vertikalkomponente V das Gleichgewicht, es ist also:

$$(22) \qquad VM = Pl'.$$

Wenn man nunmehr p, P, l, l' und λ bestimmt, so erhält man durch Division von (21) und (22) für die Tangente des Inklinationswinkels i den Wert:

$$(23) \qquad \operatorname{tang} i = \frac{H}{V} = \frac{pl^2}{3Pl'\lambda}.$$

Ausser dieser Methode, die wir die erste Coulombsche nennen wollen, hat Coulomb noch eine Modifikation derselben angegeben, bei der das Drehmoment der Vertikalkomponente dadurch bestimmt wird, dass man die Inklinationsnadel senkrecht zum Meridian schwingen lässt. Ist die Schwingungsdauer T_V, so ist offenbar, [entsprechend (13)]:

$$(13\,\text{b}) \qquad T_V = 2\pi\sqrt{\frac{k}{VM}},$$

---

1) Coulomb, Mémoires de l'Institut, t. IV, S. 565.

und durch Division in Gleichung (13a) erhält man für die Tangente des Inklinationswinkels:

$$(24) \qquad\qquad \text{tang}\, i = \frac{T_H^2}{T_V^2}.$$

Es wird also hier die **statische** Horizontierung der Nadel durch ein Gewicht P im Abstande l' durch eine **dynamische** Methode, die Schwingungsbeobachtung, ersetzt. Wir wollen diese Variante, bei der also überhaupt nur Schwingungsdauern gemessen werden, als zweite Coulombsche Methode bezeichnen.

Natürlich ist bei den obigen Formeln vorausgesetzt, dass die Achse, um die die Schwingungen erfolgen, exakt durch den Schwerpunkt gehe, was natürlich nie der Fall ist; dieser Punkt wird nachher von Wichtigkeit werden.

37. Von den im vorhergehenden Artikel erwähnten beiden Coulombschen Methoden scheint Gauss nur die erste aus der Literatur gekannt, die zweite dagegen selbständig ersonnen zu haben. Denn in einem Brief an Encke[1]) vom Januar 1836 schreibt er: »Schon vor einigen Jahren hatte ich eine besondere Methode erdacht, die Inklination zu bestimmen, wozu eine Nadel mit einer feinen Achse etwas ausserhalb des Schwerpunktes nötig ist, und wo man bloss Schwingungsdauern beobachtet. Ein damals von mir gemachter ganz roher Versuch liess die Brauchbarkeit der Methode schon erkennen, aber die Herren Sartorius und Listing haben sie mit einem besser gearbeiteten Apparat in Neapel recht glücklich ausgeführt[2]), sodass ich diese Methode für die allergenaueste halten möchte. Ihr Resultat ist aber noch nicht definitiv . . . . .« Die Methode, die Gauss hier als von ihm selbst erdacht bezeichnet, ist nun aber, wie aus den zwei Jahre nach diesem Briefe veröffentlichten Untersuchungen von Sartorius und Listing hervorgeht, nichts anderes, als die zweite Coulombsche Methode. Höchstens insofern könnte man in Gauss' Worten eine selbständige Abweichung finden, als er besonders betont, die Achse solle ausserhalb des Schwerpunktes sein. Der Sinn dieser Anordnung würde der folgende sein: Da ja niemals die Achse streng durch den Schwerpunkt geht, so ist es wohl nach Gaussens Meinung vorzuziehen, wenn man die Abweichung

---

1) Werke XI, 1, S. 103 ff.; das genauere Datum ist nicht bekannt.

2) Die Messungen, auf die Gauss hier anspielt, sind später veröffentlicht in den *Resultaten* im Jahre 1838, S. 58 ff., 1839.

absichtlich übertreibt, um sie desto genauer durch Messungen eliminieren zu
können. In der Tat kann man die Abweichung viel genauer bestimmen, als
garantieren, dass sie nicht vorhanden ist. In der Arbeit von SARTORIUS und
LISTING ist übrigens dieser spezielle GAUsssche Gesichtspunkt garnicht erwähnt; vermutlich hat GAUSS, der doch offenbar den Verfassern die Methode
mitgeteilt hat, später selbst keinen grossen Wert mehr auf dieselbe gelegt,
da sie in der Tat äusserst umständlich und zeitraubend ist.

38. Ganz andere Methoden zur Bestimmung der Inklination hat GAUSS
in den folgenden Jahren (1837—1839) erwogen und erprobt, die auf der Benutzung der durch das Erdfeld bewirkten Induktion beruhen. Wir kommen in
einem der folgenden Artikel darauf zurück. Im Jahre 1840 endlich scheint GAUSS
den Gedanken, die Inklination nach neuen Methoden zu messen, aufgegeben
zu haben; er beschränkt sich von da an darauf, mit dem vorhandenen In-
strumentarium, einem von ROBINSON angefertigten Inklinatorium, Messungen
anzustellen und die Fehlerquellen desselben zu diskutieren. Er hat Ende
1839 oder Anfang Januar 1840 ENCKE nach seinen Erfahrungen mit ROBINSON-
schen Inklinatorien gefragt; denn in einem Briefe vom 12. Januar 1840 gibt
ENCKE[1] ausführlichen Bericht: er selbst habe nie mit einem solchen beobachtet, aber die amerikanischen Physiker BACHE und FORBES, die in Berlin
gearbeitet hätten, hätten ein ROBINSONsches Instrument benutzt und mit demselben jedenfalls keine schlechteren Ergebnisse erzielt, als mit dem ENCKE gehörigen Apparat vom GAMBEY; mit dem letzteren habe er Unterschiede bis
zu 7 Winkelminuten nicht vermeiden können. Auch HUMBOLDT habe nur
mit GAMBEYschen, nicht mit ROBINSONschen Instrumenten gemessen.

Am 13. September 1841 schreibt GAUSS[2] an SCHUMACHER, dass er Messungen mit einem ROBINSONschen Inklinatorium angefangen habe: »Ich habe
in der letzten Zeit einige vorläufige Anwendungen des ROBINSONschen Inklinatoriums gemacht; die Art, wie die Kristallplatten[3] bewegt werden, scheint
mir eine sehr unzweckmässige und tadelnswerte[4]. Überhaupt wird man gestehen, dass Inklinatorien noch sehr unvollkommene Apparate sind . . . . .«

---

1) Unveröffentlicht.
2) GAUSS-SCHUMACHER, Bd. IV, S. 41.
3) Gemeint sind die Achatlager, auf die die Achse der Magnetnadel aufgelegt wird und die in bestimmter Weise justierbar sein müssen (vergl. Anmerkung 4).
4) Vergl. z. B. GAUSS' Ausführungen über diesen Punkt in seiner Abhandlung: *Beobachtungen der*

9*

Unter dem Eindrucke der theoretisch unzweifelhaft vorhandenen Mängel ist hier Gaussens Erwartung über die Leistungen des Robinsonschen Inklinatoriums offenbar recht gering; aber schon am 9. November 1841 schreibt er[1]), nachdem er mehr praktische Erfahrungen an diesem Instrument gesammelt hat, wieder an Schumacher: »Mit dem Robinsonschen Inklinatorium habe ich seit 2 bis 3 Monaten eine bedeutende Anzahl von Bestimmungen gemacht, die eine bessere Übereinstimmung geben, als ich selbst erwartet hatte, da das Instrument allerdings manches zu wünschen übrig lässt.« Noch günstiger äussert sich Gauss am 20. Mai 1842 gegen Encke[2]): »Ich habe mich in der letzten Zeit viel mit Inklinationsbeobachtungen (mit einem Robinsonschen Inklinatorium) beschäftigt. Diese Instrumente lassen noch viel zu wünschen übrig; indessen geben meine Mittelresultate von Oktober 1841 bis Mai 1842 eine ungemein befriedigende Übereinstimmung . . . . .»[3]). Diese Messungen hat Gauss bis in den September 1842 fortgesetzt und, wie aus einem Briefe vom 16. September 1842 an Schumacher[4]) hervorgeht, in dieser Zeit mit der Ausarbeitung einer Abhandlung über Inklinationsbeobachtungen angefangen.

39. Diese Abhandlung erschien unter dem Titel *Beobachtungen der magnetischen Inklination in Göttingen*[5]). In ihrem ersten Teil gibt Gauss eine Aufzählung der Bedingungen, denen eine exakte Justierung des Inklinatoriums zu genügen hat (sieben an der Zahl), und prüft sodann, nachdem die Berichtigung so gut als möglich ausgeführt war, an den erhaltenen Beobachtungssätzen die Genauigkeit der Beobachtung selbst. Diese Darlegungen zeigen zum ersten Male — trotz der wertvollen Vorarbeiten Hansteens[6]) — eine vollkommene Einsicht in die Theorie des Instruments, — und darin liegt der Fortschritt und der dauernde Wert der Gaussschen Arbeit. Gauss bediente sich übrigens einer etwas anderen Messungsart als bis dahin üblich war, um den genauen Wert der Inklination zu bestimmen, der zwar umständlicher ist,

---

magnetischen Inklination in Göttingen, *Resultate* im Jahre 1841, 1842; Werke V, S. 444 ff., insbesondere Abschnitt 5, S. 448.

1) Gauss-Schumacher IV, S. 42.
2) Gauss-Encke, Brief Nr. 64, unveröffentlicht.
3) Man vergl. hierzu auch den ausführlichen Brief an Schumacher vom 20. Juni 1840 (Werke XII, S. 283 ff.), in dem die Mängel der Robinsonschen Instrumente erörtert werden.
4) Gauss-Schumacher IV, S. 41.
5) *Resultate* im Jahre 1841, S. 10 ff., 1843; Werke V, S. 444.
6) Christopher Hansteen, *Untersuchungen über den Magnetismus der Erde*, Christiania 1813, S. 38 ff.

aber den Vorteil hat, dass man eine genauere Einsicht in die Wirkungsweise jedes einzelnen Fehlers erhält. Gauss' Verfahren besteht darin, dass er stets zwei Tage hindurch mit zwei Nadeln beobachtet, von denen an jedem Tage wechselweise nur eine ummagnetisiert wird; erst die Beobachtungen zweier Tage geben demgemäss den Wert der Inklination, während die etwa eingetretene Änderung der Inklination durch die nicht umgekehrte Nadel gemessen wird. Interessant ist es, die Genauigkeit festzustellen, die Gauss für die einzelne Ablesung erreichte; sie betrug rund 40″, die auf Rechnung der reinen Beobachtungsfehler zu setzen sind. Dagegen sind die Fehler beim Gaussschen Exemplar des Inklinatoriums, trotz sorgfältigster Berichtigung, die durch die Anomalie der Einstellung vorkommen, weit grösser, nämlich 90″, ein Punkt, den Gauss auch besonders hervorhebt.

Die Genauigkeit des definitiven Inklinationswertes lässt sich auf etwa 1′ veranschlagen, eine Grenze, die auch heute noch kaum überschritten ist; sie ist in der schon erwähnten Schwierigkeit begründet, mechanisch vollkommene Inklinatorien herzustellen.

40. Bereits im Artikel 38 wurde erwähnt, dass Gauss sich in der Zeit, bevor er sich zu Messungen am Inklinatorium entschloss, ganz andere, nämlich auf der Induktionswirkung des Erdmagnetismus beruhende, Methoden der Inklinationsmessungen versucht hat.

Über das Prinzip eines solchen Apparates schreibt er[1]) am 23. Juli 1836 an Olbers; »Unter meinen jetzigen magnetischen Experimenten ist das merkwürdigste eines, wo die Induktionswirkung des Erdmagnetismus auf einen siebenhundertfachen Drahtring, übersponnen und zusammen über 13 000 Fuss lang, bestimmt wird. Dieser Ring oder dieses Rad wird um eine Achse gedreht, die einen horizontalen Diameter des Rades bildet. Diese Drehungsachse macht genau einen rechten Winkel mit dem magnetischen Meridian, und die beiden Enden des Drahtes sind bis zum Multiplikator des grossen Magnetometers der Sternwarte fortgeführt, welcher Multiplikator jetzt aus 610 Umwindungen übersponnenen Drahtes besteht. Die Drehung geschieht taktmässig nach der Uhr, alle 2 Sekunden eine Umdrehung, und nach jeder halben Umdrehung wechselt vermöge eines eigentümlichen Mechanismus die

---

1) Gauss-Olbers II, 2, S. 642 ff.; Werke XI, 1, S. 110.

Verbindung der Drahtenden des Rades mit ihren Fortsetzungen. Die Einrichtung ist nach Vorschrift der Theorie so, dass dieser Wechsel genau stattfindet, wenn das Rad dem magnetischen Äquator parallel ist, oder einfacher gesagt, normal gegen die Richtung der erdmagnetischen Kraft. So wirkt der durch die Induktion erzeugte Strom immer in einerlei Sinne auf das Magnetometer und bewirkt, obwohl die ganze Drahtlänge so gegen 20 000 Fuss lang ist, doch noch Ausweichungen von mehreren Hundert Skalenteilen an der 25 pfündigen Nadel . . . .«. Obwohl GAUSS an dieser Stelle nichts von einer Anwendung dieses Apparates auf die Bestimmung der Inklination sagt, geht seine Absicht doch deutlich aus einem späteren Briefe hervor, auf den wir sogleich zurückkommen; bemerkt sei nur, dass bei der oben beschriebenen GAUSSschen Anordnung der Magnetometerausschlag ceteris paribus der Vertikalkomponente des Erdmagnetismus proportional ist.

Etwa ein Jahr später erschien in den *Resultaten* WILHELM WEBERS[1]) Aufsatz über das »Induktionsinklinatorium«, in dem WEBER es sich zur Aufgabe macht, anstelle der Messungen mit dem Inklinatorium die Induktion des Erdfeldes zu benutzen. Aus einer Bemerkung WEBERS (l. c. S. 82) kann man mit Sicherheit schliessen, dass GAUSS' oben im Briefe an OLBERS angedeuteter »Erd-Induktor« ihn zu seinen Versuchen angeregt hat. Dieses WEBERsche Induktionsinklinatorium ist eine geistreiche Kombination von Induktor und Magnetometer. Im Inneren eines um eine horizontale Achse drehbaren Kupferrings schwebt eine Magnetnadel; bei Drehung des Kupferrings wirkt dieser gleichzeitig als »Induktor«, indem durch die Vertikalkomponente des Erdfeldes in ihm Ströme induziert werden, sowie als »Multiplikator«, indem diese Ströme auf die Magnetnadel einwirken, ausserdem auch noch, was für uns hier nebensächlich ist, als »Kommutator« und als »Dämpfer«. Mit diesem Instrument kann man relative Inklinationsmessungen (Vergleiche der Inklination an verschiedenen Orten und zu verschiedener Zeit) machen, zur absoluten Bestimmung der Konstanten des Instruments muss aber eine absolute Inklinationsmessung mit dem Inklinatorium bereits bekannt sein; alle Fehlerquellen dieser Messung werden demnach in den WEBERschen Apparat mit eingehen. Einer irgendwie gesteigerten Genauigkeit ist also dieser Apparat garnicht fähig. GAUSS

---

1) *Resultate* im Jahre 1837, S. 81 ff., 1838.

hat dies sofort erkannt, denn am 20. November 1838 schreibt er[1]) wieder an
OLBERS: »Die Abänderung, welche WEBER unter dem Namen Induktionsinklinatorium gemacht hat, ist zwar im höchsten Grade sinnreich, ich glaube
aber nicht, dass man auf diese Weise jemals sehr scharfe Resultate erhalten
kann. Ich komme auf meine alte Art zurück (wobei ein von dem Drehungs-
apparat ganz getrenntes Magnetometer gebraucht wird), lasse aber an jenem
zwei geteilte Kreise und Vorkehrungen zum scharfen Nivellieren anbringen.
Ich bin geneigt, zu glauben, dass man damit ziemlich scharfe Inklinationen,
wenigstens so scharfe, wie mit den gewöhnlichen Inklinatorien, erhalten kann,
ja, wenn man noch anderes damit verbinden will, auch absolute Deklination.
Doch werde ich erst den Erfolg abwarten, ehe ich mich weiter darüber
äussere . . . . . .«. GAUSSENS »alte Art« ist offenbar die im vorher zitierten
Briefe angedeutete, und man erkennt hier in nuce die Bestandteile des Erdinduktors, den WILHELM WEBER später[2]) angegeben hat, dessen Konstruktion
auch bisher WEBER allein zugeschrieben wurde. Es kann aber wohl nicht
zweifelhaft sein, dass gerade bezüglich des Erdinduktors WEBER unmittelbar
durch GAUSSENS oben dargelegte Versuche aufs stärkste beeinflusst worden ist,
obwohl sich in der genannten Abhandlung WEBERS ein Einfluss von GAUSS
mit keinem Worte mehr erwähnt findet. —

GAUSS selbst ist nicht mehr auf diese seine Versuche zurückgekommen,
sondern hat später die in Artikel 38 geschilderten Untersuchungen mit dem
ROBINSONSCHEN Inklinatorium angestellt. Aber sein Scharfblick hat sich auch
hier bewährt; denn mit dem Erdinduktor werden auch heute noch die besten
Inklinationsmessungen ausgeführt.

Die Variationen der Inklination, die ursprünglich auf seinem Programm
standen, hat GAUSS überhaupt nicht mehr zu bestimmen angefangen. Es mag
dies damit zusammenhängen, dass zwei theoretische Arbeiten, die *Allgemeine
Theorie des Erdmagnetismus* und seine grosse potentialtheoretische Arbeit sein
Interesse in immer gesteigertem Masse beanspruchten. Auch WEBERS Fortgang von Göttingen nach Leipzig hat sicher im selben Sinne gewirkt.

---

1) GAUSS-OLBERS II, 2, S. 697; Werke XI, 1, S. 113.
2) W. WEBER, *Gesammelte Werke*, Bd. II, S. 277 ff.; S. 328 ff.

Vierter Abschnitt.

Die allgemeine Theorie des Erdmagnetismus und die Untersuchungen zur Potentialtheorie.

41. Der Gedanke, eine allgemeine Theorie des Erdmagnetismus zu entwerfen, hat Gauss schon sehr lange vorgeschwebt. Er hat, wie wir später (Art. 51) noch ausführlich begründen werden, unzweifelhaft bereits im Jahre 1806 die allgemeine Konzeption einer solchen Theorie gehabt und spätestens im Jahre 1832 alle wesentlichen Züge derselben besessen und ist nur durch die Mangelhaftigkeit des Beobachtungsmaterials zunächst davon abgehalten worden, die allgemeine Theorie auszuarbeiten bezw. zu veröffentlichen.

Am 3. Mai 1832 schreibt er[1]) an Schumacher: ».... Dies ist der Erdmagnetismus, und ich möchte wohl Ihre Verwendung ansprechen, um einen Wunsch in Erfüllung gehen zu sehen. Der vortreffliche Hansteen hat uns vor einiger Zeit eine Karte der isodynamischen Linien geliefert, und hoffentlich haben wir von demselben auch bald neue Deklinations- und Inklinationskarten zu erwarten. Dadurch werden dann die magnetischen Erscheinungen vollständig dargestellt, und für die meisten Personen wird die Darstellung in dieser Form am angenehmsten sein. Allein — was Ihnen vielleicht anfangs paradox erscheinen wird — für denjenigen, der versuchen will, das Ganze der Erscheinungen einer möglichst einfachen Theorie unterwürfig zu machen, ist diese Darstellung nicht die zweckmässigste, sondern eine andere wäre zu diesem Zweck von viel unmittelbarerer Brauchbarkeit. Nämlich durch drei Karten, die die drei partiellen Intensitäten vor Augen legten. Es sei m die ganze magnetische Kraft, i die Neigung, δ die Abweichung; dann werden die drei partiellen Kräfte:

$$\xi = m \sin i \qquad \text{in vertikaler Richtung,}$$
$$\eta = m \cos i \sin \delta \quad \text{in horizontaler Richtung nach Norden,}$$
$$\zeta = m \cos \delta \qquad \text{in horizontaler Richtung nach Westen.}$$

Wären die drei Karten für ξ, η, ζ vorhanden, so wäre ich geneigt, einen Versuch der oben angedeuteten Art zu machen; vielleicht entschlösse sich Herr

---

1) Gauss-Schumacher II, S. 295; Werke XI, 1, S. 73.

Hansteen dazu, solche zu liefern, oder allenfalls auch nur eine derselben. Meine theoretische Untersuchung zeigt sogar, dass eine vollständige Darstellung einer partiellen Kraft an sich zureichend ist, die andern a priori abzuleiten[1]). Selbst solche Karten zu entwerfen, werde ich mich nicht entschliessen, da dazu eine längere innige kritische Bekanntschaft mit den Quellen erforderlich ist. Die Zurückführung auf eine kleine Anzahl von Polen z. B. vier, halte ich übrigens nicht für naturgemäss; solche Pole sind Symptome in den Erscheinungen, die keine scharfe Bedeutung haben, und wenn wir erst im Besitze der allgemeinen, alles auf einmal umfassenden Formel sind, ergeben sich diese sogenannten Pole, wenn man sie wissen will, von selbst mit. Vielleicht wird Ihnen, was ich sagen will, durch ein Beispiel deutlicher. Die Zeitgleichung bietet im Jahre mehrere Maxima und Minima dar, aber man würde Unrecht haben, diesen eine ganz besondere Bedeutung beizulegen«[2]). . . . .

Erst im Winter des Jahres 1838 trat Gauss der Ausführung seines alten Planes ernstlich nahe. Am 3. November 1838 schreibt er[3]) an Encke: »Ich habe die Absicht, im Laufe dieses Winters meine Theorie des allgemeinen Erdmagnetismus auszuarbeiten, zugleich mit einer Probe der Anwendungen auf die Beobachtungen, die freilich nur als ein erster roher Versuch zu betrachten ist.« . . . . . . Und am 17. Dezember 1838 schreibt er an Schumacher[4]): ». . . . Ein Jahrgang der *Resultate* soll nun jedenfalls noch herauskommen, und ich schreibe jetzt an einem dafür bestimmten Aufsatz: *Allgemeine Theorie des Erdmagnetismus.*« . . . .

Aus einem Briefe an Bessel[5]) vom 28. Februar 1839 geht schliesslich hervor, dass Gauss »den ersten Bogen in die Druckerei gegeben hat, obwohl der letzte noch nicht fertig ist«; im April 1839 war der Druck vollendet, wie Gauss[6]) am 18. April 1839 an Encke mitteilt.

42. Die Gausssche Abhandlung *Allgemeine Theorie des Erdmagnetismus* eröffnete den dritten Band der *Resultate*[7]).

---

1) Dieser letztere Gedanke tritt in dem Briefe an Harding (1806) noch nicht auf; vergl. Art. 51.
2) Man vergl. hierzu noch einen Brief von Gauss an Hansteen vom 29. Mai 1832, Werke XII, S. 138 ff.
3) Gauss-Encke, Brief Nr. 54, unveröffentlicht.
4) Gauss-Schumacher III, S. 215 ff.
5) Gauss-Bessel, S. 523 ff.
6) Gauss-Encke, Brief Nr. 55, unveröffentlicht.
7) *Resultate* im Jahre 1838, S. 1—47, 1839; Werke V, S. 119 ff.

In der Einleitung sagt GAUSS, dass man sich bisher in der Theorie des Erdmagnetismus damit begnügt habe, drei Systeme von Linien auf der Erdoberfläche zu ziehen, die Isogonen (Kurven gleicher Deklination), die Isoklinen (Kurven gleicher Inklination) und die Isodynamen (Kurven gleicher Intensität), dass aber die Aufstellung dieser Kurven nicht das eigentliche Ziel darstellen könne. Das Problem sei vielmehr, »die die Erscheinungen des Erdmagnetismus hervorbringenden Grundkräfte nach ihrer Wirkungsart und Grösse zu erforschen, die Beobachtung diesen Elementen zu unterwerfen und dadurch die Erscheinungen in noch unerforschten Gegenden zu antizipieren.« Sodann geht GAUSS über zu einer Kritik der bisherigen theoretischen Versuche, die hauptsächlich darin bestanden, dass man a priori eine bestimmte Hypothese über die Ursache des Erdmagnetismus machte, die dann an den Beobachtungen ausprobiert wurde. Die primitivste dieser Hypothesen war die, im Erdmittelpunkte befinde sich ein kleiner Magnet mit je einem Nord- und Südpol von bestimmter Stärke. Wo die Achse dieses Magneten die Erdoberfläche träfe, wären die magnetischen Pole der Erde, in dem grössten Kreise mitten zwischen den Polen wäre der magnetische Äquator usw. Die Magnetnadel müsste an den Polen vertikal, am Äquator horizontal stehen, die Intensität wäre ausserdem am Äquator halb so gross wie an den Polen. Die blosse Aufzählung dieser Folgerungen genügt, um erkennen zu lassen, dass die fragliche Hypothese unzulässig ist, da die Beobachtungen damit garnicht übereinstimmen; z. B. ist der magnetische Äquator kein grösster Kreis, sondern eine Kurve doppelter Krümmung usw. Man (z. B. TOBIAS MAYER) war deshalb dazu übergegangen, den kleinen Magneten, der den Erdmagnetismus erzeugen sollte, exzentrisch anzubringen; aber auch hier würde ein genauerer Vergleich mit der Erfahrung die Unbrauchbarkeit der Grundannahme gezeigt haben.

Diese ganze Betrachtungsweise lehnt GAUSS grundsätzlich ab, ohne damit zu bestreiten, dass eine hinreichende Anzahl von Magneten, in geeigneter Richtung und Stärke angebracht, die Beobachtungen gut darstellen könne. Aber dies sei eine »cura posterior«, das könne man aus einer vollständigen Theorie hinterher immer finden, — wenn man es wolle.

43. GAUSS geht nun von der Voraussetzung aus — die später von ihm geprüft wird — dass die Ursache des normalen Erdmagnetismus ihren Sitz im Innern der Erde habe, während er dieselbe Annahme für die Störungen offen

lässt, ja sogar bezweifelt. Ferner wird vorausgesetzt, dass der Erdmagnetismus die Resultante der Wirkung sämtlicher magnetischer Teile der Erde ist, wobei es gleichgültig bleibt, ob man sich darin zwei magnetische Flüssigkeiten oder AMPÈREsche Ströme vorstellen will. Unter diesen Umständen lassen sich die Kraftkomponenten darstellen als die partiellen Ableitungen einer einzigen eindeutigen Funktion V der Koordinaten, die wir — obwohl an dieser Stelle bei GAUSS der Name noch nicht vorkommt[1]), — als das magnetische Potential der Erde bezeichnen wollen. Nennt man ein Element Magnetismus $d\mu$, ρ seinen Abstand von dem »Aufpunkte«, X, Y die horizontalen Komponenten (positiv nach Norden bzw. nach Westen), Z die Vertikalkomponente (positiv gegen den Mittelpunkt der Erde), so ist zu setzen:

$$(25) \qquad V = -\int \frac{d\mu}{\rho}$$

$$(26) \qquad X = \frac{\partial V}{\partial x}, \quad Y = \frac{\partial V}{\partial y}, \quad Z = \frac{\partial V}{\partial z}.$$

GAUSS benutzt nun einige einfache Sätze aus der Theorie des Potentials, die wir hier anführen.

In zwei um ds von einander entfernten Punkten habe das Potential die Werte V und $V + dV$; dann ist die totale Ändcrung

$$(27) \qquad dV = \frac{\partial V}{\partial x} dx + \frac{\partial V}{\partial y} dy + \frac{\partial V}{\partial z} dz = X dx + Y dy + Z dz.$$

Bezeichnet man die Grösse der ganzen Intensität mit

$$(28) \qquad \psi = \sqrt{X^2 + Y^2 + Z^2},$$

mit Θ den Winkel, den ihre Richtung mit dem Bogenelement ds einschliesst, so ist offenbar auch:

$$(29) \qquad dV = \psi \cos \Theta \, ds,$$

und das zwischen zwei Punkten P_0 und P_1 längs einer beliebigen Kurve erstreckte Linienintegral hat den Wert:

$$\int_{P_0}^{P_1} \psi \cos \Theta \, ds = V_1 - V_0,$$

---

1) Vergl. hierzu Artikel 52.

wenn V_0 und V_1 die Werte von V in den Punkten P_0, P_1 bezeichnen, das heisst, das Integral hängt nur von Anfangs- und Endpunkt des Integrationsweges ab. Daraus ergeben sich sofort folgende Korrolarien:

I. Das Integral $\int_{P_0}^{P_1} \psi \cos \theta \, ds$ behält einerlei Wert, auf welchem Wege man auch von P_0 nach P_1 übergeht;

II. Das Integral $\int_O \psi \cos \theta \, ds$ längs einer in sich zurückkehrenden Linie erstreckt, ist immer gleich Null.

III. In einer geschlossenen Linie muss, wenn nicht durchgehends $\theta = 90^0$ ist, ein Teil der Werte von θ kleiner und ein Teil grösser als 90^0 sein.

Gauss führt dann noch die Flächen konstanten Potentials (Niveauflächen) $V = $ const. ein und zeigt, dass die Totalkraft ψ normal zu diesen Flächen gerichtet ist, während ihre Grösse, wenn man die Potentialwerte von je zwei aufeinanderfolgenden Niveauflächen um den festen Betrag dV voneinander abstehen lässt, umgekehrt proportional dem Abstande jener Flächen ist, so dass also durch Betrachten der Niveauflächen Grösse und Richtung der Intensität bestimmt werden können.

Galt das bisherige für beliebige Punkte im Raume, so folgt weiter die Spezialisierung auf Punkte der Erdoberfläche.

Es sei ds ein auf der Erdoberfläche liegendes Bogenelement, dessen Enden die Werte V und $V + dV$ entsprechen; seine Neigung gegen den magnetischen Meridian sei t, i die Inklination und ω die Horizontalintensität. Dann ist:

$$(30) \qquad\qquad \omega = \psi \cos i$$

$$(31) \qquad\qquad \cos \theta = \cos i \cos t$$

und es wird

$$(32) \qquad\qquad dV = \omega \cos t \, ds = \psi \cos i \cos t \, ds.$$

Das zwischen zwei Punkten P_0 und P_1 der Erdoberfläche erstreckte Integral

$$\int_{P_0}^{P_1} \omega \cos t \, ds$$

hängt wieder nur vom Anfangs- und Endpunkt ab, und es folgen entsprechende Korrolarien I bis III wie oben.

Die dem Korrolar II entsprechende Folgerung, dass das Integral $\int_{O} \omega \cos t\, ds$, erstreckt über eine auf der Erdoberfläche liegende in sich zurücklaufende Kurve, stets gleich Null sein muss, wird dann an einem Beispiel geprüft, in dem der Umfang des Dreiecks Göttingen, Mailand, Paris als Integrationsweg genommen wird; für ω und t werden natürlich Mittelwerte gesetzt. Gauss benutzt die so entstehende Gleichung, um die Horizontalintensität in Paris aus denen von Göttingen und Mailand sowie den Deklinationen in den drei Städten zu berechnen; es findet sich (in einem bestimmten Masssystem[1])):

$$\omega_{\text{Paris}} = 0,51\,696,$$

während die Beobachtung den Wert 0,51 801 liefert, was als eine hinreichende Bestätigung der Formel angesehen werden kann.

Die Bedeutung dieses Resultats, wenn es allgemein gilt[2]), liegt darin, dass damit die Ableitbarkeit des normalen Erdmagnetismus aus einem eindeutigen Potential V bewiesen wäre; diese Bemerkung findet sich zwar nicht explizite bei Gauss, ist aber natürlich in seiner Entwicklung enthalten.

Die Niveauflächen $V = $ const. schneiden die Erdoberfläche in Kurven, auf denen ebenfalls das Potential konstant ist; die horizontale magnetische Kraft stcht normal zu ihnen und ist ihrem Betrage nach umgekehrt proportional dem Abstande zweier benachbarter Niveaulinien, wenn diese gleichen Differenzen dV entsprechen. Je zwei benachbarte Niveaulinien grenzen auf der Erdoberfläche »Zonen« ab. Den Extremwerten von V entsprechen dabei offenbar zwei Punkte, die von den Nachbarlinien ringförmig umgeben werden. Diese Punkte sind diejenigen, in denen die Flächen $V = $ const. die Erdoberfläche berühren; in ihnen ist die horizontale Kraft gleich Null, die ganze magnetische Kraft also vertikal gerichtet. Gauss nennt diese Punkte — und nur solche, in denen die horizontale Komponente verschwindet, — die »magnetischen Pole« der Erde.

Im grossen und ganzen kann behauptet werden, dass das System der Niveaulinien die eben geschilderte einfachste Gestalt hat, dass also insbesondere nur zwei Pole vorhanden sind. Dagegen können wohl aus lokalen Gründen

---

1) Die Intensität in London ist gleich 1,372 gesetzt, was zu Gauss' Zeit üblich war.

2) Nach neueren Untersuchungen scheinen etwa 3 % des Erdfeldes eine Ursache zu haben, die kein Potential besitzt, vergl. auch Art. 50, sowie L. A. Bauer, Terr. Magn. 25, S. 145, 1920.

Abweichungen von diesem einfachsten Typus auftreten, die Gauss des längeren diskutiert und durch zwei Zeichnungen erläutert. Wir brauchen hierauf nicht einzugehen, ebenso wenig wie auf die kritischen Bemerkungen, die er an den landläufigen Begriff der »Pole« knüpft.

44. Wesentlich dagegen für uns sind seine anschliessenden Folgerungen, die er aus der Darstellbarbeit der Kraftkomponenten als den partiellen Ableitungen einer Funktion V zieht. $\overline{V}$[1]) ist auf der Erdoberfläche eine Funktion zweier Variabeln, die Gauss als die geographische Länge λ (von einem beliebigen Meridian östlich gerechnet) und die Zenitdistanz u (Komplement der geographischen Breite) wählt. Wird die Erde, was hinreichend genau ist, als Kugel vom Radius R betrachtet, so ist ein Element des Meridians $R\,du$, ein Element des Parallelkreises $R\sin u\,d\lambda$, also die horizontalen Kraftkomponenten:

$$(33)\qquad \begin{cases} \overline{X} = -\dfrac{1}{R}\dfrac{\partial \overline{V}}{\partial u}, \\[2mm] \overline{Y} = -\dfrac{1}{R\sin u}\dfrac{\partial \overline{V}}{\partial \lambda}. \end{cases}$$

Nun folgt der merkwürdige Satz, dass wenn $\overline{X}$ als Funktion von u und λ für die ganze Erdoberfläche bekannt ist, $\overline{Y}$ daraus a priori abgeleitet werden kann. Denn setzt man:

$$(34)\qquad \int_0^u \overline{X}(u,\lambda)\,du = T(u,\lambda), \quad \text{also } \frac{\partial T}{\partial u} = \overline{X}(u,\lambda),$$

wobei λ bei der Integration als konstanter Parameter betrachtet wird, so wird die erste der Gleichungen (33):

$$\frac{\partial T}{\partial u} + \frac{1}{R}\frac{\partial \overline{V}}{\partial u} = 0,$$

oder

$$\frac{\partial}{\partial u}(RT + \overline{V}) = 0,$$

das Aggregat $(RT + \overline{V})$ ist also lediglich eine Funktion $f(\lambda)$ von λ, d. h. auf einem und demselben Meridian konstant.

Da nun aber die Meridiane im Nordpol zusammenlaufen, so muss $f(\lambda)$

---

1) Alle sich auf die Erdoberfläche beziehenden Grössen sind durch einen horizontalen Strich gekennzeichnet.

sogar eine absolute Konstante sein, also

(35) $$RT + \overline{V} = \text{const.}$$

Diese Konstante hat eine einfache physikalische Bedeutung; denn für den Nordpol ($u = 0$) ist (nach (34)) $T = 0$; nennt man also das magnetische Potential am Nordpol $\overset{*}{\overline{V}}$, so geht (35) über in die Gleichung:

(36) $$RT + \overline{V} = \overset{*}{\overline{V}},$$

woraus sich für T die Darstellung ergibt:

(37) $$T(u, \lambda) = \frac{\overset{*}{\overline{V}} - \overline{V}}{R}.$$

Da nach Voraussetzung $\overline{X}$ auf der ganzen Erdoberfläche bekannt ist, so ist das gemäss (34) auch für T der Fall. Nun hat man nur partiell nach λ zu differentiieren und erhält:

$$\frac{\partial T}{\partial \lambda} = -\frac{1}{R} \frac{\partial \overline{V}}{\partial \lambda},$$

und der Vergleich mit der zweiten Gleichung (33) zeigt, dass

(38) $$\overline{Y} = \frac{1}{\sin u} \frac{\partial T}{\partial \lambda} = \frac{1}{\sin u} \int_0^u \frac{\partial \overline{X}}{\partial u} \, du$$

ist. Damit ist der behauptete Satz bewiesen, nämlich $\overline{Y}$ vollkommen bestimmt aus der Kenntnis von $\overline{X}$.

Gauss diskutiert nun die Frage, ob dieser Satz umkehrbar ist, d. h. also, ob $\overline{X}$ bestimmt ist, wenn $\overline{Y}$ für die ganze Erdoberfläche gegeben ist. Man sieht sofort, dass dies vollständig nicht der Fall sein kann; denn bei der obigen Argumentation spielt die Bestimmung der unbestimmten Funktion $f(\lambda)$ eine wesentliche Rolle; sie gelingt nur dadurch, dass die Meridiane am Nordpol zusammenlaufen. Für die Breitenkreise gilt ähnliches nicht, und so kann man von vorneherein erwarten, dass bei der Umkehrung des Satzes in $\overline{X}$ eine Funktion $\varphi(u)$ unbestimmt bleiben wird. In der Tat zeigt dies die Rechnung sofort. Denn bestimmt man unter der Voraussetzung, dass $\overline{Y}$ bekannt ist, eine Funktion $U(u, \lambda)$ durch die Forderung (u bei der Integration als konstant betrachtet):

$$(39) \qquad U(u, \lambda) = \int \sin u \, \overline{Y} d\lambda,$$

also

$$\frac{\partial U}{\partial \lambda} = \sin u \, \overline{Y}(\lambda, u),$$

so wird die zweite der Gleichungen (33) zu:

$$\frac{1}{\sin u}\left\{\frac{\partial U}{\partial \lambda} + \frac{1}{R}\frac{\partial \overline{V}}{\partial \lambda}\right\} = 0$$

oder

$$(40) \qquad R\,U + \overline{V} = \varphi(u),$$

d. h. das Aggregat $(R\,U + \overline{V})$ ist längs eines jeden Breitenkreises konstant, ändert sich aber im allgemeinen von Breitenkreis zu Breitenkreis. Für U folgt daraus die Darstellung:

$$U = \frac{1}{R}\varphi(u) - \frac{1}{R}\overline{V},$$

und durch partielle Differentiation nach u ergibt sich, unter Berücksichtigung der ersten der Gleichungen (33):

$$\frac{\partial U}{\partial u} = \frac{1}{R}\varphi'(u) - \frac{1}{R}\frac{\partial \overline{V}}{\partial u} = \frac{1}{R}\varphi'(u) + \overline{X},$$

d. h.

$$(41) \qquad \overline{X} = \frac{\partial U}{\partial u} - \frac{1}{R}\varphi'(u) = \frac{\partial U}{\partial u} + \psi(u).$$

$\overline{X}$ ist also nur bestimmt bis auf eine Funktion $\psi(u)$. Sobald man jedoch sämtliche $\overline{X}$-Werte längs eines Meridians (oder allgemeiner, längs einer beliebigen die geographischen Pole verbindenden Kurve) kennt, hat man auch sämtliche Werte der Funktion $\psi(u)$ und damit dann auch $\overline{X}$ auf der ganzen Erdoberfläche vollständig.

45. Eine wesentliche Verallgemeinerung, bei der die Vertikalkomponente Z mit in den Kreis der Betrachtung gezogen wird, erhält Gauss, indem er das Potential V für den Aussenraum der Erde mit Einschluss ihrer Oberfläche betrachtet. V erscheint nunmehr als Funktion von r, u, λ, wo r den Abstand vom Erdmittelpunkte bedeutet, und Gauss entwickelt nun V nach Kugelfunktionen (mit positivem Index), d. h. in eine Reihe nach fallenden Potenzen von r. Dies entspricht der Voraussetzung, dass die Ursache des normalen Erdmagnetismus im Innern der Erde ihren Sitz habe.

Gauss setzt an:

$$(42) \qquad V = \frac{R^2}{r}\left\{P_0 + \frac{R}{r}P_1 + \frac{R^2}{r^2}P_2 + \frac{R^3}{r^3}P_3 + \cdots\right\},$$

wobei die P_n natürlich Funktionen von u und λ, sogenannte »Kugelfunktionen«[1]) sind. Um die Beziehung der P_n zu der magnetischen Verteilung in der Erde festzustellen, muss man von der Definition des Potentials

$$V = -\int \frac{d\mu}{\rho}$$

ausgehen; darin ist ρ die Entfernung des an der Stelle (r_0, u_0, λ_0) befindlichen Elementes $d\mu$ von dem variabeln Aufpunkte (r, u, λ), d. h.

$$(43) \qquad \rho = \sqrt{r^2 - 2rr_0[\cos u \cos u_0 + \sin u \sin u_0 \cos(\lambda - \lambda_0)] + r_0^2}.$$

Entwickelt man nun $\frac{1}{\rho}$ gleichfalls in eine Reihe nach fallenden Potenzen von r

$$(44) \qquad \frac{1}{\rho} = \frac{1}{r}\left\{T_0 + \frac{r_0}{r}T_1 + \frac{r_0^2}{r^2}T_2 + \frac{r_0^3}{r^3}T_3 + \cdots\right\},$$

wo auch die T_n als Funktionen von u und λ zu betrachten sind, so folgt für das Potential

$$(45) \qquad V = -\int \frac{d\mu}{\rho} = -\int \frac{d\mu}{r}\left\{T_0 + \frac{r_0}{r}T_1 + \frac{r_0^2}{r^2}T_2 + \cdots\right\},$$

und diese Reihe muss offenbar mit (42) identisch sein. So erhält Gauss durch Koeffizientenvergleichung die Beziehungen

$$(46) \qquad \begin{cases} R^2 P_0 = -\int T_0\, d\mu, \\ R^3 P_1 = -\int r_0 T_1\, d\mu, \\ R^4 P_2 = -\int r_0^2 T_2\, d\mu, \quad \text{u. s. w.} \end{cases}$$

T_0 ist aber, wie man durch Ausrechnung der Entwicklung (44) sieht, gleich Eins; also folgt, da $\int d\mu = 0$ ist, weil gleich viel nördlicher und südlicher Magnetismus in jedem Volumelement vorhanden ist, $P_0 = 0$. Die Reihe (42) wird also einfacher:

$$(42\,\mathrm{a}) \qquad V = \frac{R^2}{r}\left\{\frac{R}{r}P_1 + \frac{R^2}{r^2}P_2 + \frac{R^3}{r^3}P_3 + \cdots\right\}.$$

---

1) Genauer: Laplacesche Funktionen (Kugelfunktionen von zwei Veränderlichen).

Für P_1 erhält man einen Ausdruck von der Form

$$(47) \qquad R^3 P_1 = \alpha \cos u + \beta \sin u \cos \lambda + \gamma \sin u \sin \lambda,$$

wo α, β, γ die folgende Bedeutung haben:

$$(48) \qquad \alpha = -\int r_0 \cos u_0 \, d\mu; \quad \beta = -\int r_0 \sin u_0 \cos \lambda_0 \, d\mu;$$
$$\gamma = -\int r_0 \sin u_0 \sin \lambda_0 \, d\mu,$$

d. h. α, β, γ sind die negativ genommenen Komponenten des magnetischen Moments $\mathfrak{M}$ der Erde in bezug auf die drei Achsen: Erdachse und die beiden Äquatorradien für 0^0 und 90^0 Länge. In ähnlicher Weise kann man jedes beliebige P_n mit der magnetischen Verteilung in Beziehung setzen.

Für das Potential gilt die LAPLACEsche Gleichung:

$$\Delta V = 0;$$

transformiert man diese auf Polarkoordinaten r, u, λ und setzt in sie den Ausdruck (42 a) für V ein, so erhält man die folgende partielle Differentialgleichung für die P_n:

$$(49) \qquad 0 = n(n+1) P_n + \frac{\partial^2 P_n}{\partial u^2} + \operatorname{cotg} u \frac{\partial P_n}{\partial u} + \frac{1}{\sin^2 u} \frac{\partial^2 P_n}{\partial \lambda^2}.$$

Setzt man zur Integration an:

$$(50) \qquad P_n = \overset{0,\,n}{\underset{m}{\sum}} P_{n,m}(u) \{ g_{n,m} \cos m\lambda + h_{n,m} \sin m\lambda \},$$

wo die $P_{n,m}(u)$ die sogenannten »zugeordneten« Kugelfunktionen und die $g_{n,m}$ und $h_{n,m}$ Zahlenkoeffizienten sind, so findet man für $P_{n,m}$ die Form

$$(51) \qquad
\begin{aligned}
P_{n,m} = & \Big\{ \cos u^{n-m} - \frac{(n-m)(n-m-1)}{2(2n-1)} \cos u^{n-m-2} \\
& + \frac{(n-m)(n-m-1)(n-m-2)(n-m-3)}{2.4(2n-1)(2n-3)} \cos u^{n-m-4} - \cdots \Big\} \sin u^m,
\end{aligned}$$

und für P_n ergibt sich dann gemäss (50) ein Aggregat von $2n+1$ Teilen:

$$(52) \qquad
\begin{aligned}
P_n = & g_{n0} P_{n0} + (g_{n1} \cos \lambda + h_{n1} \sin \lambda) P_{n1} + (g_{n2} \cos 2\lambda + h_{n2} \sin 2\lambda) P_{n2} \\
& + \cdots + (g_{nn} \cos n\lambda + h_{nn} \sin n\lambda) P_{nn}.
\end{aligned}$$

Man erhält also zum Beispiel

$$(53) \qquad
\left\{
\begin{aligned}
P_1 = & \, g_{10} P_{10} + (g_{11} \cos \lambda + h_{11} \sin \lambda) P_{11}, \\
P_2 = & \, g_{20} P_{20} + (g_{21} \cos \lambda + h_{21} \sin \lambda) P_{21} + (g_{22} \cos 2\lambda + h_{22} \sin 2\lambda) P_{22}, \\
P_3 = & \, g_{30} P_{30} + (g_{31} \cos \lambda + h_{31} \sin \lambda) P_{31} + (g_{32} \cos 2\lambda + h_{32} \sin 2\lambda) P_{32} \\
& + (g_{33} \cos 3\lambda + h_{33} \sin 3\lambda) P_{33},
\end{aligned}
\right.$$

d. h. P_1 besteht aus 3, P_2 aus 5, P_3 aus 7, P_4 aus 9 Gliedern usw. mit je ebenso vielen Koeffizienten g und h.

Für die Komponenten X, Y, Z der magnetischen Kraft erhält man nun die folgende Darstellung:

$$(54) \quad \begin{cases} X = -\dfrac{R^3}{r^3}\left(\dfrac{\partial P_1}{\partial u} + \dfrac{R}{r}\dfrac{\partial P_2}{\partial u} + \dfrac{R^2}{r^2}\dfrac{\partial P_3}{\partial u} + \cdots\right), \\[2mm] Y = -\dfrac{R^3}{r^3 \sin u}\left(\dfrac{\partial P_1}{\partial \lambda} + \dfrac{R}{r}\dfrac{\partial P_2}{\partial \lambda} + \dfrac{R^2}{r^2}\dfrac{\partial P_3}{\partial \lambda} + \cdots\right), \\[2mm] Z = \dfrac{R^3}{r^3}\left(2 P_1 + \dfrac{3R}{r}P_2 + \dfrac{4R^2}{r^2}P_3 + \cdots\right), \end{cases}$$

die sich für die Erdoberfläche $(r = R)$ auf die folgenden reduzieren:

$$(55) \quad \begin{cases} \overline{X} = -\left(\dfrac{\partial P_1}{\partial u} + \dfrac{\partial P_2}{\partial u} + \dfrac{\partial P_3}{\partial u} + \cdots\right), \\[2mm] \overline{Y} = -\dfrac{1}{\sin u}\left(\dfrac{\partial P_1}{\partial \lambda} + \dfrac{\partial P_2}{\partial \lambda} + \dfrac{\partial P_3}{\partial \lambda} + \cdots\right), \\[2mm] \overline{Z} = 2 P_1 + 3 P_2 + 4 P_3 + \cdots. \end{cases}$$

46. Nun geht GAUSS auf das Theorem zurück, dass jede Funktion von λ und u, die für alle Werte von λ von 0^0 bis 360^0 und von u von 0^0 bis 180^0 einen bestimmten endlichen Wert hat, auf eine und nur eine Weise nach Kugelfunktionen entwickelt werden kann:

$$P_0 + P_1 + P_2 + P_3 + \cdots,$$

und kommt durch Kombination dieses Satzes mit dem Vorhergehenden zu folgenden wichtigen Aussagen:

I. Die Kenntnis des Potentials $\overline{V}$ auf der Erdoberfläche genügt, um die Kräfte X, Y, Z nicht nur auf der Erdoberfläche, sondern im ganzen Raume zu bestimmen. Denn wenn $\dfrac{\overline{V}}{R}$ in der obigen Weise entwickelt ist, kennt man die P_n, also nach (55) die Kraftkomponenten auf der Erdoberfläche und nach (54) die im ganzen Raume.

II. Auch die Kenntnis von $\overline{X}$ auf der ganzen Erdoberfläche allein reicht hin, um alles in I. angeführte zu bekommen. Denn nach (34) und (37) ist

$$\int_0^u \overline{X}\, du = \frac{\overset{*}{V} - \overline{V}}{R},$$

d. h. man kennt $\overline{V}$, womit das Gesagte bewiesen ist.

III. Analog reicht die Kenntnis von $\overline{Y}$ auf der Erdoberfläche, verbunden mit der Kenntnis von $\overline{X}$ längs einer die geographischen Pole verbindenden Kurve hin, um alles in I. Angeführte zu erlangen.

IV. Das gleiche gilt schliesslich für die $\overline{Z}$-Komponente. Ist nämlich diese etwa in eine Reihe

$$Q_0 + Q_1 + Q_2 + \cdots$$

entwickelt, so muss durch Vergleich mit der letzten Gleichung (55) sein:

$$(56) \quad \begin{cases} Q_0 = 0 \\ Q_1 = 2\,P_1, \\ Q_2 = 3\,P_2, \\ Q_3 = 4\,P_3, \ldots \end{cases}$$

d. h. man kennt die P_n, kann folglich $\overline{V}$ konstruieren, und hat damit wieder die Bedingungen von I.

Im Vorhergehenden ist die vollständige Begründung der Behauptungen enthalten, die GAUSS in seinem im Artikel 41 angeführten Briefe an SCHUMACHER aufgestellt hat. Diese Sätze, die ja GAUSS spätestens 1832, wahrscheinlich schon viel früher[1]) bekannt waren, veranlassten ihn, sich bei seinen experimentellen Untersuchungen zunächst auf die Bestimmung der Horizontalkomponente und der Deklination zu beschränken, die ihm $\overline{X}$ und $\overline{Y}$ lieferten, und von der Bestimmung der Inklination vorläufig abzusehen. Im Artikel 23 haben wir darauf hingewiesen, dass manche zeitgenössischen Naturforscher, unter ihnen kein Geringerer als ALEXANDER VON HUMBOLDT, ursprünglich Anstoss an dieser Einschränkung der Messungen nahmen, deren Grund sie nicht erkannten; wie GAUSS in einem Briefe an ENCKE[2]) ausdrücklich betont, waren die obigen Ausführungen eine indirekte (»zwischen den Zeilen«) Zurückweisung der Meinung HUMBOLDTS. Wegen der Lückenhaftigkeit des Beobachtungsmaterials hat GAUSS übrigens keinen Gebrauch von diesen Sätzen gemacht, vielmehr alle Komponenten gleichmässig bei der praktischen Anwendung seiner Theorie auf die Beobachtungen benutzt. Er bemerkt dazu[3]): »So interessant es übrigens sein

---

1) Vergl. hierzu die Ausführungen der Artikel 41 und 51.
2) GAUSS-ENCKE, Brief Nr. 56 vom 2. April 1839, unveröffentlicht.
3) *Allgemeine Theorie*, Werke V, S. 145.

würde, die ganze Theorie des Erdmagnetismus allein auf Beobachtung der horizontalen Nadel zu gründen, und damit den vertikalen Teil oder die Inklination zu antizipieren, so ist es doch dazu gegenwärtig noch viel zu früh. Die Mangelhaftigkeit der Data verstattet nicht, auf den Mitgebrauch des vertikalen Teils zu verzichten. Im Grunde empfängt auch die Theorie schon dadurch ihre Bestätigung, wenn die Vereinbarkeit sämtlicher Elemente unter ein Prinzip nachgewiesen werden kann.«

47. Der theoretische Teil der Gaussischen Theorie des Erdmagnetismus ist damit im wesentlichen erledigt. Es folgt jetzt die Anwendung auf die Beobachtungen.

Dabei besteht folgende Schwierigkeit: Es ist zwar sicher, dass die Reihen für $\overline{V}$, $\overline{X}$, $\overline{Y}$, $\overline{Z}$ konvergieren[1]), allein der Grad der Annäherung hängt davon ab, wie nahe sich die magnetischen Flüssigkeiten bis an die Erdoberfläche erstrecken; je weiter sie von der Erdoberfläche entfernt bleiben, umso schneller konvergieren die Reihen. Da darüber nichts bekannt ist, so ist man auf Probieren angewiesen. Geht man zum Beispiel bis zu den Gliedern 4. Ordnung einschliesslich, d. h. bis zu der Funktion P_4, so hat man nach den Auseinandersetzungen des vorhergehenden Artikels im ganzen $3 + 5 + 7 + 9 = 24$ Koeffizienten g und h zu bestimmen. Da jeder Wert $\overline{X}$, $\overline{Y}$, $\overline{Z}$ drei Gleichungen liefert, so würden also im Prinzip acht Beobachtungen an verschiedenen Stellen der Erde hinreichen, um diese Bestimmung zu liefern. Dies setzt indessen Beobachtungen von ganz anderer Genauigkeit voraus, als sie damals zur Verfügung standen, und so würde nichts anderes übrig bleiben, als alle Beobachtungen zu verwenden, und die genauesten Werte der g und h nach der Methode der kleinsten Quadrate zu ermitteln, — eine höchst langwierige Aufgabe. Durch einen Kunstgriff, dessen Schilderung wir hier übergehen können, hat Gauss diese Rechenschwierigkeiten erheblich reduziert und ein System von Koeffizienten berechnet, die demgemäss die eigentlichen »Elemente des Erdmagnetismus« darstellen.

Beachtenswert ist, dass Gauss sich in der Tat genötigt sah, bis zu den Gliedern 4. Ordnung zu gehen; obwohl Glieder 5. Ordnung sich noch nicht als

---

1) Die Frage der Konvergenz hat Gauss selbst nicht erörtert, weder für $r < R$, wo sie ja auf der Hand liegt, noch für $r = R$. Für letzteren Fall lag 1838 schon der von Dirichlet herrührende Konvergenzbeweis (1837, Dirichlets Werke I, S. 283 ff.) vor.

ganz einflusslos erwiesen, reichte die Genauigkeit der Messung nicht zu ihrer Berechnung aus. Spätere Forscher sind versuchsweise bis zu Gliedern 7. Ordnung mit 63 Koeffizienten gegangen, ohne eine entsprechend grössere Genauigkeit zu erzielen; man verliert sich nur in lokalen Störungen. So beschränkt man sich auch heute noch auf die 24 Gaussischen Koeffizienten — ein glänzender Beweis für den mathematischen und physikalischen Takt des Schöpfers der Theorie.

Die Einheit der magnetischen Kraft pflegte man damals so zu wählen, dass die ganze Intensität in London gleich 1,372 wurde[1]. Gauss ändert sie hier so ab, dass diese Intensität den 1000 fachen Wert, also 1372 annahm. Eine Reduktion auf absolute Einheiten ist natürlich leicht möglich.

Gauss erhält folgendes System für die »Elemente der Theorie des Erdmagnetismus«:

$$g_{10} = + 925{,}782 \qquad g_{22} = + 0{,}493$$
$$g_{20} = - 22{,}059 \qquad g_{32} = - 73{,}193$$
$$g_{30} = - 18{,}868 \qquad g_{42} = - 45{,}791$$
$$g_{40} = - 108{,}855 \qquad h_{22} = - 39{,}010$$
$$g_{11} = + 89{,}024 \qquad h_{32} = - 22{,}766$$
$$g_{21} = - 144{,}913 \qquad h_{42} = + 42{,}573$$
$$g_{31} = + 122{,}936 \qquad g_{33} = + 1{,}396$$
$$g_{41} = - 152{,}589 \qquad g_{43} = + 19{,}774$$
$$h_{11} = - 178{,}744 \qquad h_{33} = - 18{,}750$$
$$h_{21} = - 6{,}030 \qquad h_{43} = - 0{,}178$$
$$h_{31} = + 47{,}794 \qquad g_{44} = + 4{,}127$$
$$h_{41} = + 64{,}112 \qquad h_{44} = + 3{,}175.$$

Damit sind dann die Werte für $\overline{V}$ sowie für $\overline{X}$, $\overline{Y}$, $\overline{Z}$ vollkommen bestimmt, woraus Horizontalintensität ω, ganze Intensität ψ, Deklination δ und Inklination i leicht berechnet und nun mit den Beobachtungen verglichen werden können.

Die Übereinstimmung zwischen Rechnung und Beobachtung, obwohl sie im einzelnen viel zu wünschen übrig liess, ist doch im grossen und ganzen so gut, dass Gauss sich berechtigt fühlen durfte, den mit den eben ange-

---

1) Vergl. die Anmerkung in Artikel 43, S. 77.

gebenen Koeffizienten berechneten Ausdruck $\frac{\overline{V}}{R}$ »als der Wahrheit nahe-
kommend« zu betrachten; er hat daher durch Dr. GOLDSCHMIDT Karten der
Niveaulinien herstellen lassen, deren eine in MERCATORprojektion den Erdgürtel
zwischen 70^0 nördlicher und südlicher Breite zeigt, während die beiden andern
in stereographischer Projektion die Polargegenden bis 65^0 Breite darbieten[1]).
Es folgt aus der Betrachtung dieses Kurvensystems, — das GAUSS im grossen
und ganzen als festliegend betrachtet —, dass die im Artikel 43 behauptete
einfache Gestalt der Niveaulinien, die der Existenz zweier magnetischer Pole
entspricht, wirklich für die Erde zutrifft. Und darüber hinaus ergibt sich die
Festlegung der magnetischen Pole selbst. GAUSS fand

f. d. magn. Nord-Pol: $73^0 35'$ n. Br., $264^0 21'$ ö. L. n. Greenwich; $\psi = 1{,}701$ [2])
f. d. magn. Süd-Pol: $72^0 35'$ s. Br., $152^0 30'$ ö. L.; $\psi = 2{,}253$ [2]).

Kapitän Ross hatte den nördlichen Pol um $3^0 30'$ südlicher gefunden als nach
der Rechnung; der Südpol war zur Zeit der ersten Veröffentlichung der Theorie
noch nicht bekannt. Es war ein Triumph für die GAUSSische Theorie, als im
Jahre 1841 durch den amerikanischen Kapitän WILKES der magnetische Südpol festgelegt wurde zu etwa $70^0 21'$ südlicher Breite, $146^0 17'$ östlicher Länge,
d. h. an einer Stelle, die nur wenig von der berechneten abweicht[3]).

48. Von Interesse sind noch einige daran anschliessende Rechnungsergeb-
nisse von GAUSS über die Richtung der magnetischen Achse, d. h. die Richtung des magnetischen Moments der Erde, die Grösse des Moments und die
Stärke der Magnetisierung der Erde.

Das magnetische Moment der Erde ist nach (48) allein durch das Glied
1. Ordnung bestimmt. Setzt man in (48) die Werte ein, wie sie aus den
»Elementen« folgen, so findet GAUSS für die Komponenten des Moments die
Werte:

$$(57) \qquad \begin{cases} -a = -925{,}782\,R^3, \\ -\beta = -\ 89{,}024\,R^3, \\ -\gamma = +178{,}744\,R^3. \end{cases}$$

---

1) Sie sind erschienen im *Atlas des Erdmagnetismus nach den Elementen der Theorie entworfen,*
unter Mitwirkung von C. B. GOLDSCHMIDT, herausgegeben von C. F. GAUSS und W. WEBER, Leipzig 1840;
Werke XII, S. 335 ff.

2) ψ für London = 1,372 gesetzt.

3) SCHUMACHERs Astronomische Nachrichten, Nr. 417, 9. Februar 1841; Werke V, S. 580.

Durch die Verhältnisse dieser drei Grössen ist auch die Richtung des Moments, d. h. die magnetische Achse bestimmt; sie ist parallel dem Erddurchmesser von $77^0\,50'$ nördlicher Breite und $296^0\,29'$ östlicher Länge nach $77^0\,50'$ südlicher Br. und $116^0\,29'$ östlicher L., und der gesamte Betrag des Moments in bezug auf diese Achse ist gleich $947{,}08\,R^3$, alle obigen Zahlen bezogen auf die Londoner Intensität $= 1372$. Zur Reduktion auf absolute Einheiten ist zu bemerken, dass nach obiger Einheit die ganze Intensität in Göttingen $= 1357$ wird, während ihr Wert in absoluten Einheiten (cm, gr, sec) nach der Messung von Gauss $0{,}47414$[1]) beträgt. Der Reduktionsfaktor ist demgemäss $= 0{,}00034941$, und somit das magnetische Moment der Erde:

$$(58) \qquad\qquad |\mathfrak{M}| = 3{,}33092\,R^3$$

oder, den Radius der Erde $= 6{,}366 \cdot 10^8$ cm gesetzt:

$$(59) \qquad\qquad |\mathfrak{M}| = 8{,}54 \cdot 10^{25} \text{ abs. Einheiten.}$$

Gauss hatte früher in der *Intensitas*[2]) das Moment eines einpfündigen Magnetstabes $= 10087{,}7$ abs. Einheiten gefunden; im Vergleich zu diesem Stabe ist das Moment der Erde rund 8464 Trillionen mal grösser. »Es wären daher 8464 Trillionen solcher Magnetstäbe mit parallelen magnetischen Achsen erforderlich, um die magnetische Wirkung der Erde im äusseren Raum zu ersetzen, was bei einer gleichförmigen Verteilung durch den ganzen körperlichen Raum der Erde beinahe 8 Stäbe . . . auf jedes Kubikmeter beträgt«[3]). Verglichen mit der Magnetisierung von Stahl ist übrigens die Erde äusserst schwach magnetisiert; ihr Moment beträgt nämlich nur rund $1/10000$ des gleichen Volumens maximal magnetisierten Stahles.

Zur Beurteilung der Genauigkeit des Gaussischen Wertes (59) für das Moment mag erwähnt werden, dass nach einer neueren Bestimmung[4]) das Moment der Erde $8{,}35 \cdot 10^{25}$ ist, d. h. nur um rund 2 % von dem Gaussschen Werte abweicht.

---

1) Da Gauss mg und mm benutzt, kommt bei ihm $4{,}7414$ heraus; entsprechend auch der Reduktionsfaktor.

2) *Intensitas*, Werke V, S. 111.

3) Werke V, S. 165.

4) L. A. Bauer, *Terrestrial Magnetism* 4, S. 33, 1899.

49. Von wesentlicher und grundsätzlicher Bedeutung ist eine Bemerkung, die Gauss an diese Betrachtungen anknüpft. Nach einem Satze der Potentialtheorie, von dem Gauss bereits in der *Intensitas*[1]) (vergl. Artikel 10) Gebrauch gemacht hat, »kann anstatt jeder beliebigen Verteilung der magnetischen Flüssigkeiten innerhalb eines körperlichen Raumes allemal substituiert werden eine Verteilung auf der Oberfläche dieses Raumes, so dass die Wirkung in jedem Punkte des äusseren Raumes genau dieselbe bleibt, woraus man leicht schliesst, dass einerlei Wirkung im ganzen äusseren Raume aus unendlich vielen verschiedenen Verteilungen der magnetischen Flüssigkeiten im Innern abzuleiten ist.« Diesen Satz hat Gauss auch hier nicht bewiesen, sondern er verweist, wie in der *Intensitas*, auf eine spätere Gelegenheit[2]).

Die wirkliche Verteilung der magnetischen Mengen im Erdinnern bleibt also völlig unbestimmt; dagegen ist die »äquivalente Flächenbelegung« vollkommen festgelegt. Für die magnetische Flächendichte gibt Gauss als Folge jenes potentialtheoretischen Satzes den Wert an:

$$(60) \qquad \frac{1}{4\pi}\left(\frac{\overline{V}}{R} - 2\,\overline{Z}\right) = -\frac{1}{4\pi}(3\,P_1 + 5\,P_2 + 7\,P_3 + 9\,P_4 + \cdots),$$

den er im einzelnen diskutiert; eine Karte dieser fingierten Flächendichte findet sich im *Atlas des Erdmagnetismus*[3]).

50. Zum Schluss seiner allgemeinen Theorie diskutiert Gauss noch eine Anzahl von Problemen, die sich mittels seiner Theorie durch künftige genaue Beobachtungen würden aufklären lassen.

Zunächst wirft er die Frage auf, ob es als absolut gesichert angesehen werden könne — was bisher stets vorausgesetzt wurde —, dass in jedem Volumenelement gleich viel nördlicher und südlicher Magnetismus vorhanden sei. Wäre dies nicht der Fall, so würde die Kugelfunktion 0 ter Ordnung P_0, die bisher nach (46) gleich Null war, nicht verschwinden dürfen. Das würde, wie Gauss zeigt, zur Folge haben, dass im Ausdruck (55) für die Vertikalkomponente $\overline{Z}$ das Glied P_0 hinzugefügt werden müsste; die Beobachtungen würden also erkennen lassen, ob zur exakten Darstellung von $\overline{Z}$ ein von Null

---

1) *Intensitas*, Werke V, S. 87.
2) Vergl. weiter unten Art. 52 ff.
3) Karten Nr. III und IV des *Atlasses*.

verschiedenes P_0 erfordert wird oder nicht. Obwohl GAUSS selbst keinen Zweifel an der exakten Gültigkeit der bisherigen Voraussetzung hegte, ist doch die grundsätzliche Möglichkeit der Prüfung ihm interessant genug gewesen, um sie ausdrücklich anzuführen. Die Prüfung selbst musste aus Mangel an hinreichend genauen Beobachtungen unterbleiben.

Eine zweite Frage ist die, ob wirklich der Sitz des normalen Erdmagnetismus im Erdinnern anzunehmen ist oder nicht; letzteres wurde von namhaften Naturforschern [1]) zu GAUSSens Zeit für möglich gehalten. Er untersucht deshalb, wie bei Annahme einer ausserhalb der Erde befindlichen Ursache die magnetischen Wirkungen auf der Erdoberfläche sich gestalten würden. Wieder wird vorausgesetzt, dass diese äussere Ursache ein Potential v besitze, das von den drei Variabeln r, u, λ abhängt und an der Erdoberfläche in den Wert $\bar{v}$ (u, λ) übergeht. Die Form der horizontalen Komponenten $\overline{X}$ und $\overline{Y}$ bleibt unverändert, nämlich

$$\overline{X} = -\frac{1}{R}\frac{\partial \bar{v}}{\partial u},$$

$$\overline{Y} = -\frac{1}{R \sin u}\frac{\partial \bar{v}}{\partial \lambda},$$

dagegen **nicht** die der Vertikalkomponente $\overline{Z}$. Um diese zu ermitteln, muss v, als Funktion von r, u und λ betrachtet, nach r differentiiert werden, worauf $r = R$ zu setzen ist. Für den Innenraum aber kann v nur nach steigenden Potenzen von r entwickelt werden, nämlich so:

$$(61) \qquad \frac{v}{R} = p_0 + \frac{r}{R}p_1 + \frac{r^2}{R^2}p_2 + \frac{r^3}{R^3}p_3 + \cdots.$$

Dabei ist p_0 eine Konstante von der physikalischen Bedeutung, dass Rp_0 den Wert des Potentials im Erdmittelpunkt angibt; dagegen sind die p_n $(n = 1, 2, \ldots)$ Funktionen von u und λ, die derselben partiellen Differentialgleichung (49) gehorchen wie die P_n, also gleichfalls Kugelfunktionen. Führt man nun die Rechnung durch, so findet man für $\overline{Z}$ nicht die frühere Formel (55), d. h. nicht $2p_1 + 3p_2 + 4p_3 + \cdots$, sondern die neue davon total abweichende:

$$(62) \qquad \overline{Z} = -p_1 - 2p_2 - 3p_3 - \cdots.$$

Die Beobachtungen sind aber mit (55) und **nicht** mit (62) im Einklange, also

---

1) Z. B. VON BREWSTER.

kann mit Sicherheit geschlossen werden, dass der normale Erdmagnetismus im wesentlichen seine Ursache im Innern der Erde haben muss.

Aber freilich kann, wie GAUSS selbst hervorhebt, nicht gefolgert werden, dass der totale Erdmagnetismus seinen Sitz im Erdinnern habe; ein kleiner Teil könnte — so genau waren die damaligen Beobachtungen nicht, als dass dies hätte entschieden werden können — immerhin von äusseren Ursachen erzeugt werden. GAUSS entwirft daher auch die Grundlinien einer Theorie, die die Ursache des normalen Erdmagnetismus sowohl im Innern als auch im Äussern der Erde sucht. Das Potential W setzt sich in diesem Falle additiv aus V und v zusammen, es ist also nach fallenden und steigenden Potenzen von r entwickelt, so dass auf der Erdoberfläche $(r = R)$ die auftretenden Kugelfunktionen die Form

$$\Pi_n = P_n + p_n$$

haben. Ohne genauer auf die weitere Entwicklung einzugehen, wollen wir hier nur GAUSS' Resultat erwähnen, dass »man durch Kombination der horizontalen Kräfte mit den vertikalen das Mittel erhält, W in seine Bestandteile V und v zu scheiden, und also zu erkennen, ob letzterem ein merklicher Wert beigelegt werden muss«[1]).

GAUSS selbst hat die Beantwortung der aufgeworfenen Frage unterlassen und aus Mangel an Beobachtungen unterlassen müssen; aber neuere Untersuchungen[2]) haben wohl mit Sicherheit ergeben, dass rund 94 % des magnetischen Erdfeldes von innen stammen, rund 6 % von einer äusseren Ursache herrühren; dieser letztere Teil besitzt rund zur Hälfte ein Potential, die andere Hälfte des Aussenfeldes ist potentiallos[3]); es kann also die Gleichung von S. 77 $\int_O \omega \cos t\, ds = 0$ nicht in Strenge bestehen.

Auch hier kann man nur GAUSSens wissenschaftliche Voraussicht bewundern, da die spätere Entwicklung seine Auffassung vollkommen gerechtfertigt hat.

51. Nach den obigen Darlegungen ist die GAUSSsche *Allgemeine Theorie des Erdmagnetismus* zu bezeichnen als eine »phänomenologische« Theorie, d. h.

---

1) *Allgemeine Theorie*, Werke V, S. 173.
2) Vergl. die Angaben bei ANGENHEISTER, Physik. Zeitschr. Bd. 26, S. 306. 1925.
3) Vergl. den Schluss des Artikels 43, Fussnote 2) S. 77.

als eine solche, die lediglich einer quantitativen Erfassung (»Beschreibung« im KIRCHHOFFschen Sinne) der Phänomene dient. Was eigentlich die Ursache des Erdmagnetismus ist, wodurch eine bestimmte Verteilung der magnetischen Mengen — die ja ganz unbestimmt bleibt — im Erdinnern bedingt ist: diese Fragen werden nicht einmal berührt. Die Tatsache ferner, dass die Richtung des magnetischen Moments doch sehr nahe mit der Richtung der Rotations-achse der Erde (nur zirka elf Grad Abweichung!) zusammenfällt, — eine Tat-sache, die dem modernen Physiker kaum als Zufall erscheinen kann und sich ihm gerade zum interessantesten Problem gestaltet, — wird überhaupt nicht explizite erwähnt.

Diese Zurückhaltung liegt zum Teil wohl daran, dass GAUSS es nicht liebte, da, wo keine sicheren Indizien vorlagen, »unreife Hypothesen« zu machen, wie er einmal sagt. Man darf wohl annehmen, dass GAUSS sich mit Absicht jeder speziellen Annahme enthalten hat, auch wo er privatim bestimmte An-schauungen hatte. Seine Theorie liefert daher den grossen Rahmen, in den jede spätere (im eigentlichen Sinne des Wortes physikalische) Theorie sich einspannen lässt. Sie beruht auf allgemein gültigen mathematischen Sätzen und hat eben deshalb Ewigkeitswert, weil sie in gewissem, oben näher bezeich-netem Sinne leer ist.

Ein anderer Punkt verlangt noch besondere Besprechung. Wir haben in Artikel 42 die Kritik wiedergegeben, die GAUSS an den früheren theo-retischen Versuchen übt, durch Annahme von einem oder mehreren Ma-gneten im Erdinnern die Erscheinung des Erdmagnetismus zu erklären. Und doch ist sein Verfahren im Grunde genommen nichts anderes. Denn zum Beispiel das erste Glied seiner Reihe (42 a) für V ist $\frac{R^3}{r^2} P_1$, und man überzeugt sich leicht nach (50) und (51), dass P_1 folgende Gestalt hat:

$$(63) \qquad P_1 = g_{10} \cos u + (g_{11} \cos \lambda + h_{11} \sin \lambda) \sin u,$$

so dass dieses Glied der Reihe für V den Wert bekommt:

$$(64) \qquad R^3 \frac{g_{10} \cos u + (g_{11} \cos \lambda + h_{11} \sin \lambda) \sin u}{r^2}.$$

Das ist aber nichts anderes als das Potential eines kleinen Magneten (eines magnetischen »Dipols«) von geeigneter Stärke, dessen Achsenrichtung durch die Winkel u und λ charakterisiert ist. Und ebenso stellt das zweite Glied der

Reihe (42 a) $\frac{R^4 P_2}{r^3}$ das Potential eines Doppelmagneten (eines »Tetrapols«), das dritte Glied das Potential eines »Oktopols« dar u. s. w. Es ist nicht anzunehmen, dass dieser einfache Zusammenhang GAUSS entgangen sein sollte, wenn er ihn auch nicht ausdrücklich hervorgehoben hat. Die Stelle in dem in Artikel 41 zitierten Brief an SCHUMACHER vom 3. Mai 1832 »wenn wir erst im Besitz der allgemeinen . . . . Formel sind, ergeben sich diese . . . Pole, wenn man sie wissen will, von selbst mit«, ist gar nicht anders zu erklären, als durch die Annahme, dass GAUSS diesen Sachverhalt erkannt hat. Sonderbar bleibt allerdings immer unter diesen Umständen die ablehnende Kritik an den älteren Versuchen. Sie ist aber wohl nur so zu verstehen, dass GAUSS das methodische Vorgehen der früheren Theorien missbilligt, und da kann ja allerdings kein Zweifel sein, dass die GAUSSische Theorie in dieser Hinsicht schlechthin vollendet ist.

Noch ein Punkt erscheint von besonderer Wichtigkeit. Dass GAUSS bereits 1832 alles Wesentliche seiner allgemeinen Theorie des Erdmagnetismus besessen hat, ist sicher feststehend und im Vorhergehenden mehrfach belegt worden. Es finden sich aber in GAUSS' Briefen Angaben, die auf eine viel weiter zurückliegende Zeit hindeuten. In einem Schreiben an ENCKE[1]) vom 2. April 1839 heisst es von der »allgemeinen Theorie«: »Für mich war die Hauptsache, die abstrakte Theorie zu geben, . . . die numerische Anwendung auf die Erde sehe ich als etwas ganz Sekundäres an, wozu es eigentlich noch zu früh ist und die ich ganz weggelassen hätte, wenn ich nicht, wie einmal das zum grössten Teile sehr böotische Lesepublikum ist, überzeugt gewesen wäre, dass ohne die Probe der Anwendung zu geben, die abstrakte Theorie gar nicht gehörig beherzigt werden würde. Ich hätte sonst diese abstrakte Theorie schon vor zehn oder zwanzig Jahren geben können . . .«[2]).

Ganz in Übereinstimmung damit heisst es in einem Briefe vom 23. Januar 1842 an SCHUMACHER[3]): ». . . Gerade aus solchen Betrachtungen habe ich meine Behandlungsart des Erdmagnetismus, wovon das Theoretische schon vor 30 oder mehr Jahren hätte geschrieben werden können[2]),

---

1) GAUSS-ENCKE, Brief Nr. 56; unveröffentlicht.
2) Von mir gesperrt. — SCHAEFER.
3) GAUSS-SCHUMACHER IV, S. 52.

für die Publikation auszuarbeiten gezögert, solange ich garnicht von ferne adäquat, was dadurch geleistet werden kann, **faktisch** darlegen konnte; und selbst 1838 war es eigentlich noch fast zu früh dazu, aber ohne die numerische Anwendung hätte sonst wahrscheinlich entweder niemand die Theorie beachtet oder nur Albernheiten dagegen vorgebracht.«

Mit diesen Zeitangaben von GAUSS kommt man in das erste Jahrzehnt des XIX. Jahrhunderts zurück, und das stimmt vortrefflich zu der Tatsache, dass wir aus dem Jahre 1806 einen Brief von GAUSS an HARDING haben (vom 28. November 1806)[1]), in dem es heisst: »Wie gross setzen Sie die **Deklination der Magnetnadel zu Göttingen?** Können Sie mir nicht die Deklinationen für diejenigen Örter nachweisen, für die Herr v. HUMBOLDT im November-Heft der Monatlichen Korrespondenz die Inklinationen gibt? Oder auch für einige von denen, wofür HUMBOLDT im IV. Bande der Allgemeinen Geographischen Ephemeriden die Inklination angab? Deklination und **Inklination zugleich** für eine beträchtliche Anzahl von Örtern auf sehr verschiedenen Punkten der Erde, z. B. dem Kap, Batavia, in Südamerika, dem Südmeere, Nordamerika und Ägypten würden für mich einen ungemein grossen Wert haben. Ich wünschte, dass jemand aus dem vielen in den neuesten Zeiten gemachten Reisen Beobachtungen dieser Art in einem eigenen Werke sammelte. . . . . . .« Aus diesem Briefe geht klar hervor, dass GAUSS schon damals die Daten für seine allgemeine Theorie des Erdmagnetismus zu bekommen versuchte. HARDINGS Antwort vom 1. Januar 1807 fiel negativ aus; kein Wunder: machte es doch noch 30 Jahre später Schwierigkeiten, das Material zu erhalten.

Es ergibt sich demgemäss, dass GAUSS schon im Jahre 1806 den allgemeinen Gedanken der Theorie des Erdmagnetismus besass, nämlich die Idee, das magnetische Potential der Erde nach Kugelfunktionen zu entwickeln und die Koeffizienten durch die Beobachtung zu bestimmen.

52. In gewissem Sinne der Abschluss seiner magnetischen Forschungen, wenn auch an Bedeutung darüber weit hinausragend, sind GAUSS' *Allgemeine Lehrsätze in Beziehung auf die im verkehrten Verhältnisse des Quadrates der*

---

1) Werke XII, S. 145; vergl. auch Anmerkung 1 auf S. 4.

Entfernungen wirkenden Anziehungs- und Abstossungskräfte[1]). Ein Abschluss nicht in zeitlicher Hinsicht — denn zum Beispiel seine Inklinationsmessungen liegen später —, sondern weil bestimmte theoretische Grundlagen, auf die GAUSS sowohl in der *Intensitas* als auch in der *Allgemeinen Theorie* sich stützte, hier dargelegt und zum ersten Mal veröffentlicht sind. Diese Untersuchungen gehören auch deshalb in den Kreis der magnetischen herein, weil nachweislich GAUSS zu bestimmten Ergebnissen dieser Arbeit durch seine Beschäftigung mit dem Magnetismus angeregt worden ist.

In dieser Arbeit werden die Eigenschaften der Funktion

$$(65) \qquad V = \sum \frac{\mu}{r},$$

die schon in der *Allgemeinen Theorie* eine besondere Rolle gespielt hatte, untersucht, und hier taucht bei GAUSS auch zum erstenmal der Name »Potential« für dieselbe öffentlich[2]) auf. Für diese Funktion hat bekanntlich G. GREEN[3]) in seiner grossen 1828 erschienenen Arbeit *An Essay on the Application of Mathematical Analysis to the Theories of Electricity and Magnetism* den Namen »Potentialfunktion« geprägt, und es läge nahe, schon aus diesem Grunde der Koinzidenz der Namengebung eine Abhängigkeit GAUSSens von GREEN anzunehmen. Aber GAUSS erwähnt die GREENsche Arbeit, die auch in England nahezu unbekannt blieb, nicht, und es gibt keinen Nachweis dafür, dass er sie gekannt habe. Wir kommen auf diese Frage noch später zurück; hier möge es genügen, zu betonen, dass auch aus der zunächst überraschenden Übereinstimmung in der Bezeichnung »Potential« nicht auf eine Abhängigkeit geschlossen werden kann. Denn die Begriffe »potentia« und »actus« gehören zum Sprachschatze der mittelalterlichen Philosophie, der ja an vielen Stellen seinen Einfluss auf physikalische Bezeichnungen ausgeübt hat. Der Name »potentielle Energie« ist natürlich erst viel später aufgekommen als die Bezeichnung »Potential« und vermutlich direkt von der Potentialfunktion abgeleitet; aber die Bezeichnung »aktuelle Energie« statt »kinetischer Energie«

---

1) *Resultate* i. J. 1839, Leipzig 1840; Werke V, S. 195. *Selbstanzeige*: Gött. Gel. Anz., Stück 50/51, S. 489 ff.; Werke V, S. 305.

2) Zum ersten Male benutzt GAUSS die Bezeichnung »Potential« in einer aus dem Oktober 1839 stammenden Notiz, die erst aus seinem Nachlass veröffentlicht wurde; siehe Werke X, 1, S. 316.

3) G. GREEN, Math. Papers, London 1871; ursprünglich veröffentlicht in Nottingham 1828.

zeigt deutlich, dass die gegensätzlichen Begriffe »potentia« und »actus« damals geläufig waren, z. B. in Form des scholastischen Satzes, dass jedem »actus« eine »potentia« vorausgehen müsse. Es ist daher durchaus wahrscheinlich, dass GAUSS und GREEN unabhängig voneinander denselben Namen gewählt haben, selbst wenn wir von allen anderen Erwägungen absehen, die für GAUSSENS Unabhängigkeit sprechen. Übrigens kommt, wie STÄCKEL festgestellt hat, der Name »Potential« schon bei DANIEL BERNOULLI vor[1]), aber weder GREEN noch GAUSS dürften dies gewusst haben; vielmehr ist dies wieder ein Argument für die oben dargelegte Auffassung, dass das Wort dem Sprachgebrauch der mittelalterlichen Philosophie entstammt.

53. Von der GAUSSSCHEN Abhandlung selbst wollen wir nur einige wichtige Sätze besprechen, die eine direkte Beziehung zum Magnetismus haben.

Im Abschnitt 22 seiner Abhandlung spricht er den Satz aus, der seither als »GAUSSSCHER Satz der Potentialtheorie« bezeichnet wird: »Ist ds ein Element einer einen zusammenhängenden endlichen Raum begrenzenden Fläche, P die Kraft, welche irgendwie verteilte Massen in ds in der auf die Fläche normalen Richtung ausüben, wobei eine nach innen oder nach aussen wirkende Kraft als positiv betrachtet wird, je nachdem anziehende oder abstossende Massen als positiv gelten, so wird das Integral $\int P ds$, über die ganze Fläche ausgedehnt, $4\pi M + 2\pi M'$, wenn M das Aggregat der im Innern des Raumes befindlichen, M' das der auf der Oberfläche nach der Stetigkeit verteilten Massen bedeuten.«

In der heutigen Terminologie ist $\int P ds$ der sogenannte »Kraftfluss« durch die Oberfläche; oder allgemeiner, wenn $\mathfrak{A}$ ein beliebiger Vektor ist, so ist $\int \mathfrak{A}_n ds$ der »Fluss« des Vektors $\mathfrak{A}$ durch diese Fläche.

Der GAUSSSCHE Beweis stützt sich ausschliesslich auf den Satz, dass das Integral

$$(66) \qquad \int \frac{\cos(nr)}{r^2} ds,$$

wenn (nr) der Winkel zwischen der Normalen n und der Richtung r ist, die von einem Massenteilchen zum Aufpunkte hingeht, die Werte Null, 2π oder 4π annimmt, je nachdem das betrachtete Massenteilchen ausserhalb der

---

1) Siehe EULERS *Methodus inveniendi etc.*, Lausanne 1744, S. 246.

Fläche, auf der Fläche oder innerhalb der Fläche liegt. Diesen Satz aber hat Gauss schon in der Arbeit (1813) *Theoria attractionis corporum sphaeroidicorum ellipticorum homogeneorum methodo nova tractata*[1]) bewiesen. Es ist nun mehr als wahrscheinlich, dass Gauss damals auch schon den oben formulierten Lehrsatz gehabt hat, der sich unmittelbar darbietet, da die Kräfte umgekehrt proportional dem Quadrate der Entfernung sind. Verbindet man diese Erwägung mit den brieflichen Äusserungen Gaussens, die wir im Artikel 51 zitiert haben, so ist die Vermutung nicht von der Hand zu weisen, dass dieser »Gausssche Satz« nebst einigen nahe verwandten schon in sehr frühe Zeit (vor 1810) zurückreichen mag.

Im folgenden Abschnitt 23. zeigt Gauss, dass auch der Satz gilt

$$(67) \qquad \int \frac{\partial V}{\partial n} \, ds = 4 \pi M,$$

da eben $\frac{\partial V}{\partial n}$ in diesem Falle gleich P, der Normalkomponente der Kraft, ist.

Setzt man $M = \int k \, dt$, wo dt das Volumelement des von der Fläche s eingeschlossenen Raumes ist, und beachtet man, dass nach Poisson

$$\Delta V = - 4 \pi k,$$

so findet man durch Kombination:

$$(68) \qquad \int \frac{\partial V}{\partial n} \, ds = - \int \Delta V \, dt.$$

Merkwürdigerweise findet sich dieser Satz, der auch als »Gausssche Integraltransformation« bezeichnet wird, nicht bei Gauss ausgesprochen, noch weniger die allgemeinere Form:

$$(69) \qquad \int \mathfrak{A}_n \, ds = - \int \operatorname{div} \mathfrak{A} \, dt,$$

wenn $\mathfrak{A}$ ein beliebiger Vektor ist, der gewissen Stetigkeitsbedingungen zu genügen hat.

Diese Feststellung ist wichtig für die Beurteilung des Verhältnisses des Gaussschen Satzes zu dem Greenschen. Green geht in seiner Abhandlung unmittelbar aus von dem folgenden Satze, den er durch partielle Integration beweist:

$$(70) \qquad \int \left(\frac{\partial \varphi}{\partial x} \frac{\partial \psi}{\partial x} + \frac{\partial \varphi}{\partial y} \frac{\partial \psi}{\partial y} + \frac{\partial \varphi}{\partial z} \frac{\partial \psi}{\partial z} \right) dt + \int \varphi \Delta \psi \, dt = - \int \varphi \frac{\partial \psi}{\partial n} \, ds,$$

---

1) Comm. soc. reg. scient. Gotting. rec. Vol. 2, 1813; Werke V, S. 1 ff.

wo φ und ψ zwei skalare Funktionen sind. Aus dem Satze (69), der sich aber, wie gesagt, nicht bei GAUSS findet, könnte man (70) durch spezielle Wahl des Vektors $\mathfrak{A}$ ableiten, indem man einfach setzt:

$$(71) \qquad\qquad \mathfrak{A} = \varphi \operatorname{grad} \psi;$$

durch Einsetzen in (69) folgt sofort (70) und durch Vertauschung von φ und ψ durch Subtraktion auch der weitere GREENsche Satz:

$$(72) \qquad\qquad \int (\varphi \Delta \psi - \psi \Delta \varphi) dt = - \int \left(\varphi \frac{\partial \psi}{\partial n} - \psi \frac{\partial \varphi}{\partial n} \right) ds.$$

Also kann man sagen, dass (69) allgemeiner ist als die GREENschen Sätze, die sich als Spezialfälle aus ihm ergeben. Tatsächlich aber liegt die Sache für den von GAUSS aufgestellten Satz umgekehrt, da (69) bei GAUSS gar nicht vorkommt. Schon in der Form (68), die allerdings auch bei GAUSS nicht explizite auftritt, ist der GAUSSsche Satz ein Spezialfall des GREENschen (72). Denn man braucht ja nur zu setzen: $\psi = 1$, $\varphi = V$, so hat man (68), und daraus, vermöge der POISSONschen Gleichung auch (67), d. h. den Satz, der wirklich in der GAUSSschen Arbeit steht. Man muss also sagen, dass der wirklich ausgesprochene GAUSSsche Satz (67) ein Spezialfall des GREENschen Satzes (70) bzw. (72) ist.

Auch das ist für die Beurteilung einer eventuellen Abhängigkeit GAUSSens von GREEN von Wichtigkeit: GAUSS würde schwerlich einen Satz, den er als Spezialfall eines GREENschen Satzes erkannt hätte, der Veröffentlichung für wert gehalten haben.

54. Genau dieselben Erwägungen lassen sich bezüglich eines weiteren GAUSSschen Satzes anstellen, den er im Abschnitt 24. seiner Arbeit bringt:

$$(73) \qquad \int V \frac{\partial V}{\partial n} \, ds = \int \left[\left(\frac{\partial V}{\partial x} \right)^2 + \left(\frac{\partial V}{\partial y} \right)^2 + \left(\frac{\partial V}{\partial z} \right)^2 \right] dt.$$

GAUSS beweist ihn durch partielle Integration, d. h. durch genau dieselbe Methode, die er schon in der Abhandlung über die Attraktion der Sphäroide benutzt hatte. Man erhält auch diesen GAUSSschen Satz leicht als Spezialfall des GREENschen, indem man in (70) einfach $\varphi = \psi = V$ setzt und $\Delta V = 0$ annimmt, d. h. im Innern der Fläche s keine Massen voraussetzt, was die Gültigkeitsbedingung von (73) ist. (Übrigens findet sich obiger Satz bei GREEN nicht als Spezialfall seiner Formel ausgesprochen.)

Gauss brauchte diesen Satz (73), bezw. eine leichte Erweiterung desselben, um das folgende Theorem zu beweisen, dass wir nach der *Selbstanzeige*[1]) zitieren: »Wenn eine geschlossene Fläche eine Gleichgewichtsfläche für die Anziehungs- oder Abstossungskräfte von Massen ist, die sich sämtlich im äusseren Raum befinden, so ist die Resultante der Kräfte sowohl in jedem Punkte jener Fläche, als auch in jedem Punkte des ganzen inneren Raumes gleich Null.«

Das Gausssche Resultat ergibt sich, wenn man (73) mit (67) kombiniert; die letztere Gleichung geht nämlich in diesem Falle, da keine inneren Massen vorhanden sind, über in $\int \frac{\partial V}{\partial n} ds = 0$, oder auch, mit einer Konstanten A multipliziert, in $\int A \frac{\partial V}{\partial n} ds = 0$. Durch Subtraktion dieser Gleichung von (73) folgt die in Rede stehende Formel:

(73 a)
$$\int (V - A) \frac{\partial V}{\partial n} ds = \int \left[\left(\frac{\partial V}{\partial x} \right)^2 + \left(\frac{\partial V}{\partial y} \right)^2 + \left(\frac{\partial V}{\partial z} \right)^2 \right] dt.$$

Hat nun die Fläche als Gleichgewichtsfläche das konstante Potential $V = A$, so folgt, dass im ganzen inneren Raume

$$\frac{\partial V}{\partial x} = \frac{\partial V}{\partial y} = \frac{\partial V}{\partial z} = 0$$

ist, d. h. dass die Kräfte sich im Innern vollständig zerstören, was zu beweisen war.

Zu dieser Untersuchung ist Gauss veranlasst worden durch das Studium einer Abhandlung von Poisson[2]), in der behauptet wurde[3]), »dass es zur Erhaltung eines beharrlichen elektrischen Zustandes eines elektrisierten leitenden Körpers **nicht** zureichend sei, dass die innere Grenzfläche der freien, an der Oberfläche des Leiters befindlichen Elektrizität eine Gleichgewichtsfläche sei, sondern noch ausserdem erforderlich, dass diese Elektrizität auch in keinem Punkte des inneren Raumes Anziehung oder Abstossung ausübe.«

Demgegenüber zeigt der Gausssche Lehrsatz, dass die sogenannte zweite Bedingung Poissons in der ersten enthalten ist.

---

1) *Selbstanzeige*, Werke V, S. 307.

2) S. D. Poisson, *Mémoire sur la distribution de l'électricité à la surface des corps conducteurs*, Mémoires de l'Institut, année 1811, Paris 1812, S. 1.

3) *Selbstanzeige*, Werke V, S. 307.

Über den Zeitpunkt der Entstehung dieser Sätze sind wir orientiert durch einen Brief von Gauss an Bessel[1]) vom 31. Dezember 1831: ». . . . Bei der Lektüre von Poissons älterer Abhandlung über die Elektrizität (1812) bin ich neulich auf einen meines Wissens neuen und, wie mir scheint, artigen Satz gekommen. Er geht davon aus, dass die freie Elektrizität sich unter der Oberfläche eines isolierten Leiters sammelt, und meint, es sei nicht zureichend, dass die Resultante aller Abstossungen in jedem Punkte der inneren Oberfläche jener Elektrizitätsschicht auf diese senkrecht sei, sondern die physische Aufgabe erfordere ausserdem noch die Bedingung, dass die Resultante in jedem Punkte des innern eingeschlossenen Raumes gleich Null werde, weil sich sonst neue Elektrizität zersetzen würde. Man mag diese Behauptung an sich zugeben, allein ich beweise, dass, unter Voraussetzung der Repulsion im verkehrten doppelten Verhältnis des Abstandes, die zweite Bedingung schon von selbst in der ersten enthalten ist. Dann wird es offenbar ein Fehler. von neuem an die physische Natur zu appellieren, wo die Mathematik den Gegenstand schon von selbst darreicht. Mein Satz gilt ebenso gut von anziehenden Kräften und heisst dann: wenn ein wie immer gestalteter homogener oder nicht homogener Körper aus Teilen besteht, die eine Anziehungskraft im verkehrten doppelten Verhältnis des Abstandes ausüben, und dieser Körper einen hohlen Raum umschliesst, an dessen Begrenzung in keinem Punkte eine schiefe Resultante statthat, so ist die Resultante in jedem Punkte dieser Begrenzung sowohl als in jedem Punkte des hohlen Raumes gleich Null. — Sobald man den Satz einmal aufgefasst hat, ist die Beweisführung eben nicht schwer zu finden. . . .«

Die Auffindung des fraglichen Satzes durch Gauss ist also mit Sicherheit in die Mitte des Jahres 1831 zu setzen.

Ein weiteres Theorem der Gaussschen Abhandlung hängt unmittelbar damit zusammen, dürfte also ebenfalls in dieser Zeit von Gauss gefunden worden sein. In der anschaulichen Formulierung der *Selbstanzeige*[2]) lautet es: »Ein weiteres Theorem bezieht sich auf den anderen Fall, wo die anziehenden oder abstossenden Massen sich innerhalb des von einer geschlossenen Fläche begrenzten Raumes befinden. Hier wird in jedem Punkte der Fläche, wenn

---

1) Gauss-Bessel S. 504; Werke XI, 1, S. 116.
2) *Selbstanzeige*, Werke V, 307.

sie eine Gleichgewichtsfläche ist, die resultierende Kraft nach einerlei Seite gerichtet sein, auch wenn anziehende und abstossende Massen zugleich vorhanden sind; je nachdem nämlich das Aggregat der ersteren oder das der anderen das grössere ist, wird die Resultante in allen Punkten nach innen oder nach aussen gerichtet sein; ist aber das Aggregat der anziehenden Massen dem der abstossenden gleich, so wird, wenn es überhaupt eine geschlossene und umschliessende Gleichgewichtsfläche gibt, die Resultante der Kräfte in jedem Punkte derselben und zugleich im ganzen äusseren Raume gleich Null sein.« —

Dass Gauss sich um die Mitte des Jahres 1831 mit der Lektüre der Poissonschen Abhandlung beschäftigte, ist vermutlich kein Zufall, sondern dadurch bedingt, dass er in der Darstellung der Lehre vom Magnetismus auf eine Schwierigkeit stiess, über die er sich zunächst in der ihm zugänglichen Literatur zu informieren suchte. In dem in Artikel 9 (oben S. 13) zitierten Briefe von Gauss an Encke[1]) vom 18. August 1832 heisst es: »In dem bisherigen Vortrag der Lehre vom Magnetismus findet sich aber soviel Vages, Nichtssagendes Unlogisches, . . . dass hier erst ganz von neuem aufgebaut werden muss. Es gehört dahin der Begriff der Pole, dann der schreiende Widerspruch, dass man einmal annimmt, in jedem Teilchen einer Nadel sei ebensoviel nördlicher als südlicher Magnetismus, und nachher doch immer so spricht, als sei an einem Ende der Nadel nur der eine, am andern der andere Magnetismus. Mich hat diese Verworrenheit bei Biot im vorigen Herbst, als ich anfing, mich mit diesen Dingen zu beschäftigen, erst lange gequält. Durch die Beziehung auf die Elektrizität hat Biot die Sache nur verwirrter gemacht. Ich bin nun freilich in diesen Dingen schon lange zu völliger Klarheit gekommen, allein es gehören dazu mehrere neue höchst interessante Lehrsätze, die sehr tief liegen, deren Entwicklung die Grenzen der mir zunächst vorgesetzten Arbeit weit, sehr weit überschreiten würde. . . . .«

Der Hinweis Biots auf die Verhältnisse bei der Elektrizität mag Gauss veranlasst haben, Poissons Abhandlung aus dem Jahre 1812 durchzusehen. Er fand dort freilich nicht die Auflösung seiner Schwierigkeit, sondern stiess auf die oben charakterisierte Behauptung Poissons, die ihn dann dazu veranlasste, die Sache genauer zu untersuchen und richtig zu stellen.

---

1) GAUSS-ENCKE, Werke XI, 1, S. 83.

55. Die Notwendigkeit, die im obigen Briefe erwähnte Schwierigkeit zu überwinden, hat Gauss dann gleichfalls Mitte oder Ende des Jahres 1831 zur Auffindung des Theorems geführt, das er selbst als den wichtigsten Teil seiner Abhandlung ansieht. Er spricht diesen Satz in der folgenden Fassung aus[1]): »Anstatt einer beliebigen gegebenen Massenverteilung D, welche entweder bloss auf den inneren von einer geschlossenen Fläche S begrenzten Raum beschränkt ist, oder bloss auf den äusseren Raum, lässt sich eine Massenverteilung E bloss auf der Fläche selbst substituieren, mit dem Erfolge, dass die Wirkung von E der Wirkung von D gleich wird in allen Punkten des äusseren Raumes für den ersten Fall, oder in allen Punkten des inneren Raumes für den zweiten.«

Das ist der Satz, auf den Gauss in der *Intensitas* und der *Allgemeinen Theorie* sich mehrfach gestützt hat. Er ist eine Folgerung aus dem vorhergehenden Hauptsatz, dass es stets eine und nur eine Verteilung einer gegebenen Masse über eine Fläche gibt, so dass das Potential dieser Masse in allen Punkten jener Fläche vorgeschriebene Werte annimmt.

Über die Frage der Stringenz von Gaussens Beweisführung für den letztgenannten Satz, die sich im wesentlichen auf einen Gedankengang stützt, den Riemann später das »Dirichletsche Prinzip« genannt hat, braucht hier nicht gesprochen zu werden. Sicher ist, dass dieser Satz mit dem Komplex der zu ihm gehörigen Folgerungen erst um 1831 entstanden ist; sicher ist auch in diesem Punkte keinerlei Abhängigkeit von Green vorhanden.

56. Fasst man alles vorhin Gesagte zusammen, so kann man sich etwa folgendes Bild von der allmählichen Entstehung der Gaussschen Resultate machen:

Schon relativ früh, etwa um 1810, hat Gauss wahrscheinlich das Theorem besessen

$$\int \frac{\partial V}{\partial n}\, ds = 4\pi M \text{ bezw. } = 0,$$

das sich unmittelbar an einen Satz anschliesst, den er in der 1813 erschienenen Abhandlung über die Anziehung der elliptischen Sphäroide veröffentlicht hatte.

---

1) Werke V, S. 240.

Etwa gleichzeitig ist die Idee entstanden, durch Konstruktion der Niveauflächen eine Art Topographie des entsprechenden elektrischen, magnetischen oder Schwerefeldes zu erhalten[1]). Insbesondere hat GAUSS auch die allgemeine Vorstellung gehabt — spätestens 1806 —, dass die Erde ein magnetisches Potential besitze, und dass dieses nach Kugelfunktionen entwickelt werden könne, mit positivem oder negativem Index, je nachdem die Ursache des Erdmagnetismus im Innern oder im Äussern der Erde zu suchen sei.

Im Jahre 1831 fand er, angeregt durch eine unrichtige Behauptung POISSONS, die Sätze über Gleichgewichtsflächen, im gleichen Jahre endlich den Satz von der »äquivalenten« Flächenbelegung, angeregt durch eine besondere Schwierigkeit in der Lehre vom Magnetismus.

Eine Bekanntschaft mit GREENS *Essay* ist danach mit Sicherheit als nicht vorhanden zu betrachten.

II. Gauss' Untersuchungen
über Galvanismus, Elektromagnetismus, Elektrodynamik und Induktion.

Erster Abschnitt:
Galvanismus und Elektromagnetismus.

57. Schon früher[2]) haben wir darauf hingewiesen, dass GAUSS im Verlaufe seiner magnetischen Untersuchungen fast zwangsläufig dazu geführt wurde, auch die Erscheinungen des Galvanismus, der Elektrodynamik und der Induktion in den Kreis seiner Betrachtungen einzubeziehen. Ein Zufall ermöglicht es, fast genau den Tag anzugeben, an dem er zum ersten Male das Magnetometer, das zu diesem Zwecke mit einer vielfachen Drahtwickelung versehen war, zur Messung eines galvanischen Stromes, also als Galvanometer, oder, wie er sagt, als »Multiplikator« benutzte.

----

1) Vergl. hierzu insbesondere eine darauf bezügliche Notiz aus Handbuch 21 (Bg), abgedruckt Werke XI, 1, S. 71; das Handbuch ist angefangen im September 1813; die Notiz stammt mit Sicherheit aus dem Jahre 1814.

2) Vergl. z. B. Artikel 19.

Um den 22. Oktober 1832 herum, jedenfalls nach dem 20. und vor dem 28. Oktober, hat Gauss den Besuch des englischen Astronomen Sir James South und des jungen Hamburger Mechanikers Repsold gehabt. Am 21. Oktober nämlich meldet Schumacher[1]) an Gauss ihre bereits erfolgte Abreise von Altona nach Göttingen, und Gauss bemerkt in einem Briefe vom 14. Dezember 1832 an Schumacher[2]), dass er »seit kurzem, einen Tag vor Herren Repsold-Souths Ankunft« seine Apparate auch auf die galvanischen Erscheinungen angewendet habe. Da Gauss[3]) am 28. Oktober 1832 an Gerling das Gleiche berichtet, so muss South zwischen dem 21. und 28. Oktober, vermutlich am 22. Oktober in Göttingen gewesen sein, so dass wir den Beginn der Untersuchungen über Galvanismus etwa auf den 21. Oktober 1832 festsetzen müssen.

In dem genannten Briefe an Gerling heisst es: »Meine magnetischen Apparate habe ich, erst seit ganz kurzem, mit dem Galvanismus in Verbindung zu setzen angefangen, ein für mich noch fast ganz neues Feld, wo sich aber eine unabsehbare Aussicht zu neuen Versuchen öffnet. . . . Die Ihnen ohne Zweifel bekannten Messungen von Fechner, von denen mir Weber sagte, dass sie die feinsten bisher gemachten seien, erscheinen mir wie höchst grobe Annäherungen. Selbst von einem kleinen Plattenpaar zeigt sich die Wirkung so gross, dass ihre allmähliche Abnahme, mit grösster Regelmässigkeit fortschreitend, in jeder einzelnen Sekunde eine sehr augenfällige Grösse wird und geraume Zeit hindurch bleibt.«

Man ersieht daraus, welches Gaussens erste Versuche waren: er mass die Stromstärke eines kleinen galvanischen Elementes und konstatierte die allmähliche Abnahme desselben in Folge der Inkonstanz der elektromotorischen Kraft.

Diese Versuche haben Gauss aufs höchste interessiert; er habe »die grösste Befriedigung gefunden«, heisst es in dem oben genannten Briefe vom 14. Dezember 1832 an Schumacher; sie sind ein Grund mehr für Gauss gewesen, den Bau eines magnetischen Observatoriums zu betreiben und, in seinem amt-

---

1) Gauss-Schumacher II, S. 309.
2) Gauss-Schumacher II, S. 310.
3) Gauss-Gerling, S. 401 ff.

lichen Berichte[1]) an das Universitätskuratorium vom 29. Januar 1833 wird schon ausdrücklich hervorgehoben: »Endlich würde diese Einrichtung zu fast unzähligen andern magnetischen, galvanomagnetischen und elektromagnetischen Beobachtungen und Messungen dienen, und gewiss manche bisher noch dunkle Punkte in diesen Lehren dadurch aufgehellt werden können.«

58. Aus Gaussens Bericht[2]) an die Göttingische Gesellschaft der Wissenschaften über die Errichtung und die Aufgaben des magnetischen Observatoriums geht Genaueres über die getroffenen Einrichtungen und die nächsten Ziele der Beobachtungen hervor. Es heisst dort: »Ebenso, wie mit dem früheren in der Sternwarte aufgestellten Apparate, hat man nun auch mit dem gegenwärtigen im magnetischen Observatorium Vorrichtungen zu elektromagnetischen Versuchen und Messungen verbunden. Der aufgehängte Magnetstab ist von einem aus 200 Umwindungen bestehenden Multiplikator umgeben, dessen Konstruktion die Anwendung von nicht besponnenem Drahte erlaubte; die Drahtlänge beträgt 1100 Fuss. Mit Hilfe eines sehr einfach konstruierten Kommutators kann der Beobachter, ohne sein Auge vom Fernrohr zu entfernen, jeden Augenblick die Richtung des galvanischen Stromes umkehren, oder den Strom ganz unterbrechen.

»Wir können hierbei eine mit den beschriebenen Einrichtungen in genauer Verbindung stehende grossartige und bisher in ihrer Art einzige Anlage nicht unerwähnt lassen, die wir unserm Professor Weber verdanken. Dieser hatte bereits im vorigen Jahre [1833][3]) von dem physikalischen Kabinett aus über die Häuser der Stadt hin bis zur Sternwarte eine doppelte Drahtverbindung geführt, welche gegenwärtig von der Sternwarte bis zum magnetischen Observatorium fortgeführt ist. Dadurch bildet sich eine grosse galvanische Kette, worin der galvanische Strom, die an beiden Endpunkten befindlichen Multiplikatoren mitgerechnet, eine Drahtlänge von fast 9000 Fuss zu durchlaufen hat. .... Diese Anlage ist ganz dazu geeignet, zu einer Menge der interessantesten Versuche Gelegenheit zu geben. Man bemerkt nicht ohne Be-

---

1) Werke XI, 1, S. 55, insbesondere S. 58.

2) Gött. Gel. Anz., Stück 128 vom 9. August 1834, S. 1265 ff.; Werke V, S. 519.

3) Ein darauf bezüglicher Briefwechsel Webers mit dem Magistrat von Göttingen ist veröffentlicht in der Zeitschrift für den physikalischen und chemischen Unterricht, Band 40, S. 265, 1927; man vergleiche auch den Brief von Gauss an Humboldt vom 13. Juni 1833, Werke XII, S. 312 ff. — Schaefer.

wunderung, wie ein einziges Plattenpaar am andern Ende hineingebracht, augenblicklich dem Magnetstabe eine Bewegung erteilt, die zu einem Ausschlage von weit über 1000 Skalenteilen ansteigt; noch auffallender aber findet man, wenigstens anfangs, dass ein Plattenpaar von sehr geringer Grösse, z. B. einen Zoll im Durchmesser, und unter Verwendung von blossem Brunnen- oder selbst destilliertem Wasser eine nicht viel kleinere Wirkung hervorbringt, als ein sehr grosses Plattenpaar mit starker Säure. Und doch ist dieser Umstand bei näherer Überlegung ganz in der Ordnung, und dient nur zu neuer Bestätigung der schönen, zuerst von OHM aufgestellten Theorie. Bei Vermehrung der Anzahl der Plattenpaare wächst hingegen die Wirkung und zwar dieser beinahe proportional. Die Leichtigkeit und Sicherheit, womit man durch den Kommutator die Richtung des Stromes und die davon abhängige Bewegung der Nadel beherrscht, hatte schon im vorigen Jahre [1833] Versuche einer Anwendung zu telegraphischer Signalisierung veranlasst, die auch mit ganzen Wörtern und kleinen Phrasen auf das vollkommenste gelangen. Es leidet keinen Zweifel, dass es möglich sein würde, auf ähnliche Weise eine unmittelbare telegraphische Verbindung zwischen zweien, eine beträchtliche Zahl von Meilen voneinander entfernten Örtern einzurichten; allein es kann hier natürlich nicht der Ort sein, Ideen über diesen Gegenstand weiter zu entwickeln.«

Man sieht, dass es sich zunächst um Versuche handelte, die zur Prüfung des OHMschen Gesetzes dienen sollten, aus denen sich dann — gewissermassen ganz von selbst — die Möglichkeit einer elektromagnetischen Telegraphie entwickelte. (Vergl. weiter unten Art. 65.)

Aus den Angaben von GAUSS lassen sich, wenigstens ungefähr, die Dimensionen der verwendeten Kupferdrähte und ihre Widerstände bestimmen. Man findet für den Draht, der zu den Multiplikatoren verwendet wurde, einen Durchmesser von ungefähr 0,23 mm, als Gesamtwiderstand der beiden Multiplikatoren rund 300 Ohm; für den zur »Kette« verwendeten dickeren Draht ergibt sich ein Durchmesser von rund 1,1 mm und ein Widerstand von ungefähr 40 Ohm, also ein Gesamtwiderstand (Kette + 2 Multiplikatoren) von etwa 340 Ohm. Danach ergibt sich leicht die von GAUSS angedeutete Erklärung seiner Versuche; der »äussere« Widerstand (340 Ohm) ist gross gegen den »inneren« des Plattenpaares, die elektromotorische Kraft in den beiden von GAUSS erwähnten Fällen ungefähr dieselbe, also auch der Ausschlag.

Hintereinanderschaltung mehrerer Elemente vergrössert die elektromotorische Kraft proportinal der Zahl der Elemente, also in demselben Verhältnisse auch den Ausschlag.

Etwa dieselben Angaben wie in dem obigen Bericht macht GAUSS auch in Briefen an HUMBOLDT vom 13. Juni 1833[1]), an ENCKE vom 20. August 1833[2]) und an OLBERS vom 20. November 1833[3]). Erwähnenswert ist aus dem letzteren noch, dass GAUSS angibt, er habe einen »Kommutator« konstruiert, von dem er auch schon in dem obigen Bericht spricht. Es ist möglich, dass eine Notiz mit Zeichnung von GAUSS[4]) im *Handbuch* 19 (Be), überschrieben *Rotationskommutatoren mit drei Gleisen*, sich auf die hier erwähnte Konstruktion bezieht, möglich freilich auch, dass diese Zeichnung eine spätere Umänderung des ursprünglichen Kommutators ist.

59. Dass GAUSS sich in der Tat zunächst sehr eingehend mit dem OHMschen Gesetz und seinen Konsequenzen befasst hat, geht gleichfalls hervor aus einer Aufzeichnung[5]), die er etwa im März 1833 gemacht hat und die erst aus seinem Nachlass veröffentlicht wurde.

Dort beschäftigt GAUSS sich mit der Frage, wie sich die Ströme auf die einzelnen Teile eines galvanischen Stromsystems verteilen. Er erörtert zunächst die Frage nach den Stromstärken in den zu einem Verzweigungspunkt hinführenden Drähten (siehe Figur 1). »Dass allgemeine Grundgesetz ist nun, dass, wenn A ein beliebiger Punkt ist, A', A'', A''' ... Punkte, die jeder mit A einfach verbunden sind, ... man für jeden Punkt etwas der Höhe Analoges anzunehmen hat, also a im Punkte A, a' im Punkte A' u. s. w., dass dann immer

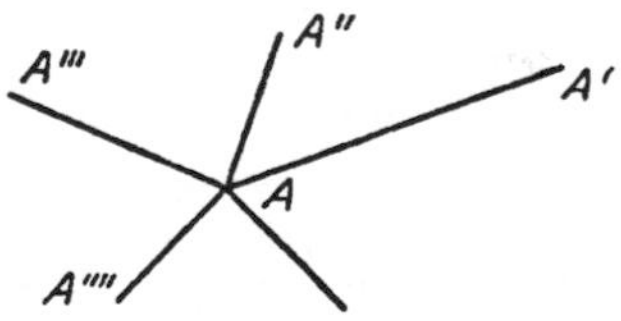

Figur 1.

$$0 = \frac{a'-a}{AA'} + \frac{a''-a}{AA''} + \frac{a'''-a}{AA'''} + \cdots,$$

und dass dann immer die einzelnen Teile dieses Aggregates die Stromintensitäten in den einzelnen Teilen ausdrücken.«

---

1) Werke XII, S. 312
2) Werke XI, 1, S. 85.
3) GAUSS-OLBERS II, 2, S. 601.
4) Abgedruckt Werke XI, 1, S. 68.
5) Werke V, S. 601 ff.

Das, was GAUSS hier als »etwas der Höhe Analoges« bezeichnet, ist das elektrische Potential an jeder Stelle des Leiters, die Differenzen $(a'-a)$, $(a''-a)$, . . . demgemäss die Potentialdifferenzen der Punkte A', A'', . . . gegen A. Mit den Längen AA', AA'', . . . meint GAUSS die Widerstände der Drähte, die von A', A'', . . . nach A hinführen (bezw. ihnen proportionale Grössen), sodass also jeder der obigen Summanden der Quotient aus Potentialdifferenz und Widerstand, d. h. nach dem OHMschen Gesetze die Stromstärke in jedem einzelnen Zweige (bezw. eine ihr proportionale Grösse) darstellt. Nennt man sie entsprechend I', I'', I''', . . . so geht die obige Gleichung über in:

$$0 = I' + I'' + I''' + \cdots = \Sigma I.$$

Das ist aber nichts anderes, als einer der bekannten Sätze, die GUSTAV KIRCHHOFF im Jahre 1845[1]) für Stromverzweigungen angegeben, und den GAUSS also unzweifelhaft zwölf Jahre vorher besessen hat.

Auch den andern KIRCHHOFFschen Satz hat schon GAUSS ausgesprochen. Denn in demselben Fragment heisst es weiter:

»In jedem Punkte findet ein bestimmter Druck statt, sobald an einem Punkte dessen Wert willkürlich angenommen ist. Zwei Sätze reichen dann zu, alles in Gleichungen zu bringen:

I. Sind A, B zwei Punkte, zwischen welchen kein Knotenpunkt ist, ist P die Summe der Kräfte zwischen diesen Punkten von A nach B zu geschätzt, ρ der Gesamtwiderstand zwischen diesen Punkten, a, b die Werte des Druckes für jene Punkte, so ist:

$$\frac{a-b+P}{\rho} = \text{Intensität des Stromes von } A \text{ nach } B \text{ zu.}$$

II. Die Summe der Intensitäten aller Ströme von einem Punkte aus gerechnet (mehr als zwei, wenn ein Knotenpunkt) ist $= 0$.«

Satz II ist der schon oben erwähnte KIRCHHOFFsche Satz; in I dagegen finden wir das andere Theorem KIRCHHOFFS. Was GAUSS vorher als »etwas der Höhe Analoges« sich selbst näher zu bringen versuchte, nennt er hier »Druck«; es ist, wie bereits gesagt, das elektrische Potential[2]); P ist die »eingeprägte« (von galvanischen Elementen oder dergl. herrührende) elektromotorische Kraft.

---

1) G. KIRCHHOFF, Ges. Werke, S. 1, 1845; S. 22, 1847.

2) Interessant ist, dass GAUSS 1833 den Namen »Potential« also noch nicht gebrauchte; vergl. hierzu noch Artikel 52, oben S. 95.

GAUSS hat dann weiter in einer Aufzeichnung[1]), die sich unmittelbar daran anschliesst, für eine ziemlich komplizierte Stromverzweigung die Gleichungen nach diesen Prinzipien aufgestellt und sowohl den Gesamtwiderstand des Systems, als auch die Stromstärken in den einzelnen Zweigen berechnet.

Es folgt dann noch eine äusserst interessante Bemerkung über ein gewisses »Minimalprinzip«. Er sagt[2]): »Das Grundprinzip führt zugleich dahin, dass

$$\sum r i^2$$

ein Minimum sein muss, wo r den einem Elemente entsprechenden Widerstand, i die Intensität des Stromes bedeuten«, wofür dann ein einfacher Beweis folgt. In der heutigen Ausdrucksweise würden wir sagen, dass die JOULEsche Wärme unter den Bedingungen der »KIRCHHOFFschen« Sätze ein Minimum wird. Die physikalische Bedeutung der Grösse $\sum r i^2$ als »Stromwärme« hat GAUSS offenbar nicht gekannt; es findet sich auch keinerlei Andeutung darüber, dass die Erzeugung von Wärme durch den elektrischen Strom ihn jemals beschäftigt hätte. Den Satz vom »Minimum der Stromwärme« hat übrigens später auch KIRCHHOFF gefunden[3]).

60. Weitere Aufzeichnungen von GAUSS[4]) über das OHMsche Gesetz finden sich im *Handbuch* 19 (Be). Er betrachtet dort einfache Schaltungen, in denen ein Erreger — ein später zu besprechender Induktor, was hier nebensächlich ist — mit einem Widerstand und einem Multiplikator, dann mit zwei Widerständen und einen Multiplikator hintereinander geschaltet ist; der dritte Sonderfall, den GAUSS betrachtet, ist der, dass der Strom des Erregers zwei parallel geschaltete Widerstände und den Multiplikator durchläuft. Es finden sich in der GAUSSschen Aufzeichnung auch die Formeln, die das OHMsche Gesetz für diese drei Fälle liefert.

Hand in Hand damit gehen Versuche, um festzustellen, ob die Stromstärke im ganzen Leiter räumlich konstant ist, bezw. damit im Zusammenhang, ob der galvanische Strom eine messbare »Geschwindigkeit« in der Drahtleitung

1) Werke V, S. 603.
2) Werke V, S. 603.
3) GUSTAV KIRCHHOFF, Ges. Werke, S. 33 ff., 1848.
4) Abgedruckt Werke XI, 1, S. 68.

habe. In einem Briefe an GERLING[1]) vom 4. Dezember 1834 heisst es darüber: »Die Versuche damit[2]) eröffnen ein ganz neues Feld zu Resultaten in scharfen quantitativen Verhältnissen. Die Unmessbarkeit der Zeit, in der der Strom-[kreis] durchlaufen wird, ist bereits konstatiert; wir vergleichen die Uhren dadurch auf einen kleinen Bruchteil der Sekunde genau. Die Stärke des Stromes ist an allen Stellen dieselbe, höchst wichtiges Resultat, dessen Zulässigkeit während Regens jedoch erst noch geprüft werden muss. . . . .« Dieselben Äusserungen finden sich etwas detaillierter in einem Bericht GAUSSENS[3]) an die Göttinger Gesellschaft der Wissenschaften vom 7. März 1835. Nachdem er zuerst erwähnt hat, dass in den Stromkreis jetzt drei Multiplikatoren eingeschaltet seien (einer in der Sternwarte mit 25 pfd. Stab, einer im magnetischen Observatorium mit 4 pfd. Stab, einer im physikalischen Kabinett mit 1 pfd. Stab) heisst es weiter: »Wenn ein galvanischer Strom mit der Kette in Verbindung gesetzt wird, so erscheinen die Bewegungen der Magnetstäbe in den drei Apparaten so augenblicklich, dass ihr Anfang bis auf einen kleinen Bruch einer Zeitsekunde sich genau beobachten lässt. Die Vergleichung der Uhren bei den drei Apparaten liefert so vollkommen übereinstimmende Resultate, der Strom möge an dem einen Ende oder an dem andern, oder in der Mitte erzeugt sein, dass daraus die Unmessbarkeit der Zeit, in welcher der Strom eine halbe Meile durchläuft, vollkommen bestätigt wird. Nach den interessanten Versuchen von WHEATSTONE[4]), welche neulich in den Philosophical Transactions für 1834 bekannt gemacht sind, und nach welchen der elektrische Strom in Metallen eine grössere Geschwindigkeit zu haben scheint, als das Licht im Raume, liess sich freilich ein solcher Erfolg schon vermuten, obwohl sich daraus doch noch nicht unbedingt auf das Verhalten eines galvanischen Stromes und dessen Einwirkung auf die Magnetnadel schliessen liess.

»Die Intensität eines galvanischen Stromes wird durch die Ablenkung der Magnetnadel, also zunächst durch Skalenteile, gemessen oder bestimmt, allein

---

1) GAUSS-GERLING, S. 421 ff.; auch Werke XI, 1, S. 96.
2) Nämlich mit der galvanischen Kette. — SCHAEFER.
3) Gött. gel. Anz., Stück 36, S. 345, 17. März 1835; Werke V, S. 528 ff.
4) Gemeint ist die Abhandlung von CHARLES WHEATSTONE: *An account of some experiments to measure the velocity of electricity and the duration of electric light*, Philosophical Transactions 1834. — SCHAEFER.

offenbar in den drei Apparaten mit verschiedenen Einheiten, welche von den Dimensionen der Multiplikatoren und der Geltung der Skalenteile in Bogensekunden abhängen. Nun zeigen aber zahlreiche angestellte Versuche, dass zwischen den Ablenkungen an den drei Apparaten durch denselben Strom in einerlei Augenblick stets genau ein konstantes Verhältnis stattfindet, der Strom möge an dem einen oder an dem anderen Ende oder in der Mitte erzeugt sein. Es ergibt sich daraus das wichtige Resultat, dass der Strom in seiner ganzen Länge dieselbe Intensität hat, wenigstens nichts merkliches davon verliert. Man wird in Zukunft besonders aufmerksam darauf sein, ob dieses Resultat auch unter eigentümlichen Umständen, namentlich während starken Regens, seine Gültigkeit behält.»

In einem schon früher (Artikel 23, oben S. 43) angeführten Brief von GAUSS an SCHUMACHER[1]) vom 23. April 1836 findet sich eine numerische Angabe, aus der man die Genauigkeit derartiger Messungen beurteilen kann. Der »Beginn einer Bewegung«, hier der Magnetstäbe, lässt sich natürlich grundsätzlich nicht genau bestimmen; die »Fortpflanzungsgeschwindigkeit« des Stromes könnte relativ recht klein sein und doch bei einer derartigen Anordnung als »unmessbar gross« erscheinen. Dieser letztere Ausdruck ist eben nur relativ (nämlich im Hinblick auf die Leistungsfähigkeit der verwendeten Versuchsanordnung) zu nehmen. GAUSS gibt als Beobachtungsgenauigkeit in dem obigen Bericht einen kleinen Bruchteil einer Sekunde. Aus dem genannten Briefe geht hervor, dass zwei Uhrvergleichungen, die einmal durch den galvanischen Strom, das andere Mal durch Benutzung einer starken magnetischen Variation vorgenommen wurden, um zwei Zehntel einer Sekunde von einander abwichen. Später[2]) gibt GAUSS einmal 0,1 Sek. als Genauigkeit an. Das dürfte in der Tat die Höchstgrenze des bei der GAUSSschen Anordnung Erreichbaren sein.

Noch ein Punkt ist von Interesse, im Hinblick auf GAUSSENS Andeutung, dass man aus den WHEATSTONESCHEN Versuchen noch nichts Sicheres über das Verhalten des »galvanischen« Stromes schliessen könne. Diese Bemerkung bezieht sich auf die Tatsache, dass die Versuche WHEATSTONES mit den Entladungsfunken Leydener Flaschen gemacht sind; zu GAUSSENS Zeiten galt es noch keineswegs als ausgemacht, dass die statische und die galvanische Elek-

---

1) GAUSS-SCHUMACHER III, S. 53.
2) GAUSS-OLBERS II, 2, S. 617; Werke XI, 1, S. 99.

trizität identisch seien. GAUSS hat in der Tat einen direkten Versuch ausgeführt, um die Identität beider Elektrizitäten zu beweisen. In einem Briefe
an ENCKE[1]) vom Januar 1836 heisst es: »Auch hier in Göttingen ist im Laufe
des vergangenen Jahres manches neue experimentiert. Wir haben die Reibungselektrizität durch die Kette vom Physikalischen Kabinett bis zur Sternwarte getrieben, ihre magnetische Wirkung gemessen und gefunden, dass
unter gewissen Vorsichtsmassregeln nur wenig unterwegs verloren geht.« Der
Nachweis der Identität liegt dabei in dem Auftreten der magnetischen Wirkung
der Reibungselektrizität.

Ausführlicher zur selben Frage hat sich GAUSS[2]) in der der Göttinger
Gesellschaft vorgelegten Abhandlung über das Bifilarmagnetometer geäussert.
Dort heisst es: »Die elektromagnetischen Wirkungen der gewöhnlichen Reibungselektrizität, wenn man sie durch den Multiplikator gehen lässt, gehören
zu den schwächsten, schwer zu erkennenden und noch schwerer zu messenden.
Bekanntlich ist das Dasein solcher Wirkungen zuerst von COLLADON entdeckt
und später von FARADAY bestätigt. Anstatt wie diese Physiker getan haben,
eine starke elektrische Batterie durch den Leitungsdraht zu entladen, beobachtete der Hofrat GAUSS die Wirkung der Reibungselektrizität bei fortgesetzter Drehung einer im physikalischen Kabinette aufgestellten Elektrisiermaschine, deren Konduktor und Reibzeug mit den Enden der grossen, nach
der Sternwarte gehenden, Kette verbunden waren. In dieser Kette befand
sich der Multiplikator, welcher den Magnetstab des neuen[3]) Apparats umgibt,
und dieser Stab wurde dadurch in einer Ablenkung von 144 Skalenteilen
oder 51 Minuten erhalten, positiver oder negativer, je nach der Richtung, in
welcher die Elektrizität den Multiplikator durchlief. Die Drahtlänge der
Kette betrug hierbei etwa 13 000 Fuss; aber als besonders merkwürdig muss
noch der Umstand hervorgehoben werden, dass eine Verlängerung der Kette
bis fast zu einer ganzen Meile, durch Hineinbringen anderen Drahts, gar keine
Verminderung der elektromagnetischen Wirkung hervorbrachte. In dieser Beziehung verhält sich also die strömende Maschinenelektrizität anders, als die
galvanischen Ströme, die hydrogalvanisch, thermogalvanisch, oder durch In-

1) Werke XI, 1, S. 103.
2) Gött. gel. Anz., St. 173, S. 1721, 30. Oktober 1837; Werke V, S. 352.
3) Gemeint ist das Bifilarmagnetometer. — SCHAEFER.

duktion erregt werden, und deren durch die magnetische Wirkung gemessene
Intensität immer desto schwächer wird, je länger die schliessende Kette ist.
Allein weit entfernt einen wesentlichen inneren Unterschied zwischen jenen
und diesen Strömen zu beweisen, dient jene Erscheinung vielmehr zu einer
Bestätigung der Gleichheit und derjenigen Theorie, welcher zufolge ungleiche
Intensität zweier Ströme nichts weiter ist, als ungleiche Menge in gegebener
Zeit jeden Querschnitt der Leitung durchströmender Elektrizität. Nur setzen
gegebene elektromotorische Kräfte der zuletzt genannten Arten desto weniger
Elektrizität in Bewegung, je grösser der Widerstand ist, den die längere Kette
entgegensetzt. Aber bei dem oben angeführten Versuche musste alle von
der Maschine auf den Konduktor in Funkenform überspringende Elektrizität
die ganze Kette durchlaufen, um sich mit der entgegengesetzten des Reib-
zeugs auszugleichen, die Kette mochte kurz oder lang sein. . . . . Die
Menge der in bestimmter Zeit jeden Querschnitt des Leitungsdrahtes durch-
strömenden Elektrizität hing also garnicht von der Länge der Kette, sondern
nur von dem Spiele der Maschine ab.«

Die hier erwähnte Besonderheit beruht einfach darauf, dass der »innere«
Widerstand der Elektrisiermaschine ungeheuer gross gegen den der Kette war;
wie GAUSS hervorhebt, ist die Erscheinung mit dem OHMschen Gesetze also
vollständig im Einklang.

Ganz analoge Versuche haben GAUSS und WEBER, gleichfalls Ende 1835
und Anfang 1836, mit der Thermoelektrizität gemacht; auch hier handelte es
sich um die Frage, ob die auf diese Weise erzeugten Ströme identisch mit
den galvanischen seien. In dem nämlichen Brief an ENCKE, in dem der Versuch über die Reibungselektrizität erwähnt wird, findet sich eine Nachschrift
mit folgenden Worten: ». . . . . In den letzten Tagen haben wir auch angefangen, uns mit den thermogalvanischen Strömen zu beschäftigen. Vermittels einer einfachen Vorrichtung können wir solche durch die ganze, eine
Meile lange Kette treiben, sodass z. B. von der Sternwarte aus sämtliche vier
Magnetometer (worunter jetzt 2 mit 25 pfd. Stäben, da WEBER sich auch einen
solchen aufgehängt hat) in sehr bedeutende Bewegungen gesetzt werden können.
Die Natur dieser Ströme ist durchaus nicht von den auf andere Weise hervorgebrachten verschieden.« Ganz ebenso schreibt er am 17. Januar 1836 an

Schumacher[1]) und am 1. März 1836 auch an Olbers[2]). Hier findet sich überdies noch eine interessante Bemerkung: »Vielleicht kann man davon für die
Pyrometrie (Hochöfen, Porzellanöfen, Schmelzöfen etc.) sehr wichtige Anwendungen machen.« Hier zeigt sich wieder in glänzendster Weise Gaussens di-
vinatorischer Blick. Öffentlich bekannt gemacht über seine Untersuchungen
über Thermogalvanismus hat Gauss nur wenige kurze Sätze in dem schon genannten Aufsatz über das Bifilarmagnetometer[3]). Dort heisst es: »Der neue
Apparat[4]) dient zur scharfen Messung selbst der schwächsten galvanischen
Ströme. . . . . . In Beziehung auf thermogalvanisch erregte Ströme widerlegt
sich dadurch auf das evidenteste die irrige Meinung vieler Physiker, als ob
jene eine Kette von bedeutender Länge nicht durchdringen könnten. Durch
eine noch so lange Kette werden solche Ströme nicht aufgehoben, sondern
nur, und zwar genau, in demselben Verhältnisse geschwächt, wie bei andern
Erregungsarten. Unter Anwendung eines thermogalvanischen Apparates von
eigentümlicher Konstruktion bringt die blosse Berührung der Verbindungs-
stellen mit dem Finger einen galvanischen Strom hervor, der, selbst wenn er
eine fast zwei Meilen lange Kette meistens sehr dünnen Drahts zu durchlaufen
hat, doch noch in sehr bedeutenden Ablenkungen des Magnetstabes sich zu
erkennen gibt.« Über die Konstruktion des besonderen thermogalvanischen
Apparats, den Gauss erwähnt, ist nichts bekannt.

61. Wir haben schon bemerkt, dass Gauss einen Kommutator konstruiert
hat, dessen er selbst mehrfach Erwähnung tut. Die Benutzung dieses Instruments hat ihn zu mancherlei Beobachtungen geführt, die später von Bedeutung geworden sind. In einem Briefe an Olbers vom 20. November 1833[5])
heisst es: ». . . . Ich habe mir eine einfache Vorrichtung ausgedacht, wodurch ich augenblicklich die Richtung des Stromes umkehren kann, die ich
einen Kommutator nenne. Wenn ich so taktmässig an meinen Platten ope-
riere, so wird in sehr kurzer Zeit . . . . die Bewegung der Nadel im physikalischen Kabinett so stark, dass sie an eine Glocke anschlägt, hörbar in

1) Gauss-Schumacher II, S. 435; Werke XI, 1, S. 106.
2) Gauss-Olbers II, 2, S. 633; Werke XI, 1, S. 106.
3) Werke V, S. 354.
4) Nämlich das Bifilarmagnetometer. — Schaefer.
5) Gauss-Olbers II, 2, S. 601.

einem anderen Zimmer. Das ist jedoch mehr Spielerei . . . .« Hier spielt GAUSS auf die Beobachtung an, dass man durch Kommutieren des Stromes im Takte der Schwingungsdauer des Galvanometers dessen Ausschläge »multiplizieren« kann. Diese an sich ja aus andern Gebieten der Physik wohlbekannte Erscheinung ist die Grundlage der später von WEBER[1]) veröffentlichten sogenannten »Multiplikationsmethode«; auch bei GAUSS finden sich Aufzeichnungen im *Handbuch* 19 (Be)[2]) die dazu Beziehungen haben, freilich allgemeiner sind. Er behandelt dort u. a. die Aufgabe: »Fünf Kommutationen des galvanischen Stromes so anzuordnen, dass zwei in der Kette befindliche Nadeln nachher ebensogrosse Schwingungen haben, wie vorher.« Natürlich ist es GAUSS nicht entgangen, dass man durch andere Betätigung des Kommutators die Schwingungen eines Magnetstabes in der mannigfaltigsten Weise beeinflussen kann, und es findet sich z. B. in dem nämlichen *Handbuch* eine Notiz über »den Lauf der Elongationen, bei abwechselnd angebrachten Induktionsstössen«. Die dort gegebenen Formeln kommen im wesentlichen auf diejenigen heraus, die WEBER[3]) später in seiner »Zurückwerfungsmethode« mitgeteilt hat. Es ist danach unzweifelhaft, dass der Ursprung beider Methoden auf die gemeinsame Arbeit von GAUSS und WEBER zurückgeht.

62. Es ist fast selbstverständlich, dass GAUSS, nachdem er die magnetischen Messungen auf absolute Masse zurückgeführt hatte, den Gedanken fasste, das Gleiche für die galvanischen Ströme zu leisten. Die erste Andeutung eines solchen Planes findet sich in einem Brief an ENCKE[4]) vom Januar 1836, in dem es heisst: »Mehr sagen meinem Geschmack zwei andere damit nahe zusammenhängende Arbeiten zu, wovon auch schon Einiges niedergeschrieben ist. Die eine über allgemeine Theoreme, die im verkehrten Verhältnis des Quadrats der Entfernung wirkenden Kräfte betreffend . . . . . .; die zweite über die Grundgesetze der galvanischen Ströme und der Induktion und deren Zurückführung auf absolute Masse. Beides sind aber keine Arbeiten, die man aus dem Ärmel schütteln kann . . . . .«

In der Tat hat GAUSS gegen Ende des Jahres 1835 begonnen, eine Ab-

---

1) WILHELM WEBER, Werke III, S. 438.
2) Werke XI, 1, S. 63 ff.
3) WILHELM WEBER, Werke III, S. 441 ff.
4) Werke XI, 1, S. 102.

handlung mit dem Titel zu schreiben: »*Zurückführung der Wechselwirkung zwischen galvanischen Strömen und Magnetismus auf absolute Masse*«, die sich als Torso in seinem Nachlass vorgefunden hat[1]).

Er benutzt dort zunächst das BIOT-SAVARTsche Gesetz, um die Mittel zur Abmessung der Stärke eines galvanischen Stromes zu finden. Nennt man dieselbe I, so ist die Kraft K eines Stromelementes ds auf eine magnetische Menge μ im Abstande r ihrem Betrage nach gleich:

$$(74) \qquad\qquad K = f\frac{\mu\, I\, ds}{r^2} \sin (r\, s),$$

wo f einen Proportionalitätsfaktor bedeutet. Indem GAUSS diesen gleich Eins und dimensionslos annimmt, gewinnt er die Gleichung:

$$(74\,\mathrm{a}) \qquad\qquad K = \frac{\mu\, I\, ds}{r^2} \sin (r\, s).$$

Daraus folgert er für die »Dimension« der Stromstärke I:

$$(75) \qquad\qquad [I] = \left[\frac{\mu}{l}\right] = [m^{\frac12}\, l^{\frac12}\, t^{-1}],$$

wenn m, l, t die zu Grunde gelegten Einheiten von Masse, Länge und Zeit sind[2]). Damit ist die gestellte Aufgabe grundsätzlich gelöst; praktisch insofern nicht, als man Stromelemente und ihre magnetischen Wirkungen niemals isolieren kann. GAUSS geht daher dazu über, auf Grund des BIOT-SAVARTschen Gesetzes, die magnetische Wirkung von bestimmten geschlossenen Leiterformen, z. B. von einem Rechtecke oder von mehreren hintereinandergeschalteten Rechtecken, auf eine Magnetnadel zu behandeln, und gibt so eine quantitative Theorie des Galvanometers, indem es nun möglich ist, aus dem Ausschlage desselben die Stromstärke in absoluten Einheiten zu bestimmen.

---

1) Abgedruckt Werke XI, 1, S. 178.

2) Im engsten Zusammenhange damit steht eine Aufzeichnung GAUSSENS, im *Handbuch* 19 (abgedruckt Werke V, S. 630), die eine Tabelle der Dimensionen folgender physikalischer Grössen enthält: Geschwindigkeit, Dichte, Expansibilität der Flüssigkeit, spezifische Elastizität bei bestimmter Temperatur, Beschleunigungskraft, Masse, Druck, Wirkung = lebendige Kraft = Drehungsmoment, Wirksamkeit [= Effekt = Leistung], Erdmagnetismus, freier Magnetismus = Stärke eines ganzen Stromes, Erregungskraft von Kupfer zu Zink, Leitungsvermögen bestimmten Metalls. — Dass hier auch die Masse aufgeführt wird, hat bei GAUSS den Sinn, dass er mit Hülfe des Gravitationsgesetzes, in dem die Gravitationkonstante dimensionslos = 1 gesetzt wird, die Masseneinheit durch Länge und Zeit ausdrücken kann (sog. astronomisches Mass-System). Diese Aufzeichnung stammt wohl auch aus derselben Zeit (1835).

Eine Anzahl von Beispielen, in denen GAUSS zum ersten Male Ströme in absolutem Mass gemessen hat, erläutert den theoretischen Sachverhalt. Unter den von GAUSS angeführten Beispielen sei das fünfte besonders erwähnt, weil hier die Stromstärke, die eine Elektrisiermaschine liefert, gemessen wird[1]: »Indem der Konduktor und das Reibzeug einer Elektrisiermaschine in die Kette gebracht war, wurde die Maschine fortwährend gedreht, eine Umdrehung auf eine Sekunde. Dabei war die Wirkung $\varphi = 1' 57''6$, und der Durchgang der Elektrizität äquivalierte einem Strome, für welchen

$$I = 0{,}0005701\, l . \; H = 0{,}00105\, m^{\frac{1}{2}} l^{\frac{1}{2}} t^{-1}«.$$

Dabei ist H die in absolutem Mass gemessene Horizontalintensität des Erdmagnetismus und l die gewählte Längeneinheit[2]. Nimmt man die GAUSSschen Einheiten (Milligramm, Millimeter, Sekunde), so wird $H = 1{,}78$ und $l = 1$. Es folgt dann der zweite in der Gleichung angegebene numerische Wert.

Bei dieser Gelegenheit hat GAUSS auch die »inneren« und »äusseren« Widerstände der benutzten galvanischen Elemente und der Kette in absolutem Masse gemessen.

Der zweite Abschnitt der GAUSSschen Abhandlung trägt den Titel: *Allgemeine Ausdrücke für die Kraft, mit welcher ein wie immer geformter Leiter eines galvanischen Stromes auf ein magnetisches Element in jedem Punkte des Raumes wirkt.* Danach zu schliessen, sollte darin wohl die allgemeine AMPÈREsche Idee von der Äquivalenz geschlossener Ströme mit Magneten behandelt werden. Allein das Manuskript bricht noch in der Einleitung ab.

Im Zusammenhang damit stehen offenbar Aufzeichnungen im *Handbuch* 19 (Be)[3] die aus dem Jahre 1835 stammen, in denen es sich um den Beweis des AMPÈREschen Fundamentalsatzes handelt.

63. Aus späterer Zeit ist noch eines isolierten Versuches Erwähnung zu tun, der der Ausgangspunkt einer wichtigen Anwendung hätte werden können, wenn er weiter verfolgt worden wäre, und wenn die Zeit reif dazu gewesen wäre. GAUSS[4] schreibt am 19. Juli 1838 an WEBER: ». . . . . Vor einigen

---

1) Werke XI, 1, S. 193.
2) Die Bezeichnungen sind hier gegen GAUSS geändert.
3) Werke V, S. 622 ff.
4) Werke XI, 1, S. 174.

Tagen habe ich noch einmal versucht, Kohle in die galvanische Kette zu bringen. Meine alten (20 Jahre alten) Kohlen leiten garnicht, während frisch ausgeglühte Kohlen einen vergleichsweise gegen die 13 000 Fuss lange Drahtkette .... nur kleinen Widerstand darboten. Was mir aber besonders merkwürdig war, ist, dass pulverisierte Kohlen (frische) in einer breiten und dünnen Schicht zwischen zwei Metallplatten garnicht leiten wollten. Ich weiss nicht, ob dies auch schon von anderen bemerkt ist.«

Die Gausssche Beobachtung ist vollkommen richtig; der Übergangswiderstand zwischen fein pulverisierten Kohlenstücken ist praktisch unendlich. Nicht bemerkt hat Gauss, dass der Widerstand durch Erschütterung erheblich herabgesetzt werden kann. Diese Beobachtung hätte grundsätzlich zum Mikrophon führen können.

64. Etwas abseits von den oben behandelten Problemen liegt eine Äusserung Gaussens über die Kontaktelektrizität und die Voltaische Spannungsreihe. Sie findet sich in einem Briefe an Weber[1]) vom 27. Januar 1844 und ist veranlasst durch eine Mitteilung Webers über einen Versuch, die Kontaktspannungsdifferenz experimentell nachzuweisen; der Versuch scheint übrigens nicht veröffentlicht worden zu sein, man kann ihn indessen aus dem Gaussschen Briefe rekonstruieren. Er hat Gauss Gelegenheit gegeben, seine Ansicht auszusprechen. Es heisst an der genannten Stelle: »Ihr Versuch, wodurch Sie die elektrische Ungleichheit des Zinks und Kupfers direkt erkennbar und messbar machen, hat mich sehr interessiert, und ich bin geneigt, zu glauben, dass er der Anfangspunkt zu höchst wichtigen Fortschritten in dieser Lehre werden könnte. Ich fühle dabei aufs neue schmerzlichst, wie schön es gewesen sein würde, wenn ich mit Ihnen zusammen in diesem Felde hätte arbeiten können.

»Rechnungen über die Verteilung der Elektrizität auf Ihrer zwei-metalligen Kugel lassen sich noch gar nicht machen, da es noch am Besten fehlt, nämlich an dem präzisen physikalischen Prinzip, wovon die Rechnungen ausgehen müssen. Diesem Prinzip vor allem muss man auf die Spur zu kommen suchen; ist es einmal gefunden und befestigt, so wird es auf einmal

---

1) Werke XI, 1, S. 174 ff.

in der Lehre Tag werden, und neue Entdeckungen, wie scheffelweise die Äpfel von einem schwer belasteten Fruchtbaum uns von selbst in den Schoss fallen.

»Wie die Elektrizität auf einem leitenden (elektrisch homogenen) Körper sich verteilt, dazu hat bekanntlich Poisson vor 30 Jahren die Grundgleichungen gegeben und die Folgen für mehrere interessante, wie wohl immer höchst einfache Fälle entwickelt. Nach Voltas Meinung, an die ich vor Ihrem Versuch niemals recht habe glauben können, verteilt sich die Elektrizität auf einem zusammengesetzten Körper anders, als auf einem homogenen, so zwar, dass z. B. Zink mehr positive Elektrizität enthält, wenn es mit Kupfer verbunden ist, als es haben würde, wenn es mit ebenso geformtem Zink verbunden wäre. Aber es ist dies nicht viel mehr als Nichts wissen, so lange wir nicht das Quantitative dieses Mehr im ganzen wie im einzelnen klar überschauen können, und dazu fehlt es zur Zeit noch an Allem. Aber Versuche werden schon auf die Spur führen können, wenn sie in grösster Mannigfaltigkeit und in möglichster Schärfe ausgeführt werden . . . . . .«

Es folgt dann eine Reihe von Abänderungsvorschlägen zum Weberschen Versuch und dann heisst es weiter: »Ich habe eben Poissons Arbeit . . . . erwähnt. Die mathematische Kunst darin verdient alle Anerkennung, aber ich habe noch einige Zweifel, ob die physikalische Grundlage richtig ist. Ich meine, ob diejenige Wirkung der Elektrizitätselemente aufeinander, welche dem Quadrat verkehrt proportional ist, hier allein im Spiel ist, oder ob nicht zugleich eine Art Molekularaktion in Betracht gezogen werden muss, die viel mehr dabei wirkt, etwa so, wie bei liquiden Flüssigkeiten die gegenseitige Gravitation der Teile . . . . nur die zweite Rolle spielt neben nur in unmessbar kleinen Entfernungen wirkenden Kräften. Es ist dies in diesem Augenblick nur ein flüchtiger Gedanke, da das Gewicht der von Poisson beigebrachten Versuche mir jetzt nicht gegenwärtig genug ist. Bei einer blossen Wirkung proportional $\frac{1}{d^2}$ kann ich mir von der Ursache des Voltaischen Fundamentalsatzes gar keine Vorstellung machen; bei einer Mitwirkung von Molekularkräften liesse sich schon eher etwas dem Kalkül zugängliches denken . . . .«

In diesen Bemerkungen hat Gauss in der Tat den entscheidenden Punkt mit aller Schärfe bezeichnet, nämlich, dass die Kontaktspannungen nur erklärbar sind, wenn gewisse Molekularkräfte angenommen werden, die die verschiedenen Metalle auf die beiden Elektrizitäten in verschiedenem Masse ausüben.

Dieser Gedanke taucht bei GAUSS wohl zum ersten Male auf; erst einige Jahre später (1847) hat HELMHOLTZ[1]) in seiner berühmten Arbeit über die Erhaltung der Kraft unabhängig denselben Gedanken ausgesprochen.

65. Ein Resultat der GAUSS-WEBERschen Versuche, auf das sie selbst wohl den geringsten Wert legten, an das sich aber wegen seiner praktischen Bedeutung der Nachruhm und die Popularität geknüpft hat, ist die Erfindung der elektromagnetischen Telegraphie.

Die ersten Erwähnungen finden sich in Briefen an HUMBOLDT vom 13. Juni 1833[2]) und an OLBERS[3]) vom 20. November 1833. GAUSS berichtet im letzteren von der Einrichtung der galvanischen Kette, der Konstruktion des Kommutators und fährt dann fort: »Wir haben diese Vorrichtung bereits zu telegraphischen Versuchen gebraucht, die sehr gut mit ganzen Wörtern oder kleinen Phrasen gelungen sind. Diese Art zu telegraphieren, hat das Angenehme, dass sie von Wetter und Tageszeit ganz unabhängig ist; jeder, der das Zeichen gibt und der dasselbe empfängt, bleibt in seinem Zimmer, wenn er will, bei verschlossenen Fensterläden. Ich bin überzeugt, dass unter Anwendung von hinlänglich starken Drähten auf diese Weise auf einen Schlag von Göttingen nach Hannover oder von Hannover nach Bremen telegraphiert werden könnte.« Ähnlich äussert sich GAUSS[4]) in seinem Bericht an die Göttinger Gesellschaft 1834; die betreffende Stelle ist in Art. 58 (vergl. oben S. 106) mitgeteilt.

Die anspruchslose Form, in der GAUSS eine Erfindung mitteilt, die im Laufe eines halben Jahrhunderts das Antlitz der Erde umgestaltet hat, zeigt deutlich, dass diese Anwendung seiner wissenschaftlichen Versuche für ihn lediglich etwas Akzidentelles war, wenn er auch von Anfang an über die mögliche praktische Bedeutung im Klaren war.

Die nächste Mitteilung findet sich in einem Briefe GAUSSENS an WEBER[5]) vom 16. Juli 1835: »Wollen Sie, lieber WEBER, einmal versuchen, ob Sie eine telegraphische Probe, die ich 5 Minuten nach dem Uhrzeichen machen will, lesen können? Hier der Schlüssel:

1) H. v. HELMHOLTZ, Ges. Abh., Band I, S. 48.
2) Brief an HUMBOLDT, Werke XII, S. 312.
3) GAUSS-OLBERS II, 2, S. 601.
4) Werke V, S. 519.
5) Werke XI, 1, S. 173.

	— 3	— 2	— 1	+ 1	+ 2	+ 3
— 3	y	=	w	f	=	=
— 2	—	h	a	s	b	—
— 1	k	d	e	i	g	p
+ 1	v	o	n	r	l	q
+ 2	—	c	t	u	m	—
+ 3	—	—	x	z	—	—

Die offenen Stellen können für die Ziffern und etwa den Schlusspunkt reserviert bleiben. Es ist also z. B. x = + 3, —1, d. h. 3 positive und nach einer kleinen Pause von etwa 4 Sekunden 1 negativer Stoss . . . .«

Eine neue Beobachtung erwähnt GAUSS im Briefe an OLBERS[1]) vom 11. November 1835 im Zusammenhang mit der elektrischen Telegraphie: »Eine ganz artige Entdeckung oder Bemerkung habe ich vor etwa 6 Wochen gemacht, dass man den Sinn (ob + oder —) eines galvanischen Induktionsimpulses ganz bestimmt mit den Lippen unterscheiden kann, sodass wir zum Spass schon so telegraphiert haben, dass die Depesche aufgeschmeckt wurde.« Dieselbe Mitteilung findet sich auch in einem Briefe an SCHUMACHER[2]) vom 13. September 1835, wo sie in einer beinahe humoristischen Weise von GAUSS erzählt wird: »Man würde diese Methode zum telegraphieren gebrauchen können und die Depesche, welche S. M. aller Reussen in Petersburg abspielen lassen wollte, würde in demselben Augenblicke in Odessa geschmeckt werden können. Wollte man eine mehrfache Kette ziehen, und zugleich eine korrespondierende Anzahl Schmecker am andern Ende aufstellen, wozu man auch blinde Invaliden gebrauchen könnte, die nur jedesmal, wenn ihnen zu schmecken gegeben wird, die Hand in die Höhe zu halten hätten, während ein Sekretär die aufgehobenen Hände protokollierte, so würde sicher nach dieser Methode sehr schnell telegraphiert werden können.«

Es handelt sich hier natürlich um eine elektrochemische Wirkung, die nach den FARADAYschen Gesetzen ohne weiteres verständlich ist und an sich mit Telegraphie nichts zu tun hat; sie erschien aber aus dem Grunde er-

---

1) GAUSS-OLBERS II, 2, S. 628.
2) GAUSS-SCHUMACHER II, S. 417.

wähnenswert, weil es Gaussens einzige Äusserung über einen elektrolytischen Vorgang ist, die wir kennen.

66. So sehr Gauss die Erfindung des elektromagnetischen Telegraphen als etwas Sekundäres im Vergleich zu seinen theoretischen Untersuchungen betrachtete, so sehr war er sich der ungeheuren praktischen Bedeutung der elektrischen Telegraphie bewusst. Diese seine Einstellung geht deutlich aus seinem Briefe[1]) vom 6. August 1835 an Schumacher hervor, in dem es heisst: »Darf ich Ihnen aber vertraulich sagen, was mir selbst bei meinen Arbeiten die meiste Satisfaktion gibt, so sind es vielmehr die theoretischen Eroberungen im Gebiet des Elektromagnetismus, als die in dem des reinen Magnetismus. In andern äusseren Verhältnissen, als die meinigen sind, liessen sich wahrscheinlich auch für die Sozietät wichtige und in den Augen des grossen Haufens glänzende praktische Anwendungen daran knüpfen. Bei einem Budget von 150 Talern jährlich für Sternwarte und magnetisches Observatorium zusammen (dies nur im engsten Vertrauen für Sie) lassen sich freilich wahrhaft grosse Versuche nicht anstellen. Könnte man aber darauf tausende von Talern wenden, so glaube ich, dass z. B. die elektromagnetische Telegraphie zu einer Vollkommenheit und zu einem Massstabe gebracht werden könnte, vor der die Phantasie fast erschrickt. Der Kaiser von Russland könnte seine Befehle ohne Zwischenstation in derselben Minute von Petersburg nach Odessa, ja vielleicht nach Kiachta geben, wenn nur der Kupferdraht von gehöriger (im Voraus scharf zu bestimmender) Stärke gesichert hinführt, und an beiden Endpunkten mächtige Apparate und gut eingeübte Personen wären. Ich halte es nicht für unmöglich, eine Maschinerie anzugeben, wodurch eine Depesche fast so mechanisch abgespielt würde, wie ein Glockenspiel ein Musikspiel abspielt, das einmal auf eine Walze gesetzt ist. . . . . Dass wenigstens das erste ABC leicht zu erlernen ist, können Sie daraus abnehmen, dass neulich meine Tochter mehrere Buchstaben sogleich ohne allen Unterricht sicher gelesen hat. . . . . . Ich glaube, dass es möglich sein wird, in jeder Minute 5 bis 6 Buchstaben zu signalisieren, wobei also nur die Länge der Depesche, aber gar nicht die Entfernung in Betracht kommt.«

Dieser Auffassung von Gauss entsprach es, dass er, wenn es sich um die

---

1) Gauss-Schumacher II, S. 411; Werke XI, 1, S. 100.

praktische Verwertung des Telegraphen handelte, zwar nicht selbst aktiv ein-
griff, es aber mit grösstem Interesse verfolgte, wenn seine Freunde und Schüler
dies taten. Z. B. hatte GERLING, der zu Pfingsten 1835 GAUSS in Göttingen
besuchte, ihn darauf aufmerksam gemacht, dass der Bau einer Eisenbahn
zwischen Leipzig und Dresden geplant sei. Bei dieser mündlichen Besprechung
mag GAUSS den Gedanken geäussert haben, wie zweckmässig die Ausrüstung
der Bahnlinie mit einem elektrischen Telegraphen sein würde. Jedenfalls
teilt GERLING[1]) am 31. Juli 1835 GAUSS mit, dass er wegen dieser Angelegenheit umgehend an den früheren Astronomen, jetzigen Präsidenten des königlich sächsischen Staatsministeriums Herrn v. LINDENAU geschrieben und dieser
ihm unter 30. Juni folgendes geantwortet habe: »Wegen der Verbindung eines
galvanischen Apparats mit der zwischen Leipzig und Dresden anzulegenden
Eisenbahn habe ich sogleich nach Leipzig geschrieben und zweifle nicht, dass
der Gedanke dort aufgefasst werden wird, da es an wissenschaftlicher Teilnahme und Sachverständigen in Leipzig nicht fehlt.« GERLING fügt diesen
Zeilen LINDENAUS noch den Rat hinzu, GAUSS möge LINDENAU die den Telegraphen betreffenden Stücke der Göttinger Gelehrten Anzeigen zusenden, um
ihn vollkommen zu orientieren.

Das Thema von dem bei der Leipzig-Dresdener Eisenbahn anzulegenden
Telegraphen kehrt noch mehrfach im Briefwechsel von GAUSS wieder; z. B.
teilt er[2]) am 11. November 1835 OLBERS vertraulich mit, dass die Errichtung
des Telegraphen beschlossen sei. Es scheint sogar, dass GAUSS im Verlauf
der Angelegenheit sich selbst mit der Direktion der Leipzig-Dresdener Eisenbahn in Verbindung gesetzt habe, doch sind die darauf bezüglichen Akten
vernichtet[3]).

Mit dem gleichen Interesse verfolgte er die Untersuchungen STEINHEILS,
der in München das Gebäude der Akademie mit der Sternwarte in Bogen-
hausen durch einen elektrischen Telegraphen verbunden hatte[4]). Namentlich
hat die wichtige Entdeckung STEINHEILS[5]), dass die Erde ein relativ grosses

---

1) GAUSS-GERLING, S. 144.
2) GAUSS-OLBERS II, 2, S. 627.
3) Vergl. dazu die Darstellung bei H. MARGGRAFF, C. A. Steinheil, München 1888, S. 29 ff.
4) Brief von STEINHEIL an GAUSS vom 18. Juni 1836, Werke XII, S. 130
5) Werke XII, S. 135 ff.

Leitvermögen habe, dass man also die Rückleitung sparen könne, die lebhafteste Anteilnahme bei GAUSS gefunden. STEINHEIL machte diese Entdeckung, als er einen elektrischen Telegraphen längs der Bahnlinie Nürnberg-Fürth anlegte und, einem Vorschlage von GAUSS[1]) folgend, die Schienen zur Hin- und Rückleitung benutzen wollte. Er bemerkte dabei, dass er Kurzschluss in der Leitung hatte und kam so folgerichtig zu der Auffassung, dass die Erde ein erhebliches Leitvermögen haben müsse, also wenigstens als Rückleitung dienen könne. Noch bevor GAUSS die dirękte Mitteilung STEINHEILS erhalten hatte, hatte er, auf Zeitungsnachrichten gestützt, durch eigene Versuche den Befund STEINHEILS bestätigt, ja, sogar eine interessante Variante angebracht, indem er mit Hilfe zweier verschiedener Metalle, die in dem Erdboden versenkt wurden, ein galvanisches Element hergestellt hatte. In einem Briefe GAUSSENS vom 28. August 1834 an STEINHEIL[2]) heisst es: »Von Ihrer schönen Entdeckung, das starke galvanische Leitungsvermögen der Erde betreffend, hatte ich schon durch die Zeitungen etwas erfahren, und demzufolge selbst einen Versuch im Kleinen gemacht — soweit in dem Augenblick mein Drahtvorrat reichte — d. i. auf etwa 500 Fuss Entfernung, mit gleichem Erfolge wie Sie. Die Sache ist mit der Theorie völlig harmonisch, und man braucht dem Erdreich nur ein kleineres Leitungsvermögen als Wasser hat beizulegen, um die Erscheinung zu erklären, obwohl letzteres schon mehrere hunderttausendmal kleiner ist, als das Leitungsvermögen der Metalle. Gleichermassen ist es der Theorie konform, dass, wenn dem in Erde zwischen A und B gehenden Strome durch zwei andere ab, etwas abgefangen wird, so zwar,

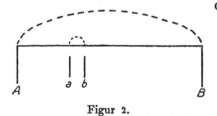

Figur 2.

dass 1) AB eine sehr grosse Entfernung,

2) ab eine gegebene kleine,

3) ab viel näher bei A als bei B eingesetzt werde,

4) und so, dass $AabB$ nahe Einer Richtung (oder wenigstens Aab),

der partielle Strom, übrigens gleichgesetzt, dem Quadrate der Entfernung des ab von A verkehrt proportional sein muss. Doch scheint mir, kann man bei

---

1) In dem schon mehrfach erwähnten Briefe an HUMBOLDT vom 13. Juni 1833, Werke XII, S. 312; auch hierzu vergl. man die Darstellung bei MARGGRAFF.

2) Brief von GAUSS an STEINHEIL, Werke XII, S. 135.

diesen Versuchen schon wegen der Ungleichheit des Terrains in Beziehung auf Feuchtigkeit nicht viel Übereinstimmung erwarten, und die Übereinstimmung würde ohne Zweifel viel grösser werden, wenn Aab etwa in einem See, nicht gar zu nahe am Ufer eingesetzt würde.

»Übrigens haben meine kleinen Versuche noch etwas anderes gelehrt, was mir sehr interessant scheint, nämlich, dass, wenn Platten von ungleichem Metall an den beiden Enden eingesetzt werden, ein kräftiger hydrogalvanischer Strom entsteht. Es ist doch überraschend, dass an die Stelle eines $\frac{1}{2}$ Linie dicken, mit gesäuertem Wasser getränkten Tuchlappens eine 500 Fuss dicke Erdschicht treten kann mit, wenn auch nicht gleich grossem, doch ganz ähnlichem Erfolg. Ich zweifle nicht, dass Sie bei Ihren viel grösseren Entfernungen doch das gleiche finden werden.«

Die in diesem Briefe enthaltenen Betrachtungen über die Stärke des abgezweigten Stromes sind wohl die ersten, die sich auf Ausbreitung von Strömen in körperlichen Leitern beziehen.

67. Um das Jahr 1837 wurden die ersten Versuche bekannt, die Idee der elektromagnetischen Rotationsapparate zur Konstruktion technisch brauchbarer Maschinen zu verwenden. In Deutschland war es vor allem M. Jacobi, der Bruder des Mathematikers, der solche Maschinen konstruiert und sie in einem besonderen Werke *Mémoire sur l'application de l'électromagnetisme au mouvement des machines* (Potsdam 1837) behandelt hat. Es ist daher nicht merkwürdig, dass nunmehr auch im Briefwechsel von Gauss dieses Problem eine Rolle spielt, allerdings nur in der Korrespondenz mit Olbers[1]. Auffällig ist nur, dass die Maschine von Jacobi kaum flüchtig erwähnt wird, während als Grundlage der Diskussion unkontrollierbare Zeitungsberichte über angebliche amerikanische Erfindungen dienen mussten. Unter diesen Umständen konnte die Erörterung dieser Frage nicht sehr belangreich sein, da Gauss — an sich sehr mit Recht — einen starken Skeptizismus zeigte. Von grundsätzlichem Interesse ist nur eine Stelle, wo er sich über die theoretischen Gründe ausspricht, weswegen er prinzipiell nicht geneigt war, an

---

[1] Gauss an Olbers am 1. November 1837; am 10. November 1837; am 16. Januar 1838; Olbers an Gauss am 10. März 1838; Gauss an Olbers am 18. März 1838; Olbers an Gauss am 24. März 1838; am 17. April 1838; Gauss an Olbers am 29. April 1838; Olbers an Gauss am 24. August 1838; Gauss an Olbers am 20. November 1838. Sämtliche Briefe in Gauss-Olbers II, 2, S. 659 ff.

die Möglichkeit einer technischen Verwertung des Elektromagnetismus zu denken. Am 10. März 1838 schreibt er[1]) an OLBERS: »Ich meinesteils habe bisher aus inneren Gründen eine sehr geringe Erwartung von einer derartigen Benutzbarkeit des Elektromagnetismus gehabt. Diese Gründe sind für mich sehr stark, aber keine entschiedene Gewissheit. Sie müssen daher entschiedenen Tatsachen weichen. . . . . Von meinen inneren Gründen will ich Ihnen wenigstens noch etwas sagen: Schon ein gewöhnlicher Magnet übt in der Berührung eine viel stärkere Anziehung aus, als in einer auch nur sehr geringen Entfernung. Dies ist mit der Theorie im Einklang und hätte aus derselben vorausgesehen werden können. Aber die Theorie lehrt mich, dass dasselbe in einem noch **viel**, viel höheren Grade stattfinden müsse bei den künstlichen Magneten, die es nur transitorisch durch galvanische Spiralströme werden; ich meine. weiches Eisen, z. B. in Hufeisenform, umwunden mit Draht, wird ein Magnet, solange durch diesen Draht ein galvanischer Strom geht, sodass man es bis zu einem Tragevermögen von 2000 Pfund gebracht hat. Aber man täusche sich nicht und glaube, dass **dieser** Hufeisenmagnet ebenso in Distanz wirke wie einer aus hartem Stahl, dem ein beharrlicher Magnetismus gegeben ist. Denn die Lebensbedingung, dem ersten einen so starken Magnetismus zu geben, ist eben das Geschlossensein des Hufeisens durch einen daran hängenden Anker. Derselbe Weicheisenmagnet, der so 2000 Pfund tragen kann, wird ungeschlossen nur ein sehr schwacher sein, und vielleicht, wenn die Ankerfüsse nur $\frac{1}{4}$ Linie abstehen, nur noch eine Anziehung äqual wenigen Loten ausüben können. Aber über das Quantitative können nur Versuche Belehrung geben, dergleichen ich noch nicht gemacht habe. Mit einem kleinen Bruchteil der Summen, die der russische Kaiser für den p. JACOBI ausgeworfen hat, würde man schon über die Sache gehöriges Licht verbreiten können. Aber die Mesquinität der Mittel, die mir zu Gebote stehen, schliesst derartige Versuche ganz aus.« Es ist interessant zu sehen, wie die an sich richtige Einsicht von der Bedeutung des geschlossenen magnetischen Kreises GAUSS doch vollkommen auf Abwege geführt hat. Freilich hat er diese Äusserung nur einem vertrauten Freunde gegenüber getan und würde sich wohl in der Öffentlichkeit, wenn überhaupt, viel

---

1) GAUSS-OLBERS II, 2, S. 671 ff.

zurückhaltender ausgesprochen haben. Interessant ist es auch, dass OLBERS, der an sich geneigt war, den Zeitungsberichten mehr Glauben zu schenken, durch die Argumentation von GAUSS bewogen wurde, seine Anschauung fallen zu lassen.

Zweiter Abschnitt.

Elektrodynamik und Induktion.

68. Im Jahre 1831 entdeckte FARADAY die Erscheinungen der Induktion, und am 21. März 1833 meldet GAUSS[1]) zum erstenmal in einem Briefe an SCHUMACHER, dass er sich damit eingehend beschäftige: »In der letzten Zeit habe ich meine Apparate hauptsächlich zu Versuchen über die sogenannte Induktion, die eine der interessantesten Naturerscheinungen ist, angewendet, und die ich an jenen sehr verstärkt sichtbar machen kann. Mit den Hauptmomenten des Gesetzes, wonach sie sich richtet, bin ich auch ziemlich im Reinen.« SCHUMACHER[2]) erwiderte darauf am 25. März 1833 mit dem Eingeständnis, dass er gar nicht wisse, was Induktion sei. Dann dauert es über ein Jahr, bis zur nächsten brieflichen Mitteilung von GAUSS über Induktion: Er berichtet an GERLING[3]) am 4. November 1834 über die Konstruktion eines »Induktors«, d. h. eines Magnetstabes, über den eine Rolle Draht geschoben, bezw. wieder entfernt werden kann. Dieser Induktor war mit dem Magnetometer verbunden, und GAUSS benutzte diese Anordnung zu einer scharfen Prüfung des OHMschen Gesetzes[4]) (siehe weiter oben die Artikel 58—60). Er zog den Induktor einem galvanischen Elemente vor, weil dessen elektromotorische Kraft nicht konstant war.

69. Im Laufe des Jahres 1834 machte GAUSS folgende Beobachtung[5]). Bei Bestimmung des logarithmischen Dekrementes der Schwingungen des Magnetometerstabes ergaben sich zu verschiedenen Zeiten ausserordentlich verschiedene Werte; GAUSS stellte fest, dass das Dekrement immer grösser war, wenn das Magnetometer sich in der geschlossenen Kette befand, als wenn der Kreis

1) GAUSS-SCHUMACHER II, S. 324.
2) Ebenda, S. 326.
3) GAUSS-GERLING, S. 423.
4) Vergl. Werke XI, 1, S. 68 ff.
5) Werke V, S. 534 ff.

geöffnet war. Damit war die Erklärung gegeben: der schwingende Magnetstab induzierte Ströme in der ihn umgebenden Spule, wenn diese geschlossen war, was nur auf Kosten seiner kinetischen Energie geschehen konnte; daher musste die Schwingung in diesem Falle ein stärkeres Dekrement aufweisen als im Falle der offenen Kette. Diese Erkenntnis veranlasste GAUSS zu folgendem Versuch: es wurde eine geschlossene Kette gebildet, in der sich 3 Magnetometer befanden, eines mit einem 25 pfündigen Magnetstabe (in der Sternwarte), eines im magnetischen Observatorium mit einem 4 pfündigen, das dritte im physikalischen Kabinett mit einem 1 pfündigen Magnetstabe. Nun wurde der 25 pfündige Stab in Schwingungen versetzt, die durch ihn induzierten Ströme brachten dann die beiden andern Stäbe zu erzwungenen Schwingungen.

Die erste Aufzeichnung darüber findet sich im *Handbuch* 19 (Be)[1] unter dem Titel *Inducierte gemischte Bewegung*; eine ausführliche Schilderung findet sich in einem Brief an OLBERS[2] aus dem Februar 1835, in dem es heisst: »Über das, was seit Juli 1834 hier neues hinzugekommen, werde ich vielleicht bald eine Notiz in den G. G. A.[3] geben. Die 25 pfündige Nadel in der Sternwarte mit ihrem Multiplikator von 270 Windungen unter 2700 Fuss Drahtlänge in der grossen bis zum physikalischen Kabinett gehenden Kette, worin der Strom die Drahtlänge von fast $\frac{1}{2}$ Meile zu durchlaufen hat, bietet zu vielen überraschenden Versuchen Gelegenheit, die noch auf lange Zeit Beschäftigung geben, und noch umfassendere geben könnten, wenn die Geldmittel nicht so beschränkt wären. Ein Versuch aber gehört zu den schönsten, die in diesem Fach je gemacht sind, und wird wohl den meisten Naturforschern sehr überraschend sein, obwohl ich nicht durch Zufall, sondern durch Prämeditation darauf gekommen bin und des Erfolges schon gewiss war, noch ehe ich ihn gemacht hatte. Es ist folgender:

»Wenn die 25 pfündige Nadel in beträchtliche Schwingungen versetzt wird, z. B. so grosse, wie der Kasten verstattet, etwa 27⁰, so können dabei die Nadeln im magnetischen Observatorium und im physikalischen Kabinett in Ruhe sein, und bleiben darin, wenn die Kette nicht geschlossen ist oder eine der Nadeln davon abgesperrt ist. Ist oder wird aber die Kette geschlossen,

---

1) Werke XI, 1, S. 65.
2) GAUSS-OLBERS II, 2, S. 617 ff.
3) Gött. Gel. Anz., 36. Stück vom 7. März 1835; Werke V, S. 528 ff.

so dass die Multiplikatoren im magnetischen Observatorium und im physikalischen Kabinett mit darin sind, so fangen diese beiden Nadeln augenblicklich
an mitzuschwingen.

»Aber am merkwürdigsten ist die Art der Schwingungen. Die natürliche
Schwingungszahl der Nadeln ist

<blockquote>
25 pfd. in der Sternwarte . . . . 42,3 Sek.,

4 » im magnetischen Observatorium 20,5 » ,

1 » im physikalischen Kabinett. . . 13,8 » ,
</blockquote>

so dass z. B. für die Nadel im magnetischen Observatorium die Stellung auf
der Skala in jedem Augenblick t durch die Formel

$$A + R \cos\left(\tfrac{t-T}{20{,}5\,\mathrm{sec}} \cdot 180^{0}\right)$$

ausgedrückt wird, wenn A die Stellung der Nadel in Ruhe, R die an sich
willkürliche halbe Schwingungsgrösse, T eine Epoche bedeutet, wo die Nadel-
stellung im Maximum war. Allein wenn die sympathetischen Schwingungen
eintreten, so sind diese, allgemein zu reden, immer gemischte, nämlich eine
natürliche von willkürlicher und eine induzierte von bestimmter Grösse, z. B.
unter obigen Voraussetzungen die Formel:

$$A + R \cos\left(\tfrac{t-T}{20{,}5\,\mathrm{sec}} \cdot 180^{0}\right) + r \cos\left(\tfrac{t-T'}{42{,}3\,\mathrm{sec}} \cdot 180^{0}\right)$$

Dieses r ist dem Schwingungsbogen der grossen Nadel proportional; wenn
dieser am grössten ist, etwa $r = 20$ Skalenteile. Fast noch merkwürdiger ist
der a priori vorausgesehene und in der Erfahrung auf das vollkommenste bestätigte Umstand, dass die induzierten Schwingungen, welche mit den indu-
zierenden von gleicher Dauer sind, mit diesen nicht gleichen Anfang haben,
sondern eine halbe Schwingungsdauer (das Bogenargument 90^{0}) davon abstehen.

»Die gezeichneten Figuren sehen allerliebst aus, und ich habe es in meiner
Gewalt, das R (oder die natürliche Schwingung) unmerklich zu machen, wo
dann die Nadel also rein eine ihr nicht natürliche Schwingung zu machen
gezwungen ist; sobald die Kette geöffnet wird, nimmt die Nadel sogleich
wieder ihre natürliche Schwingung allein ein.

»Ganz ähnliche Erscheinungen im Physikalischen Kabinett, nur dass aus
den statthabenden Grössenverhältnissen das r kleiner wird als im magnetischen
Observatorium.

XI 2 Abh. 2.

17

»Am merkwürdigsten aber ist der gleichfalls genau vorausgesehene Fall, wo in der Kette eine zweite Nadel ist, deren natürliche Schwingungsdauer der der grossen gleich ist. Ich hatte dies nicht sofort realisieren können, aber jetzt ist dies auch geschehen, genau mit dem erwarteten Erfolg. Im Physikalischen Kabinett wurde die Nadel .... astatisch gemacht, d. i. zwei Nadeln mit entgegengesetzten Polen verbunden, wovon die eine etwas weniges stärker ist als die andere. Auf diese wirkt der Erdmagnetismus schwächer, daher längere Schwingungsdauer, während der Multiplikator nicht bloss eben so stark wie vorher, sondern noch fast 50 % stärker einwirkt. So wurde die Schwingungsdauer dieser Doppelnadel auch genau auf 42,3 Sekunden gebracht. Der Erfolg ist, dass für den Augenblick, wo die Kette geschlossen wird, indem die 25 pfündige schon vorher schwang, die im Physikalischen Kabinett sofort auch anfängt zu schwingen, und diese Schwingungen, anfangs mässig, nahmen beständig an Grösse zu, so dass sie nach einer halben Stunde auf 30° angewachsen waren. Hier sind nun aber die Elongationen mit denen der grossen Nadel gleichzeitig, obwohl nach Lage der Umstände entweder gleichnamig (d. i. Maximum mit Maximum) oder ungleichnamig (Maximum mit Minimum).

»Das ganze Phänomen ist eine Art Abspiegelung dessen, was im Sonnensystem vorgeht, nämlich der periodischen Störungen im ersten Fall, der Säkularstörungen im zweiten, nur haben sie den Vorzug, dass, während wir bei den Planetenstörungen bloss müssige Zuschauer sind, wie hier die eben so scharf oder zum Teil noch viel schärfer zu messenden Wirkungen selbst nach Gefallen hervorbringen. . . . . .

»Ich muss noch bemerken, dass freilich genau betrachtet, eben so gut die Schwingungen der zweiten oder dritten Nadel Schwingungen in den beiden andern erzeugen müssen. Allein ich habe durch die Rechnung gefunden, dass solche unmerklich sind, was auch die Versuche bestätigen. Vorderhand, d. h. solange man sich nicht auch Nadeln von ähnlicher Kraft wie meine 25 pfündige verschafft oder stärkere, wird also dieser interessante Versuch der sympathetischen Schwingungen in grosser Ferne anderwärts nicht nachgemacht werden können.«

Eine kurze Notiz, auf diese Versuche hindeutend, findet sich noch in einem Brief an ENCKE[1]) vom 1. März 1835 und schliesslich eine öffentliche Mitteilung darüber in den Göttinger Gelehrten Anzeigen[2]) vom 7. März 1835. Auch in dem zusammenfassenden Aufsatze *Erdmagnetismus und Magnetometer*[3]) ist GAUSS noch einmal ausführlich (und zum Teil sogar noch etwas verallgemeinernd) auf diese Erscheinung eingegangen.

GAUSS hat in diesen Versuchen die Theorie der erzwungenen Schwingungen eines Massenpunktes auf die induzierten Schwingungen des Magnetometers angewendet; anscheinend ist er der erste oder jedenfalls einer der ersten, der überhaupt das mechanische Problem der erzwungenen Schwingungen behandelt hat. Auffällig ist es, dass GAUSS den allgemeineren Fall, den er im Briefe an OLBERS andeutet, nämlich den, dass die »kleineren Nadeln« eine Rückwirkung auf die grosse Nadel ausüben, nicht behandelt hat; er hat sich offenbar damit begnügt, durch Rechnung festzustellen, dass in seinem Falle diese Rückwirkung unmerkbar klein war; er hätte sonst das Phänomen der Schwebungen und das Hin- und Herpendeln der Energie finden müssen. —

70. Im engsten Zusammenhange damit steht die Vergrösserung der Dämpfung der schwingenden Magnetnadel, d. h. die Beruhigung einer Schwingung durch Umgeben der Nadel mit einem Kupferdämpfer, wozu GAUSS allerdings erst im Jahre 1837 überging. Eine darauf bezügliche Rechnung über *Gedämpfte Schwingungen* findet sich im *Handbuch* 19 (Be)[4]), die sicher aus der Zeit zwischen 1834 und 1837 stammt. Dann kommt GAUSS ausführlicher in zwei Briefen an SCHUMACHER[5]) vom 30. März 1837 und vom 21. April 1837 auf die Frage der Nützlichkeit eines Dämpfers zurück. SCHUMACHER besass ein Magnetometer, das STEINHEIL in München angefertigt hatte und das mit Kupferdämpfer versehen war. Im ersten der genannten Briefe schreibt GAUSS darüber: »Das Mittel, durch eine starke Kupferumgebung die Beruhigung zu beschleunigen, ist ein vortreffliches, nur schade, dass es nicht jedermanns Sache ist, eine grosse Summe Geld bloss zum Anschaffen des Metallwertes desselben zu verwenden. Man würde wenig gewinnen, wenn man anstatt

---

1) Bisher unveröffentlicht.
2) Gött. Gel. Anz., 36. Stück, S. 345 ff., 1835; Werke V, S. 528 ff.
3) SCHUMACHERs Jahrbuch für 1836, S. 1—47; Werke V, S. 315 ff., insbesondere S. 342 ff.
4) Werke XI, 1, S. 67.
5) GAUSS-SCHUMACHER III, S. 160 ff. und 164 ff.

Kupfer Blei nehmen wollte, weil man dann wohl das vier- oder fünffache Gewicht nötig hätte (um eben so weit zu reichen), worunter selbst die Füsse des Kastens brechen könnten. Noch besser als Kupfer wäre Silber.«

GAUSS hatte zu dieser Zeit noch keine quantitative Berechnung über die zweckmässigste Form des Kupferdämpfers und die Grösse des zu erwartenden Effektes angestellt, sondern urteilte rein instinktmässig. Aber eine Mitteilung von WEBER, dass STEINHEIL das Kupfer nur unter der Nadel angebracht habe, lässt ihn sofort die Unzweckmässigkeit dieser Konstruktion einsehen, und nun erst geht GAUSS ernstlich an diese Frage heran. In dem genannten Briefe vom 21. April 1837 hat er seinen vorerst reservierten Standpunkt aufgegeben: »Seit meinem letzten Briefe . . . habe ich unserm magnetischen Apparate einen wichtigen Zusatz gegeben. Sie erinnern sich, dass ich den Nutzen des Kupfers zwar anerkennend, doch die 130 Pfund, die für Ihren kleinen Apparat angewandt sind, abschreckend fand, zumal da ich nachher aus den Beobachtungen[1] selbst schliessen zu können glaubte, dass die Wirkung vergleichungsweise noch keine sehr starke gewesen sei.

»Allein, was mir Freund WEBER von der Art, wie STEINHEIL in München das Kupfer angebracht habe, [erzählt hat], nämlich unter der Nadel, . . . verschwand meine Verwunderung und meine Abschreckung; denn in der Tat tut Kupfer, auf diese Weise angebracht, nur einen sehr kleinen Teil von der Wirkung, die es, zweckmässig angebracht, tun könnte; ich glaube in der Tat, dass Sie bei Ihrem Apparate mit 6 Pfund reichlich ebensoviel ausrichten können, wie STEINHEIL mit 130 Pfund.

»Ich habe die zweckmässigste Gestalt nach der Theorie ermittelt, und 17 Pfund taten bei meiner 4 pfündigen Nadel schon eine Wirkung, mit der ich mich völlig begnügen könnte; ich habe aber noch 50 % mehr genommen, also etwa 25 Pfund, und durch diesen Dämpfer bringt man die allergrössten Schwingungen in sehr mässiger Zeit zu fast vollkommenem Stillstande. Es soll nun noch scharf untersucht werden, ob dieser Dämpfer vielleicht doch eine kleine Ablenkung erzeugt; für die Terminbeobachtungen würde dies gleichgültig sein, aber nicht für die täglichen absoluten Messungen. Unser Dämpfer kann übrigens in einer oder ein paar Minuten weggenommen oder hingestellt werden.«

---

1) Die SCHUMACHER mit diesem Apparat gemacht hatte. — SCHAEFER.

Nachdem GAUSS so die Vorzüge eines richtig konstruierten Kupferdämpfers festgestellt hatte, hat er ihn nunmehr allen Teilnehmern an den magnetischen Beobachtungen dringend empfohlen. Öffentlich zuerst bei Gelegenheit der Beschreibung des Bifilarmagnetometers[1]), ferner in seiner Abhandlung *Über die Bestimmung der Schwingungsdauer einer Magnetnadel*[2]) (dort findet sich auch andeutungsweise eine Beschreibung der GAUSSschen Form des Kupferdämpfers) und schliesslich in zahlreichen Briefen an seine Freunde, z. B. an GERLING[3]).

Durch die Benutzung des Dämpfers war auch erst die Vorbedingung für die heute sogenannte Multiplikations- und Zurückwerfungsmethode von GAUSS und WEBER gegeben; eine darauf bezügliche Rechnung findet sich im *Handbuch* 15 (Ba)[4]); sie stammt aus dem Anfang des Jahres 1838.

71. Von weiteren experimentellen Untersuchungen mit Hilfe der Induktionsströme ist noch folgendes zu erwähnen: am 15. Dezember 1835 schreibt GAUSS[5]) an GERLING: »Meinen Induktor habe ich jetzt auf fast 7000 Umwindungen verstärken lassen, so dass zirka für 50 Mark Draht darauf ist, es lassen sich jetzt Erschütterungen in den Armen und der Brust damit hervorbringen, die nicht bloss merklich, sondern fast unerträglich sind. Heute morgen ist mir zum ersten Male gelungen, einen Funken hervorzubringen oder vielmehr ein halb Schock, da jeder Wechsel seinen Funken gab. . . . . Ich brauchte dabei eine sehr feine englische Nähnadel, deren Spitze eine Metallplatte eben noch nicht berührte. Später, wo ich für die Metallplatte ein Gefäss mit Quecksilber substituierte, wollte zuerst der Versuch nicht gelingen, weil das Quecksilber . . . . immer . . . . in einige Bewegung kam; endlich gelang es mehrere Male und zuletzt kam ein so starker Funke, dass die Spitze der Nadel abschmolz . . .« Ganz ähnlich berichtet GAUSS wenige Tage später (im Januar 1836)[6]) an ENCKE: »Das allermerkwürdigste aber scheint zu sein, dass (seit etwa acht bis zehn Tagen) es mir gelingt, Funken hervorzubringen, und dass diese Funken nach der Richtung des Stromes eine ver-

---

1) *Resultate* für 1837, S. 1—19, 1838; Werke V, S. 372.
2) Ebenda, S. 58—80, 1838; Werke V, S. 386 ff.
3) GAUSS-GERLING, S. 617, 632, 642 ff.
4) Werke XI, 1, S. 62
5) GAUSS-GERLING, S. 455.
6) Werke XI, 1, S. 102.

schiedene Farbe haben. Ich lasse die Funken von einer feinen Nadel gegen eine feste Metallfläche (nicht Quecksilber) überschlagen, wo der positive Strom einen hellgelben Funken mit einem Stich ins grüne gibt, der negative einen violetten oder zuweilen rotgelben Funken. Mehrere Male hat der letztere die Spitze der Nadel geschmolzen. Die Entfernung muss dabei aber sehr klein sein, vermutlich unter ein Tausendstel Zoll, und ich bediene mich zur Stellung einer sehr feinen Schraube. . . . Es werden sich hieran noch eine Menge höchst interessanter Versuche knüpfen lassen . . . .«

Aus dem Jahre 1836 stammen ferner die ersten Versuche von GAUSS, den Erdmagnetismus, insbesondere die Inklination, mit Hilfe der Induktionsströme zu untersuchen; wir haben darüber bereits in Artikel 40 ausführlich berichtet; es unterliegt keinem Zweifel, dass GAUSS im wesentlichen bereits den Erdinduktor besass, der heute als WEBERscher bezeichnet wird.

Schliesslich geht aus einem Briefe von GAUSS an OLBERS[1]) vom 20. November 1838 hervor, dass GAUSS und WEBER schon 1835 oder 1836 eine magnetelektrische Maschine gebaut hatten, um elektrische Ströme zu erzeugen. »Fortwährend die lebhaftesten Funken, sehr starke Wasserzersetzung, die heftigsten physiologischen Wirkungen, welche die Personen, die den Strom durch ihren Körper gehen liessen, gewöhnlich nicht länger als ein paar Sekunden aushalten mochten.«

72. In diesem Zusammenhange kann noch die Art und Weise erwähnt werden, wie GAUSS schliesslich den Induktor zu telegraphischen Versuchen benutzte. Ursprünglich war derselbe einfach ein Magnet, über den eine Drahtrolle geschoben bezw. von dem die Rolle abgezogen wurde. Das Magnetometer reagierte in diesem Falle durch einen (ballistischen) Ausschlag. Bei der grossen Schwingungsdauer (zirka 40 Sekunden) war die Telegraphiergeschwindigkeit natürlich ausserordentlich klein. Bei einer späteren Ausführungsform des Induktors, die in der folgenden Figur 3 wiedergegeben ist, wurde ein anderes Verfahren benutzt. Die über den Magneten gesteckte Rolle wurde nicht mehr ganz abgezogen, sondern erhielt nur kleine Rucke in dem einen oder andern Sinne, denen kleine Zuckungen der Magnetnadel entsprachen, entweder von der Ruhe aus, oder auch, ebenso deutlich erkennbar, über eine

---

[1]) GAUSS-OLBERS II, 2, S. 696.

Figur 3.

Schwingung der Nadel überlagert. Wie dieser Zweck bequem und sicher bei dem Induktor erreicht wurde, ersieht man aus der Figur. *MM* ist der vertikal stehende Magnet (zwei 25 pfündige Stäbe), über den die Spule *S* geschoben ist. Diese ist an einem Hebel befestigt, der um die horizontale (von vorn nach hinten gehende) Achse *AA* drehbar ist; ein Anschlag *D* (auf der linken Seite der Figur) begrenzt die Bewegung der Spule, die durch einen Druck auf *B* (und nachheriges Loslassen von *B*) bewirkt wird. Die Knöpfe K_1 und K_2, von denen der eine oder der andere gleichzeitig mit *B* niedergedrückt werden muss, bewirken erst den Schluss der Kette und geben die Möglichkeit der Kommutierung des Stromes.

Das Magnetometer in Verbindung mit diesem Kommutator bildete den elektromagnetischen Telegraphen. Da dieser in den eigentlichen Werken von GAUSS keinen Platz gefunden hat, so mag die Abbildung (Figur 4), die wohl ohne Erläuterung verständlich ist, hier gleichfalls wiedergegeben werden

Eine schematische Abbildung einer älteren Form des Induktors und des Magnetometers findet sich im Artikel »Telegraph« in GEHLERS *Physikalischem Wörterbuch*, Band IX (1838), nebst einer eingehenden Beschreibung von MUNCKE, der die GAUSSschen Versuche als Augenzeuge gesehen hatte.

Figur 4.

73. Von noch grösserer Bedeutung als die im Vorhergehenden geschilderten experimentellen Untersuchungen über die Induktion sind die theoretischen Betrachtungen, die GAUSS über die Theorie der Elektrodynamik angestellt hat. Von diesen Untersuchungen ist zu seinen Lebzeiten nichts veröffentlicht worden, da sie nicht zu dem von GAUSS beabsichtigtem Abschluss gelangt sind. Wir haben nur Bruchstücke, die sämtlich im V. Bande der Werke veröffentlicht sind.

Der allgemeine Charakter lässt sich so aussprechen: Wenn in einem (primären) Stromleiter 1 die Stromstärke variiert oder er bewegt wird, so tritt in einem (sekundären) bis dahin stromlosen Kreise 2 ein Induktionsstrom auf. Damit gleichzeitig treten aber zwischen diesen beiden Stromkreisen Kräfte auf, die auf ihre Magnetfelder zurückzuführen sind. Eine jede theoretische Betrachtung über Induktion muss also in engem Zusammenhange stehen mit den Untersuchungen AMPÈRES über die Ersetzbarkeit der magnetischen Wirkung von Strömen durch geeignete Magnete bezw. mit dem AMPÈRESCHEN elektrodynamischen Gesetz über die Kräfte zwischen zwei Stromelementen.

Demgemäss hat sich GAUSS zunächst mit dem AMPÈRESCHEN Ergebnis beschäftigt, wonach die magnetische Wirkung eines geschlossenen Stromes s von der Stromstärke J für den Aussenraum vollkommen ersetzt werden kann durch die einer magnetischen Doppelschicht vom Moment J, die von dem Stromleiter s berandet wird. Das magnetische Potential V einer solchen magnetischen »Schale« ist in einem Punkte P des Aussenraumes gleich dem Produkte aus der Stromstärke J und dem räumlichen Winkel ω, unter dem die Schale vom Punkte P aus erscheint:

$$(76) \qquad\qquad V = J\omega.$$

Dieser Satz, den GAUSS zuerst gefunden hat, findet sich nur nebenher in der *Allgemeinen Theorie des Erdmagnetismus*[1]) ausgesprochen, und für seine Begründung verweist GAUSS auf eine andere Gelegenheit, ein Versprechen, das er nicht mehr eingelöst hat. Auf diese Weise erschien die Formulierung des Theorems erst 1839 in der Öffentlichkeit (da die *Resultate* für das Jahr 1838 erst 1839 erschienen); es kann aber nach dem ganzen Zusammenhange der Dinge gar kein Zweifel bestehen, dass die Auffindung dieses Satzes spätestens in den Anfang des Jahres 1833 gehört, vermutlich sogar noch älter ist.

Orientiert man im Punkte $P(xyz)$ ein Polarkoordinatensystem (r, ϑ, φ), so ist definitionsgemäss

$$(77) \qquad\qquad \omega = \iint \sin\vartheta\, d\vartheta\, d\varphi,$$

wobei die Integrale über den betreffenden Bereich der Einheitskugel zu erstrecken sind. GAUSS hat nun, offenbar von dieser Formel ausgehend, ω auch in rechtwinkligen Koordinaten ausgedrückt und gibt in einer Notiz[2]), die zweifellos aus den Jahren 1832 bis 1835 stammt, folgende drei Werte für ω an, die auseinander durch zyklische Vertauschung von x, y und z hervorgehen:

$$(78) \qquad \omega = \int \frac{z'(x'\,dy' - y'\,dx')}{r(x'^2 + y'^2)} = \int \frac{x'(y'\,dz' - z'\,dy')}{r(y'^2 + z'^2)} = \int \frac{y'(z'\,dx' - x'\,dz')}{r(z'^2 + x'^2)}.$$

---

1) *Allgemeine Theorie des Erdmagnetismus, Resultate* f. d. Jahr 1838; S. 1—57; Werke V, S. 119 ff., insbesondere S. 170 und 171.

2) *Handbuch* 19 (Be), S. 188; Werke V, S. 611—612.

Dabei ist die Entfernung vom Aufpunkte P gleich

$$r = \sqrt{(x'-x)^2 + (y'-y)^2 + (z'-z)^2}$$

gesetzt. Durch partielle Differentiation nach x, y, z folgen daraus (nach Multiplikation mit J) die Kraftkomponenten, die auf einen positiven magnetischen Einheitspol wirken, und die sich gleichfalls bei GAUSS an der genannten Stelle finden.

74. Im engsten Zusammenhang damit steht eine Aufzeichnung von GAUSS vom 22. Januar 1833[1]), die den im vorigen Artikel besprochenen Satz voraussetzt, weswegen man dessen Auffindung mit Sicherheit früher ansetzen muss.

Das magnetische Potential einer Doppelschicht bezw. eines Stromes, also, von einem konstanten Faktor abgesehen, der räumliche Winkel, unter dem sie von P aus erscheinen, kann noch auf andere Weise berechnet werden, indem man nämlich auf den Begriff des Potentials als der Arbeit zurückgeht, die geleistet werden muss, um den positiven Einheitspol aus der Unendlichkeit auf einer beliebigen Kurve s' zum Punkte P zu führen. Es wird sich also der räumliche Winkel ω auch als ein Doppelintegral über die beiden Kurven s und s' darstellen lassen:

$$(79) \qquad \omega = \iint' \Pi\, ds\, ds',$$

wo der Strich am zweiten Integralzeichen andeuten soll, dass sich die Integration auf s' bezieht. Nimmt man nun die Kurve s' allgemeiner an, d. h. betrachtet man statt einer aus dem Unendlichen kommenden zum Punkte P führenden Kurve, z. B. eine solche, die geschlossen ist, dann liegen zwei Möglichkeiten vor: Entweder umschlingt s' ein oder mehrere Male die Berandungskurve s der Doppelschicht bezw. des Stromes, oder sie tut dies nicht. Nun hat GAUSS in der genannten Aufzeichnung bewiesen, dass das so entstehende Doppelintegral

$$(80) \quad \iint' \frac{(x'-x)(dy\,dz'-dz\,dy')+(y'-y)(dz\,dx'-dx\,dz')+(z'-z)(dx\,dy'-dy\,dx')}{[(x'-x)^2+(y'-y)^2+(z'-z)^2]^{\frac{3}{2}}} = 4\pi m$$

ist, wo m die Zahl der — algebraisch zu zählenden — Umwindungen der Kurve s' und der Kurve s ist. Der Satz ist bei GAUSS geometrisch einge-

---

1) *Handbuch* 19 (Be), S. 174; Werke V. S. 605; vergl. auch die Bemerkungen von SCHERING daselbst, S. 638.

kleidet, indem das Problem der »Geometria Situs« aufgeworfen wird, die Anzahl der Umschlingungen zweier geschlossener Linien zu zählen. Die physikalische Bedeutung ist die: Führt man auf der Kurve s' den positiven magnetischen Einheitspol auf einer beliebigen, den Strom J umschlingenden Kurve
einmal herum, so wird dabei die Arbeit

$$(81) \qquad\qquad A = 4\pi J$$

geleistet, die neuerdings wohl auch als die »magnetomotorische Kraft« bezeichnet wird. Als Spezialfall ist darin derjenige enthalten, wo die geschlossene Kurve s' den Strom nicht umschlingt; dann ist $A = 0$, d. h. im
Aussenraum des Stromes existiert ein magnetisches Potential.

Diese Gleichung enthält das Grundgesetz des Elektromagnetismus; in
moderner Bezeichnung ($\mathfrak{H}$ der magnetische Vektor, $J = \int j_n dS$, wenn j der Vektor der Stromdichte und dS ein Element des durchströmten Querschnittes ist):

$$(81\,a) \qquad\qquad \oint \mathfrak{H}_s\, ds = 4\pi \int j_n dS.$$

In diesem. Zusammenhang gehört es auch, dass bei GAUSS[1]) die Komponenten
des Vektorpotentials — ohne diesen Namen — eines linearen Stromes auftreten. GAUSS definiert nämlich drei Grössen

$$(82) \qquad X = J' \int \frac{dx'}{r'}, \quad Y = J' \int \frac{dy'}{r'}, \quad Z = J' \int \frac{dz'}{r'},$$

wo dx', dy', dz' die Komponenten eines Stromelementes ds' des Leiters sind
in dem Punkte mit den Koordinaten x', y', z', dessen Abstand vom Aufpunkte
(xyz) durch r' bezeichnet wird. Die Rotation dieses Vektors gibt, wie bekannt,
die magnetische Kraft des Stromes an, und da diese auch als Gradient des im
vorhergehenden besprochenen skalaren Potentials V dargestellt werden kann,
finden wir bei GAUSS auch die drei Gleichungen

$$(83) \quad \frac{\partial V}{\partial x} = \frac{\partial Z}{\partial y} - \frac{\partial Y}{\partial z}, \quad \frac{\partial V}{\partial y} = \frac{\partial X}{\partial z} - \frac{\partial Z}{\partial x}, \quad \frac{\partial V}{\partial z} = \frac{\partial Y}{\partial x} - \frac{\partial X}{\partial y},$$

die den Zusammenhang zwischen den beiden Potentialen aussprechen.

75. Durch die Lehre AMPÈRES von der Ersetzbarkeit der magnetischen
Wirkung eines Stromes durch eine magnetische Lamelle sind die elektromagnetischen Erscheinungen im engeren Sinne verknüpft mit den elektrodyna-

---

[1]) *Handbuch* 19 (Be), S. 189 ff.; Werke V, S. 612 ff.

mischen, d. h. mit den ponderomotorischen Kräften, die verschiedene Ströme auf einander ausüben. So wurde GAUSS zwangsläufig auch zur Untersuchung der elektrodynamischen Kräfte geführt. Diese hatte AMPÈRE in einer Anzahl klassischer Abhandlungen auf ein »Elementargesetz« zurückgeführt, d. h. auf ein Gesetz für Stromelemente. Diese AMPÈREschen Untersuchungen waren GAUSS geläufig. Das AMPÈREsche Gesetz kommt in seinen Notizen sehr häufig und zwar in den verschiedensten Formen vor, die alle auch bei AMPÈRE vorhanden sind. Aber in zwei Richtungen geht GAUSS von vornherein über seine Vorgänger hinaus.

Es ist bekannt, dass ein Elementargesetz nur in dem Sinne »richtig« sein kann, als es die Erscheinungen an geschlossenen Strömen richtig wiedergibt, weil es nur geschlossene Ströme gibt. Die Zeit vor MAXWELL hielt jedoch auch ungeschlossene Ströme für möglich, und für sie hatte daher die Frage nach dem »richtigen« Elementargesetz noch eine tiefere Bedeutung: Verschiedene Elementargesetze nämlich, die für geschlossene Ströme identische Resultate liefern, führen für ungeschlossene Ströme im allgemeinen zu verschiedenen Ergebnissen und könnten daher an solchen geprüft werden. Ein vom AMPÈREschen total abweichendes Elementargesetz hat z. B. H. GRASSMANN[1]) vorgeschlagen, und dieser befürwortet Versuche an ungeschlossenen Strömen zur Entscheidung zwischen seinem und dem AMPÈREschen Gesetz. Mathematisch gesprochen beruht der Unterschied zwischen solchen Elementargesetzen darin, dass man totale Differentiale nach s und s' hinzufügen und fortlassen darf, da diese bei der Integration über einen der beiden geschlossenen Stromkreise fortfallen. Dieser Gesichtspunkt, den später (1870) HELMHOLTZ[2]) hervorgehoben hat, ist GAUSS vollkommen geläufig, und so ist es denn nicht merkwürdig, dass er bei seinen Untersuchungen auch auf die GRASSMANNsche Form des Elementargesetzes gestossen ist — wenigstens zehn Jahre vor GRASSMANN.

Das AMPÈREsche Gesetz für die Kraft zwischen zwei Stromelementen $J\,ds$ und $J'\,ds'$ im Abstande r lautet

$$(84) \qquad -\frac{JJ'\,ds\,ds'}{r^2}\left\{-\tfrac{3}{2}\cos\vartheta\cos\vartheta'+\cos\varepsilon\right\};$$

1) H. GRASSMANN, Pogg. Ann. 64, 1845, Gesammelte Werke, Bd. II, 2, S. 147 ff.
2) H. v. HELMHOLTZ, Ges. Abhandl. I, S. 545.

dabei ist ϑ der Winkel zwischen r und ds, ϑ' ebenso zwischen r und ds', ε der Winkel zwischen ds und ds'. Rechnet man die Längen s und s' der beiden Stromleiter von einem festen Anfangspunkte aus, so kann man r als Funktion von s und s' betrachten, und es lassen sich, wie AMPERE gezeigt hat, die obigen drei Winkel durch r und seine partiellen Ableitungen nach diesen ausdrücken.

Da

$$r^2 = (x - x')^2 + (y - y')^2 + (z - z')^2$$

ist, folgt unmittelbar:

$$(85) \qquad \begin{cases} \dfrac{\partial r}{\partial s} = \cos \vartheta, \\[2mm] \dfrac{\partial r}{\partial s'} = - \cos \vartheta', \\[2mm] r \dfrac{\partial^2 r}{\partial s\,\partial s'} + \dfrac{\partial r}{\partial s}\,\dfrac{\partial r}{\partial s'} = - \cos \varepsilon; \end{cases}$$

damit ergibt sich aus (84):

$$(86) \qquad - \frac{JJ'\,ds\,ds'}{r^2} \left\{ \frac{1}{2}\,\frac{\partial r}{\partial s}\,\frac{\partial r}{\partial s'} - r\,\frac{\partial^2 r}{\partial s\,\partial s'} \right\}.$$

Statt dieser AMPÈRESchen Formel benutzt GAUSS mit Vorliebe die Form, zu der sie führt, wenn statt r die Variable $\rho = \sqrt{r}$ in die Formeln eingeführt wird. Man erhält dann eine andere Darstellung für die AMPÈRESche Formel (84), auf die GAUSS fast alle seine Rechnungen basiert, nämlich

$$(87) \qquad + \frac{2JJ'}{\rho}\,\frac{\partial^2 \rho}{\partial s\,\partial s'}\,ds\,ds' = + 2JJ'\,\frac{dd'\rho}{\rho},$$

wenn man die Differentiationen nach s durch d, die nach s' durch d' bezeichnet; ebenso werden, wie schon oben, Integrationen nach s' durch einen Strich am Integralzeichen bezeichnet. Neben dieser AMPÈRESchen Form tritt nun bei GAUSS[1]) folgende Vorschrift zur Berechnung der ponderomotorischen Kraft zwischen zwei Stromelementen auf:

»Die Fundamentalebene geht durch das wirkende Stromelement AB und den Punkt C, auf welchen gewirkt wird.

»Die komplexen Grössen, welche die Plätze B, C relativ gegen A bezeichnen, seien β, γ; ferner sei r der Modul von γ[2]). Endlich, falls auch in

---

1) *Handbuch* 19 (Be), S. 191; Werke V, S. 614.

2) In der Handschrift von GAUSS ist hier ein Schreibfehler, der auch in den Abdruck Werke V, S. 614 übergegangen ist, indem statt γ der Buchstabe β gesetzt ist, was aber keinen Sinn ergibt. — SCHAEFER.

C ein Strom in dessen Element CD bereits vorhanden, sei $\gamma + \delta + i'\zeta$ die komplexe Grösse, die den Platz von D gegen A bezeichnet. Man hat dann, wenn in C ein Strom ist, für die Kraft, welche dessen materieller Träger durch AB erleidet

$$(88) \qquad\qquad JJ'\frac{\delta}{r}\,\mathfrak{Im}\left(\frac{\beta}{\gamma}\right)\, {}^{1)}.\text{«}$$

Die folgende Figur 5 veranschaulicht den Sachverhalt.

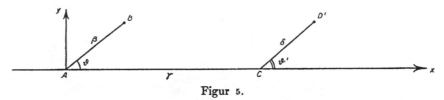

Figur 5.

Gauss hat offenbar die Ebene ABC, d. h. die von ihm sogenannte Fundamentalebene (Ampères »Elementarfläche«) als komplexe Ebene xy genommen. Der Einfachheit halber haben wir in der Zeichnung AC als x-Achse gewählt; das vom Punkte C ausgehende Stromelement CD liegt im allgemeinen natürlich nicht in der Fundamentalebene; seine Projektion CD' auf dieselbe bezeichnet Gauss durch die komplexe Grösse δ, seine zur Fundamentalebene senkrechte Komponente — unter Vermittlung einer dritten Einheit i' — durch ζ. Bezeichnet man daher den Winkel zwischen CD und der Fundamentalebene durch ω, so ist der absolute Betrag von δ:

$$(89) \qquad\qquad |\delta| = ds'.\cos\omega,$$

und δ selbst offenbar gleich

$$(90) \qquad\qquad \delta = ds'.\cos\omega.e^{i\vartheta'},$$

wenn, wie oben, ϑ' den Winkel zwischen ds' und r bezeichnen soll. In derselben Weise ist $\beta = ds.e^{i\vartheta}$, während $\gamma = r$ ist wegen der speziellen Wahl des Koordinatensystems. Unter diesen Umständen erhalten wir aus der Gauss-schen Formel (88) für die ponderomotorische Kraft $\mathfrak{K}$ den Ausdruck

$$(91) \qquad\qquad \mathfrak{K} = JJ'\frac{ds'\cos\omega.e^{i\vartheta'}}{r}\,\mathfrak{Im}\left(\frac{ds.e^{i\vartheta}}{r}\right).$$

und diese Kraft hat die Komponenten:

---

1) $\mathfrak{Im}$ bedeutet, dass der imaginäre Teil der komplexen Grösse zu nehmen ist.

$$(92) \quad \begin{cases} \mathfrak{K}_x = -\dfrac{JJ'\,ds\,ds'}{r^2}\cos\omega\,.\,\sin\vartheta'\,.\,\sin\vartheta, \\[2mm] \mathfrak{K}_y = \dfrac{JJ'\,ds\,ds'}{r^2}\cos\omega\,.\,\cos\vartheta'\,.\,\sin\vartheta, \end{cases}$$

und den Betrag

$$(93) \qquad K = |\mathfrak{K}| = \dfrac{JJ'\,ds\,ds'}{r^2}\cos\omega\,.\,\sin\vartheta.$$

Die Richtung der Kraft ergibt sich aus (92): sie liegt in der Fundamentalebene und senkrecht zum Stromelement ds.

Das aber ist das GRASSMANNsche Elementargesetz in allen seinen Einzelheiten.

Bemerkenswert ist an der obigen Darstellung noch, dass GAUSS hier eine »trikomplexe Grösse«, d. h. den dreidimensionalen Vektor

$$\delta + i'\zeta = \delta' + i\delta'' + i'\zeta$$

eingeführt hat, mit den drei Einheiten 1, i, i'.

76. Ein weiteres Ergebnis, dass GAUSS vorweggenommen hat, ist die Ableitbarkeit der elektrodynamischen Kräfte aus einem Potential.

Die ponderomotorische Kraft, die ein Stromelement $J\,ds$ in einem Magnetfelde $\mathfrak{H}$ erfährt, ist — entsprechend dem BIOT-SAVARTschen Gesetze und dem dritten NEWTONschen Axiom — der Grösse und Richtung nach durch das Vektorprodukt

$$(94) \qquad \mathfrak{K} = J[d\mathfrak{s}, \mathfrak{H}],$$

gegeben, also die Kraftkomponenten (ξ, η, ζ in GAUSSscher Bezeichnung) durch

$$(95) \quad \begin{cases} \xi = J(\mathfrak{H}_z\,dy - \mathfrak{H}_y\,dz), \\[1mm] \eta = J(\mathfrak{H}_x\,dz - \mathfrak{H}_z\,dx), \\[1mm] \zeta = J(\mathfrak{H}_y\,dx - \mathfrak{H}_x\,dy). \end{cases}$$

Rührt das Magnetfeld $\mathfrak{H}$ von einem geschlossenen Strome J' her, so ist es nach Artikel 73 von einem Potential $V = J'\omega$ ableitbar, und man erhält so statt (95):

$$(96) \quad \begin{cases} \xi = J\left(\dfrac{\partial V}{\partial z}\,dy - \dfrac{\partial V}{\partial y}\,dz\right), \\[3mm] \eta = J\left(\dfrac{\partial V}{\partial x}\,dz - \dfrac{\partial V}{\partial z}\,dx\right). \\[3mm] \zeta = J\left(\dfrac{\partial V}{\partial y}\,dx - \dfrac{\partial V}{\partial x}\,dy\right). \end{cases}$$

wobei in $V = J'\omega$ der Wert für ω aus (78) zu entnehmen ist. Man erhält so z. B. für ξ den Wert:

$$(97) \qquad -\xi = JJ' \int' \left\{ \frac{[(x'-x)\,dx + (y'-y)\,dy + (z'-z)\,dz]\,dx'}{r^3} \right.$$
$$\left. - \frac{(x'-x)(dx\,dx' + dy\,dy' + dz\,dz')}{r^3} \right\},$$

und für die virtuelle Arbeit bei einer Verrückung δx, δy, δz:

$$(\xi\delta x + \eta\delta y + \zeta\delta z) = -JJ' \int' \frac{dr}{r^2}(dx'\delta x + dy'\delta y + dz'\delta z)$$
$$+ JJ' \int' \frac{\delta r}{r^2}(dx'\,dx + dy'\,dy + dz'\,dz)$$

oder:

$$(\xi\delta x + \eta\delta y + \zeta\delta z) = -JJ' \int' \delta \frac{dx\,dx' + dy\,dy' + dz\,dz'}{r}$$
$$+ JJ' \int' \left(dx' \frac{\delta dx}{r} + dy' \frac{\delta dy}{r} + dz' \frac{\delta dz}{r} \right)$$
$$- JJ' \int' \left(dx' \frac{\delta x\,dr}{r^2} + dy' \frac{\delta y\,dr}{r^2} + dz' \frac{\delta z\,dr}{r^2} \right).$$

Die beiden letzten Glieder ergeben zusammengefasst

$$JJ' \int' \left[dx'\,d\left(\frac{\delta x}{r}\right) + dy'\,d\left(\frac{\delta y}{r}\right) + dz'\,d\left(\frac{\delta z}{r}\right) \right] =$$
$$JJ' \int' \left[dx' \frac{d}{ds}\left(\frac{\delta x}{r}\right) + dy' \frac{d}{ds}\left(\frac{\delta y}{r}\right) + dz' \frac{d}{ds}\left(\frac{\delta z}{r}\right) \right] ds,$$

was über den Stromkreis s, dem das Element Jds angehört, integriert Null ergibt, und GAUSS erhält also schliesslich für die virtuelle Arbeit, die von den AMPÈREschen Kräften bei Verschiebung des Stromkreises s gegen s' geleistet wird, den Ausdruck:

$$(98) \qquad \int(\xi\delta x + \eta\delta y + \zeta\delta z) = JJ'\delta \iint' \frac{dx\,dx' + dy\,dy' + dz\,dz'}{r}.$$

Führt man nun die Bezeichnung:

$$(99) \qquad \Pi = -JJ' \iint' \frac{dx\,dx' + dy\,dy' + dz\,dz'}{r} = -JJ' \iint' \frac{\cos\varepsilon\,ds\,ds'}{r}$$

ein, so folgen aus (98) die Gleichungen

$$(100) \qquad \xi = -\frac{\partial\Pi}{\partial x}, \quad \eta = -\frac{\partial\Pi}{\partial y}, \quad \zeta = -\frac{\partial\Pi}{\partial z}.$$

II ist aber nichts anderes als das von Franz Neumann[1]) sogenannte »elektro-dynamische Potential« der beiden Ströme aufeinander, als dessen partielle Ableitungen die Kraftkomponenten erscheinen. Die Gleichungen (100) stellen also bezüglich der ponderomotorischen Kräfte nach Form und Inhalt das Neumannsche Potentialgesetz dar, das von diesem erst in den Jahren 1845 und 1847 veröffentlicht wurde, d. h. etwa 12 Jahre, nachdem Gauss es gefunden hatte.

77. Darüber hinaus hat Gauss auch den Zusammenhang zwischen der induzierten elektromotorischen Kraft und dem elektrodynamischen Potential, d. h. das allgemeine Induktionsgesetz, gefunden. Seine Ausdrucksweise ist hier freilich schwankend, indem er als elektromotorische Kraft zuweilen das Linienintegral der elektrischen Feldstärke $\int_0 \mathfrak{E}_s\, ds$, zuweilen aber auch einfach die elektrische Feldstärke selbst bezeichnet; die letztere nennt Gauss »elektromotorische Kraft in einem Punkte«.

In dem *Handbuche* 19 (Be)[2]) findet sich eine Eintragung von Gauss unter der Überschrift: *Das Induktionsgesetz, gefunden* 1835, *Januar* 23; *morgens sieben Uhr vor dem Aufstehen,* folgenden Inhaltes: »Die stromerzeugende Kraft, welche in einem Punkte P hervorgebracht wird durch ein Rheophorelement γ, dessen Entfernung von P gleich r, ist während des Zeitelementes dt die Differenz der beiden Werte von $\frac{\gamma}{r}$, welche den Augenblicken t und $t + dt$ entsprechen, durch dt dividiert, wo γ nach Grösse und Richtung zu berücksichtigen ist, was kurz und verständlich durch

$$- \frac{d\left(\frac{\gamma}{r}\right)}{dt}$$

ausgedrückt werden kann.«

Unter γ ist unzweifelhaft $J ds$ zu verstehen; was Gauss mit der Bestimmung meinte, »wo γ nach Grösse und Richtung zu berücksichtigen ist«, zeigen unzweideutig einige Anwendungen, die er von seiner Gleichung macht. Es heisst z. B. an einer anderen Stelle[3]): »Entsteht während der sehr kleinen

---

1) F. Neumann, Abhandl. der Berliner Akademie 1845 und 1847; Neumanns Ges. Werke, Band III S. 255 ff. und S. 345 ff.

2) *Handbuch* 19 (Be), S. 184; Werke V, S. 609.

3) *Handbuch* 19 (Be), S. 186; Werke V, S. 610.

Zeit dt der Strom J in s, so ist damit eine oben bemerkte stromerzeugende Kraft in jedem Punkte begleitet; vom Element ds' ist das Mass derselben

$$= - \frac{J\,ds\,ds'\cos\varepsilon}{r\,dt},$$

wenn ε die Neigung der Richtungen ds, ds' gegeneinander bezeichnet«[1]. Im weiteren Verlauf der Rechnung gelangt Gauss zum Ergebnis, dass auf Grund dieses Gesetzes die elektromotorische Kraft A_1, die im geschlossenen Kreise s' durch Entstehung des Stromes J im geschlossenen Kreise s erzeugt wird, durch

$$A_1 = \frac{4J}{dt} \iint' \frac{\partial\rho}{\partial s} \frac{\partial\rho}{\partial s'}\,ds\,ds'$$

gegeben ist, wo $\rho^2 = r$ die Entfernung der beiden Stromelemente ds und ds' bedeutet. Dieser Ausdruck ist aber mit Hilfe der (in ρ ausgedrückten) Beziehungen (85) identisch mit dem folgenden:

$$(101) \qquad A_1 = - \frac{J}{dt} \iint' \frac{\cos\varepsilon}{r}\,ds\,ds'$$

Beachtet man, dass nach den Bedingungen des Problems J die in der Zeit dt entstehende Stromstärke ist, d. h. das, was wir in gewöhnlicher Schreibweise mit dJ bezeichnen, so kann man die letzte Gleichung schreiben:

$$(101\,\mathrm{a}) \qquad A_1 = - \iint' \frac{\cos\varepsilon}{r}\,ds\,ds' \cdot \frac{dJ}{dt}$$

und man erkennt — allerdings nur in dem speziellen Falle, wo die Induktion nicht durch Bewegung erzeugt wird — den Zusammenhang mit dem elektrodynamischen Potential (99).   Denn

$$- J \iint' \frac{\cos\varepsilon}{r}\,ds\,ds'$$

ist das Potential des Stromes J in Bezug auf den Leiter s', der von der Stromstärke $J' = 1$ durchflossen gedacht wird.

Gauss hat aber ebenso den Fall behandelt, dass die Stromstärke J konstant bleibt, dagegen die Lage der beiden Leiter gegeneinander geändert wird.   Sein Gedankengang ist der folgende[2]:

---

1) Die Bezeichnungen habe ich hier, der Gleichförmigkeit wegen gegen Gauss geändert. — Schaefer.
2) Werke V, S. 608.

»Die elektromotorische Kraft eines Stromelements $J ds$ wirkt in jedem Punkte mit einer Stärke, welche der Entfernung r verkehrt, hingegen dem auf diese Linie projizierten Stromelement direkt proportional ist, und in der Richtung der Linie r selbst, aber stets im entgegengesetzten Sinne.« Die letzten Worte entsprechen der von Lenz[1]) aufgestellten Regel, dass bei der Bewegung immer Arbeit geleistet werden muss, deren Äquivalent eben die Induktion ist; d. h. die letztere entspricht dem Energieprinzip. Man erkennt also hier, dass Gauss denselben Ausgangspunkt genommen und demselben Gedankengange gefolgt ist, wie später (1845) Franz Neumann in seiner schon genannten Arbeit. So findet Gauss für die durch Bewegung erzeugte elektromotorische Kraft den Ausdruck

$$A_2 = 4 J \frac{d}{dt} \int\!\!\int' \frac{d\rho}{ds} \frac{d\rho}{ds'} \, ds \, ds',.$$

oder:

(102) $$A_2 = - J \frac{d}{dt} \int\!\!\int' \frac{\cos \varepsilon}{r} \, ds \, ds'.$$

Der allgemeine Fall, wo sowohl Stromänderung als auch Bewegung vorhanden ist, ist von Gauss nur in der Form des im Eingang aufgestellten Elementargesetzes der Induktion behandelt, das nach Integration über die geschlossenen Stromkreise s und s' in der Tat die beiden Gleichungen (101) und (102) als Spezialfälle umfasst. Die Ausführung dieser Integrationen oder die Zusammenfassung der Gleichungen (101) und (102) liefert für den allgemeinen Fall der Induktion die elektromotorische Kraft:

(103) $$A = - \frac{d}{dt} \left[J \int\!\!\int' \frac{\cos \varepsilon}{r} \, ds \, ds' \right],$$

und dies ist wieder genau das Franz Neumannsche Ergebnis, nämlich der zweite Teil des Potentialgesetzes.

Als Gesamtergebnis können wir daher feststellen, dass Gauss im Anfang des Jahres 1835 das vollständige Potentialgesetz besass, sowohl was die Ableitung der ponderomotorischen Kräfte, als die der Induktionserscheinungen angeht. Diese Leistung ist wohl die Krone der physikalischen Schöpfungen von Gauss, wie sie es auch für Franz Neumann gewesen ist.

---

1) Lenz, Pogg. Ann. **33**, S. 483; 1834.

Erwähnt sei übrigens, dass fast alle oben verwendeten Gleichungen bei Gauss allgemeiner geschrieben sind, indem beiderseits ungeschlossene Stromleiter s und s' vorausgesetzt sind. Demgemäss treten noch 4 Glieder in den Ausdrücken für die elektromotorische Kraft hinzu, die von den Anfangs- und Endstücken der Leiter herrühren; sie sind im vorhergehenden fortgelassen, einmal um den Gedankengang klarer hervortreten zu lassen, zum zweiten aber, weil wir heute wissen, dass ungeschlossene Ströme gar nicht existieren. Immerhin haben auch diese allgemeineren Formulierungen von Gauss ihren Einfluss auf die Entwicklung der Wissenschaft ausgeübt. Helmholtz[1] knüpft (1870), wie mir scheint, bei seinen Untersuchungen über die allgemeinste Form des Elementargesetzes direkt an diese 1867 im Bande V der Werke veröffentlichten Betrachtungen von Gauss an.

78. Nach dem Standpunkte der damaligen Zeit waren Elementargesetze zwischen Stromelementen nicht das letzte Ziel der Wissenschaft; vielmehr galt es damals als höchstes Ziel der Physik, daraus Fernwirkungsgesetze (nach Art des Newtonschen bezw. Coulombschen) zwischen den elektrischen Ladungen abzuleiten, die man sich in den Leitern fliessend dachte. Auch Gauss hat demgemäss versucht, ein solches Gesetz zu finden, aus dem sowohl die elektrostatischen Erscheinungen, wie die elektromagnetischen und elektrodynamischen und endlich die Induktionswirkungen abzuleiten wären.

In seinen hinterlassenen Aufzeichnungen finden sich zwei derartige Ansätze.

Auf einem einzelnen Blatte[2] finden sich folgende Sätze, die aus dem Jahre 1835 stammen: »Wirkung eines elektrischen Elements auf ein anderes, relativ gegen welches der Platz des ersteren durch die komplexe Grösse u für die Zeit t bestimmt wird; Entfernung $= r$:

$$(104) \qquad - \frac{u}{r^3} - \frac{\alpha}{ur}\left(\frac{du}{dt}\right)^2 - \frac{\beta}{r}\frac{d^2u}{dt^2}.\text{«}$$

Wenige Zeilen später heisst es weiter zur Erläuterung: »In einer galvanischen Strömung von der Intensität J[3] schiebt sich in der Zeit t durch jeden Quer-

---

1) H. v. Helmholtz, Ges. Abhandl., Band I, S. 564 ff.
2) Werke V, S. 616.
3) Die Bezeichnung ist hier von mir geändert. — Schaefer.

schnitt die positive Elektrizität $\varepsilon J t$ nach der einen, die negative $-\varepsilon J t$ nach der andern Richtung.«

Dabei ist ε ein Faktor, der nicht näher bezeichnet wird, der aber nach GAUSS mit den Konstanten α und β in (104) in folgender Weise zusammenhängen soll:

$$(105) \qquad \alpha = \frac{1}{8\varepsilon^2}, \quad \beta = \frac{1}{4\varepsilon^2} = 2\alpha.$$

Damit nimmt das GAUSSsche »Grundgesetz I«, wie wir es nennen wollen, folgende Gestalt an:

$$(106) \qquad -\frac{u}{r^3} - \frac{1}{8\varepsilon^2}\frac{1}{ur}\left(\frac{du}{dt}\right)^2 - \frac{1}{4\varepsilon^2}\frac{1}{r}\frac{d^2u}{dt^2}.$$

Durch Dimensionsvergleichung der einzelnen Ausdrücke erkennt man leicht, dass ε die Dimension einer Geschwindigkeit hat. Das von GAUSS als komplexe Grösse bezeichnete u ist offenbar »trikomplex«, d. h. die vektoriell aufgefasste Grösse r; also ist $|u| = r$. Dann gibt das erste Glied $\frac{u}{r^3}$ dem Betrage nach die COULOMBsche Kraft zwischen zwei ruhenden Ladungen, wie es sein muss. Wenn man das zweite Glied mit u erweitert und bedenkt, dass $u^2 = r^2$ ist, so erhält man statt (106):

$$(107) \qquad -\frac{u}{r}\left\{\frac{1}{r^2} + \frac{1}{8\varepsilon^2 r^2}\left(\frac{du}{dt}\right)^2\right\} - \frac{1}{4\varepsilon^2}\frac{1}{r}\frac{d^2u}{dt^2}.$$

Die beiden durch geschweifte Klammern zusammengefassten Glieder würden eine Kraft in Richtung der Entfernung r bedeuten; das zweite Glied hängt dabei von der relativen Geschwindigkeit $\dot{u}$ ab, das dritte Glied repräsentiert eine Kraft in Richtung der relativen Beschleunigung $\ddot{u}$ und ist dieser proportional.

Man erkennt, dass zwischen dem GAUSSschen »Grundgesetz I« und dem später (1845—1847) von WILHELM WEBER[1]) aufgestellten Elementargesetz

$$(108) \qquad \frac{1}{r^2} - \frac{\dot{r}^2}{\varepsilon^2 r^2} + \frac{2\ddot{r}}{\varepsilon^2 r}$$

insofern eine grosse Ähnlichkeit besteht, als auch bei WEBER das zweite Glied von einer Geschwindigkeit ($\dot{r}$), das dritte von einer Beschleunigung ($\ddot{r}$)

---

1) WILHELM WEBER, Ges. Werke III, S. 134 ff.

abhängt, die allerdings nicht mit der relativen Geschwindigkeit ($\dot{u}$) bezw. der relativen Beschleunigung ($\ddot{u}$) identisch sind.

Dieses »Grundgesetz I« ist bisher nicht genauer untersucht worden, weil GAUSS selbst es anscheinend nicht weiter verfolgt hat.

Im *Handbuch* 19 (Be)[1] hat GAUSS — im Juli 1835 — noch ein zweites Grundgesetz aufgestellt, das in der Literatur schlechthin als »GAUSSsches Grundgesetz« bezeichnet wird, weswegen auch wir uns dieser Bezeichnung anschliessen wollen. Für die Wirkung zweier Elektrizitätsmengen aufeinander gibt GAUSS die Formel an:

$$(109) \qquad \frac{ee'}{r^2}\left[1 + k\left\{\dot{u}^2 - \tfrac{3}{2}\dot{r}^2\right\}\right],$$

wo $\sqrt{\dfrac{1}{k}}$ (ebenso wie vorhin ε) eine Geschwindigkeit bedeutet.

Von diesem seinem eigentlichen Grundgesetz hat GAUSS noch selbst — in den folgenden Zeilen des *Handbuches* — gezeigt, dass es mit den AMPÈRE-schen elektrodynamischen Gesetzen übereinstimmt; wie es sich zur Induktion verhält, hat GAUSS sicherlich auch geprüft, indessen ist uns keine Aufzeichung darüber erhalten. Dagegen hat MAXWELL[2] gezeigt, dass das GAUSSsche Grundgesetz die Erscheinungen der Induktion nicht richtig wiedergibt. Da GAUSS sein Grundgesetz nicht veröffentlicht hat, ist man zu der Annahme berechtigt, dass dasselbe auch ihn nicht befriedigt hat.

79. Während GAUSS hier ganz konsequent die Auffassung der Fernwirkungstheorie vertritt — ein Standpunkt, der später von WILHELM WEBER und KARL NEUMANN entwickelt wurde und der im WEBERschen Grundgesetze kulminierte — scheint er später Gedanken gehegt zu haben, die sich den Ideen FARADAYS annähern, wonach die Fernwirkung durch eine Feldwirkung zu ersetzen ist.

Wir sind darüber orientiert durch einen Brief GAUSSENS an WEBER[3] vom 19. März 1845, der eine Antwort auf einen Brief WEBERS darstellt, der sich damals bereits mit der Aufstellung seines Grundgesetzes und seiner Ableitbarkeit aus den AMPÈREschen Gesetzen beschäftigte. GAUSS schreibt: »Diese

---

1) *Handbuch* 19 (Be), S. 193; Werke V, S. 616.
2) MAXWELL, *Treatise of Electricity and Magnetism*, Band II, Deutsche Ausg. S. 593 ff.
3) Werke V, S. 627, insbes. S. 629.

[Durchsicht] hat mir . . . . gezeigt, dass der Gegenstand [Ihres Aufsatzes] zu denselben Untersuchungen gehört, mit denen ich mich vor etwa 10 Jahren (ich meine 1834 bis 1836) sehr ausgedehnt beschäftigt habe, und dass, um ein gründliches und erschöpfendes Urteil über ihren Aufsatz aussprechen zu können, es nicht zureicht, diesen durchzulesen, sondern dass ich mich erst ganz wieder in meine eigenen Arbeiten aus jener Zeit würde hineinstudieren müssen, was einen umso längeren Zeitraum erfordern würde, da ich jetzt, bei einer versuchsweise vorgenommenen Papierdurchmusterung erst einige nur fragmentarische Bruchstücke aufgefunden habe, obwohl wahrscheinlich viel mehr vorhanden sein wird, wenn auch nicht in vollständig geordneter Form . . . .«

GAUSS geht dann des Näheren auf WEBERS Darlegungen über das AMPÈRESCHE Gesetz ein, was uns hier nicht interessiert[1]) und fährt fort: »Ich würde ohne Zweifel meine Untersuchungen längst bekannt gemacht haben, hätte nicht zu der Zeit, wo ich sie abbrach, das gefehlt, was ich wie den eigentlichen Schlussstein betrachtet hatte, ... nämlich die Ableitung der Zusatzkräfte (die zu der gegenseitigen Wirkung ruhender Elektrizitätsteile noch hinzukommen, wenn sie in gegenseitiger Bewegung sind) aus der nicht instantanen, sondern (auf ähnliche Weise wie beim Licht) in der Zeit sich fortpflanzenden Wirkung. Mir hatte dies damals nicht gelingen wollen; ich verliess aber . . . . . die Untersuchung damals doch nicht ganz ohne Hoffnung, dass dies später vielleicht gelingen könnte, obwohl . . . . . mit der subjektiven Überzeugung, dass es vorher nötig sei, sich von der Art, wie die Fortpflanzung geschieht, eine konstruierbare Vorstellung zu machen.«

Hier findet sich zum ersten Male die Andeutung einer Nahewirkung mit endlicher Fortpflanzungsgeschwindigkeit, freilich sehr allgemein und unbestimmt formuliert; aber sie zeigt doch, dass GAUSS auf dem Wege war, der später auf Grund der FARADAYSCHEN Ideen von MAXWELL beschritten wurde. Der erste, dem 1858 ein weiterer Schritt in dieser Richtung gelang, war bekannt-

---

1) Von Interesse mag immerhin folgende Feststellung sein: In dem mehrfach genannten *Handbuch* 19 (Be), in dem sich GAUSS' Entwicklungen über Elektrodynamik befinden, ist eine Eintragung (Werke V, S. 624) erst nach 1843 eingetragen. Sie bezieht sich auf das AMPÈRESCHE Gesetz, und man kann vermuten, dass GAUSS, der nach dem Empfang von WEBERS Brief seine alten Papiere suchte, aber nicht vollständig wiederfand, zu seiner Wiedereinarbeitung in die Materie diese spätere Aufzeichnung gemacht hat. Diese wäre dann erst 1845 geschrieben und direkt durch WEBERS Brief veranlasst.

lich Gauss' Schüler Bernhard Riemann[1]), der anstelle der Poissonschen Gleichung für das Potential die Gleichung

$$\frac{1}{c^2} \frac{\partial^2 V}{\partial t^2} = \Delta V + 4\pi\rho$$

angesetzt hatte, die eine Fortpflanzung des Potentials mit Lichtgeschwindig-
keit ergibt. Gauss selbst war hier ein Erfolg nicht beschieden gewesen.

III. Gauss' Untersuchungen über Optik.

80. Schon durch seine astronomische Tätigkeit wurde Gauss veranlasst,
sich mit bestimmten Problemen der Optik, genauer der Dioptrik zu befassen.
Und zwar wurden ihm diese Probleme — wie jedem Astronomen seiner Zeit
— durch die Unvollkommenheit der damaligen Fernrohre fast aufgezwungen.
Es handelt sich mit andern Worten darum, achromatische und sphärisch kor-
rigierte Fernrohrobjektive zu berechnen.

Zum ersten Male trat diese Aufgabe im Jahre 1807 an Gauss heran, als
der Inhaber der berühmten Hamburger mechanisch-optischen Werkstätte Johann
Georg Repsold sich an ihn wandte mit bestimmten Fragen über die Konstruktion eines achromatischen Doppelobjektivs. Repsold wurde zu seinem Briefe
veranlasst durch einen Aufsatz von Georg Simon Klügel[2]); der Brief selbst
ist uns nicht bekannt, doch können wir aus Gaussens Antwort ersehen, um
was es sich handelte. Dieser[3]) erwiderte am 30. September 1807 aus Braunschweig: »Auf Veranlassung von Ihrem Herrn Onkel habe ich den Klügelschen Aufsatz über die Dimensionen eines Doppelobjektivs in Hindenburgs
Archiv durchgesehen. Diesen Zweig der Mathematik habe ich zwar bisher
noch zu keiner Hauptbeschäftigung gemacht, und mancherlei meine Zeit jetzt
beschränkende Arbeiten verbieten mir, in diesem Augenblick tief in diesen

---

1) B. Riemann, Ges. Werke, 2. Aufl., S. 288.

2) G. S. Klügel, *Angabe eines Doppelobjektivs, das von aller Zerstreuung der Farbe frei ist*; Archiv
der reinen und angew. Math., 6. Heft, S. 141 ff., 1797.

3) Werke XII, S. 145.

Gegenstand einzugehen; indessen glaube ich doch Ihre Fragen..... ziemlich befriedigend beantworten zu können.

»Erstlich, wenn die Dicke des Glases zu den von KLÜGEL vorgeschriebenen Dimensionen nicht zureicht, so kann man allenfalls die Linsen so viel dünner schleifen (wovon denn freilich die natürliche Folge ist, dass die Konvexlinse eine verhältnismässig kleinere Öffnung erhält) und übrigens die Dimensionen der Krümmung beibehalten. KLÜGEL erklärt selbst S. 154, dass dadurch kein sehr bedeutender Fehler entstehen könne. Um aber nichts zu wünschen übrig zu lassen, habe ich für dünnere Linsen die Dimensionen eines Objektivs berechnet, von dem ich versichern kann, dass es völlig so gut ist, als das von KLÜGEL angegebene und in der Voraussetzung, dass die Zerstreuungskräfte der beiden Glasarten den S. 151 angegebenen Datis entsprechen, sowohl die Abweichung wegen der Farben als die wegen der Gestalt vollkommen hebt.

Brennweite d. Doppelobjektivs v. d. hinteren Fläche gerechnet							31938	Teile
»	» Konvexglases	»	»	»	»	»	9962	»
»	» Konkavglases	»	»	»	»	»	—	
Halbmesser der Vorderfläche beim Konvexglase							6943	»
»	» Hinterfläche	»	»				22712	»
»	» Vorderfläche	» Konkavglase					14938	»
»	» Hinterfläche	»	»				18709	»
Dicke des Konvexglases							100	»
Ganze Öffnung des Konvexglases							2055	»
Dicke des Konkavglases (in der Achse)							35	»
Distanz der inneren Flächen beider Gläser							80	»

Der Theorie nach muss dies Glas für 8 Fuss Brennweite eine wirkliche Öffnung von 5½ Zoll vollkommen vertragen. Schlimm ist's nur, dass man schwerlich darauf rechnen kann, dass die Zerstreuungskräfte der beiden Glasarten vollkommen mit den vorausgesetzten Zahlen übereinstimmen, und man von der andern Seite die vorgeschriebenen Krümmungen nie aufs allerschärfste in der Praxis wird ausführen können. Gerade dieser Umstand aber gibt die Antwort auf Ihre zweite Frage. An sich ist allerdings keineswegs notwendig, dass die beiden Gläser durch einen Zwischenraum getrennt sind. Allein die Absicht, warum bei der Rechnung einer gelassen ist, geht dahin, um einigen

Spielraum zu gewinnen, sodass man durch Verringerung oder Vergrösserung der Distanz demjenigen durch Probieren nachhelfen könne, was an der Beschaffenheit der Glasarten und der Ausführung der verlangten Krümmungen etwa noch fehlen kann. Die Engländer leisten dieses Nachhelfen nicht durch Verschieben der Gläser, sondern dadurch, dass sie aus einer sehr grossen Menge von Linsen diejenige aussuchen, die den besten Effekt tut. Könnten Sie mir einerseits die Brechungs- und Zerstreuungsverhältnisse Ihrer Glasarten haarscharf angeben und zweitens gewiss sein, die vorgeschriebenen Krümmungen ebenso haarscharf auszuführen, so wäre es ein Leichtes, die Dimensionen zu dem besten Objektiv, wo die Linsen sich berühren, anzugeben. Allein bei den kleinen doch immer unvermeidlichen Unvollkommenheiten ist es dem, der nicht unter Hunderten von Linsen aussuchen kann, notwendig, sich gleichsam den Rücken frei zu erhalten, um wenigstens durch eine kleine Verschiebung der Linsen das gefehlte wieder einzubringen zu suchen. Ob übrigens nach Herrn KLÜGELS Vorschriften schon ein Glas ausgeführt ist, weiss ich nicht; aber gewiss glaube ich, dass man durch zweckmässige Benutzung der Theorie vor der blossen Empirie einen sicheren Vorsprung müsste erhalten können.«

In derselben Angelegenheit besitzen wir noch einen zweiten Brief von GAUSS[1]) an REPSOLD vom 2. September 1809. Darin verlangt GAUSS wiederum von REPSOLD genaue Werte von Brechungs- und Zerstreuungsvermögen der beiden Glassorten und erteilt ihm einige Ratschläge, wie er die exakte Messung ausführen solle. »Alsdann werde ich mit Vergnügen untersuchen, in wie fern bei der daraus folgenden Beschaffenheit der Gläser das Objektivglas etwa noch vollkommener eingerichtet werden könnte, und zweitens, wie es zu berechnen sei, damit das Konkavglas die möglichst kleinste Dicke erhalte.«

Die Forderung, möglichst geringer Dicke des Flintglases musste damals aus technischen Gründen gestellt werden, da grössere Stücke schlierenfreien Flintglases nicht mit Sicherheit hergestellt werden konnten. Wir kommen auf diesen Punkt, der späterhin noch eine andere Bedeutung erhalten wird, noch einmal zurück.

Am 30. Mai 1810[2]) und dann noch einmal am 10. Juni 1810[3]) erbittet

---

1) Werke XII, S. 147 ff.
2) GAUSS-SCHUMACHER I, S. 43.
3) Ebenda, S. 44; Werke XI, 1, S. 145.

SCHUMACHER im Namen REPSOLDS die Neuberechnung eines Doppelobjektivs von 8 Fuss Brennweite. Letzterer hatte inzwischen für seine Glassorten folgende mittleren Werte für den Brechungsexponenten n und die Dispersionen dn gefunden:

für das Kronglas: $n = 1{,}5157$; $dn = 0{,}0051$,
für das Flintglas: $n = 1{,}6109$; $dn = 0{,}0090$.

Insbesondere wünschte REPSOLD aus Bequemlichkeitsgründen, dass zwei Flächen der beiden Linsen den gleichen Krümmungshalbmesser haben sollten. Am 25. Mai 1810 antwortet GAUSS[1]): »REPSOLDS Wunsch, dass zwei von den vier Flächen einerlei Halbmesser bekommen, lässt sich nicht erfüllen, wenn die Bedingung statthaben soll, dass die dritte Fläche einen kleineren Halbmesser habe als die zweite. Sie können sich davon leicht überzeugen, wenn Sie folgende vier Formeln näher prüfen, wodurch nach REPSOLDS Angaben die vier Halbmesser $\frac{1}{\rho}$, $\frac{1}{\sigma}$, $\frac{1}{\rho'}$, $\frac{1}{\sigma'}$[2]) dargestellt werden, wenn die Brennweite 96 Zoll werden und die Abweichung wegen Gestalt der Gläser und wegen der Farben gehoben werden soll. Diese Form ist mir eigentümlich und, wie ich glaube, die zierlichste, die man finden kann:

$$(110) \quad \begin{cases} \rho = +0{,}0556255 - 0{,}0276427 \, \text{tang} \, \varphi, \\ \sigma = +0{,}0083843 + 0{,}0276427 \, \text{tang} \, \varphi. \\ \rho' = +0{,}0129083 - 0{,}0339803 \, \text{secans} \, \varphi, \\ \sigma' = -0{,}0498917 + 0{,}0339803 \, \text{secans} \, \varphi. \end{cases}$$

Der Winkel φ kann nach Gefallen angenommen werden; negative Halbmesser zeigen hohle Flächen an.

»Bei diesen Formeln ist die Dicke der Gläser nicht in Betracht gezogen. Mit Rücksicht auf diese werden einige Abänderungen nötig; ich habe ein System von Werten auf das Schärfste berechnet, wodurch die äusseren Farben bei den sehr nahe der Achse [verlaufenden Strahlen] und zugleich die mittleren [Strahlen], die in einem Abstand von zwei Zoll von der Achse [verlaufen], genau in einen Punkt zusammengebracht werden, und mir dabei die Bedingung vorgeschrieben, dass die zweite und dritte Fläche nicht viel verschieden sein sollen; je ungleicher man sie nimmt, desto kleiner wird der Halbmesser der

---

1) GAUSS-SCHUMACHER I, S. 45; Werke XI, 1, S. 146.
2) Die Bezeichnung ist hier der Gleichförmigkeit wegen (s. Artikel 81) geändert. — SCHAEFER.

ersten Fläche, und man wünscht kleine Halbmesser so viel [als] möglich zu vermeiden.

Masse für ein Doppelobjektiv von 96 Zoll Brennweite, 5 Zoll Öffnung:

Halbmesser der Flächen des Konvexglases 26,202 Zoll; ⎫ Dicke in der Achse
                                   42,972 » ; ⎭   0,21,

»   »   »   » Konkavglases 39,985 » ; ⎫ Dicke in der Achse
                             100,845 » ; ⎭   0,11.

Ich bin überzeugt, dass, wenn die Brechungs- und Zerstreuungsverhältnisse genau so sind, wie Repsold sie gefunden hat, und die Flächen genau kugelförmig werden, dieses Glas eine sehr gute Wirkung tun muss.«

Wider Erwarten gaben die beiden ersten Objektive, die Repsold nach diesen Formeln herstellte, schlechte bezw. nicht voll befriedigende Resultate. Er sowohl wie Schumacher schoben dies darauf, dass nach den Gaussschen Formeln die Dicke der Gläser so gering ausfiel, dass das Glas beim Schleifen sich durchgebogen und die Kugelgestalt verloren habe. Am 6. Oktober 1810 teilt Gauss[1]) an Schumacher mit, dass er bereit sei, die Rechnung für etwas grössere Dicke der Gläser noch einmal zu wiederholen; er glaube aber, dass dies die Dimensionen nur wenig verändern könne. Bevor er dazu kam, teilte ihm indes Schumacher[2]) am 10. November 1810 mit, dass ein neuer Versuch Repsolds von vollem Erfolge gekrönt gewesen sei: »Repsold hat jetzt nach Ihren Formeln ein . . . . . Objektiv vollendet, das, ohnerachtet das Glas Streifen hat, vortreffliche Wirkung tut. Es sitzt schon im Passageninstrumente und zeigt bei hellem Tage Mizar als Doppelstern. Beide Sterne sind noch keine 20 Sekunden von einander entfernt. Alle Sterne der vierten Grösse kann man jetzt bei Tage beobachten.« Und in einem späteren Briefe vom 31. Juni 1811 teilt Schumacher[3]) mit, dass der Polarstern, ein Doppelstern der vierten Klasse Herschels, mit dem Gaussschen Objektiv aufgelöst werden könne: »Sie können danach von der Vortrefflichkeit des nach Ihren Formeln geschliffenen Objektivs urteilen.«

---

1) Gauss-Schumacher I, S. 154; Werke XI,1, S. 148.
2) Ebenda S. 158; Werke XI,1, S. 148.
3) Ebenda S. 82.

81. Wichtig für uns ist die im ersten Brief an REPSOLD enthaltene Feststellung von GAUSS, dass er sich bisher nicht wesentlich mit der Theorie
achromatischer Objektive befasst habe.   Man wird daher erwarten können,
dass die ausgeführte Berechnung nichts der Sache nach Neues bringt, sondern
im Wesentlichen eine Anwendung bekannter Ergebnisse gewesen ist.   Damit
steht nicht im Widerspruch GAUSS' Äusserung im Brief an SCHUMACHER vom
25. Juni 1810, dass die Formeln (110) für die Halbmesser der Einzellinsen
»ihm eigentümlich seien«; denn das kann sich ausschliesslich auf die analytische
Form beziehen und bezieht sich, wie wir gleich sehen werden, tatsächlich
darauf.   Man kann in der Tat zeigen, dass GAUSSENS Rechnung im Wesentlichen auf EULERS *Dioptrik* zurückgeht.

Wir besitzen nämlich aus dem Nachlasse eine Aufzeichnung von GAUSS[1]
Achromatische Doppelobjektive, ohne Rücksicht auf Dicke und Abstand, in der
zwar nicht genau die Form (110), aber eine nahe damit verwandte und unmittelbar damit zusammenhängende benützt wird, nämlich die folgende:

$$(111)\quad\begin{cases}\dfrac{\rho-\sigma}{\rho+\sigma}=e+f\,\text{tang}\,\psi,\\[4pt]\dfrac{\rho'-\sigma'}{\rho'+\sigma'}=e'+f'\,\text{secans}\,\psi,\\[4pt]\dfrac{\rho-\sigma}{\rho+\sigma}=E+F\,\text{tang}\,\Psi,\\[4pt]\dfrac{\rho'-\sigma'}{\rho'+\sigma'}=E'+F'\,\text{secans}\,\Psi\end{cases}$$

Das erste Gleichungspaar liefert bei willkürlichem ψ alle Doppelobjektive, die
in der Achse chromatisch und für rotes Licht sphärisch korrigiert sind; das
zweite Paar bei willkürlichem Ψ ebenso alle diejenigen, die in der Achse
chromatisch und für violettes Licht sphärisch korrigiert sind.   Alle vier Gleichungen zusammen müssen gelten, wenn ausser der chromatischen Korrektion
zugleich die sphärische Aberration für rote und violette Strahlen beseitigt
sein soll.   Hier können wir nun an Hand der GAUSSSCHEN Aufzeichnung, die
jedenfalls in der Zeit um 1808 entstanden, aber erst nach 1813[2] niedergeschrieben ist, den Gang der Rechnung und ihren Ausgangspunkt verfolgen.

---

1) *Handbuch* 21 (Bg), S. 29 und 30; Werke XI, 1, S. 135 ff.

2) Das *Handbuch* 21 (Bg) trägt die Notiz: Angefangen im September 1813; der Text der obigen
Handschrift stammt mit grösster Wahrscheinlichkeit aus dem Jahre 1815.

Der Ausgangspunkt ist ein Problem von EULER[1]): Bei gegebenem Objekt-abstande a und gegebenem Bildabstande α gibt es unendlich viele (unendlich dünne) Einzellinsen, die das Objekt in den Bildpunkt abbilden; die sphärische Aberration (EULERS *spatium diffusionis*) ist je nach der Wahl der Linse ver-schieden, und einer bestimmten Linse entspricht das Minimum derselben. In GAUSS' Schreibweise lauten EULERS Formeln für die Radien $\frac{1}{\rho}$ und $\frac{1}{\sigma}$ dieser Linsenschar folgendermassen:

$$(112) \qquad \begin{cases} \dfrac{1}{\rho} = \dfrac{a\alpha}{ra + s\alpha \pm \tau(a+\alpha)\sqrt{l-1}}, \\[2mm] \dfrac{1}{\sigma} = \dfrac{a\alpha}{ra + s\alpha \mp \tau(a+\alpha)\sqrt{l-1}}, \end{cases}$$

dabei haben r, s, τ folgende Bedeutung:

$$(113) \qquad \begin{cases} r = \dfrac{1}{2m} + \dfrac{1}{m+3} - 1, \\[2mm] s = 1 + \dfrac{1}{2m} - \dfrac{1}{m+3}, \\[2mm] \tau = \dfrac{(m+1)\sqrt{4m+3}}{2m\,(m+3)}, \end{cases}$$

während $(m+1)$ der Brechungsexponent der Linse für rote Strahlen ist; $l \geq 1$ ist der Parameter der Schar, durch dessen verschiedene Wahl man die verschiedenen Linsen zu festem a und α erhält; $l = 1$ entspricht dem Minimum der sphärischen Aberration.

Die GAUSSsche Rechnung braucht hier nicht weiter analysiert zu werden, da dies in den Erläuterungen in Band XI, 1 der Werke, S. 138 ff. ausführlich geschehen ist. Hier möge es genügen zu zeigen, dass man von den EULER-schen Formeln (112) in der Tat unmittelbar zu der Form (110) für ρ und σ geführt wird. Beachtet man nämlich, dass für astronomische Fernrohre der Objektabstand $a = \infty$ zu setzen ist, so wird die Bildweite $\alpha = p$, wenn p die Brennweite ist. Damit liefern die EULERschen Formeln (112):

$$(114) \qquad \begin{cases} \rho = \dfrac{s}{p} \pm \dfrac{\tau}{p}\sqrt{l-1}, \\[2mm] \sigma = \dfrac{r}{p} \mp \dfrac{\tau}{p}\sqrt{l-1}. \end{cases}$$

---

1) *Dioptricae pars prima*; LEONARDI EULERI Opera omnia, ser. III, vol. 3, Seite 34 (zitiert nach der neuen EULERausgabe).

Da nun nach dem Vorhergehenden $\sqrt{l-1}$ zwischen 0 und ∞ schwanken kann, so kann man unter Einführung eines neuen Parameters ψ setzen:

$$\sqrt{l-1} = \tan \psi,$$

und erhält damit:

$$(115) \quad \begin{cases} \rho = \dfrac{s}{p} \pm \dfrac{\tau}{p} \tan \psi, \\[2mm] \sigma = \dfrac{r}{p} \mp \dfrac{\tau}{p} \tan \psi, \end{cases}$$

was genau die Form (110) für ρ und σ ist. Ganz analog ist es mit den Halbmessern der zweiten Linse, was hier nicht näher ausgeführt zu werden braucht.

Man sieht, dass abgesehen von der Form der analytischen Darstellung. GAUSS vollkommen auf EULER fusst. Demgemäss ist auch das für REPSOLD berechnete Doppelobjektiv sphärisch für die Randstrahlen und chromatisch in der Achse korrigiert, wie man es damals zu machen pflegte.

82. Etwas grundsätzlich Neues dagegen tritt bei GAUSS auf in dem 1817 veröffentlichten Artikel[1]) *Über die achromatischen Doppelobjektive, besonders in Rücksicht der vollkommenern Aufhebung der Farbenzerstreuung.* Dieser Aufsatz war veranlasst durch eine Abhandlung BOHNENBERGERS über denselben Gegenstand.

Die Sachlage ist folgende: Wenn man ein Doppelobjektiv, wie es damals allgemein geschah und wie man es für allein möglich hielt, so korrigiert, dass die sphärische Aberration für die Randstrahlen mittlerer Wellenlänge und die chromatische Aberration für die Zentralstrahlen beseitigt wird, so ist die Aufgabe in dem Sinne unbestimmt, als man zu jeder beliebig vorgegebenen Konvexlinse aus Kronglas eine Flintglaslinse berechnen kann, so dass die Kombination den obigen Anforderungen entspricht. Das Verhältnis der Halbmesser der Kronglaslinse kann dabei also noch vollkommen willkürlich angenommen werden und wurde von den verschiedenen Autoren deshalb nach akzessorischen Gesichtspunkten bestimmt, wobei man übrigens stillschweigend immer beide Halbmesser der Kronglaslinse positiv nahm, d. h. das Kronglas als Bikonvexlinse ausbildete. EULER z. B. bestimmte die Halbmesser so, dass die erste

---

1) Zeitschr. für Astron. u. verwandte Wissensch., Bd. 4, S. 345 ff., 1817; Werke V, S. 504 ff. Die erste Andeutung findet sich im Briefe an OLBERS vom 28. April 1817: GAUSS-OLBERS II, 1, p. 652.

Linse für sich ein Minimum der sphärischen Aberration gibt (Verhältnis etwa 1 : 7); KLÜGEL wollte möglichst kleine Krümmungen verwenden (Verhältnis 1 : 1); später stellte derselbe die Forderung möglichst kleiner Brechungen (Verhältnis 1 : 3). GAUSS kritisiert nun diese verschiedenen Vorschläge mit folgender allgemeinen Begründung: Da die sphärische Aberration niemals ganz beseitigt werden kann, sondern, wenn sie für die Randzone korrigiert ist, in den Zwischenzonen sich wieder bemerklich macht (und umgekehrt), so fragt es sich, ob es überhaupt zweckmässig ist, gerade diesen Linsenfehler möglichst zu beseitigen, solange das Objektiv noch andere Unvollkommenheiten hat, die unter Umständen störender sind, als der Rest sphärischer Aberration Es empfiehlt sich z. B. nach GAUSS mehr, die Farbenzerstreuung auch für die Randstrahlen zu kompensieren, — wenn dies möglich ist.

BOHNENBERGER[1]) hat nun das Verdienst, durch seine Arbeit gezeigt zu haben, dass es in Hinsicht der Farbenzerstreuung vorteilhafter ist, das Halbmesserverhältnis 2 : 3 statt des KLÜGELschen Verhältnisses 1 : 3 zu wählen; in beiden Fällen ist die sphärische Aberration noch merklich gleich gut korrigiert.

Immerhin bleibt auch bei dieser von BOHNENBERGER vorgeschlagenen Wahl der Halbmesser ein Rest von Farbenzerstreuung für die Randstrahlen übrig, und es erhebt sich eben die allgemeine Frage, ob man nicht die Forderung der Beseitigung der chromatischen Fehler für die Randstrahlen zur Bestimmung des Verhältnisses der Halbmesser der ersten Linse benützen kann. BOHNENBERGER kam auf Grund seiner Untersuchung[2]) zu dem Ergebnis, dass dies nicht möglich sei: »Denn es lässt sich die Farbenzerstreuung nicht für grosse und kleine Brechungen, also nicht am Mittelpunkt und am Rande des Objektivs gleichzeitig heben«, heisst es am Schlusse seines Aufsatzes. Dieses Resultat veranlasste GAUSS, die Frage von Neuem zu prüfen, mit dem entgegengesetzten Ergebnis[3]): »Die vollkommene Wegschaffung der Farbenzerstreuung bei den Randstrahlen und den der Achse nächsten Strahlen ist nämlich allerdings möglich, oder bestimmter, es lässt sich ein Objektiv be-

---

1) *Bemerkungen über die Berechnung achromatischer Objektive*, Zeitschr. für Astron. und verwandte Wissensch., Band I, S. 282 ff. und 385 ff.

2) A. a. O., S. 393.

3) Zeitschr. für Astron. und verwandte Wissensch., Band IV, S. 345 ff ; Werke V, S. 506.

rechnen, welches alle Strahlen von zwei bestimmten Farben, sowohl diejenigen, welche in einer bestimmten Entfernung von der Achse, als die, welche unendlich nahe bei derselben (und zwar, wie hier immer vorausgesetzt wird, mit ihr parallel) auffallen, in einem und demselben Punkte vereinigt.«

Das Ergebnis kommt wesentlich dadurch zustande, dass GAUSS die bisher stillschweigend gemachte Voraussetzung, dass die Konvexlinse bikonvex sein müsse, fallen liess. Bei GAUSS ist vielmehr bei beiden Linsen der eine Halbmesser positiv, der andere negativ, und zwar so, dass die Kronglaslinse kollektiv, die Flintlinse hingegen dispansiv ist; die beiden konvexen Flächen sind dem (unendlich fernen) Objekt zugewendet.

Die Dimensionen des GAUSSischen Objektivs sind die folgenden: Die Brechungsexponenten der Kronglaslinse waren angenommen (wie bei BOHNENBERGER) zu:

für violette Strahlen	1,525 976
mittlere	1,515 162
rote	1,504 348

die der Flintglaslinse zu:

für violette Strahlen	1,62 173
mittlere	1,60 177
rote	1,58 181.

Die Dicke der ersten (Kronglas-)Linse in willkürlichen Einheiten ist gleich 200 gesetzt, die der zweiten (Flint) zu 80, der Abstand zu 50 Einheiten. Dann fand GAUSS für die Halbmesser der Reihe nach in denselben Einheiten:

$$\underbrace{3\,415,287; \quad -10\,133,007;}_{\text{Kron}} \quad \underbrace{4\,207,421; \quad -2\,807,320}_{\text{Flint.}}$$

Dann »vereinigen sich die roten und violetten Strahlen, sowohl die, welche unendlich nahe bei der Achse, als die, welche in der Entfernung 1 083,687 auffallen, alle in einem Punkt der Achse, dessen Entfernung von der letzten Fläche gleich 28 293,3 wird. Wird jene Entfernung von der Achse, bei welcher der Einfallswinkel $18^0 30'$ ist, als Halbmesser der Öffnung angenommen, so ist der Durchmesser der Öffnung nahe $\frac{1}{18}$ der Brennweite.« Dann heisst es weiter — und dies ist für das Folgende wichtig —: »Um beurteilen zu können, wie gross die noch übrig bleibende Abweichung wegen der Gestalt für die

Strahlen zwischen dem Rande und der Achse wird, habe ich die Vereinigungs-
weite für den Einfallswinkel 13° berechnet und gefunden:

28 289,3 für die roten,

28 290,0 für die violetten Strahlen.«

Man sieht also, dass die Abweichung von der Kugelgestalt in $\frac{2}{3}$ der Öffnung
wieder hervortritt, wenn sie für den Rand (18° 13') korrigiert ist.

Über die Art, wie GAUSS das Objektiv berechnet hat, gibt folgende Stelle
seiner Abhandlung[1]) Auskunft: »Es gehört nicht zu meiner Absicht, den mathematischen Teil dieser Untersuchung hier zu entwickeln. Ich bemerke nur, dass
die Aufgabe, wenn man die Abweichung wegen der Gestalt nach EULERS Art
betrachtet und Dicke und Entfernung der Glaslinsen bei Seite setzt, auf eine
Gleichung vierten Grades führt, welche zwei reelle Wurzeln hat. Die hieraus
sich ergebende genäherte Auflösung dient zur Grundlage einer indirekten
Rechnung, durch welche alles in Übereinstimmung gebracht wird.« Man erkennt wieder die Anknüpfung an EULER und damit an diejenigen Entwicklungen, die in den vorhergehenden Artikeln besprochen sind. Die dort erwähnte Handschrift aus *Handbuch* 21 (Bg) stellt geradezu die nach EULERS Art
angestellte vorläufige Rechnung dar, unter Vernachlässigung von Dicke und
Entfernung der Linsen[2]). Die weitere Durchführung der GAUSSschen Rechnung
ist uns von seiner Hand nicht erhalten; man kann sie aber rekonstruieren
aus einem *Lehrbuch der analytischen Optik* von JOH. CARL ED. SCHMIDT[3]), das nach
dem 1832 erfolgten Tode des Verfassers von GOLDSCHMIDT, dem Schüler und
Gehilfen von GAUSS, im Jahre 1834 in Göttingen herausgegeben wurde. Dort[4])
ist ein Objektiv nach GAUSS — also wohl unter seiner ausdrücklichen Billi-
gung — durchgerechnet.

83. GAUSSsche Objektive sind inzwischen mehrfach hergestellt und mit

---

1) Werke V, S. 507.

2) Dass diese Auffassung zutrifft, ergibt sich am schlagendsten, wenn man nach dieser GAUSSschen
Vorschrift die provisorischen Halbmesser der Linsenflächen wirklich ausrechnet. Ich finde bei einer flüchtigen Rechnung, wenn der erste Halbmesser dem GAUSSschen definitiven Werte gleichgesetzt wird:

3 415,287;   — 11 601,6 ;   4243,3 ;   — 2 878,1.

Diese Werte weichen bis zu 13 % von den GAUSSischen ab, was in Anbetracht der Vernachlässigung
nicht unerwartet ist.

3) J. C. E. SCHMIDT, *Lehrbuch der analytischen Optik*, Göttingen 1834.

4) A. a. O., S. 484 ff.

anderen Glassorten berechnet worden — anscheinend mit recht verschiedenem Erfolge. Nach einem Berichte STEINHEILS sei es zum ersten Male in England, aber mit sehr schlechtem Ergebnis, ausgeführt worden. STEINHEIL selbst hat dann im Jahre 1860 ein Objektiv nach GAUSS angefertigt und gibt darüber folgenden Bericht[1]: »GAUSS hatte durch seine Rechnung gezeigt, dass es möglich ist, ein Objektiv zu konstruieren, welches Strahlen von zweierlei Brechbarkeit und zwar solche, welche der Achse unendlich nahe und solche, welche am Rande des Objektivs einfallen, in aller Strenge in einem Punkte vereinigt. Alle anders konstruierten Doppelobjektive leisten dieses nicht, sondern sie vereinigen nur die mittleren Strahlen und dann noch einen Strahl von anderer Brechbarkeit, z. B. den des Randes oder den der Achse, und es entsteht daher in unseren gegenwärtigen Objektiven eine Farbenabweichung, die um so fühlbarer wird, je grösser die Öffnung des Objektivs im Verhältnis zur Brennweite, und je grösser die Dimensionen überhaupt sind.

»Es war daher von hohem Belang, eine Konstruktion zu geben, welche diesen Übelstand beseitigt, und das war erreicht durch die Arbeit von GAUSS. Allein es hatten sich mehrfache Skrupel gegen diese erhoben. Einmal waren die Krümmungshalbmesser viel kürzer als bei FRAUNHOFER, ja kleiner als $\frac{1}{10}$ Brennweite, während bei FRAUNHOFER der kürzeste Halbmesser nahe $\frac{1}{3}$ Brennweite misst. Man fürchtete also, durch so sehr gekrümmte Gläser andere ausser der Rechnung liegende und doch wesentliche Bedingungen, z. B. Gesichtsfeld etc. nicht erfüllt zu sehen. Auf die grösste Bedenklichkeit hatte aber GAUSS selbst aufmerksam gemacht. Diese besteht darin, dass für die mittleren Strahlen zwischen Mittelpunkt und Rand des Objektivs wieder eine Abweichung hervortritt, die in $\frac{2}{3}$ ihr Maximum erreicht, so dass also wohl die Strahlen von Rand und Achse, aber nicht alle dazwischen liegenden vereinigt waren. Diesem Umstande wurde es zugeschrieben, dass der Effekt des GAUSS-schen Objektivs nicht besser ausgefallen ist, und so blieb diese schöne Arbeit des grossen Meisters an 40 Jahre ohne Erfolg.

»Ein näheres Eingehen in die Sache zeigt jedoch leicht, dass die GAUSSsche Rechnung direkt gar nicht ausführbar war, weil GAUSS für die Grenzen des Spektrums gerechnet hatte, also gerade die Hauptmasse der Strahlen unbe-

---

1) Abgedruckt bei WILHELM WEBER, *Über das von Gauss berechnete und von Steinheil ausgeführte Fernrohrobjektiv*, WEBERs Werke I, S. 563 ff.; vergl. auch den Werke XII, S. 151 ff. abgedruckten Brief STEINHEILS aus den Astron. Nachr., Bd. 53, 1860, S. 305.

rücksichtigt liess. Es war dies durchaus kein Versehen von GAUSS; im Gegenteil lag es nur in seiner Absicht zu zeigen, dass sich Strahlen von zweierlei Brechbarkeit vereinigen lassen, und er wählte die Grenzwerte, weil er wusste, dass, wenn sich diese vereinigen lassen, dies auch für die Zwischenwerte gilt. Es war nur ein Versehen, dass man glaubte, diese Rechnung direkt realisieren zu können.

»Was nun die Abweichung der Strahlen in $\frac{4}{5}$ der Öffnung anbetrifft, so wusste ich aus den Rechnungen meines Sohnes Dr. ADOLPH STEINHEIL über Mikroskopobjektive, dass sich solche Abweichungen durch die Dicken der Linsen oder durch kleine in der Ordnung der Dicken liegende Abstände heben lassen, und veranlasste ihn daher, das Objektiv, was ich heute die Ehre habe der Klasse vorzuzeigen, zu berechnen.

»Die Ausführung selbst bietet keine Schwierigkeit, wenn man im Besitze der Hilfsmittel ist, die gestatten, einen Halbmesser auf fünf Zifferstellen genau herzustellen und Abweichungen der siebenten Zifferstelle in der Sphäre zu erkennen. Allein es zeigte sich, dass die jetzt übliche Art, die Objektive zu fassen, nicht ausreichend ist, um einen bestmöglichen Effekt zu erlangen.

»Ich habe daher dem Objektive eine neue Art Montierung gegeben, welche gestattet, jede Linse oder beide zusammen gegen die optische Achse zu neigen, die Mittelpunkte der Linsen gegen einander zu verstellen und endlich den Abstand der Linsen zu verändern. Man erlangt damit durch Versuche den bestmöglichen Effekt, der sich bei den gegebenen Flächen des Objektivs erzielen lässt.

»Der erste Blick durch das Fernrohr wird jedem Kenner sagen, dass es von ungewöhnlicher Schärfe und Farblosigkeit ist. Auf hellbeleuchtete Objekte erträgt das Objektiv von 36′′′ Öffnung und 46″ Brennweite eine 300—360 malige Vergrösserung ganz gut.

»Dennoch glaube ich durchaus nicht, dass bei diesem ersten Versuch die möglichst grosse Vollkommenheit erreicht ist. Im Gegenteil müsste der Effekt noch besser sein, wenn die Farben so gelegt wären, dass die Brennweite 2 bis 3 Linien länger würde, wenn die eine Linse ungeändert bliebe. Ich glaubte es aber schon so, wie es ist, vorlegen zu dürfen, weil es in der Leistung die besten mir zugänglichen Instrumente dieser Dimensionen übertrifft, und weil wir schon hieraus ersehen, dass auch diese Idee von GAUSS, die an 40 Jahre verkannt und unberücksichtigt blieb, ihre Früchte tragen wird.

»Zum Schluss füge ich nur bei, dass ich jetzt die Grenze untersuche, bis zu welcher die Öffnung des Gaussschen Objektivs im Verhältnis zur Brennweite vergrössert werden kann. Es unterliegt keinem Zweifel, dass wir auch darin weiter kommen, als bei dem Fraunhoferschen Objektive, weil die Farben erster Ordnung über das ganze Objektiv vernichtet sind. Es ist jetzt ein Objektiv in Arbeit, welches 54‴ Öffnung bei 48″ Brennweite bekommt. Ist auch für diese Öffnung das Bild genügend und das Gesichtsfeld noch gut wie jetzt, dann ist der Hoffnung Raum gegeben, bessere grosse Refraktoren herzustellen, als dies bis jetzt möglich war.«

Später sind noch mehrere Male — mit kleinen Varianten natürlich — Gausssche Objektive berechnet worden; eine Zusammenstellung der wichtigsten bis zum Jahre 1888 findet sich in einem Aufsatze von Krüss[1]), der zu dem Ergebnis kommt, dass die Gausssche Bedingung kein Fortschritt gegenüber Fraunhofer sei, ein Urteil, das schon deshalb zu scharf ist, weil es viel zu allgemein formuliert ist. Im Gegensatz dazu hat Lummer[2]) ein Gauss-Objektiv für die Fernrohre eines Spektrometers berechnet — mit dem denkbar günstigsten Erfolge: Obwohl die Farbenkorrektion ja nur für 2 Wellenlängen ausgeführt wurde, zeigte sie sich doch für das ganze Spektrum als vollkommen, sodass Lummer für Präzisions-Spektrometer, die für das ganze Spektrum scharf abbildende Fernrohre haben müssen, Gausssche Objektive als die besten betrachtet.

Übrigens hat man mit bestem Erfolge die Gausssche Bedingung später[3]) bei Mikroskop-Objektiven verwendet.

Die ganze Art der Betrachtung der älteren Optik ist vom heutigen Standpunkt aus korrekturbedürftig, da es für die Wellenlehre eine punktförmige Abbildung ja überhaupt nicht gibt. Deshalb haben alle älteren Betrachtungen Modifikationen in diesem Sinne über sich ergehen lassen müssen. Diesen Mangel kann man aber den älteren Arbeiten natürlich nicht zum Vorwurf

---

1) H. Krüss, *Die Farbenkorrektion der Fernrohr-Objektive von Gauss und von Fraunhofer,* Zeitschrift für Instrumentenkunde. Bd. 8, S. 7 ff., 1888.

2) In Müller-Pouillets *Lehrbuch der Physik,* 9. Aufl., Bd. II, S. 569 ff.; dort findet sich die ganze Durchrechnung des Objektivs.

3) Vergl. dazu Ernst Abbe, Ges. Abhandl., Bd. I, S. 450 ff., insb. S. 453.

machen, denn jede wissenschaftliche Anschauung wird schliesslich überholt und verbessert. In diesem Lichte gesehen, wird man den Gedanken von GAUSS als eine wertvolle Anregung betrachten müssen, die auch heute noch ihren Wert haben kann, wie die oben angeführten Beispiele zeigen[1]).

84. Am Schlusse seines Aufsatzes über *Achromatische Doppelobjektive* macht GAUSS noch eine Bemerkung grundsätzlicher Art über die Korrektion der sphärischen Aberration, die durch eine Bemerkung BOHNENBERGERS veranlasst war.

Wenn man die sphärische Aberration für den Rand der Linse beseitigt, so tritt sie natürlich in den Zwischenzonen mit einem gewissen Betrage wieder auf, und vernichtet man sie für eine Zwischenzone, so macht sie sich am Rande wieder bemerklich. Es fragt sich nun, wie man ein Objektiv bezüglich der sphärischen Aberration am besten korrigiert, am Rande oder in einer Zwischenzone? BOHNENBERGER[2]) hat folgendermassen argumentiert: Da die sphärische Aberration in den Zwischenzonen mit einem bestimmten Betrage auftritt, wenn sie für den Rand kompensiert ist, so könne man die Öffnung des Objektivs offenbar ohne Schaden soviel vergrössern, bis die sphärische Aberration für den grösseren Rand gerade wieder den Betrag erreicht habe, der ohnehin in den Zwischenzonen herrscht; die schon vorhandene Undeutlichkeit der Abbildung werde ja durch eine solche Vergrösserung der Öffnung nicht vermehrt. Daher, schliesst BOHNENBERGER, solle man die sphärische Aberration nicht für den Rand, sondern für eine solche Zone korrigieren, dass Rand und Zwischenzone etwa gleich starke Reste von Aberration aufwiesen.

Gegen diese an sich einleuchtende und anscheinend durchschlagende Begründung nimmt GAUSS[3]) Stellung. Er würde dieser Überlegung Beweiskraft zusprechen, sagt er, wenn die Aberration, die jenseits und diesseits der korrigierten Zone übrigbliebe, dasselbe Vorzeichen hätte. »Man könnte zwar hiegegen mit

---

1) Allgemein kann man folgendes sagen: Die Anwendung der GAUSSschen Bedingungen ist überall da am Platze, wo es sich um Instrumente handelt, die bis zu den Grenzen des Auflösungsvermögens beansprucht werden, also z. B. bei Objektiven für astronomische Fernrohre und starken Mikroobjektiven. Bei schwachen Mikroobjektiven und photographischen Objektiven braucht sie nicht berücksichtigt zu werden.

2) A. a. O., S. 279.

3) Werke V, S. 508.

einigem Schein einwenden, dass es bei der Längenabweichung auf das Zeichen gar nicht ankomme, und dass positive und negative Abweichungen eine und dieselbe Undeutlichkeit im Auge hervorbringen. Allein hierbei nähme man offenbar stillschweigend an, dass das Okular immer genau für das deutliche Sehen desjenigen Bildes gestellt sei. welches durch die der Achse nächsten Strahlen hervorgebracht wird, und dies kann doch nicht eingeräumt werden. Man mag dies Bild immerhin das Hauptbild nennen; es fällt mit dem von den Randstrahlen hervorgebrachten Bilde zusammen, wenn die Abweichung für diese gehoben ist, und alle übrigen Bilder werden dann (wenigstens allgemein zu reden) jenseits oder diesseits des Hauptbildes liegen. Da man nun das Okular immer so stellt, dass die Undeutlichkeit so klein wie möglich wird, so sieht man gerade das Hauptbild am wenigsten deutlich, und jede Vergrösserung der Öffnung vergrössert auch die Undeutlichkeit.«

Auch diese GAUSSsche Argumentation ist unter einer stillschweigenden Voraussetzung gemacht. nämlich der, dass man von der verschiedenen Intensität der Bilder absieht, die durch die verschiedenen Zonen des Objektivs erzeugt wird. In einem Briefe an BRANDES[1]) hat GAUSS selbst diese Einschränkung erkannt und beseitigt und gibt die Resultate einer neuen Berechnung, die auf die Intensität Rücksicht nimmt: »Ich finde nämlich jetzt durch eine tiefer eindringende Untersuchung, dass die Undeutlichkeit, die in dem Ausdrucke für die Längenabweichung von der vierten Potenz des Abstandes der auffallenden Strahlen von der Achse abhängt, den möglich kleinsten Totaleinfluss hat, wenn man das Objektiv so konstruiert, dass diejenigen Strahlen, die unendlich nahe bei der Achse einfallen, und diejenigen, die in einer Entfernung $= R\sqrt{\frac{6}{5}}$ auffallen würden (wo $R =$ Radius des Objektivs ist), in einem Punkte A sich vereinigen, wobei das Okular dann so steht, dass man denjenigen Punkt der Achse, wo die Strahlen, die in der Entfernung

$$= \sqrt{\left(\frac{3}{5} - \frac{\sqrt{6}}{10}\right)} R \quad \text{und} \quad = \sqrt{\left(\frac{3}{5} + \frac{\sqrt{6}}{10}\right)} R^{2})$$

von der Achse aufgefallen sind, sich alle vereinigen, deutlich sieht. Denken

---

1) Abgedruckt in GEHLERs *Physikal. Wörterbuch* 1831, Artikel: Linsenglas von BRANDES; Werke V, S. 509—510.

2) Hier liegen in GAUSS' Werken V, S. 509 Druckfehler vor, indem die Quadratwurzeln fehlen. — SCHAEFER.

Sie sich nämlich durch diesen Punkt eine auf die Achse senkrechte Ebene, so ist das Bild desto undeutlicher, je grösser der Kreis um A ist, den die von einem Punkte des Objekts auf das Objektivglas gefallenen Strahlen füllen, doch so, dass die Intensität der Strahlen an jeder Stelle dieses Kreises mit berücksichtigt werden muss. Hiebei ist nun einige Willkürlichkeit; ich halte für das zweckmässigste, hier nach denselben Prinzipien zu verfahren, die der Methode der kleinsten Quadrate zum Grunde liegen. Ist nämlich ds ein Element dieses Kreises, ρ die Entfernung des Elements von A und i die Intensität der Strahlen daselbst, so nehme ich an, dass $\int i\rho^2\,ds$ als das Mass der Total-Undeutlichkeit zu betrachten sei, und mache dies zu einem Minimum. Ich finde dabei folgende Resultate: 1. Konstruierte man das Objektiv so, dass dasjenige Glied der Längenabweichung, welches von dem Quadrate der Entfernung von der Achse abhängt, $= 0$ wird, und setzte das Okular so, dass A dahin fällt, wo die der Achse unendlich nahen Strahlen diese schneiden, so sei der Wert dieses Integrals $= E$. 2. Stellte man aber bei derselben Einrichtung das Okular so, dass das Integral so klein wird, wie es bei dieser Einrichtung werden kann (wobei A der Vereinigungspunkt der in der Entfernung $= R\sqrt[4]{\frac{1}{2}}$ auffallenden Strahlen sein wird), so ist das Integral $= \frac{1}{4}E$. 3. Dagegen ist bei der obigen Einrichtung und der vorteilhaftesten Stellung des Okulars das Integral $= \frac{1}{100}E$, als absolutes Minimum. Obiges Resultat, dass nämlich mit dem Vereinigungspunkte der der Achse unendlich nahen Strahlen ein bloss fingiertes Bild (von Strahlen aus grösserer Distanz von der Achse als der Halbmesser des Objektivs) vereinigt werden soll, ist anfangs sehr überraschend und paradox scheinend; aber bei näherer Betrachtung sieht man den eigentlichen Grund leicht ein. Jenes erste sogenannte Hauptbild (von Strahlen sehr nahe bei der Achse) ist nämlich dabei gleichsam das Unwichtigste wegen seiner geringen Intensität; viel wichtiger ist, dass die Strahlen von den der Peripherie näheren Ringen des Objektivs unter sich besser zusammengehalten werden, was bei jener Einrichtung am besten erreicht wird. Es tut mir leid, dass die Grenzen eines Briefes jetzt grössere Ausführlichkeit nicht gestatten; der scharfe Kalkül lässt sich nichts abstreiten und bei einem vagen Raisonnement übersieht man leicht einen wesentlichen Umstand; allein für den Kenner werden diese Winke schon zureichen.

»Allgemein finde ich, dass immer bei der vorteilhaftesten Stellung des Okulars jenes Integral $= \frac{1}{4}E\left(1 - \frac{5}{8}\mu^2 + \frac{2}{3}\mu^4\right)$ wird, wenn das Objektiv so konstruiert ist, dass Strahlen aus der Entfernung μR von der Achse sich mit dem (oben sogenannten) Hauptbilde in einem Punkte vereinigen. Dies ist ein Minimum für $\mu = \sqrt{\frac{6}{5}}$ und ist dann $= \frac{1}{100}E$; für $\mu = 1$ wäre es nur $= \frac{1}{80}E$ und für $\mu =$ unendlich klein, $= \frac{1}{4}E$. Nicht allein hat also hienach Bohnenberger Unrecht, sondern auch ich habe damals Unrecht gehabt, aber insofern, als ich noch nicht weit genug von Bohnenberger abgewichen bin. Ich hatte damals bloss die ganze Grösse des undeutlichen Bildes berücksichtigt, ohne auf die ungleiche Intensität der einzelnen Teile Rücksicht zu nehmen.«

Die Rechnung, die Gauss zu diesem Ergebnis führte, ist reproduziert in J. C. E. Schmidts bereits S. 162 genanntem *Lehrbuch*[1]).

Gegen die Gausssche Forderung wird von den praktischen Optikern auch heute noch vielfach verstossen; selbst in modernen Lehrbüchern der geometrischen Optik stehen die Gausssche und eine der Bohnenbergerschen verwandte Vorschrift kritiklos nebeneinander. In Wirklichkeit liegt die Sache so: Solange die Aberrationen so klein sind, dass die durch sie erzeugten Zerstreuungskreise unterhalb der »Rasterkonstante« des Perzeptionsorgans liegen, ist es natürlich gleichgültig, ob die Randstrahlen unterkorrigiert, korrigiert oder überkorrigiert sind. Anders bei Systemen, die eine grössere Zonenabweichung haben. Eine solche ist z. B. bei allen modernen photographischen Objektiven mehr oder weniger vorhanden, und zwar umso stärker, je länger die Brennweite ist. Solche Systeme, nach der Bohnenbergerschen Vorschrift korrigiert, geben ein kontrastarmes Mittelbild. Eine kontrastvolle Abbildung ist nur durch entsprechende Unterkorrektion im Gaussschen Sinne zu erzielen. Von welchen Betrachtungen man auch ausgeht, man kommt stets zu Vorschriften, die der Gaussschen ausserordentlich nahe stehen, und die Praxis bestätigt deren Richtigkeit.

85. Auf die Frage nach der Konstruktion achromatischer Objektive ist Gauss später (um 1840) noch einmal eingegangen, als der Wiener Mechaniker und Optiker Plössl eine neue Konstruktion von Fernrohren, die sogenannten dialytischen Fernrohre in den Handel brachte.

---

1) A. a. O., S. 514 ff.

Die Konstruktion der dialytischen Fernrohre verdankt ihren Ursprung der schon im Vorhergehenden hervorgehobenen Schwierigkeit, grosse klare Stücke von Flintglas herzustellen. Da dieses Blei enthält, das spezifisch schwerer ist als die übrigen Bestandteile, so wurden damals die Glasschmelzen fast stets inhomogen und schlierig. Wie LITTROW[1]) angibt, hatten sowohl die französische wie auch die englische Regierung grosse Preise — 12000 Francs bezw. 100 Pfund — für die Lösung des Problems ausgesetzt, mit Sicherheit grosse klare Stücke Flintglas zu erzeugen. Derselbe Autor gibt auch die Preise an, die für Flintglasstücke gezahlt werden mussten, aus denen man eine Linse von 12 Zoll Öffnung herstellen konnte: nicht weniger als 7200 Francs betrug der Preis eines derartigen Stückes, wenn ein solches durch Zufall einmal in der Schmelze gelang.

Man erkennt, wie dieser Mangel an grossen guten Flintglasstücken dazu führen musste, darüber nachzudenken, ob man nicht den Effekt der Achromatisierung mit kleineren Stücken würde erzielen können. LITTROW[2]) (1827) und ROGERS[3]) (1828) machten, wie es scheint unabhängig voneinander, fast denselben Vorschlag: Statt die beiden Linsen des achromatischen Objektivs unmittelbar aneinanderzusetzen, schlugen sie vor, die dispansive Flintglaslinse in grösserer Entfernung von dem kollektiven Kronglas anzubringen, an einer Stelle, wo das einfallende Strahlenbündel schon einen relativ kleinen Querschnitt angenommen hat; so könnte die Grösse der Flintglaslinse entsprechend verkleinert werden. Mit dem damaligen Flintglase, das in Brechung und Dispersion relativ wenig vom Kronglas abwich, hätte man aber bei so erheblichen Distanzen der beiden Linsen das Objektiv nicht achromatisieren können. ROGERS schlägt daher anstelle der einfachen Flintlinse eine aus Kron- und Flintglas zusammengesetzte Linse von folgender Eigenschaft vor: Für die Strahlen mittlerer Brechbarkeit sollte sie gerade wie ein Planglas wirken, für die violetten demnach als Konkavglas, für die roten schliesslich als Konvexglas. Gerade diese Eigenschaft wäre in der Tat erforderlich, um den chromatischen Fehler der einfachen Frontlinse aus Kronglas zu kompensieren, die ja die violetten Strahlen früher vereinigt als die roten.

---

1) v. LITTROW. *Vermischte Schriften*, Bd. I, S. 231 (Stuttgart 1846).
2) v. LITTROW, Zeitschr. f. Physik und Mathem., Bd. III, S. 129 ff., 1827; Bd. IV, S. 257 ff., 1828.
3) ROGERS, Pogg. Ann., Bd. 14, S. 325, 1828.

So scheint es also, dass diese Lösung, die durch PLÖSSL in die Praxis umgesetzt wurde, aus den Schwierigkeiten herausführte, indem man auch auf diese Weise ein achromatisches Objektiv herstellen könnte. Gleichzeitig gewönne man noch den Vorteil einer Verkürzung des Fernrohrs. Der Erfolg der praktischen Ausführung durch PLÖSSL ist in der Tat ein sehr grosser gewesen [1]).

Indessen hat GAUSS gezeigt, dass die Sache nicht so einfach liegt, wie die Erfinder dieses Typus es sich gedacht hatten, wenn auch der Erfolg ihrem Raisonnement Recht zu geben schien.

86. Zum ersten Mal stiess GAUSS auf die PLÖSSLschen Fernrohre durch eine Mitteilung von SCHUMACHER[2]) vom 24. Dezember 1832, die eine ganz fragmentarische Darlegung des Prinzips enthält, auf die GAUSS jedoch nicht weiter einging.

Erst im Jahre 1840, als er mit der Ausarbeitung seiner *Dioptrischen Untersuchungen* beschäftigt war, kommt er auf die dialytischen Fernrohre zurück, in einem Brief an ENCKE[3]) vom 2. Januar 1840: »Ebenso würden Sie mich verpflichten, wenn Sie mir etwas ausführlichere Auskunft über PLÖSSLS Arbeiten, namentlich sogenannte dialytische Fernröhre geben könnten. Irre ich nicht, so habe ich vor einigen Jahren irgendwo[4]) bei einer Prüfung der letztern eine Bezugnahme auf Sie gelesen. Ich würde mich also sehr über eine Belehrung freuen . . . . . .« Am 12. Januar antwortet ENCKE[5]): »Von PLÖSSLS Arbeiten kenne ich nur ein kleines zweifüssiges Fernrohr, was zu den ersten dialytischen gehört, die er gemacht hat, und was er als eines der besseren den Naturforschern in Wien präsentierte. . . . . Dieses Fernrohr ist in der Tat vorzüglich. Seine Vergrösserung geht bis 80 mal und entzückte auch HANSEN . . . . so sehr, dass er sogleich den Entschluss fasste, sich auch eines kommen zu lassen. FRAUNHOFERsche habe ich nicht damit vergleichen können, aber ich ziehe es den hiesigen guten englischen dreifüssigen bei weitem . . . . vor.« Diese allgemeine Auskunft genügte GAUSS jedoch nicht

---

1) Ausser den weiter unten vorkommenden Zeugnissen vergleiche man: FREIHERR V. JAQUIN, *Notizen über dialytische Fernröhre*, Zeitschr. f. Physik u. verwandte Wissenschaften, Bd. III, S. 57, 1835.

2) GAUSS-SCHUMACHER II, S. 313.

3) Werke XI, 1, S. 153.

4) In dem schon genannten Aufsatze des FREIHERRN VON JAQUIN. — SCHAEFER.

5) Werke XI, 1, S. 154.

und er stellt in einem späteren Brief[1]) vom 17. September 1840 noch einmal eine Reihe detaillierter Fragen. Er erwähnt dabei, dass SARTORIUS mit
seinem PLÖSSL wenig zufrieden sei, da er ein ausserordentlich kleines Gesichtsfeld habe und z. B. die Planeten nicht farbenfrei zeige. »Gegenwärtig interessiert mich nun der Gegenstand .... in einer rein theoretischen [Beziehung];
ich bin nämlich mit einer dioptrischen Untersuchung beschäftigt, ... die
mich zu dem Schlusse geführt hat, dass die ganze Einrichtung der dialytischen
Fernröhre verwerflich sein möchte. Ich betrachte selbst diesen Schluss mit
einigem Misstrauen, teils weil ich nie ein solches Fernrohr gesehen habe und
meine Rechnungen sich nur auf ungewisse hypothetische Voraussetzungen
stützen können, teils weil Sie und SCHUMACHER so rühmlich über Ihre Instrumente urteilen .... Am klarsten glaube ich mich auf folgende Art Ihnen
verständlich machen zu können:

»Zum vollkommenen Achromatismus gehören zwei Bedingungen:

1) dass das rote und das blaue Bild (so will ich mich der Kürze wegen
ausdrücken) in eine normal gegen die Fernrohrachse liegende Ebene fallen,

2) dass sie gleiche Grösse haben.

»Ist die erste Bedingung allein erfüllt, so werden Doppelsterne in der
Mitte des Gesichtsfeldes äusserst scharf erscheinen können, wenn auch an der
zweiten Bedingung beträchtlich viel fehlte, z. B. das rote und blaue Bild im
Verhältnis der Ungleichheit 51 : 50 oder so stünden; in diesem Falle werden
aber die Doppelsterne nicht mehr recht rein erscheinen, wenn man sie in
einer beträchtlichen Entfernung vom Zentrum des Gesichtsfeldes betrachtet.
Grössere Gegenstände werden nicht durchaus zufrieden stellen; das Gesichtsfeld wird, um diesen vitalen Fehler zu cachieren, sehr verengt werden müssen.
Dies alles scheint bei SARTORIUS' Fernrohr der Fall zu sein.

»Ich finde in allen optischen Büchern die zweite Bedingung nirgends nur
einmal erwähnt. Der Grund mag sein, dass bei der gewöhnlichen Einrichtung
der achromatischen Objektive sie mit der ersten von selbst, wo nicht genau,
doch sehr nahe erfüllt wird, sodass man, was daran fehlt, nicht bemerkt. Aber
meine theoretische Untersuchung ergibt, dass bei einer grossen Trennung der
Kronglas- und der Flintglaslinse die Erfüllung der zweiten Bedingung un-

---

1) Werke XI, 1, S. 154 ff.

möglich wird. Nur wenn man drei Linsen anwendet und auch die dritte wieder in angemessene beträchtliche Entfernung von der zweiten stellt, würde die Erfüllung der Bedingung möglich werden; ich zweifle aber, dass bei den dialytischen Fernröhren hierin prinzipmässig verfahren ist . . . .«

Die neue Erkenntnis von der zweiten Bedingung der Achromasie, die GAUSS bezüglich des Wertes des dialytischen Prinzips so skeptisch machte, ist in diesem Briefe mit vollster Klarheit ausgesprochen, ebenso wie in einem etwas späteren (vom 9. Oktober 1840) an SCHUMACHER[1]). Darin betont GAUSS noch besonders, dass zwar bei drei von einander weit getrennten Linsen die zweite Bedingung der Achromasie sich erfüllen lasse, nicht aber wenn zwei davon, wie es bei den Dialytrohren der Fall war, verkittet seien bezw. dicht bei einander stünden. »Gründlich a priori urteilen kann ich freilich nicht ohne genaue quantitative Data über die drei Brennweiten der drei Linsen und die beiden Distanzen, und so erlaube ich mir kein Urteil darüber, inwiefern die Unvollkommenheit, welche die Theorie andeutet, in der Ausübung noch fühlbar ist. . . . .«

Und schliesslich findet sich derselbe Gedankengang noch kurz in einem Briefe an GERLING[2]) vom 24. Oktober 1840.

87. Bevor wir in der Diskussion über die dialytischen Fernrohre weitergehen, ist es interessant an dieser Stelle hinterlassene Aufzeichnungen von GAUSS zu besprechen, die mit dem ganzen Fragenkomplex in Verbindung zu stehen scheinen.

Einmal findet sich in einem kleinen Hefte[3]) folgendes Problem aufgeworfen: »Drei Gläser, deren Brennweiten [numerisch gegeben sind], sollen für ein kurzsichtiges Auge, dessen Gesichtsweite [gegeben] ist[4]), zu einem Fernrohr arrangiert werden, in welchem der farbige Rand gehoben ist.«

Die Aufgabe wird mit drei probeweisen Ansätzen für die Entfernungen der Linsen durchgerechnet; die beiden ersten Ansätze geben noch farbigen Rand, der letzte dagegen gibt ein befriedigendes Resultat. Das würde genau mit GAUSS' Angaben in den obigen Briefen an ENCKE und SCHUMACHER übereinstimmen.

---

1) GAUSS-SCHUMACHER III, S. 406 ff.; Werke XI, 1, S. 158.
2) GAUSS-GERLING, S. 617; Werke XI, 1, S. 160.
3) *Scheda* An; Werke XI, 1, S. 126 ff.
4) Offenbar für das Auge von GAUSS selbst. — SCHAEFER.

Ferner finden sich im *Handbuch* 20 (Bh)[1] drei Fragmente über *Analyse von Fernrohren*. GAUSS hat dort nach dioptrischen Formeln, auf die wir später werden einzugehen haben, seinen BAUMANNschen Kometensucher, sein FRAUNHOFERsches Zugfernrohr und sein kleines RAMSDENsches Fernrohr genau untersucht und in jedem einzelnen Falle den farbigen Rand dazu berechnet.

Man darf daher wohl annehmen, dass diese Untersuchungen mit seinen allgemeinen Betrachtungen über die PLÖSSLschen Fernrohre zusammenhängen.

88. In dem in Artikel 86 wiedergegebenen Briefe an ENCKE vom 2. Januar 1840 betont GAUSS selbst, dass er, obwohl er von der grundsätzlichen Richtigkeit seiner Theorie betreffs der Achromasie überzeugt sei, noch zweifle, in wie weit daraus auf eine Unbrauchbarkeit der dialytischen Fernrohre geschlossen werden könne. Im weiteren Verlaufe erhielt GAUSS sowohl von ENCKE[2] als von SCHUMACHER[3] ein dialytisches Fernrohr zur Untersuchung zugesandt. Im Brief ENCKES ist es interessant zu sehen, wie dieser durch GAUSSENS Argumentation erschüttert, geneigt war, seine ursprüngliche Ansicht von der Vortrefflichkeit der PLÖSSLschen Instrumente aufzugeben. Er erwähnt, dass er sich einmal Notizen zu dem erwähnten Aufsatz von ROGERS gemacht habe, in denen er sich über den Nutzen der ganzen Einrichtung skeptisch ausgedrückt habe, und fährt dann — ganz im Gegensatz zu seinem früheren Optimismus — fort: »Es hat mich ungemein gefreut, dass Ihre Untersuchung ebenfalls Nachteile der Konstruktion nachgewiesen hat.«

Aber GAUSS war inzwischen schon weitergekommen. Er hatte erkannt, dass die von ihm hervorgehobenen Umstände zwar durchaus richtig waren, aber dennoch nichts gegen die PLÖSSLschen Instrumente bewiesen. Denn — und das ist wieder ein grundsätzlich neuer Gedanke von GAUSS — der chromatische Fehler, der durch das dialytische Objektiv entsteht, kann durch das Okular vollständig kompensiert werden, sodass das Auge — und das ist ja allein erforderlich — ein vollkommen farbenreines Bild empfängt. In einem Briefe an ENCKE vom 23. Dezember 1840[4] heisst es: »Was ich Ihnen früher geschrieben habe, nämlich dass das durch dialytisch angeordnete Ob-

---

1) Werke XI, 1, S. 120 ff.
2) Brief vom 30. Oktober 1840; Werke XI, 1, S. 160.
3) Brief vom 2. Oktober 1840; GAUSS-SCHUMACHER III, S. 409; Werke XI, 1, S. 159.
4) Werke XI, 1, S. 161 f.

jektivlinsen hervorgebrachte Bild farbenrein nicht sein kann, bleibt un-
umstösslich wahr; allein eine tiefer eindringende Theorie hat mich überzeugt,
dass dieses durch die Okulargläser wieder aufgehoben werden kann, und,
worauf es doch am Ende allein ankommt, im Auge ein vollkommen farbenreines Bild möglich ist, während dies bei einem Objektiv der gewöhnlichen
Einrichtung theoretisch unmöglich ist, wenigstens nicht möglich für mehr als
einen Okulareinsatz.«

Damit ist nun zum ersten Male das fruchtbare Prinzip der »Arbeitsteilung«
ausgesprochen; das Objektiv braucht für sich nicht vollkommen zu sein, indem seine übrigbleibenden Fehler durch das Okular kompensiert werden
können, ein Gedanke, der bei den sogenannten »Kompensationsokularen« der
modernen Mikroskope noch heute seine Kraft bewährt.

Die hier im vertraulichen Briefverkehr geäusserten Ansichten hat Gauss
dann öffentlich ausgesprochen in seiner grossen dioptrischen Arbeit[1]) vom
Jahre 1840. Nachdem er dort auseinandergesetzt hat, warum das dialytische
Objektiv nicht vollkommen achromatisch sein könne, fährt er fort: »Man darf
jedoch hieraus keinesweges folgern, dass Fernröhre von dieser letztern Einrichtung in Beziehung auf Achromatismus unvollkommener bleiben müssen,
als Fernröhre mit achromatischen, nach der gewöhnlichen Art konstruierten
und ein völlig farbenreines Bild hervorbringenden Objektiven. Man kann
vielmehr gerade umgekehrt behaupten, dass jene bei einer wohlberechneten
Anordnung der Okulare dem Auge das farbenreinere Bild zu geben fähig sind.

»In der Tat kann ein vollkommen farbenreines vom Objektiv erzeugtes
Bild (möge es ein wirkliches oder virtuelles sein) wegen der Farbenzerstreuung,
welche durch die Okulargläser hervorgebracht wird, dem Auge nicht vollkommen rein erscheinen; man verhütet zwar durch besondere Anordnung
der Okulare den sogenannten farbigen Rand, kann aber damit die Längenabweichung nicht aufheben, welche noch durch den Umstand vergrössert wird,
dass das menschliche Auge selbst nicht achromatisch ist. Man bewirkt nur,
dass die letzten Bilder, rotes und violettes, in einerlei scheinbarer Grösse,
nicht aber, dass sie in gleichem Abstande oder zugleich deutlich erscheinen.

»Die ungleiche Grösse der ersten Bilder, des roten und violetten, welche

---

1) *Dioptrische Untersuchungen*, Werke V, S. 243 ff., insbesondere S. 275 ff.

bei den dialytischen Objektiven unvermeidlich ist, lässt sich aber durch eine angemessene Einrichtung der Okulare sehr wohl kompensieren, sodass der farbige Rand in der Erscheinung ebenso gut gehoben wird, wie bei Fernröhren von gewöhnlicher Einrichtung, während die zweite eben berührte Unvollkommenheit auch hier bleibt, so lange das erste rote und violette Bild in gleicher Entfernung von dem Objektive liegen.

»Es ist also klar, dass, um im Auge ein vollkommen farbenreines Bild hervorzubringen, das erste Bild eine gewisse, von den Verhältnissen der Okulare und dem Nichtachromatismus des menschlichen Auges abhängende Längenabweichung haben muss. Theoretisch betrachtet lässt sich nun allerdings auch ein Objektiv von gewöhnlicher Einrichtung so berechnen, dass eine vorgeschriebene Längenabweichung stattfindet; allein abgesehen von der Schwierigkeit, der ganzen Schärfe, welche zur Darstellung so sehr kleiner Unterschiede erfordert wird, in der technischen Ausführung nachzukommen, würde doch diese Längenabweichung immer nur für ein bestimmtes Okular passen. Bei der dialytischen Einrichtung hingegen ist durch die Verschiebbarkeit der den zweiten Teil des Objektivs bildenden Doppellinse gegen den ersten das Mittel gegeben, diejenige Längenabweichung zu erhalten, welche für jedes Okular erforderlich ist, während das Okular so eingerichtet sein kann, dass der farbige Rand gehörig gehoben wird. Übrigens muss ich mich hier auf diese kurze Andeutung beschränken, und eine ausführlichere Entwicklung dieses interessanten Gegenstandes einer andern Gelegenheit vorbehalten.«

Die Vorzüge der PLÖSSLschen Instrumente bestimmten GAUSS schliesslich, sich selbst ein derartiges Fernrohr zu kaufen, mit dessen Leistungen er sehr zufrieden war[1]).

89. Im Zusammenhange mit den bisher besprochenen Untersuchungen über achromatische Objektive steht eine Anzahl von Äusserungen von GAUSS über allgemeine Eigenschaften des Strahlenganges in Fernrohren (Vergrösserung, Helligkeit, Modifikationen für kurzsichtige Augen usw.). Diese Äusserungen — im Grunde genommen ganz elementaren Charakters — sind im Briefwechsel zerstreut und erstrecken sich von etwa 1813 bis 1846. Sie verdanken ihre Entstehung, oder besser gesagt, ihre Formulierung mehr oder

---

1) Brief an GERLING vom 12. Mai 1841; GAUSS-GERLING, S. 621; Werke XI, 1, S. 163.

minder zufälligen Anlässen. Wenn es auch, wie gesagt, ganz elementare Dinge sind, die GAUSS als Selbstverständlichkeiten ansah, so ist doch nicht zu vergessen, dass diese Dinge den meisten Physikern jener Zeit ganz und gar nicht geläufig waren. Wir besprechen daher diese Äusserungen im Zusammenhange.

Am 10. Juli 1813 schreibt OLBERS[1]) an GAUSS: »Es scheint mir, dass wir die Aperturen unserer nichtachromatischen Kometensucher viel zu gross machen, wodurch die Bestimmtheit und Schärfe des Bildes leidet, ohne dass wir an Licht gewinnen. Dass die Lichtstärke eines Fernrohrs bei gleicher Durchsichtigkeit der Gläser wie das Quadrat des Durchmessers des Objektivglases sich verhält, ist nur so lange wahr, als der Strahlenbüschel, der aus dem letzten Augenglase kommt, im Durchmesser kleiner als die Pupille unseres Auges ist. Dieser Durchmesser unserer Pupille wird auch des Nachts nicht viel über $2\frac{1}{2}$ Pariser Linien betragen. Vergrössert nun ein Kometensucher m mal, und ist der Durchmesser unserer Pupille gleich d, so ist md die einzig nützliche Apertur des Kometensuchers. Also für 8 malige Vergrösserung und $d = 2\frac{1}{2}$ Linien gesetzt, würde $md = 20$ Linien sein. Ist die Apertur grösser, so gewinnt man nichts an Licht, nur der Durchmesser des Strahlenbüschels wird grösser, als ihn die Apertur unserer Pupille fassen kann. Es scheint mir also, dass wir die Objektive unserer Kometensucher nie breiter als 2 Zoll, oder, wenn wir 10 mal vergrössern wollen, höchstens $2\frac{1}{2}$ Zoll machen sollten. Die von RAMSDEN sind viel breiter.« In seiner Antwort[2]) (vom 13. September 1813) stimmt GAUSS dieser Kritik von OLBERS im allgemeinen durchaus zu, bemerkt jedoch, dass dazu die Voraussetzung sei, dass das Auge sich dabei genau an seinem Platze, d. h. an der Stelle des Okularkreises (der Austrittspupille in moderner Ausdrucksweise) befinden müsse. Wenn man zwei Instrumente habe, von denen das erste eine Objektivöffnung gerade gleich md habe, das zweite dagegen eine grössere, so verliere man im ersten Falle an Helligkeit, wenn man das Auge von seinem Platz entferne, während man im zweiten Falle nichts verliere. Denn im letzteren Falle ist ja die Augenpupille stets kleiner als der Okularkreis, wirkt also immer als Austrittspupille. Aus diesem Grunde hält GAUSS es doch für zweckmässig, die Öffnung etwas grösser zu

---

1) GAUSS-OLBERS II, 1, S. 524; Werke XI, 1, S. 149.
2) Ebenda, S. 530; Werke XI, 1, S. 150.

wählen, als dem Produkt md entspricht, wenn auch viel kleiner, als es damals geschah.

Eine ähnliche Diskussion spielte sich zwischen GAUSS und OLBERS im Jahre 1820 ab. OLBERS hatte in einem Briefe von Ende September 1820[1]) die Lichtstärken einiger Fernrohre aus ihren Dimensionen berechnet und beiläufig die Bemerkung angefügt: »Ich bin aber überzeugt, dass diese Lichtstärken für andere Augen anders, und besonders für natürlich kurzsichtige Augen grösser ausfallen werden. . . . . .« Am 4. Oktober 1820 antwortete GAUSS[2]) darauf: »Ihre Mitteilungen . . . . . waren mir sehr interessant, nur ist mir nicht völlig klar, weshalb die Lichtstärke der Fernrohre für kurzsichtige Augen grösser ist als für weitsichtige. Die Lichtstärke, wie sie bei Fernröhren statt hat, schien mir, vorausgesetzt, dass die Fernrohre wenigstens so starke Vergrösserungen haben, dass das Bild des Objektivs[3]) gewiss immer kleiner ist als der Augenstern, für alle Augen dieselbe, während eher die Lichtstärke für das unbewaffnete kurzsichtige Auge mir grösser deuchte, weil diese gewöhnlich eine grössere Pupille haben; wenigstens ist dies bei meinen Augen der Fall. Wäre diese Ansicht richtig, ..., so gewänne der Kurzsichtige beim Gebrauch desselben Fernrohrs weniger als der Weitsichtige.« In seiner Antwort vom 10. Oktober 1820 stimmt OLBERS[4]) diesen Bemerkungen zu, falls die Augenpupille bei kurzsichtigen Augen grösser sei: »Aber bei den kurzsichtigen Augen, die ich näher zu untersuchen Anlass hatte, war die Pupille bei gleichem Lichte kleiner . . . . . .«

90. Aus demselben Jahre stammt die bekannte GAUSSsche Methode zur exakten Bestimmung der Vergrösserung eines Fernrohrs. Auch sie war ursprünglich einem astronomischen Bedürfnis entsprungen, nämlich der Aufgabe, die gegenseitigen Abstände der Fäden in Meridianfernrohren zu bestimmen[5]). GAUSS' Überlegung ist folgende: Wenn man — nach entferntem Okular — umgekehrt durch das Meridianfernrohr gegen den Himmel sieht, so treten von jedem Punkte der Brennebene parallele Strahlen aus dem Objektiv her-

---

1) GAUSS-OLBERS II, 2, S. 36.

2) Ebenda, S. 41.

3) D. h. der Okularkreis (Austrittspupille). — SCHAEFER.

4) GAUSS-OLBERS II, 2, S. 42 ff.

5) Astron. Nachr., Bd. II, S. 371 ff., 1823; Werke VI, S. 445.

aus; Strahlen von verschiedenen Punkten der Brennebene bilden Winkel miteinander, die der Distanz dieser Punkte proportional bezw. ihr gleich sind, wenn diese Entfernung selbst im Winkelmass gemessen wird, wie es bei der Benutzung als Meridianfernrohr bei den Fäden der Fall ist. Die Winkel der Strahlen, die von den einzelnen Fäden ausgehen, werden nun mit einem (auf unendlich gestellten) Theodolithen gemessen, und damit hat man den Abstand der Fäden im Winkelmass.

Davon macht nun Gauss folgende Anwendung auf die Bestimmung der Vergrösserung von Fernrohren: Unter Vergrösserung versteht man bekanntlich das Verhältnis der Sehwinkel (genauer das Verhältnis der Tangenten der Winkel), unter denen das Objekt einmal bei Betrachtung durch das Fernrohr, einmal bei direktem Sehen erscheint. Sieht man durch ein (auf unendlich gestelltes) Fernrohr umgekehrt hindurch, so werden die Sehwinkel durch das Fernrohr um ebenso viel verkleinert, als sie bei normaler Benutzung desselben vergrössert würden. D. h. die Verkleinerung durch das umgekehrte Fernrohr ist gleich der Vergrösserung durch das normal benutzte.

Will man also die Vergrösserung eines Fernrohrs messen, so misst man den Winkelabstand zweier Objekte einmal direkt mit einem Theodolithen (normaler Sehwinkel), ein zweites Mal durch das zu untersuchende umgekehrte Fernrohr hindurch (verkleinerter Sehwinkel). Ihr Verhältnis (genauer das Verhältnis ihrer Tangenten) gibt dann unmittelbar die Vergrösserung. Das Verfahren war sehr viel genauer, als alle damals bekannten Methoden und wird noch heute häufig ausgeführt. Die erste Mitteilung des Gedankenganges findet sich in einem Briefe an Olbers vom 20. Dezember 1820[1]), während die Veröffentlichung erst 1823 erfolgte.

In einem gewissen Zusammenhange damit steht die Konstruktion des sogenannten Gaussschen Okulars, das noch heute regelmässig zum Zwecke der Autokollimation verwendet wird. Die obige Methode von Gauss hatte Bohnenberger[2]) auf den Gedanken gebracht, zum Zwecke eben der Autokollimation (die zur Bestimmung des Indexfehlers eines Meridiankreises gebraucht wurde) das Fadenkreuz gleichmässig auf folgende Weise zu beleuchten: Zwischen den Fäden des Fadenkreuzes und der letzten Linse des Okulars machte

---

1) Gauss-Olbers II, 2, S. 262.

2) Bohnenberger, Astron. Nachr., Bd. IV, S. 327 ff., 1826.

23*

er in das Rohr des Instrumentes eine seitliche Öffnung und brachte im Innern des Rohres einen geneigten Spiegel S an, sodass die Hälfte des Gesichtsfeldes bedeckt wurde (s. Figur 6). Vor die Öffnung
wurde eine Lampe gestellt, deren Licht durch S zur
ersten Linse des Okulars geleitet wurde, von wo es
auf die Fäden traf, die auf diese Weise gut beleuchtet wurden. Diese Vorrichtung ist als der
BOHNENBERGERsche Kollimator bekannt. Sie
besitzt aber gewisse Nachteile, vor allem den, dass
von der Linse B Licht ins Auge reflektiert wird, das
die deutliche Sichtbarkeit des Fadenkreuzes beein-
trächtigt[1]. GAUSS ersetzte daher den undurchsichtigen

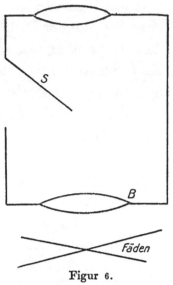

Figur 6.

Spiegel S durch eine unter 45^0 geneigte durchsichtige Glasplatte, die durch
das ganze Gesichtsfeld ging und entfernte die Linse B vollständig. »Die
Pointe ist, dass zwischen dem unter 45^0 geneigten Spiegel und
dem Fadensystem gar kein Glas sein darf«, schreibt er an SCHUMACHER
am 31. Oktober 1846[2].

91. Ebenfalls ein elementares Problem des Strahlenganges im Fernrohr
ist behandelt in zwei Briefen zwischen GAUSS und GERLING aus den Jahren
1839/40. Am 31. Dezember 1839 hatte GERLING[3] bei einer Beschreibung
seines FRAUNHOFER-MERZschen Fernrohres erwähnt, dass die Sonnengläser vor
dem Okular ihm stets gesprungen seien, wenn er das Fernrohr gegen die Sonne
gerichtet habe. MERZ habe ihm darauf mitgeteilt, dass er das Objektiv ab-
blenden müsse. Dies erschien GERLING so zu sagen als ein Mangel des Instruments; er glaubte verlangen zu können, dass die Sonnengläser auch die Benutzung der ganzen Öffnung des Objektivs aushalten müssten. Am 10. Januar
1840 antwortete GAUSS[4] mit einer ausführlichen Darlegung der Intensitäts-
verhältnisse in der Brennebene des Fernrohrs und im Okularkreise. Seine
Betrachtung kommt darauf hinaus, die Grösse des Sonnenbildes in der Brenn-

1) Brief SCHUMACHERs an GAUSS vom 2. Dezember 1828; GAUSS-SCHUMACHER II, S. 189.

2) GAUSS-SCHUMACHER, Bd. V, S. 225; Astron. Nachrichten, Bd. 25, S. 43, 1846; Werke VI, S. 472.

3) GAUSS-GERLING, S. 593.

4) Ebenda, S. 599.

ebene zu vergleichen mit der Grösse des Okularkreises. Da durch beide
Flächen dieselbe Energie hindurchströmt, verhalten sich die Lichtintensitäten
umgekehrt wie die Flächen, und es ergibt sich, dass normalerweise die Intensität im Okularkreis viel grösser ist als in der Brennebene. Daher müsse
bei völliger Öffnung jedes Blendglas springen, wenn das Fernrohr gegen die
Sonne gerichtet werde, während gleichzeitig die Spinnfäden des Fadenkreuzes
in der Brennebene unbeschädigt blieben. Er schreibt: »In einem Punkte tun
sie m. E. Herrn Merz unrecht, ich meine wegen der Blendgläser. Bei voller
Öffnung und hochstehender Sonne springt jedes Glas; auch mir zersprang ein
Blendglas am Passageninstrument gleich in der ersten Zeit; ich überzeugte
mich aber bald, dass dies garnicht anders sein kann, und machte mir daher
gleich selbst Blendkappen von feinem Papier für Passageninstrument und Meridiankreis. Ich finde die Theorie jenes Vorgangs nirgendwo berührt, und es
scheint, dass manche Physiker davon ganz falsche Vorstellungen haben, da,
wenn ich nicht irre, Muncke (oder war es Littrow?) es vor einigen Jahren
als etwas Mirakulöses betrachtete, dass die Spinnfäden im Brennpunkt eines
Passageinstrumentes nicht verbrennen. Das ist aber ganz natürlich. In der
Tat: ist m die Vergrösserung des Fernrohrs, die Brennweite k mal grösser als
der Durchmesser des Objektivs und setzt man den Sinus des Sonnendurchmessers $= \frac{1}{110}$, so wird . . . . . die Intensität des Sonnenlichtes auf einem
Flächenelemente sein:

1) $= m^2$ vor dem Okular oder am Platz des Blendglases,

2) $= (110/k)^2$ im Brennpunkt oder am Platz der Fäden,

nämlich die Intensität für einfache Beleuchtung durch die Sonne $= 1$ gesetzt.

»Brauchen Sie also eine 130 malige Vergrösserung, so ist die erstere Intensität etwa 740 mal grösser als die zweite; für ein gewöhnliches Brennglas
ist etwa $k = 3$, und auch dann ist die Intensität 1) fast 25 mal stärker. Sie
werden, wenn Sie kein Blendglas vorschrauben und statt dessen ein Stück
Zunder vorhalten, dies gleich in Brand geraten sehen.

»Übrigens gibt es gar kein Mittel, jene Intensität zu verringern, wenn
man die Vergrösserung beibehält. Aber indem Sie eine Blendkapsel vor-
stecken, wird der Lichtzylinder vor dem Okular so viel enger, und es wird
also von dem Blendglase nur eine sehr kleine Stelle getroffen, in welcher
aber die Dichtigkeit des Lichtes noch eben so gross ist wie vorher.«

Über denselben Gegenstand äussert sich GAUSS[1]) noch einmal ganz kurz in einem Briefe an SCHUMACHER vom 30. Januar 1843, wobei er erwähnt, dass er diese Verhältnisse in seinen Vorlesungen besprochen habe.

92. Ein Vorlesungsheft, das ein Schüler von GAUSS, PIPER, mitgeschrieben hatte, kam im Jahre 1846 in die Hand SCHUMACHERS, der von der darin enthaltenen Theorie des Fernrohrs so entzückt war, dass er GAUSS dringend nahelegte, diese Darlegungen in den »Astronomischen Nachrichten« zu veröffentlichen. GAUSS lehnte schliesslich ab, nachdem er die Niederschrift noch einmal durchgesehen hatte; aber diese Lektüre war ihm Veranlassung, in Briefen an SCHUMACHER einen Punkt richtig zu stellen, den er in den Vorlesungen berührt hatte.

Es handelt sich um die Frage, ob die Vergrösserung eines Fernrohrs für das kurzsichtige oder normale Auge grösser ist, d. h. welches Auge den grösseren subjektiven Nutzen von dem Fernrohre habe.

GAUSS hatte[2]) ursprünglich so argumentiert: Ein normales Auge benutzt eine Lupe so, dass die von einem Objektpunkt ausgehenden Strahlen parallel sind, d. h. es bringt das Objekt in die Brennebene der Lupe, während ein kurzsichtiges Auge das Objekt näher an die Lupe heranbringt, sodass die Strahlen mit der geeigneten Divergenz auf das Auge fallen. Folglich sei der Sehwinkel und damit die Vergrösserung für das kurzsichtige Auge bei Benutzung einer Lupe grösser. Da nun die Okularlinse des Fernrohres als Lupe diene, so sei damit bewiesen, dass ein kurzsichtiges Auge mehr durch die Benutzung eines Fernrohres gewinne, als ein weitsichtiges.

Diese Schlussweise und dieses Resultat nimmt nun GAUSS[3]) in einem Briefe an SCHUMACHER vom 27. Juni 1846 zurück. Er deutet zunächst im allgemeinen an, dass es ein Unterschied sei, ob man ein Objekt betrachte, oder ein Bild des Objektes, von dem Strahlen nur in bestimmter Richtung ausgehen. Er gibt dann ohne Begründung sein neues Ergebnis an: »Dieser Ort des Auges liegt nun (wie eine genauere Untersuchung zeigt) etwas weniges[4]) entfernter von

---

1) GAUSS-SCHUMACHER V, S. 116.

2) Ebenda, S. 117.

3) Ebenda, S. 171.

4) Hier ist im Abdruck des Briefes ein Druckfehler unterlaufen, der den Sinn ins direkte Gegenteil verkehrt; der oben stehende Text entspricht der Handschrift. — SCHAEFER.

dem Okular bei der Stellung für ein kurzsichtiges Auge, als bei der für ein weitsichtiges, und durch diesen Umstand wird die grössere Annäherung des Okulars gegen das vom Objektiv formierte Bild, die der Kurzsichtige anwendet, mehr als kompensiert, sodass der Kurzsichtige, falls er sein Auge wirklich genau an den für sein Auge gültigen Ort bringt, allerdings eine etwas schwächere Vergrösserung hat, als der Fernsichtige.«

Diese Äusserung Gaussens teilte Schumacher an den mecklenburgischen Geheimen Kanzleirat Heinrich Christian Friedrich Paschen in Schwerin mit, der, gleichfalls ein früherer Schüler von Gauss, sich lebhaft für diese Frage interessierte und nun durch Vermittlung Schumachers mit Gauss korrespondierte. Im Verlauf dieser Korrespondenz[1]) gab Gauss die vollständigen Formeln an, die zu finden Paschen selbst nur zum Teil gelungen war.

Gauss' Auffassung ist die folgende: Der Ort des Auges, der sogenannte Okularkreis, ist das durch das Okular entworfene Bild des Objektivs; durch dieses Bild müssen alle Strahlen hindurchgehen, die das Objektiv treffen. Die Vergrösserung V des Fernrohrs ist nun — nach elementaren Sätzen — das Verhältnis aus dem Objektivdurchmesser D zum Durchmesser des Okularkreises d, und für ein weitsichtiges (d. h. auf Unendlich eingestelltes) Auge ist das gleich dem Verhältnis der Brennweite F des Objektivs zu der f des Okulars:

$$(116) \qquad\qquad V = \frac{F}{f}.$$

Ein kurzsichtiges Auge schiebt nach Gauss das Okular um das Stück Δf näher an die Brennebene heran, sodass die Strahlen aus dem Okular mit geeigneter Divergenz austreten. Ist die Akkomodationsweite dieses Auges gleich a, so haben wir die Verhältnisse der umstehenden Figur 7, in der parallel auf das Objektiv treffende Strahlen verfolgt sind.

Die divergent ausfahrenden Strahlen treffen — rückwärts verlängert —, die Fernrohrachse in einem Punkte P, der vom Ort des Auges um a entfernt ist. Für den Abstand x' des Augenortes vom Okular findet man nach der gewöhnlichen Linsenformel:

$$(117) \qquad\qquad x' = f + \frac{f^2}{F - \Delta f},$$

---

1) Gauss-Schumacher V, S. 174 ff., S. 177 ff., S. 179, S. 180; später (1853/54) veranlasste die mecklenburgische Landesvermessung einen direkten Briefwechsel zwischen Gauss und Paschen.

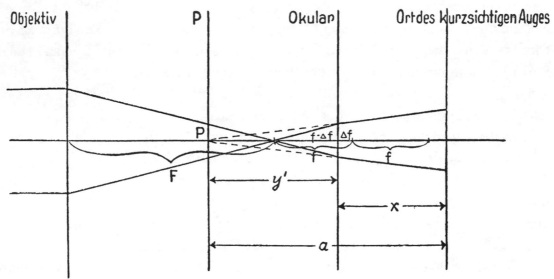

Figur 7.

für die Lage y' des Punktes P vor dem Okular erhält man auf dieselbe Weise:

$$(118) \qquad y' = \frac{f(f - \Delta f)}{\Delta f},$$

und da nach der Figur:

$$x' + y' = a,$$

so ergibt sich:

$$f + \frac{f^2}{F - \Delta f} + \frac{f^2 - f \Delta f}{\Delta f} = a,$$

oder in GAUSSscher Schreibweise[1])

$$(119) \qquad \Delta f = \frac{f^2}{a - \dfrac{f^2}{F - \Delta f}},$$

woraus

$$(120) \qquad \Delta f = \tfrac{1}{2} F - \sqrt{\tfrac{1}{4} F^2 - \frac{f^2 F}{a}} \ \ ^2).$$

Setzt man $a = \infty$, so wird $\Delta f = 0$, und man erhält aus (117) für den normalen Abstand x des Augenortes vom Okular:

$$(121) \qquad x = f + \frac{f^2}{F},$$

---

1) GAUSS-SCHUMACHER V, S. 177.
2) Der zweite Wert ist offenbar zu verwerfen.

woraus in der Tat hervorgehen würde, dass für ein kurzsichtiges Auge der Abstand (x') grösser ist als für das normale Auge (x), wie es Gauss' Meinung war. Die Vergrösserung V' für ein kurzsichtiges Auge wäre:

$$V' = \frac{F - \Delta f}{f},$$

also nach Einführung des Wertes (120) von Δf:

$$(122) \qquad V' = \frac{\tfrac{1}{2}F + \sqrt{\tfrac{1}{4}F^2 - \frac{f^2 F}{a}}}{f},$$

ein Wert, der tatsächlich kleiner wäre als der für ein normales Auge geltende Wert V in (116). Gauss bemerkt gegen Paschen noch ausdrücklich, dass man nach seiner in unserem Artikel 90 behandelten experimentellen Methode stets den durch die Gleichung (116) gegebenen Normalwert V der Vergrösserung erhalte.

Wir können indessen Gauss' Argumentation in zweifacher Hinsicht nicht zustimmen. Zunächst nicht seiner Anschauung über die Leistung der Lupe beim kurzsichtigen und normalsichtigen Auge. Es ist doch der Zweck der Lupe die Akkomodationsgrenzen des Auges zu überwinden; wir wollen ihre Brennweite f nennen und annehmen, dass sie direkt vor das Auge gehalten werde. Wenn die kürzeste Akkomodationsnähe für das normale Auge S_{norm}, für das kurzsichtige S_{kurz} ist, so besteht in jedem Falle die Leistung der Lupe darin, die Akkomodationsnähe auf f herabzudrücken; der kleine Unterschied der Lage des Objektes in beiden Fällen, auf dem die ganze Gausssche Argumentation beruht, spielt praktisch gar keine Rolle, namentlich nicht bei starken Lupen.

Die Leistung der Lupe ist nun das Verhältnis der natürlichen zur künstlichen Akkomodationsnähe, also für das normale Auge S_{norm}/f, für das kurzsichtige S_{kurz}/f, woraus hervorgeht, dass im Gegensatz zu Gauss' Anschauungen die Leistung der Lupe für das normale Auge im Verhältnis $\frac{S_{\text{norm}}}{S_{\text{kurz}}}$ grösser ist als für das kurzsichtige.

Ebensowenig erscheint uns Gauss' Beweisführung für das Fernrohr zulässig. Der schwache Punkt seiner Betrachtungen liegt in Folgendem: Für den Normalsichtigen hat V einen guten Sinn, da er das Objekt (z. B. einen Stern) auch ohne Instrument scharf sieht; dagegen lässt sich mit der Grösse

V' für den Kurzsichtigen kein rechter Sinn verbinden, da er ohne Instrument überhaupt kein brauchbares Bild des Objektes erhält. Man kann also in der von GAUSS beabsichtigten Weise gar nicht vergleichen, kann dies vielmehr nur in der Weise tun, dass man die Grössen der in beiden Fällen auf der Netzhaut des (normalen bezw. kurzsichtigen) Auges erzeugten Bilder bei jedesmaliger bester Okulareinstellung vergleicht. Führt man die elementare Rechnung durch, so ergibt sich ohne Vernachlässigung für das Verhältnis der normalen Bildgrösse l_{norm} zu der für ein kurzsichtiges Auge l_{kurz}:

$$\frac{l_{norm}}{l_{kurz}} = \frac{F}{F - \Delta f}.$$

Diese Gleichung führt dann aber in der Tat exakt zu dem GAUSSschen Ergebnis (122) zurück, dass nämlich für ein normales Auge das Fernrohr mehr leistet als für das kurzsichtige Auge[1].

93. Von grösserer Bedeutung als die zuletzt behandelten Beiträge zur Theorie des Fernrohrs ist eine Anregung von GAUSS betreffend eine Methode zur Photometrie der Gestirne.

Für den November 1829 war auf Veranlassung von GAUSS von der Mathematischen Klasse der Göttinger Gesellschaft der Wissenschaften folgende Preisaufgabe gestellt worden[2]:

»In der praktischen Astronomie mangelt es noch immer an einem Mittel zur sicheren Bestimmung der Lichtstärke der Himmelskörper, und die früher zu diesem Zwecke in Vorschlag gebrachten Vorrichtungen haben sich in der Anwendung wenig brauchbar gezeigt.

»Da es jedoch von vielfachem und grossem Nutzen sein würde, die verschiedenen Abstufungen des Sternenlichts und die darin stattfindenden Veränderungen mit Sicherheit und Leichtigkeit beurteilen zu können: so wünscht die königliche Sozietät neue, durch vollständige Beschreibungen erläuterte Vorschläge zu solchen auf photometrischen Grundsätzen beruhenden Vorrichtungen zu erhalten, mittels welcher die verschiedenen Grade des Lichts der Fixsterne

---

1) Ich verdanke diese kritischen Darlegungen meinem Kollegen Professor Dr. MAX BEREK in Wetzlar, dem ich überhaupt für freundliche Beratung sehr zu Dank verpflichtet bin.

2) Siehe Werke XI, 1, S. 168; die Aufgabe wurde für November 1831 wiederholt; vergl. auch den Brief an OLBERS vom 31. Januar 1829, Werke XII, S. 223.

mit Sicherheit, Gleichförmigkeit und Leichtigkeit beurteilt und festgestellt werden können, und deren Leistungen aus einer ausführlichen Darlegung der Resultate, die aus ihrer Anwendung auf Sterne von den verschiedensten Grössen erhalten worden sind, sich erkennen und beurteilen lassen.«

Den eingegangenen Bewerbungsschriften vermochte die Sozietät den Preis nicht zu erteilen; sie erneuerte jedoch auf GAUSS' Betreiben die Preisaufgabe und GAUSS stellte eine eigene Idee zu einem derartigen Photometer GERLING zur Verfügung, damit dieser den Gedanken ausbilden und sich gegebenen Falls um den Preis bewerben solle.

In einem Brief an OLBERS[1]) äussert sich GAUSS zunächst über die Grundgedanken des zu konstruierenden Apparates dahin, dass dabei das Auge über nichts anderes als über Gleichheit oder Ungleichheit der Helligkeit zweier benachbarter Sterne zu urteilen haben solle, d. h. GAUSS will auch in der Photometrie der Gestirne nur das bewährte Prinzip verwendet wissen, das der praktischen Photometrie seit LAMBERT zu Grunde gelegt wird. Von besonderem Interesse sind nun aber die Bemerkungen, die er über den Fall verschieden gefärbter Lichtquellen macht, d. h. über das Problem der heterochromatischen Photometrie: »Ich komme noch einmal auf das Photometrische zurück. Ich vermute, dass das Urteil über gleiche oder ungleiche Helligkeit einer ziemlich grossen Schärfe fähig sein wird, ..., sobald die Gegenstände nicht sehr ungleiche Färbung haben. Im entgegengesetzten Fall, z. B. wenn Rot mit Grün verglichen werden soll, wird dies freilich wegfallen. Ich habe indes keinen recht deutlichen Begriff, was eigentlich gleiche Helligkeit hier bedeuten soll. Bei gleichen Farben schaut man das unmittelbar an; aber ungleiche können als Empfindungen in Rücksicht auf Gleichheit der Helligkeit kaum verglichen werden. Am Ende bleibt da wohl garnichts anderes übrig, als dass ein roter Stern und ein grüner Stern für gleichhell gelten, wenn einerlei aliquoter Teil die Grenze des Empfindbaren ist.« In diesen Worten ist die grundsätzliche Schwierigkeit der heterochromatischen Photometrie in vollkommener Klarheit formuliert, dass es nämlich von vornherein überhaupt garnicht feststeht, ob mit dem Begriff der Helligkeit eines farbigen Lichtes ein exakter Sinn verbunden werden kann. Diese Schwierigkeit, zu

---

1) GAUSS-OLBERS II, 2, S. 581; Werke XI, 1, S. 168 ff.

der noch die technischen Schwierigkeiten der Messung hinzutreten, ist erst ganz kürzlich von Schrödinger behoben worden, der die Kriterien dafür angegeben hat[1]).

Seinen Vorschlag selbst hat Gauss[2]) in einem späteren Briefe an Olbers vom 18. Februar 1832 ausführlicher auseinandergesetzt: »Vielleicht macht es Ihnen eine kleine Zerstreuung, wenn ich Ihnen meine Grundidee zu einem Photometer, wie ich sie Gerling angegeben habe, anzeige. Denken Sie sich einen Spiegelsextanten mit der Modifikation, dass der kleine Spiegel garnicht belegt ist, sondern blos von seinen Glasflächen reflektiert, beide Spiegel aber reichlich so gross wie das Objektiv des Fernrohrs, der grosse auch so breit, wie es für die äussersten Fälle der Winkeldistanz zwischen zwei zu vergleichenden Sternen nötig ist, damit jeder Punkt des Objektivs Licht bekomme. Man stellt den Sextanten so, als wolle man jene Distanz messen, sodass beide Bilder nahe bei einander erscheinen. Die ursprünglichen Lichtintensitäten der Sterne A, B seien a und b, die Intensität der Bilder αa, βb, wo α und β von der Öffnung des Objektivs und der unvollkommenen Durchsichtigkeit der Gläser abhängen, β ausserdem noch von der Angulardistanz der Sterne. Jenseits des kleinen Spiegels ist aber noch eine Vorrichtung angebracht, vermöge der man das direkt gesehene Licht auf einen beliebigen Bruch μ reduzieren kann, indem man statt des vollen Objektivs nur einem Sektor $\mu \times 360^0$ Licht verstattet. Dieses bestimmt man so, dass beide Bilder gleich hell erscheinen; man hat also $\mu \alpha a = \beta b$. Jetzt macht man einen zweiten Versuch, indem man den Sextanten umkehrt und also den vorher direkt gesehenen Stern reflektiert sieht. In diesem zweiten Versuch trete μ' an die Stelle von μ. Man hat also $\mu' ab = \beta a$. War ursprünglich $a = b$, so wird man notwendig $\mu' = \mu$ finden und vice versa; sind aber a, b ungleich, so hat man

$$a : b = \beta : \mu a = \mu' a : \beta = \sqrt{\mu'} : \sqrt{\mu}$$

Zugleich wird immmer

$$\mu \mu' = \frac{\beta^2}{\alpha^2}$$

eine nur von der Angulardistanz abhängige Grösse sein, über die man aus

---

1) E. Schrödinger, Annalen der Physik, Bd. 63, S. 397; 1920.
2) Gauss-Olbers II, 2, S. 583.

vielen Versuchen das Gesetz ausfindig machen kann; nachdem dies geschehen ist, werden auch einseitige Messungen ein Resultat geben. Dies ist die eigentlich mathematische Grundidee; es versteht sich, dass an die Stelle eines grossen Sextanten mit kleinem Fernrohr hier ein grosses Fernrohr mit kleinem Sextanten (nur um die Sterne bequem zugleich ins Gesichtsfeld bringen zu können) treten muss.«

Wie schon erwähnt, hatte GAUSS diesen Gedanken GERLING mitgeteilt, der in der Tat — wie aus dem GAUSSschen Bericht[1]) über das Ergebnis der Preisbewerbung hervorgeht — nach diesem Prinzip ein Photometer konstruiert hat, dass allerdings nicht den Preis, sondern nur eine lobende Erwähnung erhielt. Preisträger wurde STEINHEIL, der sich gleichfalls mit einem (auf anderen konstruktiven Grundsätzen beruhenden) Photometer an der Bewerbung beteiligt hatte. Man verdankt so GAUSS die Anregung zu einem wesentlichen Fortschritt auf diesem Gebiet.

94. GAUSS' grösste Leistung auf dioptrischem Gebiete sind unzweifelhaft seine *Dioptrischen Untersuchungen*[2]), die 1840 erschienen. Nach seinen Angaben[3]) besass GAUSS damals die Resultate schon seit 40 bis 45 Jahren; er habe sich »aber stets gescheut, diese elementaren Betrachtungen zu veröffentlichen«. Den Anstoss dazu gab schliesslich eine Arbeit von BESSEL[4]) über die Bestimmung der Brennweite des Königsberger Heliometer-Objektivs. Da wegen der nicht zu vernachlässigenden Dicke des Objektivs nicht hinreichend definiert war, von welchem Punkte der Linse Brennweite, Objekt- und Gegenstandsweite zu rechnen waren, verfiel BESSEL auf folgenden Ausweg: Er gab sich die Entfernung D von Objekt und Bild vor, brachte dann die Linse in die beiden Stellungen, in denen sie das Objekt in der Entfernung D scharf abbildet; die Distanz der beiden Linsenstellungen sei d. Dann hat man offenbar, wenn g, b, f Gegenstandsweite, Bildweite, Brennweite bedeuten:

$$D = g + b, \quad d = b - g,$$

und nach der gewöhnlichen Linsenformel $\frac{1}{g} + \frac{1}{b} = \frac{1}{f}$ ergibt sich für f der

---

1) Werke VI, S. 649 (Gött. Gel. Anz. 1835, S. 329 ff.).
2) Werke V, S. 243 ff.
3) Brief an ENCKE vom 23. Dezember 1830; Werke XI, 1, S. 160.
4) BESSEL, Astronom. Nachr., Bd. 17, S. 189, 1840.

Wert

$$f = \frac{D^2 - d^2}{4d}$$

Die Methode ist seither als BESSELsche Methode bekannt; aber in ihrer Anwendung auf dicke Linsen ist der Fortschritt nur scheinbar; denn sie setzt
in unzulässiger Weise voraus, dass die gewöhnliche Linsenformel bei Linsen
mit endlicher Dicke noch zutreffe. Infolge dieses Irrtums unterschätzte BESSEL
den möglichen Fehler seiner Messung ganz ausserordentlich, und dies war für
GAUSS die Veranlassung, seine Betrachtungen zu veröffentlichen.

Es handelt sich in den *Dioptrischen Untersuchungen* um das Problem, den
Gang des Lichtstrahls durch ein zentriertes System von brechenden Kugelflächen zu verfolgen; die Gleichungen des Strahles vor der ersten Brechung
sind in Beziehung zu setzen zu den Gleichungen des Strahles nach der
letzten Brechung, d. h. die Koeffizienten der letzteren Gleichungen sind abzuleiten aus denen der ersteren.

Die Brechungsindizes der einzelnen Medien werden von GAUSS bezeichnet
durch n^0 (erstes Medium, d. h. vor der ersten Brechung), n' (zweites Medium,
d. h. nach der ersten Brechung), n'', ... $n^{(\mu+1)}$ (letztes Medium, nach der
letzten Brechung). Als Achse des zentrierten Systems wird die x-Achse
genommen; die Stellen, wo die brechenden Flächen die x-Achse treffen,
heissen entsprechend N^0, N', N'' ... $N^{(\mu)}$; die Krümmungsmittelpunkte der
Flächen, die gleichfalls auf der Achse liegen, M^0, M', M'' ... $M^{(\mu)}$; diese
Buchstaben bezeichnen gleichzeitig die diesen Punkten zugehörigen x-Werte;
so ist z. B. $M^0 - N^0 = r^0$ der Krümmungsradius der ersten brechenden Fläche.
Wir haben also das Bild der Figur 8 vor uns, in der noch die Krümmungsmittelpunkte eingezeichnet zu denken sind.

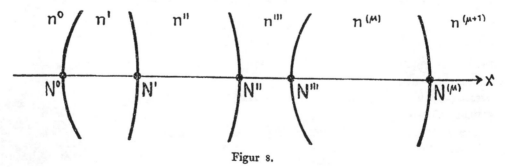

Figur 8.

Beschränken wir uns zunächst auf eine Brechung, so setzt Gauss noch Folgendes fest: Der Punkt, in dem der einfallende Lichtstrahl die brechende Fläche trifft, sei P^0, der spitze Winkel zwischen $M^0 P^0$ und der x-Achse sei ϑ^0; der einfallende Lichtstrahl (nötigenfalls verlängert) treffe die im Punkte M^0 zur x-Achse normal stehende Ebene in Q^0, der gebrochene ebenso in Q' (Figur 9).

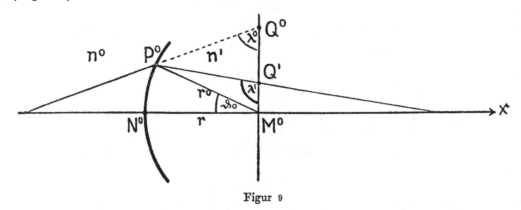

Figur 9

Setzt man nun die Gleichungen des einfallenden Strahls in der Form an:

$$(123) \qquad \begin{cases} y = \frac{\beta^0}{n^0}(x - N^0) + b^0, \\ z = \frac{\gamma^0}{n^0}(x - N^0) + c^0 \end{cases}$$

und entsprechend für den gebrochenen Strahl:

$$(124) \qquad \begin{cases} y = \frac{\beta'}{n'}(x - N^0) + b', \\ z = \frac{\gamma'}{n'}(x - N^0) + c', \end{cases}$$

so handelt es sich eben darum, die Grössen β', γ', b', c' durch β^0, γ^0, b^0, c^0 auszudrücken.

Bei der Lösung der Aufgabe wird durchgehend vorausgesetzt, dass nur Zentralstrahlen benutzt werden, die also mit der x-Achse nur sehr kleine Winkel bilden. Da beide Gleichungspaare (123) und (124) für den Punkt P^0 gelten, so muss sein

$$\frac{\beta^0}{n^0} r^0 (1 - \cos \vartheta^0) + b^0 = \frac{\beta'}{n'} r^0 (1 - \cos \vartheta^0) + b'$$

$$\frac{\gamma^0}{n^0} r^0 (1 - \cos \vartheta^0) + c^0 = \frac{\gamma'}{n'} r^0 (1 - \cos \vartheta^0) + c'$$

oder, da nach der letzten Voraussetzung β^0, β', ϑ^0 unendlich kleine Grössen erster Ordnung sind:

$$(125) \qquad \begin{cases} b' = b^0 \\ c' = c^0, \end{cases}$$

bis auf Grössen dritter Ordnung genau.

Bezeichnet man ferner mit λ^0 und λ' die Winkel, die die Gerade $M^0 Q^0$ mit $P^0 Q^0$ bezw. $P^0 Q'$ macht (siehe Figur 9, S. 191), so hat man durch Anwendung des Sinussatzes und des Brechungsgesetzes:

$$(126) \qquad M^0 Q' = \frac{n^0}{n'} \cdot M^0 Q^0 \cdot \frac{\sin \lambda^0}{\sin \lambda'}.$$

Für den Punkt Q^0 geht nun, da $x - N^0 = r^0$ ist, Gleichung (123) über in:

$$(127) \qquad \begin{cases} y = \dfrac{\beta^0}{n^0} r^0 + b^0, \\[2mm] z = \dfrac{\gamma^0}{n^0} r^0 + c^0. \end{cases}$$

Für Q' gehen ebenso die Gleichungen (124) für den gebrochenen Strahl über in:

$$(128) \qquad \begin{cases} y = \dfrac{\beta'}{n'} r^0 + b', \\[2mm] z = \dfrac{\beta'}{n'} r^0 + c' \end{cases}$$

Die letzteren Koordinaten (128) verhalten sich zu denen in (127) offenbar wie $M^0 Q' : M^0 Q^0$, also nach (126) wie $n^0 \sin \lambda^0 : n' \sin \lambda'$; daher folgt:

$$\frac{\dfrac{\beta'}{n'} r^0 + b'}{\dfrac{\beta^0}{n^0} r^0 + b^0} = \frac{n^0 \sin \lambda^0}{n' \sin \lambda'},$$

also unter Berücksichtigung von (125), sowie des Umstandes, dass λ^0 und λ' von rechten Winkeln nur um Grössen erster Ordnung abweichen:

$$(129) \qquad \begin{cases} \beta' = \beta^0 + \dfrac{n^0 - n'}{r^0} b^0 = \beta^0 + \dfrac{n' - n^0}{N^0 - M^0} b^0, \\[2mm] \gamma' = \gamma^0 + \dfrac{n^0 - n'}{r^0} c^0 = \gamma^0 + \dfrac{n' - n^0}{N^0 - M^0} c^0 \end{cases}$$

Die Formeln (125) und (129) lösen die gestellte Aufgabe vollständig.

95. Nach Erlangung dieses speziellen Resultates, das wir später brauchen werden, geht GAUSS zum allgemeinen Fall der Figur 8 über. Es werden auch

hier die Gleichungen der Strahlen bei den aufeinanderfolgenden Brechungen in analoger Form aufgestellt, aber nicht mehr alle auf den Punkt $x = N^0$ bezogen, wie in den Gleichungen (123) und (124), sondern der Reihe nach bei den verschiedenen Brechungen auf die Punkte N^0, N', $N'' \ldots N^{(\mu)}$. Wir haben also vor der ersten Brechung (wie in den Gleichungen (123)):

$$(130) \qquad \begin{cases} y = \frac{\beta^0}{n^0}(x - N^0) + b^0, \\ z = \frac{\gamma^0}{n^0}(x - N^0) + c^0, \end{cases}$$

nach der ersten Brechung (jetzt auf N' bezogen):

$$(131) \qquad \begin{cases} y = \frac{\beta'}{n'}(x - N') + b', \\ z = \frac{\gamma'}{n'}(x - N') + c', \end{cases}$$

wobei jetzt die Grössen b' und c' natürlich andere sind, als in den Gleichungen (124); nach der zweiten Brechung:

$$(132) \qquad \begin{cases} y = \frac{\beta''}{n''}(x - N'') + b'', \\ z = \frac{\gamma''}{n''}(x - N'') + c'', \end{cases}$$

und so fort. Nach der letzten Brechung haben wir:

$$y = \frac{\beta^{(\mu+1)}}{n^{(\mu+1)}}(x - N^{(\mu)}) + b^{(\mu)},$$
$$z = \frac{\gamma^{(\mu+1)}}{n^{(\mu+1)}}(x - N^{(\mu)}) + c^{(\mu)},$$

oder, indem die jeweils letzten Grössen $\beta^{(\mu+1)}$, $\gamma^{(\mu+1)}$, $N^{(\mu)}$, $n^{(\mu+1)}$, $b^{(\mu)}$, $c^{(\mu)}$ durch einen * bezeichnet werden:

$$(133) \qquad \begin{cases} y = \frac{\beta^*}{n^*}(x - N^*) + b^*, \\ z = \frac{\gamma^*}{n^*}(x - N^*) + c^*. \end{cases}$$

Führt man die Abkürzungen ein:

$$(134) \qquad \begin{cases} \dfrac{N' - N^0}{n'} = t', \quad \dfrac{N'' - N'}{n''} = t'', \quad \dfrac{N''' - N''}{n'''} = t''', \quad \cdots \quad \dfrac{N^{(\mu)} - N^{(\mu-1)}}{n^{(\mu)}} = t^*, \\ \dfrac{n' - n^0}{N^0 - M^0} = u^0, \quad \dfrac{n'' - n'}{N' - M'} = u', \quad \dfrac{n''' - n''}{N'' - M''} = u'', \quad \cdots \quad \dfrac{n^{(\mu+1)} - n^{(\mu)}}{N^{(\mu)} - M^{(\mu)}} = u^*, \end{cases}$$

so erhält man, genau wie im Artikel 94, folgende Rekursionsformeln:

$$(135) \quad \begin{cases} \beta' = \beta^0 + u^0 b^0, & b' = b^0 + t' \, \beta', \\ \beta'' = \beta' + u' \, b', & b'' = b' + t'' \, \beta'', \\ \beta''' = \beta'' + u'' b'', & b''' = b'' + t''' \beta''', \\ \cdot \quad \cdot \quad \cdot \quad \cdot \quad \cdot \quad \cdot \quad \cdot \quad \cdot \quad \cdot \\ \beta^* = \beta^{(\mu)} + u^* b^*, & b^* = b^{(\mu-1)} + t^* \beta^{(\mu)}, \end{cases}$$

d. h. $\beta^* \equiv \beta^{(\mu+1)}$ und $b^* \equiv b^{(\mu)}$ (und analog natürlich $\gamma^* \equiv \gamma^{(\mu+1)}$ bezw. $c^* \equiv c^{(\mu)}$) sind linear mit β^0, b^0, γ^0, c^0 verbunden:

$$(136) \quad \begin{cases} b^* = g b^0 + h \beta^0, & \beta^* = k b^0 + l \beta^0, \\ c^* = g c^0 + h \gamma^0, & \gamma^* = k c^0 + l \gamma^0. \end{cases}$$

Die Rekursionsformeln lassen sich mit Hilfe eines EULERschen Algorithmus sehr einfach hinschreiben; doch brauchen wir darauf nicht näher einzugehen. Anzumerken ist nur eine Folgerung, die durch Rechnung verifiziert werden kann; es ist

$$(137) \quad \begin{vmatrix} g & h \\ k & l \end{vmatrix} = +1\,;$$

infolge davon können die Gleichungen (136) in folgender Weise nach b^0, c^0, β^0, γ^0 aufgelöst werden:

$$(136\,\text{a}) \quad \begin{cases} b^0 = l b^* - h \beta^*, & \beta^0 = -k b^* + g \beta^*, \\ c^0 = l c^* - h \gamma^*, & \gamma^0 = -k c^* + g \gamma^*. \end{cases}$$

Mit den Gleichungen (136) und (136 a) ist die gestellte Aufgabe grundsätzlich in voller Allgemeinheit gelöst, das Ergebnis bedarf jetzt nur noch einer Diskussion für besondere Fälle und eventuell einer Untersuchung darüber, ob es noch einfacher formuliert werden kann.

Als erstes Ergebnis folgt z. B. aus den obigen Formeln, wie man das Bild eines Punktes $P(\xi, \eta, \zeta)$, der auf dem einfallenden Strahl (130) liegt, findet. Der Bildpunkt $P^*(\xi^*, \eta^*, \zeta^*)$ muss natürlich auf dem ausfahrenden Strahl (133) liegen und man findet leicht:

$$\begin{cases} \xi^* = N^* - \dfrac{n^0 h - g\,(\xi - N^0)}{n^0 l - k\,(\xi - N^0)} \; n^*, \\[2ex] \eta^* = \dfrac{n^0 \eta}{n^0 l - k\,(\xi - N^0)} \cdot \\[2ex] \zeta^* = \dfrac{n^0 \zeta}{n^0 l - k\,(\xi - N^0)} \end{cases}$$

Der Punkt P hat den senkrechten Abstand $\sqrt{\eta^2+\zeta^2}$ von der x-Achse; P^* liegt natürlich in der durch P und die x-Achse gelegte Ebene, im Abstand $\sqrt{\eta^{*2}+\zeta^{*2}}$ von der x-Achse; das Verhältnis beider Abstände ist das, was man heute als die »Lateralvergrösserung« bezeichnet. Wir verwenden dafür den Buchstaben V_L. Man findet leicht aus der letzten Gleichung:

$$(138) \qquad V_L = \frac{n^0}{n^0 l - k(\xi - N^0)} = g + \frac{k}{n^*}(\xi^* - N^*).$$

Man kann nun nach Normalebenen zur x-Achse fragen, in denen die Lateralvergrösserung gleich 1 ist, d. h. nach solchen Ebenen, in denen die Punkte P und P^* gleichen Abstand von der x-Achse haben. Man findet aus (138) dafür die beiden (dasselbe aussagenden) Gleichungen:

$$l - \frac{k}{n^0}(\xi - N^0) = 1,$$

$$g + \frac{k}{n^*}(\xi^* - N^*) = 1.$$

Aus der ersten von ihnen folgt

$$(139\,\mathrm{a}) \qquad \xi = N^0 - \frac{n^0(1-l)}{k} \equiv E,$$

aus der zweiten ebenso:

$$(139\,\mathrm{b}) \qquad \xi^* = N^* + \frac{n^*(1-g)}{k} \equiv E^*.$$

Dadurch sind zwei Ebenen $x = E$ und $x = E^*$ definiert, von denen die eine offenbar das Bild der anderen ist, und zwar ist, wenn wir bei unserem bisherigen Sprachgebrauch bleiben, die zweite Ebene das Bild der ersteren; denn jeder Punkt $P(\xi, \eta, \zeta)$ der ersteren wird abgebildet in einem Punkt $P^*(\xi^*, \eta^*, \zeta^*)$ der letzteren, der sich überdies nach unserer Forderung im gleichen Abstand von der x-Achse befindet. Für Ebenen, Geraden und Punkte, die im Verhältnis von Objekt zu Bild zu einander stehen, wollen wir die Bezeichnung »konjugiert« gebrauchen. Insbesondere nennt man die beiden durch (139a) und (139b) definierten konjugierten Ebenen die beiden »Hauptebenen« des Systems, die Punkte E und E^* selbst die »Hauptpunkte«.

Fällt also ein Strahl in beliebiger Richtung ein, der die erste Hauptebene in $P(\xi, \eta, \zeta)$ schneidet, so verlässt der ausfahrende Strahl die zweite Hauptebene in dem konjugierten Punkte $P^*(\xi^*, \eta^*, \zeta^*)$ (siehe Figur 10)

25*

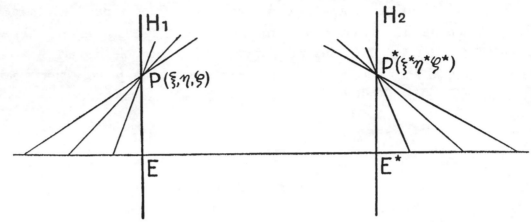

Figur 10.

Man sieht also bereits hier, dass diese beiden Ebenen in gewissem Sinne das ganze brechende System ersetzen können, wodurch sich auch der Name Hauptebenen rechtfertigt.

96. Wir wollen nun im Folgenden den einfallenden und ausfahrenden Strahl, statt auf die Punkte N^0 und N^*, auf die Hauptpunkte $\dot{E}$ und E^* beziehen, und setzen demgemäss an:

für den einfallenden Strahl

(140)
$$\begin{cases} y = \frac{\beta^0}{n^0}(x-E)+B, \\ z = \frac{\gamma^0}{n^0}(x-E)+C, \end{cases}$$

für den ausfahrenden Strahl

(141)
$$\begin{cases} y = \frac{\beta^*}{n^*}(x-E^*)+B^*, \\ z = \frac{\gamma^*}{n^*}(x-E^*)+C^*. \end{cases}$$

Unter Benutzung der Bezeichnungen

(142)
$$\frac{N^0-E}{n^0}=\theta, \quad \frac{E^*-N^*}{n^*}=\theta^*$$

findet man zunächst:

$$b^0 = B+\theta\beta^0, \qquad c^0 = C+\theta\gamma^0,$$
$$B^* = b^*+\theta^*\beta^*, \qquad C^* = c^*+\theta^*\gamma^*,$$

und daraus folgt leicht, dass, wenn man

$$(143) \qquad \begin{cases} G = g + \theta^* k, \\ H = h + \theta g + \theta \theta^* k + \theta^* l, \\ K = k, \\ L = l + \theta k \end{cases}$$

setzt, die Relationen bestehen:

$$(144) \qquad \begin{cases} B^* = GB + H\beta^0, \quad C^* = GC + H\gamma^0, \\ \beta^* = KB + L\beta^0, \quad \gamma^* = KC + L\gamma^0, \end{cases}$$

die das genaue Analogon zu den Formeln (136) darstellen. Da ferner auch hier

$$(145) \qquad \begin{vmatrix} G & H \\ K & L \end{vmatrix} = +1$$

ist, so ergeben sich durch Auflösung von (144) auch die zu (136a) analogen Gleichungen. Setzt man aus (139a) und (139b) die Werte von E und E^* in (142) ein, so erhält man im besonderen

$$(142a) \qquad \theta = \frac{1-l}{k}, \quad \theta^* = \frac{1-g}{k},$$

und weiter aus (143):

$$(143a) \qquad \begin{cases} G = 1, \\ H = 0, \\ K = k, \\ L = 1. \end{cases}$$

Schliesslich folgt also für die Gleichungen (141) des ausfahrenden Strahls:

$$(146) \qquad \begin{cases} y = \frac{\beta^0 + kB}{n^*}(x - E^*) + B, \\ z = \frac{\gamma^0 + kC}{n^*}(x - E^*) + C. \end{cases}$$

Man kann diese Gleichungen mit denen vergleichen, die in (128) und (129) für den einmal gebrochenen Strahl erhalten wurden, d. h. mit den Gleichungen

$$y = \frac{\beta^0 + \frac{n^0 - n^*}{r} b^0}{n^*} + b^*,$$

$$z = \frac{\gamma^0 + \frac{n^0 - n^*}{n} c^0}{n^*} + c^*,$$

wo sinngemäss die gestrichenen Grössen durch besternte ersetzt sind, da nur eine Brechung vorkommt. Dann entsprechen sich offenbar die Ausdrücke

$$k \quad \text{und} \quad \frac{n^0 - n^*}{r},$$

und wenn man diese einander gleich setzt, d. h.

$$r = \frac{n^0 - n^*}{k}$$

macht, so kann man, falls $n \neq n^*$ ist, das ganze System durch eine einzige brechende Kugelfläche in E mit dem Krümmungsradius $\frac{n^0 - n^*}{k}$ ersetzen. Falls dagegen $n^0 = n^*$ ist, so kann man in E eine unendlich dünne Linse von der Brennweite $-\frac{n^0}{k}$ für das System substituieren. In Gauss' eigenen Worten: »Es ist verstattet, anstatt des Überganges aus dem ersten Mittel in das letzte vermöge mehrerer Brechungen den Übergang entweder durch eine einzige Brechung oder durch eine einzige Linse von unendlich kleiner Dicke zu substituieren, je nachdem das erste und letzte Mittel ungleich oder gleich sind, indem man im ersten Falle der brechenden Fläche den Halbmesser $\frac{n^0 - n^*}{k}$, im zweiten der Linse die Brennweite $-\frac{n^0}{k}$ gibt, die brechende Fläche oder die Linse in E annimmt und in beiden Fällen die Lage des ausfahrenden Strahles soviel verschiebt, als die Entfernung des Punktes E von E^* beträgt.«

In dieser Zurückführung eines beliebig komplizierten zentrierten Systems auf diese einfachen Fälle ist die eigentliche Leistung der Gaussschen Theorie zu erblicken.

Bemerkt sei noch, dass Gauss die Hauptebenen nicht durch die Bedingung einführt, dass in ihnen die Lateralvergrösserung gleich 1 sein soll, obwohl das in seinen Entwickelungen natürlich implizite enthalten ist; er hebt merkwürdiger Weise diese Tatsache nicht einmal hervor.

97. Gauss definiert ferner noch zwei weitere Punkte F und F^*, auf die man gleichfalls mit Vorteil die einfallenden und ausfahrenden Strahlen beziehen kann. Sie werden definiert durch die Angaben:

$$(148) \qquad \begin{cases} F \; = N^0 + \dfrac{n^0 l}{k} = E \; + \dfrac{n^0}{k}, \\[2mm] F^* = N^* - \dfrac{n^* g}{k} = E^* - \dfrac{n^*}{k}. \end{cases}$$

So gewinnt man die Ansätze:

für den einfallenden Strahl

$$(149) \quad \begin{cases} y = \frac{\beta^0}{n^0}(x - F) + B', \\ z = \frac{\gamma^0}{n^0}(x - F) + C', \end{cases}$$

für den ausfahrenden Strahl

$$(150) \quad \begin{cases} y = \frac{\beta^*}{n^*}(x - F^*) + B'^*, \\ z = \frac{\gamma^*}{n^*}(x - F^*) + C'^*. \end{cases}$$

Man kann nun genau dieselben Betrachtungen anstellen, wie im vorhergehenden Artikel und erhält auch formal dieselben Gleichungen, wenn man statt (142) sinngemäss setzt:

$$(151) \quad \frac{N^0 - F}{n^0} = \theta', \quad \frac{F^* - N^*}{n^*} = \theta'^*.$$

So folgen die Gleichungen (143), (144), (145), wo nur die entsprechenden Grössen zum Unterschied mit einem Strich zu versehen sind. Im Einzelnen ergibt sich

$$(152) \quad \begin{cases} \theta' = -\frac{l}{k}, \quad \theta'^* = -\frac{g}{k}, \\ G' = 0, \quad H' = -\frac{1}{k}, \quad K' = k, \quad L' = 0, \end{cases}$$

und daraus schliesslich für den ausfahrenden Strahl das Gleichungspaar:

$$(153) \quad \begin{cases} y = \frac{kB'}{n^*}(x - F^*) - \frac{\beta^0}{k}, \\ z = \frac{kC'}{n^*}(x - F^*) - \frac{\gamma^0}{k}, \end{cases}$$

das mit (149) für den einfallenden Strahl zu kombinieren ist.

Man erkennt nun sofort folgende Fundamentaleigenschaft der Punkte F und F^*: Betrachten wir einfallende Strahlen durch den Punkt F, d. h. setzen wir in (149) $B' = C' = 0$, so folgt aus (153) $y = z =$ const, d. h. die ausfahrenden Strahlen sind der x-Achse parallel. Und umgekehrt: Setzen wir in (149) $\beta^0 = \gamma^0 = 0$, d. h. nehmen wir parallel der Achse einfallende Strahlen, so folgt aus (153), dass die ausfahrenden Strahlen durch F^* gehen müssen.

Die Punkte F und F^* haben daher die Eigenschaft der Brennpunkte und werden so bezeichnet: F als der vordere (erste), F^* als der hintere (zweite) Brennpunkt. Als Brennweiten hat man nach (148) sinngemäss die Abstände der Punkte F und F^* von den Hauptpunkten E bezw. E^* zu bezeichnen und erhält so, wenn f die vordere und f^* die hintere Brennweite bezeichnen:

$$(154) \qquad f = -\frac{n^0}{k}, \quad f^* = -\frac{n^*}{k},$$

die einander gleich werden, falls wie gewöhnlich das erste und letzte Medium identisch sind.

98. Zu erörtern bleibt noch ein singulärer Fall, der nämlich, wo $k = 0$ ist. Dann folgt aus den Gleichungen (139) und (148), dass Hauptpunkte und Brennpunkte des Systems im Unendlichen liegen; sie verlieren dann ihre Bedeutung. Dieser Fall liegt z. B. vor bei einem auf Unendlich eingestellten Fernrohr: Parallel auf das Objektiv fallende Strahlen verlassen das Okular parallel und umgekehrt; deshalb heisst dieser singuläre Fall der »teleskopische«. Man geht dann direkt auf die Gleichungen (130) für den einfallenden und (132) für den ausfahrenden Strahl zurück, die sich unter Berücksichtigung der Werte (136) mit $k = 0$ so schreiben lassen:

$$(130) \qquad y = \frac{\beta^0}{n^0}(x - N^0) + b^0; \quad z = \frac{\gamma^0}{n^0}(x - N^0) + c^0,$$

$$(154) \qquad y = \frac{l\beta^0}{n^*}(x - N^*) + gb^0 + h\beta^0; \quad z = \frac{l\gamma^0}{n^*}(x - N^*) + gc^0 + h\gamma^0.$$

Definiert man nun einen neuen Punkt N^{**} durch die Gleichung

$$(155) \qquad N^{**} = N^* - \frac{hn^*}{l} = N^* - ghn^*,$$

so werden die Formeln (154) für den ausfahrenden Strahl einfach:

$$(156) \qquad \begin{cases} y = \frac{l\beta^0}{n^*}(x - N^{**}) + gb^0, \\ z = \frac{l\gamma^0}{n^*}(x - N^{**}) + gc^0 \end{cases}$$

Nehmen wir jetzt auf dem einfallenden Strahl wieder einen Punkt $P(\xi, \eta, \zeta)$ an, so erhält man für das Bild $P^{**}(\xi^{**}, \eta^{**}, \zeta^{**})$ desselben die Werte:

$$(157) \qquad \begin{cases} \xi^{**} = N^* + \frac{n^*}{n^0}g^2(\xi - N^0), \\ \eta^{**} = g\eta, \quad \zeta^{**} = g\zeta \end{cases}$$

Daraus folgt zunächst für die Lateralvergrösserung V_L der Wert:

(158) $$V_L = g.$$

Und ferner folgt, wenn wir $\xi = N^0$, $\eta = \zeta = 0$ nehmen, dass $\xi^{**} = N^{**}$, $\eta^{**} = \zeta^{**} = 0$ werden, d. h. dass der Punkt N^{**} das Bild des Punktes N^0 ist, in dem die erste brechende Fläche die Achse des Systems schneidet. Eine Ebene senkrecht zur Achse in N^0 wird also in die achsensenkrechte Ebene in N^{**} abgebildet[1]) oder, auf das astronomische Fernrohr angewendet: das »Objektiv« wird in den »Okularkreis« abgebildet, woraus sofort folgt, dass die Lateralvergrösserung gleich dem Durchmesserverhältnis von Objektiv und Okularkreis ist, wovon wir im Vorhergehenden mehrfach Gebrauch gemacht haben. Für das umgekehrte Fernrohr folgt die Verkleinerung zu $1/g$, und das ist die Theorie der GAUSSschen Methode zur Bestimmung der Vergrösserung eines Fernrohrs, die wir in Art. 90 besprochen haben.

99. Des weiteren folgen in den *Dioptrischen Untersuchungen* Angaben über die Konstruktion des Bildes, wenn Haupt- und Brennpunkte des Systems gegeben sind, ferner über die experimentelle Bestimmung der Haupt- und Brennpunkte und schliesslich werden die Formeln für eine einfache Linse von nicht verschwindender Dicke angegeben. Auf diese Details brauchen wir hier nicht einzugehen[2]). Es sei nur noch erwähnt, dass BESSELS Bestimmung der Brennweite des Königsberger Heliometerobjektivs einer Korrektur unterzogen wird. Während BESSEL den Fehler seines Resultates auf $1/75000$ der Brennweite schätzte, zeigt GAUSS, dass er ungefähr $1/1300$ beträgt.

Schliesslich — und das führt zurück zu der Theorie der dialytischen Fernrohre, die wir in den Artikeln 85—88 besprochen haben — betont GAUSS, dass die Lage der Haupt- und Brennpunkte von den Brechungsindizes der Linsen des Systems abhängt, d. h. von Wellenlänge zu Wellenlänge

---

1) Natürlich nur in so weit, als Zentralstrahlen verwendet werden.

2) GAUSS erwähnt auch noch, dass Reflexionen an Kugelflächen formal sich einfach dadurch in die Theorie einordnen, dass man den Brechungsindex negativ setzt. In *Handbuch* 19 (Be), S. 230 (Werke XI, 1, S. 143) findet sich eine Aufzeichnung von GAUSS, in der er ein Beispiel für einen derartigen Fall durchgerechnet hat: *Reflexion an der hinteren Fläche einer Linse*. Die Lichtstrahlen fallen auf eine Linse, werden das erste Mal an der Vorderfläche gebrochen, an der Hinterfläche reflektiert, das zweite Mal wieder an der Vorderfläche gebrochen. Die Formeln geben Haupt- und Brennpunkte für diesen Fall an; diese Notiz, deren Bezeichnungen mit denen der *Dioptrischen Untersuchungen* übereinstimmen, stammt offenbar ebenfalls aus dem Jahre 1840.

variiert, dass also im Allgemeinen chromatische Aberration auftritt. Zur Achromasie wird nun aber erfordert, dass alle parallelen Strahlen unabhängig von der Farbe sich in einem Punkte vereinigen, d. h. nicht nur solche, die parallel der Achse einfallen, sondern auch solche, die geneigt dagegen sind. Mit andern Worten): »Die verschiedenfarbigen Bilder eines ausgedehnten, als unendlich entfernt betrachteten Gegenstandes müssen nicht bloss in eine Ebene fallen, sondern auch gleiche Grösse haben. Die erste Bedingung beruht auf der Identität des hinteren Brennpunktes für verschiedenfarbige Strahlen, die zweite auf der Gleichheit der Brennweiten, und da diese die Entfernung des zweiten Brennpunktes vom zweiten Hauptpunkte ist, so kann man auch die beiden Bedingungen dadurch ausdrücken, dass beide Punkte zugleich für rote und violette Strahlen dieselben sein müssen.«

Bei den gewöhnlichen achromatischen Objektiven, bei denen die Linsen dicht bei einander stehen, ist mit der ersten Bedingung auch nahezu die zweite immer erfüllt, nicht aber bei den dialytischen Objektiven. Man erkennt hier, wie GAUSS durch seine Theorie der Hauptpunkte zum ersten Male zur Erkenntnis der zweiten Bedingung geführt wurde und woher seine Bedenken gegen das dialytische Prinzip stammten. Wir haben im Vorhergehenden gezeigt, auf welche Weise sich diese Schwierigkeiten dennoch lösen lassen.

100. Die GAUSSsche Dioptrik ist der Abschluss und die Vollendung derjenigen Untersuchungen, die sich auf Zentralstrahlen (Parachsialstrahlen), d. h. auf die punktweise Abbildung durch enge Strahlenbüschel beziehen. Wenn man von der Einführung der sog. »Knotenpunkte« durch MÖBIUS[2]) absieht, hat in materieller Hinsicht der GAUSSschen Theorie im Laufe fast eines Jahrhunderts nichts hinzugefügt werden können. Dennoch ist die Bedeutung der GAUSSschen Untersuchung für die heutige praktische Optik gering, da man sich eben nicht auf enge Strahlenbüschel beschränken kann, sondern mittels weitgeöffneter Strahlenbüschel abbilden muss. Einmal aus Gründen der Intensität, da enge Büschel keine nennenswerte Energie transportieren, dann aber auch, weil die Beugung umso störender hervortritt, je enger die Öffnung des Strahlenbüschels ist. Statt dass die Abbildung durch

---

1) *Dioptrische Untersuchungen* a. a. O., S. 274.

2) A. F. MÖBIUS, CRELLES Journal f. d. reine und angewandte Mathematik, Bd. 5, S. 113, 1830. MÖBIUS' Gesammelte Werke IV (1887), S. 477—511.

enge (parachsiale) Büschel besonders gut ist, wie es die geometrische Optik behauptet, ist sie in Wirklichkeit, wie es auch nach der Wellentheorie zu erwarten ist, besonders schlecht, weil ein Objektpunkt in ein umso grösseres Beugungsscheibchen abgebildet wird, je enger das die Abbildung vermittelnde Strahlenbüschel ist. Man kann geradezu sagen, dass der Abbildung durch Zentralstrahlen gar keine Bedeutung zukommen würde, wenn nicht die begrenzte Empfindlichkeit des Auges es mit sich brächte, dass eine streng stigmatische Abbildung nicht verlangt wird.

Ein Punkt ist bei GAUSS besonders merkwürdig. Die hier betrachtete Abbildung des Objektraumes auf den Bildraum ist von folgender Art: Jedem Punkte P des Objektraumes entspricht ein Punkt P^* des Bildraumes, jeder durch P gehenden Geraden G entspricht eine durch P^* gehende Gerade G^*, und jeder die Gerade G enthaltenden Ebene E entspricht eine G^* enthaltende Ebene E^* Es entsprechen sich also Punkte, Strahlen, Ebenen in beiden Räumen gegenseitig eindeutig und das Ineinanderliegen bleibt erhalten; eine solche Beziehung ist aber eine rein geometrische Angelegenheit und wird als »kollineare Verwandtschaft« bezeichnet.

Daraus ergibt sich aber, dass dadurch, dass man eine kollineare Verwandtschaft zwischen zwei Räumen statuiert, die mathematischen Beziehungen zwischen den Dingen im Objektraum und ihren Bildern im Bildraum auch rein mathematisch festgelegt sind, d. h. ohne irgendeine Beziehung auf physikalische Mittel, durch die die kollineare Verwandtschaft realisiert werden kann. Die geometrischen Beziehungen beider Räume zueinander stehen fest, auch wenn es gar kein Mittel in der Natur gäbe, diese Beziehung physikalisch herzustellen. Die aufeinanderfolgenden Brechungen und Reflexionen haben also mit dem geometrischen Problem an sich nichts zu tun, sie sind vielmehr grundsätzlich davon zu trennen. Diese Trennung ist bei GAUSS nicht nur nicht durchgeführt, sondern er hat, wie man wohl annehmen muss, ihre Möglichkeit und Notwendigkeit gar nicht erkannt; es entging ihm anscheinend die Erkenntnis, dass alle Annahmen über die besondere Art der Verwirklichung einer optischen Abbildung den Kern der Frage, d. h. deren allgemeine Gesetze überhaupt nicht tangieren. Es scheint MÖBIUS[1] der erste

---

1) A. F. MÖBIUS, *Entwickelung der Lehre von dioptrischen Bildern mit Hülfe der Collineationsver-*

gewesen zu sein, der erkannt hat, dass eine paraxiale Abbildung durch eine brechende sphärische Fläche die Verhältnisse der kollinearen Verwandtschaft zum Ausdruck bringt, aber erst MAXWELL[1]) und unabhängig von ihm ABBE[2]) haben bei der Ableitung der allgemeinen Gesetze der optischen Abbildung alle Voraussetzungen über ihre Verwirklichung zunächst ganz beiseite gelassen. Man kann eben rein geometrisch zu den Begriffen der Hauptpunkte, Knotenpunkte, Brennpunkte usw., d. h. zu allen Fundamentaleigenschaften der Abbildung gelangen. Während die GAUSSsche Herleitung den Eindruck hervorrufen muss, als seien alle diese Begriffe auf die Verwendung enger Büschel beschränkt, so zeigt vielmehr die geometrische Untersuchung, dass die kollineare Verwandtschaft und damit auch diese Fundamentalbegriffe bei beliebig weit geöffneten Strahlenbüscheln möglich sind, nämlich geometrisch möglich sind, während nur die physikalische Herstellung solcher Verwandtschaft bei GAUSS auf enge Büschel beschränkt ist.

101. Nach GAUSS' Angaben reichen die Anfänge der *Dioptrischen Untersuchungen* um 40 bis 45 Jahre zurück. Auch wenn wir die kleinere Zahl nehmen, kommen wir in das Jahr 1800. Aus so früher Zeit haben wir keinen urkundlichen Beleg dafür, vielmehr hat GAUSS sich zum ersten Male über dioptrische Probleme geäussert in dem früher erwähnten Briefwechsel mit REPSOLD, d. h. im Jahre 1807.

In seinem Nachlass jedoch finden sich Aufzeichnungen[3]), die offenbar eng mit dem Thema der *Dioptrischen Untersuchungen* zusammenhängen, und die aus relativ früher Zeit stammen: Diese Notizen sind nämlich sicher nicht später als 1817 und nicht vor 1814 entstanden[4]).

---

wandtschaft, Sitzungsber. d. sächs. Akad. d. Wissensch., Math.-phys. Classe, Bd. 7 (1855), S. 8—32, MÖBIUS' Gesammelte Werke IV (1887), S. 541—568.

1) J. C. MAXWELL, Scientif. Pap., Bd. I, S. 271 (1856).

2) E. ABBE, in seinen Vorlesungen etwa 1873; siehe dazu WINKELMANN, *Handbuch der Physik*, 2. Aufl., Bd. VI, S. 27 ff.

3) *Handbuch* 21 (Bg), S. 27/28; Werke XI, 1, S. 115 ff.

4) Diese Datierung ergibt sich folgendermassen: Die Aufzeichnungen sind enthalten im *Handbuch* 21 (Bg), das nach GAUSS' eigener Mitteilung angefangen ist im September 1813, und zwar stehen sie auf den Seiten 27 und 28. Unmittelbar anschliessend, nämlich auf den Seiten 29/30 befindet sich die Aufzeichnung über achromatische Doppelobjektive, d. h. die Vorarbeit zur Berechnung des GAUSSschen Objektivs, das Ende 1817 veröffentlicht wurde.

Die Aufzeichnung führt den ganz unphysikalischen Titel: *Neuer Algorithmus*, der in Folgendem besteht:

Gegeben ist eine Anzahl von Grössen

$$a, \ b, \ c, \ d, \ \ldots$$

in bestimmter Ordnung. Aus ihnen werden neue Grössen A, B, C, D, $\ldots$ gebildet nach der Vorschrift

$$A = a, \quad B = bA - 1, \quad C = cB - A, \quad D = dC - B, \ \ldots$$

und zwar wird zur Abkürzung gesetzt:

$$A = (a, a), \quad B = (a, b), \quad C = (a, c), \quad D = (a, d), \ \ldots$$

Es werden darauf die einfachsten Gesetze dieses Algorithmus entwickelt, der grosse Ähnlichkeit mit einem EULERschen zeigt[1]), demselben, den GAUSS in den *Dioptrischen Untersuchungen* verwendet hat[2]), und dann werden die Elemente a, b, c, d, $\ldots$ der Reihe nach identifiziert mit gewissen Grössen f, h, f', h', f'', h'', $\ldots$, deren physikalische Bedeutung die folgende ist: Gegeben sei ein zentriertes System von $(\mu + 1)$ Linsen, deren Brennweiten $1/f$, $1/f'$, $1/f''$ $\ldots$, deren Abstände von einander h, h', h'' $\ldots$ sind. Die Verhältnisse werden durch folgende zwei Zeichnungen von GAUSS erläutert, in denen noch gewisse Buchstaben α, α', α'', $\ldots$, β, β', $\ldots$, γ, γ', $\ldots$, δ, δ', $\ldots$ eingetragen sind.

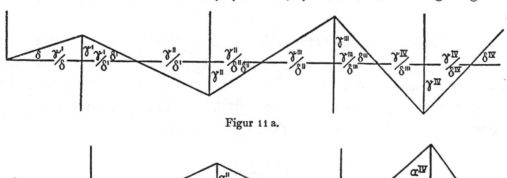

Figur 11 a.

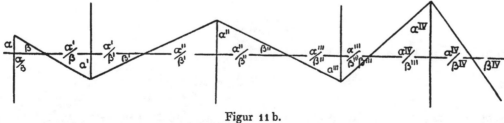

Figur 11 b.

1) L. EULER, *Specimen algorithmi singularis*, Novi Comment. Acad. sc. Petrop., Bd. IX (1764), S. 53—69.
2) Werke V, S. 250.

Der Sinn dieser Bezeichnungen ist folgender: In Figur 11b werden axen-parallel einfallende Strahlen gedacht und einer derselben, der in der Höhe $\alpha = 1$ das Objektiv trifft, wird auf seinem Gange durch das System verfolgt; das Ziel ist, die Durchstosshöhen α', α'', α''', ... dieser Strahlen bei den andern Linsen zu finden. In Figur 11a dagegen wird ein sog. »Hauptstrahl« durch das System verfolgt, der unter dem Winkel $\delta = 1$ die Objektivmitte durch-stösst. Die Grössen γ', γ'', γ''' ... sind den Höhen proportional, gesucht wer-den ausserdem die Winkel δ', δ'', ..., unter denen der Hauptstrahl die Achse schneidet. Im Gegensatz zu den Hauptstrahlen der Figur 11a nennt man die in Figur 11b verfolgten Strahlen heute die »Öffnungsstrahlen«; beide zusammen bilden das Gerippe eines Strahlenganges durch ein zentriertes System, wobei hier immer an ein astronomisches Fernrohr gedacht ist.

GAUSS gibt nun folgende Beziehungen an:

(158a)	(158b)	(158c)	(158d)
$\alpha = 1$	$\beta = f$	$\gamma = 0$	$\delta = 1$
$\alpha' = (f, h)$	$\beta' = (f, f')$	$\gamma' = h$	$\delta' = (h, f')$
$\alpha'' = (f, h')$	$\beta'' = (f, f'')$	$\gamma'' = (h, h'')$	$\delta'' = (h, f'')$
$\alpha''' = (f, h'')$	$\beta''' = (f, f''')$	$\gamma''' = (h, h''')$	$\delta''' = (h, f''')$
. . . . .	. . . . .	. . . . .	. . . .

Man überzeugt sich leicht von der Richtigkeit dieser Formeln. Der Sinn der Figur 11b ist ja der, dass der Gang von achsenparallel auffallenden Strahlen durch das System verfolgt wird: Es ergibt sich also für die Brennweite $1/f$ der ersten Linse der Wert $\frac{\alpha}{\beta}$, d. h. mit $\alpha = 1$ die Beziehung $\beta = f$, wie es die erste Gleichung (158b) angibt. Ferner ist offenbar nach derselben Figur

$$\frac{\alpha}{\beta} + \frac{\alpha'}{\beta} = h;$$

also mit dem Vorhergehenden:

$$\alpha' = fh - 1 = (f, h),$$

wie es die zweite Gleichung (158a) behauptet. Da ferner $\frac{\alpha'}{\beta}$ gleich der Gegen-standsweite, $\frac{\alpha'}{\beta'}$ gleich der Bildweite für die zweite Linse ist, so ergibt die gewöhnliche Linsenformel:

$$\frac{\beta}{\alpha'} + \frac{\beta'}{\alpha'} = f',$$

also

$$\beta' = \alpha' f' - f = (fh - 1)f' - f = (f, f'),$$

wie es die zweite Gleichung (158 b) fordert, usw.

Analoges gilt für die Hauptstrahlen in Figur 11 a. Es ergibt sich unmittelbar, da $\delta = 1$ gesetzt ist:

$$\gamma' = h,$$

d. h. die zweite Gleichung (158 c). Ferner wieder nach der Linsenformel, da $\frac{\gamma'}{\delta} = \gamma'$ die Gegenstandsweite und ebenso $\frac{\gamma'}{\delta'}$ die Bildweite für die zweite Linse ist (die das Objektiv abbildet):

$$\frac{\delta}{\gamma'} + \frac{\delta'}{\gamma'} = f'$$

oder mit Rücksicht auf das Vorhergehende:

$$\delta' = hf' - 1 = (h, f'),$$

was der zweiten Gleichung (158 d) entspricht, usw.

GAUSS setzt nun hinzu: »Hier wird nun:

$\delta^{(\mu)}$ ... die Vergrösserung; bei geradem μ ist $\delta^{(\mu)}$ positiv bei aufrechtem Bilde, negativ bei verkehrtem,

$\frac{g}{\beta}$, $\frac{g}{\beta'}$, $\frac{g}{\beta''}$, ... Grösse der einzelnen Bilder, wenn g das Gesichtsfeld,

$g\gamma$, $g\gamma'$, $g\gamma''$, ... Öffnungen der Gläser, wegen des Gesichtsfeldes,

$\frac{\omega}{\delta}$, $\frac{\omega}{\delta'}$, $\frac{\omega}{\delta''}$, ... Durchmesser der Strahlenkegel,

ωa, $\omega a'$, $\omega a''$, ... Öffnungen der Gläser, wegen der Helligkeit.«

Auch diese letzteren Gleichungen sind unmittelbar zu verifizieren. Schliesslich folgen noch einige Bemerkungen über die Verwendung des obigen »Fernrohrs« für weitsichtige und kurzsichtige Augen: »Für weitsichtige Augen muss $\beta^{(\mu)} = 0$ werden; für kurzsichtige, deren Augenweite gleich k, muss

$$\beta^{(\mu)} \delta^{(\mu)} k = -1$$

sein.« Man erkennt hier ohne weiteres den Zusammenhang mit den in Artikel 92 behandelte Fragen.

Interessant ist es, dass GAUSS bereits in so früher Zeit zwei Strahlensysteme — eben die Haupt- und Öffnungsstrahlen, wie wir heute sagen —

durch das System hindurch verfolgte; bisher führte man die gleichzeitige Benutzung dieser beiden Strahlsysteme auf eine Abhandlung von Ludwig Seidel[1]) aus dem Jahre 1856 zurück.

102. Neben diesen dioptrischen Untersuchungen finden sich bei Gauss über Fragen der eigentlichen physikalischen Optik nur fragmentarische Aufzeichnungen und Briefstellen, die hier der Vollständigkeit halber noch besprochen werden müssen.

Eine erste Notiz aus dem Jahre 1811 betrifft die Versuche von Malus über die Polarisation des Lichtes. Gauss schreibt darüber am 22. November an Bessel[2]): »Die schönen Versuche von Malus über das Ausbleiben einer zweiten Reflexion bei dem Einfallswinkel 35°25', wenn die beiden Ebenen, in welchen die Reflexion geschieht und geschehen soll, auf einander senkrecht sind, beschäftigen mich seit einigen Tagen. Malus hat jenen Winkel durch Versuche bestimmt, wobei leicht eine Unsicherheit von ¼ Grad übrigbleiben mag. Roh habe ich diese Versuche bereits wiederholt, und zwar mit glücklichem Erfolg. Allein ich gedenke dies künftig mit mehr Genauigkeit zu tun, um auszumitteln, mit welcher Genauigkeit jener Winkel bestimmt werden kann. Sollte er, wie mir wahrscheinlich ist, nicht 35°25', sondern 35°16' sein, so liesse sich Malus' Entdeckung höchst elegant so darstellen: Licht kann nicht zweimal reflektiert werden (von unbelegten Glasspiegeln), wenn diese die Seitenflächen eines regulären Tetraeders sind, und jenes Licht zuerst senkrecht auf eine dritte Seite desselben Tetraeders eingefallen war. Ich glaube, Malus' Entdeckungen werden der erste Anfang zu vielen herrlichen Aufschlüssen über die Natur des Lichtes sein.« Diese Stelle zeigt das grosse Interesse, das Gauss der Malusschen Entdeckung entgegenbrachte, aber gleichzeitig, dass der Mathematiker in ihm sozusagen mit dem Physiker durchging. Seine Bemerkung über die mögliche Ungenauigkeit der Malusschen Bestimmung des Polarisationswinkels ist zwar durchaus berechtigt, aber seine geometrische Einkleidung des Malusschen Ergebnisses greift vollständig daneben: Gauss wusste noch nicht — und konnte es nicht wissen — dass dieser Polarisationswinkel vom Material des Spiegels abhängt — das Brewstersche Gesetz wurde erst 1815 aufgestellt —, womit seine Deutung sofort zusammenbricht. Übrigens ist die

---

1) L. Seidel, Denkschriften der Münchener Akad. d. Wissenschaften, Bd. 43, 1856.
2) Gauss-Bessel, S. 154.

geometrische Formulierung Gaussens so kurz gehalten, dass ihr eigentlicher Sinn nicht recht klar ist. Es ist wohl sicher, dass Gauss später selbst die Unhaltbarkeit seiner Auffassung eingesehen hat und deshalb nicht mehr darauf zurückgekommen ist.

103. Im Jahre 1835 erschien das Werk des Speyerer Professors F. M. Schwerd[1]): *Die Beugungserscheinungen aus den Fundamentalgesetzen der Undulationstheorie analytisch entwickelt und in Bildern dargestellt*, das eine sehr grosse Bedeutung für die Befestigung der Undulationstheorie gehabt hat. Gleichzeitig hatte Schwerd einen »Beugungsapparat« zusammengestellt, der die Fachgenossen in den Stand setzen sollte, seine Versuche zu wiederholen. Bei der Wichtigkeit des Problems ist es nicht merkwürdig, dass auch Gauss sich damit beschäftigte; er schreibt am 7. Juni 1836 an Schumacher[2]): »Ich habe mich in der letzten Woche viel mit optischen, namentlich mit den sehr interessanten Beugungsversuchen beschäftigt. Schwerd hat in diesem Felde recht viel geleistet, um diese höchst mannigfaltigen Erscheinungen, wozu Fraunhofer zuerst den Weg eröffnete, aus einem Prinzip abzuleiten. Inzwischen bleibt jedoch noch sehr viel übrig, bis die Theorie als vollständig und erschöpfend angesehen werden kann.« Und ebenso teilt Gauss[3]) am 23. Juli 1836 Olbers mit, dass er sich einen Schwerdschen Apparat angeschafft habe, um Diffraktionsversuche zu machen. »Diese Gegenstände werden mir fast ebenso interessant wie Magnetismus und Galvanismus. Ich habe jedoch jetzt mich mit Gewalt ganz wieder davon trennen müssen, da es mir dazu an Zeit fehlt.« Leider war die Trennung eine endgültige: Gauss hat nie mehr die Musse gefunden, zum Problem der Beugung zurückzukehren. Nur aus dem Nachlass[4]) sind uns ein paar Notizen erhalten *Allgemeine Formeln für die Wirkung eines leuchtenden Punktes P auf einen Punkt p*, die offenbar aus derselben Zeit (1835/36) stammen.

Die erste dieser Notizen ist in mehrfacher Hinsicht interessant: »Es sei P von p durch eine entweder geschlossene oder unendliche Fläche geschieden, deren offener Teil s heisse; ds sei ein Element von s; R, r seine Entfernung

---

1) In der Schwan- und Goetzschen Buchhandlung, Mannheim 1835.
2) Gauss-Schumacher III, S. 62; Werke XI, 1, S. 151.
3) Gauss-Olbers II, 2, S. 641; Werke XI, 1, S. 151.
4) Werke V, S. 635 ff.

von P, p; ν[1]) eine unbestimmte Normale auf ds, nach der Seite gerichtet, wo p liegt; λ eine Wellenlänge; $\frac{2\pi i}{\lambda} = \alpha$; ω der Winkel zwischen R und r.« Wir haben also die Verhältnisse der Figur 12 vor uns.

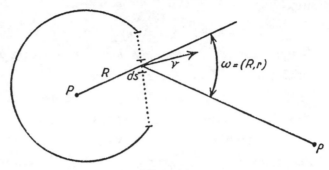

Figur 12.

Dann soll nach GAUSS die Wirkung von P auf p durch folgendes Doppelintegral über s gegeben sein:

$$(159) \qquad \int \frac{ds}{Rr} \frac{\frac{\partial R}{\partial \nu} + \frac{\partial r}{\partial \nu}}{\sin \omega} e^{\alpha(R+r)}$$

Da $\frac{\partial R}{\partial \nu}$, $-\frac{\partial r}{\partial \nu}$ die Sinus der Neigungswinkel von R und r gegen ds sind, kann man dafür auch die Kosinus der Winkel mit der Normale ν von ds setzen:

$$\frac{\partial R}{\partial \nu} = \cos(R\nu), \qquad -\frac{\partial r}{\partial \nu} = \cos(r\nu).$$

Führt man diese Werte ein, so kann man (159) die Form geben:

$$(160) \qquad \int \frac{ds}{Rr} \frac{\cos(R\nu) - \cos(r\nu)}{\sin(Rr)} e^{\frac{2\pi i}{\lambda}(R+r)}$$

(Dies Integral ist natürlich noch mit einem Zeitfaktor multipliziert zu denken.)

Wir haben es hier mit einem Versuch zu tun, das HUYGENS-FRESNELsche Prinzip exakt zu formulieren. Nach diesem Prinzip ist jedes Element ds einer Wellenfläche als selbständiges Erregungszentrum zu betrachten, von dem also Kugelwellen ausgehen. Nehmen wir in P eine punktförmige Lichtquelle an, so ist die davon in ds erzeugte Lichterregung offenbar

$$\frac{ds}{R} e^{\frac{2\pi i}{\lambda} R}$$

---

1) Hier habe ich die Bezeichnung gegen das Original geändert. — SCHAEFER.

Betrachten wir jetzt ds als selbstständiges Erregungszentrum von dieser Stärke, so haben wir in p eine Wirkung proportional zu dem Ausdruck:

$$\frac{ds}{R} e^{\frac{2\pi i}{\lambda} R} \frac{1}{r} e^{\frac{2\pi i}{\lambda} r} = \frac{ds}{Rr} e^{\frac{2\pi i}{\lambda}(R+r)},$$

d. h. zu dem Integranden von (160), abgesehen von den Winkelfunktionen

$$\frac{\cos(R\nu) - \cos(r\nu)}{\sin(Rr)}$$

Der Zähler hat darin offenbar folgende Bedeutung: Von dem Element ds gehen in Wirklichkeit Wellen nur nach der Seite von p hin, nicht auch nach rückwärts. In dem elementaren HUYGENS-FRESNELschen Prinzip ist diese Tatsache nicht verständlich: Sie muss besonders postuliert werden, ohne dass eine Begründung dafür gegeben werden könnte. Man sieht nun aus der GAUSSschen Formel (160) gleich, dass die Differenz der Kosinus gleich 2 wird, wenn ds in der direkten Verbindungslinie von P und p liegt; d. h. nach aussen geht eine Strahlung proportional 2, nach innen dagegen wird die Differenz der Kosinus gleich 0, d. h. nach rückwärts geht keine Strahlung von ds aus. Der erwähnten Tatsache wird also durch den Ansatz

$$\{\cos(R\nu) - \cos(r\nu)\}$$

Rechnung getragen. Es ist beachtenswert, dass in der exakten Formulierung des HUYGENSschen Prinzips durch GUSTAV KIRCHHOFF, der es durch Integration der Wellengleichung gewann, ebenfalls genau diese Differenz der Kosinus auftritt[1]).

Der Faktor $\frac{1}{\sin(Rr)}$ soll offenbar den Einfluss der »Schiefe« bei der Ausstrahlung zur Geltung bringen. Dieser Faktor ist in der KIRCHHOFFschen Formulierung nicht mehr vorhanden, er muss also wegfallen, da diese exakt ist. Überhaupt ist der ganze GAUSSsche Ansatz weiter nichts als ein Versuch, der nicht zu Ende geführt wurde, weil andere Probleme die Zeit von GAUSS in Anspruch nahmen. —

---

1) S. z. B. DRUDE, *Lehrbuch der Optik*, 2. Aufl., S. 171.

Index.

ÜBER DIE
ASTRONOMISCHEN ARBEITEN VON GAUSS

VON

MARTIN BRENDEL

Erster Abschnitt
Praktische und sphärische Astronomie.

Einleitung.

Aus den Gebieten der praktischen und der sphärischen Astronomie hat GAUSS keine so umfassenden Werke veröffentlicht wie auf anderen Gebieten. Er hat ausser den beiden im Jahre 1808 erschienenen Abhandlungen »*Methodus peculiaris elevationem poli determinandi*«[1]) und »*Über eine Aufgabe der sphärischen Astronomie*«[2]) eine Reihe von Hilfstafeln herausgegeben, nämlich »*Allgemeine Tafeln für Aberration und Nutation*« (1808)[3]), *Tafeln für die Mittags-Verbesserung*« (1811)[4]), »*Tafel für die Sonnen-Coordinaten*« (1812)[5]), *Refractionstafeln* (1822)[6]). Hierzu gesellen sich viele kleinere Aufsätze und Mitteilungen, sowie Beobachtungen und Berechnungen von Planeten, Kometen, Sternbedeckungen u. a. m.

Fertig durchgeführte Untersuchungen mit seinen Fundamentalinstrumenten, im besonderen dem REICHENBACHSchen Borda-Kreise, dem REPSOLDSchen Meridiankreise, dem REICHENBACHSchen Passageninstrument und dem REICHENBACHSchen Meridiankreise, wie er sie anfangs geplant hatte, besitzen wir nicht, wohl aber sehr eingehende Beschreibungen dieser Instrumente und Berichte über die bei ihnen angewandten Beobachtungsmethoden[7]). Dass die Unter-

---

1) Werke VI, S. 37—49.

2) Ebendort, S. 129—140.

3) Ebendort, S. 123—128.

4) Ebendort, S. 166—171.

5) Ebendort, S. 172—180.

6) Ebendort, S. 185—190.

7) Vergl. insbesondere Werke VI, S. 404 (BORDAischer Kreis), S. 410 (REPSOLDScher Meridiankreis), S. 422 f. (REICHENBACHSches Passageninstrument), S. 429 f. (REICHENBACHScher Meridiankreis), S. 472 (Nadirbeobachtungen).

suchungen nicht zum Abschluss gelangten, erklärt sich aus der vielseitigen und häufig zersplitterten Tätigkeit nach Übernahme der Leitung der Göttinger Sternwarte, über die GAUSS selbst so häufig klagte und die so viele seiner wissenschaftlichen Pläne nicht zur Durchführung gelangen liess.

Man wird den Wert der GAUSSschen Arbeiten besonders auf diesen Gebieten nach dem bekannten von ihm selbst aufgestellten Grundsatz »Pauca sed matura« nicht nach der absoluten Anzahl der veröffentlichten Beobachtungen einschätzen. Wie überall, so sehen wir auch hier den Schöpfer neuer Methoden, ebenso wie den tiefeindringenden Kritiker, der allem die grösstmögliche Schärfe und Vollendung zu geben bestrebt ist.

Die Anzahl der tatsächlich von GAUSS angestellten Beobachtungen ist keineswegs gering; sie dienten aber in erster Linie den genannten Zwecken, neue Methoden zu schaffen und grösste Schärfe zu erreichen, und sind zum weitaus grössten Teile nicht zur Veröffentlichung gelangt. Er traf hier mit BESSEL zusammen. In jener Zeit, wo sich das Bedürfnis nach Fundamentalbeobachtungen zur genaueren Bestimmung der Konstanten der Präzession, Nutation, Aberration und anderer Grössen stark fühlbar machte, setzte man grosse Hoffnungen auf die gleichzeitigen Arbeiten von GAUSS und BESSEL. Der letztere hatte in seiner Bearbeitung der BRADLEYschen Beobachtungen zuerst gezeigt, wie die astronomische Beobachtungskunst verfeinert und vervollkommnet werden könne, und man sah besonders im Zusammentreffen beider Gelehrten eine neue Zeit für die beobachtende Astronomie herannahen. Indessen blieb es doch BESSEL fast allein vorbehalten, die Grundlagen für eine auf höherer Stufe stehende Beobachtungskunst zu schaffen. GAUSS' Teilnahme daran wurde kurz nach ihrem Beginn durch die Übernahme anderer grosser Arbeiten fast plötzlich abgebrochen und seine nicht unbeträchtlichen bis dahin geleisteten Beiträge gelangten nicht zur Weiterführung und noch weniger zur Veröffentlichung. Ein Teil dieser von GAUSS angestellten Beobachtungen ist aus dem Nachlass im Band XI, 1 der Werke abgedruckt. Andererseits liegt der Schwerpunkt von GAUSS' praktischer und Beobachtungstätigkeit nicht auf astronomischem, sondern auf verwandten Gebieten; man braucht nur an seine dioptrischen Untersuchungen, an die Erfindung des Heliotrops, an seine ausgedehnten geodätischen Messungen und seine magnetischen Untersuchungen und Beobachtungen zu denken. Es darf nicht verwundern, dass praktische Beschäftigungen dieser Art, durch die der Wissenschaft neue Wege eröffnet wurden, mehr Anziehungskraft auf ihn ausübten als das Sammeln langer Beobachtungsreihen; auch blieb bei der gewaltigen Fruchtbarkeit an neuen Gedanken für dieses Sammeln keine Gelegenheit übrig. Dass GAUSS an sich vor langen mühsamen praktischen Arbeiten nicht zurückschreckte, wird schon dadurch bewiesen, dass er einen fast zu grossen Teil seiner Zeit auf die Ausgleichungen zur Hannoverschen Landesvermessung, auf die Prüfung der Hannoverschen Normalmasse und -gewichte und andere ähnliche Aufgaben verwandte.

Man wird nach dem Grunde fragen, warum GAUSS, dessen Hauptneigung doch zunächst den tiefsten Problemen der reinen Mathematik galt, schliesslich in seiner öffentlichen Stellung Astronom geworden ist. Die Antwort wird in Anbetracht der äusseren Umstände nicht eben schwer fallen. Er war mittellos und musste an die Zukunft denken. Dem reinen Mathematiker stand nur der Beruf eines Lehrers entweder an der Schule oder an der Universität offen, und es ist sehr bekannt, dass GAUSS von Jugend auf bis in sein hohes Alter einen Widerwillen gegen das Unterrichten empfand, den er nicht überwinden konnte, und den zu verbergen er sich niemals Mühe gegeben hat. Als er die Universität Göttingen im Herbst 1795 bezog, soll er noch unschlüssig gewesen sein, ob er Philologie oder Mathematik studieren solle. Wenn er auch als Schüler schon eine hohe Begabung beim Studium der alten Sprachen zeigte und sich sein ganzes Leben lang gern mit den lebenden Sprachen beschäftigte, so darf man doch wohl annehmen, dass der Gedanke, Philologie zu studieren, nur mit Rücksicht auf seine spätere Versorgung von ihm gefasst worden war. Sicher dachte er daran, sich eine auskömmliche Lebensstellung zu verschaffen, in der er auch seine mathematischen Untersuchungen entsprechend seinen Neigungen ausführen konnte. Nun führte ihn die Mathematik an sich zu den angewandten Gebieten, im besonderen zur Astronomie, und es mag damals die Aussicht auf ein Vorwärtskommen als Astronom, ohne gleichzeitig unterrichten zu müssen, nicht ungünstig gewesen sein.

In dem Briefwechsel mit v. ZACH[1]) aus GAUSS' Braunschweiger Zeit[2]) 1799

---

1) FRANZ XAVER FREIHERR v. ZACH, der bekannte und einflussreiche Direktor der Seeberger Sternwarte, Herausgeber der Allgemeinen Geographischen Ephemeriden, der Monatlichen Correspondenz zur Beförderung der Erd- und Himmelskunde und der Correspondance astronomique. — Von dem Briefwechsel sind nur die Briefe von ZACH an GAUSS im GAUSSarchiv erhalten.

2) Siehe weiter unten, im besonderen S. 15.

bis 1804 und in gleichzeitigen Briefen an OLBERS spiegeln sich die Überlegungen und Gedanken über die Ergreifung der astronomischen Laufbahn deutlich wieder, bis durch GAUSS' Berufung nach Göttingen 1807 die Entscheidung fiel. Dass er so die Leitung einer Sternwarte übernahm, bei der er doch nicht ganz frei davon war, unterrichten zu müssen, brachten die Umstände mit sich.

Es waren, besonders in GAUSS' späterem Alter, freilich nicht die Unterrichtspflichten allein, die ihm die Musse zum wissenschaftlichen Arbeiten raubten, obwohl er sich über diese Pflichten ständig beklagte. Vielmehr wurde seine Zeit eben durch die oben erwähnten anderen Beschäftigungen in Anspruch genommen, die freilich wegen ihrer wissenschaftlichen Eigenart für ihn anziehender waren als das Abhalten elementarer Vorlesungen. Durch die Briefwechsel mit OLBERS, BESSEL und SCHUMACHER ziehen sich häufige Klagen über die Art seiner Beschäftigung und über die Last der ihm auferlegten Geschäfte.

Die mehrfach an ihn herangetretenen Anerbietungen, im besonderen aus Petersburg 1802—1804, aus Hamburg 1821 und aus Berlin 1822—1825, betrachtete er wohl immer aus dem Gesichtspunkt, möglichste Freiheit für wissenschaftliche Arbeiten zu erlangen. Noch in späterer Zeit[1] klagt der 62jährige über die Beschränkung seiner Zeit, die ihn fast garnicht an wissenschaftliche Arbeiten denken lässt. Es finden sich auch Andeutungen[2], dass er, allerdings wohl hauptsächlich durch die Amtsentsetzung der Göttinger sieben Professoren und den bevorstehenden Fortgang WILHELM WEBERS veranlasst, mit dem Gedanken umging, »für den letzten Teil seines Lebens eine unabhängige Stellung zu suchen und zu dem Zweck seinen Aufenthalt in einem Lande zu nehmen, wo man dieselbe mit mässigen Vermögensmitteln behaupten kann.« Zeitungsnotizen hatten berichtet, dass GAUSS beabsichtige, nach Paris überzusiedeln; indessen war das Gerücht nur daraus entstanden, dass er einen vorübergehenden Aufenthalt dort plante[3].

Im Rahmen dieses Aufsatzes ergeben sich mehrere Perioden von GAUSS'

---

1) Brief an OLBERS vom 14. Mai 1839.

2) Brief an OLBERS vom 16. Januar 1838.

3) Vergl. den Brief von OLBERS an GAUSS vom 8. Januar 1838 und den vorerwähnten, sowie den an OLBERS vom 4. März 1838.

praktisch astronomischer Tätigkeit, die sich freilich nicht immer scharf von einander scheiden lassen.

1. Braunschweiger Periode bis zur Übersiedelung nach Göttingen (1807); einzelne Beobachtungen von Planeten, Kometen u. a.

2. Göttinger Periode bis zum Eintreffen des REICHENBACHSchen BORDAkreises (1813); Beobachtungen am Mauerquadranten und Kreismikrometerbeobachtungen auf der alten Sternwarte.

3. Beobachtungen mit dem BORDAkreise bis zur Fertigstellung der neuen Sternwarte (1813—1816); Untersuchungen über die Polhöhe und über die Schiefe der Ekliptik; erste Beobachtungen mit dem Heliometer.

4. Beobachtungen auf der neuen Sternwarte, insbesondere Fortsetzung der Beobachtungen mit dem BORDAkreise bis zum Eintreffen des REPSOLDschen Meridiankreises (1817—1818).

5. Beobachtungen am REPSOLDschen Kreise bis zum Eintreffen des REICHENBACHSchen Passageninstruments und des REICHENBACHSchen Meridiankreises (1818).

6. Untersuchungen mit den REICHENBACHSchen Instrumenten; Beobachtungen von Fundamentalsternen u. a. (1818—1820).

7. Periode mit geringerer astronomischer Tätigkeit; Hannoversche Landesvermessung, erdmagnetische und andere physikalische Untersuchungen (seit 1820).

---

1. Die Braunschweiger Periode (bis 1807).

Während seiner Göttinger Studienzeit (1795—1798) begann GAUSS sich mit dem Studium der Astronomie zu beschäftigen, wozu er bei SEYFFER Vorlesungen gehört zu haben scheint; die mathematischen Vorlesungen von KÄSTNER zogen ihn wenig an, und wenn auch SEYFFER ihm hierfür keinen Ersatz bieten konnte, so trat er doch mit diesem in engere persönliche Beziehung[1]. In dem Briefe an OLBERS vom 18. November 1802 schreibt er:

---

[1] In dem Briefwechsel zwischen GAUSS und WOLFGANG BOLYAI aus der Zeit (1798—1799), als GAUSS bereits wieder in Braunschweig, BOLYAI aber noch in Göttingen war, kehrt der Name SEYFFERS öfter wieder, teils indem BOLYAI an GAUSS über ihn berichtet, teils dadurch, dass GAUSS Grüsse an SEYFFER bestellen lässt. So heisst es z. B. in einem Briefe von GAUSS an BOLYAI vom 22. April 1799 (*Briefwechsel Gauss-Bolyai*, Leipzig 1899, S. 22): »Einliegenden Brief (er ist bloss astronomischen Inhalts) wirst Du die Güte haben, an Hrn. SEYFFER zu besorgen und mich ihm zu empfehlen«.

»Mündliche Anweisung zum Beobachten habe ich bisher gar keine gehabt, obgleich Herr SEYFFER mich einmal seinen Schüler genannt hat; alle meine bisherigen Übungen schränken sich auf einige Beobachtungen am Mauerquadranten und mit dem Spiegelsextanten ein. Mein Gesicht ist ziemlich scharf, aber sehr kurzsichtig.« Dass GAUSS in Göttingen sich an astronomischen Beobachtungen beteiligte, geht auch aus einem Brief an ZIMMERMANN vom 24. Dezember 1797, der sich nebst anderen Briefen im Braunschweiger Landeshauptarchiv befindet, hervor, in dem er sagt, dass er in Folge einer Erkrankung die Beobachtung der letzten Mondfinsternis habe versäumen müssen. Aus den Akten der Göttinger Universitäts-Bibliothek hat sich, wenigstens teilweise, feststellen lassen, welche Bücher er während seiner Studienzeit aus der Bibliothek entliehen hat. Darunter befinden sich ausser verschiedenen akademischen Schriften:

LALANDE, *Astronomie* (im November 1795);

SÉJOUR, *Traité analytique des mouvements célestes*;

Sammlung astronomischer Tafeln der Berliner Akademie;

HELL, *Ephemeriden für 1796*;

COUSIN, *Introduction à l'Astronomie physique*;

Berliner Astronomisches Jahrbuch für 1788—89, 1791—94, 1799.

In den Jahren 1798—1801 unternahm der Kgl. Preuss. Oberst und Generalquartiermeister bei der Neutralitätsarmee VON LECOQ eine trigonometrische Aufnahme in Westfalen, über die er in der Monatlichen Correspondenz[1]) berichtet. Er sagt dort (Seite 139): »Im astronomischen Teil ist mir der Dr. GAUSS von grossem Nutzen gewesen. Seine Ausrechnungen und Briefe haben zu meinem Unterricht viel beigetragen und ich zolle ihm gern hier meinen Dank[2]).« LECOQ hat sich auf ZACHS Rat vornehmlich des Spiegelsextanten bedient und

---

[1]) M. C. VIII (1803), Seite 136 ff. und ebendort an anderen Stellen.

[2]) Von den Briefen von GAUSS an LECOQ haben sich bisher vier auffinden lassen, nämlich

Brief vom 17. April 1799 (Autographensammlung DARMSTÄDTER der Staatsbibliothek in Berlin)

Brief vom 24.—27. April 1799 (Professor Dr. STEINACKER, Braunschweig)

Brief vom 4. September 1800 (Reichsamt für Landesaufnahme)

Brief vom 25. September 1800 (Reichsamt für Landesaufnahme).

Von diesen befinden sich photographische Nachbildungen im GAUSSARCHIV; der erste ist Werke X, 1, Seite 540, 541 im Auszug wiedergegeben. Die Briefe von LECOQ an GAUSS sind im GAUSSARCHIV vorhanden und scheinen vollständig zu sein.

damit ausser den Dreieckswinkeln auch die Polhöhe mehrerer Orte astronomisch bestimmt, sowie einige Monddistanzen und Sternbedeckungen zur Bestimmung von Längendifferenzen beobachtet[1]). Im Dezember 1798 beobachtete er in Braunschweig, »mehr um Gelegenheit zu haben, sich in diesen Berechnungen zu üben, als in der Meinung, Braunschweig besser zu bestimmen als es schon ist«, wie er an Gauss am 3. Februar 1799 aus Minden schrieb. Bei dieser Gelegenheit wurde er wahrscheinlich durch Zimmermann mit Gauss bekannt gemacht, von dem er sich in manchen Fragen helfen und raten liess. Auch schrieb Gauss an Seyffer, um sich die nötigen Daten aus dem Nautical Almanach zur Berechnung der Lecoqschen Beobachtungen schicken zu lassen und vermittelte so die Verbindung zwischen Lecoq und Jenem. Seyffer beteiligte sich ebenfalls an den Berechnungen und zog seine Göttinger Beobachtungen von Sternbedeckungen zu den Längenbestimmungen hinzu. Da Gauss versprochen hatte, Lecoq bei den weiteren Berechnungen der Beobachtungen zu helfen, so fand er hier Gelegenheit, mit der praktischen Astronomie, wenn auch nur mit elementaren Aufgaben, in Verbindung zu bleiben, ohne jedoch selbst beobachten zu können, da er keine Instrumente hatte. Er fand hierbei Gelegenheit, sich die strengen Formeln für die Mondparallaxe abzuleiten, die er in der Tagebuchnotiz Nr. 97 (vergl. Werke XI, 1, S. 539) erwähnt.

Lecoq scheint es gewesen zu sein, der Gauss' Bekanntschaft mit Zach vermittelte. Er schreibt an Gauss am 13. April 1799: »sowohl für Euer Wohlgeboren als für den Herrn v. Zach freut es mich, dass ich etwas beigetragen habe, Ihre Bekanntschaft zu befördern. Hätten Sie nur einen guten Sextanten und eine Pendeluhr, so würden Sie in Braunschweig Beobachtungen machen können, da meines Wissens ein schönes Teleskop auf dem Carolino vorhanden ist, mit dem Sie den Übergang des Merkur beobachten könnten« (vergl. unten Seite 31).

Am 29. April 1799 schreibt Lecoq sodann an Gauss: »Ich freue mich, dass Sie den Vorsatz gefasst und dazu die Erlaubnis Ihres Landesherrn schon haben, nach Gotha zu reisen«. Gauss hatte in dieser Zeit bei Zach ange-

---

1) Vergl. v. Zach, *Allgemeine Geographische Ephemeriden*, Band III (1799), Seite 201 f., an welcher Stelle Lecoq in einem Briefe aus Braunschweig über seine ersten Beobachtungen mit dem Sextanten an Zach berichtet; diese betrafen die Bestimmung der Polhöhe von Minden.

fragt, ob er bei ihm sich in der praktischen Astronomie üben könne, und Lecoq scheint sich auch hierin, wie aus seinen Briefen an Gauss hervorgeht, bei Zach für ihn verwandt zu haben. Gauss wartete lange auf Antwort von Zach[1]); endlich am 24. September 1799 antwortete dieser:

»Recht inständigst muss ich Ew. Wohlgebohren um Vergebung bitten, dass ich auf mehrere Ihrer verehrtesten Briefe nicht geantwortet und für die mir gütigst kommunizierten Schriften meinen ergebensten Dank nicht abgestattet habe. Allein wenn Sie, bester Herr Doktor, meine Lage kennten, gewiss, Sie würden mir mehr als verzeihen, — mich recht sehr beklagen —. Meine ganz zerrüttete und zerstörte Gesundheit, die ich seit meiner letzten schweren Krankheit nicht wieder hergestellt habe, der Umstand, dass ich Ihnen eine weitläufige detaillierte Antwort auf alle Ihre Briefe schreiben wollte, waren die Ursachen, dass ich dieses von einem Tag zum anderen verschob. Notgedrungen kann ich jetzo nur in Eile die Ehre haben, Ihnen auf den vorzüglichsten Punkt Ihres Schreibens zu antworten. — Es tut mir herzlich leid, dass ich Ewr. Wohlgeboren erklären muss, dass ich aus mehr als einer Ursache, welche alle herzusetzen zu weitläufig wäre, Ihrem Gesuche, sich bei mir auf der Seeberger Sternwarte aufzuhalten, unmöglich willfahren kann. Ich kann und darf künftighin niemanden mehr zu mir auf die Sternwarte nehmen. Teils erlaubt mir meine stets kränkelnde Gesundheit diese Unbequemlichkeit nicht mehr; ich habe sie mehrere Jahre lang nur zu sehr und zu drückend gefühlt; meine Denkungsart erlaubt mir nicht, Kostgänger bei mir aufzunehmen, ich kann unmöglich einen Gasthof aus meinem Hause machen; Nieuwland, Calkoen, Bohnenberger, Camerer, Burckhardt, Horner u. a. m. haben alle gratis bei mir gewohnt und alle meine Bequemlichkeiten des Lebens unentgeltlich mit mir geteilt. Meine jetzige Lebensart und Einrichtung meines Hauswesens ist nun so, dass ich niemanden mehr bei mir aufnehmen kann. Allein diese ist nicht die einzige und bei weitem nicht

---

1) Zur Charakteristik dieses Mannes mag folgende Stelle aus dem Briefe von Lecoq an Gauss vom 17. Mai 1799 angeführt werden: »Wundern Sie sich nicht über Herrn v. Zachs Stillschweigen; dieser äusserst dienstfertige Mann, mit der Delicatesse des feinsten Gefühls versehen, ist mit Geschäften überhäuft und hat, wie Sie wissen, eine ausgebreitete Korrespondenz. Er schreibt daher nicht oft, aber dann auch desto längere Briefe. Ich schreibe ihm gewiss 3 oder 4 mal für eine Antwort von ihm, die aber dann meistens 3 Bogen stark ist und oft eine Abhandlung enthält.«

die Hauptursache dieser Verfügung. Seitdem meine zu grosse Gefälligkeit zu sehr gemissbraucht worden, einige Unglücksfälle vorgefallen, Instrumente beschädigt und erst kürzlich ein namhafter und unersetzlicher Schaden durch das Ungeschick eines Ungeübten verursacht worden, sehen es Se. Durchlaucht unser Herzog nicht gern, dass sich Anfänger Ihrer zu Ihrem eigenen Vergnügen mit grossen Kosten angeschafften Instrumente zur Übung bedienen sollen. Die hiesige astronomische Anstalt ist keine öffentliche, keine Landesanstalt, gehört zu keiner Akademie, Universität etc., sie ist bloss eine eigene Privatliebhaberei unseres Herzogs, die aus seiner Schatulle bestritten wird; Se. Durchlaucht haben es nie gern gesehen, nie erlaubt, dass Fremde mit Ihren eigenen Instrumenten Übungen machen, und diese dadurch allen Gefahren der Ungeschicklichkeit und Abnutzung ausgesetzt werden sollten. Was ich bisher tat, war nur immer per nefas getan, die Güte des Herzogs ignorierte dieses. Allein einige neuerliche Vorfallenheiten reizten die Langmut des Herzogs, zogen mir Verdruss zu, so dass es mir glatterdings unmöglich wird, jemanden, sei es wer er wolle, auf der herzoglichen Sternwarte aufzunehmen und den Gebrauch der herzoglichen Privatinstrumente, die nur meiner Aufsicht anvertraut sind, zu gestatten. Dieses, Hochgeehrtester Herr Doktor, habe ich also die Ehre Ihnen bekannt zu machen. Ich behalte mir vor, Ihnen auf andere Punkte Ihrer Briefe ein andermal umständlicher zu antworten, insonderheit Ihnen einiges von Dr. BURCKHARDT aus Paris als Antwort über Ihre Bemerkungen ULUGH-BEIGHS Tafeln betreffend, mitzuteilen.«

In demselben Briefe, in dem GAUSS ZACH bittet, nach Gotha kommen zu dürfen, teilte er, wie aus der vorstehenden im GAUSSarchiv erhaltenen Antwort hervorgeht, diesem einige Bemerkungen über ULUGH BEIGHS Sonnentafeln mit, die BURCKHARDT[1]) in den von ZACH herausgegebenen »Allgemeinen geographischen Ephemeriden« (Bd. III, 1799, Seite 179) abgedruckt und besprochen hatte. Diese Mitteilung von GAUSS ist deswegen bemerkenswert, weil er dabei die von ihm schon längere Zeit vorher gefundene Methode der kleinsten Quadrate[2]) anwandte;

---

1) JOH. KARL BURCKHARDT, geboren 1773 in Leipzig, Schüler von ZACH und von diesem nach Paris empfohlen, wo er Freund und Gehilfe von LA LANDE und LA PLACE wurde und 1825 als Direktor der Sternwarte auf der Ecole militaire starb.

2) Vergl. darüber auch A. GALLE, *Über die geodätischen Arbeiten von Gauss*, Abh. I dieses Bandes, Einleitung und I. Abschnitt.

man vergleiche hierzu die Werke XII, S. 64 abgedruckte Notiz: *Mittelpunkts-gleichung nach Ulughbe in Zeittertien*«.

Die Beteiligung an den Berechnungen der LECOQschen Beobachtungen dauerte bis Mai 1799; in der Folgezeit scheint GAUSS keine Gelegenheit zur Beschäftigung mit der beobachtenden Astronomie gehabt zu haben. Er förderte seine rein mathematischen Untersuchungen und war später von 1801 an durch die Berechnung der Bahnen der neu entdeckten Planeten in Anspruch genommen. Im Februar 1802 scheint er aber von neuem ZACH, mit dem er anlässlich der Entdeckung der Ceres in lebhaften Briefwechsel getreten war, um Rat gebeten zu haben, wie er sich auf dem Gebiete der praktischen Astronomie betätigen könne.

ZACH antwortet hierauf am 21. Februar 1802:

»Ich komme jetzt auf den Artikel der Instrumente. Aber so ein kurzes Gesicht haben Sie, mein teuerster Herr Doktor! Das ist sehr schlimm für einen praktischen Astronomen. Meine Erfahrung, die ich bei vielen Astronomen und Liebhabern dieser Wissenschaft gemacht habe, gibt mir, dass ein so kurzes Gesicht grosse und fast unüberwindliche Schwierigkeiten in der praktischen Astronomie macht. Bei der Beschaffenheit Ihrer Augen, wie Sie mir solche beschrieben haben, können Sie des Nachts kein Instrument scharf ablesen. Welche grosse optische Parallaxe müssen Sie nicht haben! Werden Sie bei einer solchen Anstrengung Ihre Augen nicht angreifen, sie noch kurzsichtiger machen und ganz verderben, besonders wenn Sie sich vor der Hand auf den Gebrauch eines Sextanten einschränken müssen. Nehmen Sie ein Beispiel an mir, was ich für fürchterliche Augenkrankheiten mache; ich schreibe sie alle dem Spiegelsextanten und den häufigen Sonnenbeobachtungen zu, an die man bei diesem Werkzeuge beschränkt ist. Lesen Sie nur, was ich im Mai-Heft 1801, S. 500 davon gesagt habe. HERSCHEL und SCHRÖTER haben Falkenaugen. Sie sind ein vortrefflicher Analyste, Sie haben ein so überwiegendes Talent de Calcul, dass Sie mit diesem allein wuchern müssen. Sie werden bei praktischer Astronomie eine kostbare Zeit verlieren, die Sie tausendmal besser und nützlicher anwenden können. Wie würde mich mein alter Freund LA LANDE schmälen, der nur praktische Astronomie will, wenn er wüsste, dass ich Ihnen eine solche Vorlesung halte und von praktischer Sternkunde abrate! Allein mein Prinzip ist, ein Mensch, der etwas besseres machen kann, und was nur wenige Menschen machen können, muss nicht machen wollen, was so viele Menschen machen können. Es wäre ebenso schlimm, als wenn ich meine 30 jährigen Erfahrungen, Übungen und Gewohnheiten in der praktischen Astronomie jetzt aufgeben und nur im Kabinett, wie ein HENNERT, an Exercices de Collège arbeiten wollte. Sie haben, Hochgeehrtester Herr Doktor, ein kostbares Pfund; damit können Sie so viel nützen, dass es unverantwortlich wäre, es schwächen oder teilen zu wollen. Aber verstehen Sie mich auch recht. Es ist nicht, dass ich Ihnen das Beobachtungstalent absprechen will. Wie kann ich das; ich habe ja nicht die Ehre, Sie persönlich zu kennen, und ich kenne Ihre mechanische Dexterität gar nicht. Meine Sorge ist nur, praktische Astronomie würde Sie zu sehr zerstreuen und von Studien ableiten, von welchen es erwiesen ist, dass Sie entschiedenes Talent haben. Was für ein praktischer Astronom aus Ihnen werden wird, das wissen Sie ja selbst noch nicht und müssen es erst erfahren. Indessen, damit Sie sehen, dass es nicht an meinem guten Willen fehlt, dass ich nicht Ursache sein will, ein Pfund in Ihnen verschlummern zu lassen, das Sie wecken wollen, so mache ich Ihnen folgenden Vorschlag.

Ich will Ihnen für diesen Sommer einen Sextanten, einen künstlichen Horizont, eine Uhr und ein Fernrohr borgen. Damit können Sie nun Polhöhen und Längen bestimmen. Der Sextant dient Ihnen auch zu korrespondierenden Sonnenhöhen, damit können Sie die Uhr berichtigen; das Fernrohr soll hinreichend sein, um Sternbedeckungen zu beobachten. Ich will trachten, Ihnen diese Instrumente sobald als möglich zu schicken, damit Sie noch im künftigen Monat die Bedeckung des Jupiters, den 16. März, beobachten können; aber sicher sollen Sie jene vom 13. April, so wie die Bedeckung der Plejaden, den 5. April, damit vornehmen können. Ich erwarte täglich eine gute AUCHsche Uhr aus Weimar; diese und der künstliche Horizont fehlt nur noch, sonst hätte ich alles beisammen.

Sehen Sie nun zu, wie weit Sie mit Ihren ersten Übungen kommen, ob Sie ihnen zur Erholung dienen. Sie können damit mehrere Ortsbestimmungen im Braunschweigischen machen; Helmstedt, eine Universität, verdiente es vorzüglich. Terrestrische Messungen werden Ihnen wegen des kurzen Gesichts noch mehr Schwierigkeiten machen; halten Sie sich indessen an die astronomischen. Finden Sie, dass Sie damit gut fortkommen, und dass Ihnen das

Beobachten eine angenehme Zerstreuung macht, so will ich Ihnen alsdann andere Vorschläge wegen Acquisition eigener Instrumente machen. Sollte dann Ihr Herzog nichts für praktische Sternkunde in Helmstedt tun wollen? Wenn er, oder die Universität, nur alle Jahre 500 Rtlr. dazu hergeben, so ist in 6 Jahren eine brave Sternwarte in Helmstedt, oder in Braunschweig. Das würde gewiss viele anziehen. Dann, auf welcher deutschen Universität wird denn praktische Sternkunde und Schiffahrtskunde gelehrt? Selbst in Holland geschieht es nicht. Die Holländer, Hamburger, Bremer, Lübecker kämen alle nach Helmstedt, wenn sie wissen, dass da praktischer Unterricht in Handhabung des Spiegelsextanten, in Beobachtungen mit demselben, in der Methode der Monddistanzen und überhaupt in astronomischer Navigation Unterricht zu erhalten wäre. Helmstedt bekäme dadurch einen grossen Ruf und einen ungeteilten glänzenden Vorzug vor allen anderen deutschen Universitäten. Kam doch der seel. Prof. NIEUWLAND, der Navigationslehrer in Amsterdam war und über den Sextanten schon geschrieben hatte, doch hauptsächlich deswegen nach Gotha, um den Gebrauch dieses Werkzeuges recht zu lernen; er konnte damit gar nicht umgehen. So war es mit seinem Nachfolger VAN BEEK CALKOEN. Ich kann am besten aus Erfahrung darüber sprechen, wie gross der Zulauf in Helmstedt sein würde, wenn eine solche Anstalt da existierte. Denn niemand erfährt es leider zudringlicher als ich, wie sehr und wie viele diesen Unterricht bei mir wünschen; aber ich bin aus mehr als einer Ursache jetzt gezwungen, ihn überall abzuweisen. Ich habe erst kürzlich dem Kurfürsten von Bayern und dem Fürsten von Würzburg ähnliche Ansinnen refusieren müssen. Meine Geschäfte, meine Lage erlaubt dies durchaus nicht mehr. Ich kann solche Liebhaber nur ab weisen; wie vortrefflich wäre es nicht, wenn ich sie künftig nach Helmstedt hin weisen könnte.

Finden Sie, dass Ihnen praktische Astronomie zu viel Zeit wegnimmt, Ihren Augen schädlich wird, Ihnen nur undankbare Mühe und wenig Vergnügen macht: nun dann schicken Sie mir meine Instrumente wieder zurück, und somit haben Sie keine unnötigen Auslagen gemacht.«

Mit Rücksicht auf diese Äusserungen ZACHS schrieb GAUSS, nachdem er den Ruf nach Petersburg[1]) erhalten hatte, und als OLBERS versuchte, ihn für die Göttinger Professur vorzuschlagen, am 3. Dezember 1802 an OLBERS:

---

1) Vergleiche unten Seite 20.

»Wenn es sich künftig zeigen wird, dass sonst keine unvorhergesehenen Hindernisse*) obwalten, so würde mir der Umstand, dass das Observatorium noch nicht vollendet ist, gerade erwünscht sein, da ich dann in der Zwischenzeit mich erst recht zum praktischen Astronomen vorbereiten könnte. Sehr beunruhigend ist in dieser Hinsicht für mich die Ungewissheit, in der ich bin, wie v. Zach darüber denkt, und ob es ganz nach seinem Herzen sein würde, die Stelle durch mich besetzt zu wissen, da mir sein Beistand dabei so sehr unentbehrlich sein würde. Von meiner grossen Neigung zu praktischen Beschäftigungen ist er schon seit lange unterrichtet. Sogleich nach der Verbesserung meiner äusseren Lage durch unseren Herzog ersuchte ich Herrn v. Zach, mir zur Erlangung eines Sextanten von bester Güte behilflich zu sein, ich fände ungemein viel Gefallen am Beobachten und hätte den Wunsch, einen Sextanten zu besitzen, schon lange gehegt, hoffte auch, mich in der Folge mit mehreren Instrumenten versehen zu können; zugleich meldete ich ihm, dass mein Gesicht gut, obwohl sehr myopisch sei. In seiner Antwort auf diesen Brief widerriet er mir zwar die Praxis, teils weil er meinte, dass ich mich mit mehrerem Nutzen mit theoretischen Untersuchungen beschäftigen könne, teils weil zumal die Sonnenbeobachtungen meinen Augen nachteilig sein und sie vielleicht noch kurzsichtiger machen könnten, erbot sich aber zugleich auf das gefälligste, mir einen Sextanten, Penduluhr und künstlichen Horizont zu borgen, damit ich vorerst ohne die Gefahr einer unnötigen Ausgabe mich versuchen könne. Was nun jene beiden Gründe betrifft, so habe ich in Ansehung des ersteren geglaubt, dass das Beobachten mir zu einer sehr angenehmen Abwechslung dienen und mich an theoretischen Arbeiten eben nicht hindern würde, weil ich diese viel zu lieb habe; dass es selbst für den Theoretiker oft von grosser Wichtigkeit ist, wenn er in der Ausübung auch bewandert ist; und endlich, wenn die Rede davon ist, ex officio und nicht bloss als Dilettant Praktiker zu sein (woran ich freilich damals noch eben nicht dachte), scheint es mir sehr in Betracht zu kommen, dass es in ganz Europa vielleicht kaum ein halb Dutzend besoldete r e i n e Mathematiker gibt. In Ansehung des zweiten Punktes habe ich bisher nicht gefunden, dass meine doch oft sehr fleissigen Sonnenbeobachtungen irgend nachteilige Wirkung auf meine Augen gehabt hätten, und ein Astronom auf einer wohlbestellten Sternwarte braucht doch die Sonne viel weniger zu be-

---

*) Nämlich für die Berufung nach Göttingen. — Brdl.

obachten, als ein blosser Sextantenbeobachter. Auch finde ich nicht, dass die Kurzsichtigkeit das Beobachten eben erschwerte, ausser etwa, wenn am Himmel mit einem Fernrohr etwas Teleskopisches aus freier Hand aufzusuchen ist, und auch dagegen würde es wohl mancherlei Hilfsmittel geben. In den gewöhnlichen Beobachtungen mit dem Sextanten habe ich mich nun ziemlich geübt, und so hoffe ich, dass ich durch Autopsie mich auch in die Behandlung anderer Instrumente wohl finden werde.

Von dem Rufe nach Petersburg habe ich v. ZACH gleichfalls Nachricht gegeben, ihm die Gründe gemeldet, warum ich ihn auf die angebotenen Bedingungen anzunehmen Bedenken getragen habe, ihn um seinen Rat gebeten, falls man geneigt sei, die Bedingungen vorteilhafter zu machen, und zugleich die Hoffnung geäussert, dass er mir bei eintretender Notwendigkeit es nicht abschlagen würde, mich eine Zeitlang zum Schüler anzunehmen. Auf diesen Brief, der am 26. Oktober abgegangen ist, habe ich nun bis heute keine Antwort. ZACHS letzter Brief ist vom 25. Oktober. Auch von der M. C., welche er sonst immer mir selbst zuzuschicken die Güte hatte, habe ich das letzte Stück durch eine fremde Hand erhalten. Ob nun v. ZACH verreist oder krank ist, oder ob er mir vielleicht selbst irgend eine Proposition machen will, worüber er selbst erst Nachrichten einziehen will, darüber erwarte ich posttäglich mit Ungeduld Auskunft.«

Es mag auffallend erscheinen, dass v. ZACH GAUSS so dringlich von der beobachtenden Astronomie abrät und ihm wegen seiner Kurzsichtigkeit Schwierigkeiten schildert, die man als unbegründet bezeichnen muss. Möglicherweise haben hierzu die folgenden Umstände beigetragen. In Göttingen wurde der Bau der neuen Sternwarte geplant und ZACH war mit dem Entwurf der Pläne beauftragt worden. Es schien sein Wunsch zu sein, dass die Leitung dieser Sternwarte seinem Schüler BURCKHARDT übertragen werde und daher fürchtete er vielleicht schon, dass sich diese Hoffnung durch die Berufung von GAUSS zerschlagen würde[1]). Man kann diese Vermutung vielleicht auch aus dem folgenden Briefe herauslesen.

In der Antwort auf die Mitteilung der ersten von GAUSS berechneten Cereselemente hatte ZACH im Brief an GAUSS am 10. November 1801 sich folgendermassen ausgesprochen:

---

1) Vergl. auch GAUSS an OLBERS vom 18. November 1802.

»Inzwischen werden Ewr. Wohlgeboren von selbst einsehen, dass in den Bestimmungsstücken Ihrer Ellipse noch sehr viel hypothetisches liegt, und dass sich z. B. das Aphelium und die Exzentrizität noch sehr von der Wahrheit entfernen können. Dr. BURCKHARDT hätte seine Ellipse ebenso genau den Beobachtungen anpassen können, wenn er gewollt hätte; er hielt es nicht der Mühe wert, und es dürfte nicht schwer halten, eine ebenso gut stimmende Ellipse für den Fall zu finden, wo man das Perihelium auf den 11. Febr. verlegen wollte. Behutsamkeit ist daher immer zu empfehlen, und man muss, um niemanden irre zu leiten, die Möglichkeit nicht leugnen, dass man mehr als eine Ellipse durch die PIAZZIschen Punkte legen könne. Z. B. Ewr. Wohlgeboren finden darin einen grossen Beweis oder wenigstens ein grosses Gewicht und Vertrauen in Ihre Elemente, dass Sie den von Dr. OLBERS vermuteten enormen Observationsfehler von 20″ nicht zulassen, allein Dr. PIAZZI gesteht selbst einen Fehler von 15″ in seiner Beobachtung vom 11. Februar (November-Stück, p. 572[1])). Da Sie aber diese fehlerhaften Beobachtungen selbst bei Ihren Berechnungen zu Grunde gelegt haben, so war es natürlich, dass Sie diesen Fehler 0″ fanden; Ihr Raisonnement war in diesem Falle eine Petitio Principii. Diese Kleinigkeit ändert Ihre Ellipse nicht sehr und ist kaum der Mühe wert, davon zu reden; Ihre Arbeit bleibt immer schön und verdienstlich, erstens weil Ihre Elemente die PIAZZIschen Beobachtungen so schön darstellen, zweitens weil Sie eine mögliche Bahn zeigt, in welcher der neue Gast eben so gut, als in der BURCKHARDTschen oder einer anderen Bahn wandeln kann, folglich dem Beobachter zum Leitfaden dienen kann, um so mehr, da alle unsere vorhergehenden Raisonnements uns gewissermassen (freilich mit Unrecht) sicher gestellt haben und es vielleicht ohne Ihre Berechnung keinem Astronomen beigekommen wäre, den Himmelsraum bei seiner Untersuchung weiter nach Osten auszudehnen.«

Indessen ginge man zu weit, wenn man daraus schliessen wollte, dass ZACH etwa GAUSS nicht wohlgesinnt gewesen sei. Als OLBERS bald darauf auf Grund von GAUSS' Vorausberechnung die Ceres sogleich wieder aufgefunden hatte, schrieb er an ZACH:

»Mit Vergnügen werden Sie bemerkt haben, wie genau Dr. GAUSS' Ellipse mit den Beobachtungen der Ceres stimmt. Melden Sie doch dies diesem

---

1) M. C. IV (1801). — BRDL.

würdigen Gelehrten unter Bezeugung meiner ganz besonderen Hochachtung. Ohne seine mühsamen Untersuchungen über die elliptischen Elemente dieses Planeten würden wir diesen vielleicht gar nicht wiedergefunden haben. Ich wenigstens hätte ihn nicht so weit ostwärts gesucht.« ZACHS Stimmung scheint sich hiernach mehr zu GAUSS' Gunsten gewendet zu haben; er druckte diese Briefstelle in der Monatlichen Correspondenz, Bd. V, S. 181 ab und fügte hinzu: »Wir wollen demnach die gänzliche Berichtigung dieser Ellipse dem geschickten Dr. GAUSS allein überlassen; denn es wäre sehr unartig, das mit leichter Mühe in Ordnung bringen zu wollen, was dieser verdienstvolle Gelehrte mit so vieler Mühe entworfen hat. Ihm gebührt Ehre und Dank, dass er uns bis jetzt so gut geleitet hat; wir wollen ihm daher auch noch diesen Dank schuldig bleiben, dass er uns bis ans letzte Ziel führen soll, welches, wie wir hoffen, vielleicht schon im nächsten Hefte der M. C. geschehen wird.« Nach diesem Erfolge von GAUSS, der bekanntlich überall Aufsehen erregte, erhöhte der Herzog die ihm gewährte Unterstützung, worüber GAUSS an OLBERS am 23. Februar 1802 schreibt:

»Ich hoffe, in Zukunft mich meinen Lieblingswissenschaften bald mit mehr Energie ergeben zu können. Bisher war ich in einer sehr dürftigen Lage, aller literarischen Hilfsmittel fast ganz beraubt. Unser edler Fürst, dem ich ohnehin alles, was ich bin, zu verdanken habe, hat, nachdem er die neuesten Nachrichten über unsere Ceres im Februarheft der M. C. gesehen, mir aus eigener Bewegung eine ansehnliche Verbesserung meiner Lage zugesichert, ohne meine Musse durch bestimmte Dienste zu beschränken. Ich fühle lebhaft, wieviel ich von dieser glücklichen Wendung auf Rechnung Ihrer grossmütigen Äusserungen zu setzen habe, und diese Wirkung wird Ihnen bei Ihren freundschaftlichen Gesinnungen für mich gewiss Freude machen.«

Gleichzeitig schrieb ZACH an GAUSS in dem oben schon teilweise abgedruckten Brief vom 21. Februar 1802:

»Wie sehr es mich gefreut hat, dass Ihr edler Herzog Sie nun so gesetzt hat, dass Sie sorgenfrei sich nun der erhabensten Wissenschaft ganz widmen können, brauche ich Ihnen nicht erst mit vielen Worten zu sagen. Der Herzog hat nicht nur Ihnen, sondern auch den Wissenschaften eine wahre Wohltat erzeigt. Die mathematischen Wissenschaften werden überhaupt jetzt in Deutschland wenig encouragiert. Man sieht aber auch die Früchte davon.

Die berühmte Universität Göttingen hat seit KÄSTNERS Tode keinen Mathematiker mehr. Lassen Sie KLÜGEL in Halle, HINDENBURG in Leipzig mit Tode abgehen, so sind unsere deutschen Mathematiker sonst nirgends als im Braunschweigischen zu Hause. STAHL[1]) in Jena zeigt sich gut, er will aber Hungers sterben; ich habe es noch nicht mit aller Mühe dahin bringen können, ihm das zu verschaffen, was Ihr vortrefflicher Herzog aus eigener Bewegung für Sie getan hat. Unser wackerer BURCKHARDT musste expatriieren, um sein Glück zu machen, in Leipzig wäre er auf einem Dachstübchen verfault. TÖPFER[2]) versauert in Grimma, dieser vortreffliche Kopf muss solchen Jungen katechesieren. Im jetzigen Frankreich sind die Mathematiker Sénateurs und Conseillers d'Etat. In England bekleiden sie die ersten Finanzstellen. Nur in Deutschland verhungern sie. Dies verdiente wirklich einmal öffentlich gesagt zu werden, dass der Herzog von Braunschweig die mathematischen Wissenschaften so sehr in Schutz und Protektion nimmt. Er hat uns KLÜGEL gegeben, er erhält uns PFAFF, und nun schenkt er uns GAUSS. Wüsste es der Herr, wie innigst ich ihm in meinem Herzen dafür danke. Dass er diese Wissenschaft seiner vorzüglichen Huld würdigt, das macht, weil er ein grosser Feldherr ist und einsieht, zu was diese Wissenschaften im Krieg, beim Ingenieur, beim Artilleur, beim Pionier und beim Generalstab nutz sind. Der grosse FRIEDRICH verstand nichts von Mathematik und doch sorgte er sozusagen ängstlich dafür, tüchtige Mathematiker bei seiner Akademie zu haben. Er hatte aber auch die besten Köpfe, die in dieser Art in ganz Europa existierten. Er hatte einen EULER, einen LA GRANGE, einen LAMBERT. Man findet in des grossen Königs Schriften, dass er bisweilen über Mathematik spottete! Doch nein, nicht über Mathematik spottete er, sondern über die Mathematiker; aber das wars auch nicht, nicht über Mathematiker sondern über EULER spottete er, weil er im Grunde piquiert war und es ihn verdross, dass dieser ihn verliess und nach Russland ging. Daher die ewigen Sarkasmen, dass EULER la grande Ourse du Nord wäre observieren gegangen. Wie gut behandelte der König dagegen MAUPERTUIS und LA GRANGE. Man lese nur seine Briefe an D'ALEMBERT, wie angelegentlich er um LA GRANGE handelt,

---

1) KONRAD DIETRICH MARTIN STAHL (1771—1833) war später Professor in Würzburg, Landshut und München. — BRDL.

2) HEINRICH AUGUST TÖPFER (1758—1833) war Professor an der Landesschule zu Grimma. — BRDL.

wie sehr es ihm darum zu tun war, diesen grossen Geometer an seine Akademie zu fesseln. Nach dem Tode dieses grossen Königs haben Seine Exzellenz der Corporal Prof. HERTZBERG[1]), qui voulait mener l'Académie comme un Régiment, diesen grossen Mann nach Frankreich vertrieben, wo ihn BONAPARTE, der die mathematischen und besonders astronomischen Wissenschaften auch sehr beschützt, zum Sénateur gemacht hat. LA GRANGE und LA PLACE sind jetzt des grands Seigneurs, halten Equipagen in Paris und haben Revenuen von beinahe 8000 Rtlr. Die deutschen Mathematiker schätzten sich glücklich, wenn sie nur das Zehntel davon hätten. Doch genug von dieser Jeremiade! Indessen: Es lebe der Herzog von Braunschweig!«

ZACH schickte GAUSS, wie er versprochen, im März 1802 einen 10 zölligen THROUGHTONSCHEN Sextanten, einen künstlichen steinernen Horizont mit Niveau und eine AUCHSCHE 10 Taler-Uhr und versprach ihm eine bessere Penduluhr, sobald er sie von AUCH erhalten haben würde. Mit diesen einfachen Mitteln übte sich GAUSS im Beobachten und führte mit dem Sextanten eine Reihe von Ortsbestimmungen in der Umgebung von Braunschweig aus, machte auch regelmässige Zeitbestimmungen.

Im September 1802 erhielt GAUSS den bereits erwähnten Ruf nach Petersburg als Astronom der Akademie der Wissenschaften und Direktor der Sternwarte. Der Staatsrat v. FUSS hatte mehrere deutsche Gelehrte darunter ZACH wegen Besetzung der Stelle um Rat gefragt; auch hier hatte Zach nicht gleich GAUSS vorgeschlagen, sondern Fuss scheint auf diesen durch PFAFF aufmerksam gemacht worden zu sein, wie man aus den Briefen von FUSS an GAUSS schliessen kann[2]). Fuss hatte im April oder Mai PFAFF daraufhin gebeten, GAUSS' Ansichten über eine etwaige Berufung nach Petersburg in Erfahrung zu bringen. Doch erhielt er hierauf keine Antwort, sodass er am 5. September 1802 direkt an GAUSS schreibt und ihn fragt, ob er wohl bereit wäre, einen Ruf anzunehmen. Hiervon machte GAUSS in dem Brief vom 12. Oktober 1802 OLBERS vertrauliche Mitteilung und bittet um seinen Rat; er meint, dass er seinerseits wenig Aussicht habe, in Deutschland eine ihm zusagende

---

1) EWALD FRIEDRICH GRAF V. HERTZBERG (1725—1795), Staatsmann und Historiker, wurde 1763 Minister und nach FRIEDRICHS des Grossen Tode (1786) »Kurator« der Berliner Akademie; über seine Reorganisation der Akademie siehe A. HARNACK, *Geschichte der Königlich Preussischen Akademie der Wissenschaften*, Ausgabe in einem Bande, Berlin 1901, S. 361—381. — BRDL.

2) Diese Briefe befinden sich im GAUSSarchiv.

Stellung zu erhalten, da er zu einem Lehramt nicht die geringste Neigung habe; andererseits aber deutet er an, dass er Deutschland sehr ungern verlassen würde, besonders da die ihm von Petersburg aus gemachten Bedingungen keine sehr günstigen waren. OLBERS beschliesst sogleich sein Möglichstes zu tun, um GAUSS in Deutschland zu halten, und erbittet sich von GAUSS die Erlaubniss, an ZACH und nach Göttingen vertraulich zu schreiben. OLBERS dachte sich, dass man GAUSS vielleicht die Leitung der neuen Sternwarte in Göttingen übertragen könne, während der Professor der Astronomie SEYFFER die Professur behalten würde. In diesem Sinne schrieb er dem Göttinger Professor der Geschichte HEEREN, auch wohl an den ständigen Sekretär der Sozietät der Wissenschaften, Professor der klassischen Philologie HEYNE[1]). In Göttingen wurde OLBERS Anregung sehr freundlich aufgenommen, sodass dieser zu erwarten schien, dass von der Regierung in Hannover bald ein Antrag an GAUSS herantreten würde. GAUSS hatte inzwischen den Petersburger Ruf abgelehnt, erwartete aber eine Erneuerung unter verbesserten Bedingungen. Hierin hatte er sich auch nicht getäuscht, denn v. ZIMMERMANN erhielt im Dezember 1802 von FUSS einen Brief[2]), in dem dieser schreibt, dass man weitere Versuche machen werde, um GAUSS für Petersburg zu gewinnen. In ähnlichem Sinne schrieb auch SCHUBERT[3]) an GAUSS. Die Verhältnisse in Göttingen lagen nun so, dass sich augenblicklich für GAUSS nichts Positives erreichen liess, obwohl man den Gedanken, ihn später dorthin zu berufen, offenbar verfolgte. Dies brachte GAUSS in eine unangenehme Lage des Schwankens, und er scheint nahe daran gewesen zu sein, den Petersburger Ruf anzunehmen, besonders in dem Gedanken, dass er ja von dort aus auch nach Göttingen zurückkehren könne. Aber noch ein Hindernis stand der Annahme des Petersburger Rufes entgegen: der Gedanke, seinen Herzog zu verlassen, der so viel für ihn getan hatte, und dem er sich nicht undankbar erweisen wollte. Wie zu erwarten war, wollte ihn auch der Herzog nicht gehen lassen, sondern verbesserte im Januar 1803 seine Lage nochmals wesentlich, sodass GAUSS den Petersburger Ruf jetzt endgültig ablehnte. Auf eine Anregung von GAUSS, in Braunschweig einige astronomische Instrumente

---

1) OLBERS an GAUSS, 25. Dezember 1802.
2) GAUSS an OLBERS, 21. Dezember 1802.
3) Die Briefe von SCHUBERT an GAUSS befinden sich im GAUSSarchiv.

anzuschaffen, verspricht ihm der Herzog auch den Bau einer kleinen Sternwarte. GAUSS schreibt darüber an OLBERS am 1. März 1803:

»Dass ich nun hier bleibe, hier in völliger Unabhängigkeit à mon aise leben werde (unser Fürst hat meine Pension auf 600 Rthl. erhöht und dabei freie Wohnung zugesichert), diese Nachricht hätte ich Ihnen zwar schon vor ein paar Wochen schreiben können; allein ich wünschte Ihnen noch mehr schreiben zu können, und dies kann ich jetzt. Unser edler Fürst hat sich nämlich geneigt gezeigt, hier etwas für die ausübende Astronomie zu tun. Ich hatte ihm vorgestellt, dass ein Vorrat von zweckmässigen Instrumenten, ein astronomischer Salon oder eine Art von kleiner Sternwarte eine Zierde der Stadt, ein Mittel, den Geschmack an Astronomie mehr zu verbreiten, ein Mittel, der Wissenschaft selbst nützlich zu sein, abgeben würde, und dieser Gedanke erhielt seinen Beifall. Unser Freund ZACH hat bereits durch einen kleinen Überschlag gezeigt, wie sich mit mässigen Kosten eine zweckmässige Sammlung machen liesse, und sich selbst erboten, auf den Sommer selbst hierher zu kommen, ein passendes Lokal aufzusuchen und uns mit seinem Rate behilflich zu sein; und eben gestern hat der Herzog in einem Billet an v. ZIMMERMANN seinen Wunsch zu erkennen gegeben, dass dieses Anerbieten zur Wirklichkeit kommen möchte. Wenn also der Himmel meinen Aussichten günstig ist und sonst keine Hindernisse eintreten, so kommt ZACH nach Johannis, wenn die Frühlingsreisen unseres Herzogs geendigt sind, zu uns; ich gehe eine Zeit lang nach Gotha, um mich in der praktischen Astronomie zu üben, und in kurzem haben wir hier eine kleine Sternwarte, wodurch alle meine Wünsche erfüllt sein werden.«

Zu gleicher Zeit schrieb GAUSS an ZACH; jedoch ist dieser Brief nicht mehr vorhanden. In seiner Antwort sagt ZACH am 27. Januar 1803: »Ich kann Ewr. Wohlgeboren nicht genugsam ausdrücken, wie sehr mich der Inhalt Ihres letzten Schreibens erfreut hat. Nun sind Sie geborgen und auch meine Wünsche sind erfüllt. Nun kann weder von St. Petersburg noch von Dorpat mehr die Rede sein. An beiden Orten wären Sie nicht independent und frei gewesen, so wenig wie in Helmstedt, überall hätten Sie nur zu kämpfen aber nicht zu wirken gehabt. Sum Passer antiquus; ich kenne die Lage solcher Dinge. Was ist denn bei den Sternwarten von Leipzig und Halle am Ende herausgekommen? Auch da waren zu viele Köche! Und eben deswegen habe ich mich bei Helmstedt so lau bewiesen, weil auch da sich Leute einmengen wollten, die nicht dazu gehören. Wo ist etwas für Astronomie geschehen? Wo ein Mann allein wirken konnte. In Seeberg, in Palermo, in Neapel, in Lilienthal, in Slough; nun sind Sie, mein Verehrungswürdigster, auf den Punkt gebracht, wo ich Sie hinwünschte; nun schlagen Sie S. 83 meines Januar-Heftes nach [1]); als ich dieses niederschrieb, hatte ich Sie und Ihren edlen grossen Fürsten im Sinne. Ich hoffte damals noch nicht, dass meine Anspielung so bald in Erfüllung gehen würde, lassen Sie uns daher alle Kräfte aufbieten, auch diese Wahrheit in Braunschweig zu bestätigen. Zeigen Sie der Welt, dass Ihr Herzog und Sie das wahre Geheimnis verstanden haben, wie man Wissenschaften tätig befördern kann. In welch glückliche Lage versetzt Sie nicht Ihr grossmütiger Herzog? Gewiss er wird die grösste Ehre und den grössten Ruhm davon einernten. Sie werden schon dafür Sorge tragen, dass sein grosser Name auch an den Himmel geschrieben werde. Nun können Sie, mein Teuerster, ungehindert und daher zweckmässig und ruhig zum Besten der Wissenschaft wirken. Der Herzog baut Ihnen eine kleine Sternwarte in Braunschweig nach den Bedürfnissen, die der neueste Zustand dieser Wissenschaft erfordert; ganz dieser gewidmet, arbeiten Sie nach Willkür, wozu Sie Ihr Genius antreibt. Mit meinem Rate und mit meinen gesammelten Erfahrungen in der praktischen Sternkunde will ich, so weit meine Fähigkeiten reichen, treulich beistehen. Sie fordern mir im Namen Sr. Durchlaucht des Herzogs einen Plan und Kostenanschlag einer kleinen Sternwarte ab. Hier ist er. Legen Sie mich mit denselben ihm untertänigst zu Füssen.

Euer Wohlgeboren haben ganz recht, wenn Sie sagen, dass Sie keine grosse und stattliche Sternwarte bedürfen, um viel zum Gewinn der Wissenschaft beizutragen. Darin bin ich ganz mit Ihnen einverstanden; daher glaube ich auch, dass es nicht nötig sein wird, ein eigenes Gebäude dazu aufzuführen. Gewiss lässt sich in Braunschweig irgend ein Gebäude finden, vielleicht das Schloss, ein alter Turm, welches man sehr zweckmässig und mit wenigen Kosten zu einer niedlichen Sternwarte würde einrichten können, so wie ich eine auf dem Gothaischen Schlosse und eine andere im Garten I. Durchlaucht der

---

1) M. C. VII (18), wo von der Errichtung von Sternwarten durch Gönner der Astronomie die Rede st. — BRDL.

Frau Herzogin allhier erbaut habe. Sollte Seine Durchlaucht der Herzog zu einem Entschlusse kommen, so würde ich mir die grösste Gnade daraus machen, diesem Herrn meine untertänigste Cour in Braunschweig selbst zu machen, das Lokal auszusuchen und den Bau zu überschlagen. Dies könnte kommendes Frühjahr geschehen, wo ich Sie alsdann zugleich abholen und mit mir nach Gotha bringen würde.

Was die Instrumente betrifft, so würde ich folgende Vorschläge machen.

1) Ein vierfüssiges Passageninstrument, von unserem SCHRÖDER hier in Gotha, nach dem Muster des grossen RAMSDENSCHEN auf der Seeberger Sternwarte gearbeitet und desgleichen dieser Künstler unter meiner Aufsicht für den Oberappellationsgerichtsrat v. ENDE verfertigt hat . . . . 500 Rtlr. (800)

2) Ein ganzer Kreis von 3 Fuss, wie der PIAZZISCHE in Palermo v. BAUMANN in Stuttgart verfertigt, dürfte etwa zu stehen kommen
1000 Rtlr. (1500)

3) Ein BORDASCHER Cercle-Repetiteur zu geodätischen Vermessungen
300 Rtlr. (600)

4) Eine astronomische Pendeluhr, nach der ARNOLDSCHEN verfertigt, mit Zink und Eisen-Pendel von AUCH . . . . . . 400 Rtlr. (700)

5) Einen Achromaten von 3 Fuss, parallaktrisch montiert, mit Mikrometer v. SCHRÖDER . . . . 400 Rtlr. (600)

6) Einen Reflektor von 7 Fuss von LILIENTHAL, ganz montiert, Mahagoni
300 Rtlr. (600)

7) Kometensucher, Barometer, Thermometer etc. . . 50 Rtlr. (150)

Man kann demnach vor der Hand den ersten Kostenanschlag der Instrumente auf 3000 Rtlr. ansetzen. Die roten Zahlen[1]) deuten an, was diese Instrumente in England kosten würden. Ausserdem, dass solche gegen 2000 Rtlr. höher zu stehen kommen dürften, ist die Zeit nicht abzusehen, wann solche geliefert werden würden.

Mit SCHRÖDER, mit BAUMANN ist mehr Hoffnung, und diese Künstler liefern gewiss in kurzer Zeit eben so gute Werkzeuge wie die englischen. SCHRÖDER hat bereits ein 4 zölliges Passageninstrument in Arbeit, das ziemlich avanciert ist. Will der Herzog dem Künstler 200 Rtlr. Vorschuss geben,

---

1) Hier in Klammern gesetzt. — BRDL.

welche er begehrt, und für die ich so wie für die Güte des Instruments re-
pondiere, so ist das Instrument sogleich für Ihre Sternwarte bestimmt, und Sie
können dessen Vollendung selbst in Gotha betreiben.«

Auf OLBERS Anfrage, im März 1803, ob GAUSS sich nun für immer an
Braunschweig gefesselt fühle, und ob Göttingen nicht mehr auf ihn rechnen
könne, antwortet GAUSS, dass es vor allem sein Fürst sei, durch den er sich
an Braunschweig gebunden fühle, und der einen hohen Sinn für die Kultur
der Wissenschaft habe. Er fügt jedoch hinzu »aber derer, die diesen Sinn
haben, gibt es nicht viele; nicht alle sind warm für die Begünstigung solcher
Wissenschaften. Verhältnisse dieser Art eignen sich mehr für eine mündliche
Unterredung als für die Feder.« Es scheint, als ob manche Einflüsse in
Braunschweig merkbar geworden sind, die die Fesselung GAUSS' an seine Vater-
stadt und die damit der Wissenschaft gebrachten finanziellen Opfer als weniger
wünschenswert ansahen[1]).

GAUSS' Wunsch, sich weiter im Beobachten zu üben und dies im besonderen unter ZACHS Leitung zu tun, erfüllte sich endlich im Sommer 1803.
ZACH erhielt vom König von Preussen den Auftrag zu einer Gradmessung,
die von der bayrischen Grenze über den Seeberg bei Gotha bis nach Westfalen gehen sollte. Anfang August 1803 ging er auf den Brocken, von wo
er fast täglich Pulversignale gab, die von anderen Punkten zum Zwecke von
Längenbestimmungen beobachtet wurden, und noch im gleichen Jahre begann
er mit der Messung einer Basis von 10000 Toisen im Meridian der Sternwarte auf dem Seeberg. In einem Brief vom 29. Juli 1803 bittet er GAUSS,
an der Basismessung teilzunehmen. GAUSS sollte gemeinsam mit dem Ober-
appellationsrat Freiherrn v. ENDE[2]) von Braunschweig aus die Pulversignale
beobachten, zu welchem Zweck ZACH ihm einen ARNOLDschen Chronometer
zuschickte; sodann sollte er ihn auf dem Brocken besuchen und mit ihm nach
Gotha gehen. ZACH berichtet über die Gradmessung in der M. C. 1804 und
im besonderen über die Längen- und Breitenbestimmungen in den Heften
Juli bis November, über die Basismessung im Dezemberheft. Im Septemberheft
Seite 201 heisst es »der Geheimrat und Vizeregierungspräsident Freiherr v. ENDE

---

1) Siehe im folgenden S. 29 und 31.

2) Dieser hatte sich in Celle eine kleine Privatsternwarte eingerichtet, über die ZACH in der M. C.
XXXIII, S. 29 ausführlich berichtet.

und Dr. Gauss »beobachteten« in Braunschweig, Wolfenbüttel und Helmstedt«. Näheres darüber findet sich im Oktoberheft 1804 der M. C. (abgedruckt Werke XI, 1, S. 261 f.); auch schreibt Gauss an Olbers am 12. August 1803: »Meine Zeit ist besonders in den letzten acht Tagen so zersplittert gewesen, dass ich fast nie einiger zusammenhängender Stunden mächtig gewesen bin. Die Hauptursache davon sind meine jetzigen praktisch astronomischen Beschäftigungen. Von Zach befindet sich nämlich jetzt auf dem Brocken und gibt dort fast täglich Signale zu Längenbestimmungen; er hat Herrn von Ende und mir die hiesigen Beobachtungen übertragen und mir zu dieser Absicht einen besonderen Arnoldschen Chronometer geschickt. Das sehr ungünstige Wetter und der Umstand, dass ich Sonnenhöhen nicht in meiner Wohnung beobachten kann, erschweren mir die Zeitbestimmung sehr. Aus den am 9. und 10. beobachteten Signalen, die sich nachts (von 9 bis 10 Uhr, von 10^m zu 10^m) äusserst gut mit blossen Augen sehen lassen, kann ich für unsere Länge keinen Schluss ziehen; nach einer gedruckten Disposition der Signale sollten sie $9^h\ 0^m\ 0^s$, $10^m\ 0^s$ etc. mittlere Brockenzeit oder nach v. Zachs Angabe $8^h\ 59^m\ 32^s$, $9^h\ 9^m\ 32^s$ u. s. w. (nach meiner Schätzung vielleicht genauer $8^h\ 59^m\ 37^s$) mittlere Braunschweiger Zeit fallen; allein ich habe sie am 9. um $9^h\ 0^m\ 12^s$ etc. und am 10. um $9^h\ 0^m\ 8^s,5$ beobachtet (von Ende noch $1\frac{1}{4}^s$ später). — Am 9. habe ich auch Austritt von ε Arietis beobachtet . . . .

Heute Nachmittag um 9 Uhr haben wir die ersten Tagsignale, allein eben jetzt regnet es in Strömen, und ich zweifle, dass wir etwas davon werden sehen können. Die Nachtsignale werden in Allem 12 mal, die Tagsignale 6 mal gegeben, beide jedesmal 7 Stück, mit $\frac{1}{4}$ Pfund entzündetem Pulver. Wahrscheinlich wird auch noch v. Ende oder wir beide nach Helmstedt gehen, um die Länge und Breite davon festzusetzen. Gegen die Zeit der Abreise Zachs vom Brocken werde ich zu ihm und mit ihm nach Gotha reisen, um der Basismessung mit beizuwohnen.«

Auf dem Brocken machte Gauss die persönliche Bekanntschaft Zachs. Über seine Tätigkeit in Gotha, von wo er erst im Dezember 1803 nach Braunschweig zurückkehrte, ist kaum etwas in Erfahrung zu bringen. Er gibt darüber nur kurze Andeutungen in seinen Briefen an Olbers und Harding vom Dezember 1803 bis Februar 1804 und erwähnt, dass er sich mit dem

Problem der Zodiake[1]) der kleinen Planeten beschäftigt, sonst aber nicht zu theoretischen Arbeiten käme. Anfang Dezember reiste GAUSS in Begleitung von ZACH von Gotha zurück nach Braunschweig, wo »ein massives Gebäude, das ehedem zum Pulvermagazin gebraucht« war, als »ein vortrefflicher Platz zu einer Sternwarte ausgefunden« wurde. ZACH versprach »bald einen detaillierten Plan zur Einrichtung der Sternwarte zu entwerfen«. (Brief an OLBERS vom 18. Dezember 1803.)

Inzwischen hatte man in Petersburg noch nicht alle Hoffnung aufgegeben, GAUSS doch noch zu gewinnen; er schreibt an OLBERS am 17. Juni 1804: »Von Petersburg aus habe ich übrigens wiederholt die freundschaftlichsten Anerbietungen; aber es ist mir gegenwärtig aus mehr als einem Grunde eigentlich selbst recht, dass vor der Hand noch keine Entscheidung nötig ist. Dies alles im engen Vertrauen. Ich freue mich, dass der Bau der Göttingischen Sternwarte, der unglücklichen Zeitumstände ungeachtet, doch noch allgemach fortgeht.«

Dagegen geschah nichts für die Einrichtung der geplanten kleinen Sternwarte in Braunschweig, und auch ZACH liess nichts von sich hören; endlich am 15. September 1804 schrieb dieser an GAUSS, dass er im nächsten Jahre seine Messungen wiederholen wolle und dabei auf GAUSS »Güte und Hilfeleistung rechnet«; er will ihn »reichlich mit Instrumenten, Chronometern, Sextanten, astronomischen Fernrohren u. s. w. versehen«. Vgl. jedoch S. 29 unten.

Für GAUSS blieb die Ungewissheit über seine Zukunft bestehen. Auf der einen Seite bestand für ihn die Hoffnung, in Braunschweig eine kleine Sternwarte und eine dauernde und auskömmliche Stellung zu erhalten, in der er von Verpflichtungen, insbesondere von einer Lehrtätigkeit frei war und seinen rein wissenschaftlichen Arbeiten leben konnte. Auf der anderen Seite boten sich ihm mehrere Rufe nach einer angeseheneren, aber weniger Musse lassenden auswärtigen Tätigkeit; denn auch von Petersburg wurden die Versuche, ihn zu gewinnen, fortgesetzt, und ausserdem hatte er einen Ruf nach Landshut erhalten, der allerdings kaum in Betracht kam. Die Ungewissheit über seine Zukunft, die bis in das Jahr 1807 hinein dauerte, verbunden mit dem Wunsche, vor allem der Forschung sich widmen zu können, mag ihn oft bedrückt und

---

[1]) Vergl. Werke VII, S. 313 f.

beunruhigt haben, umsomehr als er sich im Oktober 1805 mit JOHANNE OST-HOFF verheiratet hatte.

Am 29. September 1804, also nur 14 Tage nach dem oben angeführten Briefe, in dem ZACH ihn zur Teilnahme an den Vermessungen aufgefordert hatte, schrieb dieser:

»Von der Braunschweiger Sternwarte kann zwischen Ihrem Herzog und mir nicht wieder die Rede sein; denn:

1. Hat mir der Herzog nie einen bestimmten und formellen Auftrag dazu gegeben; also was geschehen ist, ist per indirectum geschehen.

2. Weiss ich von sicherer Hand, dass mein Besuch in Braunschweig dem Herzog sehr unangenehm war.

Ich weiss auch noch mehrere Sachen, welche hier anzuführen unnötig sind. Soviel ist aber gewiss, dass Ihr Herzog mich ebenso wenig als ich ihn gesucht habe, und dass ich nur aus Missverstand damals nach Braunschweig gekommen bin. Ihnen, liebster Freund, muss ich es sub rosa eröffnen, dass ich mich, rebus sic stantibus, unmöglich um Ihre Sternwarte bekümmern kann, noch darf. Meine Sache ist es nicht, mich den Grossen, besonders in Dingen, die ihnen unangenehm sind, aufzudringen, mein Prinzip ist vielmehr, mich von ihnen entfernt zu halten. Anderer Leute Absichten formuliere ich aber nie. Ich glaubte, Ihnen, verehrungswürdigster Freund, dies Geständnis schuldig zu sein; ich hielt zehn Monate damit zurück und glaubte schon, wir hätten uns gegenseitig erraten und verstanden. Da Sie mir aber in Ihrem letzten Brief davon Meldung machen, so glaubte ich, Ihnen als Freund und tibi soli diese Erklärung geben zu müssen. Vielleicht befremdet Sie diese ebenso sehr als mich die Entdeckung, dass ich nach Braunschweig ungerufen und comme un chien dans un jeu de quilles kam. So was passiert nur einmal. Das zweite Mal ist man schon behutsamer!!«

Hierauf schrieb GAUSS an OLBERS am 16. Oktober 1804:

»Unser Herzog hat in einer neulich mit Herrn v. ZIMMERMANN gehabten Unterredung ganz aus eigener Bewegung den Vorsatz und Wunsch, hier eine Sternwarte zu errichten, noch sehr bestimmt und fest geäussert und sich über das gänzliche Stillschweigen des Herrn v. ZACH sehr empfindlich bezeugt und kaum der Versicherung des Herrn v. ZIMMERMANN glauben können, dass ich den Herrn v. ZACH noch zu wiederholten Malen erinnert habe. Ich selbst befinde mich hierbei in einem wunderlichen Verhältnisse, denn Herr v. ZACH seinerseits hat mir nicht undeutlich zu verstehen gegeben, als hege er den Argwohn, ohne Veranlassung des Herzogs hierhergekommen zu sein. Ich bin fast gezwungen anzunehmen, dass ein unberufener homme double aus unlauteren Motiven diese Insinuation gemacht habe. Sie wenigstens, mein teurer Freund, werden mir bloss aufs Wort glauben, dass jene Einbildung durchaus grundlos ist, dass im Grunde ich an der ganzen Angelegenheit durchaus weiter keinen tätigen Anteil genommen habe, als die erste Idee angegeben zu haben, und dass alles, was geschehen ist, lediglich vom Herrn v. ZACH selbst und vom Herzog herrührt. Mit Gewissheit kann ich nun freilich noch nicht vorhersehen, was für einen Ausgang diese verdriessliche Sache nimmt.

Das Beste scheint mir zu sein, wenn sie sich noch so lange tränierte, bis etwas Bestimmtes von Göttingen aus angetragen werden kann, aber Herrn v. ZACH muss ich wegen seines Verdachts notwendig detrompieren, dies bin ich meiner eigenen Ehre schuldig. Ich hoffe indes doch, dass unser Herzog bei rechter Vorstellung der Sache endlich seine Einwilligung geben und mich nicht nötigen werde, einer weit opulentern, sichereren und mit einem grösseren und nützlichern Wirkungskreise verbundenen Lage zu entsagen, als ich möglicherweise hier haben könnte.«

GAUSS schien demnach nun das Interesse an dem Bau der Sternwarte verloren zu haben und auf den Ruf nach Göttingen seine Hoffnung zu setzen. Im Juni 1804 war SEYFFER nach Landshut berufen worden; man wollte darum HARDING als ausserordentlichen Professor und als Inspektor der Sternwarte nach Göttingen berufen, was auch im Herbst 1805 geschah. Die Leitung der Sternwarte dachte man GAUSS zu übertragen; ihr Bau jedoch wurde durch die politischen Verhältnisse, wenn auch nicht ganz abgebrochen, so doch ungebührlich in die Länge gezogen.

Der Briefwechsel mit ZACH ruhte bis Ende 1805 gänzlich; ZACHS Messungen wurden zwar fortgesetzt, jedoch gab er keine Pulversignale auf dem Brocken und GAUSS nahm nicht an den Messungen teil. Ein grosser Teil seiner Zeit wurde durch die langwierigen Rechnungen zu den Störungen der Ceres in Anspruch genommen (Werke VII, S. 402 f.).

Nachdem in einem neuen Gespräch des Herzogs mit ZIMMERMANN sich in der Tat herausgestellt hatte[1]), dass ein Unberufener, dessen Name nicht genannt wird, sich eingemischt und ZACH mistrauisch gemacht hatte, kam die Frage des Baues der Braunschweiger Sternwarte nochmals in Fluss, wie sich aus einem Briefe ZACHS an GAUSS vom 28. Mai 1806 ergibt, in dem es heisst: »Wahrscheinlich werden nun alle meine Risse und Vorschläge zu Ihrer neuen Sternwarte in Ihren Händen sein. Ich wünsche nur, dass alles Ihren Beifall erhalten möge. Die Hauptsache scheint mir gegenwärtig diese zu sein, dass Ihr Durchlauchtiger Herzog nur vorerst den Bau bewillige und die nötigen Fonds dazu anweise. Sind die Bauanschläge nach meinen überschickten Rissen nun einmal gemacht und der Bau wirklich dekretiert, so kann man immer noch, selbst während des Baues, diejenigen Modifikationen anbringen, welche Sie etwa dabei vorzuschlagen hätten. Zur Einrichtung des Erdgeschosses und zur Anlegung der Treppe muss ohnehin ein eigner Riss gefertigt werden, welcher ganz von den Bequemlichkeiten abhängt, welche Sie darin angebracht wissen wollen; daher ich mich auch in dieses Detail garnicht eingelassen habe, so wie ich auch den Punkt wegen Ihrer Wohnung ganz übergangen habe, welche man Ihnen doch in der Nähe der Sternwarte entweder erbauen oder irgend ein Privathaus, das in der Nähe steht, dazu einrichten und bestimmen muss, damit der Observator seine beständige annexe Wohnung habe und nicht von der Caprice seines Mietherrn abhänge, welcher ihm diese Wohnung nach Gutdünken aufkündigen kann. Meines Erachtens müsste diese Wohnung ein fürstliches, zur Sternwarte gehöriges Eigentum sein, welches zum permanenten Quartier des Observators bestimmt sein müsse: so wie es z. B. in Berlin ist, wo Herr BERNOULLI, nachher Herr BODE ein königliches Haus der Sternwarte gegenüber bewohnen. Vielleicht hat Ihr Herzog auf dem Gänsewinkel ein Haus, das sich dazu schickt; wo nicht, so kauft oder baut dieser reiche Herzog eines. Es trägt zur Verschönerung der Stadt bei und er stiftet seines grossen Namens ewiges Gedächtnis im Himmel so wie auch auf Erden. Amen, so wird es auch sein!«

Über die wirkliche Sachlage gibt folgende Stelle aus einem Briefe an HARDING vom 30. Juli 1806, der wohl unter dem Eindruck der Aussicht auf die Göttinger Berufung geschrieben ist, Aufschluss:

1) Vergl. Brief von GAUSS an OLBERS vom 21. Dezember 1804.

»Was unsere neue Sternwarte betrifft, so haben Sie davon eine nicht richtige Vorstellung. Ihnen darüber eine vollständige Aufklärung zu geben, würde sich eher für eine mündliche Unterredung als für einen Brief eignen. Hier will ich also nur zwei Fakta berühren:

1) Was den Bau betrifft, den Sie für dekretiert und vielleicht schon angefangen halten, so ist dieses keineswegs der Fall. Es ist allerdings ein Plan gezeichnet, dieser dem Baumeister übergeben, von ihm in architektonischer Hinsicht abgeändert und die Kosten angeschlagen. Was aber ausserdem geschehen ist, ist bloss etwas negatives, nämlich die Äusserung, dass der Bau wegen vieler anderer nötiger Bauten wohl nicht vor künftigem Frühjahre würde anfangen können (ohne deswegen zu versprechen, dass er alsdann anfangen werde; diejenigen, die einen solchen Bau nicht wünschen, werden im künftigen Frühjahre leicht auch wieder andere nötige Bauten wissen).

2) Was die Instrumente betrifft, so ist allerdings Befehl gegeben, mit den Erben des Grafen Hahn[1]) in Unterhandlung zu treten; allein dies wird, wie ich mit höchster Wahrscheinlichkeit versichern kann, zu Nichts führen. Denn erstens sollen alle Instrumente zusammen verkauft werden und sogar alle physikalischen und chemischen mit dabei bleiben. Mit allem diesen Wesen ist aber garnichts gedient, und es sind eigentlich nur ein paar Nummern darunter, die ich haben möchte; zweitens das einzige Instrument, an dessen Besitz mir wirklich viel gelegen wäre, nämlich der 3 füssige Dollond, soll garnicht mit verkauft werden; drittens hat Herr v. Zach auch sehr dagegen geraten. — Von der Absicht, neue Instrumente in England zu bestellen, ist aber noch garnicht die Rede gewesen; ich habe zwar durch Herrn v. Zach ein 5 füssiges Achromat bestellt, aber für meine eigene Rechnung.

Überhaupt werde ich diese ganze Angelegenheit, an deren Veranlassung ich ganz und gar keinen Anteil habe, ihren Gang gehen lassen, ohne sie weder zu hindern noch zu urgieren; denn dass das Ganze das würde, was ganz meinen Wünschen entspräche, dazu habe ich wenig Hoffnung; ich meine, dass die Sternwarte mit allen zur heutigen Astronomie nötigen Instrumenten

---

1) Über die im Juli 1806 zum Verkauf stehende wertvolle Sammlung des Grafen FRIEDRICH HAHN siehe Monatl. Corr. 1806, S. 285. — Die Königsberger Sternwarte erhielt daraus bei BESSELS Berufung (1810) den 25-zölligen Kreis von CARY und andere Instrumente; vgl. JOH. A. REPSOLD, *Zur Geschichte der astronomischen Messwerkzeuge*, I. Band, Leipzig 1908, S. 118. — BRDL.

von der ersten Güte versehen und dem Direktor eine anständige perennie-
rende Wohnung unmittelbar an der Sternwarte gebaut würde, kurz, dass es
so würde, wie der Plan war, es in Göttingen zu machen. Lassen Sie indess
alles obige, was ich Ihnen nur im engsten Vertrauen schrieb, ganz unter uns
beiden bleiben; nur Heyne können Sie gelegentlich sub rosa einen Wink davon geben.

Der, den Sie mir als Gehülfen schon beigeordnet glaubten, ist Herr
Bartels[1]), ein geborener Braunschweiger, der einen Ruf nach Kasan hatte.«

Im weiteren Verlaufe des Unglücksjahrs 1806 ruhten alle Verhandlungen;
der Herzog erlag im Oktober 1806 seinen im Felde erhaltenen Verwundungen.

Zu Anfang des Jahres 1807 erneuerte man von Petersburg aus nochmals
den Versuch, Gauss zu gewinnen, und im April dieses Jahres erhielt er von
Heyne die Anfrage[2]), ob er »Göttingen als einen Zufluchtsort betrachten
wolle, so lange bis die schrecklichen und noch mehr Schrecklicheres drohenden
Zeiten«, die eine regelrechte Berufung unmöglich machten, vorüber wären. Er
stellt ihm eine Anstellung und Besoldung von etwa 600 Rtl. in Aussicht, so
lange bis er entweder einen vorteilhafteren Ruf erhalten oder in Hannover
die Ordnung wiederhergestellt sei, so dass das Gehalt auf 1000 Rtl. erhöht
werden könne. Gauss zog darüber Olbers ins Vertrauen in einem Brief, der
verloren ist, und Olbers antwortet ihm in einem Briefe vom 21./22. April,
dass er nicht mit einem Gehalte unter 1000 Taler annehmen dürfe. Endlich
im August 1807 trat die Entscheidung ein, indem Gauss den endgiltigen Ruf
nach Göttingen erhielt, den er annahm.

Im einzelnen ist über Gauss' Beobachtungstätigkeit in Braunschweig und
die von ihm benutzten Instrumente folgendes zu berichten: Am 10. August
1802 schrieb Zach an Gauss, dem er im März dieses Jahres einen Sextanten
geliehen hatte (siehe Seite 20): »Im nächsten Heft wünschte ich einiges aus
Ihren Briefen von Ihren Beobachtungen mit dem Sextanten, Vergleichung
der Uhren etc. im Auszug mitzuteilen. Besonders möchte ich Ihr Uhrenre-

---

1) Der frühere Hilfslehrer an der von Gauss besuchten Büttnerschen Schule, der Gauss bei seinen
ersten mathematischen Studien unterstützte. Vergl. Hänselmann, *K. F. Gauss, Zwölf Kapitel aus seinem
Leben*, Leipzig 1878, S. 18. L. Schlesinger, *Der junge Gauss*, Nachrichten der Giessener Hochschul-
gesellschaft, Bd. 5, Heft 3, 1927, S. 30. — Brdl.

2) Brief von Heyne an Gauss vom 12. April 1807, vorhanden im Gaussarchiv.

gister von der AUCHSCHEN Uhr mitteilen, damit andere Liebhaber auch ein drittes Urteil darüber hören und es dem braven Künstler zur Empfehlung gereichen kann. Haben Sie daher noch einige Beobachtungen von Polhöhen oder Fortsetzung des Gangs der Uhren bei der gegenwärtigen grossen Hitze zur Hand, so bitte ich gehorsamst darum«. GAUSS, der in den verlorenen Briefen an ZACH häufig über seine Beobachtungen berichtet zu haben scheint, ist jedoch diesem Wunsche nicht nachgekommen, wenigstens ist die erste Beobachtung von GAUSS, die in der Monatl. Corresp. veröffentlicht ist, die des Merkurdurchgangs vom 9. Nov. 1802 (astronomisch Nov. 8, Werke VI, S. 231, wo das Datum falsch abgedruckt ist). Er machte diese Beobachtungen mit »einem von BAUMANN verfertigten zweifüssigen Achromaten«; dies ist wahrscheinlich das im Briefe von LECOQ vom 13. April 1799 oben Seite 9 erwähnte Teleskop des Carolinums, da GAUSS im Dezember 1803 noch kein eigenes achromatisches Fernrohr besass[1]). Er schreibt an OLBERS am 8. April 1803: »Ich gewinne die ausübende Astronomie und was damit zusammenhängt immer lieber. Ich habe diese Zeit hindurch an dem Mars einige Probeversuche in kreismikrometrischen[2]) Bestimmungen gemacht, die freilich vorerst nur mittelmässig ausgefallen sind; aber ich sehe doch ein, dass man mit einem besseren und fester stehenden Fernrohre, als das von mir gebrauchte ist, und nach hinlänglicher Übung recht gute Beobachtungen auf diese Weise machen kann. Ich vermute aber doch, dass Sie manche eigentümliche Kunstgriffe und Vorteile dabei haben müssen. Dieser Tage habe ich bei dem jetzigen heiteren Wetter verschiedentlich Winkelmessungen um Braunschweig herum mit meinem Sextanten gemacht (Freund ZACH hat mir ihn ganz überlassen), und aus hiesiger Gegend schon eine grosse Anzahl Punkte niedergelegt; ich wundere mich selbst über die grosse Genauigkeit, die dabei erlangt wird, ungeachtet ich meine Winkel in Ermangelung eines Instruments zum Höhenmessen gar nicht auf den Horizont reduziere und viele Standpunkte habe, wo kein Objekt befindlich ist, nach dem ich wieder visieren kann. Ich

---

1) Vergl. Brief an OLBERS vom 18. Dezember 1803 auf Seite 34.

2) Als Kreismikrometer diente in jener Zeit der Rand des Gesichtsfeldes nach der Methode von BOSCOVICH oder LACAILLE. Vergl. R. WOLF, *Geschichte der Astronomie*, S. 591, wo aber übersehen ist, dass GAUSS und noch weit mehr OLBERS reichlichen Gebrauch von dieser Methode machten; AMBRONN, *Handbuch der astronomischen Instrumentenkunde*, Bd. II, Seite 513; siehe auch unten S. 40. — BRDL.

habe den Plan, einst das ganze Land mit einem Dreiecksnetz zu beziehen, wozu meine jetzigen Messungen nur eine Vorübung sind. Das Braunschweigische Land ist zwar schon ehedem vom seligen Major GERLACH[1]) vermessen, allein welcher Genauigkeit seine bisher ungestochene Karte fähig sein kann, wird man daraus schliessen können, dass er nur ein gewöhnliches Astrolabium und Kette, oder, wie einige behaupten, auch dies nicht einmal, sondern nur Messtisch und Schritte gebraucht hat. Eine hinlängliche Anzahl trigonometrisch bestimmter Punkte, mit seinem Detail verbunden, müssen zu einer guten Karte dienen können. Ich wünsche sehr, mich nach und nach mit einem guten Vorrat von optischen Werkzeugen zu versehen. An einem Orte wie Bremen fällt wohl öfters Gelegenheit zu dergleichen vor, und Sie verbänden mich sehr, wenn Sie dann meiner dabei gedächten. Ich sehe gar nicht auf den Preis. Besonders wünschte ich zu acquirieren 1. ein gutes astronomisches Achromat, hinreichend, um Sternbedeckungen, Finsternisse etc. zu beobachten und kreismikrometrischen Messungen zu dienen, 2. ein gutes terrestrisches Achromat, um entlegene Gegenstände, die man im Fernrohr des Sextanten nur sehen kann, erkennen und unterscheiden zu können, 3. Kometensucher, um sich in einer Himmelsgegend leichter orientieren zu können, 4. noch einen kleinen etwa 4- oder 5-zölligen Sextanten, der sich ohne fremde Beihilfe leicht transportieren lässt.« Und am 18. Dez. 1803: »Von dem vortrefflicher Künstler SCHRÖDER in Gotha habe ich einen (nicht achromatischen) Kometensucher erhalten, der, so viel ich bei der flüchtigen Prüfung beurteilen kann, die der seit drei Wochen fast beständig bedeckte Himmel erlaubt hat, sehr gut ist. Ich bin jetzt in meiner gegenwärtigen Wohnung so eingerichtet, dass ich die meisten laufenden Beobachtungen werde mitmachen können. Nur ein eigenes achromatisches Fernrohr fehlt mir noch; ich hoffe aber vor der Hand diesem Mangel durch ein erborgtes[2]) abhelfen zu können. In einem Observationszimmer habe ich wenigstens nach Osten und Süden eine herrliche Aussicht.«

Im Februar 1804 fand sich für GAUSS Gelegenheit, ein schönes Spiegelteleskop anzuschaffen.

---

1) FRIEDRICH WILHELM ANTON GERLACH (1728—1802) war zuletzt Lehrer an der österr. Ingenieur-Akademie zu Gumpendorf bei Wien. — BRDL.

2) Vermutlich das auf S. 9 und 33 bereits erwähnte des Carolinums. — BRDL.

In Lilienthal hatte nämlich SCHRÖTER seinen Gärtner GEFKEN durch SCHRADER[1]), den bekannten Hersteller von Spiegeln für Reflektoren, im Schleifen dieser unterrichten lassen. HARDING machte GAUSS in einem Briefe vom 28. Januar 1804 auf einen Spiegel, den GEFKEN gerade hergestellt hatte und den zu verkaufen er bereit war, aufmerksam. Der Herzog bewilligte den Ankauf des Spiegels mit Rücksicht auf die in Braunschweig einzurichtende Sternwarte. Über ihn äusserte sich HARDING in einem Brief an GAUSS vom 9. März 1804 folgendermassen: »Sie erhalten den schönen 10-füssigen Spiegel für Ihre künftige Sternwarte! ich hatte ihn längst für mich selbst gekauft; da aber Ihr Herzog ihn für ein so schönes Institut bestimmt hat, so trete ich ihn willig dazu ab. In keinem andern Falle würde ich ihn hingeben, denn er ist wahrlich ein Meisterstück, und verdient es, in Ihrem künftigen Tempel zu paradieren. Sie würden von HERSCHEL keinen bessern erhalten können. Er hat bei einer Brennweite von nur 10 Fuss einen verhältlich sehr grossen Durchmesser von 11 Zoll und gehört mithin unter die Seltenheiten, da solche Verhältnisse nur selten gewählt werden, indem die richtige Figur dabei zu erhalten eine schwere Aufgabe ist. Sie werden gewiss tausendfältiges Vergnügen durch dieses Teleskop geniessen, wozu ich im Voraus gratuliere.«

Der Spiegel traf Ende April 1804 in Braunschweig ein, wurde aber für GAUSS eine Quelle vieler Unannehmlichkeiten. GAUSS hatte die Montierung dem Mechaniker RUDLOFF in Wolfenbüttel, die Herstellung der Okulare und des Suchers SCHRÖDER in Gotha in Auftrag gegeben. Beide verzögerten ihre Arbeit ungewöhnlich lange und der von RUDLOFF geforderte übermässige Preis versetzte ihn dem Herzog gegenüber in eine peinliche Lage.

Als der Spiegel endlich im Mai 1806 gebrauchsfähig schien, bemerkte GAUSS, dass er sehr schlechte Bilder[2]) gab, als deren Ursache HARDING im September desselben Jahres bei einem Besuch in Braunschweig feststellte, dass der Spiegel sich verzogen hatte. HARDING nahm ihn deshalb nochmals nach Lilienthal mit, wo dieser Fehler ohne Schwierigkeit behoben wurde. Aber

---

1) JOHANN GOTTLIEB FRIEDRICH SCHRADER, geb. zu Salzdahlum bei Wolfenbüttel, 1762 oder 63, gest. in St. Petersburg nach 1819. Über seinen längeren Aufenthalt in Lilienthal, wo er mehrere Spiegel herstellte, vgl. JOH. A. REPSOLD, *Zur Geschichte der astronomischen Messwerkzeuge*, Band I, S. 93.

2) Brief von GAUSS an HARDING vom 25. Mai 1806; der Briefwechsel GAUSS-HARDING befindet sich in der Urschrift im GAUSSARCHIV.

ehe er von dort zurückkam, war GAUSS' Berufung nach Göttingen zu Stande gekommen und dieser hatte schliesslich noch den Verdruss, dass das schöne Instrument auf einen Antrag von GELPKE[1]) vom 10. Oktober 1807 dem Collegium Carolinum zum Gebrauch beim Unterricht überwiesen wurde. Auf den kurzen Befehl, das Instrument abzuliefern, der ihm vom Ministerium noch am gleichen Tage zuging, berichtete GAUSS wie folgt in einem an den Geheimrat von WOLFFRADT gerichteten Brief:

»Es ist mir gestern von Seiten des Hohen Ministerii ein Reskript zugekommen, welchem zufolge ich das in meinen Händen sich befindende Spiegelteleskop an die mir von dem Konzilium des Collegii Carolini anzuzeigende Person abgeben soll. Ich bin bereit, den Befehlen des Hohen Ministerii Folge zu leisten: inzwischen würde ich glauben, meinen Pflichten sowohl gegen mein mir ewig teures Vaterland als gegen die Wissenschaften zuwider zu handeln, wenn ich unterliesse, Ewr. Exzellenz untertänigst auf einige Umstände aufmerksam zu machen, die dem Hohen Ministerium nicht bekannt sein konnten, und sonst vielleicht Dessen Absichten wegen des künftigen Gebrauchs jenes Instruments modifiziert haben würden, umsomehr da ich persönlich dabei garnicht interessiert bin. Ich nehme mir daher die Freiheit, Ewr. Exzellenz kostbare Zeit auf einige Minuten wegen dieses Gegenstandes in Anspruch zu nehmen: um dabei ganz verständlich zu sein, muss ich auch einige frühere Umstände berühren.

Im Jahre 1804 erhielt ich aus Lilienthal die Nachricht, dass dort ein 10-füssiger Teleskopspiegel, dessen Vortrefflichkeit man ungemein rühmte, feil sei; des Höchstseligen Herzogs Durchlaucht, der zufälligerweise davon hörte, gab Befehl, solchen für die damals intendierte Sternwarte anzukaufen. Dies geschah, der Spiegel kam hier an, und mir wurde der Auftrag gegeben, die

---

1) Über diesen Mann berichtet HÄNSELMANN, *K. F. Gauss, Zwölf Kapitel aus seinem Leben*, S. 83. Am Collegium Carolinum hielt seit einiger Zeit Dr. AUGUST HEINRICH CHRISTIAN GELPKE, Subkonrektor des Martineums, astronomische Vorlesungen. Ein komischer Herr: wenn in späteren Jahren seine Zuhörer ihm unermüdlich die Neckfrage nach den drei grössten Astronomen vorlegten, nannte er KEPPLER und LA PLACE, den dritten namhaft zu machen, verbot ihm seine Bescheidenheit. Dieser Mann war es, der sich am 10. Oktober 1807 an ein Mitglied der interimistischen Landesregierung, Geheimrat v. WOLFFRADT, mit der Bitte wandte, ihm zum Besten jener seiner Vorlesungen das zehnfüssige NEWTONsche Teleskop zukommen zu lassen »welches der Dr. GAUSS nur als ein von Sr. Durchlaucht dem verstorbenen Herzoge geliehenes Gut besitzt, wie ich gehört habe, und der in diesen Tagen von hier nach Göttingen abreist«.

Montierung desselben besorgen zu lassen. Ich habe dies teils durch den Mechaniker Rudloff in Wolfenbüttel, teils durch Schröder in Gotha ausführen lassen; beider Arbeit ist zu meiner Zufriedenheit ausgefallen.

Diese durch mancherlei Hindernisse verzögerte Arbeit war erst im Sommer 1806 ganz vollendet. Indess fand ich dann bei dem Instrumente die gehoffte grosse Wirkung nicht, und erst nach vielen vergeblichen mühsamen Versuchen musste ich doch zuletzt auf die Überzeugung kommen, dass der Spiegel in seiner dermaligen Beschaffenheit das nicht leiste, was er sollte, und notwendig erst noch einmal durch die Hände des Künstlers gehen müsse, wenn das Instrument brauchbar und des Namens seines berühmten Verfertigers würdig sein sollte. Allein da bald nachher die bekannten Ereignisse eintraten, so glaubte ich nicht, dass es damals der Zeitpunkt sei, diese Sache in Anregung zu bringen, indem ich teils fürchtete, dass dies noch erhebliche Kosten machen würde, teils auch die Aussicht verschwunden war, dass das Instrument bald auf den rechten Platz kommen würde. So hat also diese Sache geruht, bis vor einem Monate, wo der Professor Harding aus Göttingen — eben der, welcher vor 3 Jahren aus Lilienthal den Spiegel uns angerühmt und geschickt hatte — mich hier besuchte und sich selbst von der damaligen Unvollkommenheit des Spiegels überzeugte. Die Ursache derselben ist auch ausgemittelt; ich würde zu weitläufig werden und Ewr. Exzellenz ermüden, wenn ich dieselbe hier entwickeln wollte; ich bemerke also nur, dass der Spiegel sich verzogen hatte, und zwar infolge einer Einrichtung, deren Schädlichkeit der Verfertiger vor 3 Jahren noch nicht in dem Grade kannte, daher derselbe auch als ganz unschuldig angesehen werden muss, so wie die Versicherung von Männern wie Schröter und Harding keinen Zweifel lassen, dass der Spiegel anfangs so vortrefflich wirklich war, als sie rühmten. Da nun Professor Harding gerade von hier nach Lilienthal reiste, so glaubte ich, dass nie eine erwünschtere Gelegenheit kommen könnte, damit der Künstler unter Herrn Hardings Augen den Fehler redressierte, und ich so in Stand gesetzt würde, bei meiner Abreise von hier ein vollkommenes Instrument abzuliefern. Ich trug also um so weniger Bedenken, in diesem Zeitpunkte den Spiegel nach Lilienthal zum Umschleifen zu schicken, da Herr Professor Harding glaubte, der Künstler werde diese Arbeit Ehrenhalber übernehmen.

Vor ein paar Tagen habe ich nun durch einen Brief des Herrn Professor

HARDING die angenehme Nachricht erhalten, dass es dem Künstler vollkommen gelungen ist, dem Spiegel seine ursprüngliche Vollkommenheit wiederzugeben; man hat auch auf der berühmten Lilienthaler Sternwarte Proben damit angestellt, die zu beweisen scheinen, dass jetzt das Instrument von einer Vollkommenheit sein wird, dass wenige in Deutschland ihm gleichkommen. Ein solches Instrument würde die erste Sternwarte zieren. Da der Künstler nun auch die oben erwähnte fehlerhafte Einrichtung durch Schaden belehrt nicht wieder anbringen wird, so wird eine neue Krümmung des Spiegels nicht zu besorgen sein. In ein paar Wochen wird der Spiegel wieder hier sein, vielleicht auch schon in wenigen Tagen.

Ewr. Exzellenz sehen hieraus, dass ich in diesem Augenblick zur Ablieferung des Instruments noch nicht im Stande bin: ich gebe indess mein Wort, dass es vor meiner Abreise auf alle Fälle geschehen kann und soll. Meine Idee ging dahin, wenn ich den Spiegel zurückhaben und von dem Werte des Instruments selbst Proben gesehen haben würde, den Vorschlag zu tun, dass ein so prachtvolles, seltenes und für den ersten Unterricht unwissender Anfänger viel zu herrliches Instrument, dessengleichen in ganz Deutschland wohl nur in Lilienthal sein möchte, der Universität Helmstedt geschenkt werden möchte, wo es bei dem rühmlichst bekannten Hofrat PFAFF in würdige Hände kommen und bei vorfallenden Gelegenheiten auch zum Besten der Wissenschaft selbst gebraucht werden könnte. Wieviel bei einem so kostbaren Instrument auf eine schonende vorsichtige Behandlung ankomme, brauche ich nicht zu erwähnen.

Ich habe es für meine Pflicht gehalten, Ewr. Exzellenz auf den hohen Wert, den dieses Werkzeug nun hoffentlich erhalten haben wird, aufmerksam zu machen: ich würde mir Vorwürfe machen, wenn ich durch Stillschweigen gewissermassen schuld wäre, dass es nicht so gebraucht würde, wie es sollte, und wie das wissenschaftliche Publikum, das die Existenz eines solchen Instruments kennt, erwartet. Übrigens aber unterwerfe ich die ganze Angelegenheit dem weisen Ermessen eines Hohen Ministerii und werde das Instrument demjenigen gewissenhaft extradieren, der dazu sich legitimieren wird. Sollten Ewr. Exzellenz noch mündliche Verabredung darüber treffen wollen, so bin ich gern zu Befehl.«

Indessen wurde dieser von GAUSS erstattete Bericht ad acta gelegt und das Instrument anscheinend doch an das Collegium Carolinum abgeliefert, da dies vielleicht schon versprochen war. Man vergleiche noch die Briefe von GAUSS an BESSEL vom 24. Juli 1807 und an OLBERS vom 2. Juli 1805, 6. und 29. Oktober 1807; in letzterem sagt GAUSS: »Es ist leicht möglich, dass dies Instrument nach meiner Abreise hier in sehr schlechte Hände kommt.«

Ausser den bereits genannten Instrumenten erwähnt GAUSS in dem Briefe an OLBERS vom 21. September 1804 (vergl. auch Werke VI, S. 248, 251 und 270) ein von ihm als sehr gut bezeichnetes SHORTsches Spiegelteleskop, das er vom 15. dieses Monats an benutzte und über dessen Herkunft sich nichts feststellen lässt; daneben erwarb er im Jahre 1805 ein RAMSDENsches Fernrohr von etwas über 2¼ Fuss Fokallänge (vergl. Brief an OLBERS vom 10. Mai 1805). Er berichtet auch an OLBERS am 30. Juli 1806, dass er durch ZACH ein fünffüssiges Achromat in England auf seine Rechnung bestellt habe, worauf ihm OLBERS antwortete, dass er auf ZACHS Bestellung des Fernrohrs nicht zu sehr rechnen soll, er habe selbst schon vor 4 Jahren ein solches bestellt, und nichts erhalten.

Im einzelnen schreibt er an OLBERS über diese Instrumente am 16. Oktober 1804: »Ich beobachte bei Mondschein weit besser als bei ganz dunkeln Nächten. Mit dem lichtstarken SHORT sehe ich auch bei dem hellsten Mondschein Sterne 9. Grösse ohne Mühe; und wenn ich das Gesichtsfeld mit seinen Grenzen vor mir sehe, so scheint das Auge viel weniger zu ermüden, als wenn ich bloss in schwarze Finsterniss sehe. Haben Sie diese Bemerkung nicht gemacht, oder sehen Sie vielleicht mit Ihrem herrlichen DOLLOND auch in mondlosen Nächten doch den Umfang des Gesichtsfeldes?« und am 25. September 1804: »Mein Kometensucher, womit ich ihn[1]) jetzt wieder sehr gut sehe, da der Mond weiter weg ist (nur am 17., 18. und 21. ging es nicht), kommt mir bei Richtung des Teleskopes, dessen Sucher gänzlich unbrauchbar und dessen Gesichtsfeld nur 25′ 50″ hält, vortrefflich zu statten. Ich brauche fast nicht mehr Zeit, den kleinen Stern ins Feld zu bekommen, als wenn es der Mond wäre.«

Mit den ihm zur Verfügung stehenden Instrumenten beobachtete GAUSS ausser dem bereits oben S. 9 erwähnten Merkurdurchgang im Jahre 1802 (Werke

---

1) Den Planeten Juno. — BRDL.

VI, S. 231) und einzelnen Sternbedeckungen (Werke VI, S. 258) vielfach die Planeten Ceres, Pallas, Juno, Vesta, sowie den Kometen 1806 I (BIELA).

Als Kreismikrometer diente zu jener Zeit nach den von LACAILLE und BOSCOVICH (um 1740) gemachten Vorschlägen[1]) der Rand des Gesichtsfeldes. Etwa 60 Jahre später verbesserten KÖHLER und J. G. REPSOLD die Beobachtungsmethode durch einen in der Brennebene aufgespannten Messingring[1]). Besonders ausgebildet wurde die Methode durch die zahlreichen Beobachtungen von OLBERS[2]). der ausser dem an vier Fäden befestigten Ringe sich auch einer durch den Kreis gehenden Barre[2]) bediente. Das erste Mikrometer in der heute üblichen Form verfertigte[1]) FRAUNHOFER 1821. — GAUSS scheint jedoch bei seinen Beobachtungen bis in spätere Zeit den Rand des Gesichtsfeldes benutzt zu haben, wie die Notizen im Nachlass und an anderen Stellen bestätigen. Erst in späterer Zeit, Januar 1844 oder etwas früher, erhielt die Göttinger Sternwarte ein MERZsches 6-füssiges Fernrohr mit einem Ringmikrometer mit mehreren Ringen. Notizen darüber finden sich im Nachlass im Beobachtungsbuch Pf, S. 59.

Eine Kreismikrometerbeobachtung der Ceres gelang GAUSS zum erstenmale am 29. August 1804 (vergl. Brief an OLBERS vom 7. September). Ausser dieser beobachtete er im September des genannten Jahres die eben von HARDING entdeckte Juno und zwar sehr fleissig, zunächst bis zum 28. dieses Monats. Dann nahm er davon Abstand, weil ausser den OLBERSschen auch noch gute Meridianbeobachtungen, namentlich von ZACH, vorlagen. Erst als im November die Beobachtungen der Juno spärlicher wurden, beobachtete er sie am 4. Dezember und später einigemale bis zum 20. Februar, wo sie schon sehr lichtschwach war. ZACH erwähnt in der Monatl. Corresp. (Werke VI, S. 263) dass diese Beobachtung überhaupt die letzte in der Opposition war; am gleichen Tage wurde Juno aber auch von OLBERS beobachtet. Von der Vesta erhielt GAUSS sofort nach der Entdeckung einige Beobachtungen, die

---

1) WOLF, *Handbuch der Astronomie*, Zürich 1892, Bd. II, S. 129; AMBRONN, *Handbuch der astronomischen Instrumentenkunde*, Bd. II, Berlin 1899, S. 513.

2) Vergl. BESSEL, *Über das Kreismikrometer*, M. C. Bd. XXIV, November 1811, S. 446, sowie die Briefe von BESSEL an GAUSS vom 10. Dezember 1807, von OLBERS an GAUSS vom 12. März und 27. Mai 1807, vom 16. Februar 1821 und besonders die Briefe von OLBERS an BESSEL vom 5. Januar 1807 und vom 9. März 1812.

er zu seiner ersten Bahnbestimmung benutzte. Seine Braunschweiger Beobachtungen der Pallas fallen in die Jahre 1806 und 1807.

Gauss' Tafeln für Nutation und Aberration sind im Jahre 1804 entstanden, wie er im September an Olbers schreibt; sie sind in der Monatl. Corresp. Band XVII (Werke VI, Seite 123) im Jahre 1808 abgedruckt, jedoch für den Druck nach neuen Werten der Konstanten umgerechnet.

2. (erste Göttinger) Periode 1807—1813.

Im November 1807 siedelte Gauss nach Göttingen über, wo zunächst die alte Sternwarte zu seiner Verfügung stand, während der im Jahre 1803 begonnene Bau der neuen Sternwarte infolge der politischen Verhältnisse ins Stocken geraten war und in den ersten Jahren nach Gauss Übersiedelung nach Göttingen nur langsam fortschritt. Die alte Sternwarte[1] war 1734 für Joh. Andreas v. Segner erbaut worden und lag an der alten Stadtmauer, von der das entsprechende Stück in der jetzigen Turmstrasse, früher »Klein Paris« genannt, nahe der Nikolaistrasse, noch erhalten ist. Von der alten Sternwarte sind keine Überreste vorhanden, doch scheint ein Stück der Stadtmauer, das erneuert ist, ihre frühere Lage zu bezeichnen; sie befand sich 6″,11 nördlich und 28″,43 westlich von der neuen Sternwarte (Mittelpunkt der grossen Kuppel, in der gegenwärtig das grosse Heliometer aufgestellt ist), also in $51^0 31' 54'',3$ n. B. und $39^m 44^s,35$ östl. v. Greenwich. Im Jahre 1755 erhielt Tobias Mayer, 1762 Lowitz und

---

1) Vergl. den umstehenden, aus dem 2. Teil des in der folgenden Fussnote genannten Werkes entnommenen Lageplan, sowie die nach einem auf der Göttinger Sternwarte vorhandenen Stich hergestellte Abbildung am Schluss dieses Aufsatzes; auch W. Schur, *Beiträge zur Geschichte der Astronomie in Hannover* (Festschrift zur Feier des 150jährigen Bestehens der Göttinger Gesellschaft der Wissenschaften, Berlin 1901, S. 103/104). — Die Legende zum Lageplan ist nach Pütter:

1. Das Observatorium.	10. Die katholische Kirche.
2. Der ökonomische Garten.	11. Das Grohnder Tor.
3. Das chemische Laboratorium.	12. Das Kommandantenhaus.
4. Die Universitätskirche.	13. Die Marienkirche.
5. Das Konzilienhaus.	14. Die Johanniskirche.
6. Eine der beiden Stadtmühlen.	15. Der Fleischscharn.
7. Die Universitätsapotheke.	16. Das Rathaus.
8. Eines der beiden Brauhäuser.	17. Das Kaufhaus.
9. Die Nikolaikirche	18. Die Ratsapotheke.

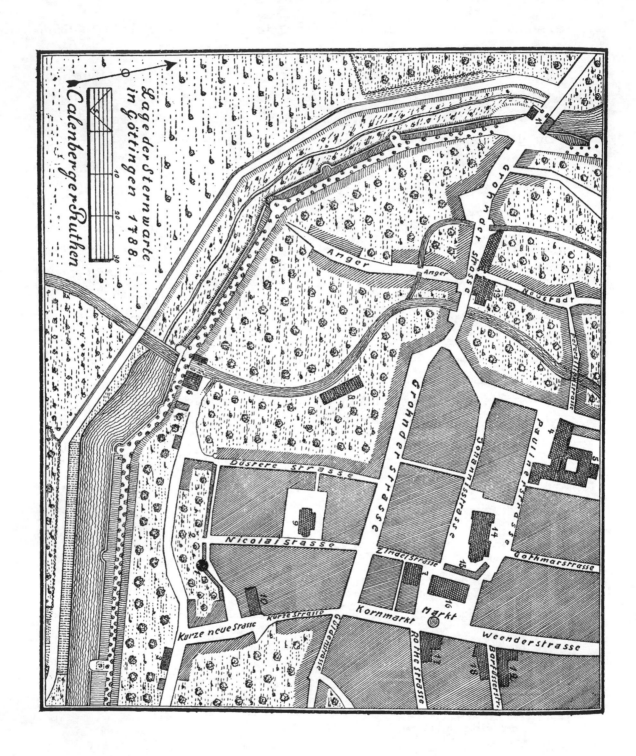

Lage der Sternwarte in Göttingen 1788.

Calenberger Ruthen

1764 KÄSTNER »die Aufsicht darüber«[1]). Der letztere gab für die 1765 erschienene *Göttinger Gelehrtengeschichte* von PÜTTER folgende Beschreibung der Sternwarte und der Instrumente:

»Das Observatorium befindet sich am mittägigen Ende der Stadt, so dass ihm die Aussicht nach Mittage zu nur durch die entlegenen Berge begrenzt wird, welche etwa drei Grade vom Horizonte wegnehmen. Nordwärts hat es keine hohen Häuser in der Nähe, dass auch dahin die Aussicht so frei ist, als man zu den auf dieser Seite nötigen Beobachtungen verlangen kann. Bekanntermassen beobachtet man die himmlischen Körper ordentlich nicht, wenn sie dem Horizonte sehr nahe sind, und die Fälle, wo man dazu genötigt ist, ereignen sich sehr selten; das wird die Frage beantworten, welche zuweilen von Neugierigen, die das Observatorium besehen, geschieht: ob es auch hoch genug sei? Wegen der angeführten Lage ist das Observatorium auch von der Unbequemlichkeit anderer Sternwarten, welche auf der Nordseite der Städte liegen, frei, die zuweilen Rauch und dergleichen Hindernisse in der Gegend des Himmels finden, wo die himmlischen Begebenheiten ordentlich vorfallen.

»Zum Grunde des Observatorii hat man einen von den runden Türmen in der Stadtmauer gewählt, welche vor diesem zur Verteidigung dienten. Man hat darauf einen Saal erbaut, wo die Werkzeuge zum Observieren befindlich sind, und auch selbst observiert werden kann. Will man etwas dergleichen unter freiem Himmel verrichten, so lassen sich die Werkzeuge gleich aus dem Saale auf einen Gang schaffen, der ihn rings herum umgibt. Über dem Saale befindet sich noch ein Boden unter dem Dache, wo ein Fenster gegen Mittag noch weitere Aussicht gibt. Unter dem Saale ist ein Stübchen angebracht, welches zur Bequemlichkeit des Beobachters dienen könnte, wenn er die Zeit einer himmlischen Begebenheit abwarten muss. Zu einer ordentlichen Wohnung war der Platz nicht zugänglich.

»Das vornehmste Werkzeug ist ein Mauerquadrant, von JOHN BIRD in London verfertigt und dem zu Greenwich, wie solcher in SMITHS *complete System of optick's* beschrieben wird (B. III, ch. 7), völlig ähnlich. Er hat acht englische Fuss

---

1) PÜTTER, *Versuch einer akademischen Gelehrtengeschichte*, 1. Teil Göttingen 1765, S. 238. — 2. Teil Göttingen 1788. — 3. Teil von F. SAALFELD, Hannover 1820. — 4. Teil von OESTERLEY, Göttingen 1838. Die beiden letzteren unter dem Titel »*Geschichte der Universität Göttingen*«.

im Halbmesser und ist an einem einzigen grossen Steine so befestigt, dass sich sein Fernrohr, welches ungefähr eben die Länge hat, in der Mittagsfläche dreht; das Fernrohr ist von ausnehmender Güte. Es fasst über 1 Grad. Im gemeinschaftlichen Brennpunkte beider Gläser geht ein Faden senkrecht auf die Mittagsfläche, und auf diesem stehen fünf andere senkrecht, die also Stücke von Stundenkreisen, wie jener ein Stück eines auf die Mittagsfläche senkrechten Kreises, vorstellen. Der mittelste der fünf ist in der Mittagsfläche, die Entfernung jedes Fadens vom nächsten beträgt 7½ Minuten. Man kann also beim Durchgange der Sonne durch die Mittagsfläche zehn Antritte, fünf von jedem Rande an jedem Faden, und zugleich die Höhe der Sonne bequem beobachten. Bei Sternen hat man fünf solche Beobachtungen nebst der Höhe. Die Zeiten gibt eine Uhr an, die gleich am Quadranten steht, dass der Beobachter die Pendelschläge sehen und hören kann. Für grosse Höhen lässt sich eine Klappe über dem Quadranten vermittelst einer Stange, die der Beobachter gleich bei dem Quadranten ergreifen kann, aufstossen, dass man den Himmel gerade über sich entdeckt, und ebenso wieder zumachen. Bei geringen Höhen dient ein Fenster. Vermittelst dieses Quadranten hat der sel. Prof. MAYER ein sehr vollständiges und richtiges Verzeichnis der Fixsterne im Tierkreise verfertigt. Es befindet sich unter den noch ungedruckten Abhandlungen der königlichen Sozietät der Wissenschaften.

»Weil man den Quadranten in seiner jetzigen Stellung nur gegen Mittag zu brauchen kann, so ist am gegenüber stehenden Ende des Saales auch ein Stein in der Absicht gesetzt worden, dass man den Quadranten daran bringen könne, nördliche Höhen damit zu nehmen. Ebendaselbst steht auch noch eine Pendeluhr. Beide Uhren sind von dem geschickten Künstler, dem hiesigen Ratsherrn KAMPE, nach der Art, wie MARINONI *de Spec. Dom.*[1]) die seinige beschreibt, verfertigt. Sie gehen 4 Wochen lang. Eine andere etwas schlechtere Pendeluhr ist auch noch vorhanden.

»Ferner findet sich hier ein beweglicher messingner Quadrant, 1 Fuss im Halbmesser, mit einem Fernrohr von Herrn KAMPE. Im Fernrohr ist ein

---

1) JOH. JACOB VON MARINONI, *De astronomica specula domestica et organico apparatu domestico libri duo*, Viennae 1745. — BRDL.

Mikrometer vom sel. Prof. MAYER nach seiner Erfindung verfertigt (*Cosmogr. Nachr.* 1748[1])).

»Das grösste vorhandene astronomische Fernrohr ist 12 englische Fuss. Die Gläser sind nebst den Fassungen in England verfertigt. Noch eines ist von 6 Fuss, das eine blecherne, hinten erweiterte Röhre hat, das erweiterte Mikrometer nach des Herrn VON SEGNER Angaben Comm. soc. reg. scient. Goett. tom. I p. 27 zu fassen. Es ist aber gegenwärtig kein Mikrometer dabei. Ein sehr schönes DE LA HIRESCHES Mikrometer ist von JOHN BIRD auch mit dem Zusatze, den SMITH *System of opticks* art. 87 §. *Lehrbegriff der Optik* III B. 8, C. 138 §. BRADLEYEN zuschreibt, Herr DE LA LANDE aber bei BEVIS zu London, an einem alten HEVELSCHEN Mikrometer gesehen hat (*Astronomie* art. 1878[2])). Es kann an das zwölffüssige Fernrohr gebracht werden. Auf der Erde zu gebrauchen sind zwei vortreffliche Fernrohre von GUISEPPE CAMPANI vorhanden; das längste von 30 römischen Palmen (etwa 20¼ Pariser Fuss), das kürzere von 7 Fuss; imgleichen 2 Tubi binoculi. Ausser den nötigen Gestellen zum Gebrauch der langen Fernrohre sind auch noch zwei machinae parallaticae da.

»Der sel. Prof. MAYER hatte sich bekanntermasen sehr mit dem Monde beschäftigt und selbst eine Mondkugel zu verfertigen unternommen. Der Grund davon sollte ein Planisphaerium des Mondes sein, das er nach seinen Beobachtungen gezeichnet hatte, und daraus die Segmente zu Überziehung der Kugel sollten gezeichnet werden. Er hat die meisten dieser Segmente gezeichnet hinterlassen; auch sind einige schon in Kupfer gestochen. Dies alles ist von königlicher Regierung nach seinem Tode gekauft worden und wird auf dem Observatorio verwahrt. Die Zeichnungen vom Monde übertreffen an Richtigkeit und Schönheit alle bisher bekannt gemachten. Zugleich sind durch eben die gnädige Fürsorge viele Bände Manuskripte des sel. MAYER auch zum Gebrauch auf der Sternwarte beibehalten worden, die teils eigene oder zu gewisser Absicht gesammelte Beobachtungen, teils astronomische und auch andere mathematische Untersuchungen enthalten.«

Im zweiten Teil von PÜTTERS *Göttinger Gelehrtengeschichte* (1788), S. 266,

---

1) JOH. TOBIAS MAYER (der ältere), *Beschreibung eines neuen Mikrometers*, *Cosmographische Nachrichten und Sammlungen auf das Jahr 1748*, von JOH. TOBIAS MAYER besorgt, Nürnberg 1750. — BRDL.

2) In der 3. Ausgabe, 1792, art. 2364 (2. Band, S. 603). — BRDL.

wird mitgeteilt, dass an der Südseite der Sternwarte, und später auch an der Nordseite ein Anbau hergestellt wurde zur Aufstellung der Quadranten, die zur Beobachtung im Süden und Norden gedreht werden konnten. Über die in den Jahren 1765—1788 angeschafften Beobachtungsinstrumente lesen wir bei PÜTTER im wesentlichen:

»1) Ein GREGORIANIsches Spiegelteleskop von JAMES SHORT, 20 Zoll lang, mit zweierlei Okularröhren; ausser dem daran befindlichen kleinen Spiegel ist noch ein zweiter zu stärkeren Vergrösserungen dabei; ein Geschenk von des verstorbenen Herzogs VON YORK königlicher Hoheit.

»2) Eine Uhr mit rostförmigen Pendel, nach HARRISONs Erfindung von JOHN SHELTON zu London. Dass diese Uhr[1]) ihrer Absicht gemäss von Wärme und Kälte ihren Gang nicht merklich ändert, haben beständige Beobachtungen versichert. (KÄSTNER, *Über die Änderungen des Ganges der Pendeluhren im Sommer und im Winter*, Göttingen 1778).

»3) Eine Uhr zum Zählen der Sekunden beim Observieren, wenn man von der ersten zu weit entfernt ist, um die Pendelschläge derselben zu hören; bei jeder Minute tut sie einen Schlag mit einem Glöckchen zur Erinnerung, dass man die Minute aufschreiben muss; von ebendemselben verfertigt.

»4) Ein beweglicher Quadrant von J. SISSON zu London; er hat zwei englische Fuss im Halbmesser und ist sowohl zum Höhenmessen als auch zum Messen der Winkel auf der Erde eingerichtet; er kann zu der letzten Absicht vermittelst Gewinden und eines Bogens horizontal gestellt werden; dabei sind noch drei achromatische Fernrohre. Wenn er horizontal gestellt wird, muss das Fernrohr, das zum Höhenmessen dient, abgenommen, und ein anderes, das man auf seiner Regel neigen kann, daran gebracht werden. Der Rand des Quadranten ist von 10 zu 10 Minuten geteilt, der Vernier gibt 20 Sekunden, und durch die Mikrometerschraube kann man von 4 zu 4 Sekunden angeben. Der Azimuthalzirkel hält 7 Zoll im Halbmesser und ist in halbe Grade geteilt; durch den Vernier erhält man die Winkel von 3 zu 3 Minuten. (Herr DEMAINBRAY, welcher die Aufsicht über das königliche Observatorium zu Richmond hatte, veranstaltete diesen Quadranten auf Hofrat KÄSTNERS

---

1) Über diese Uhr vgl. die Fussnote S. 52.

Vorstellung, als in des Königs deutschen Landen die geographische Lage einiger Örter durch astronomische Beobachtungen sollte bestimmt werden. So hat sich Professor LICHTENBERG desselben bedient. Man sehe seine Nachricht davon Novi Commentarii Societ. Reg. Scient. T. VII ad. 1776, p. 210)[1]).

»5) Ein Microscopium compositum, Sonnenmikroskop und Camera obscura, von G. ADAMS zu London. Diese Sammlung optischer Werkzeuge beschreibt ihr Verfertiger GEORGE ADAMS, Mathematical Instrumentmaker to his Majesty in seiner *Micrographia illustrata; or the microscope explained*, vierte Ausgabe, London 1771.

»6) Eine kostbare Uhr von JUST. VULLIAMY et Son. Sie hat 4 Paar Zeiger; jedes Paar zeigt zusammengehörig Minuten und Sekunden; zu dem letzten Paar gehört noch ein dritter Zeiger, welcher Achtteile einer Sekunde angibt. Wenn alle Zeiger auf 60 gestellt werden, und die Uhr wird in Bewegung gesetzt, so werden alle Zeiger eines Namens gleichförmig gehen. Die Uhr ist alsdann anzusehen, als wären es vier Minuten- und Sekundenuhren, davon die vierte noch Achtelsekunden angibt. Man kann nun jedes dieser Paare hemmen, ohne dass die anderen im Gange gestört werden, und also dadurch die Augenblicke von vier Beobachtungen hinter einander angeben, ohne zu zählen oder die Zahlen aufzuschreiben.

»7) Ein NEWTONsches Spiegelteleskop von HERSCHEL verfertigt. Der grosse Spiegel hat 10 Fuss Brennweite, $9\frac{1}{2}$ Zoll Öffnung; er wiegt 18 Pfund. Ausser dem Okularrohre zum Gebrauche auf der Erde sind zum astronomischen Gebrauche 8 Okulare dabei, die stärkste Vergrösserung ist etwa 1000 mal im Diameter. Der Mechanismus des Stativs ist ganz ausserordentlich künstlich, das Instrument kann sehr leicht und genau dadurch regiert werden, welches den Gebrauch dieses grossen Instruments sehr bequem macht. Rohr und Stativ sind von Mahagoniholz. Ausser dem Gebrauche wird der grosse Spiegel aus dem Rohre herausgenommen und in einen besonderen Kasten gelegt, in welchem eine messingne Büchse befindlich, worin er so genau passt, dass die Luft durch Ventile herausgetrieben und er so auf die beste Art verwahrt wird. Der Prinzen königliche Hoheiten hatten im Juli 1786 dieses Teleskop

---

[1] GEORG CHRISTOPH LICHTENBERG, *Observationes astronomicae per annos 1772 et 1773* .... *institutae.* — BRDL.

mitgebracht, und Herr HERSCHEL hat bei seinem hiesigen Aufenthalte 1786 zu dessen Aufstellung und Gebrauch selbst Anweisung gegeben.

»Alle diese Stücke von Num. 2 an sind königliche Geschenke; Num. 2, 3, 4, 5, 7, von Sr. Majestät dem Könige, Num. 6 von Ihro Majestät der Königin.

»8) Eine Tertienuhr von J. A. KLINDWORTH zu Göttingen erfunden und gemacht. Sie hat drei Zeiger, einen für die Minuten, einen für Sekunden und einen, der die Tertien angibt. Man kann sie beim Anfange einer Beobachtung in Bewegung setzen und beim Ende hemmen und so die Zeit sehr genau angeben.

»9) Ein beweglicher Quadrant von dem verstorbenen Bauherrn L. KAMPE zu Göttingen. Er hat drei Fuss im Halbmesser; auf dem Rande sind zweierlei Teilungen, eine in 90 Grad, die andere in 96 Teile; jeder Grad ist in 6 Teile geteilt; durch den Vernier erhält man einzelne Minuten und durch die Mikrometerschraube einzelne Sekunden. Von den 96 Teilen ist jeder in 8 Teile geteilt; 17 dieser Teile sind auf dem Vernier in 16 Teile geteilt. Der Azimutalzirkel hält 5 Zoll im Halbmesser und ist in ganze Grade geteilt; durch den Vernier erhält man einzelne Minuten.

»10) Ein achromatischer Tubus von 4 Fuss mit doppeltem Objektiv von DOLLOND, mit einem messingnen Stative.

»11) Ein vortrefflicher achromatischer Tubus von 4 Fuss mit dreifachem Objektive, dessen Öffnung 4 Zoll, von DOLLOND. Diesen Tubus hat der sel. Geh. Sekretär SCHERNHAGEN zu Hannover besessen und das dazu gehörige Stativ dazu machen lassen. Nach dessen Tode ist dieses Instrument von königlicher Regierung für das Observatorium angekauft.

»Die Instrumente Num. 8—11 hat das Observatorium königlicher Regierung zu verdanken. . . . .«

Hieraus dürfte annähernd der Zustand zu ersehen sein, in dem GAUSS bei seiner Ankunft in Göttingen die alte Sternwarte vorfand, die ihm aus seiner Studienzeit noch wohl in Erinnerung sein mochte. Er schreibt am 5. Januar 1808 an OLBERS: »Ihren Klagen über das den Beobachtungen so ungünstige Wetter muss ich in vollem Masse beistimmen; indessen scheinen Sie in Bremen doch noch beträchtlich begünstigter zu sein als wir hier, wo z. B.

vom 23. November bis 17. Dezember auch nicht ein einziger Abend gewesen ist, wo an Beobachtungen hatte gedacht werden können. Was ich hier in Absicht auf den Kometen[1]) habe tun können, ist also bisher nur sehr wenig; dazu kommt noch, dass ich hier den Zustand der meisten Instrumente noch unter meiner Erwartung gefunden habe. Der an sich schöne grössere DOLLOND ist, wie Sie selbst Sich erinnern werden, ganz erbärmlich montiert, ausserdem ist kein Okular dazu, das zu Kreismikrometerbeobachtungen brauchbar wäre; bisher war nur eine sehr starke Vergrösserung übrig. HARDING hat eine schwächere dazu machen lassen, deren Gesichtsfeld aber zu gross gelassen ist; schon in der Nähe des Randes werden die Fixsterne zu langen Spiessen. Das HERSCHELSCHE Teleskop tut allerdings herrlichen Effekt, unser Komet hat noch viel Licht darin, aber ich traue der festen Stellung nicht; auch glaube ich eine merkliche Parallaxe zu haben, meine Beobachtung vom 17. Dezember war damit angestellt. Am 29. Dezember versuchte ich es mit einem SHORT-schen Spiegelteleskop, welches beinahe so gut ist, wie das, dessen ich mich immer in Braunschweig bediente[2]); das Gesichtsfeld ist ziemlich rein, aber die Montierung ist so äusserst wacklig, dass der leiseste Wind es schon bewegt. Endlich habe ich nun meine Zuflucht zu einem kleinern DOLLOND genommen, womit ich sowohl in Ansehung der Montierung als des rein begrenzten Gesichtsfeldes sehr zufrieden bin, nur ist es für den Kometen jetzt fast etwas zu schwach, das Gesichtsfeld ist 47', welches mir die Beobachtung sehr erleichtert, da ich in Braunschweig immer mit einem von 25' mich behelfen musste; für die Asteroiden wird dies Instrument mir künftig recht gute Dienste tun, nur schade, dass es keinen Sucher hat. Doch finde ich die Gegenstände leicht, wenn ich irgend einen Leitstern mit blossen Augen sehen kann.«

Einen, allerdings nicht vollständigen Überblick über die Beobachtungstätigkeit auf der Göttinger Sternwarte gibt neben den noch heute im Inventar der Sternwarte vorhandenen Beobachtungsbüchern (vergleiche die Bemerkungen Werke XI 1, S. 507, sowie weiter unten) das handschriftliche »*Tagebuch der astronomischen Beobachtungen auf der Sternwarte in Göttingen*«, das sich in zwei Bänden und einem kleinen Quartheft im Nachlass befindet und worin die

---

1) Komet 1807. — BRDL.
2) Vergleiche oben Seite 39.

meisten Beobachtungsergebnisse in fortlaufender Zeitfolge eingetragen sind, zum grossen Teil auch mit den zugehörigen Reduktionen. Während das Heft nur die Zeit vom 1. Januar bis 31. Juli 1808 umfasst, beginnt der erste Band erst mit dem 3. November 1808; im ganzen reicht das *Tagebuch*, mit Lücken in den letzten Jahren, bis April 1822. Über seine Beobachtungen mit den in späterer Zeit angeschafften Fundamentalinstrumenten, den Meridiankreisen und dem Passageninstrument, sowie über die meisten Planeten und Kometenbeobachtungen führte GAUSS besondere Protokolle, die an anderen Stellen des Nachlasses meist auf Zetteln, ebenfalls nicht vollständig, erhalten sind.

Als regelmässiger Beobachter ist vor allem HARDING zu nennen, der bereits 1805 als ausserordentlicher Professor und Inspektor der Sternwarte nach Göttingen berufen war und neben seiner Beobachtungstätigkeit Vorlesungen über die Anfangsgründe der Astronomie, im besonderen aber über Nautik hielt.

Besonders regelmässig sind in das *Tagebuch* die Beobachtungen der Sonne und von Fixsternen mit dem Mauerquadranten eingetragen, die meist von HARDING angestellt sind. Sie dienten zur Zeitbestimmung und zur Bestimmung von Sternörtern, die HARDING zur Herstellung seiner Himmelskarte[1] und der Sternverzeichnisse benutzte. Ein Bericht HARDINGS darüber befindet sich in der Monatl. Corr. 1810 August; es heisst dort:

»Es war wohl nicht anders zu erwarten, als dass den Pariser Astronomen, welche den ungeheuren Schatz von Sternen in der *Histoire céleste française*[2] zusammenhäuften, noch mancher Stern von nicht unbedeutender Grösse entgehen musste, und wirklich findet man ausser den von ihnen aufgezeichneten am Himmel noch eine so grosse Menge von der 6., 7., 8. und 9. Grösse, dass ein Beobachter, welcher sich entschliessen wollte, auch diese zu bestimmen, eine reiche Nachlese finden könnte, die einer neuen Ernte gleichen würde. So gern ich mich selbst dieser nützlichen Arbeit unterziehen möcht, um desto mehr muss ich es beklagen, dass die hiesige Sternwarte mit den zu diesem Unternehmen notwendigen Instrumenten nicht versehen ist. Denn wenn sie gleich einen vortrefflichen Mauerquadranten besitzt, dessen Wert durch

---

1) HARDING, *Atlas novus coelestis*, Göttingen 1822, neue Ausgabe durch JAHN 1856. Zuerst in Lieferungen erschienen; s. auch die wiederholten Mitteilungen darüber in der Monatl. Corr. 1807—1811.

2) JOS. JERÔME DE LA LANDE, *Histoire céleste française, contenant les observations faites par plusieurs astronomes français*, Paris 1801. — BRDL.

die Arbeiten des unsterblichen TOBIAS MAYER hinreichend konstatiert ist, so ist er doch gerade zu diesem Unternehmen nicht ganz geeignet, indem das daran befindliche Fernrohr von nur 1¼ Zoll Öffnung[1]) kaum Sterne von der 8. Grösse und auch diese nur bei der heitersten Luft zeigt; man weiss, wie selten die Atmosphäre in unseren Gegenden in einem solchen Zustande ist. —

»Unterdessen habe ich getan, was mir dieser Quadrant möglich macht, und diejenigen bisher noch übergangenen Sterne sechster und siebenter Grösse, die mir bei meinen Nachsuchungen am Himmel vorgekommen sind, näher zu bestimmen gesucht. Das folgende kleine Verzeichnis enthält diejenigen, welche sich auf den zur ersten Lieferung meines Himmelsatlasses gehörenden vier Blättern befinden. Den Besitzern dieser Karten dürfte es vielleicht angenehm sein, die genauere Position dieser Sterne noch früher zu erfahren, als ich sie in dem Vorberichte zu diesem Atlas werde bekannt machen können, und daher erlaube ich mir die Freiheit, Sie um einen Platz in der Mon. Cor. für dieselben zu bitten. Genehmigen Sie es, so werde ich ein ähnliches kleines Verzeichnis solcher Sterne, welche auf den Blättern der vor kurzem heraus-gekommenen zweiten Lieferung sich befinden, zu gleichem Zwecke nächstens überreichen. Die Sterne dieses Verzeichnisses sind fast sämtlich vier- bis fünfmal, wenige nur einmal beobachtet«[2]).

Mehrere dieser Beobachtungen sind von GAUSS angestellt, im besonderen die in den Monaten März bis Juni 1811, in welcher Zeit HARDING in Paris war, um die Lücken seiner Sternkarten auszufüllen, da er zu diesem Zwecke vom König von Westfalen ein Geschenk von 4000 Francs erhalten hatte[3]).

Daneben wurden am Mauerquadranten die grossen Planeten, der Mond, Vesta und vereinzelt auch Ceres beobachtet, und zwar Vesta häufig von GAUSS. Von allen diesen Beobachtungen scheinen jedoch nur die der Vesta und auch diese nicht vollständig veröffentlicht worden zu sein. Einzelne Beobachtungen

---

1) In dem zwischen GAUSS und HARDING im Mai und Juni 1805 gewechselten Briefen ist davon die Rede, das Fernrohr des Quadranten durch ein anderes mit einem Objektiv von 3½ Zoll zu ersetzen. Das letztere scheint auch bei DOLLOND bestellt worden zu sein (HARDING an GAUSS, 20. Juni 1805); jedoch befindet sich noch heute das alte Objektiv am Mauerquadranten. — BRDL.

2) An dieser Stelle mag erwähnt werden, dass AUWERS die Beobachtungen von TOBIAS MAYER am Mauerquadranten zur Aufstellung seines Sternverzeichnisses neu reduziert hat (AUWERS, *Tobias Mayers Stern-verzeichnis nach den Beobachtungen auf der Göttinger Sternwarte in den Jahren 1756 bis 1760*, Leipzig 1894).

3) Vergl. die Briefe von GAUSS an OLBERS vom 24. Oktober 1810, von OLBERS an BESSEL vom 15. September 1810, GAUSS an BESSEL vom 21. Oktober 1810 und GAUSS an SCHUMACHER vom 10. März 1811.

7*

rühren auch von SCHUMACHER (1809), BESSEL (1810), GERLING (1810—1813), und WACHTER (1811), her; ausser den genannten mögen bei dieser Gelegenheit auch die Namen TIARKS (1808), NICOLAI, SEEBER (1811), ENCKE, HANBURY, WACHTER (1813), MÖBIUS (1814), TITTEL (1815), WESTPHAL (1816), DIRKSEN, MERIAN (1817), POSSELT (1817—1818), erwähnt werden, die sich als GAUSS' Schüler in Göttingen aufhielten.

Neben Vesta konnte Ceres nur unter ganz besonders günstigen Bedingungen und die übrigen kleinen Planeten garnicht am Mauerquadranten beobachtet werden, weil das Fernrohr zu lichtschwach war. GAUSS beklagt sich darüber noch im Briefe an OLBERS vom 20. Juni 1814 mit folgenden Worten: »Das ernstliche Beobachten der Sonnenflecken werde ich doch wohl verschieben müssen . . . . Am Mauerquadranten ist nichts Würdiges zu machen. Den vorige Woche oft von mir beobachteten kleinen Flecken konnte ich mit dem elenden Fernrohr des Quadranten gar nicht sehen; auch ist die Zeit immer zu kurz, um während des Durchgangs die beiden Ränder und den Flecken mit gehöriger Genauigkeit zu beobachten. Es ist wahr, dass ich den Kreis auf mehr als eine Art zu Deklinationsbestimmungen gebrauchen könnte; allein Beobachtungen und Rechnungen rauben dabei gar zu viele Zeit, und doch kann das Resultat bei weitem nicht den Grad von Genauigkeit haben, den das Heliometer[1]) gibt.«

Als Hauptuhr diente die SELTHONSCHE Uhr; diese ist ein Geschenk von GEORG III., König von Grossbritannien und Kurfürst von Hannover, und seit dem Jahre 1770 im Gebrauch (Brief an BESSEL vom 12. Mai 1820). Sie geht noch heute und steht auf der Sternwarte im östlichen Meridiansaal[2]). Auf der ersten Seite des zweiten Bandes des *Tagebuchs der Sternwarte* findet sich ein von GAUSS Hand geschriebenes »Register über Stand und Gang der Uhren«; es betrifft den SHELTONSCHEN Regulator und einen nicht näher bezeichneten Chronometer, wahrscheinlich den BERTHOUDSCHEN. Das Register umfasst die Zeit von August 1812 bis April 1818. Für die Korrektion der am Mauerquadranten beobachteten Durchgangszeiten wegen Azimut und Neigung des

---

1) Ein solches hatte GAUSS in diesem Jahre (1814) erhalten; vgl. Werke XI 1, S. 290 sowie weiter unten. — BRDL.

2) GAUSS lobt diese Uhr in den Berichten an das Kuratorium 1816 (Werke XI 1, S. 295 und 310), sowie in den Gött. Gel. Anz. vom August 1818 aus (Werke VI, S. 413), zeigt sich jedoch später in dem Briefe an OLBERS vom 23. August 1819, sowie in dem oben genannten Briefe an BESSEL, mit ihr höchst unzufrieden; vergl. auch unten: 6. Periode, REICHENBACHsche Instrumente.

Quadranten findet sich auf der ersten Seite des *Tagebuchs der Sternwarte* eine Tafel »gültig von 1808 Nov. bis 1810 Jan.« von GAUSS' Hand und eine spätere »gültig von Mai bis 1810 Sept.« von HARDING eingetragen.

Grossen Wert legte GAUSS auf die Zeitbestimmung durch korrespondierende Sonnenhöhen; nach dem *Tagebuch* liessen sich solcher Beobachtungen z. B. für die Zeit Nov. 1808 bis Jan. 1813 an nicht weniger als 212 Tagen feststellen.

Überhaupt war der Sextant ein von GAUSS gern gebrauchtes Instrument; hatte er doch schon in Braunschweig damit beobachtet und besondere Sorgfalt darauf verwandt, möglichst scharfe Beobachtungen damit zu erhalten. Den Ort des Kometen 1811 I hat er an einer Reihe von Tagen durch Abstand von zwei oder mehreren Sternen bestimmt (Werke VI, S. 335).

Manche Stunde verwandte GAUSS auch darauf, Höhe und Azimut irdischer Gegenstände »durch Abstände von der wahren und der im Quecksilberhorizont reflektierten Sonne«[1]) zu bestimmen. Er beabsichtigte, mit HARDING »kleine Exkursionen und Lustpartien mit dazu zu benutzen, die Gegend von Göttingen mit Dreiecken zu überziehen«[1]).

Hierzu sei noch folgende Eintragung von GAUSS' Hand in das *Tagebuch der Sternwarte* vom 20. September 1811 erwähnt:

»Herr Professor HARDING fuhr heute nach dem Meissner, wohin er den BERTHOUDschen Chronometer, seinen TROUGHTONschen Sextanten und meinen Glashorizont mitnahm. Die Absicht war, dort Pulversignale zu geben, welche ich hier, Herr v. LINDENAU auf dem Seeberg und Herr PABST auf dem Inselberg beobachten sollten. Der Abrede nach sollte Herr Professor HARDING heute Abend 5 Signale geben, um $9^h 30^m$, $9^h 35^m$, $9^h 40^m$, $9^h 45^m$, $9^h 50^m$ mittlerer Göttinger Zeit. Ich hatte das Vergnügen, mit blossen Augen an der SHELTONschen Uhr sie folgendermassen zu beobachten . . . .«

1808 kaufte GAUSS einen neuen Sextanten aus dem Besitze von Dr. HEINECKEN in Bremen, wie er in dem schon genannten Briefe an OLBERS[1]) schreibt.

Im Oktober 1810 reiste er zu einer chronometrischen Längenbestimmung nach Gotha.

Kreismikrometerbeobachtungen der Planeten Ceres, Pallas, Juno, Vesta und einiger Kometen sind ebenfalls im *Tagebuch der Sternwarte* aufgeführt,

---

1) Brief von GAUSS an OLBERS vom 19. April 1808.

von denen die meisten von GAUSS herrühren; sie scheinen nicht alle veröffentlicht zu sein (vgl. Werke XI, 1). Das gleiche gilt von Sternbedeckungen
und Verfinsterungen der Jupitermonde.

Als gelegentlicher Beobachter veränderlicher Sterne ist HARDING bekannt;
auch seine Notizen hierzu findet man im genannten *Tagebuch*.

In dem Briefe an OLBERS vom 5. Januar 1808 (oben S. 49) beklagt sich
GAUSS, dass kein zur Kreismikrometerbeobachtung taugliches Okular vorhanden
sei, woraus hervorgeht, dass er zu diesen Beobachtungen den Rand des Gesichtsfeldes benutzte; vgl. oben S. 33.

Im übrigen war GAUSS' Zeit in dieser Periode (1808—1813) durch den
Druck der *Theoria motus* (erschienen 1809) und durch seine umfangreichen
Untersuchungen über die Störungen der Pallas in Anspruch genommen (siehe
den zweiten Abschnitt dieses Aufsatzes, theoretische Astronomie); im Juli 1813
vollendete er seine Berechnung der allgemeinen Störungen der Pallas.

Doch beschäftigte er sich auch mit einer Reihe von Aufgaben der sphärischen Astronomie und es erschienen die Abhandlungen:

Methodus peculiaris elevationem poli determinandi (1808, Werke VI, S. 37).

Über eine Aufgabe der sphärischen Astronomie (1808, Werke VI, S. 129).

Tafeln für die Mittagsverbesserung (1811, Werke VI, S. 166).

Tafeln für die Sonnenkoordinaten (1812, Werke VI, S. 172),
sowie die schon früher von ihm berechneten

Tafeln der Nutation und Aberration (1808, Werke VI, S. 123).

Über seine Gemütsstimmung im Winter 1809—10, die in ihm keine rechte
Lust zu wissenschaftlichen Arbeiten aufkommen liess, klagt GAUSS in seinen
Briefen an BESSEL (7. Januar 1810) und an OLBERS (Anfang April 1810). Er
hatte im Oktober 1809 seine Frau und im März 1810 seinen Sohn LOUIS
verloren; im August 1810 verheiratete er sich wieder, mit MINNA WALDECK,
der jüngsten Tochter des Hofrats WALDECK.

3. (zweite Göttinger) Periode, 1813—1816.

Die zweite Periode von GAUSS' Göttinger astronomischer Tätigkeit wird
eingeleitet durch die Ankunft zweier bei REICHENBACH bestellter neuer Instrumente, des Repetitionskreises und des Repetitionstheodoliten. Das Repetitions-

oder Wiederholungsverfahren wurde zuerst von TOBIAS MAYER[1]) um 1752 vorgeschlagen, der es auch für ein nautisches Spiegelinstrument[1]) in Vorschlag brachte; ein solches liess zuerst BORDA um 1775 von LE NOIR in Paris herstellen[1]). Bald wurden jedoch die Spiegel fortgelassen und zwei getrennte Fernrohre angebracht[2]). Mit einem solchen Instrument konnten nicht nur Zenitdistanzen, sondern, wie mit einem gewöhnlichen Sextanten, durch Schrägstellung des Kreises auch Distanzen in beliebiger Richtung gemessen und repetiert werden. Die Bezeichnung als BORDAscher Kreis wurde beibehalten, auch nachdem die Spiegel fortgefallen waren. Die LE NOIRschen Instrumente liessen manches zu wünschen übrig, auch waren beim Gebrauch zwei Beobachter nötig. v. ZACH sagt darüber im Anschluss an SCHIEGGS Mitteilungen über seine Vermessung von Bayern (M. C., Bd. 10, S. 353, Oktober 1804):

»Längst schon hatte ich die Meinung geäussert, dass man, wenn englische Künstler sich entschliessen könnten, BORDAsche Vervielfältigungs-Kreise zu verfertigen, diese Werkzeuge nicht nur auf eine solidere und genauere Art erbauen, sondern gewiss noch vieles zu ihrer Vervollkommnung hinzufügen würde. Wenn man die Arbeiten eines LE NOIR gegen die eines RAMSDEN, TROUGHTON, BERGE, CARRY vergleicht, so muss dem allerbefangensten, so wie dem allerungeübtesten Beobachter in die Augen springen, welcher grosse Unterschied in den mechanischen Arbeiten der Künstler dieser beiden Nationen noch herrscht. Immer war ich der Meinung, dass die Beobachtungen nach dem Geiste der MAYER-BORDAschen Methode viel genauer hätten kommen müssen, als ich sie mit so vieler Vorsicht, Anstrengung und Vervielfältigung bisher mit LE NOIRschen Kreisen erhalten habe; offenbar war dieses hauptsächlich den Unvollkommenheiten des Werkzeugs zuzuschreiben, welche nur durch die ängstlichste Sorgfalt, und durch die Menge der Beobachtungen zu bekämpfen waren; ich war aber auch überzeugt, dass man, wenn dieses Werkzeug aus den Händen eines RAMSDEN gekommen wäre, mit viel weniger Mühe, mit einer viel geringern Anzahl von Beobachtungen sehr bald das genaue Resultat erhalten hätte, welches die Methode der Vervielfältigung in der Theorie so genau verheisst«, und S. 355—356: »da von englischen Künstlern noch zur

---

[1]) JOH. A. REPSOLD, *Zur Geschichte der astronomischen Messwerkzeuge*, 1. Band, S. 77 und Figur 122—124.

[2]) Ebendort S. 78 und Fig. 125.

Zeit keine Bordaschen Kreise zu erhalten sind, so habe ich den Entschluss gefasst, mir von deutschen Künstlern, welche lange in England, besonders bei Ramsden gearbeitet haben, ein solches Werkzeug verfertigen zu lassen. Es war hier keine Wahl zu treffen; ich bestellte daher einen solchen Kreis bei dem geschickten und rühmlichst bekannten Mechanikus Baumann in Stuttgart und erwarte dieses Werkzeug, welches seiner Vollendung nahe ist, nächstens. . . . . .

»Deutschland zählt jetzt noch einen andern geschickten Künstler, einen Schüler Ramsdens. Aus dem Mai-Stück der M. C. 1804, S. 377 haben unsere Leser bereits erfahren, was die Kunst des Artillerie-Hauptmanns Reichenbach in München zu leisten vermag: Alles, was daselbst von seinen Werkzeugen und in dem im vorigen Hefte abgedruckten Schreiben des Prof. Schiegg von seinem Bordaschen Kreise angeführt und belegt wird, übersteigt alles, was bisher von dem Vermögen dieser Art Werkzeuge zu unserer Kenntnis gelangt ist. Wie weit lassen die Beobachtungen des Professors Schiegg die mit Le Noirschen Kreisen angestellten hinter sich!«

Hiernach baute also auch Reichenbach[1]) schon in jener Zeit derartige Kreise, Gauss bestellte einen solchen im Jahre 1811 und erhielt ihn Ende 1812. Er ist von ihm in den G. G. A. von 1813, Mai (Werke VI, S. 365) beschrieben. Weitere Einzelheiten gibt Gauss in Lindenau und Bohnenbergers Zeitschrift für Astronomie, Band V, März-April 1818 (Werke VI, S. 404). An Olbers schreibt er im Brief vom 8. April 1813 folgendes: »Das Interessanteste, was ich Ihnen von der Göttingischen Astronomie melden kann, ist die Acquisition von zwei Reichenbachschen Instrumenten, einem 12-zölligen Kreise und einem 8-zölligen Theodolithen. Sie kennen den Pariser 3-füssigen Kreis, also brauche ich Ihnen nicht zu sagen, dass dies wahre Wunderwerke sind. Der Kreis (Preis 830 Gulden) ist Ende November, der Theodolith (Preis 400 Gulden) medio Januar angekommen. Aber ausser der Messung einiger terrestrischer Winkel habe ich mit dem Kreis vor der Mitte März nicht beobachten können. Zuerst war auf dem Transport das Hauptniveau beschädigt, und Reichenbach musste erst ein anderes schicken. Dann fand sich, dass unsere Sternwarte nirgends fest genug war für das delikate Instrument, und ich musste erst ein

---

1) Seite 99/109 und Figuren 141a und b in dem auf voriger Seite genannten Werk von Repsold.

besonderes Fundament aufführen lassen, wo ich indessen nur den nördlichen Meridian beherrsche. Schlechtes Wetter machte dann neue Verzögerung, und dann musste HARDING sich erst einige Übung im Einstellen des Niveaus erwerben. Seit einigen Wochen habe ich nun aber einige schöne Beobachtungen gemacht. In 5 Nächten habe ich den Polarstern in der untern Kulmination beobachtet. Hier die Resultate für die Polhöhe[1]):

[1813] März 20. $51^0 31' 54''86$ = 10 Beobb.

» 22. $51^0 31' 55''74$ = 18 »   Mittel aus 82

» 26. $51^0 31' 57''40$ = 18 »   Beobachtungen

» 31. $51^0 31' 56''25$ = 18 » $51^0 31' 56''25$

April 3. $51^0 31' 56''39$ = 18 »

Hierbei war die Distanz des Polarsterns vom Nordpol 1812 = $1^0 41' 41''74$ vorausgesetzt. Ihre mir wie gerufen mitgeteilte Angabe ist aber

Paris . . . . $1^0 41' 41''19$

Greenwich . . . . $1^0 41' 41''00$

» . . . . . . $1^0 41' 41''60.$

Setze ich also $1^0 41' 41''26$, so wird die Polhöhe von Göttingen $51^0 31' 55''77$, davon geht noch ab $0''16$ Reduktion auf das Zentrum der Sternwarte, also:

Polhöhe der Göttinger Sternwarte $51^0 31' 55''61$,
     um $1''61$ grösser als MAYERS Bestimmung.

Vorher hatte ich noch beobachtet:

     Polhöhe (des Platzes, wo der Kreis steht)

März 14. $51^0 31' 56''57$ aus 4 Höhen des Polarsterns ausser der Kulmination, wo die Deklination wenig Einfluss hatte,

» 15. $51^0 31' 56''14$ aus 4 Höhen von β Cephei in der untern Kulmination,

» 17. $51^0 31' 54''77$ aus 6 Höhen dito,

$51^0 31' 55''68$ nur $0''09$ kleiner als die obige Bestimmung.

Welch ein Instrument ist so ein Kreis! Der Theodolith ist ein ebenso

---

1) Diese stehen auch im Handbuch Ba, S. 25 und sind mit geringen Änderungen in den G. G. A. 1813, S. 747 (Werke VI, S. 366) abgedruckt. — BRDL.

grosses Meisterwerk. Ich bestimme damit einzelne Sekunden. Mit Ungeduld warte ich auf die Zeit, wo der Polarstern in der obern Kulmination beobachtet werden kann. Am Tage ist es meinem Versuche zufolge nicht möglich, aber freilich konnte man dies von einem auch noch so schönen Fernrohr von 16 Linien nicht prätendieren.«

Im gleichen Sinne schrieb er darüber kurz an SCHUMACHER am 3. März 1813. Die auf beide Instrumente bezügliche Eintragung in das *Tagebuch der Sternwarte* lautet:

1812, Nov. 26. »Heute kam endlich der seit länger als einem Jahre bei REICHENBACH in München bestellte Repetitionskreis an. Die beiden Niveaus sind noch nicht in beobachtungsfertigem Zustande, da sie zu viel Luft haben; die eine Röhre hat auch am Ende einen Sprung. Es ist deshalb an REICHENBACH geschrieben.«

1813, Januar 13. »Ankunft des REICHENBACHschen Theodoliten.«

1813, Januar 14. »Wegen der künftig mit dem Theodoliten auf der Sternwarte zu machenden Messungen wurde der Mittelpunkt des Gebäudes durch ein kleines Grübchen in der einen Steinplatte bestimmt. Es ist die Platte, deren Nordecke an das östliche Ende der Treppenöffnung stösst. Auf dieser Platte steht der Mittelpunkt des Gebäudes ab:

von der SW-Kante der Platte 335½ mm

» » NW- » » » 235½ »

» » NO- » » » 228 »

» » SO- » » » 328 »

1813, Februar 14. »Ankunft des Kistchens mit den neuen Libellen.«

Gegenwärtig (seit 1899) befindet sich der Repetitionskreis im geophysikalischen Institute auf dem Hainberge, der Theodolit noch auf der Sternwarte in Göttingen.

Die Ankunft der genannten Instrumente bewirkte, dass GAUSS nunmehr eine lebhaftere Beobachtungstätigkeit entwickelte. Sein Bestreben war auch hier weniger darauf gerichtet, ein umfangreiches Beobachtungsmaterial zu sammeln, als darauf, die einzelnen Beobachtungen auf das vollkommenste Mass von Schärfe zu bringen. Daher richtete sich sein Augenmerk besonders auf genaue Untersuchung und Prüfung der Instrumente und Beobachtungsmethoden. Im *Tagebuch der Sternwarte* treten von dieser Zeit an die neu angeschafften Instrumente in den Vordergrund, und fast alle Eintragungen rühren von GAUSS Hand her. Der Mauerquadrant wird weniger häufig genannt; es scheint jedoch, dass die Beobachtungen von HARDING zum grössten Teil gar nicht mehr in das *Tagebuch der Sternwarte* eingetragen wurden, sodass ein Überblick über die gesamte Beobachtungstätigkeit auf der Sternwarte daraus nicht zu gewinnen ist. Zur Zeitbestimmung dienten, wie früher, auch korrespondierende Sonnenhöhen.

Die ersten Beobachtungen mit dem REICHENBACHSchen Repetitionskreise (vergl. den S. 56—58 abgedruckten Brief an OLBERS) betreffen die Bestimmung der Polhöhe aus dem Polarstern in der untern Kulmination im März und April 1813, die ausserordentlich gut übereinstimmende Ergebnisse zeigten. Die Unsicherheit, die aus einer Verbesserung der Deklination des Sterns herrühren konnte, beabsichtigte GAUSS später durch die Beobachtung der oberen Kulmination zu beseitigen, wozu er aber erst im Januar 1815 kam (Brief an OLBERS vom 7. Januar 1815 und an BESSEL vom 30. Januar 1815).

GAUSS weitere Untersuchungen mit dem REICHENBACHSchen »BORDAkreise« ebenso wie mit den später angeschafften REPSOLDSchen und REICHENBACHSchen Meridiankreisen stehen unter dem Einfluss eines beständigen ins Einzelne gehenden Briefwechsels mit BESSEL. Schon in einem Brief an GAUSS vom 18. März 1808 hatte BESSEL über seine mit unübertrefflicher Gründlichkeit durchgeführte Bearbeitung[1] der BRADLEYSchen Beobachtungen am Mauerquadranten berichtet, aus denen unter anderem seine so berühmt gewordenen Untersuchungen über Refraktion, Präzession und Nutation herausgewachsen sind.

Aus den Beobachtungen von MASKELYNE (1790—1799) und von PIAZZI (1792—1803) ergaben sich auffallende Unregelmässigkeiten in den Werten der Schiefe der Ekliptik, indem die Bestimmungen aus den Sommersolstitien beständig abwichen von denen aus den Wintersolstitien[2]. Im Mittel ergaben

---

1) *Fundamenta astronomiae p. a. 1755 ex observationibus incomparabilis J. Bradley deducta*, Königsberg 1818.

2) v. ZACH berichtet darüber M. C. XVI, 1807 September, S. 124 ff.

MASKELYNES Beobachtungen aus den Sommersolstitien einen um 4″,6 grösseren Wert als aus den Wintersolstitien, mit Ausnahme des Jahres 1798. Auch PIAZZI fand eine Differenz im gleichen Sinne, aber viel grösser, nämlich 8″,3. Indessen zeigten sich bedeutende Sprünge in den Beobachtungen, die ein bestimmtes Gesetz nicht erkennen liessen. Man suchte vergeblich nach einer Erklärung für diese merkwürdige Erscheinung. Auch kamen andere Beobachter zu einem anderen Ergebnis. PIAZZI sprach die Vermutung aus, der Grund für diese Erscheinung möchte in atmosphärischen Verhältnissen zu suchen sein (M. C. Bd. XVI, S. 129).

BESSEL schreibt darüber schon von Lilienthal[1]) aus in einem Brief an GAUSS vom 20. Juli 1808: »Ich bin nun der, durch die BRADLEYSCHEN Beobachtungen veranlassten, Meinung, dass die Differenzen zwischen den Schiefen der Ekliptik, die man aus den beiden Solstitien findet, nur scheinbar sind, und dass man sich der Wahrheit mehr nähert, wenn man nicht die Sommersonnenwende allein, sondern das Mittel aus beiden nimmt. Ich finde zum Exempel[2]) für den 1. Januar 1755:

aus 7 Sommersolstitien 23° 28′ 15″,59
aus 8 Wintersolstitien 23° 28′ 15″,27.

Es kommen bei beiden Sonnenwenden einige vor, die sich 2″ vom Mittel entfernen, so dass die Differenz von 0″,32 eigentlich nichts bedeutet. Der Unterschied meiner Refraktionen von den BRADLEYSCHEN ist nicht (wenigstens für diese Höhen) von Bedeutung und er kann es keineswegs erklären, dass MASKELYNE jetzt mit demselben Instrumente andere Resultate findet; mir scheint dieses einen Beweis für die Mortalität der Mauerquadranten abzugeben. Man muss freilich, um meiner Meinung Eingang zu verschaffen, annehmen, dass die Differenzen, die PIAZZI findet, zum Teil von einer unrichtigen Annahme der Polhöhe, die von französischen Astronomen gefunden aber von der schlechten Beschaffenheit der von diesen gebrauchten Instrumente, herrühren. Es könnte z. B. möglich sein, dass die BORDASCHEN Kreise, etwa wegen einer Federung, oder wegen des toten Ganges einer Schraube, alle Zenitdistanzen

---

1) BESSEL war Anfang 1806 als Nachfolger von HARDING an die Lilienthaler Sternwarte des Amtmanns SCHROETER übergesiedelt.

2) Aus BRADLEYS Beobachtungen. — BRDL.

um einige Sekunden zu klein angäben, und dass diese Fehler, die sich bei den Unterschieden zwischen beiden Solstitien vervierfachen, die wirkliche Auflösung des Rätsels enthielten. Ich habe Fehler bei astronomischen Instrumenten gefunden, die vielleicht noch versteckter liegen, und wovon ich Sie heute, aus Mangel an Zeit, nicht unterhalten kann. Indess verdient diese Mutmassung vielleicht, dass man darauf achte; um aber die Frage zu entscheiden, werde ich mir wahrscheinlich selbst einen Kreis bei REICHENBACH bestellen, der vortrefflich und verhältlich wohlfeil arbeiten soll.« Er fand die Gelegenheit, selbst hierüber Beobachtungen anzustellen, nachdem er nach Königsberg berufen war (Mai 1810), um dort die neue Sternwarte zu bauen und zu übernehmen. Sein erster Versuch, das Wintersolstitium 1813 mit dem 25 zölligen Meridiankreise von CARY zu bestimmen, scheiterte daran, dass die Ablesungen infolge der Einwirkung der Sonnenwärme bis auf 10″ abwichen, weshalb er sich eine Art Schirm gegen die Sonnenwirkung besorgte[1]).

Auch GAUSS reizte die Aufgabe, eine Erklärung für diese Unstimmigkeiten zu finden; nachdem er bereits, wie oben angegeben, die Polhöhe aus dem Polarstern ermittelt hatte, bestimmte er die Schiefe der Ekliptik aus Sonnenbeobtungen am REICHENBACHschen Repetitionskreis während des Sommer- und Wintersolstitiums 1813, wozu er in der Zwischenzeit viele sorgfältige Voruntersuchungen mit dem Kreise ausgeführt hatte. Die im *Tagebuch der Sternwarte* ausgeführten Reduktionen der ersten Sommerbeobachtungen ergaben[2]):

1813 Juni 18.	23° 27′ 52,″09	Juni 26.	23° 27′ 47,″56
19.	52,23	27.	52,82
23.	52,78	29.	52,78
25.	52,18	30.	49,73.

Er schreibt hierauf am 2. Juli 1813 an OLBERS: »Die Resultate meiner ersten mit dem REICHENBACHschen Kreise angestellten Beobachtungen des Polarsterns[3]) werden Sie in No. 75 unserer Gel. Anzeigen[4]) gelesen haben. . . . . In der letzten Zeit habe ich mit dem Kreise das Solstitium

---

1) Brief an GAUSS vom 30. Dezember 1813.
2) Aus der im *Tagebuch der Sternwarte* ausgeführten Reduktion der Beobachtungen geht allerdings nicht sicher hervor, ob dies die endgiltigen Werte sind.
3) Siehe auch oben S. 57. — BRDL.
4) Werke VI, S. 366. — BRDL.

beobachtet. Es ist doch sonderbar, dass auch aus diesen Beobachtungen, die aus α Ursae min. bestimmte Polhöhe zu Grunde gelegt, die Schiefe der Ekliptik ungefähr ebenso folgt, wie sie Hr. v. Zach aus den Sommersolstitien gefunden hat, etwa 6″ grösser, als man sie im Mittel anzunehmen pflegt. Ich werde indess auf meine Beobachtungen nicht eher Gewicht legen, als bis sie ihre Selbständigkeit erhalten haben, also bis ich wenigstens auch die obere Kulmination des Polarsterns und das Wintersolstitium observiert habe. Es ist mit dieser Erscheinung doch sonderbar. Jede Nachlässigkeit des Beobachters wirkt in diesem Sinn, wenn die Ebene des Instrumentes nicht gehörig vertikal, oder die Gesichtslinie nicht gehörig berichtigt ist, oder die Beobachtung zu weit vom Vertikalfaden entfernt gemacht wird, oder wenn man bei Reduktion der Zenithdistanzen auf die in der Kulmination die Glieder der 4. Ordnung vernachlässigt. Alles dies findet aber bei den hiesigen Beobachtungen keine Anwendung. Bessel findet zwar aus Bradleys Beobachtungen Sommer- und Wintersolstitien übereinstimmend, allein Mauerquadranten können bei einer so delikaten Untersuchung wohl nichts entscheiden. Wäre das Faktum gewiss und von Refraktion unabhängig, so würde man schliessen müssen, dass der Schwerpunkt der Sonne etwa um $\frac{1}{300}$ des Sonnendurchmessers unterhalb des Sonnenmittelpunktes läge, eine sehr leicht mögliche Sache, wenn die Sonne nur einigermassen aus heterogenen Teilen besteht[1]). Was würde nicht ein Reichenbachscher Kreis in der südlichen Hemisphäre für Aufschlüsse geben können!«

Über seine Winterbeobachtungen berichtet er sodann an Olbers am 20. Januar 1814: »Das Wintersolstitium hat mir eine um 14″ kleinere grösste Deklination der Sonne gegeben als das Sommersolstitium, die Beobachtungen unter sich stimmen vortrefflich überein. Liegt dies am Instrument, so kann ich es nur auf die Sonnenwärme schieben, die ich nächsten Sommer vom Instrument ganz abzuhalten suchen werde; immer ist es sonderbar, dass der Einfluss so konstant ist. Bei Zachs Beobachtungen, unter uns, vermute ich, liegt ein Teil der Unterschiede daran, dass er die Gesichtslinie des Fernrohrs

---

1) In dem Briefe an Olbers vom 13. September 1813 scheint Gauss diese Vermutung wieder aufzugeben, weil sonst die aus den Merkurdurchgängen folgenden Werte der Knotenlänge der Merkurbahn auch Differenzen zeigen müssten; in einem weiter unten abgedruckten Briefe an Olbers vom Mai 1819 kommt er jedoch wieder darauf zurück. — Vergl. auch Werke VI, S. 395—396. — BRDL.

nicht mit der Ebene des Instruments parallel gemacht hat; ich schliesse dies aus Äusserungen des Herrn v. Lindenau, denen zufolge Zach in dem Irrtum steht, dass diese Berichtigung bei astronomischen Beobachtungen nicht nötig sei; an meinem Kreise, wie ich ihn erhielt, war die Korrektion gross, und dass v. Zachs Kreis auch einer beträchtlichen Korrektion bedürfe, ist mir daraus wahrscheinlich, weil er die Deklination von α Bootis um 5″ grösser gefunden hat als Pond.«

Worauf Olbers am 26. Februar antwortet: »Mit den Solstitien ist es doch eine eigene Sache, ob ich gleich noch immer zu glauben geneigt bin, dass die Winter- und Sommerschiefe der Ekliptik gleich sei. Noch weniger glaube ich mit Lindenau an eine Verschiedenheit der südlichen und nördlichen Neigungen der Planetenbahnen, unabhängig von den Perturbationen. Die verschiedene Temperatur einzelner Teile unserer Messinstrumente wird, fürchte ich, immer vorzüglich den Sonnenbeobachtungen Grenzen setzen. — In Paris konnte man mit den Sonnenbeobachtungen bei dem Reichenbach-schen Kreise anfangs garnicht zurecht kommen, bis man alle Strahlen, die nicht aufs Objektiv fielen, möglichst abhielt. Aber lässt sich wohl alle partikuläre Erwärmung einzelner Teile des Instruments gänzlich vermeiden?«

Bedeuten z_s und z_w die Zenitdistanzen der Sonne im Sommer- und Wintersolstitium, φ die Polhöhe und ε die Schiefe der Ekliptik, so ist bekanntlich

$$z_s = \varphi - \varepsilon$$
$$z_w = \varphi + \varepsilon,$$

sodass die Beobachtungen der Sonne allein φ und ε ergeben. Setzte man aber für φ den aus Fixsternbeobachtungen, besonders des Polarsterns, gefundenen Wert, so ergab sich die erwähnte Differenz in ε. Daher schreibt Gauss an Bessel am 18. (28?) Mai 1814: »Die Zeit wird mir heute zu kurz, um mich noch über einiges den Repetitionskreis betreffendes mit Ihnen zu unterhalten. Auch meine Beobachtungen geben die Sommerschiefe grösser als die Winterschiefe, oder wenn Sie lieber wollen, die Sonne gibt immer (auch in den Äquinoktien) die Polhöhe kleiner als der Polarstern. Wäre das Faktum gewiss und von Refraktion unabhängig, so würde folgen, dass der Schwerpunkt der Sonne mit dem Mittelpunkt nicht zusammenfällt[1]); allein ich traue den

---

1) Siehe auch S. 62.

Beobachtungen nicht, solange die Teile des Instruments von der Sonnenwärme stets affiziert werden. Geben Sie mir doch eine kleine Beschreibung Ihres Schirmes. Sonderbar ist es immer, dass die Wirkung so gleichförmig in einem Sinne sein soll; aber von meinen Beobachtungen wenigstens kann ich versichern, dass andere Quellen von Fehlern, die auch immer in diesem Sinne wirkten (z. B. Nichtparallelismus der Gesichtslinie mit der Ebene, biquadratischer Teil der Reduktion auf die Kulmination), ausgeschlossen sind. Doch ein andermal mehr davon.«

Die Aufklärung dieses Umstandes beschäftigte GAUSS (und andere) mehrere Jahre hindurch und gab ihm Veranlassung, sich auch mit der Theorie der Refraktion zu beschäftigen, um so mehr, als auch die Polhöhenbestimmungen aus Fixsternen Differenzen zeigten; so schreibt er an OLBERS am 23. April 1814: »Es ist sonderbar, dass unser Kreis auch durch Fixsterne auf der Südseite des Zenits, wenn ich deren Deklinationen nach POND annehme, einige Sekunden weniger für die Polhöhe gibt als der Polarstern. α Orionis, α Canis min. und α Leonis gaben gut übereinstimmend $51^0\,31'\,52''\!,5$, der Polarstern $51^0\,31'\,55''\!,5$ (Sonne im Sommer etwa $49''$, im Winter $51''$). Ich werde bald anfangen eine Reihe von Beobachtungen zu machen, um die Refraktion unabhängig von fremden Bestimmungen abzuleiten. Es scheint hier immer noch eine Nachlese zu halten zu sein. Dass BESSEL sich nur an das MARIOTTEsche Gesetz hält, ohne auf die Wärmeabnahme Rücksicht zu nehmen, die doch ein unbezweifeltes Faktum ist, will mir nicht ganz gefallen.«

In dem Briefe an OLBERS vom 31. Dezember 1814 sagt GAUSS, er habe »jetzt einen sehr zweckmässigen Schirm[1]) angebracht, wodurch alles Licht ausser dem aufs Objektiv fallenden völlig abgehalten wird.« Allein der Erfolg blieb ganz der alte und bestätigte sich weiter nach einem weiteren Brief an OLBERS vom 7. Januar 1815.

REICHENBACH[2]) meinte, dass die Biegung des Fernrohrs einen merklichen Einfluss auf die Beobachtungen haben könne; GAUSS machte entsprechende Untersuchungen durch Anbringung eines Gewichtes[3]); doch konnte hierdurch auch höchstens ein Teil des Unterschiedes erklärt werden (vergl. die Briefe

---

1) Ebenso in dem Briefe an BESSEL vom 30. Januar 1815, sowie Werke VI, S. 383—384.
2) Brief von GAUSS an OLBERS vom 27. November 1815.
3) Vergl. Werke VI, S. 400.

an OLBERS vom 15. Februar und 28. April, sowie an BESSEL vom 5. September, abgedruckt S. 67, und den Brief von BESSEL an OLBERS vom 25. Juni 1817.)

Dagegen meint BESSEL[1]) in seinem Brief an GAUSS vom 16. Februar 1815, dass nach seinen scharfen Reduktionen, besonders für Refraktion, aus den Beobachtungen von BRADLEY, MASKELYNE, PIAZZI, POND und ihm selbst übereinstimmende Werte der Schiefe aus Sommer- und Wintersolstitium hervorgehen und fügt hinzu: »Dagegen steht nur das Zeugnis der Wiederholungskreise und wie ich glaube nur das der kleineren.« In dem Brief vom 17. Juli 1815 gibt BESSEL das Mittel für die mittlere Schiefe aus 15 Beobachtungen des Sommersolstitiums mit $23^0\,27'\,46{,}''95$ an und fügt hinzu: »Im vorigen Jahre fand ich

$$\begin{array}{llll} \text{zur Zeit des Sommersolstitiums} & 23^0\,27'\,47{,}''65 \\ \text{»} \quad \text{»} \quad \text{»} \text{ Wintersolstitiums} & 23 \;\; 27 \;\; 47{,}35. \end{array}$$

Ich gestehe Ihnen, dass mir eine Übereinstimmung bis auf einen Teil der Sekunde nicht unerwartet war.« Auch BESSELS spätere Beobachtungen zeigten Übereinstimmung. Er schreibt noch am 1. März 1818 an GAUSS: »Auffallend ist doch die Beständigkeit meines Kreises[2]); der grösste Unterschied einer der acht beobachteten Sonnenwenden vom Mittel aus allen ist noch nicht $0{,}''4$.«

Bis in das Frühjahr 1818 zog sich die Diskussion zwischen GAUSS und BESSEL über diese Frage hin; die Beobachtungen beider zeigten beständig die gleichen widersprechenden Ergebnisse, ohne dass es gelang, das Rätsel zu lösen. An OLBERS berichtet GAUSS noch häufig darüber, während der Briefwechsel mit BESSEL etwas sparsamer wird. BESSELS Beobachtungen gaben auch späterhin das gleiche Ergebnis.

Wir nehmen hier die spätere Entwicklung dieser Angelegenheit vorweg. Nachdem GAUSS' Beobachtungen mit dem Repetitionskreise auf der neuen Sternwarte wieder zu dem früheren Ergebnis geführt hatten, schrieb er am 2. August 1817 an OLBERS: »Ganz bin ich mit Ihrem Urteil einstimmig über die absolute Genauigkeit der Beobachtungen von POND. Mir deucht, dass Ihre Bemerkung auch auf unseres BESSELS Beobachtungen zum Teil Anwendung findet, und es scheint mir wenigstens sehr gewagt, wenn er seine Polhöhe auf $0{,}''25$

---

1) Vergl. auch *Auszüge aus mehreren Briefen des H. Prof. Bessel* ...... Zeitschrift für Astronomie, 1. Bd., S. 161 (BESSELS Werke III, S. 297) und 2. Bd., S. 130 (nicht abgedruckt in den Werken).

2) Des CARYschen. — BRDL.

zuverlässig hält. Wenn wir, anstatt zu sagen, ich weiss keinen bestimmten
Fehler an meinem Instrumente nachzuweisen, sagen wollen, das Instrument
hat durchaus keinen Fehler, so haben wir, wenn nun auch die Beobachter
mit REICHENBACHSchen Repetitionskreisen in demselben Tone sprechen, schnei-
dende Gegensätze und ein astronomisches Schisma. In der Tat gibt mein
Kreis fortwährend und entschieden die Polhöhe aus Sonnenbeobachtungen
4″—5″ kleiner als aus Beobachtungen des Nordsterns, und ich bin jetzt durchaus ausser Stande, am Instrumente eine konstant wirkende Ursache zu entdecken, die Verminderung der Zenithdistanzen bewirkte. (Meine mit dem an-
geschraubten neuen Gewicht[1]) gemachten Beobachtungen geben aus dem
Polarsterne, 158 Beobachtungen, Polhöhe 51° 31′ 49″,3; genau ebenso viel gibt
die Übertragung von der alten Sternwarte, obgleich dort mit dem ange-
steckten Gewicht beobachtet war; über 200 Sonnenbeobachtungen in Solstitiis
geben mit CARLINIS Schiefe 4″, mit BESSELS Schiefe 5½″ weniger.) Aus den
Ofener Beobachtungen folgt in demselben Sinn etwa halb soviel, aus den
Königsberger nichts; eines von den drei Instrumenten kann einmal nicht
recht haben, ohne dass zwei Unrecht haben. Bei Abwägung der Wahrscheinlichkeit werden immer subjektive Rücksichten influieren, und in der
Tat sehr natürlich, weil man sein eigenes Instrument am besten kennt,
und die Unmöglichkeit, die Unterschiede aus dieser oder jener Ursache
zu erklären, am eigenen Instrumente lebendiger anschaut, als am fremden.
Es wäre wohl der Mühe wert, dass ein geübter Beobachter mit REICHENBACH-
schen Kreisen ein Jahr auf dem Kap fleissig Sonne und südliche Zirkumpolarsterne beobachtete. Dies würde uns vielleicht manchen Aufschluss geben.
Überhaupt tun zwar die Regierungen jetzt viel für Astronomie durch Erbauung
von Sternwarten; aber die Ausrüstung astronomischer Reisen ist seit geraumer
Zeit ganz aus der Mode gekommen«, worauf OLBERS am 16. August antwortet:
»Dass auch unseres BESSELS Beobachtungen, ihrer schönen Übereinstimmung
untereinander unerachtet, in Ansehung ihrer absoluten Genauigkeit doch zweifelhaft bleiben, darin stimme ich Ihnen vollkommen bei. Wahrscheinlich werden
Sie schon wissen, dass LITTROW aus BESSELS Beobachtungen die Deklination von
23 Sternen abgeleitet hat, und sie alle etwa 3″ südlicher findet, als das Mittel
aus PIAZZI, ORIANI und POND, die nahe miteinander übereinstimmen. Entweder

---

1) Siehe S. 64 und sonst.

gaben also die Instrumente dieser Astronomen alle Zenithdistanzen zu klein, oder BESSELS Kreis alle zu gross. Sollten diese Unterschiede allein in Fehlern der Messinstrumente liegen? Oder kann auch etwas auf die meteorologischen Werkzeuge, die Art ihrer Aufstellung und Benutzung bei der Refraktions-Verbesserung ankommen? Sollte es gar möglich sein, dass Lokalitäten der Sternwarten und ihrer Umgebungen Einfluss auf die Konstante der Refraktion hätten?«

Im Herbst 1817, nachdem GAUSS in der Zeitschrift für Astronomie einen längeren Aufsatz über diesen Gegenstand veröffentlicht hatte (Werke VI, S. 393), sprachen sich GAUSS und BESSEL über diesen Gegenstand noch folgendermassen aus. GAUSS schreibt am 5. September 1817: ». . . . . . so beschränkt sich all mein Beobachten auf den 12-zölligen Repetitionskreis. Ich habe damit das Sommersolstitium ganz nach Wunsch beobachtet; früher hatte ich schon eine schöne Reihe Beobachtungen der untern Kulmination des Polarsterns. Bei allen Beobachtungen war das Gewicht am Fernrohr abgenommen und statt dessen ein anderes an den Alhidadenkreis geschraubt; allein in den Resultaten hat dies gar keine Änderung hervorgebracht. Eine merkliche Biegung des Fernrohres findet also nicht statt, und die Aussicht, dadurch den vielbesprochenen Unterschied der Zirkumpolar- und Sonnenbeobachtungen zu erklären, fällt also weg. Ich bin durchaus ausser Stande, an dem Instrumente eine Ursache anzugeben, die stets Verminderung der Zenithdistanzen hervorbringen müsste. Die Hauptmomente meiner Beobachtungen sind folgende; eine etwas detailliertere Angabe werden Sie nächstens in der Zeitschrift finden. . . . . .«

GAUSS hatte in dem Briefe an OLBERS vom 2. August 1817 bemerkt, dass es ihm sehr gewagt schiene, wenn BESSEL seine Polhöhe auf $0\overset{\prime\prime}{,}25$ für zuverlässig hielte (oben S. 65). OLBERS glaubte, vom Inhalt dieses Briefes BESSEL vertraulich Mitteilung machen zu müssen; er tat dies am 2. November und fügte hinzu: »Sie werden sich, lieber BESSEL, von dieser Mitteilung, da ich keine Erlaubnis dazu habe, nichts merken lassen; ich habe sie aber hauptsächlich deswegen gegeben, weil sie Ihnen vielleicht einen Wink gibt, woher ein, mir bisher ganz unbekanntes Stillschweigen von GAUSS über Ihre letzten Arbeiten rühren mag, worüber Sie sich beklagen. Es wäre mir sehr leid, wenn zwischen zwei Männern, die ich am mehrsten liebe und ehre und ohne

Bedenken für die grössten deutschen Astronomen und Mathematiker halte, irgend eine dauernde Kälte stattfinden sollte.«

Hierauf schrieb BESSEL am 18. November desselben Jahres an GAUSS: »Ihr Brief urteilt recht und billig über den streitigen Punkt. Das subjektive Urteil leugne auch ich nicht, in sofern es nämlich nicht auf der Voraussetzung beruht, dass andere, die etwas anderes finden, dieses verschuldet haben. Diese Voraussetzung ist, wie ich Ihnen, teuerster Freund, wohl nicht zu versichern brauche, nie die meinige gewesen, wenn es darauf ankam, die Beobachtungen von Ihnen, POND und anderen unter einander oder mit den meinigen zusammenzuhalten. Von dieser Sünde kann ich mich frei erklären, wenn ich gleich die Überzeugung habe, dass nicht alle Beobachter im Stande sind, die gehörige Vorsicht anzuwenden. — Wenn ich anfangs, als ich die starken Unterschiede meiner Beobachtungen von andern noch nicht kannte, ohne eine weitere Bemerkung äusserte, meine Polhöhe scheine bis auf $0''{,}25$ richtig zu sein, so, beruhte dies nur auf der vollkommenen Harmonie, aller aus meinen Beobachtungen gezogenen Folgerungen unter sich, wie ich auch angegeben zu haben glaube. In dieser Harmonie unter sich stehen auch meine Beobachtungen nicht allein, sondern sie stehen den BRADLEYschen zur Seite, und ich glaube, es war nicht ganz ohne Grund, wenn ich, in einem Briefe, den LINDENAU, wenn ich nicht irre, hat abdrucken[1]) lassen, sagte, dass ich der Übereinstimmung lieber traue als der Abweichung, und deshalb die Abstände beider Wendekreise vom Äquator als gleich annähme. — Jetzt aber haben sich so starke Unterschiede gezeigt, dass wir sehr Unrecht haben würden, wenn wir uns beruhigen wollten. Es ist nicht sowohl ein Streit der Beobachter als ein Streit der Instrumente; dass diese allein Schuld an dem Unterschiede sind, ist klar, wenn man sieht, dass alle kleinen Repetitionskreise, alle grossen und BRADLEYS Quadrant und mein Kreis besondere Klassen bilden. Ihr Urteil, dass die kleinen Kreise nicht den grösseren nachzusetzen sind, weil sie kleiner sind, ist unbestreitbar; wenn ich sie nachsetzte, so war es nur, weil jene der Übereinstimmung näher kamen. Allein ich weiss auch wohl, dass die Übereinstimmung zweier Instrumente, noch weniger also wohl eines Instruments mit einer angenommenen Hypothese, nicht entscheidend ist. — Die Zeit muss und wird die Rätsel, die man nicht leugnen kann, gewiss aufklären.

---

1) Siehe Fussnote 1) auf Seite 65. — BRDL.

Dass Ihre Hoffnung wegen des Gegengewichts getäuscht ist, ist zu bedauern, da die Sache dadurch noch verwickelter wird. Sollte BOHNENBERGER Recht haben, wie es gerade nicht unwahrscheinlich sein würde, wenn wirklich eine kleine Beweglichkeit der Achse stattfände, so müsste sich dieses, falls ich übrigens seine Äusserung recht verstanden habe, sehr leicht ausmachen lassen, wenn man die Nonien vor jeder Beobachtung abläse oder — doch Sie besitzen selbst einen Kreis und ich keinen!

»Wir gewinnen offenbar, wenn wir die Instrumente in gewissen Beziehungen immer schärfer prüfen; wir werden dadurch von den möglichen Fehlerquellen immer mehrere ausschliessen. Aus diesem Grunde habe ich die Verwendung einiger Wochen nicht gescheut, um die Teilungen meines Kreises aufs Neue zu untersuchen.«

Die Anspielung auf BOHNENBERGER in diesem Briefe bezieht sich auf dessen Vermutung, dass eine durch die Schwerewirkung verursachte Exzentrizität der Repetitionskreise den Unterschied hervorbringen könnte[1]). Hierdurch schienen sich in der Tat die Differenzen zu erklären, wenigstens wurde dadurch zunächst eine Fehlerquelle festgestellt, die als deren Ursache gelten mochte. Nach weiteren sorgfältigen Untersuchungen schreibt GAUSS an BESSEL am 25. März 1818: »Für die Beobachtungen der letzten Wintersonnenwende habe ich die Klemme am Kreise an der Objektivseite anbringen lassen[2]); die Beobachtungen sind zwar nicht zahlreich, scheinen aber doch anzuzeigen, dass der von BOHNENBERGER relevierte Umstand nicht ohne Grund ist. Ich gebe Ihnen meine Beobachtungen zu eigener Reduktion nach beliebigen Elementen und füge nur das Resultat bei, welches ich selbst nach CARLINIS Refraktions- und Sonnentafeln erhalten habe« . . . . . folgen die Beobachtungen . . . . . »Nach CARLINIS Schiefe der Ekliptik und unter Voraussetzung, dass die Zenithdistanzen bei der alten Lage der Klemme der Korrektion $Q \sin z$, bei der neuen $- Q \sin z$ bedürfen, stehen meine Resultate so:

Polhöhe Nordstern (nach Ihren Tafeln) $51^0 \, 31' \, 49{,}30 - 0{,}644 \, Q$
$\qquad$ Sommersolstitium von 1817 $\qquad\qquad 45{,}21 + 0{,}472 \, Q + d\varepsilon$
$\qquad$ Wintersolstitium von 1817 $\qquad\qquad 48{,}26 - 0{,}966 \, Q - d\varepsilon$.

---

1) BOHNENBERGER, *Zusatz zu dem Schreiben des Herrn Hofrat Gauss*, Zeitschrift für Astronomie, Bd. 4, Juli-August 1817, S. 141. — Vergl. auch *Auszug aus einem Schreiben des Hrn. Prof. Bessel*, ebendort Bd. 5 (1818), S. 267 (BESSELs Werke II, S. 8).

2) Zur Prüfung von BOHNENBERGERs Hypothese. — BRDL.

Mein Wintersolstitium von 1814 haben Sie selbst, aber wie ich glaube nach andern Refraktionstafeln berechnet. Dürfte man annehmen, dass Q damals denselben Wert hatte wie 1817 (der Kreis ist aber mittlerweile auseinander genommen gewesen), so scheint die Vergleichung beider Wintersolstitien ungefähr $Q = 2{,}''5$ zu geben (ich werde aber diese Rechnung erst genau machen müssen). Dann würde der Nordstern noch etwa $1\frac{1}{2}$ Sekunden mehr geben als die Sonne. Dies kommt nahe mit dem überein, was ORIANI und LITTROW mit dreifüssigen Kreisen gefunden haben.«

Die interessante Diskussion zwischen beiden über diesen Gegenstand schliesst mit diesem Briefe; nur am 1. April 1819 stellt BESSEL in einem Briefe an GAUSS nochmals seine übereinstimmenden Ergebnisse von 1814 bis 1818 zusammen. In dem Briefe an OLBERS vom 31. März 1818 stellt GAUSS fest, dass seine Beobachtungen des letzten Wintersolstitiums der BOHNENBERGERschen Hypothese günstig sind, dass diese aber nur einen Teil des beobachteten Unterschiedes der Polhöhe aus Stern- und Sonnenhöhen erklärt.

Die nun erschienene BESSELsche Bearbeitung der BRADLEYschen Beobachtungen[1]) und GAUSS' Beschäftigung mit dem inzwischen (April 1818) in Göttingen eingetroffenen REPSOLDschen Meridiankreise gaben jetzt einen neuen wichtigen Stoff zur Unterhaltung und auch im Briefwechsel mit OLBERS tritt die so lange behandelte Frage der Solstitien in den Hintergrund. GAUSS scheint nun auch seine Beobachtungen mit dem Bordakreise aufgegeben zu haben. Es begegnete ihm wohl hier zum erstenmale, dass eine von ihm begonnene Untersuchung fehlschlug, während sie von anderer Seite mit Erfolg durchgeführt wurde. Der Grund lag in der Mangelhaftigkeit seiner instrumentellen Hilfsmittel und er mag es schwer empfunden haben, dass seine Sternwarte noch weit davon entfernt war, so ausgerüstet zu sein, dass er auch auf dem Gebiet der beobachtenden Astronomie die Hoffnungen erfüllen konnte, die die wissenschaftliche Welt auf ihn zu setzen gewohnt war. Schliesslich musste doch die BOHNENBERGERsche Hypothese als der wahre Grund der Unstimmigkeiten[2]) angesehen werden. GAUSS selbst spricht sich in den G. G. A., Juni 1820 (Werke VI,

---

1) Siehe Fussnote 1) auf Seite 59.
2) Vergl. zu dieser Frage auch noch die Briefe von OLBERS an BESSEL vom 20. April 1820, 2. Dezember 1823 und von BESSEL an OLBERS vom 25. April 1822.

S. 431) dahin aus und ebenso BESSEL in einem Aufsatz[1]) in BODES Astronomischem Jahrbuch für 1825, S. 208.

Etwa zur gleichen Zeit[2]), in der die beiden REICHENBACHschen Repetitionsinstrumente eintrafen, erhielt GAUSS auch ein vor mehr als einem Jahr bestelltes Heliometer[3]) von FRAUNHOFER. Er schreibt darüber an BESSEL am 18. (28.?) Mai 1814: »An kleinern Sachen, die schon auf der alten Sternwarte benutzt werden können, habe ich indes seit 1½ Jahren verschiedene schätzbare, in ihrer Art meisterhafte Stücke acquiriert . . . . . · vor einigen Tagen auch aus demselben Institut ein herrliches achromatisches Heliometer, 43 Pariser Zoll Brennweite, 34 Linien Öffnung. Der geniale Künstler hat an diesem Instrument mehreres eigentümliche angebracht; besonders wichtig ist die Einrichtung, dass die Messungen damit durch Repetition vervielfacht und dadurch von den Lokal-Unvollkommenheiten der Schraube unabhängig gemacht werden können. Die Präzision des Fernrohrs ist ungemein gross. Ich habe nur erst ein Paar Probeobservationen an terrestrischen Objekten, der Sonne, dem Jupiter und Mond gemacht. Wenn ich von der Repetition abstrahierte und nach gewöhnlicher Art den Error Indicis bestimmte, gingen die grössten Unterschiede unter sich nur auf ½ Sekunde. Ich freue mich besonders auf die Beobachtungen von Kometen und Asteroiden, wenn sie in den Bereich von gut bestimmten Sternen kommen. Erlauben Sie mir hier eine Frage. Ihr Heliometer ruht, meine ich, auf einem Äquatoreal; aber Sie bestimmten die Position des Kometen von 1811 nur durch Abstände von zwei Sternen, oder den bewegten Kometen durch verschiedne Abstände von einem Stern. Finden Sie es denn nicht tunlich, den Positionswinkel unmittelbar am Instrument zu beobachten? Vorausgesetzt, dass die Teilung an dem Rotationszirkel mit hinlänglicher Genauigkeit, kann man, obgleich kein Nonius da ist, und die Teilung nur in ganzen Graden, beim Ablesen nicht leicht über 3′ fehlen, und dies kann bei einer Distanz von 19′ erst einen Irrtum von 1″ hervorbringen.

---

1) *Über die Abweichung der Fixsterne*, unterm 29. August 1822 eingesandt.

2) Im *Tagebuch der Sternwarte* ist als Tag der Ankunft des Heliometers unzweideutig der 23. Mai 1814 angegeben, während es nach dem folgenden Brief an BESSEL schon vor dem 18. Mai eingetroffen sein müsste. Vielleicht ist das Datum dieses Briefes verschrieben und soll 28. Mai heissen.

3) Vergl. auch Werke VI, S. 377. Es ist das erste von FRAUNHOFER hergestellte Heliometer; es besass ein einziges geteiltes Objektiv, während DOLLOND vor das eigentliche Objektiv eine zerschnittene Linse gesetzt hatte. Vergl. auch Brief an BESSEL vom 13. November 1814.

Mir deucht, dass man auf diese Weise auch den Positionswinkel bei einem Doppelstern mit vieler Genauigkeit müsse bestimmen können, nur dürfte man zu diesem Behuf die beiden Bilder nicht sowohl zur Deckung, sondern bei vergrösserter Distanz der Objektivhälften die vier Bilder auf eine gerade Linie bringen. Ich denke für unser Heliometer auch ein parallatisches Stativ machen zu lassen, auch in der Absicht, das Auffinden kleinerer Sterne, oder grösserer am Tage, zu erleichtern und möglich zu machen.« Ein älteres Heliometer war bereits auf der Sternwarte vorhanden. Im Briefe an OLBERS vom 15. Juni 1814 kündigt GAUSS auch diesem die Ankunft des Heliometers an und bemerkt dazu: »Ein DOLLONDsches Heliometer habe ich nie gesehen; ich meine aber, dass diese meistens so eingerichtet sind, dass vor ein vollständiges achromatisches Fernrohr zwei (nichtachromatische) Objektivhälften von bedeutender Brennweite vorgesetzt werden, deren Zentrumdistanz durch Skale und Vernier gemessen wird; wenigstens ist das Seeberger Heliometer so nach NICOLAIS Beschreibung; denn dieser (welcher es nur obenhin betrachtet hatte) erzählte mir gestern, dass es nur Plangläser schienen; ebenso wird wahrscheinlich das Königsberger sein, da es als Akzessorium zu einem vollständigen Äquatoreal gehört. Ein solches Heliometer kann also, als optisches Werkzeug betrachtet, nicht mehr leisten, als ein gemeines Fernrohr von grosser Brennweite. Bei dem unsrigen ist nur Ein zerschnittenes achromatisches Objektiv von 43 Par. Zoll Brennweite, 34 Lin. Öffnung, 4 Vergrösserungen von 50, 70, 100, 150. Dies Fernrohr, wenn beide Objektivhälften zusammengebracht werden, ist von ungemeiner Vollkommenheit; ich habe weder Mond noch Sonne je schöner gesehen. Am Monde drängt sich mir unwillkürlich die Körperlichkeit der Gebirgsgegenden auf; auf der Sonne zeigen sich jetzt ausser einem kleinen Flecken nebst drei oder vier sehr kleinen andern dabei überall Ungleichheiten, namentlich habe ich heute nordöstlich eine Stelle sehr auffallend bemerkt, die gerade so aussieht, wie bald nach Sonnenuntergang im orangefarbenen Abendhimmel ein weissliches Wölkchen, gewiss werden Sie es nach Empfang dieses Briefes auch noch mit Ihrem schönen DOLLOND wahrnehmen können. Saturn habe ich noch nicht gesehen. — Die Entfernung der Centrorum der Objektivhälften wird durch Umläufe und Teile ($\frac{1}{1000}$ leicht abzulesen) einer trefflich gearbeiteten Schraube gemessen, ein Umgang beträgt 56″. Verschiedene Bestimmungen des Error Indicis aus grossen und kleinen Objekten, himmlischen und irdischen, geschlossen, differieren selten ¼ Sekunde. Doch soll vom Error Indicis eigentlich gar keine Rede sein, denn das Instrument ist zum Repetieren eingerichtet, so dass die etwaigen lokalen Ungleichheiten der Schraube ganz eliminiert werden. Heute Nachmittag 4½ Uhr war der Abstand des grössten Fleckens vom nächsten Rande 5′ 52″3. Ich habe mit Nicolai Beobachtungen der Sonnenflecken verabredet; er soll die Rektaszensionen am Passageninstrument beobachten, ich will die Abstände vom Rande messen und zur Ergänzung die Deklinationen, so gut es gehen will, am Mauerquadranten. Dies ist freilich ein schlechter Notbehelf, das Beste wäre ein Fadenmikrometer auf einer parallatischen Maschine. Indessen habe ich ein parallatisches Stativ für unser Heliometer in München bestellt und hoffe dann, wenn ich es erst besitze, sogleich die Positionswinkel unmittelbar mit ziemlicher Schärfe messen zu können, so dass die Zeit gar nicht mehr beim Messen zu helfen braucht. Vorerst liegt das Heliometer nur auf einem elenden Stativ. Was für schöne Kometenbeobachtungen werde ich dann künftig machen können. Entdecken Sie uns nur bald einen.«

Als Olbers darauf fragte, was aus dem früher auf der Göttinger Sternwarte befindlichen Dollondschen Heliometer geworden sei, antwortet Gauss am 7. Juli 1814: »Dass ich bei meiner Äusserung, ich habe noch kein Dollondsches Heliometer gesehen, dasjenige ignorierte, dessen Sie erwähnen und das allerdings nebst andern meistens unbrauchbaren Sachen nach Kaestners Tode für die Sternwarte angekauft ist, hat seinen Grund darin, weil dasselbe weder von Dollond ist (sondern von Baumann), noch auch die Dollondsche Einrichtung hat (sondern die Bouguersche). Sie können aus der Probe, die Kaestner davon gibt, sehen, dass dieser damit auf 11″ falsch gemessen hat, dass also dies unbehülfliche Ding kaum so viel leistet, wie ein guter Spiegelsextant. Jene Äusserung von mir bezog sich nur darauf, dass ich nicht wüsste, wie Dollond nach Erfindung der achromatischen Gläser seine Heliometer eingerichtet hat. In den Aufsätzen, die dieser Künstler zuerst vor Erfindung der achromatischen Gläser über seine Erfindung in den Philosophical Transactions gab, spricht er von einer dreifachen Einrichtung, 1. ein zerschnittenes Objektiv allein, 2. ein solches von langer Brennweite vor einem ganzen dito von kürzerer, 3. ein solches vor einem Spiegelteleskop. Die Fraunhofersche Einrichtung, ein zerschnittenes achromatisches Objektiv allein anzuwenden, scheint

DOLLOND nicht ausgeführt zu haben; immer scheint er vor das vollständige Objektiv ein zerschnittenes von langer Brennweite zu setzen. Nun wusste ich nicht, ob dieses wieder achromatisch oder einfach sei. Allein NICOLAI schreibt mir heute, dass auf der Seeberger Sternwarte zwei DOLLONDsche Heliometer vorhanden sind, wovon das eine wirklich achromatisch sei (übrigens sonderbar genug von negativer Brennweite oder konkav; aus seinen Angaben schliesse ich auf — 30 Fuss). Auf diese Art gewinnt allerdings DOLLOND eine achtmal so grosse Skale, als das meinige hat; das Ablesen kann also mit dem Nonius geschehen, trotzdem glaube ich, dass an dem meinigen die äusserst trefflichen Schrauben eher noch grössere Genauigkeit geben, selbst ohne zu repetieren. Einen wichtigen Vorzug hat aber die DOLLONDsche Einrichtung unstreitig in der grössern Schnelligkeit bei Messungen grosser Winkel; bei der Sonne ist es immer lästig, 70 Drehungen zu machen, und so möchte auch wohl bei einem sehr häufigen Gebrauch die DOLLONDsche Einrichtung den Vorzug grösserer Dauerhaftigkeit haben. Dagegen muss man bei derselben in Ansehung des Sehens sehr verlieren, an Helligkeit enorm, auch wohl an Deutlichkeit. Wenigstens vermute ich, dass das zerschnittene Objektiv auf der Seeberger Sternwarte nicht recht vollkommen ist, da NICOLAI bemerkt, dass bei weiterm Ausziehen der Okularröhre Bilder, die sich vorher berührten, sich trennen, wie dies (obwohl bei konvexen Objektiven in entgegengesetztem Sinn) bei den gemeinen Gläsern längst bemerkt wurde, worüber auch KAESTNER, der LALANDES richtige Vorschriften ganz falsch beurteilte, ein Langes und Breites hat. Bei unserm Heliometer findet dies Phänomen nicht statt. Doch ich sehe, dass ich selbst lang und breit werde und Sie nur ermüden muss.«

GAUSS beklagte sich jedoch bald über die schlechte Montierung des Heliometers; er hatte kein brauchbares Stativ dazu und beantragte die Anschaffung eines solchen in einer Eingabe an das Ministerium vom Mai 1814 in der er sich folgendermassen ausspricht:

»Ewr. Exzellenzen habe ich untertänigst Anzeige zu machen, dass vor einigen Tagen aus München ein bereits vor anderthalb Jahren bei dem kgl. bayrischen Salinenrat VON REICHENBACH — welcher bekanntlich dort in Verbindung mit dem Geheimrat VON UTZSCHNEIDER und dem Optikus FRAUNHOFER ein durch bewundernswürdige Arbeiten berühmt gewordenes Institut für Verfertigung astronomischer und optischer Instrumente errichtet hat — für die hiesige Sternwarte bestelltes Heliometer angelangt ist. Mit dieser Bestellung hat es folgende Bewandnis.

»Im Jahr 1810, wo für die hiesigen Universitätsinstitute ein besonderer Fonds gestiftet war, wurden davon der Sternwarte jährlich 1750 Franken bestimmt. Die kurrenten Ausgaben, auch mit Einschluss meiner darauf angewiesenen Logisentschädigung, absorbierten davon ungefähr die Hälfte. Die zweckmässigste Verwendung des Überschusses schien mir zu sein, wenn ich damit die künftige Ausrüstung der neuen Sternwarte mit solchen Instrumenten, wie sie der heutige Zustand der praktischen Astronomie erheischt, vorbereitete. Freilich konnten von jenem Überschusse nur solche Stücke angeschafft werden, deren Preis mit der beschränkten Grösse desselben im Verhältnis standen, zumal da mein Wunsch, jene Überschüsse von mehrern Jahren zuweilen für Ein Instrument sammeln zu können, obgleich von dem damaligen Studiendirektorium gutgeheissen, doch nachher in der Ausführung Hindernisse fand. Indes blieb dabei mein Grundsatz, dass alles Anzuschaffende in seiner Art von der ersten Vollkommenheit sein müsste, um auch der neuen Sternwarte ganz würdig zu sein; ausserdem hielt ich es für notwendig, meine Wahl auf solche Instrumente zu richten, deren Einrichtung schon einen nützlichen Gebrauch in dem Lokale der alten Sternwarte zuliess. Auf diese Weise wurden (verschiedner Kleinigkeiten nicht zu erwähnen) im Jahre 1812 ein zwölfzölliger Repetitionskreis, im Jahr 1813 ein achtzölliger Theodolit, beide von REICHEN-BACH, angeschafft; beide Instrumente haben schon mannigfaltigen Gebrauch gewährt und sind in ihrer Art wahre Zierden der Sternwarte. Für das Jahr 1814 war schon gegen Ende des Jahres 1812 das jetzt fertig gewordene 43-zöllige Heliometer bestellt, dessen Preis zufolge eines Schreibens des Geheimrats von UTZSCHNEIDER 420 Gulden nach 24 fl. Fuss, oder $233\frac{1}{3}$ Taler nach Konventionsgeld ist. Ich zweifle um so weniger, dass Eure Exzellenzen die Annahme dieses Instruments genehmigen werden, da

1) ein Heliometer ein wesentliches Bedürfnis einer gehörig ausgerüsteten Sternwarte ausmacht und auch schon auf der alten Sternwarte ebenso gut wie künftig auf der neuen gebraucht werden kann, und

2) das jetzt in Frage stehende so ausgefallen ist, dass es als ein Meisterwerk betrachtet werden kann, wie es sich freilich von dem grossen Künstler erwarten liess.

»Was übrigens die Bezahlung betrifft, die nicht füglich durch bare Übersendung des Geldes geschehen kann, so bemerke ich nur, dass dieselbe für
die beiden früher angeschafften Instrumente durch Wechsel auf Augsburg geleistet wurde, welche, da die hiesigen Geldnegocianten auf Augsburg keine
Geschäfte machen, damals durch den damaligen Rendanten der Universitäts-
kasse KIENITZ aus Kassel herbeigeschafft wurden.

»Noch muss ich bemerken, dass dieses Heliometer noch kein besonderes
Stativ hat. Es ist von München noch keines mitgeschickt, weil keines ausdrücklich bestellt war und der Künstler nicht wusste, ob ein mehr oder
weniger künstliches Stativ gewünscht werde. Ich habe das Heliometer daher
einstweilen auf das Stativ eines von den Fernrohren gesetzt, die sich auf der
Sternwarte befinden, welches freilich für den Augenblick als Notbehelf dienen
kann, aber der Vortrefflichkeit des Instruments selbst durchaus unwürdig ist.
Dieses kann nur dann erst alles leisten, wozu es tüchtig ist, wenn es ein besondres, angemessenes Stativ hat. Man hat die Wahl zwischen einem ordi-
nären Fernrohrstativ und einem sogenannten parallatischen Stativ; ersteres
wäre etwas wohlfeiler, allein letzteres gewährt so mannigfaltige und wichtige
Vorteile, dass ich nur für dieses stimmen kann, zumal da dessen Preis immer
kein sehr grosses Objekt sein kann. Ich bitte demnach Ewr. Exzellenzen
um die Erlaubnis, für das Instrument ein besondres parallatisches Stativ in
München bestellen zu dürfen. Bekannt ist es übrigens schon und die drei
hierher gelieferten Instrumente geben davon jedem Kenner auffallende Beweise,
dass das dortige mathematisch-optische Institut seine Preise ungemein billig
setzt; in Beziehung auf dieses Stativ kann ich, wenn es gewünscht wird, auch
vorher erst anfragen.«

Aus dem genannten Grund und wegen der beschwerlichen Benutzung
beschränkte sich GAUSS zunächst darauf, einige Voruntersuchungen mit diesem
Instrument zu machen; so bestimmte er die Vergrösserungen (Eintragung in das
Tagebuch der Sternwarte vom 8. Juni 1814) und stellte mit Hilfe des REICHEN-
BACHschen Theodoliten eine Zeichnung des Umrisses des Jakobikirchturms her
(Eintragung in das *Tagebuch* vom 20. August), um diesen zur Bestimmung des
Skalenwertes benutzen zu können; vereinzelt mass er die Durchmesser der
Sonne und des Jupiter, auch des Saturnringes und des Uranus.

Im April 1815 erhielt er endlich das neue Stativ, aber auch hiernach

erlebte er nicht viel Freude an dem Instrument. Es bahnte sich auch hierüber ein Meinungsaustausch mit BESSEL an. Dieser besass anfangs ein altes
DOLLONDsches Heliometer und erhielt später (1829) ein grosses FRAUNHOFERsches[1])
von 5 Zoll Öffnung. GAUSS versuchte nach der neuen Montierung nach Ausweis des *Tagebuchs der Sternwarte* einige Messungen des Venus[2])- und des
Marsdurchmessers, sowie des Saturnringes (1815 Mai — Oktober). Auch beobachtete er den Kometen 1815 II; nur die letztere dieser Beobachtungen
hat er selbst veröffentlicht[3]). Seinen Plan, Sonnenflecken gemeinsam mit NICOLAI
zu messen, über den er an OLBERS am 15. Juni 1814 (siehe oben Seite 73)
berichtet, gab er schliesslich ganz auf und schrieb darüber an OLBERS im Juni
1815: »Zur Beobachtung von Sonnenflecken habe ich alle Lust verloren. Ich
hatte vor 10 Tagen einen ausgezeichnet schönen Flecken scharf beobachtet;
ein paar Tage nachher hatte sich die Gruppe so verändert, dass ich garnicht
mehr wusste, was ich beobachten sollte. Isolierte Flecke hatte ich schon im
vorigen Jahre mehreremale zu beobachten angefangen, die bald nachher mitten
auf der Sonne ganz verschwunden waren. Das Aufstellen des Heliometers,
das Beobachten selbst etc. kostet zu viel Mühe, als dass ich sie an ein so
betrügerisch-undankbares Geschäft verschwenden sollte. Erst wenn ich einmal
dem Heliometer einen bleibenden Platz geben kann, werde ich solche Beobachtungen wieder anfangen«. Ähnlich klagt er in einem im astronomischen
Jahrbuch für 1818 abgedruckten Briefe an BODE (Werke VI, S. 388—389), in
dem er sagt, dass er gute Kreismikrometerbeobachtungen vorzöge.

Im Mai 1817 schickte er nach einem schon im Juni 1816 gefassten Entschluss[4]) das Heliometer an FRAUNHOFER zurück zur Vornahme einiger Verbesserungen und erhielt es auch im November 1817 wieder mit einem neuen
Objektiv[5]). Er kam aber auch auf der neuen Sternwarte nicht dazu, davon
einen wirklichen Gebrauch zu machen, wie er an BESSEL am 25. März 1818
schreibt: »Gegenwärtig kann ich des Lokals wegen noch gar keinen Gebrauch
davon machen; die Zimmer, wo es in Zukunft seinen Platz haben wird, werden

1) WOLF, *Handbuch der Astronomie*, II. Band, S. 140. — Vergl. auch Briefe von BESSEL an OLBERS
vom 13. Januar 1820 und vom 4. Juni 1829.

2) Brief an OLBERS vom 29. Mai 1815, Werke XI, 1, S. 293.

3) Werke VI, S. 388.

4) Brief an OLBERS vom 4. Juni 1816.

5) Brief an BESSEL vom 5. September 1817 und an OLBERS vom 2. Dezember 1817.

erst in diesem Sommer fertig. Die zwei bis jetzt fertigen Zimmer können es nicht aufnehmen, da sie jetzt mit Spiegelteleskopen etc. wie ein Warenlager vollgepfropft sind.«

In seinem Briefe vom 5. Februar 1818 fragte BESSEL, ob GAUSS »nicht eine Anweisung zum richtigen Gebrauche des Heliometers« — über das damals noch keine rechte Theorie vorhanden war — »bekannt machen wolle«, worauf GAUSS am 25. März antwortet: »Ich bin zwar nicht abgeneigt, in Zukunft einmal etwas über den Gebrauch des Heliometers zu schreiben; ich werde aber damit warten müssen, bis ich erst selbst hinlängliche Erfahrungen eingesammelt habe.« Es kam aber nicht dazu, da seine Zeit durch andere Beschäftigungen in Anspruch genommen wurde.

Späterhin gab HANSEN 1827 eine Theorie des Heliometers[1]), und BESSEL veröffentlichte 1841 die Ergebnisse seiner Untersuchungen[2]). BESSEL war hierbei auch auf die dazu nötigen dioptrischen Untersuchungen gekommen, gerade in derselben Zeit wie GAUSS, der seine Abhandlung *Dioptrische Untersuchungen* im Dezember 1840[3]) der Göttinger Sozietät vorlegte. BESSEL schreibt daher am 20. Januar 1841 an GAUSS: »Die gütige schnelle Übersendung Ihrer Abhandlung über Dioptrik erkenne ich mit dem lebhaftesten Danke an. Ich habe sie gestern erhalten und — ziemlich vertraut mit ihrem Gegenstande — schnell durchlesen können. Ihre meisterhafte Behandlung darf ich nicht hervorheben; sie ist in der Ordnung, denn Niemand hat bis jetzt entscheiden können, ob der wesentliche Inhalt, oder die Form, in welcher er erscheint, in Ihren Arbeiten am meisten hervortreten. — Diese Abhandlung erregt mein Interesse noch von einer dritten Seite; denn es hat sich getroffen, dass ich selbst das Unglück gehabt habe, vor drei Wochen einen Aufsatz über dieselbe Aufgabe an SCHUMACHER[4]) zu senden. — Schon vor vielen Jahren hatte ich die Ordnung bemerkt, welche die Ausbeutung der einfachen Eigenschaften der Kettenbrüche in diese Materie bringt. Eine damalige Ausarbeitung darüber wartete auf eine Gelegenheit zur Bekanntmachung, welche von der Notwendigkeit, Anwendungen von der Dioptrik zu machen, herbeigeführt werden

---

1) *Ausführliche Methode, mit dem Fraunhoferschen Heliometer Beobachtungen anzustellen.* Gotha 1827.

2) *Besondere Untersuchung des Heliometers der Königsberger Sternwarte,* Astronom. Untersuchungen, Seite 55 ff.

3) Werke V, S. 243.

4) *Über die Grundformeln der Dioptrik,* A. N. Bd. 18, S. 97 (1841). — BRDL.

sollte. In der Zwischenzeit nahm Möbius[1] dieselbe Materie auf und dadurch meinem Aufsatze sein hauptsächlichstes Interesse; denn obgleich er den Vorgängern in der Vernachlässigung der einzelnen Konstruktionselemente des Linsensystems unnötigerweise folgte, so schien mir dieses doch so offenbar unnötig zu sein, dass ich glaubte, ihm die Freude an seiner Arbeit durch einen wohlfeilen Zusatz nicht verkümmern zu dürfen. Ich machte dagegen ihn selbst auf diesen Zusatz aufmerksam; allein er hat meiner Mitteilung keine Folge gegeben, vielleicht um mir das, was mir noch an Sache übrig geblieben war, nicht zu nehmen. Vor einigen Monaten gelangte ich indessen zu der Ausarbeitung einer besonderen Theorie meines Heliometers, welche nun notwendig geworden ist, da ich im Begriffe bin, eine Reihe von Resultaten, welche auf Beobachtungen mit diesem Instrumente beruhen, zu redigieren. Dort mussten dioptrische Sätze angewandt werden, und nun nahm ich die ihnen von mir gegebene Form wieder auf. Als ich die meine Darstellung derselben enthaltenden Paragraphen Jacobi zeigte, meinte er, ich könne sie, ohne Übelstand, abgesondert bekannt machen, was übereinstimmend mit dieser Meinung ihre Abschrift für die Astronomischen Nachrichten veranlasste. Vielleicht haben Sie meinen Aufsatz schon eher gelesen, als dieses Blatt zu Ihnen gelangt. Es ist nicht gut, mit Ihnen zusammentreffen!«

Zu Anfang des Jahres 1816 oder Ende 1815 erhielt die Göttinger Sternwarte eine Reihe astronomischer Instrumente aus Lilienthal, über die Saalfeld in der *Geschichte der Universität Göttingen*[2] Folgendes berichtet: »Seit dem Jahre 1815 besitzt auch die Sternwarte die von Georg III. im April 1799 für dieselbe erkaufte Instrumentensammlung des sel. Justizrates Schroeter zu Lilienthal, zu welcher ein Teleskop von 4, 13 und 15 Fuss, zwei von 7 Fuss, ein Achromat von 3, und ein 10 schuhiges von P. Dollond von 3,9 Zoll Öffnung, sowie noch verschiedene Uhren, Mikrometer und andere Maschinen gehören. Auch sind noch zwei grosse Metallspiegel von 10 englischen Zoll Durchmesser nebst dem Maschinenwerke zu einem 27 schuhigen Teleskope

---

1) *Kurze Darstellung der Haupteigenschaften eines Systems von Linsengläsern*, Crelles Journal, Bd. 5 (1830), S. 113 ff.; Moebius Werke, Bd. IV, S. 477 ff. — *Beitrag zur Lehre von den Kettenbrüchen nebst einem dioptrischen Anhang*, Crelles Journal, Bd. 6 (1830), S. 215 ff.; Moebius Werke, Bd. IV, S. 503 ff. — Brdl.

2) *Geschichte der Universität Göttingen 1788—1820* (Hannover 1820), S. 487, vergl. Fussnote S. 43.

vorhanden, welches dereinst an der Seite der Sternwarte aufgerichtet werden wird.«

Der Ankauf dieser Instrumente[1]) war mit der Massgabe geschehen, dass SCHROETER sie bis an sein Lebensende benutzen dürfe. Nach der Einverleibung Lilienthals in das Königreich Westfalen scheint jedoch SCHROETER diesen Kauf als hinfällig angesehen zu haben. GAUSS schreibt darüber an OLBERS am 10. März 1812: »Wissen Sie etwas Näheres über SCHROETERS Demarche, den Kontrakt, wodurch die Instrumente Eigentum unserer Universität geworden sind, zu brechen, und sie nach Frankreich zu verkaufen? LAPLACE hat mir Einiges darüber geschrieben, was ich mir nicht ganz erklären kann, woraus aber doch hervorzugehen scheint, dass die Franzosen zwar einige dieser Instrumente gern haben möchten, aber doch eine zweite Disposition darüber als unrechtmässig betrachten. Wie ich darüber denke, glaube ich Ihnen bei Ihrer Anwesenheit hier mündlich gesagt zu haben.«

In dem von GAUSS erwähnten Briefe von LAPLACE vom 25. November 1811[2]) heisst es; »Si Monsieur GAUSS a l'occasion de voir ou d'écrire à M. SCHROETER, je le prie de lui dire que je ne perds point de vue son affaire, que j'en ai parlé plusieurs [fois] à M. de FERMENT, intendant général du domaine extraordinaire, qui est plein de bonne volonté et qui n'est arrêté que par la considération, que le contrat d'achat des instruments de M. SCHROETER, par le roi d'Angleterre, portant pour charge, qu'ils seraient à sa mort donnés a l'université de Gottingue, ces instruments sont une propriété du roi de Westphalie qui doit par conséquent remplir les conditions du contrat. Mais les choses ayant changé depuis que M. SCHROETER est devenu francais, j'espère que tout cela pourra s'arranger à son avantage et j'y ferai mon possible.«

Indessen scheint in dieser Sache vorläufig nichts geschehen zu sein. Am 12. Dezember 1812 wurde Lilienthal von den Franzosen überfallen und gebrandschatzt; SCHROETER selbst musste flüchten[3]) und konnte sich niemals wieder ganz von diesem Schlage erholen. Die Instrumente indessen scheinen gerettet worden zu sein. Nach der Wiederherstellung des Königreichs Hannover veranlasste SCHROETER noch vor seinem Tode die Überführung der Instrumente nach Göttingen.

---

1) Schreiben von OLBERS im Berliner astronomischen Jahrbuch für 1820, S. 242.
2) Handschrift im GAUSSarchiv.   3) Vergl. Brief von OLBERS an GAUSS vom 6. Juli 1813.

BESSEL, der diese Instrumente von seiner Lilienthaler Zeit her kannte, gibt auf eine Anfrage von GAUSS in seinem Briefe vom 14. Februar 1816 nähere Auskunft über sie.

Die Eintragungen in das *Tagebuch der Sternwarte* aus der Periode 1813 bis 1816 rühren fast ausschliesslich von GAUSS' Hand her. Sie betreffen, ausser den Beobachtungen mit dem BORDA-Kreise und dem Heliometer, solche am Mauerquadranten, an dem die Sonne zur Zeitbestimmung, sowie der Mond, Jupiter, Vesta und der Komet 1813 II[1]) beobachtet wurde. Sehr zahlreich sind auch hier die korrespondierenden Sonnenhöhen vertreten und Messungen von terrestrischen Punkten. Daneben findet man eine Reihe von Kreismikrometerbeobachtungen der Planeten Pallas, Juno, Vesta und von Kometen und Beobachtungen von Finsternissen[2]). Nur selten kommen im *Tagebuch* Fixsternbeobachtungen am Mauerquadranten von HARDING vor, der die Beobachtungsreihe für seine Sternkarten dem Abschluss nahe gebracht hatte. Von Januar bis Juli 1816 ist das *Tagebuch* gänzlich unterbrochen.

4. (dritte Göttinger) Periode, 1817—1818.

Im Oktober 1816 bezog GAUSS endlich die neue Sternwarte, deren Bau sich über so viele Jahre hingezogen hatte. Der Bau war bereits 1802 vom Könige von Hannover bewilligt worden, wie aus einem Briefe v. ZACHS an GAUSS vom 27. April 1802[3]) hervorgeht. in dem dieser sagt, er sei beauftragt, den Plan dafür zu entwerfen; auch war im März 1803 HARDING nach Göttingen gerufen[4]) worden, um den Meridian für die neue Sternwarte festzulegen. In der bereits Seite 79 genannten *Geschichte der Universität Göttingen* 1788 bis 1820, S. 481, von F. SAALFELD ist das Schicksal des Baues der Sternwarte folgendermassen geschildert:

»Da die bald nach der Stiftung der Universität errichtete Sternwarte (Teil 2, § 189. 190, S. 266 f.), welche auf einem alten Festungsturm der

---

1) Teils von GAUSS, teils von HARDING; veröffentlicht ist nur die Beobachtung der Vesta (Werke VI, S. 377).

2) Die Kreismikrometerbeobachtungen von Planeten und Kometen sind meist veröffentlicht und Werke VI abgedruckt.

3) Handschrift im GAUSSARCHIV.

4) Vergl. Brief von GAUSS an OLBERS vom 23. März 1803.

Stadtmauer angelegt worden war, sich nicht dazu eignete, irgend eines von den vollkommneren Werkzeugen aufzunehmen, wodurch in den letzten 30 Jahren die astronomischen Beobachtungen so sehr verfeinert worden sind, so ward das Bedürfnis einer neuen Sternwarte immer fühlbarer und notwendiger, wenn Göttingens Verdienste um die Astronomie nicht ganz aufhören und angehende Astronomen hinfort Gelegenheit finden sollten, sich hier auszubilden. Schon in dem letzten Dezennium des vorigen Jahrhunderts beschloss daher die königl. Regierung eine neue, ganz nach den Bedürfnissen für den gegenwärtigen Zustand dieser Wissenschaft eingerichtete Sternwarte zu errichten. Es wurden zu dem Ende von den berühmtesten praktischen Astronomen Vorschläge zur vollkommensten Einrichtung und Gutachten über ein passliches Lokal eingeholt, und nach diesen Vorbereitungen um die königl. Genehmigung zur Ausführung dieses Baues nachgesucht. GEORG III., als erhabener Selbstkenner der Astronomie und liberaler Beschützer und Beförderer der Wissenschaften überhaupt, geruhte nicht nur den Plan in seiner ganzen Ausdehnung zu genehmigen, sondern auch den möglichst baldigen Beginn des Baues zu befehlen und dazu fürs erste die Summe von 23 500 Rtlr. zu bewilligen.

»Unter mehreren in Vorschlag gebrachten Plätzen für das neue Gebäude entschied das Urteil der Kunstverständigen für einen südöstlich von der Stadt ausserhalb des Geismartores befindlichen, welcher bei einer mässigen Entfernung von der Stadt eine in diesem Leinetale ziemlich freie Aussicht und — das Haupterfordernis einer Sternwarte — einen sehr festen Grund hat. Schon im Frühjahr 1802 ward der zu dieser neuen Anlage erforderliche Grund und Boden angekauft, mit der Herbeischaffung der Baumaterialien der Anfang gemacht, und die Gründung des Hauptgebäudes im April 1803 wirklich vollzogen. Es war der Plan, den ganzen Bau innerhalb 4 bis 5 Jahren zu vollenden; allein die gleich darauf erfolgte französische Invasion veranlasste, dass der eben angefangene Bau wieder eingestellt werden musste, als die Grundmauern kaum 3 Fuss hoch aufgeführt waren. Zwar gab die 1806 erfolgte preussische Besitznahme von dem hannoverschen Lande einige Hoffnung, dass der Bau in kurzem fortgesetzt werden könne; allein die noch im Herbste desselben Jahres erfolgte Katastrophe, welche abermals eine neue heillose Umwandlung herbeiführte, schlug alle Hoffnungen in Hinsicht dieses Gebäudes auf einige Jahre wieder gänzlich nieder. Erst im Jahre 1810 ward von der westfälischen Regierung die Fortsetzung dieses Baues genehmigt und dazu eine Summe von 200000 Fr. bestimmt. Damit fing man im Frühling 1811 den Bau wirklich wieder an, allein die Mauern des Hauptgebäudes waren kaum halb vollendet, als am Ende des Jahres 1813 die Auflösung des westfälischen Staates und die Wiederherstellung der früheren Ordnung der Dinge erfolgte. Schon im nächsten Frühjahr ward daher auf Befehl der königl. hannoverschen Regierung dieser so oft unterbrochene Bau wieder begonnen und mit solchem Nachdrucke fortgesetzt, dass das prächtige Gebäude bereits im Herbste 1816 beinahe ganz vollendet war und die astronomischen Beobachtungen darin angefangen werden konnten.«

Der Plan der neuen Sternwarte[1]) war so angelegt, dass der Mittelbau aus einer Rotunde bestand, über der eine Drehkuppel errichtet wurde, und an die auf jeder Seite sich ein Beobachtungsraum mit Meridianausschnitt anschloss. Die beiden weiterhin angebauten Seitenflügel dienten zu Arbeits- und Wohnräumen. Zu ihrer Ausrüstung mit Beobachtungsinstrumenten plante GAUSS anfangs ausser der Anschaffung der nötigen Uhren die eines grossen und eines kleinen Passageninstruments, eines grossen Meridiankreises und eines Äquatoreals[2]). Betreffs des Meridiankreises schwankte er zunächst, ob ein solcher von REPSOLD, REICHENBACH oder TROUGHTON gewählt werden sollte, welche drei er als die vortrefflichsten Hersteller bezeichnet; er setzt sie ihrer Güte nach in die umgekehrte Reihenfolge, weil ihm der von TROUGHTON für Greenwich angefertigte Kreis als der vollkommenste erscheint. Schliesslich schlägt er vor, um die Kosten für die anzuschaffenden Instrumente auf mehrere Jahre zu verteilen, zunächst ein Passageninstrument zu bestellen und sogleich einen REPSOLDschen Meridiankreis[3]) von dessen in Auflösung begriffener Sternwarte anzukaufen. Da er aber die Hoffnung hegt, dass es durch die Freigebigkeit des Prinzregenten, Königs von England, möglich sein möchte, einen TROUGHTONschen Kreis zu erhalten, so soll der anzukaufende REPSOLDsche Kreis an die Stelle des kleinen Passageninstruments treten, da für die Aufstellung mehrerer Instrumente immerhin kein Platz auf der Sternwarte

1) Siehe die Abbildung am Schluss dieses Aufsatzes.
2) Siehe GAUSS' Bericht vom 9. Februar 1815, Werke XI, 1, S. 294 ff.
3) Vergl. den Brief von SCHUMACHER an GAUSS vom 30. Dezember 1809, in welchem Briefe sich eine Abbildung des Kreises befand, mit dem SCHUMACHER häufig beobachtete.

vorgesehen sei. REPSOLD hatte eine kleine Sternwarte auf dem Teile des Hamburger Walles errichtet, der später die Elbhöhe genannt wurde. Schon zu Anfang des Jahres 1810 ging er mit dem Gedanken um, diese eingehen zu lassen und die Instrumente zu verkaufen[1]).

Am 10. Juni 1812 schreibt SCHUMACHER an GAUSS, als dieser angefragt hatte, ob SCHUMACHER ihm »nicht auch dieses Jahr mit Herrn REPSOLDS trefflichem Kreise einige gute Beobachtungen der neuen Planeten liefern« wolle: »Die Probe mit der Pallas würde REPSOLDS Kreis wohl bestanden haben, wenn er noch stände, aber die Sternwarte ist jetzt locus ubi Troia fuit. Man fing dieses Frühjahr an, erst die Befriedigung zu stehlen, dann Stühle und Tische, so dass REPSOLD eiligst die Instrumente wegnahm, um nicht auch die zu verlieren. Der Kreis steht hinter dem Ofen auf REPSOLDS Stube. Jetzt will man ihm eine Sauvegarde geben, wenn er nur wieder alles in Stand setzt. Es sind aber gute Gründe da, es nicht zu tun.« SCHUMACHER schlug GAUSS in einem Brief vom 20. März 1811 vor, den Kreis zu kaufen, worauf GAUSS am 25. April antwortete: »Ihre Idee, künftig den REPSOLDschen Kreis für die neue Sternwarte (woran jetzt wieder gebauet wird) zu kaufen, ist sehr gut; noch ist es aber zu früh, darauf anzutragen, man muss den Bau erst weiter vorrücken lassen; denn in Kassel meint man, die SCHROETERschen Instrumente[2]) seien schon eine vollständige Ausrüstung und hat noch keine Idee von dem, was nötig sein wird; ist man nur erst in den Bau tief genug eingegangen, so soll man auch schon Instrumente kaufen«, und am 13. September 1814: »Ich wünschte wohl, REPSOLDS Kreis für unsere neue Sternwarte zu acquirieren. Dem Plane nach sollten zwei Passageninstrumente angebracht werden, ich finde das zweite sehr überflüssig und sehr gut könnte der dazu bestimmte Platz den Kreis tragen. Wenn nur erst wieder mehr Geld da wäre. Das Gouvernement hat den besten Willen, aber es fehlt an allen Ecken. Für den Bau sind in diesem Jahre mehr nicht als 1500 bewilligt! Für die Institute ist seit Anfang des Jahres noch nichts ausgezahlt. Besoldungen seit einem halben Jahre.«

Der REPSOLDsche Kreis wurde auch erworben. Er sollte im Januar 1816 abgeliefert werden, traf aber erst im April 1818 ein, da REPSOLD lange Zeit

---

1) Vergl. die Briefe GAUSS an SCHUMACHER vom 10. Februar 1810, SCHUMACHER an GAUSS vom 16. Februar 1810.

2) Siehe oben S. 80. — BRDL.

brauchte, um ihn in Stand zu setzen. GAUSS schreibt an BESSEL am 23. Dezember 1816: »Leider ist der Zeitpunkt einer angemessenen praktischen Tätigkeit noch aufs neue weiter hinaus gerückt. In der Hoffnung, nun wenigstens in diesem Herbst den REPSOLDschen Kreis zu erhalten, hatte ich mich dazu bequemt, die neue Wohnung zu beziehen, trotzdem dass sie zum Teil noch unvollendet war, und trotz der tausendfachen Unbequemlichkeiten, die das Bewohnen eines solchen Hauses im Winter, abgeschnitten von der Stadt, mit einer starken Familie hat. Allein vor kurzem erklärte endlich REPSOLD, dass es nun wenigstens noch vier Monate bis zur Vollendung des Instruments dauern würde. So habe ich also jenes Opfer umsonst gebracht. Die Sternwarte selbst ist auch erst halb vollendet, doch könnten in zwei Zimmern Beobachtungen gemacht werden. Die meisten Instrumente sind von der alten Sternwarte herausgeschafft, und ich denke wenigstens noch eine Anzahl Beobachtungen mit dem Repetitionskreise zu machen. Gestern und heute habe ich damit die Sonne beobachtet; allein die Beobachtungen werden kaum zu gebrauchen sein, weil sie alle ziemlich entfernt auf einer Seite des Mittags liegen, und es an einer guten Zeitbestimmung fehlte. Welch eine Sklaverei, zur Zeitbestimmung immer nur einzelne Sonnenhöhen berechnen zu müssen! Sie werden es mir nicht verargen, dass ich unter solchen Umständen mich lieber mit andern Dingen beschäftige.«

Die Hoffnung, einen TROUGHTONschen Kreis vom König von England zu erhalten, erfüllte sich ebensowenig; auch hat sich keine Notiz darüber auffinden lassen, dass überhaupt ein dahingehender Versuch gemacht worden sei. GAUSS beabsichtigte vielmehr, einen zweiten Meridiankreis bei REICHENBACH zu bestellen und fasste hierzu den Plan seiner Reise nach München in den Osterferien 1816. Einen hierauf bezüglichen Antrag stellte er an das Kuratorium am 24. März dieses Jahres[1]), dem auch stattgegeben wurde. GAUSS trat seine Reise am 18. April an und war im ganzen 5 Wochen von Göttingen abwesend, wovon 12 Tage auf den Aufenthalt in München und Benediktbeuren, wo die optischen Arbeiten unter FRAUNHOFERS Leitung ausgeführt wurden, entfielen.

Einen ausführlichen Bericht über seine Reise erstattete er im Juni 1816 an das Kuratorium[1]); er beantragt, den Meridiankreis und das Passageninstru-

---

1) Abgedruckt Werke XI, 1, S. 302 und 305.

ment bei Reichenbach, eine der beiden noch nötigen Pendeluhren bei Lieb-
herr, der sich geschäftlich mit Reichenbach und Utzschneider vereinigt hatte,
zu bestellen, dagegen das Äquatoreal oder parallatisch montierte Fernrohr,
sowie die zweite Uhr, noch zurückzustellen. An Olbers schreibt er am
4. Juni 1816: »Dass ich auf dieser fünfwöchentlichen Reise den mannigfaltigsten
Genuss gehabt habe, werden Sie mir leicht glauben. . . . . Reichenbach hat
mich konfidentiell von seiner Teilungsmethode unterrichtet. Es liegt dabei
eine sehr glückliche, genialische Idee zum Grunde. Eigentlich ist nur die Methode, wie er seine Teilmaschine geteilt hat, das Geheimnis, nicht aber das
Teilen der Instrumente auf der Maschine. Grössere Instrumente als die Teilmaschine liessen sich auch ohne diese unmittelbar nach der Methode teilen;
Reichenbach ist aber nicht dafür, über eine gewisse Dimension hinauszugehen,
und zwar hauptsächlich wegen der Flexibilität der Metalle. Über letztere
haben wir gemeinschaftlich mehrere interessante Versuche gemacht; es ist
zum Erstaunen, mit welchem Grade von Genauigkeit sich dieselben anstellen
lassen; Reichenbach wird sie in einem besondern Aufsatze in der A. Z.[1]) mit
bekannt machen.

»Ebenso merkwürdig ist die Genauigkeit, mit welcher man in Benediktbeuren den Oberflächen der Gläser die Kugelgestalt gibt. Fraunhofer versichert,
dass bei Prüfung derselben $\frac{1}{10\,000\,000}$ eines Zolles noch merklich gemacht werden
könne. Zu einem Achromat von 160 Zoll Brennweite, 9 Zoll Öffnung, waren
die Gläser fertig, nur waren sie vorerst in eine schlechte Röhre eingesetzt,
so dass die Wirkung an einem trüben Tage nur auf der Erde gesehen werden
konnte. Ein etwas kleinerer Achromat von 9 Par. Fuss Brennweite, $7\frac{1}{4}$ Zoll
Bayr. Öffnung, bis 700 malige Vergrösserung, ist mit nach Neapel gekommen
und kostete 4500 Gulden. Was von noch grössern Öffnungen erzählt wird,
sind Fabeln für jetzt; es wird erst unendliche Mühe kosten, bis man von 9
Zoll zu 10 Zoll übergehen kann.«

Das Reichenbachsche Passageninstrument erhielt Gauss im November 1818,
den Meridiankreis im August 1819; zu der Anschaffung des Äquatoreals ist
es indessen niemals gekommen. Vielmehr wurde in der später umgebauten
Drehkuppel 1886 das grosse Heliometer aufgestellt, das noch heute im Gebrauch ist.

---

1) Zeitschrift für Astronomie. — Brdl.

In den ersten 1½ Jahren nach dem Bezuge der neuen Sternwarte hatte Gauss daher zu seinem Leidwesen kein grösseres brauchbares Instrument zur Verfügung, worüber er häufig klagte. Die Ungewissheit, wann der Bau der Sternwarte fertig werden würde, hatte ihn veranlasst, die Bestellung der Instrumente hinauszuschieben; an Bessel hatte er darüber am 18. (28.?) Mai 1814 geschrieben: »Das Hauptgebäude ist bis auf den innern Ausbau beinahe fertig, die Seitenflügel sind noch gar nicht angefangen. Es wird also immer noch ein Weilchen dauern, bis ich in dieser Rücksicht so glücklich bin wie Sie. Ihnen war es so vorteilhaft, dass die Instrumentalausrüstung schon im voraus da war, mir hingegen ist es nachteilig, dass überall das Vorurteil sitzt, als sei hier ein ähnlicher Fall. An die Bestellung derjenigen Instrumente, wodurch die Sternwarte erst Wert erhalten wird, ist noch gar nicht gedacht. Ich habe absichtlich darüber noch keine speziellen Schritte getan, teils um durch die zu grosse Summe nicht abzuschrecken (für den Bau allein werden von jetzt an noch etwa 25000 Taler nötig sein), teils weil ich bei der Ungewissheit, wie lange die Vollendung des Baues sich noch verzögern könne, mich nicht in den Fall setzen wollte, die Hauptinstrumente vielleicht viele Jahre in der Kiste stehen zu haben, zumal in einem Zeitpunkt, wo die astronomischen Instrumente von Jahr zu Jahr so mannigfache Verbesserungen erhalten.«

Die letzte auf der alten Sternwarte eingetragene Notiz im *Tagebuch der Sternwarte* ist vom 13. Juni und die erste auf der neuen Sternwarte vom 13. Oktober 1816. Nachdem schon seit dem 27. Februar 1814 das *Tagebuch* keine regelmässigen Fixsternbeobachtungen am Quadranten von Harding mehr aufweist, weil dessen Beobachtungen für seine Sternkarten vermutlich zum Abschluss gekommen waren, und für die Zeitbestimmungen fast nur Sonnenbeobachtungen am Quadranten, sowie korrespondierende und Zirkummeridianhöhen der Sonne von Gauss' Hand enthält, rühren auch die Eintragungen auf der neuen Sternwarte fast ausschliesslich von Gauss' Hand her. Ausser den eben genannten laufenden Beobachtungen, den bis 1818 fortgesetzten und bereits oben besprochenen Untersuchungen über die Polhöhe und die Schiefe der Ekliptik mit dem Reichenbachschen Bordakreise und den Messungen mit dem Heliometer betreffen sie nur vereinzelte Beobachtungen von Kometen, Planeten und anderen Himmelserscheinungen, daneben aber eine lange Reihe von Bestimmungen terrestrischer Punkte mit dem REICHENBACHschen Theodoliten und dem Sextanten, darunter auch solche zur Vorbereitung der Aufstellung des nördlichen Meridianzeichens. In das *Tagebuch* hat sodann GAUSS noch seine »Messungen auf dem Michaelisturm in Lüneburg zur Anknüpfung eines Lüneburger Turms · an die Dänischen Drei- ecke« 1818 Oktober 3.—9. eingetragen, womit die Eintragungen zunächst auf- hören; nur vom 30. Oktober 1820 bis 15. April 1822 finden sich darin ausser Beobachtungen der Kometen 1818 II und 1821 wieder terrestrische Messungen im Anschluss an die Sternwarte. Mit diesen schliesst es gänzlich.

Für seine Beobachtungen mit den Meridianinstrumenten von REPSOLD und REICHENBACH hat GAUSS besondere Beobachtungsbücher angelegt.

5. Periode. Der REPSOLDsche Meridiankreis (1818 und später).

Nach dem Eintreffen des REPSOLDschen Meridiankreises im April 1818 widmete GAUSS einen grossen Teil seiner Zeit diesem Instrument. Er war, wie immer, bestrebt, auch hier seinen Untersuchungen das höchste Mass von Zuverlässigkeit zu geben und nicht auf Kosten grösserer Sorgfalt eine grosse Anzahl von Beobachtungen zusammenzutragen. Dass er trotzdem viel be- obachtet hat und von ihm auch mit diesem Instrument längere Beobachtungs- reihen angestellt, aber nicht veröffentlicht sind, geht aus dem Folgenden hervor. Über das Eintreffen des Kreises in Göttingen findet sich in dem oft erwähnten *Tagebuch der Sternwarte* folgende Notiz: »1818 April 10. (Freitag), Ankunft des REPSOLDschen Kreises. Am 11. April kam der Künstler selbst an und blieb bis zum 19ten Abends bei mir. In dieser Zeit wurde der Kreis aufgestellt, auch die SHELTONsche Uhr gereinigt. Letztere hatte dadurch eine Acceleration von ca. 25^s täglich erhalten. Am 20. wurde sie schärfer regu- liert; ihr Stand im Mittage des 20. war, wie sich aus den späteren Beobach- tungen am Kreise ergab, — 2$^s_.$51 und ihr täglicher Gang + 1$^s_.$01«.

Seine Beobachtungen an diesem Kreise hat GAUSS in ein besonderes, am 1. Mai 1818 begonnenes, Buch eingetragen, das er *Tagebuch der Beobachtungen am Repsoldschen Meridiankreise* betitelt hat und über das er in seinem S. 91 abgedruckten Brief an BESSEL vom 10. Mai berichtet. Dieses *Tagebuch* befindet sich auf der Göttinger Sternwarte, wurde dort aber erst nach Vollendung des

Bandes XI, 1 der Werke aufgefunden (siehe die Bemerkung Werke XI, 1, S. 507). Es enthält die sauber eingetragenen Beobachtungsprotokolle nebst den ersten Reduktionen; die unmittelbar am Instrument gemachten Aufzeichnungen sind mit wenigen Ausnahmen nicht mehr vorhanden. Einige Beobachtungsergebnisse hat Gauss in den *Handbüchern* Ba (15) und Bc (17) zwischen anderen Notizen eingetragen. Ausserdem befindet sich im Nachlass eine grosse Anzahl loser Zettel, die ausser den wenigen noch vorhandenen Beobachtungsprotokollen meist Vorbereitungsrechnungen zu den Beobachtungen enthalten, insbesondere Reduktionen von Sternörtern, Hilfstafeln für die Fadendistanzen und andere Reduktionen, Instrumentalfehler, Uhrvergleichungen. Das Fernrohr des Meridiankreises hatte anfangs[1]) drei Vertikalfäden, deren Abstände auf der ersten Seite des *Tagebuchs*, auf der sich auch Notizen über die Reduktionsformeln finden, zu $16{,}''397$ und $16{,}''085$ (einstweilen anzunehmen) angegeben sind. Vom 1. bis 31. Mai[1]) hat Gauss an 21 Tagen beobachtet, an den meisten einige Hauptsterne, an einigen die Sonne. Über diese seine ersten Beobachtungen und Untersuchungen am Instrument geben am besten die beiden folgenden Briefstellen Aufschluss.

Gauss schreibt an Olbers am 4. Mai 1818: »Ich sehne mich um so mehr nach besserm Wetter, da ich seit vierzehn Tagen im Besitze des Repsoldschen Kreises bin, mit dem ich aber noch wenig habe machen können. Die ersten Tage gingen über die ersten Berichtigungen hin und seitdem ist es nur ausnahmsweise etwas heiter gewesen. Noch habe ich keine einzige vollständige Beobachtung des Polarsterns erhalten können, obgleich ich allemal auf dem Platze war. Einiges kann ich Ihnen indessen schon davon schreiben. Die Ablesungen geschehen durch die mikroskopischen Mikrometer mit ausserordentlicher Schärfe. Der Kreis ist unmittelbar von $5' - 5'$ geteilt; jeder Strich erscheint im Brennpunkte des zusammengesetzten Mikroskops sehr vergrössert; die mikrometrische Schraube führt darüber ein rundes Loch, etwa $20''$ im Durchmesser (jeder Strich mag etwa $7''$ halten), dessen Bisektion man sehr genau beurteilt; bei Tage lese ich auf eine Sekunde, bei Licht auf $\frac{1}{2}$ Sekunde ganz zuverlässig ab. Da drei Ablesungen unter rechten Winkeln von einander angebracht sind (eine vierte verstattete der Bau des Instruments nicht wohl), so habe ich deren Korrespondenz schon einmal von 15 zu 15 Grad

---

1) Am 1. Juni wurden 5 neue Fäden eingezogen; siehe S. 92.

geprüft, wo sich ergab, dass eine kleine Exzentrizität von 0,″8 da ist, und übrigens alles sich erklären liess, ohne einen zufälligen Teilungsfehler über 1″ anzunehmen. Eine absolute Bestimmung der Teilungsfehler lässt sich natürlich auf diesem Wege nicht erhalten; ich bekomme zu diesem Behuf noch ein bewegliches Prüfungsmikroskop [1]). Ganz unverrückbar scheinen die Mikroskope nicht zu sein (sie sitzen übrigens nicht am Stein unmittelbar, sondern am beweglichen Teil des Lagers fest); folgendes sind die Resultate der Libelle, welche einen zwei Speichen des Kreises verbindenden Zylinder bis auf 1″ (zuverlässig genau) nivellierte seit der Zeit, wo ich die Mikroskope selbst berichtigt habe [2]):

	A	B	C
April 30.	3′ 22,″9	3′ 31,″6	3′ 14,″0
Mai 1. Vorm.	3 21,3	3 31,0	3 13,1
» 1. Nachm.	3 22,1	3 31,7	3 15,5
» 3. Vorm.	3 18,9	3 29,6	3 11,1
» 3. Nachm.	3 20,4	3 30,0	3 12,0.

»Beim Pointieren auf Sterne, die zwischen zwei horizontale Fäden gefasst werden, glaube ich bei ruhiger Luft nicht über 1″ fehlen zu können. Die Beobachtungen mit dem Instrument als Kreis sind noch gar zu wenig zahlreich, um Resultate geben zu können; die Durchgangszeiten von Fundamentalsternen nach BESSELS Katalog gaben am 1. Mai folgende Übereinstimmung [3]):

Capella	— 0,″49
Sirius	— 0,70
Castor	— 0,48
Procyon	— 0,65
Pollux	— 0,53
α Hydrae	— 0,77
Regulus	— 0,55

Stand der Uhr gegen Sternzeit; der Gang ist noch unbekannt, da vorher die Linse etwas gestellt, und seitdem noch keine Beobachtung möglich war.

---

[1]) Siehe darüber S. 103. — BRDL.

[2]) Diese Angaben entsprechen den Eintragungen im *Handbuch* Ba, S. 71, 73, 76. — BRDL.

[3]) Diese Angaben entsprechen den Eintragungen im *Handbuch* Ba, S. 63, wo aber die Zahlen nachträglich etwas geändert sind; die entsprechenden Beobachtungen sind im *Tagebuch* des REPSOLDschen Kreises vermerkt. Auf Seite 65 des *Handbuchs* Ba findet sich die Überschrift »Erste Beobachtungen mit REPSOLDS Kreise«; diese beginnen mit dem 20. April, liegen also zum Teil vor dem Anfang des *Tagebuchs*. — BRDL.

»Die Achse lässt sich vermittelst einer äusserst schönen Libelle auf 1″ genau nivellieren. Eine kleine Unvollkommenheit hat noch die Beleuchtung, welcher aber REPSOLD nach seiner Zurückkunft (er ist von hier nach München und Zürich gereist) abhelfen wird. . . . . Soeben habe ich abermals den Kreis nivelliert und gefunden:

Mai 4. 3′ 18″,7   3′ 28″,2   3′ 10″,4.

»Es wird mir daher sehr wahrscheinlich, dass die gegenseitige Stellung der Mikroskope weit unveränderlicher ist, als ich anfangs dachte; denn sonst würde doch schwerlich das Mikroskop C sich ebenso viel gesenkt, wie das B gehoben und A südlich geschoben haben. Vielleicht liegen die kleinen Unterschiede mehr daran, dass ich den zu nivellierenden Zylinder nicht jedesmal sorgfältig abgewischt habe; ein paar kleine Stäubchen können schon einigen Ausschlag geben. Ein Instrument wie dieses will in allen Teilen äusserst delikat behandelt sein, und ein längerer Gebrauch muss erst alle Vorsichts-regeln lehren.

»Das Ablesen mit Mikroskopen gefällt auch mir (wie BESSEL) mehr wie das mit Nonien; ich zweifle, ob bei diesem Radius letztere eine solche Schärfe geben können. Ein Vorteil bei jenen besteht auch darin, dass man ganz unbefangen abliest, da man, wenn der mittlere Unterschied der Verniers ein-mal bekannt oder äusserst klein ist, unwillkürlich bei den folgenden Verniers immer schon durch die gelesenen etwas präokkupiert ist.«

Weiterhin schreibt GAUSS am 10. Mai 1818 an BESSEL: »Seit dem ersten Mai habe ich mein *Tagebuch* angefangen, aber erst zwei Seiten voll Beobach-tungen erhalten[1]. Die wenigen frühern Beobachtungen lasse ich weg, da sie nur zu den vorläufigen Berichtigungen der Uhr, der Aufstellung, der Gesichts-linie und der Mikroskope dienten. Soviel ich bis jetzt urteilen kann, wird sich viel mit diesem Instrumente leisten lassen. Schlimm ist es, dass der zu der Sternwarte gewählte Platz mir schwerlich verstatten wird, eine Meridian-marke ganz so wie ich wünschte, zu errichten. Im Norden läuft die Meridian-linie durch zahllose Gärten, die mit Obstbäumen mir ein paar Grad ab-schneiden, und im Süden begrenzt meinen Horizont ein Berg, der dicht mit Waldung bewachsen ist. Vielleicht kann ich es dahin bringen, dass diese

---

1) Notizen hierüber stehen im *Handbuch* Ba, S. 74—78. — BRDL.

durchgehauen wird; vorläufig werde ich also mein Zeichen am Fuss dieses Berges errichten müssen, wo es nie so gut zu sehen sein kann, als wenn es im Norden sich gegen den Himmel projizierte. Indessen verspreche ich mir eine gute Wirkung von der Einrichtung, die ich zu wählen denke; ich denke nämlich zwei Zeichen ein Paar Fuss von einander zu setzen, so dass mein Feld, wenn das Instrument eingestellt ist, so aussieht:

Die Bisektion lässt sich mit grosser Schärfe machen. Ein Meridianzeichen ist mir desto notwendiger, da das Klima hier so äusserst ungünstig ist. In der untern Kulmination habe ich den Polarstern schon 5 oder 6 Mal vollständig beobachtet, in der obern ihn erst 2 Mal sehen können, aber nur in einzelnen Augenblicken so, dass ich zwar die Zenitdistanzen erhielt, aber keinen einzigen Fadenappuls. Eine Rektaszension habe ich also noch garnicht beobachtet. Bei allen Beobachtungen fühle ich den hohen Wert Ihrer Tafeln für die Rektaszensionen der Fundamentalsterne und wünschte nur ähnliche auch für die Deklinationen zu haben. . . . . . .«

Eine Beschreibung des REPSOLDschen Meridiankreises gibt GAUSS nebst Mitteilungen über Beobachtungen des Polarsterns auch in den Göttinger Gelehrten Anzeigen (Werke VI, S. 410) und in einem in den Astronomischen Nachrichten abgedruckten Brief an BODE (Werke VI, S. 415). REPSOLD spricht davon in seiner *Geschichte der astronomischen Messwerkzeuge*, S. 112—113 und weist dort auf einen Brief von GAUSS an ZACH hin, der in ZACHS Correspondance astronomique, géographique etc., Band II, Seite 55 abgedruckt und eine französische Übersetzung des vorerwähnten Briefes an BODE ist.

Über seine ersten Beobachtungen nach dem Einziehen der neuen Fäden berichtet GAUSS an OLBERS am 24. Juni 1818: »Ich habe inzwischen mit meinem REPSOLDschen Kreise schon ziemlich viel observiert. In den ersten Tagen dieses Monats kam REPSOLD von seiner Reise hierher zurück und zog mir neue Spinnfäden ein, 5 vertikale statt der vorigen 3, und 2 horizontale 12,″7 von einander entfernte statt der vorigen 21,″1 von einander abstehenden[1]. . . .

1) Die entsprechende Eintragung steht im *Tagebuch*, S. 8. — BRDL.

Seitdem haben die Beobachtungen an Genauigkeit noch sehr gewonnen. Besonders erfüllt und übertrifft das Instrument als Mittagsfernrohr schon jetzt alle meine Wünsche. Die Übereinstimmung meiner Nordstern-Rektaszensionen unter sich ist in der Tat so gross und so viel grösser als bei andern Astronomen, dass sie meine eigene Bewunderung erregt; sie beweist zugleich die grosse Solidität der Aufstellung. Sehen Sie hier meine bisherigen Resultate[1]) seit Einziehung der neuen Fäden (Juni 3,25 bedeutet 6^h nach der untern Kulmination)

		Beob. AR	Unterschied v. Bessels Tafeln
Juni	3,25	0^h 55^m 58,65	$+ 2,93$
	4,25	58,18	$+ 2,80$
	5,25	58,56	$+ 2,45$
	6,25	58,91	$+ 2,22$
	8,5	56 1,14	$+ 2,97$
	10,25	2,58	$+ 3,20$
	11,25	2,68	$+ 2,59$
	12,5	3,31	$+ 2,36$
	16,75	6,11	$+ 2,13$
	18,25	7,31	$+ 2,26$
	19,25	8,29	$+ 2,51$
	21,25	10,31	$+ 3,08$

»Bei Bessels Tafeln, *Jahrbuch* 1817, ist schon auf die Verbesserung *Jahrbuch* 1818 Rücksicht genommen. Die untere Kulmination vom 3. Juni war bloss an zwei Fäden etwas unsicher beobachtet, sie weicht am meisten von den übrigen ab; die andern stimmen aber beinahe so gut überein, wie man sonst von Sternen im Äquator gewohnt ist. Der beträchtliche Unterschied von Bessels Tafel ist auffallend, ein Teil davon wird durch Lindenaus Nutationsverminderung weggeschafft werden. Ich bediene mich immer der 96-maligen Vergrösserung.

»Die Deklinationen geben zwar meistens eine nicht minder befriedigende Übereinstimmung, wie folgende Probe vom Regulus zeigt:

---

1) Die entsprechenden Beobachtungen stehen im *Tagebuch*, fol. 8—14. — Brdl.

			auf 1818 Anfang reduziert
Kr. im Osten	Juni 4.	$12^0\,51'\,12{,}5$	$12^0\,51'\,10{,}1$
	» 6.	14,1	11,7
Kr. im Westen	» 7.	$15{,}5 - \delta$	$13{,}0 - \delta$
	» 8.	$14{,}7 - \delta$	$12{,}2 - \delta$
	» 9.	12,0	9,5
	» 10.	15,0	12,4
	» 12.	15,1	12,4
	» 13.	13,7	11,0
Kr. im Osten	» 18.	17,1	14,2
	» 21.	$18{,}0 - \delta$	$12{,}0 - \delta$.

»Die Vergleichung geschah immer mit dem Polarstern, von dessen Deklination das Resultat unabhängig ist, wenn die vorhergehende obere und folgende untere Kulmination beobachtet werden konnte; an drei Tagen fehlte letztere, daher hier noch die Korrektion δ von BESSELS Tafeln vorkommt, die im Mittel nach meinen Beobachtungen gegen $+ 1''$ ist. Das Mittel aus diesen Resultaten stimmt nahe mit POND, ORIANI, PIAZZI überein und weicht beträchtlich von demjenigen ab, welches Hr. LITTROW aus BESSELS Beobachtungen gezogen hat. Sie sehen, dass auch die Lage des Kreises im Osten und Westen gar keinen Unterschied machte, obgleich dann an ganz verschiedenen Stellen abgelesen wird; es sind dies gewissermassen Beobachtungen mit zwei verschiedenen Instrumenten. Ein Beweis für die Vortrefflichkeit der Teilung. Sie sehen, dass ich den Kreis hierbei nach PONDSCHER Manier[1]) gebraucht habe. Allein obgleich dies in den meisten Fällen gut geht, so sind mir doch schon ein paar Mal Ausnahmen vorgekommen, die beweisen, dass man sich nicht unbedingt auch nur 12 Stunden auf Unverrücktheit verlassen kann. Die Deklination des Nordsterns selbst habe ich ein paar Mal auf diese Art $4''$ grösser als aus BESSELS Tafel gefunden, welches, wenn diese sie auch $1''$ zu klein geben, eine Verrückung von $6''$ in 12 Stunden voraussetzt (am Pointieren und Ablesen lag es gewiss nicht, auch wurde eigentlich bei jeder Kulmination die Zenitdistanz dreimal beobachtet); auch stimmten die Mikroskope unter sich gut; es sind also nur drei Möglichkeiten:

---

1) Siehe oben S. 95—96. — BRDL.

1. entweder der Stein hat sich etwas gedreht (um eine horizontale Achse von Osten nach Westen, d. i. die eine Seite hat sich im Süden oder Norden etwas gesenkt);

2. oder das Lager, welches die Mikroskope trägt, hat sich etwas gedreht;

3. oder die Verbindung des Kreises oder Fernrohres mit der Achse ist in der Nacht etwas geändert.

»Wäre 1. oder 2. der Fall gewesen, so hätte sich dies auch an der Libelle zeigen müssen; ich bin hierdurch auf die Notwendigkeit geführt, unmittelbar nach jeder Polarstern- und Sonnenbeobachtung oder jeder sehr wichtigen Beobachtung zu nivellieren, welches freilich etwas lästig ist, zumal jetzt, wo die Libelle noch keine Skale hat (die mir REPSOLD schicken wird); allein dies ist nicht zu ändern, und ich möchte darin eine Bestätigung finden von dem, was ich immer geglaubt habe, dass das Nichtversehensein mit Libelle oder Lot bei PONDS Kreise ein grosser Fehler ist; freilich muss es eine Libelle sein wie die REPSOLDsche, mit der man keine halbe Sekunde fehlen kann. Wäre aber No. 3 der Fall gewesen (was ich aber um so weniger glauben kann, da ich selbst in den betreffenden Nächten gar nicht observiert habe und HARDING auch das Instrument damals nicht berührt zu haben versichert), so könnte dies durch die Libelle, wie sie jetzt angebracht ist, nicht erkannt werden, wohl aber mit einer neuen Libelle, die REPSOLD mir auf meinen Wunsch noch liefern wird, und die unmittelbar auf das Fernrohr gestellt wird. Diese neue Libelle und ihre Vergleichung mit der alten, die zwischen zwei Kreisspeichen aufgehängt wird, wird sehr wesentlich sein, um über diesen Umstand Aufschluss zu geben; denn in der Tat ist die Verbindung des Kreises mit der Achse vielleicht, wenn das Instrument einmal unsanft behandelt wird, wohl einer kleinen Veränderlichkeit unterworfen, da jene Verbindung nur von einem kleinen Radius abhängt; jedoch kann hierüber die Erfahrung allein entscheiden. Übrigens sind alle Verbindungen durch Messingschrauben gemacht und am ganzen Instrument ist beinahe gar kein Stahl (bloss die Mikroskopschrauben ausgenommen und die Stellschraube des Kreises für die Höhe — aber nicht die Stellschraube für die beiden Lager)«.

Die in diesem Briefe erwähnte PONDsche Manier bestand darin, dass man die Deklinationen nicht aus den Zenitdistanzen in Verbindung mit der Polhöhe, sondern aus dem Ort des Pols (wie GAUSS es nennt) bestimmte, den man aus beiden Kulminationen des Polarsterns feststellte[1]). Pond benutzte dabei weder ein Niveau noch konnte er seinen Kreis umlegen. Man vergleiche auch die auf den folgenden Seiten abgedruckten Briefe an Gerling und Bessel, wonach Gauss von dieser Methode abging, weil man sich nicht auf die Unveränderlichkeit des Kreises während der drei Beobachtungen verlassen konnte.

Ähnlich berichtet Gauss in dem Briefe an Gerling vom 25. August 1818:

»Über den Repsoldschen Kreis habe ich vor einigen Wochen einen kleinen Aufsatz in die hiesigen Göttinger Gelehrten Anzeigen gegeben, den Sie vermutlich gelesen und daraus die Vortrefflichkeit dieses Instruments mit mehrerm ersehen haben werden. Die Mikroskope sind nicht unmittelbar an dem Stein, sondern an den (schiebbaren Teilen der) Lager befestigt, durch Arme, die sich auf zwei konischen Spitzen drehen, so dass die Mikroskope eine kleine Bewegung senkrecht auf die Fläche des Instruments haben. Dies ist deswegen nötig, weil der Kreis keine absolut vollkommene Ebene ist, und mit Hilfe eines Röllchens an den Mikroskopen, welches auf der Kreisfläche läuft, behalten jene immer genau gleichen Abstand von dieser. Die Mikroskope werden nicht nach der Libelle eingestellt, sondern bleiben, wo sie einmal sind; täglich mehreremal, oder vielmehr nahe bei jeder wichtigen Beobachtung, wird aber nivelliert und dabei die Mikroskope abgelesen (jedes zweimal, weil allemal die Libelle auch umgehängt wird). Meine Erfahrung hat mich von der Notwendigkeit dieses Verfahrens überzeugt; anfangs hatte ich seltener nivelliert und mehr auf die Pondsche Art observiert, indem ich die Sterne auf die nächste Nordstern-Kulmination bezog; allein in 12 Stunden ändern sich die Mikroskope oft um 3 bis 4 Sekunden, und zwar immer gemeinschaftlich, welches auf ein Wanken des Steins, als Drehung um eine horizontale Achse von Ost nach West, zu deuten scheint. Ich halte es für einen Fehler des Pondschen Kreises, dass ihm ein solches Versicherungsmittel, wie meine herrliche Libelle ist, fehlt.

»Ein definitives Resultat für die Polhöhe werde ich erst nach Jahr und Tag geben können, wenn mehrere Zirkumpolarsterne in beiden Kulminationen oft genug beobachtet sind. Vermutlich liegt sie zwischen $51^0\,31'\,49''$ und $50''$ Ich teile Ihnen einige bis jetzt reduzierte Zenitdistanzen auf den Anfang von

---

1) Vergl. Pond (1811—1835 Direktor der Sternwarte Greenwich), Philosophical Transactions 1806.

1818 mit, denen ich Ponds Polardistanzen und die daraus folgende Polhöhe beisetze. Natürlich ist dies Verfahren des Repsoldschen Kreises unwürdig, und umgekehrt, wenn erst aus Zirkumpolarsternen die Polhöhe abgeleitet ist, werden daraus die Deklinationen geschlossen werden müssen. Indessen lässt sich vorläufig hieraus abnehmen, dass meine Deklinationen von den Pondschen wohl nur sehr wenig abweichen werden. Bei a Librae würde die Übereinstimmung mit den übrigen noch grösser sein, wenn ich dieselbe Refraktion wie Pond gebraucht hätte (ich habe Bessels Tafel angewandt). Die Beobachtungen von mehrern andern Sternen habe ich noch nicht reduziert. Die Zahl der Beobachtungen ist nach der Formel $\frac{4ab}{a+b}$ berechnet, wo a die Zahl der Beobachtungen bedeutet, wo der Kreis im Osten war, b die, wo er im Westen war (gemäss meiner Wahrscheinlichkeitstheorie).

Lauter Tag-Beobachtungen:

	Beobb.	Z.-D.	Ponds Poldistanz	Polhöhe
Nordstern U. C.	16,5	-40^0 7' 53,60	1^0 39' 44,35	51^0 31' 50,75
β Ursae min. O. C.	13,7	-23 22 7,18	15 6 2,50	50,32
Capella O. C.	8,9	$+$ 5 43 46,87	44 11 57,65	49,22
Arcturus	18,5	$+31$ 23 43,25	69 51 53,95	49,30
β Leonis	14	$+35$ 56 26,01	74 24 37,50	48,51
α Orionis	8,9	$+44$ 9 57,13	82 38 8,85	48,28
α² Librae	13,7	$+66$ 48 30,11	105 16 38,70	51,41

An Bessel schreibt Gauss über den gleichen Gegenstand am 5. Dezember 1818: »Meine ersten Beobachtungen am Repsoldschen Kreise, die Polarstern-geraden Aufsteigungen und die Uranusopposition, ... werden Sie wahrscheinlich in unsern Gelehrten Anzeigen[1] gefunden haben. Das Instrument hat sich auch seitdem als ein äusserst vollkommenes Mittagsfernrohr bewährt, hingegen bei den Deklinationen (die ich immer nach Ponds Manier durch Vergleichung mit der nächsten oder zweitnächsten Nordsternkulmination bestimmte) zeigten sich öfters Unterschiede grösser als ich erwartet hatte. Ich

---

1) Werke VI, S. 410 f. — Brdl.

habe mich endlich überzeugt, dass diese Manier, bei meinem Instrumente wenigstens, verwerflich ist. Ich habe die Erfahrung gemacht, dass die Mikroskope sich in wenigen Stunden merklich, in 12 Stunden oft 4″, 5″ auch 6″ verstellen, doch nach 24 Stunden immer ziemlich wieder auf den vorigen Punkt zurückkommen. Höchst merkwürdig ist 1) dass diese Verstellung für alle 3 Mikroskope sehr nahe dieselbe ist, 2) dass sie von Mittag bis spät in die Nacht ohne Ausnahme in einem Sinn geht, 3) dass dieser Sinn in Beziehung auf die Teilung entgegengesetzt ist, nachdem der Kreis von der östlichen Lage in die westliche gebracht ist, übrigens aber ungefähr dieselbe Grösse hat. Das Phänomen ist also ganz so, als ob die beiden Pfeiler eine gemeinschaftliche oszillierende Bewegung haben, so dass sie ein paar Stunden

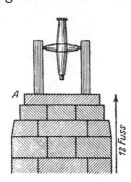

nach Mittag am weitesten nach Norden oben übergeneigt sind, und spät in der Nacht am weitesten nach Süden. Recht klar kann ich mir die Ursache noch nicht machen. Temperatur der Steine oder vielleicht des Steines (A), auf dem beide Pfeiler gemeinschaftlich ruhen, mag im Spiele sein, aber gewöhnlich schreitet die Änderung mit der Temperaturänderung im Zimmer so fort, dass ich auf 1° Reaumur fast 2″ Oszillation rechnen muss, welches doch etwas viel scheint. Am Instrument ist übrigens alles von Messing und durchaus aller Stahl vermieden, lediglich die Mikrometerschrauben ausgenommen, deren verschiedene Ausdehnung aber nur einen s e h r kleinen Teil des Phänomens erklären könnte, und auch nur in der einen Lage des Instruments, während sie bei der anderen Lage damit in Widerspruch sind. Seitdem beziehe ich alles auf das Zenit, bin aber freilich gezwungen, viel öfter zu nivellieren als vorher, welches sehr lästig ist. Meine ältern Beobachtungen habe ich daher grösstenteils verwerfen müssen. Hier einige auf den Anfang von 1818 reduzierte Zenitdistanzen[1]). Viele andere sind noch nicht berechnet:

			Gewicht
α Ursae minoris U. Culm.	− 40° 7′ 53″,62		18,2
β » » O. Culm.	− 23 22 7,17		16,0
Capella	+ 5 43 46,87		8,9

---

1) Vergl. auch den Brief an GERLING auf der vorigen Seite. — BRDL.

		Gewicht
Arcturus	31° 23′ 43″,10	19,8
Aldebaran	35 23 43,50	6,9
β Leonis	35 56 26,01	14,0
α Orionis	44 9 57,13	8,9
α Serpentis	44 31 25,55	10,7
α Librae	66 48 30,11	13,7
Sirius	68 0 14,39	6,0

»Die Beobachtungen sind lauter Tagbeobachtungen und mit Ihrer Refraktion reduziert. Die Anzahl der Nordstern-oberen Kulminationen, seitdem ich immer gleich vorher oder nachher nivelliere, ist noch sehr klein. Meine Polhöhe werde ich also erst nach Jahresfrist kennen. Auch muss ich erst den Apparat zur Bestimmung der Teilungsfehler erwarten[1].«

Über GAUSS' eigentliche Beobachtungstätigkeit mit dem REPSOLDschen Kreise geben in erster Linie die folgenden Briefstellen Aufschluss:

GAUSS an OLBERS, 24. September 1818. — »Den REPSOLDschen Kreis habe ich bisher hauptsächlich für Deklinationen von Hauptfixsternen[2] angewandt; es können jedoch, da ich, durch Erfahrung belehrt, durchaus die Beobachtungen auf das Zenit und nicht nach PONDS Manier auf den Pol beziehe, erst nach Jahresfrist Resultate daraus hervorgehen, die auch dann erst definitiv werden können, wenn ich den Apparat zur Bestimmung der Teilungsfehler[1] erhalten habe.«

GAUSS an BESSEL, 27. Januar 1819. — »Die grosse Stabilität des REPSOLDschen Kreises im Azimut und in der Horizontalität schreibe ich vorzüglich der Vorsicht mit zu, dass beide Pfeiler auf einer grossen Unterlage stehen. Ist dies auch bei dem Ihrigen? — Meine Deklinationsbeobachtungen sind eigentlich erst seit der Zeit zuverlässig, wo ich sie auf das Zenit beziehe und alle Stunde oder zwei Stunden nivelliere[3]. Aus Hamburg habe ich eine neue

---

[1] Vergl. S. 103. — BRDL.

[2] Die entsprechenden Beobachtungen sind im *Tagebuch* des REPSOLDschen Kreises eingetragen. In einem Brief an BODE vom 7. September 1818, der im Berliner Astronomischen Jahrbuch (Werke VI, S. 414) abgedruckt ist, sagt GAUSS: »Von meinen zahlreichen Fixsternbeobachtungen ist erst ein Teil reduziert und ich behalte mir die Mitteilung der Resultate auf die Zukunft vor.« — BRDL.

[3] Vergl. S. 95—96 und S. 97—98 (PONDsche Manier). — BRDL.

Libelle mitgebracht, die REPSOLD auf meinen Wunsch verfertigt hat, und die die erste fast noch übertrifft (unter uns, ich finde, dass REPSOLDS Libellen die REICHENBACHschen übertreffen). Diese Libelle wird unmittelbar auf den Würfel gestellt, an den die zwei Teile des Fernrohrs geschraubt sind. Meine bisherige Erfahrung zeigt ¡ndessen die Differenz zwischen dieser und der alten zwischen den Speichen des Kreises aufgehängten Libelle fast ganz konstant; letztere habe ich noch einmal an REPSOLD zurückgeschickt, um eine Skale anzubringen, die ihr anfangs fehlte, und erst kürzlich habe ich sie zurückerhalten. Beide Libellen sind fast von gleicher Empfindlichkeit, $2\frac{1}{4}$ Millimeter auf die Sekunde einfacher Ausschlag. Seit Ende Oktober[1]), wo ich die neue Libelle gebrauche, habe ich die Beobachtung von 80 bis 100 ausgewählten Zirkumpolarsternen zu meinem Hauptgeschäft gemacht. Ich denke jeden wo möglich 12 Mal in jeder Kulmination zu beobachten, 6 Mal nämlich in der einen, 6 Mal in der andern Lage des Kreises. Bisher habe ich etwa 500 bis 600 Beobachtungen, worunter aber manche wegfallen, weil das schlechte Wetter oft hinderte, die einseitig beobachteten Sterne noch hinreichend oft, ehe der Tag mich übereilte, in der andern Lage zu beobachten. Der Kollimationsfehler[2]) scheint zwar fast absolut konstant (der Zeit nach), ist aber nicht für alle Höhen derselbe. Höchst merkwürdig ist mir aber, dass dieser nach den Höhen veränderliche Kollimationsfehler, welcher, wenn er nach den Zenitdistanzen selbst geordnet wird, gar keine Regelmässigkeit zeigt, eine ganz auffallende Regelmässigkeit zeigt, wenn er nach den Differenzen der Höhen von den nächsten 5^0 geordnet wird, so dass ich mich überzeugt haltè, dass er in der Art der Teilung seinen Grund hat. REPSOLD hat nämlich den Kreis zuerst in 72 Teile von 5^0 zu 5^0 geteilt, nachher die Unterabteilungen mit einer Mikrometerschraube gemacht. Er glaubte, dass der Theorie nach aus dieser Methode kein Fehler von $\frac{1}{4}$ Sekunde entstehen könnte, aber ich glaube, er hat sich geirrt. Unglücklicherweise habe ich jenen so merkwürdigen Umstand nicht bemerkt, ehe ich nach Hamburg reiste, welches ich sehr bedauere, da ich sonst mündlich die hierauf Bezug habenden Details hätte erfahren können. Ich werde nun suchen, schriftlich von ihm, was möglich ist, auszumitteln, die Dimension seines Apparats etc. Soviel hatte er mir früher

---

1) Seit dem 25. Oktober nach Ausweis des *Tagebuchs*. — BRDL.
2) So nennt GAUSS den Fehler des Zenitpunktes. — BRDL.

schon mündlich gesagt, dass er diejenigen 72 Striche, die er zuerst geteilt habe, nicht mehr nachweisen könne. Um Ihnen eine anschauliche Vorstellung von dieser Sache zu geben, setze ich die Kollimationsfehler aus den bisher reduzierten Sternen in doppelter Ordnung her. Mich dünkt, dies Tableau beweist die Vortrefflichkeit der ersten Teilung in 5⁰ auf das schönste . . . .[1].

»Das Vorherrschen der grössern Kollimationsfehler in dem ersten Drittel dieses zweiten Tableaus ist so auffallend, dass man sich nicht enthalten kann, es für reell zu halten. Ist die oben angedeutete Quelle die wahre, so sind wahrscheinlich die 72 Striche der ersten Teilung ungefähr in $(n \times 5^0) + (0^0\,40')$ oder in $(n \times 5^0) - (0^0\,40')$ gewesen. Sie finden leicht, dass der Kollimationsfehler dann eine solche Kurve bildet

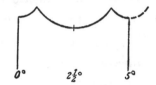

»Dass ein paar Sterne, besonders 34 Cephei, etwas abweichen, mag an den Beobachtungsfehlern (oder zum Teil an örtlichen Teilungsfehlern) liegen, denn unter einer grossen Menge Beobachtungen werden immer auch zuweilen einige vorkommen, wo in den Mitteln eine weniger vollkommene Kompensation stattgefunden hat. Mit Verlangen erwarte ich den Apparat zur Prüfung der Teilung, woran REPSOLD jetzt noch arbeitet[2].

»Resultate aus den Beobachtungen gebe ich Ihnen jetzt noch nicht, ich muss warten, bis erst die entgegengesetzten Kulminationen beobachtet werden können. Bald werde ich damit anfangen. Leider fühle auch ich schon zuweilen die Leiden der praktischen Astronomen. Eben jetzt bin ich mit inflammierten Augen geplagt gewesen und noch jetzt darf ich nicht wohl mehr als 2 Stunden täglich beobachten.«

Auf diesen Brief antwortet BESSEL am 1. April 1819 unter anderem: »Wie vielen Dank bin ich Ihnen für Ihren so sehr lehrreichen Brief vom 27. Januar schuldig! Was ist nicht alles zu bemerken, ehe unsere Beobachtungen wirklich bis auf kleine Teile sicher werden. Ihre Bemerkungen über den REP-

---

1) Hier folgt eine Tabelle der Werte des Zenitpunkts, wie sie sich aus den Beobachtungen von 38 Sternen ergeben. — BRDL.

2) Siehe S. 103. — BRDL.

soldschen Kreis sind in dieser Hinsicht das feinste, was wir haben, und recht geeignet, die Astronomen aufmerksam zu machen, dass nicht jeder, der einen Kreis umdrehen kann, im Stande ist, eine einzelne Sekunde zu beobachten. Schreiten wir auf diesem Wege fort, so werden wir bald genug erfahren, was es mit den Rätseln in der praktischen Astronomie für eine Bewandtnis hat. Aber wie viele Astronomen sind denn vorhanden, die einer ähnlichen Aufmerksamkeit fähig wären? — Ich habe schon oft gedacht, dass nicht alles Gold ist, was glänzt.«

Endlich möge noch folgende Stelle aus einem Briefe von Gauss an Olbers vom Mai 1819 hier Platz finden: »Ich habe dieser Tage einige neue Beobachtungen am Repsoldschen Meridiankreis diskutiert, um den wahrscheinlichen Fehler der beobachteten Antritte an die einzelnen Fäden zu bestimmen. Littrows Verfahren (Zeitschrift V, S. 12) ist unrichtig; nach Verbesserung seiner Fehler findet sich aus den dortigen Datis der wahrscheinliche Fehler eines von Bessel beobachteten Antritts nicht $= 0''10$, sondern $= 0''130$. Aus meinen Beobachtungen, die ich diskutiert habe, folgt:

$$0''087 \text{ aus Arcturus-Beobachtungen, Gewicht } 35$$
$$0{,}114 \text{ aus } \alpha \text{ Persei-} \qquad » \qquad » \qquad 55$$
$$0{,}137 \text{ aus } \alpha \text{ Cassiopeiae-} \qquad » \qquad » \qquad 29$$
$$0{,}115 \text{ aus } \varkappa \text{ Draconis-} \qquad » \qquad » \qquad 44.$$

Mein wahrscheinlicher Fehler scheint also etwas geringer als bei Bessel. Ich weiss nicht recht, wie dies zugeht. Bessel hat längere Übung als ich; seine Uhr schlägt vermutlich noch etwas schärfer ab als die meinige. Meine stärkere Vergrösserung kann auch die Ursache hiervon nicht sein. Die Vergleichung meiner Sterne unter sich zeigt, dass die Deklination nur schwach dabei mitwirkt, und der wahrscheinliche Fehler hat nicht die Form $\alpha \sec \delta$ (wie Bohnenberger zu glauben scheint), sondern die Form $\sqrt{\alpha^2 \sec^2 \delta + \beta^2}$, wo α vom Fehler des Sehens, β vom Fehler des Ohrs abhängt und wo, wie die Vergleichung meiner Sterne zeigt, α viel kleiner sein muss als β. Um α zu bestimmen, muss man denselben Versuch bei Sternen machen, die dem Pol sehr nahe stehen, welches ich aber noch nicht besonders genau untersucht habe; doch dürfte mein α vielleicht nur halb so gross sein als bei Bessel, was durch die stärkere Vergrösserung und feinern Fäden sehr erklärlich ist.

Allein dass mein β auch noch etwas kleiner ist als bei BESSEL, nimmt mich, wie gesagt, etwas Wunder. Es wäre interessant, diese Grössen für viele Beobachter und Instrumente zu diskutieren. Da ich erwarten kann, dass bei REICHENBACHS Mittagsfernrohr für mich α und β wenigstens nicht grösser ausfallen werden, als bei REPSOLDS Instrument, und jenes 7 Fäden hat, so wird, wenn jenes Instrument dieselbe Stabilität hat wie dieses, ein einjähriger Kursus gewiss ebenso zuverlässige Resultate hervorbringen, als ein dreijähriger von Königsberger Beobachtungen. Ich habe keinen Zweifel, dass BESSEL seine Meinung von seinen Instrumenten etwas herabstimmen wird, wenn er erst im Besitz des REICHENBACHschen Meridiankreises sein wird.

»Bald werde ich nun auch den Apparat in Tätigkeit setzen, um die Teilungsfehler des REPSOLDschen Kreises zu bestimmen. Ich habe darüber bereits mehrere höchst merkwürdige Erfahrungen[1]). Sonnen-Beobachtungen habe ich noch nicht sehr viele gemacht, aber alle konkurrieren, dasselbe Resultat zu geben, was die Repetitionskreise[2]) gegeben haben. Die Polhöhe aus Sonnen-Beobachtungen ist etwa 5″ kleiner als aus Zirkumpolarsternen; ebenso stimmen meine Deklinationen südlicher Sterne nicht mit den BESSELschen, sondern sehr nahe mit den PONDschen überein und fallen eher noch jenseits. Inzwischen beweist dieses alles noch garnichts entschieden. Über die Konstantenfehler der Höhenmessungs-Instrumente sind noch von Niemand Untersuchungen angestellt, auch von BESSEL nicht. Meine Meinung ist, dass jedes Instrument hierbei ein Individuum ist, und dass wir das Wahre noch garnicht kennen. Jedes Instrument wird seinem Bau nach, sowie wegen der Biegungen der Teile Fehler der gemessenen Zenitdistanzen von der Form $\alpha \sin z + \beta \cos z$ haben; der zweite Teil fällt weg bei Instrumenten, die umgewandt werden können, also nicht bei PONDS Kreise, aller Wahrscheinlichkeit nach ist er aber unmerklich. Allein der erste Teil kann meiner Meinung nach durch alles Äquilibrieren nicht mit Gewissheit weggeschafft werden, und ich sehe durchaus kein Mittel, ihn zu erforschen, als durch den Quecksilberhorizont. Leider sind diese Beobachtungen sehr mühsam, und ich habe bisher nur erst ein paar gemacht, die zeigen, dass α bei REPSOLDS Kreise nur sehr klein sein kann. Wäre BESSELS Kreis fehlerfrei, so müsste nach den Resul-

---

1) Hierüber finden sich Notizen im *Handbuch* Ba (15), S. 100—107. — BRDL.

2) Vergl. die oben besprochenen Beobachtungen mit dem BORDAkreise. — BRDL.

taten zu schliessen, α bei PONDS Kreise etwa $= -3{,}''3$ und bei REPSOLDS Kreise $= -4{,}''8$ sein, was anzunehmen mir schwer wird; eher möchte ich zugeben, dass PONDS Kreis fehlerfrei sei, und $\alpha = -1{,}''5$ bei mir und $= +3{,}''3$ bei BESSEL. Immer bleibt mir einiger Unterschied zwischen Mittelpunkt der Sonnenfigur und Schwerpunkt sehr wahrscheinlich[1]). Leider kommt die Ungewissheit der Refraktion dazu; die Sonnenbeobachtungen darf man ohne Petitio principii nicht mit zuziehen und bei den Zirkumpolarsternen wird wohl immer 1 Prozent Ungewissheit bleiben. Meine eigenen Beobachtungen würden sogar sehr entschieden zeigen, dass die BESSELsche Refraktion etwas vermindert werden müsse, wenn nicht die Teilungsfehler erst noch untersucht werden müssten. Bis dahin muss ich mein Urteil noch suspendieren.«

Wir ersehen aus dem Briefwechsel und dem noch vorhandenen Material, dass GAUSS einen umfangreichen Beobachtungsplan aufgestellt hatte, von dem er auch einen grossen Teil ausgeführt hat, ohne ihn jedoch zum Abschluss zu bringen und ohne die Ergebnisse, mit Ausnahme der gelegentlich im Meridian angestellten Planetenbeobachtungen, zu veröffentlichen. Im Inventar der Göttinger Sternwarte befindet sich ausser dem oft genannten *Tagebuch* des REPSOLDschen Kreises und den beiden *Tagebüchern* der REICHENBACHschen Meridianinstrumente noch ein Buch mit dem Titel *Rechnungen und Notizen, die Beobachtungen an den Meridiankreisen betreffend.* Dies Buch enthält auf den ersten Seiten unter der Überschrift »Verzeichnis zu beobachtender Sterne« eine, übrigens nicht vollständig ausgefüllte Liste von 316 Sternen, in der die Zirkumpolarsterne vorherrschen und übrigens doppelt aufgeführt und gezählt sind, entsprechend der Beobachtung in beiden Kulminationen. Das Buch enthält weiterhin einige wenige Notizen und einzelne Reduktionen der Beobachtungen am REPSOLDschen Kreise und eine Zusammenstellung der Ergebnisse bis Ende 1818 unter der Überschrift »Resultate der beobachteten Zenitdistanzen bis Ende 1818«. Dabei ist die daraus folgende Polhöhe angegeben unter der Annahme der Deklinationen nach BESSEL, PIAZZI, POND und ORIANI. Weiterhin finden sich in dem Buche noch einige Notizen über das REICHENBACHsche Passageninstrument und eine Zusammenstellung von Reduktionsformeln.

Nach dem *Tagebuch* hat GAUSS in der Zeit vom 3. Juni 1818, nach Ein-

---

1) Vergl. oben S. 62 und 63. — BRDL.

ziehung der neuen Fäden, bis zum 27 September an 83 Tagen verschiedene Hauptsterne, an einigen Tagen nur die Sonne oder den Polarstern beobachtet. Die Beobachtungen fallen fast ausnahmslos in die Zeit von Mittag oder frühem Nachmittag bis in die späten Abendstunden und betreffen täglich meist 10 bis 15 Sterne. In der Zeit von Ende September bis Ende Oktober befand sich GAUSS in Lüneburg, um die auf Seite 88 erwähnten Messungen auf dem Michaelisturm auszuführen. Nach seiner Rückkehr wandte er sich fast ausschliesslich der Beobachtung von Zirkumpolarsternen zu (vergl. den oben Seite 100 abgedruckten Brief an BESSEL). Das *Tagebuch* weist vom 23. Oktober 1818 bis 21. August 1819 im ganzen 141 Beobachtungstage auf, an denen ausser den Zirkumpolarsternen nur vereinzelt Südsterne und die Sonne, im Juli und August Jupiter und der Komet 1819 II, beobachtet wurden. Auch diese Beobachtungen, die in der Zeit von April bis Mai besonders zahlreich sind und täglich bis zu 30 Sterne umfassen, fallen stets in die Stunden vom frühen Nachmittag bis zum späten Abend.

Am 23. August 1819 wurde der Kreis abgenommen, worüber sich im *Tagebuch* folgende Notiz findet: »Der Kreis wurde am 23. August abgenommen, um die Pfeiler zur Aufnahme des Apparats zur Prüfung der Teilungen vorzurichten, und andere Einrichtungen in dem Zimmer zu treffen. Anfang Oktober wurde der Kreis wieder aufgestellt. Da die Fädenbeleuchtung besonders für kleine Sterne bisher immer schwierig gewesen war, so wurde der Beleuchtungsspiegel von neuem plan geschliffen und matt versilbert. Da auch dies noch nicht zureichend befunden war, die äusserst feinen Fäden immer gut zu beleuchten, so nahm ich diese heraus und zog dafür stärkere ein, und zwar nunmehro 7 vertikale«.

In derselben Zeit begannen auch die ernstlichen Beobachtungen am REICHENBACHSCHEN Passageninstrument, das schon im September 1818 aufgestellt war (vergl. weiter unten), und GAUSS wandte nun sein Hauptaugenmerk auf dieses Instrument. Nach der Wiederaufstellung des Kreises liefen zunächst die Beobachtungen an beiden Instrumenten neben einander her. Mit dem Kreise beobachtete GAUSS im Oktober noch häufig verschiedene Hauptsterne, im November werden die Beobachtungen spärlicher und mit dem 20. Januar 1820 schliesst das *Tagebuch* gänzlich; in dieser Zeit lassen sich nur 24 Beobachtungstage feststellen. Die Veranlassung dazu, dass GAUSS seine Beobachtungen mit dem Repsoldschen Kreise einschränkte und schliesslich gänzlich einstellte, gab das Eintreffen des Reichenbachschen Meridiankreises, der im Oktober 1819 aufgestellt wurde.

Er schreibt am 1. Mai 1820 an Olbers: »Allein für jetzt habe ich wenig Lust, mit dem letztern[1]) viel zu beobachten, da die Beobachtungen bei weitem schlechter unter sich harmonieren als beim Reichenbachschen, so dass ich mit jenem immer erst eine viel grössere Anzahl Beobachtungen machen muss. Nach den Erfahrungen, die ich nun gemacht habe, schreibe ich dies hauptsächlich der Hemmungsart zu, und ich werde daher künftig auch am Repsoldschen Kreise eine veränderte Hemmung anbringen lassen, bei der der Kreis selbst ganz frei bleibt.«

Einen Teil der Beobachtungen am Kreise hat Gauss, wie schon erwähnt (siehe die Fussnoten oben Seite 90, 91 und 103) im *Handbuch* Ba (15) auf den Seiten 44—50, 63—85, 93—107 reduziert. Die Reduktion der Beobachtungen der Zirkumpolarsterne aus der Zeit vom 27. Oktober 1818 bis zum 27. Juni 1819 hat er im *Handbuch* Bc (17), Seite 147—182 ausgeführt. Übereinstimmend mit dem *Tagebuch* und dem Briefe an Bessel vom 27. Januar 1819 (abgedruckt oben Seite 100) umfassen diese Aufzeichnungen bis zum letztgenannten Datum etwa 400 bis 500, und in der ganzen Zeit etwa 1000 Beobachtungen der im Briefe an Bessel genannten und einiger anderen Sterne, gegen 50 an Zahl.

Auffallen wird, dass Gauss die Beobachtungen am Repsoldschen Kreis, wie auch schon die mit dem Bordaschen und die späteren an den Reichenbachschen Instrumenten ausschliesslich selbst machte; nur bei den gleichzeitigen Beobachtungen des Jupiter und des Kometen 1819 II (Werke VI, S. 424) am Repsoldschen Kreise und am Passageninstrument beobachtete Harding am ersteren, sowie einige Male am letzteren; ebenso beobachtete ausnahmsweise Encke im Oktober 1819 und Struve im August 1820 einige Durchgänge am Passageninstrument zusammen mit Gauss. Nirgends sonst, mit Ausnahme der späteren Jahre, in denen Gauss nicht mehr regelmässig beobachtete, findet sich ein Anzeichen dafür, dass Gauss diese Instrumente einem Anderen zum Beobachten überliess. Olbers macht im Briefe vom 2. Juni 1818 eine dahingehende Anspielung; er schreibt: »Sie hatten die Güte, mich neulich aufzufordern,

---

1) Dem Repsoldschen Kreise. — Brdl.

Ihnen ausser den gewöhnlichen noch einige Beobachtungsgegenstände vorzuschlagen. Besonderes wüsste ich jetzt gerade nichts. . . . . . . Aber könnte eine so reich mit Instrumenten dotierte Sternwarte, wobei es Ihnen ausser Herrn Professor HARDING selten auch an andern geschickten und eifrigen Gehülfen fehlen wird, ausser den laufenden gewöhnlichen Beobachtungen nicht auch gleich eine grosse Arbeit anfangen, die zwar erst in mehreren Jahren zu vollenden ist, aber einen bleibenden Nutzen gewähren wird und noch viele Entdeckungen verspricht? Ich meine eine Revision und Komplettierung der französischen *Histoire Céleste* von LALANDE. Sie sehen, dass ich dabei nur auf Ihre Gehülfen rechne. Denn es wäre unverantwortlich, wenn Sie selbst Ihre für die Wissenschaft so kostbare Zeit mit Beobachtungen der Appulse kleiner Sterne an die Fäden des Fernrohrs zubringen wollten.« GAUSS antwortet am 24. Juni: »Eine Revision der *Histoire Céleste* halte ich mit Ihnen für ein nützliches Unternehmen. Viele glänzende Ausbeute ist aber wohl nicht davon zu erwarten, da das meiste der Art schon durch HARDINGS Revision hat oder hätte gefunden sein können. . . . . Übrigens habe ich jetzt auch gar keine jungen Leute hier, die ich zu einem solchen Geschäft brauchen könnte. Mir deucht, am leichtesten würde es gehen, wenn viele Astronomen sich darin teilten, und zur Revision von einem oder ein paar Tausend Sternen würde ich mich dann gern erbieten.« WOLF sagt in seiner *Geschichte der Astronomie*, Seite 522: »als z. B. der REICHEN-BACHsche Multiplikationskreis[1]) 1812 in Göttingen aufgestellt war, durften zwar ENCKE und NICOLAI, wenn GAUSS observierte, leuchten und Beobachtungen niederschreiben, doch anfassen durfte ausser GAUSS Niemand das Instrument, und einmal schreibt ENCKE[2]): »Der Kreis von REICHENBACH[1]) ist wunderschön, und noch jetzt zieht GAUSS Handschuhe an, wenn er ihn anfasst«.

Auch gelegentlich der Hannoverschen Landesvermessung beklagt BESSEL, dass GAUSS einen grossen Teil seiner Zeit mit der Ausführung untergeordneter Arbeiten verliere; er schreibt in einem undatierten Brief Anfang 1823, nachdem er von den Vorteilen der Landesvermessung gesprochen hat: »Dieses ist nun die gute, sehr gute Seite Ihres Unternehmens, aber die schlechte habe ich lange vorher gefühlt, ehe Sie darüber klagten; solcher Zeitverlust ist nicht

---

1) Gemeint ist der BORDAkreis. — BRDL.
2) C. BRUHNS, *Joh. Franz Encke*, Leipzig 1869.

für Sie. und Sie sollten sich demselben nur in so fern unterziehen, als zur
Vollendung der Theorie des Gegenstandes notwendig ist. Diese kann im
Zimmer nie so gut ausgeführt werden, als bei der Ausübung, indem die Bedürfnisse sich erst bei der Ausübung darbieten; aber ein Dreieck oder zwei
wären genug, um alles kennen zu lernen, was etwa entgangen wäre, und das
übrige müsste N. N. machen und nicht GAUSS.« Dagegen muss berücksichtigt
werden, dass GAUSS nicht wagte, die feineren Beobachtungen HARDING anzu-
vertrauen und keinen anderen Gehilfen besass. Über die hieraus und aus
der Stellung HARDINGS erwachsenden Schwierigkeiten finden sich mehrfach
Äusserungen im Briefwechsel, im besonderen in dem Briefe von GAUSS an
SCHUMACHER vom 4. März 1821 und von OLBERS an BESSEL vom 26. April 1816.

6. Periode, REICHENBACHsche Instrumente 1818—1820.

Nach dem Eintreffen der REICHENBACHSCHEN Instrumente, des Passageninstruments und des Meridiankreises, ging GAUSS mit seiner gewohnten Sorgfalt an die Benutzung beider, aber auch hier dauerte seine eingehende Beschäftigung mit ihnen nur verhältnismässig kurze Zeit, da im Jahre 1820
bereits die Vorbereitungen für die Hannoversche Landesvermessung begannen.

Eine Beschreibung des Passageninstruments[1] gibt GAUSS in den Göttingischen Gelehrten Anzeigen vom Oktober 1819 (Werke VI, S. 422) und im
Berliner Astronomischen Jahrbuch für 1822 (Werke VI, S. 425); er rühmt
dabei die vorzügliche Optik des Instruments, in der es dem REPSOLDschen
Meridiankreise überlegen sei. Den wahrscheinlichen Fehler der Beobachtung
eines Fadenantritts nahe im Äquator findet er aus fast 300 beobachteten
Sternen zu $0^s_{\cdot}095$. Auch die Vorrichtung zum Umlegen hebt er hervor, das
sich nach einer vom Mechaniker RUMPF in Göttingen getroffenen Einrichtung
in etwa 5 Minuten bewerkstelligen liess, während es beim REICHENBACHschen
Kreise etwa 8 Minuten und beim REPSOLDschen über eine halbe Stunde in
Anspruch nahm.

An OLBERS schreibt er am 24. September 1818: »Das REICHENBACHsche
Mittagsfernrohr habe ich nun auch aufgestellt, es fehlt aber noch allerlei, so

---

1) Vergl. auch JOH. A. REPSOLD, *Zur Geschichte der astronomischen Messwerkzeuge*, Bd. I, S. 102
und Figur 144.

dass meine Beobachtungen eigentlich noch keinen Wert haben und nur als vorläufige anzusehen sind. Ich beobachte daher jetzt eigentlich nur den Nordstern bei Tage, um die Fadenintervalle zu erhalten. Diese sind nur 10$\overset{s}{.}$3 im Äquator und die Anzahl der Fäden 7. Die Fäden selbst sind zwar auch von meinen Antagonisten, den Spinnen, aber viel gröber als die REPSOLDschen, ausserdem ist die Beleuchtung gleichförmiger und die optische Kraft des Fernrohrs bedeutend grösser. Es hat daher eben keine Schwierigkeit die Pallas zu observieren, sowie die Nebulosa Aquarii (was im REPSOLDschen Instrument nicht geht, wenigstens meinen Augen mehrere Male misslang). Ich habe mehrere Abende den 4/6 Saturntrabanten am Passageninstrument bei guter Beleuchtung mit observiert, die optische Wirkung dieses Instruments ist wahrhaft prachtvoll. β Ursae minoris zeigt sich bei Tage ungefähr wie ♀ dem blossen Auge in der Abenddämmerung, α Librae beobachte ich noch jetzt bei Tage, womit ich an REPSOLDS Kreise schon seit vier Wochen aufhörte, α Herculis zeigt sich noch immer sehr schön als Doppelstern etc. Zum Stellen ist dieselbe Einrichtung wie am Greenwicher Passageninstrument, nämlich am Fernrohr ein Kreis mit einer Libelle; bis jetzt finde ich jedoch diese Einrichtung zeitraubender als die gewöhnliche, wo man nur Eine Operation hat, so wie hier zwei. Kleine Sterne bei Tage mit der stärksten Vergrösserung, die nur 9′ Feld hat, verfehle ich noch öfters. Übung wird hier wohl helfen« — und im Mai 1819:

»Mein herrliches REICHENBACHsches Mittagsfernrohr habe ich bisher eigentlich noch gar nicht im Ernst brauchen können, weil die Maschine zum Umlegen noch fehlte. Diese ist jetzt durch den hiesigen Mechaniker RUMPF vollendet und wird in den nächsten Tagen angeschlagen werden. Leider fehlt mir nur noch eine zweite Uhr, die mit der SHELTONschen zu vergleichen wäre« — und endlich am 16. September 1819:

»Noch besser werden Sie die Harmonie der Beobachtungen aus den Vergleichungen von γ und β Aquilae mit α Aquilae erkennen; es ist die Korrektion der aus BESSELS Tafeln entlehnten relativen Stellungen gegen α, welche ich in folgendem Tableau darstelle:

	γ	β			γ	β
Juli 27.	− 0,̈09	+ 0,̈03	August 23.		− 0,04	− 0,̈01
» 28.	− 0,08	− 0,03	» 25.		− 0,01	+ 0,17
» 29.	− 0,19	+ 0,01	» 26.		+ 0,02	− 0,05
» 30.	− 0,17	− 0,11	» 27.		− 0,06	− 0,08
August 1.	− 0,03	0	» 28.		− 0,17	− 0,13
» 3.	+ 0,05	− 0,05	September 4.		− 0,01	− 0,22
» 4.	− 0,06	+ 0,12	» 5.		− 0,06	− 0,13
» 5.	− 0,06	+ 0,01	» 7.		0	+ 0,01
» 11.	—	+ 0,02	» 8.		—	− 0,09
» 12.	− 0,14	—	» 9.		− 0,13	− 0,11
» 13.	− 0,16	—	» 10.		− 0,03	− 0,08
» 18.	+ 0,01	+ 0,02	» 11.		− 0,08	− 0,13
» 19.	—	− 0,04	» 12.		− 0,04	− 0,07
» 21.	+ 0,09	− 0,08				

Im Mittel 24 Beobachtungen von γ   − 0,̈061

25 Beobachtungen von β   − 0,041

BESSELS neuer Katalog gibt für γ   − 0,076

für β   − 0,032.

»Meine Wahrscheinlichkeitstheorie gibt hieraus den wahrscheinlichen Fehler Einer Vergleichung

aus γ   0,̈048

aus β   0,055

im Mittel   0,052.

»Da dieser Fehler aus den Fehlern bei zwei beobachteten Sternen zusammengesetzt ist, so wird der wahrscheinliche Fehler der Beobachtung Eines Sterns

$$= 0,̈037.$$

»Dies stimmt sehr nahe überein mit meinem Resultat für den wahrscheinlichen Fehler Eines Appulses, den ich = 0,̈095 gefunden habe.«

Nicht uninteressant ist, was er an OLBERS über das Fadenkreuz schreibt, nämlich am 24. Juli 1818: »Den Nebelfleck im Wassermann werde ich nächstens zu beobachten[1]) versuchen. Ich fürchte nur, dass bei lichtschwachen Gegenständen meine Fäden zu fein sind. Bei derjenigen Beleuchtung, die Sterne 8. und 9. Grösse vertragen, sieht das Auge diese Fäden schon nicht ohne Anstrengung. Und doch möchte ich diese feinen Fäden ungern missen, da die Beobachtungen selbst, namentlich die bei Tage, sehr dadurch an Genauigkeit gewinnen. Finde ich, dass die Beobachtungen der Pallas z. B. nicht gut gehen wollen, so ziehe ich wohl selbst noch zwischen mein Netz neue stärkere Fäden ein, etwa nach folgender Figur:

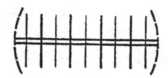

»Die horizontalen Fäden sind an sich schon etwas dicker und werden schon bei schwächerer Beleuchtung gut erkennbar.«

Ferner am 16. Oktober 1819, wo er ebenfalls über den REPSOLDschen Kreis spricht: »Auch habe ich, da die so äusserst feinen Fäden[1]) nicht gut so zu beleuchten waren, um auch kleine Sterne beobachten zu können, zuerst den Spiegel herausgenommen, ganz eben schleifen und matt versilbern lassen. Da jedoch auch dies noch nicht helfen wollte, so habe ich die Fäden herausgerissen und andere, dickere eingezogen. Die Einrichtung des REICHENBACHschen Mittagsfernrohrs ist mir so angenehm geworden, dass ich sie hierbei nachgeahmt und statt der vorigen 5 Fäden jetzt 7 mit engern Intervallen (zwischen 10^s und 11^s für den Äquator) eingezogen habe. Leider hatte ich in dieser Jahreszeit nicht viel Auswahl mehr unter Spinnenfäden, doch ist es mir zu meiner Zufriedenheit gelungen. Ich denke, dass es nun keine Schwierigkeiten haben wird, auch die kleinen Planeten mit diesem schönen Instrumente zu beobachten.« Im Briefe an OLBERS vom 1. Mai 1820 äussert sich GAUSS sehr eingehend über das Einziehen der Fäden, das er, wie wir im vorigen gesehen haben, selbst ausführte.

Das auf der Göttinger Sternwarte noch vorhandene *Tagebuch der Beobachtungen am Reichenbachschen Mittagsfernrohr* beginnt mit dem 26. August 1819. Die vor dieser Zeit liegenden Beobachtungen sind in dem *Beobachtungsbuch* Pg (31 b), S. 14—28 eingetragen; die letzteren umfassen die Zeit vom 27. Juli bis

---

1) Am REPSOLDschen Kreise. — BRDL.

29. August   Die Eintragungen vom 26. bis 29. August finden sich in beiden Büchern gleichlautend.   Die unmittelbar am Instrument gemachten Aufzeichnungen dürften auch hier nicht aufzufinden sein.   Die erwähnten ersten Beobachtungen betreffen etwa 30 Hauptsterne; daneben wurde die Sonne, der Mond, Jupiter, Venus, Uranus und der Komet 1819 II beobachtet.   Vom 26. August bis zum 27. Dezember 1819 weist das *Tagebuch* 53 Beobachtungstage auf.   Sodann wurde es zur Verbesserung der Beleuchtung nach einer Notiz des *Tagebuchs* abgenommen und am 31. Dezember wieder aufgestellt. Vom 1. Januar 1820 bis zum 16. Mai 1821 lassen sich 151 Beobachtungstage nachweisen.   Im Sommer 1821 trat eine lange Pause ein, weil GAUSS bereits mit der Triangulation für die Landesaufnahme beschäftigt war.   Nach der Wiederaufnahme der Beobachtungen am 23. Oktober werden die Beobachtungen allmählich spärlicher.   Nach dem März 1822 findet man im *Tagebuch* nur noch vereinzelte Beobachtungen im November und Dezember 1822, eine einzelne Mondbeobachtung im Dezember 1823, und endlich nach langer Unterbrechung vereinzelte Beobachtungen im Februar und März 1851!

Unter dem Datum des 10. September 1827 findet sich im *Tagebuch* eine Eintragung über die Messung der Fadenintervalle des Mittagsfernrohrs mit dem Heliometer.   Im *Handbuch* Ba (15), S. 153 sind die vom 26. August bis 25. September 1819 beobachteten Sterne unter der Überschrift »Fundamentalsterne am Mittagsfernrohr« zusammengestellt mit Angaben, die anscheinend den Stand der Uhr betreffen.

Die zwischendurch angestellten Beobachtungen des Saturn und der Vesta vom September 1819 und der Pallas und des Mars vom Januar 1820 sind veröffentlicht (Werke VI, S. 428).   Dagegen scheinen die ebenfalls aus dem *Tagebuch* nachzuweisenden Beobachtungen des Merkur, der Venus und der Ceres (vergl. Werke VI, S. 429) nicht reduziert worden zu sein.

Die Beobachtungszeiten fallen auch hier, wie beim REPSOLDschen Kreise in die Nachmittags- und späten Abendstunden, nur einige wenige in die Morgenstunden.

Unter dem Datum des 8. Mai 1821 verweist GAUSS im *Tagebuch* gelegentlich einer Notiz über die LIEBHERRsche Uhr auf ein »Umlegebuch«, wonach zu vermuten ist, dass er noch andere Notizbücher bei seinen Beobachtungen benutzt hat, über deren Verbleib nichts bekannt geworden ist.   Auch die vier nachträglich auf der Göttinger Sternwarte aufgefundenen *Tagebücher* sind nicht dem Gaussarchiv einverleibt und daher bei der Bearbeitung des Bandes XI, 1 übersehen worden.

In den Jahren 1819—1822 wurden auch auf Gauss' Vorschlag von ihm selbst, von Nicolai in Mannheim, Soldner in München und Encke in Seeberg die Rektaszensionen des Mondes und einiger Mondsterne zur Bestimmung der Längenunterschiede[1]) beobachtet, und auch Bessel und Struve nahmen später daran teil. Die Beobachtungen wurden durch längere Jahre fortgesetzt, jedoch beteiligte sich Gauss nur bis zum Juli 1820[2]) daran.

Bessel schreibt aus diesem Anlass an Gauss am 10. Januar 1820: »Ihr Vorschlag zu gemeinschaftlichen Mondbeobachtungen ist vortrefflich in jeder Beziehung: erstens wird er uns die Bestimmung der Meridiandifferenzen liefern; zweitens wird er am deutlichsten zeigen, wie genau man die Örter beobachten kann; drittens wird er eine Verbindung zwischen die Astronomen und Sternwarten bringen, die manches, was jetzt nicht taugt und was mir, der ich gern ein recht tätiges und kräftiges Zusammenwirken erleben möchte, höchst zuwider ist, aufheben kann. Bringen Sie mehr dergleichen auf die Bahn, so wird bald eine innige Verbindung eintreten, statt des jetzigen törichten Egoismus; die Zeit wird wiederkehren, wo der Eine Freude hat an der Arbeit des Andern. — Schade, dass ich nicht an diesen Beobachtungen habe teilnehmen können; allein treffen Sie doch nochmals eine solche Verabredung und zwar für die Sommermonate, wo das Wetter sicherer ist«, worauf Gauss am 5. März erwidert: »Von den Sternen zur Vergleichung mit dem Monde habe ich auch an Struve das Verzeichnis geschickt. Da diese Beobachtungen vorerst ununterbrochen fortgesetzt werden, so kann die Verknüpfung der Teilnehmer vielleicht auch sonst weiter führen. Sie klagen in Ihrem letzten Briefe den törichten Egoismus der jetzigen Astronomen an; ich verstehe dies, sowie einiges andere in demselben, nicht ganz. Allein ich glaube, dass wenigstens die meisten deutschen Astronomen einen solchen Vorwurf nicht verdienen; wenigstens scheinen mir die, mit denen ich in Verbindung stehe, alle nichts mehr zu wünschen, als mit vereinten Bemühungen für das Beste der Wissen-

---

1) Vergl. den Aufsatz von Nicolai, Astron. Nachr. 1, S. 7 und 2, S. 17 (auch Gauss' Werke VI, S. 443).

2) Vergl. den Brief von Gauss an Bessel vom 17. August 1820.

schaft zu wirken, sowie alle das Absterben der Zeitschrift[1]), die durch das in Genua herauskommende Journal natürlich nicht ersetzt wird, schmerzhaft fühlen. Ob auch ausländische Astronomen ebenso geneigt sein möchten, ihre Arbeiten an die der deutschen Astronomen anzuschliessen, mag ich zwar nicht bestimmen, allein viel anders als jetzt ist es doch wohl in dieser Rücksicht auch sonst nicht gewesen.«

Besonders schwer empfand GAUSS den Mangel einer guten Uhr. Schon im Briefe an OLBERS vom Mai 1819 bemerkt er (oben S. 109), dass ihm »eine zweite Uhr« fehlt, »die mit der SHELTONschen zu vergleichen wäre«. Von der letzteren, die seit 1770 im Gebrauch war[2]), sagt er noch in seinem Bericht an das Kuratorium vom 9. Februar 1815[3]), dass sie noch gut sei, dass aber noch zwei weitere für die neue Sternwarte nötig seien, die jedoch nicht zu den dringendsten Bedürfnissen gehörten. Die beiden älteren Pendeluhren von KAMPE[4]) kamen schon längst nicht mehr in Betracht.

Am 23. August 1819 schreibt er an OLBERS: »Leider will es nur mit der SHELTONschen Uhr gar nicht mehr gehen; gestern habe ich sie reinigen lassen, aber wenigstens die ersten 18 Stunden nachher ist sie ebenso ungleichförmig gegangen wie vorher. Ich werde es noch einige Wochen ansehen und dann versuchen, ob ein Nachschleifen der Zähne des Ankers, die, wie sich jetzt zeigte, doch bedeutend (in 48 Jahren) angegriffen sind, helfen will. Die Vortrefflichkeit des REICHENBACHschen Passageninstruments geht grösstenteils verloren, wenn die Uhr seiner nicht würdig ist.«

Aus diesem Grunde entlieh GAUSS zunächst von REPSOLD eine von dessen Uhren. Anfang Mai erhielt er eine LIEBHERRsche Uhr, wie aus einem Briefe an BESSEL vom 12. Mai 1820 hervorgeht. Die betreffenden Briefstellen mögen ihres Interesses wegen hier Platz finden.

---

1) Die von LINDENAU und BOHNENBERGER 1816 als Fortsetzung der eingegangenen »Monatlichen Korrespondenz« begründete »Zeitschrift für Astronomie« erschien nur bis 1818, in welchem Jahre v. ZACH in Genua unter dem Titel »Correspondance astronomique« eine neue Zeitschrift begründete. — BRDL.

2) Vergl. oben S. 52.

3) Werke XI, 1, S. 295.

4) Oben S. 44.

BESSEL schrieb an GAUSS am 30. April 1820: »Meine Uhr[1]) ist bei REPSOLD gewesen, der sie sehr gut verbessert hat. Der Anker war ausgeschliffen, weshalb REPSOLD einen neuen von orientalischen Granaten gemacht hat, welches bekanntlich sehr harte Steine sind. Auch hat er auf meine Bitte das ganze Werk in einen fest schliessenden Kasten von Messing eingeschlossen, so dass nur unten eine Öffnung ist, durch welche wohl kaum Staub in die Uhr kommen wird, da das Gehäuse fest verleimt ist und ausser seiner Tür noch einen mit Seidenzeug bezogenen Rahmen hat. Diesen Verbesserungen zufolge ging die Uhr vollkommen gut, so dass ich sie fast zwei Monate lang bis auf weniger als 1^s mit der Sternzeit zusammenstimmen sah; mit dem April aber fing sie an vorzueilen, so dass sie endlich fast eine halbe Sekunde täglich gewann. Der Grund zeigte sich bald in einer sehr hörbaren Reibung am Anker, die mich endlich zwang, die Uhr abzunehmen. Durch eine Lupe betrachtet scheint der eine der Steine schon wieder ein wenig angegriffen zu sein; ich weiss dieses ewige Schleifen und Reiben garnicht zu erklären, habe aber noch ein Mittel versucht, was vielleicht dem Übel abhilft. Es rührt nämlich offenbar von einem Mangel an Öl her, und doch fand ich, als ich die Uhr abnahm, das REPSOLD etwas an den Anker gebracht hatte; ich glaube nun, dass man nur suchen muss, das Öl am Anker zu erhalten, und dass dieses geschehen wird, wenn man nur äusserst wenig davon nimmt und dieses so anbringt, dass es den Zahn nicht verlassen kann; — demzufolge habe ich alles alte Öl weggenommen und statt dessen ein sehr kleines Tröpfchen auf die Mitte der Zähne des Ankers gebracht, so dass es sich weder unter die Fassung der Steine noch seitwärts ziehen kann. Wenn das Steigrad es nicht nach und nach verteilt, so muss dieses Mittel helfen. Sie würden mir einen grossen Dienst erweisen, wenn Sie mir eine sichere Abhilfe dieses Übels vorschlagen könnten; ich riskiere dabei die Uhr, die doch eine der schönsten ist, welche ich kenne, und die, wenn ihr guter Gang dauerhaft gemacht werden könnte, gar nichts zu wünschen übrig lassen würde. Jetzt, nachdem diese Uhr ohne am Pendel zu ändern, wieder aufgestellt ist, folgt sie genau der Sternzeit, so wie nach ihrer Regulierung im Winter.«

GAUSS antwortete darauf am 12. Mai 1820: »Was Ihre Uhr betrifft, so scheint

---

1) Die REPSOLDsche. — BRDL.

es mir doch fast, als ob Sie jetzt etwas zu viel von ihr verlangen. Wenn meine Uhr künftig keine grösseren Anomalien zeigt, als dass sie, nachdem sie 2 Monat in einer Sekunde geblieben, ihren täglichen Gang allmählich $\frac{1}{2}$ Sekunde ändert, so werde ich sehr zufrieden sein. Die REPSOLDsche Uhr, die ich bisher (als Notbehelf, da die SHELTONsche jetzt zu feinen Beobachtungen ganz unbrauchbar ist) gebraucht habe, zeigt weit grössere Unregelmässigkeiten, ebenso wie früher ja auch die Ihrige. An jener mag das vorläufige hölzerne Pendel die Hauptursache sein, das ich, wenn die Uhr hier bleibt (REPSOLD hatte sie mir vorläufig nur aus Gefälligkeit geliehen), mit einem Kompensationspendel vertauschen lassen werde. Seit zehn Tagen habe ich nun auch die neue LIEBHERRsche Uhr aufgestellt, das Wetter ist aber, seitdem ihr Gang unter eine Sekunde abgeglichen ist, ungünstig gewesen, so dass nicht viele Beobachtungen gemacht werden konnten. Die wenigen, die ich gemacht habe, deuten freilich auf einige Unregelmässigkeiten hin, allein ich kann hieraus noch gar nichts schliessen, zumal da diese Uhr noch kein besonderes Gehäuse hat. Für jetzt ist nur ein anderes vorgeschoben, wo ich oft genötigt gewesen bin, um den Schlag bei Tage unter Geräusch zu hören, die obere Tür zu öffnen, so dass häufiger Temperaturwechsel und vielleicht anderweitige Störung mitwirkt. Doch geht sie auch so, wie es scheint, beträchtlich gleichförmiger wie die REPSOLDsche in ihrem bisherigen Zustande.

»Die SHELTONsche zeigte, als ich auf sie beschränkt war, gewisse Unregelmässigkeiten, die ich mir nicht ganz erklären kann, sie teilte nämlich den Tag ungleich; der Stand der Uhr gegen Sternzeit war während aller Beobachtungen eines Tages oft bis auf $0\overset{s}{.}1$ bis $0\overset{s}{.}2$ konstant und nach den Beobachtungen des andern Morgens hatte sie dann während der Nacht 1^s, auch wohl 2^s verloren; wäre es immer 2^s (oder eine gerade Zahl) gewesen, so dächte ich, sie hätte einmal (oder einigemale) nicht ausgelöst, allein wie gesagt, zuweilen nur 1^s, übrigens nie Gewinn. Dieser Fehler, möge die Ursache sein, welche sie wolle, und der auch blieb, nachdem die Uhr gereinigt war, machte sie ganz unbrauchbar; übrigens zeigten sich bei der Reinigung die Zähne des Ankers beträchtlich angegriffen, was wohl, nachdem sie 50 Jahre ununterbrochen gegangen, nicht zu verwundern ist. Ich werde diese Zähne jetzt abschleifen und neu polieren lassen.«

Auch folgende Stellen aus dem Briefwechsel mit Bessel mögen angeführt werden:

Bessel an Gauss am 1. Juni 1820: »Meine Uhr geht fortwährend vortrefflich und ich zweifle nicht, dass es auch so lange so bleiben wird, bis wieder eine hörbare Reibung sich einstellt. Hier haben Sie das Register seit der letzten Versorgung des Ankers mit Öl:

April 25.	$18^h 32^m$	$-4{,}07$	Mai 11.	$14^h 55^m$	$-4{,}30$
26.	10 49	$-4{,}04$	12.	5 9	$-4{,}31$
28.	10 4	$-3{,}96$	13.	8 24	$-4{,}30$
29.	9 34	$-3{,}92$	14.	9 24	$-4{,}14$
30.	6 59	$-3{,}88$	15.	14 48	$-4{,}21$
Mai 2.	7 16	$-3{,}64$	16.	4 5	$-4{,}28$
3.	13 15	$-3{,}72$	17.	6 39	$-4{,}52$
4.	12 2	$-4{,}10$	18.	10 9	$-4{,}76$
8.	14 47	$-4{,}37$	19.	11 7	$-5{,}04$
9.	9 47	$-4{,}55$			

»Da die genaue Regulierung des Ganges in die kalte Jahreszeit (Februar) fiel und dieser sich damals eine lange Zeit hindurch bewährte, so ist die Gleichheit dieses Ganges bei der grossen Hitze im Mai eine sehr auffallende Bestätigung der Richtigkeit der Kompensation. — Lassen Sie daher Repsolds Uhr nicht wieder aus Ihren Händen! denn es lässt sich von Repsold voraussetzen, dass er alles Folgende noch vollkommener macht als das Vorangegangene. — Interessant war es mir, den Fehler Ihres alten Shelton kennen zu lernen; der Satz, den ich hundertmal aufgestellt und befolgt habe, wird immer mehr bestätigt: eine Grundbestimmung taugt nur dann, wenn sie aus wenigstens ein Jahr umfassenden Beobachtungen hergeleitet ist; Nacht und Tag und Sommer und Winter bringen oft etwas hervor, woran wir nicht denken, auch vieles, was wir gar nicht erkennen«.

Gauss an Bessel am 11. März 1821: »Leider hat der Astronom nur immer seine Not mit den Uhren. Meine Liebherrsche Uhr ist die erste Zeit vortrefflich gegangen, aber jetzt eilt sie auf eine mir unerklärliche Art gewaltig vor, wohl schon fünf oder sechs Mal hatte ihr täglicher Gang über 2 Sekunden gewonnen; wenn das Pendel etwas herunter geschraubt war, ging sie anfangs langsamer, accelerierte aber bald wieder stufenweise immer mehr. Jetzt will ich sie nun einmal gehen lassen, zu sehen, wie weit sie es treibt. Die Temperatur im Kasten ist übrigens in der ganzen Zeit keinen bedeutenden Änderungen ausgesetzt gewesen, auch ist die Grösse der Schwingungen nur kaum merklich kleiner geworden. Leider ist mein Mechanikus Rumpf bereits seit vier Monaten abwesend; sobald er zurückkommt, will ich sehen, ob Reinigung etc. hilft.«

Ebenso schreibt Gauss an Olbers im April 1821: »Sehr in Not bin ich auf meiner Sternwarte mit den Uhren. Ich habe eigentlich keine einzige, die was wert ist. Die neue Liebherrsche ging ein halbes Jahr vortrefflich, aber seitdem immer schlechter und ist jetzt ganz unbrauchbar. Sie geht immer geschwinder, so dass ihr täglicher Gang während des März 15ˢ zunahm; nachher hat Rumpf sie etwas gereinigt und eine kleine Abänderung gemacht, worauf sie eine kurze Zeit wieder besser ging, allein bald fing sie das alte Spiel wieder an, und jetzt geht sie wieder täglich 14ˢ vor. Den Grund kann ich nicht erraten, die Schwingungen sind nur wenig kleiner geworden. Wie ich höre, ist es mit Soldners Uhr nicht besser gegangen, und er hat das neue Echappement, wovon man sich anfangs so viel versprach, weggeworfen und einen gewöhnlichen Anker machen lassen. Wie es nachher damit gegangen, weiss ich nicht, aber es ist wahrscheinlich, dass sie auf alle Fälle nicht exquisit gehen wird, da die Arbeit nur mittelmässig ist und nur das an sich sinnreiche aber künstliche Echappement die mittelmässige Arbeit unschädlich machen sollte. Die 50 jährige Sheltonsche Uhr ist seit 2 Jahren auch herzlich schlecht. Es wird am Ende wohl kein Rat sein, als eine Uhr aus England kommen zu lassen. Da Sie viel mit Young korrespondieren, so hätten Sie vielleicht die Güte, einmal bei ihm anzufragen, welcher Künstler jetzt am besten arbeitet, welches etwa der Preis ist, und wie lange man etwa nach der Bestellung warten muss?«

Auch noch im Februar 1826 beklagt sich Gauss im Briefe an Olbers vom 19. Februar: »Die unbeschreibliche Schlechtigkeit meiner Uhren verleidet mir hier jetzt alles Observieren; allein ich habe Nachricht, dass ein Regulator von Hardy, welchen S. K. H. der Herzog von Sussex der Sternwarte zum Geschenk machen will, nächstens abgesandt werden soll. Mit dem grössten

Widerwillen wende ich sonst meine Zeit auf Arbeiten, aus denen bei aller angewandten Mühe doch nichts Rechtliches herauskommen kann.«

Über die HARDYsche Pendeluhr, die er bald darauf erhielt, berichtet er in den Göttingischen Gelehrten Anzeigen vom Juni 1826 (Werke VI, S. 453).

Am 10. oder 11. August 1819 traf der REICHENBACHsche Meridiankreis in Göttingen ein, an demselben Tage, an dem OLBERS nach einem $4\frac{1}{2}$ tägigen Besuch bei GAUSS eben abgereist war[1]. Eine Bemerkung über Ankunft des Kreises findet sich in GAUSS' Aufzeichnungen über seine Beobachtungen mit dem Passageninstrument im Heft Pg (31 b), S. 19. Die Aufstellung verzögerte sich indessen bis gegen Anfang Oktober. Aus der Zeit vom 3. Oktober bis zum 27. Dezember weist das genannte Heft, S. 33—42, Notizen über die vorbereitenden Untersuchungen, Nivellement der Achse, Bestimmung der Fadendistanzen und der Ungleichheit der Zapfen, Berichtigung des Azimuts und des Zenitpunktes auf. GAUSS schreibt am 9. Dezember 1819 an BESSEL: »Jetzt ist nun zwar der Kreis seit einigen Wochen aufgestellt, allein das Wetter war so ungünstig, dass ich nur erst wenige Beobachtungen habe machen und auch an die Berichtigungen noch nicht die letzte Hand legen können. Bei solchen Gelegenheiten, wie diese, fällt mir, wenn das Wetter so ungünstig ist, der Mangel eines Meridianzeichens sehr schmerzhaft, welches ich bei anhaltendem günstigen Wetter wenig oder garnicht vermisse, da alle meine Pfeiler in Rücksicht der Azimutalstellung eine fast absolute Unveränderlichkeit zeigen. Ich bin noch immer unschlüssig, was ich in dieser Beziehung tue, und der alte SCHRÖTER hätte in dieser Rücksicht den Platz der Sternwarte nicht leicht schlechter wählen können. Die Mittagslinie geht gegen Norden und Süden durch Gärten, die mit Bäumen dicht verwachsen sind. Im Süden ist zwar nur ein Garten, der HARDINGS Schwiegervater angehört, welcher Umstand aber eher nachteilig ist, da dieser weder gern die Bäume missen noch Geldentschädigung annehmen will. Bei einem ganz fremden würde das Dutzend Bäume gegen etwa hundert Taler Entschädigung längst haben weggeschafft sein können. Inzwischen ist auch die Frage, ob viel gewonnen wird. Der

---

[1] GAUSS an OLBERS 23. August 1819, an BESSEL 9. Dezember 1819.

Horizont wird da durch einen Berg mit dichter (Privat-)Waldung begrenzt; ein Meridianzeichen würde sich daher nicht gegen den Himmel projizieren, und da ohnehin in dieser hügligen Gegend, wo gewöhnlich die Luft in den Gründen voller Dünste ist, nach Süden das Sehen fast immer schlechter geht, so würden oft Wochen, wo nicht Monate hingehen, wo das Zeichen auch nicht ein Mal gebraucht werden könnte. Nach Norden würde ich, wenn eine Allee durchgehauen würde, ein sehr schönes Terrain finden, wo in der Entfernung von einer Stunde ein Zeichen auf einem nackten Hügel sich gegen den Himmel projizierte. Aber nach dem Massstabe im Süden, wo ein Garten in die Quere geschnitten gegen hundert Taler Kosten machen wird, würde die Entschädigung der Garteneigentümer im Norden gewiss wenigstens einige tausend Taler betragen, und dann die Unterhandlung mit so vielen einzelnen, zumal da bei der milden Verfahrungsart unseres Gouvernements durchaus alles im Wege der Güte geschehen müsste. Bei dieser Lage der Dinge habe ich für die REICHENBACHschen Instrumente noch eine andere Idee, womit ich nächstens Versuche machen und Ihnen künftig den Erfolg anzeigen will.

»Es wird mich sehr freuen, wenn Sie mir in Zukunft Ihre Erfahrungen den Meridiankreis betreffend unumwunden mitteilen wollen, so wie ich Ihnen mit Vergnügen die meinigen anzeigen werde. Bisher sind ihrer noch zu wenig, als dass viel daraus geschlossen werden könnte, und der Abänderungen wegen, von denen REICHENBACH Sie auch unterrichtet haben wird, muss ich nun von neuem den Gebrauch des Instruments auf einige Zeit entbehren. Inzwischen kann ich doch nicht unterlassen, mich noch etwas mit Ihnen darüber zu unterhalten.

»Das Fernrohr ist sehr schön und scheint dem des Mittagsfernrohrs nur wenig nachzustehen. Nur gefällt mir nicht die Einrichtung, die Gesichtslinie zu korrigieren. Die Berichtigung in der Ebene[1]) des Meridians hätten wir REICHENBACH gern geschenkt, ich werde sie nie brauchen; hätte REICHENBACH sie weggelassen, so wäre die andere Berichtigung senkrecht zur Ebene[2]) des Meridians einfacher und für sich bestehender geworden. Freilich, wenigstens nach meiner Beobachtungsart, ist dies hauptsächlich nur für das erste Mal; weder am REPSOLDschen Kreise noch am Mittagsfernrohr habe ich diese

---

1) Indexfehler des Zenitpunktes, von GAUSS sonst als Kollimationsfehler bezeichnet. — BRDL.
2) Korrektion im Azimut. — BRDL.

Schrauben seit der ersten Berichtigung wieder angerührt, da ich ihre Veränderung, die ohnehin höchst unbedeutend ist, lieber in Rechnung bringe. Schmerzlich empfinde ich den grossen Unterschied des Ablesens der Verniers[1] und der Mikroskope. Jene geben (falls nicht längere Erfahrung mich künftig anders urteilen lässt) bei grösserer Anstrengung und grösserem Zeitaufwand doch viel geringere Genauigkeit. Freilich wäre bei einem Meridiankreise von dieser Einrichtung, den man doch nicht alle Tage umlegen kann, die Anwendung der Mikroskope bedenklicher gewesen, weil man auf ihre unveränderte Relation zur Alhidade während einiger Wochen hätte müssen rechnen können. Doch dächte ich, könnten die Mikroskope mehr vergrössern. Am Ende gilt dies doch auch von der Libelle, und vielleicht wäre bei diesem Kreise das Lot vorzuziehen gewesen.«

BESSEL hatte nach Erbauung der Königsberger Sternwarte zunächst mit einem 25zölligen CARYschen Transit Circle beobachtet; im Oktober 1819 erhielt er fast zur gleichen Zeit wie GAUSS einen REICHENBACHSCHEN Meridiankreis; er schreibt am 5. März 1820 an GAUSS, dass dieses Instrument sich nun in beobachtungsfähigem Zustande befinde[2].

Beide beginnen nun ihre Erfahrungen, wie auch bei früheren Gelegenheiten, in einem lebhaften Briefwechsel auszutauschen, aus dem das Wesentlichste Werke XI, 1, S. 317—342 abgedruckt ist.

Einen ausführlichen Bericht über den Göttinger Kreis[3] gibt GAUSS in den Göttingischen Gelehrten Anzeigen vom Juni 1820 (Werke VI, S. 429). BESSEL beschreibt den seinigen in den *Königsberger Beobachtungen*, 6. Abteilung, S. III (BESSELS Werke II, S. 34), in denen auch seine Beobachtungsergebnisse niedergelegt sind.

Das auf der Göttinger Sternwarte nachträglich aufgefundene *Tagebuch der Beobachtungen am Reichenbachschen Meridiankreise* enthält zunächst die sauber eingetragenen Protokolle einer Beobachtungsreihe vom 8. Dezember 1819 bis 4. Januar 1820 und dann die folgende Notiz: »Da die anfängliche Hemmung

---

1) Vergl. oben S. 91. Im Jahre 1889 wurden die Nonien am REICHENBACHschen Kreise durch Ablesemikroskope ersetzt. Vergl. Fussnote 3). — BRDL.

2) 1842 erhielt BESSEL einen Kreis von REPSOLD.

3) Vergl. auch REPSOLD, *Geschichte der astronomischen Messwerkzeuge*, S. 104. Über die in den Jahren 1887—1889 angebrachten Änderungen am REICHENBACHschen Kreise vergl. E. GROSSMANN, *Beobachtungen des Mondkraters Mösting*, Astron. Nachr., Bd. 137, S. 113 f.

sowohl des Kreises als der Alhidade zu mehrern Bedenklichkeiten Veranlassung gab, so wurde nötig gefunden, eine abgeänderte Hemmung vorzurichten. Zu diesem Behuf hatte Herr von REICHENBACH die beiden Stellschrauben nötig, die ich daher nebst den sonst noch nötigen Abmessungen unter dem 31. Dezember 1819 nach München abschickte. Von Anfang an war auch der eine Horizontalfaden nicht ganz straff gewesen, und die Schlaffheit nahm immer mehr zu. Ich nahm daher, um neue Fäden einzuziehen, am 2. Februar das Netz heraus. Ich wünschte diese Gelegenheit zu benutzen, um auch die Zahl der vertikalen Fäden zu vergrössern; allein durch die Berührung des Wachses, womit die alten Fäden befestigt waren, wurden auch diese zum Teil schlaff, und ich war daher genötigt, das ganze Netz zu erneuern.

»Das neue Netz, aus sieben vertikalen und zwei horizontalen Fäden bestehend, war am 9. Februar vollendet: die horizontalen sind beträchtlich näher bei einander, als zuvor.

»Die neuen Hemmungsarme kamen am 14. Februar an und wurden am 17. Februar durch Herrn RUMPF angelegt. Am 18. wurde in das Gegengewicht der Alhidade Blei nachgegossen und das Instrument aufgestellt. Einige andere von REICHENBACH vergessene und hier erst vorzurichtende Kleinigkeiten verzögerten die Gebrauchsfertigkeit bis zum 21.«

Es folgt sodann im *Tagebuch* eine Beobachtungsreihe vom 21. Februar bis zum 9. September 1820. Sie betrifft, ausser der Bestimmung der Polhöhe, die Deklinationen von 34 Zirkumpolarsternen, die in beiden Kulminationen beobachtet wurden, und von 35 südlicheren Fundamentalsternen. Die Rektaszensionen der letztgenannten hatte GAUSS fast alle im Vorjahre am Passageninstrument bestimmt (vgl. oben S. 112); ein Teil der Zirkumpolarsterne war von ihm am REPSOLDschen Meridiankreise beobachtet (vgl. oben S. 105).

Daneben beobachtete er gleichzeitig, wie auch BESSEL im August 1820, 20 Zenitsterne, die SCHUMACHER im Vorjahre in Lauenburg zur Bestimmung der Polhöhe im Anschluss an die dänische Gradmessung beobachtet hatte[1]. In einem Brief an BODE vom 3. September 1820 (abgedruckt im *Berliner Astron. Jahrbuch* für 1823, Werke VI, S. 433) gibt GAUSS an, dass die Zahl seiner Beobachtungen seit dem 21. Februar rund 1200 beträgt.

---

[1] Briefe von GAUSS an BESSEL vom 17. August und 7. Dezember 1820, von BESSEL an GAUSS vom 11. September und 20. November 1820.

Über die Beobachtungen der Zirkumpolarsterne bis zum 19. März 1820 berichtet Gauss in den Göttingischen Gelehrten Anzeigen vom Juni 1820 (Werke VI, S. 431), jedoch ohne Angabe der Deklinationen; die Deklinationen der Schumacherschen Sterne, der Sonne und des Mars aus dieser Zeit findet man im Berliner Astronomischen Jahrbuch für 1823 (Werke VI, S. 432 und 434). Sonst hat er hiervon nichts veröffentlicht. Seine Ergebnisse konnten jedoch zum grössten Teil aus dem Nachlass und aus dem Briefwechsel mit Bessel entnommen und für Band XI, 1 bearbeitet werden. Es sind nämlich im Buche Pe (27) unter dem Titel *Resultate der Beobachtungen am Reichenbachschen Kreise für die einzelnen Sterne* die Ergebnisse für die Deklinationen der Fundamentalsterne (Werke XI, 1, S. 346—347) und von Zirkumpolarsternen (Werke XI, 1, S. 343—345), im Buche Pf (28) unter dem Titel *Resultate aus den Beobachtungen am Reichenbachschen Meridiankreise und am Mittagsfernrohr* die *Scheinbaren Zenitdistanzen des Äquators aus beobachteten Zirkumpolarsternen* erhalten. Daneben finden sich an den genannten Stellen und im Heft Pg (31 b) Notizen über Nivellement, Teilungsfehler und anderes.

Das Umlegen des Meridiankreises geschah während dieser Beobachtungsreihe sechsmal und Gauss teilte diese hiernach in sieben Perioden ein, nämlich[1]:

I.	Periode 1820	Februar	21	bis	März	19,
II.	»	März	20	»	April	12,
III.	»	April	12	»	Mai	27,
IV.	»	Mai	27	»	Juli	18,
V.	»	Juli	18	»	August	10,
VI.	»	August	11	»	August	18,
VII.	»	August	19	»	September	9.

Von seinen Beobachtungen nach dem September 1820, von denen weiter unten die Rede sein wird, hat Gauss nur wenige reduziert. Er sagt schon in dem Briefe an Bessel vom 7. Dezember 1820, dass er längere Zeit nicht zur Reduktion der Beobachtungen aus den drei letzten hierunter erwähnten Perioden kommen konnte; vergl. die Bemerkungen Werke XI, 1, S. 357.

---

1) Vergl. auch die Briefe an Bessel vom 12. Mai 1820 (Werke XI, 1, S. 320) und vom 7. Dezember 1820 (ebendort S. 329).

GAUSS und BESSEL tauschten zunächst ihre Ergebnisse für die Deklinationen einiger von den 36 Sternen des 1805 erschienenen Kataloges von MASKELYNE aus, vergl. den Brief von GAUSS an BESSEL vom 1. Juni 1820 (Werke XI, 1, S. 323). Im weiteren Briefwechsel stellte sich heraus, dass die Bestimmungen beider bis auf einige Zehntelsekunden übereinstimmten, vergl. den Brief von GAUSS an BESSEL vom 11. März 1821 (Werke XI, 1, S. 332), in dem jener die Deklinationen von 35 Fundamentalsternen gibt. Auch die von beiden angestellten Beobachtungen der Zenitsterne, die SCHUMACHER in Lauenburg beobachtet hatte, wurden nach einigen Schwierigkeiten zur Übereinstimmung gebracht und GAUSS schreibt hierüber an BESSEL am 7. Dezember 1820: »Über die Unterschiede unserer Deklinationen wage ich noch kein Urteil zu äussern, wir müssen erst viel mehr Erfahrungen vergleichen. Wie glücklich würde man sich vor wenigen Jahren schon bei einer solchen Übereinstimmung gehalten haben, zumal bei einem Instrument von so kleinen Dimensionen, was nicht repetiert und wo die Ablesung im Grunde noch der schwache Teil ist.«

Indessen erwies sich späterhin diese Übereinstimmung als illusorisch. Als BESSEL im Jahre 1822 in der 7. Abteilung der *Königsberger Beobachtungen* seine Sternörter veröffentlichte[1]), setzte er diese auf Grund einer Neureduktion merklich südlicher an als in seinen früheren brieflichen Mitteilungen an GAUSS und glaubte nun aus den ihm früher von GAUSS mitgeteilten Göttinger Beobachtungen auf eine Verminderung der Göttinger Polhöhe, die GAUSS zu 48,"7 annahm[2]), um $1\frac{1}{4}$" schliessen zu müssen. GAUSS entging dies zunächst, da er in der folgenden Zeit mit der Vorbereitung zur Hannoverschen Gradmessung beschäftigt und der Briefwechsel mit BESSEL spärlicher geworden war, und weil er sich auch bei der früher gefundenen Übereinstimmung mit BESSEL beruhigt hatte. Allerdings war er noch nicht dazu gekommen, die Biegung seines Instruments gründlich zu untersuchen; er beabsichtigte dies nachzuholen.

Als er endlich von OLBERS im Januar 1824 (Werke XI, 1, S. 333) darauf aufmerksam gemacht wurde, dass BESSEL meinte, GAUSS habe die Göttinger Polhöhe um $1\frac{1}{4}$" zu gross angenommen, stellt er fest, dass BESSELS neue Deklinationen von den seinigen im genannten Sinne abweichen. Er untersucht infolgedessen die Biegung seines Instruments durch Vergleichung seiner Dekli-

---

1) Auch *Berliner Astron. Jahrbuch* für 1825 (BESSELs Werke II, S. 248).
2) Brief von GAUSS an BESSEL vom 17. August 1820 (Werke XI, 1, S. 328).

nationen mit den neuen BESSELschen (Werke XI, 1, S. 338 und 348). Unter Anwendung der hieraus folgenden Biegung erzielt er wieder Übereinstimmung; sein Wert der Polhöhe bestätigt sich und erhält nur eine Verminderung von wenigen Zehntelsekunden[1]) und damit übrigens eine fast vollkommene Übereinstimmung mit neueren Bestimmungen.

Die Schwierigkeiten, die sich für GAUSS wie für BESSEL bei der Berücksichtigung der Refraktion und der Biegung der Instrumente boten, führten zu manchen Zweifeln bei den Reduktionen. Die Unsicherheit der ersteren wurde durch BESSELS neue Refraktionstafeln[2]) fast gänzlich behoben. Um den Einfluss der Biegung zu bestimmen, war BESSEL auf den Gedanken gekommen, ausser dem direkten Sternbilde das von einem künstlichen Horizont reflektierte Bild zu beobachten, (vergl. Brief an GAUSS vom 20. März und Briefe an OLBERS vom 11. Mai und vom 3. August 1820, Werke XI, 1, S. 318 f.) und GAUSS hatte fast gleichzeitig ebenfalls das Bild des Polarsterns im Wasserhorizont beobachtet (vergl. Brief an BESSEL vom 12. Mai 1820, Werke XI, 1, S. 323 und VI, S. 432). Indessen sagt GAUSS schon im Briefe an OLBERS vom Mai 1819 (vergl. oben S. 103), dass »jedes Instrument seinem Bau nach, sowie wegen der Biegungen der Teile Fehler der gemessenen Zenitdistanzen von der Form $\alpha \sin z + \beta \cos z$ haben wird«, und dass er »durchaus kein Mittel« sieht, um den Koeffizienten α »zu erforschen, als durch den Quecksilberhorizont«[3]) (auch Werke VI, S. 427). Den Vorschlag, der Unsicherheit in der Bestimmung des Zenitpunktes durch Beobachtung des reflektierten Bildes zu entgehen, hatte BESSEL schon 1809 im Berliner Astronomischen Jahrbuch für 1812 gemacht[4]).

GAUSS' Beobachtungen des direkten und des reflektierten Bildes des Polarsterns zur Bestimmung der Polhöhe mit Berücksichtigung der Biegung aus den Jahren 1820 und 1824 sind in der Abhandlung *Bestimmung des Breitenunterschiedes zwischen den Sternwarten Altona und Göttingen* (Werke IX, S. 40

---

1) Brief an BESSEL vom 14. März 1824 (Werke XI, 1, S. 338).

2) In den *Fundamenta Astronomiae* (vergl. oben S. 59); von GAUSS in etwas bequemere Form gebracht (H. C. SCHUMACHER, *Sammlung von Hülfstafeln* 1822) und von BESSEL verbessert im *Berliner Astron. Jahrbuch* für 1826 (vergl. den Brief von BESSEL an GAUSS vom 7. November 1822).

3) Das *Tagebuch* des REPSOLDschen Kreises weist zuerst am 28. Januar 1819 eine Beobachtung des Polarsterns im Quecksilberhorizont auf.

4) BESSELS Werke II, S. 3 und 4.

bis 47) niedergelegt; sie führten schliesslich zu dem Wert 51° 31′ 47″85 für die Göttinger Polhöhe (Platz des REICHENBACHschen Meridiankreises).

Während der im vorigen besprochenen ersten Beobachtungsreihe mit dem REICHENBACHschen Meridiankreis vom Februar bis September 1820 begannen die ersten Vorbereitungen für die Hannoversche Gradmessung; im Mai 1820 bewilligte der König die Mittel zur Fortsetzung der dänischen Gradmessung durch das Königreich Hannover und, nachdem die Nachricht von dieser Bewilligung schon allgemein bekannt war, forderte ein Ministerialerlass vom 30. Juni 1820 GAUSS auf, »über die Art und Weise und über die Zeit, zu welcher diese Arbeit unternommen werden kann, wie über die etwa erforderlichen Kosten und sonst zu treffenden Vorkehrungen« Bericht[1]) zu erstatten; vergl. Brief an OLBERS vom 8. Juli 1820.

Am 28. Juni 1820 schreibt GAUSS an BESSEL: »Überhaupt, so sehr ich die Astronomie liebe, fühle ich doch das beschwerliche des Lebens eines praktischen Astronomen ohne Hilfe oft nur zu sehr, am peinlichsten aber darin, dass ich darüber fast gar nicht zu irgend einer zusammenhängenden grössern theoretischen Arbeit kommen kann. Meine Abhandlung über die Anwendung der Wahrscheinlichkeitsrechnung auf die Naturwissenschaften, die eine neue Begründung der Methode der kleinsten Quadrate und sehr viel anderes neues enthalten wird, liegt schon seit länger als Jahresfrist halbvollendet. Ich weiss daher kaum, ob ich mich darüber zu freuen habe, dass der König die Fortsetzung der dänischen Gradmessung durch das Königreich Hannover genehmigt hat, in Rücksicht auf welche übrigens über das Wann und Wie der Ausführung bis jetzt noch nichts bestimmtes verfügt ist.« Auch im Briefe an OLBERS vom 13. Februar 1821 klagt er über die Zersplitterung seiner Zeit; er schreibt: »Bis Ende Januar war hier fast ununterbrochen bedeckter Himmel, so dass in meinem *Tagebuche* eine grosse Lücke ist. Aber auch nachher habe ich mich nur auf die Kometenbeobachtungen und die Durchgänge von ein paar Sternen beschränkt, indem ich die zufällige Unterbrechung einer meiner Vorlesungen benutzt habe, wieder eine theoretische Arbeit vorzunehmen, die ich schon 1818 angefangen, aber bei meiner zerstückelten Zeit und so mannigfaltigen zum Teil widerwärtigen und nicht immer die zu solchen Arbeiten

---

1) Vergl. den Aufsatz von GALLE, Abhandlung 1 dieses Bandes.

nötige freie Heiterkeit des Geistes lassenden Beschäftigungen oft auf lange Zeit wieder weggelegt hatte. Es ist die neue Begründung der sogenannten Methode der kleinsten Quadrate oder vielmehr eine ziemlich ausgedehnte allgemeinere Untersuchung, wovon diese nur Ein Teil ist. Jetzt ist die erste Hälfte ganz vollendet, die ich in Kurzem der Sozietät zu übergeben denke; die zweite, welche auch bis auf einiges noch überzuarbeitende fertig ist, wird vermutlich auch noch vor Ostern mit gedruckt werden können. Sie werden manche artige Sachen darin finden. Mit Betrübnis fühle ich, wie wenig ich in meiner Lage mit allen ihren Missverhältnissen von dem leisten kann, was ich vielleicht unter glücklichern Umständen hätte leisten können, und dass wohl selbst der grössere Teil meiner frühern Lukubrationen mit mir untergehen wird. — Verzeihen Sie, teuerster OLBERS, den Ausbruch eines Gefühls, welches gerade jetzt beim Empfang eines mit jugendlichem Feuer geschriebenen Briefes von einem 18jährigen Florentiner, Namens LIBRI, der mir eine kleine vielversprechende Abhandlung über höhere Arithmetik zuschickte, wieder recht lebendig bei mir geworden ist.«

Seine besprochene Beobachtungsreihe am REICHENBACHschen Meridiankreis schliesst am 9. September 1820; am 12. September reiste er bereits nach Altona. um mit SCHUMACHER über die Auswahl der Basis für die Messungen und über die sonstigen Veranstaltungen zu beraten. Am 29. Oktober nahm er seine Beobachtungen wieder auf; sie wurden aber in der Folgezeit häufig unterbrochen und nur zum Teil reduziert.

Wenn er sich bisher an der Gradmessung nur insoweit beteiligt hatte, als er im August 1818 seine Denkschrift[1]) über die Fortsetzung durch Hannover an den Geh. Kammerrat v. ARNSWALDT, Kurator der Göttinger Universität eingesandt, im Oktober desselben Jahres an SCHUMACHERS Messungen bei Lüneburg teilgenommen, im Juni 1819 nochmals nach Lauenburg gelegentlich der dortigen Aufstellung des RAMSDENschen Zenitsektors gereist und im September die eben erwähnte Reise nach Altona unternommen, sowie am REICHENBACHschen Kreise im August 1820 gleichzeitig mit SCHUMACHER dessen Zenitsterne zur Vergleichung beobachtet hatte, so musste er nun zu diesem Zwecke den Hauptteil seiner Zeit hergeben.

---

1) Diese Denkschrift ist anscheinend nirgends veröffentlicht worden, vergl. auch den Brief an SCHUMACHER vom 12. August 1818 und den Aufsatz von GALLE, S. 58.

7. Periode.   Geringere astronomische Tätigkeit.

In den Jahren 1821—1825 sehen wir GAUSS in den Sommer- und Herbstmonaten zum grossen Teil, mit Rekognoszierungen und Messungen für die Gradmessung und die anschliessenden Dreiecke beschäftigt, unterwegs. Daneben gehen seine Verarbeitung der Messungen und seine theoretischen Untersuchungen, aus denen im Dezember 1822 die Preisschrift *Allgemeine Auflösung der Aufgabe, die Teile einer gegebenen Fläche auf einer anderen gegebenen Fläche so abzubilden, dass die Abbildung dem Abgebildeten in den kleinsten Teilen ähnlich wird* und später, im Oktober 1827 die *Disquisitiones generales circa superficies curvas* hervorgingen. In den ersten Teil dieser Periode fällt auch die Abfassung der *Theoria combinationis observationum erroribus minimis obnoxiae.*

Wenn GAUSS schon früher über die Zersplitterung seiner Zeit geklagt hatte, so mag jetzt besonders oft in ihm der Wunsch rege geworden sein, Göttingen mit einem anderen Ort zu vertauschen, wo er mehr Herr seiner Zeit sein konnte. Als BESSEL in seinem Brief vom 11. Dezember 1823 seine Freude darüber ausdrückte, dass »nun der grösste Teil des Zeitverlustes« (die Triangulierung für die eigentliche Gradmessung) »überwunden ist«, und in demselben Briefe sich über GAUSS' Berufung nach Berlin[1]) ausspricht, antwortet GAUSS am 14. März 1824: »Glauben Sie nun aber ja nicht, dass ich Ihrem Briefe nicht Gewicht genug beilege, wenn ich Ihnen jetzt melde, dass ich wahrscheinlich jetzt mich in neue Messungsoperationen einlasse, die nicht unter einigen Jahren werden zu vollenden sein. In der Tat werde ich dadurch nicht einen Augenblick gebunden sein, wenn eine Verwirklichung der Berliner Pläne oder angemessene andere Aufforderungen eintreten sollten. Allein, teuerster BESSEL, dies ist noch nicht genug: Sie haben sich in mehrern Briefen so stark über den geringen Wert, welchen Sie auf die Resultate der Messungen legen, erklärt, mir gewissermassen einen Vorwurf daraus gemacht, dass ich meine Zeit damit verliere, mir Glück gewünscht, dass der Zeitverlust vorbei sei. Grosser Gott, wie falsch beurteilen Sie mich. Aber es ist mir zu viel daran gelegen, von Ihnen nicht falsch beurteilt zu werden, als dass

---

1) Die Verhandlungen über GAUSS' Berufung nach Berlin, die erstmalig 1809 angeregt und 1821 und 1824 wieder aufgenommen werden, zogen sich bis zum Jahre 1826 hin. Im Jahre 1821 machte auch SCHUMACHER einen Versuch, GAUSS nach Hamburg zu ziehen. — BRDL.

ich nicht wünschen sollte, mich bei Ihnen zu rechtfertigen. Wahrlich, über die Sache selbst denke ich eben so. Alle Messungen in der Welt wiegen nicht ein Theorem auf, wodurch die Wissenschaft der ewigen Wahrheiten wahrhaft weiter gebracht wird. Aber Sie sollen nicht über den absoluten, sondern über den relativen Wert urteilen. Einen solchen haben ohne Zweifel die Messungen, wodurch mein Dreieckssystem mit dem Krayenhoffschen und dadurch mit den französischen und englischen verbunden werden soll. Und wie gering Sie auch diesen Wert anschlagen, in meinen Augen ist er doch höher als diejenigen Geschäfte, die dadurch unterbrochen werden. Ich bin ja hier so weit davon entfernt, Herr meiner Zeit zu sein. Ich muss sie teilen zwischen Collegia lesen (wogegen ich von jeher einen Widerwillen gehabt habe, der, wenn auch nicht entstanden, doch vergrössert ist durch das Gefühl, welches mich immer dabei begleitet, meine Zeit wegzuwerfen) und praktisch astronomischen Arbeiten. So viel Freude ich nun auch daran immer gehabt habe, so werden Sie mir doch zugeben, dass, wenn man bei den unzähligen kleinen und kleinlichen Geschäften dabei aller reellen Hilfe entbehrt, das Gefühl, seine Zeit zu verlieren, nur dadurch beseitigt werden kann, wenn man sich bewusst ist, einen grossen wichtigen Zweck dabei zu verfolgen. Das haben Sie uns andern nun aber schwer gemacht, da Sie uns zuvor gekommen sind und den meisten Desideraten bereits auf eine so musterhafte Art abgeholfen haben. Uns andern bleibt nun wenig mehr übrig, als hin und wieder eine Nachlese zu halten.

»Was bleibt mir also für solche Arbeiten, auf die ich selbst einen höhern Wert legen könnte, als flüchtige Nebenstunden? Ein anderer Charakter als der meinige, weniger empfindlich für unangenehme Eindrücke, oder ich selbst, wenn manches andere anders wäre als es ist, würde vielleicht auch solchen Nebenstunden noch mehr abgewinnen können, als ich es im allgemeinen kann. Wie die Sachen einmal liegen, darf ich eine Unternehmung nicht abweisen, die, obwohl mit tausend Beschwerden verbunden und vielleicht aufreibend auf meine Kräfte wirkend, doch reell nützlich ist, die freilich auch von Andern ausgeführt werden könnte, während ich selbst unter günstigern Verhältnissen etwas besseres täte, allein, die bestimmt, wenn ich sie nicht auf mich nehme, gar nicht zur Ausführung kommen würde; endlich, auch das darf ich Ihnen nicht verhehlen, eine Sache, die in etwas das Missverhältnis ausgleicht, welches zwischen meiner Diensteinnahme — derselben anno 1824, wie sie 1810 unter JÉRÔME festgesetzt wurde — und den Bedürfnissen einer zahlreichen Familie stattfindet. Doch nun kein Wort mehr zu dieser vertraulichen Mitteilung, zu der ich genötigt war, weil es mir weh tat, von Ihnen falsch beurteilt zu werden.«

In diesem Briefe spricht sich GAUSS deutlich dahin aus, dass die beobachtende Astronomie bei BESSEL in den besten Händen sei und seine eigene Arbeitstätigkeit auf andern Gebieten ihm daher wichtiger scheine.

Das *Tagebuch* des REICHENBACHschen Meridiankreises weist in der Folgezeit folgende Anzahl von Beobachtungstagen mit den dazwischen liegenden Unterbrechungen auf:

vom	29. Oktober	1820	bis	29. Mai	1821:	55	Beobachtungstage
»	2. Januar	1822	»	6. Februar	1822	4	»
»	19. Dezember	1822	»	8. Januar	1823	7	»
»	7. April	1823	»	12. April	1823	6	»
»	6. August	1823	»	24. August	1823	6	»
»	17. Oktober	1823	»	9. Dezember	1823	15	»
»	5. Januar	1824	»	9. Mai	1824	42	»
»	5. Januar	1825	»	10. April	1825	26	»
»	1. Oktober	1825	»	8. November	1825	10	»
»	2. Januar	1826	»	26. November	1826	91	»
»	22. Januar	1827	»	16. Mai	1827	19	»
»	13. Juli	1827	»	17. Dezember	1827	54	»

Hierauf werden die Beobachtungen spärlicher. Im Mai und Juni 1828, sowie im März 1829 und im April und Mai 1830 finden sich noch einige längere Beobachtungsreihen, 1828 im ganzen 34, 1829 im ganzen 29, 1830 im ganzen 31 Beobachtungstage; sodann sind nur mehr vereinzelte Beobachtungen eingetragen: die Jahre 1831 mit 17, 1832 mit 8, 1833 mit 7, 1834 mit 18, 1835 mit 5 Beobachtungstagen. Hierauf folgt eine lange Unterbrechung; erst 1843 findet sich eine vereinzelte Beobachtung, 1844 im ganzen 3 und 1846 im ganzen 21 Beobachtungstage.

Diese Beobachtungen stehen zum grossen Teil in Beziehung zur Gradmessung.

So schlägt GAUSS in dem Briefe vom 20. Dezember 1823 SCHUMACHER die gleichzeitige Beobachtung von Zenitsternen in Altona und Göttingen vor, um die Polhöhen beider Orte unmittelbar zu vergleichen, vorläufig durch Beobachtung von 11 Sternen an den Meridiankreisen und später in ausgedehnterem Masse am Zenitsektor; SCHUMACHER hatte nämlich zwischen der direkt bestimmten astronomischen Polhöhe von Altona und der aus der Göttinger Polhöhe von GAUSS geodätisch übertragenen eine Differenz von 5″ gefunden, in der GAUSS sogleich »einen entscheidenden Beweis des unregelmässigen Fortschreitens der Richtung der Schwere« sieht[1]. Mit den Beobachtungen wurde sofort im Januar 1824 an beiden Orten mit den Meridiankreisen begonnen, woraus sich die grössere Zahl von Beobachtungstagen in dieser Zeit (siehe vorige Seite) erklärt; über sie berichtet GAUSS an OLBERS am 28. Februar 1824: »Eine Reihe von Beobachtungen von Zenitalsternen, hier und in Altona angestellt (Januar und Februar d. J.) an den Meridiankreisen geben die Amplitudo des Bogens unabhängig von allen absoluten Polhöhen = $2^0 0' 58{,}77''$ also 4″ kleiner als die geodätische Messung mit WALBECKS Erddimensionen. Fast genau denselben Unterschied finden wir bei Lauenburg, wo die Zenitalsterne, daselbst mit dem Zenitsektor und in Göttingen mit dem Meridiankreise beobachtet, die Amplitude $1^0 50' 29{,}98''$ und die geodätische Messung $1^0 50' 33{,}93''$ geben. Ich zweifle jetzt garnicht mehr an dem unregelmässigen Fortschreiten der Richtung der Schwere und sehe die Übereinstimmung von Lauenburg und Altona wie etwas Zufälliges an. In der Tat, von Göttingen zum Brocken ist die Abweichung im entgegengesetzten Sinn und mehr als zweimal grösser; die geodätische Messung gibt die Amplitudo $0^0 26' 13{,}99''$, während die Vergleichung der astronomisch bestimmten Polhöhen ($51^0 31' 48{,}00''$ und $51^0 58' 11{,}65''$) $0^0 26' 23{,}65''$ gibt, oder eigentlich noch etwas mehr, da ZACHS Beobachtungsplatz merklich südlich (leicht 1″) vom Dreieckspunkt war. Zwischen dem Brocken und Lauenburg wird also die Differenz fast 15″ betragen, und so viel kann man dem, wenn auch schlechten LENOIRschen Instrumente unmöglich Fehler zutrauen.« GAUSS wies darauf hin, wie wichtig es sei, diese Beobachtungen an denselben Plätzen mit anderen Instrumenten (dem Zenitsektor) zu wiederholen. Die von ihm angeregten Beobachtungen mit dem Sektor wurden oft hinausgeschoben und endlich im

---

1) In dem Briefe an SCHUMACHER vom 7. November 1823.

Jahre 1827 (im April in Göttingen und im Juni in Altona) von ihm selbst ausgeführt und die Ergebnisse in der *Bestimmung des Breitenunterschiedes zwischen den Sternwarten Göttingen und Altona* (Werke IX, S. 5 ff.) bekannt gemacht. Die Zenitdistanzen[1]) der 43 hierzu benutzten Sterne bestimmte GAUSS ausserdem, ebenso wie ihre Rektaszensionen in der Zeit von April bis August 1927 am REICHENBACHschen Meridiankreise[2]). Zeitweise beteiligte sich Leutnant NEHUS an diesen Beobachtungen.

Als GAUSS 1823 in seinem Aufsatz *Neue Methode die gegenseitigen Abstände der Fäden in Meridianfernrohren zu bestimmen* (Astronomische Nachrichten 43, Werke VI, S. 445) zeigte, dass das Fadenkreuz eines Fernrohrs durch ein zweites gegenübergestelltes Fernrohr beobachtet werden kann, hatte auch BESSEL 1824 die Methode der Kollimatoren benutzt, um die Biegung im Horizont zu bestimmen (Astr. Nachr. 3, S. 209, BESSELS Werke II, S. 43). Er schreibt darüber an GAUSS am 23. Oktober 1824: »Dass auch Sie dieselbe Idee gehabt haben, wodurch ich die horizontale Biegung des Fernrohrs der Meridiankreise bestimmt habe, habe ich durch SCHUMACHER gehört; es ist zwar nicht sehr aufmunternd, dass ich von so vielem, was ich vornehme, später die Überzeugung erhalte, dass es auch ohne mich geschehen sein würde; allein ich bin darüber mit mir längst einig, auch nicht im Stande, deshalb das zu unterlassen, was mir nützlich zu sein scheint«, worauf GAUSS am 20. November antwortet: »Wenn bei dem Zusammentreffen unserer Ideen über die Ausmittelung der Flexion der Fernrohre einer von uns beiden etwas verloren hat, so wäre nach gewöhnlichen Ansichten ich wohl der. Allein mir genügt vollkommen, dass das Verfahren nun Eigentum der Astronomen ist, und ich freue mich aufrichtig, dass Sie es sind, der mir in der Bekanntmachung zuvorgekommen ist. Eine ernstliche Anwendung habe ich selbst noch nicht gemacht, denn die beiden Fernrohre, die zur Hilfe angewandt werden, sollen meiner Meinung nach dem zu prüfenden nicht gar zu weit nachstehen und ich besitze keine zwei solche, wenigstens könnte ich bei der Lokalität meiner Sternwarte das eine nicht gehörig anbringen, ohne erst komplizierte Vorrichtungen anfertigen zu lassen.«

Über die Teilungsfehler des REICHENBACHschen Meridiankreises machte GAUSS eingehende Untersuchungen im Juli 1826, über die er im Briefe an

---

1) Werke IX, S. 39.
2) Ebenda, S. 8. — Vergl. auch den Aufsatz von A. GALLE, Abhandlung 1 dieses Bandes, S. 120.

BESSEL vom 20. November 1826 und in der *Bestimmung des Breitenunterschiedes* (Werke IX, S. 46) berichtet (vergl. auch den undatierten Brief an SCHUMACHER vom August 1826, sowie die Briefe von SCHUMACHER an GAUSS vom 8. September 1826 und von GAUSS an OLBERS vom 14. Januar 1827). Im Nachlass befinden sich die entsprechenden Rechnungen im Buche Pe (27), S. 28—37.

Im Jahre 1826 machte BOHNENBERGER in seinem Aufsatze *Neue Methode den Indexfehler eines Höhenkreises zu bestimmen und die Horizontalaxe eines Mittagsfernrohrs zu berichtigen, ohne Lot und ohne Libelle* (Astron. Nachr., Bd. 4, S. 327) seinen bekannten Vorschlag, den Nadirpunkt durch den Quecksilberhorizont zu bestimmen. Diese Methode benutzte GAUSS sogleich, und um eine möglichst ebene Quecksilberfläche zu erhalten, liess er das Gefäss schräg nach oben sich verjüngend abdrehen[1]); auch verbesserte er später die Beleuchtung durch Entfernung der zweiten Okularlinse, so dass sich zwischen dem unter 45^0 geneigten Spiegel und dem Fadensystem kein Glas befindet (Werke VI, S. 472, vergl. auch Werke IX, S. 47). An BESSEL schreibt er am 12. März 1826: »Ich hatte dieselbe Idee zur Bestimmung des Kollimationsfehlers, die so nahe liegt, auch gleich anfangs gehabt, aber sah nicht wohl ab, wie sie ausführbar wäre. BOHNENBERGER hat sie nun praktisch bewährt, aber ich hätte gewünscht, dass er über das Detail der Einrichtungen ausführlicher gewesen wäre. In der Tat sehe ich bis diese Stunde noch immer die Ausführbarkeit nicht recht ein bei grössern Instrumenten. Bei starken Vergrösserungen sehe ich keinen Platz zur Anbringung des Illuminateurs, und ohne starke Vergrösserungen zu gebrauchen erhält man doch keine angemessene Genauigkeit. Versuchsweise habe ich in die schwächste Vergrösserung des Fernrohrs des Meridiankreises einen Glasspiegel einsetzen und an der Seite eine Öffnung anbringen lassen, aber bei den ersten gestern angestellten Versuchen hat es mir auch hier nicht gelingen wollen, eine brauchbare Beleuchtung des Netzes zu erhalten. Nicht weniger schwierig scheint mir zu sein, sich die Mittel zur feinen Bewegung zu verschaffen«, und am 20. November 1826: »Da ich nun überdies den Kollimationsfehler durch Beobachtung des Nadirpunktes im Quecksilberspiegel täglich bestimme (eine Methode, die eine unvergleichliche Genauigkeit gibt, und die ich für einen der wichtigsten Fort-

---

1) Vergl. den undatierten Brief an SCHUMACHER vom Juli 1827 (Werke XI, 1, S. 342) und den an OLBERS vom 31. Januar 1829 (Werke XI, 1, S. 20).

schritte der praktischen Astronomie halte), so erhalten die Beobachtungen eine Übereinstimmung, die alle frühere bedeutend übertrifft.« Gauss scheint sich in der Tat über die Methode den Nadir zu bestimmen, schon in einem nicht mehr vorhandenen Briefe an Reichenbach vom 11. Januar 1813 geäussert zu haben, auf den dieser am 23. Januar antwortete[1]): »Die Anwendung des künstlichen Horizonts zur vertikalen Stellung des Kreises und Rektifizierung der kleinen Querlibelle ist eine sehr gute und anwendbare Idee.« Gauss hatte zu jener Zeit gerade seine Beobachtungen mit dem Bordakreise begonnen, auf dessen Libelle sich Reichenbachs Bemerkung zweifellos bezieht, und war jedenfalls dabei auf diesen Gedanken gekommen.

Während der Periode der Beobachtungen am Reichenbachschen Meridiankreise unternahm Gauss auch einige Untersuchungen über die Eigenbewegung des Sonnensystems, von denen er ebenfalls nichts veröffentlicht hat. Seine ersten Versuche hierüber fallen in das Jahr 1819, in dem auf seine Veranlassung dieses Problem als Preisfrage von der Göttinger Sozietät gestellt wurde[2]). Von diesen Versuchen ist jedoch nichts erhalten, wie Gauss selbst in dem Briefe an Olbers vom 18. Dezember 1821[3]) sagt. Er scheint sich dabei auf einige vorläufige Untersuchungen nach dem allgemeinen Grundsatz beschränkt zu haben, nach dem man durch die angenommene Richtung der Sonnenbewegung »so viel als möglich von den eigenen beobachteten Bewegungen der Sterne weg erklären kann«[4]).

Seine Untersuchungen im Winter 1821—22 wurden durch den Brief von Olbers vom 25. November 1821 angeregt, in dem Olbers über seine eigenen Versuche berichtet. Bereits Herschel[5]) hatte aus den von Maskelyne festgestellten Eigenbewegungen für den Apex einen Punkt im Sternbild des Herkules gefunden. Auch Bessel hatte einige derartige Versuche angestellt bei Gelegenheit seiner Bestimmung der Eigenbewegung von Sternen[6]). Er

---

1) Repsold, *Geschichte der astronomischen Messwerkzeuge*, I, S. 119.

2) Werke XI, 1, S. 405.

3) Ebenda, S. 408.

4) Ebenda, S. 409.

5) Drei Abhandlungen in den Philosoph. Transactions, London, 1783, 1805, 1806; siehe das genaue Zitat Werke XI, 1, S. 449 Fussnote.

6) *Fundamenta Astronomiae,* 1818, S. 308 f. — Bessel hatte bei Gelegenheit der Untersuchung der Eigenbewegungen die Pole der Eigenbewegung für die 71 am stärksten bewegten Sterne berechnet, um einen Parallelismus in diesen Bewegungen festzustellen. Herschels Ergebnis fand er dabei nicht bestätigt.

schreibt darüber an Gauss in dem undatierten Briefe vom Dezember (?) 1822 [1]): »Es ist zwar nicht schwer, denjenigen Punkt zu finden, welcher das Maximum der Projektionen der Bewegungen auf die nach den Sternen gezogenen grössten Kreise gibt; aber ohne ihn näher aufgesucht zu haben, glaube ich, nach der Auftragung der in den *Fundamentis* gegebenen Bestimmung der Pole auf einen Globus, doch nicht, dass das Maximum vom Minimum so sehr verschieden sein würde, dass die Bewegung nach einer Richtung mit grosser Wahrscheinlichkeit daraus folgte.«

Projiziert man die jährliche Eigenbewegung eines Sterns auf den durch den Stern und den Apex gelegten Grosskreis, konstruiert man also das Dreieck mit den Ecken Anfangsort P, Endort P' des Sterns, Fusspunkt Q des Lotes, so soll nach Gauss erster Definition im Briefe an Olbers vom 18. Dezember 1821 $\Sigma \overline{P'Q}^2$ ein Minimum sein. Er fügt aber hinzu, dass diese Definition, bei der Grösse und Richtung der Eigenbewegung berücksichtigt werden und bei der daher die Sterne mit grosser Eigenbewegung zu grosses Gewicht erhalten, »wenn sie überhaupt die richtige ist, es doch nur bei dem gegenwärtigen Zustande unserer Kenntnisse ist, wo wir nur von einer kleinern Anzahl eigner beobachteter Bewegungen auf der Himmelskugel die Richtung etwas genau kennen.« Er verbessert sie sogleich im folgenden Briefe vom 15. Januar 1822 in eine andere, bei der nur die Richtungen der Eigenbewegungen berücksichtigt werden. Er projiziert nämlich das Stück des Grosskreises zwischen dem gegenwärtigen Ort des Sterns und dem Antiapex P auf den Grosskreis der Eigenbewegung. Ist T der Fusspunkt des Lotes, so soll jetzt $\Sigma \sin^2 \overline{PT}$ ein Minimum sein. Es ist das dieselbe Bedingung, die später Kobold und Harzer ihren Untersuchungen zugrunde gelegt haben.

Gauss schliesst jedoch bei den beiden genannten Definitionen die »ungünstigen« Sterne, d. h. diejenigen, die sich vom Antiapex entfernen, aus. Er rechnet nach der letzteren Formel und findet so aus den Eigenbewegungen von 70 Besselschen Sternen [2]) für den Apex den Wert: $259^0\,40'$, $-3^0\,49'$,

---

1) Werke XI, 1, S. 427.

2) Von den auf der vorigen Seite erwähnten 71 Besselschen Sternen lässt Gauss den Stern 42 Comae, der die geringste Eigenbewegung hat, fort, weil er die Sterne nach ihrer Eigenbewegung in Gruppen zu je zehn einteilt, vermutlich, weil diesen Gruppen verschiedenes Gewicht zukommen dürfte; vergl. die Gruppeneinteilung unten S. 139, sowie Werke XI, 1, S. 453—454 und die Anmerkung 12), ebendort S. 487.

sowie den um 180^0 abstehenden, da die Gleichung eine solche Doppellösung bedingt. Er entscheidet sich für den ersteren Wert, weil von den 30 Sternen mit den grössten Eigenbewegungen sich 19 diesem Punkte nähern. Dieses Ergebnis erscheint ihm jedoch verdächtig, weil von den 71 BESSELschen Sternen sich 48 nach Süden und nur 23 nach Norden bewegen und daher der Apex nicht wohl so weit südlich liegen kann.

Er versucht daher eine andere Methode[1]) nach dem Grundsatz, dass möglichst wenige Sterne »ungünstig« sein sollen, indem er die Punkte Q wählt, die auf dem Grosskreis der Eigenbewegung um 90^0 vom jetzigen Ort des Sterns im Sinne der Eigenbewegung abstehen. Für alle Sterne, die sich dem Antiapex nähern, ist der Abstand der Punkte Q von diesem kleiner, für alle ungünstigen grösser als 90^0. Bestimmt man dann einen Grosskreis so, dass in der einen Halbkugel möglichst viele, in der andern möglichst wenige Punkte Q sich befinden, so bilden Apex und Antiapex die Pole dieses Grosskreises. Er vereinfacht die Rechnung, indem er »nur den gemeinschaftlichen Schwerpunkt aller Q's (im Innern der Kugel)« sucht; »der dadurch gezogene Radius, fortgesetzt, wird, wo nicht genau, doch sehr nahe das vorteilhafteste P auf der Kugel geben«. Er findet so nach Verbesserung eines kleinen Rechenfehlers für den Apex den Ort: $266^0 18'$, $+34^0 48'$. Das scheinbare Paradoxon, dass seine Rechnung nach der früheren Formel einen so erheblich verschiedenen Wert ergibt, erklärt er damit, dass bei den sukzessiven Annäherungen immer mehr Sterne als scheinbar ungünstig ausgeschlossen werden. Er beginnt daher die Rechnung von neuem, indem er als ungünstig nur diejenigen 12 Sterne ansieht, die nach der Schwerpunktsrechnung sich als solche ergeben hatten, während deren Zahl bei der ersten Rechnung 23 war. Die entsprechende Bedingung fasst er in die Gleichung $\Sigma \sin^2 \overline{PT} + n =$ Minimum, wo n die Anzahl der ungünstigen Sterne bedeutet. Im nächsten Briefe an OLBERS vom 29. Januar 1822[2]) verbessert er diese Formel in

$$\Sigma \sin^2 \overline{TP} + \Sigma \sin^2 \overline{SP}$$

wo das erste Glied für die günstigen Sterne gilt und dieselbe Bedeutung hat wie früher, während im zweiten, das für die ungünstigen Sterne gilt, $\overline{SP}$ die

---

1) In dem Briefe an OLBERS vom 22. Januar 1822, Werke XI, 1, S. 419.
2) Werke XI, 1, S. 423 f.

Entfernung des Sterns vom Antiapex bedeutet. Die Quadratsumme der Sinus-abstände der ungünstigen Sterne vom Antiapex soll also möglichst klein sein, offenbar weil bei einem dem Antiapex näher stehenden Sterne die ungünstige Eigenbewegung wahrscheinlicher ist.

Eine Hauptschwierigkeit bei dem Problem blieb die Frage, welche Sterne als günstig und welche als ungünstig anzusehen sind. Um hier eine möglichst gute Entscheidung zu treffen, hat GAUSS nach Ausweis seines Briefes an OLBERS vom 29. Januar 1822 und einer im Nachlass vorhandenen Zeichnung[1]) eine graphische Methode benutzt. Er sucht denjenigen Punkt auf der Himmels-kugel, von dem sich möglichst wenige Sterne entfernen, zunächst graphisch angenähert zu ermitteln. Das Gebiet, in dem dieser Punkt liegt, ermittelt er auf folgende Weise:

Wenn man durch den Ort eines Sterns einen Grosskreis senkrecht zu seiner Eigenbewegung legt, so teilt dieser Kreis die Kugel in zwei Halbkugeln, von denen diejenige für die Lage des Antiapex günstig ist, in die der Stern durch seine Eigenbewegung hinübertritt. Zieht man nun auf einem Globus die genannten Kreise für alle benutzten Sterne, so teilen diese die ganze Kugel-fläche in Dreiecke, Vierecke und andere Polygone. Die Seiten dieser Poly-gone teilen die Himmelskugel so, dass das Innere jedes Polygons in Beziehung auf jeden Stern entweder zur günstigen oder zur ungünstigen Halbkugel ge-hört. Sucht man dann dasjenige Polygon auf, dessen Inneres am wenigsten ungünstig ist, d. h. von dessen Innerem sich am wenigsten Sterne entfernen, so bildet dieses den wahrscheinlichsten Bereich für den Antiapex. Die Zeich-nung für den ganzen Globus auszuführen, ist schon bei einer nicht sehr grossen Anzahl von Sternen unmöglich[2]). GAUSS hat sie auf einem Blatt Papier für die Gegend des Himmels ausgeführt, in der nach seinen früheren Rech-nungen der Antiapex genähert liegen musste. Er findet so als wahrschein-lichstes Gebiet für den Antiapex das Viereck mit den Ecken:

$$78^0\,40' - 30^0\,40'$$
$$78\,42 - 30\,57$$
$$79\,13 - 31\,\ \ 9$$
$$80\,\ \ 4 - 30\,32.$$

---

1) Werke XI, 1, S. 451 und 452.
2) Vergl. den Brief an ARGELANDER vom 16. Februar 1838, Werke XI, 1, S. 435.

Von den innerhalb dieses Vierecks gelegenen Punkten entfernen sich nur 11 Sterne, während die übrigen 60 sich ihnen nähern.

Gauss hätte nun auf Grund dieser Feststellung nach seiner letztgenannten Formel rechnen können. Er unterlässt dies aber, obwohl er in einer anscheinend aus dem Jahre 1838 stammenden Notiz[1]) jene Formel als die »beste Methode« bezeichnet. Er beabsichtigt nun vielmehr nach einer anderen Methode zu rechnen, die den später von Bravais und Airy angewandten entspricht. Sie beruht darauf, dass die Quadratsumme der Pekuliarbewegungen der Sterne zu einem Minimum gemacht wird. Die entsprechende Formel gibt er in dem schon erwähnten Briefe an Olbers vom 29. Januar 1822[2]), wo er diese Methode als eine Vervollkommnung seiner Methode des letzten Briefes bezeichnet und sagt, dass sie dadurch »wohl am Ende die echte und am ungezwungesten mit der Wahrscheinlichkeitsrechnung zu verknüpfende sein wird.« Über die Ableitung der Formeln findet sich keine Notiz im Nachlass; sie lassen sich indes auf demselben Wege ableiten, den Airy benutzt hat. Auch hat Gauss zunächst nicht nach diesen Formeln gerechnet, weil er sich erst genauere Werte für die Eigenbewegungen verschaffen wollte. Er sagt in seinem Briefe an Bessel vom 15. November 1822[3]): »Künftig werde ich daher diese Arbeit wieder vornehmen, allein erst, wenn ich mehr Zeit habe, und dann wünsche ich auch alle beobachteten eigenen Bewegungen erst neu zu bestimmen, wozu ich erst wieder in anhaltendes Beobachten kommen muss, was vor 1824 schwerlich geschehen kann. Sehr vieles findet sich freilich schon in meinen Beobachtungen von 1820[4]), was aber grösstenteils noch nicht berechnet ist.«

Er kam jedoch nicht wieder auf diesen Gegenstand zurück, als bis er die Abhandlung von Argelander *Über die eigene Bewegung des Sonnensystems*[5]) zugeschickt erhielt. Argelander hatte in den Jahren 1827 bis 1830 auf der Åboer Sternwarte an dem dort 1827 aufgestellten Reichenbachschen Meridiankreise vorzugsweise die Sterne mit grösserer Eigenbewegung beobachtet und daraufhin seinen Katalog[6]) von 560 Sternen veröffentlicht. Seinen Unter-

---

1) Werke XI, 1, S. 438.

2) Ebenda, S. 424.

3) Ebenda, S. 426.

4) Ebenda, S. 343 und 346. — Brdl.

5) Mémoires présentés à l'Académie de St. Pétersbourg, 1837, S. 561 ff.

6) 560 *stellarum fixarum positiones mediae ineunte anno* 1830, Helsingfors 1835.

suchungen über die eigene Bewegung der Sonne legte er diejenigen Sterne zugrunde, deren jährliche Eigenbewegung er aus der Vergleichung seines Kataloges mit den von BESSEL[1]) nach BRADLEYS Beobachtungen abgeleiteten Sternörtern grösser als $0''{,}1$ fand. Es ergaben sich so 390 Sterne.

Nach Empfang der Abhandlung von ARGELANDER schrieb GAUSS an diesen am 16. Februar 1838[2]) und schilderte ihm seine graphische Methode, durch die er das Polygon (Viereck) aufgesucht hatte, von dessen Innerem sich am wenigsten Sterne entfernen. Er bemerkt, dass seine Bestimmung aus 71 Sternen nahe mit dem ARGELANDERschen Ergebnis übereinstimmt und fügt hinzu, dass es naturgemässer wäre, nicht die Anzahl der ungünstigen Sterne, sondern die Quadratsumme der Sinus ihrer Apexdistanzen zu einem Minimum zu machen, ein Grundsatz, den er schon in dem Briefe an OLBERS vom 29. Januar 1822 ausgesprochen hatte.

Seine zuletzt in dem eben erwähnten Briefe an OLBERS vom 29. Januar 1822[3]) angegebene Methode erwähnt GAUSS in dem Briefe an ARGELANDER nicht; jedoch rechnet er nunmehr nach dieser Methode unter Benutzung der auch von ARGELANDER benutzten 390 Sterne, bestimmt aber selbst deren Eigenbewegungen durch Vergleichung des ARGELANDERschen Kataloges mit dem BESSEL-BRADLEYschen, weil er bei ARGELANDER mehrere Rechenfehler[4]) entdeckt hatte. Er ordnet die Sterne nach der Grösse ihrer Eigenbewegungen und stellt eine Rangliste[5]) von je 10 Sternen auf. Hierauf berechnet er zunächst aus je 10, dann aus je 30, 60 und mehr Sternen den Apex und zuletzt aus allen das Gesamtergebnis[6]). Er findet z. B. aus den Gruppen von je 60, die letzte Gruppe zu 90 Sternen, die folgenden Werte[7]) für den Apex (Aequinoctium 1792,5):

---

1) *Fundamenta,* S. 137 f,

2) Werke XI, 1, S. 433.

3) Ebenda, S. 424.

4) GAUSS äussert sich über die ARGELANDERsche Abhandlung ausser in den Werke XI, 1 abgedruckten Briefstellen an OLBERS auch in dem Briefe an SCHUMACHER vom 30. März 1838, Werke XII, S. 273, der erst nach Erscheinen des Bandes XI, 1 bekannt geworden ist.

5) Werke XI, 1, S. 462—465.

6) Vergl. die Bearbeitung der entsprechenden Nachlassnotizen durch O. BIRCK, Werke XI, 1.

7) In dem Briefe an OLBERS vom 5. April 1838, Werke XI, 1, S. 443 und 444.

Gruppe	α	δ
I.	$251^0\,58'$	$+37^0\,50$
II.	260 10	$+33\ 45$
III.	256 53	$+41\ 46$
IV.	273 47	$+16\ 56$
V.	248 54	$+16\ 17$
VI.	270 46	$+11\ 45$

und als Endergebnis[1]): $261^0\,51'$, $+27^0\,6'$.

Er wiederholt die Rechnung, indem er jetzt die Sterne nach den Sinus ihrer Apexdistanzen in 5 Klassen ordnet und erhält damit folgende Werte[2]) (Aequinoctium 1792,5):

Klasse	α	δ
I.	$272^0\,36'$	$+33^0\,11'$
II.	261 17	$+36\ 26$
III.	249 19	$+21\ 18$
IV.	258 2	$+24\ 17$
V.	272 38	$+23\ 11.$

Das hieraus folgende Gesamtergebnis $261^0\,31'$, $+27^0\,20'$ weicht etwas von dem vorigen ab, vermutlich infolge kleinerer Rechenfehler. In seinem Briefe an Olbers vom 5. April 1838[3]) bemerkt er zu der auffallenden Tatsache, dass bei der Einteilung in Gruppen die letzten Gruppen der weniger stark bewegten Sterne einen erheblich südlicher gelegenen Apex ergeben: »Dies ist freilich wenig von Argelanders Endresultat verschieden. Indessen ist die Vereinigung der drei letzten Gruppen in Eine nicht recht zulässig, erstlich weil an sich die kleinen Bewegungen geringere Zuverlässigkeit geben und daher den folgenden Gruppen ungleiches Gewicht beigelegt werden müsste, dessen richtige Taxierung aber eigentümliche Schwierigkeiten hat. Zweitens aber, was unendlich wichtiger ist, weil (cf. die obigen 6 Gruppen) die letztern Gruppen so unverkennbar einen südlichern Punkt indizieren, was den gegründeten Verdacht erregt, dass eine konstante Ursache im Spiel ist. Eine solche kon-

---

1) Werke XI, 1, S. 444.
2) Ebenda, S. 479.
3) Ebenda, S. 441.

stante Ursache wäre, wenn durchschnittlich Bradleys Deklinationen zu südlich, oder Argelanders zu nördlich wären, oder beides zugleich stattfände. Offenbar werden dadurch die Resultate verfälscht (im Sinn der Deklination) und desto mehr, je kleiner die beobachtete eigene Bewegung ist. Nach einem freilich sehr rohen und sehr prekären Überschlage schätze ich, dass, diese Diskordanz wegzuschaffen, man annehmen müsste, die beobachtete 75 jährige Deklinationsbewegung sei etwa durchschnittlich 4″ zu gross (zu nördlich). Ich möchte die Möglichkeit von −2″,5 bei Bradley und +1″,5 konstanten Durchschnittsfehler bei Argelander nicht unbedingt leugnen. Auch könnte vielleicht eine strengere Rechnung, die aber fast unüberwindliche Arbeit erfordern würde, etwas weniger als 4″ geben. Wäre die Erklärung die richtige, so dürfte die wahre Deklination wohl 40⁰ erreichen.«

Im Winter 1825/26 nach der Rückkehr von seiner letzten, zum Zwecke seiner geodätischen Messungen unternommenen, Reise schreibt Gauss am 12. Februar 1826 an Schumacher[1]): »Ich habe kaum während einer Periode meines Lebens so angestrengt gearbeitet und doch vergleichungsweise so wenig reinen Ertrag produziert wie in diesem Winter. So geht es aber oft bei mathematischen Anstrengungen, wo nicht das Arbeiten, wie das Verfertigen eines Schuhes über einen gegebenen Leisten vollendet werden kann. Ich habe mich zuweilen in diesem Winter Wochen lang, Monate lang mit einer Aufgabe beschäftigt, ohne sie zu meiner Zufriedenheit lösen zu können. Ich war etwas verwundert über Ihre Äusserung, als ob mein Fehler darin bestehe, die Materie zu sehr der vollendeten Form hintanzusetzen. Ich habe während meines ganzen wissenschaftlichen Lebens immer das Gefühl gerade vom Gegenteil gehabt, d. i. ich fühle, dass oft die Form vollendeter hätte sein können und dass darin Nachlässigkeiten zurückgeblieben sind. Denn so werden Sie es doch nicht verstehen, als ob ich mehr für die Wissenschaft leisten würde, wenn ich mich mehr damit begnügte, einzelne Mauersteine, Ziegel etc. zu liefern, anstatt eines Gebäudes, sei es nun ein Tempel oder eine Hütte, da gewissermassen doch das Gebäude auch nur Form der Backsteine ist. Aber ungern stelle ich ein Gebäude auf, worin Hauptteile fehlen, wenn gleich ich wenig auf den äussern Aufputz gebe. Auf keinen Fall aber, wenn Sie sonst mit Ihrem

---

1) Ähnlich spricht er sich in dem Briefe an Olbers vom 19. Februar 1826 aus.

Vorwurf auch recht hätten, passt er auf meine Klagen über die gegenwärtigen Arbeiten, wo es nur das gilt, was ich Materie nenne; und ebenso kann ich Ihnen bestimmt versichern, dass, wenn ich gern auch eine gefällige Form gebe, diese vergleichungsweise nur sehr wenig Zeit und Kraft in Anspruch nimmt oder bei frühern Arbeiten genommen hat. Höchst drückend aber fühle ich bei schleunigen Arbeiten meine äussern Verhältnisse, und das Kollegienlesen ist z. B. in diesem Winter unbeschreiblich angreifend für mich gewesen, und Dinge, die an sich leicht sind, werden mir dabei oft sehr schwer. Ob ich meine Messungsarbeiten als vollendet ansehen soll oder nicht, weiss ich selbst noch nicht.«

GAUSS beschäftigte sich in der nun folgenden Zeit auch wieder mit zahlentheoretischen Untersuchungen und war damit zu einer Beschäftigung zurückgekehrt, die er mehrere Jahre hindurch entbehren oder wenigstens stark einschränken musste. Es stehen nun bis zum Jahre 1832 mathematische und mathematisch-physikalische Untersuchungen im Vordergrund. 1828 erschienen ausser den *Disquisitiones generales circa superficies curvas*[1]) seine Abhandlungen *Theoria residuorum biquadraticorum, Commentatio I*[2]), und das *Supplementum Theoriae combinationis observationum*[3]), die er schon 1825 und 1826 der Göttinger Sozietät vorgelegt hatte; endlich 1829 die *Principia generalia theoriae figurae fluidorum in statu aequilibri*[4]) und 1832 die *Theoria residuorum biquadraticorum, Commentatio II*[5]).

Daneben laufen noch dauernd seine Rechnungen zur Landesvermessung, die sich im wesentlichen bis in das Jahr 1838 hinauszogen, wenn er auch selbst an den praktischen Messungen nicht mehr teilnahm; auch wurde er 1829 zum Mitgliede der Kommission für die Hannoversche Mass- und Gewichtsregulierung ernannt.

Astronomische Arbeiten treten damit ganz in den Hintergrund und die grossen Instrumente der Göttinger Sternwarte wurden wenig von ihm benutzt. Die oben auf Seite 130 angegebenen Beobachtungsreihen nach dem Jahre 1827, seit

---

1) Werke IV, S. 217.
2) Werke II, S. 65.
3) Werke IV, S. 55.
4) Werke V, S. 29.
5) Werke II, S. 93.

der Bestimmung des Breitenunterschiedes zwischen Göttingen und Altona, sollten vielleicht zur schärferen Bestimmung der Eigenbewegung einiger Sterne dienen, da er in dem Briefe an BESSEL vom 15. November 1822 äusserte, er wolle seine Untersuchungen über die Bewegung der Sonne erst wieder vornehmen, wenn er selbst alle beobachteten Eigenbewegungen neu bestimmt haben würde[1]). Aber auch dieser Plan ist nicht zur Durchführung gekommen. Der Briefwechsel mit BESSEL ruhte monatelang, zuweilen über ein Jahr gänzlich. Doch liegen auch aus dieser Zeit Beobachtungen von Planeten und Kometen vor, die GAUSS gelegentlich ausführte, und die teils von ihm selbst veröffentlicht und Werke VI abgedruckt, teils erst Werke XI, 1 aus dem Nachlass oder dem Briefwechsel bekannt gemacht sind. Häufig beobachtete er Ceres, Pallas und die meisten Kometen.

Wenn diese Zeit auch im ganzen eine sehr reiche Ausbeute an wichtigen Untersuchungen hervorbrachte, so drückt sich in den Briefen an SCHUMACHER und OLBERS doch immer wieder, wie schon früher, seine Unzufriedenheit aus, wohl dadurch hervorgerufen, dass infolge der Zersplitterung kein ruhiges ungestörtes Arbeiten möglich war und so vieles liegen bleiben musste. Ausserdem drückte auf seine Stimmung die Krankheit seiner zweiten Frau, die schon im Jahre 1823 kränklich und seit 1826 schwer leidend war; sie starb im September 1831.

Im März 1832 schreibt GAUSS an SCHUMACHER, dass er sich mit der Theorie des Erdmagnetismus beschäftige, und dieses Gebiet ist es nun, das ihn in Gemeinschaft mit WILHELM WEBER in den nächsten Jahren in Anspruch nimmt. Es ist daher aus dieser Zeit noch weniger über GAUSS' astronomische Tätigkeit zu berichten. 1836/37 raubte ihm die Hannoversche Mass- und Gewichtsregulierung einen grossen Teil seiner Zeit. Der Briefwechsel, im besonderen mit OLBERS, handelt nun vorzugsweise von persönlichen Angelegenheiten, umsomehr als auch OLBERS, der 1840 starb, seines vorgerückten Alters wegen nicht mehr beobachtete.

Am 31. August 1834 starb GAUSS' langjähriger Gehilfe HARDING; sein Nachfolger wurde Dr. GOLDSCHMIDT, der sich bereits an den magnetischen Beobachtungen beteiligt hatte und späterhin auf der Sternwarte auch eine Reihe von Planeten- und Kometenbeobachtungen ausführte.

---

1) Vergl. oben S. 138.

In seinem hohen Alter kehrte Gauss nochmals zur Benutzung des Reichen-bachschen Meridiankreises zurück. Das *Tagebuch* des Reichenbachschen Kreises weist vom 6. März bis zum 28. Juni 1846 noch 21 Beobachtungstage auf, an denen Gauss eine neue Untersuchung der Instrumentalfehler des Kreises[1]) vornahm und sehr häufig den Polarstern zu einer Neubestimmung der Faden-abstände, sowie einige wenige Hauptsterne beobachtete.   Mit dem letzteren Datum schliesst das *Tagebuch*. Jedoch beobachtete er nach Ausweis des *Be-obachtungsbuches* Pc (24) vom 4. Juli 1846 bis zum 27. Juni 1851, zuletzt 74 Jahre alt, nochmals die meisten der früher beobachteten Fundamentalsterne — mehrere davon 10 bis 20 mal — und einige andere Sterne.   Ausserdem schloss er die Planeten Venus und Merkur an und beobachtete die neuent-deckten Planeten Metis (Grahams Planet), Parthenope, Victoria, Iris, Flora und den Neptun.   Die letzteren Beobachtungen hat er auch veröffentlicht; sie sind Werke VI abgedruckt.

Auch die Sonnenfinsternisse vom 8. Oktober 1848 und vom 28. August 1851 beobachtete er noch; die letztere[2]) ist wohl seine letzte Beobachtung gewesen.

---

1) Vergl. Werke XI, 1, S. 351 f.
2) Ebenda, S. 479.

Die alte Sternwarte in Göttingen im Jahre 1773.
Nach einem Stich von J. P. KALTENHOFER.

Die neue Sternwarte in Göttingen, vollendet 1816.
Nach einem Stich von E. WAGNER (Zeichnung von E. HORNEMANN).

Zweiter Abschnitt.

Theoretische Astronomie[1]).

Einleitendes.

GAUSS' Bestreben, »seinen Untersuchungen die Form vollendeter Kunstwerke zu geben« und »nie eine Arbeit zu veröffentlichen, bevor diese eine durchaus vollendete Form erhalten hatte«[2]) ist auch die Ursache, dass er von den zahlreichen von ihm geplanten, grundlegenden und den Gegenstand erschöpfenden astronomischen Werken nur eines, die *Theoria motus corporum coelestium in sectionibus conicis solem ambientium*, Hamburg 1809, seinen Zeitgenossen geschenkt hat. In ihm behandelt er, soweit es die Bestimmung einer Bahn aus den Beobachtungen betrifft, ausschliesslich die elliptische und die hyperbolische Bewegung. Vielleicht mag er mit Rücksicht darauf, dass OLBERS[3]) die Aufgabe der parabolischen Bahnbestimmung mit Erfolg gelöst hatte, die weitere Durchführung seiner Untersuchungen über diesen Gegenstand einstweilen zurückgestellt haben. Jedenfalls hat er hierüber nur die Abhandlung *Observationes cometae secundi A. 1813 in observatorio Gottingensi factae, adiectis nonnullis adnotationibus circa calculum orbitarum parabolicarum*, Göttingen 1813[4]) veröffentlicht, in der er sich ausdrücklich auf das OLBERSsche Werk bezieht. Und doch beabsichtigte er, auch hier ein grosses grundlegendes Werk zu schaffen, wie unter anderem aus der von LINDENAU im November 1815 verfassten Einleitung zu der »Zeitschrift für Astronomie, herausgegeben von LIN-

---

1) Durchgesehener Abdruck aus Heft VII der *Materialien für eine wissenschaftliche Biographie von Gauss*, 1918.

2) SARTORIUS V. WALTERSHAUSEN, *Gauss zum Gedächtnis*, Leipzig 1856, S. 82.

3) *Über die leichteste und bequemste Methode, die Bahn eines Kometen zu berechnen*, Weimar 1797 (WILHELM OLBERS, *Sein Leben und seine Werke*, Band I, herausgegeben von C. SCHILLING, Berlin 1894).

4) Werke VI, S. 25.

DENAU und BOHNENBERGER, Erster Band«, hervorgeht, wo es (S. 46) heisst: »GAUSS hat neuerlich beinahe die ganze Kometentheorie umgearbeitet, neue Tafeln entworfen, und wir haben ein eigentümliches Werk darüber von ihm zu erwarten, was wohl nichts zu wünschen übrig lassen wird.« Die Vorarbeiten für dieses Werk, die sich im Nachlass vorgefunden haben, sind Werke VII, 1906, S. 323—373, zusammengestellt.

Ebenso hat die gewaltige Arbeit, die GAUSS bei der Berechnung der Störungen der Pallas geleistet hat, erst bei der Veröffentlichung des VII. Bandes seiner Werke im Jahre 1906 der astronomischen Welt zugänglich gemacht werden können. Trotz sorgfältiger Durchsicht und Bearbeitung des Nachlasses wird natürlich nicht erwartet werden können, dass die ganze Fülle von Gedanken und Kunstgriffen, die GAUSS hier zur Anwendung brachte, damit ans Tageslicht gezogen ist, umsomehr als ausser dem Text der im VII. Band, S. 439 f. abgedruckten *Exposition d'une nouvelle méthode de calculer les perturbations planétaires* der gesamte auf Pallas bezügliche Nachlass fast nur aus einer nahezu unübersehbaren Zahl von Blättern mit Rechnungen, ohne jeden erläuternden Text besteht. Die eigentliche Berechnung der Störungen, die bis auf einen kleinen Rest der Marsstörungen von GAUSS ganz durchgeführt worden ist, hat sich zwar vollständig aufklären und veröffentlichen lassen, aber über die tiefer liegenden Überlegungen von GAUSS und über die Gründe, warum er seine Entwicklungen überall gerade in der vorliegenden Art und Weise gemacht hat, sowie über andere Einzelheiten lassen sich mit Sicherheit keine Schlüsse ziehen. Daher kann man, wie auf vielen auf anderen Gebieten, so auch hier, nur an der Hand des Nachlasses, nicht aber aus den gedruckten Abhandlungen allein ein Bild von der Entwicklung der GAUSSschen Arbeiten gewinnen. Was man darüber vermuten kann, wird weiter unten bei der eingehenden Besprechung dieser Arbeiten gesagt werden.

Der Beginn der Periode von GAUSS' eingehendster Beschäftigung mit astronomischen Untersuchungen wird durch die Entdeckung des Planeten Ceres im Jahre 1801 eingeleitet. Doch hatte er sich schon vorher vielfach mit kleineren oder grösseren astronomischen Problemen beschäftigt; über seine frühzeitig angestellten astronomischen Beobachtungen ist im ersten Abschnitt dieses Aufsatzes *Praktische und sphärische Astronomie* berichtet worden.

In der *Scheda* Aa vom Jahre 1798, die mit der *Scheda prima de curva lemniscata* beginnt, steht auf S. 16 die Überschrift *Scheda secunda de motu cometarum*. Darauf folgen aber die Differentialgleichungen des Zweikörperproblems mit Bezeichnungen, die sich auf die Erde beziehen und aus denen Gauss das Flächenintegral und einige weitere Beziehungen ableitet, ohne auf die Theorie der Kometenbahnen einzugehen. Da er aber in der *Tagebuch*notiz Nr. 94 vom Juli 1798[1]) sagt »Cometarum theoriam perfectiorem reddidi«, so mag er in dieser Zeit einige weitergehende Entwickelungen über die parabolische Bewegung gemacht haben, die er dann nicht weiter ausgebaut hat und über die keine Aufzeichnungen erhalten sind. In der *Scheda* Ac sehen wir ihn Ende 1799 oder Anfang 1800 mit dem Studium der oben genannten Olbersschen Abhandlung über die Bahnbestimmung der Kometen beschäftigt, und in der *Scheda* Ae vom Sommer 1800 findet man mehrere ganz vereinzelte Notizen, die darauf hinweisen, dass er sich schon zu jener Zeit mit dem Studium einzelner Werke der theoretischen Astronomie, im besonderen auch der Mechanik des Himmels beschäftigt hatte. Während seiner Studienzeit in Göttingen 1795—1798 hatte er nach Ausweis der Verzeichnisse der Göttinger Universitätsbibliothek von dieser ausser den bereits oben S. 8 angegebenen, noch folgende astronomische Werke entliehen: Clairaut, *Théorie de la Lune*; Lagrange, *Mécanique analytique*; Newton, *Opera omnia*[2]).

1. Theorie des Mondes.

Die erste grössere Arbeit auf astronomischem Gebiete, die Gauss unternommen hat, ist die Bearbeitung der Theorie des Mondes, die sich im Nachlass auf zusammengehefteten Blättern befindet, in den Werken Band VII, 1906, S. 613f. abgedruckt ist und nach der *Tagebuch*notiz Nr. 120[3]) (»Theoriam motus Lunae aggressi sumus«) aus dem August 1801 stammt.

Bis zum Jahre 1788 waren zur Berechnung der Ephemeriden des *Nautical Almanac* die Mayerschen Mondtafeln[4]) im Gebrauch. Indessen war Mason

---

1) Werke X, 1, S. 536.

2) Die *Principia* Newtons hatte Gauss schon 1794 erworben.

3) Werke X, 1, S. 562.

4) *Tabulae motuum Solis et Lunae novae et correctae*, London 1770. — T. Mayer hatte zuerst seine *Novae tabulae motuum Solis et Lunae* in den Comm. Soc. scient. Gott., Göttingen, 1752 veröffentlicht, diese

vom Board of Longitude beauftragt worden, sie weiter zu verbessern, und seit 1789 traten daher die Masonschen Tafeln[1]) an die Stelle der ursprünglichen Mayerschen. Da sich bald das Bedürfnis einer weiteren Verbesserung der Tafeln fühlbar machte, so stellte die Pariser Akademie im Jahre 1798 die Preisaufgabe[2]):

»Aus einer grossen Anzahl der besten, zuverlässigsten alten und neuen Mondbeobachtungen, wenigstens 500 an der Zahl, die Epochen der mittleren Länge des Apogäums und des aufsteigenden Knotens der Mondbahn zu bestimmen.«

Bürg bearbeitete[2]) diese Aufgabe, indem er mehr als 3000 Beobachtungen benutzte, die er mit den Mayerschen Mondtafeln verglich, und indem er auch sonst über den Rahmen der gestellten Preisaufgabe hinausging. Er erhielt, ebenso wie Bouvard, der auch eine Abhandlung eingereicht hatte, den Preis im Jahre 1800. Bürg setzte seine Untersuchungen über die Mondbewegung fort, und auch Laplace begann um diese Zeit, seine Mondtheorie zu schaffen. Im Jahre 1800 setzte das Pariser Bureau des Longitudes einen neuen Preis[3]) aus für die Erfüllung folgender Bedingungen:

»1) Aus der Vergleichung einer grossen Anzahl guter Beobachtungen den Wert der Koeffizienten der Mondungleichheiten auf das genaueste zu bestimmen und für die Länge, für die Breite und für die Parallaxe dieses Gestirns genauere und vollständigere Formeln zu geben als diejenigen sind, auf welchen die bisher gebrauchten Mondtafeln beruhen.

2) Aus diesen Formeln Mondtafeln mit einer hinlänglichen Bequemlichkeit und Sicherheit für die Berechnung zu entwerfen.«

Die Erteilung des Preises war an keinen Zeitpunkt gebunden.

---

sodann weiter verbessert und die verbesserten Tafeln 1755 zum Wettbewerb um den für die Längenbestimmung vom Board of Longitude ausgesetzten Preis nach London geschickt. Die Entscheidung über den Preis zog sich in die Länge; T. Mayer starb 1762 und seine Witwe sandte seine Handschriften, die eine weitere Verbesserung der Tafeln enthielten, ebenfalls nach London. Dort wurde seine *Theoria Lunae iuxta systema Newtonianum* 1767, und die eigentlichen Tafeln *Tabulae motuum Solis et Lunae novae et correctae* 1770 gedruckt. Die Witwe erhielt einen Teil des Preises. — Vergl. R. Wolf, *Geschichte der Astronomie*, München 1877, S. 497.

1) Charles Mason, *Tob. Mayers Lunar tables improved*, London 1787. — Vergl. auch Lalande, *Astronomie* II, 3. Ausgabe, Paris 1792, S. 175.

2) Monatl. Corr. 1800, Mai, S. 541.

3) Ebenda, August, S. 165.

Vielleicht ist hierin der Anlass zu suchen, dass GAUSS die Bearbeitung der Mondtheorie in Angriff nahm. Er leitete als Fundamentalgleichungen die Differentialgleichungen des reziproken kurtierten Radiusvektors, der mittleren Länge (oder der Zeit) und der Tangente der Breite ab und benutzte die wahre Länge als unabhängige Veränderliche. Seine Fundamentalgleichungen sind also ähnlich denen von CLAIRAUT[1]), d'ALEMBERT[2]) und den später von LAPLACE[3]), PLANA[4]) u. a. aufgestellten, nicht aber den EULERschen[5]).

Die Integration wird durch Annäherungen ausgeführt, bei denen die Entwicklungen nach Potenzen der Exzentrizität und der Tangente der Neigung fortschreiten. Die Integrationsdivisoren entwickelt GAUSS nach Potenzen des Verhältnisses der mittleren Bewegungen von Mond und Erde. Die Form, die die Resultate dadurch erhalten, stimmt also im wesentlichen mit denen der späteren PLANASCHEN Theorie[4]) überein. Das Ergebnis der ersten Annäherung vergleicht GAUSS mit den Werten von TOBIAS MAYER. Indessen hat er die ganze Arbeit bald wieder aufgegeben und nur die Berechnung der Breitenstörungen durchgeführt; sie ist offenbar plötzlich abgebrochen worden, wofür sich die Erklärung aus der Einleitung zur *Theoria motus* und aus einem Briefe an SCHUMACHER vom 23. Januar 1842 ergibt, in dem es heisst: »Eben im Sommer 1801 hatte ich mir vorgesetzt, ähnliche Arbeit über den Mond auszuführen; aber kaum hatte ich die theoretischen Vorarbeiten angefangen (denn diese sind es, auf welche in der Vorrede meiner *Theoria motus Corporum Coelestium* angespielt wird), als das Bekanntwerden von PIAZZIS Ceresbeobachtungen mich in eine ganz andere Richtung zog.« Die in diesem Briefe erwähnte Stelle aus der Vorrede zur *Theoria motus* sehe man im Abdruck des *Tagebuchs* bei der Nr. 119, Werke X, 1, S. 561.

Über den Fortschritt der Untersuchungen von LAPLACE und BÜRG finden sich ausführliche Berichte in der Monatl. Corr. 1800—1802 und dies mag dazu beigetragen haben, dass GAUSS auch späterhin seine Arbeit anscheinend

---

1) CLAIRAUT, *Théorie de la Lune*, St. Petersburg 1752, 1765.

2) D'ALEMBERT, *Recherches sur différents points importants du système du monde*, Paris, I.—III. Band, 1754—1756.

3) LAPLACE, *Mécanique céleste*, Tome III., Livre VII, Paris 1802.

4) PLANA, *Théorie du mouvement de la Lune*, Turin 1832.

5) EULER, *Opuscula varii argumenti*, Berlin 1746; *Theoria motus Lunae exhibens omnes eius inaequalitates*, Petersburg 1753 und *Theoria motuum Lunae nova methodo pertractata*, Petersburg 1772.

nicht wieder zur Hand genommen hat. LAPLACES Ergebnisse erschienen 1802 im dritten Bande der *Mécanique céleste*; BÜRG erhielt 1803 den neuen Preis, während der Druck seiner Mondtafeln[1]) sich bis zum Jahre 1806 hinzog. Im Jahre 1803 hat GAUSS in der *Scheda* Am die Ergebnisse von LAPLACES Untersuchungen aus der *Mécanique céleste* (Band III) herausgeschrieben und einige Notizen dazu gemacht, die sich auf die Tafeln von MASON und auf die bis dahin bekannt gewordenen Ergebnisse von BÜRGS Untersuchungen zu beziehen scheinen.

II. Bahnbestimmung aus drei oder vier Beobachtungen (im besonderen Theoria motus).

1. Die Entdeckung der Ceres.

Die von PIAZZI in Palermo am 1. Januar 1801 gemachte Entdeckung der Ceres wurde erst im Mai durch die deutschen Zeitungen bekannt und die ersten genaueren Nachrichten darüber gab das Juni-Heft der *Monatlichen Correspondenz zur Beförderung der Erd- und Himmelkunde*, die v. ZACH, Oberstleutnant und Direktor der Sternwarte Seeberg bei Gotha, seit dem Jahre 1799 herausgab und die als Sammelpunkt wichtiger neuer geographischer und astronomischer Nachrichten diente. PIAZZI hatte am 24. Januar 1801 einen Brief an Professor BODE, Direktor der Berliner Sternwarte, und zu gleicher Zeit an ORIANI in Mailand und auch an LALANDE in Paris gerichtet, in dem er mitteilt, dass er einen sehr kleinen Kometen ohne Nebel und Schweif im Sternbilde des Stiers entdeckt habe[2]). Im Februar berichtete LALANDE darüber zwar an v. ZACH, ohne aber den näheren Ort am Himmel anzugeben, sodass v. ZACH auf weitere Nachricht wartete. Die Briefe von PIAZZI an ORIANI und BODE gelangten erst im April an ihre Bestimmungsorte — der an BODE war 71 Tage unterwegs —, während PIAZZI das Objekt nur bis zum 11. Februar hatte verfolgen können. In seinen Briefen gab PIAZZI nur zwei beobachtete Örter vom 1. und 23. Januar an, roh auf ganze Minuten abgerundet, und bemerkte nur noch, dass vom 10. auf den 11. Januar die rückläufige Bewegung in die rechtläufige übergegangen sei; im übrigen fügte er in seinem Briefe an

---

1) J. T. BÜRG, *Tables de la Lune in den Tables astronomiques publiées par le Bureau des Longitudes de France*, Première Partie, a Paris, chez Courcier, 1806.

2) Monatl. Corr. 1801, Juni, S. 604.

ORIANI hinzu, er habe die Vermutung, dass es sich um einen Planeten handele, während er in den Briefen an BODE und LALANDE nur von einem Kometen spricht.

Beide, BODE sowohl wie ORIANI, gaben die Nachricht sogleich an v. ZACH weiter, der dann in dem erwähnten Hefte der Monatlichen Correspondenz einen ausführlichen Artikel *Über einen zwischen Mars und Jupiter längst vermuteten, nun wahrscheinlich entdeckten neuen Hauptplaneten unseres Sonnensystems* brachte, während BODE die Entdeckung der Kgl. Preussischen Akademie der Wissenschaften mitteilte und für die Bekanntmachung in einigen Zeitungen sorgte.

v. ZACH hatte gerade im September 1800 bei Gelegenheit einer »kleinen astronomischen Reise nach Celle, Bremen und Lilienthal«, über die er in den Heften der Monatlichen Correspondenz der Jahre 1800 bis 1801 ein ausführliches *Tagebuch* veröffentlichte, mit fünf anderen Astronomen (SCHRÖDER, HARDING, OLBERS und wahrscheinlich v. ENDE und GILDEMEISTER), die sich in Lilienthal trafen, beschlossen, »eine geschlossene Gesellschaft von 24 praktischen, in ganz Europa verbreiteten Astronomen« zu gründen[1], die sich das Aufsuchen des zwischen Mars und Jupiter vermuteten Planeten durch gleichzeitige Verbesserung der Sternverzeichnisse angelegen sein lassen sollten. Auch PIAZZI befand sich unter den 24 ausgewählten Astronomen, hatte aber die Einladung, an der Gesellschaft teilzunehmen, noch nicht erhalten[2]. BODE sowohl wie ORIANI hielten daher gleich an der Auffassung fest, dass das neue Objekt ein Planet sei, der sich zwischen Mars und Jupiter bewegt, und auch v. ZACH trat natürlich dieser Auffassung bei, umsomehr als die oberflächliche Berechnung einer Kreisbahn darauf hindeutete. v. ZACH versuchte eine etwas schärfere Berechnung einer Kreisbahn, die ihm eine merkwürdige Ähnlichkeit mit der Bahn des Kometen von 1770 zu zeigen schien[3], so dass er sich fragte, ob beide Objekte nicht vielleicht identisch seien; gewisse Zweifel an der Natur des neuen Planeten bestanden also immer noch: PIAZZI spricht in einem späteren Briefe von ihm als von einem Kometen und auch die Pariser Astronomen scheinen der gleichen Ansicht gewesen zu sein und daher weniger Wert auf die Entdeckung gelegt zu haben[4].

---

1) Monatl. Corr. 1801, Juni, S. 602.

2) Ebenda, S. 603.

3) Ebenda, S. 614; es handelt sich um den Kometen 1770 I (Nr. 102 des GALLEschen Verzeichnisses); die halbe grosse Axe ist aber das einzige Element, das bei beiden Bahnen Ähnlichkeit zeigt.

4) Monatl. Corr. 1801, Juli, S. 56—57.

BODE hatte inzwischen an PIAZZI mit der Bitte um genaue Mitteilung seiner Beobachtungen geschrieben, erhielt aber zunächst keine befriedigende Antwort. Es entspann sich ein eingehender Briefwechsel über PIAZZIS Entdeckung zwischen BODE, v. ZACH, OLBERS, der die Nachricht aus der Zeitung erfahren hatte, und BURCKHARDT in Paris, wohin PIAZZI endlich in einem weiteren Brief an LALANDE, der in Paris am 31. Mai eintraf, seine Beobachtungen genauer mitgeteilt hatte, aber mit der Bitte, sie vorläufig nicht zu veröffentlichen; den deutschen Astronomen teilte sie BURCKHARDT unter der gleichen Bedingung mit. Auf Grund der genaueren Beobachtungen berechnete BURCKHARDT auch schon eine Ellipse; seine Versuche, die Beobachtungen durch eine Parabel darzustellen, scheiterten. Die entsprechenden Elemente sind im Juliheft der Monatlichen Correspondenz mitgeteilt, in der v. ZACH in allen Monatsheften *Fortgesetzte Nachrichten über einen . . . . neuen Hauptplaneten* gab.

Die vollständigen Beobachtungen von PIAZZI vom 1. Januar bis 11. Februar 1801 wurden endlich im Septemberhefte der Monatl. Correspondenz veröffentlicht, nachdem sie PIAZZI mit einigen Verbesserungen an BODE, LALANDE und ORIANI geschickt hatte, und gelangten so auch in die Hände von GAUSS.

Im Oktoberheft der Monatl. Corr. sagt v. ZACH, dass gegen Mitte August bis Ende September 1801 nun von fast allen Astronomen Versuche gemacht wurden, den aus den Strahlen der Sonne wieder austretenden Planeten aufzufinden, aber ohne Erfolg; es herrschte auch allgemein in dieser Zeit schlechte Witterung. Die von BURCKHARDT berechnete elliptische Bahn war unsicher, nicht so sehr deswegen, weil das beobachtete Bahnstück ziemlich klein war, was damals von den Astronomen als die Hauptschwierigkeit[1] empfunden wurde, sondern deswegen, weil er von einer willkürlichen Annahme über die Lage des Perihels ausging. Die Aufgabe, eine noch völlig unbekannte Planetenbahn aus den Beobachtungen zu bestimmen, war bisher nur beim Uranus aufgetreten, und hier konnte man zunächst eine Kreisbahn rechnen und sodann mit Hilfe entfernt liegender früherer Beobachtungen von FLAMSTEED 1690 und TOBIAS MAYER 1756, die BODE auffand, die Bahn genauer bestimmen. OLBERS, der ebenfalls mit wenig Aussicht auf Erfolg die Berechnung einer

---

[1] Vergl. *Theoria motus*, Einleitung, Werke VII, S. 7.

elliptischen Bahn begonnen hatte, empfiehlt, der Vorausberechnung eine Kreis-bahn zugrunde zu legen, deren Elemente er auch angibt; denn: »War der neue Planet vor dem 1. Januar durch sein Aphelium gegangen, so vermehrt sich seine heliozentrische Geschwindigkeit immer, und auch seine geozen-trischen Längen müssen im August und September grösser sein, als nach der Kreis-Hypothese. Ist er aber im Februar durch sein Perihelium gegangen, so hat sich nachmals die heliozentrische Geschwindigkeit vermindert und seine geozentrischen Längen müssen im August und September kleiner sein, als nach der Kreis-Hypothese. Weil man nun nicht wissen kann, welcher von beiden Fällen eintritt, so ist es zur künftigen Aufsuchung des Gestirns sicherer, die aus der Kreis-Hypothese gefolgerten Örter zugrunde zu legen, die von den wahren nicht sehr abweichen können, und die unter beiden möglichen Fällen das Mittel halten«[1]. OLBERS, wie auch BURCKHARDT nahmen fälschlich an, dass der Planet zur Zeit seiner Entdeckung nicht weit entweder vom Pe-rihel oder vom Aphel gestanden, während GAUSS später zeigte, dass er sich nahezu zwischen beiden befunden habe[2].

PIAZZI verfasste eine kleine Schrift[3], in der er über die erste Entdeckung und die weiteren Beobachtungen eingehende Mitteilungen machte und auch, ausser einer von ihm selbst berechneten Kreisbahn, die ihm durch ORIANI zu-gesandten, von den anderen Astronomen berechneten Bahnen angibt. Der Schrift ist auch ein nochmals verbessertes Verzeichnis seiner Beobachtungen beige-fügt. Im Novemberheft der Monatl. Corr. gibt v. ZACH einen ausführlichen Auszug aus dieser Schrift, »welche wahrscheinlich nicht so leicht und nicht so bald in den deutschen Buchhandel kommen dürfte«, und druckt auch die verbesserten Beobachtungen ab, die ausser kleineren Änderungen eine Ver-besserung der Rektaszension des 11. Februar um 15″ gegenüber den im Sep-temberheft abgedruckten Beobachtungen enthalten[4].

Mit Rücksicht auf OLBERS' erwähnten Vorschlag, die Vorausberechnung zur Wiederauffindung des Planeten auf eine Kreisbahn zu gründen, berechnete

---

1) Monatl. Corr. 1801, Oktober, S. 367.

2) A. a. O., 1801, Dezember, S. 639, Werke VI, S. 201.

3) *Risultati delle Osservazioni della nuova Stella scoperta il di' 1 Gennajo all' Osservatorio Reale di Palermo,* Palermo 1801.

4) Vergl. oben S. 17.

v. Zach eine Ephemeride[1]) für November und Dezember, um »dadurch allen Astronomen und Liebhabern der Sternkunde, die sich mit der Aufsuchung des Gestirns beschäftigen wollen, einen kleinen Dienst zu erweisen.«

Inzwischen hatte sich Gauss, der die Monatl. Corr. in Braunschweig erhielt[2]), im Stillen an die Arbeit gemacht; das Interesse für den neuen Planeten veranlasste ihn, seine Mondtheorie und seine rein mathematischen Untersuchungen liegen zu lassen[3]). In seinem *Tagebuch* finden sich aus dem Jahre 1801 die Notizen Nr. 119: »Methodus nova simplicissima expeditissima elementa orbitarum corporum coelestium investigandi; — Brunsv[igae, 1801]«, Sept. m[edio] und Nr. 121: »Formulas permultas novas in Astronomia Theorica utilissimas eruimus. — 1801 Mense Octobr.«

Die ältesten im Nachlass (*Schedae* Ag, Ah, *Handbuch* Bb) vorhandenen Aufzeichnungen über die Ceres stammen erst aus dem Anfang des November und über Gauss' Untersuchungen in den ersten Wochen lässt sich daher keine volle Klarheit gewinnen. Einen Niederschlag der in der *Tagebuch*notiz Nr. 121 genannten »Formulae permultae« mag das Werke XI, 1, S. 221 ff. abgedruckte Stück aus dem *Handbuch* Bb (November 1801) geben.

Man sieht aber soviel, dass Gauss sofort den Plan fasste, wirklich neue brauchbare Methoden zur Bahnbestimmung zu schaffen, und dass er dabei von dem Gedanken ausging, sich nicht auf Versuche nach der einen oder anderen Richtung und auf irgend welche hypothetischen Voraussetzungen zu beschränken, sondern systematisch eine Bahn zu finden, die sich so gut wie möglich an die Beobachtungen anschliesst: wenn die Piazzischen Beobachtungen auch nur 41 Tage umfassen, so muss es doch eine Ellipse geben, die sie am besten darstellt und die geeignet ist, die zur Wiederauffindung vorausberechneten Örter möglichst nahe anzugeben. Es galt also, eine Ellipse zu finden, die von allen willkürlichen Voraussetzungen frei war, und auf den ersten Seiten des oben genannten *Handbuchs* Bb vom November 1801 finden wir diese Aufgabe bereits vollständig gelöst, wenn auch in einer weniger vollkommenen Form, als in der *Theoria motus*.

---

1) Monatl. Corr. 1901, November, S. 578—581.

2) Gauss' Exemplare der Monatl. Corr. aus den Jahren 1800—1813 befinden sich in der Gauss-Bibliothek auf der Göttinger Sternwarte und enthalten manche handschriftliche Eintragungen von seiner Hand.

3) Vergl. den Abdruck des *Tagebuchs*, Werke X, 1, S. 561—563 und oben S. 149.

In einer kleinen Handschrift *Summarische Übersicht der zur Bestimmung der Bahnen der beiden neuen Planeten angewandten Methoden* hat GAUSS seine ältesten Methoden zusammengestellt, und diese Handschrift hat er am 6. August 1802 an OLBERS geschickt[1]), von dem er sie im November 1805 zurückerhielt. Kurz nach dem Erscheinen der *Theoria motus* bekam sie v. LINDENAU, vermutlich bei einem Besuch bei GAUSS, zu Gesicht und veröffentlichte sie mit GAUSS' Zustimmung in der Monatl. Corr. im September 1809[2]).

2. Einleitendes über GAUSS' Methoden der Bahnbestimmung.

Obwohl die Bestimmung der Bahn eines Himmelskörpers aus drei gegebenen Beobachtungen eine fest umschriebene Aufgabe ist, so ist doch bekanntlich eine explizite Lösung nicht durchführbar, weil die beobachteten Örter und die zu bestimmenden Elemente der Bahn in sehr verwickelten Beziehungen zu einander stehen. Man ist auf die Lösung der Aufgabe durch Annäherungen angewiesen und daher ist die Aufstellung einer fast unbegrenzten Anzahl von Methoden möglich, die durch mehr oder minder durchgreifende Unterschiede gekennzeichnet sind.

Man wird erwarten, dass GAUSS das Gebiet, auf dem sich diese Methoden bewegen können, nach allen Richtungen hin durchforscht hat; man wird aber auch verstehen, dass er dies nicht sofort bei seinen ersten Bahnberechnungen hat durchführen können, da hier die numerische Bearbeitung des Einzelfalls drängte, damit die Bahn des neuen Planeten so bald als möglich mit ausreichender Genauigkeit zum Zweck der Wiederauffindung am Himmel bekannt wurde. So erklärt es sich, dass GAUSS' erste Bahnberechnungen zwar auf einem wichtigen neuen Grundgedanken beruhen, dem die Willkürlichkeit älterer Methoden nicht mehr anhaftet, dass sie aber in der einzelnen Durchführung noch nicht die Vervollkommnung und Verfeinerung zeigen, wie die Methoden der *Theoria motus*.

Dieser erste grundlegende Gedanke besteht in der Aufstellung einer Gleichung zwischen den Abständen des Planeten von der Sonne und von der Erde in der mittleren Beobachtung; es ist dies die im Folgenden mit 3) bezeich-

---

1) Vergl. die Briefe vom 6., 18. August, 11., 14., 21. September, 10. Oktober 1802, 29. Oktober, 2. November 1805 aus dem Briefwechsel zwischen GAUSS und OLBERS.
2) Werke VI, S. 148.

nete Gleichung. Sie steht auf den Werke XI, 1, S. 222, abgedruckten ersten Seiten des *Handbuchs* Bb als Gleichung I und findet sich wieder als Gleichung (7) des Artikels 6 in der soeben erwähnten *Summarischen Übersicht*[1]). Gauss sagt dort von ihr: »Diese Formel ... ist der wichtigste Teil der ganzen Methode und ihre erste Grundlage« und schreibt in dem die Sendung an Olbers begleitenden Briefe vom 6. August 1802: »Der wesentlichste Punkt ist die Formel (7) im 6. Artikel, auf die ich vor beinahe einem Jahr auf einem ganz anderen Wege kam. Sie ist gewissermassen das Pendant zu der Ihrigen[2]) und man könnte sagen, dass beide ein zweites Differential brauchen; die Ihrige braucht die Veränderung der geozentrischen Geschwindigkeit, um das Verhältnis der Abstände, die meinige braucht die Veränderung der Richtung, um die Abstände selbst zu finden. Dass es ausser der Ihrigen Formel noch eine ähnliche geben müsse, hatte ich vor fünf Jahren geahnt, da ich zum erstenmal Ihre Bestimmung der Kometenbahn las; ich äusserte damals etwas darüber gegen den sel. Lichtenberg, der mich sehr aufmunterte, mich in die Untersuchung einzulassen, allein meine damaligen sehr eifrigen Beschäftigungen mit der höhern Arithmetik, sowie mit Untersuchungen aus einem andern Fache der Analyse[3]), worüber ich Ihnen in Zukunft einmal schreibe, brachten mir den Gegenstand bald wieder aus dem Sinne. Als ich im vorigen Jahre ganz unvermutet auf die Formel geriet, sah ich sogleich, von welchem Werte sie zur Abkürzung der ersten Annäherungsversuche bei einer von Hypothesen unabhängig sein sollenden[4]) Bestimmung der Bahn eines Himmelskörpers sein müsse. Glücklicherweise erhielt ich um die Zeit gerade die Piazzischen Beobachtungen im Septemberheft der Monatl. Corr., an denen ich mich sogleich eine Probe der Methode zu machen entschloss. Die Verschiedenheit meiner Resultate von den vorhergegangenen bestimmte mich, sie bekannt zu machen, und die

---

1) Werke VI, S. 158—159.

2) Nämlich der bekannten Olbersschen Beziehung zwischen den Abständen von der Erde im ersten und dritten Ort, Gleichung 6) auf S. 160. — Brdl.

3) Gemeint sind wohl die aus dem Jahre 1797 stammenden Untersuchungen über lemniskatische Funktionen; vergl. überhaupt die Nummern 50—82 des *Tagebuchs* Werke X, 1, S. 509—525, in denen über Gauss' mathematische Untersuchungen während des Jahres 1797 berichtet wird. — Brdl.

4) Diese Worte bestätigen die oben ausgesprochene Vermutung, dass Gauss sogleich daran dachte, eine von willkürlichen Voraussetzungen freie Methode der Bahnbestimmung zu finden. — Brdl.

ferneren Rechnungen, worin ich dadurch verwickelt wurde, veranlassten die fernere Ausbildung der Methode.«

In dem Briefe an OLBERS vom 25. Mai 1802 sagt GAUSS, dass er auf seine Fundamentalformel auf bizarrem Wege gekommen sei. Vielleicht darf man hiernach vermuten, dass er zuerst die streng geltenden Gleichungen aufgestellt hat, die sich im *Handbuch* Bb[1]) neben den genähert geltenden finden.

Man wird wohl nicht fehlgehen in der Annahme, dass die Auffindung dieser Gleichung den Anlass zur *Tagebuch*notiz[2]) Nr. 119 »Methodus nova simplicissima expeditissima elementa orbitarum corporum coelestium investigandi, Brunsv[igae, 1801] Sept. m[edio]« gab, mit der auch die Zeitangabe im vorstehenden Briefe übereinstimmt.

OLBERS richtete, nachdem er die *Summarische Übersicht* gelesen, einige darauf bezügliche Fragen an GAUSS und bemerkt im Briefe vom 11. September 1802: »Übrigens wird Ihnen die grosse Analogie Ihrer Hauptgleichung (7) mit der LA PLACEschen (*Mechanik des Himmels*, übersetzt von BURCKHARDT, I. Teil, S. 279 oder Mém. de l'Acad. Roy. de Paris 1780, S. 31) bekannt sein«[3]). GAUSS antwortet am 14. September: »Die LA PLACEsche Formel, die ich vor vielen Jahren in seiner *Théorie du Mouvement Elliptique* gesehen hatte, war mir ganz aus dem Gedächtnisse gekommen, bis ich ganz vor kurzem die *Mécanique Céleste* erhielt. Mich dünkt, sie muss sich sehr leicht aus (7) herleiten lassen.«

In der *Theoria motus* finden wir die GAUSSsche Hauptgleichung nicht mehr in der gleichen Form; er ist hier noch einen Schritt weiter gegangen, indem er die von ihm mit P und Q bezeichneten Grössen einführt, von denen weiter unten gesprochen werden soll.

Auch sind die gesamten mehr auf Interpolation beruhenden ersten GAUSSschen Rechnungsmethoden in der *Theoria motus* durch systematisch vorgehende ersetzt, die er erst in den Jahren 1805—1807 schuf; auf sie beziehen sich die *Tagebuch*notizen[4]) Nr. 125, 126, 127, 129. Darüber sagt GAUSS im Briefe an OLBERS vom 3. Februar 1806: »Ich habe in diesem Jahre fleissig an meiner Methode, die Planetenbahnen zu bestimmen, gearbeitet; obgleich bisher nicht

---

1) Werke XI, 1, S. 222.
2) Werke X, 1, S. 561.
3) LA PLACE, *Mécanique céleste*, Première Partie, Livre I, No. 31 (Band I, S. 207 der Originalausgabe von 1799).
4) Werke X, 1, S. 564—565.

so sehr an der Ausarbeitung, als an der grössern Vervollkommnung einzelner
Teile derselben.   Manches, glaube ich, ist mir gut gelungen und hat wenigstens eine von der vorigen ganz verschiedene Gestalt bekommen«, und in der
Vorrede zur *Theoria motus* selbst: »Methodi enim ab initio adhibitae identidem
tot tantasque mutationes passae sunt, ut inter modum, quo olim orbita Cereris
calculata est, institutionemque in hoc opere traditam vix ullum similitudinis
vestigium remanserit«[1]).

Indessen hat GAUSS gelegentlich den einen oder anderen Teil seiner
älteren Methoden auch in der *Theoria motus* erwähnt[2]).

Wie GAUSS auch in art. 2 der *Summarischen Übersicht* hervorhebt, stützt
sich die erste Berechnung der völlig unbekannten Bahn eines Himmelskörpers
aus drei Beobachtungen auf die Lösung zweier verschiedener Aufgaben:

Erstens: auf irgend eine Weise eine genäherte Bahn zu finden.

Zweitens: diese Bahn so zu »verbessern«, dass sie den Beobachtungen so gut als möglich Genüge leistet.

Ist die Bahn schon auf irgend eine Weise genähert bekannt, so entfällt
die erste Aufgabe.

Im besonderen gelangt man zur Lösung der ersten Aufgabe, indem man
anstatt der beiden Angaben, die der mittlere beobachtete geozentrische Ort
liefert, zwei andere benutzt[3]); als solche stellt man sich am einfachsten die
Abstände des Planeten von der Erde im ersten und dritten Ort vor. Das
wichtigste ist also zunächst die Auffindung genäherter Werte dieser beiden
Grössen und dies ist auf zwei wesentlich verschiedenen Wegen möglich, entweder durch eine reine Versuchsmethode, die im ersten Grunde auf Erraten
beruht, oder durch systematisches Vorgehen.

Die reine Versuchsmethode besteht in irgend einer willkürlichen Annahme über die beiden Stücke, auf Grund deren man die Bahn berechnet
und die Abweichung von den Beobachtungen feststellt; durch weitere Versuche kann man zu brauchbaren Näherungswerten der beiden Stücke und
damit der Bahnelemente gelangen. Da aber die anzunehmende Hypothese
sich auf zwei Stücke erstreckt, so werden die Versuche sich in der Regel als

1) Werke VII, 1906, S. 8—9.
2) Vergl. die Einleitung, Werke VII, 1906, S. 9.
3) Vergl. *Theoria motus*, art. 119.

praktisch undurchführbar erweisen; daher bemüht man sich, eine genäherte Beziehung zwischen beiden Stücken aufzufinden, die sich durch bekannte Grössen ausdrückt, so dass man nur eines willkürlich zu wählen braucht.

So leitet OLBERS in seiner Methode der Kometenbahnstimmung die genäherte Gleichung[1]

1) $$\delta'' = M\delta$$

ab, wo

2) $$M = \frac{\operatorname{tg} \beta' \sin (\alpha - L') - \operatorname{tg} \beta \sin (\alpha' - L')}{\operatorname{tg} \beta'' \sin (\alpha' - L') - \operatorname{tg} \beta' \sin (\alpha'' - L')} \cdot \frac{t'' - t'}{t' - t}$$

aus den Beobachtungen bekannt ist. Diese Formel beruht auf der genähert giltigen Voraussetzung, dass die Sehnen zwischen den beiden Örtern des beobachteten Körpers und ebenso die zwischen den beiden Örtern der Erde von den Radienvektoren der mittleren Beobachtung im Verhältnis der Zwischenzeiten geschnitten werden, und OLBERS leitet sie aus dieser Voraussetzung ab[2].

3. Übersicht über GAUSS' Methoden zur genäherten Bestimmung der Abstände von der Erde (δ und δ'') im ersten und dritten Ort.

Die OLBERSsche Gleichung finden wir auch in der mehrfach erwähnten Notiz des *Handbuchs* Bb; sie ist dort von GAUSS mit II bezeichnet[3].

Ebenso finden wir sie in der *Summarischen Übersicht* im 5. Artikel[4], wo sie aber nur beiläufig abgeleitet und nicht benutzt wird. Auch im *Handbuch* Bb benutzt GAUSS diese Gleichung nicht wie OLBERS, der einen willkürlichen Wert von δ annimmt, daraus δ'' berechnet und dann auf Grund dieser beiden hypothetischen Werte die Bahn bestimmt. GAUSS geht vielmehr bereits bei seinen ersten Bahnbestimmungen auf dem zweiten erwähnten systematischen Wege vor, indem er direkt aus den Beobachtungen genäherte Werte für δ

---

1) Es bedeuten: δ, δ'' die kurtierten Abstände von der Erde im ersten und dritten Ort,

   α, α', α'' die drei beobachteten geozentrischen Längen,

   β, β', β'' die drei beobachteten geozentrischen Breiten,

   t, t', t'' die drei Beobachtungszeiten,

   L' die heliozentrische Länge der Erde im mittleren Ort.

2) WILHELM OLBERS, *Sein Leben und seine Werke*, herausgegeben von C. SCHILLING, I. Band, Berlin 1894, S. 30.

3) Werke XI, 1, S. 222.

4) Werke VI, S. 157.

und δ'' zu finden versucht, auf die er dann die Bahnbestimmung aufbaut. Und zwar findet er genäherte Werte für diese beiden Grössen, indem er zunächst einen solchen für den kurtierten Abstand des Planeten δ' in der mittleren Beobachtung sucht.

Zu diesem Zwecke benutzt er eben seine genähert geltende Hauptgleichung[1])

$$3)\quad \frac{R'}{\delta'}\left(1-\frac{R'^3}{r'^3}\right) = \frac{\operatorname{tg}\beta\sin(\alpha''-\alpha')-\operatorname{tg}\beta'\sin(\alpha''-\alpha)+\operatorname{tg}\beta''\sin(\alpha'-\alpha)}{\operatorname{tg}\beta\sin(L'-\alpha'')-\operatorname{tg}\beta''\sin(L'-\alpha)}\cdot\frac{2}{(M'-M)(M''-M')}.$$

Im *Handbuch* Bb stellt GAUSS neben diese die Beziehung zwischen δ' und r, die sich unmittelbar aus dem Dreieck Sonne-Erde-Planet ergibt, nämlich

$$4)\qquad \frac{r'}{\delta'} = \sqrt{1+\operatorname{tg}^2\beta'+\frac{R'^2}{\delta'^2}-2\frac{R'}{\delta'}\cos(L'-\alpha')}.$$

Aus beiden Gleichungen bestimmt er durch Versuche, die sehr schnell zum Ziele führen, δ', während r' nicht weiter in Betracht kommt. Um hieraus genäherte Werte für δ und δ'' zu finden, geht er im *Handbuch* Bb von der Annahme aus, dass die Logarithmen der drei Abstände von der Erde sich proportional den Zwischenzeiten ändern, also von der Beziehung

$$\frac{\log\delta''-\log\delta'}{t''-t'} = \frac{\log\delta'-\log\delta}{t'-t},$$

aus der folgt

$$5)\qquad\begin{aligned}\log\delta &= \log\delta'-\frac{t'-t}{t''-t}\log\frac{\delta''}{\delta}\\[4pt]\log\delta'' &= \log\delta'+\frac{t''-t'}{t''-t}\log\frac{\delta''}{\delta}.\end{aligned}$$

Da der Quotient $\frac{\delta''}{\delta}$ aus der OLBERSschen Gleichung:

$$6)\qquad \frac{\delta''}{\delta} = \frac{\operatorname{tg}\beta'\sin(L'-\alpha)-\operatorname{tg}\beta\sin(L'-\alpha')}{\operatorname{tg}\beta''\sin(L'-\alpha')-\operatorname{tg}\beta'\sin(L'-\alpha'')}\cdot\frac{t''-t'}{t'-t}$$

bekannt ist, so lassen sich die Werte von δ und δ'' berechnen.

Dies ist das älteste GAUSSsche Verfahren, wie es uns in der Nachlassnotiz aus dem *Handbuch* Bb entgegentritt. In der *Summarischen Übersicht* hat er diese Methode bereits verfeinert, indem er anstelle der vorigen Gleichung

---

[1]) Es bedeuten: R' den Abstand der Erde von der Sonne in der mittleren Beobachtung,

           r' den Abstand des Planeten von der Sonne in der mittleren Beobachtung,

    M, M', M'' die mittleren Längen der Erde in den drei Beobachtungen.

Über die Ableitung der Gleichung siehe S. 162 f.

die beiden Gleichungen[1])

7)
$$\delta = -\frac{f'}{f} \cdot \frac{\operatorname{tg}\beta'\sin(L'-\alpha'') - \operatorname{tg}\beta''\sin(L'-\alpha')}{\operatorname{tg}\beta\sin(L'-\alpha'') - \operatorname{tg}\beta''\sin(L'-\alpha)}\,\delta'$$

$$\delta'' = -\frac{f'}{f''} \cdot \frac{\operatorname{tg}\beta\sin(L'-\alpha') - \operatorname{tg}\beta'\sin(L'-\alpha)}{\operatorname{tg}\beta\sin(L'-\alpha'') - \operatorname{tg}\beta''\sin(L'-\alpha)}\,\delta'$$

anwendet[2]).

Er schreibt hier aber $\frac{g}{f} \cdot \frac{f'}{g'} \cdot \frac{t''-t}{t''-t'}$ für $-\frac{f'}{f}$ und $\frac{g''}{f''} \cdot \frac{f'}{g'} \cdot \frac{t''-t}{t'-t}$ für $-\frac{f'}{f''}$ und nimmt $\frac{f}{g}$, $\frac{f'}{g'}$, $\frac{f''}{g''}$ gleich Eins, solange er keinen besseren Näherungswert für diese Verhältnisse hat. Auf eine Anfrage von OLBERS, warum er hier nicht gleich

$$f : f' : f'' = (t''-t') : (t''-t) : (t'-t)$$

setzt, antwortet er im Briefe an diesen vom 21. September 1802:

»Den Koeffizienten $-\frac{f'}{f}$ würde ich unter die Form

$$-\frac{f'}{f+f''} \cdot \frac{f+f''}{f} = \frac{1}{1 - \frac{f+f'+f''}{f'}} \cdot \frac{f+f''}{f}$$

setzen. Der erste Faktor lässt sich sehr nahe bestimmen[3]) und den zweiten kann man für den Fall, wo die Zwischenzeiten gleich sind, ohne Bedenken $= \frac{t''-t}{t''-t'}$ setzen. Mir scheint, dass man so in diesem Fall der Wahrheit um eine Dimension näher komme, als wenn man gleich $-\frac{f'}{f} = \frac{t''-t}{t''-t'}$ setzte. Ich gestehe indess, dass ich bisher mich jener Korrektion noch nicht bedient, und mich auch ohne dieselbe ebenso gut befunden habe.«

Der Quotient der beiden Gleichungen ergibt übrigens die OLBERSsche Gleichung, wie GAUSS auch in der *Summarischen Übersicht* erwähnt.

In der *Theoria motus* finden wir, wie oben bereits gesagt, die Fundamentalgleichung 3) nicht mehr in der gleichen Form vor. GAUSS stellt hier nicht mehr die Anfangswerte der kurtierten Abstände δ und δ'' an die Spitze, sondern er führt als solche die von ihm mit P und Q bezeichneten Grössen ein, für die er mit einer Hypothese über das Verhältnis vom Sektor zum

---

1) Werke VI, S. 156, Gleichungen (5) und (6).

2) Es bedeuten: f, f', f'' die Dreiecksflächen zwischen den Radienvektoren der zweiten und dritten, der ersten und dritten, der ersten und zweiten Beobachtung, g, g', g'' die entsprechenden Sektoren.

3) Es ist nämlich näherungsweise $\frac{f+f'+f''}{f'} = -\frac{1}{2r'^3}(M'-M)(M''-M')$. — BRDL.

Dreieck, die mit der bei Aufstellung der Gleichungen 7) gebrauchten inhalts-
gleich ist, die Näherungswerte

$$P = \frac{\theta''}{\theta}, \quad Q = \theta \theta''$$

ansetzt, deren Erklärung im folgenden (S. 163, Fussnote) gegeben wird. Aus P
und Q findet GAUSS dann die beiden Grössen δ und δ'', sodass man allerdings die
Sache auch so auffassen kann, als ob er diese letzteren Werte seiner Bahnbestimmung zugrunde legt.

4. Ableitung von GAUSS' Hauptgleichung zur genäherten Be-
stimmung von δ' und Zusammenhang mit der *Theoria motus*.

Es treten uns hier also im ganzen drei Methoden der Bahnbestimmung,
insbesondere der Bestimmung von δ und δ'' entgegen, die des *Handbuchs* Bb,
die der *Summarischen Übersicht* und die vervollkommnete der *Theoria motus*.

Um den Zusammenhang der älteren Methoden mit denen der *Theoria
motus* zu zeigen, mögen die Fundamentalgleichungen zur Bestimmung des Abstandes δ' von der Erde, auf denen einerseits die beiden älteren Methoden
unmittelbar, andererseits die der *Theoria motus* mittelbar beruht, neben einander entwickelt werden. Wir benutzen dabei hier die Bezeichnungen der
Theoria motus und schliessen uns auch in der Entwicklung an die letztere an;
die Ableitung, die GAUSS in der *Summarischen Übersicht* gibt, erscheint verwickelter.

In der *Theoria motus*, art. 112, leitet GAUSS die bekannten Gleichungen[1]:

$$
\begin{aligned}
0 &= nx - n'x' + n''x'' \\
0 &= ny - n'y' + n''y'' \\
0 &= nz - n'z' + n''z''
\end{aligned}
$$

8)

ab; ihre Ableitung finden wir auch in der *Summarischen Übersicht*, art. 4, je-

---

1) Es bedeuten: x, y, z usw. die heliozentrischen Koordinaten des Planeten in den drei Örtern,
n, n', n'' die doppelten Dreiecksflächen zwischen den Radienvektoren des zweiten
und dritten, des ersten und dritten, des ersten und zweiten Ortes,
X, Y, Z usw., N, N', N'' die entsprechenden Grössen für die Erde,
D, D', D'' die kurtierten Abstände der Erde vor der Sonne,
L, L', L'' die heliozentrischen Längen der Erde,
B, B', B'' die heliozentrischen Breiten der Erde.

doch an dieser Stelle auch die entsprechenden Gleichungen für die Erde:

9)
$$0 = NX - N'X' + N''X''$$
$$0 = NY - N'Y' + N''Y''$$
$$0 = NZ - N'Z' + N''Z'',$$

die in der *Theoria motus* nicht angewendet werden; hierin liegt der wesentliche Unterschied beider Methoden.

Setzt man in den Gleichungen 8) die Werte

10)
$$x = \delta \cos a + D \cos L$$
$$y = \delta \sin a + D \sin L$$
$$z = \delta \operatorname{tg} \beta + D \operatorname{tg} B$$

und entsprechend die von x', y', z', x'', y'', z'' ein, so folgen die Gleichungen (1)—(3) des art. 112 der *Theoria motus*:

11)
$$0 = n(\delta \cos a + D \cos L) - n'(\delta' \cos a' + D' \cos L') + n''(\delta'' \cos a'' + D'' \cos L'')$$
$$0 = n(\delta \sin a + D \sin L) - n'(\delta' \sin a' + D' \sin L') + n''(\delta'' \sin a'' + D'' \sin L'')$$
$$0 = n(\delta \operatorname{tg} \beta + D \operatorname{tg} B) - n'(\delta' \operatorname{tg} \beta' + D' \operatorname{tg} B') + n''(\delta'' \operatorname{tg} \beta'' + D'' \operatorname{tg} B'').$$

Eliminiert man aus diesen δ und δ'', indem man der Reihe nach mit

$$-\operatorname{tg} \beta \sin a'' + \operatorname{tg} \beta'' \sin a, \quad \operatorname{tg} \beta \cos a'' - \operatorname{tg} \beta'' \cos a, \quad \sin (a'' - a)$$

multipliziert und addiert, so wird:

12)
$$a\delta' = b + \frac{n}{n'} c + \frac{n''}{n'} d,$$

wo

13)
$$a = \operatorname{tg} \beta \sin (a'' - a') + \operatorname{tg} \beta' \sin (a - a'') + \operatorname{tg} \beta'' \sin (a' - a)$$
$$b = D' \{ \operatorname{tg} \beta \sin (L' - a'') - \operatorname{tg} \beta'' \sin (L' - a) + \operatorname{tg} B' \sin (a'' - a) \}$$
$$c = - D \{ \operatorname{tg} \beta \sin (L - a'') - \operatorname{tg} \beta'' \sin (L - a) + \operatorname{tg} B \sin (a'' - a) \}$$
$$d = - D'' \{ \operatorname{tg} \beta \sin (L'' - a'') - \operatorname{tg} \beta'' \sin (L'' - a) + \operatorname{tg} B'' \sin (a'' - a) \}$$

bekannt sind.

Diese in art. 132 der *Theoria motus* abgeleitete Gleichung 12) ist die strenge Bestimmungsgleichung für δ', in der die noch unbekannten Grössen n, n', n'' zur ersten Bestimmung durch genäherte Werte ersetzt werden. GAUSS zeigt[1]), dass man bis auf Grössen 4. Ordnung richtig schreiben kann[2])

---

1) *Theoria motus*, art. 132—133.

2) Es bedeuten Θ, Θ', Θ'' die Zwischenzeiten zwischen der zweiten und dritten, der ersten und dritten, der ersten und zweiten Beobachtung, multipliziert mit der GAUSSschen Konstante k.

14) $$a\delta' = b + \frac{c\Theta + d\Theta''}{\Theta'}\left(1 + \frac{\Theta\Theta''}{2r'^3}\right),$$

weil die Beziehungen

$$\frac{cn + dn''}{n + n''} = \frac{c\Theta + d\Theta''}{\Theta'}, \quad \frac{n + n''}{n'} = 1 + \frac{\Theta\Theta''}{2r'^3}$$

bis auf Grössen 4. Ordnung richtig sind. Aus der Gleichung 14) lässt sich nun durch Heranziehung der ähnlichen Gleichung für die Erdbewegung die Fundamentalgleichung der *Summarischen Übersicht* und der Nachlassnotiz aus *Handbuch* Bb ableiten. Die Gleichungen 9) werden nämlich

15)
$$ND \cos L - N'D' \cos L' + N''D'' \cos L'' = 0$$
$$ND \sin L - N'D' \sin L' + N''D'' \sin L'' = 0$$
$$ND \; \text{tg} \; B - N'D' \; \text{tg} \; B' + N''D'' \; \text{tg} \; B'' = 0.$$

Multipliziert man diese mit denselben Grössen wie oben die Gleichungen 11) und addiert man, so erhält man ähnlich der Gleichung 12):

16) $$b = -\frac{N}{N'}c - \frac{N''}{N'}d.$$

Auch hier kann man genähert setzen

$$b = -\frac{c\Theta + d\Theta''}{\Theta'}\left(1 + \frac{\Theta\Theta''}{2R'^3}\right)$$

oder mit der gleichen Genauigkeit

$$\frac{c\Theta + d\Theta''}{\Theta'} = -b\left(1 - \frac{\Theta\Theta''}{2R'^3}\right),$$

und dieser Wert in 14) eingesetzt, gibt wieder bis zur 4. Ordnung genau

17) $$a\delta' = -b\frac{\Theta\Theta''}{2}\left(\frac{1}{r'^3} - \frac{1}{R'^3}\right)$$

oder

$$\frac{R'}{\delta'}\left(1 - \frac{R'^3}{r'^3}\right) = \frac{a}{b}\cdot\frac{2R'^4}{\Theta\Theta''};$$

diese Gleichung endlich geht in die Fundamentalgleichung 3) über, wenn man die Breite der Erde vernachlässigt, also

$$B' = 0, \quad R' = D'$$

setzt und bedenkt, dass

$$M' - M = \frac{k}{R'^{\frac{3}{2}}}(t' - t) = \frac{\theta''}{R'^{\frac{3}{2}}}$$

$$M'' - M' = \frac{k}{R'^{\frac{3}{2}}}(t'' - t') = \frac{\theta}{R'^{\frac{3}{2}}}$$

genommen werden kann.

5. Methode der *Theoria motus* zur genäherten Bestimmung des Abstandes δ' im mittleren Ort.

Wie schon erwähnt, stellt Gauss in seinen älteren Methoden neben die Hauptgleichung 3) die Beziehung 4) und bestimmt δ' aus beiden durch Versuche oder wie er es nennt, durch die indirekte Methode. Er sagt in art. 6 der *Summarischen Übersicht* »Die indirekte Methode ist hier bei weitem die bequemste; man kommt nach wenigen Versuchen, wofür sich leicht zweckmässige Vorschriften geben lassen, sehr schnell zum Ziele.«

In der *Theoria motus* hat er aber diese indirekte Methode verlassen. Dort handeln die art. 139—141 von der Bestimmung von δ', oder vielmehr von der von r', da hier die Abstände von der Sonne anstelle derer von der Erde benutzt werden, und zwar finden wir hier eine geometrische Lösung der Aufgabe, bei der der Zusammenhang mit der ursprünglichen Hauptgleichung 3) und selbst der mit der in der *Theoria motus* auftretenden entsprechenden Gleichung 14) nicht mehr zu erkennen ist. Darum haben bereits Encke[1]) und Klinkerfues[2]) eine von der Gaussschen abweichende Ableitung gegeben.

Wir wollen, um den Zusammenhang zu zeigen, die Gleichungen der *Theoria motus* art. 141 möglichst kurz aus der Hauptgleichung und zwar in ihrer strengen Form 12) ableiten. Diese erstere lautet mit den Gaussschen Bezeichnungen P und Q[3])

18) $$a\delta' = b + \frac{c + dP}{1 + P}\left(1 + \frac{Q}{2r'^3}\right),$$

wo

19) $$P = \frac{n''}{n}, \quad Q = 2\left(\frac{n + n''}{n'} - 1\right)r'^3.$$

---

1) *Über die Bestimmung einer elliptischen Bahn aus drei vollständigen Beobachtungen*, art. 9—10. Berliner Astronomisches Jahrbuch für 1854.

2) Klinkerfues, *Theoretische Astronomie*, 48. Vorlesung, Braunschweig 1871, zweite Auflage, herausgegeben von H. Buchholz, Braunschweig 1899.

3) *Theoria motus*, art. 134.

Nennt man im Dreieck Sonne-Erde-Planet, dessen drei Seiten R', r', Δ' sind, den Winkel am Planeten z und den aus der Beobachtung bekannten Winkel an der Erde $180^0 - \lambda$, so ist

$$\Delta' = \delta' \cos \beta' = \frac{R' \sin (\lambda - z)}{\sin z}, \quad r' = \frac{R' \sin \lambda}{\sin z}.$$

Es wird also die Hauptgleichung

$$\frac{a R'}{\cos \beta'} \sin (\lambda - z) = \left(b + \frac{c + dP}{1 + P} \right) \sin z + \frac{c + dP}{1 + P} \frac{Q \sin^4 z}{2 R'^3 \sin^3 \lambda}$$

oder

$$\frac{a R'}{\cos \beta'} \sin \lambda \cos z - \left(b + \frac{a R'}{\cos \beta'} \cos \lambda \right) \sin z = \frac{c + dP}{1 + P} \left(\sin z + \frac{Q \sin^4 z}{2 R'^3 \sin^3 \lambda} \right).$$

Setzt man

$$- \frac{a R'}{\cos \beta'} \sin \lambda = g \sin \sigma, \quad - \left(b + \frac{a R'}{\cos \beta'} \cos \lambda \right) = g \cos \sigma,$$

so wird

$$g \cdot \frac{1 + P}{c + dP} \sin (z - \sigma) = \sin z + \frac{Q \sin^4 z}{2 R'^3 \sin^3 \lambda},$$

welche Gleichung mit der des art. 141 der *Theoria motus*

$$\sin z + \frac{Q \sin^4 z}{2 R'^3 \sin^3 \lambda} = b \frac{P + 1}{P + a} \sin (z - \sigma)$$

identisch ist, wo aber die mit a, b bezeichneten Grössen nicht gleich den oben und im art. 132 der *Theoria motus* ebenso bezeichneten sind. GAUSS hat die vorstehende Gleichung im Jahre 1806 aufgestellt; sie findet sich nämlich im *Handbuch* Bd, S. 92. Durch Einführung des Winkels σ verschwinden die beiden Grössen δ' und r' aus der Hauptgleichung und die Aufgabe reduziert sich auf die Bestimmung dieses Winkels, zu welchem Zweck GAUSS im art. 141 der Gleichung noch die bequemere Form

20) $$c Q \sin \omega \sin^4 z = \sin (z - \omega - \sigma)$$

gibt, wo

$$c = \frac{1}{2 R'^3 \sin^3 \lambda \sin \sigma} \quad \text{und} \quad \text{tg } \omega = \frac{\sin \sigma}{b \dfrac{P + 1}{P + a} - \cos \sigma}$$

gesetzt ist. In der Gleichung 20) ist z allein unbekannt, wenn man von den im Verlauf der Annäherungen zu bestimmenden Grössen P und Q absieht, von denen die erstere im Winkel ω vorkommt und für die GAUSS in der ersten Annäherung setzt:

$$P = \frac{\theta''}{\theta}, \quad Q = \theta\theta''.$$

Es ergibt sich sodann r' aus der Gleichung

21) $$r' = \frac{R' \sin \lambda}{\sin z}.$$

6. Bestimmung von δ und δ'' aus δ' bezw. von r und r'' aus r'.

Nachdem r' bezw. δ' gefunden sind, hat man jetzt r und r'' bezw. δ und δ'' zu berechnen. In der ältesten Nachlassnotiz bedient sich GAUSS der Beziehungen 5) und der OLBERSschen Gleichung 6), um δ und δ'' aus δ' zu finden, in der *Summarischen Übersicht* der schon verfeinerten Gleichungen 7). In der *Theoria motus*, wo die r statt der δ angewandt sind, erscheint das weiter verbesserte Verfahren verwickelter: GAUSS berechnet hier zunächst die Ausdrücke (art. 143—144)

22) $$\frac{n'r'}{n} = \frac{(P+a)\,R'\sin\delta'}{b\sin(z-\sigma)}, \quad \frac{n'r'}{n''} = \frac{1}{P}\frac{n'r'}{n},$$

23)
$$r \sin \zeta = \frac{n'r'}{n}\frac{\sin \varepsilon}{\sin \varepsilon'} \sin(z + A'D - \delta') = p$$
$$r \cos \zeta = \varkappa(\lambda p - 1) = q$$
$$r'' \sin \zeta'' = \frac{n'r'}{n''}\frac{\sin \varepsilon''}{\sin \varepsilon'} \sin(z + A'D'' - \delta') = p''$$
$$r'' \cos \zeta'' = \varkappa''(\lambda''p'' - 1) = q'',$$

wobei die Grössen $\varepsilon, \varepsilon', \varepsilon'', A'D, A'D'', \delta'$ aus der vorhergehenden Rechnung[1]) bekannt sind und auch $\varkappa, \varkappa'', \lambda, \lambda''$ sich durch bekannte Grössen ausdrücken.

Er findet so neben r und r'' noch die beiden Winkel ζ und ζ'', die mit Hilfe der Beziehungen[2])

---

1) *Theoria motus*, art. 136—137.

2) Es bedeutet hier $f' = \dfrac{v'' - v}{2}$ die halbe Differenz der Anomalien (oder Längen in der Bahn) im ersten und dritten Ort.

Die Winkel ζ, ζ'', u, u'' sind Hilfswinkel, deren geometrische Bedeutung aus der Figur 4 und dem art. 149 der *Theoria motus* hervorgeht.

$$24)\quad\begin{aligned}
\sin f' \sin \frac{u''+u}{2} &= \sin \frac{\varepsilon'}{2} \sin \frac{\zeta+\zeta''}{2}\\[4pt]
\sin f' \cos \frac{u''+u}{2} &= \cos \frac{\varepsilon'}{2} \sin \frac{\zeta-\zeta''}{2}\\[4pt]
\cos f' \sin \frac{u''-u}{2} &= \sin \frac{\varepsilon'}{2} \cos \frac{\zeta+\zeta''}{2}\\[4pt]
\cos f' \cos \frac{u''-u}{2} &= \cos \frac{\varepsilon'}{2} \cos \frac{\zeta-\zeta''}{2}
\end{aligned}$$

auch gleich f' und die Winkel u, u'' liefern; f' dient zur Verbesserung der Werte von P und Q, während u und u'' erst später bei genauerer Bestimmung der Bahn gebraucht werden. Vorarbeiten hierzu finden sich im *Handbuch* Bd, S. 92.

7. Bestimmung einer genäherten Bahn aus hypothetischen Werten von δ und δ'' oder von i und Ω, nach den älteren Methoden.

Sind einmal ausser den beobachteten Örtern zwei Stücke, und zwar insbesondere zwei Abstände des Planeten von der Erde (oder der Sonne) genähert bekannt, so kann man daraus eine genäherte Bahn berechnen und die Lösung der zweiten Aufgabe, nämlich diese Bahn zu »verbessern«, entweder daran anschliessen oder auch unmittelbar damit vereinigen. Auch hier kann man zwei grundsätzlich verschiedene Wege einschlagen, indem man entweder eine reine Versuchsmethode gebraucht oder systematisch vorgeht.

Den ersteren Weg benutzt GAUSS stets bei seinen ersten Bahnbestimmungen, und zwar so, dass er eine genäherte Bahn nicht nur aus den gefundenen hypothetischen Werten der Abstände, sondern auch aus zwei weiteren benachbarten Wertepaaren berechnet und sodann diejenigen Werte interpoliert, die die Beobachtungen darstellen. Er geht also von drei angenommenen Wertepaaren, etwa: 1. δ, δ''; 2. $\delta+\varepsilon$, δ''; 3. δ, $\delta''+\varepsilon''$ aus und berechnet aus allen dreien je eine Bahn. Die Vergleichung dieser Bahn mit den Beobachtungen gibt die Mittel an die Hand, um auf die richtigen Bahnelemente zu schliessen[1]. Die Einzelheiten des Verfahrens können dabei sehr verschieden gewählt werden und an verschiedenen Stellen gibt GAUSS hierfür verschiedene Methoden an.

---

[1] Vergl. *Theoria motus*, art. 120—122.

Im *Handbuch* Bb, sowie in der *Summarischen Übersicht*, art. 9, unter I., erwähnt GAUSS zunächst seine »erste Verbesserungsmethode«, die eben darin besteht, dass man aus den drei Hypothesen für δ und δ'' drei Bahnen berechnet, die die beiden äusseren Beobachtungsörter scharf darstellen; sodann berechnet man aus den drei Elementensystemen die mittlere Beobachtung und schliesst aus den Abweichungen dieser durch Interpolation auf diejenigen Werte der Abstände, oder auf diejenigen Werte der Elemente, die auch diesen mittleren Ort so scharf wie möglich darstellen; im Bedarfsfalle wiederholt man das gleiche Verfahren, bis die erwünschte Genauigkeit erreicht ist.

Zur Bestimmung der Bahn aus den verschiedenen Hypothesen dienen die *Vorschriften zur Berechnung der Elemente, aus zwei geozentrischen Örtern, der Zwischenzeit, und den zugehörigen Abständen* in der Nachlassnotiz aus dem *Handbuch* Bb[1]). Wie in dieser ganzen Nachlassnotiz, so gibt GAUSS auch sonst eine Fülle von Formeln zur Lösung der vorgesetzten Aufgabe, aus denen der Rechner sich die heraussuchen kann, die ihm am bequemsten scheinen. Wie oben schon gesagt, dürfte hiermit die *Tagebuch*notiz Nr. 121 vom Oktober 1801 in Verbindung stehen. Leider ist aus jener Zeit im Nachlass nichts erhalten, was uns Aufschluss über die Entstehung dieser Formeln geben könnte; auch unter den vielen in den *Schedae* Ag und Ah vorhandenen numerischen Rechnungen findet sich keine, die von hypothetischen Werten der Abstände δ und δ'' ausgeht. Nur in der späteren *Scheda* Ai (1802) ist auf S. 14 und anscheinend auch S. 20f. ein Bruchstück einer solchen Rechnung für Ceres erhalten. Ebenso beruhen mehrere der Bahnbestimmungen für Pallas, von denen aber die allerersten im Nachlass ebenfalls nicht erhalten sind, auf dieser Methode (*Schedae* Ak zu Anfang und besonders Al).

Dagegen gehen die ältesten erhaltenen Rechnungen, die sich auf Ceres beziehen, und einige auf Pallas bezügliche, von hypothetischen Werten für die Neigung i und die Knotenlänge Ω aus[2]). Vielleicht ist GAUSS hier noch von den alten früher bei den grossen Planeten üblichen Methoden beeinflusst, die bis auf KEPLER zurückgehen[3]), und bei denen allerdings die Umlaufszeit

---

1) Werke XI, 1, S. 223.

2) Vergl. Ebenda, S. 232 f. und 241 f.

3) Vergl. F. TH. SCHUBERT, *Theoretische Astronomie*, St. Petersburg 1798, II. Teil, § 101; auch KEPLER, *De stella Marte*, Cap. XII.

bekannt war. Wenn nämlich die Beobachtungen während der Oppositionszeit nahe am Knoten liegen, so konnte man zunächst einen Näherungswert für die Knotenlänge finden, und hieraus nicht nur die Neigung, sondern auch die heliozentrischen Koordinaten und die Koordinaten in der Bahn. Die PIAZZIschen Beobachtungen der Ceres geben nun die geozentrische Breite am 1. Januar zu $-3^0 7'$ und am 11. Februar zu $-0^0 36'$, so dass in der Tat der Planet sich kurz vor seinem Durchgang durch den aufsteigenden Knoten befand, und die genannte Methode mit einer Hypothese über die Umlaufszeit sehr wohl zum Ziele führen konnte. Eine solche war sogleich gegeben, weil man in Ceres den zwischen Mars und Jupiter längst vermuteten Planeten sah. Andererseits liefert eine Beobachtung des Planeten in der Ekliptik ($\beta = 0$) zwei einfache Gleichungen für δ, r und die Länge. Es ist möglich, dass GAUSS diese beiden Wege vorgeschwebt haben, die er sehr bald durch seine »formulae permultae« verfeinerte. Auch die GAUSSsche klassische Methode beginnt mit Näherungswerten der Grössen P und Q, aus denen i, Ω und die heliozentrischen Örter gefunden werden. In seinen numerischen Rechnungen löst GAUSS nun meist die Aufgabe so, dass er hypothetische Werte von i und Ω an die Spitze stellt, daraus als erstes Geschäft die Radienvektoren und die Längen in der Bahn für alle drei Beobachtungen berechnet, sodann die Bahn aus den beiden äusseren Örtern in der Bahn bestimmt und schliesslich aus den gefundenen Bahnelementen den mittleren Ort (ebenfalls in der Bahn) berechnet und seine Abweichung von der Beobachtung feststellt. Indem er dies für drei Hypothesen, etwa: 1. i, Ω; 2. $i + \varepsilon_1$, Ω; 3. i, $\Omega + \varepsilon_2$ ausführt, erhält er aus den genannten Abweichungen die nötigen Daten, um verbesserte Werte von i und Ω zu interpolieren, mit denen er dieselbe Rechnung wiederholt[1]).

Die von hypothetischen Werten von i und Ω ausgehende Methode nennt GAUSS sowohl in der Nachlassnotiz wie in der *Summarischen Übersicht* seine »Zweite Verbesserungsmethode«. Bei ihr ist die Aufgabe zu lösen: Aus zwei geozentrischen Örtern, der Neigung und der Länge des Knotens die Bahn zu berechnen, und zwar zerfällt diese Aufgabe in zwei Einzelaufgaben, Erstens: Aus einem geozentrischen Orte, der Neigung und

---

1) Siehe Werke XI, 1, S. 241 f.; vergl. auch ebendort S. 229.

der Länge des Knotens, die heliozentrische Länge in der Bahn und den Abstand von der Sonne zu finden, welche Aufgabe für jede der beiden äusseren Beobachtungen zu lösen ist, und Zweitens: Aus zwei heliozentrischen Längen in der Bahn und den zugehörigen Abständen von der Sonne die Bahnelemente zu finden.

Die Lösung der ersten Einzelaufgabe finden wir in der einfachsten Form im *Handbuch* Bb[1]). GAUSS hat sich aber mit ihr anscheinend vielfach beschäftigt. In der *Scheda* Ag, S. 5[2]), ist sie mit Beispielen in derselben Weise gelöst wie an der eben erwähnten Stelle; weiter finden wir aber in der *Scheda* Ag, S. 56, und im *Handbuch* Bb, S. 15, eine weitere Ausführung derselben Aufgabe zum Zwecke, ihre Auflösung für logarithmisches Rechnen geschmeidiger zu gestalten, und endlich hat GAUSS diese letztere Lösung in der Monatl. Corr., Juni 1802[3]) veröffentlicht.

Die zweite Einzelaufgabe bietet reizvollere Einzelheiten. Die Lösung kann auch nicht explizit erfolgen. Wenn die Bahnelemente noch völlig unbekannt sind, so geht GAUSS von einem Näherungswert des Parameters der Bahn p aus und der Kunstgriff, durch den er sich diesen Näherungswert verschafft, verdient besonders hervorgehoben zu werden. Er findet sich angedeutet im *Handbuch* Bb, ausführlicher dargestellt in der *Summarischen Übersicht*[4]) und besteht im Grunde aus einer mechanischen Quadratur:

Der Sektor g' zwischen den beiden äusseren Beobachtungen ist, wenn man die Masse des Planeten vernachlässigt,

$$g' = \tfrac{k}{2} \sqrt{p}\,(t'' - t),$$

wo k die GAUSSsche Konstante bedeutet. Nimmt man den Erdbahnhalbmesser als Einheit, also die mittlere Bewegung der Erde gleich k, so ist

$$g' = \tfrac{\sqrt{p}}{2}\,(U'' - U),$$

wenn U, U'' die mittleren Längen der Sonne sind; also wird

---

1) Werke XI, 1, S. 228.
2) Ebenda, S. 232 f.
3) Werke VI, S. 87.
4) Ebenda, S. 161.

$$\sqrt{p} = \frac{2g'}{U'' - U}.$$

Es ist aber, wenn v und v'' die wahren Längen im ersten und dritten Ort und w eine Integrationsvariable bedeutet,

$$2g' = \int_v^{v''} r^2 \, dw = \int_v^{v''} \varphi(w) \, dw,$$

wofür man nach der Formel von Cotes genähert setzen kann

$$2g' = \tfrac{1}{2}(\varphi(v) + \varphi(v''))(v'' - v)$$

oder genauer

$$2g' = \left(\frac{1}{6} \varphi(v) + \frac{2}{3} \varphi\left(\frac{v + v''}{2}\right) + \frac{1}{6} \varphi(v'') \right)(v'' - v).$$

Es wird also für die erste rohe Annäherung

$$2g' = \tfrac{1}{2}(r^2 + r''^2)(v'' - v)$$

und damit

25)
$$\sqrt{p} = \frac{r^2 + r''^2}{2} \cdot \frac{v'' - v}{U'' - U}$$

und genauer

$$2g' = \frac{r^2 + r''^2 + 4\Re}{6}(v'' - v),$$

wenn $\Re$ der zur Länge $\dfrac{v + v''}{2}$ gehörende Radiusvektor des Planeten ist, also

26)
$$\sqrt{p} = \frac{r^2 + r''^2 + 4\Re}{6} \cdot \frac{v'' - v}{U'' - U}.$$

Für $\Re$ leitet man aus den Gleichungen

$$\frac{p}{r} - 1 = e \cos(v - \pi)$$

$$\frac{p}{r''} - 1 = e \cos(v'' - \pi)$$

$$\frac{p}{\Re} - 1 = e \cos\left(\frac{v + v''}{2} - \pi\right)$$

durch Elimination von e und π den Wert

27)
$$\frac{1}{\Re} = \frac{\frac{1}{2}\left(\frac{1}{r} + \frac{1}{r''}\right)}{\cos \frac{v'' - v}{2}} - \frac{2 \sin^2 \frac{v'' - v}{4}}{p \cos \frac{v'' - v}{2}}$$

ab. Nachdem man aus der Formel 25) p genähert gefunden, ergibt sich $\mathfrak{R}$ und damit aus 26) auch ein genauerer Wert von p.

Diese Bestimmungsmethode von p wendet GAUSS in einer Werke XI, 1, S. 243 abgedruckten numerischen Bahnbestimmung der Ceres an. Aus dem vorausgesetzten Werte von p ergibt sich dann leicht die ganze Bahn.

Auch in der *Theoria motus*, art. 86, erwähnt er diese Methode, ohne dass sie dort praktische Verwendung findet. Im Briefe an OLBERS vom 21. September 1802 schreibt GAUSS den Wert für den Parameter in einer noch bequemeren Form, die sich auch im Nachlass in der *Scheda Ag*, S. 3, vorfindet.

Anstatt die Bahnbestimmung mit einem vorausgesetzten Wert von p vorzunehmen, kann man auch von genäherten Werten der Exzentrizität oder der Perihellänge ausgehen, wie GAUSS im *Handbuch* Bb[1]) und in der *Summarischen Übersicht* zeigt[2]); indessen ist dies nur angängig, wenn man diese Grössen schon genähert kennt.

Im *Handbuch* Bb gibt GAUSS noch eine *Dritte Verbesserungsmethode* an, die von hypothetischen Werten von i und Ω ausgeht, nebst einem Beispiel[3]).

8. Verbesserung der Bahn nach den älteren Methoden.

Hat man jetzt durch Lösung beider Einzelaufgaben die genäherten Bahnen gefunden, die unter den für i und Ω oder δ und δ'' gemachten Hypothesen die beiden äusseren Beobachtungen scharf darstellen, so berechnet man, wie bereits erwähnt, aus den Bahnelementen den mittleren Ort und stellt seine Abweichung vom beobachteten fest. Hier benutzt nun GAUSS bei seinen im Nachlass erhaltenen Rechnungen zur Bahnbestimmung den mittleren heliozentrischen Ort, während er im *Handbuch* Bb den geozentrischen dafür empfiehlt; das erstere ist das bequemere.

Nachdem für die drei Hypothesen von i und Ω die entsprechenden Fehler des mittleren Orts gefunden sind, bestimmt GAUSS die wahren Werte dieser Grössen durch Interpolation; die numerische Ausführung erhellt aus einem Werke XI, 1, S. 248 abgedruckten Beispiel. Im Nachlass finden sich dar-

---

1) Werke XI, 1, S. 226.
2) Vergl. auch art. 80—81 der *Theoria motus*.
3) Werke XI, 1, S. 229.

über keine weiteren Aufzeichnungen; in der *Theoria motus* handeln die art. 120—122 davon.

Im art. 8 der *Summarischen Übersicht* führt GAUSS noch eine andere Verbesserungsmethode an, auf die er »erst bei Veranlassung der Pallas verfiel« und die er dort »mit dem glücklichsten Erfolg« anwandte[1]). Sie besteht darin, dass man eine gefundene Bahn, die die äusseren Beobachtungen genau und die mittlere mit gewissen Fehlern darstellt, dadurch verbessert, dass man die ganze Rechnung von der Bestimmung von δ und δ'' an von neuem macht und dazu die äusseren Beobachtungen nach ihrem wahren Wert ansetzt, die mittlere jedoch so, dass man an ihr die gefundenen Fehler mit entgegengesetzten Vorzeichen anbringt.

9. Geschichtliches über GAUSS' Bahnbestimmungen.

Die älteren Rechnungen zur Bestimmung der Bahn der Ceres befinden sich, soweit sie erhalten sind, in den *Schedae* Ag und Ah und stammen aus dem November 1801; die allerersten aus dem Oktober und vielleicht schon aus dem September sind nicht erhalten. GAUSS hat die Elementensysteme, die er bei weiterer Verbesserung der Bahn fand, numeriert. Die Elementensysteme I—III sind nach den PIAZZIschen im Septemberheft 1801 der Monatl. Corr. veröffentlichten Beobachtungen berechnet; die Berechnung der als I bezeichneten Elemente[2]) geschah nach der »Dritten Verbesserungsmethode«, von der er später in der *Theoria motus*, art. 82 (vergl. auch art. 126) sagt, dass sie »orbitae dimensiones eruendi magnam praecisionem nunquam admittet, nisi tria loca heliocentrica intervallis considerabilibus ab invicem distent«.

Dabei ist bemerkenswert, dass auch hier von einer Hypothese über i und Ω ausgegangen wird, ohne dass aus dem Nachlass ersichtlich ist, wie die Ausgangswerte ($\Omega = 81^0\ 27'\ 4{,}''62$; $\log \mathrm{tg}\, i = 9{,}2621790$) erlangt worden sind[3]). Auch ist auffallend, dass GAUSS keine runden Anfangswerte für sie annimmt, sondern z. B. in Ω die Sekunden zu $4{,}''62$ ansetzt. Dass er sie bis auf Hundertel Sekunden überhaupt ansetzt, darf weniger verwundern, weil

---

1) Werke VI, S. 163.

2) Vergl. Werke XI, 1, S. 232 f.

3) Vergl. oben S. 169.

er ja eine möglichst scharfe Darstellung der PIAZZISCHEN Beobachtungen beabsichtigte, wenn auch diese Genauigkeit bei der ersten Bahnbestimmung und
mit Rücksicht darauf überflüssig sein mag, dass die Beobachtungen selbst nicht
entsprechend genau sind. Aber GAUSS liebte es bekanntlich, mit einer über-
triebenen Anzahl von Stellen zu rechnen, auch da, wo nicht, wie hier, eine gewisse
Begründung dafür gefunden werden kann[1]). Wahrscheinlich aber ist die Ableitung der Elemente I nicht die erste Bahnbestimmung der Ceres, die GAUSS
ausgeführt hat; jedenfalls sind die Rechnungen, die vor der *Scheda* Ag liegen,
verloren gegangen[2]), wie es ja auch gewiss mit der Entwicklung der Formeln
aus dem September und dem Oktober der Fall ist, die wir in den Stücken
Bb, Ag und an anderen Stellen des Nachlasses fertig zusammengestellt finden.

Der erhaltene Teil der Rechnung der Elemente I[3]) bezieht sich nur auf
die Bahnbestimmung aus der ersten Hypothese über i und Ω und schliesst
mit der Berechnung der Zwischenzeiten zwischen den drei Beobachtungen; es
findet sich dann nur noch die Bemerkung: »Durch Interpolation fand man
sodann folgende Elemente, welche die beiden äussern Beobachtungen genau,
die mittlere mit $+ 1{,}''84$ Fehler in der Länge und $- 2{,}''36$ in der Breite[4]) darstellen«, worauf die ungeordnet angegebenen Werte der Elemente I folgen,
ohne dass angegeben ist, wie diese Interpolation ausgeführt wurde.

Es scheint übrigens, dass die *Scheda* Ag ursprünglich aus losen Blättern
bestand, die erst nach ihrer Benutzung geheftet wurden, so dass das Auftreten
von Lücken erklärlich ist. Von der Berechnung der Elemente II ist kaum
etwas erhalten.

Nachdem GAUSS auch diese abgeleitet und gesehen hatte, dass beide Elementensysteme I und II die PIAZZISCHEN Beobachtungen gut darstellten, sandte er
beide an v. ZACH, wie aus einem im GAUSSARCHIV vorhandenen Brief v. ZACHS
hervorgeht. Da dieser inzwischen die kleine Abhandlung von PIAZZI mit den
verbesserten Beobachtungen erhalten hatte, so teilte er die letzteren sofort
GAUSS mit, der aber schon mit der Berechnung seiner Elemente III fast fertig
war. Diese, sowie die auf Grund der verbesserten PIAZZISCHEN Beobachtungen

---

1) Vergl. PH. MAENNCHEN, *Gauss als Zahlenrechner*, Werke X, 2, Abh. 6.

2) GAUSS sagt in der Einleitung zur *Theoria motus* (Werke VII, 1906, S. 8), dass er die erste Bahnbestimmung der Ceres im Oktober 1801 gemacht habe.

3) Werke XI, 1, S. 232 f.

4) Werke VI, S. 200. — BRDL.

berechneten Elemente IV, teilte er nun auch v. Zach mit und fügte eine Ephemeride bei, die vom 25. November bis 31. Dezember reichte. v. Zach veröffentlichte die gesamten bisherigen Resultate von Gauss im Dezemberheft 1801 der Monatl. Corr.[1]). Nachdem v. Zach und viele andere die Ceres auch nach der Gaussschen Ephemeride im Dezember bei meist ungünstigem Wetter vergebens gesucht hatten, konnte v. Zach endlich im Februarheft 1802 von der glücklichen Wiederauffindung des Planeten berichten. Brieflich hatte er sie Gauss am 17. Januar 1802 mitgeteilt. In der Nacht vom 31. Dezember auf den 1. Januar konnte v. Zach nämlich feststellen, dass ein am 7. Dezember von ihm beobachteter verdächtiger Stern die Ceres war. Am 1. Januar fand auch Olbers den Planeten auf; sein Ort stimmte sehr genau mit der Gaussschen Ephemeride überein. Gauss scheint von der Wiederauffindung der Ceres durch Olbers zuerst aus den Zeitungen gehört zu haben und er richtete an diesen am 18. Januar einen Brief, um Olbers' Beobachtungen zu erhalten; mit diesem Brief beginnt der Briefwechsel zwischen beiden Männern, aus dem man, ebenso wie aus den fortgesetzten Mitteilungen v. Zachs über die Beobachtungen und Berechnungen der Ceres in der Monatl. Corr.[2]) entnehmen kann, wie die darauf folgende Zeit nun für Gauss fast gänzlich mit neuen Verbesserungen der Ceresbahn ausgefüllt war.

Nach der Wiederauffindung der Ceres, bis zu der Gauss noch ein Elementensystem V berechnet hatte, machte er sich sogleich daran, die neuen Zachschen Beobachtungen damit zu vergleichen und v. Zach sagt in der Monatl. Corr. vom März 1802[3]): »Als ich dem Dr. Gauss die Nachricht von der glücklichen Auffindung der so sehnlichst erwarteten Ceres, und meine drei ersten Beobachtungen derselben mitgeteilt hatte, so war das erste, was er nach Empfang derselben tat, dass er sie sogleich nach seinen oben angezeigten Elementen V berechnete. Er fand den Fehler bei der ersten Beobachtung vom 7. Dezember in AR $+24'8''$; bei der zweiten vom 11. Januar $+30'53''$; bei der dritten vom 16. Januar $+31'53''$. Nach seinen (verbesserten) Elementen IV weichen sie nach einem Überschlage in folgender Ordnung ab: $+14\frac{1}{2}$ Minuten, $+19\frac{3}{4}$ Minuten, $+20\frac{1}{2}$ Minuten. Dass diese

---

1) Werke VI, S. 199.

2) Ebenda, von S. 199 an.

3) Ebenda, S. 206.

Elemente IV der Wahrheit etwas näher kommen, als die V, hält Dr. Gauss für Zufall; vielleicht ist es aber auch zum Teil Folge der Einwirkung der Planetenstörungen bei den Piazzischen Beobachtungen, besonders auf die Breiten.«

In der Folgezeit ist ein grosser Teil von Gauss' Zeit durch Bahnverbesserung und Berechnungen, auch der inzwischen entdeckten Pallas (April 1802), der Juno (September 1804) und der Vesta (März 1807) in Anspruch genommen. Die erste Bahn für Vesta berechnete Gauss in nur 10 Stunden[1]). Da er sich ausserdem wohl Sorgen um seine Zukunft machte, da ferner die Berufungen nach Petersburg (von 1802 an) und nach Landshut (1802), sowie die Aussicht auf die Berufung nach Göttingen in jene Zeit fielen, und da er sich auch längere Zeit auf der Sternwarte Seeberg (1803) aufhielt, so dauerte nicht nur die Unterbrechung seiner mathematischen Untersuchungen an, sondern auch die weitere Ausfeilung seiner Methoden zur Bahnbestimmung und die Vorbereitung der *Theoria motus* unterblieb, bis er diese endlich im Jahre 1806 wieder vornahm. Im Jahre 1805 hatte er begonnen, die Störungen der Ceres zu entwickeln; aber auch hier gab es viel zu rechnen, und dass er schliesslich selbst das Unbehagliche dieser dauernden mechanischen Beschäftigung empfand, zeigt ein Brief an Olbers vom 10. Mai 1805 in dem er sagt: »Die Methode, nach der ich die Ceresstörungen zu berechnen angefangen hatte, habe ich doch wieder aufgegeben. Das gar zu viele mechanische tote Rechnen, was ich dabei vor mir sah, hat mich abgeschreckt.« Auch die Nr. 122 des *Tagebuchs*[2]) gibt dem Ausdruck. In den Jahren 1806—1807 entstanden dann endlich die verfeinerten Methoden der *Theoria motus*.

10. Übersicht über die verschiedenen Methoden der Bahnbestimmung aus hypothetischen Werten von δ und δ'' oder von i und Ω.

Eine ausführlichere Schilderung der verschiedenen in Betracht kommenden Methoden der Bahnbestimmung gibt Gauss in der *Theoria motus*, art. 124—129. Er bespricht dort zehn verschiedene Methoden, von denen die fünf ersten von hypothetischen Werten von δ, δ'' oder, was auf dasselbe hinaus-

---

[1]) Vergl. Werke VI, S. 285—286.
[2]) Werke XI, 1, S. 563.

kommt, von r, r'' und die fünf letzten in ähnlicher Weise von hypothetischen Werten für i und Ω ausgehen.

Bei der ersten Methode berechnet man aus δ und δ'' Radiusvektor, heliozentrische Länge und Breite im ersten und dritten Ort und hieraus i, Ω und die Längen in der Bahn v und v'', wie in der Werke XI, 1, S. 223 abgedruckten Notiz [3.] aus dem *Handbuch* Bb; hieraus findet man die Elemente wie in der Notiz [4.] a. a. O., S. 224 und hieraus den mittleren geozentrischen Ort, wie in den Notizen [5.] und [6.] ebendort, S. 227 und 228. Die Vergleichung mit dem beobachteten mittleren Ort ergibt die beiden Daten (Fehler in Länge und Breite) für die Interpolation der verbesserten Ausgangswerte[1]).

Bei der zweiten Methode rechnet man bis zu den Elementen wie in der vorigen; sodann leitet man aber jetzt den heliozentrischen Ort für die mittlere Beobachtung ab; den letzteren rechnet man ausserdem aus dem beobachteten geozentrischen Ort und den für i und Ω gefundenen Werten. Die Vergleichung beider heliozentrischer Werte liefert die beiden Daten (Fehler in r und v) für die Interpolation.

Bei der dritten Methode rechnet man bis zur Bestimmung von i, Ω, v, v'', wie bei der ersten, sodann aus i, Ω und dem mittleren beobachteten geozentrischen Ort die Grössen r' und v'; hierauf aus den drei heliozentrischen Örtern, also aus r, r', r'', v, v' v'' die Elemente und aus den Elementen die beiden Zwischenzeiten zwischen dem ersten und zweiten und zwischen dem zweiten und dritten Ort; die Vergleichung zwischen diesen errechneten Zwischenzeiten und den wahren gibt hier die Daten zur Interpolation.

Die vierte Methode stimmt bis zur Auffindung von r, r', r'', v, v', v'' mit der dritten überein; hierauf rechnet man aber die Elemente einmal aus r, r', v, v' und zweitens aus r', r'', v', v''. Für jedes Element erhält man so eine Differenz zwischen beiden Systemen. Als Daten für die Interpolation wählt man zwei dieser Elemente aus.

Die fünfte Methode endlich verfährt wie die vierte; jedoch führt man die Rechnung nicht bis zur Bestimmung der Elemente durch, sondern nur bis zu den Grössen η und η'', die das Verhältnis zwischen Sektor und Dreieck ausdrücken[2]) und benutzt deren Differenz zur Interpolation.

---

1) Siehe Werke XI, 1, S. 248.
2) Vergl. unten S. 180.

Die fünf übrigen Methoden unterscheiden sich von den vorigen nur dadurch, dass man von hypothetischen Werten von i und Ω ausgeht; bei der sechsten und siebenten Methode berechnet man aus i, Ω und den beiden äusseren beobachteten Örtern die Grössen r, r'', v, v'' und verfährt dann weiter, wie bei der ersten und zweiten Methode.

Bei der achten bis zehnten Methode leitet man aus i, Ω und allen drei beobachteten Örtern die Grössen r, r', r'', v, v', v'' ab und verfährt dann weiter wie bei der dritten bis fünften. Für die siebente Methode gelten die Vorschriften der Notiz [7.] aus dem *Handbuch* Bb und für die achte die der Notiz [8.] ebendort[1]).

11. Vervollkommnete Methode der *Theoria motus*.

Bei der Schilderung dieser Methoden hält GAUSS den Gesichtspunkt fest, dass man die ganze Rechnung für drei vorausgesetzte Wertepaare durchführt, und es finden sich Beispiele für die siebente Methode in der Notiz [III.] aus der *Scheda* Ah[2]) und für die achte in der Notiz [II.] aus Ag[3]). Es handelt sich hierbei um das oben (S. 158) als »reine Versuchsmethode« bezeichnete Verfahren.

Das Festhalten an dieser mag hier auffallen, da doch die vollkommenere in der *Theoria motus* wirklich durchgeführte Methode anstelle der Interpolation aus drei Wertepaaren die Methode der sukzessiven Annäherung setzt[4]), die sogleich besprochen werden soll.

Oben ist geschildert, wie GAUSS in der *Theoria motus* mit einem gewissen Anklang an seine ältesten Methoden sich einen Näherungswert für den Abstand r' des Himmelskörpers im mittleren Beobachtungsort verschafft[5]). Dabei bilden hier die beiden Grössen P und Q den Ausgangspunkt der Annäherungen, ähnlich wie es früher δ und δ'' oder i und Ω gewesen waren, und in der ersten Annäherung ist

28) $$P = \frac{\theta''}{\theta}, \quad Q = \theta\theta''.$$

---

1) Werke XI, 1, S. 228—229.
2) Werke XI, 1, S. 241.
3) Ebenda, S. 232.
4) Vergl. *Theoria motus*, art. 135.
5) Vergl. die Gleichungen 20) und 21).

Wenn man in voller Analogie mit den älteren Methoden der Rechnung hypothetische Werte von P und Q zugrunde legen würde, so würde man so vorgehen, dass man mit drei Hypothesen, etwa:

$$1. \quad P_0 = \frac{\theta''}{\theta}, \quad Q_0 = \theta\theta''; \qquad 2. \quad P_1 = P_0 + \varepsilon_1, \quad Q_1 = Q_0;$$
$$3. \quad P_2 = P_0, \quad Q_2 = Q_0 + \varepsilon_2,$$

drei Bahnen berechnet, die die beiden äusseren Beobachtungen genau darstellen, und dann aus den Abweichungen der mittleren Beobachtung verbesserte Werte von P und Q interpoliert. Man sieht, dass der Nachteil der älteren Methoden darin liegt, dass man in allen drei Hypothesen die Rechnung bis zur Bestimmung der Elemente durchführen muss.

Die neue Methode der *Theoria motus* verlässt den Weg der versuchsweisen interpolatorischen Verbesserung der Ausgangswerte, indem sie erstens nur mit ein er Hypothese P_0 und Q_0 rechnet und mit der hieraus gefundenen Bahn diese hypothetischen Werte unmittelbar verbessert, und indem sie zweitens auch bei der Berechnung dieser ersten genäherten Bahn nicht bis zur Bestimmung der Elemente durchgeführt zu werden braucht.

Die strengen Werte von P und Q (Gleichung 19) lassen sich schreiben[1]

$$29) \qquad P = \frac{\theta''}{\theta} \cdot \frac{\eta}{\eta''}, \quad Q = \frac{r'^2}{rr''\eta\eta''\cos f\cos f'\cos f''}\theta\theta''$$

und das Näherungsverfahren besteht darin, auf möglichst kurzem Wege aus den genäherten Werten von P und Q die Grössen η, η'', r, r', r'', f, f', f'' zu finden, um die ersteren damit zu verbessern, bis alles stimmt. Erst wenn die schliesslichen Werte dieser Grössen gefunden sind, werden die Elemente berechnet. Aus den Gleichungen 24) und den vorhergehenden ist ersichtlich, wie r, r', r'' und f' gefunden werden; hier können auch gleich die Grössen θ und θ'' wegen Aberration verbessert werden. Es folgt dann die Bestimmung von f und f'' aus den Gleichungen des art. 144:

$$30) \qquad \begin{aligned} \sin 2f &= r \ \sin 2f' \cdot \frac{n}{n'r'} \\ \sin 2f'' &= r'' \ \sin 2f' \cdot \frac{n''}{n'r'}, \end{aligned}$$

und es sind jetzt η und η'' zu bestimmen.

---

1) Es bedeuten: η und η'' das Verhältnis des Sektors zum Dreieck zwischen je zwei Orten, f, f'' die halbe Differenz der wahren Anomalien: $f = \frac{1}{2}(v'' - v')$, $f'' = \frac{1}{2}(v' - v)$.

Von der Bestimmung dieser Grössen handeln die art. 88—94 der *Theoria motus*. Den Gang der äusserlich recht verwickelten Rechnung kann man durch die folgenden Formeln deutlich machen[1]:

$$31) \qquad m = \frac{\theta}{\sqrt{8\cos^3 f \cdot (rr')^{\frac{3}{2}}}}, \quad 2l = \frac{\sqrt{\frac{r'}{r}} + \sqrt{\frac{r}{r'}}}{2\cos f} - 1, \quad x = \sin^2 \frac{g}{2}$$

$$32) \qquad \sqrt{l+x} + (l+x)^{\frac{3}{2}} \frac{2g - \sin 2g}{\sin^3 g} = m$$

$$33) \qquad \eta = \frac{m}{\sqrt{l+x}}.$$

Aus der Gleichung 32) ist g oder x zu bestimmen. Gauss entwickelt hierzu die Grösse $X = \frac{2g - \sin 2g}{\sin^3 g}$ in eine Potenzreihe nach x und verwandelt diese in einen Kettenbruch. Er setzt sodann

$$X = \frac{\frac{4}{3}}{1 - \frac{6}{5}(x - \xi)}$$

und erhält auf elementarem Wege den ersten der beiden[2] für ξ angegebenen Kettenbrüche; vom zweiten sagt er, dass er seine Ableitung an anderer Stelle geben werde, da sie auf weniger elementaren Grundsätzen beruht. Dies ist in den *Disquisitiones generales circa seriem infinitam* $1 + \frac{\alpha \cdot \beta}{1 \cdot \gamma} x + \cdots$, art. 14[3] geschehen, wo er die Beziehungen zwischen den functiones contiguae, und im besonderen die allgemeine Formel für die Kettenbruchentwicklung von

$$\frac{F(\alpha, \beta + 1, \gamma + 1, x)}{F(\alpha, \beta, \gamma, x)}$$

benutzt. Die Vorarbeiten hierzu finden sich, wie diejenigen zu diesem Kapitel der *Theoria motus* überhaupt, im *Handbuch* Bd (Oktober 1805) und sind teilweise Werke X, 1, S. 326 abgedruckt[4]. Gauss entwirft eine Hilfstafel, die ξ als Funktion von x gibt und durch deren Benutzung die Bestimmung von x und hieraus die von η sich sehr einfach gestaltet.

In derselben Weise wird g'' bezw. x'' und daraus η'' bestimmt und somit findet man nach 29) genauere Werte für P und Q, mit denen die Rechnung

---

1) $g = \frac{1}{2}(E'' - E')$ bedeutet die halbe Differenz der exzentrischen Anomalien im zweiten und dritten Ort; ebenso wird $g'' = \frac{1}{2}(E' - E)$ gesetzt.

2) Werke VII, 1906, S. 117.

3) Werke III, S. 137.

4) Man vergleiche auch die Bemerkungen von Schlesinger ebendort S. 330.

(zweite Hypothese) wiederholt wird, bis man definitive Werte für η und η'' und für g und g'' hat; aus diesen ergeben sich (*Theoria motus*, art. 95, 96) die Elemente in einfacher Weise.

Im *Handbuch* Bb, S. 24—34 finden sich Vorarbeiten zu den art. 88—96, die nach der *Tagebuch*notiz[1]) Nr. 125 »Methodum ex duobus locis heliocentricis corporis circa solem moventis eiusdem elementa determinandi novam perfectissimam deteximus« aus dem Januar 1806 zu stammen scheinen; ebenso im *Handbuch* Bd, S. 37—47, worauf sich vermutlich die *Tagebuch*notiz[1]) Nr. 126: »Methodum e tribus planetae locis geocentricis eius orbitam determinandi ad summum perfectionis gradum eveximus«, vom Mai 1806, bezieht.

12. Besondere Fälle der Bahnbestimmung.

Die Bahnbestimmung eines Planeten aus den ersten nach der Entdeckung gemachten Beobachtungen kennzeichnet sich dadurch, dass der vom Planeten zurückgelegte Teil seiner Bahn und also die Winkel $2f$, $2f'$, $2f''$ zwischen den Radienvektoren klein sind.

Wenn einerseits naturgemäss eine Bahnbestimmung aus einem kleinen Bogen mit grösserer Unsicherheit behaftet ist, so führt andererseits in diesem Falle die GAUSSsche Methode sehr schnell zum Ziel, sodass in der Regel schon die zweite Hypothese über P und Q zu hinreichend genauen Elementen führt[2]); sie ist aber auch brauchbar, wenn die Beobachtungen weiter auseinander liegen; nur wird man, falls die Konvergenz der Hypothesen zu wünschen übrig lässt, sobald man mit der dritten Hypothese für P und Q die Rechnung bis zur Bestimmung des vierten Wertepaares dieser Grössen durchgeführt hat, nicht mit diesem vierten Wertepaare weiterrechnen, sondern durch Interpolation aus den drei ersten Hypothesen einen besseren Näherungswert ansetzen[3]), ähnlich wie bei den älteren Methoden. GAUSS hat von Anfang an Wert darauf gelegt, seinen Methoden allgemeine Gültigkeit zu geben und die *Theoria motus* enthält Beispiele, die die verschiedenen vorkommenden Fälle erleuchten. Er schreibt in einem in der Monatl. Corr.[4]) abgedruckten

---

1) Werke X, 1, S. 564.

2) Vergl. die Rechenbeispiele, art. 150—157 der *Theoria motus*.

3) Vergl. das Beispiel art. 158—161 der *Theoria motus*.

4) Werke VI, S. 275.

Briefe an v. Zach vom 8. Juli 1806: »Es ist mir übrigens überaus lieb, dass ich nicht schon 1802 meine Methode, wie ich die Ceres- und Pallasbahn berechnet hatte, bekannt gemacht habe, so viele Aufforderungen auch deshalb an mich gelangten. Denn seitdem habe ich noch immer an der Vervollkommnung der Methode selbst gearbeitet, besonders in dem vorigen Winter, und ihre jetzige Gestalt sieht ihrer ersten fast gar nicht mehr ähnlich. Um hiervon eine Probe zu geben, will ich nur eines Umstandes erwähnen. Da das Problem so sehr verwickelt ist, so ist es der Natur der Sache nach nicht anders möglich, als dass bei der allerersten Annäherung einige Voraussetzungen gemacht werden müssen, die nur näherungsweise richtig sind (wie z. B. bei Dr. Olbers' Methode die ist, dass die Chorden bei der Erde und dem Kometen durch die mittleren radii vectores im Verhältnisse der Zwischenzeiten geschnitten werden). Voraussetzungen von dieser Art liegen also auch nach meiner Methode bei der ersten Annäherung zugrunde, und zwar solche, die desto weniger von der Wahrheit abweichen, je kleiner die Zwischenzeiten sind. Man darf also die Beobachtungen, auf die man die erste Annäherung gründet, nicht gar zu weit von einander entfernt annehmen, weil man sonst vermöge der näherungsweise wahren Voraussetzung bei der ersten Rechnung gar zu weit von der Wahrheit zurückbleiben, und daher zu viele und beschwerliche Wiederholungen der Verbesserungsmethoden machen müsste Doch konnte ich, wie meine Methode 1802 war, bei der Pallas sogleich Beobachtungen anwenden, die 27 Tage auseinander waren; viel weiter hätte ich indes doch nicht gehen mögen. Dagegen ist jetzt meine Methode so beschaffen, dass ich neulich, als ich die mir von Ihnen gütigst mitgeteilten Beobachtungen Orianis von 1805 zu einem, für mein Werk bestimmten Exempel benutzen wollte, und also dieselben so behandeln musste, als wenn ich von der Pallasbahn noch gar nichts wüsste, sogleich und zwar mit dem allerglücklichsten Erfolge die äussersten, 71 Tage von einander entfernten Beobachtungen zugrunde legen konnte[1]), und es leidet gar keinen Zweifel, dass ich darin noch beträchtlich weiter hätte gehen können.«

Im art. 159 der *Theoria motus* gibt Gauss ein Beispiel für die Bahnbestimmung der Ceres, bei dem die Beobachtungen 260 Tage auseinanderliegen.

Doch ist hierzu folgendes zu bemerken: In der Gleichung 12) sind $\frac{b}{a}$,

---

1) Vergl. *Theoria motus*, art. 156. — BRDL.

$\frac{c}{a}$, $\frac{d}{a}$ bei ersten Bahnbestimmungen mit kurzen Zwischenzeiten grosse Zahlen zweiter Ordnung, und zwar ist b positiv, c und d negativ. Andererseits setzt Gauss die Grössen $\frac{\vartheta}{r'^{3/2}}$, $\frac{\vartheta''}{r'^{3/2}}$, deren Summe $\frac{\vartheta'}{r'^{3/2}}$ und e als kleine Grössen erster Ordnung voraus.

Im Juno-Beispiel ist rund

$$\frac{b}{a} = 78{,}0, \quad \frac{c}{a} = -38{,}4, \quad \frac{d}{a} = -108{,}5, \quad e = 0{,}25.$$

Beim Ceres-Beispiel finden dagegen andere Verhältnisse statt; hier ist:

$$\frac{b}{a} = 1{,}10, \quad \frac{c}{a} = +3{,}11, \quad \frac{d}{a} = -2{,}04, \quad e = 0{,}08$$

und

$$\frac{\vartheta}{r'^{3/2}} = 0{,}52, \quad \frac{\vartheta''}{r'^{3/2}} = 0{,}55, \quad \frac{\vartheta'}{r'^{3/2}} = 1{,}07.$$

Nimmt man die letzteren als klein von erster Ordnung an, so wird

$$\frac{\vartheta''}{r'^{3/2}} - \frac{\vartheta}{r'^{3/2}} = 0{,}03$$

klein mindestens von zweiter Ordnung.

δ' erscheint also nicht als Unterschied zweier grosser Zahlen zweiter Ordnung, wie beim Juno-Beispiel und ähnlichen, bei denen Fehler in $\frac{n}{n'}$ und $\frac{n''}{n'}$ von grossem Einfluss sind; obwohl diese Fehler hier an sich wegen der grossen Zwischenzeiten grösser sind, so werden sie doch durch die kleineren Faktoren $\frac{c}{a}$ und $\frac{d}{a}$ nicht merklich vergrössert[1]).

Sind die Zwischenzeiten aussergewöhnlich gross, so wird auch immer aus den ersten Beobachtungen eine genäherte Bahn bereits bekannt sein und man wird dann nicht von den Näherungswerten 28) für P und Q ausgehen, sondern gleich genauere Werte für die erste Hypothese nach 29) anwenden (art. 163).

Es gibt bekanntlich eine Reihe von Fällen, in denen die Methode der Bahnbestimmung aus drei Beobachtungen versagt. In den art. 160—162 bespricht Gauss die Fälle, in denen die drei geozentrischen Örter so ausgewählt sind, dass sich die Bahn entweder garnicht oder nur sehr ungenau bestimmen lässt,

---

[1]) Diese Bemerkung zum Ceres-Beispiel verdanke ich einer Mitteilung von Joh. Frischauf.

nämlich 1. wenn die drei Himmelskörper Sonne, Erde, Planet bei einer der Beobachtungen ganz oder nahezu in einer geraden Linie sich befinden, oder 2. wenn der erste und dritte geozentrische Ort ganz oder nahezu zusammenfallen, oder endlich 3. wenn die drei geozentrischen Örter des Planeten und der heliozentrische Erdort in der mittleren Beobachtung ganz oder nahezu in einem grössten Kreise liegen. Diese Fälle müssen durch eine andere Auswahl der benutzten Beobachtungen vermieden werden.

Den Fall, in dem zwei ganz verschiedene Bahnen den drei Beobachtungen genügen, bespricht GAUSS im art. 142; die Entscheidung, in welcher von beiden der Himmelskörper sich bewegt, kann nur durch eine vierte entferntere Beobachtung erbracht werden.

Dem Falle endlich, in dem die Neigung der Bahn gleich Null oder sehr klein ist, passt sich die Methode der Bahnbestimmung aus vier Beobachtungen[1] an, die im wesentlichen auf den gleichen Grundsätzen beruht, wie die aus dreien. GAUSS beabsichtigte anfangs, hier eine Bahnbestimmung des Uranus als Beispiel zu geben, konnte aber die dazu nötigen Beobachtungen nicht zusammenbekommen[2]; er benutzte dann zu diesem Zweck die unmittelbar darauf entdeckte Vesta.

13. Rechnung für parabelnahe Ellipsen und Hyperbeln. Hyperbolische, parabolische und Kreisbahn-Bestimmung.

Im *Tagebuch* finden wir im April 1806 die Notiz[3] Nr. 127: »Methodus nova ellipsin et hyperbolam ad parabolam reducendi«. Diese bezieht sich auf die art. 30—46 der *Theoria motus*, in denen die Berechnung der wahren Anomalie aus der Zeit, und umgekehrt, für parabelnahe Ellipsen und Hyperbeln behandelt wird; entsprechende Vorarbeiten dazu stehen im *Handbuch* Bd, S. 52 f. und 91. Bemerkenswert sind dabei die scharfen Untersuchungen der art. 30—32 über die Genauigkeit, mit der sich die wahre Anomalie aus der mittleren ergibt; da diese Genauigkeit zu wünschen übrig lässt, wenn *e* nahe gleich Eins ist, so entstanden die Entwicklungen zur Reduktion parabelnaher Ellipsen und

---

1) *Theoria motus,* art. 164—171.
2) Vergl. den Briefwechsel zwischen GAUSS und OLBERS vom 27. und 31. Januar, 12. März 1807.
3) Werke X, 1, S. 565.

Hyperbeln auf die Parabel. Nach art. 30 scheint es, als ob Gauss an anderer Stelle sich weiter über die Genauigkeit logarithmischer Rechnungen überhaupt verbreiten wollte.

Zur Bestimmung einer hyperbolischen Bahn wendet Gauss ähnliche Methoden an, wie zu der einer elliptischen Bahn. In der *Theoria motus* gibt er jedoch ein Zahlenbeispiel nur für die Berechnung der Elemente aus zwei Radienvektoren, dem eingeschlossenen Winkel und der Zwischenzeit (art. 105).

Dass Gauss in der *Theoria motus* nicht auf die Bestimmung einer parabolischen Bahn eingeht, mag, wie schon oben gesagt, seinen Grund darin haben, dass diese Aufgabe schon von Olbers in brauchbarer Form gelöst war. Er begann erst später sich damit zu beschäftigen, als er selbst die Bahnen einiger Kometen berechnete. In einem Briefe an Olbers vom 3. Januar 1806 präzisiert er den von Olbers im § 37 seiner Abhandlung noch nicht klar herausgeschälten Fall näher, in dem die Olbersschen Methode nicht anwendbar ist. Dies veranlasste wahrscheinlich Olbers zu seiner Mitteilung vom Juni 1806 im Berliner astronomischen Jahrbuch für 1809[1]).

Im Jahre 1813 bei Gelegenheit der Beschäftigung mit dem Kometen 1813 II fand Gauss eine erhebliche Verbesserung der Olbersschen Methode. Bei dieser lässt sich nämlich in häufig vorkommenden Fällen die Berechnung der Radienvektoren der beiden äusseren Beobachtungen und der Sehne aus dem hypothetischen Abstand von der Erde im mittleren Ort nicht scharf genug ausführen. Gauss gibt hierfür andere Formeln, die den Hauptinhalt der Abhandlung *Observationes Cometae secundi a. 1813* . . .[2]) bilden und sich auch in seinem Briefe an Olbers vom 25. Juli 1813 finden.

Im Jahre 1815 endlich beschäftigte er sich eingehender mit der parabolischen Bahnbestimmung; er gibt nicht nur der Lambertschen Gleichung eine andere Gestalt, sondern entwickelt auch eine Reihe anderer wichtiger Beziehungen. Er begann den Entwurf einer Notiz *Allgemeine Theorie der Berechnung der Kometenbahnen*, dem er ein im Briefe an Olbers vom 13. Januar 1815 erwähntes Musterbeispiel beifügt. Die entsprechenden Bruchstücke aus dem Nachlass sind Werke VII, 1906, S. 323—374 abgedruckt; dazu ge-

---

1) W. Olbers, *Sein Leben und seine Werke*, Bd. I, S. 76.
2) Werke VI, S. 25.

hört auch eine Tafel zur Berechnung der wahren Anomalie, die vollständiger ist als die BARKERsche. Er schreibt darüber an OLBERS am 29. Mai 1815: »Meine theoretischen Untersuchungen über die Berechnung der Kometenbahnen im allgemeinen hätte ich wohl einige Neigung, in Zukunft einmal in einem eigenen Werke bekannt zu machen, als Supplement zu meiner *Th. M. C. C.* Es könnte vielleicht 6—8 Bogen stark werden, und ich würde dann noch eine Tafel für die parabolische Bewegung von einer neuen Einrichtung beifügen, deren Gebrauch noch etwas bequemer ist als der der BARKERschen. Diese möchte auch noch 3 Bogen betragen. Der Grund dazu ist schon gelegt, wobei mir Herr ENCKE noch geholfen hat« und an SCHUMACHER am 5. Januar 1845: »Das Zusatzkapitel, welches ich einmal zu der *Th. M. C. C.* zu machen im Sinn hatte, würde die Berechnung der rein parabolischen Bahn betroffen haben. Eigentlich ausgearbeitet ist darüber niemals etwas gewesen; einzelnes ist aber so aufgeschrieben, dass ich es später danach wohl wiederherstellen könnte. Allein meine nächsten Arbeiten werden sich jedenfalls auf die Fortsetzung meiner geodätischen (theoretischen) Untersuchungen beziehen.«

Das Problem der Kreisbahn mag GAUSS übergangen haben, weil sich nur in besonderen Fällen, z. B. wenn die Beobachtungen zur Bestimmung einer Ellipse nicht ausreichen, die Berechnung einer solchen empfiehlt und diese »Arbeit sich durch eine sehr leichte und einfache Rechnung erledigen lässt«[1]; bei der Ceres hatte sich die Unzweckmässigkeit der Berechnung einer Kreisbahn in vollem Masse gezeigt. Jedoch findet sich in dem bekannten Lehrbuch von KLINKERFUES[2]) eine Methode der Kreisbahnbestimmung, die von GAUSS herrührt und Werke XI, 1, S. 253 abgedruckt ist.

III. Bahnverbesserung aus einer grösseren Reihe von Beobachtungen.

1. Einleitendes.

Die GAUSSschen Methoden zur Verbesserung einer Planetenbahn aus einer grösseren Reihe von Beobachtungen treten uns an vielen zertreuten Stellen seiner Veröffentlichungen und seines Nachlasses entgegen und daher dürfte eine Zusammenstellung erwünscht sein. Im dritten Abschnitt der *Theoria*

---

1) Einleitung zur *Theoria motus*, Werke VII, 1906, S. 6.
2) S. Fussnote, S. 165.

24*

motus finden wir in erster Linie die Begründung der zur Anwendung kommenden Methode der kleinsten Quadrate, in der *Disquisitio de elementis ellipticis Palladis* dagegen die eigentlichen astronomischen Formeln.

Über die Bildung der Normalörter spricht GAUSS in den art. 173—174 der *Theoria motus*; in seinen praktischen Rechnungen legt er die Normalörter meist in den Augenblick der Opposition in Länge, wodurch die Rechnung möglichst vereinfacht wird. Die Zeit der Opposition ergibt sich aus der Gleichheit der heliozentrischen Länge der Erde und der aus den Beobachtungen folgenden geozentrischen Länge des Planeten; beiden ist dann auch die heliozentrische Länge des Planeten gleich, die neben der aus den Beobachtungen folgenden geozentrischen Breite die Grundlage für die Bahnverbesserung bietet. Diese Methode ist natürlich nur dann anwendbar, wenn in der Nähe der Opposition Beobachtungen in genügender Zahl vorliegen[1])·

2. Bahnverbesserung aus vier Oppositionen.

In der *Disquisitio de elementis ellipticis Palladis* benutzt GAUSS zur Bahnverbesserung zwei verschiedene Verfahren; das erstere (art. 5—8), das in ähnlicher Weise auch bei seinen Störungsrechnungen zur Anwendung kommt (vergl. S. 192), soll hier so geschildert werden, wie es in der *Disquisitio* benutzt wird, indem nämlich nur vier Oppositionen benutzt werden; wegen des zweiten sehe man Seite 193. Beim ersteren findet die Methode der kleinsten Quadrate nur teilweise Anwendung; es kann folgendermassen geschildert werden:

Da Neigung und Knotenlänge bereits ziemlich genau bekannt zu sein pflegen, so ist es auch die Reduktion auf die Ekliptik und daher lassen sich die Längen in der Bahn, nur mit einem sehr kleinen Fehler behaftet, berechnen[2]). Man gewinnt hierdurch den Vorteil, dass man die Verbesserung

---

1) Man vergleiche hierzu auch die Notizen Werke VII, 1906, S. 310.

2) Man kann hierzu die direkte Formel

$$\operatorname{tg}(v - \Omega) = \frac{\operatorname{tg}(\alpha - \Omega)}{\cos i}$$

benutzen; schärfer rechnet·man nach der Formel (vergl. *Theoria motus*, art. 50)

$$\sin(v - \alpha) = 2 \sin^2 \frac{i}{2} \sin(v - \Omega) \cos(\alpha - \Omega)$$

indem man für $v - \Omega$ den aus der ersteren berechneten Wert benutzt, wodurch man gleichzeitig eine Kontrolle erhält.

Es bedeuten: v die wahre Länge in der Bahn,
$\quad\quad\quad\quad\quad$ α die heliozentrische Länge.

der Elemente getrennt, einerseits für die Länge des Perihels, die Exzentrizität, die mittlere tägliche Bewegung und die Länge in der Epoche, und andererseits für die Neigung und die Länge des Knotens ausführen kann; dadurch hat man nur mit vier Unbekannten zu operieren, von denen sich noch eine, die Verbesserung der Länge in der Epoche, sofort eliminieren lässt.

Aus den Längen in der Bahn v berechnet GAUSS mit den genäherten Werten von π und φ die mittlere Anomalie M und ihre Ableitungen[1])

$$34) \qquad \frac{\partial M}{\partial \pi} = - \frac{\cos^3 \varphi}{(1 + e \cos w)^2} = m$$

und

$$35) \qquad \frac{\partial M}{\partial \varphi} = m \, \frac{(2 + e \cos w) \sin w}{\cos \varphi} = n$$

und erhält so für jeden Normalort eine Beziehung von der Form[1])

$$36) \qquad M = (M) + m \Delta \pi + n \Delta \varphi,$$

also bei vier Oppositionen vier solche Gleichungen für M, M', M'', M'''. Da

$$M = \varepsilon - \pi + \mu t$$
$$M' = \varepsilon - \pi + \mu t'$$
$$\text{usw.}$$

so ergeben sich durch Elimination von $\varepsilon - \pi$ drei Gleichungen

$$37) \qquad \begin{aligned} \mu(t' - t) &= (M') - (M) + (m' - m) \Delta \pi + (n' - n) \Delta \varphi \\ \mu(t'' - t') &= (M'') - (M') + (m'' - m') \Delta \pi + (n'' - n') \Delta \varphi \\ \mu(t''' - t'') &= (M''') - (M'') + (m''' - m'') \Delta \pi + (n''' - n'') \Delta \varphi. \end{aligned}$$

Aus diesen lässt sich auch μ sofort eliminieren und daher $\Delta \pi$ und $\Delta \varphi$ durch eine kurze Rechnung bestimmen, worauf auch sogleich μ und ε gefunden werden.

Die auf diese Weise gefundenen Werte von μ, ε, π und φ sind noch mit dem Fehler der vorausgesetzten Werte von i und Ω behaftet, aber nur soweit dieser durch die Reduktion auf die Ekliptik eingeht, also mit einem sehr geringen Betrage. Man berechnet aus ihnen die Radienvektoren in den

---

1) $M =$ mittlere Anomalie,
  $(M) =$ berechneter genäherter Wert der mittleren Anomalie
  $\mu =$ mittlere Bewegung,
  $\varepsilon =$ mittlere Länge in der Epoche,
$t, t' \ldots =$ seit dem Periheldurchgang verflossene Zeit,
  $w = v - \pi =$ wahre Anomalie,
  $\varphi =$ Exzentrizitätswinkel; $e = \sin \varphi$.

vier Beobachtungen und erhält daraus die heliozentrischen Breiten γ nach der Formel[1]):

38) $$\sin(\mathfrak{G} - \gamma) = \frac{R \sin \mathfrak{G}}{r}.$$

Um auf den Einfluss der Fehler in i und Ω Rücksicht zu nehmen, setzt Gauss

39) $$\gamma = (\gamma) + \left(\frac{d\gamma}{d\Omega}\right)\Delta\Omega + \left(\frac{d\gamma}{di}\right)\Delta i = (\gamma) + a\Delta\Omega + b\Delta i,$$

wo (γ) der berechnete Wert für die heliozentrische Breite ist. Über die Differentialquotienten $\left(\frac{d\gamma}{d\Omega}\right)$ und $\left(\frac{d\gamma}{di}\right)$ sagt Gauss, dass er sie nicht auf analytischem Wege, sondern auf numerischem bestimmen wolle. Der Grund hierfür ist vielleicht der, dass die erstere Bestimmungsart, wenn sie streng ausgeführt wird, etwas verwickelt ist; denn $\left(\frac{d\gamma}{d\Omega}\right)$ und $\left(\frac{d\gamma}{di}\right)$ sind nicht gleich den partiellen Ableitungen von γ im gewöhnlichen Sinne, weil γ nicht aus den Elementen allein, sondern aus dem beobachteten $\mathfrak{G}$ abgeleitet ist und die Fehler Δi und $\Delta\Omega$ hier nur bei der Reduktion auf die Ekliptik und damit implizite in die Elemente π und φ, sowie auch in r eingehen. Gauss bestimmt $\left(\frac{d\gamma}{d\Omega}\right)$ und $\left(\frac{d\gamma}{di}\right)$, indem er die ganze vorausgehende Rechnung wiederholt unter Voraussetzung von etwas veränderten Ausgangswerten von i und Ω, sodass er im ganzen drei Bestimmungen erhält; so wird bei ihm z. B. für die Opposition der Pallas[2]) von 1805

Hypothese	Ω	i	(γ)
I	$172^0\,28'\,46{,}''8$	$34^0\,37'\,31{,}''5$	$-33^0\,39'\,48{,}''15$
II	$172\ \ 29\ 46{,}8$	$34\ \ 37\ 31{,}5$	$-33\ \ 39\ 51{,}10$
III	$172\ \ 28\ 46{,}8$	$34\ \ 38\ 31{,}5$	$-33\ \ 39\ 35{,}63$

und hieraus

$$\gamma = -33^0\,39'\,48{,}''15 - 0{,}0492\,\Delta\Omega + 0{,}2087\,\Delta i$$

Er wendet also das Verfahren an, dass wir schon bei seinen ersten Bahnbe-

---

1) $\mathfrak{G}$ = geozentrische Breite,

   γ = heliozentrische Breite,

   r = Radiusvektor,

   R = Radiusvektor der Erde.

2) Werke VI, S. 12—13.

stimmungen kennen gelernt haben und das wir heute als numerische Differentiation bezeichnen, wobei allerdings hier nur die ersten Differenzen berücksichtigt werden.

Drei weitere ähnliche Gleichungen ergeben sich für die übrigen Oppositionen.

Während die eben gefundenen Werte der heliozentrischen Breiten aus
den beobachteten geozentrischen Breiten folgen, berechnet GAUSS andererseits
die heliozentrischen Breiten mit den (in Hypothese I) vorausgesetzten Werten
von i und Ω aus den beobachteten Längen nach der Formel[1])

40) $$\tang \delta = \tang i \cdot \sin(\alpha - \Omega),$$

und es wird

41) $$\delta = (\delta) + \frac{\partial \delta}{\partial \Omega} \Delta \Omega + \frac{\partial \delta}{\partial i} \Delta i = c \Delta \Omega + f \Delta i,$$

wo

42) $$c = -\tfrac{1}{2} \sin 2\delta \cdot \cotang(\alpha - \Omega)$$
$$f = \frac{\sin 2\delta}{\sin 2i}.$$

Für die Opposition von 1805 findet GAUSS z. B.

$$\delta = -33^0 40' 50''63 + 0{,}1252 \Delta \Omega - 0{,}9870 \Delta i.$$

Da $\delta = \gamma$ sein muss, so liefert die Opposition von 1805 die Gleichung

43) $$62''48 - 0{,}1744 \Delta \Omega + 1{,}1957 \Delta i = 0.$$

Daneben ergeben die drei übrigen Oppositionen drei weitere ähnliche Gleichungen und da hiermit Δi und $\Delta \Omega$ überbestimmt sind, so leitet GAUSS ihre
Werte nach der Methode der kleinsten Quadrate ab.

Um nun endlich auch die vier übrigen oben gefundenen Elemente durch
Beseitigung des Einflusses von Δi und $\Delta \Omega$ weiter zu verbessern, kann man
entweder ihre genauen Werte durch Interpolation aus den drei Hypothesen
für i und Ω bestimmen, oder, was zuverlässiger ist, die Bestimmung mit den
scharfen Werten von i und Ω wiederholen[2]).

---

1) Hier bezeichnen:
   (δ) die heliozentrische Breite, gerechnet nach der Formel 40),
   δ den wahren Wert der heliozentrischen Breite
   α die heliozentrische Länge.
2) Vergl. *Disquisitio de elementis Palladis*, art. 8, Werke VI, S. 14—15.

3. Bahnverbesserung aus mehreren Oppositionen und mit Berücksichtigung der Störungen.

Legt man der Elementenverbesserung mehr als vier Oppositionen zugrunde, so erhält man mehr als vier Gleichungen der Form 37) und kann diese, wie die Gleichungen 43), nach der Methode der kleinsten Quadrate auflösen. Nimmt man auch auf die Störungen Rücksicht, so ist die Rechnung wesentlich die gleiche, nur muss man die gestörten Werte der Elemente benutzen. Das Verfahren, dass GAUSS hier gewöhnlich anwandte, schliesst sich an das vorerwähnte an. Es soll hier ebenfalls auseinandergesetzt werden[1]):

Es seien i_0, Ω_0, π_0, φ_0 usw. die wahren und (i_0), (Ω_0), (π_0), (φ_0) usw. genäherte Werte der mittleren oder Normal-Elemente, wie GAUSS sie nennt.

Indem man zu (i_0), (Ω_0), (π_0), (φ_0) die Störungen hinzufügt, erhält man die Näherungswerte für die gestörten (oskulierenden) Elemente, die mit (i), (Ω), (π), (φ) bezeichnet werden mögen. Mit den letzteren berechnet man wie im vorstehenden (Gleichung 36) die mittlere Anomalie (M) und hieraus die mittlere Länge $(L) = (M) + (\pi)$, so dass entsprechend der Gleichung 36) der wahre Wert der gestörten mittleren Länge ist

44) $$L = (L) + (m + 1)\Delta\pi + n\Delta\varphi.$$

Für die mittlere Länge gilt hier der Ausdruck

45) $$L = \varepsilon + \int\mu\, dt.$$

Fasst man die Störungen dieser Grösse als Störungen der mittleren Länge zusammen, indem man setzt[2])

$$\delta L = \delta\varepsilon + \delta\int\mu\, dt,$$

so hat man

46) $$L = \varepsilon_0 + \mu_0 t + \delta L = \varepsilon_0 + (\mu_0)t + \delta L + t \cdot \Delta\mu.$$

Zieht man also von (L) die Störungen δL und die aus dem Näherungswerte von μ folgende mittlere Bewegung seit der Epoche $t = 0$ ab, wobei man setzen kann

47) $$(\varepsilon_0) = (L) - \delta L - (\mu_0)t,$$

---

1) Man vergleiche dazu Werke VII, 1906, S. 479—482, 486—488, 561—564.
2) Nach Werke VII, 1906, Seite 480.

so erhält man für jede Opposition eine Gleichung von der Form

48) $$\varepsilon_0 = (\varepsilon_0) + (m+1)\Delta\pi + n\Delta\varphi - t\Delta\mu.$$

Gauss eliminiert aus diesen Gleichungen, deren Anzahl s sein mag, zunächst die Epoche ε_0, indem er das Mittel:

49) $$\varepsilon_0 = \frac{1}{s}\left\{\Sigma(\varepsilon_0) + \Delta\pi . \Sigma(m+1) + \Delta\varphi . \Sigma n - \Delta\mu . \Sigma t\right\}$$

nimmt und dieses von jeder der s Gleichungen abzieht; die entstehenden s Gleichungen für $\Delta\pi$, $\Delta\varphi$ und $\Delta\mu$ löst er dann nach der Methode der kleinsten Quadrate.

Der weitere Verlauf der Rechnung zur Verbesserung der Werte von i und Ω ist derselbe wie im vorstehenden (S. 190); die Koeffizienten a und b können dabei in der Regel ihrer Kleinheit wegen fortgelassen werden, wodurch die Rechnung sich erheblich vereinfacht[1]).

Im Gegensatz zu dem soeben besprochenen Verfahren, das Gauss bei seinen Störungsrechnungen anwendet, steht das zweite direkte Verfahren zur Bahnverbesserung aus einer grösseren Reihe von Oppositionen, das sich in der *Disquisitio de elementis ellipticis Palladis*, art. 10—14, findet. Gauss stellt hier die allgemein gültigen Gleichungen für die Differentialänderungen der heliozentrischen Länge und der geozentrischen Breite auf; nämlich[2])

50) $$l = (l) + \frac{a^2\cos\varphi\cos i}{r^2\cos^2 b}\Delta L + \frac{ta^2\cos\varphi\cos i}{r^2\cos^2 b}\Delta n + \left(\frac{\cos i}{\cos^2 b} - \frac{a^2\cos\varphi\cos i}{r^2\cos^2 b}\right)\Delta\pi$$
$$+ \frac{a^2\cos i}{r^2\cos^2 b}(2 - e\cos E - e^2)\sin E\,\Delta\varphi$$
$$+ \left(1 - \frac{\cos i}{\cos^2 b}\right)\Delta\Omega - \operatorname{tg} b\cos(l-\Omega)\Delta i,$$

51) $$\beta = (\beta) - \frac{a\sin\beta\sin(\beta-b)\operatorname{tg}\varphi\sin w}{r\sin b}\Delta L$$
$$+ \left\{\frac{2\sin\beta\sin(\beta-b)}{3\mu\sin b} - \frac{at\sin\beta\sin(\beta-b)\operatorname{tg}\varphi\sin w}{r\sin b}\right\}\Delta\mu$$
$$+ \frac{a\sin\beta\sin(\beta-b)\operatorname{tg}\varphi\sin w}{r\sin b}\Delta\pi + \frac{a\sin\beta\sin(\beta-b)\cos\varphi\cos w}{r\sin b}\Delta\varphi$$
$$+ \frac{2\sin\beta\cos(\beta-b)\cos b}{\sin 2i}\Delta i - \sin\beta\cos(\beta-b)\cos b\operatorname{ctg}(l-\Omega)\Delta\Omega.$$

---

1) Vergl. Werke VII, 1906, S. 482.
2) l = heliozentrische Länge,
   β = geozentrische Breite,
   (l) und (β) genäherte Werte der vorgenannten Grössen,
   b = heliozentrische Breite.

Da es sich um Oppositionen handelt, so kann man statt l überall die geozentrische Länge nehmen und daher die Gleichungen mit sechs Unbekannten direkt nach der Methode der kleinsten Quadrate lösen. GAUSS bedient sich in der *Disquisitio* der Eliminationsmethode, die er dort ausführlich beschreibt.

Eine bequemere Form für die vorstehenden Gleichungen findet sich im *Handbuch* Be, S. 49; diese ist Werke VII, 1906, S. 311—312 abgedruckt.

4. Allgemeine Formeln zur Bahnverbesserung.

Allgemeine Formeln zur Bahnverbesserung, bei denen nicht vorausgesetzt wird, dass die Beobachtungen sich auf Oppositionen beziehen, hat GAUSS wohl nur bei seinen ersten Bahnbestimmungen angewandt; hier stellt sich die Rechnung weniger einfach. GAUSS schildert zwei verschiedene hierfür in Betracht kommende Methoden in grossen Zügen in der *Theoria motus*, art. 187—189, und mit Berücksichtigung der Störungen ebendort, art. 190—192. Die entsprechenden Differentialformeln gibt er in den art. 76—77 der *Theoria motus* und im *Handbuch* Be, Seite 56—57[1]); GAUSS scheint jedoch von ihnen kaum Gebrauch gemacht zu haben.

Über die ausführliche Begründung der Methode der kleinsten Quadrate, die GAUSS in der *Theoria motus* art. 175—186 gibt, ist an anderer Stelle berichtet worden[2]).

IV. Allgemeines über Gauss' störungstheoretische Arbeiten.

1. Einleitendes.

Für die Planeten Ceres und Pallas hat GAUSS Störungen berechnet, die Werke VII, 1906, in grösserem Umfange veröffentlicht worden sind. Während er die Pallas-Störungen nach einer mehr und mehr vervollkommneten Methode fast ganz durchgeführt hat, müssen die Berechnungen der Ceres-Störungen als Vorversuche bezeichnet werden; denn die hier angewandten Methoden waren noch wenig entwickelt, so dass — namentlich bei der Pallas — eine eingehendere Bestimmung der Störungen fast unüberwindlich lange Rech-

---

1) Werke VII, 1906, S. 296—297.
2) A. GALLE, *Über die geodätischen Arbeiten von Gauss*, Werke XI, 2, Abh. 1, S. 4—15.

nungen erfordert hätte. Während GAUSS bei der Ceres Koordinatenstörungen anwendet, ist er nach längerem Schwanken, wofür er sich entscheiden solle, zuletzt bei der Pallas ganz zu Elementenstörungen übergegangen.

Er fand bei diesen Arbeiten Gelegenheit, seine mathematischen Untersuchungen anzuwenden, und zwar einerseits die über das arithmetisch-geometrische Mittel und die hypergeometrische Reihe, andererseits seine Interpolationstheorie. Er wird hiernach auf zwei grundsätzlich verschiedene Methoden geführt. Die erste beruht auf der analytischen Entwicklung der Störungsfunktion, wie sie auch schon von LAPLACE angewandt worden war: sie gibt die allgemeinen analytischen Ausdrücke für die Störungen als Funktionen der Elemente, sodass die Formeln für alle Planeten anwendbar sind, wenn die entsprechenden Zahlenwerte eingesetzt werden; GAUSS benutzte dieses Verfahren bei der ersten Berechnung der Ceres-Störungen, bei der er sich auf die ersten Potenzen der Exzentrizität beschränkt und Koordinatenstörungen rechnet. Bei der Weiterführung der Rechnungen erwies sich diese Methode als nicht durchführbar. Die zweite Methode beruht auf der interpolatorischen Entwicklung der Störungsfunktion nach der *Theoria Interpolationis*[1]); sie ist die einzige, die in schwierigeren Fällen, wie sie z. B. Pallas bietet, durchführbar ist. Man erhält dabei nicht die allgemeinen analytischen Ausdrücke, die für jeden Planeten gelten, sondern die Entwicklung wird mit Zahlenwerten, entsprechend den Elementen eines bestimmten Planeten, ausgeführt und gilt nur für diesen. GAUSS hat diese Methode bei der Pallas benutzt. Für die zweite Berechnung der Ceres-Störungen[2]) bedient sich GAUSS eines gemischten Verfahrens, indem er die Entwicklungen teils analytisch, teils interpolatorisch ausführt. Er hatte damals wohl die Vorzüge des interpolatorischen Verfahrens erkannt, zögerte aber vielleicht, das analytische Verfahren ganz zu verlassen, weil er einen gewissen Wert auf die Anwendung seiner Untersuchungen über das arithmetisch-geometrische Mittel legte, die beim rein interpolatorischen Verfahren ganz fortfällt.

2. Geschichtliches über Gauss' Störungsrechnungen.

GAUSS spricht sich OLBERS gegenüber in einem Briefe vom 25. Juni 1802 dahin aus, dass er zwar die Störungen der beiden entdeckten Planeten be-

---

1) Werke III, S. 265.
2) Werke VII, 1906, S. 401 f.

rechnen wolle, dass er es aber für voreilig halte, die Störungen der im März
1802 entdeckten Pallas schon jetzt vorzunehmen, ehe sie eine längere Zeit
hindurch beobachtet sei; er schreibt in diesem Briefe: »Auf die Störungen
eher Rücksicht zu nehmen, ehe die Pallas einen weit grössern Bogen beschrieben hat, scheint mir übrigens ziemlich überflüssig. Eine ohne Rücksicht auf dieselben den Beobachtungen genau angepasste Ellipse schliesst
diese schon mit ein und muss sie eine geraume Zeit einschliessen. Es scheint
mir daher nicht bloss eine unnötige, sondern selbst eine missliche Arbeit, von
Grössen, deren kleine Unterschiede, und noch kleinere Unterschiede der Unterschiede, die Quelle unserer Kenntnis sein müssen, sehr grosse Quantitäten
(wie die Störungsgleichungen gewiss bei Pallas sein müssen), die sich noch
dazu bei dem jetzigen Zustande der Perturbationstheorie keineswegs sehr genau bestimmen lassen, erst abzuziehen, um sie nachher wieder hinzusetzen zu
müssen. Wenn ich den Einfluss des Jupiter in diesem Jahre zu untersuchen
Lust und Musse bekommen sollte, so würde ich einen andern Weg einschlagen und die Elemente selbst als veränderlich ansehen; ich vermute sogar, dass dies bei der Pallas überhaupt auch künftig vorzuziehen sein wird;
denn wenn man, wie sonst gewöhnlich, den nach mittlern Elementen berechneten Ort durch Gleichungen wird verbessern wollen, so denke ich, werden
diese so gross und zahlreich sein, dass wenigstens meine Geduld schwerlich
zureichen würde, eine grosse Anzahl Örter auf diesem Wege zu berechnen.
Ich denke fast, es wird immer leichter sein, einen Ort aus Elementen ohne
Tafeln zu berechnen, als mit Tafeln vielleicht 30 oder 40 Gleichungen für
Länge, Breite und Radiusvektor zu berechnen, und es scheint mir daher, dass
es wohl vielleicht das Beste sein wird, dass man in den Tafeln wenigstens
vor der Hand etwa von 3 Monat zu 3 Monat die veränderlichen oskulierenden
rein elliptischen Elemente angibt. Vielleicht wäre dies selbst bei der Ceres
nicht ohne Nutzen. — Übrigens glaube ich auch, dass die Pallas nach einigen
Umläufen das beste Mittel sein wird, die Masse des Jupiter zu bestimmen.«

Schon in diesem Briefe deutet GAUSS an, dass die Berechnung der Elementenstörungen vermutlich den Vorzug vor der der Koordinatenstörungen
verdiene; doch scheint er in dieser Frage später unschlüssig gewesen zu sein[1]),
was darin seine Erklärung findet, dass es wesentlich von der angewandten Me-

1) Vergl. den folgenden Brief und S. 203.

thode abhängt, welche Berechnungsart vorzuziehen ist. Bei seiner zuletzt bei der Pallas angewandten rein interpolatorischen Methode erwies sich in der Tat die Form der Elementenstörungen als die vorteilhaftere.

Am 12. Oktober 1802 schreibt er an OLBERS: »Sollten Sie aber die ⚴ noch in der *Hist. Cél.* auffinden, so werde ich schwerlich der Begierde widerstehen können, davon noch Gebrauch zu machen. Doch bin ich selbst auf diesen Fall noch unschlüssig, ob ich die Elemente als veränderlich ansehen, oder die an die rein elliptisch berechneten Örter anzubringenden Störungen durch Quadraturen berechnen würde. Herr BURCKHARDT hat, wie ich aus der Monatl. Corr. sehe, die Perturbationen bloss nach den ersten Potenzen der Exzentrizität und Neigung berechnet; dies Verfahren, welches bei der ⚳ vor der Hand mehrere Jahre hindurch völlig hinreichend sein wird, scheint mir bei der ⚴ wenig mehr zu helfen, als wenn man von den Störungen ganz abstrahiert. Überhaupt wird die Berechnung der Störungen der ⚴ künftig noch eine wahre Qual für die Analysten sein. Sich durch Quadraturen von einem Jahre zum andern hinzuhelfen, hat freilich alle zu verlangende Schärfe, allein man wird doch auch wünschen, und die Würde der Wissenschaft fordert, dass man künftig, wenn man erst hinlänglich Beobachtungen hat, den Ort für jede entferntere Zeit bestimme. Allein wenn man die Störungen auf die gewöhnliche Art durch Reihen ausdrücken will, so werden diese äusserst langsam konvergieren, und ich glaube, dass man, wenn man den Ort jedesmal auf 1″ genau berechnen will, vielleicht mehrere hundert Gleichungen für Länge, Breite und Radiusvektor nötig haben wird.« Er sagt weiter in diesem Briefe, dass er für Ceres nach den Elementen VII die Störungen berechnet, »aber bloss erst die erste Potenz der Exzentrizität in Betracht gezogen« habe.

Die letzten Worte beziehen sich auf die Werke VII, 1906, S. 377 f. abgedruckte erste Berechnung der Ceresstörungen, die er sehr schnell durchführte und deren Ergebnisse bereits im Dezember 1802 veröffentlicht wurden[1]). Sie beruht im wesentlichen auf denselben Entwicklungen wie die LAPLACEschen Untersuchungen. Die gewonnenen Ergebnisse brachte er in einer zur Anwendung sehr bequemen Form in Tafeln, welche ebenfalls (Bd. VI, S. 235) veröffent-

---

1) Monatl. Corr., Bd. VI; Werke VI, S. 227.

licht sind. Die Rechnung sowie die Tafeln sind im folgenden (Seite 214 ff.) näher besprochen.

Gauss begnügte sich einstweilen mit diesen Ergebnissen. Er entwickelte sich nur, wie er im April 1803 an Olbers schreibt, die Differentialgleichungen für die Elementenstörungen, die er später anzuwenden gedachte; entsprechende Formeln finden sich in der *Scheda* Al, Seite 5.

Im Juni 1804 stellte die Pariser Akademie eine Preisaufgabe zur Berechnung der Störungen der kleinen Planeten, die sie in der »Gazette nationale ou le Moniteur universel« Nr. 281, Samedi 11 messidor an 12 de la Republique (30. Juni 1804), S. 1276 mit folgenden Worten bekannt machte:

Sujet du prix de Mathématiques.

»Donner la théorie des perturbations de la planète Pallas, découverte par M. Olbers.

Les géomètres ont donné la théorie des perturbations avec une étendue et une exactitude suffisantes pour toutes les planètes anciennes connues, et pour toutes celles qu'on pourra découvrir encore, tant qu'elles seront renfermées dans le même zodiaque, et qu'elles n'auront qu'une excentricité peu considérable. Mercure était jusqu'à nos jours la plus excentrique de toutes les planètes, et en même temps celle qui avait l'inclination la plus forte; mais son peu de masse et sa position à l'une des limites du système planétaire la rendent peu propre à causer des altérations bien sensibles dans les mouvements des autres planètes. Uranus, découvert il y a vingt-trois ans par M. Herschell, se trouve placé à l'autre limite du système. Avec peu de masse et une excentricité médiocre, il a encore la plus petite de toutes les inclinations connues; en sorte que les formules qui avaient servi pour Jupiter et Saturne ont été plus que suffisantes pour cette planète moderne. Cérès, découverte il y a quatre ans par M. Piazzi, ayant avec une excentricité assez considérable, une inclination de $10^{0} 38'$, doit être sujette à de fortes et de nombreuses inégalités. Il paraît cependant que tous les astronomes qui ont travaillé à les déterminer se sont contentés des formules connues, dont le développement ne passe pas le produit de trois dimensions des inclinations et des excentricités. Ceux de cinq dimensions ont été employés dans la *Mécanique céleste* pour un cas particulier, d'après une formule de M. Burck-

HARDT. Le même astronome a présenté depuis à l'Institut national le développement général et complet des troisième, quatrième et cinquième ordres; mais ce degré de précision ne suffirait certainement pas pour la planète Pallas, dont l'excentricité est plus forte même que celle de Mercure, et l'inclination de $34^0\,37'$, c'est à dire cinq fois plus grande que celle d'aucune autre planète connue. Il est même difficile de conjecturer quelles seront les puissances et quelles seront les dimensions des produits qu'il sera permis de négliger, et les calculs pourraient être d'une longueur, et les formules d'une complication telles qu'elles pourraient effrayer les astronomes les plus en état d'exécuter un pareil travail. Cette considération a déterminé la classe des sciences mathématiques et physiques de l'Institut national de France à proposer ce sujet pour le prix qu'elle doit distribuer dans sa séance publique du premier lundi de messidor an 14. En conséquence, elle invite les géomètres et les astronomes à discuter complètement toutes les inégalités de cette théorie, et à n'en omettre aucune qui ne soit reconnue entièrement négligeable; et comme ces inégalités pourraient varier assez sensiblement si les éléments elliptiques n'étaient pas encore assez exactement connus, il est indispensable que les concurrents ne se bornent pas à donner les coëfficients numériques des équations, ils doivent aussi donner les coëfficients analytiques, afin que l'on puisse y mettre les valeurs les plus exactes de la distance moyenne, de l'excentricité, de l'aphélie et de l'inclination, lorsque ces éléments seront mieux connus. Il résultera de ces coëfficients analytiques un autre avantage; ce que les planètes Cérès et Pallas, étant à des distances du Soleil si peu différentes, qu'il est même aujourd'hui très-difficile de dire laquelle des deux est la plus voisine ou la plus éloignée, la formule donnée pour Pallas pourra, sans beaucoup de changements, servir aussi pour Cérès, ainsi que pour toute autre planète qu'on pourrait découvrir par la suite, et dont on aurait de cette manière une théorie plus complète et plus certaine. La classe espère que la question paraîtra assez intéressante aux astronomes, pour qu'ils y donnent des soins proportionnés à la difficulté du sujet. Le prix sera une médaille d'or, d'un kilogramme.

Les ouvrages envoyés au concours devront être inscrits en francais ou en latin, et ne seront recus que jusqu'au 1er germinal an 14. Ce terme est de rigueur.«

GAUSS schreibt darüber an OLBERS am 24. Juli 1804: »Dass das National-institut in Paris auf die Theorie der ♀-Störungen einen Preis gesetzt hat, weiss ich bloss vom Hörensagen, da ich Zeitungen nur unordentlich zu lesen pflege. Steht vielleicht im Moniteur oder sonstwo das Programm in extenso, so bitte ich um Nachweisung der Nummer. Mir deucht eine solche weit-läufige Arbeit fast noch zu voreilig. Wenn indes in diesem Jahre recht gute Meridianbeobachtungen gemacht und vom vorigen noch welche bekannt werden (ohne welche man die Neigung der Bahn und mehreres nur erst beiläufig be-stimmen kann) — vielleicht werden sich in der Conn. des tems XIV., die ich noch nicht gesehen, noch welche von BOUVARD, oder von dem Observat. de l'école militaire, von BURCKHARDT oder LE FRANÇOIS finden —, so bin ich unter gewissen Umständen wohl geneigt, mich auf die Arbeit einzulassen« und am 7. September desselben Jahres: »Das Programm im Moniteur wegen des Preises habe ich neulich gelesen. Einer solchen Art, die Störungen der Pallas zu behandeln, wie sie da verlangt wird, nämlich mit Hülfe analytischer Formeln, in denen man bloss die andern Elemente eines andern Planeten, z. B. der ♀, schlechtweg substituieren darf, um dessen Störungen zu finden, fühle ich meine Geduld nicht gewachsen; aber vornehmen werde ich nach meiner Manier die Pallasstörungen gewiss, obwohl wahrscheinlich die ♀-Störungen früher. Denn auch bei der ♀ scheint durch dasjenige, was ich bisher von den Störungen mitgenommen habe, noch wenig gewonnen zu sein. Etwas sonderbar scheint es mir, dass das Nationalinstitut selbst gesteht, dass die analytischen Formeln, wodurch es nun einmal das Problem gelöst wissen will, wohl so verwickelt sein möchten, dass sie auch den allergewichtigsten Astro-nomen abschrecken müssen.«

Im Januar 1805 bemerkte GAUSS, dass seine Ceres-Störungen, namentlich die Sekularveränderung der Neigung und des Knotens, schlecht mit den Be-obachtungen stimmten. Es war dies wohl die Folge eines Rechenfehlers; GAUSS scheint sich nicht die Mühe genommen zu haben, diesen aufzusuchen. Er begann vielmehr, jetzt auch die Entwicklungen für die zweiten Potenzen der Exzentrizität nach der gleichen Methode auszuführen; diese seine Untersuchungen finden sich im *Handbuch* Bc, S. 50—54, und brechen auf der letzteren Seite gänzlich ab, da die Entwicklungen zu umständlich wurden; er schreibt am 10. Mai 1805 an OLBERS: »Die Methode, nach der ich die ♀-Störungen zu berechnen angefangen hatte, habe ich doch wieder aufgegeben. Das gar zu viele mechanische tote Rechnen, was ich dabei vor mir sah, hat mich abgeschreckt; auch selbst wenn alle Rechnungen, die ich Fremden hätte übertragen können, von Herrn Bessel und Herrn v. Lindenau (der sich gleichfalls mich bei dergleichen Arbeiten zu unterstützen gefälligst erboten hat) übernommen wären, würde für mich noch mehr übrig geblieben sein, als meine Geduld hätte bestreiten können.

»Ich habe indessen bereits eine andere Methode ausgesonnen, die ebenso weit führen kann, als jene, aber bei weitem weniger — obwohl künstlichere — Arbeit erfordert. Ich habe schon stark angefangen, sie auf die Ceres anzuwenden, wiewohl vorerst nur nach einem eingeschränktern Plane, indem ich nur bis an die 5. Potenzen der Exzentrizitäten von ♃ und ♀ gehe. Diese Methode hat um so mehr Reiz für mich, da ich dabei von vielen, schon vor längerer Zeit angestellten, ziemlich tiefen Untersuchungen über eigene Arten von transzendenten Funktionen einen glücklichen Gebrauch machen kann. Ich werde in der Folge Ihnen eine Idee davon zu geben suchen. Auch hoffe ich, dass ich im Stande sein werde, alles so einzurichten, dass ich durch eine fremde Unterstützung eine ansehnliche Erleichterung erhalte, zwar nicht bei meiner diesmaligen Rechnung für die ♀ (denn gerade in dem Teile, wo Hilfe zu brauchen wäre, bin ich schon selbst zu weit vorgerückt), aber doch wenn ich dieselbe wiederhole, welches nötig sein wird, da ohne Zweifel die erweiterten Störungsgleichungen noch mit ansehnlichen Änderungen in den Elementen selbst verbunden sein werden — oder auch wenn ich einst diese Arbeit bei der ♎ und ⚹ vornehme, wo sie beträchtlich weitläufiger sein wird.«

Die von Gauss hier erwähnte »andere Methode«, die er »ausgesonnen«, beruht einerseits auf seinen Untersuchungen über Interpolationstheorie, über die er an Olbers am 3. Januar 1806 schreibt, andererseits auf den Entwicklungen, die er im Briefe an Bessel vom 3. September 1805[1]) auseinandersetzt. Es ist die oben (S. 195) erwähnte gemischte Methode, nach der die zweite Berechnung der Ceresbahn ausgeführt worden und die unten S. 227f. besprochen ist. Gauss hat nach ihr nur die Breitenstörungen berechnet, die am leichtesten durchzuführen waren, und gerade nach der ersten Rechnung

---

1) Werke X, 1, S. 237.

nicht gestimmt hatten. Im weiteren erwies sich auch diese Methode ihrer Weitläufigkeit wegen als nicht durchführbar. Er schreibt an OLBERS am 2. Juli 1805: »Mit meiner Rechnung der Störungen der ☽ bin ich leider noch nicht fertig. Teils habe ich nicht immer anhaltend daran gearbeitet, teils habe ich auch daran bei weitem mehr Mühe gehabt, als ich vorher glaubte, hie und da auch wohl mehr, als notwendig gewesen wäre. Aber die zweckmässigste Ausübung einer Methode lernt man erst bei ihrer Anwendung. Mit den Störungen der Breite hatte ich angefangen. Ich hatte bei meiner ersten Rechnung alles, was von den Exzentrizitäten abhing, übergangen; ORIANI hatte nur ein Glied mitgenommen. Nunmehr habe ich alle Gleichungen, die ich über 1″ fand, mitgenommen, worunter auch ein paar sind, die von dem Produkte der Exzentrizitäten abhängen, also (da ohnehin in alle Breitengleichungen die Neigung entriert) von der Ordnung 3 sind. Von dieser Arbeit habe ich nun gewissermassen auch schon Früchte geerntet. Sie erinnern sich, dass ich mich schon seit 1803 beklagt habe, dass sich die Breiten in der ☍ von 1803 mit denen von 1801 nach der aus der Theorie gefundenen Bewegung des ☊ nicht mehr vereinigen liessen, und dass ich gezwungen war, den ☋ 1803 um 3′ weiter zu rücken. Ebenso stimmte in der ☍ 1804 die Breite nicht mit der von 1802; die Neigung musste weit mehr verringert werden, als die Theorie angab.

»Bei meinen neuesten Elementen musste ich dem ☊ eine tägliche tropische Bewegung von 0″,241, und der Neigung eine tägliche Abnahme von 0″,0243 geben, um die Beobachtungen zu vereinigen, so dass

$$☊ \ 1801 \ \text{Jan. 1.} \ 80^0 \, 54' \, 46'' \quad \text{Neigung } 1802 \ ☍ \ 10^0 \, 38' \ 1''$$
$$1803 \ ☍ \qquad 80^0 \, 58' \, 28'' \qquad\qquad 1804 \ ☍ \ 10^0 \, 37' \, 38''.$$

»Zu meiner grossen Freude ist dieses nun nicht mehr nötig, und die Beobachtungen stimmen jetzt mit den neuen Breitengleichungen und Sekularbewegungen recht gut.«

Die Fehler in den Breitenstörungen waren damit allerdings behoben. GAUSS scheint nun aber nach allen Richtungen hin Versuche gemacht zu haben, die Methoden der Störungsrechnungen zu verbessern, und vor allem die ermüdenden langwierigen Entwicklungen und Rechnungen abzukürzen, nachdem er sich davon überzeugt hatte, dass die LAPLACEsche Methode der

Koordinatenstörungen, ebenso wie die von ihm selbst zunächst bei der Ceres angewandte, bei den kleinen Planeten nicht durchführbar ist. Zunächst versuchte er die Rechnung durch Entwerfen von Tafeln abzukürzen, die gleichzeitig auch für die anderen Planeten anwendbar waren.

Diese Tafeln beruhen auf der Entwicklung des Ausdruckes

$$(a^2 + a'^2 - 2\,aa'\cos\varphi)^{-\frac{1}{2}},$$

bei der ihn BESSEL wesentlich unterstützte (vergl. unten S. 231); sodann aber ruhten seine Arbeiten über Störungstheorie fast vollständig bis zum August 1810. Er beklagt sich bei OLBERS über das viele mechanische tote Rechnen und es mögen ihn in der Tat die langwierigen Rechnungen, die die von ihm benutzte Methode noch immer erforderte, von der Fortsetzung dieser Arbeiten abgeschreckt haben. Dazu kamen noch andere Gründe: seine im November 1807 erfolgte Übersiedlung nach Göttingen[1]), der Tod seiner Frau und seines Sohnes, die Drucklegung der *Theoria motus* und vielleicht auch die traurigen politischen Verhältnisse; auch hat er sich in dieser Zeit vielfach nicht wohl gefühlt und klagt gegenüber OLBERS (im Briefe vom April 1810) besonders über den unglücklichen Winter 1809/10[2]). Die Weiterführung der Ceres-Störungen ist gänzlich unterblieben. Im Jahre 1810 beginnt er indessen, einen grossen Teil seiner Zeit den Störungen der Pallas zu widmen.

Entsprechend seinen Äusserungen OLBERS gegenüber (oben S. 196), dass die Berechnung der Störungen erst dann sich lohnen würde, wenn Pallas durch eine längere Reihe von Oppositionen hindurch beobachtet sei, untersucht er zunächst in der ersten Hälfte des Jahres 1810, wahrscheinlich im Frühsommer, ob sich bereits eine Einwirkung der Störungen nachweisen lässt; die entsprechenden Untersuchungen hat er in der *Disquisitio de elementis ellipticis Palladis ... oppositionibus annorum* 1803, 1804, 1805, 1807, 1808, 1809[3]) veröffentlicht. Die Ergebnisse zeigen die starke Einwirkung der Störungen; die Differenzen in der Länge betragen bis zu $3\frac{1}{2}'$ und die in der Breite fast $1\frac{1}{2}'$.

Inzwischen hatte die Pariser Académie des Sciences den schon im Jahre 1804 ausgesetzten Preis auf die Berechnung der Störungen der Planeten immer

---

1) Vergl. oben S. 41.
2) Vergl. oben S. 54.
3) Werke VI, S. 1.

von neuem aufgeschoben; GAUSS schreibt an OLBERS am 24. Oktober 1810:
»Wüsste ich, dass das Institut die Preisfrage noch einmal prorogierte, so wäre
ich nicht abgeneigt, die Pallas dazu zu wählen, sonst muss billig die Ceres
den Vortritt haben, wo auch, weil bald die achte ♃ beobachtet wird, eine
grössere Satisfaktion zu erwarten ist. Bei der ⚴ würde ich doch wohl zuerst
anfangen, die Elemente als variabel anzusehen und ihre Störungen während
7 Jahren durch Quadraturen zu bestimmen, wozu ich mir Formeln entworfen
habe, die mir etwas bequemer scheinen als die LAPLACEschen. Falls es dann
gelingt (wie es nicht anders zu erwarten ist), die 6 bisher beobachteten
Oppositionen, die sich gar nicht mehr in eine Ellipse fügen wollen, gut zu
vereinigen, so würde ich nach meiner schon vor 4 oder 5 Jahren entworfenen
Methode die Störungen in der sonst üblichen Form, als periodische Störungen
der Länge, der Breite und des Radiusvektor, oder noch besser seines Logarithmen berechnen.«

Danach beabsichtigte er zur Vorbereitung zuerst spezielle Störungen zu
rechnen und zwar für die Elemente und sodann allgemeine Störungen für die
Koordinaten. Auch hier zeigt sich, dass er zum Teil noch immer an den
letzteren festhielt, obwohl er schliesslich ganz zu Elementenstörungen überging; denn er hat später auch bei den allgemeinen Störungen der Pallas Elementenstörungen benutzt.

Am 26. November 1810 berichtet er OLBERS über seine Berechnung der
speziellen Störungen und wiederholt, dass er vielleicht auch die allgemeine
Theorie der Störungen unternehmen wolle. Er fragt, ob OLBERS »durch seinen
Wink in Paris eine nochmalige Verlängerung der Preisfrage veranlassen« könne.
Die hier erwähnte Berechnung der speziellen Störungen bezieht sich auf die
Werke VII, 1906, S. 473—482 abgedruckte erste Rechnung[1]).

Am 13. Dezember 1810 schreibt GAUSS an OLBERS, dass er die Rechnung
vollendet und eine seine »kühnste Erwartung übertreffende Übereinstimmung
herausgebracht« habe. Abgesehen von der schlecht beobachteten Breite der
5. Opposition (1808), die um 16″ abweicht, ist die grösste Abweichung 6″.
Andererseits zeigte sich, dass die letzte von GAUSS auf Grund rein elliptischer
Elemente abgeleitete und in der Monatl. Corr. veröffentlichte Ephemeride

---

1) Vergl. unten S. 233, 234.

schon über 1^0 falsch war. Er erwähnt in diesem Brief auch, dass er angefangen habe, die Rechnung der speziellen Störungen nochmals schärfer (die
erste Rechnung berücksichtigte nur die Störungen erster Ordnung) auszuführen;
im Dezember wurde er hiermit fertig.

Diese zweite Rechnung ist Werke VII, 1906, S. 483 f. abgedruckt; sie
ergab im wesentlichen eine ebenso gute Darstellung der Oppositionen, wie
die erste. Da schon die Ergebnisse der ersten Rechnung so befriedigend waren,
konnte eine noch bessere Übereinstimmung kaum erwartet werden und die
übrigbleibenden sehr kleinen Fehler sind auf die Einwirkung der übrigen Planeten zu setzen. GAUSS berichtet über diese seine Rechnungen in der Monatl.
Corr., Dezember 1810 und Januar 1811[1]) und sagt dort, dass er die Rechnung
auch deswegen wiederholt habe, »weil bei dieser weitläufigen Arbeit hier und
da Fehler sich eingeschlichen haben konnten.« Kleinere Fehler lassen sich
in der Tat nachweisen und auch hieraus geht hervor, dass GAUSS in der Regel
auf eine genaue Prüfung seiner einzelnen Rechnungen verzichtete und es vorzog, selbst eine längere Rechnung ganz von neuem zu wiederholen.

Im Juli oder August 1811 begann GAUSS die Berechnung der allgemeinen
Störungen der Pallas. Er äussert sich jetzt über die Vorteile, die die Elementenstörungen bieten, in einem Briefe an OLBERS vom 12. August 1811,
nachdem er die Rechnung für die Neigung und die Knotenlänge vollendet
hatte: »Die 80 Gleichungen für Inklination und ☊ liessen sich in 40 für die
Breite zusammenziehen, ich glaube aber nicht, dass etwas gewonnen wird,
denn wenn man die Elemente selbst stören lässt, so kann man ohne Bedenken
einerlei gestörte Elemente als mehrere Monate gültig ansehen, und braucht
also alle Jahre nur einmal für 6 Elemente die Störungen zu berechnen (vielleicht zusammen etwa 300—400 Gleichungen); dahingegen, wenn man bei
den Elementen bloss Sekularänderungen anbringt und die periodischen bei
Breite, Länge und Radiusvektor (zusammen vielleicht gegen 200), diese in
einem Jahre doch wohl wenigstens für 6 verschiedene Örter berechnet werden
müssten, um interpolieren zu können. Doch kann man dies in der Folge
machen, wie man will, wenn nur erst alle Störungen in irgend einer Form
da sind.«

---

1) Werke VI, S. 320—324.

Auch für die allgemeinen Störungen liegen zwei vollständige Rechnungen vor, die beide gänzlich auf der interpolatorischen Methode beruhen.

Die erste Rechnung[1]), bei der die 5. Potenzen der Exzentrizitäten und die 23. Potenzen des Verhältnisses der halben grossen Axen $\alpha = \frac{a}{a'}$ berücksichtigt sind, dürfte im März 1812 vollendet worden sein. GAUSS verglich die Ergebnisse mit den Beobachtungen (den Oppositionen) und bestimmte die mittleren Elemente. Bei dieser Bestimmung scheint er die merkwürdige Entdeckung gemacht zu haben, dass die mittleren Bewegungen von Jupiter und Pallas sich wie 7 : 18 verhalten. Er schreibt darüber an BESSEL am 5. Mai 1812: ». . . habe ich mich hauptsächlich mit den Pallasstörungen durch Jupiter beschäftigt. Sie werden darüber in Nr. 67 unserer Gelehrten Anzeigen einiges gelesen haben. Ihnen teile ich das merkwürdige, daselbst in einer Chiffre niedergelegte Resultat gern mit, doch mit der Bitte, dass es vorerst ganz unter uns beiden bleibe. Es besteht darin, dass die mittlern Bewegungen von ♃ und ⚴ in dem rationalen Verhältnis 7 : 18 stehen, was sich durch die Einwirkung Jupiters immer genau wieder herstellt, wie die Rotationszeit unsers Mondes. Ich habe mit einer zweiten Berechnung der periodischen Störungen bereits einen Anfang gemacht . . .«

Die gleiche Mitteilung hat er in einem kürzlich aufgefundenen Briefe an OLBERS[2]) gemacht; beide bittet er, über diese Entdeckung vorläufig zu schweigen; er legt sie indessen in den Göttingischen Gelehrten Anzeigen vom 25. April 1812[3]) in der Chiffre

$$1111000100101001$$

nieder, zu der er »zu seiner Zeit den Schlüssel geben« wollte. Das Letztere ist nun unterblieben und bei der Art und Weise, wie solche Chiffren gewählt zu werden pflegten, darf man auch nicht hoffen, die Lösung zu finden. Da man indessen aus dem Briefwechsel weiss, was sie bedeutet, so ist das auch gegenstandslos[4]).

---

1) Vergl. unten S. 235 ff.

2) Werke XII, S. 243. Siehe auch die Antwort von OLBERS, Werke VII, 1906, S. 421.

3) Werke VI. S. 350.

4) Im dyadischen System gibt 111 die Zahl 7 und 10010 die Zahl 18.

Im Nachlass haben sich nur vereinzelte ganz spärliche Notizen über diese Entdeckung auffinden lassen; sie sind Werke VII, 1906, S. 557—559 mit den nötigen Ergänzungen abgedruckt[1]).

Von vornherein besteht kein Zweifel, dass Gauss hier die Erscheinung meint, die Laplace bereits bei den Jupitersmonden entdeckt hatte[2]) und die auch in der Theorie der kleinen Planeten eine Rolle spielt. Die Analogie mit der Rotation des Mondes, auf die Gauss hinweist, ist allerdings nur eine äusserliche; sie hat aber wohl schon Laplace veranlasst, den Ausdruck Libration dafür zu gebrauchen.

Gauss schreckte nicht davor zurück, die ganze gewaltig umfangreiche Rechnung der allgemeinen Störungen zu wiederholen[3]) und dabei schärfer zu rechnen, indem er die 11. Potenzen der Exzentrizität berücksichtigte. Er begann diese Arbeit sofort im April (oder schon Ende März) 1812.

Über den ersten Teil dieser Rechnung hat Gauss ein ausführliches *Tagebuch* geführt, das vom 5. April bis zum 25. November 1812 reicht und angibt, welche Rechnungen er an einzelnen Tagen vollendet, wieviel Ziffern er gerechnet hatte, wieviel noch zu rechnen übrig waren, und wann diese voraussichtlich fertig sein würden. Dies *Tagebuch* ist Werke VII, 1906, S. 605—607 abgedruckt; mit *Präparation der Jupiter- und der Pallasörter* bezeichnet Gauss die Berechnung der Koordinaten dieser Planeten, aus denen weiter die Komponenten T, V, W der Störungsfunktion folgen.

Bei der Berechnung der Koordinaten, die im *Handbuch* Bc, S. 97—99 steht, finden sich auch Notizen, nach denen Gauss in der Tat die Ziffern gezählt hat, die er beim Rechnen hat schreiben müssen. Eine Nachzählung der Ziffern würde schon an sich eine gewaltige Arbeit sein.

Fast das ganze *Tagebuch* handelt, bis 9. Juli, nur von der Berechnung und Interpolation der Grössen T, V, W.

Nach dem *Tagebuch* erforderte diese das Schreiben von 338 400 Ziffern, dagegen die Berechnung der Störungen der halben grosse Achse 51 040, und die für Knoten, Neigung und Exzentrizität zusammen circa 140 000. Die ganze Arbeit wird man daher wohl auf 7—800 000 Ziffern schätzen können.

---

1) Vergl. unten S. 245.
2) *Mécanique céleste*, t. IV, 1805, S. 16 und 64 f.
3) Vergl. unten S. 237.

GAUSS' tägliche Leistung bewegt sich zwischen 2600 und 4400 Ziffern und beträgt im Durchschnitt 3500. Man darf wohl annehmen, dass GAUSS' Zeit zwischen dem 5. April und 25. November 1812 fast ausschliesslich mit diesen Rechnungen ausgefüllt war. Dabei umfassen die schliesslichen Störungsausdrücke einschliesslich der sekularen Störungen:

im Knoten	105	Störungsglieder
in der Neigung	105	»
in der Perihellänge	184	»
im Exzentrizitätswinkel	124	»
im Logarithmus der halben grossen Achse	145	»
in der mittleren Länge in der Epoche	161	»

Die zweite Rechnung der allgemeinen Jupiterstörungen der Pallas hatte GAUSS im Juli 1813 vollendet; aber erst im Herbst 1816 begann er, deren Ergebnisse in Tafeln zu bringen, durch die die Berechnung der Störungsbeträge, die sonst einzeln aus den Störungsgleichungen berechnet werden müssen, ausserordentlich erleichtert wird; diese Tafeln sind vollkommen erhalten und Werke VII, 1906, S. 572—577 abgedruckt. Ihre Berechnung wurde zum grossen Teil von ENCKE ausgeführt und sie wurden im Spätherbst 1817 fertig.

Die Störungen der Pallas durch Saturn und Mars sind nicht bedeutend; schon im Frühjahr 1813 dachte GAUSS daran, auch sie zu berücksichtigen. Die ersteren zu berechnen übernahm in jener Zeit NICOLAI, und zwar nach einer Methode, die sich nur in unwesentlichen Punkten von der von GAUSS bei den Jupiterstörungen benutzten unterscheidet. Sie wurden im Juli 1815 vollendet. In GAUSS' Nachlass finden sich die Briefe von NICOLAI an GAUSS nebst den Rechnungsergebnissen von NICOLAI; die Rechnungen selbst werden auf der Heidelberger Sternwarte aufbewahrt. Von GAUSS' Hand findet sich darüber nirgends etwas vor.

Wie GAUSS verschiedentlich an OLBERS berichtet[1]), verschlechterte die Berücksichtigung der Saturnstörungen erheblich die sonst gute Übereinstimmung mit den Beobachtungen, und es hat sich nicht aufklären lassen, ob sich bei den NICOLAIschen Rechnungen ein Fehler eingeschlichen hat oder ob der

---

1) Briefe an OLBERS vom 15. Juni 1814, 2. Dezember 1817.

Grund wo anders zu suchen ist. Es wäre auch heute noch von Interesse, diese Rechnungen nochmals durchzusehen und womöglich zu veröffentlichen. Im Briefe an Olbers vom 15. Juni 1814 sagt Gauss, dass die Übereinstimmung besser wird, wenn er allen Störungen der Epoche das entgegengesetzte Vorzeichen gibt. Da nach Werke VII, 1906, S. 587 bei den Störungen durch Mars die gleichen Formeln mit entgegengesetztem Vorzeichen benutzt sind, so liegt der Verdacht eines Fehlers im Vorzeichen allerdings nahe.

Die Berechnung der Störungen der Pallas durch Mars sollte nach einem Briefe von Gauss an Olbers vom 8. April 1813[1]) anscheinend Encke übernehmen; indessen sehen wir, dass Gauss selbst 1814 mit dieser Berechnung beginnt und dabei teilweise eine neue besondere Methode anwendet, die man wieder, wie die zweite Rechnung der Ceresstörungen, als eine gemischt analytische und interpolatorische bezeichnen kann, und bei der er das Verhalten der Funktion $r^2 + r'^2 - 2rr' \cos w$ im komplexen Gebiet untersucht[2]).

Schon im Sommer 1802 äussert sich Gauss in Briefen an Olbers dahin, dass die neuen Planeten und insbesondere Pallas ein vorzügliches Mittel bieten werden, um die Jupitermasse zu bestimmen und im April 1814 machte er den ersten Versuch hierzu, indem er auch diese Masse in die Gleichungen zur Verbesserung der Elemente einführte; die entsprechende Rechnung ist Werke VII, 1906, S. 562 f. abgedruckt. Er fand hier den Wert $\frac{1}{1042{,}86}$. Nach einer späteren Rechnung, über die er im Briefe an Olbers vom 24. Juli 1816 berichtet und bei der die Saturn- und Marsstörungen berücksichtigt sind, fand er die Jupitermasse gleich $\frac{1}{1050}$, also einen sehr genauen Wert, da sie nach den besten Bestimmungen von Newcomb $\frac{1}{1047{,}4}$ beträgt.

Die Rechnung der Marsstörungen ist der einzige Teil von Gauss gewaltigem Unternehmen über die Pallas, der nicht vollendet ist und hier war die noch zu leistende Arbeit sehr gering.

Die Pariser Preisfrage war inzwischen auf das äusserste bis zum Jahre 1816 hinausgeschoben worden. Olbers schreibt an Gauss am 25. Januar 1815: »Ich hoffe doch ... Sie werden Ihre Methode dem Pariser Institut mitteilen. Nur Ihretwegen hat man den Preis so lange offen gelassen.« Gauss kam aber nicht dazu, die Arbeit fertigzustellen und einzusenden; er schreibt an Olbers

---

1) Werke VII, 1906, S. 422.

2) Vergl. unten, S. 249 ff.

am 8. Januar 1816: »Sollte der Preis nunmehr ausgegeben oder zurück-
genommen sein, so würde ich meine Theorie nunmehr entweder stückweise
in den Kommentaren oder auch in einer besondern Schrift herauszugeben
denken«. Es scheint, dass man Gauss nochmals Gelegenheit geben wollte,
sich um den Preis zu bewerben; denn Olbers schreibt ihm am 7. März 1816:
». . . Jetzt eile ich nur, Ihnen wegen der Preisaufgabe zu Paris, wenn sie es
etwa noch nicht erfahren haben sollten, das Nähere zu melden. Der Ausspruch über den Preis wegen der Perturbationen der Planeten, namentlich
der Pallas, ist wieder bis zum Jahr 1817 vertagt worden. Doch müssen die
Schriften vor dem 1. Oktober 1816 eingesandt sein. Die Preisfrage war: »»Die
Theorie der Planeten, deren Exzentrizität und Neigung zu gross sind, als dass
wir im Stande wären, ihre Störungen nach den schon bekannten Methoden
genau zu berechnen««. Die Klasse verlangt keine numerische Anwendung,
sondern nur analytische Formeln, aber so eingerichtet, dass ein geschickter
Rechner fähig sei, sie mit Sicherheit entweder auf den Planeten Pallas, oder
auf einen andern der neu entdeckten oder noch zu entdeckenden Planeten
anzuwenden. — Es waren nur zwei Abhandlungen eingelaufen, deren Verfasser
aber die ausgesprochene Absicht der Klasse in der Preisankündigung nicht
genug berücksichtigt haben. Beide (besonders der eine) haben noch zu
mancherlei analytische Entwicklungen vorbeigelassen, die die Mathematiker
noch erst machen müssten, um sie in den Stand zu setzen, die Auflösung des
Problems, die sie gegeben haben, verstehen und beurteilen zu können. Sie
haben es zu sehr versäumt, sich bis zu dem Standpunkte des Kalkulators
herabzulassen, der nun wünschen sollte, Tafeln für die Pallas oder irgend
einen andern Planeten zu bilden. Die Nachträge, die sie zu verschiedenen
Zeiten eingeschickt haben, sind weit entfernt, alle diese Schwierigkeiten zu
heben. Da die Klasse aus diesen Nachträgen und aus den eingeschickten
Noten der anonymen Verfasser ersehen hat, dass sie nicht Zeit hatten, sich
in alle die notwendigen Entwicklungen einzulassen, und zugleich in Erwägung
zieht, dass auch vielleicht andere Mathematiker, die die Fähigkeit und Geschicklichkeit besitzen, diesen schwierigen Gegenstand zu behandeln, aus derselben Ursache abgehalten worden sind, als Preisbewerber aufzutreten, so hat
sie die Preisausteilung noch bis Januar 1817 ausgesetzt· — Der Preis ist
doppelt, eine goldene Medaille, 6000 Francs wert . . .«

Im oben erwähnten Brief an OLBERS vom 8. Januar 1816 sagt GAUSS, dass er seine Theorie jetzt ausarbeiten wolle; wahrscheinlich war zu dieser Zeit die Werke VII, 1906, S. 439—472 abgedruckte Handschrift, von der zwei Entwürfe im Nachlass vorhanden sind, zum Teil schon entstanden; man wird jedenfalls den zweiten Entwurf in das Jahr 1816 setzen müssen, während der erste auch schon vor diesem Briefe, also 1815, abgefasst sein könnte.

Da das Manuskript in französischer Sprache geschrieben ist, so war es wohl für die Einsendung nach Paris bestimmt; aber auch bis zu dem letzten von der Pariser Akademie gesetzten Termin, dem 1. Oktober 1816, wurde GAUSS nicht fertig. Im Briefwechsel mit OLBERS finden sich keine weiteren Anspielungen auf diese Angelegenheit; GAUSS war in dieser Zeit sehr stark mit der Einrichtung der neuen Sternwarte beschäftigt und reiste im April zur Besprechung mit REICHENBACH und FRAUNHOFER über instrumentelle Einrichtungen nach München[1]); vom Juli 1816 bis Februar 1817 ruhte der Briefwechsel mit OLBERS ganz. Jedoch setzte GAUSS daneben zunächst noch seine Arbeiten über Pallas fort. In das Jahr 1817 fällt, wie oben erwähnt, die Entwerfung der Tafeln für die Jupiterstörungen. Im März 1818 hatte er die zwölf Oppositionen aus den Jahren 1803—1817 verglichen und daraus neue mittlere Elemente bestimmt; er teilt dies ENCKE in einem Brief vom 25. März 1818 mit und bittet ihn, nun auch »die scharfe Vergleichung der sämtlichen Meridianbeobachtungen der Pallas vom April und Mai 1802 mit den oskulierenden Elementen zu übernehmen«.

Diese Rechnung hat ENCKE auch ausgeführt.

In der Folgezeit kam GAUSS nicht wieder dazu, sich mit der Pallas oder überhaupt mit Fragen der theoretischen Astronomie eingehend zu beschäftigen. Neben den Untersuchungen und den Beobachtungen mit den neuen für die Sternwarte erworbenen Instrumenten war es vor allem seit dem Jahre 1820 die Hannoversche Landesvermessung, die ihn in Anspruch nahm. Er schreibt am 17. März 1822 an SCHUMACHER: ». . . Was die Pallastafeln betrifft und die letzten Elemente, so sind alle darauf Bezug habenden Papiere so vereinzelt, dass es mir jetzt platterdings unmöglich ist, mich gleich wieder so hineinzustudieren, dass ich zur zuverlässigen Berechnung Anleitung geben könnte. Falls nicht noch etwas dazwischen kommt, was dieses Jahr die Fortsetzung meiner

---

1) Vergl oben S. 85.

Messungen suspendiert oder verhindert, so müssen die Astronomen sich diesmal helfen so gut sie können . . .« und am 8. Februar 1834 an GERLING »Ich habe dieser Tage (nach mehrjähriger Unterbrechung) die der Opposition nahe Pallas zu beobachten angefangen, wo ENCKES Ephemeride etwa 5′ fehlt. Es ist mir dabei ein schmerzlicher Gedanke, dass meine vor mehr als 20 Jahren gemachte Arbeit über die Pallasstörungen ohne Fortsetzung, Entwicklung und Bekanntmachung bisher hat bleiben müssen, auch wahrscheinlich wie vieles Andere einst mit mir untergehen wird. Sie glauben nicht, wie schwer es mir durch so vielfache Zersplitterung der Zeit so wie unter dem Druck so mancher Verhältnisse[1]) wird, eine wissenschaftliche Arbeit durchzuführen . . .« und endlich in einem Briefe an BESSEL vom 21. März 1843: »Die erste Abhandlung[2]) über die Jupitermasse hat bei mir eine Erinnerung geweckt, die mir immer schmerzhaft ist, nämlich an meine alte Arbeit über die Pallasstörungen. Sie ist seit fast einem Vierteljahrhundert mir so fremd geworden, dass es mir schwer wird, mich selbst in den vorhandenen Papieren zu orientieren . . .«; er fügt hinzu, dass »das letzte, was sich« unter seinen Papieren »vorfindet, die Berechnung und Vergleichung der 14. Opposition vom 6. Januar 1820« ist.

Bekanntlich fand HANSEN bei der Bearbeitung der Störungen des ENCKE-schen Kometen ein ähnliches Verfahren zur Berechnung der Störungen wie das von GAUSS angewandte, das er 1843 veröffentlichte; er schrieb darüber an GAUSS und schickte ihm seine Abhandlung *Darlegung eines Verfahrens, um die absoluten Störungen der Himmelskörper, welche sich in Bahnen von beliebiger Neigung und elliptischer Excentricität bewegen, zu berechnen*[3]). GAUSS antwortet ihm am 11. März 1843[4]): »Von einer Woche zur andern ist mein Dank für die gefällige Übersendung des Berliner Monatsberichts (der um dieselbe Zeit auch auf gewöhnlichem Wege mir zu Gesicht kam) verschoben, weil ich hoffte einige Zeit zu gewinnen, in den Gegenstand etwas weiter in meiner Antwort eingehen zu können. Leider ist diese Hoffnung getäuscht, und selbst in den bevorstehenden Ferien, für welche sich schon im voraus so viele Rückstände

---

1) Vergl. oben S. 141—143. — BRDL.

2) Gemeint ist BESSELS *Bestimmung der Masse des Jupiter*, Astronomische Untersuchungen II, S. 1. BESSELS Werke III, S. 348. — BRDL.

3) Monatsberichte der Kgl. Preussischen Akademie der Wissenschaften, Berlin 1843.

4) Werke VII, 1906, S. 436.

und neue Abhaltungen gesammelt haben, darf ich mir kaum Hoffnung für einige freie Musse machen.

Ich beschränke mich daher darauf, meine Freude darüber auszusprechen, dass Sie bei den Perturbationsrechnungen auf ähnliche Art verfahren, wie ich schon vor mehr als 30 Jahren bei meinen weitumfassenden Rechnungen über die Pallasstörungen zu Werke gegangen bin, in so fern Sie den Gebrauch von Reihen nach den Exzentrizitäten und Neigungen ganz kassieren. Freilich haben Sie für die Kometenstörungen auch ganz besondere, noch andere Untersuchungen nötig gehabt, zu denen für die Pallas keine Veranlassung sich fand, und überhaupt in vielen andern Beziehungen abweichende Wege eingeschlagen. Bei den Störungen der Pallas durch Jupiter brauchte ich die Methode der variabeln Elemente und zwar mit Vorbedacht, denn obgleich man so 6 Elemente zu behandeln hat, während bei dem andern Verfahren nur halb so viele sind, so habe ich doch für den praktischen Gebrauch jenes vorgezogen; man braucht die Rechnung für jedes Jahr nur einmal (für einen Tag) zu machen, wozu ich eine besondere Hilfstafel konstruierte, vermittelst welcher in vergleichungsweise sehr kurzer Zeit die Rechnung absolviert werden kann, obgleich zusammen 801 Gleichungen (1602, wenn die Sinus- und Cosinus-Glieder desselben Arguments getrennt gezählt werden; es sind vollständig alle, deren Koeffizient über $0\overset{''}{,}1$ geht) berücksichtigt worden[1]). Durch sehr einfache Mittel kann man dann das Resultat für die ganze Beobachtungs-Saison ausreichend machen, ohne der Schärfe etwas zu vergeben. Auch die Störung durch Saturn wurde berechnet und die durch Mars nach einer wesentlich verschiedenen Methode angefangen, aber nicht vollendet. Andere immer weiter sich verzweigende Geschäfte haben mir später gar nicht erlaubt, auf jene Arbeiten wieder zurückzukommen, und es steht dahin, ob in meinem Alter ich Musse und Lust haben werde, mich wieder in die Sachen hineinzuarbeiten, da noch so viele andere Dinge sind, die ich eben so ungern untergehen lassen möchte. Sie sind sehr glücklich, dass Sie in einer äussern Lage sind, wo Sie Ihre Zeit nicht zu versplittern brauchen, und es wird mir jedenfalls zur Be-

---

1) Es ist wohl unnötig zu bemerken, dass die Arbeit, von der ich jetzt spreche, ganz verschieden ist von der gleichfalls von mir für den ganzen Zeitraum von 1802 bis etwa 1818 oder 1820 fortgeführten Rechnung durch Quadratur; diese nenne ich spezielle, jene generelle Rechnung und letztere hat in jener eine bei so ausgedehnten Rechnungen höchst notwendige Kontrolle gefunden.

ruhigung gereichen, dass dieser Zweig der Astronomie bei Ihnen in den besten Händen ist. Ob ich bei den Marsstörungen etwas mit Ihrer mir angezeigten Integrationsart zusammenhängendes gebraucht habe, kann ich jetzt, wo mir die Sachen seit fast 25 Jahren entfremdet sind, nicht bestimmt ermitteln, möchte es aber fast bezweifeln . . .«

V. Störungen der Ceres.

1. Erste Methode.

Im Oktober (oder schon im September) 1802 machte sich Gauss an die erste Berechnung der Störungen der Ceres[1]), die er in der Form der Koordinatenstörungen ausführte, wesentlich nach den von Laplace und Schubert gegebenen Methoden, nach denen auch Oriani die Hauptstörungen der Ceres und Burckhardt die der Pallas berechnet hatte. Er entwickelte sich aber seine Formeln selbst; die Entwicklungen finden sich im Nachlass ausserordentlich zerstreut in den *Schedae* und den *Handbüchern* vor.

Das ihm Eigne ist in erster Linie die Entwicklung der Störungsfunktion, bei der er seine Untersuchungen über das arithmetisch-geometrische Mittel ausnutzen konnte.

Die Gleichungen für die Störungen[2]) nehmen bei ihm die folgende Form an[3]):

$$\delta r = \frac{\mu a}{\sqrt{1-e^2}} \left\{ \cos V \int r Q \sin V . n\, dt - \sin V \int r Q \cos V . n\, dt \right\}$$

52) $$\delta v = \frac{1}{\sqrt{1-e^2}} \left\{ \frac{2r\, d\rho + \rho\, dr}{a^2 n\, dt} + 3\mu a \iint \partial R . n\, dt + 2\mu a \int r \left(\frac{dR}{dr}\right) n\, dt \right\}$$

$$\theta = \frac{\mu a}{\sqrt{1-e^2}} \left\{ \cos V \int r \left(\frac{dR}{dz}\right) \sin V . n\, dt - \sin V \int r \left(\frac{dR}{dz}\right) \cos V . n\, dt \right\}$$

---

1) Werke VII, 1906, S. 377 ff.

2) Ebenda, S. 381.

3) *r, r'* Radiusvektoren von Ceres und Jupiter,

δr Störungen des Radiusvektor,

δv Störungen der Länge in der Bahn,

θ Breite über der als fest angenommenen ungestörten Bahnebene,

μ Jupitermasse,

a, e, n Bahnelemente der Ceres,

V wahre Anomalie, wofür auch die wahre Länge *v* gesetzt werden kann,

$\rho = \delta r$.

wo [1])

$$R = \frac{r \cos w}{r'^2} - \frac{1}{\Re}$$

$$\Re = \sqrt{r^2 + r'^2 - 2\,r\,r'\cos w}$$

53)

$$Q = 2\int \partial R + r\left(\frac{dR}{dr}\right)$$

$$\left(\frac{dR}{dz}\right) = z'\left(\frac{1}{r'^3} - \frac{1}{\Re^3}\right).$$

Es kommt darauf an, alle unter den Integralzeichen vorkommenden Grössen nach Vielfachen von nt oder der mittleren Längen und Anomalien von Ceres und Jupiter zu entwickeln, damit die Integrationen direkt ausgeführt werden können. Dies erfordert zunächst die Entwicklung von r, r', w, $\sin V$, $\cos V$ und sodann die von R und Q nach Vielfachen der mittleren Anomalien M und M' und damit auch nach Potenzen der Exzentrizitäten; diese Entwicklung führt Gauss direkt aus, indem er nur die ersten Potenzen der Exzentrizitäten berücksichtigt.

Ist nämlich etwa

$$\frac{1}{\Re} = f(r, r', w) \qquad f_0 = f(a, a', D) = (a^2 + a'^2 - 2\,a\,a'\cos D)^{-\frac{1}{2}},$$

wo $D = M - M' +$ constans, und setzt man

$$
\begin{aligned}
r &= a(1 + \Delta r) & \Delta r &= e \cos M \\
r' &= a'(1 + \Delta r') & \Delta r' &= e' \cos M' \\
w &= D + \Delta w & \Delta w &= -2e\sin M + 2e'\sin M',
\end{aligned}
$$

wo Δr, $\Delta r'$, Δw die Exzentrizitäten enthalten, so ist

$$\frac{1}{\Re} = f_0 + \frac{\partial f_0}{\partial a}\,a\,\Delta r + \frac{\partial f_0}{\partial a'}\,a'\,\Delta r' + \frac{\partial f_0}{\partial D}\,\Delta w.$$

Sodann sind aber f_0 und seine Ableitungen nach Vielfachen von D zu entwickeln.

---

1) $z = r\Theta$ Abstand der Ceres von der ungestörten Bahnebene,

z' Abstand des Jupiter von der ungestörten Bahnebene,

$\Re$ Abstand zwischen Jupiter und Ceres,

w Winkel zwischen den Radienvektoren von Ceres und Jupiter,

$\left(\dfrac{dR}{dr}\right)$ und $\left(\dfrac{dR}{dz}\right)$ partielle Ableitungen von R,

∂R Ergebnis der Differentiation von R, wenn nur die Koordinaten der Ceres variiert werden.

Zur Entwicklung von f_0 braucht man die der Grösse

54) $(a^2 + a'^2 - 2aa' \cos D)^{-\frac{1}{2}} = \tfrac{1}{2}P^0 + P' \cos D + P'' \cos 2D + \cdots$

und zur Entwicklung von $\frac{\partial f_0}{\partial a}$, $\frac{\partial f_0}{\partial a'}$, $\frac{\partial f_0}{\partial D}$ die der Grösse

55) $(a^2 + a'^2 - 2aa' \cos D)^{-\frac{3}{2}} = \tfrac{1}{2}Q^0 + Q' \cos D + \cdots.$

Ausserdem braucht man auch die Entwicklung von

$$(a^2 + a'^2 - 2aa' \cos D)^{-\frac{5}{2}}$$

um die Ausdrücke für ∂R und $\left(\frac{dR}{dr}\right)$ herzustellen.

Schon LAPLACE[1]) und vor ihm EULER[2]) zeigten, dass sämtliche Koeffizienten dieser Reihen sich durch Rekursion berechnen lassen, sobald man P^0 und P' kennt, und auch GAUSS leitet sich solche Rekursionsformeln ab. Sie sind hauptsächlich im *Handbuch* Bb, S. 16, entwickelt und finden sich auch an anderen Stellen des Nachlasses; abgedruckt sind sie Werke VII, 1906, S. 384. Zur Berechnung von P^0 und P' ist LAPLACE aber gezwungen, die bei nicht sehr kleinem a schwach konvergenten Reihen

56)
$$\frac{1}{2} a' P^0 = 1 + \left(\frac{1}{2}\right)^2 a^2 + \left(\frac{1.1}{2.4}\right)^2 a^4 + \left(\frac{1.1.3}{2.4.6}\right)^2 a^6 + \left(\frac{1.1.3.5}{2.4.6.8}\right)^2 a^8 + \cdots$$
$$-\frac{a'^2}{a} P' = 1 - \frac{1.1}{2.4} a^2 + \frac{1}{4} \cdot \frac{1.1.3}{2.4.6} a^4 - \frac{1.3}{4.6} \cdot \frac{1.1.3.5}{2.4.6.8} a^6 + \cdots$$

zu benutzen, wo $a = \frac{a}{a'}$.

GAUSS war infolge seiner Untersuchungen über das arithmetisch-geometrische Mittel im Stande, zur Berechnung dieser Koeffizienten ein sehr stark konvergentes Verfahren einzuschlagen, da P^0 nichts anderes ist, als das reziproke arithmetisch-geometrische Mittel aus $\tfrac{1}{2}(a + a')$ und $\tfrac{1}{2}(a - a')$, und auf ähnliche Weise auch P' gefunden werden kann. Ihm waren zu jener Zeit (1802) sicherlich die Integraldarstellungen

$$P^{(n)} = \frac{2}{a\pi} a^{n+1} \int_0^\pi \frac{\sin^{2n} \varphi \, d\varphi}{\sqrt{1 - a^2 \sin^2 \varphi}}$$

geläufig und ebenso die Beziehungen dieser Integrale für $n = 0$ und 1 zum

1) *Mécanique céleste*, t. I., S. 267 ff.
2) *Institutiones calculi integralis* I § 279. LEONHARDI EULERI, Opera omnia, series I, vol. 11, S. 165 ff.

arithmetisch-geometrischen Mittel. In der unvollendeten Handschrift *De origine proprietatibusque generalibus numerorum mediorum arithm.-geometricorum*[1]), in der er sich ausdrücklich auf die Anwendung seiner Untersuchungen zur Entwicklung der Störungsfunktion bezieht, befolgt er zur Berechnung von P^0 den folgenden Gedankengang[2]):

Es sei

57) $$\frac{1}{\sqrt{1-u^2\cos^2\varphi}} = P + 2Q\cos 2\varphi + 2R\cos 4\varphi + 2S\cos 6\varphi + \cdots$$

Indem man auf beiden Seiten zwischen den Grenzen 0 und π integriert, erhält man

58) $$\int_0^\pi \frac{d\varphi}{\sqrt{1-u^2\cos^2\varphi}} = \pi P.$$

Andererseits ist aber

59) $$\int_0^\pi \frac{d\varphi}{\sqrt{1-u^2\cos^2\varphi}} = \int_0^\pi \left\{ 1 + \frac{1}{2}u^2\cos^2\varphi + \frac{1.3}{2.4}u^4\cos^4\varphi + \cdots \right\} d\varphi$$
$$= \left\{ 1 + \left(\frac{1}{2}\right)^2 u^2 + \left(\frac{1.3}{2.4}\right)^2 u^4 + \cdots \right\} \pi.$$

Es ist also

60) $$P = 1 + \left(\frac{1}{2}\right)^2 u^2 + \left(\frac{1.3}{2.4}\right)^2 u^4 + \cdots$$

In der *Handschrift* wird nun bewiesen, dass die Entwicklung des reziproken arithmetisch-geometrischen Mittels aus $1+u$ und $1-u$ nach Potenzen von u ebenfalls die vorstehende Reihe ergibt; es ist also

61) $$P = \frac{1}{M(1+u,\,1-u)} = \frac{1}{M(1,\,\sqrt{1-u^2})}.$$

Der Ausdruck $(a^2 + a'^2 - 2aa'\cos D)^{-\frac{1}{2}}$ lässt sich auf die Form $\dfrac{1}{c\sqrt{1-u^2\cos^2\varphi}}$ bringen, wenn man setzt

62) $$u^2 = \frac{4aa'}{(a+a')^2}, \quad c = a+a', \quad \varphi = \frac{D}{2}.$$

---

1) Werke III, S. 361.

2) Vergl. auch SCHLESINGER, *Über Gauss' Arbeiten zur Funktionentheorie*, Materialien, Heft III, S. 53 f.

Es ist also

63) $$P^0 = \frac{2}{c}\,P = \frac{1}{M\!\left(\dfrac{c}{2},\ \dfrac{c}{2}\sqrt{1-u^2}\right)} = \frac{1}{M\!\left(\dfrac{a'+a}{2},\ \dfrac{a'-a}{2}\right)}$$

Zur Bestimmung von Q und damit auch von $P' = \frac{2}{c}\,Q$ bietet der zweite Teil der *Handschrift* nur die Entwicklung von $dM(x,y)$. Da GAUSS hier ein Zahlenbeispiel vom Planeten Ceres entnimmt, so ist wohl anzunehmen, dass hier auch die Beziehungen zur Bestimmung von Q abgeleitet werden sollten. Indes bricht die *Handschrift* hier ab. Dagegen finden sich an anderen Stellen des Nachlasses Entwicklungen zur Berechnung von P und Q. In der *Scheda* Ac entwickelt[1]) GAUSS den Ausdruck

$$(\mu^2 - \cos^2\varphi)^{-\frac{1}{2}} = A + 2B\cos 2\varphi + \cdots$$

und erhält, indem er $A = F(\mu)$, $B = G(\mu)$ setzt, die Funktionalgleichungen

$$F\!\left(\frac{1}{2}\Big(\mu + \frac{1}{\mu}\Big)\right) = 2\mu\,F(\mu^2)$$
$$G\!\left(\frac{1}{2}\Big(\mu + \frac{1}{\mu}\Big)\right) = \frac{1}{\mu}\,G(\mu^2) + \frac{1}{\mu}\,F(\mu^2).$$

Für den Quotienten $\frac{G}{F} = \frac{A}{B}$ gibt er dann die dort angegebene Reihe[2]), die der unten unter 74) abgeleiteten entspricht.

In derselben *Scheda* entwickelt er an anderer Stelle[3]) den Ausdruck

$$\frac{1}{\sqrt{1 - \mu^2\sin\varphi^2}} = A - 2A'\cos 2\varphi + \cdots$$

und gibt die expliziten Reihen für A und A', womit man die unten abgeleiteten Reihen 64) und 65) vergleichen kann[4]).

Zur Ergänzung der in der genannten *Handschrift* gegebenen Entwicklungen kann der folgende Gedankengang dienen: Man hat

$$\frac{\cos 2\varphi}{\sqrt{1 - u^2\cos^2\varphi}} = Q + (P+R)\cos 2\varphi + (Q+S)\cos 4\varphi + \cdots$$

---

1) Werke X, 1, S. 188.

2) Ebenda, Gleichung [28].

3) Ebenda, S. 198, [6.]

4) Vergl. hierzu H. GEPPERT, *Nachlass zur Theorie des arithmetisch-geometrischen Mittels und der Modulfunktion von C. F. Gauss*, OSTWALDs Klassiker der exakten Wissenschaften Nr. 225, 1927, §§ 8—10, insbesondere S. 46—47.

und hieraus

$$\int_0^\pi \frac{\cos 2\varphi\, d\varphi}{\sqrt{1-u^2\cos^2\varphi}} = \pi Q,$$

also

64) $$\int_0^\pi \frac{\cos^2\varphi\, d\varphi}{\sqrt{1-u^2\cos^2\varphi}} = \frac{\pi}{2}(P+Q).$$

Entwickelt man diesen Ausdruck ähnlich wie den Ausdruck 59), so erhält man

65) $$\frac{1}{2}(P+Q) = \frac{1}{2} + \left(\frac{1}{2}\right)^2\cdot\frac{3}{4}u^2 + \left(\frac{1.3}{2.4}\right)^2\frac{5}{6}u^4 + \left(\frac{1.3.5}{2.4.6}\right)^2\cdot\frac{7}{8}u^6 + \cdots;$$

hieraus und aus 60) folgt

66) $$\frac{1}{2}(P-Q) = \frac{1}{2} + \left(\frac{1}{2}\right)^2\frac{1}{4}u^2 + \left(\frac{1.3}{2.4}\right)^2\cdot\frac{1}{6}u^4 + \left(\frac{1.3.5}{2.4.6}\right)^2\cdot\frac{1}{8}u^6 + \cdots$$

Aus den beiden letzten Entwicklungen kann man auch die für Q herstellen, worauf wir jedoch hier verzichten.

Differenziert man 60) nach u^2, so wird

67) $$\frac{dP}{du^2} = \left(\frac{1}{2}\right)^2 + \left(\frac{1.3}{2.4}\right)^2 2u^2 + \left(\frac{1.3.5}{2.4.6}\right)^2 3u^4 + \cdots$$

und hieraus findet man

68) $$(1-u^2)\frac{dP}{du^2} = \frac{1}{4} + \left(\frac{1}{2}\right)^2\frac{1}{8}u^2 + \left(\frac{1.3}{2.4}\right)^2\frac{1}{12}u^4 + \left(\frac{1.3.5}{2.4.6}\right)^2\frac{1}{16}u^6 + \cdots,$$

also nach 66)

$$(1-u^2)\frac{dP}{du^2} = \frac{1}{4}(P-Q)^{1)}$$

und

69) $$\frac{Q}{P} = 1 - 2\frac{1-u^2}{u}\frac{1}{P}\frac{dP}{du}.$$

Nach 61) ist aber

70) $$\frac{1}{P}\frac{dP}{du} = -\frac{1}{M(1,\sqrt{1-u^2})}\frac{dM(1,\sqrt{1-u^2})}{du}.$$

Am Schlusse der genannten Handschrift[2]) gibt Gauss die Formel

71) $$dM(x,y) = \frac{M(x,y)}{2z}\left\{\frac{dx}{x}(z+2z'+4z''+\cdots) + \frac{dy}{y}(z-2z'-4z''\ldots)\right\}$$

---

1) Man vergleiche hierzu die Bemerkungen von Schlesinger, Werke X, 1, S. 265.
2) Werke III, S. 373.

28*

wo

$$72)\qquad \begin{aligned} z &= x^2 - y^2 \\ z' &= x'^2 - y'^2 \\ z'' &= x''^2 - y''^2 \\ &\cdots\cdots\cdots \end{aligned}$$

und

$$x' = \frac{x+y}{2}, \quad y' = \sqrt{xy}, \quad x'' = \frac{x'+y'}{2}, \quad y'' = \sqrt{x'y'},$$

die nach dem Algorithmus des arithmetisch-geometrischen Mittels gebildeten Grössen sind. Hieraus hat man

$$73)\qquad \frac{1}{M(1,\sqrt{1-u^2})}\frac{dM(1,\sqrt{1-u^2})}{du} = -\frac{1}{2z}\frac{u}{1-u^2}(z - 2z' - 4z'' - \cdots)$$

und daher nach 69) und 70)

$$74)\qquad \frac{Q}{P} = \frac{2}{z}(z' + 2z'' + 4z''' + \cdots);$$

die Grössen $z, z', z'' \ldots$ sind nach 72) zu bilden, und zwar, da sie mit einem Proportionalitätsfaktor multipliziert werden können, mit den Werten

$$x = C, \quad y = C\sqrt{1-u^2}.$$

Wenden wir die Formel 74) auf die Entwicklung 54) an, so wird in Übereinstimmung mit der Gleichung[1]) für P'

$$75)\qquad \frac{P'}{P^0} = \frac{2}{z}(z' + 2z'' + 3z''' + \cdots)$$

wo nach 62)

$$x = C, \quad y = \frac{a'-a}{a'+a}.$$

Wählt man

$$C = \frac{a'+a}{2},$$

so erhält man auch für $z, z', z'', \ldots$ die gleichen Werte wie in Werke VII.

In dem Werke X, 1, Seite 237 abgedruckten Briefe an BESSEL gibt GAUSS eine später von ihm aufgefundene Entwicklungsmethode, über die man unten Seite 231 ff. vergleiche. Eine Kettenbruchentwicklung für den Quotienten $\frac{P'}{P^0}$ findet sich jedoch schon aus dem Jahre 1800 in der *Scheda* Ac[2]).

---

1) Werke VII, 1906, S. 385.

2) Abgedruckt Werke X, 1, S. 185; man vergleiche die Bemerkungen von SCHLESINGER, ebenda, S. 268.

Die Integrationen bieten, sobald die Entwicklungen ausgeführt sind, nichts besonderes, da nur die Divisoren anzubringen sind; die sekularen Glieder verwandelt GAUSS in Störungen der Exzentrizität und der Aphellänge bezw. der Neigung und der Knotenlänge.

GAUSS stützte seine Rechnung auf die Cereselemente VII; mit Hilfe der so gefundenen Störungen verbesserte er diese Elemente und berechnete die Störungen aufs neue, um daraus schliesslich die Elemente VIII abzuleiten. Mitte Oktober 1802 hatte er diese Arbeit vollendet, wie er OLBERS in einem Briefe vom 12. Oktober dieses Jahres mitteilt; die Störungsgleichungen sind in der Monatl. Corresp., Bd. VI, Seite 492—498[1]) veröffentlicht.

2. Tafeln der Ceresstörungen.

Zur Vergleichung der Beobachtungen mit der Rechnung und zu der darauf beruhenden Verbesserung der Elemente ist der Betrag der Störungen nach den erhaltenen Störungsgleichungen zu berechnen. Diese langwierige Arbeit kann durch Entwerfen von Tafeln abgekürzt werden.

GAUSS sagt darüber[2]): »In der Zeit, dass ich nach den Störungsformeln den numerischen Wert berechne, könnte ich mehr wie eine Bahnbestimmung machen« und entwirft nach folgenden Grundsätzen eine Tafel der Ceresstörungen:

Die von den Exzentrizitäten unabhängigen Störungsglieder hängen nur vom Argument $♁ - ♃$[3]) und seinen Vielfachen ab, können also für dies Argument tabuliert werden. Diesen Teil der Störungen nennt GAUSS den ersten Teil und tabuliert ihn[4]) in Tafel I (Länge) und Tafel III (Radiusvektor). Die Störungsglieder, die die erste Potenz der Exzentrizitäten enthalten, sind von der Form

$$\alpha_i \frac{\sin}{\cos} (iD - ♁ - c_i),$$

wo α_i und c_i numerisch gegebene Konstanten sind, $D = ♁ - ♃$ ist und i eine

---

1) Werke VI, S. 227—230.
2) Brief an OLBERS vom 12. Oktober 1802.
3) ♁ mittlere Länge der Ceres,
   ♃ mittlere Länge des Jupiter.
4) Werke VI, S. 237, vergl. auch Werke VII, 1906, S. 396 f.

ganze positive oder negative Zahl oder Null bedeutet. Die Summe aller dieser Glieder mit verschiedenem i lässt sich auf die Form bringen[1]

$$A \sin (\varphi - \wp),$$

wo A und φ nur von D abhängen und für dieses Argument tabuliert werden können. Hierbei gebraucht Gauss einen besonderen Kunstgriff; man kann nämlich allgemein statt φ auch eine Grösse $B + nD$ einführen, wo dann B gleichfalls als Funktion von D tabuliert werden kann und die obige Summe die Form

$$A \sin (B + nD - \wp)$$

annimmt. Der Vorteil der Einführung von B liegt darin, dass man n so wählen kann, dass B sich möglichst langsam mit der Zeit, also mit D, ändert, wodurch die Entnahme aus der Tafel wesentlich erleichtert wird. Gauss wählt für Ceres $n = 2$, offenbar weil das Hauptstörungsglied das Argument $2D - \wp - c_2$ hat.

Auffallend ist, dass Gauss auch die kleinsten Störungsglieder berücksichtigt und nur beiläufig[2] von der Fortlassung der kleineren, »die einzeln unter $2''$ betragen«, spricht, und dass er die Tafelwerte bis auf Zehntel Sekunden angibt, obwohl er doch bereits die von den zweiten Potenzen der Exzentrizitäten abhängenden Glieder nicht berücksichtigt hat.

Auch hier zeigt sich, wie bei vielen anderen Gelegenheiten, Gauss' Neigung, die Rechnung mit weit mehr Stellen auszuführen, als der Genauigkeit der zugrundeliegenden Zahlen entspricht

3. Gauss' zweite Methode zur Berechnung der Störungen der Ceres. (*Theoria interpolationis.*)

Da Gauss von den Ergebnissen seiner ersten Methode nicht befriedigt war, schlug er einen neuen Weg zur Entwicklung der Störungsfunktion und der davon abhängenden Grössen ein.

Ganz neue Gesichtspunkte boten sich ihm hier durch seine Untersuchungen über Interpolationstheorie, wie sie in seiner nachgelassenen Handschrift *Theoria*

---

1) Vergl. Werke VI, S. 236.
2) Ebenda, S. 235.

interpolationis methodo nova tractata niedergelegt sind[1]). Es scheint, dass dies Manuskript zum Teil unter der Einwirkung des Gedankens der Anwendung auf die Berechnung der Störungen entstanden ist; insbesondere kommen die Untersuchungen der art. 10 f. in Betracht.

Es tritt hier an die Stelle der analytischen Entwicklung einer periodischen Funktion in eine Reihe, bei der die Herstellung der allgemeinen Ausdrücke für die Koeffizienten allzu verwickelt wird, die interpolatorische, rein numerische Entwicklung[2]). Der numerische Wert der zu entwickelnden Funktion wird für eine Reihe von Werten des Argumentes berechnet, die auf den ganzen Umkreis von 2π, also auf die Periode, regelmässig verteilt sind, und daraus ergeben sich durch eine einfache Rechnung die numerischen Werte der Koeffizienten. Je mehr dieser Koeffizienten man berechnen will, für desto mehr Werte des Argumentes ist die Berechnung der Funktion auszuführen, in desto mehr Teile ist also der Umkreis zu teilen.

Ein ähnliches Verfahren wird bekanntlich heutzutage vielfach zur Entwicklung von beobachteten Grössen benutzt, so in der Astronomie zur Entwicklung der Ausdrücke für die Teilungsfehler oder der durch die mechanische Konstruktion entstehenden Fehler eines geteilten Kreises und in der Meteorologie unter der Bezeichnung harmonische Analyse zur Darstellung irgend welcher als periodisch vorausgesetzter Erscheinungen durch eine trigonometrische Reihe, sowie zu vielen anderen Zwecken. Zur besseren Übersicht mögen die Grundlagen des Verfahrens, wie es bei GAUSS auftritt, hier auseinandergesetzt werden:

Es sei S eine periodische Funktion von x mit der Periode 2π, die sich durch die Reihe

76) $$S = \sum a_m \cos mx + \sum \beta_m \sin mx$$

darstellen lässt, und es seien die Zahlenwerte von S für eine Reihe gleichmässig auf die Periode verteilter Werte von x, nämlich $x = 0, \omega, 2\omega \ldots (r-1)\omega$ bekannt. Diese Zahlenwerte seien $S_0, S_1, S_2 \ldots S_{r-1}$; aus ihnen können die a_m und β_m berechnet werden. Setzt man nämlich[3])

---

1) Werke III, S. 265.

2) Diese Methode hat bekanntlich auch HANSEN angewandt. Vergl. den Briefwechsel zwischen GAUSS und diesem, Werke VII, 1906, S. 433—437.

3) Vergl. art. 20 der *Theoria interpolationis*; Werke III, S. 295.

$$\alpha_0 = \frac{1}{r} \sum_0^{r-1} S_i$$

$$\alpha_1 = \frac{2}{r} \sum_0^{r-1} S_i \cos i\omega \qquad \beta_1 = \frac{2}{r} \sum_0^{r-1} S_i \sin i\omega$$

77) $$\qquad \alpha_2 = \frac{2}{r} \sum_0^{r-1} S_i \cos 2i\omega \qquad \beta_2 = \frac{2}{r} \sum_0^{r-1} S_i \sin 2i\omega$$

$$\cdots \cdots \cdots \cdots \cdots \cdots \cdots$$

$$\alpha_m = \frac{2}{r} \sum_0^{r-1} S_i \cos mi\omega \qquad \beta_m = \frac{2}{r} \sum_0^{r-1} S_i \sin mi\omega$$

$$\cdots \cdots \cdots \cdots \cdots \cdots \cdots$$

so ist folgendes zu bemerken, wofür Gauss die Beweise erbringt:

Bricht die Reihe 76) mit einem bestimmten Gliede $m = \mu$ ab, so ist die Anzahl der zu bestimmenden Koeffizienten gleich $2\mu + 1$; ist die Anzahl r der gegebenen Werte von S, ebenfalls gleich $2\mu + 1$, so sind die Koeffizienten nicht nur eindeutig bestimmt, sondern die Darstellung von S durch 76—77) ist auch streng richtig; ist $r = 2\mu$, also eine gerade Zahl, so sind durch die obigen Formeln alle Koeffizienten α und β, mit Ausnahme der letzten, α_μ und β_μ, streng bestimmt; die beiden letzteren bleiben unbestimmt. Es besteht aber eine Beziehung zwischen ihnen[1]).

Ist jedoch die Anzahl der Koeffizienten grösser als die Anzahl der gegebenen Werte S_i, ist die Reihe also im besonderen eine unendliche, so werden zwar, wenn $r = 2\mu + 1$ ist, die Koeffizienten bis α_μ, β_μ, und wenn $r = 2\mu$ ist, bis $\alpha_{\mu-1}$, $\beta_{\mu-1}$ eindeutig bestimmt; die Darstellung der Funktion S ist aber nur eine genäherte und zwar werden die Koeffizienten α, β mit einer Annäherung gefunden, die durch die Vernachlässigung der auf α_μ, β_μ bezw. $\alpha_{\mu-1}$, $\beta_{\mu-1}$ folgenden Koeffizienten gegeben ist.

Hieraus ergibt sich für die praktische Anwendung folgender Schluss: Schreiten die Koeffizienten α, β nach Potenzen einer Grösse ε fort, ist also etwa $\alpha_i = a_i \varepsilon^i$, $\beta_i = b_i \varepsilon^i$ und ist die Reihe unendlich, so gilt die Darstellung 76) genähert bis auf Grössen der Ordnung ε^μ einschliesslich, wenn $r = 2\mu + 1$, und ausschliesslich, wenn $r = 2\mu$. Die Formeln 77) sind Werke VII, 1906,

---

1) Ist die Einteilung des Kreisumfanges so gewählt, dass die gegebenen Werte von S die Werte für $x = 0$ und $x = \pi$ enthalten, so ist α_μ bestimmt, β_μ unbestimmt. Liegen die gegebenen Werte symmetrisch zu $x = 0$ und $x = \pi$, ohne diese selbst zu enthalten, so ist α_μ unbestimmt, β_μ bestimmt. Der erstere Fall tritt gewöhnlich bei der numerischen Anwendung ein.

S. 496f. für die Werte $\mu = 48, 24, 12$ für die praktische Rechnung in vereinfachte Form gebracht, und durch aus dem Nachlass abgedruckte Beispiele erläutert worden.

GAUSS benutzt diese Methode auch, um die Richtigkeit seiner Konvergenzuntersuchung der Entwicklung der Mittelpunktsgleichung zu prüfen[1]).

Bei den Störungsrechnungen handelt es sich um die Entwicklung einer Funktion nach zwei Veränderlichen, den mittleren Längen des störenden und des gestörten Körpers; auf diesen Fall kommt GAUSS in der *Theoria interpolationis* nicht zu sprechen und es finden sich darüber auch nirgends Aufzeichnungen im Nachlass, ausser den Zahlenrechnungen für die Störungen der Ceres und der Pallas. Es bietet indes keine Schwierigkeiten, das Verfahren auch hierfür zu entwickeln:

Es sei S eine periodische Funktion mit der Periode 2π von zwei Variabeln x und y, die sich in der Form:

$$78) \qquad S = \sum\sum a_{m.n} \cos(mx + ny) + \sum\sum \beta_{m.n} \sin(mx + ny)$$

darstellen lässt.

Ferner seien die Zahlenwerte von S bekannt für alle Wertepaare x, y, die man erhält, wenn die Periode für x in r Teile und die für y in s Teile geteilt wird; das Intervall der Teilung für x sei $\omega = \frac{2\pi}{r}$, das für y sei $\omega' = \frac{2\pi}{s}$ und die zahlenmässig bekannten Werte von S, deren Anzahl rs ist, seien

$S_{0.0}$	für $x = 0,$	$y = 0$	$S_{1.0}$	für $x = \omega,$	$y = 0$
$S_{0.1}$	für $x = 0,$	$y = \omega'$	$S_{1.1}$	für $x = \omega,$	$y = \omega'$
$S_{0.2}$	für $x = 0,$	$y = 2\omega'$	$S_{1.2}$	für $x = \omega,$	$y = 2\omega'$
. . . .			. . . .		
$S_{0.s-1}$	für $x = 0,$	$y = (s-1)\omega'$	$S_{1.s-1}$	für $x = \omega,$	$y = (s-1)\omega'$

usw.

Ferner seien

$S_0, S_1 \ldots S_{r-1}$ die Werte von S für $x = 0, \omega, 2\omega \ldots (r-1)\omega$;

dann sind diese Werte periodische Funktionen von y und man kann die Ent-

---

1) Werke X, 1, S. 424 (vergl. auch ebenda S. 432—433 und die *Erläuterungen* S. 442).

wicklungen ansetzen:

$$\begin{aligned}
S_0 \ &= p_{0.0} + p_{0.1} \cos y + p_{0.2} \cos 2y + \cdots \\
&\quad + q_{0.1} \sin y + q_{0.2} \sin 2y + \cdots \\
S_1 \ &= p_{1.0} + p_{1.1} \cos y + p_{1.2} \cos 2y + \cdots \\
&\quad + q_{1.1} \sin y + q_{1.2} \sin 2y + \cdots
\end{aligned}$$

79)

$$\begin{aligned}
\cdot \ \cdot \ \cdot \ \cdot \ \cdot \ \cdot \ \cdot \ \cdot \ \cdot \ \cdot \ \cdot \ \cdot \ \cdot \\
S_{r-1} = p_{r-1.0} + p_{r-1.1} \cos y + p_{r-1.2} \cos 2y + \cdots \\
+ q_{r-1.1} \sin y + q_{r-1.2} \sin 2y + \cdots
\end{aligned}$$

und nach der im vorhergehenden beschriebenen Interpolationsmethode die Koeffizienten p und q in diesen Reihen zahlenmässig berechnen und zwar

$$p_{0.0}, \ p_{0.1} \cdots; \quad q_{0.1}, \ q_{0.2} \cdots \text{ aus } S_{0.0}, \ S_{0.1} \cdots S_{0.s-1};$$
$$p_{1.0}, \ p_{1.1} \cdots; \quad q_{1.1}, \ q_{1.2} \cdots \text{ aus } S_{1.0}, \ S_{1.1} \cdots S_{1.s-1} \text{ usw.}$$

Setzt man weiter

80)
$$\begin{aligned}
S = p_0 + p_1 \cos y + p_2 \cos 2y + \cdots \\
+ q_1 \sin y + q_2 \sin 2y + \cdots,
\end{aligned}$$

so sind die Koeffizienten p und q in diesem Ausdruck periodische Funktionen von x und zwar sind $p_{0.0}, \ p_{1.0} \cdots p_{r-1.0}$ die Zahlenwerte von p_0 für $x = 0$, $\omega, \ \cdots (r-1)\omega$; $p_{1.0}, \ p_{1.1}, \ \cdots p_{r-1.1}$ die Zahlenwerte von p_1 für dieselben x-Werte usw. Es lassen sich daher in den Reihen

81)
$$\begin{aligned}
p_0 = \gamma_{0.0} + \gamma_{0.1} \cos x + \gamma_{0.2} \cos 2x + \cdots \\
+ \delta_{0.1} \sin x + \delta_{0.2} \sin 2x + \cdots \\
p_1 = \gamma_{1.0} + \gamma_{1.1} \cos x + \gamma_{1.2} \cos 2x + \cdots \\
+ \delta_{1.1} \sin x + \delta_{1.2} \sin 2x + \cdots
\end{aligned}$$

$$\cdot \ \cdot \ \cdot \ \cdot \ \cdot \ \cdot \ \cdot \ \cdot \ \cdot \ \cdot \ \cdot \ \cdot$$

die Koeffizienten γ und δ wieder zahlenmässig berechnen.

Es bleibt jetzt nur noch übrig, die gefundenen Reihen 81) für p_0, $p_1 \cdots$ in 80) einzusetzen und die Produkte der Cosinus und Sinus auszumultiplizieren, damit man die Entwicklung in der Form 78) erhält.

Bei der Besprechung der Pallasstörungen werden wir noch weitere Kunstgriffe kennen lernen, die GAUSS bei diesen seinen Entwicklungen benutzt hat.

Da die Entwicklung der in der Störungsfunktion auftretenden Funktionen in trigonometrische Reihen nach den Vielfachen der mittleren Längen oder

Anomalien gleichzeitig nach Potenzen der Exzentrizitäten (und Neigungen) fortschreitet, ohne aber eine eigentliche Potenzreihe zu sein, so bedeutet die Einteilung der Periode in eine bestimmte Anzahl von Teilen auch die Vernachlässigung einer bestimmten Potenz der Exzentrizitäten.

Nach einer Äusserung von GAUSS in einem Brief an OLBERS vom 25. März 1805 plante er die Entwicklung bis zu den 11. Potenzen der Exzentrizitäten, beschränkte sich dann aber nach einem weiteren Briefe vom 10. Mai desselben Jahres auf die 5. Potenzen.

Er begann seine Rechnungen mit den Breitenstörungen der Ceres; diese sind Werke VII, 1906, S. 401 f. abgedruckt. Die hier angewandte Methode zeigt aber bei weitem noch nicht die Vollkommenheit, wie die bei den Störungen der Pallas angewandte. Ein Grund hierfür mag darin liegen, dass GAUSS zunächst Koordinatenstörungen rechnete, bei denen die Störungen nicht, wie bei den Elementenstörungen, durch einfache Quadraturen gefunden werden.

Die Gleichung für die Breitenstörungen ist dieselbe wie oben, nämlich:

$$82) \quad \theta = \frac{\mu a}{\sqrt{1-e^2}}\left\{\cos V \int r\left(\frac{dR}{dz}\right)\sin V.n\,dt - \sin V \int r\left(\frac{dR}{dz}\right)\cos V.n\,dt\right\}[1].$$

Hier lässt sich die rechte Seite nicht direkt nach der *Theoria interpolationis* entwickeln, sondern es müssen erst die Grössen unter den Integralzeichen entwickelt, dann die Integrationen ausgeführt und dann die Multiplikationen mit den ebenfalls zu entwickelnden Grössen cos V und sin V ausgeführt werden.

Die Grössen unter den Integralzeichen werden durch trigonometrische Reihen dargestellt, die nach zwei Argumenten, den mittleren Längen des störenden und des gestörten Körpers, fortschreiten.

Um das etwas verwickelte von GAUSS hier angewandte Verfahren klar zu machen, wollen wir das Glied unter dem ersten Integralzeichen, nämlich

$$\mathrm{X} = r\left(\frac{dR}{dz}\right)\sin V$$

betrachten. Es ist, wie oben Gleichung 53)[1],

$$\left(\frac{dR}{dz}\right) = z'\left(\frac{1}{r'^3} - \frac{1}{\mathfrak{R}^3}\right)$$

---

[1] Vergl. auch Werke VII, 1906, S. 402.

und[1])

$$z' = r' \sin J \sin (v' - \Omega) = r' \sin J \sin (\mathfrak{A} + \varepsilon' - \Omega).$$

Hiermit wird:

83)
$$\begin{aligned}
X &= X_1 X_2 \\
X_1 &= r r' \sin J . \sin V . \sin (\mathfrak{A} + \varepsilon' - \Omega) \\
X_2 &= \left(\frac{1}{r'^3} - \frac{1}{\mathfrak{R}^3} \right).
\end{aligned}$$

Die Grösse $\sin J$ wird als konstant angesehen, da die vom Quadrat der störenden Masse abhängenden Glieder nicht berücksichtigt werden; die Grössen r und $\sin V$ können nach Vielfachen der mittleren Anomalie M entwickelt werden in der Form

84)
$$\sum a_n \frac{\cos}{\sin} n M,$$

wo die a_n von der Form

85)
$$a_n = e^n \sum b_i e^i$$

sind. Die Reihe nach den Vielfachen von M schreitet also nach Potenzen der Exzentrizität e fort, aber in der Weise, dass a_n nicht gleich dem Produkt aus e^n in einen konstanten Faktor, sondern selbst gleich einer Potenzreihe nach e ist, die mit dem Gliede in e^n beginnt. Da die analytische Entwicklung einerseits zu ziemlich unübersichtlichen Ausdrücken führt (man kann sie am besten durch Anwendung der BESSELschen Funktionen ausführen), andererseits bei nicht allzu grossem e die Glieder hinreichend stark abnehmen, so empfiehlt sich hier die interpolatorische Methode. Das gleiche gilt von der Entwicklung der Grösse r' und von der der Grösse $\sin (\mathfrak{A} + \varepsilon' - \Omega)$, die nach Vielfachen der mittleren Anomalie Jupiters M' und gleichzeitig nach Potenzen von dessen Exzentrizität e' fortschreiten.

GAUSS entwickelt daher grundsätzlich X_1 nach der interpolatorischen Methode und teilt den Umkreis in 10 Teile, wobei er die Rechnung also für die Werte M und M' gleich 18^0, 54^0, 90^0, ... 342^0 ausführt. Hierdurch vereinfacht sie sich. Die Formeln 77) bedürfen dazu einer Umformung, die

---

1) J Neigung beider Bahnen gegeneinander,
   v' wahre Länge Jupiters,
   Ω Knotenlänge,
   ε' Mittelpunktsgleichung Jupiters.

Werke VII, 1906, S. 404 angegeben ist. Die Einteilung des Umkreises in 10 Teile entspricht nach obigem der Vernachlässigung der 5. Potenzen der Exzentrizitäten.

Anders liegt die Sache bei der Grösse $\frac{1}{\mathfrak{R}^3}$; es ist

$$\mathfrak{R} = (r^2 + r'^2 - 2rr'\cos w)^{\frac{1}{2}}.$$

Setzt man der Kürze halber[1]) $x = \mathfrak{4} - \mathfrak{P} + \varepsilon' - a$, so ist $\cos w = \cos b \cos x$ und man kann setzen[2])

86) $$\mathfrak{R}^2 = \frac{rr'\cos b}{\beta}(1 + \beta^2 - 2\beta\cos x),$$

wo

87) $$\beta = \frac{\sqrt{r^2 + r'^2 + 2rr'\cos b} - \sqrt{r^2 + r'^2 - 2rr'\cos b}}{\sqrt{r^2 + r'^2 + 2rr'\cos b} + \sqrt{r^2 + r'^2 - 2rr'\cos b}}.$$

GAUSS entwickelt

88) $$\frac{2}{\mathfrak{R}^3} = \frac{1}{2}Q + Q'\cos x + Q''\cos 2x + \cdots$$

und erhält hiermit

89) $$-2X_2 = \frac{2}{\mathfrak{R}^3} - \frac{2}{r'^3} = \frac{1}{2}Q^{(0)} + Q'\cos x + \cdots,$$

wo $Q^{(0)} = Q - \frac{4}{r'^3}$, und wo die Q ausser von dem Faktor $\frac{rr'\cos b}{\beta}$ nur noch von β abhängen. Da $\cos b$ nahe gleich Eins ist, so ist β nahe gleich $\frac{r}{r'}$, da wir $r' > r$ voraussetzen. Ist nun das Verhältnis $\frac{r}{r'}$ nicht erheblich von Eins verschieden, so nehmen die Glieder der Reihe weniger stark ab; denn sie schreiten im wesentlichen nach Potenzen von β fort. Es ist wünschenswert bei der Entwicklung ziemlich weit zu gehen. Hierin wird der Grund zu suchen sein, warum GAUSS den Faktor X_2 analytisch entwickelt. Wahrscheinlich hat er schon hier die im Briefe an BESSEL[3]) beschriebene Methode zur Berechnung der Q, wenigstens teilweise, benutzt.

Die Ausführung der ganzen etwas unübersichtlichen Rechnung gestaltet sich etwa so:

Ist zunächst die Entwicklung 89) von X_2 nach der analytischen Methode für jede Wertekombination r, r', $\cos b$, also für jedes Wertepaar M, M', das

---

1) a Mittelpunktsgleichung der Ceres minus Reduktion auf die Jupiterbahn,
  b heliozentrische Breite der Ceres.
2) Werke VII, 1906, S. 404.
3) Werke X, 1, S. 238; vergl. hier unten S. 231.

für die interpolatorische Methode gebraucht wird, durchgeführt, so sind damit die Zahlenwerte der Q für jedes dieser Wertepaare, 100 an der Zahl, bekannt[1]). Bei der ersten Methode der Ceresstörungen (oben Gleichung 55 u. f.) war diese Entwicklung nur einmal für die konstanten Grössen a und a' auszuführen. Gauss hat hier die Q bis zum Gliede $Q^{(10)}$ berechnet, also dabei noch die 10. Potenz von $\frac{r}{r'}$ berücksichtigt; denn es ist $r'^3 Q^{(n)}$ von der Grössenordnung $\left(\frac{r}{r'}\right)^n$.

Setzt man die Reihe 89) für X_2 in den Ausdruck 83) für X ein, so erhält man z. B. für den mit Q'' multiplizierten Teil von X[2]):

$$90) \quad \text{pars } X = \frac{rr'}{4}\sin J \sin V . Q'' \{\sin (D - \wp + \varepsilon' - 2\alpha + \Omega)$$
$$- \sin (3D + \wp + 3\varepsilon' - 2\alpha - \Omega)\}.$$

Die Zahlenwerte dieser Glieder werden wieder für jedes Wertepaar M, M' berechnet und damit durch die Interpolation nach den Formeln 77)—81) die Entwicklung dieses Teils von X gefunden.

Die Einzelheiten der Gaussschen Rechnungsart, die hier nur in grossen Umrissen geschildert ist, sind Werke VII, 1906, S. 403—406 an dem zweiten Gliede des vorstehenden Ausdrucks 90) als Beispiel auseinandergesetzt.

Ist die Grösse X nach Vielfachen von M und M' entwickelt, so ist nach 82) die Integration durch Anbringung der Divisoren auszuführen und sodann mit der gleichfalls auf interpolatorischem Wege gewonnenen Entwicklung von $\cos V$ und dem konstanten Faktor $\frac{\mu a}{\sqrt{1-e^2}}$ zu multiplizieren.

Wie bereits erwähnt, hat Gauss nach der eben besprochenen Methode nur die Breitenstörungen gerechnet, die er in einem Briefe an Olbers vom 2. Juli 1805 mitteilt[3]). Diese Störungen enthalten im ganzen 27, nach Zusammenziehen der Glieder gleicher Periode, 16 Glieder.

Die Rechnung wird vereinfacht durch verschiedene auftretende Symmetrien, insbesondere auch durch die der beiden Glieder in Gleichung 82), von denen wir oben nur das erste betrachtet haben. Sie ist aber dennoch äusserst umständlich. Die Berechnung der Breitenstörungen dehnt sich trotz der raum-

---

1) Vergl. die Werte von $\log Q''$ in der Tabelle Werke VII, 1906, S. 405.
2) Vergl. auch Werke VII, 1906, S. 403, Gleichung 2).
3) Ebenda, S. 408—409.

sparenden Schreibweise von GAUSS, bei der durchschnittlich 2000—3000 Ziffern auf einer Quartseite des *Handbuchs* Bc stehen, über 11 Seiten aus.

Aus seinen Untersuchungen über Ceres schliesst GAUSS im genannten Briefe vom 2. Juli 1805, dass »die sämtlichen bei der Pallas merklichen Gleichungen der Länge, Breite und des Radiusvektor leicht auf 500 steigen können« und »dass man vielleicht mehrere Tage nötig hat, um einen einzigen Ort zu berechnen« und fährt fort: »Durch ähnliche, aber freilich viel zahlreichere Tafeln, wie meine älteren) für die Ceresstörungen, wird indes die Arbeit sehr erleichtert werden können, aber die Berechnung solcher Tafeln wird auch Monate kosten, nachdem die Formeln entwickelt sind«.

VI. Tafeln zur Entwicklung von $(a^2 + a'^2 - 2aa' \cos x)^{-\frac{1}{2}}$

GAUSS hatte wohl zunächst die Absicht, nach der im vorigen geschilderten Methode oder nach einer ganz ähnlichen die Störungen der Ceres zu vollenden und auch die der anderen Planeten (der Pallas und der im März 1805 entdeckten Juno) zu berechnen. Die Berechnung der Breitenstörungen der Ceres hatte gute Ergebnisse geliefert, war aber recht umfangreich. GAUSS suchte daher die Arbeit durch Entwerfen von Tafeln abzukürzen und es lag am nächsten, solche Tafeln für die Entwicklung des Ausdruckes 88), also für die Koeffizienten Q herzustellen.

BESSEL hatte ihm seine Hilfe bei der Ausführung von Zahlenrechnungen angeboten und auch schon bei einer anderen Gelegenheit gewährt.

Nach den obigen Gleichungen 83) und 86) galt es, den Ausdruck

$$(1 + \beta^2 - 2\beta \cos x)^{-\frac{3}{2}}$$

für verschiedene Werte von β zu entwickeln. Waren dann die Koeffizienten Q für eine Reihe von solchen Werten tabuliert, so konnten diese Tafeln auch für andere Planeten angewandt werden. In dem Briefe an BESSEL vom 3. September 1805[2]) bittet GAUSS diesen, ihn bei der Berechnung der Tafel zu unterstützen und setzt ihm die Berechnungsweise eingehend auseinander.

Die Vorschriften, die er BESSEL gibt, beziehen sich allerdings auf die

---

1) Vergl. oben S. 221. — BRDL.
2) Werke X, 1, S. 237.

Entwicklung von

$$(1 + \beta^2 - 2\beta \cos x)^{-\frac{1}{2}}$$

bezw.

$$(a^2 + a'^2 - 2aa' \cos x)^{-\frac{1}{2}} = \tfrac{1}{2} A^{(0)} + A' \cos x + A'' \cos 2x + \cdots$$

Es ist wohl anzunehmen, dass GAUSS diesen Ausdruck gewählt hat, weil er ihn auch sonst brauchte und die Entwicklung, die zu den Exponenten $-\tfrac{3}{2}$, $-\tfrac{5}{2}$ usw. gehört, sich leicht aus der zu $-\tfrac{1}{2}$ gehörenden herstellen lässt.

Die Entwicklungsmethode, die GAUSS im Briefe an BESSEL schildert, ist bei weitem vollkommner als die bei der ersten Berechnung der Ceresstörungen (S. 215 f.) angewandte. Es ist wohl anzunehmen, dass GAUSS gerade im Anschluss an diese Untersuchungen begonnen hat, sich mit der Theorie der allgemeinen hypergeometrischen Reihe $F(\alpha, \beta, \gamma, x)$ zu beschäftigen; die ältesten uns erhaltenen Aufzeichnungen zu dieser Theorie stammen nämlich aus den ersten Monaten des Jahres 1806, sie sind Werke X, 1, S. 326 abgedruckt[1]. Man findet in diesen Aufzeichnungen den Kettenbruch, der den Quotienten zweier hypergeometrischen Reihen darstellt[2], und der den in dem Briefe an BESSEL gegebenen Kettenbruch für den Quotienten zweier aufeinanderfolgender Q als besonderen Fall enthält. Den hierauf gegründeten Beweis für die BESSEL mitgeteilten Entwicklungen gibt GAUSS in einer im Jahre 1809 verfassten Aufzeichnung *Einiges über die unendliche Reihe* usw.[3]. Im Nachlass und in Veröffentlichungen finden sich noch viele Stellen, auch aus späterer Zeit, die von der Entwicklung des obigen Ausdrucks handeln; so in den *Disquisitiones circa seriem infinitam* etc. (1812)[4]. Die fertig gerechnete Tafel befindet sich im Nachlass; sie gibt die Grössen $\pi^{(i)} = \left(\dfrac{a}{a'}\right)^i \sqrt{a'^2 - a^2}\, A^{(i)}$ mit dem Argument $\theta = \text{arc tang}\, \dfrac{a}{a'}$ und geht bis $\pi^{(10)}$. Sie scheint aber niemals zur Anwendung gelangt zu sein, da GAUSS, als er nach langer Unterbrechung die Störungen der Pallas im Jahre 1810 vornahm, das rein interpolatorische Verfahren anwandte.

---

1) Vergl. die Bemerkungen von SCHLESINGER, a. a. O., S. 331.

2) Siehe a. a. O., S. 329, Verwandlung.

3) Werke X, 1, S. 338. — Siehe insbesondere a. a. O., S. 345—349 und die zugehörigen Bemerkungen von SCHLESINGER, S. 354.

4) Werke III, S. 128, ferner Werke VIII, S. 84; vergl. auch den Aufsatz von SCHLESINGER über *Gauss' Arbeiten zur Funktionentheorie*, Materialien Heft III, S. 84, 90—91.

VII. Störungen der Pallas und Vorbereitungen dazu.

1. *Disquisitio de elementis ellipticis Palladis.*

Diese Abhandlung ist im wesentlichen als eine Vorarbeit zu den Störungsrechnungen anzusehen.

Die zur Anwendung kommenden Methoden sind bereits oben S. 188 f. besprochen; nach ihnen bestimmt GAUSS zunächst rein elliptische Elemente der Pallas aus den drei folgenden Gruppen von Oppositionen: 1803, 04, 05, 07; 1804, 05, 07, 08; 1805, 07, 08, 09.

Es zeigt sich einerseits aus der Vergleichung mit den Beobachtungen, dass für den Zeitraum von vier Oppositionen rein elliptische Elemente die Bahn hinreichend genau darstellen, um den Planeten für die nächste Folgezeit so vorauszuberechnen, dass ein Wiederauffinden mit dem Fernrohr keine Schwierigkeit macht; andererseits aber weichen die drei Elementensysteme doch so von einander ab, dass die Berücksichtigung der Störungen als eine Forderung der Wissenschaft bezeichnet werden muss[1]).

Es handelte sich nun um die Frage, welches Elementensystem der Störungsrechnung zugrunde gelegt werden sollte, und GAUSS wählt dasjenige[2]), das sich allen beobachteten Oppositionen am besten anschliesst. Von der Bestimmung eines solchen handeln bereits die art. 172—189 der *Theoria motus*, in denen GAUSS die Methode der kleinsten Quadrate ausführlich begründet.

Die hier benutzten Gleichungen zur Bestimmung der Verbesserungen der Elemente erhalten, wenigstens mit bezug auf die Längen, eine besondere Form, weil es sich um Oppositionen handelt, also die heliozentrische Länge statt der geozentrischen gebraucht wird; sie sind oben S. 193 abgedruckt.

Am Schluss der *Disquisitiones* gibt GAUSS an, wie das gefundene Elementensystem die sechs Normalorte darstellt; es zeigen sich in der Länge Differenzen bis zu 3½ Minute und in der Breite bis fast 1½ Minute.

2. Spezielle Störungen der Pallas.

Die Rechnung der speziellen Störungen betrachtet GAUSS als Vorbereitung zur Berechnung der allgemeinen Störungen; die von ihm angewandte Methode

---

[1]) *Disqu.* art. 9—10.
[2]) *Disqu.* art. 11 f.

ist heute wenigstens in ihren Grundzügen jedem theoretischen Astronomen geläufig.

GAUSS berechnet die Störungen der Elemente: Neigung, Knotenlänge, mittlere tägliche Bewegung, Exzentrizitätswinkel, Perihellänge und mittlere Länge in der Epoche; die Differentialgleichungen[1] unterscheiden sich nicht wesentlich von den in der nachgelassenen Abhandlung *Exposition d'une nouvelle méthode de calculer les perturbations planétaires*[2] gegebenen.

Die von ihm gebrauchten Formeln für die mechanische Quadratur leitet GAUSS ebenfalls in der genannten *Exposition*[3] ab. Weitere Nachlassnotizen darüber sind nicht vorhanden und auch die numerischen Rechnungen sind nur ganz lückenhaft erhalten. Die mechanische Quadratur hängt bekanntlich mit der Interpolationsrechnung zusammen. Über die erstere hat GAUSS eine Abhandlung *Methodus nova integralium valores* usw. 1814 veröffentlicht[4], die aber in keiner näheren Beziehung zu seinen Störungsrechnungen steht; seine Arbeiten über die letztere sind erst aus der von SCHERING aus dem Nachlass abgedruckten[5] Abhandlung *Theoria interpolationis methodo nova tractata* bekannt geworden; in dieser geht GAUSS nicht auf mechanische Quadratur ein, sondern entwickelt nur die Grundlage für seine Rechnung der allgemeinen Störungen. Dagegen hat ENCKE nach Vorlesungen von GAUSS im Berliner astronomischen Jahrbuch für 1830 in einem Aufsatz *Über Interpolation*[6] einiges gegeben, das in anderer Form in der *Theoria interpolationis* zu finden ist, und in einem zweiten Aufsatz *Über mechanische Quadratur* im Jahrbuch für 1837 die Methode auseinandergesetzt, die ihm GAUSS bei Übertragung der Berechnung der speziellen Störungen der Pallas im Jahre 1812 mitgeteilt habe[7]. Hiernach scheint es, dass ENCKE die Fortsetzung der GAUSSschen

---

1) Werke VII, 1906, S. 474.

2) Ebenda, S. 457.

3) Ebenda, S. 462.

4) Werke III, S. 163

5) Ebenda, S. 265.

6) ENCKE leitet den Aufsatz mit der Bemerkung ein: »Der folgende Aufsatz ist aus den Vorlesungen entlehnt, die ich im Jahre 1812 bei dem Herrn Hofrat GAUSS zu hören das Glück hatte. In dem ganzen Gange der Entwicklung bin ich, so viel die Erinnerung gestattete, dem Vortrage meines geehrten Herrn Lehrers gefolgt, da er die grösste Gründlichkeit mit der grössten Einfachheit und Eleganz verbindet.« — Vergl. auch Werke XII, S. 29.

7) ENCKE bemerkt am Anfange dieses Aufsatzes: »Bei meinem Aufenthalt in Göttingen im Jahre 1812

Rechnung der speziellen Störungen von 1811 übernommen hatte; denn die Werke VII, 1906, abgedruckten, bis 1811 reichenden Störungsrechnungen sind im Jahre 1810 von GAUSS selbst ausgeführt. Von der ENCKEschen Berechnung ist anscheinend nichts erhalten.

Die erste Rechnung der speziellen Störungen der Pallas beruhte während des ganzen sich von Juni 1803 bis September 1811 erstreckenden Zeitraums auf einem konstanten Elementensystem, nämlich dem in der *Disquisitio de elementis Palladis* abgeleiteten; daher sind dabei nur die Störungen von der ersten Ordnung berücksichtigt; die Verbesserungen der Elemente sind nach der oben S. 192 f. besprochenen Methode ermittelt.

Um noch schärfer zu rechnen und die Störungen zweiter Ordnung zu berücksichtigen, wiederholt GAUSS die Rechnung mit veränderlichen Elementen, indem er »den ganzen Zeitraum 1803—1811 in acht Perioden« teilt[1]) und jeder besondere aus der ersten Rechnung abgeleitete Elemente zugrunde legt[2]). Weiteres siehe oben S. 205.

3. Erste Rechnung der allgemeinen Störungen der Pallas.

Hier berechnet GAUSS, wie bei den speziellen Störungen, die Störungen der Elemente. Die Differentialgleichungen[3]) zeigen einige nicht sehr wesentliche Unterschiede gegen die früher bei Ermittlung der speziellen Störungen gebrauchten; doch führt GAUSS anstelle des Exzentrizitätswinkels den Logarithmus des Parameters und anstelle der mittleren täglichen Bewegung ihren

übertrug mir Herr Hofrat GAUSS die Berechnung der speziellen Störungen der Pallas, und leitete mir zu diesem Behufe seine Methoden und Formeln ab, deren er seit längerer Zeit sich bedient hatte. Er hatte damals die Absicht, selbst etwas über diesen Gegenstand bekannt zu machen und behielt sich diese Erläuterung vor. Jetzt, wo leider die Aussicht auf ein eigenes Werk von GAUSS, wegen seiner vielfachen andern wichtigen Untersuchungen, so gut wie verschwunden scheint, hat er es mir gestattet, das, was ich aus seinen Vorträgen für die nacherige häufige Anwendung auf Kometen und kleine Planeten benutzt habe, hier zu publizieren; wobei ich nur noch hinzuzufügen mir erlaube, dass der Weg zum Beweise der Formeln nicht genau der ist, welchen GAUSS bei mir genommen, weil es mir nicht ratsam schien, allzuviele verwandte Betrachtungen einzumischen. Diese Bemerkung soll, wie sich von selbst versteht, nur bevorworten, dass, wenn vielleicht in der Beweisführung Einiges nicht bestimmt genug erscheinen möchte, der Fehler ganz allein mir Schuld gegeben werden muss.« — Vergl. auch Werke XII, S. 31.

1) Vergl. den Brief an OLBERS vom 13. Dezember 1810 und Werke VII, 1906, S. 464.
2) Werke VII, 1906, S. 483.
3) Ebenda, S. 490.

hyperbolischen Logarithmus bezw den gemeinen Logarithmus der halben grossen Achse ein.

Die Ausdrücke für die Ableitungen der Elemente, die, nachdem sie durch trigonometrische Reihen dargestellt sind, direkt integriert werden können, sind periodische Funktionen der beiden Argumente M und M', d. i. der mittleren Anomalien von Pallas und Jupiter, wenn man ein konstantes elliptisches Elementensystem zugrunde legt, also die Störungen zweiter Ordnung vernachlässigt; im strengen Sinne treten noch die Apsiden- und Knotenbewegungen als Argumente hinzu.

Gauss beschränkt sich durchweg auf die Ermittlung der Störungen erster Ordnung; dagegen bemüht er sich, möglichst hohe Potenzen der Exzentrizitäten und des Verhältnisses der mittleren Entfernungen zu berücksichtigen. Er wandte daher die oben S. 225f. besprochene rein interpolatorische Methode an. Vielleicht hat er auch die in den artt. 25—28 der *Theoria interpolationis* entwickelte Methode benutzt, bei der die Periode in eine Anzahl primärer Teile, und diese wieder weiter sekundär eingeteilt werden, wodurch das Schema der Rechnung vereinfacht wird.

Da jedoch im Nachlass nur die numerischen Rechnungen für Pallas ohne jedes erklärende Wort vorhanden sind, so wurden Werke VII, 1906, Seite 491—500 alle Formeln hergestellt, die Gauss nach Ausweis seiner numerischen Rechnungen benutzt hat.

Über die Anordnung der Gaussschen Rechnung und über seine Kunstgriffe ist folgendes zu sagen:

Die Ausdrücke der Ableitungen der Elemente sind zwar periodische Funktionen der beiden Argumente M und M' und können nach den Formeln auf S. 225—226 entwickelt werden; ihre gesamte Entwicklung nach diesen Argumenten setzt sich aber aus drei Einzelentwicklungen zusammen: die Koordinaten der Pallas sind periodische Funktionen von M und die des Jupiter ebensolche von M', die gegenseitige Entfernung beider Planeten aber ist eine periodische Funktion von $M' - M$. Die Glieder in den Entwicklungen der Pallaskoordinaten nehmen ab wie die Potenzen der Pallasexzentrizität und die der Jupiterkoordinaten wie die der Jupiterexzentrizität; da die erstere gross und die letztere klein ist, so folgt zunächst, dass man bei der letzteren nicht so weit in der Entwicklung zu gehen braucht, wie bei der ersteren, also für das Argument M den Umkreis in eine grössere Anzahl von Abschnitten teilen wird, als für M'; die Entwicklung nach diesem letztern Argument tritt überhaupt in den Hintergrund.

Die Entwicklung des gegenseitigen Abstandes beider Planeten nach Vielfachen von $M'-M$ enthält ebenfalls die Potenzen beider Exzentrizitäten, aber ausserdem nehmen ihre Glieder nach Potenzen der Grösse α ab, wo $\alpha = \dfrac{a}{a'}$ das Verhältnis der beiden halben grossen Achsen ist, und diese letztere Entwicklung ist also ebenfalls viel weiter fortzusetzen, als die nach M'. Mit ihr hat sich GAUSS schon bei seinen früheren Untersuchungen im Anschluss an seine Arbeiten über das arithmetrisch-geometrische Mittel besonders beschäftigt, wie oben besprochen worden ist. Er hat sie bei den Ceresstörungen im wesentlichen noch nach der analytischen Methode ausgeführt. Es sind also die Entwicklungen nach M und $M'-M$ die wichtigen und aus diesem Grund hat er wahrscheinlich diese beiden Argumente gewählt; denn bei dieser Anordnung gehen die grössten Glieder den kleineren voraus. GAUSS hat in seiner ersten Rechnung der allgemeinen Störungen der Pallas den Umkreis für M in 12 und für $M'-M$ in 48 Teile geteilt, wodurch also im grossen und ganzen die 5. Potenzen der Exzentrizität und die 23. Potenzen von α berücksichtigt werden. Zur Übersicht über die Einzelheiten der Rechnung, im besonderen über das Zusammenziehen der Cosinus- und Sinusglieder in ein einziges Glied wird ein Hinweis auf Werke VII genügen; die Ergebnisse für die Störungen findet man ebenfalls dort, ebenso wie die Vergleichung mit den Oppositionen und die Verbesserung der Elemente; die letztere allerdings unvollständig, da sich im Nachlass nur weniges darüber vorfand.

4. Zweite Rechnung der allgemeinen Störungen der Pallas.

Die zweite Rechnung der allgemeinen Störungen ist noch umfangreicher als die erste, da GAUSS hier für M den Umkreis in 24 Teile teilt, also noch die 11. Potenzen von e berücksichtigt. Die Differentialgleichungen für die Elemente sind nicht wesentlich geändert. Die schliesslichen Störungsausdrücke unterscheiden sich in der Form von denen der ersten Rechnung dadurch, dass GAUSS hier überall in den Argumenten die mittleren Längen statt der mittleren Anomalien eingeführt und die Konstanten in den Argumenten so gewählt hat, dass alle Glieder positives Vorzeichen erhalten. Die Unterschiede der numerischen Ergebnisse in beiden Rechnungen sind klein und es wird hier ein Hinweis auf Werke VII und auf S. 207—208 oben genügen.

5. Die grössten Gleichungen in den Störungen der Pallas. Libration.

Ist E irgend eines der oskulierenden Bahnelemente des gestörten Planeten, so finden sich nach der Entwicklung der Störungsfunktion und der von ihr abhängenden Grössen bekanntlich Gleichungen der Form:

$$91) \qquad \frac{dE}{dt} = \sum_m \sum_{m'} a_{m.m'} \sin{(m'L' - mL + A_{m.m'})},$$

wo bei Vernachlässigung der Störungen höherer Ordnung $a_{m.m'}$ und $A_{m.m'}$ Konstanten sind und[1)]

$$92) \qquad \begin{aligned} L' &= n't + \varepsilon', \\ L &= \int_0^t n\,dt + \varepsilon \end{aligned}$$

ist. Durch Integration findet man, wenn man n als konstant ansieht, was der Vernachlässigung der Störungen von höherer Ordnung entspricht:

$$93) \qquad \begin{aligned} E &= E_0 + \delta E, \\ \delta E &= a_{0.0}t - \sum \frac{a_{m.m'}}{m'n' - mn} \cos{(m'L' - mL + A_{m.m'})}. \end{aligned}$$

E_0 bedeutet den mittleren Wert des Elementes und δE seine Störungen; $a_{0.0}t$ ist das sekulare Störungsglied. Die Grösse der periodischen Störungsglieder hängt vom Divisor $m'n' - mn$ ab und zwar hat das grösste auftretende Störungsglied im Falle der Pallas das Argument $5L' - 2L$; die fünfmalige mittlere Bewegung Jupiters minus der doppelten der Pallas $= 5n' - 2n$ beträgt nur etwa $42''$.

Gauss bezeichnet die entsprechenden Glieder unter Hinzuziehung der vom doppelten und dreifachen Argument ($10L' - 4L$ und $15L' - 6L$) abhängenden

---

1) L' = Mittlere Länge Jupiters,
   L = Mittlere Länge der Pallas,
   n' = konstante mittlere tägliche Bewegung Jupiters,
   n = oskulierende mittlere tägliche Bewegung der Pallas.
   $\varepsilon', \varepsilon$ = Werte von L' und L für $t = 0$.

in der Länge als die grosse Gleichung[1]). Obwohl er bei Ermittlung der
Störungen selbst nur die erste Potenz der störenden Masse berücksichtigt,
berechnet er zur Bestimmung der Störungsbeträge für die einzelnen Epochen
die mittlere Länge der Pallas mit Einschluss dieser grossen Gleichung, nimmt
also hier auf die höheren Potenzen der Störungen Rücksicht; auch zur Berechnung der mittleren Länge Jupiters benutzt er die dortige grosse Gleichung
nach den Tafeln von BOUVARD[2]).

Besonderes Aufsehen erregte aber die GAUSSsche Mitteilung seiner Entdeckung, dass die mittleren Bewegungen von Jupiter und Pallas im rationalen
Verhältnis 7 : 18 ständen, »was sich durch die Einwirkung Jupiters immer
genau wieder herstellt, wie die Rotationszeit unseres Mondes«. So schreibt
er an BESSEL[3]) am 5. Mai 1812, als er gerade seine zweite Rechnung der
allgemeinen Störungen begonnen hatte[4]).

Aufzeichnungen darüber, wie GAUSS die Entdeckung ursprünglich gemacht,
sind nicht vorhanden; wohl aber haben sich im Nachlass nach langem
Suchen zwei kleine Zettel gefunden, die aus der Zeit der Vollendung der
zweiten Rechnung der allgemeinen Störungen stammen und auf denen einige
numerische Rechnungen über das Librationsglied stehen, die Werke VII,
S. 558—559 mit den nötigen Ergänzungen abgedruckt sind. Im Artikel
[24] der *Exposition*[5]), der ebenfalls später entstanden ist, spricht GAUSS von
dem Fall des rationalen Verhältnisses der mittleren Bewegungen; er sagt,
dass in diesem Fall in $\int n\,dt$ (also in der mittleren Länge) ein dem Quadrat
der Zeit proportionales Glied entsteht, das aber periodische Form erhält, wenn
man die höheren Potenzen der störenden Masse berücksichtigt und er fügt
hinzu, dass dieser Fall bei Pallas wirklich eintritt. Der Inhalt der erwähnten
Zettel und die Einzelausführung der zweiten Rechnung der allgemeinen Störungen geben hierfür die Erklärung. Es ist darüber folgendes zu bemerken:

GAUSS kannte, als er jene Briefe an BESSEL und OLBERS schrieb, noch nicht
die Zahlenwerte der Konstanten des Librationsgliedes, auf die sich die Rechnung

---

1) Werke VII, 1906, S. 559.
2) Ebenda, S. 559—560.
3) Ebenda, S. 421. — Vergl. auch den Brief an OLBERS vom 20. März 1812, Werke XII, S. 236.
4) Vergl. oben S. 206.
5) Werke VII, S. 468.

auf den Zetteln stützt; er fand diese vielmehr erst aus der erweiterten Entwicklung der Störungsfunktion bei der zweiten Rechnung im Hochsommer 1812[1]). Man muss daher vermut^{e}n, dass er zunächst nur die Integrationsdivisoren $m'n' - mn$ zahlenmässig untersucht hat.

Bezeichnen n_0 und ε_0 Mittelwerte von n und ε, so ist

$$L = n_0 t + \varepsilon_0 + \int \delta n \, dt + \delta \varepsilon.$$

Das Integral $\int \delta n \, dt$ enthält kein der Zeit proportionales Glied; um aber den sekularen Teil von $\delta \varepsilon$ nach den Ergebnissen der ersten Störungsrechnung festzustellen, hat man[2])

sekularer Teil von $\delta \varepsilon - (1 - \cos i)\delta\Omega - (1 - \cos\varphi)\{\delta\tilde\omega - (1 - \cos i)\delta\Omega\} = -0{,}''04183$

　　　　　　　»　　　»　　　»　$\delta\Omega$　　　　　　　　　　　　　　　　　　$= -0{,}09645$

　　　　　　　»　　　»　　　»　$\delta\tilde\omega - (1 - \cos i)\delta\Omega$　　　　　　　　$= -0{,}01310$

und hieraus ergibt sich

　　　　　　　sekularer Teil von $\delta\varepsilon = -0{,}''0593.$

Da $n_0 = 769{,}''2443$[3]) gefunden war, so wird der sekulare Teil von L gleich $(769{,}''2443 - 0{,}''0593)t$, also die augenblickliche mittlere Bewegung gleich $769{,}''1850$; die tropische mittlere Bewegung Jupiters hatte GAUSS[4]) nach LAPLACE zu $299{,}''2650$ angenommen und mit dem ebenfalls von GAUSS gebrauchten Werte der täglichen Präzession von $0{,}''13717$ folgt hieraus die siderische mittlere Bewegung Jupiters zu $299{,}''1278$. Um die kleinsten Divisoren aufzufinden, kann man das Verhältnis der mittleren Bewegungen $\dfrac{n'}{n} = \dfrac{299{,}''1278}{769{,}''1850}$ in einen Kettenbruch verwandeln und erhält diesen gleich

$$\cfrac{1}{2 + \cfrac{1}{1 + \cfrac{1}{1 + \cfrac{1}{3 + \cfrac{1}{7913 + \cdots}}}}}$$

Die Näherungswerte sind

$$\tfrac{1}{2}; \ \tfrac{1}{3}; \ \tfrac{2}{5}; \ \tfrac{7}{18} \ \text{usw.}$$

---

1) Zwischen dem 20. Juli und 10. August, vergl. Werke VII, 1906, S. 608.
2) Werke VII, 1906, S. 526, 519, 521.
3) Ebenda, S. 527.
4) Ebenda, S. 508.

Hier tritt ausser dem Näherungsbruch $\frac{2}{7}$, der die sogenannte grosse Gleichung veranlasst, ganz besonders der nächste im Betrage von $\frac{7}{18}$ hervor; dieser stellt den Bruch fast genau dar, da das darauf folgende Glied des Kettenbruchs ungewöhnlich gross ist; es ist in der Tat:

$$\frac{18}{7}\text{-mal Bewegung des Jupiter} = 769,''1857$$
$$\text{Bewegung der Pallas} = 769,''1850.$$

Der Divisor $18\,n' - 7\,n$ ergab sich also verschwindend klein, und die analytische Untersuchung dieses Falles dürfte Gauss in ähnlicher Weise gemacht haben, wie Laplace bei Betrachtung der Libration der Jupitermonde.

Nach Werke VII, 1906, S. 542 ist mit den dortigen Bezeichnungen

$$\frac{dn}{dt} = 3\,n^2\,ae\,T\sin(v - \pi) + \frac{3\,n^2\,b^2}{r^2}\,V.$$

Die Entwicklung des Ausdruckes rechter Hand in der Form 91) möge das kritische Glied

94) $$n^2\,a\sin(m'L' - mL + A_{m.m'})$$

enthalten, wo in unserem Falle $m' = 18$, $m = 7$. Setzt man

95) $$u = m'L' - mL + A_{m.m'}$$

und bedenkt, dass

$$\frac{dL}{dt} = n + \frac{d\varepsilon}{dt}, \qquad \frac{dL'}{dt} = n',$$

so wird

96) $$\frac{du}{dt} = m'n' - mn - m\frac{d\varepsilon}{dt}$$

und

96) $$\frac{d^2u}{dt^2} = -mn^2\,a\sin u + P,$$

wo P nur weniger wichtige periodische Glieder enthält. Vernachlässigt man P, und nimmt man den Faktor n^2 als konstant an, so kann die letztere Gleichung genau wie die Pendelgleichung diskutiert werden und zwar bei Annahme einer anziehenden oder abstossenden Schwerkraft, je nachdem a positiv oder negativ ist; man erhält

98) $$\left(\frac{du}{n\,dt}\right)^2 = C + 2\,ma\cos u.$$

Die einzelnen Fälle der Bewegung von u mögen hier aufgeführt werden, da eine wirklich vollständige Darstellung in der Literatur kaum aufzufinden sein dürfte. Ist

$$1.\quad C < -2\,m\,|a|,$$

so findet keine reelle Bewegung statt. Ist

$$2.\quad -2\,m\,|a| < C < 0,$$

so schwankt u periodisch mit der Amplitude $\pm \arccos\dfrac{C}{2m\,|a|}$ und zwar um die stabile Ruhelage $u = 0$ oder π, je nachdem a positiv oder negativ ist; die Amplitude ist absolut genommen kleiner als $\dfrac{\pi}{2}$. Ist

$$3.\quad 0 < C < 2\,m\,|a|,$$

so schwankt u in gleicher Weise mit der Amplitude

$$\pm \arccos\left(-\frac{C}{2m\,|a|}\right),$$

die absolut genommen grösser als $\dfrac{\pi}{2}$ ist. Ist endlich

$$4.\quad C > 2\,m\,|a|,$$

so kann $\dfrac{du}{dt}$ niemals verschwinden; es tritt der Fall des ganz herumschwingenden Pendels ein, und zwar in der einen oder anderen Richtung, je nach dem Vorzeichen des Anfangswertes von $\dfrac{du}{dt}$.

Daneben gelten die Spezialfälle:

$$a.\quad C = -2\,m\,|a|;$$

stabile Ruhelage bei $u = 0$ oder π, je nachdem a positiv oder negativ.

$$b.\quad C = 0;$$

periodische Schwankung von u mit der Amplitude $\pm \dfrac{\pi}{2}$.

$$c.\quad C = 2\,m\,|a|;$$

in diesem Falle ist

bei positivem a: $\qquad \operatorname{tg}\left(45^{0} + \dfrac{u}{4}\right) = e^{\pm\sqrt{ma}\,.\,n(t-t_0)},$

bei negativem a: $\qquad \operatorname{tg}\dfrac{u}{4} \qquad\; = e^{\pm\sqrt{m\,|a|}\,.\,n(t-t_0)}$

Die Bewegung ist hier doppelt asymptotisch; u nähert sich der labilen Ruhelage ($u = \pi$, wenn a positiv, $u = 0$, wenn a negativ) für $t = \pm\infty$, also ohne sie in endlicher Zeit zu erreichen. Doch tritt hier für $\lim e^{\pm t_0} = 0$ der noch engere Spezialfall ein, dass u dauernd in der labilen Ruhelage bleibt.

Da sehr genähert

$$\frac{du}{dt} = m'n' - mn,$$

so kann aus der obigen Kettenbruchentwicklung geschlossen werden, dass $\frac{du}{dt}$ hier in der Tat verschwindet, u periodisch ist, und das rationale Verhältnis $\frac{n'}{n} = \frac{m}{m'}$ sich immer wieder herstellt.

In den Fällen 2. und 3. schwankt $m'\frac{n'}{n} - m$ zwischen den Grenzen $\pm \sqrt{C + 2m|a|}$; im Falle 4. dagegen entweder zwischen $+\sqrt{C \pm 2m|a|}$ oder zwischen $-\sqrt{C \pm 2m|a|}$. Da a äusserst klein ist, so sind auch die Änderungen von n sehr klein.

Die Diskussion der Gleichung 98) stützt sich auf verschiedene Vernachlässigungen und ist daher nicht streng. Der Veränderlichkeit von n^2 ist, immer unter Beiseitelassung von P, unschwer Rechnung zu tragen. Man hat dann die Gleichungen

$$\frac{du}{dt} = m'n' - mn, \quad \frac{dn}{dt} = n^2 a \sin u,$$

zu diskutieren. Setzt man

$$n = \frac{n_0}{1-v} \quad \text{und} \quad mn_0 = m'n',$$

so wird

$$\frac{du}{dt} = -m'n'\frac{v}{1-v}, \quad \frac{dv}{dt} = n_0 a \sin u.$$

Diese Gleichungen haben die kanonische Form:

$$99) \qquad \begin{aligned} \frac{du}{dt} &= \frac{\partial H}{\partial v} \\ \frac{dv}{dt} &= -\frac{\partial H}{\partial u} \end{aligned} \qquad H = n_0 a \cos u + m'n'(v + \log(1-v)).$$

Ein Integral dieser Gleichungen ist

$$100) \qquad\qquad H = c.$$

Die Grösse $\frac{du}{dt}$ verschwindet nur für $v = 0$, d. h. nach 100) für $n_0 a \cos u = c$, oder für

$$u = \pm \arccos \frac{c}{n_0 a}$$

31*

Ist $c > n_0 |a|$, so verschwindet $\frac{du}{dt}$ niemals, entsprechend dem obigen Fall 4. Ist $|c| < n_0 |a|$, so schwankt u periodisch, wie in den Fällen 2. und 3., vorausgesetzt, dass nicht gleichzeitig $\frac{dv}{dt}$ verschwindet. $\frac{du}{dt}$ und $\frac{dv}{dt}$ können nur dann gleichzeitig verschwinden, wenn $c = \pm n_0 |a|$ Für diesen Sonderwert von c treten die Sonderfälle a. und c. ein: ist $u = 0$ oder π, so bleibt es beständig konstant (Fall a); ist u nicht gleich einem dieser Werte, so tritt der doppelt asymptotische Fall unter c. ein.

Diese Untersuchung lässt sich insofern weiter ausdehnen, als sich ohne Schwierigkeit in 97) die Glieder von P berücksichtigen lassen, deren Argumente Vielfache von u sind. Man würde dann Gleichungen von der Form 99) erhalten, bei denen

$$H = n_0 \sum \frac{\alpha_i}{i} \cos iu + m' n' (v + \log(1 - v)) = c$$

wäre. Die Untersuchung käme dann auf die Feststellung der reellen Wurzeln der Gleichung

$$n_0 \sum \frac{\alpha_i}{i} \cos iu - c = 0$$

heraus. Konvergieren die α_i stark genug, so wird diese Gleichung nur die Wurzeln $u = 0$ und π haben und die Ergebnisse werden den obigen wesentlich gleich sein. Dass dieser Fall eintritt, ist bei Pallas zu erwarten, wo m und m' verhältnismässig grosse Zahlen sind. Anders kann der Fall liegen, wenn diese Zahlen klein sind, die mittleren Bewegungen sich etwa wie $\frac{m}{m'} = \frac{1}{2}, \frac{1}{3}$ oder $\frac{2}{3}$ verhalten.

Wollte man noch auf weitere Glieder in P und darauf Rücksicht nehmen, dass die Grössen $\alpha_{m.m'}$ und $A_{m.m'}$ in den Ausdrücken 91) streng genommen nicht konstant sind, so werden die Untersuchungen schwieriger[1]).

Nachdem Gauss durch seine zweite Rechnung der allgemeinen Störungen die Zahlenwerte der Koeffizienten α und A gefunden hatte, konnte er die Grenzen, zwischen denen n schwankt, sowie die Länge der Periode, wenn auch nur sehr unsicher, berechnen. Auf dem ersten der oben erwähnten Zettel stehen ausser der Zahlenrechnung für die Grössen $18 L' - 7 L$ und C die Gleichungen:

---

[1]) Wir verweisen auf CHARLIER, *Mechanik des Himmels*, Leipzig, II. Band, 1907, 11. Abschnitt, § 4—6, zweite durchgesehene Auflage 1927.

$$\text{»}\frac{d^2 ⚴}{dt^2} = 0{,}02955 \sin(18♃ - 7⚴ + 198^0\, 39'\, 8''),$$

$$\frac{d^2 ⚴}{dt^2} = 0{,}02955 \sin u \ [= a \sin u],$$

$$\frac{d^2 u}{dt^2} = -0{,}20685 \sin u \ [= -7 a \sin u],$$

$$\left(\frac{du}{dt}\right)^2 = C + 0{,}4137 \cos u \ [= C + 14 a \cos u],$$

$$dt = \frac{du}{\sqrt{(-0{,}00000159 + 0{,}00000200 \cos u)}}\text{«.}$$

Auf dem zweiten Zettel lauten die Notizen (ausser den auf der folgenden Seite erwähnten Zahlenrechnungen):

$$\text{»}\frac{d^2 ⚴}{dt^2} = a \sin(18♃ - 7⚴ + A),$$

101) $\quad \dfrac{d^2 u}{dt^2} = -7 a \sin u, \qquad \dfrac{18 d♃}{dt} = 7 + \mu,$

102) $\quad \left(\dfrac{du}{dt}\right)^2 = C + 14 a \cos u = (14 a + C) \cos^2 \psi,$

103) $\quad C = \mu^2 - 14 a \cos U,$

$$\cos u = 1 - 2 \sin^2 \tfrac{1}{2} u,$$

$$\left(\frac{du}{dt}\right)^2 = C + 14 a - 28 a \sin^2 \tfrac{1}{2} u = (C + 14 a)\left(1 - \frac{28 a}{C + 14 a} \sin^2 \tfrac{1}{2} u\right),$$

$$\sqrt{\frac{28 a}{C + 14 a}} \cdot \sin \tfrac{1}{2} u = \sin \psi,$$

$$\sqrt{\frac{7 a}{C + 14 a}} \cdot \cos \tfrac{1}{2} u . du = \cos \psi . d\psi,$$

$$\frac{du}{dt} = \cos \psi . \sqrt{(C + 14 a)},$$

$$\frac{d\psi}{dt} = \sqrt{7 a} . \sqrt{\left(1 - \frac{C + 14 a}{28 a} \sin^2 \psi\right)},$$

104) $\quad \dfrac{d\psi}{\sqrt{\left(7 a - \dfrac{C + 14 a}{4} \sin^2 \psi\right)}}, \qquad \dfrac{1}{M(\sqrt{7 a},\ \sqrt{(7 a \cos^2 \tfrac{1}{2} U - \tfrac{1}{4} \mu^2)})},$

105) $\quad$ Maximum von $\dfrac{du}{dt} = \sqrt{(28 a \sin^2 \tfrac{1}{2} U + \mu^2)}.\text{«}$

Die Gleichungen 101) und 102) entsprechen den Gleichungen 97) und 98); Gauss schreibt stets kurz dt für $n dt$. Nach Gleichung 103) berechnet er C auf dem ersten Zettel; μ und U bedeuten die aus den Beobachtungen festzustellenden Anfangswerte von $\dfrac{du}{n dt} - 18 \dfrac{n'}{n} - 7$ und $u = 18 L' - 7 L + A$.

Aus den Werten

$$n' = 299{,}12817,$$
$$n = 769{,}16512,$$

die GAUSS seiner zweiten Rechnung zugrunde legte[1]), ergibt sich

$$\log \mu = 6{,}2936 - 10,$$

wo die letzte Stelle schon um einige Einheiten unsicher ist. Der von GAUSS angegebene Wert (6,29314) enthält noch eine Stelle mehr und entspräche genau dem Wert $7n = 5384{,}15600$ oder $n = 769{,}165143$.

Bei der Berechnung von U hat GAUSS anscheinend ein Versehen begangen. Es folgt nämlich nach Werke VII, 1906, S. 557 das kritische Glied

$$\frac{du}{n^2 dt} = + 0{,}012 \cos (18 M' - 7 M) - 0{,}027 \sin (18 M' - 7 M)$$

oder, indem man beide Teile zusammenzieht:

$$\frac{du}{n^2 dt} = 0{,}02955 \sin (18 M' - 7 M + 156^0 2' 14'').$$

Der Koeffizient $a = 0{,}02955$ stimmt genau mit dem obigen GAUSSschen Werte überein. Setzt man aber, ebenfalls mit den Werten Werke VII, 1906, S. 529,

$$M' = L' - \pi' = L' - 11^0 17' 5{,}4$$
$$M = L - \pi = L - 121^0 8' 54{,}5 \qquad 18 \pi' - 7 \pi = 75^0 5' 16'',$$

so erhält man

$$\frac{du}{n^2 dt} = 0{,}02955 \sin (18 L' - 7 L + 80^0 56' 58''),$$

übrigens in voller Übereinstimmung mit dem von GAUSS berechneten Wert, Werke VII, 1906, S. 557 (Glied in $\int n dt$). Es ist also $A = 80^0 56' 58''$, während GAUSS auf den Zetteln mit dem Wert $A = 198^0 39' 8''$ gerechnet hat. Zur Berechnung von U setzt er $18 L' - 7 L = 125^0 36' 49''$, ein Wert, der sehr unsicher ist, aber annähernd mit den für verschiedene Epochen nachgerechneten Werten übereinstimmt. Hiermit findet er[2])

$$U = 324^0 15' 57'', \qquad \log C = 4{,}20126n - 10,$$

während man mit dem richtigen Werte von A erhält:

$$U = 206^0 33' 46'', \qquad \log C = 4{,}26300 - 10.$$

---

1) Werke VII, 1906, S. 529.

2) Werke VII, 1906, S. 608, steht versehentlich $\log C = 4{,}26300$ statt $4{,}20126n$.

Es ist also jedenfalls $C < 14a$ und die Änderung von u periodisch. Die Gleichung 104) gibt die Periode der Libration und die Gleichung 105) gibt die Grenzen, zwischen denen n schwankt. Die Berechnung beider Grössen steht auf dem zweiten Zettel neben den Formeln. Man findet die Periode zu 1894 Pallasumläufen = 737 Jupiterumläufen, während Gauss nach seinen Zahlen angibt: 1026,17 Pallasumläufe = 399,07 Jupiterumläufe.

Bei der Berechnung des Ausdruckes 105) ist auf dem Zettel versehentlich $\frac{1}{4}\mu^2$ statt μ^2 gesetzt, womit Gauss die Grenzen von n zu

$$\frac{18}{7}n' \pm 0{,}''06838$$

fand[1]). Die richtige Rechnung ergibt:

$$\text{für } n: \frac{18}{7}n' \pm 0{,}''2153, \qquad \text{für } u: \pm 156^0$$

und mit den Gaussschen Zahlen:

$$\text{für } n: \frac{18}{7}n' \pm 0{,}''0722, \qquad \text{für } u: \pm 37^0 35'.$$

Gauss mag die Rechnung auf den Zetteln nur flüchtig gemacht und darauf weniger Wert gelegt haben, da die Grundlagen recht unsicher sind; daher erklärt es sich wohl auch, dass er seine Zahlen nicht geprüft hat. Die Untersuchung gab ihm nun die Unterlagen für seine in der Handschrift *Exposition d'une nouvelle méthode* etc.[2]) aufgestellte Behauptung, dass die bei einem rationalen Verhältnis von n und n' auftretenden sekularen Glieder in n bei Berücksichtigung der höheren Potenzen der störenden Masse die periodische Form annehmen. Für die praktische Rechnung empfiehlt er die Beibehaltung des sekularen Gliedes in n, d. h. die Entwicklung des Librationsgliedes nach Potenzen von t, und verfährt hiernach auch selbst[3]).

6. Tafeln für die Jupiterstörungen der Pallas.

Die gesamte Anzahl der Störungsglieder beläuft sich nach S. 208 auf 824 und bei der Berechnung eines einzelnen Pallasortes müssten nach den Ausdrücken Werke VII, 1906, S. 543—556, alle diese Glieder berechnet

---

1) Vergl. Werke VII, 1906, S. 559 und 608.
2) Ebenda, S. 468.
3) Ebenda, S. 557.

werden, wobei schon die Bildung der Argumente die Geduld eines Einzelnen
leicht übersteigen würde. Gauss entwarf daher die Werke VII, 1906, S. 572
bis 577 abgedruckten Tafeln, die sich mit den zugehörigen Rechnungen vollständig im Nachlass vorfanden. Er teilt die periodischen Glieder nach ihren
Argumenten in 13 Gruppen und stellt jede Gruppe als Funktion der Differenz
$L' - L$ der mittleren Längen von Pallas und Jupiter dar. Mit dieser Grösse
als Argument können die Zahlen zur Berechnung der Summe einer ganzen
solchen Gruppe direkt aus den Tafeln entnommen werden. Die Berechnung
der Tafeln, an der sich neben Encke noch Westphal hervorragend beteiligte,
wurde in etwas mehr als einem Jahr fertiggestellt.

7. Störungen der Pallas durch Mars.

Von den Marsstörungen hat Gauss nur die Störungen der halben grossen
Achse, die des ersten Teils $\delta \int n\, dt$ der Epoche und die der Exzentrizität fertig
gerechnet und hierbei im wesentlichen wieder dieselbe Methode gebraucht,
wie bei den Jupiter und Saturnstörungen. Die nicht erhebliche Arbeit der
Berechnung der übrigen Elemente ist liegen geblieben.

Andererseits finden sich aber Aufzeichnungen im Nachlass, nach denen
Gauss versuchte, eine andere neuartige Methode zur Entwicklung der Komponenten der störenden Kräfte anzuwenden, die sich etwa in folgender Weise
beschreiben lässt. Es sind die Ausdrücke $\frac{x'-x}{\rho^3}$, $\frac{y'-y}{\rho^3}$, $\frac{z'-z}{\rho^3}$ nach Vielfachen
der mittleren Anomalien M (Pallas) und M' (Mars) zu entwickeln. Da nicht
nur die Exzentrizität der Pallas, sondern auch die des Mars beträchtlich ist,
und auch das Verhältnis der beiden halben grossen Axen $\frac{a'}{a}$ nicht klein ist,
so konvergieren die trigonometrischen Reihen nach allen drei Vielfachen von
M, M', $M-M'$ und nach allen drei Parametern $\left(e,\ e'\ \text{und}\ \frac{a'}{a}\right)$ ziemlich
schwach und man muss hier auf den Vorteil verzichten, die Entwicklung nach
e' an die letzte Stelle zu setzen, wie oben S. 236—237 bei Gelegenheit der Jupiterstörungen auseinandergesetzt worden ist; vielmehr müsste die Entwicklung
nach den Vielfachen aller drei Argumente M, M' und $M'-M$ mit gleichem
Recht behandelt werden und dazu reicht die bei den Jupiterstörungen benutzte
rein interpolatorische Methode nicht aus, da sie nur die Berücksichtigung
zweier Argumente gestattet.

Um diesem Umstand Rechnung zu tragen, scheint GAUSS ein gemischtes, teils interpolatorisches, teils analytisches Entwicklungsverfahren angewandt oder wenigstens versucht zu haben. Er teilt den Umkreis für das Argument M in 24 Teile und führt daher die Entwicklung nach dem Argument M' für die Einzelwerte $M = 0, 15^0, 30^0, \ldots 345^0$ aus; bei dieser Entwicklung stellt er folgende Betrachtungen an.

Für den Abstand der Pallas vom Mars lässt sich die Formel[1])

$$\rho^2 = A + B \cos (E' - C) + D \cos^2 E'$$

ableiten, wo E' die exzentrische Anomalie des Mars und A, B, C, D Funktionen der exzentrischen, wie auch der mittleren Anomalie der Pallas sind, also für jeden M-Wert bestimmte Zahlenwerte haben; der Ausdruck für ρ^2 lässt sich in Faktoren zerlegen:

$$\frac{\rho^2}{D} = \{\mathrm{M} - \cos (E' - \varphi)\}\{\mathrm{N} - \cos (E' + \varphi)\},$$

wo M, N, φ aus A, B, C, D zu berechnen sind[2]). Hiermit wird:

$$\frac{x' - x}{\rho^3} = \frac{x' - x}{D^{\frac{3}{2}}[\mathrm{M} - \cos (E' - \varphi)]^{\frac{3}{2}}[\mathrm{N} - \cos (E' + \varphi)]^{\frac{3}{2}}}.$$

GAUSS betrachtet nun die Wurzeln der Gleichung $\rho^2 = 0$, im besonderen

$$\mathrm{M} - \cos (E' - \varphi) = 0.$$

Die Wurzeln dieser Gleichung da, da $\mathrm{M} > 1$ ist,

$$E' = \varphi + k\pi + ix,$$

wo k eine ganze positive oder negative Zahl oder Null bedeutet und wo

$$e^x = \mathrm{M} \pm \sqrt{\mathrm{M}^2 - 1}$$

ist.

Der entsprechende Wert von M' ergibt sich aus der KEPLERschen Gleichung

$$M' = E' - e' \sin E' = E' - e' \sin \varphi \cos (E' - \varphi) - e' \cos \varphi \sin (E' - \varphi)$$

oder, wenn man

$$\cos (E' - \varphi) = \mathrm{M} = \frac{1}{\sin \zeta},$$

und damit

$$\sin (E' - \varphi) = i \operatorname{ctg} \zeta$$

---

1) Die ähnliche Formel $\rho^2 = (A - a \cos E')^2 + (B - b \sin E')^2 + C^2$ benutzt GAUSS in der *Determinatio attractionis* etc., Werke III, S. 334.

2) Siehe Werke VII, 1906, S. 595.

setzt:

$$M' = E' - \frac{e' \sin \varphi}{\sin \zeta} - ie' \cos \varphi . \operatorname{ctg} \zeta.$$

Setzt man nun

$$\varphi' = \varphi - \frac{e' \sin \varphi}{\sin \zeta}$$

und der Kürze halber

$$y = e' \cos \varphi . \operatorname{ctg} \zeta,$$

so wird

$$M' - \varphi' = E' - \varphi - iy,$$

also

$$\cos (M' - \varphi') = \tfrac{1}{2} e^y \{\cos (E' - \varphi) + i \sin (E' - \varphi)\}$$
$$+ \tfrac{1}{2} e^{-y} \{\cos (E' - \varphi) - i \sin (E' - \varphi)\}$$
$$= \tfrac{1}{2} e^y \operatorname{tg} \tfrac{1}{2} \zeta + \tfrac{1}{2} e^{-y} \operatorname{ctg} \tfrac{1}{2} \zeta.$$

Setzt man noch

$$e^y \operatorname{tg} \tfrac{1}{2} \zeta = \operatorname{tg} \tfrac{1}{2} \zeta',$$

so wird schliesslich

$$\cos (M' - \varphi') = \frac{1}{\sin \zeta'}.$$

Die beiden Gleichungen

$$\cos (E' - \varphi) - M = \cos (E' - \varphi) - \frac{1}{\sin \zeta} = 0$$

und

$$\cos (M' - \varphi') - \frac{1}{\sin \zeta'} = 0$$

werden also durch die gleichen Werte von M' befriedigt. Daher hat man

$$M - \cos (E' - \varphi) = c \left\{\frac{1}{\sin \zeta'} - \cos (M' - \varphi')\right\},$$

und, wenn man

$$\lambda = \left\{\frac{1}{\sin \zeta'} - \cos (M' - \varphi')\right\}^{\frac{3}{2}}$$

setzt,

$$\frac{x' - x}{\rho^3} = \frac{x' - x}{c^{\frac{3}{2}} D^{\frac{3}{2}} (N - \cos (E' + \varphi))^{\frac{3}{2}}} \cdot \frac{1}{\lambda} = \frac{(x' - x) \lambda}{\rho^3} \cdot \frac{1}{\lambda}.$$

Diese Grösse ist also in zwei Faktoren zerlegt und aus dem ersten Faktor $\frac{(x' - x) \lambda}{\rho^3}$ ist die ungünstige Konvergenz verschwunden, die durch die Grösse $(M - \cos (E' - \varphi))^{-\frac{3}{2}}$ veranlasst wird. Dieser erste Faktor wird sich also nach der interpolatorischen Methode nach Vielfachen von M' entwickeln lassen, ohne dass man sehr viele Glieder zu berechnen, und ohne dass man den Umkreis in allzuviele Teile zu teilen braucht. Dafür wird zwar der zweite Faktor $\frac{1}{\lambda}$

mit Berücksichtigung einer grösseren Anzahl Glieder entwickelt werden müssen; jedoch lässt dieser sich leicht beliebig weit entwickeln, da es sich hier um nichts anderes als um die von Gauss so vielfach betrachtete Entwicklung des Ausdrucks

$$(a - \beta \cos \psi)^{-\frac{3}{2}}$$

handelt.

Man könnte wohl auch den zweiten Faktor $(N - \cos (E' + \varphi))^{-\frac{3}{2}}$ in gleicher Weise heraussetzen; doch hat Gauss dieses zweite Verfahren überhaupt nicht weiter verfolgt, weil die Ersparnis an Rechenarbeit doch nicht sehr gross zu sein scheint. Vermutlich hat er den Faktor $(M - \cos (E' - \varphi))^{-\frac{3}{2}}$ gewählt, weil die Funktion $M - \cos (E' - \varphi)$ die der reellen Achse am nächsten gelegene Null-stelle in der komplexen M'-Ebene hat. Die entsprechende Wurzel M' hat den kleinsten imaginären Teil; ihr reeller Teil ist φ' und man kann annehmen, dass die Entwicklung nach $M' - \varphi'$ diejenige auf der reellen Achse ist, die am schwächsten konvergiert.

Der Gausssche Kunstgriff besteht also darin, dass man eine Funktion, deren Entwicklung schwach konvergiert, mit einem Faktor multipliziert, der die Konvergenz verstärkt. Das Produkt entwickelt man sodann nach der interpolatorischen Methode. Die Entwicklung des reziproken Faktors, mit der nachher wieder zu multiplizieren ist, wird zwar schwach konvergieren; man kann den Faktor aber so wählen, dass seine Entwicklung sich leicht weit genug fortsetzen lässt.

Man kann sich das Verfahren an dem analogen Fall einer Potenzreihen-entwicklung vergegenwärtigen:

Es sei die Funktion

$$y = \frac{1}{f(x)}$$

gegeben, wo $f(x)$ eine ganze rationale Funktion sein mag und die Gleichung

$$f(x) = 0$$

keine reelle Wurzel hat. Ihre Wurzeln seien $a_1 \pm ib_1$, $a_2 \pm ib_2$ usw., so dass

$$f(x) = ((x - a_1)^2 + b_1^2) ((x - a_2)^2 + b_2^2) \cdots$$

Es wird verlangt, y in einem beliebigen Punkte der reellen Achse so in eine Potenzreihe zu entwickeln, dass diese Reihe möglichst leicht hergestellt werden

32*

kann. Wenn b die kleinste der Grössen b_1, b_2, ... ist, so wird die Konvergenz der Entwicklung von y, wenigstens im entsprechenden Punkte a und seiner Umgebung, durch die Nullstelle $a + ib$ begrenzt. Nimmt man den Faktor

$$\lambda = (x - a)^2 + b^2$$

heraus, so konvergiert die Entwicklung von λy stärker als die von y. Es kann also vorteilhaft sein, die Grössen λy und $\frac{1}{\lambda}$, jede für sich, zu entwickeln und durch Multiplikation beider Entwicklungen die von y herzustellen. Man wird nämlich bei der Entwicklung von λy weniger hohe Potenzen von x zu berücksichtigen brauchen, wie bei der von y und bei der von $\frac{1}{\lambda}$. Nun ist aber die Entwicklung von

$$\frac{1}{\lambda} = \frac{1}{b^2} \sum_{0}^{\infty} (-1)^n \left(\frac{x - a}{b} \right)^{2n}$$

formell leichter herzustellen, als die von y und λy, es wird also durch die Zerlegung ein Vorteil gewonnen.

Solche Erwägungen mögen es gewesen sein, die GAUSS hier verfolgt hat. In einer Notiz des *Handbuchs* 19, Be (S. 76—77)[1]), gibt GAUSS eine andere Methode zur Aufsuchung des Faktors λ:

Er bringt die Gleichung $\rho^2 = 0$ auf die Form:

$$a + b \cos 2E' - \cos (E' + D) = 0$$

und bestimmt ihre Wurzeln E' in der Form $E' = x + y$, wo x reell und y rein imaginär sein soll; die Formeln zur Berechnung von x und $\cos y$ gibt er an; letztere Grösse ist reell und grösser als Eins. Der entsprechende Wert von M' sei $\xi_0 + i\eta_0$.

Ist λ wieder der zur Entwicklung des Ausdrucks $\frac{1}{\rho^2}$ aus diesem herauszunehmende Faktor, so ist also $\frac{1}{\lambda}$ in eine Reihe nach Vielfachen von $M' - \xi_0$ zu entwickeln; man wird also λ die Form geben:

$$\lambda = (C - \cos (M' - \xi_0))^{\frac{3}{2}}$$

Die Konstante C ist so zu bestimmen, dass λ gleichzeitig mit ρ verschwindet, also

$$C = \cos i\eta_0.$$

Dabei stellt GAUSS noch die folgende Betrachtung an:

---

1) Werke VII, 1906, S. 599—600.

Sind

$$u = a \cos (n M' + A) \quad \text{und} \quad u' = a' \cos ((n+1) M' + A')$$

zwei aufeinanderfolgende Glieder einer konvergenten Reihe, und zwar im besonderen der Entwicklung von $\frac{1}{\lambda}$, so ist:

$$\frac{u'}{u} = \frac{a'}{a} \, \frac{e^{iM' - i(A - A')} + e^{-i(2n+1) M' - i(A + A')}}{1 + e^{-2in M' - 2iA}}.$$

Setzt man

$$M' = \xi + i\eta,$$

so ist

$$\lim_{n \to \infty} \frac{u'}{u} = \lim \frac{a'}{a} \, e^{-\eta} \{ \cos (\xi - A + A') + i \sin (\xi - A + A') \}.$$

Macht man die von GAUSS nicht ausdrücklich hervorgehobene Voraussetzung, dass $\lim \frac{u'}{u}$ einen bestimmten Wert hat, so ist dieser höchstens gleich Eins, da die Reihe als konvergent vorausgesetzt ist. Lässt man M' in $M_0' = \xi_0 + i\eta_0$ übergehen und konvergiert die Reihe für alle Werte von M' bis M_0 ausschliesslich, so muss $\lim \frac{u'}{u}$ im Punkt M_0' sich beliebig der Eins nähern; es ist daher:

$$\lim \frac{a'}{a} = e^{\eta_0}, \quad \lim (A - A') = \xi_0.$$

8. Sekulare Störungen.

Seine Untersuchungen über die sekularen Störungen hat GAUSS in der *Determinatio attractionis* etc.[1]) veröffentlicht; aus gewissen Äusserlichkeiten kann man vermuten, dass diese Untersuchungen etwa um dieselbe Zeit (1814) ausgeführt worden sind, wie die Berechnung der Marsstörungen der Pallas. Im *Handbuch* Be, S. 82, wo sich Vorarbeiten zur *Determinatio* finden, fällt nämlich nicht bloss die Ähnlichkeit der Gleichung für ρ^2 mit der bei der Pallas benutzten auf, sondern dort ist auch ein Zahlenbeispiel von der Pallas entnommen. In der *Anzeige* der *Determinatio attractionis*[2]) vom Jahre 1818 sagt GAUSS, dass er »diese Resultate schon vor vielen Jahren gefunden hat«.

Ebendort[3]) heisst es: »Vermöge eines, vielleicht bis jetzt noch von nie-

---

1) Werke III, S. 331. Deutsch von H. GEPPERT, OSTWALDs Klassiker der exakten Wissenschaften, Nr. 225.

2) Werke III, S. 360.

3) Ebenda, S. 357.

mand ausdrücklich ausgesprochenen, aber aus der physischen Astronomie leicht
zu beweisenden Lehrsatzes, sind die Sekularveränderungen einer Planetenbahn
durch die Störung eines andern Planeten dieselben, der störende Planet mag
eine elliptische Bahn nach Keplers Gesetzen wirklich beschreiben, oder seine
Masse mag auf den Umfang der Ellipse in dem Masse verteilt angenommen
werden, dass auf Stücke der Ellipse, die sonst in gleich grossen Zeiten beschrieben werden, gleich grosse Anteile an der ganzen Masse kommen: vorausgesetzt, dass die Umlaufszeiten des gestörten und des störenden Planeten
nicht in rationalem Verhältnis zu einander stehen«[1]. Man muss hier die Einschränkung machen, dass die Gausssche Methode nur die ersten Potenzen der
störenden Masse berücksichtigt oder dass man nur diese als sekulare Störungen
bezeichnet, wie es wohl in der älteren Störungstheorie üblich war. Jedoch
wird dadurch z. B. im Falle des Mondes keine genügende Annäherung erreicht; ähnliches tritt ein, wenn die Umlaufszeiten beider Planeten nahezu in
einem niedrigzahligen rationalen Verhältnis stehen; in diesem Falle werden
die von den dritten Potenzen der störenden Masse abhängenden[2] Glieder, die
die Sekularbeschleunigung hauptsächlich bedingen, merklich.

9. Schlussbemerkung.

Mit den Jahren 1816—17 schliessen Gauss' Arbeiten aus dem Gebiete
der theoretischen Astronomie gänzlich ab. Seine späteren astronomischen
Untersuchungen gehören in das Gebiet der beobachtenden und sphärischen
Astronomie, während sich der Schwerpunkt seiner Arbeiten überhaupt auf
verwandte Gebiete verschob; in den nächstfolgenden Jahren steht besonders
die Geodäsie im Vordergrund seiner Tätigkeit. Näheres über Gauss' astronomische Beschäftigungen in dieser Zeit sehe man im ersten Abschnitt dieser
Abhandlung.

---

1) Vergl. Bessels Rezension, Jenaer Allgemeine Literaturzeitung, 1821, Nr. 58. F. W. Bessel, *Re-
censionen*, Leipzig 1878, S. 193.

2) Vergl. M. Brendel, *Theorie der kleinen Planeten*, 2. Teil, S. 49—51 u. sonst (Abhandlungen der
K. Gesellsch. der Wissensch. zu Göttingen, Math.-phys. Klasse, Neue Folge, Bd. VI, Nr. 4, Berlin 1909).

Inhaltsverzeichnis.

ZWEITER ABSCHNITT. — THEORETISCHE ASTRONOMIE.

Printed in the United States
By Bookmasters

CAMBRIDGE LIBRARY COLLECTION

Books of enduring scholarly value

Technology

The focus of this series is engineering, broadly construed. It covers technological innovation from a range of periods and cultures, but centres on the technological achievements of the industrial era in the West, particularly in the nineteenth century, as understood by their contemporaries. Infrastructure is one major focus, covering the building of railways and canals, bridges and tunnels, land drainage, the laying of submarine cables, and the construction of docks and lighthouses. Other key topics include developments in industrial and manufacturing fields such as mining technology, the production of iron and steel, the use of steam power, and chemical processes such as photography and textile dyes.

Reports of the Late John Smeaton

Celebrated for his construction of the Eddystone Lighthouse near Plymouth, John Smeaton (1724–92) established himself as Britain's foremost civil engineer in the eighteenth century. A founder member of the Society of Civil Engineers, he was instrumental in promoting the growth of the profession. After his death his papers were acquired by the president of the Royal Society, Sir Joseph Banks, Smeaton's friend and patron. Using these materials, a special committee decided to publish 'every paper of any consequence' written by Smeaton, as a 'fund of practical instruction' for current and future engineers. These were published in four illustrated volumes between 1812 and 1814. Volume 1 contains correspondence with and reports for clients regarding waterworks, canals, bridges, lighthouses and other engineering works, including harbour improvements at Christchurch, Bristol and Whitby. It also contains descriptions of some of Smeaton's inventions, such as an improved fire engine.

Reports of the Late
John Smeaton

Made on Various Occasions,
in the Course of his Employment as a Civil Engineer

VOLUME 1

JOHN SMEATON

CAMBRIDGE
UNIVERSITY PRESS

CAMBRIDGE
UNIVERSITY PRESS

University Printing House, Cambridge, CB2 8BS, United Kingdom

Cambridge University Press is part of the University of Cambridge.

It furthers the University's mission by disseminating knowledge in the pursuit of
education, learning and research at the highest international levels of excellence.

www.cambridge.org
Information on this title: www.cambridge.org/9781108069779

© in this compilation Cambridge University Press 2014

This edition first published 1812
This digitally printed version 2014

ISBN 978-1-108-06977-9 Paperback

This book reproduces the text of the original edition. The content and language reflect
the beliefs, practices and terminology of their time, and have not been updated.

Cambridge University Press wishes to make clear that the book, unless originally published
by Cambridge, is not being republished by, in association or collaboration with,
or with the endorsement or approval of, the original publisher or its successors in title.

REPORTS

OF THE LATE

JOHN SMEATON, F.R.S.

VOL. I.

IOHN·SMEATON·
CIVIL~ENGINEER·F·R·S.

Died Oct. 28. MDCCLXXXXII. Aged 68 Years

Painted by M.ʳ Brown for Al.ˣ Aubert Esquire.
Engraved by M.ʳ Bromley and Published for the
Society of Civil Engineers, by W. Faden. Feb. 1.ˢᵗ 1798.

REPORTS

OF THE LATE

JOHN SMEATON, F.R.S.

MADE ON

VARIOUS OCCASIONS,

IN THE COURSE OF HIS EMPLOYMENT

AS

A CIVIL ENGINEER.

IN THREE VOLUMES.

VOL. I.

LONDON:

PRINTED FOR LONGMAN, HURST, REES, ORME, AND BROWN,
PATERNOSTER-ROW.

1812.

PREFACE.

IT is with much satisfaction, the COMMITTEE OF CIVIL-ENGINEERS have, at length, so far accomplished their long wished for object, as now to present the public, with the first part of the works, of their late worthy and ingenious brother, Mr. JOHN SMEATON; one of the greatest Engineers, that this, or perhaps any country, ever produced.

As, the members of *this society* have interested themselves so greatly, in the publication of the present work ; and the author of it had so great a share in the first establishment, as well as, the subsequent management of the society, it may not be amiss in this place, to employ a few words, in giving a short account of it, before any thing is said more particularly of the publication itself.

The origin of the *Society of Civil-Engineers*, took its rise from the following circumstances. Before or about the year 1760, a new æra in all the arts and sciences, learned and polite, commenced in this country. Every thing which contributes to the comfort, the beauty, and the prosperity of a country, moved forward in improvement, so rapidly, and so obviously, as to mark that period with particular distinction.

The learned societies extended their views, their labours, and their objects of research.—The professors of the polite arts associated together, for the first time; and they now enjoy a protection favourable to improvement, and not less honourable to real merit than to the *public*, and the THRONE, which have, with one accord, promoted their prosperity.

Not

Nor have thefe exertions failed of producing the adequate effects, com-paring the prefent with the paft ftate of things.

Military and naval eftablifhments were made, or enlarged, to promote and extend the true knowledge on which thefe fciences depend.

The *navy of England* fails now uncontrouled in every part of the habitable world; and her fhips of war defy the combined power of all other maritime nations.

It was about the fame period, that *manufactures* were extended on a new plan, by the enterprize, the capital, and, above all, by the fcience of men of deep knowledge and perfevering induftry engaged in them.

It was perceived, that it would be better for eftablifhments to be fet down on new fituations, beft fuited for raw materials, and the labour of patient and retired induftry, than to be plagued with the miferable little politics of cor-porate towns, and the wages of their extravagant workmen.

This produced a new demand, not thought of, till then, in this country,—*internal navigation.* To make communications from factory to factory, and from warehoufes to harbours, as well as to carry raw materials, to and from fuch eftablifhments, became abfolutely neceffary. Hence arofe thofe won-derful works, not of pompous and ufelefs magnificence, but of real utility, which are, at this time, carrying on to a degree of extent and magnitude, to which as yet there is no appearance of limitation.

The *ancient harbours* of this ifland, it may be faid, have ever been neg-lected, confidering the increafe of its naval power, and a foreign commerce of which, there never has been an example, in the hiftory of mankind. The *feaports* were, (I had almoft faid are,) fuch as nature formed, and providence has beftowed upon us; and they were but little better, previous to that pe-riod, notwithftanding fome jetteés and piers of defence, ill placed, had been

made,

made, and repeatedly altered, without knowledge and judgment, at *municipal*, not *government* expence.

This general fituation of things gave rife to a new profeffion, and order of men, called CIVIL-ENGINEERS.

In all the polifhed nations of *Europe*, this was, and is, a profeffion of itfelf, and by itfelf.—Academies, or fome parts of fuch inftitutions, were appropriated to the ftudy of *it*, and of all the preparatory fcience and accomplifhments neceffary to form an able artift, whofe profeffion comprehends the variety of objects on which he is employed; and of which, the prefent work, is an example and a proof.

In this country, however, the formation of *fuch artifts* has been left to chance; and perfons leaned towards the public call of employment, in this way, as their natural turn of mind took a bias —There was no public eftablifhment, except common fchools, for the rudimental knowledge neceffary to all arts, naval, military, mechanical, and others.

CIVIL-ENGINEERS are a felf-created fet of men, whofe profeffion owes its origin, not to power or influence; but, to the beft of all protection, the encouragement of a great and powerful nation;—a nation become fo, from the induftry and fteadinefs of its manufactoring workmen, and their fuperior knowledge in practical chemiftry, mechanics, natural philofophy, and other ufeful accomplifhments.

When any one who has read the varied particulars of this publication, fhuts, and lays it down for contemplation, he will reflect, on the natural talents and fagacity requifite in that mind, which applies to fuch a profeffion; on the patient application, neceffary to acquire all the fubfervient learning, previous to the commencement of it; and, on the wonderful and varied powers, which this work exhibits.

This

The fame period gave rife alfo to an affociation of fome gentlemen, employed as abovementioned.   They often met accidentally, prior to that union,
in the Houfes of Parliament, and in Courts of Juftice, each maintaining the
propriety of his own defigns, without knowing much of each other.   It
was, however, propofed by one gentleman, to Mr. SMEATON, that fuch a
ftate of *the profeſſion*, then crude and in its infancy, was improper : and
that it would be well, if fome fort of occafional meeting, in a friendly way,
was to be held ; where they might fhake hands together, and be perfonally
known to one another :—That thus, the fharp edges of their minds might be
rubbed off, as it were, by a clofer communication of ideas, no ways naturally hoftile ; might promote the true end of the public bufinefs upon
which they fhould happen to meet in the courfe of their employment ; without joftling one another, with rudenefs, too common in the unworthy part
of the advocates of the law, whofe intereft it might be, to pufh them on
perhaps too far, in difcuffing points in conteft.

Mr. SMEATON immediately perceived the utility of the idea, and at once
embraced it.   In March 1771, a fmall meeting was firft eftablifhed, on Friday evenings, after the labours of the day were over, at the Queen's-Head
Tavern, Holborn.   And, from a few members at firft, it foon increafed ; fo
that in the fpace of 20 years, they amounted to 65 and upwards.   But of
thefe, there were only about 15, who were real Engineers, employed in public
works, or private undertakings of great magnitude,

Among thefe, we find the names, of YEOMAN, SMEATON, GRUNDY, MYLNE,
NICKALLS, JESSOP, GOLBORNE, WHITWORTH, EDWARDS, JOS. PRIESTLY,
Major WATSON, BOULTON, WHITEHURST, RENNIE, WATT, and fome
others.   The other members were either amateurs, or ingenious workmen
and artificers, connected with, and employed in, works of engineering.

This affociation declared itfelf A SOCIETY ; and a regifter was kept, of the
names and numbers of its members.   Converfation, argument, and a focial
communication of ideas and knowledge, in the particular walks of each
member,

member, were, at the fame time, the amufement and the bufinefs of the meetings.

In this manner, fometimes well attended, and at other times not fo, as the members were difperfed all over England, THE SOCIETY, proceeded until May 1792; when it ceafed to exift, by mutual confent of the principal members.

Some untoward circumftances, in the behaviour of one gentleman, towards Mr. SMEATON, gave rife to the difunion. No one, was ever more obliged than that gentleman, (who is now deceafed,) to Mr. SMEATON, for promoting him in bufinefs, and many effential offices in life. The offence given, was done away by an apology, at the defire of the company, and by the good-nature of Mr. SMEATON; but the remembrance of it had an effect on all prefent.

Afterwards, it was conceived and intended to renew *this fociety*, in a better and more refpectable form. Steps were taken for that purpofe, and Mr. SMEATON agreed to be a member.—But alas! before the firft meeting could be held, he was no more. He died the 28th of October, 1792; and their firft meeting was in April, 1793.

It was conceived, it would be a better plan, that the members fhould dine together, at a late hour, after attendance in Parliament; and pafs the evening in that fpecies of converfation, which provokes the communication of know-ledge, more readily and rapidly, than it can be obtained from private ftudy, or books alone.

The firft meeting of this new inftitution,

THE SOCIETY OF CIVIL-ENGINEERS,

was held on the 15th of April, 1793,
    by Mr. JESSOP, Mr. MYLNE, Mr. RENNIE, and Mr. WHITWORTH.

The

The conftitution was agreed on, and afterwards acceded to by all;—That there fhould be three claffes in *the fociety*: The FIRST CLASS, as ordinary Members, to confift of real Engineers, actually employed as fuch, in public or in private fervice. The SECOND CLASS, as honorary members, to confift of men of fcience and gentlemen of rank and fortune, who had applied their minds to fubjects of Civil-Engineering, and who might, for talents and knowledge, have been real Engineers, if it had not been *their good fortune*, to have it in their power to *employ* others in *this profeffion*; and alfo of thofe, who are employed in other public fervice, where fuch and fimilar kinds of knowledge is neceffary.—And, the THIRD CLASS, as honorary members, alfo to confift of various artifts, whofe profeffions and employments, are neceffary and ufeful to, as well as connected with, Civil-Engineering.

The meetings are held at the Crown and Anchor, in the Strand, every other Friday, during the feffion of Parliament. And the lift of members are of the

FIRST CLASS.—ORDINARY MEMBERS.

ORDINARY MEMBERS.
{
WILLIAM JESSOP,
ROBERT WHITWORTH,
JOHN RENNIE, F. R. S. Ed.
ROBERT MYLNE, F. R. S.
JAMES WATT, F. R. S.—L. and Ed.
JAMES GOLBORNE,
Sir THOMAS H. PAGE, Knt. F. R. S.
JOHN DUNCOMBE,
Captain JOSEPH HUDDART, F. R. S.
HENRY EASTBURNE,
WILLIAM CHAPMAN, M. R. I. A.
JAMES COCKSHUTT.
}

SECOND

SECOND CLASS.—Honorary Members.

Honorary Members.

The Right Hon. Sir JOSEPH BANKS, Bart. P. R. S.
    Knight of the Order of the Bath, &c.

Sir GEORGE A. SHUCKBURGH EVELYN, Bart. F. R. S.

MATHEW BOLTON, Esq; F. R. S.

General BENTHAM,

JOSEPH PRIESTLY, Esq;

Doctor CHARLES HUTTON, F. R. S.

HENRY OXENDON, Esq;

The Right Hon. the Earl of MORTON, F. R. S.

JOHN LLOYD, Esq; F. R. S.

Right Hon. CHARLES GREVILLE, Esq; F. R. S.

THIRD CLASS.—Honorary Members.

WILLIAM FADEN, Geographer,

JESSE RAMSDEN, F. R. S. Instrument-Maker, &c.

JOHN TROUGHTON, Instrument-Maker, &c.

JOHN FOULDS, Mill-Wright, &c.

SAMUEL PHILLIPS, Engine-Maker,

SAMUEL BROOKE, Printer,

JOHN WATTE, Land-Surveyor, &c.

It may be mentioned, as a mark of the Society's regard, that a tribute is always paid, after dinner, *to the memory of their late worthy brother*, JOHN SMEATON. The publication of this work shews that their respect goes farther; by contributing a more substantial monument to his fame and character.

The Society having learnt that Sir JOSEPH BANKS had, for a considerable sum, purchased all the manuscripts, designs, drawings of every sort, and all the papers of Mr. SMEATON, from his executers and reprefentatives; with a conditional obligation, that if all or any of thefe papers fhould be publifhed, and profit fhould arife from the publication, fuch profit or advantage fhould be made over to the faid reprefentatives, for their own ufe. This was a moft liberal engagement on the part of Sir JOSEPH BANKS; and as his avocations, in all the walks of fcience and natural hiftory, are fo extenfive, it was pro-pofed to him, and moft handfomely acquiefced in, that *the Society* fhould undertake to perform the tafk of publifhing the Reports only, with the condition thereto annexed; and that the lofs, if any, fhould be defrayed by themfelves, as well as, that the profits, if any, fhould go to Mr. SMEATON's reprefentatives.

In February, 1795, four gentlemen ftepped forward for this purpofe, who, together with Sir JOSEPH BANKS as one, and at the head of it, under the de-nomination of a Special Committee, have agreed to perform this fervice, fuch as it is, to the public; and to do it at their own rifk, though not to their ad-vantage, as abovementioned.

This Committee confifts of

Sir JOSEPH BANKS, Bart. Knight of the Order of the Bath, Pre-
fident of the Royal Society, &c. &c.
Captain JOSEPH HUDDART,
WILLIAM JESSOP, Efq;
ROBERT MYLNE, Efq; and
JOHN RENNIE, Efq;

The Reports, only, were the great object of this Society, and of their Spe-cial Committee. Thefe, they thought, would be of the greateft ufe to the profeffion, to teach actual and practical knowledge; as well to conceive advice and opinions given, as to convey them, with perfpicuity and energy, to others.

Of thefe Reports, the prefent volume contains about one half; the re-mainder being intended for a fecond volume, if the prefent fhall be approved by public encouragement.

The

The manner in which the reports are here arranged, is in chronological order, or the time in which they occurred, for each subject; with this variation, that all the several reports on the same subject, when there were more than one, made at different times, are here brought together, and placed immediately following each other, as may be observed in several parts of this volume, particularly the concluding subject of it, namely, the machinery at the *Carron* iron-works, upon which there were several reports.

As to Mr. SMEATON's style and language, he had a particular, and in some degree a provincial way of expressing himself, and conveying his ideas, both in speaking and writing; a way which was very exact and impressive, though his diction was far from what may be called classical or elegant. A good workman or artist, of humble pretensions, in that respect, is however always eloquent on the subject of which he is truly master. His language and words, therefore, and even the orthography, have been closely adhered to, without taking the liberty to make any alterations, unless perhaps sometimes in the change of a latter or a word, where a manifest deviation from grammar occurred, such as the author would of himself have altered, had he been the editor.

To this volume is prefixed a short account of the life and writings of Mr. SMEATON, taken partly from Dr. HUTTON's Dictionary, and partly from additional Information supplied by the gentlemen of the committee.

A table of contents is also prefixed, and a general index is intended to be given at the end of the work.

SOME

SOME ACCOUNT

OF THE

LIFE, CHARACTER, AND WORKS,

OF

MR. JOHN SMEATON, F.R.S.

SOME ACCOUNT

OF

THE LIFE, &c.

=========================

Mr. John Smeaton, F.R.S. a very celebrated Civil Engineer, and author of the enfuing Reports, was born the 28th of May, 1724, at *Aufthorpe*, near *Leeds*, *Yorkfhire*, in a houfe built by his grandfather, where the family have refided ever fince, and where our author died the 28th of October, 1792, in the 68th year of his age.

Mr. Smeaton feems to have been born an Engineer. The originality of his genius and the ftrength of his underftanding appeared at a very early age. His playthings were not thofe of children, but the tools men work with ; and he had always more amufement in obferving artificers work, and afking them queftions, than in any thing elfe. Having watched fome mill-wrights at work, he was one day, foon after, feen (to the diftrefs of his family) on the top of his father's barn, fixing up fomething like a windmill. Another time, attending fome men who were fixing a pump at a neighbouring village, and obferving them cut off a piece of bored pipe, he contrived to procure it, of which he made a working pump, that actually raifed water. Thefe anecdotes refer to circumftances that happened when he was hardly out of petticoats, and probably before he had reached the 6th year of his age. About his 14th or 15th year, he made for himfelf an engine to turn rofe-work, and he made feveral prefents to his friends of boxes, in wood and ivory, turned by him in that way.

His friend and partner in the *Deptford* Water-works, Mr. John Holmes, vifited Mr. Smeaton, and fpent a month with him at his father's houfe, in the year 1742, when confequently our author was about 18 years of age.
Mr. Holmes

Mr. Holmes could not but view young Smeaton's works with aſtoniſhment: he forged his own iron and ſteel, and melted his own metals: he had
tools of every ſort for working in wood, ivory and metals.   He had made
a lathe, by which he had cut a perpetual ſcrew in braſs, a thing very little
known at that day.

Thus had Mr. Smeaton, by the ſtrength of his genius, and indefatigable
induſtry, acquired, at 18 years of age, an extenſive ſet of tools, and the art
of working in moſt of the mechanical trades, without the aſſiſtance of any
maſter, and which he continued to do a part of every day when at the place
where his tools were; and few men could work better.

Mr. Smeaton's father was an attorney, and was deſirous of bringing his
ſon up to the ſame profeſſion.   He was therefore ſent up to London in 1742,
where for ſome time he attended the courts in *Weſtminſter-Hall*; but finding
that the profeſſion of the law did not ſuit *the bent of his genius*, (as his uſual
expreſſion was,) he wrote a ſtrong memorial to his father on the ſubject,
whoſe good ſenſe from that moment left Mr. Smeaton to purſue the bent
of his genius in his own way.

Mr. Smeaton after this continued to reſide in *London*, and about the
year 1750 he commenced philoſophical inſtrument maker, which he continued
for ſome time, and became acquainted with moſt of the ingenious men of
that time.

This ſame year he made his firſt communication to the Royal Society;
being an account of Dr. Knight's improvements, of the Mariner's Compaſs.
Continuing his very uſeful labours, and making experiments, he communicated to that learned body, the two following years, a number of other
ingenious improvements, as will be enumerated in the liſt of his writings,
at the end of this account of him.

In 1751 he began a courſe of experiments, to try a machine of his invention for meaſuring a ſhip's way at ſea; and alſo made two voyages, in company with Dr. Knight, to try it, as well as a compaſs of his own invention.

In

In 1753 he was elected a member of the Royal Society; and in 1759 he was honoured with their gold medal, for his paper concerning the natural powers of water and wind to turn mills, and other machines depending on a circular motion. This paper, he says, was the result of experiments made on working models in the years 1752 and 1753, but not communicated to the Society till 1759; having, in the interval, found opportunities of putting the result of these experiments into real practice, in a variety of cafes, and for various purposes, so as to assure the Society he had found them to answer.

In 1754, his great thirst after experimental knowledge led him to undertake a voyage to Holland and the Low Countries, where he made himself acquainted with most of the curious works of art so frequent in those places.

In December 1755, the *Edystone Lighthouse* was burnt down, and the proprietors, being desirous of rebuilding it in the most substantial manner, enquired of the Earl of MACCLESFIELD, then President of the Royal Society, who he thought might be the fittest person to rebuild it; when, he immediately recommended our author. Mr. SMEATON accordingly undertook the work, which he completed with stone in the summer of 1759. Of this work he gives an ample description in a folio volume, with plates, published in 1791; a work which contains, in a great measure, the history of four years of his life, in which the originality of his genius is fully displayed, as well as his activity, industry and perseverance.

Though Mr. SMEATON completed the building of the *Edystone Lighthouse* in 1759, yet it seems he did not soon get into full business as a Civil Engineer; for in 1764, while in *Yorkshire*, he offered himself a candidate for one of the receivers of the *Derwentwater* estate; in which he succeeded, though two other persons, strongly recommended and powerfully supported, were candidates for the employment. In this, he had the faithful and friendly support of Sir FRANCIS GOSLING, Alderman of *London*, and one of the Commissioners. That estate was forfeited in the year 1715, and the revenues thereof were applied by Parliament, towards the fund of *Greenwich Hospital*. It consists of mines of lead, containing much silver, as well as lands.

It required, better than common management, and above all, that knowledge abfolutely neceffary to bring mines of lead and coal to the moft productive effect. This was the object of the Commiffioners, and it has been amply repaid. Machines of all kinds, and better means on a great plan, were devifed for a more eafy and ample working thefe mines, by Mr. SMEATON: while, the correct judgment, patient induftry, and great abilities and fincerity of Mr. WALTON the younger, of *Farnacres* near *Newcaftle*, (his partner in the duty of receiver,) taking upon himfelf the management and the accounts, left Mr. SMEATON, leifure and opportunity, to exert his abilities on thefe works, as well as to make many improvements in the whole of this eftate of *Greenwich Hofpital.*

By the year 1775 he had fo much bufinefs, as a Civil Engineer, that he was defirous of refigning the appointment for that Hofpital, and would have done it then, had not his friends prevailed upon him, to continue in the office about two years longer.

Mr. SMEATON having thus got into full bufinefs as a Civil Engineer, it would be an endlefs tafk to enumerate all the various concerns he was engaged in. A very few of them however may be juft mentioned in this place. —He made the river *Calder* navigable; a work that required great fkill and judgment, owing to the very impetuous floods in that river.—He planned, and attended for fome time, the execution of the great, or *Forth* and *Clyde,* canal in *Scotland,* for conveying the trade of the country either to the *Atlantic* or *German Ocean.* When this work had been executed from the *Forth* towards the *Clyde,* as far as a point intended for the junction of a collateral canal to *Glafgow,* the work ftopped, and was difcontinued a confiderable time, by the funds being exhaufted. Before that period, Mr. SMEATON had declined accepting his falary, which was five hundred pounds a year, that he might not be prevented from attending to the multiplicity of other bufinefs; and conceiving the refident engineer, Mr. M'KELL, was fully competent to conduct it afterwards. After a lapfe of fome time, the work was refumed, by public aid, and has been carried on, and lately completed, under the direction of Mr. WHITWORTH, to the great benefit of trade and that country.

On

On opening the great arch at *London Bridge*, by throwing two arches into one, and the removal of a large pier, the excavation, around and underneath the fterlings of that pier, was fo confiderable, as to put the adjoining piers, that arch, and eventually the whole bridge, in great danger of falling. The previous opinions of *fome* were pofitive, and the apprehenfions of *all* the people on this head were fo great, that many perfons would not pafs over or under it. The Surveyors employed were not adequate to fuch an exigency. Mr. Smeaton was then in *Yorkfhire*, where he was fent for by exprefs, and from whence he arrived in town with the greateft expedition. He applied himfelf immediately to examine the bridge, and to found about the dangerous fterlings, as minutely as he could. The Committee of Common Council adopted his advice; which was, to re-purchafe the ftones of all the City Gates, then lately pulled down, and lying in *Moorfields*, and to throw them pell-mell, (or *piere perdu*,) into the water, to guard thefe fterlings, preferve the bottom from further corrofion, raife the floor under the arch, and reftore the head of water neceffary for the water-works to it's original power; and this was a practice, he had before, and afterwards adopted on other occafions. Nothing fhews the apprehenfions of the bridge falling, more, than the alacrity with which his advice was purfued: the ftones were re-purchafed that day; horfes, carts, and barges were got ready, and the work inftantly begun, though it was Sunday morning. Thus Mr. Smeaton, in all human pro- bability, faved *London Bridge* from falling, and fecured it till more effectual methods could be taken.

In 1771 he became, jointly with his friend Mr. Holmes above-men- tioned, proprietor of the works for fupplying *Deptford* and *Greenwich* with water; which, by their united endeavours, they brought to be of general ufe to thofe they were made for, and moderately beneficial to themfelves.

Aftronomy was one of Mr. Smeaton's moft favorite ftudies; and he con- trived and made feveral aftronomical inftruments for himfelf and friends. After fitting up an obfervatory at his houfe at *Aufthorpe*, he devoted much of his time to it when he was there: even in preference to public bufinefs, much of which he declined for the purpofe of applying his attentions to private ftudy, particularly to the fubject of aftronomy.

c 2   About

About the year 1785 Mr. SMEATON's health began to decline; and, in consequence, he then took the resolution to avoid new undertakings in business as much as he could, that he might thereby also have the more leisure to publish some accounts of his inventions and works. Of this plan, however, he got no more executed than the account of the *Edystone Light-house*, and some preparations for his intended treatise on mills; for he could not resist the solicitations of his friends in various works. Mr. AUBERT, whom he greatly loved and respected, being chosen chairman of *Ramsgate Harbour*, prevailed upon him to accept the office of Engineer to that harbour, an office established at that time, as, he had been occasionally consulted only, previous thereto; and to *their joint efforts* the public are chiefly indebted for the improvements that have been made there, within these few years; which fully appears in a Report that Mr. SMEATON gave in to the Board of Trustees in 1791, which has been published in various ways.

The powers of his mind were beginning to fail, in the observation of his intimate friends, and afterwards of all. He is known to have said, on talking of his health, that he found he had suffered more from the application he paid to the scheme, design, and proposition of a Canal from *Birmingham* to *Worcester*, (which was then very much contested in Parliament) than all the business he had ever met with.

Strong exertions were necessary; which, if he had been vigorous as he was wont, it would have sat easy upon him; but alas! with the deficiency then commenced, it was hard labour indeed, and thereby promoted, the ruin fast approaching, and much to be lamented.

This lamentable tale is told, for the instruction of *those* engaged, and so circumstanced, at that period of life, when the powers of the mind are borne down by the complication and vastness of an object submitted to it.

The bill for that work passed by a small majority; but the difficult and contested part of that work has not as yet been attempted. He was not the proposer, but the supporter of that proposition.

It

It had for many years been the practice of Mr. Smeaton to spend part of the year in town, and the remainder in the country, at his house at *Austhorpe*. On one of these excursions in the country, while walking in his garden, on the 16th of September, 1792, he was struck with the palsy, which put an end to his useful life the 28th of October following, to the great regret of a numerous set of friends and acquaintance.

The great variety of mills constructed by Mr. Smeaton, so much to the satisfaction and advantage of the owners, will shew the great use he made of his experiments in 1752 and 1753. Indeed he scarcely trusted to theory in any case where he could have an opportunity to investigate it by experiment; and for this purpose he built a steam-engine at *Austhorpe*, that he might make experiments expressly to ascertain the power of the Old or Newcomen's steam-engine; which he improved and brought to a much greater degree of certainty, both in it's construction and powers, than it was before.

During many years of his life, Mr. Smeaton was a constant attendant on Parliament, his opinion being continually called for. And here his natural strength of judgment and perspicuity of expression had their full display. It was his constant practice, when applied to, to plan or support any measure, to make himself fully acquainted with it, and be convinced of it's merits, before he would be concerned in it. By this caution, joined to the clearness of his description, and the integrity of his heart, he seldom failed, having the bill he supported, carried into an act of Parliament. No person was heard with more attention, nor had any one ever more confidence placed in his testimony. In the Courts of Law he had several compliments paid to him from the Bench, by the late Lord Mansfield and others, on account of the new light he threw upon difficult subjects.

As a Civil Engineer, he was perhaps unrivalled, certainly not excelled, by any one, either of the present or former times. His building the *Edystone Lighthouse*, were there no other monument of his fame, would establish his character. The *Edystone Rocks* have obtained their name from the great variety of contrary sets of the tide or current in their vicinity. They are

situated

fituated nearly S. S. W. from the middle of *Plymouth Sound*. Their diftance from the port of *Plymouth* is about fourteen miles. They are almoft in the line which joins the *Start* and the *Lizard Points*; and as they lie nearly in the direction of veffels coafting up and down the *Channel*, they were un-avoidably, before the eftablifhment of a lighthoufe there, very dangerous, and often fatal to fhips. Their fituation, with regard to the *Bay of Bifcay* and the *Atlantic*, is fuch, that they lie open to the fwells of the bay and ocean, from all the fouth-weftern points of the compafs; fo that all the heavy feas, from the fouth-weft quarter, come uncontrouled upon the *Edyftone Rocks*, and break upon them with the utmoft fury. Sometimes, when the fea is to all appearance fmooth and even, and it's furface unruffled by the flighteft breeze, the ground fwell meeting the flope of the rocks, the fea beats upon them in a frightful manner, fo as not only to obftruct any work being done on the rock, or even landing upon it, when, figuratively fpeak-ing, you might go to fea in a walnut fhell. That circumftances, fraught with danger furrounding it, fhould lead mariners to wifh for a lighthoufe, is not wonderful; but the danger attending the erection leads us to wonder, that any one could be found hardy enough, to undertake it. Such a man was firft found in the perfon of Mr. H. WINSTANLEY, who, in the year 1696, was furnifhed by the *Trinity Houfe* with the neceffary powers. In 1700 it was finifhed; but in the great ftorm of November, 1703, it was deftroyed, and the projector perifhed in the ruins. In 1709 another, upon a different conftruction, was erected by a Mr. RUDYERD, which, in 1755, was un—fortunately confumed by fire.

The next building was under the direction of Mr. SMEATON, who, having confidered the errors of the former conftructions, has judicioufly guarded againft them, and erected a building, the demolition of which feems little to be dreaded, unlefs the rock on which it is erected fhould perifh with it. Of his works, in conftructing bridges, harbours, mills, engines, &c. &c. it were endlefs to fpeak.

Of his inventions and improvements of philofophical inftruments, as of the air-pump, the pyrometer, hygrometer, &c. &c. fome idea may be formed from the lift of his writings inferted below.

In

In his perfon, Mr. SMEATON was of a middle ftature, but broad and ftrong made, and poffeffed of an excellent conftitution. He had great fimplicity and plainnefs in his manners: he had a warmth of expreffion that might appear, to thofe who did not know him well, to border on harfh-nefs; but, fuch as were more clofely acquainted with him, knew it arofe from the intenfe application of his mind, which was always in the purfuit of truth, or engaged in the inveftigation of difficult fubjects. He would fometimes break out haftily, when any thing was faid that was contrary to his ideas of the fubject; and he would not give up any thing he argued for, till his mind was convinced, by the deducement of facts, before, unknown to him, and by found reafoning. In all the focial duties of life, Mr. SMEATON was exemplary; he was a moft affectionate hufband, a good father, a warm, zealous, and fincere friend, always ready to affift thofe he refpected, and often before it was pointed out to him in what way he could ferve them. He was a lover and an encourager of merit wherever he found it; and many perfons now living are in a great meafure indebted for their prefent fituation to his affiftance and advice. As a companion, he was always entertaining and inftructive, and none could fpend their time in his company without improvement.

As to the lift of his writings; befides the large work above-mentioned, being the Hiftory of the *Edyftone Lighthoufe*, and numbers of Reports and Memorials, many of which were printed, his communications to the Royal Society, and inferted in their Tranfactions, are as follow:

1. An Account of Dr. KNIGHT's Improvements of the Mariner's Com-pafs. An. 1750, pa. 513.

2. Some Improvements in the Air-Pump. An. 1752, pa. 413.

3. An Engine for raifing Water by Fire; being an Improvement on SAVARY's Conftruction, to render it capable of working itfelf; invented by M. DE MOURA, of *Portugal*. Ib. pa. 436.

4. Defcription of a new Tackle, or Combination of Pulleys. Ib. pa. 494.

5. Experiments on a Machine for meafuring the Way of a Ship at Sea. An. 1754, pa. 532.

6. Defcription

CONTENTS.

The COMMITTEE of CIVIL-ENGINEERS.

Fellfoot, near *Kendal*, 30th October, 1797.

GENTLEMEN,

THE advertisement relative to the publication of Mr. SMEATON's works, recalls to my mind a request made from you, through Mr. BROOKE, " that his daughters would affist in furnishing any anecdotes illuftrative of " his life and character." And this recollection calls upon me to apologize for the apparent neglect, as well as to account why an office so pleasant could be delayed for a moment. The fact is, Gentlemen, that, however immediate the impulse was to fet about it, I foon found, in fo doing, the task at once difficult and delicate.

The public ear, I am afraid, is fatiated and faftidious; and the plain anecdotes of a plain man, like him, though interefting to individuals, could awaken little public curiofity, or perhaps, give ftill lefs fatisfaction when awakened. And, extraordinary as it may feem, his family, probably lefs than others, are in poffeffion of anecdotes concerning him; for, though communicative on all fubjects, and ftored with ample, and liberal obfervations on others; of *Himfelf*, he never fpoke. In nothing does he feem to have ftood more fingle, than in being devoid of that egotifm, which, more or lefs, affects the world. It required fome addrefs, even in his family, to draw him into converfation directly relative to himfelf, his purfuits, or his fuccefs. Self-opinion, felf-intereft, and felf-indulgence, feemed, alike, tempered in him, by a modefty infeparable from merit,—a moderation in pecuniary ambition,—a habit of intenfe application, and a temperance ftrict beyond the common ftandard. And, it is owing, perhaps, to this regulation, that, through a courfe of inceffant fatigue, and incredible exertion, from *fix years old to fixty*, the multiplicity of bufinefs, and preffure of cares, never had power to deaden his affections, or injure his temper.

VOL. I.   d   I fay,

I fay, "*fix years old to fixty*," becaufe while in petticoats, he was continually dividing circles and fquares; all his play-things were models of machines, which deftroyed the fifh in the ponds, by raifing water out of one into another. At fchool;—his exercifes, in the law, to him not an agreeable deftination; his dry, though ufeful attainments, occupied him through the day;—but mechanics, and his favourite ftudies, engroffed the chief of every night. So that his mind appears to have indured an inceffant exertion through that period.

It was his maxim, " that the abilities of the individual, were a *debt* " due to the common ftock of public happinefs, or accommodation!" This appears to have governed his actions through life; for the claim of fociety (thus become facred) his time was devoted to the cultivation of talents, by which he might benefit mankind; and thenceafter, to the unwearied application of them.——

Indefatigable in the purfuits they led to, the public are in poffeffion of all which Nature intrufted to him, or the meafure of life allowed.

His friends know well how to appreciate the honeft man, who valued them! And what he was in his family, every member of it could fpeak, if called upon, with equal gratitude, pride, and pleafure!

The arrangement of his time was governed by a method, as invariable as inviolable: for profeffional ftudies were never broken in upon, by any one; and thefe, (with the exception of ftated aftronomical obfervations,) wholly ingroffed the forenoon. His meals were temperate, and for many years reftricted, on account of health, to *rigid* abftinence, from which he derived great benefit.

His afternoons were regularly occupied by practical experiments, or fome other branch of mechanics. And not more entirely was his mind devoted to his profeffion in one divifion of his time, than abftracted from it

in

in another. *Himself* devoted to his family with an affection so lively, a manner at once so cheerful and serene, that it is impossible to say, whether the charm of conversation, the simplicity of instructions, or the gentleness with which they were conveyed, most endeared his home. A home, in which from infancy we cannot recollect to have seen a trace of dissatisfaction or a word of asperity to any one. Yet with all this he was absolute! And it is for casuistry in education, or rule, to explain his authority; it was an authority, as impossible to dispute as to define.

The command of his feelings, and submission of a temper, naturally warm, to reason and benevolence, were strongly illustrated by a circumstance, (in my recollection,) peculiarly trying to him. It arose from the conduct of a man formerly employed as a clerk, in whom having the highest confidence and esteem, he procured him a similar, though more lucrative, situation in a public office; where he served with a fidelity which in time promoted him to a station, of high trust and responsibility, (my father being bound, jointly with another gentleman, for his conduct, in a considerable sum.) It were needless to say by what degrees in error this man fell; it suffices, that at last he forged a false statement, to meet the deficiency; that he was detected, and given up to justice. The same post brought news, of the melancholy transaction; of the man's compunctions and danger; of the claim of the bond forfeited; and of the refusal of the other person to pay the moiety! — Being present when he read his letters, which arrived at a period of Mrs. SMEATON's declining health, so entirely did the command of himself second his anxious attention to her, that no emotion was visible on their perusal; nor, till all was put into the best train possible, did a word, or look, betray the exquisite distress it occasioned him. In the interim, all which could soothe the remorse of a prisoner, every means which could save, (which did, at least from public execution,) were exerted for him, with a characteristic benevolence, " active and unobtrusive."

The difintereſted moderation of his pecuniary ambition, every tranſaction in private life evinced; his public ones bore the ſame ſtamp: and after his health had withdrawn him from the labours of his profeſſion, many inſtances may be inſtanced by thoſe, whoſe concerns induced them to preſs importunately for a reſumption of it: and when ſome of them, ſeemed diſpoſed to enforce their entreaties by further proſpects of lucrative recompence, his reply was ſtrongly characteriſtic of his ſimple manners and moderation. He introduced the old woman, who took care of his chambers in *Gray's Inn*, and ſhewing *her*, aſſerted, " that her attendance ſufficed for " all his wants." The inference was indiſputable, " for money could not " tempt that man to forego his eaſe, leiſure, or independence, whoſe " requiſites of accommodation were compreſſed within ſuch limits!"

Before this, the Princeſs DE ASKOFF made an apt comment upon this trait of his character; when, after vainly uſing every perſuaſion to induce him to accept a *carte blanche* from the EMPRESS OF RUSSIA, (as a recompence for directing the vaſt projects in that kingdom,) ſhe obſerved, " Sir, you are " a great man, and I honour you! You may have an equal in abilities, per- " haps; but in *character* you ſtand ſingle. The *Engliſh* miniſter, Sir ROBERT " WALPOLE, was miſtaken, and my ſovereign has the misfortune to find " *one Man* who has *not* his price!"

Early in life he attracted the notice of the late DUKE and DUCHESS of QUEENSBURY, from a ſtrong reſemblance to their favourite GAY, the poet. The commencement of this acquaintance was ſingular, but the continuance of their eſteem and partiality laſted through life.—Their firſt meeting was at *Ranelagh*, where, walking with Mrs. SMEATON, he obſerved an elderly lady and gentleman fix an evident and marked attention on him. After ſome turns they at laſt ſtopped him, and the DUCHESS (of eccentric memory) ſaid, " Sir, I dont know who you are or what you are, but ſo ſtrongly do " you reſemble my poor dear GAY, we *muſt* be acquainted; you ſhall go " home and ſup with us; and if the minds of the two men accord, as do " the countenance, you will find two cheerful old folks, who can love you
" *well*;

" *well*; and I think, (or you are an hypocrite,) you can *as well* deferve it."—
The invitation was accepted, and, as long as the DUKE and DUCHESS lived,
the friendfhip was as cordial as uninterrupted; indeed, their fociety had fo
much of the *play* which genuine wit and goodnefs know how to combine, it
proved to be, among the moft agreeable relaxations of his life.—A fort of
amicable and pleafant hoftility was renewed, whenever they met, of talent
and good humour; in the courfe of which, he effected the abolition of
that inconfiderate indifcriminate play, amongft people of fuperior rank or
fortune, which compels every one to join, and at their own ftake too.—My
father detefted cards, and his attention never following the game, played like
a boy. The game was *Pope Joan*, the general run of it was high, and the
ftake in " *Pope*" had accidentally accumulated to a fum *more* than ferious.
It was my father's turn by the deal, to *double it*, when, regardlefs of his
cards, he bufily made minutes on a fcrap of paper, and put it on the board.
The DUCHESS eagerly afked him what it was? and he as coolly replied;
:" Your Grace will recollect the field in which my houfe ftands may be
" about 5 acres, 3 roods and 7 perches, which, at thirty years purchafe,
" will be juft my ftake, and if your Grace *will make a Duke of me*, I pre-
" fume the winner will not diflike my mortgage."—The joke and the leffon
had alike their weight; they never after played but for the mereft trifle.

The manly fimplicity of deportment to his fuperiors, however, was alike
free from pretenfion and fervility; and an invariable confideration and kind-
nefs to his inferiors, produced a fingular fentiment of veneration, in thofe who
ferved him.

He always apprehended the ftroke which terminated his life, as it was
hereditary in his family; he dreaded it *only* as it gave the melancholy poffibility of out-living his faculties, or the power of doing good: to ufe his
own words, " *lingering over the dregs, after the fpirit had evaporated!*"

When this really did happen, the compofure, with which he met it; his
anxious endeavour to foften any alarm to his family; his refignation to the
event; and his dignified thankfulnefs on finding at laft, his intellect was fpared,

were

were every way worthy of himſelf.—Still his invariable wiſh was " *to be* " *releaſed!* '

In the interim, (ſix weeks) all faculties, and every affection, were as clear and animated, as at any period of his life. His memory was tenacious; and his ingenuity as active to relieve the inconveniencies of his then ſituation, as ſuch ſituation gave what *he* termed, trouble to thoſe about him.——

He expreſſed a particular deſire and pleaſure, in ſeeing the uſual occupations reſumed; and reading, drawing, muſic and converſation excited the ſame intereſt, the ſame cheerful and judicious obſervations as ever.

He would ſometimes complain of his own ſlowneſs, (as he called it,) of apprehenſion, and then would excuſe it with a ſmile, ſaying, " It could " not be otherwiſe, the ſhadow *muſt* lengthen, as the ſun went down!" There was no *ſlowneſs* in fact to lament; for he was as ready at calculations, and as perſpicuous in explanation, as at any former period. Some phenomena reſpecting the moon were aſked him one evening, when it accidentally ſhone bright, full into his room. When he had ſpoke fully on them, his eyes remained fixed upon it with a moſt animated attention, to us impreſſive; then turning them, on us with benignity, obſerved, " How often " have I looked up to it with inquiry and wonder! To the period, when I " ſhall have the vaſt and privileged views of an HEREAFTER, and all will " be comprehenſion and pleaſure!"

Shortly after, the end he had through life deſired, was granted; the body gradually ſunk, but the mind ſhone to the laſt; and in the way good men aſpire to, he cloſed a life, active as uſeful, amiable as revered !

MARY DIXON.

CONTENTS.

CONTENTS.

C O N T E N T S.

     Estimate

Page

CONTENTS.

The

Estimate

The

C O N T E N T S.

———————————————

REPORTS, &c.

QUESTIONS propofed by the Magiftrates and Town-Council of *Dumfries* to the confideration of MR. SMEATON. October, 1760.

1ft. WHAT is the eafieft and moft effectual method for preferving the town's grounds of *Kingholme* from the future encroachments of the river?

2d. How can the navigation of the river *Nith* be moft eafily improved from *Kingholme* to *Kelton*, and the channel rendered lefs precarious than it is at prefent?

3d. It is defired that MR. SMEATON may vifit the works carried on in the under part of the river, oppofite to the Merfe grounds of *Netherwood, Cargin*, and *Laghall*; and, upon confidering the courfe of the river, and the fituation and extent of thefe works, to give his opinion how far the navigation of the river will be bettered or injured by fuch works; and what amendments or alteration of them are neceffary for preferving the navigation entire? And in cafe fuch works are attempted to be made by other heretors, what orders ought the Magiftrates and Town-Council to give thereanent, as being guardians of the public navigation of this river; and how many feet or fathom broad ought the channel to be kept free at thofe places?

In cafe it fhall be thought proper or neceffary that any of the works already erected ought to be deftroyed, whether fhould the ftakes be pulled up or knocked down, equal to or below the furface of the ground where they now are; and what ought to be done with fuch parts of the works as are of ftone?

EBEN. HEPBURN.
JOHN DICKSON.
WM. CLARK.

ANSWERS to the queftions propofed by the Magiftrates and Town-Council of *Dumfries*, for the confideration of J. SMEATON.

HAVING carefully examined the courfe of the river *Nith* and the banks thereof, from *Dumfries* to *Kirkonnel* on the Weft fide, and from *Kelton* to *Dumfries* on the Eaft, both upon the flood and ebb of a fpring tide, I am of opinion as follows :

Anfwer to queftion 1.—Where the banks, by the undermining of the water, tumble down, I would advife them to be floped as low down as where the water begins to act, and to defend the foot of the flope by rows of ftakes, fingle or double, according to the violence of the water's action, placed in a direction parallel to the bank, with binders to confine down a lay of fafcines pointing towards the water. The flope of the bank muft not be greater than to incline five feet backward for every yard of perpendicular height; the furface of this flope to be fodded, fown with hay feeds, or otherwife graffed over as far as the grafs will grow, and the remainder covered with gravel, laid partly upon the fafcines. The directions of the rows of ftakes ought to be fuited to the direction of the water, attempting as much as poffible a right line or fair curve, avoiding as much as poffible all fudden turns and irregularities.

Anfwer to queftion 2.—The channel of the river *Nith* has fo many fudden turns and irregularities, that the tide fpends itfelf among the finuofities of the river, and in filling up wide fpaces above, after having paffed through narrower below, and is thereby prevented from mounting to fo great a perpendicular height as it would otherwife attain, in the upper parts of the river near *Dumfries* in cafe the courfe was more ftraight, and had a more regular contraction ; and this difadvantage is ftill the greater, as the fpace of time occupied by the tide of flood is fo fhort, that it begins to ebb below, before the loops of the river, in the fuperior part, have time to fill to the level that the furface had been at in the lower, at high water. The navigation, therefore, feems incapable of any great improvements at any moderate expence, otherwife than by cutting a navigable canal, with proper locks and other works upon it, which can be done for much lefs than it would coft to make the river itfelf tolerably regular. But the way to prevent it from growing worfe than it now is, muft be by hindering it from becoming ftill more crooked, and growing ftill more wide above than below, giving as free a paffage as poffible to the tide of flood, efpecially in the moft contracted places. Whatever contributes to this end tends to preferve it; whatever has a contrary effect muft be a detriment to it.

Anfwer to queftion 3.—In vifiting thofe grounds and works, I obferved as follows. That *Cargin* Merfe being fituated on the concave fide, or in the very bottom of a con-

fiderable

fiderable loop of the river, the direction which the current receives from the fuperior grounds, on tide of ebb, and from the inferior, on tide of flood, both ftrongly tend to carry away the land of *Cargin* Merfe, and thereby to render the loop ftill deeper : I am therefore of opinion, that the jettys and works there conftructed, in as much as they contribute to prevent this loop from growing deeper, that is, the river from growing more crooked, they thereby contribute to the benefit of the navigation. But I am of opinion, that thofe jettys have been advanced too far into the river, whereby the courfe of the water has, in that part, been too much contracted ; and alfo that, by being placed acrofs the direction of the ftream, they have contributed to hinder the free paffage of the tide of flood, which would of confequence not fill the upper part of the river to fo great a perpendicular height, as has been already mentioned. However, as thofe jettys have in fome meafure anfwered one good purpofe, viz. that of preventing the river from falling into a deeper loop in that place, and as it might be of dangerous confequence to difturb the body of fleech there gathered, by totally rooting up thofe jettys, I am of opinion, that fuch of the jettys as run acrofs, or intercept the current, fhould be levelled with the prefent furface of the fleech, which may be done either by driving down or fawing off the ftakes. As to the jettys that have been formed on the *Netherwood* fide, as they don't feem to have contributed to fave the land, or to have anfwered any one purpofe whatfoever, nor do they feem to produce any other effect than that of contracting the river in this, the otherwife narroweft part, and that of intercepting the current on tide of flood, both which, confidering the large wide bay juft above, and the various meandrings ftill higher, together with the fmallnefs of the time that the tide of flood acts at this place, I am of opinion, that thofe jettys are very prejudicial to the navigation, and therefore think, that all of them, whether of wood or ftone, fhould be pulled up, or otherwife levelled with the prefent bed of the river on which they ftand. As to the jettys and works which have been raifed upon the Merfe grounds of *Laghall*, fuch as are contiguous to thofe of *Cargin* fhould be ferved in the fame manner as has been mentioned concerning thofe of *Cargin* ; but as to the reft, they are either fo inconfiderable, or fo placed, as to produce no fenfible effect on the navigation. With refpect to future works for preferving or gaining of land, provided they are fo contrived as to fhorten the courfe of the current, leaving the channel of the river of fuch a width, as to be wider than the medium width of half a mile above, and narrower than the medium width for half a mile below ; at the fame time carrying the weir fence, or advanced work, parallel to the natural direction of the current, reducing it, as near as may be, to a right line or fair curve, without fudden elbows and irregularities ; laying alfo the banks or interior works fmooth, and floping, fo as not to catch hold of and entangle the current of the tide of flood : I am of opinion, that all fuch works ought to be encouraged, as being advantageous to the navigation of the river.

Aufthorpe, 28th Nov. 1760.   J. SMEATON.

QUESTIONS offered by ROBERT MAXWELL of *Cargin* to the consideration of Mr. SMEATON.

THE Merse grounds of *Cargin* belonging to MR. MAXWELL, are situated on the west
side of the river *Nith*, opposite to the Merse belonging to Mr. JOHNSTON, of
Netherwood, on the east side of the river.

The Merse of *Cargin* for many years had been greatly injured by the river, until
MR. MAXWELL raised weirs, or small creals, for defending his property from future
encroachment. MR. JOHNSTON, late of *Netherwood*, made works of the same nature on
his side, which extend a considerable way higher up the river than MR. MAXWELL's, and
opposite to works of the like construction erected on the other side by MR. CORRIE,
an heretor adjoining to *Cargin*, on the north or upper side.

While these works were carrying on, the Town Council (as guardians of the navigation of the river) interposed their authority, and, on a visitation thereof, appointed
certain parts of the works, on both sides, to be removed, as being prejudicial to the
public navigation. This order having been intimated to the whole heritors concerned,
they agreed to comply therewith, and became bound in writing to remove the works
pointed out as being so injurious. Accordingly MESSRS. MAXWELL and CORRIE did
remove such parts of their works as were ordered, and fixed posts or pearches on what
remained, for the direction of mariners. The other heretor, MR. JOHNSTON, did not
remove a stick or stone of his; on the contrary, his heir and successor is now insisting
to have the whole of MR. MAXWELL's works removed, as being hurtful to his,
MR. JOHNSTON's, property, and to the public navigation.

It is therefore desired that MR. SMEATON will view the works on both sides, and, upon
considering the situation and extent of them, to give his answer to the following
questions.

1st. How far were these works necessary for preserving the Merse of *Cargin*; and how
can they be further secured, without injuring the navigation of the river, or the private
property of others?—In considering this question it is to be observed, that by the situation
of the opposite grounds of *Netherwood*, and the higher works thereon, which extend far into
the channel, the force of the land flood and ebb tide, as well as the current of the flowing
tide, is thrown with much violence on the bosom of *Cargin* Merse, which has nothing but
these

thefe works to repel the force of it; fo that MR. SMEATON will pleafe to confider what would have been the natural confequence had fuch work not been made.

Queftion 2.—How far are the works on *Cargin* fide prejudicial to public navigation? And pleafe alfo confider whether works of this kind, raifed in defence of private property, are illegal and unprecedented; and whether they tend to hurt public navigation, and injure the private property of an oppofite heretor.

QUESTIONS offered by ROBERT MAXWELL, of *Cargin*, anent his work on the fide of the river *Nith*, to the confideration of MR. J. SMEATON.

IT is defired that MR. SMEATON, in vifiting the river, will view and confider the courfe of the river, the floods and tide, and the fituation of the grounds and works conftructed thereon, upon the Merfes of *Cargin* and *Netherwood*, and give his anfwers to the following queftions.

1ft. Whether from the courfe of the river, and the fituation of the oppofite ground, the Merfe of *Cargin* is expofed to the force of the land flood and ebb tide, and alfo to the current of the flowing tide; and if works were not therefore neceffary, for defending *Cargin* Merfe from the future encroachments of the river?

2d. Whether the work already erected on *Cargin* Merfe can hurt or prejudice the oppofite Merfe of *Netherwood*; and whether thefe works can be deemed illegal and unprecedented, as being injurious to the oppofite grounds?

3d. How can thefe works be fecured or improved, in the eafieft and moft effectual manner, for preferving *Cargin* Merfe, without injuring public navigation, or the private property of neighbouring heretors?

ROBERT MAXWELL.

ANSWER.

ANSWERS to the Queftions offered by ROBERT MAXWELL of *Cargin*, anent his Works on the fide of the River *Nith*, by JOHN SMEATON.

Anfwer to Queftion 1ft.

CARGIN Merfe laying in the bottom, or moft concave part, of a confiderable loop of the River *Nith*, is by its fituation expofed to the principal action of the flood and ebb tides, and alfo to that of the land floods; and the natural foil being of a very loofe nature, artificial works were abfolutely neceffary, for the defence thereof from future encroachments of the river, as without this, the natural effect of the currents would be, to make this loop of the river ftill deeper, by carrying away the foil of *Cargin* Merfe.

Anfwer to the 2d queftion.—As *Cargin* Merfe, notwithftanding what has been done, is ftill on the concave fide of a deep loop of the river, the principal force of the current is ftill exerted on that fide; and as the oppofite grounds lay upon the convex fide, they cannot be fenfibly affected thereby; and thofe above, or below this concavity, are at too great a diftance to be thereby affected. Works for this purpofe are frequently made, and if not advanced further than what has been known to have been firm ground in the memory of man, I apprehend cannot be deemed illegal; but this part of the queftion more properly belongs to the laws.

Anfwer to the 3d. queftion.—By making the weirs parallel to the direction of the current, fo as to make, as much as poffible, a right line or fair curve, and floping the banks, covering the fame with fafcines and gravel, except on fuch places as they can be graffed over.

Aufthorpe, 28th November, 1760.   J. SMEATON.

PLAN of the TOWN of HALIFAX, shewing the PIPES for supplying it with WATER.

The lines ___ denote the pipes.

Church

Talbot Square

Wool Shops

Church Lane
Vicarage Lane
Mill Lane
Well Street
Shelter Gate
Back Lane
New Road
New Road
Causey
Top of the Causey
Smithy Stake Smithy Stake Lane
Winding Hill Lane
Tail Lane
South Gate
North Gate
Round about House
Corn Market
Petticoat Lane
Cheapside
Market Place
Crown Street
Swine Market
Cabbage Lane
Hall End
Copper Street
Woodhead Alley
Red Lion Alley
Love Lips Lane
Chadwick
Back
Berum Tap
Bull Green
Little Green
Street Lane
Tenter
Cow Green Wey
Bottom of Gib
Elliot Lane
Back Street
Mount Pellan Lane

Publd. by J.

PLAN of the RIVER CALDER, from WAKEFIELD to BROOKSMOUTH & SALTER HEBBLE BRIDGE, near HALIFAX, Yorkshire, with a projection for rendering the same Navigable by J. Smeaton, 1757.

WAKEFIELD
to Doncaster
Lupset Ford
Websters Barn
Thorns
Lupset Hall
Horbury Mill
Horbury
Netherton Hall
Dewsbury New Mill
Heaton Stor
Alders in the Heaton
Thornhill
Dewsbury
Crows Mount
Ravens Brook
Mirfield Wear
Mirfield
Sygley
Ledgard Mill
Bradley Hall Forge
Colne House Mill
Nun Brook
Harpers Mill
Brighouse
Brighouse Bridge
Redbrook
Halifax Br
Salter Hebble Bridge Brooksmouth
to Elland
to Haliax
Copley Mill
Flowbridge Brook
HALIFAX

Scale of Miles & Furlongs

N
E
S
W

Published at the Act directs, 1811 by Longman, Hurst, Rees, Orme and Brown Paternoster Row London.

J. Farey del.

W. Lowry sculp.

PLAN of the RIVER CALDER, from WAKEFIELD to BROOKSMOUTH & SALTER HEBBLE BRIDGE, near HALIFAX, Yorkshire, with a projection for rendering the same Navigable by J. Smeaton, 1757.

On the water-works at *Halifax*.

To Mr. SIMPSON.

SIR,

INCLOSED you have a sketch of the method which I would propose for laying of the pipes of the intended Water-works at *Halifax*, and an estimate referring thereto, which I hope will be near the matter, having spent some time in the consideration and forming thereof; however, I would not wholly rely upon my own judgment, but desire that those papers may be overlooked and considered by my ingenious friend JOSEPH KNIGHT, whose natural sagacity and acquirements in these kinds of affairs will, I am persuaded, lead him to discover and point out such oversights and mistakes as I may have been guilty of, notwithstanding the care I have taken; and I must take this opportunity of desiring, that, though the Gentlemen have thought proper to consult me on this occasion, I may not be considered as any bar to his merit, but rather as jointly concerned.

It may not be amiss, however, to point out the general principle upon which I have conducted myself; and, in the first place, as the town lays very unequal in point of level, and, of consequence, a very great perpendicular pressure will lay upon the pipes, especially towards the lower parts, I have endeavoured to avoid the additional expence, that naturally would arise from proportional encrease of thickness, by taking advantage of such circumstances in the situation, as have a tendency to relieve the disadvantages thereof; and, with this view, I have assigned the bores of the pipes in general considerably less than I should have done, in case the town had been more upon a level, because the declivity has a tendency to force the water through the pipes with greater velocity, and make them give as much water through a given orifice, as would be done by a larger pipe more upon a level, and with a lesser pressure upon it.

2dly. Considering that the supply will come from above the head of the town, and that the pipe of conduct, at its first entrance into the town, must carry all the water necessary for the supply of the whole, but that in going lower down it has only the water to convey for such parts as lay still lower; of consequence, the necessary bore of the pipe of conduct will grow less and less the further and lower it goes; but as it is a certain principle in hydraulics, that pipes become stronger in proportion as their diameters are less, when the thickness of the shell of the metal is the same, it follows, that if their bores are diminished in proportion as their perpendicular pressure is increased, the smaller pipe will be as able to sustain its weight of water as the larger will be to sustain the pressure peculiar

thereto;

thereto: for thefe reafons, inftead of adding to the weight of metal as we go lower down, I have propofed the fame thicknefs for the main all the way, and by diminifhing the diameter, and confequently the weight, have added the neceffary ftrength; by which advantage a great weight of metal will be faved, without injury to the main defign. As to the branches, I have proportioned their thicknefs to the thicknefs of that part of the main which is upon the fame level, regard being had to the difference of their bores; by thefe means every part of the fyftem of pipes will be equally ftrong, with refpect to the ftrefs that will come upon it. I don't mean, however, that every part is adjufted with a mathematical exactnefs; for as I have allowed every part to be confiderably ftronger than what may be barely called fufficient, that would be not only unneceffary, but by making every yard of pipe of different bore and thicknefs, would be more unreafonably troublefome in the execution. That that part of the main which lays between the refervoir at the *Gibbet*, and the back ftreet, I have fuppofed of the fame bore and thicknefs all the way, for the eafe of calculation; but, in reality, I propofe it to be confiderably wider towards the refervoir, yet, as the preffure diminifhes that way, it can be done with the fame metal as the calculation fuppofes.

3dly. Confidering, likewife, the inequality of the ground in another view, in cafe there fhould be, at any time, any defect in point of quantity furnifhed to the refervoir for the fupply of the whole town, it is evident that the lower parts of the town would be firft fupplied, becaufe the water will naturally run down hill, and accumulate in the loweft parts firft, by which means the lower parts would be well fupplied, when the upper parts were partially, or fcarce at all fupplied: and even when the refervoir would furnifh as much water as the pipes could take, as the water would iffue with much greater velocity from the lower cocks than from the higher; fhould many of the lower cocks be open together, this would ftill abate the iffuing of the water from the higher, and efpecially thofe at a diftance from the main, fo that while the lower cocks were kept running in this manner, the upper ones would be but faintly fupplied; for remedying of which defects, as well as others that would accrue from the fenfible effects of the leakage and wafte of all the cocks in the town at once, I propofe to part the town into two divifions, the upper and the lower, to receive the water alternately: the upper divifion to confift of all the ftreets above the Hall end, and the lower divifion of all below, which will be done by placing a ftop-cock upon the main at ✳ ⊕, and three others at the three principal branches at ⊕ A, ⊕ B, and ⊕ C; by which means, the ✳ cock being fhut, and A, B, and C open, the upper divifion will be ferved alone: on the contrary, the cocks A B C being fhut, and the ✳ cock open, the lower divifion will be ferved, and no part of the upper. And here it muft be remarked, that I propofe the two ftreets,

called

called the bottom of *Gibbet-lane* and the *Swine-market*, to be ferved out of the branches p r, p m, and not from the main A B, B C; for otherwife, thofe two ftreets, with the upper branches dependant thereon, would be perpetually fupplied, whereas the fupply of every other part of the town would be intermitted, and confequently the diftribution unequal.

The equality propofed hereby might, perhaps, be ftill greater, in cafe the town was divided into more divifions than two; but as the fcheme would be embarraffed with a greater number of branches and ftop-cocks, I was unwilling to deftroy its fimplicity for trifling advantages. Perhaps the divifion that I have propofed may not confift of an equal value of water rents; but as this may be adjufted by proportioning the time that each divifion fhall receive the water, I would rather propofe this method of preferving the equality, than by taking any other point of divifion, which, as the town is fhaped, I think would not be fo convenient.

4thly. Refpecting the method of conveyance of the water from the fpring to the refervoir; though I am ftill of opinion it may effectually be done in a gutter lined with clay and gravel; yet, confidering that this gutter muft be covered, and well fecured from evaporation and diverfion, I have, upon fecond thoughts, (at leaft for the fake of coming to an eftimate) fuppofed this conveyance to be in wooden pipes of four inches bore, which there is no doubt will anfwer, and not give the water any ill tafte, as the defcent from *Broadby Laith* to the *Gibbet* is great enough to give the water a rapid current, confequently its time of continuance in the pipes will probably not exceed half an hour.

5thly. I have only further to obferve, that I have not included the purchafe in my eftimate, which, added to the amount thereof, will make a fum much beyond what feemed to be imagined when I was at *Halifax*; and, on this account, I have been the more minute, and have inclofed a copy of the amount of each particular part of the lead-work, that in cafe I have inferted or omitted any ftreet which ought to have been otherwife, a proper correction may be made; and alfo that the whole may be fubmitted to examination, from whence I flatter myfelf it will appear that the matter is not exaggerated. And I am, with the utmoft refpect to the gentlemen promoters of this fcheme,

S I R,

Your moft humble fervant,

J. SMEATON.

C   P. S. Pleafe

P. S. Pleafe to tell my friend, Mr. STANSFIELD, that the improvements I fuppofed might be made in fulling as well as other mills, when this matter came in queftion on the *Calder*, is no longer a matter of theory; and, contrary to the determination of Mr. BANKS, *that a fulling-mill is a machine fo fimple, that it is not capable of any farther improvement*, a fulling-mill that has been erected from one of my plans, in dry times, goes with lefs than a quarter of the ufual quantity; and in frefhes goes with 3 feet 8 inches tail water; though the greateft difference between head and tail water, when the laft is moft down, in dry feafons, never exceeds 4 feet 6 inches.

ESTIMATE for the Water-works at *Halifax*.

	£.	s.	d.
To expences in walling and fecuring the fpring head, - - - - -	30	0	0
To piping from *Broadby Laith-fpring* to the *Gibbet*, being two miles, to be wood pipe four inches bore, laying and compleating, at 5 s. per yard, - - - -	880	0	0
To erecting a water-houfe and refervoir near the *Gibbet*, - - - - -	200	0	0
To 653 cwt. of lead piping in the main, leading from the refervoir to *Smithy Stake*, folder-work, laying, and making good the ftreets, at 1 l. 4 s. per cwt. - - -	783	12	0
To 931 cwt. in the branches at ditto, - - - - - - -	1117	4	0
To four large brafs ftop-cocks and a valve, at 4 l. each, - - - -	20	0	0
	3030	16	0
To unforefeen expences, at 10 per cent. - - - - - -	303	0	0
	3333	16	0

London, 14th February, 1761.

Place.	Bore.	Thick-neſs.	Length. Ch.	L.	Weight. lbs.	C.	qrs.	lbs.
* A	3½	½	12	10	25,555			
A B	3½	½	2	80	5,914			
B C	3¼	½	5	85	11,624			
C D	3	½	5	30	9,864			
D E	2¾	½	3	13	5,433			
E F	2½	½	3	18	5,123			
F G	2¼	½	3	10	4,604			
G H́	2	½	3	68	5,005			
			39	14	73,122 =	652	3	14
Branches.								
A a	2½	3/8	4	81	5,714			
a b	2¼	5/16	2	52	2,223			
B b	2¼	5/16	6	00	5,292			
C b	2¼	3/8	7	23	7,852			
b c d b	2	¼	13	00	7,937			
e f	1¾	¼	1	92	1,042			
g h i	1¾	5/16	8	62	6,141			
k l	2	5/16	2	76	2,201			
l m	1¾	5/16	5	00	3,562			
n o	1½	¼	2	85	1,354			
p q	1¾	¼	4	00	2,171			
r s	1½	¼	1	75	831			
p r	2¼	5/16	2	90	2,558			
r m	2¼	3/8	6	00	6,516			
t v	2¼	3/8	3	20	3,475			
v w	2	5/16	8	00	6,378			
v x	1¾	5/16	4	10	2,921			
v E	1½	5/16	5	10	3,200			
D y	2¼	7/16	3	00	3,870			
y z	2	3/8	5	30	5,215			
R V	1½	5/16	1	50	941			
S T	1½	5/16	2	60	1,637			
E N O G	1¾	3/8	9	20	8,115			
Q P	1½	5/16	2	40	1,506			
H M	1½	3/8	3	60	2,808			
H I	1¾	7/16	2	17	2,282			
I K K L	1½	7/16	7	00	6,528			
			126	53	104,265 =	930	3	21
			165	67	177,387	1583	3	7

N. B. The Mark * is ſup-poſed to be placed at the *Gibbet*.

PROPOSALS for building an engine for raifing water 11 feet from the well or refervoir, into the piece of water in the gardens of Her Royal Highnefs the DOWAGER PRINCESS OF WALES, at *Kew*, to be worked by one large or two light horfes.

THE following things are fuppofed to be done at the expence of Her Royal High-nefs: The drain or gutter, leading from the engine to the *Chinefe* houfe to be lowered four feet; the ground to be cleared and levelled for the engine to ftand upon; the earth to be wharfed up with brick-work; the well cleaned, and the brick-work repaired, where neceffary; and, in cafe it is thought expedient to underpin the groundfill of the fhade with brick, the materials to be led from the river to the place, and the labourers to affift in lifting and digging what may be required during the fetting up.—The engine to work with an *Archimedes* fcrew, 2 feet 8 inches diameter, and 24 feet long; the fhade for the horfes to be 30 feet from out to out, and the mean diameter of the horfe track 24 feet.

This engine to raife 1200 hogfheads in four hours, with one large horfe or two light ones, fuch as have heretofore been ufed.

A fmall pump, to be worked occafionally by the engine, for raifing water from the gutter to the ciftern, in the kitchen garden.

The whole of the machinery and frame-work thereof, with the fhade for the horfes walk, and a cover from the fcrew, with a ciftern and fluice at the foot thereof, to be com-pleted in the moft fubftantial and workman-like manner, for the fum of one hundred and fifty pounds.

The

The REPORT of John Smeaton, Engineer, concerning the practicability, &c. of a navigable canal from *Wilden* ferry, in the county of *Derby*, to *King's Bromley* common, near *Litchfield*; and from thence in several branches, the first leading to *Longbridge*, near *Burslem*, the second to *Newcastle under Line*, the third to the city of *Litchfield*; and the fourth to the river *Tame*, at or near *Fazeley* bridge, near *Tamworth*, all in the county of *Stafford*, as projected by Mr. James Brindley, Engineer.

HAVING, in company with Mr. Brindley and Mr. Henshall, land surveyor, in the month of November, 1760, carefully viewed and considered the tracts of ground through which the canal abovementioned and its branches are proposed to pass, and compared the same with the plans and levels produced by Messrs. Brindley and Henshall; and also viewed the course of the rivers, (*Trent* and *Tame*) as well as the several brooks, streams, water-courses, and whatever else seemed principally to relate to the abovementioned project, it appears to me as follows:

1st. That the waters that are or may be collected into the brooks, at the head of the proposed canal and its several branches, are respectively sufficient to supply the same with water; and that the canal and its branches, as projected by Mr. Brindley, are practicable, and may be executed at the several expences contained in an estimate bearing the same date as this report.

2d. That as the river *Trent* appears to have few pools naturally navigable, in proportion to its extent, and those of no great length, but on the contrary abounds with shoals, is in many places very winding, in general runs in a shallow channel, and is subject to continued floods; in consequence a new canal will answer the purposes of a navigation, in the present case preferable to carrying the same more generally through the mother river, and which, for a great part of the tract in question, is impracticable at any tolerable expence.

3d. That, in particular, the present navigable part of the *Trent*, between *Wilden* ferry and *Burton*, is so much obstructed by shoals and scours, that the purposes thereof would be much more effectually answered by the canal projected by Mr. Brindley.

4th, That

4th. That the tracts of ground through which the canal abovementioned and its branches are propofed by Mr. Brindley to pafs, are well chofen, and for the greateft part well adapted by nature for fuch a purpofe, and as little injurious to private property as the nature of fuch a work will admit of; Mr. Brindley having judicioufly defigned the courfe thereof to pafs through a great number of level commons and wafte grounds, and, in general, through the moft barren lands that could be found in any wife to agree with the courfe thereof.

5th. That a branch from the canal to *Longbridge* may be conducted upon a dead level from near the town of *Stoke* to the town of *Newcaftle*, as laid down in the plan.

6th. That a canal from *King's Bromley* common may be conducted up the valley of *Litchfield Brooks*, to the city of *Litchfield*, but at a very moderate charge, to the tail of *Stow* pool.

7th. That a canal being conducted upon a level from fome proper point of the main canal, at or near *King's Bromley* common, the fame will meet the valley of the *Tame*, at or near *Fazeley* bridge; and by inverted locks a communication may be formed, and the navigation may be carried by that river to the borough of *Tamworth*, the waters being pounded up thither by the mills at *Tamworth*.

8th. That the branch of the canal, propofed to be carried to *Longbridge*, is capable of being extended, fo as to join the navigable river that falls into the weft fea; for it is but a little above two miles from *Longbridge*, to a meadow which lies between two hills near *Harecaftle*, in which meadow the waters that run into the weft fea divide from thofe that make their way into the eaft, and which therefore may be called the point of partition. The grounds between *Longbridge* and this point lie with a gentle declivity, and, according to a level taken by Mr. Henshall, this point of partition is elevated above that of *Longbridge* a little more than 90 feet; but as one third part of this afcent lies within a quarter of a mile of the fummit, and as the ground there appears to be fuitable, a confiderable part of this afcent may be avoided, by a deep cut through the fummit, which will be of a moderate length, as the ground feems of the fame quality, and to fall away much in the fame manner on the weft fide as on the eaft; and as, according to the report of thofe who know the grounds, particularly the meadows on the weft fide, are nowhere interrupted by rocks, or other remarkable obftructions, a canal is by confequence as practicable from the point of partition weftward, as it is from the fame point eaftward; and the diftance is not near fo great to the navigable rivers on the weft, as

on

on the eaſt. It only remains that probable means be ſhown of ſupplying this additional canal at the point of partition with water; for if this is done, the lower parts will be ſupplied of courſe: In reſpect whereof it muſt be obſerved, that the point of partition lies greatly under the level of the adjacent hills, and conſequently the ſprings iſſuing from ſuch hills may be conducted thither, and all the water upon the more elevated grounds may be intercepted for ſeveral miles round, in order to ſupply a reſervoir in a proper place, above the level of the point of partition. Theſe ſprings will be further aſſiſted by water iſſuing from the coal-pit drains that now are, and hereafter will probably be multiplied, as the grounds hereabouts abound with coal, the greateſt part of which is at preſent ungot; but ſhould all theſe reſources, in a dry ſeaſon, prove too little, the navigation may be ſupplied with water by the help of a fire engine, to return the waters from a lower level, where the collection of ſprings may at all times be ſufficient; ſo that the water may be uſed as many times over as may be needful.

9th. That from the beſt information it appears, that the preſent navigation between *Wilden* ferry and *Gainſbrough* is much obſtructed by ſhoals and ſcours, inſomuch that in ſeveral places, in the common ſtate of the river in dry ſeaſons, there is not above 8 inches depth of water, and that at ſuch times, without the aid of flaſhes from Kings mills upon the *Trent*, and the loweſt mills upon the *Derwent*, the navigation would then be impracticable.

10th. That, for theſe reaſons, the purpoſe of the canals before mentioned will not be fully and compleatly anſwered, without an amendment of the navigation between *Wilden* ferry and *Gainſbrough*, either by an extenſion of the main canal from *Wilden* ferry to the tide's way, or by ſome other means that may effectually anſwer the purpoſe; nevertheleſs, I am of opinion,

11th. That the purpoſe of the canals already mentioned will in good part be anſwered, even ſhould the obſtructions of the navigation between *Wilden* ferry and *Gainſbrough* remain as they are; for, notwithſtanding thoſe obſtructions, a large quantity of goods is navigated up this part of the river with advantage, and if a canal is compleated, on the preſent plan, to *Wilden*, it will be ſtill better worth while to conquer the difficulties attending this part, in order to get into a clear and complete navigation, that will carry goods, without obſtructions, into the heart of the kingdom, according to the printed plan; and even acroſs the kingdom, if the ſcheme ſhould take place in its full extent; and whenever that is the caſe, it is not to be doubted but means will be found of rendering the navigation between *Wilden* ferry and *Gainſbrough* equally perfect with the reſt.

12th. In

12th. In order therefore that the boats which at prefent navigate upon the *Trent* may navigate freely upon the new canal, I am of opinion with Mr. Brindley, that the canals ought to be about 8 yards wide at the water line; and that the new canal may be of a fuitable depth, when the obftructions below *Wilden* are removed, the fame ought to be 2 feet 6 inches deep of water upon the fording-places, which ought to be fhoaleft, and 3 feet or 3 feet 6 inches in other places, to allow for mud, and fufficient freedom for the veffels; and this depth will be of advantage, notwithftanding the want of depth of water below, becaufe the loading of two veffels from *Gainfbrough* may be put into one at *Wilden*, and the loading of two veffels at *Wilden* brought in one from above.

13th. That the lock gates being made water tight, as they are capable of being made, no mill can be deprived of any water. Farther, that one lockful to each boat, which on exact calculation is found to be a very inconfiderable quantity, in proportion to what is neceffary to work a mill for 24 hours; the evaporation from the furface of the canals, and leakage through the banks into the back drains, fcarcely deferve mention, with refpect to their effect on the mills. As to fifheries, they cannot in any wife be affected, becaufe the waters in the canals being nearly ftagnant, and clofed by the lock gates, no fifh can pafs either way.

14th. That the publick road being fupplied with fufficient carriage bridges, the water courfes with underground paffages, the communication between commons and private properties by a fufficient number of fording-places, well paved and floped, and no where above 2 feet 6 inches deep, and the banks, whenever the water of the canal is even with or above the natural foil, to be furnifhed with fufficient back drains, to convey any leakage of the water that may happen, to its proper and natural place of difcharge; I fay, things being thus provided for, public and private roads, all neceffary communications between grounds and water courfes will not only be preferved, and the grounds themfelves freed from damage, but, on the other hand, many lands will be greatly benefited, by having plenty of good water for cattle, &c.

Aufthorpe, 11th July, 1761.   J. Smeaton.

General

General ESTIMATE for making the canals and works for compleating the navigation and branches referred to, in Mr. SMEATON's report, upon principles of estimation settled between Messrs. SMEATON and BRINDLEY.

	£.	s.	d.
1ft. To making the main canal from *Wilden* Ferry to *King's Bromley* Common, being in length 25 miles, the perpendicular ascent 110 feet, with 19 locks thereon, - - -	32,054	10	0
2d. To making the great western branch, from *King's Bromley* Common to *Longbridge*, between *Burslem* and *Newcaslle under Line*, being in length 30¼ miles, perpendicular ascent 166¾ feet, with 28 locks thereon, - - - - - - -	45,884	15	0
3d. To the small branch out of the last, proceeding from *Stoke* to *Newcaslle*, being in length 3¼ miles, upon a dead level, without a lock, - - - - -	3,806	6	0
4th. To making the *Litchfield* branch, from *King's Bromley* Common to the tail of *Stowpool* near *Litchfield*, being in length 2¼ miles, perpendicular ascent about 18 feet, with 3 locks thereon, - - - - - - - - -	3,995	9	0
5th. To compleating the above into *Litchfield* mill pool, being about half a mile, and perpendicular ascent about 30 feet, with 5 locks thereon, - - - -	3,029	18	0
6th. To making the *Tamworth* branch, from *King's Bromley* Common to *Fazeley Bridge* near *Tamworth*, being in length 10 miles, upon a dead level, without a lock, - - -	9,431	12	0
7th. To compleating the above by a cross canal into the river *Tame*, being in length half a mile, perpendicular descent 16 feet 10 inches, with 3 locks thereupon, - - -	1,995	12	0
	100,198	2	0

Austhorpe, 11th July, 1761.   J. SMEATON.

The

THE RIVER WEAR.

The REPORT of J. SMEATON, concerning the situation of the first lock upon the river *Wear*.

HAVING, in obedience to the order of the Commissioners, at their last meeting on the 2d day of May, 1761, re-examined, as well the situation staked out by me in November last, as the situation lately proposed by the Gentlemen Coal Viewers, who viewed and marked out the same 176 yards higher up the river than the former; and having carefully examined the river in both places, and also at intermediate distances, I am humbly of opinion as follows:

1st. That the erection of a lock at the place marked out by me in November last, cannot have the least tendency to prejudice the coal works underneath; for though the workings underneath are ever so irregular, and though a thrust should have been brought on 2 pillars 30 yards to the north of the lock, yet while those pillars are capable of supporting the river *Wear*, they are capable of supporting the lock. Nor will the placing of a lock there in any wise tend to weaken the body of solid matter interposed between the bottom of the river and the bed of coal; for the fill has been found in the bottom of the staples at 21 feet from the surface of the ground, and it may be necessary to sink the foundation of the lock 24 feet below the same surface; yet as the staples are sunk 18 feet, or thereabouts, more northward than the utmost limits of the lock wall; and since it appears that at the verge of the water, and within the river, the fill lays as low, and in many places much lower than the intended foundation, there does not appear to be any occasion to sink into the fill at all; and yet in case there should be occasion to cut half a foot, or even one foot on the north side, into the fill, by way of bringing the same to a level, (the fill appearing from the staples to rise with the hill towards the north) yet as this will be replaced with matter much more compact and impenetrable to water than the fill itself, it is not easy to conceive that this can in the least prejudice the resistance of a body of matter 12 or 15 fathom in thickness, being so much down to the workings of the 5 quarter coal.

2dly. That it is practicable to build a lock at the place marked out by the Gentlemen Coal Viewers, 176 yards higher up the river than the former; but that such situations will be attended with the following additional disadvantages.

1st. It

1ft. It appears, that the fill laying at the laft mentioned place, at a medium, 1½ feet lower than the foundation of the lock, the carrying the foundation one foot and a half lower than neceffary, will not only be attended with a confiderable charge, but being a quickfand down to that depth, the drainage of the water, and fecuring the fides of the lock-pit till the bottom is finifhed, will be much more difficult and expenfive alfo. And laftly, as there will be a neceffity of making a channel for the paffage of the veffels on the north fide, into the lock, from the tail of the lock, as propofed in its former fituation, it will therefore be neceffary to dredge the whole diftance of 176 yards; and not only that, but to fecure the fide of the channel next the river with a proper fence, to prevent its being filled with the filt of the river upon the firft flood; and as this is a work capable of eftimation, I have hereto annexed an Eftimate thereof.

Durham, 2d June, 1761.   J. SMEATON.

ESTIMATE for the probable expence of clearing the channel of the river *Wear* 176 yards, being the diftance of the fituation of the firft lock, as propofed by the Gentlemen Coal Viewers, above the fituation as ftaked out in November 1760, by JOHN SMEATON.

	£.	s.	d.
To 176 yards of water-tight wearing, at 4l. 10s. *per* yard, - - - - - -	792	0	0
To fixing a temporary crofs dam, at the tail of the *Wear*, and taking the fame away, - -	10	0	0
To drainage of the water while the filt is getting out, fuppofing 30 days, at 6s. 8d. *per* day,	10	0	0
To getting out 1760 cube yards of matter, at 6d. - - - - - - - -	44	0	0
	856	0	0
To unforefeen accidents at 10 *per Cent.*	85	12	0
	941	12	0

N. B. The 176 yards of water-tight dam is intended to be executed with oak, in a durable manner, fo as to remain a fence againft the filt of the river.

General

General ESTIMATE for compleating the firſt lock and dam, at or near JACKSON's, near *Harraton*, upon the River *Wear*.

	£.	s.	d.	£.	s.	d.
To clearing *Biddick Ford*, and two other ſhoals between that and Mr. *Lambton*'s engine drain,				500	0	0
To wearing and dredging 176 yards from the bottom of the caunch below *Jackſon's Ford*, up to the tail of the lock, as per former eſtimate, —	941	12	0			
To probable expence in the foundation of the lock at *Jackſon's Ford*, ſuperior to that in its firſt intended ſituation, - - - - -	258	8	0			
				1200	0	0
To expence of building the lock in its firſt ſituation, - - - -	900	0	0			
To ditto of the dam adjoining, - - - - - -	600	0	0			
To cutting the ground drain of the water and temporary dam to both, at leaſt, - - - - - - - - - - -	500	0	0			
				2000	0	0
Expence of the navigation from *Briddick Ford* to new bridge, - - - -				3700	0	0

N. B. 1ſt. The expence of the machines, ſhops, utenſils, &c. together with the neceſſary materials for beginning the work, will be at leaſt 1000*l.* and if the work goes on no further than the firſt lock, there will be at leaſt 500*l.* loſt by the articles juſt mentioned, which otherwiſe would ſerve for the whole.

THE RIVER CALDER.

Comparative ESTIMATE for carrying on the navigation of the river *Calder*, by means of a long cut from the figure of 3 lock at F, to above *Dewſbury* low ford at H, and of carrying it partly by the river and partly by 3 ſhort cuts as in the general plan.

ESTIMATE for a mile of cut.

	£.	s.	d.
To 14 acres of land at 50*l.* per acre, - - - - - - - -	700	0	0
To cutting, at a medium, 6 feet deep, 16 feet wide at bottom, and 36 at top, at 3 *d.* per yard cubic, - - - - - - - - - - - -	381	7	0
To ſodding and batting down the banks, and ſowing them with hay-ſeeds, at 2 *s.* per rood,	41	16	0
To extra work in forming 8 paſſing places, at 5 *l.* each, - - - - -	40	0	0
To 14 quarters of hay-ſeeds, at 7 *s.* per quarter, - - - - - -	4	18	0
Expence of land, cutting, &c. per mile, - - - - - - -	1168	1	0

ESTIMATE

ESTIMATE for the navigation by the long cut.

	£.	s.	d.
To 2¼ miles at 1168 *l*. 1 *s*. per mile, land and cutting, - - - - -	2628	2	0
To extra work in digging two lock-pits, at 30 *l*. each, - - - - -	60	0	0
To 3 carriage bridges of wood, at 60 *l*. each, - - - - -	180	0	0
To 3 tunnels for draining, at 10 *l*. each, - - - - -	30	0	0
To 1 lock building, at 600 *l*. and 1 ditto at 400 *l*. - - - - -	1000	0	0
To 1 low dam at the head of the cut, - - - - - -	300	0	0
To extra work in banking near *Millbank Quarry*, and cutting through a rising ground near the *Warren House*, - - - - - - - - -	150	0	0
	4348	2	0
To contingencies on the above articles at 10 *per Cent*. - - - - -	434	16	0
Total	4782	18	0

ESTIMATE for the navigation as by the general plan.

	£.	s.	d.
To ⅞ of a mile of cut, at 1168 *l*. per mile, - - - - - -	1022	0	0
To extra work in digging 3 lock-pits, at 40 *l*. each, - - - - -	120	0	0
To 3 tail-bridges for the locks, at 20 *l*. each, - - - - -	60	0	0
To 1 tunnel for drainage, at 10 *l*. - - - - -	10	0	0
To 2 locks building at 600 *l*. and 1 at 400 *l*. - - - - -	1600	0	0
To 1 dam at 500 *l*. and 1 ditto, at 300 *l*. - - - - -	800	0	0
To extra expences in crossing the *Calder*, [- - - - -	100	0	0
To extra expence in removing the new mill cloughs, and setting piles to prevent the boats going over the dam, - - - - - - - -	100	0	0
	3812	0	0
To contingencies on the above articles, at 20 *per Cent*. - - - -	762	8	0
Total	4574	8	0

The

TETNEY HAVEN NAVIGATION.

The REPORT of John Smeaton, Engineer, concerning the practicability, &c. of a scheme of navigation from *Tetney Haven* to *Louth*,
in the county of *Lincoln*, from the view taken thereof in August,
1760, as projected by Mr. John Grundy, Engineer.

HAVING carefully examined the scheme of navigation proposed by Mr. John
Grundy, for making a navigable canal from *Tetney Haven*, to the upper end of
Avingham out-fen; and from thence to join the river *Lud*, or *Louth* river, between
Ringer's drain and *Avingham* mill; and from thence, partly by the course of the river,
but chiefly by a new canal, up to new bridge, at or near the town of *Louth*; and
having carefully compared the said scheme with the lands through which the aforesaid
navigation is proposed to pass, and also examined, as well the principal water-courses,
eau-moats, and out-falls, as the havens and communications with the sea and river
Humber, which relate to the above said scheme, I am of opinion as follows:

1st. That *Tetney* haven is the most proper out-fall for a navigable canal, as being
both safest and deepest, and affording a communication with the inland navigations of
Yorkshire and the *Trent*, for flat-bottomed barges, without going to sea, which, at some
seasons of the year, would be dangerous or impracticable.

2d. That the course of the intended canal, as laid down in Mr. Grundy's plan,
from Mr. Young's warehouse, near *Tetney* haven, to its junction with the *Louth* river,
between *Ringer*'s drain and *Avingham* mill, is the most eligible position, both for the
purpose of navigation and drainage, as passing in general through the lowest grounds.

3d. That the rest of the intended navigable course, from the junction of the canal
with the river as aforesaid, to *New Bridge*, near the town of *Louth*, as marked out in
the said plan, is also very proper, and does not seem likely to be attended with any particular prejudice to the owners of the adjacent grounds, more than what is inseparable
from the nature of the undertakings of this kind.

4th. That the owners of the low grounds, that are liable to be affected by the
Tetney river, will, in particular, receive great benefit from this undertaking; because,

5th. The

5th. The water of *Tetney* river being received into the navigable canal before it meets the sea sluice or lock, as the water of this canal is, by the said proposed scheme, to be kept constantly lower by 1 foot than low water mark of the *Tetney* river, under *Sheep's* bridge; it follows, that the surface of *Tetney* river will, at its out-fall into this canal, be kept at least one foot lower than it could be by placing a sea sluice at or near *Sheep's* bridge upon the present course of the river.

6th. I am of opinion, that the carrying the navigation up the *Tetney* river further than *Sheep's* bridge, will no way contribute to the more effectual drainage of the *Tetney* lands, and will carry the canal considerably out of its due course; but that a navigation for lighters and small vessels may be separately made up the *Tetney* river to *Tetney*, at a small expence.

7th. That the surface of the water of the canal, being kept one foot lower than the point of low water at *Sheep's* bridge, will be lower than the surface of the water in all the drains that it will intersect; and consequently, that the water of those drains being turned into the canal, will afford a means of draining those lands more effectually, or may occasionally be kept up at their present level by small shuttles, or stops, near the side of the canal.

8th. Where the passages for waters from springs, for watering grounds and other purposes, are intersected by the intended canal, and are desired to be continued in their present course, they may be continued by subterraneous passages or tunnels, as has already been observed in Mr. GRUNDY's Report.

9th. That the principal conveyance of spring water next to *Tetney* river, appears to be that of the North *Coates Fleet*, the surface of which lays higher than the surface of the intended canal, and therefore will discharge itself into the same; consequently, if there should be any objection from *Tetney*, against supplying the navigation in dry seasons from their river, such supply may be had from North *Coates Fleet*, or other sources, having communication with the canal upwards.

10th. I am further of opinion, that which ever of these ways are thought most eligible, that the sea lock ought to be provided with ebb-gates, or gates pointed landward, as well as seaward, that the water may be retained in the canal to its due height, and to enable the vessels to pass at all times when there is depth of water without the sea-lock; it also appears to me, that the purpose of the lock will be as effectually answered, by taking in one vessel at a time, as by taking in two.

11th. That

11th. That in cafe the feveral parifhes concerned could be agreeable, that the redundance of one parifh fhould contribute to the defects of another, this canal would be the beft means of performing it; for a part of the water of North *Coates Fleet*, or *Tetney* river, being admitted into the canal, all thofe grounds contiguous, or which might be brought to communicate with the canal, quite up to *Avingham* out-fen, might, by proper drains, be fupplied with fpring water.

12th. That according to the modern practice of building locks, they are capable of being made and preferved water-tight, wherever this circumftance is neceffary.

13th. That according to this fcheme, no water will be turned away from *Ringer's* drain, and the eau-moats, except what is neceffary to fill a part of the firft lock upon the canal near the upper end of *Avingham* out-fen.

14th. That on the 7th day of Auguft, 1760, after the drieft feafon that has been known in the memory of man, I carefully examined the difcharge of water by the *Louth* river in 24 hours, at *Thorold's* mill, being the firft below the new bridge at *Louth*, and compared the fame with the difcharge at *Avingham* mill, and found the quantity fuch as to fill the faid firft lock, near the upper end of *Avingham* out-fen, to the height required for the paffage of a barge 200 times in 24 hours. So that, even in the drieft feafons, the quantity of water expended by the navigation will be fo very inconfiderable, in proportion to what will ftill remain, that the difference will be quite infenfible to the occupiers of lands.

15th. That there is a poffibility that even this inconfiderable lofs of water may be totally prevented in fcarce water times; but at an expence to the undertaking which fo inconfiderable a quantity does not feem to merit.

16th. That the courfe of the river from the place of junction of the canal therewith to the town of *Louth*, being narrow, crooked, and generally fhallow, with level meadows on one or both fides, and fcarcely any part of it in a navigable ftate; I apprehend it will be more eligible and lefs expence to dig a new canal, with locks upon the fame, at proper diftances, than to purfue the old courfe of the river; and that the fcheme above referred to, is very proper for this purpofe.

17th. That the rife of the river, from the place of junction of the canal with the river, as aforefaid, to *Keddington* old mill, is very gentle, being in length about 2¼ miles,

and

and rife about 24 feet, according to Mr. GRUNDY's furvey; from thence to a meadow a little below the leather mill the afcent is more fudden, being 11¼ feet in three quarters of a mile; and from thence to the new bridge at *Louth* ftill more, being about 21 feet in the fame fpace.

18th. I am therefore of opinion, that the diftance of three quarters of a mile from the leather mill, to the new bridge at *Louth*, will be, in proportion to the diftance, the moft expenfive part of the undertaking; but that a confiderable fum will be faved by terminating the navigation at *Kiddington* old mill, to which place it may be brought on very moderate terms.

Aufthorpe, July 14, 1761.   J. SMEATON.

GENERAL ESTIMATE of the expence of making a navigation from *Tetney Haven* to *Louth*, according to Mr. GRUNDY's plan.

	For barges with canals wide enough for two to pafs in all places.	For barges with canals for one, with paffing places.	For lighters drawing 2 feet water.
	£.	£.	£.
From *Tetney Haven* to the new bridge at *Louth*,	15,590	13,686	10,884
From *Tetney Haven* to the meadow below the leather mill, - - - -	12,968	11,241	8,931
From *Tetney Haven* to *Keddington* old mill,	11,098	9,481	7,589
From *Tetney Haven* to the top of *Avingham* out-fen, - - - - -	7,853	6,566	5,312

N. B. In the above eftimate the expence of procuring an act of parliament is not included. The marfh land is eftimated at 10l. and the meadow at 20l. per acre; the ground covered is reckoned at half value, or, what is the fame thing, at half quantity: the quantities to be purchafed are as under, fo that whatever alteration there may be in the price now fuppofed, the difference may be applied without affecting the other articles.

	2 barge canal. acres.	1 barge canal. acres.	canal for lighters. acres.
Marfh lands, - -	57	45½	40
Meadow land, - -	32½	26	22¼
Total acres,	89½	71½	62¼

Aufthorpe, July 14, 1761.   J. SMEATON.

E   The

RIVER WITHAM.

The REPORT of Meſſrs. JOHN GRUNDY, LANGLEY EDWARDS, and JOHN SMEATON, Engineers, concerning the preſent ruinous ſtate and condition of the river *Witham*, and the navigation thereof, from the city of *Lincoln*, through *Boſton*, to it's outfall into the ſea ; and of the fen lands on both ſides the ſaid river : together with pro-poſals and ſchemes for reſtoring, improving, and preſerving the ſaid river and navigation, and alſo for effecting the drainage of the ſaid fen lands : to which is annexed a plan, and proper eſtimates of the expences in performing the ſeveral works recommended for thoſe purpoſes.

INTRODUCTION.

THE river *Witham*, from *Lincoln* to *Boſton*, falls in a crooked courſe through the low grounds of the ſeveral lordſhips following, on the ſouth ſide thereof, viz. *Lincoln, Canwick, Waſhinborough, Branſton, Potter-Hanworth, Nocton, Dunſton, Metheringham, Blankney, Marton, Timberland, Timberland-Thorpe, Walcot, Billinghay, Billinghay-Dales,* and *Dogdike,* to *Chappel Hill* ; and on the north ſide through the low grounds of *Monks, Greetwell, Willingham, Fiſkerton, Barlings, Stainfield, Bardney, Southrey, Tupholm, Bucknall, Horſington, Stixwold, Swineſike, Woodhall, Thornton, Kirkſtead, Tatterſhall,* and *Coningsby :* and from the ſaid *Chappel Hill* it runs, in a very crooked and meandring courſe, betwixt the large and extenſive fens called *Holland Fen* on the ſouth, and *Wildmore* and *Weſt Fens* on the north, to *Room's Hall,* and from thence, through ſome incloſures, to *Boſton,* and from *Boſton,* through the *High Marſhes,* into the great bay called *Metaris Eſtuarium.* The diſtance from *Lincoln* to *Boſton,* by the old courſe of this river, is about 43 miles.

This river has formerly been a very good navigation from it's outfall at the *Scalp* to *Boſton,* (which is about 4 miles) ſufficiently capacious and deep to navigate large ſhips into the town, and from thence to convey barges, keels, and other veſſels, to *Lincoln,* almoſt at all times in the year ; and a very extenſive and advantageous branch of commerce has, till of late years, been carried on by the ſaid river, to the great benefit and advantage, not only of the city of *Lincoln* and town of *Boſton,* but alſo of the ſeveral towns and villages adjoining upon, and contiguous to it, through an extent of country for many miles in length and breadth.

It

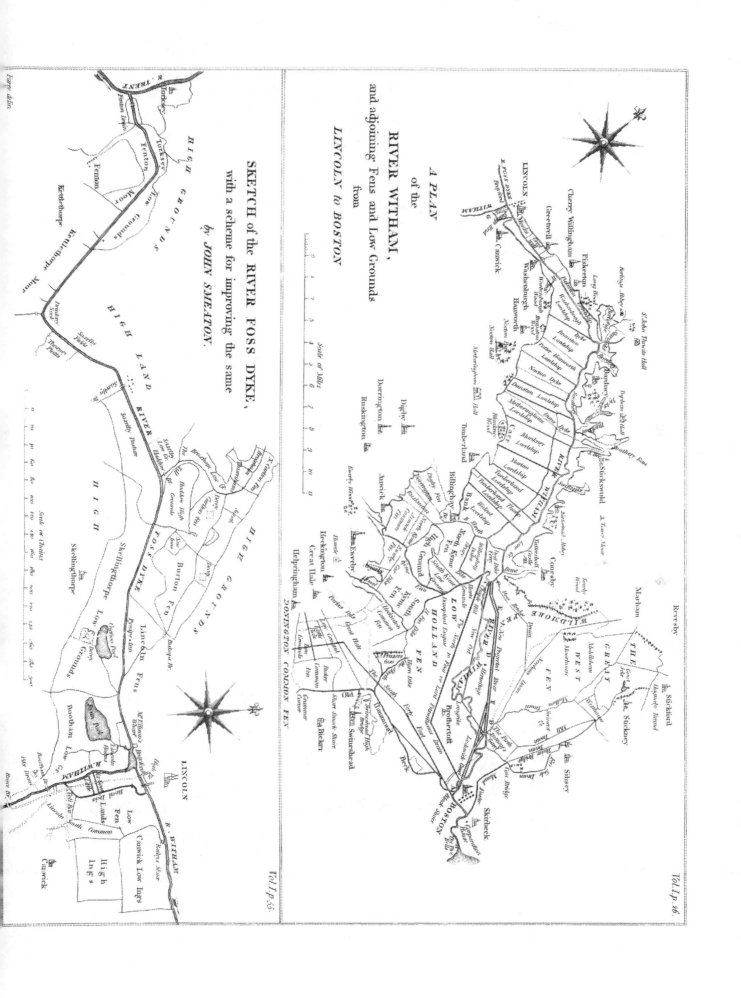

A PLAN
of the
RIVER WITHAM,
and adjoining Fens and Low Grounds
from
LINCOLN to BOSTON

Scale of Miles

SKETCH of the RIVER FOSS DYKE,
with a scheme for improving the same
by JOHN SMEATON.

Vol.I.p.55.

Vol.I.p.16.

It was alſo, when in the aforeſaid ſtate and condition, the mother river and outfall for the drainage, not only of the low grounds and fens aforeſaid, but alſo of the low grounds of *North Kyme Fen, South Kyme Fen, Hart's Grounds, Great* and *Little Beets, Rakes, Heckington Fen, Lady Frazer's* 600 *acres, Ewerby, Howel, Aſgarby, Great* and *Little Hales, Brothertoft, Anwick, Ruſkington, Dorrington, Digby, Mareham, Hundle-Houſe, Reveſby, Middleham, Moor-Houſe, Meer Booth, Hermitage, Newholme, Weſt-Houſe, Langrike, Frith Bank, Langworth, Swinecote, Stickford,* and *Stickney*; and alſo of many other low grounds and fens lying more diſtant and remote therefrom, (but having their outfalls for drainage into it) containing in the whole, by eſtimation, upwards of 100,000 acres.

This once ſo flouriſhing river and country have, for many years laſt paſt, been falling into decay, by the banks of the ſaid river being ſuffered to become ruinous, and incapable of ſuſtaining and confining the water in times of high country floods, ſo that thoſe flood waters, which were neceſſary and uſed heretofore, by their velocity and weight, to cleanſe out the ſand and ſediment brought up by the tides, have been, and now are, ſuffered to run out of their ancient and natural courſe, and expand over the adjoining fens and low grounds, whereby thoſe ſands, for want of a reflowing power of adequate force to carry them back, have now ſo much choaked up the haven from *Boſton* to the ſea, that for ſeveral years laſt paſt the navigation thereof has been loſt for ſhipping, and it is now become even difficult for barges of about 30 tons burthen to get up to the town in neap tides. And for ſeveral miles above the town of *Boſton* the ſaid river is totally loſt; inſomuch that it's bottom is, in many parts, ſome feet higher than the adjoining low grounds, and the ſcite thereof converted into grazing and farming purpoſes.

This miſchievous effect has not only been deſtructive to the navigation of that river, but alſo to the drainage of the aforeſaid vaſt tracts of fens and low grounds, by reaſon that many of the mouths of the inward drains, dikes, and ſewers, which ſhould have their outfalls into this river, are totally landed up, and loſt, and have not run at all for many years into it; and the few that have their outfalls ſo low as *Boſton*, and below it, are neverthelefs, in all dry ſeaſons, ſo much choaked up and obſtructed, that the ſaid fens and low grounds muſt be, in ſome parts, conſiderably under water, before they can have vent through their outfalls into the ſaid river or haven, whereby the flood-waters lye ſo long ſtagnant thereupon, as to deſtroy the herbage thereof, and render them not only uſeleſs and unprofitable, but alſo extremely noxious and unwholeſome to the adjacent inhabitants.

To

To find out proper and neceſſary expedients to improve this river and fens, ſurveys and levels were taken, ſome years ago, from *Wiberton Roads* to *Lincoln*, not only along the courſe of the ſaid river, but alſo on the adjoining fens and low grounds, to compare their different ſurfaces, both with reſpect to the ſaid river and their outfalls to ſea; in conſequence of which a ſcheme was formed, and publiſhed in the year 1744, by Meſſrs. GRUNDYS, Engineers, recommending ſuch expedients as, to them at that time, appeared proper for effecting the above deſirable purpoſes; upon which, ſeveral meetings have from time to time been held, to conſider this and other ſchemes, and many clauſes were prepared for a bill, particularly at a meeting held at *Lincoln,* in November, 1753, and others ſubſequent thereto.

In the year 1760 Mr. LANGLEY EDWARDS was employed to make views of the premiſes in queſtion, and ſince then Mr. GRUNDY, the ſon, has reſurveyed the river and fens, and both have made their ſeveral reports thereupon; which ſaid ſurveys, levels, reſolutions, and reports being duly conſidered, and a freſh view taken of the river and fens in October, 1761, by Meſſrs. GRUNDY and EDWARDS, in conjunction with Mr. JOHN SMEATON, Engineer, we, the ſaid JOHN GRUNDY, LANGLEY EDWARDS, and JOHN SMEATON, are jointly of opinion as follows, viz.

REPORT.

IN the firſt place it appears to us, that from the great tendency of this river to ſilt, and the great advance the ſame has made in the ſpace of 20 years, that in all human probability within the compaſs of a few years more, not only the outfalls of the preſent effective drains near *Boſton* will be totally loſt, but the whole river landed up, unleſs ſufficient meaſures are ſpeedily taken to prevent it; and the moſt eligible means for ſo doing, we conceive, will be to make and preſerve a mother river, of ſufficient depth and capacity, to effect a general drainage of the ſeveral fens and low grounds aforeſaid, and alſo to reſtore this loſt navigation, from the ſea through *Boſton* to *Lincoln*, and into the *Brayford Meer*, (which has a navigable communication through the *Foſſdike* with the river *Trent*) upon the following principles, and by the following methods, viz.

1ſt. That

1ft. That the new propofed river be made in the fhorteft direction that can be, con-fiftent with the loweft furface of the country, confidered in a medium proportion, and moft convenient for receiving the waters thereof.

2d. That its dimenfions be fuch as to be capable of receiving and difcharging, not only all the upland waters, but alfo all thofe of the feveral branch rivers and drains that fall into it.

3d. That its banks be made of fufficient ftrength and height to confine the flood waters within them, and to force them down to fea, without overflowing the adjoining fens and low grounds.

4th. That its bottom be made with a regular declivity from *Lincoln* to the fea; which, according to the levels, will be at a medium near 5½ inches per mile.

5th. To collect all the living waters into this new river that can be obtained, by fcouring out and imbanking all fide rivers, rivulets, and brooks that bring down fuch living waters out of the high country into it, in order to obtain a reflowing force that fhall be capable of driving out fuch matter as is left by the tides, by which means only the outfall below can be preferved open and clean.

6th. To ftop the tides from flowing at all into this new river, that its depth and di-menfions may be preferved.

7th. That this work fhall be fo conftructed, that navigation may be carried thereon fo, as in no wife to interfere with, or prejudice the drainage.

8th. That the neceffary works be conftructed to retain the frefh water, to be made ufe of as occafion fhall require, for the well watering the faid fens and low grounds in dry feafons for the ufe of cattle, &c.

And laftly. That no falt water be admitted into the mother river, or drains, above *Bofton*, by means of the propofed navigation.

The

The SCHEME for the Drainage.

1st TO erect a sea sluice, for stemming the tides between *Lodowicks Gowt* and *Boston Bridge*; and we recommend a piece of ground, commonly called *Harrison's* four acres, at (A) (see the plan for that purpose), the floor whereof to lie level with low water mark at *Wibberton Roads*, and its neat capacity or clear waterway to be 50 feet, with three pair of pointing doors to the seaward, to shut with the flow of the tides, and drop or draw-doors on the land side, to be shut occasionally, to retain fresh waters in dry seasons; the top of these draw-doors to be gaged to such a height, as to retain the water of the river, not higher, at ordinary seasons, than 2 feet below the surface of the lowest lands that drain therein.

2d. To make a new cut from this sluice to, or near, *Anthony's Gowt*, (A B) in as straight a direction as the nature of the ground will admit of; 80 feet broad at the top, 50 feet broad at the bottom, and 10 feet deep: and from the said place at, or near *Anthony's Gowt*, to make a new cut (in as strait a direction, also, as the nature of the ground will admit of) through *Wildmore Fen* to *Chapel Hill* (C), at a medium, 66 feet wide at top, 50 feet wide at bottom, and 8 feet deep. The earth coming out of this new river to be disposed of in forming banks, which are proposed to be set 40 feet distance from the Brink of the river.

3d. The river, from the upper end of this new cut, at *Chapel Hill*, to *Lincoln*, is proposed to be continued in its present course; but the shallow parts thereof to be scoured out and deepened, where necessary, so as to be every where of the following dimensions at a medium, viz.

For three miles and a half above *Chapel Hill*, 60 feet broad at the top, 40 feet broad at the bottom, and $5\frac{1}{4}$ feet deep below the present bottom. From thence to *Washingborough* lordship, above *Branston Dyke*, (being about $12\frac{1}{4}$ miles) this river (having the waters of several rivulets and brooks to receive within those limits) should be 40 feet wide at the top, 30 feet wide at the bottom, and 2 feet deeper than its present bottom, at a medium. From hence to *Stamp End*, in *Lincoln*, (being about 10 miles) to deepen the shoals in the old river, so as to be 30 feet broad at the top, 24 feet broad at the bottom, and $2\frac{1}{4}$ feet deeper than they now are on an average.

4th. The

4th. To make and erect one waggon bridge at (D), and two horfe bridges, (E and F), with neceffary gates and fences for continuing the roadway and other communications, and for dividing the *Wildmore* and *Weft Fens* from *Holland Fen*.

5th. To fcour out and imbank *Kyme Eau*, from *Dampford* fluice to the river, or fo much further as may be found neceffary, fo that its banks may be 30 feet feat, 6 feet at the top, and 6 feet high.

6th. To fcour out *Tatterfhall Bane*, from the mouth thereof to *Dickinfon*'s engine, and repair the banks thereof, fo as to be 30 feet feat, 6 feet at the top, and 6 feet high.

7th. To fcour out and imbank *Billinghay Skirth*, from the *Witham* to *Billinghay Town*, fo that its banks may be of the fame dimenfions as the former; and alfo to fcour out and imbank the *Skirth*, from *Billinghay Town* to *Kyme* caufeway bridges, fo as to be of proportionable dimenfions, for draining the low grounds above the faid caufeway.

8th. To fcour out *Barling's Eau*, from the river to *Barling's Abbey*, and repair the banks thereof, fo as to be 15 feet feat, 5 feet at the top, and 5 feet high; and alfo to dike out and embank *Stainfield Beck* proportionable to the former.

9th. To fcour out and imbank *Dun's Dike*, from the river *Witham* to the *Carr Dike*, (or inftead thereof to reinftate the *Car Dike*, and turn its waters therein,) fo that its banks may be 15 feet feat, 5 feet at the top, and 5 feet high.

10th. To fcour out and imbank *Nocton Dike* and *Hare's Head Drain*, from the river to the *Carr Dike*, fo that its banks may be 12 feet feat, 4 feet at the top, and 4 feet high.

11th. To fcour out and imbank *Wafhingborough Beck*, from the river to the *Carr Dike*, of the fame dimenfions as the laft.

12th. To fcour out *Tupham Dike*, *Bardney* or *Tilehoufe Beck*, *Southery Eau*, and *Stixwold Beck*, and imbank the fame proportionate to the flood waters they bring down.

N. B. *Lodowick's Gowt* will be wanted for difcharging the river waters during the execution of the work.

And, for the more certain drainage of *Wildmore* and *Weft Fens*, a new cut and fluice, to fupply the place of *Anthony's Gowt*, be made and erected by the fide of the faid new

proposed

propofed river, and that the floor thereof be laid as low as the bottom of the faid river.

When the works above recommended are put in practice, and have had the neceffary time to produce their effects upon the out-fall, we are of opinion, that the furface of the water in the New River will be capable of running at leaft 4 feet lower at ordinary feafons, than at prefent it can do, and confequently that not only all the lands lying immediately thereupon will be put into a condition of effectual drainage, but alfo fuch parifhes which at prefent drain by engines into *Holland Fen*, or into the feveral fewers bordering thereupon, and will likewife be of fervice in affording a more ready difcharge of the downfall waters from the lands lying ftill further from their out-fall.

The SCHEME for Navigation, viz.

1ft. TO erect a lock with two pair of doors, pointing to the landward, for the purpofes of navigation, and one pair of doors pointing to feaward, to keep out the tides.

2d. Upon mature confideration, and comparing the advantages and utility with the increafe of expence, we are of opinion, that locks are greatly preferable to ftaunches, though the expence of the former will be confiderably more than the latter. We therefore propofe to erect three locks in proper places, by the fide of the mother river, betwixt the fea fluice and the city of *Lincoln*, to retain the waters therein for the purpofes of navigation in dry feafons (which at the fame time will be fubfervient to the watering of cattle) and one above *Sincil dike* in *Lincoln*, to communicate the navigation of the *Witham* with the *Foffdike*; but that the faid locks may not be prejudicial to drainage in wet feafons, the three former are to be fo limited in their height, that they fhall not retain the waters of the main river any higher than within two feet of the natural furface of the loweft grounds above them; and the weirs or waftes appertaining thereto, fhall be compofed of flood gates, which together fhall be of the fame capacity with the river, in the refpective parts where fuch locks are to be erected, and the latter (propofed to be erected above *Sincil dike*) fhall be limited to fuch height, as not to pen the waters higher than the prefent natural ftaunch at *Brayford Head*, and that a wafte or weir be erected at the upper mouth of *Sincil dike* at G, at the fame level with this lock, fo that no prejudice may

be

be occafioned thereby to the prefent ftate of the *Foffdike* navigation, or to the low grounds above *Lincoln.*

3d. For the careful and fafe management of the locks, and that the wafte gates may be at all times opened upon the approach of any flood, or when the river is ove charged with water, a dwelling houfe is propofed to be built againft each lock, and a watchman to be fixed in each to take care thereof.

4th. To deepen the bed of the river, betwixt ftaunch and ftaunch, fufficient for the purpofe of navigation, which at a medium will be about 13 inches, which done will make 3 feet navigation.

5th. To make proper halingways for men and horfes on the banks and forelands of the faid river, and that no damage may be done thereby, proper gates, bridges, ftyles and fences be put down betwixt property and property, through which the faid halingways may lead.

An ESTIMATE of the expences that will probably attend the execution of the foregoing propofed works, viz.

The SCHEME for drainage.

	£.	s.	d.
The fea fluice near *Bofton* to be laid level with the low water mark at *Wibberton* roads (which is 3 feet 1 inch and 9 parts lower than *Lodowick's Gowt*) with a timber floor, fupported by dovetail and bearing piles, braces and tyes, with a fuperftructure of brick and ftone, with three arches to contain 50 feet neat waterway, the fea and land doors of oak, &c. &c.	4000	0	0
To making the new cut from this fluice, to or near *Anthony's Gowt* (being 760 roods at 20 feet to the rood) fo as to be 80 feet broad at the top, 50 feet broad at the bottom, and 10 feet deep at a medium, will contain 32½ floors in a rood, and for the whole length 24,700 floors, which, as the earth is to be barrowed to the diftance of 40 feet from the brink of the river on each fide, and laid in bank fafhion, and on account of the great depth of the faid cut, will coft about 5s. per floor (or 400 cubical feet) and comes to - -	6175	0	0
The inclofed land to be cut through will contain about 6 acres, which, at 30*l.* per acre, comes to - - - - - - -	180	0	0
The forelands and cover of the banks will contain about 13½ acres, which, at 15*l.* per acre, is	202	10	0
The commons to be cut through will contain 22 acres, which, at 10*l.* per acre, is -	220	0	0
The forelands and cover will be 49¼ acres, which, at 5*l.* per acre, is - -	246	5	0

F   Carried over   11023   15   0

	£.	s.	d.
Brought over	11023	15	0
To taking away the old banks, and cutting acrofs the old river	200	0	0
To erecting a new fluice at *Anthony's Gowt*, and making the communication cut	600	0	0
To making a new cut acrofs *Wildmore Fen*, from or near *Anthony's Gowt*, to *Chappel Hill* (being 1848 roods) 66 feet broad at the top, 50 feet broad at the bottom, and 8 feet deep on an average, will contain 232 floors in a rood, and for the whole length 42873,6 floors, which, at 4*s.* per floor, comes to	8574	14	5
The land to be cut through will contain 56 acres of common fen land, which, at 10*l.* per acre, comes to	560	0	0
The forelands and cover of the banks will contain 136 acres, which, at 5*l.* per acre, comes to	680	0	0
To fcouring out three miles and a half above *Chappel Hill*, fo as to be 60 feet broad at the top, 40 feet broad at the bottom, and 5½ feet deep below the prefent bed, will contain 13¾ floors in a rood, and for the whole length (which is 924 roods) 12705 floors, which, at 4*s.* per floor, comes to	2541	0	0
To diking out the old river where neceffary, and imbanking the fame from thence to *Lincoln*, being in length 22½ miles, which, being eftimated at 150*l.* per mile at a medium, comes to	3375	0	0
To erecting a waggon bridge over the new river, in the road from *Langrike Ferry* to *Horncaftle*, and two other bridges for communication of the cattle for the ufe of the commons, and to making good the fencing betwixt *Wildmore* and *Weft Fens* and *Holland Fen*, about	1000	0	0
To repairing *Lodowick's Gowt*, and making proper cuts to difcharge the water during the work, leaking out water in the reaches, &c.	1400	0	0
To materials of barrows and planks, treffells, gang ladders, engines, and other utenfils, &c. and carriage of them to the work	1200	0	0
To fcour out and imbank *Kyme Eau*, from *Dampford Sluice* to the river, and repairing the banks thereof according to the fcheme	1000	0	0
To ditto of *Tatterfhall Bane*, of the fame dimenfions as the laft, from the *Witham* to *Dickinfon's Mill*	300	0	0
To ditto of *Billingbay Skirths*, from the *Witham* to *Billingbay Town*, and from thence to *Kyme Caufeway Bridges*, as per fcheme	800	0	0
To ditto at *Barling's Eau* and *Stainfield Beck*, and repairing the banks thereof to the dimenfions mentioned in the fcheme	500	0	0
To fcouring out and imbanking *Duns Dike* (or the *Carr Dike*) as directed in the fcheme	400	0	0
To ditto of *Nocton Dike*	275	0	0
To ditto of *Wafhingborough Beck*	60	0	0
To ditto of *Tupham Dike*, *Bardney* or *Tilehoufe Beck*, *Southery Eau*, and *Stixwold Beck*	360	0	0
To unforefeen and incidental contingencies, furpervifing, and officers to attend this work	3000	0	0
Total for the works of general drainage	37849	9	5

An

An ESTIMATE of such works as concern navigation only, viz.

	£.	s.	d.
To making and erecting the side lock or penn sluice, as proposed in the scheme -	1200	0	0
To building 3 locks with proper wastes and flood gates, as per scheme, between *Chappel Hill* and *Lincoln* - - - - - - - -	2000	0	0
To three watch-houses, and purchasing the ground - - - -	150	0	0
To erecting the proposed lock in *Lincoln* above *Sincil Dike*, as per scheme - -	400	0	0
There will also be a necessity to deepen the bed of the mother river for the purposes of navigation, over and above what is required for draining, upon an average 13 inches, from *Chappel Hill* to *Lincoln*, which is 26½ miles, and will cost about 80*l.* per mile, and comes to	2120	0	0
And for deepening the passage from the lock above *Sincil Dike*, through the high bridge, into *Brayford Meer* - - - - - - - -	200	0	0
To materials of barrows and planks, engines, gang ladders, tressells, &c. for this work -	500	0	0
To unforeseen contingencies and supervising the works - - - -	800	0	0
Total for navigation - - - - - -	7370	0	0

JOHN GRUNDY.
LANGLEY EDWARDS.
J. SMEATON.

Sleaford, November 23, 1761.

The

RIVER CHELMER NAVIGATION.

The REPORT of JOHN SMEATON, Engineer, concerning the practicability of making the river *Chelmer* navigable from *Malden* to *Chelmsford*, in the county of *Essex*, from a view thereof taken the 28th and 29th of May, 1762; from whence it appears as follows:

1ft. THAT the river above *Chelmsford* bridge, which runs alongside the town for about a furlong, is sufficiently deep and capacious for navigation, and so continues below the said bridge, till within about half a furlong of *Mouseholm Mill*, where it seems too shallow. This tract of the river appears convenient for wharfs and landing-places; but in case it should be thought proper to carry the navigation above bridge, one of the arches must be taken down and rebuilt, none of them being of sufficient capacity for the craft to pass. There is also ample convenience for making wharfs, either by pursuing the *Chelmer*, or by cuts through the level meadows on the north-east side of the town.

2d. *Mouseholm Mill* may be passed by a cut and a lock on either side, but I apprehend with most convenience on the north side, the cut to fall into the river about half a furlong below the mill, where the river makes a remarkable elbow to the north. This will avoid the shoals below the mill; the water from the waste gates of the *Chelmer* near the town to fall into this new cut below the lock, and be conveyed thereby to the point already remarked.

3d. From the point above remarked, the river continues good till about half a furlong above *Harrington's Mill*, where there are further obstructions, which continue below that mill very near to *Sanford Mill*, and below *Sanford Mill* the river is remarkably narrow, winding, and obstructed with weeds and beds of sand and gravel for above a mile, and grows very little better till opposite Captain *Honeden's* house; after that it is still winding, and much obstructed with weeds, &c. till a quarter of a mile above *Boreham Mill*; but below the paper mill the river is again shallow, narrow, and obstructed, so as to be in no respect fit for navigation, till a little below *Langford Church* (which stands within 15 yards of the river); from hence the river is spacious and good down to *How Mill*. The river at *How Mill*, and from half a furlong above, verges so close to the high land, that no cut is practicable there on the south side of the river; but on the north side there is an extent of flat meadows.

4th. Now

4th. Now confidering the great difficulties and obſtructions that occur in the river, be-tween *Harrington's Mill* and *Langford Church*, a ſpace near upon 7 miles, and that no part worthy of confideration appears at preſent in a navigable ſtate, except the ſpace aforefaid, about three quarters of a mile between *Boreham* Bridges and Paper-mill; and confidering that the extra charges in getting into and out of the river, in order to occupy this ſpace, would nearly be equivalent to the expence of continuing a cut by the ſame, I am therefore of opinion, that the moſt cheap, as well as effectual method of making a navigation, would be to defert the river at an elbow about half a furlong above *Harrington's Mill*, veering away towards the ſouth-eaſt till it meets the high ground, and then purſuing the ſkirts of the riſing ground, that is, as much as poſſible the confines between the upland and the meadows, which is in general land of the leaſt value. A cut may be continued with very little interruption on the ſouth ſide of the river from the point aforefaid, juſt above *Harrington's Mill*, to another point a little below *Langford Church*, making locks at proper places, ſo as to ſuit the declivity of the ground.

5th. The courſe of the river below *How Mill* becomes again narrow, ſhallow, wind-ing, and obſtructed with weeds for a ſpace of 2 miles, and is not ſufficient for naviga-tion till about half a mile above *Bealy Mill*, and from thence it holds good to *Bealy Mill*.

6th. The ſpring tides flow about 5 feet at the tail of *Baily Mill*, ſo that lighters come up thither at thoſe tides to take away their goods. At common neap tides there is little or no flux here. The diſtance from thence to *Malden*, by the courſe of the river, is ſome-what leſs than a mile; and the water runs upon a gentle declivity at low water, from thoſe mills to *Malden Bridge*. The common ſpring tides flow 8 feet, or upwards, at *Malden Bridge*, and the neap tides about 3 feet; but the neap tides ſometimes fall ſo ſhort, even here, as not to riſe above 1 foot. Theſe obſervations, concerning the tides, were taken partly from my own obſervations of the tide marks, and partly from the beſt information I could procure upon the place.

7th. Confidering the natural courſe of the river from *How Mill* to *Malden Bridge*, as aforefaid, I am of opinion, that the cheapeſt way to make the moſt perfect navigation the circumſtance will admit of, is to take a cut out of *How Millpond*, with a lock there-upon, leaving *How Mill* to the ſouth, and either keeping wholly to the north of the river, or otherwiſe interſecting the river twice within three quarters of a mile below *How Mill*, to paſs by *Bealy Mill*, without coming into its pond at all, leaving that mill on the

ſouth,

south, and keeping down the meadows to drop into the river a little above *Malden Bridge*, on the north side of the river.

'Tis true that the cut might ultimately drop into the river just below *Bealy Mill*, which would save about three quarters of a mile of cut; but as there is, according to the above information, at a medium, near 3 feet more tide at *Malden Bridge* than at *Bealy Mill*, the difference would be, that in one case a communication between *Chelmsford* and *Malden* would seldom be interrupted, and in the other case never open but at spring tides.

Upon the whole, I am of opinion, that though there is a possibility to make the river *Chelmer* navigable by its natural course, yet there is so small a proportion thereof that is at present adapted to navigation, that it will prove the least expence, and by far the most eligible method, to perform the same chiefly by canals, in the manner above specified, which canals being supplied with sufficient bridges for the public roads, carriage and other bridges for communication between private properties, under-ground tunnels and passages for brooks and water-courses, and back drains for carrying off any soakage that may happen where the water is confined by banks above soil; I say, things being thus provided for, the private properties of land will be no otherwise affected, than by so much diminution as shall be necessary for the works themselves. And having made observations on the quantity of water current in the *Chelmer* at the time of this view, I am of opinion, that one 60th part thereof will be sufficient for passing one vessel per day, and consequently that the mills will not be sensibly affected by loss of water, at the same time they are most of them capable of being improved to near double their present produce. Lastly, having considered the above particulars, and made an estimate of the expence, so far as I can judge without a more particular and accurate survey of the whole, supposing the length not to exceed 13 miles of new canal, the whole fall not exceeding 67 feet, and the value of the land not exceeding 60*l.* per acre, 3 feet navigable water, and the whole performed so as not to require above 1*l. per Cent. per Ann.* of the first expence to keep the same in repair for ever, may be done for 16697*l.*

Austhorpe, 21 June, 1762.   J. SMEATON.

POTTERICK CARR.

The REPORT of JOHN SMEATON, Engineer, concerning the drainage of *Potterick Carr*, near *Doncaster*, in the county of *York*; from a view and levels taken in July, 1762.

POTTERICK CARR is a fenny piece of ground, containing, as appears by an old furvey of *Saxton*'s, about 2300 acres: in its prefent ftate, no brook or fpring of any account difcharges itfelf thereupon, fo that it is affected only by the down-fall waters which fall immediately thereon, and from the higher grounds which border upon the fame. Thefe down-fall waters, however, on account of the natural flatnefs of its furface, the imperfection of its prefent drains, and the want of a fufficient out-fall to difcharge them, generally overflow the whole, or greateft part thereof, during the winter feafon; which waters are partly difcharged by the drains, and partly evaporated by the fun, fo as in dry fummers to be tolerably dry, as was the cafe when the prefent view thereof was taken.

This carr is bounded on the S. E. by the river *Torne*, which runs confiderably above the furface of the carr; but is banked off, fo as feldom to overflow the fame; the whole drainage of the carr is therefore performed by a feparate drain, called *Stecking Dyke*, which falls into the *Torne*, near *Rofington Bridge*, about half a mile below the loweft point of the carr.

On the oppofite fide of the river *Torne*, extending the whole fpace that river borders upon *Potterick Carr*, and fomewhat higher, is *Holmes Carr*, confifting of fome hundred acres, which are alfo banked off from the *Torne*, fo as to be feldom overflowed thereby. The furface of this carr, for the greateft part, lays alfo below the furface of the contiguous river, yet fomewhat higher than *Potterick*. This carr is however fubject to the fame inconveniencies as *Potterick Carr*; for in this are fcarcely any drains at all, fo that the down-fall water is obliged to find its way over the furface, by a natural declivity, into the river *Torne*.

Part of the fouth fide of *Potterick Carr* is bounded by *Crookhill* bank and drain, which prevents the fpring and down-fall waters from *Loverfal* from entering the carr, and which are carried by the faid drain into the *Torne*, at a place called *Crookhill Nook*.

On the fouth fide of *Crookhill* bank and drain, and bordering on the river *Torne*, is a large tract of low land, called *Wadworth Carr*, the furface whereof lays confiderably

higher

higher than *Potterick Carr*; but as the out-fall of its drainage is into the *Torne* at *Crook-hill Nook*, and the furface of the *Torne* there being fome feet higher than at *Rofington Bridge*, the drainage of *Wadworth Carr* is in much the fame condition as that of *Potterick Carr*; and this is faid to be the cafe with a large tract of country bordering upon *Wadworth Carr*, and extending upwards as far as *Tickhill*. I therefore propofe to confider the drainage of *Potterick Carr* in a two-fold light: firft, as it is, or may be, connected with the drainage and improvement of this large tract of country; and fecondly, as to what concerns *Potterick Carr* alone.

On this account, I viewed the whole river *Torne*, from *Rofington Bridge*, to the out-fall of its waters at *Aufthorpe* fluice, which is a fpace that, following the banks thereof, cannot be lefs than 22 miles; I alfo purfued the drains leading to *Aufthorpe* fluice, quite acrofs, by way of the old *Dunn*, to *Thorn* fluice, and from thence into the prefent river *Dunn*. I alfo carried a level from the river *Dunn*, at the crimpfal above *Doncafter*, crofs the little moor and the high ground, whereon is the road leading from *Doncafter* to *Loverfal*, at *Balby* out-gang gate; thence crofs *Potterick Carr*, by way of the old *Eau* (a natural lake therein), down to its loweft point, called *Toad Holes*; thence, by way of *Stecking Dyke*, to *Rofington Bridge*, and down to the beginning of the participants drain, about 5 miles below *Rofington Bridge*, and about 300 yards above *Gatewood Bridge*. I likewife carried a level from the furface of the *Torne*, at *Crookhill Nook*, to *Rofington Bridge*, comparing the fame with the furface of *Potterick*, *Wadworth*, and *Holmes Carrs*; and, laftly, a level from the furface of the water of the old *Eau*, to the top of the loweft grounds of the bridge on *Cantley Common*, near *Doncafter* horfe courfe. From which views and levels I would lay down the following facts and obfervations.

LEVELS from the *Dunn* at the *Crimpfal* above *Doncafter*, to the *Participants Drain*, near *Gatewood Bridge*.

	F.	I.
1ft. Mean furface of the *Crimpfal* above the water of the *Dunn*, oppofite *Newton*, 27 July, 1762,	8	0
2d. Mean furface of the grounds lying between the *Crimpfal* and the *Little Moor*, above the faid point of the *Dunn's* furface,	17	0
3d. Mean furface of the *Little Moor*, above the *Dunn*,	14	0
4th. The caufeway in the road from *Doncafter* to *Loverfal*, oppofite *Balby* Out-gang gate, above the furface of the *Dunn*,	39	7¾
5th. The mean furface of *Potterick Carr*, about 100 yards within the border thereof, near the Out-gang gate, above the faid furface of the *Dunn*,	5	2¾
6th. The loweft part of the *Carr's* furface, near the *Divifion Dyke*, on the weft fide of the dyke, and on *Loverfal* fide of the *Carr*, is nearly level with the furface at the former ftation, and therefore above the *Dunn*,	5	2¾

7th. The

7th. The furface of the water in the old *Eau*, which may be efteemed the fink of the *Car* above the *Dunn*'s furface,   - - - - - - - -   4   4

8th. The furface of the *Carr* at the *Toad Holes*, near the old engine, above the furface of the old *Eau*,   - - - - - - - -   1   2

9th. The furface of the river *Torne*, juft below *Rofington Bridge*, below the old *Eau*, including a fall at the bridge made by the carriages driving through the water, amounting to $2\frac{1}{2}$ inches,   0 $10\frac{1}{2}$

10th. The furface of the river *Torne*, at the bottom of the ftrait cut or river, extending about a furlong below *Rofington Bridge*, below the furface of the old *Eau*,   - - -   1   9

11th. The furface of the river *Torne*, oppofite a birch tree at the fide of the meadow on the fouth fide of the river, about 5 furlongs below *Rofington Bridge*, below the old *Eau*,   -   4   0

12th. The furface of the river *Torne*, juft above the houfes at *Oakly Dam*, above the old *Eau*,   4 $8\frac{1}{4}$

13th. The furface of the river *Torne* at the foot bridge, about 100 yards below the road at *Oakly Dam*, below the furface of the old *Eau*   - - - - - -   6   0

14th. The furface of the river *Torne*, at the entry of the *Participants Drain*, about 5 miles below *Rofington Bridge*, and about 300 yards above *Gatewood Bridge*, below the furface of the water in the old *Eau*,   - - - - - - - - -   9 $6\frac{1}{4}$

Confequently,

15th. The furface of the river *Torne*, at the birch tree below *Rofington Bridge*, is higher than the furface of the *Dunn*, at the *Crimpfal*, by   - - - - - -   0   4

16th. And the furface of the *Torne*, at the entry of the *Participants Drain*, is lower than the furface of the *Dunn* at the *Crimpfal*, by   - - - - -   5 $2\frac{1}{2}$

LEVELS from *Criokhill Nook* to *Rofington Bridge*.

17th. The general furface of *Wadworth Carr*, near *Crookhill Nook*, above the furface of the *Torne*, at *Crookhill Nook*, as was taken 29th July, 1762,   - - - -   0   9

18th. The mean furface of one of the loweft flades near *Crookhill Nook*, above the furface of the *Torne* there,   - - - - - - - -   0 $1\frac{1}{2}$

19th. The mean furface of the loweft part of *Holme's Carr*, oppofite *Crookhill Nook*, below the furface of the *Torne* there,   - - - - - - -   0 $9\frac{1}{2}$

20th. The general furface of *Potterick Carr*, in the meadows adjoining to *Crookhill Nook*, below the furface of the *Torne* there,   - - - - - -   1 $2\frac{3}{4}$

21ft. The height of the bank of the *Torne*, above water, at fome of the loweft places on the *Holme's Carr* fide, near *Crookhill Nook*, and which the *Torne* is faid very rarely to over-top,   0   11

22d. Ditto, on the fide of *Potterick Carr*,   - - - - - -   0 $11\frac{1}{4}$

23d. Surface of the *Torne*, at the loweft part of *Potterick Carr*, called the *Toad Holes*, below the furface of the *Torne*, at *Crookhill Nook*,   - - - -   1   8

24th. Surface of the *Torne* juft below *Rofington Bridge*, including the fall of $2\frac{1}{2}$ inches there, below the furface of the *Torne*, at *Crookhill Nook*,   - - - -   3   5

Confequently,

25th. From the general furface of the loweft part of *Holme's Carr*, near *Crookhill Nook*, to the furface of the *Torne*, at *Rofington Bridge*, there is a fall of   - - - -   2 $7\frac{1}{2}$

LEVEL from the old *Eau* to *Cantley Common.*

26th. July 30th, 1762, found the rise from the surface of the water of the old *Eau*, to the top of *Cantley Common*, in the lowest part of the ridge between the division dyke and the inclosures next *Doncaster*,   - - - - - - -   15   0½

F.   I.

OBSERVATIONS.

27th. From my view of the country, it appears, that there is a fall of some feet from low water mark in the river *Dunn*, near *Thorne Sluice*, to low water mark in the *Trent*, at *Authorpe Sluice*; and from the above levels, Articles 7th and 14th, it appears, that the surface of the *Thorne*, at the beginning of the *Participants Drain*, is lower than the *Dunn* at the *Crimpsal*, by 5 feet 2¼ inches; but as this will scarcely balance the difference at *Doncaster Lock*, it follows, that the *Torne*, from the entry of the *Participants Drain*, would have a fall into the river *Dunn*, at or near *Thorne Sluice*, at least equal to the sum of the falls of the four locks upon the river *Dunn* below *Doncaster*, and therefore has at least an equal one into the drain leading to *Authorpe Sluice*, which may probably amount in the whole to 12 or 14 feet, besides the 5 feet 2½ inches above mentioned.

28th. From my view of the country, it further appears, that there is no passage from *Potterick Carr* to the *Dunn*, without traversing the ridge of hills extending from *Loversal* to *Hatfield*, without going below *Hatfield*; and since the same point can be attained by following the valley of the *Torne*, I therefore look upon the cutting through the high ground, at *Cantley Common*, in order to come at the same point, as quite out of the question; and to traverse the aforesaid ridge of hills, after passing through those high grounds, will be less eligible than traversing the same at the out-gang gate, and finding the shortest way to the *Dunn*.

29th. It is generally looked upon, that a capacity of reducing the surface of the water in the drains 2 feet under the general surface of the lowest lands to be drained thereby, to be effectual for draining purposes, and therefore whatever means are capable of producing this effect, will answer the end as well as if they were capable of making a greater reduction, because the surface of the water being too much reduced, with respect to the surface of fen lands, is found to hurt the fertility thereof.

GENERAL

GENERAL SCHEME.

NOW, with respect to the general drainage of the country, I take it for granted, that what will drain the lowest slades of *Wadworth Carr*, near *Crookhill Nook*, will, by proper leading drains, do for all the lands that lay further up the country; but as there appears to be from the levels, Articles 17th and 20th, a fall of almost 2 feet from *Wadworth Carr* into *Potterick Carr*, which would be sufficient for the drainage of the former, yet, was the down-fall waters of *Wadworth Carr* and country above let down, so as to communicate with the drains of *Potterick Carr*, the former would over-ride, and thereby prevent the drainage of the latter, unless both were carried separately to a point where a sufficient declivity might be obtained, so as to carry off both without affecting each other. This purpose may be obtained by cutting new drains separate from the river *Torne*, so as to deliver their water into the *Torne*, at the birch tree, below *Rosington Bridge*, before mentioned (Art. 11.) and still more effectually was the river scoured out, and a bridge built at *Oakley Dam*, where, from Art. 12 and 13, it appears, that $15\frac{3}{4}$ inches of level might be obtained in little more than 100 yards, the loss of which is a great detriment to the grounds lying on both sides of the river, between the said birch tree and *Oakley Dam*, during which space the river being deeper than in most other places, would reduce its surface a great part of that quantity lower than at present.

To this scheme will probably be objected, that the down-fall water of a large tract of country being brought down into the *Torne* at the birch tree, by more direct passages than heretofore, will be the means of overflowing the meadows below the said point, and also raise the waters in the out-fall drain to a greater height than they would otherwise do. And it must be acknowledged, that something of this would take place, though in so small a degree, as scarcely to be sensible at so great a distance from the out-fall; for it must be allowed, that in wet seasons the same quantity of water must be discharged, the only difference is in the time. It must also be allowed, that the water which comes down the drains to the birch tree, must otherwise have come down the *Torne* to the same point, and therefore the water of the *Torne* will be eased by that quantity. The time therefore can only be affected by that part which comes down to the drains quicker than it would have done by the *Torne*; but then in consequence of this quickness being nearer its out-fall, and coming by a more direct road, it will generally happen that the bulk of the down-fall coming by the drains will be gone off, before the bulk of the land waters that come from other places at a great distance by

the

the meandring courfe of the *Torne* are arrived; and confequently, in fuch cafes, the rapidity of the waters coming down will, upon the whole, be rather abated than increafed.

But if this reafoning, however true and explicit, fhould not prove fatisfactory to thofe who are to get nothing by perceiving the truth thereof, I fee no way of fteering clear of the objection, but by bringing a new drain from the river. *Dunn*, entirely independent of the river *Torne*; and I do not find any better way of doing this, than by beginning at fome proper point upon the river *Dunn*, below *Stainford* lock, and above *Thorne* fluice, from thence traverfing the level moors, and leaving *Gatewood* to the north, to approach near the *Torne* at *Gatewood Bridge*, and leaving this bridge, as well as the whole river *Torne*, on the fouth, to follow the low meadows quite away to *Potterick Carr*, and through the fame up *Wadworth Carr*, &c.

In this cafe, it would be neceffary to erect a fmall fluice at the out-fall of this drain into the *Dunn*. This method would effectually drain, not only all the country above *Rofington Bridge*, but be of great fervice to the lands through which it paffed below, and might be executed at a moderate expence; for though the diftance is confiderable, yet there is fo great a fufficiency of level, as appears by Art. 27, that a fmall drain would anfwer the end. This drain would be fomewhat fhortened, and the out-fall fluice avoided, in cafe the propofed fcheme for making a navigable communication between the *Dunn* near *Thorne Sluice*, and the *Trent* near *Authorpe Sluice*, fhould take place; in which cafe, the two fchemes would be of mutual affiftance to each other. Yet as the execution of this fcheme of drainage, in either method, however practicable in nature and art, would neceffarily pafs through and fever many properties, how far it may be practicable refpecting mens interefts and opinions, I cannot take upon me to fay.

─────────────

SCHEME for POTTERICK CARR.

I come now to confider what may be done towards the drainage of *Potterick Carr*, independent of the reft of the country, by fuch methods as lay within a narrower compafs, and as it were within the diftricts of the corporation of *Doncafter*, and proprietor of *Loverfal*. And here two methods offer themfelves; one by a fubteraneous paffage from *Potterick Carr* to the river *Dunn*, by way of the *Crimpfal*; the other by way of *Stecking Dyke*, which appears to be the antient out-fall drain for *Potterick Carr* into the *Torne*, at or near *Rofington Bridge*.

1ft. With

1ft. With refpect to a paffage from *Potterick Carr* to the *Dunn* above *Doncafter*, it appears, Art. 7, that when the levels were taken, there was a fall of 4 feet 4 inches from the furface of the old *Eau* to the furface of the river *Dunn*, the diftance being about 2 miles. It appears alfo, Articles 5, 6, 7, and 8, that the furface of the old *Eau* at that time was about 10 inches below the general furface of the *Carr*; therefore a capacity of running off the furface of the old *Eau* 14 inches lower than at prefent, would, with proper internal drains, compleat the drainage of this *Carr*, and ftill there would remain 3 feet 2 inches fall from the water of the old *Eau* to the furface of the *Dunn*; but as the verge of the *Carr*, near *Balby* out-gang gate, is about a mile nearer to the *Dunn*, to which all the water of the *Carr* would be brought, in open drains, with very little lofs of level, there would be 3 feet defcent for the fubterraneous paffage, which from this point would not, in the neareft direction, be above a mile, which is fo large an allowance of defcent, that fuppofing a clean bottom carried upon a dead level from the furface of the *Dunn*, a drain of 3 feet wide would fufficiently difcharge the water.

The difadvantages attending this fcheme would be, that whenever the furface of the *Dunn* fhould, in rainy feafons, be kept higher than 3 feet above its common pitch, which I fuppofe it fometimes is for weeks together, that then there could be no drainage at all; but, on the contrary, without the help of a fubterraneous fluice, the water of the *Dunn* would run into the *Carr*.

This inconvenience would, in great meafure, be obviated by carrying the drain fo low as to fall into the river *Dunn*, between the water-engine and the bridge at *Doncafter*; for this would gain an addition of 5 or 6 feet of level. And though, in the height of great floods, I fuppofe there is not a great deal of difference of the *Dunn*'s furface above and below the engine-dam, yet I fuppofe that the water rarely continues there for any length of time together, fo as to be 3 feet higher in the engine-tail than the ordinary furface of the *Dunn*, at the *Crimpfal*, oppofite *Newton*. So that the drainage being ftopped but for a little time together, would be fufficiently performed by intervals: but then, as this will create about three quarters of a mile addition of drain, and thereby add to the tedioufnefs and expence of an otherwife tedious and expenfive job, it will ftill remain a queftion, how far this method of drainage may be eligible, efpecially when 'tis confidered, that, fhould a running fand be met with in this paffage, it might prove an infurmountable difficulty, and the work be obliged to be deferted, after great expences incurred thereupon.

2d. With

2d. With refpect to a drainage into the *Torne*, if *Stecking Dyke* was carried down on the north fide of the river, and dropt into the *Torne*, at the birch tree, below *Rofington Bridge*, this fcheme would be undeniably the beft of any; for to this place, from the old *Eau*, there is near upon the fame fall as into the *Dunn*, at the *Crimpfal*, oppofite *Newton*, with an opportunity of making a drain of any given capacity that may be required; and as it appears, from Art. 21 and 22, that the waters of the *Torne* don't rife in time of floods above a foot perpendicular, the flood water of the *Torne* can never over-ride thofe of the drain: and whatever force may be fuppofed to remain in the objection to the delivering the down-fall water of the whole country into the *Torne* at this point, it will entirely vanifh when applied to *Potterick Carr* alone; for being of fo much lefs extent, and nearer to its out-fall, and having fo good a declivity, its water will be certainly difcharged before thofe from the different parts of the country are come down; and in long-continued rains it is plain that when the *Carr* is once overflowed to a certain height (as is the cafe at the clofe of winter, when furface waters are moft annoying) that the prefent difcharge of water from the *Carr*, at thofe times, will be juft equivalent to its difcharge of water in the fame time when in a ftate of drainage.

But I will now fuppofe the worft, and take it for granted that nothing can be done but by fuch lawful means as may be put in practice within the grounds of *Doncafter* and *Loverfal*.

It appears by the levels, Art. 9 and 10, that from the furface of the old *Eau* to the lower fide of *Rofington Bridge* is a fall of 10 ½ inches, and from thence to the loweft part of the ftraight cut, extending about a furlong below the bridge, is 10 ½ inches more, in the whole 1 foot 9 inches; but as a reduction of the furface of the old *Eau* of 14 inches below its then ftate has been fhewn fufficient for drainage, there will ftill remain 7 inches fall from the old *Eau* to the point laft mentioned, which is amply fufficient, as the diftance does not exceed a mile and half.

Now the ftraight cut aforefaid, below *Rofington Bridge*, (which paffes through the bounds of the corporation of *Doncafter*, or Mr. Dixon, of *Loverfal*,) plainly appears to have been made with a view to the drainage of *Potterick Carr*: for by cutting off the loops of the old river, and making a more free paffage for the *Torne*, the furface of the water would naturally be reduced at the tail of *Stecking Dyke*, and confequently afford a better fall from the *Carr*; and even by this conftruction, had the whole been done in a proper method, and with proper dimenfions, a drainage might have been accomplifhed, and with good management preferved to this day: but at prefent I would rather advife to let

the

the *Torne* continue its prefent courfe, and to cut a new drain on the north fide thereof, through the faid lands, from the loweft point of the faid ftraight cut, up to *Stecking Dyke*; and either by fcouring out and enlarging *Stecking Dyke*, or by cutting a new drain in lieu thereof, this, with proper internal drains within the *Carr*, will reduce the water 2 feet 7 inches within the general furface of the loweft lands in dry feafons, unlefs held up to a greater height for the ufe of cattle.

It appears from Art. 21 and 22, that the greateft rife of the *Torne* in time of floods at *Crookhill Nook* does not exceed 1 foot perpendicular; but there is reafon to fuppofe it may be fomewhat more at the point before mentioned, poffibly 15 inches, and therefore it will be neceffary to place a fluice or doors at the tail of the drain to fhut againft the water of the *Torne* at fuch times, and prevent their reflowing into the *Carr*; yet, if the drains are made of fufficient depth and capacity to run off the waters of the *Carr* to the dead level of 2 feet 7 inches below foil, thofe drains will be fufficient to hold water, fo as to drain by intervals without overflowing the furface of the *Carr*.

It is poffible the fame objection may ftill be urged againft this fcheme as againft the former, of going down to the birch tree, viz. that of bringing down the waters more fuddenly upon the lands below; but for this, in the prefent cafe, there is moft evidently not the leaft foundation; for fince it will be neceffary to maintain a pair of doors to fhut againft the *Torne* in time of floods, it is plain the drainage water can make no addition while its doors are fhut; and as they muft efcape when the bulk of the floods in the *Torne* are fpent, it muft contribute to the carrying off the whole more equally than at prefent. And fince this fcheme can be executed within the grounds of the parties concerned, and cannot poffibly, even in appearance, prejudice thofe of any other, I apprehend there can be no doubt of the legality thereof; and as this fcheme can be executed at much lefs expence than any other, for my own part, I think it merits trial.

I hope what has been faid will be fufficient to let the proprietors of *Potterick Carr* fee clearly the nature of this bufinefs, and to determine them in the choice of a method: when that is done, I fhall be ready to make what further obfervations may be neceffary, in order to lay down the particular plan and dimenfions, and form an eftimate thereupon.

With refpect to *Holmes Carr*, it will readily occur, from what has been faid, that there cannot be the leaft difficulty; for fince there is 2 feet 7 $\frac{1}{2}$ inches fall from the loweft parts oppofite *Crookhill Nook* to *Rofington Bridge*, that nothing more is neceffary than to put

the

the banks againſt the *Torne* into proper repair, and to make proper drains to carry the down-fall water into the *Torne* at, or immediately below, *Roſington Bridge*, on the ſouth ſide of the river, with proper gates to ſhut againſt the floods, as before mentioned: or otherwiſe, by an under-ground tunnel or fox, to communicate its waters to the drain propoſed for *Potterick Carr*, which, in this caſe, muſt be ſomewhat enlarged on this account.

Auſthorpe, September, 1762.   J. SMEATON.

ESTIMATE for draining *Potterick Carr*, *Holmes Carr*, and *Wadſworth Carr*, by a paſſage from *Potterick Carr*, by *Balby* Out-gang gate and *Spanſdyke*, to the river *Dunn*, below the engine at *Doncaſter*; the tail of the drain to be laid 8 feet below the mean ſurface of the *Carr*, and to riſe 1 foot to the Out-gang gate.

	£.	s.	d.
To digging out the tail-drain for an arch, length 5 chains, in order to get round the engine into Mr. *Copley*'s meadow, adjoining to *Crimpſal*; mean depth 10 feet bottom, width 6 feet, and to batter half a foot in a foot a perpendicular, containing 1760 cube yards, at $3\frac{1}{2}d$. per yard,	25	13	4

To walling the ſides $4\frac{1}{2}$ feet high, which if done with *Extrop* ſtone, or brick length wall, may be done for 14s. per rood, and for 1 chain there will be 9 rood 3 yards, — £. 6 s. 12 d. 0

The floor being ſet with *Extrop* ſtone, 9 inches deep without mortar, if done for 1s. 3d. per yard, each chain contains, at 5 feet wide, 37 yards, — 2 6 3

To arching the ſame with brick, at 5 feet ſpan, ſo as to riſe 18 inches, the exterior curve will contain $7\frac{1}{2}$ feet breadth, and in 1 chain at brick length thick, 7 roods 6 yards — 5 10 0

	£.	s.	d.
Value of 1 chain arching,	14	8	3
Which in round numbers we will call,	14	10	0

	£.	s.	d.
To 5 chains of arching, at 14l. 10s. per chain,	72	10	0
To ramming behind the walls, fitting-in and righting-up earth, at 1s. per yard,	3	13	4
To temporary damages, at 1d. per yard, upon the ſurface opened, containing 660 yards,	2	15	0
To extra work, ſecuring the apron, making a front wall next the river, and hanging a ſluice-door to prevent the water of the river *Dunn* from reverting into the *Carr* in time of floods,	20	0	0
Carried over £.	124	11	8

	£.	s.	d.
Brought over	124	11	8

From the aforesaid drain for 5 chains, through Mr. *Copley's* close, and from thence 24 chains through the *Crimpsal*, total length 29 chains, may be an open drain, which at 9 feet mean depth, 6 feet bottom, and 4 feet batter per yard perpendicular, turns out 11494 yards, at 3 *d.* - - - - - - - - - 143 | 11 | 0

The mean width of the cut at top will be 30 feet, which in 29 chains produces 6386 yards, equal to 1 acre, 1 rood, 11 perches, and each bank will nearly occupy the same space, but this is supposed to be left of half value, so that, for the two banks we reckon 1 acre, 1 rood, 11 perches, and in the whole 2 acres, 2 roods, and 22 perches, which if valued at 60 *l.* per acre, comes to - - - - - - - 158 | 5 | 0

From *Crimpsal*, up *Spansyke Closes*, 26,26 chains, mean depth 12 feet, with 6 feet bottom, and 4 to 3 slopes, will turn out 16995½ yards, at 3 *d.* - - - 211 | 18 | 10½

The mean width at top will be 38 feet, which at 26,26 chains long, makes 7315 yards, equal to 1 acre 2 roods 2 perches, which doubled for the cover makes 3 acres and 4 perches, which if valued at 50 *l.* - - - - - - 155 | 0 | 0

A bridge across at the *Extrop Road*, - - - - - - 30 | 0 | 0

From the top of *Spansyke Closes* to the entry upon of the little moor, is 18½ chains, the mean depth 16 feet. The digging out a 6 feet bottom, with half a foot batter, in a foot high, will turn out 10664 cube yards, which at 4 *d.* comes to - - - 177 | 14 | 8

To arching 18,5 chains, at 14 *l.* 10 *s.* - - - - - 268 | 5 | 0

To ramming, filling, and righting the ground, at ½ *d.* per cubic yard, - - 22 | 4 | 4

To temporary damages, at 1 *d.* per yard superficial of the ground opened, 3138, comes to 13 | 1 | 6

From the entry of the little moor across the same to the base of the hill, about one chain within the *Green-Lane*, is 23 chains, mean depth 17 feet; the digging out a 6 feet bottom at ½ a foot batter, in 1 foot rise, will turn out 13859 yards, which at 4 *d.* a yard comes to - - - - - - - - 230 | 19 | 8

To 23 chains of arching, at 14 *l.* 10 *s.* - - - - - 333 | 5 | 0

To filling in 13859 yards, at ½ *d.* - - - - - - 28 | 17 | 5½

From the base of the hill, one chain upon the same being at a medium 20 feet deep, with bottom and slopes as before, containing 782 cube yards, at 5 *d.* - - - 16 | 5 | 10

To arching ditto as before, - - - - - - 14 | 10 | 0

To filling ditto, 782 cube yards, at ½ *d.* - - - - - 1 | 12 | 7

To open casting on the side of the hill next the *Carr* one chain, mean depth 12 feet, with a 6 feet bottom, and slopes as before, - - - - - - 15 | 0 | 0

To open-casting, arching, and filling one chain more, mean depth 16 feet, - - 27 | 0 | 0

To open-casting, arching, and filling one chain, mean depth 20 feet, as on the other side of the hill, - - - - - - - - 33 | 0 | 0

Charge of the out-fall drain, exclusive of the hill, - - - - 2005 | 2 | 7

The length of the under-ground passage through the hill, which cannot be conveniently open cast, is 13 chains, that is 286 yards; but as the quality of the matter is not known at the depth it is to pass, it is impossible to estimate the charge of getting through it; if it turns out any kind of matter that will stand unsupported till arched a fathom at a time, it may be done for about 4 *s.* per yard, pitting included; but as it may be attended with some extra trouble, if we allow 2 *l.* 10 *s.* per yard, then 286 yards at 2 *l.* 10 *s.* come to - - - - - - - - 715 | 0 | 0

| | Carried over £. | 2720 | 2 | 7 |

	£.	s.	d.
Brought over	2720	2	7

To extra work in fixing a drawgate at the entry of the subterraneous passage, in order to take off the water, to repair or infpect any thing within, and which will also serve for holding in water for the cattle in dry seasons,   - - - -   **20 0 0**

Estimated expence of the out-fall drains   -   -   -   -   -   **2740 2 7**

N. B. The whole length is 119 chains, or 1 ½ mile wanting one chain.

Mother drains, barrier bank, &c. within the *Carrs*.

To digging a mother drain from the entry of the subterraneous passage to the old *Eau*, being in length 1¾ mile, to be 21 feet top, 9 feet bottom, and at a medium 6 feet deep, containing 30800 cube yards, at 2 *d.*   - - - -   **256 13 4**

To continuing the said drain from the old *Eau* to *Crookhill Nook*, in order to receive the water by foxes, from *Holmes Carr* under the *Torne*, and from *Wadworth Carr* under *Catherine Well Water*, being in length 1¼ mile, to be 19 feet top, 9 feet bottom, and at a medium 5 feet deep, containing 17111 yards, at 2 *d.*   - - -   **142 11 2**

To the making a fox, about 2 yards wide and 1 yard high, for taking the water from *Holmes Carr* under the river *Torne*,   - - - -   **60 0 0**

To a ditto, about a yard square, from *Wadworth Carr*, with a shuttle for regulating the water, that it does not come down faster than the mother drains in *Potterick Carr* will vent it   - - - - - - -   **55 0 0**

To cutting a back drain behind the bank of the *Torne* in *Potterick Carr*, and thereby strengthening the bank against the river, being in length about 1½ mile, to be 3 yards mean width, and a yard deep, cutting and banking at 2 *d.* per yard,   - -   **66 0 0**

To ditto behind *Crookhill Bank*, 1 mile (or so far as may be found necessary) of the same dimensions,   - - - - - -   **44 0 0**

To cutting a mother drain within *Holmes Carr*, parallel with the general course of the river, avoiding the loops, and therewith forming a bank against the same, leaving 20 feet foreland in the nearest places; the length supposed 2½ miles, (more or less as may be necessary) to be 5 yards top, 2 yards bottom, and at a medium 4½ feet deep, containing   yards, at 2 *d.*   - - - - -   **192 10 0**

To cutting a mother drain, in like manner, in *Wadworth Carr*, disposing the earth bank fashion, as before-mentioned. The drain to be 4½ yards top, 1½ bottom, and at a medium to 1½ deep, supposing the length 1¼ miles (more or less, as may be necessary) will contain 11880 yards, at 2 *d.*   - - -   **99 0 0**

To strengthening *Catherine Well Water Bank* against *Wadworth Carr* by a back drain, 3 yards wide and 1 yard deep, supposing the same 1 mile (more or less, as may be required)   **44 0 0**

To banking on both sides the drain by the side of the road over *Wadworth Carr*, which brings down the water of some springs, and also for making catch-water drains to conduct the upland water into the river, supposing the whole to be 2½ miles, (more or less, as may be wanted) 3 yards wide and 1 deep,   - - -   **110 0 0**

Estimated charge of the internal works   - - - - -   **1069 14 6.**

GENERAL ACCOUNT.

	£.	s.	d.
The out-falls drain, - - - - - - - †	2740	2	7
The internal works, - - - - - - -	1069	14	6
Contingent expences upon the whole, the perforation of the hill excepted, - -	400	0	0
Total £.	4209	17	1

N. B. The fum marked thus † was in the original 2732 *l.* 6*s.* 0*d.* and the total marked thus was 4202 *l.* 0*s.* 6*d.*

OBSERVATIONS.

1ft. In cafe a red fand rock fhould be found in the hill, at the level of the drain that will ftand of itfelf, it may be done for 1 *l.* 5 *s.* a yard, but in cafe it fhould be a foft clay, or running fand, it may coft 10 *l.* a yard.

2d. In cafe of fuch a fand or clay, it will be advifeable to fink for a firmer matter below, in which cafe, the water may be carried under the hill in manner of an inverted fyphon.

3d. If a red fand rock fhould lay in a right line between the engine and *Carr*, as the diftance is only 65 chains, it might be cut for about 1828 *l.*

4th. If fuch a rock fhould be found between the top of *Spanfyke Clofes*, in a right line to the *Carr*, the length being 33 chains, the whole expence of the out-fall drain will be done for 1751 *l.* But

5th. If this laft fpace fhould be the fame matter as fuppofed in the eftimate for Outgang gate, the out-fall drain would be done this way for 2659 *l.* but the hazard greater.

6th. As much depends upon the quality of the matter, it would be advifeable to bring this affair to a certainty, by finking or boring.

7th. The charge of carrying the drain from the top of *Spanfyke Clofes* acrofs the little moor to the entrance of the hill, will be fomewhat cheaper by an open drain than by arching; but as the cut and banks would occupy between 50 and 60 yards broad, would be lefs eligible to the land owners, and the drain more liable to obftruction, by matter tumbling from fuch very high banks.

H 2

N. B. The

N. B. The bottom for the arching parts is fuppofed to be dug no more than 6 feet wide, though the drain within the walls is purpofed to be of 5 feet, becaufe the foot of the flopes may be cut down perpendicular half a foot on a fide, when the mafons are ready to put in the walls.

Doncafter, March 23, 1764.   J. SMEATON.

To Mr. SHEPPARD, concerning *Potterick Carr*.

SIR,

IN anfwer to your requeft, my report is as follows :

That in the dry feafon in July 1762, I found the waters of the old *Eau* in *Potterick Carr* nearly 10 inches below the mean furface of the land in the *Carr*, which in the points I tried it was nearly upon a level, which are fpecified in my report, and to which I refer ; that from the furface of the water in the old *Eau*, to the furface of the river *Torne* juft below *Rofington Bridge*, I found a fall of 10½ inches, and from thence to the bottom of the ftraight cut, or river below *Rofington Bridge*, 10½ inches more, making together 1 foot 9 inches below the furface of the old *Eau*, as it and the river then were ; but it is to be remarked, that the furface of the water in the river juft below *Rofington Bridge* was 13 inches below the firft apparent joint of the arch on the fouth-eaft angle thereof, whereas when I viewed it on the 20th of May laft, it was nearly 6 inches above the fame.

I alfo find from my notes taken in 1762, that from the bottom of the ftraight river aforefaid, to the birch tree mentioned in my Report, I made 2 ftations, amounting together to 2 feet 3 inches fall ; the firft below being 11¼ inches, and the fecond 15¾ inches ; but how far the firft ftation of 11 inches extended below the ftraight cut, I do not now remember, having no remark thereupon, the extent of the corporation's eftate on the fouth fide of the river not being at that time diftinctly pointed out to me ; but I have reafon to believe that at leaft 6 inches of the 11 would fall within the corporation's eftate, fo that hence I infer, that from the furface of the old *Eau*, to the furface of the river *Torne*, at the bottom of the corporation's eftate, as the old *Eau* and river then were, was at leaft 2 feet 3 inches, and confequently below the mean furface in the

Carr

Carr 3 feet 1 inch, and which I don't doubt but will appear the same, whenever the obstructions, which I apprehend to be since formed in the river below *Rosington Bridge*, are removed, so as to suffer the surface of the water to subside to the same point upon the bridge, as it was even with in 1762; and consequently, that with the fall above mentioned, the *Carr* may be effectually drained, as 2 feet below the surface is generally esteemed by the most experienced engineers a compleat drainage.

For this purpose, I apprehend it will be convenient to cut a new passage for the river *Torne* from some proper place at or above *Crookhill Nook*, and skirting the high ground on *Rosington* side, as much as consistent with a short course to bring the same down to *Rosington Bridge*, and building a new bridge for the new river on the south side of the present bridge, to carry down the new cut through the corporation's estate on the south side of the present river, and to drop the same into the *Torne* at the lowest point of the said estate. This new river being properly embanked, will defend the lower grounds of *Potterick Carr* from the floods of the *Torne*, and by proper drains and tunnels will drain *Holmes Carr*, and the higher grounds to the westward of the same, without interfering with that of *Potterick Carr*.

The dimensions of this new river ought to be at least 20 feet bottom, with proper batters, or slopes, of at least 1 to 1. The bottom at the tail of the new river to be at least 2 feet below the surface of the *Torne* there, as it was in July 1762, that is, 4 feet 6 inches nearly below the said joint in the arch, and to rise upon a plane regularly inclined, so as to be at least 4 feet below the surface of the adjacent carrs, where it joins the old river at or above *Crookhill Nook*.

For the drainage of *Potterick Carr*, I would recommend to cut a new drain between the proposed new river and the old one, beginning at the old river just above the tail of the new one, and joining the straight river as soon as possible, to widen and deepen the same in its present course, so as to pass under the present *Rosington Bridge*; and from thence keeping on the north side of the old river above *Rosington Bridge*, to join *Stecking Dyke*, widening and deepening the same nearly according to its present course, to the place where the engine stood, from thence keeping a straight course, or as nearly so as the convenience of properties will allow, through the middle of the *Carr* to the north end thereof.

This drain I would recommend to be at least 18 feet wide at the bottom, with slopes of at least 1 to 1, and to be at least 5 feet 6 inches below the said joint in the arch, the

bottom

bottom to be carried upon a dead level, and of an equal width as far into the *Carr*, as till it is oppofite the old *Eau*, from thence to grow gradually narrower and fhallower, fo as to be 4 feet deep and 5 feet bottom at the head; this, with proper crofs drains, will reduce the water in the *Carr* to very near the fame level as the river at the out-fall of the drain. I would further advife that a fluice with doors, pointing toward the *Torne*, be erected at the tail of the drain, to prevent the water of the *Torne* in great rains from over-riding thofe of the *Carr*, and thereby reverting into the *Carr*, and alfo a ftop-fluice with draw-doors upon the tail of the propofed new river, by fhutting which, at proper times, the propofed drain will run at times, when it otherwife would not; a fluice-keeper being appointed to take care of the drawing and fhutting the fame, fo as to prevent their running or penning improperly, on account of the lands above and below.

A catch-water drain round the fkirt of the *Carr* will be of great ufe, in conveying the water from the uplands into the new river, without entering the *Carr*; but as the country is not very extenfive which at prefent throws down water upon the *Carr*, this expedient need not be put in practice till experience fhews it to be wanted.

The above reafoning principally depends upon two points, which I would recommend to the commiffioners to fatisfy themfelves upon, viz. whether obftructions in the river below the corporation's eftate can or cannot be removed, fo as to run off the water to the fame depth as I found it in my furvey in July 1762; and fecondly, whether, in that ftate of the river, there is or is not the quantity of fall fpecified, or near upon.

I am, SIR,

Your moft humble fervant,

JOHN SMEATON.

P. S. The joint of the arch being a little inclined, I took my meafure from the loweft fide next the water.

The

The REPORT of JOHN SMEATON and JOHN GRUNDY, Engineers, concerning the practicability of improving the *Fossdyke* navigation, and draining the land laying thereupon; from a view and levels taken in August, 1762.

THE *Fossdyke* is an artificial cut or canal, which joins the *Trent* and *Witham* together, by a navigable communication, extending from the *Trent*, near *Torksey*, to *Brayford Meer*, near the city of *Lincoln*, being in length near upon 11 miles. The river *Witham*, which has its origin near *Post Witham*, in *Lincolnshire*, after pursuing a course of about 40 miles, falls into *Brayford Meer*, which being a natural reservoir of several acres in surface, and having an open communication with the *Fossdyke*, as also with two other still more extensive lakes, or natural reservoirs, called *Swan Pool* and *Cuckoo Pool*, their surfaces being common, and nearly at rest, will, consequently, be nearly upon the same level, and rise and fall together.

The end of the *Fossdyke* next the *Trent* is shut by a lock, having gates pointing both ways, which, of consequence, equally prevent the waters of *Fossdyke* from flowing out into the *Trent*, or the waters of the *Trent* from flowing into the *Fossdyke*, according as each surface happens to be lower or higher than the other. The waters of *Brayford Meer*, and consequently of the *Fossdyke*, are prevented from running off below a certain height, by a shoal in the river *Witham*, between *Brayford Meer* and *Lincoln High Bridge*, called *Brayford Head*, or the *Natural Stanch*. There are also three other passages for the water of the *Witham*, before it falls into *Brayford Meer*, which are called *Sincil Dyke*, and the two *Gowt Bridge Drains*; the two latter join the former, and fall into the river *Witham* below the said shoal of *Brayford Head*, a little above *Stamp End*, which is the lowest point of the city of *Lincoln*; from hence the waters of the *Witham* make their way through the fens towards *Boston*; but as the highest part of the bottom of *Sincil Dyke* and *Gowt Bridge Drains* is several inches higher than the top of the shoal of *Brayford Head*, those serve only as slaker drains, to ease off the passage of the water in time of floods; but *Brayford Head* is considered as the gage, weir, stanch, or tumbling bay, by which the water of *Brayford Meer* is kept up to a certain height, and discharged when above the same.

Now there being a great quantity of low grounds, which have their drainage into *Brayford Meer* and into the *Fossdyke*, and their communications, which cannot, in the present state of *Brayford Meer*, be effectually drained, for want of a sufficient fall from the

the loweſt parts of their ſurface, it is therefore deſirable to the proprietors of thoſe lands that *Brayford Head* ſhould be removed, or at leaſt ſo far lowered, that the water of *Brayford Meer*, and conſequently the *Foſſdyke* water, being ſo much ſunk below its pre-preſent gage ſurface, as to afford a ſufficient declivity from the ſurface of the lands thereinto.

On the other hand, the *Foſſdyke* navigation being at preſent deficient in depth of water, it is equally deſirable to the proprietors thereof that *Brayford Head* ſhould be raiſed.

To reconcile thoſe oppoſite intereſts, and give to each party what they deſire, without injury to the other, is the point at preſent before us.

In the firſt place it is very obvious that, was *Brayford Head* lowered a certain number of inches, and the bottom of the *Foſſdyke* lowered as much, that the lands would be bettered, and the *Foſſdyke* navigation would be in the ſame ſtate as now; and if beyond that the bottom of the *Foſſdyke* was lowered as many inches more as it is at preſent deficient, then the navigation would be bettered alſo, and both ſides would get what they want.

In order to examine the merits of this propoſition, we ſounded the depths of the *Foſſdyke*, and examined the qualities of its bottom, meaſured the width, and took the height of the banks, in a variety of places, between one end and the other, and made what other obſervations we could, in order to inform ourſelves with the circumſtances that would be likely to occur in the execution of ſuch a project: in conſequence whereof, we found that (ſome few places excepted) the bottom was either a rotten peat earth, or elſe a running ſand; and from the efforts that have already been made from time to time, in order to clear the bottom, and by the wharfing up the ſides with piles, plank, and ſtone, as well as from the nature of the ſoil itſelf, it appears to us to be very difficult and expenſive to preſerve the preſent depth of water upon its preſent width; and though we are of opinion that the deepening thereof in the requiſite degree to anſwer the purpoſes aforeſaid, is in nature poſſible, yet, as it appears to us that this deepening cannot be effected without moving one of the banks, in order to widen the ſame, and give a proper foreland thereto, and that in a very conſiderable degree for the greateſt part of the length, it will, in conſequence, not only turn out a very expenſive project, which, by an eſtimate we have made thereof, amounts to upwards of 6000*l.* but be the occaſion of much loſs of time and profit to the proprietors of the navigation while

the

the work is executing; and, as it appears to us will not be fo eligible even to the land-owners themfelves as the following fcheme of drainage would be; for it is moft mani-feft, that no grounds which drain into *Brayford Meer*, *Foffdyke*, or any of the pools or communications that lay upon the fame level therewith, can receive any greater preju-dice by the prefent height of water in the *Foffdyke* than heretofore, unlefs it can be proved that *Brayford Head* is now higher than it was, for if it is not, the expence of fuch deepening muft in a great meafure fall upon the proprietors of lands, for whofe fake principally it is done, it being no matter which concerns the proprietors of land, how deep the bottom of *Foffdyke* is below the gage furface of its water, but only whether this gage furface is higher now than it was; if not, and the leffors and leffee of the *Foffdyke* are difpofed to be contented with its prefent depth, rather than be at the charge of deepening, the deepening, with all its confequences, will then become the bufinefs of the land owners only, except what it fhall be reafonable for the *Foffdyke* pro-prietors to contribute, for the advantage of a greater depth than at prefent, after all loffes and damages that they fhall fuftain thereby are made good.

Whether *Brayford Head* is higher now than formerly, is not for us pofitively to deter-mine; and though it is poffible fome acceffion of matter might have come to *Brayford Head* from various caufes and accidents, yet as the fhoal is not compofed of fixt matter, it may notwithftanding have been upon the whole in a ftate of diminution, ra-ther than increafe, fince the increafe of traffick, by the paffing of boats and carriages upon and over it.

Having viewed and taken the levels of various points of the furface of thofe lands which drain into *Foffdyke*, *Brayford Meer*, or their communications, we find thofe moft fubject to be drowned are as follows.

On the fouth of *Foffdyke* are *Lincoln Holmes*, *Bootham* low grounds, *Skellingthorpe* low grounds, and part of *Saxelby* pafture: on the north of the *Foffdyke* are part of the *Lincoln Common*, *Burton Fen*, *South Carlton Fen*, *North Carlton Fen*, and a fmall part of *Brox-holme*, *Haddow*, and *Saxelby* low grounds, upon the *Till*.

The furface of the grounds abovementioned are at a variety of elevations above the level of *Foffdyke* water; yet the greateft part thereof were lefs than 3 feet, and we found no confiderable quantity but what was at the time of this view 1 foot and upwards above the *Foffdyke*, (the greateft part being from 1 foot to 1 foot 6 inches) except the *Haffocks* in *Lincoln Holme*, (being in a manner a bog) a fmall part of the low flade which extends from the *Foſſdyke* to *Biſhop Bridge* on *Lincoln Common*, and a ſmall quantity in *Saxelby* paſture oppoſite to the *Till*, which were but little elevated above the *Foſſdyke* ſurface. But the loweſt ground of any conſequence, is a ſlade extending from *Cuckoo Pool* to *Saxelby* paſture, which appears to have been the courſe of the *Till* before the *Foſſdyke* was originally cut; this was from 5 inches to about a foot above the ſaid *Foſſdyke* ſurface. At the time when this view was taken, there was at a medium, as before mentioned, 4½ inches water upon *Brayford Head*; from the beſt information there is ſcarcely ever leſs than 3 inches, and in great winter floods, full 4 feet; ſo that it may be reaſonably conjectured, and we have been ſo informed, that in the ſpring of the year, and at all other times until the ſaid flood waters, which have expanded themſelves over that large tract of low grounds above *Lincoln*, are exhauſted, there can ſeldom be leſs than 10 inches water thereon.

The principal opening for the diſcharge of thoſe waters of the *Witham*, and from this tract of land under conſideration, is through *Lincoln High Bridge*, which in the narroweſt part is no more than 15½ feet; beſides which are *Sincil Dyke* and the two *Goat Bridge Drains* aforeſaid, which though greater in width when taken together, yet from laying conſiderably higher, and from thoſe drains being very defective, are not capable of diſcharging more water than the *High Bridge* ſingly.

From hence it appears, that the low lands before mentioned, when once overflowed, their drains having an open communication with each other, muſt remain under water during the winter, and a great part of the ſpring ſeaſon, and are without the compaſs of a compleat drainage in their preſent ſituation.

Imbanking and engines are a general method of drainage, which may be put in practice where nothing elſe can ; but the certain expence, and uncertain effect thereof at critical times, have made all drainers prefer the uſe of natural means, where thoſe natural means can be had.

On examining the *Foſſdyke*, we find the general bottom to be about 2 feet 8 inches below the level of *Brayford Head*, in ſome few places leſs ; but as they are only ſhort diſtances, they will eaſily be reduced to a proper depth by dredging, ſo that there is wanting 10 inches of depth in order to compleat the navigation to 3 feet 6 inches ; for the addition that will be made by 3 or 4 inches of water conſtantly going over *Brayford Head*, will give a ſufficiency of free water for navigating veſſels drawing 3 feet 6 inches. In order therefore to give the *Foſſdyke* this neceſſary addition, and at the ſame time to

drain

drain the lands in queftion without detriment to any other, we propofe a fcheme founded on the following facts.

1ft. That from the furface of the river *Witham*, at the lower mouth of *Sincil Dyke*, to the furface of the water of *Brayford Meer*, when at its ordinary fummer's height, is a rife of 14 inches; but from the furface of the river at *Stamford* to the fame place, is a rife of 1 foot 7 inches and a half; and from the furface of the *Brayford Meer*, to the furface by *Bailey's Sluice*, is 2 feet 5¼ inches.

2d. That from the furface of *Brayford Meer*, to the furface of the river *Witham*, at the upper mouth of *Sincil Dyke*, which runs under *Bargate Bridge*, is a rife of 1 foot 6 inches.

3d. From the furface of *Brayford Meer*, to the furface of the river *Witham* at *Brace Bridge*, is a rife of 3 feet 2 inches.

4th. From the natural ftanch of *Brayford Head*, to the bottom of the river at *Brace Bridge*, forming a natural ftanch, there is a rife of 2 feet 6 inches.

5th. That from *Brayford Head*, to the bottom of *Sincil Dyke Drain*, at its higheft part, near *Bargate Bridge*, is a rife of 1 foot 7½ inches; and from *Brayford* to the mean higheft bottom of the *Gowt Bridge Drains*, is 1 foot 3¼ inches.

N. B. At the time of this view, the *Sincil Dyke* and two *Gowt Bridge Drains* were all running about 3 inches over their higheft points.

6th. We found, from our levels and obfervations, that all the low grounds adjoining upon the *Till*, are on fo high a level above the furface of the *Foffdyke*, that they will have a drainage therein on the decline of floods, except about 40 acres, contained in a narrow fcreed by the old courfe of the *Till* fide, from *Haddow Bridge*, about half a mile upwards, the loweft part of which we found 13 inches above the furface of the *Foffdyke*, and about 20 acres more laying in a flade a little higher up, on the north fide, the loweft part of. whofe furface was 9 inches only above the *Foffdyke*; we alfo found that the only conveyance for the *Till* oppofite this flade, was an artificial cut or ditch, about 3 feet and a half wide in the bottom, and at this time quite dry.

I 2

7th. That

7th. That having examined the feveral drains that fall into the *Foffdyke*, weft of the *Till*, we find that the bottom of *Dodington Drains* (by its tunnel) is 1 foot 6½ inches higher than the furface of the *Foffdyke*; *Thorney Drain* bottom, near the tunnel, is 6 inches above the faid furface of the *Foffdyke*; but the bottom of the faid drain, which rifes gradually at about ¾ of a mile diftance therefrom, is 4 feet higher than the fame. The bottom of the firft drain on *Kettlethorpe Moor*, near its tunnel, is higher than the furface of the *Foffdyke* by 3 feet 2 inches, the 2d by 1 foot 10 inches, and the 3d by 2 feet 2 inches; the bottom of the drain between *Kettlethorpe* and *Fenton Moor*, by its tunnel, is 1 foot 1½ inch, and that on *Fenton Moor* is 1 foot 7 inches higher, by its tunnel, than the furface of the faid *Foffdyke*; and all the faid drains rife confiderably, as they advance into the land, and the faid land is alfo in general confiderably higher than the bottoms of the faid drains, fo that it is evident that none of thefe drains, nor the lands through which they pafs, can be affected by a rife of 10 inches in the *Foffdyke* above the furface it then had, viz. 4 inches and a half above *Brayford Head*.

SCHEME for a general drainage and navigation.

1ft. TO imbank both fides of the *Foffdyke*, where wanting, from *Brayford Meer* to the river *Till*, making all good, 5 feet higher than *Brayford Head*, (which, as the flood waters of the *Witham* are propofed to be kept out of this part of the river, will be fufficient) and cutting off all communication with *Swan* and *Cuckoo Pools*.

2d. To fcour out and enlarge *Sincil Dyke*, from its lower mouth near *Stamp End*, to the place where the firft or northernmoft *Gowt Bridge Drain* falls into the fame, bringing up the bottom upon a dead level with the bottom of the river *Witham* at *Stamp End*, making it 25 feet wide at bottom, with proper flopes. Then to fcour out and enlarge the faid *Gowt Bridge Drain*, from the faid *Sincil Dyke* to the *Witham*, continuing the bottom thereof upon the fame dead level, and 15 feet broad, with proper flopes or batters; and to continue the fame underneath the *Witham*, by means of an underground tunnel or fox, 14 feet wide and 3 feet deep, with pointing doors on the eaft end, and draw doors on the weft end thereof: the river *Witham* to be entirely banked off from falling into this drain. A new drain of the fame depth and capacity to be continued from the *Fox* to fuch part of *Swan Pool* as is as deep as the drain.

A drain

A drain of the fame dimenfions to be continued from *Swan Pool* to *Cuckoo Pool*. The ground taken out of the new cuts from the *Witham* to be difpofed of bank-fafhion, leaving forelands of 3 feet on each fide of the cuts.

3d. To ftrike out a drain from *Swan Pool*, or from any point of the drain before mentioned, between *Swan Pool* and *Cuckoo Pool*, that fhall be in a proper direction for crofling the *Foffdyke*, and to purfue the fame to *Bifhop Bridge*. This drain fhould be 14 feet bottom, with proper flopes, and to rife from the aforefaid dead level one foot between *Swan Pool*, or the point aforefaid, and *Bifhop Bridge*; the faid drain to communicate under the *Foffdyke* by means of a fubteraneous tunnel, or fox, of 12 feet wide and 3 feet high; the earth of the cut from *Swan Pool* to the fox to be difpofed of bank-fafhion, with forelands of 3 feet.

N. B. A bridge will be wanting over this drain on *Lincoln Common*.

4th. To erect a lock with 2 pair of gates, upon the paffage between Mr. ELLISON's wharf and *Brayford Meer*, the gates to be pointed towards *Brayford Meer*; the whole to be built high enough to pen the water of the higheft floods of the *Witham* from flowing into the *Foffdyke*.

5th. To fcour out the river *Witham* where wanting, from *Brayford Meer* to *Brace Bridge*, and to embank the fame on the weft fide, fo as to be flood proof, and continuing the fame on the fouth weft fide of *Brayford Meer*, to join the fouth fide of the faid lock; and to conftruct a fimilar bank on the north fide of the faid lock to the high land on the north fide of *Foffdyke*, making the faid banks 30 feet feat, 6 feet top, and 6 feet high; the river between *Brayford Meer* and *Brace Bridge* to be made at leaft 36 feet wide, and its bottom fo deepened as to form a regular inclined plane one foot deeper than the prefent level of *Brayford Head* at that end thereof, and of the prefent depth at *Brace Bridge*. The bank to be formed partly from its back drain 10 feet wide at top, 4 at bottom, and 3 deep; the reft from the faid widening or deepening the river, and to be placed 40 feet from the border of the river.

6th. To further fcour out and enlarge the *Sincil Dyke* between the two lower mouths of the *Gowt Bridge Drains*, fo as to be of the fame dimenfions as before fpecified for the lower part thereof, and from the lower mouth of the fecond or fouthernmoft *Gowt Bridge Drain*, to fcour out and enlarge the *Sincil Dyke* to its upper mouth at the river *Witham*, fo as to be 12½ feet bottom, with proper flopes, and the bottom to be carried nearly upon a dead level from the said point to the river *Witham*. And in like manner and proportion the second or southernmost *Gowt Bridge Drain* to be scoured out, and enlarged, from the said point to the river *Witham*, and to erect two staunches; one upon the upper mouth of the *Sincil Dyke*, the other upon the upper mouth of the said *Gowt Bridge Drain*, both opening into the river *Witham*: the *Sincil Dyke* staunch to be gauged to 1 foot 4 inches higher than the present level of *Brayford Head*; that is lower by $3\frac{1}{2}$ inches than the highest part of the present bottom of the said drain, and the *Gowt Bridge* staunch to be gauged one foot $2\frac{1}{2}$ inches above *Brayford Head*; that is one inch lower than the medium of the two *Gowt Bridge Drain* bottoms; the said staunch to have a clear waterway of $12\frac{1}{2}$ feet each, and their cills to be laid as low as the bottoms of their respective drains.

7th. To erect a staunch at or near *Lincoln High Bridge*, on the west side thereof, the top of which to be gauged to 10 inches above the level of the present *Brayford Head*, and to be filled up with doors capable of allowing a clear water-way of $15\frac{1}{2}$ feet at least, and the cills of these doors to be laid at least 2 feet 8 inches below the level of the present *Brayford Head*; after which, the said shoal of *Brayford Head* to be removed, and the whole contents of the river, between *Brayford* and *Lincoln High Bridge*, to be taken away as deep as the cill of the said staunch.

N. B. If instead of erecting the said staunch at the *High Bridge*, it be erected 100 feet to the west of the said bridge, with a pair of doors pointing towards *Brayford Meer*, it will form the upper gates of a lock, for making a communication between the *Fossdyke* and intended navigation from the *High Bridge* to *Boston*.

8th. To scour out, enlarge, and embank the *Till*, from its junction with the *Fossdyke* at *Haddow Bridge*, to about 1 mile above the same, so as to be capable of sustaining and confining the greatest floods within its banks, and to lay a small subterraneous tunnel of about 6 inches square under the same, to convey the down-fall and soakage waters from the low grounds laying west thereof, into *Burton* main drain, by which they will be drained in conjunction with *Carlton* and *Burton Fens*, &c. without any annoyance thereto.

N. B. It is proposed that the said cut shall be at least 12 feet wide at bottom, and its banks 5 feet higher than *Fossdyke* surface at low water.

9th. The gauged bar of *Torksey Lock*, (being $10\frac{1}{2}$ inches in height) to be removed, and the framed bar to become the gauge at *Torksey*.

10th. To

10th. To erect a pillar of stone, in or by the side of *Brayford Meer*, whose top to be 1 foot 2 inches above the level of *Brayford Head*; to be so placed that the water thereof may flow freely round and upon the said stone, with a set-off or conspicuous mark, 1 inch below the said top.

The OPERATION of the foregoing Constructions.

1st. AS there appears, from the facts before stated, to be a fall from the surface of *Brayford Meer* to the surface of the river *Witham*, at the lower end of *Sincil Dyke*, of 14 inches in its common summer's state; and that from the lower end of *Sincil Dyke* to *Stamp End* there is a further fall of 5 ½ inches, chiefly owing to the obstructions of the river *Witham* between those two points, and also a yet further fall from thence to *Baily's Sluice*, of 10 inches; it follows, that whenever the Commissioners for the navigation between *Lincoln High Bridge* and *Boston* shall be pleased to execute this part of their undertaking, according to the act, that there will then be a much more considerable fall obtained: or, in the mean time, if they will suffer the drainers above *Lincoln* to deepen the river between *Stamp End* and *Sincil Dyke*, that then this 5 ½ inches shall be added to the former 14 inches, so as to make 1 foot 7 ½ inches fall from *Brayford Meer* to the lower mouth of *Sincil Dyke*. However, not to build this scheme upon the probable execution of another, we will, for the present, suppose every thing within that act to stand as it now does, still there will be a fall of 14 inches gained to *Brayford Meer*; and since the general surface of the low grounds (before specified) that drain into *Brayford Meer* were from a foot to 18 inches above the surface of that meer, at the time of this view *(Brayford-Meer* being then 1 ½ inch higher than its lowest state) it follows, that there will be a fall of above 2 feet 6 inches from the general surface of the low lands to their out-fall at *Sincil Dyke* tail; and as the flood waters of the *Witham* (which, for want of a sufficient discharge at *Lincoln*, have chiefly contributed to the overflowing of the same) will be held off by the proposed bank from *Brayford Meer* to *Brace Bridge*, there is no doubt but that the fall above mentioned will be sufficient for the general drainage of the low grounds aforesaid. It is true that some places, within the low grounds afore specified, lay lower than the general surface by several inches; but as the quantities so circumstanced are of no considerable extent, and as those very pieces will, by the execution of this scheme, be in better condition, as to drainage, than the greatest part of the low grounds now are, no reasonable objection can

be

be drawn againſt the ſcheme in general from thoſe particular places ; for as to the low ſlade of the old *Till*, between *Cuckoo Pool* and *Saxelby Paſture*, it may be provided for by carrying the main drain through it, and will, of conſequence, be moſt early in receiving benefit ; and yet this ſlade will, at a medium, lay 2 feet, and its very loweſt parts next *Cuckoo Pool* 19 ½ inches above ſummer's water, even ſuppoſing nothing was to be done below the tail of *Sincil Dyke*..

2d. With reſpect to the low grounds laying upon the *Till*, the *Foſſdyke* water being raiſed 10 inches by the ſtanches at *Lincoln High Bridge*, will pen 10 inches upon the mouth of the ſaid river in dry ſeaſons, at which time it has no currency ; but as we don't find any of thoſe grounds will be affected thereby, except the ſmall quantity before ſpecified, and as in times of rains and floods, or whenever the water coming from the *Witham* would, in its preſent condition, riſe 10 inches above its loweſt ſtate, (which, as has been ſhewn before, is the greateſt part of the year) the *Till* will have a much better out-fall than it now has ; for, in the firſt place, as the *Witham* waters (which at preſent riſe upon them near 4 feet in times of floods) will be entirely ſhut out from the *Foſſdyke* whenever they would over-ride the ſame, by reaſon of the lock near *Brayford Meer*, and banks mentioned in the 5th article, as thoſe waters themſelves will be much ſooner diſcharged than at preſent by the propoſed ſtanches, as the gauge bar at *Torkſey Lock* will be removed ; and as it is alſo propoſed to confine the flood waters of the *Till* with banks of a ſufficient height and ſtrength to ſuſtain them till they are fully diſcharged into the *Foſſdyke*, the low grounds on each ſide the ſaid *Till* can then be no otherwiſe annoyed than by the down-fall and ſoakage waters, which will be very inconſiderable, as the earth for making the ſaid banks is of a ſtrong and tight texture, and as an ample proviſion for carrying off theſe down-fall and ſoakage waters is made by the ſubterraneous tunnel to be laid under the *Till* into *Burton Drain*, it follows, that upon the whole, the diſcharge of the *Till*-waters will be conſiderably facilitated and improved, and the drainage of the low grounds under conſideration, that lay thereupon, will be compleated.

3d. The grounds, weſt of *Saxelby*, which drain into the *Foſs*, will in like manner have the ſurface of that river raiſed 10 inches upon the tail of their drains, in dry ſeaſons ; but as we find none of them that will be affected by that riſe, (very little by double, nay even treble) and as the *Foſs* will no longer be raiſed by the *Witham* floods, and thoſe floods ſooner run off by the gates of the propoſed ſtanches, it will be kept at a more conſtant height, being no otherwiſe affected than by the influx of their own and the *Till* waters, which will find their way either into the *Trent* or *Witham* waters, as ſoon as either river is ſo ſettled as the *Foſs* water will over-ride them ; ſo that upon the whole,

theſe

thefe lands being freed from the high floods, which principally annoy them, will be greatly benefited, and ought in ftrictnefs to contribute towards the making of the faid lock and bank.

4th. The proprietors of lands above *Brace Bridge* will alfo receive benefit by this conftruction; for fince there is 18 inches fall from the upper mouth of *Sincil Dyke* to *Brayford Meer* at ordinary feafons in fummer, it is plain that an additional pen at the faid meer will not fenfibly affect the level of the water at the entrance of *Sincil Dyke*; on the contrary, when the widening and deepening of the River between *Brayford Meer* and *Brace Bridge* is performed, the water will then run off lower than at prefent; and fince the tops of the ftaunches at *Sincil Dyke* and one of the *Gowt Bridge Drains* are to be lower than their refpective bottoms now are, and the capacities of thofe drains greatly enlarged, it is manifeft that though the ftaunches were never to be drawn at all, the water would have a better paffage than it can now have; but as the prefervation of the banks, propofed in Article 5. of the fcheme, depends upon drawing the ftaunches, the proprietors of the aforefaid low grounds will not be wanting in drawing them when neceffary, which will afford a great eafement to the paffage of the water far beyond any thing they have ever had: and, for the prevention of difputes between the land owners and navigators, it is propofed that whenever the water of *Brayford Meer* covers the ftone pillars propofed in Article 10. that the gates of the ftaunches fhall be drawn, or fo many and fo much as fhall be found neceffary to reduce the waters 1 inch below the top to the mark aforefaid; and whenever the water fhall fettle below the faid mark, then the gates of the faid ftaunches to be fhut down, or fo many and fo much as to prevent its falling below the faid mark, which bufinefs will be regularly done by a perfon properly appointed and authorized for this purpofe.

5th. The undertaking for drainage of the fens, and navigation between *Lincoln High Bridge* and *Bofton*, will alfo be benefited by this fcheme; for fince the great object of that fcheme was to preferve the living and flood waters, particularly thofe of the *Witham*, for fcouring of the out-fall, by this means they will be preferved, and brought down by the readieft paffage, inftead of being fpread over the fens and low grounds above *Lincoln*, by which their force is broke, and a great part thereof evaporated by the fun and winds. It is true that the *Foffdyke* being kept up 10 inches higher, will expend fomewhat more water in the paffage of each veffel; but, on the other hand, the communication between the *Foffdyke* and the *Swan* and *Cuckoo Pools* being ftopped, the evaporation from the extended furface thereof will thereby be faved; and the matter being reduced to a fair calculation, it appears that this evaporation is greatly more than fufficient to fupply the difference of lockage, leakage, and foakage, that will probably arife from an increafe of height of 10 inches in the *Foffdyke* furface.

6th. This fcheme will alfo be of great benefit to the navigation of the *Foffdyke*, not only in giving the neceffary quantity of water to render it compleat in all feafons, from the river *Trent* to *Lincoln High Bridge*, but in excluding fuch extra quantities of water, as in time of floods not only annoy the navigation, but the lands adjoining thereto, which inconvenience muft have fubfifted ever fince this cut was originally made, and confequently muft always have been the foundation of difputes and diffatisfactions between the navigators and land owners thereto adjoining; and upon the prefent fcheme it appears that the intereft of both parties coincide, it is greatly to be wifhed and hoped that they may as heartily join in the expence of executing the fame upon an equitable footing; and left any jealoufy on the part of the land owners fhould obftruct the execution of a project fo much to their advantage, as fuppofing it more calculated to ferve the navigation than themfelves, we think it expedient to declare, that nearly the fame advantages can be procured to the navigation as will be obtained in the fcheme before fpecified, without prejudice to the prefent ftate of the land owners drainage, and that to accomplifh as good a drainage, as is propofed by this fcheme, will coft the land owners confiderably more, than if done conjunctly with the proprietors of the navigation.

An ESTIMATE of the works mentioned in the preceding fcheme.

	£.	s.	d.
Article 1ft. To making good both banks of the *Foffdyke*, from *Brayford Meer* to *Saxelby Pafture*, oppofite the *Till*, - - - - - -	463	15	0
Art. 2d. To fcouring out and enlarging *Sincil Dyke*, from its lower mouth to the firft *Gowt Bridge Drain* (including contingencies), - - - -	172	15	8
To fcouring out the firft *Gowt Bridge Drain*, from *Sincil Dyke* to the *Witham*, and the contingency of under-pinning the arches under which it paffes, - -	53	0	0
To making and laying the fox under the *Witham*, - - - -	208	12	0
To making a new drain from the fox to *Swan Pool*, - - - -	63	2	0
To making a drain from *Swan Pool* to *Cuckoo Pool*, - - - -	84	0	0
Art. 3d. To making a new drain from or near *Swan Pool* to *Bifhop's Bridge*, - -	145	4	0
Carried over	1190	8	8

To

	£.		d.
Brought over -	119?	8	?
To making and laying the fox under *Foſſdyke*, - - - -	190	0	0
To making a new hauling bridge over the drain, and a waggon bridge for the road to *Pyzwipe* inn, - - - - - - -	40	0	0
Art. 4th. To conſtructing a lock between Mr. *Elliſon's* wharf and *Brayford Meer*, -	400	0	0
Art. 5th. To ſcouring out and enlarging the river *Witham*, and embanking the ſame on the weſt ſide from *Brayford Meer* to *Brace Bridge*, and to embanking *Brayford Meer* on the ſouth-weſt ſide, from the north end of the aforeſaid bank to the lock, and from the lock acroſs the high land in the north, including the ſouth drain, - -	587	19	0
Art. 6th. To ſcouring out and enlarging *Sincil Dyke*, between the lower mouths of the *Gowt Bridge Drain* - - - - - -	12	0	0
Scouring out and enlarging *Sincil Dyke* from the ſecond *Gowt Bridge Drain* to the *Witham*, and the contingence of under-pinning Bargate bridges, - -	63	5	0
To ſcouring out and enlarging the ſecond *Gowt Bridge Drain*, from *Sincil Dyke* to the *Witham*, and the contingence of under-pinning the arches under which it paſſes,	42	10	0
To erecting two ſtanches, one at the upper mouth of each of theſe drains, at 180*l.* each,	360	0	0
Art. 7th. To conſtructing a fixed ſtanch, with draw-door, at or near the *High Bridge*, at *Lincoln*, - - - - - - - -	200	0	0
To ſcouring out *Brayford Head*, and deepening the river from *Brayford Meer* to *Lincoln High Bridge*, including the rebuilding of walls, - - - -	195	0	0
Art. 8th. To deepening and enlarging the *Till*, from *Haddow Bridge* one mile upwards, ſo as to be 12 feet wide at the bottom, and making ſtrong and effectual banks on each ſide, at leaſt five feet above the low water in the *Foſſdyke*, - -	168	6	0
To making and laying a ſubterraneous tunnel under this dyke and banks, 6 inches ſquare within, - - - - - - - -	4	0	0
To making a catch-water drain and bank on the lower ſide, at the upper end of this new cut, to reach the high land on each ſide the ſame, which will conduct all the flood-water therein, - - - - - - -	8	5	0
Art. 9th. To taking away the gauge-bar at *Torkſey Lock*, - - -	0	5	0
Art. 10th. To erecting a ſtone pillar for a gauge height in *Brayford Meer*, - -	5	0	0
Art. 11th. To ſuperviſing, and unforeſeen contingencies, at 10*l.* per cent. - -	350	0	0
£.	3816	18	8

Doncaſter, October 16, 1762.

JOHN GRUNDY.
J. SMEATON.

We

We come now to give an anſwer to the following queſtion, communicated to us by Mr. AMCOTTS.

" Mr. GOLLMAN deſires to know if the *Sincil Dyke* and the *Gowt Bridge Drains* " were to be ſcoured out and deepened to the depth of the new intended river below " *Lincoln*, with gates erected at the upper end 2 inches higher than the preſent height of " *Brayford Head*, a channel to be made from thoſe places into *Brayford Meer*, to com- " municate with the *Foſſdyke*; the gates to be opened at the time of floods, the ſhoal at " *Brayford Head* to be removed, and gates or a ware to be erected by the ſide; the top " of which to be 10 inches lower than the preſent height of *Brayford Head*, with a waſte " board to be placed thereon in dry ſeaſons; what effect ſuch a ſcheme would have on " the *Foſſdyke* navigation?" The ſcheme here propoſed, in ſome reſpects, is the ſame as the ſcheme propoſed by us, as before ſpecified, but with this eſſential difference, that our ſcheme propoſes to give the *Foſſdyke* navigation an addition of 10 inches conſtant water above its loweſt ſtate, and a compleat drainage to the lands; the other to keep it conſtantly at its loweſt ſtate, with an imperfect drainage of the lands.

From the time the rains uſually fall in *September* or *October*, to the running off and evaporating the flood waters in *May*, the *Foſſdyke* navigation is generally as compleat as can be wiſhed for; but were the flood waters run off by the propoſed gates as they come down, the *Foſſdyke* would never be above its loweſt gauge, except at the top of high floods; which, as they would be uncertain, would be of little uſe to the navigation: for as *Brayford Head* is propoſed to be reduced 10 inches, except in dry ſeaſons, this would conſtantly run off the common current waters; and perhaps often more than that after the gates had been drawn, ſo that at thoſe times the *Foſſdyke* would be reduced to a lower ſtate than it ever can be at preſent, all which in conſequence would be a great detriment thereto; beſides, no man as a navigator would chuſe to ſubject his water to the mercy or miſconduct of others, or the want of neceſſary repairs of gates, ſtanches, or other works, without any proſpect or probability of any advantage ariſing therefrom.

And with reſpect to drainage, the ſcheme propoſed by the aforeſaid queſtion is ex-tremely imperfect, almoſt all the requiſites for a compleat one being omitted, that is to ſay, the neceſſary imbanking of the rivers, &c. to keep out the flood and barrier waters, and the proper means of carrying off the downfall and ſoakage to a ſurface ſufficiently below the ſoil of the lands to be drained; for nothing more is thereby propoſed towards accompliſhing theſe great ends, than forming ſtakes to eaſe the flood waters, (which is as fully and amply provided for in our ſcheme as in this) but very far from totally re-

moving

moving their effect upon the low lands in question; so that, after the execution of such a plan, the low grounds of *Boatham*, *Skellingthorpe*, *Saxelby*, *Lincoln*, *Burton*, *Carlton*, &c. would yet be liable to be overflowed in all wet seasons, and in dry ones the proposal itself points out no advantage in drainage.

Doncaster, Oct. 16, 1762.

JOHN GRUNDY.
J. SMEATON.

Concerning the drainage of the low grounds of *Torksey* and *Fenton*, which drain by *Torksey Bridge Sluice.*

AS the drains of those grounds have no communication with the *Fossdyke*, till below *Torksey Lock*, their out-fall is in effect into the *Trent*, and therefore it is of no concernment to them what the height of the *Fossdyke* surface is between *Torksey* and *Lincoln*.

Torksey Bridge Sluice (the out-let) lays on the south side of the *Fossdyke*, and also the drain leading thereto, which extends eastward about a furlong, and there divides, one branch turning to the right through *Fenton Moor*, the other to the left through *Torksey* low grounds, which laying on the north side of the *Fossdyke*, communicates by means of a subterraneous tunnel or fox, each drain having a separate sluice near the point of partition, which shuts reciprocally in case either water should over-ride the other. Each of these drains receives the down-fall waters from an extensive tract of country, and in consequence, in times of great rains, when the *Trent* is so full as to keep shut the doors of *Torksey Bridge Sluice*, those waters overflow their respective drains, and consequently the lowest lands near their out-fall, and if the rains are violent and lasting, and the *Trent* continues high, as it sometimes does for weeks together, the waters, all this while accumulating within, rise to a great bulk and height. As therefore the cause must always remain, the effect will do so too; the only thing that can be done, in the present case, is to give the water a passage sufficiently free, that whenever the *Trent* becomes lower than the waters within, they may run off as soon as may be. Those ought to be the views of them who undertake the drainage of those tracts of land. The only question that relates to the *Fossdyke* is, whether the proprietors thereof have made provision for dis-

charging

charging thofe waters as amply as the proprietors of lands have made for themfelves to bring the water thither *.

The fluice at *Torkfey Bridge*, and the fox under the *Foffdyke*, are works conftructed by the undertakers of the *Foffdyke*; the fluice at the tail of *Fenton Drain*, and that at the tail of *Torkfey Drain*, leading into the fox, are old works conftructed by the land owners to ferve their own occafions. The fluice at *Torkfey Bridge* confifts of one arch or tun of 7 feet wide, which having a ftaple-poft of 1 foot wide in the middle, forms it into 2 apertures of 3 feet wide each, which are fhut by two falling doors; the floor of this fluice lays lower than *Fenton Sluice* by 1 foot 9 inches, lower than the fluice entering the fox by 1 foot, and lower than the loweft lands to be drained thereby 2 feet 1 inch. The width of *Fenton Sluice* is 2 feet 11 inches; the fluice leading to the fox confifts of two doors, which are 2 feet 1 inch wide each. The width of the fox is 2 feet 10 inches by 2 feet high, and the entry thereof lays 8 inches lower than the threfhold of the fluice adjoining. 1ft. The queftion is therefore, whether *Torkfey Bridge Sluice* is equal to the capacity of *Fenton* and *Torkfey Fox Sluice* taken together, in point of difcharging water; and, 2d, whether the capacity of the fox is equal to the capacity of the fluice leading thereto. Having fubjected this matter to calculation, we find that at a mean height of the flood waters upon *Torkfey* (which is the loweft lands) that *Torkfey Bridge Sluice* will run more water than *Torkfey Fox Sluice* and *Fenton Sluice* put together, by above 200 cube feet in a minute, which arifes from its laying fo much lower; but that, in the like cafe, the fox will not run fo much water as the fluice adjoining thereto; but that if another equal tunnel is thereto added, that the capacity of the two will exceed the capacity of the faid fluice by above 500 cube feet in a minute. We therefore recommend it to the *Foffdyke* proprietors to add another fox of equal capacity, or to double the capacity of the prefent; but as we are of opinion the foundation of the grievance does not fo much confift in want of capacity in the fox to difcharge the water, as in the fluice itfelf to run it off, *low enough*, we are of opinion, that at the fame time the capacity of the fox is enlarged, that the land owners fhould lay the threfhold of this fluice as low as the out-fall fluice at the bridge, and that the entry into the fox fhould be made conformable thereto. In this cafe, the mean capacity

* In conftructing works by act of Parliament, if ample provifion is made for the prefervation of private property, to the fatisfaction of the proprietors at the time, that if afterwards thofe proprietors extend their views in order to improve their property, that the public undertakers at their own expence to make all fuch alterations in their works that the land-owers fhould think fit; if this was the cafe, a public undertaker would never know when he had done.

for

for difcharging water will not only be doubled, but with the advantage of running it 1 foot lower than at prefent, which will be above 2 feet lower than the loweft lands that drain thereby.

N. B. It muft, however, be confidered, that it is but lately that a new tunnel of 2 feet wide at *Harrow Head Bridge* has been added; the whole capacity of that bridge was before that time only one tunnel of 2 feet 2 inches wide, the paved floor whereof lays at leaft fix inches higher than the fluice at the fox; and as the bulk of the water that comes to that fluice comes through this bridge, it muft be acknowledged that the capacity of the fox to difcharge water at the time it was made was fuperior to the capacity of this bridge to let down the water to it.

The meeting of the *Torkfey* and *Fenton* waters, in a direction nearly oppofite, is a manifeft incongruity; but as the place of meeting is pretty deep, and wider than the reft, it forms in fome meafure a refervoir common to both, and, if perfectly fo, it would fignify little in what direction the water comes in; but as it appears to us, that as the land drains and fluice lay lower on the *Torkfey* than on the *Fenton* fides, that the *Fenton* waters will generally over-ride the *Torkfey :* this will deferve a remedy that will alfo cure the other defect at the fame time. We therefore propofe that a new tun of 4 feet wide and 3 feet high, with one door, to be added to the prefent fluice at *Torkfey Bridge*, on the fouth fide thereof, and making a partition between the old and new tuns, and to bring the prefent common drain in an oblique direction to the new tun, and to carry a new drain from behind the faid partition, from the old fluice to the tail of the fox, ftopping the prefent communication near *Fenton Sluice*; by thefe means the waters will be kept quite feparate, which will be a great improvement to the prefent drainage of the low grounds under confideration; and as it will lay the foundation for compleating the drainage thereof, as far as nature will allow, in our opinion, the land owners ought to be at part of the expence of the aforefaid new fluice and drain. An obvious miftake has alfo been committed in turning the tail drain leading from *Torkfey Bridge Sluice* into *Fofs*, below the lock, at a fquare elbow; but if it be confidered, that this drain, being wider than the clear water-way of the fluice by three feet, and deeper than the floor thereof, the velocity of the water is fo much lefs on account of a greater capacity, that the ill effect of this inconfiftency is not, in reality, fo great in the prefent cafe as it may feem; however, as this drain muft be widened near the fluice, on account of the new tun, to give a freer paffage to the water, and to remedy this defect both at once, we advife the turn of the faid drain to be made by a quarter round inftead of a fquare elbow.

JOHN GRUNDY.

J. SMEATON.

Doncafter, October 16, 1762.

To the gentlemen affembled at a general meeting on the 2d day of September, 1782, for confidering of a plan of improvement of the navigation of the river *Foffdyke*, and for improving the drainage of the lands on each fide the faid river.

GENTLEMEN,

SINCE my arrival at *Lincoln* on Thurfday evening laft, (as defired by Mr. LYON) I have diligently employ ed myfelf, in conjunction with Mr. CARLTON, and Mr. PILLEY, agent for Mr. ELLISON, who were appointed to conduct me, in reviewing the different parts of the extenfive fcheme of drainage and navigation, that was formed by Mr. GRUNDY and myfelf in the year 1762, in order to prepare myfelf to affift you, gentlemen, in the reconfideration thereof.

It is a fubject indeed fo extenfive, that the time has been fully employed in going over fome of the moft material and leading parts thereof, and it will neceffarily take a further length of time to enter into that accurate and digefted confideration that it had from Mr. GRUNDY and myfelf at the time abovementioned, being now 20 years ago. But, as upon this revifal, I find a very ftriking difference in the fituation of the leading circumftances attending this bufinefs, I think it neceffary to lay thofe open to your confideration, becaufe, unlefs fome means are found, by which the impediments, that fince that time have been placed in the way, can either be removed or avoided, it feems fruitlefs to enter into any fcheme for the general drainage of the low grounds weft of *Lincoln* : for it does not appear to me, that as things now ftand, any fuch material improvement can be made therein, as fhall be likely to anfwer the coft of doing it.

When the fcheme of 1762 was under confideration, the *Witham* navigation act from *Lincoln* to *Bofton* was then fubfifting, with a claufe therein, that no ftaunch or land-door fhould be erected between *Wafhingborough Ferry* and *Lincoln High Bridge*, which fhould not be at leaft 2 feet below the loweft grounds in *Canwick Ings*, as by reference to the act will more fully appear. At prefent, I find a lock and a ftaunch below the lower mouth or out-fall of *Sincil Dyke*, which by the former fcheme was to be the out-fall of the drainage waters of the lands weft of *Lincoln* into the river *Witham*, the top of the gates or doors of which ftaunch is higher than the furface of the faid loweft grounds of *Canwick Ings*, and confequently they are, as it appears to me, full 2 feet higher than

according

according to the faid claufe they ought to be, (the doors or gates of the lock being ftill higher) and the top of the gates or doors of the faid ftaunch being full as high as *Brayford Head* was in 1762. The fall for the drainage waters from *Brayford Meer* to the lower mouth of *Sincil Dyke* is now taken away and loft, the water being now fo near upon a level at the two faid points, as to be totally infufficient towards any material improvement in point of drainage.

In order, therefore, to recover the fall for the propofed drainage waters that then fubfifted, it appears to me abfolutely neceffary, either to remove the faid ftaunch, whereby the waters may have their natural defcent in its ancient courfe through the city of *Lincoln*, or to carry the out-fall drain fo far below the limits of the *Sincil Dyke* as to pafs through fome part of *Canwick Ings*, and fall into the prefent courfe of the river *Witham* below the faid lock and ftaunch ; that is, where the fame, on mature confideration, fhall be deemed the moft eligible.

The latter way appears to me at prefent preferable, not only as it would not interfere with the prefent navigation, but the drainage waters would be lefs liable to be over-rode by the living waters of the *Witham*.

I am, Gentlemen,

Your moft humble fervant,

Lincoln, September 2, 1782.   J. SMEATON.

To the Gentlemen that attended a general meeting on the 2d day of September, 1782, at the *Rein Deer* at *Lincoln*, for confidering of a plan of improvement of the navigation of the river *Foffdyke*, and for improving the drainage of the lands on each fide of the faid river.

The REPORT of JOHN SMEATON, Engineer, upon the improvement of the navigation of the river *Foffdyke*, and for improving the drainage of the low lands on each fide of the faid river.

IN the year 1762, Mr. GRUNDY and myfelf were employed by Mr. ELLISON to form a fcheme for the improvement of the *Foffdyke* navigation, and at the fame time to improve the drainage of the low grounds weft of *Lincoln*, of which bufinefs we acquitted ourfelves by our joint report, dated the 16th of October of that year; contrariety of opinion among the parties interefted at that time prevented the execution of the fcheme then propofed.

In Auguft laft I was invited to reconfider the faid fcheme, and to affift the gentlemen interefted in this bufinefs in forming fuch a one, as at this time fhould be ufeful and agreeable to all parties, and to attend their public meeting at *Lincoln* for that purpofe upon the 2d of September laft, which accordingly I did.

On reviewing the fubject previous to this meeting, I perceived that upon fuppofition of the beft poffible drainage, compatible with the improvement and even *fubfiftence* of the *Foffdyke* navigation, that the fcheme then propofed appeared now to me to be very complete upon the circumftances and fituation in which things then were; but that at prefent, the cafe is fo very much altered, that the very ground and foundation upon which we built the principal merit of the fcheme, fo far as it related to drainage, is now fubverted; for the ultimate drainage of all the grounds in queftion being into *Brayford Meer*, and as at that time there fubfifted a fall in dry feafons in fummer from *Brayford Meer*, through the city of *Lincoln*, to that part of the river *Witham* where the tail of *Sincil Dyke* falls into it, of 14 inches, and a further fall then of $5\frac{1}{2}$ inches more to *Stamp End*, and which was ftill greater down to the point where *Bailey's Sluice Drain* falls into the fame, it appeared to us, that the addition of this fall to the low grounds that then drained into *Brayford Meer*, when judicioufly managed, would make the drainage thereof very compleat. Nor were there at that time any reafon to fear the lofs of this fall, but

rather

rather an expectation of gaining more ; for though the act of parliament for draining the lands, and making or improving the navigation from *Lincoln High Bridge* to *Eofton*, had then paffed ; yet as the advantages that might in future poffibly refult from this fall to the city of *Lincoln*, and low grounds weft thereof, were guarded by a claufe, enacting that no ftaunch or land door fhould be erected between *Wafhingborough Ferry* and *Lincoln High Bridge*, which fhould not be at leaft 2 feet lower than the loweft grounds in *Canwick Ings*, there could then, in regard to this fall, be no apprehenfion of difficulty ; but contrary thereto, on this view I found a lock below *Stamp End*, now called *Lincoln Lock*, accompanied with a ftaunch, erected acrofs the river *Witham*, abreaft of the faid lock, and confequently below the tail or out-fall of *Sincil Dyke*, into the faid river ; the top of the faid doors of which ftaunch was not only higher than the medium furface of the loweft grounds in *Canwick Ings*, and therefore full 2 feet higher than according to the faid claufe they ought to be, but alfo higher than the natural ftaunch of *Brayford Head* was in the year 1762, and occafioned a pen of the water in *Brayford Meer*, higher by $1\frac{1}{4}$ inch than it was at that period : in confequence, as in this ftate of things *Brayford Meer* is rather higher than lower than it was, and the fall that might have been required totally taken away and deftroyed, it follows, as things now are, (*Brayford Meer* being ftill the ultimate out-fall of the drainage of all the lands in queftion) that no material improvement can be made therein.

These confequences I did myfelf the honour of laying before the gentlemen affembled at the meeting of the 2d of September laft, and withal obferved, that unlefs either *Lincoln Lock* and *Staunch*, as it now ftands, can be removed, or a new out-fall procured for *Sincil Dyke*, fo as to fall into the *Witham* below the faid ftaunch, it will be to no purpofe to think of any fchemes of drainage that will be likely to be attended with benefit equal to the expence.

Thefe matters being fully confidered by the gentlemen prefent, and feeing difficulties in either way, and it being the general fenfe of the meeting, that it would be a confiderable improvement to their low grounds, if they could more early in the fpring be cleared and ridded of their water, without deftroying the navigation through *Lincoln*, I then obferved, that on fuppofition *Lincoln Staunch* and *Lock* was removed ftill higher up the ftream from its prefent place, above the tail of *Sincil Dyke*, I did not doubt but to be able to draw up a fcheme that would not only preferve, but greatly improve the navigation through *Lincoln*, greatly benefit the drainage of the lands without imbankments upon the *Witham*, but alfo give every competent improvement to the *Foffdyke* navigation, and that by expedients to which I could not fee any reafonable objection.

This

This scheme, after fully and deliberately considering, I now beg leave to propose.

The lands at present under consideration are the general reservoir of the waters that in great floods are brought down by the river *Witham* from the upland country, through a course of above 40 miles, the passages for which through *Lincoln*, relative to the fall it has, are at present so very inadequate to the discharge of this water as fast it comes, that it extends over a vast tract of ground of many miles square.

In the year 1762 it was known to have rose above its summer drainage height about 4 feet perpendicular, but upon this view this water, from marks that were shewn me, its height had been more than 5 feet 9 inches above the former mark, which shews that the banks necessary to restrain and carry off so great a body of water as fast as it comes would be required of such heighth and strength, that I am of opinion (with the land owners) it would be not only very difficult and very expensive to confine, but be matter of objection to the drainage of the lands upon the *Witham* below *Lincoln*.

In a dry season the lands in question become compleatly drained by the present outlets, but as the ultimate level of *Brayford Meer*, at which the fresh waters of the *Witham* can be discharged, is but a few inches lower than the lowest grounds proposed to be drained, when the top waters are so much run off, as that the drainage is almost compleated, the quantity capable of being then discharged but so little exceeds the influx of the *Witham* from the higher country, that was it not for the joint action of the sun and winds, the surface of these lowest tracts would never become dry, so as to be capable of any good produce of vegetation; but if when the top waters are run off, and the whole surface reduced to the level of the present natural banks of the river and aqueducts, a discharge is provided, that now cannot run for want of level or fall, a very moderate discharge (that would signify but little in respect to the running off of the top waters) continuing to operate by itself separately, and independently of the river *Witham*, and appropriated wholly to the discharge of such internal waters as are left behind, after the flood waters are reduced within their natural banks; I say, such internal dead waters would very speedily be discharged when all communication with the living waters were cut off, though this new and separate discharge was not above half as much as the current of the river *Witham* in dry seasons.

It is obvious, that a meer removal of *Lincoln Lock's* staunch would not fully effect this business, even though *Brayford Head* was fully cleared, and the channel deepened through *Lincoln*, because still the *Witham* water would be obliged to pass through the

fame

fame channel; that is, it would pafs through the preferable channel, in point of fall, while in common, and therefore would interfere with and over-ride the drainage waters at the very pinch when the drainage was wanted to be compleated.

Furthermore, if the *Foffdyke* navigation was fupplied with water by an aqueduct from an higher part of the river *Witham*, independent of *Brayford Meer*, and the out-lets of all fuch grounds as drain into *Foffdyke* eaft of *Saxelby*, or into *Brayford Meer*, banked off, (making *Foffdyke* itfelf a means of difcharging the top waters when the whole country is over-preffed) then *Brayford Meer* may remain at its prefent height, and all impediments be removed between *Brayford Meer* and the firft lock towards *Bofton*, as low as to the floor of the water-way under *Lincoln High Bridge*, which would render the navigation through *Lincoln* much preferable to what it now is, as there would be 2 feet depth of water at fuch times and places where now there is no more than one.

THE SCHEME.

1ft. To remove the lock called *Lincoln Lock* and its ftaunch, from its prefent place below *Stamp End*, to above the tail of *Sincil Dyke*, where there is a commodious opening to receive it, as will appear from a fketch of the manner in which it may be placed.

2d. To deepen that part of the river *Witham* that lays between the prefent place of the ftaunch, and the place where it is now recommended, fo as to make it paffable for any boats that can now come up to *Lincoln Lock*, and which will not require a deepening of above half a foot at a medium.

3d. To fcour out *Sincil Dyke* to as great a width as it has ever originally been, from its tail or out-fall into the *Witham*, to the tail of the great *Gowt Drain*, bringing up its bottom upon the fame dead level with the bottom prefcribed in the laft article, as neceffary for navigation, and to as great a width as it will carry, after allowance of fufficient flopes.

4th. To dyke and fcour out the great *Gowt Drain* to the greateft width it will bear, and ftill bring up the bottom upon the fame dead level as prefcribed for *Sincil Dyke*; but inftead of opening a communication with the river *Witham*, to continue the faid drain under the river by means of an under-ground tunnel four feet wide and four feet high clear water-way, with doors pointed towards *Sincil Dyke*. The floor of this tunnel to be laid fo much deeper than the bottom of the *Great Gowt Drain*, that the river *Witham* may run in

its

its prefent natural courfe above its arch, and that the work of the faid arch be finifhed as high as that the river *Witham* may pafs over it without raifing its furface, in its ordinary or extraordinary ftate, upon a width of at leaft 30 feet. The weft fide wall next the low lands to be raifed to a competent height to prevent the *Witham*'s waters, in time of floods, from cafcading over it; but the height of the eaft wall to be raifed only one foot above the ordinary furface of the *Witham*, fo that when there is a fwell in the *Witham* above that height, it may cafcade over into this *Gowt Drain*, which will then act as a flaker, according to its prefent intent, and make its way by *Sincil Dyke* to the *Witham*.

5th. To fcour out *Sincil Dyke*, from the tail of the *Great Gowt Drain*, to its upper mouth at the river *Witham*, yet not to make an open communication with the river; but to prevent the river in dry times from taking its courfe that way, and to give it a competent paffage through *Sincil Dyke* as a flaker drain, (to which ufe it has been apparently intended in its original formation) to conftruct a weir of 60 feet in length upon the crown, ranged along the eaft fide of the river *Witham*, which, being immediately collected into *Sincil Dyke Drain*, can run no more water in high floods than the drain will and ought to contain: in time of dry feafons to be about one inch above the water's furface of the river, fo as juft to pen in all the water thereof, and upon a frefh rifing above that to difcharge a competent quantity, upon a moderate additional height, in virtue of the length of its crown.

6th. To effectually fcour out the leffer *Gowt Drain*, and in like manner as the entry into *Sincil Dyke*, to be fhut off by a weir of 45 feet long in the crown, conditioned and operating as *Sincil Dyke* in proportion to its fize; but to allow for the natural fall of the river from *Sincil Dyke* to the entry of the little *Gowt Drain*, this weir to be gaged $1\frac{1}{2}$ inch lower than the former. And N. B. it will be proper to give all poffible freedom and effect to thefe 2 flaker drains, becaufe the *Great Gowt Drain* will not now ferve this purpofe except in floods.

7th. A drain to be carried from the faid tunnel, at the head of the *Great Gowt Drain*, to *Swan Pool*, and to pafs by or through the fame, as fhall be found moft convenient and practicable in the execution; to be of 12 feet bottom, with proper flopes, and ftill carried on upon the fame dead level. From thence the drain to pafs forward upon a 10 feet bottom to a proper place, to divide into two branches; one tending towards *Cuckoo Pool*, and the interior parts of *Skellingthorpe*; the other towards a proper point of the *Foffdyke*, to receive the *Burton* and *Carlton*, &c. waters, from *Bifhop's Bridge*, by a fubterraneous tunnel under the *Foffdyke*; all which faid drains are to be carried on upon the fame dead level as before prefcribed.

8th. A

8th. A fubterraneous tunnel to be laid under the *Foffdyke*, to communicate the water from *Bifhop's Bridge*, of fufficient capacity to run the drainage waters without material lofs of fall after the top waters are difcharged; but as the laying a tunnel of this kind, the top of whofe arch muft be fo deep below the common furface of *Foffdyke* as to clear the navigation, the conftruction of fuch a tunnel by the ordinary means in brickwork would require fo much length of time as to be a great lofs of tolls to the navigation, which, together with the actual expence, would lay too great a burthen upon the fcheme I am propofing; I would therefore recommend the tunnel under the bottom of the navigable river to be made of caft iron. This to be made in proper lengths with flanches, by which they can with bolts be readily joined together; and I expect that a clear iron pipe of 2 feet 6 inches diameter would be very competent to this bufinefs, but that of 3 feet would put it beyond all doubt.

9th. From this tunnel a drain fhould (ftill upon the fame dead level bottom) be carried to *Bifhop's Bridge*, and that bridge rebuilt correfpondent to fuch depth, the width of the drain's bottom to be 9 feet, and the tunnel of the bridge correfpondent; from thence the drain to be carried forward, as a private work, into *Burton* and *Carlton* lordfhips; but ftill I would recommend, that whatever width may be taken for the bottom, that it be carried on upon the fame dead level till it comes to the pinch of that drainage, which, according to Mr. GRUNDY, is in *South Carlton* lordfhip, and that the ground in the loweft flade there is no more than $14\frac{2}{10}$ inches above *Brayford Head*, as in the year 1762, that is $8\frac{2}{10}$ inches above *Brayford Meer*, as I found it this year, 1782; from thence the main drains, as well as fide drains bottoms, may be allowed to rife at difcretion.

10th. I would recommend a drain to be continued from the former, at or near *Cuckoo Pool*, through *Skellingthorpe*, by way of the low flade of the ancient courfe of the *Till*, into *Saxelby Pafture*, till oppofite *Saxelby Meadow*, on the north fide of the *Foffdyke*, diminifhing from a 7 feet bottom at *Cuckoo Pool*, to a 5 feet bottom at the faid point in *Saxelby Pafture*; but ftill continuing the fame dead level.

11th. Between Mr. *Ellifon's* wharf and *Brayford Meer* to conftruct a navigation lock, with gates pointed towards the *Foffdyke*, fhutting up all other communication between *Foffdyke* and *Brayford Meer*, except by a weir, as per next article.

12th. To make an aqueduct of 10 feet bottom, to take its water at the river *Witham*, juft above the *Great Gowt* drainage-tunnel, and to pafs to the *Foffdyke* at fome

convenient

convenient place oppofite to or weft of Mr. *Ellifon*'s wharf, in order to fupply the *Foff-dyke* with water; and, at a certain height, a weir or over-fall to be conftructed, that all redundant water beyond the fupply of the *Foffdyke* navigation may be returned into *Brayford Meer*, and fo go to *Bofton*; this ought to be 40 feet in length upon the crown.

N. B. This aqueduct neceffarily interfecting the drain prefcribed in the 9th Article, is to pafs it, by a continuation of the tunnel, as an aqueduct bridge, to convey its water in a feparate paffage over the drain, and to be well imbanked on each fide, fo that it be never overflowed till the country is under water.

13th. To make a provifionary navigable ftaunch at *Brayford Head*, the gates whereof to be gauged to the fame height that *Brayford Head* was in 1762, that the navigation into and upon *Brayford Meer* may not be dependant upon the ftaunch at *Lincoln Lock*, and the whole paffage cleared from *Brayford Meer* to *Lincoln High Bridge*, as deep as the floor of the paffage of the faid bridge; and then if the truftees for the navigation from *Bofton* to *Lincoln* think proper, in like manner, to clear away to the fame depth eaft of the faid bridge, there will be a clear navigation from *Brayford Meer* to the fea, equivalent in all parts paffing *Lincoln* to that under *Lincoln High Bridge*.

N. B. In time of floods the gates of the *Brayford Head* ftaunch muft be fet open, as well as the doors of the *Lincoln Lock* ftaunch, for relief of the country weft of *Lincoln*, in running off their top waters, as I am informed is very properly the prefent practice; but it fhould feem that the opening and fhutting of thefe doors fhould be within the direction of the magiftrates of the city of *Lincoln*, who, being moft central, will more readily be apprifed of, and fee the neceffity of the country.

14th. That for the general relief of the country weft of *Lincoln*, and the more fpeedily to get rid of their top waters, which, as before, will continue to overflow the whole Country in the winter feafon, it will be very proper to embrace Mr. ELLISON's propofition of granting liberty for a fide weir to be conftructed of a proper height at *Torkfey*; fo that a part of the top waters may be run that way into the *Trent*, when the level of the *Trent* will admit thereof, as it often at fuch times does. This weir, however, fhould not be too low, that the *Witham* fens drainers may have no reafonable complaint of lofing water to keep their out-fall clear; nor fhould it be too high, becaufe, if fo, it will be of little ufe in anfwering the purpofe for which it is made; but it fhould be of confiderable extent in length upon the crown, that when it does difcharge it may do it with effect. It appears to me, that if it is made 100 feet upon the crown, its height 6 inches below the

gauge

gauge bar of *Torkſey Lock*, that is about $4\frac{1}{2}$ inches higher than the framed bar, it will anſwer all theſe purpoſes. This would be eaſily conſtructed, extending 100 feet. eaſtward from the eaſt end of the wharf wall, on the ſouth ſide of *Foſſdyke*; but as its diſcharge cannot be permitted to over-ride the *Fenton Drain*, the preſent ſouth bank of the *Foſſdyke* muſt be carried forward from the eaſt end of the weir, between the weir's water and the *Fenton Drain*, quite up to the walls of *Torkſey Bridge*; and to be made proof, ſo that the water ſhall never, after paſſing the weir, flow into the drain: and, furthermore, as the *Trent* floods frequently greatly over-ride the *Foſſdyke* waters, even in their higheſt condition, it will be neceſſary that the water of this weir ſhould be conveyed to *Trent* by a ſeparate paſſage, intermediate between the lock and *Fenton Drain*, whoſe out-let muſt be ſhut by doors pointed towards the *Trent*. A proper capacity for this paſſage will be about 8 feet wide, and 5 feet high in the clear; but its threſhold need not be laid ſo low as that of *Fenton Drain* by a foot, ſo that as the foundations may be compleatly in the dry, it will not be ſo expenſive as ſluice-work often turns out to be.

15th. The living waters of the *Till* can evidently have no other out-fall than into the *Foſſdyke*. The *Foſſdyke* will be, by the propoſed mode of ſupplying it with water from the *Witham*, held about 10 inches higher in very dry ſeaſons than it formerly was; but if the *Till*, which has now little or no banks, was imbanked 10 inches, it would at all times be as competent to hold in the living waters as now, before the adjacent meadows were overflowed. But let us ſuppoſe it imbanked 2 feet, yet as the ground is low on both ſides, but the loweſt in *Saxelby Meadow* near *Haddow Bridge*, which then would not be more than 2 inches above that advanced height of the ſurface of the *Foſſdyke*, this would neceſſarily be too ſmall an elevation of ſurface for theſe grounds ever to have a competent drainage; but as they are but of ſmall extent, when the living waters of the *Till* are ſo imbanked from them, a very ſmall tunnel, with a competent fall, would effectually drain them; for this purpoſe I would propoſe to drain them by means of a leaden pipe of 5 inches bore, under the *Foſſdyke*, into the drain propoſed to be carried on the ſouth ſide to *Saxelby Paſture*, laying alſo a ſmall common tunnel under the *Till* to communicate a few acres of drainage from *Haddow Meadows* (which are the higher) into *Saxelby*. I prefer, in this caſe, a leaden pipe, becauſe it may be lowered into the water, and compleated, without ever interfering with the navigation at all. Or, if better approved, theſe meadows near *Haddow Bridge* may drain by a communication acroſs the *Till* as aforeſaid, (but from *Saxelby* into *Haddow*) and then by way of *South Carlton* to the great iron tunnel propoſed in Article 8.

OPERATION of the preceding scheme.

UPON my late view I found the pen of *Lincoln Lock* to be good 14½ inches, with a competent fall for the current waters of the *Witham* through *Lincoln* and the *Slaker* drains, which I estimate at 1½ inch more, that is in the whole good 16 inches; it is therefore manifest, that by the means proposed these 16 inches will be added to the natural fall of the drainage-waters that they now have into *Brayford Meer*; and the living waters of the *Witham* will then get discharged as they do now, and the internal drains being carried upon dead level bottoms, and dug below level till they get to the pinch of their respective services, they will perform their drainage down to the dead level of their out-fall, in which case the point in *South Carlton*, that is reported to have had but 1 foot 2¼ inches elevation above *Brayford Head*, as it was in 1762, that is, but 8¼ above the level of *Brayford Meer*, as I found it the 31st of August last, will then have a fall of 2 feet ¼ inch from the said surface to its out-fall; and the low slade in the west of *Skellingthorpe*, that was the same day 6 inches above *Fossdyke*, (that is above *Brayford Meer*) will have a fall of 1 foot 10½ inches to its out-fall, which will fully suffice for a perfect drainage in seasons moderately dry; but this being somewhat less than what has been esteemed compleat, I must beg leave in this place to take notice, that formerly, when it was not the practice to dig drains below the dead level of the out-fall, nor to carry their bottoms upon a dead level, but rising towards the country to be drained, it was then held necessary to have a calculation that the utmost reduction of the water within soil should not be less than 2 feet. But the experience of the last 20 years has informed me, that where measures are taken to make the drains readily and speedily, (after the top waters are discharged) reduce their water's surface *one foot* within soil where it is tolerably firm, will form a very effectual drainage, and in soils less firm 18 inches done speedily will be full as effectual as an ultimate of 2 feet performed in that slow lingering manner which is the consequence of shallow drains, containing no competent body of water in the bottom, to be moved; for let the body be however great, gravity acting with equal force on every particle, the fall being the same, will give every particle an equal velocity, and consequently the whole. Now, as I found *Saxelby Meadow* was elevated above *Fossdyke* 11 inches, it will, by what is proposed, be elevated 2 feet 3 inches above its out-fall, and therefore several inches to spare to give its water a competent velocity through the pipe.

Hence it is evident, that the drainage of all the low grounds will be compleated in all summer seasons, but will, as at present, be subject to be overflowed by the great winter's floods, but whose top waters will be more speedily run off by the discharge
into

into *Trent*, and by the drainage waters running off with a good current, when at prefent they do not run at all.

By avoiding all imbankments of the *Witham*, and the waters allowed to fpread as at prefent, all oppreffion of the drainage lands eaft of *Lincoln* is avoided; and in running off their ultimate drainage waters of the weft country more fpeedily, the eaft country will be greatly benefited, becaufe they will be fooner ridded of their weftern waters coming upon them; for this muft be laid down as a rule, that in like circumftances, the lands downward upon a ftream can never expect to drain prior to thofe above them, and therefore the fooner the waters of thofe above are difcharged, the fooner the drainage of the whole will be compleated.

The navigation eaft of *Lincoln High Bridge* will be greatly benefited, becaufe *Brayford Head* being cleared away down to the level of the floor of *Lincoln High Bridge*, will give 1 foot more water than at prefent, and the like advantage would take place quite through *Lincoln*, if the *Witham*, eaft of the faid bridge, was fuitably cleared.

The *Bofton* out-fall will alfo receive benefit, notwithftanding that fome of the top waters will be difcharged into the *Trent*, becaufe it can be no advantage to a country already oppreffed with water to receive an addition; and as the follow of the living waters will be continued in a more full body after the extreams are gone, the powers of fcouring will be continued to a period, when otherwife they would have ceafed.

In order to ftate the advantage to the *Foffdyke* navigation, and its relation to the drainage of the country, it will be neceffary to afcertain fome fixed points of level.

In the year 1762 it was afcertained by Mr. GRUNDY and myfelf, that when there was $4\frac{3}{4}$ inches depth of water over *Brayford Head*, the furface was then $5\frac{1}{4}$ below the top of the *Aifler* courfe of the *Lincoln* ftone in the face of Mr. *Ellifon*'s wharf, confequently the faid courfe was at that time 10 inches above the natural ftaunch of *Brayford Head*.

On reviewing the fame in the year 1782, I found 1 foot water upon *Brayford Head*, (as held up by the ftaunch of *Lincoln Lock* below) and at that time its furface was 4 inches below the faid *Aifler* courfe, confequently the *Aifler* courfe 16 inches above *Brayford Head*, as it now is; that is, *Brayford Head* in 1782 was lower by 6 inches than in the year 1762, and the furface of the water of *Brayford Meer* was $1\frac{1}{4}$ higher. I would therefore recommend that the crown of the propofed weir to pen the water in *Foffdyke*, and

M 2

over

over which the furplufage fhall fall into *Brayford Meer*, to be 5 inches higher than the faid *Aifler* courfe, which in fact will be all that will be gained to the *Foffdyke*; becaufe it is faid, and I fuppofe may be proved by evidence, that when this wharf was built about 40 years ago, the faid *Aifler* courfe was compleatly covered with water, that ftone being of the reputed quality not to bear the weather. The crown of this over-fall being about 11 inches lower than the propofed weir at *Torkfey*, will therefore be the gauge height of the *Foffdyke* navigation, whenever the flood waters do not raife the whole country above that level; and whenever that is the cafe, it will be proper to open the gates of the new propofed lock joining *Brayford Meer*, to let the flood waters of the *Till* have a free vend, fo as not to be unneceffarily accumulated upon thefe lands, that neceffarily drain into the *Foffdyke*.

I come now to prove laftly, that the whole of thofe lands, that neceffarily drain into *Foffdyke*, will be benefited by the alterations propofed; becaufe, as thofe all lay weftward of *Saxelby*, the difcharge by the weir at *Torkfey* will have the greateft and quickeft effect upon them in running off their top waters the moft fpeedily; and refpecting their ultimate drainage, it is manifeft, that whenever the waters of the whole country is above the propofed gauge height of *Foffdyke*, that it will be the fame thing to them, whether the over-fall at *Brayford* is in being or not; if, therefore, when at or under that height, all thefe lands have all the ultimate drainage they have now, or can have, they can be no lofers in that article.

The only drain into *Foffdyke*, that has the appearance of being in the leaft likely to be affected by the propofed advancement of the furface of the *Foffdyke*, is *Thorney Drain*; I mean that with a pair of doors at *Drinfey Nook*. Of the circumftances of this drain I took particular notice, and muft infer, that in point of ultimate drainage it fully does its bufinefs; becaufe if it did not, as I found the water of *Foffdyke* juft covering the threfhold, and a rife of the pavement or floor, from the threfhold of the door towards the land, of between 9 and 10 inches, I conclude, if this drain did not, in its prefent circumftances, do its duty, this rife in the pavement, which operates as a dam, being taken away, and the bottom of the drain lowered correfpondent thereto, it would be enabled to have run off the water lower by all this difference. I took a very careful level between the furface of the water of *Foffdyke* as it then was, and the top of this ftone pavement, and found that the rife was 9¼ inches in the compafs of 3 yards. The water being then 4 inches below the *Aifler* courfe at Mr. *Ellifon*'s wharf, if raifed 5 inches above it, this would make 9 inches; that is, the furface of *Foffdyke* would be ftill a quarter of an inch below the paving, and if *even* with the top would

be

be no impediment to any water flowing over it, for water could not flow over it without having fome thicknefs, or depth upon it; and if it was 2 inches deep, it would have an immediate fall of 2 inches into *Foſſdyke*, by which it would be delivered as fully, freely, and uninterruptedly, as if it had a pit to fall into from the top of the pavement, of 100 yards deep; and in fact, as the drain's bottom (which I purſued about half a mile) feemed to lay nearly on a level with the top of the paved floor above mentioned, and was greatly trod and poached by the feet of cattle that made their paſſage along it, to eat the graſs upon its ſides, the condition of it is fuch, that if the *Foſſdyke*, inſtead of being raiſed 9 inches above the level it then had, was raiſed 15 inches, I would engage, if neceſſary, to make it run off its water lower at half a mile diſtance after that, by digging it as deep as the threſhold of the ſluice, than it can do at its preſent depth and condition, though the *Foſſdyke* was totally emptied of water. It will therefore clearly appear, that the difference of an inch or two that may occaſionally be made by the thickneſs of the ſheet of water going over the over-fall at *Brayford* (or even if it was 6) will make no fenſible difference in the effect of the operation of this drain, to which the more quick running off the top waters being the only thing defirable.

Auſthorpe, December 31, 1782.   J. SMEATON.

PROBABLE ESTIMATES of the expence of the above works.

1ſt. For fuch works of drainage as would be neceſſary in cafe the *Foſſdyke* navigation was to remain in its preſent ſtate.

	£.	s.	d.
To removing *Lincoln Lock* and *Staunch* above *Sincil Dyke*, deepening the channel where neceſſary up to the fame, and making good the wharfs, fay - - -	200	0	0
To ſcouring out and deepening *Sincil Dyke* from its tail to the tail of the *Great Gowt Drain*, and from thence the *Great Gowt Drain* to the *Witham*, - - - -	172	0	0
The contingence of under-pinning the two bridges upon the *Great Gowt*, - -	20	0	0
To making the ſubterraneous tunnel under the *Witham*, - - - -	150	0	0
To ſcouring out the *Leſſer Gowt Drain*, and remainder of the *Sincil Dyke* to the *Witham*,	33	0	0
To weirs at the head of each, - - - - - -	30	0	0
To the drain leading from the ſubterraneous tunnel to the point of departure of the two drains, according to Article 7th, being 400 roods, at 9s. 6d. - - -	190	0	0
To three lengths of iron pipes, 3 feet diameter, for the grand ſubterraneous tunnel croſſing *Foſſdyke*, weight 5 tons 15 cwt. at 16l. - - - - - -	92	0	0
To bolts, jointing and laying, - - - - -	10	0	0
To brickwork at the two ends, - - - - -	20	0	0
To taking off the water and pumping, - - - -	25	0	0
Carried over £.	942	0	0

	£.	s.	d.
Brought over	942	0	0

To continuing the drain from the said point of departure in *Skellingthorpe*, through the iron tunnel to *Bishop's Bridge*, being 332 rods, at 8*s*. - - - - - 133 0 0

To rebuilding *Bishop's Bridge*, - - - - - - 10 0 0

To continuing the drain from the said point into *Skellingthorpe*, upon a 9 feet bottom, to the point K, being 410 rods, at 8*s*. - - - - - 164 0 0

To continuing the said drain from the point K to the west boundary of *Skellingthorpe*, 333 rods, at 6*s*. - - - - - - - - 100 0 0

	£.	1349	0	0

To 10 per cent. contingencies upon the above articles, - - 135 0 0

	£.	1484	0	0

N. B. As I suppose the trustees of the *Boston* navigation must be considered as aggressors, the removal of the lock and staunch should be at their expence.

ESTIMATE of such works as will be necessary for the improvement of the *Fossdyke* navigation upon the plan proposed.

To building a new lock between *Fossdyke* and *Brayford Meer*, digging and pumping - - - - - - - 500 0 0

To additional work at the *Witham* tunnel, to make it serve as an aqueduct bridge over the drain, and to receive a gate for regulating the water, 120 0 0

To cutting the aqueduct from the said tunnel to the *Fossdyke*, for carrying the water for navigation, being 240 rods, and securely banking the same, at 12*s*. - - - - - - - 144 0 0

To two communication bridges over the same, if of brick, 20*l*. each, - 40 0 0

To making an over-fall from *Fossdyke* into *Brayford Meer* of brick or stone, 100 0 0

To making a staunch at *Brayford Head*, - - - 150 0 0

To deepening and scouring from *Brayford Meer* to *Lincoln High Bridge*, 25 0 0

		1079	0	0

The following works I look upon as contingent upon the rise of the water in *Fossdyke*.

To carrying forward a drain for the west bounder of *Skellingthorpe* through the corner of *Saxelby Pasture*, and by a leaden pipe across into *Saxelby* and *Haddow Meadows*, length 256 rods, at 5*s*. - - - 64 0 0

The leaden pipe 12 cwt. at 1*l*. 1*s*. - - - 13 0 0

Carried over £. 77 0 0

	£.]	s.	d.			
Brought over	77	0	0			
To solder, labour, laying, and fixing, - - - -	5	0	0			
To brickwork at each end, with proper grates to shut and hinder it from choaking and running at improper times, - - -	10	0	0			
To banking upon the *Till* up to its division, length 88 rods on each side, at 2 s. 6 d. per rod, - - - - -	22	0	0			
To a tunnel across the *Till*, wood and laying, - - -	2	0	0			
				116	0	0
				£. 1195	0	0
To 10 per cent. contingencies upon the above articles, -				120	0	0
				£. 1315	0	0

The making the weir at *Torksey*, being advantageous not only to all the lands in question, but to the navigation, by more readily freeing the same from extreams of water, and also by quieting the apprehensions that the land-owners might entertain from the rise of the surface of *Fossdyke* in dry seasons, it seems to me should be done at a joint expence.

To making the weir, walling, paving, and securing the channel for carrying off the water, imbanking between the said channel and *Fenton Drain*, making the tunnel through the road, and pointing doors towards the *Trent*, cannot lay at less than - -	500	0	0
Contingencies upon it at 10 per cent. - . - -	50	0	0
	£. 550	0	0

ABSTRACT.

	£.	s.	d.
General drainage scheme, - - - - - - -	1484	0	0
Fossdyke navigation, - - - - - - -	1315	0	0
Torksey Weir and accompanyments, - - - - -	550	0	0
Total	£. 3349	0	0

Austhorpe, December 31, 1782.   J. SMEATON.

HOLDERNESS LEVELS.

REPORT of JOHN SMEATON, annexed to a Report and Eftimate of Mr. GRUNDY's, concerning the Drainage of *Holdernefs Levels*.

HAVING carefully perufed the foregoing obfervations, and alfo compared them with my own taken upon the place in the month of November laft, and finding no difference between them that can any ways affect the practicability of the propofed drainage, or the general fcheme to be made ufe of for that purpofe; and having alfo confidered the caufes affigned by Mr. GRUNDY for the drowning of this level, and the expedients to be made ufe for the remedy of the fame, I entirely concur with him in every effential point. But as a number of adverfe accidents have prevented us from meeting upon this bufinefs, according to the defire of the proprietors, which has prevented our comparing our ideas together; and as mens ideas often vary in particulars though they agree in general and material points; and as I find that fome things have ftruck me in fomewhat a different light to what they have done Mr. GRUNDY, I think it my duty to point out the fame, not fo much by way of correction of what he has propofed, as by way of fupplement.

1ft. In regard to the out-fall clough, *Marfleet* muft ftrike every one, at firft fight, as being the moft eligible place; and, was there any want of fall, would certainly be fo; but as there appears an ample fufficiency of fall into the river *Hull* at the *Sugar-Houfe* clough, it's being fo much above low water in the river *Humber*, allows it to run fo much the longer; and if laid nearer low water mark (without which it could have no preference upon the *Humber*) it would be more difficult to maintain a channel from the clough to low water mark; and the fhore being flat and muddy, and the water ebbing out a great way, the fea-doors would be more liable to be filted up in dry feafons. I can therefore hardly tell how to give the preference to *Marfleet*.

2dly. Was the eaftern main drain, inftead of going round by *Gold Dyke Stock*, to be conducted from *Old Williams* at *b*, through *Fordyke*, to about the midway between *Fordyke Pridge* and *Foffam Style*; and there making an obtufe angle, to meet the eaftern drain, about the point *VI.* and then to proceed together in a right line to *D*, the courfe of the main drain would be fhortened near upon a mile, which, according to the laws of drainage, is eligible, in cafe other circumftances of greater weight do not counteract; and then the courfe of the drainage of *Sutton Carr*, &c, which would be north, would be more natural; for, according to my information, thofe carrs are deeper about the

fillings,

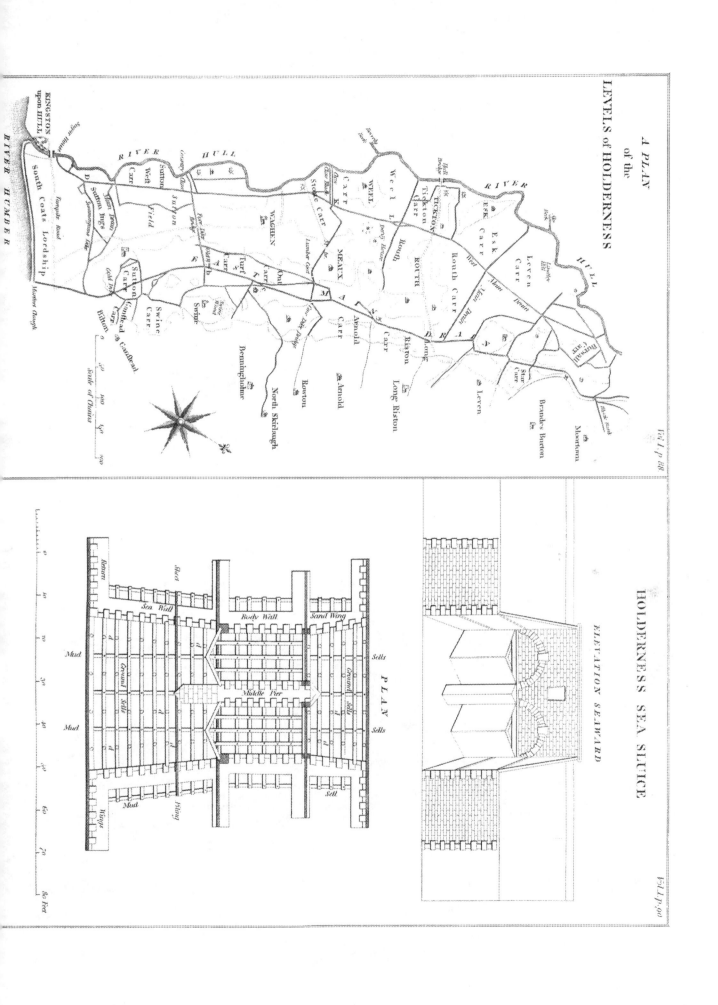

A PLAN
of the
LEVELS of HOLDERNESS

HOLDERNESS SEA SLUICE

ELEVATION SEAWARD

PLAN

fillings, and *Chefter Hole*, than near *Gold Dyke Stock.* The lands on the fouth of *Gold Dyke Stock* could drain as at prefent.

3dly. In cafe any objection is raifed by the proprietor of *Waghen*, now under drainage by engines (which if this fcheme takes place will be unneceffary) the eaftern drain may be brought from the angle between *K* and *L*, in *Weel Carr*, through the main drain, under *Mieux Bridge*; and turning S. E. near *Lamber Coat Bridge*, to fall into the eaftern drain, in a proper direction, between *b* and *c*; and though this courfe would be near two miles longer than the eaftern one already marked out, and therefore lefs eligible, yet as there is fall enough, I propofe it as a practicable fcheme in cafe of difficulties.

4thly. I apprehend a fluice of lefs dimenfions than 24 feet water-way, would drain thefe levels, when the banks againft the river *Hull* are made tight and firm ; as it feems to me that country clew would be almoft fufficient, was it placed where there was a proper fall : however, I would advife nothing lefs than two tuns of 18 or 20 feet, but dimenfions, in this cafe, if an error, is one on the right fide.

5thly. The places of the prefent cloughs are very proper for tunnels for taking in water from the river in dry feafons ; but, as I cannot fuppofe, after the above works are executed, that they will ever run, I cannot think them worth maintaining in their prefent form. The prefent extraordinary inundation, I fuppofe, to be principally owing to the badnefs of the banks againft the river *Hull*, which allow a confiderable part of it's contents to be difcharged upon this level.

6thly. In regard to the eftimates, the fhortnefs of the time that accidents have allowed me for thefe remarks, puts it out of my power to enter into them particularly ; but well knowing Mr. GRUNDY's correctnefs and affiduity in thofe matters, I have only to obferve, that, though I think he has allowed a fufficiency of dimenfions, I fhould be glad he would reconfider whether the price allowed for the fpade-work will be fufficient alfo. On this account, I would count the fum of £ 10652, exclufive of the articles of furveying, planning, fchemes, eftimates, fupervifing and other contingencies, and procuring the act.

Aufthorpe, 12th January, 1764.   J. SMEATON.

EXAMINATION of Mr. GRUNDY's plan for a sea sluice for the drainage of *Holderness Levels*, by JOHN SMEATON.

THE general design and idea of this sluice I much approve; but as I think it may be made stronger with the same expence, I therefore submit the following remarks to Mr. GRUNDY's consideration.

1st. The sluice pit is directed to be dug 3 feet below low water mark, and the floor to be laid 1 foot below ditto.

	Ft.	In.
Thickness of the mud sells - - - - - - -	I	o
The ground sells being let down thereon, I suppose 2 inches, will rise	o	10
Thickness of the plank - - - - - - - -	o	3
The pointings being let into the floor, I suppose 1 inch, rises - -	I	I
Total rise above mud sells pile heads, - - - - -	3	2

Quere, Does Mr. GRUNDY propose letting the mud sells into the bottom 14 inches? if so, it should be more clearly expressed; as I suppose it is the second floor, or top of the threshold, that is to be 1 foot under low water.

2dly. It is proposed to pile the mud sells at every 6 feet, so that every other ground sell will bear hollow upon the mud sell, which I suppose is intended for it's principal bearing; and every ground sell, being piled in the intermediate spaces, will have a superior bearing to that where the walls stand; I would, therefore, propose to pile the mud sells under the intersection of every ground sell, and omit the intermediate piles, or do them only with slabs spiked against the ground sells, after laid; but this, in my opinion, is unnecessary; but I would add piles under every ground sell answerable to the faces of the pier, for the length of the part that at present bears hollow, and on one row of piles, at 6 feet distances only; this middle row under the pier, for the arches length, I would still continue at 6 feet distances. In this way, mud sells of 12 × 6 will do as well as 12 × 12, and the timber saved may, if thought necessary, be employed in slab piling the intermediate spaces.

3dly. The projection of the floor beyond the walls, I think not only an useless expence, but prejudicial in effect, because the back side of the wall bears hollow, and not immediately upon the pile heads; 'tis true, a wall of this sort is not inclined to

fall

fall backwards, but if the ground fhould prove bad, and the wall be inclined to fettle, (for which caufe only piles feem neceffary behind the front) they had better be applied directly underneath; and if the two outfide mud fells, anfwerable to the back of the walls, are piled at 6 feet diftances only, I think it fufficient.

4thly. The row of dovetailed piles under the points of the projection of the pier, I think may be fafely omitted, unlefs the ground is very bad indeed.

5thly. If 9 inch fpikes are intended for the 5 inch plank piling, they will reach only 4 inches into the wood; I have, therefore, fuppofed them, in the eftimate, to be of 11 inches.

6thly. Out of the timber fuppofed to be faved as above, I would lay an additional ground fell clofe to the other, directly under the points of the pointings, that the jagged bolts may there have fomething elfe befides the plank to hang by, but to dif-continue them upon the mud fells in the face of the walls: the three ground fells and plank piles to be all bolted together. This laft ground fell I would fupport by 4 piles, correfpondent to thofe marked *d d d d*.

7thly. I think 1 foot rife at the threfhold very fufficient, and the fecond floor plank may be of two inches, or the fecond beams of 12 × 9. The 20 inch bolts propofed for the 14 inch pointings, leaves but 6 inches to go into the wood below, of which 2 inches is plank; they fhould be two feet at leaft.

8thly. It would confiderably ftrengthen the pointings to put a brace or ftretcher of an equal height with themfelves, crofs the pier, according to the direction of the dovetail piles; fo that the ftring pieces, thefe braces, and the head of the threfhold, would all mitre together; and in like manner to fix on a piece jump againft the outfide heels, to reach about 6 feet into the wall, and to be bolted on with two jagged bolts, each the fame as the pointings are fixed by, for which there is provifion in the eftimate.

9thly. If the lime rubble is mixed with a little quick lime it will fwell and become quite compact, which method I have ufed in fillings; and the fecond floor I think had better be filled with folid brickwork.

10thly. The projecting pier I think had better be no longer than fufficient to faften the ftuds, as the water will thereby more readily act behind, and fhut the doors.

11thly

11th. In regard to the plan of the walls, I think a 5 feet bafe, the length of the arches in this light, unneceffary; that as the arches will ever prevent the external preffure of the earth from driving them inwards, a wall of 4 feet bafe and 3 feet at the fpringers will be fufficient; but confidered as an abutment to the arches, independent of the weight of earth to be rammed behind, I think it infufficient for a height of 12 feet; in this light the bafe had better be 7 feet, and 3 feet at top; the contre forts will undoubtedly fupport the extremities of the arches, but a 15 feet hollow bearing, where there is any dependence, I think is too great in brickwork or mafonry.

12th. A bafe of 4½ feet for the wing walls, is certainly too little for a wall that is to rife at a mean 22 feet, without the help of land ties, or crofs beams; and, as I am very averfe to thofe expedients, I would propofe to make the bafe of the wings, at the fet-on to the body, 9 feet thick; 6 feet thick joining the returns, and 6 feet for the returns; and to make regular fets-off on the back fide, fo as to be every where 2 feet at top; this will reduce the walls to full as fmall a fize as is fuppofed at the height of 12 feet; fo that the only addition will be 1 foot 6 inches mean thicknefs upon 12 feet high in the wings, and 1 foot thicknefs to ditto height in the returns, which, with the contre forts in the wings and returns, will make about 7½ rods of brickwork; which at 6 *l.* per rod comes to 45 *l.* to do it durable and lafting, whereas with land ties and beams it comes to 57 *l.* 8 *s.* No addition of expence in the floor will be required, or alteration, fave that I would conform it to this figure; and it will be neceffary to lay in, inftead of common planking, ribbands or whole pieces of 6 inches thick, in the face of the wing walls, to hinder their fliding upon the floor.

13th. As the upper pointing is difficult to be fupported, from the preffure of the water downwards, I have propofed in the eftimate to fufpend them, by iron loops and ftays, to the key-ftones of the arches, and plank them flat upon the top.

14th. I apprehend Mr. GRUNDY has, in the height of his doors, had a view to the paffages being navigable; otherwife I think, if the doors were only 8 or 9 feet high, (which would be fully fufficient for the difcharge of the waters) they would be lighter, and therefore move more readily as well as be in effect ftronger.

Aufthorpe, 13th December, 1764.   J. SMEATON.

P. S. It feems to me that there is not occafion to dig the fluice pit to fo great a general width as 65 feet: was I to execute it I fhould not open the ground to take in more than the extremity of the walls at bottom, and notch in the abutments, returns,
&c.

&c. in which cafe the main pit will not be above 50 feet bottom. I have alfo altered the pofition of the fluice pit in the general plan, in order to give it a better direction into the river, which, being in dotted lines, will readily be diftinguifhed.

N. B. I have in the eftimate fuppofed the walls to be carried up 12 feet high, the fame thicknefs as ordered for the bafe.

ESTIMATE of Mr. GRUNDY's plan for a fea fluice for the drainage of *Holdernefs Levels.*

CARPENTRY.

	Cube Ft.
In 84 piles under the mud fells, being 10 inches by 12 head, and 10 feet long, 1 piece of 12 inches fquare and 10 feet long, make 2 piles; therefore the folid contents, - - -	420
In 7 mud fells, 64 feet long, 12 by 12, - - - - - -	448
In 96 bearing piles, 10 by 12 head, and 10 feet long, - - - -	480

	Cube Ft.	
1 Grounding to fea fheet piling, 73 feet long, 12 × 12, - - -	73	
9 Ditto in the fea apron, mean length 49 feet, 12 × 12, - - - -	441	
2 Ditto under the fea doors, 62 feet long, - - - - -	124	
5 Ditto under the body of the fluice, 44 feet long, - - - -	220	
2 Ditto under the land doors, 57 feet long, - - - - -	114	
4 Ditto under the land apron, 45 feet long, - - - -	180	
1 Ditto to land fheet piling, 62 feet long, - - - - -	62	
In 24 ground ways, 12 × 12, - - - - - -		1214
In 2 rows of 12 feet dovetail piles under extremity of the fea aprons and fea doors, length 134 feet, there is feet fuperficial, - - - - -	1608	
In 2 rows of 10 feet ditto, length 106 feet, feet fuperficial, - - -	1060	
Superficial feet of dovetail piles, - - - - - - -	2668	
Allow ⅛ for tongueing - - - - - - -	334	
Superficial feet, 5 inches thick, - - - - -	3002	
The folid contents thereof is, - - - - - cubic feet,	1251	
1 Row of ditto in the extremity of the land apron, 4 inches thick, and being in length 62 feet, and allowing ⅛ for tongueing, make, in folid contents, - - -	207	
Timber in the 5 rows of dovetail piling, - - - - -		1458
3640 Feet fuperficial of plank in the floor, being 3 inches thick, contains folid, -		910

	Cube Ft.
6 Ground feils for the fecond floors under the arches, mean length 21 feet, 12 × 10, folid contents, - - - - - - - -	106
4 String pieces, 20 feet long, 10 × 6 - - - -	36
4 Pointings, 14 × 16, and 7 feet long each, - - - - -	44
2 Land threfholds, 14 × 16, and 15½ feet long, - - - -	49
Plank for the fecond floor, 3 inches thick, 504 feet fuperficial, containing folid - -	126

Timber in the fecond floor and threfholds, - - - - -	361

Riga timber in the floor, - - - - - - Cube feet	5291

	£.	s.	d.
To *Riga* timber in the floor, 5291 feet folid, at 14 *d.* - - - -	308	12	10
Allow for wafte in converting to the proper fcantlings one eighth - - -	38	11	7
To timber in the floor, - - - - - - -	347	4	5
To preparing and driving 180 piles of 10 feet long, at 2 *s.* 6 *d.* each pile, - -	22	0	0
To framing, fawing and laying the floor, containing 37 fquare, at 15 *s.* -	27	15	0
To 2668 feet fuperficial of dovetail piling, fawing, making and driving, at 4 *d.* -	44	9	4
To laying 37 fquare of planking in the floor, including fawing and caulking, at 7 *s.* 6 *d.*	13	17	6
To framing and laying the fecond floor, containing 5½ fquare, at 1 *l.* 2 *s.* 6 *d.* -	6	3	9
Workmanfhip in the floor, - - - - - -	114	5	7
Timber in ditto, - - - - - - -	347	4	5
Carpentry in the floor, - - - - - - £.	461	10	0

Mafons and Bricklayers work.

	£.	s.	d.
The external circumference of the walls and pier is 292 feet by 12 feet high, produces 3504 feet of face work, which will be, at a medium, 1 foot 3 inches thick of ftone; this produces 4380 cube feet, which, delivered at 1 *s.* 6 *d.* per foot, comes to, -	328	10	0
The fetting and making mortar for ditto, at 1 *d.* per foot, - - -	18	5	0
This being fuppofed to be fet 6 inches breadth in tarras mortar, and the hollow pofts wholly bedded therein, will take 50 bufhels of tarras, at 3 *s.* 6 *d.* -	8	15	0
To extra labour in beating the mortar made therewith, at 1 *s.* 6 *d.* per bufhel, -	3	15	0
To lime and fand for making the tarras mortar, and bedding the ftone work, containing 14 rods, at 9 *s.* - - - - - - -	6	6	0
Mafonry to 12 feet high, - - - - - - £.	365	11	0

To

	Sup. Ft.	Solid Ft.
To ſtone facings for the wings and returns to 6 feet above the spring of the arches, - -	966	1208
To ditto in the 2 face walls, -	1088	1360
To ditto in the 4 rampart walls, - - -	460	565
	2514	3133

	£.	s.	d.
To 3133 cube feet of ſtone work, at 1 s. 8 d. per foot, - - - -	234	19	6
To ſetting ditto and making mortar, at 1 d. per foot, - - -	13	1	1
To lime and ſand for mortar for ditto, 10 rods, at 9 s. per rod, - -	4	10	0
Maſonry above 12 feet high, - - - - - -	252	10	7
Maſonry below 12 feet high, - - - - - -	365	11	0
Maſonry in the face of the walls, - - - - - £.	618	1	7

Eſtimation of a rod of Brickwork.

	£.	s.	d.
To 4500 bricks, at 15 s. per thouſand, - - - - -	3	7	6
To 20 buſhels of *Houghton* lime, at 8 d. - - - -	0	13	4
To 40 buſhels of clean ſand, at 3 d. - - - - -	0	10	0
To workmanſhip, - - - - - - -	1	8	0
Rod of brickwork, - - - - - - -	5	18	10
This, in the following eſtimate, I call - - - - -	6	0	0

		£.	s.	d.
The whole contents in ſolid, to 12 feet high, is 13548 cube feet, from which deducting 4380, the cube meaſure of the maſonry, there remains 9168 cube feet of brickwork, making 29,7 rods, at 6 l. - - - - -		178	14	0
The brick backing for the wings, and returns, to make the whole 3 feet thick at a medium, - - - -	1690 cube feet.			
To ditto for the faces to make the ſame thickneſs, - -	1428			
To ditto in the rampart walls, to make the whole, at a medium, 2 feet 3 inches thick, - - - - -	420			
To cube meaſure in the arches a brick and half - - -	712			
Brickwork compleated, - - - - -	4250 cube feet.			
The upper works in brick contain 4250 cube feet, which, at 309 feet to the rod of 14 inches thick, contains 13,8 rods, at 6 l. - - - - -		82	16	0
Brickwork in the backing and arches, - - - £.		261	10	0

Carpentry in the sea and land doors and pointings.

A sea door,					Ft. in cube.	
In 1 turning poſt, 13 feet long, 9 × 9,	-	-	-	-	7	4
1 Clapping poſt, 12 feet long, 9 × 9,	-	-	-	-	6	3
The under rail and upper ditto, 9 × 9,	-	-	-	-	7	11
4 Rails, 28 feet long, 9 × 7½,	-	-	-	-	13	3
66 Feet of inch and ½ plank	-	-	-	-	8	3
Solid timber in each door,	-	-	-	-	43	0

	£.	s.	d.
To 43 feet of timber in each door, framing and hanging, at 3 s. 6 d. per foot, is 7 l. 10 s. 6 d. each door, and for 4 sea doors, - - - -	30	2	0

				Cube Ft.			
In the main beam for the pointings, 34 feet long, 12 × 14,	-	-	40			
The 4 pointings, 28 feet long, 12 × 12,	-	-	-	28			
The king pieces, 6 feet long, 12 × 12,	-	-	-	6			
The covering with 3 inch plank 36 feet ſuperficial,	-	-	9			
To timber and framing in the pointings, at 3 s. 6 d.	-	-	83		14	10	6

		Cube Ft.
Land doors, being 11½ feet wide by 8 feet high, contain 92 feet ſuperficial, and being 4 inches thick, - - - - -	31
With 4 battens on each ſide, 2 inches thick, 1 foot broad, and 8 feet long, contain 64 feet ſuperficial, - - - - -	11
Solid timber in each land door, - - - - Feet	42

	£.	s.	d.
To 42 cube feet of timber in each land door, framing and putting in place, at 3 s. 6 d. is 7 l. 7 s. each, and for 2 doors, - - - - -	14	14	0
Carpentry in the doors and pointings, - - - - £.	59	6	6

Carpentry in the beams and land tyes.

		Cube Ft.	£.	s.	d.
To 4 land tyes in each ſea wing, and 2 in each return, ſea and land in all 16, to be 24 feet long, 10 × 6, - - - - -		171			
To 16 croſs pieces and ditto ſtring pieces, 3 feet long, 10 × 6, - -		43			
To cube feet in land tyes, at 3 s. - - - -		214	32	2	0
To 32 10 feet piles, 10 × 8 head; timber, making and driving, at 6 s. each, -			9	12	0
To 3 beams of *Riga* fir over the ſea, and 1 over the land apron, mean length 33 feet, 12 × 12; 132 feet, at 14 d. - - - - -			7	14	0
To 16 knee pieces for the ſame, at 5 s. - - - -			4	0	0
To making, getting into place, and fixing the beams, - - -			4	0	0
Carpentry in the beams and land tyes, - - - -			57	8	0
Ditto in the doors and pointings, - - - -			59	6	6
Carpentry in the upper works, - - - - £.			116	14	6

Iron

Iron Work.

	lbs.	£.	s.	d.
Tail sheeting 73 feet, 146 of 11 inch spikes, — — —	146			
Row in point of pier 47 feet, 94 of 10 inch ditto, — —	73			
Ditto in extremity of land apron 63 feet, 126 of 9 inch ditto, — —	72			
To spikes for the sheet piling at 3½ d. — — — — —	291 lbs.	4	4	10½
To 16 bolts for bolting the 2 ground sells and sheet piles, together in the 2 rows under the sea and land doors, weighing 4¼ lbs. each, in all 76 lbs. at 6 d. — —		1	18	0
To 2500 8 inch spikes for the floor, weight 10 Cwt. at 1 l. 10 s. per Cwt. — —		15	0	0
To 28 jagged bolts, 2 feet long and 1¼ inch thick, weight 10 lbs. containing 280 lbs. at 4 d.		4	13	4
To spikes for the second floor, 1 Cwt. at 1 l. 10 s. — — — —		1	10	0
		27	6	2½
Contingencies thereon, — — — — — —		2	13	9½
Iron Work in the floor, — — — — — —		£. 30	0	0
To 4 pair of L's and 8 ditto of ⊢'s for each sea door, and for the 4 doors 48 pair, weighing, with their rivets, 14 lb. per pair, in the whole 6 Cwt. at 2 l. 2 s. — —		12	12	0
To ½ crown nails for the planking of the gates ¼ Cwt. — — — —		0	10	0

	lbs.	£.	s.	d.
To 4 9-inch hoops for the feet of turning posts, weight 10 lbs. each, —	40			
To 4 8-inch hoops for tops of ditto, 9 lbs. each, — — —	36			
To 4 2-inch gudgeons for top of ditto, 20 lbs. each, — —	80			
To 4 loops or staples for fixing ditto, 28 lbs. each, — — —	112			
To hoops, loops and gudgeons, for sea gates, — — —	268 at 4½ d.	5	0	6

	Cwt.	lbs.	£.	s.	d.
To 4 bottom gudgeons and 4 pots of cast iron, — — —	1	0	1	0	0
To 4 screw bolts, 18 inches long, ¾ thick, weight — — —		16			
To 4 ditto of 4 feet long for ditto, weight 7 lbs. — — —		28			
To bolts for the upper pointings, at 6 d. per lb. — — —		44	1	2	0
To 2 sets of loops and stays for hooking the upper points of the key-stone of the arch, 50 lbs each, at 4½ d. — — — — — — —			1	17	6
To spikes for the planking of the upper pointings, — — —			0	5	0
To rivet nails for the land doors, 100 in each door, ½ inch thick, at 3 d. each, —			2	10	0

For drawing the land doors.

	lbs.	£.	s.	d.
To 2 clasps and eyes with rivets, — — — —	64			
To 2 studs with plates for fastening to the wall, 12 lbs. each, —	24			
To 2 chains 16 feet long, ¾ iron, — — — —	146			
To 2 studs and 2 loops for fixing ditto, — — —	16			
Fixed iron work for drawing the land doors, at 4½ d. — —	250	4	13	9

VOL. I.	O	Carried over, 29	10 . 9

	£.	s.	d.
Brought over,	29	10	9
To a common hand-screw fitted up for drawing the gates,	5	0	0
To 50 cramps for the cappings, 2 lbs. each, 100 lbs. at 4 d.	1	13	4
To 5 pigs of lead to fasten cramps and iron work, at 16 s. each,	4	0	0
	40	4	1
Contingencies,	4	15	11
Iron work in the upper works,	45	0	0
Ditto in the floor,	30	0	0
Iron work in the whole,	£. 75	0	0.

To 188 cube yards of lime-stone rubbish, mixed with 1 bushel per yard of quick lime, well blended together, and rammed in between the timbers of the floor before it is planked, — 28 4 0

To ½ a rod of brickwork between the timbers of the second floor, close laid in and filled with mortar, — 3 0 0

Filling in the floor, — 31 4 0

ABSTRACT.

	£.	s.	d.
Carpentry in the floor,	461	10	0
Masonry in the face of the walls,	618	1	7
Brickwork in the backing and arches,	261	10	0
Carpentry in the upper works,	116	14	6
Iron works in the whole,	75	0	0
Fillings in the floor,	31	4	0
Drainage of the water, supervisal, and contingencies,	200	0	0
	£. 1764	0	1.

BRISTOL

BRISTOL BRIDGE.

QUESTIONS propofed by Mr. STRATFORD, Engineer, concerning *Briftol Bridge*; anfwered by Mr. SMEATON.

Quere 1ft. FROM the ftate of the old pillars, and ftrata below the bed of the river, to the folid red fand rock, will it be prudent, or advifeable, to attempt the conftruction of a new fuperftructure on fuch old precarious foundations?

Having duly confidered the feveral matters ftated in the foregoing difcourfe *, as well as the feveral plans, elevations, and fections, I am of opinion as follows:

Anfwer 1ft. As all the old pillars appear to be ill built and damaged, and not fufficiently deep below the bed of the river, which will always render them fubject to further injuries from the action of the water, which appears here to be very confiderable, I fhould think this fufficient to their condemnation, if the circumftances of their being ill fized, ill fhaped, and ill placed, were not in the prefent cafe to be added.

Quere 2d. From the forementioned account of the frefhes, will not any attempt to bar up the bed of the river under the bridge be extremely injudicious, and a meafure that will greatly add to the prefent inconveniencies felt at the head of the back?

Anfwer. The bars mentioned to be thrown up, both above and below bridge, have undoubtedly been formed by the matter removed by the current from between the piers; which removal has been occafioned by the bulk of the pillars too much ftraightening the water-way, which, increafing the current there, has taken out the matter and increafed the depth, thereby nature having in fome meafure relieved herfelf, by getting in depth what fhe was debarred from in width; an attempt therefore to refill thofe cavities will either be attended with the fame confequences, and an increafe of the bars, or, if the new matter to be added, is fo heavy and compact as to refift the current, the current muft be proportionably encreafed thereby. I fhould therefore think this expedient in this place very unadvifeable.

* Meaning Mr. *Stratford's* defcription of the fituation, condition, &c. of the old pillars, and of the feveral ftrata under the bed of the river, &c.

Quere

Quere 3d. The pofition of the bridge being a matter of moment in bridge building, will not the changing the prefent pofition of the old bridge be a real improvement to the part of *Briftol* at the head of the back, as it will facilitate the paffage of all forts of veffels through bridge; and may not a reafonable expence to gain that advantage be money judicioufly expended for the benefit of the city of *Briftol* ?

Anfwer. All bridges ought as near as poffible to have their piers parallel to the natural current of the water, in the place where they ftand; yet a fmall deviation therefrom, fo far as it refpects the paffage of the water only, is not of great confequence to a work that is otherwife firm and well founded : but in the prefent cafe, with refpect to the laying and paffage of veffels, the deviation very unluckily happens to be the wrong way, and therefore in the reconftructing this bridge ought to be rectified. I don't mean that the piers ought to be out of parallel with the ftream, but if they had happened to have deviated as much the contrary way, there probably would have been no need of a change. This ought however to be attended to, that at the fame time the frefhes, floods, and ftrong ebbs, render the veffels along fide the quay lefs fteady, it may be the means of preferving the face of the quays from an addition of filt or mud; yet the quantity of alteration propofed, cannot I think be attended with any danger from this quarter.

" Queftion 4th. In cafe of a three-arched bridge, fituated on fo rapid a river as at *Briftol*
" *Bridge*, will it not be more eligible to conftruct the falient angles or becs of the piers
" with cylindric furfaces of 60 degrees, rather than an angle of 90 degrees, or
" rectangular ?"

Anfwer. As the fhoulder angles of the piers obftructed the water's paffage, and the more fo as thefe angles are lefs obtufe, in all currents they ought to be rounded off; provided this is done, it is little material what angle is formed at the bec; but no way is more advantageous than cylindric furfaces of 60 degrees, which is at prefent the practice of moft foreign engineers.

" Queftion 5th. The firft defign a fingle arched bridge, the cord at low water mark
" 150 feet, the plumb or perpendicular $32\frac{1}{2}$ feet, the fpringers of the arch to be carried
" down, and funk into the folid red fand rock, according to the plan referred to;
" will there be any fort of danger or hazard in executing a work of this large fpan, under
" a fuppofition that the fpringers of the arches are carried down to the folid rock ?"

" N. B.

" N. B. The ftone defigned for the bridge is a fand ftone, which rifes foft in the
" quarry, but immediately hardens in the open air to an amazing firm texture, at the
" fame time the ftone can be raifed in blocks of any fize: I propofe one fort of arch ftones
" of 6½ feet long, and 3 feet in the fuffit or thicknefs, and from 3 to 4 wide; the fecond
" fet 4 feet 3 inches long, 4 or 5 feet wide, and of the former thicknefs; the counter
" arch to bond in with the principal arch, according to the fection referred to. The
" ftone defigned for the counter arch is excellent, being 4, 5, or 6 inches thick, very
" wide and long.

" The lime for the mortar of the bridge is of an admirable nature; one fort will fet
" and cement under water, equal with Dutch terras; and the other will alfo fet and
" cement the ftonework together, as if formed of one folid mafs.

" This arch from the fpringers contains 125 degrees of a circle, confequently is 5 de-
" grees above ⅓ of a femicircle, which PALLADIO recommends in all his bridges.
" As this arch is to be founded upon the folid rock, this arch may be looked upon as
" f·micircular, as the rock may evidently be fuppofed the part of the arch deficient of a
" femicircle. A great advantage in a fcheme arch, built on a folid rock, is, that the
" lefs number of degrees the arch contains, the ftronger the arch will be."

Anfwer. I look upon it that no limit to the fpan of arches, in proportion to their rife,
has as yet been found, fince the wideft and flatteft arches that have been attempted,
upon right principles, have fucceeded as well as the narroweft and higheft, provided
the abutments are good, and the ftone and cement whereof they are compofed are of a
firm texture, as in the prefent cafe they are faid to be: and as no abutment can be
better than a folid rock, and fince the manner of carrying down the arch, and ftepping
it thereupon according to the fection, is quite proper, I fee no reafon to doubt of
fuccefs, if built upon the plan now before me.

The *Aberthan* or *Watchet* lime, which I fuppofe is here hinted at, I look upon, from
experience, to be the beft in the world for works under water.

Queftion 6th. The fecond defign I propofe to confift of a large central arch, and
two fide arches. In this defign will it not be moft advifeable to carry down the piers
and abutments to the folid rock.

Anfwer. Though I apprehend the piers of a bridge might be fecurely fixed upon any
of the ftrata mentioned, by pueing and other timber-work, provided there was no

other

other to come at, yet as a rock is undeniable, I look upon it worthy of a confiderable addition of expence to come at it in a work intended to be lafting: how far it may be practicable in the ftrata mentioned to get down to the rock by battardeaux, in the middle of the river, I am fomewhat dubious; and though it may be come at by the caiffoon method, yet, as I think to interpofe a grating or floor of timber between the folid rock and folid mafonry, is not quite the thing to be wifhed for; I fhould therefore pre-fer the fingle arch, as having fewer foundations, and thofe more eafy to be fenced off and come at, and fhould prefer the 150 feet arch to one of leffer fpan, as the abut-ments will advance lefs into the river.

Queftion 7th. The third defign, propofed by Mr. BRIDGES, where the new piers are to be feated on a coping on the old pillars. But as there are fo many real objections to this plan, will it not be the moft judicious and advifeable ftep entirely to reject every propofal already offered or to be offered for executing that vague fcheme.

Anfwer. As to Mr. BRIDGES's plan I can fay nothing, as not having feen it, but if the old piers are as reprefented, I think it quite wrong to make ufe of it at all, for the reafons in the firft anfwer. This I am fure of, if the bottom is unfound, no coping, or any thing elfe that can be done, can make them found. Befides, to leave the old fpreading bottoms to project under water much beyond the new fhafts, and that in an irregular manner, would be very prejudicial, not only to the paffage of the water, but the navigation; I therefore muft conclude, that if a new fuperftructure muft needs be built upon the old bottom, I think it moft advifeable to fhape the piers, and build the bridge conformable.

The queries anfwered by J. SMEATON.

Aufthorpe, November 24, 1762.

RYE

RYE HARBOUR.

The REPORT of JOHN SMEATON upon the harbour of *Rye*, in the county of *Suſſex*.

THE harbour of *Rye*, once ſo famous and flouriſhing, lays in the bottom of a bay, terminated by the point of *Dungeneſs* on the eaſt, and of *Beachy Head* on the weſt, but more immediately by *Point Fairlee*, which lays almoſt in the ſame line, at about the diſtance of 5 miles. This harbour, according to tradition, was formerly v y large, capacious, and deep, ſo that many large ſhips might lay therein, ſheltered from all winds, at anchor at low water. In this ſtate the ſea waters every tide overflowed a very large tract of country (now converted into marſhes), the influx and reflux of which waters from and to the ſea produced ſo great a power of cleanſing and opening, as to maintain itſelf a channel wide and deep enough for the above beneficial purpoſes.

Now as the whole of the waters ſo flowing in and out each tide muſt paſs through the mouth of the harbour, the action thereabouts would be the ſtrongeſt of all, and in proportion weak towards the remote extremities: the mud, therefore, and impurities brought in by the ſea, and ſoil brought down by the rains from the high country, would firſt of all be lodged at thoſe extremities, which gathering by degrees, in proportion leſſen the capacity of the reſervoir, which of conſequence weakens the influx and efflux, and thereby increaſes the tendency to ſilt, or, as it is here called, to ſwerve up; and thoſe ſurfaces ſo overflowed being by degrees raiſed out of the reach of common neap tides, begin to gather a ſurface of graſs, which tempting the huſbandman to encloſe with banks, he thereby ſhuts out the ſea totally, and in conſequence weakens the cleanſing power more ſuddenly than would happen in a ſtate of nature; ſo that in time the whole of ſuch an inlet will be ſilted or ſwerved up, unleſs a ſufficient quantity of land or flood waters have their paſſage through the ſame to ſea; and the channel remaining at laſt will be in proportion to the quantity and rapidity of theſe flood waters. This is the natural tendency of every creek or harbour upon the ſea, but differing greatly in degree as ſituations and quantity of freſh waters from the land, and the impurity of the land or ſea water, differ in one place from another.

It appears further, that an immenſe quantity of flint, pebbles, or broken flints, rounded by the action of the ſea, commonly called ſhingle or beach, and which have

either

either proceeded from the chalk cliffs on the coaft, or have been walhed up from the bottom of the fea, are produced to the weftward of this harbour, and being driven on the fhore, which runs in a general direction nearly W. S. W. and E. N. E. the wind at any point between S. and S. W. caufes the feas to ftrike the fhore in an oblique direction, and not only to heap up the beach upon the coaft, but to drive it along the fhore to E. N. E. into the bottom of the bay; that is, into the mouth of the harbour, from whence there is no poffibility of return by a contrary action, becaufe all winds from E. to S. E. which fhould produce that effect, are in a great meafure land-locked, and not only fo, but are generally lefs continued and violent than the South-Wefterly. Hence then it appears, that two powers of nature are together combined to produce the deftruction of this harbour, viz. the filting within, and the action of the winds and feas without, upon the fhingle, to block up its mouth; nor could this laft be poffibly avoided, in a very little time, was it not for the action of the land waters, which will always maintain themfelves a paffage to fea, (while they have no other) and though confiderable in the winter feafon, are yet very inadequate to the keeping open fuch an arm of the fea as this has formerly been, or even now is. The quantity of beach or fhingle that has thus gathered at the bottom of this bay and mouth of the old harbour makes a furface of feveral hundred acres, the pofition of which in fome meafure appears by the plan hereto annexed, and is at prefent in an increafing ftate; for, as I am informed, that which at prefent is called the outermoft weft point has been formed within thefe ten years; and that which is now called the innermoft was then called the outermoft; and the point marked B in the plan was then called the innermoft, which is conformable to a plan made in the year 1738. Hence it appears, that a fucceffion of points have formed themfelves to the weftward of the harbour's mouth, every one leaving a more narrow paffage than the former, the prefent opening between the prefent points not being above 100 yards wide. There alfo appears to be a body of beach, marked in the plan A, which is driving down from the weftward, in all probability, and will form a point without the prefent, leaving a paffage ftill narrower. From this view it appears, that the old harbour has been fubject to great mutation, and is likely to be fubject to ftill more, and all for the worfe; and all able artifts who have furveyed the fame, have agreed, that nothing to purpofe can be done towards reftoring the old harbour, or maintaining the fame in any tolerable ftate. In this condition it appeared upon a furvey in 1698, by two Commiffioners of the Navy and two Elder Brethren of the Trinity Houfe, by order of the Right Hon. the Lords of the Admiralty, who conclude their Report with faying, " And therefore we take this harbour to be almoft entirely loft, at leaft in no condition to be preferved for any purpofe of the navigation." Indeed, three gentlemen, who were fent to furvey the harbour of Rye, by order of the fame board, in the year 1719, after declaring their

fenfibility

fenfibility of the former utility of this harbour, and the bad condition it was then in, propofe a remedy; but as this appears quite inadequate to the object, fince that time a new harbour was projected, and in part executed, by the famous Captain PERRY, who, after performing feveral great works in *Ruffia*, and effectually ftopping the breach in the river *Thames* at *Dagenham*, was employed here; and this new harbour has been carried on, with fome interruption, from that time to this. Its general defign and fituation is as follows:

The mouth of the new harbour is fituated about two miles to the weftward of the old one, where the coaft makes nearly a ftraight line for feveral miles together, and though altogether formed with beach, yet feems to have had no confiderable increafe of late years, at leaft not fince this harbour was begun; for though a fucceffion of fhingle is moving to the eaftward, it does not ftay here, but lodges in the bottom of the bay. The coaft being hereabout W. S. W. and E. N. E. as before mentioned, the mouth of the harbour points nearly fquare thereto, that is, to S. S. E. or rather S. E. by S. At the foot of the beach, which is about low water mark at neap tides, begins a fine firm fand, regularly inclined towards low water, which at fpring tides is about 257 yards from the foot of the beach, and from thence inclines by very regular and gradual foundings, fo as to make 20 feet water at low water fpring tides, and about 23 feet at ditto neap tides, at above a mile right out from the harbour's mouth, which foundings gradually increafe further out, and the whole of the bay is excellent anchoring ground, as I am informed. The tides here, at a common fpring tide, rife above low water mark 23 feet, and neap tides about 14, that is about 17 feet above low water mark fpring tides, which are the greateft tides I have met with on this coaft. The direction of the tides is nearly along fhore, and being fome diftance (on account of the depth of the bay) from the main channel tide, are very gentle, and are attended with this particular circumftance, that whereas the main channel tide fets to the eaftward for fome time (in moft places three hours) after high water, which occafions a ftrong current to the eaftward, a tne time of high water; now in the bottom of this bay, the time of ftill water, and that of high water, are both nearly the fame, which is a great advantage to fhips fteering into the harbour's mouth, efpecially in bad weather; all which circumftances, viz. the great rife of tides, the eafinefs of the current, and ftillnefs at high water, when veffels chiefly go in and out, muft be allowed to be advantages favourable to the conftruction of an harbour in this place.

With refpect to the harbour itfelf, in its original defign, it had two ftone pier heads projected into the fea, as far as the foot of the beach, their diftance 120 feet, which makes the opening of the harbour's mouth; but as the courfe of the beach was intercepted by the weſt head, and in conſequence a body of it collected behind the ſaid head, the weſt head has lately been advanced further out with timber and ſtone, ſo as to overlay the eaſt pier 210 feet, which addition is not only the means of preventing the beach from getting round the head ſo eaſily as before, but greatly facilitates the entry of the harbour, eſpecially in the time of heavy ſeas from the S. W. as I have had an opportunity of being eye-witneſs of a veſſel coming in for ſhelter under theſe circumſtances.

From the pier head the width of the harbour enlarges to about 200 feet wide, and is altogether in the form of a canal, which, in my opinion, is preferable to any other for an artificial harbour, on account of the advantages in ſcouring, where the whole depends thereon.

At the diſtance of 730 yards, or thereabouts, within the piers, is placed a large navigable ſtone ſluice, and the whole of the canal between the pier heads and the ſluice is formed into the arch of a circle of about 45 degrees; ſo that no part of the mouth of the harbour can be ſeen from the ſluice, nor any part of the ſluice from the mouth of the harbour; in conſequence whereof, not only the deſtruction of the ſluice-gates by the ſea's rolling in upon them, are prevented, but a ſpace of above 200 yards of the canal, from the ſluice downwards, becomes ſtill water, in time of the greateſt ſeas, at the harbour's mouth, which is particularly convenient for ſuch veſſels as come in for ſhelter, and only wait to take the advantage of better weather, or a favourable wind. At preſent the bottom of the channel between the pier heads is about 6 feet above low water mark at ſpring tides, and about 3 feet above the cill of the ſluice: ſo that at preſent there is 17 feet water between the heads at ſpring tides, and 11 feet at neap tides; but as the body of beach that ſerved as a dam in the harbour's mouth, to prevent the ſea from coming in till the works within were compleated, has never been totally removed, and as in its preſent ſtate a ſufficient body of back water cannot be collected for effectually cleanſing and keeping open the mouth of the harbour, it cannot be looked upon at preſent as having the greateſt depth of water of which it is capable. I am therefore of opinion, when theſe requiſites are provided for by compleating the whole ſcheme, that then the mouth of the harbour, as well as the internal part up to the ſluice, may be kept clear, at leaſt as low as the level of the cill of the gates; in which caſe the common ſpring tides will give 20 feet water into the harbour and through the ſluice, and neap tides 14 feet; which latter I apprehend to be ſufficient for common built merchants veſſels of 300 tons burthen.

The

The fluice is built of *Portland* ftone, and confifts of two openings, one of 40 feet, fhut by folding gates pointed to landward, the other of 30 feet clear water-way, fhut by five draw-gates of 6 feet wide each : the ufe of thefe gates is to fhut in the tides received into the canal above the fluice on tide of flood, into which veffels may then pafs, or at high water through the great opening, or repafs at high water or on tide of ebb; and gates being afterwards fhut, and thereby a body of water penned into the canal above the fluice, ferves either to keep veffels therein afloat during the whole time of tide, or being let off at low water by means of the draw-gates, produces a fcour for keeping open the harbour below.

The length of the canal above the fluice is half a mile very nearly, and at a medium is about 150 feet wide at the water's furface, 70 feet at bottom, and dug down to the level of the cill of the fluice. This canal alone, exclufive of the outer harbour, will take in above 200 fail of veffels, but yet does not contain a fufficient body of water to produce the neceffary fcours below; and furthermore, this part of the canal being liable to filt up by the depofition of mud brought in by the fea, will in a few years be choaked up, and rendered entirely ufelefs; the filt being gathered at leaft 4 feet deep at the head of the canal fince July laft, when the harbour was opened; what therefore is principally wanting to compleat what I apprehend to be the original fcheme, is to bring the land waters and frefhes of three rivers, that now difcharge themfelves into the old harbour of *Rye*, through the new harbour, by which means the whole will be kept clear, as appears to me for the following reafons:

The river *Rother*, together with the *Breade* and *Tillingham* channels, which unite in the old harbour of *Rye*, are faid to receive the downfall and fpring waters of above an hundred thoufand acres of land; the difcharge from whence in rainy feafons muft be very confiderable. But without entering into a minute difquifition concerning the quantity of furface, the moft certain way of judging appears to me from obfervation of the fize and fort of channel that thofe rivers refpectively are enabled to maintain, fo far up as where the filt, brought in by the fea on one hand, and driven out by the land waters on the other, is already come to a balance; and fuch I take to be the channel of the *Rother* immediately below *Scotch Flat Sluice*; the *Breade* or *Winchelfea* channel below *Winchelfea Sluice*; and the *Tillingham* channel about a mile above the *New Bridge* at *Rye*. Now it appears to me, that the *Rother* and *Tillingham* waters united are fufficient to maintain a channel, from the new canal to the town of *Rye*, capable of carrying up veffels of 300 tons; that the *Breade* channel is capable of maintaining a channel fufficient for fhips of 100 tons to *Winchelfea Sluice*; and that the three together are capable of preferving an

P 2 open

open channel through the prefent canal and new harbour, fo as to make at leaft 14 feet water at neap tides, as abovementioned; and that the neceffary widening thefe channels, for the purpofe of difcharge of land waters and navigation, will alfo furnifh a fufficiency of refervoir for taking in the tide for the purpofe of fcours in dry feafons, when thofe rivers do not afford a fufficiency of water for that purpofe; and as this part of the fcheme is ftill to execute, I would recommend it to be done upon the following general principles:

1ft, then, I am of opinion, that the prefent clear water-way at the fluice of 70 feet is fufficient for taking in as much tide-water as is neceffary for the purpofe of fcouring the outward harbour, and for filling a channel fufficient for navigation to the towns of *Rye* and *Winchelfea*, and for bringing down and difcharging the land waters.

2d. I am of opinion, that a greater capacity than is neceffary for the purpofes abovementioned is hurtful, as a channel too wide will be maintained from filting with greater difficulty; and the taking in too great a body of water will bring in a greater quantity of filt, and will occafion an unneceffary fall of water at the fluice, too great for the quiet paffage of veffels; and that the tide falling without, before the internal parts are full to the fame level, will occafion a diminution of depth of water for the veffels from the fluice upwards. I would therefore propofe, that the channel of *Winchelfea*, from the upper end of the new canal to the town of *Rye*, be widened, deepened, and ftraightened, fo as to be 50 feet wide in the bottom; each fide to batter at the rate of 2 feet horizontal to 1 foot in depth; the bottom to be fo difpofed, as to make a part of a plane regularly inclined from the lower end of *Scotch Flat Sluice* upon the *Rother*, to the cill of the great fluice: in which cafe, as the low cill of *Scotch Flat* lays about $5\frac{1}{2}$ feet higher than the cill of the great fluice, the bottom of the new channel joining upon the new canal at C will be 7 inches higher, and the other end of the new channel D at *Rye* will be 2 feet 10 inches higher than the cill of the great fluice at the point D; the banks or walls of this canal to be fet at leaft 40 feet from the brink thereof, and to be raifed to 25 feet above the cill of the great fluice, to be 6 feet top, to batter 3 to 1 towards the canal, and 1 to 1 landwards.

3d. From the point D to make a cut to the north of the town of *Rye*, to fall into the river *Rother* at fome convenient point, fuppofe E; this cut to be 40 feet bottom, to agree with the inclined plane aforefaid, its fides to have the fame batters as the former, and its banks or walls to be raifed to the fame height, to have the fame dimenfions at top, the fame batters and diftance as before defcribed, as far as the croffing of the turnpike road F.

4th. To

4th. To fix a dam acrofs the river *Rother*, near below the point of diverfion E, and to erect a fea wall from the faid dam, to fome convenient point eaftward, upon the prefent fea wall of the marfh G, and to carry another fea wall from the faid dam weftward, to abut upon the turnpike road at F, which dam and walls are to be raifed to an equal height with the adjoining wall againft the marfh, to be 6 feet at top, and to batter both ways, as $2\frac{1}{2}$ to 1.

5th. As a bridge will be wanted upon the turnpike road, before mentioned at F, for croffing the canal, I would propofe it to confift of 3 arches, one of 13 feet 6 inches wide, the others of 12 feet each; the large opening to be furnifhed with two pair of folding gates, pointed to feaward, and 1 pair of ditto pointed to landward; the cills of thefe gates to be laid even with the propofed bottom of the canal at this place, that is, about 2 feet 10 inches above the cill of the great fluice, and about 1 foot 8 inches below the lower cill, and 2 feet 11 inches below the cills of the navigable chamber of *Scotch Flat Sluice*.

6th. A navigable fluice to be fixed acrofs the *Tillingham* channel, at fome convenient place within half a mile above the bridge at the ferry, fuppofe at H, of 13 feet 6 inches in the clear, with a pair of gates pointing to feaward, and ditto to landward, with draw fhuttles or flakers in the latter, and the walls or banks of the *Tillingham* channel, from the faid fluice downwards, to its junction with the canal before defcribed, to be heightened in fuch manner, and in fuch proportion, as is defcribed for the main channel from the new canal to *Rye*.

7th. A dam to be fixed acrofs the prefent combined channel of *Winchelfea* and *Tillingham*, at or near the prefent new bridge at *Rye*, fuppofe at K, and the road to be carried over the faid dam; the top thereof to be made up to the fame height as propofed for the aforefaid new channel from the canal to *Rye*.

8th. The channel of *Winchelfea*, from the new canal to *Winchelfea Sluice*, for the purpofe of navigation, and alfo to obtain a fufficient quantity of earth for the neceffary ftrengthening of its walls, to be widened and deepened at the head of the new canal, to 2 feet above the floor of the great fluice, and to be carried upon an inclined plane, fo as to agree with the cill of *Winchelfea Sluice* at that place; the batters of its fides, the height, ftrength and batters of its walls, to be the fame as propofed for the main channel from the new canal to *Rye*.

9th. That

9th. That in cafe the diverfion of the land waters fhall occafion the out-fall of *Wenway Sluice* to choak up, then a new channel to be cut, and fluices erected, for the difcharge of *Wenway's* waters, above the propofed dam at E, into the *Rother*.

10th. That in cafe of the total choaking up of the old harbour's mouth, upon the diverfion of the rivers into the new harbour, as is to be expected, then the proprietors of fuch ground as is to be gained hereby, fhall have liberty to few the fame into the new channel, by an out-fall fluice or fluices, to be erected at their own expence, either in the new dam propofed in the 7th Article, to be fixed acrofs the old channel, near the new bridge at *Rye*, or to erect the faid fluice or fluices in any more convenient part of the banks of the new channel adjacent thereto.

11th. That in cafe it fhould hereafter appear, for reafons I am at prefent unacquainted with, to be more eligible to carry the *Rother* into the *Winchelfea* channel, on the fouth of the town of *Rye*; this appears alfo practicable on the fame principles; in which cafe, the fluice propofed at F, fhould be erected near the place of the propofed dam at K.

OPERATION of the foregoing conftructions.

AS the tide will be ftopped in the refpective channels by the fluices already erected, and propofed to be erected thereon, I find by computation that the whole cavity of the faid propofed channels would be filled through the prefent opening of the great fluice, in the time of a tide, to nearly the fame level within as without the great fluice, by a difference or fall no ways prejudicial to navigation through the fame.

That the faid cavity, containing near five times as much water as the prefent canal above the fluice, will be fufficient for the fcouring of the outward harbour in dry feafons, as the land frefhes in rainy feafons will be fufficient of themfelves according to all appearances. That the navigation for lighters, &c. up the *Breade* channel, will remain as it now is; and that the navigation of the *Tillingham* channel will be put upon a fimilar footing, that is, with an opportunity of penning in fo much water by the land doors as fhall be fufficient for navigation, confiftent with drainage; that the navigation up the *Rother* will not hereby

be

be interrupted, becaufe 'tis propofed on tide of flood to take in as much water, above the propofed fluice at F, as will float the veffels to *Scotch Flat Sluice*; but to fhut out the top of the tides, which will in effect compleat the drainage of all the prefent extenfive falts included within the crofs walls, propofed in Article 3.

That the drainage of the lands by the five waterlings, *White Kemp, Guildford,* and *Wenway Sluices,* will be upon a better footing than heretofore, becaufe having little pen upon them from without, the fluices and banks will be fubject to lefs repair, and will admit lefs fea water in the drains by leakage, foakage, &c. and at low water will have a better difcharge, becaufe their out-fall channels will be lefs liable to filt. The new cut below will, in my opinion, be amply fufficient for all purpofes; for though propofed only 40 feet at bottom, yet, according to the proportions given, will be 80 feet at top, at 10 feet depth; whereas the cut above *Scotch Flat Sluice* does not appear to be above 30 feet at bottom, the fum of all the openings of that fluice being but $26\frac{1}{2}$ feet wide, and yet through this capacity is difcharged all the fpring and down-fall waters from an extenfive flat and upland country. Again, though the fum of the openings of the propofed fluice at F is propofed only 11 feet wider than that of *Scotch Flat,* yet as the cills thereof will lay at a medium of 2 feet $3\frac{1}{2}$ inches below thofe of *Scotch Flat,* and about 4 feet lower than *White Kemp,* which is the loweft of the four upon the marfh wall; that before the water iffuing at the fluice F can pen upon the *Scotch Flat,* or the four other fluices before fpecified, the capacity of the new fluice, taking width and depth together, will greatly exceed the fum of all the reft put together. I mention thofe things more particularly, becaufe, for reafons before given, I look upon all unneceffary widths, either in the fluices or drains, to be hurtful, it being to no purpofe to dig out canals merely for the fea filt to fill up again.

I muft alfo here mention another advantage to the drainage of the lands dependent on the fluices beforementioned, and that is, the danger of the lofs of their prefent out-fall; for though the land waters will always find a way to fea, yet it does not follow that it muft be at fuch a perpendicular height or depth as is confiftent with the drainage of the lands; this has actually happened in the courfe of a few years to the river at *Bofton* in *Lincolnfhire*; whereas the new out-fall propofed will be always capable of maintaining its original goodnefs. And the fame reafoning will hold with refpect to all the other levels which few into the old harbour of *Rye*.

I am, however, of opinion, that the tides ought never to be fhut in by the great fluice fo as to pen upon the aprons of any of the fluices for drainage, at a time when any of the levels are under water on occafion of rains or other down-fall.

With

With refpect to the *Winchelfea* channel, as an out-fall fluice, as beforementioned, has been erected thereon, within the compafs of a few years, near the town of *Winchelfea*, which being very properly placed for ftopping of the tides, I am of opinion that nothing further is neceffary than to ftrengthen the walls from the new canal to this fluice, as before mentioned, and to keep this fluice in repair; and that no additional fluice on the main channel, between the aforefaid and the new canal, can be attended with any benefit to drainage, and will be an impediment to navigation up to the town of *Winchelfea*.

I am further of opinion, that no fluice placed to the eaft of the town of *Rye*, by way of taking in the tides into the channels, propofed as aforefaid, from the old harbour, can be of any ufe, becaufe I expect that the firft winter after the diverfion of the land waters, the mouth of the old harbour will in a great meafure, if not totally, be choaked up by the fea.

From my view of the works already undertaken, I find many things not yet compleated, particularly about the harbour's mouth, the pier heads and the wharfing propofed to extend from the piers to the great fluice, and many things that have gone into difrepair through length of time fince the work was done, and for want of letting the fea into the harbour fooner; but as thofe matters are capable of rectification, I fhall at prefent take no further notice thereof, than in my eftimate of the expence that will attend it. And, upon the whole, I am of opinion, that when what has been and is now propofed, is duly executed, that there may be made and maintained 20 feet water at fpring, and 14 feet water at neap tides, from the fea up to the head of the prefent canal, and a proportionable depth as before fpecified up to the towns of *Rye* and *Winchelfea*; and that for veffels, fuch as thofe depths of water will fuit, will be a fafe, ufeful, and commodious harbour, and therefore advantageous not only to the towns and country adjacent, but to veffels trading through the *Britifh* channel, and therefore ufeful to trade in general.

London, February 16, 1763.   J. SMEATON.

ESTIMATE

An ESTIMATE for compleating the harbour of *Rye*, according to the plan and report of J. SMEATON.

	£.	s.	d.
To raiſing the eaſt pier head with ſtone 5 feet higher than it now is, and coping the ſame with ſtone, containing 4589 cube feet, at 3s. 6d. including cramps, comes to 803*l.* and for repairing the decayed part, fender piles, &c. 197*l.*; in the whole, -	1000	0	0
To raiſing the ſtone part of the weſt pier 5 feet high and 4 feet thick, 1080 feet, at 3s. 6d. 189*l.* and for repairs of fenders, -	200	0	0
To compleating and making up the additional part of the weſt pier, between the ſtone-work and new head, and for fixing a capſtan upon the ſaid head for warping out ſhips,	300	0	0
For repairing and backing up with rough ſtones the wing, wharfing, extending from the eaſt ſtone head into the beach fronting the eaſt,	300	0	0
To expences in clearing out the harbour's mouth, ſo as to be 20 feet deep at ſpring tides, -	500	0	0
To 2800 feet running of the wharfing, and ſecuring the banks of the preſent canal from the preſent wharfing to the ſluice, at 2*l.* per foot,	5600	0	0
To repairs of the wharfing already done,	200	0	0
To ſecuring the aprons of the ſluice, above and below, with rubble ſtone, containing 3500 tons, at 5s.	875	0	0
To making 4 wharf-wings for preventing the waſh of the water from getting behind the wings of the ſluice, containing 140 feet running, at 2*l.*	280	0	0
To additional mechaniſm, in order to make the drain-gates riſe with more eaſe,	250	0	0
To carpenters and ſmiths work in repairing and ſtrengthening the preſent great gates, ſo as to make them more laſting,	100	0	0
To capping over the piers of the ſluice with *Portland* ſtone, containing 3797 feet, at 3s. 6d. cramps included,	665	0	0
To making a timber draw-bridge over the head of the preſent canal, for communicating the road as it now paſſes over the dam from *Rye* to *Haſtings*, - - -	1000	0	0

				11270	0	0
To digging out the channel from the new canal to *Rye*, containing 261653 yards, at 3d. -	3271	0	0			
To removing the preſent dam, and making ſuch new ones as will be wanted during the progreſs of the work, and making up the banks, at leaſt to the height ſpecified in the plan,	1408	0	0			
To widening and deepening the *Winchelſea* channel, and making up the banks, as per ſcheme, containing 49573 cube yards, at 2½d.	516	0	0			

Carried over 16465 0 0

		£.	s.	d.
Brought over		16465	0	0

To cutting a new canal to the north of the town of *Rye*, from the *Tillingham* channel, at the point D, to the *Rother*, at the point E, being 40 feet bottom, 16 deep, and 9 furlongs in length, containing 249736 cube yards, at 3*d.* - - - - -   **3121 0 0**

To constructing a navigable sluice and bridge upon the aforesaid canal, of 37¼ feet clear waterway, at the point F, - - -   **1800 0 0**

To erecting a timber bridge across the aforesaid canal for continuing the road from *Rye* to the ferry, - - - -   **500 0 0**

To making a dam across the *Rother* below the point E, - -   **800 0 0**

To continuing a sea bank or wall from the dam at E, to marsh wall at G.   **65 0 0**

To making a dam across the united channels of *Winchelsea* and *Tillingham*, near the new bridge at *Rye*, at K, - - -   **800 0 0**

To erecting a navigable sluice upon the *Tillingham* channel, above the ferry, as at H, and making a cross bank, - -   **500 0 0**

To making a new drain 95 *l.* and out-fall sluice for *Wenway Crook* water, 105 *l.* - - - - - -   **200 0 0**

To contingent expences upon the whole, - - -   **2500 0 0**

	£.	26751	0	0

February, 1763.   J. SMEATON.

SCHEDULE proposed to be annexed to the Act for finishing the harbour of *Rye*.

Manner how the harbour is to be finished and compleated, subject to alterations, as mentioned in the Act.

THE channel of *Winchelsea*, from the north end of the new canal to the junction of *Tillingham* channel near the town of *Rye*, to be widened, deepened and straitened, so as to be a medium of 50 feet wide in the bottom, each side to batter at the rate of 2 feet horizontal to 1 foot in depth; the bottom to be so disposed as to make a part of a plane regularly inclined, from the lowest sell of *Scotch Flat Sluice* upon the *Rother*, as it was in the month of February, 1763, to the sell of the great sluice upon the new harbour;

harbour; the banks or walls to be set at least 40 feet, at a medium, from the brink, and to be raised 25 feet at least above the sell of the great sluice, to be 6 feet top, to batter 2 and $\frac{1}{2}$ to one towards the canal, and 1 and $\frac{1}{2}$ to 1 landward.

To widen, deepen and straighten the *Tillingham* channel from the point aforesaid, so far upwards as shall be necessary to come at a proper place of departure into a new canal, next hereafter mentioned.

To make a new cut or canal to the north of the town of *Rye*, from some convenient part of the *Tillingham* channel aforesaid, to some convenient point of the river *Rother*, the cut to be 40 feet bottom, to agree with the inclined plane aforesaid; its sides to have the same batters as the former; it's banks or walls to be raised to the same height, to have the same dimensions at top, the same batters and distance as before described, as far as the crossing of the present turnpike road which leads from *Rye* towards *London*; but if any part of the ground shall not be sufficient to allow the batters, slopes and distance of the banks, before specified, then the sides of the canals and banks to be wharfed up or otherwise supported, so as to preserve the bottom of the canal of the width before specified, and the banks to be made sufficiently strong to hold in the waters to the same height as before specified.

A bridge to be built upon the same turnpike road for crossing the canal, to consist of three arches, one of 13 feet 6 inches wide, the others of 12 feet each; the large opening to be furnished with two pair of gates pointed to seawards, so as to form a navigable lock, and onepair of gates pointed to landward; the other two arches or passages to be furnished each with one pair of folding or falling gates to seaward, and gates to landward. The sells of those gates to be laid even with the proposed bottom of the canal at this place.

To fix a dam across the river *Rother*, near below the point where its course shall be diverted as aforesaid, and to erect a sea-wall or bank from the said dam to some convenient point eastward, upon the present sea-wall of the adjoining marshes, and to carry another sea-wall from the same dam, westward, to abut upon the aforesaid turnpike road; the said dam and walls to be raised to an equal height with the adjoining wall against the said marshes; to be 6 feet at top, and to batter both ways as 2 and $\frac{1}{2}$ to 1.

A navigable sluice to be fixed across the *Tillingham* channel, at some convenient place within half a mile of the bridge. at the ferry near *Rye*, of 13 feet 6 inches in the clear,

Q 2

with

with a pair of gates pointing to feaward, and another pair to landward, with draw fhuttles or flakers in the latter, and the walls or banks of the *Tillingham* channel, from the faid fluice, downwards, to its junction with the canal before defcribed, to be heightened in fuch manner and proportion as is defcribed for the main channel from the new canal to *Rye*.

A dam to be fixed acrofs the prefent combined channel of *Winchelfea* and *Tillingham*, at or near the prefent new bridge at *Rye*; the top thereof to be made up to the fame height as propofed for the aforefaid new channel from the new canal to *Rye*, and to have the fame flopes as the dam aforementioned, to be erected upon the *Rother*.

The channel of *Winchelfea*, from the prefent canal to *Winchelfea Sluice*, to be widened and deepened, fo as to be 20 feet in the bottom; to form an inclined plane, fo as to fall 2 feet towards the new canal, from the fell of *Winchelfea Sluice*; the batters of it's fides, the heights and flopes of it's walls to be the fame as propofed for the new channel from the new canal to *Rye*.

In cafe the diverfion of the land waters fhall occafion the out-fall of *Wenway Sluice* to choak up, then a new channel to be cut, and fluice erected, for the difcharge of *Wenway Waters*, above the propofed dam, into the *Rother*.

Proper bridges to be made for communication of the prefent roads.

To CAPTAIN PIGRAM.

S I R,

YOUR favour of the 9th inftant was duly received, and now comes in courfe to be confidered. As almoft two years fince I was at *Rye* are now gone over, without any progrefs being made in thofe additional works, which were reported abfolutely neceffary to be done for preferving the harbour, even in the ftate I found it, it now behoves you to take vigorous meafures, and not be impeded by fmall matters, leaft you lofe the benefit intirely of what has been done.

That it is neceffary forthwith to bring in as much of the back-water as you can procure, appears very evident from what you report, viz. that the new canal is fwerved

up,

up, towards the head, 8 feet higher than when I faw it, which is very conformable to what you will find in my report, viz.

" This canal alone, exclufive of the outer harbour, will take in above 200 fail of " veffels, but yet does not contain a fufficient body of water to produce the neceffary " fcouers below; and furthermore, this part of the canal being liable to filt up, by the " depofition of mud brought in by the fea, will, in a few years, be choaked up, and " rendered intirely ufelefs; the filt being gathered at leaft 4 feet deep at the head of " the canal, fince July laft, when the harbour was opened. What therefore is *princi-* " *pally* wanting to compleat what I apprehend to have been the original fcheme, is to " bring the land-waters and frefhes of three rivers, that now difcharge themfelves into " the old harbour of *Rye*, through the new harbour, by which means the whole will " be kept clear, as appears to me from the following reafons, &c."

As I look upon the *Winchelfea* waters alone to be infufficient to preferve in the canal a requifite width of channel fufficient for navigation, the grand object is to get poffeffed of the *Tillingham* water as foon as poffible; the natural courfe of proceeding is this.

1ft. To fecure the banks or walls of the *Winchelfea* channel from the head of the new canal to *Winchelfea* fluice.

2d. To cut through the dam that at prefent divides the new canal from the *Win-chelfea* channel.

3d. To raife two dams acrofs the *Winchelfea* channel, one juft below, but as near as poffible the head of the new canal; the other as near as may be to it's junction to the *Tillingham* channel, by which means you are enabled to dig out the channel, as di-rected, from the new canal to *Rye*.

4th. This done, you remove the two dams, and, with as much expedition as pof-fible, raife the dam at *New Bridge* acrofs the united channels.

By this management, you, in the firft place, become poffeffed of the *Winchelfea* waters, towards making a fcour, and alfo that part of *Winchelfea* channel that lays between the prefent head of the new canal and *Winchelfea* fluice, to add to your refer-voir, when you pen in the fea water; and, in the fecond place, you poffefs yourfelf as early as poffible of the *Tillingham* water, and of the great increafe of refervoir that will

follow

follow upon opening this new channel and that of *Tillingham*. With thefe two you will make fomething of a figure towards the propofed defign, and at the fame time bring up veffels to *Rye* by way of the new harbour.

By this method of proceeding the communication of the *Winchelfea* and *Tillingham* waters muft neceffarily be interrupted during the making this new channel; nor do I know any means of avoiding it, without cutting a frefh channel through frefh grounds, which would not only be a great additional expence upon the undertaking, but only partially remove the objection. If therefore the clamours raifed by the feamen and by the country on this occafion are to prevail, I would advife the Commiffioners at once to give up the undertaking, and fpend no more money upon it; for if the means are not to be ufed, by which it is to be effected, it is in vain to make any further attempts; but as I can fee no material or lafting inconvenience likely to arife herefrom, I will endeavour to fatisfy all reafonable and impartial perfons on this head.

And firft, with refpect to the land owners upon the *Winchelfea* channel, thofe below the fluice will probably expect to be overflown by the tides rifing higher upon them from the new harbour than the old; bnt it appears, from my levelling notes, taken when there, that when the tide flowed 19 feet 9 inches upon the beacon or ftaff, at the head of the new canal, it rofe within 8 inches of the fame level in the *Winchelfea* channel, on the other fide the banks, and that when it rofe to 20 feet 3 inches upon the faid beacon, it rofe within 2 inches of the fame level in the *Winchelfea* channel. Hence I conclude, that in the greateft tides there is very little difference, or poffibly higher in the *Winchelfea* channel than in the new harbour, correfpondent to what is ufually obferved, that weak tides are much fpent by a long and intricate courfe, but when all obftructions are furmounted by a ftrong tide, that the motion, thus acquired, will lift the tides to a greater height in a river, at a diftance from the fea, than near it's mouth: but however this may be in the prefent cafe, from the matters of fact above ftated, it appears that a much greater flow of tide is not to be expected from the new harbour than the old.

In regard to the fewage of the low grounds at low water, it is very evident that this will be improved, becaufe the fall fluice at *Winchelfea* will then be nearer it's out-fall to low water at fea, and confequently it's courfe being fhortened, it will have more fall in proportion, and thereby penning lefs dead water upon the apron of the fluice, the water will difcharge itfelf fafter through the fame openings. It may poffibly be objected, that the mud is gathered in the new harbour to a greater height than it's

present

prefent bottom, at the fame diftance from the fluice, which will be an obftruction; but the land water will foon cut a channel through the loofe mud.

I take it for granted, that whenever thefe waters are firft turned this way, a channel will be opened through the mud, which, once done, there is no doubt to be made but that the water will not only maintain itfelf a channel through the frefh mud, of as great dimenfions as it does in the folid ground, but will even deepen the whole, on account of it's greater rapidity.

The fame reafons will alfo take place with refpect to the lands that lie upon, or few, by the *Tillingham* channel, both before and after their re-union with the *Winchelfea*; becaufe, before they will have the whole channel to themfelves, and after they will have both a fhorter and a better.

It therefore remains that I give my reafons why I don t think the navigation will be fpoilt up to *Rye Strand.*

The harbour or place where fhips now lie is intirely within the *Tillingham* channel, and which they now find fufficient; it therefore follows, from the eftablifhed laws of nature, that the fame caufes producing the fame effects, the *Tillingham* waters will maintain the fame channel below the new bridge that they do above.

It may be objected, that the united channels below the new bridge, being wider from the union of the two rivers, this channel may grow more fhallow, as well as contract in width! I am of opinion that it will not; for fince there is conftantly matter floating in the water capable of choaking up all the channels, if the land water did not drive it out and keep them open, why does not the *Tillingham* channel widen and grow more fhallow? but fuppofe the channel was to grow fomewhat more fhallow, yet, for the time, it will be wanted the fame expedients might be made ufe of as is done in feveral other channels, viz. a hedgehog to raife the mud occafionally, till the fides have contracted themfelves to proportionable width. Some fmall alteration in point of width may alfo be expected at the old harbour's mouth; but as the effect can only be in proportion to the caufe, if we compare the body of water, either coming down or lodged in that part of the *Winchelfea* channel, from the new bridge to *Winchelfea* fluice, with the whole body at a full fea, we fhall find the proportion fo fmall as to be almoft infenfible in its effects; but if by the objections made by the mafters and owners of fhips at *Rye,* they mean that the prefent channels are not to be diverted or altered till the mouth of the new

harbour

harbour is effectually scoured, and every thing ready to bring up ships to the town of *Rye* by the new harbour; as this is in the nature of the thing impossible to be done but by means of the diversion of the said channels, they thereby desire that the effect may precede the cause, which being contrary to nature, they at once strike at the root of the undertaking, and therefore, as I have already said, if these arguments are to prevail, the best way is to give the thing over at once.

A great deal depends upon the expedition with which these works are performed; for if, while the new channels are digging, the new haven is contracting in width, for want of a sufficiency of back water to keep it open, by such times as they are compleated, the new haven will be afresh to dig, and the work become endless.

Difference of circumstances alter cases. Two summers are now elapsed since my scheme was made, and 8 feet more of mud in the new canal; it is therefore not only neces-sary to pursue vigorous measures, but to take such methods in performing the work as may the soonest put it in a state of maintaining itself; I would therefore, at the first outset, ad-vise, that the new channel from the new canal to *Rye* be not dug but 35 feet, or at most 40 feet bottom, with slopes as steep as they will stand, as suppose 1 to $1\frac{1}{2}$, according to the quality of the matter, but never steeper than 1 to 1; such a channel will answer all the purposes of navigation effectually; will save a very considerable sum in the first construction; will save a good deal of time, which is now become very valuable, will sooner bring the utility of the undertaking to a proof, and will be as large a channel as the *Tillingham* can in any degree maintain; which will therefore prevent its swerving and contracting in width, while the other channels are compleating for bringing in the *Rother*; and when that is done, in case the rivers themselves do not make it of the width sufficient, it may be compleated by tide work, after the more necessary parts of the work are brought to bear. Nor is there any doubt but that in the mean time it will take the *Rother* and *Tillingham* land waters, as the former go all through *Scotch Flat Sluice*, which it has been remarked is no wider, all the passages taken together, than $26\frac{1}{2}$ feet; and as to the *Tillingham*, its capacity when the tide is checked by the sluice proposed to be built thereon, will be contained in one of the slopes, for even a 35 feet bottom, with the steepest batters, will produce a 65 feet top, and a 40 feet bottom, with batters of 1 to $1\frac{1}{2}$, will produce a river 85 feet at the grass.

It will here be naturally enquired, whether I would build the sluice proposed upon the *Tillingham*, before it is made to communicate with the new harbour? I answer, not, for as the tides will go up in the same manner, whether proceeding from the new harbour or the old, the use of that sluice will be entirely to check the tides from coming in too

rapidly

rapidly at the great fluice by having too much room to expand; but as this will not be the cafe till the communication with the *Rother* is made, till then it will be ufeful by enlarging the refervoir.

With refpect to the works at the harbour's mouth, you know it was always my opinion, that an attempt to ftop the beach abfolutely from moving from the weft towards the eaft would be a fruitlefs and endlefs tafk; for let the groins be extended to what length they would, they would fill with beach as faft as they could be raifed, and the overplus drive over into the harbour's mouth; I therefore thought it beft to let the beach drive away gradually as it came, and in confequence that the extenfion of the weft head could be of no further ufe than to fteer the beach clear of the eaft head till the wind came fo far out to fouthwards as to tend to heap up the beach upon the fhore, rather than drive it along the coaft, which end feemed to me very fufficiently anfwered by the pier as it ftood when I faw it, efpecially with the low groin extended therefrom fouthwards; for it always feemed to me, that in cafe the pier was carried out further than abfolutely necef- fary for this purpofe, that the quantity of beach that will always be left fcattered about the mouth of the harbour, after every fouth-wefterly gale of wind, as it were in its paffage, will be too far in the expanded fpace without the eaft head, to be carried out by the fcours, and then a foutherly or fouth-eafterly gale brings it right into the harbour: thefe have been my notions about this affair, and which have been before expreffed.

But as I have not yet found any folid ground-work, upon which I am able to deter- mine how the fea will act in all poffible cafes; and as you have been pleafed to try the experiment of a different procedure, I would advife you not to lower thofe groins till you are very fure they are upon the whole hurtful; and if fo, the thing determines itfelf; confider alfo, if hurtful to the harbour, how far they may be beneficial to protect the beach from being carried away to the eaftward of the eaft pier, or how far that may be protected by other means. It is one thing to advife an erection not to be made, and it is another to advife its demolition when made, before it has been fufficiently tried.

You further inform me, that the old timber wharfing, by getting bare, tumbles down fafter than they can put it up new. Let me once more recommend to you the ufe of rubble ftones for defending the fides of your harbour inftead of timber, not walled, but thrown in fo as to form a natural flope. The effect thereof on many repeated trials I have never found to fail; and I may fay that I faved the two piers of *London Bridge*, whereon the great arch refts, from being undermined, and thereby the arch from falling, the very feafon I was at *Rye*. I am of opinion, that had 300*l.* been applied in time in rubble ſtone behind your eaſt pier, as mentioned in my eſtimate, that it would have ſaved greater expences, and been a laſting repair; but this, as well as ſeveral other derangements that happened in the mean time, I ſuppoſe muſt be imputed to the unſeaſonable ſtoppage of the bill the firſt ſeaſon it was applied for.

I am, with great reſpect to the Commiſſioners,

S I R,

Your moſt humble ſervant,

J. SMEATON.

Auſthorpe, December 29, 1764.

RIVER

RIVER WENT.

Minutes of a view of the river *Went*, by JOHN SMEATON.

HAVING taken a view of the river *Went*, *Yorkſhire*, from *Went's Mouth* to *Norton Mills*, there appears to me a ſufficiency of fall for draining not only the valley of the river *Went*, but of thoſe lands that have their ſewage into the ſame, and which appear to be of a very conſiderable extent. It appears to me, alſo, that the principal defects of the preſent drainage, ariſes from the great crookedneſs of the river, joined to its being too ſhallow, and a general want of capacity for taking off the water from ſo great a tract of country; the out-fall ſluice is alſo of too ſmall a capacity for the drainage of ſuch an extent of country, but ſeems nearly adequate to the preſent drain; the mechaniſm of its preſent doors, however, is very defective, and they are too low. The river *Dunn*'s water having over-topped the ſame, the banks near the ſluice, which ought to defend the valley of the *Went* from the floods of the *Dunn*, being too low and out of repair, have ſuffered great quantities of water in the late floods to paſs into the ſame. The drainage of the *Went's Valley* is further annoyed by an influx from the river *Dunn* in time of great floods, through a low ſlade of ground between *Braſit Common* and *Flaxley Carr*, and from thence proceeds down by way of a drain called the *Fleet* into *Went*, a little above *Topham Ferry*; for as *Braſit Common* is frequently overflowed by the land floods of the *Dunn*, (and ſometimes even by high tides, according to my information,) and as *Aſh Carr*, which borders upon *Braſit Common*, and is the higheſt part of the ſlade, lays lower than the ſurface of the dam in high floods, the water makes its way through the drains and hedges in great quantities into *Flaxley Carr*, and from thence by the *Fleet Drain* into the *Went* as aforeſaid. There ſeems to have been formerly ſome attempts to have prevented the water of the *Dunn* from taking this courſe, by raiſing a fence bank ſomewhat more conſiderable than common, between *Aſh Carr* and the incloſures that lay eaſt and north-eaſt thereof, which ſo far at preſent anſwers the purpoſe, that by raiſing dams with ſods, &c. in the gateways and low places, a great deal of water was prevented from paſſing, that otherwiſe would have paſſed this way during the great floods, laſt Chriſtmas; and, was this bank raiſed, ſo as to be of ſufficient height and ſtrength, would effectually anſwer the purpoſe; but the ſame purpoſe would be more conveniently anſwered by conſtructing a new bank, with proper tunnels, for the drain acroſs the head or ſouth end of *Aſh Carr*, from the incloſed ground that lays upon the weſt ſide thereof, and abutting upon *Braſit Common*, extending the ſame along or paral-

lel

lel to the fouth hedge of the inclofure, on the eaft fide of *Afh Carr*, which alfo abuts upon *Brafit Common*, to the fide of *Brafit Fields*, being in length, by eftimation, about 250 yards : this bank, in one pofition or other, not only appears neceffary for fecuring the drainage of the *Went's Valley*, but will greatly improve that of a confiderable tract of land laying in the flade aforefaid, particularly about *Flaxley Carr*, which, except a part of the top waters which are run off down the *Fleet* into *Went*, and by another drain leading to the outfide of *Syke Houfe Bank* to the fouth end thereof into the *Dunn*, depends altogether upon a fmall tunnel called *Hell Wicket Clough*, no more than 8 inches by 12¼, for running off their bottom waters through *Syke Houfe Bank* into the internal drains, and thence into the *Dunn* by *Black Sea Clough*, which clough runs three days on the decline of a flood before *Hell Wicket Clough* is opened. It further appears to me, that the drainage of *Brafit Common*, and the lands dependent thereon, will receive no prejudice by the bank before propofed, becaufe *Brafit Common* lays feveral feet lower than *Afh Carr*, both which drain the *contrary* way, or fouthward into the *Dunn*, the prefent fence bank before mentioned being the line of partition of the two drainages, at all times, except in extraordinary floods as aforefaid.

Although from this view now taken, I am convinced of the practicability of draining the valley of the *Went*, yet the depth and capacity of its main drain, together with the requifite height, and dimenfions of its banks and fluice, cannot be afcertained without an actual level taken thereof; and, in order to afcertain the quantity of land concerned in this drainage, as well as the general directions and length of the drains to be new conftructed or amended, and thereby to come at a correct eftimate of the fame, it will be neceffary to take an actual furvey of the river *Went*, from its mouth to *Norton Mill*, defcribing the banks, fluice, and main drains that fall into the fame, upon a fufficient fcale to exprefs the particular loops of the river; and alfo an outring or flood line of fuch parts of the feveral lands that drain into *Went*, that are liable to be flooded thereby, or for want of a fufficient fall into the fame; which outring does not need to be traced with that correctnefs, that the river itfelf ought to be laid down, but preferving, however, the general bearing between the river and its correfpondent part of the out line. The taking of the levels I can myfelf undertake, if the gentlemen concerned defire it, the furveying part I would recommend to be done by a fkilful land furveyor.

Womerfley, 31ft March, 1764.   J. SMEATON.

N. B. As the prefent river is wanting in capacity, and its courfe fo meandering that it is likely to meafure by its loops double the right line, I apprehend it will be lefs

expence

expence to make a new cut the greatest part of the length than to sufficiently enlarge the present river, which cut may be so contrived as to strike a general mean between the properties.

MINUTES taken upon the River *Went*, in levelling the same, from the River *Dunn*, at *Went's Mouth*, to *Norton Mills*, the 7th, 8th, and 9th of May, 1764, by JOHN SMEATON.

Places of observation.	Rise of the river's surface.	Widths taken at promiscuous places.	Depths taken at promiscuous places.	Heights of lands above the water's surface.	Rise of the last winter's flood above the river's present surface.
	Ft. In.				
From the surface of the river *Dunn* to the threshold of *Went's* doors, which was 7½ inches under the water's surface there, - - -	1 5½	Bridge 14 9 other places from 10 to 18	— —	Near the *Dunn* 11 9	Floods of *Dunn* 13 2
From *Went's* doors to *Hooden Dyke*, - - -	0 9	from 12 to 18	from 0 8 to 3 0	mean height 6 to 5½	*Went's* floods about 6 feet
From *Hooden Dyke* to *Bawn Croft*, - - -	3 4½	from 12 to 19	from 3 0 to 1 3	from 4 0 to 1 6	from 4 0 to 3 7
From *Bawn Croft* to *Topham Ferry*, - - -	0 9½	15 0 bridge 14 2	from 1 8 to 2 0	— —	— —
From *Topham Ferry* to *Lake's Mouth*, - - -	3 6½	from 14 0 to 16 0	from 4 0 to 2 0	from 1 6 to 1 2	from 2 6 to 3 0
From *Lake's Mouth* to *Clough Bridge*, at the low corner of *Norton Common*, -	1 9	from 13 0 to 14 0	from 3 0 to 1 2	from 1 3 to 0 6	from 3 0 to 2 6
From *Clough Bridge* to the departure of the *Went* from *Stubb's Common*, -	2 4½	from 16 0 to 15 0	from 1 10 to 1 0	from 0 6 to 2 6	— 2 6
From *Stubb's Common* to *Norton Bridge*, - - -	3 7	from 9 0 to 16 0	from 1 0 to 1 8	from 2 0 to 3 0	from 2 6 to 3 0
From *Norton Bridge* to the floor of *Norton Mill Race*,	1 4½	double course.	— —	from 4 0 to 3 0	from 4 0 to 3 0
From the river *Dunn* to *Norton Mill*, - -	19 0				

Hence

Hence it appears, that from the floor of *Norton Mill Race*, to the furface of the river *Went* at *Clough Bridge*, there is a fall of 7 feet 4 inches, and from thence to the threfhold of *Went* doors a fall of 10 feet 10 inches, which added together make a fall of 18 feet 2 inches from the floor of *Norton Mill* to the threfhold of *Went* doors, and from thence to the furface of the *Dunn*, there was a fall of 10 inches; but as it was a neap tide, and not then low water, I fuppofe the *Dunn* would ebb a foot lower, fo that from the tail of *Norton Mill* to low water in the river *Dunn* at *Went's Mouth* at a neap tide, in fummer, we may reckon a fall of 20 feet.

The dimenfions of the fluice called *Went's* doors, are as follow:

	feet.	inches.
The width between the walls at top is - - -	12	0
Ditto at bottom - - - -	10	0
The width of the opening between the gates at top is -	8	7
Ditto at bottom - - - - - -	7	3

WOMERSLEY

WOMERSLEY DRAINAGE.

The REPORT of JOHN SMEATON, Engineer, concerning the Drainage of the low grounds in the manor of *Womersley*, belonging to STANHOPE HARVEY, Esq;

HAVING taken a view of the lordship of *Womersley*, with respect to the drainage thereof, the 16th and 17th of July, 1764, it appears to me as follows.

1st. That the middle of the manor, through which the drain called *Bradley Dyke* passes, is in general the lowest part thereof.

2d. My own observation also agrees with information, that the piece of ground called *Bradley*, is the most liable to be flooded of any in the lordship.

3d. That from the run of the water in *Bradley Dyke*, which in many places is pretty quick, at the same time that this drain is narrow, shallow, crooked, and much obstructed, there seems to be a fall of several feet in the course thereof from *Bradley* to the brook called *Lake*.

4th. That there is also a considerable fall from the mouth of *Bradley Dyke*, to the beginning of Mr. YARBOROUGH's lands, bordering thereupon at the *Calf Garths*.

5th. That the sewer called *Blowell*, which in general skirts the lordship on the north, and falls into *Lake* at the eastermost point thereof, is very well calculated to answer the purpose of a catch-water drain, to carry off the barrier waters, without suffering them to pass into the internal parts of the manor; but passing in general through higher lands seems not well adapted for a main drain, except for some particular parts, which will hereafter be pointed out.

6th. That the rivulet called the *Beck*, whose continuation after it joins *Bradley Dyke* is called *Lake*, and which makes its way through the southern side of the lordship, is in like manner well calculated for a catch-water drain; but as the *Beck* likewise passes through higher lands, and also carries the springs and flood water from the upland country, it is therefore less adapted for the purposes of a main drain for the interior parts of the manor.

Hence

Hence I am of opinion, that the lordſhip in general will be drained in the beſt manner by a middle drain, calculated more effectually to anſwer the purpoſes of the ſewer called *Bradley Dyke.*

In order to give this drain all the conſequence poſſible, I would propoſe its out-fall to be as low as may be, that the declivity in the *Lake* ariſing from its being loaded with the upland waters, as well as from its crookedneſs and want of dreſſing, may be in a great meaſure avoided. For this purpoſe, I would recommend that the out-fall of the new drain be carried down to the eaſtermoſt part of an incloſure, called *Old Ing Spring,* that is, to the commencement of Mr. YARBOROUGH's lands, which begin with the *Calf Garth* next adjoining; from this point I would propoſe to carry the new drain to *Bradley,* as much as may be in a right line, without interfering with other property, to paſs as much as may be through the loweſt grounds, and ſo as to be as central as poſſible; with this view I would propoſe to carry it from the eaſtermoſt point of *Old Ing Spring,* marked in the plan *a,* obliquely for a few rods till it meets the hedge-row between the *Old Ing* and *Old Ing Spring,* and to follow that hedge-row to *b,* from thence to paſs in a ſtraight line to the ſouth-eaſt corner of the *Sodgels* at *c,* to follow the ſouth hedge thereof to *d;* from thence in a ſtraight line through *Bell Fields, Stocking Pohill Spring,* and *Stockings,* to the ſouth-weſt corner of *Ox Stockings,* between *Grayſon Cloſe* and *Bradley Dyke* at *e;* from thence in a ſtraight line croſs *Broad Oak Spring Cloſes* and *Broad Oak Spring,* to the point *f,* between Mr. SAVILLE and Lady BELT's lands; from thence in a right line croſs *Hodſhon Crofts* to the road, and to croſs *Bradly Dyke,* a little above *Bradley Bridge,* to the *Sodgells,* at *g;* and from thence in a right line, ſo as to avoid *Bradley Dyke,* into *Bradley,* at the eaſt corner thereof at *h;* from hence branches may be carried at diſcretion to the more remote parts of the lordſhip, as for example, one from *h,* acroſs *Bradley* weſtward, to *i,* and from thence croſs low moor to *k,* where it will receive the waters from the ſprings riſing near that point, and alſo will conveniently receive the drainage from *Northings.* Another branch may be carried from the ſaid point *h,* croſs *Bradley* north, through *Pipper Carr,* and the reſt of *Woodhall Farm,* to the point *l,* where it is calculated to receive the down-fall waters from the large piece of low ground called *Gale.*

With reſpect to *Blowell,* the *Beck,* and *Lake,* I would adviſe them to be continued in their preſent courſe, and their banks to be made up, and ſtrengthened where neceſſary, towards the interior parts of the lordſhip, in order to keep out the barrier waters from penetrating thither, and thereby not only contributing to flood the lands, but to load the internal drain.

The

The bottom of the propofed drain at its out-fall, I would advife to be made as deep as the bottom of the *Lake* thereabouts when fcoured, and to be carried upon a dead level to about the length of *Stocking Pohill Spring*; from thence to advance upwards upon a regular inclined plane, fo as to be full 5 feet deep on entering *Bradley* at the point *h*, to be 6 feet wide in the bottom, and the fides to flope or batter 1 foot backwards in 1 foot high; fo that fuppofing the mean depth to be 6 feet, it will be 18 feet wide at top, and there will be 8 cube yards in 1 yard running, and in every acre of 28 yards long 224 cube yards, which at $1\frac{1}{2}d$. per yard will coft 28 *s*. an acre, or 1 *s*. per yard running; that is, 88 *l*. per mile, and for 2 miles and 1 furlong, which is the length of the propofed drain from the point *a* at *Lake*, to *h* in *Bradley*, will coft 187 *l*. exclufive of clearing the ground of wood and roots, and exclufive of fuch bridges as may be neceffary where the roads crofs the fame, which are four in number.

The branch drains need not be above 4 feet bottom, carried upon a regular inclined plane, fo as to be at their upper end at leaft 4 feet below the furface of the lands to be drained thereby.

That part of the lordfhip about *Wye Lands*, *Kidcoats*, &c. which now drain into *Blowell*, will drain much better into the new propofed drain, by a crofs cut from *South-Lane*, through *Katele's Crofts*, to the drain between *Bell Fields* and *Hare Springs*; but the lands lying more eaftward about *Mitchel-Lane*, may continue to drain into *Blowell*, being by this road nearer this out-fall, provided the obftructions between *Hodfham Garths*, where this drainage comes in, and the out-fall of *Blowell* into *Lake* are effectually re-medied, and that drain deepened from the bottom of *Warfield Wood* upwards to the faid point, in which fpace a good deal of fall is at prefent loft.

Thefe methods fteadily purfued, and ftrictly adhered to, will in my opinion put the lordfhip in as good a capacity of drainage as it is capable of, and which will be fully effected when the river *Went* is made a fufficient fewer for the general drainage of the lands lying thereupon.

N. B. The bufinefs herein attended to is the main drain and the diverfion of the bar-rier waters; but it muft be underftood, that the benefit arifing therefrom cannot fully take place till the fmaller ditches and fewers that divide and interfect the lands are tho-roughly fcoured, and fuch further crofs cuts made to lead the water from low places by the moft direct road into the main drain, as experience and further obfervation fhall fhew to be neceffary.

Womerfley, 18th July, 1764.   J. SMEATON.

MISTERTON SAS and SNOW SEWER.

The REPORT of JOHN SMEATON, Engineer, upon the cafe of *Mifterton Sas* and *Snow Sewer Drain*, belonging to the honourable the Participants of *Hatfield Chace*, from a view taken thereof 14th Auguft 1764.

MISTERTON SAS is the out-fall fluice of the river *Idle*, built upon *Vicar's Dyke*, about half a mile from the *Trent*. This fluice is furnifhed with two pair of doors, both pointed towards the *Trent*, fo as to compofe a lock for navigation of veffels, ferving them to pen from the tide water into the drain, and thereby occafion either pair of the doors to be fhut. The neat width of this fluice is 17 feet 8 inches, and its height above its threfhold a little more than 16 feet. The queftion concerning it is, as I apprehend, whether an addition of water-way at the *Sas*, in time of floods, will be of fervice in reducing the height, and confequently the weight and preffure of the water at thofe times againft the great bank called *Vicar's Dyke Bank*, which defends the level of *Hatfield Chace* againft the floods of the river *Idle*.

═══════════════

OBSERVATIONS.

1ft. The time that I was at the *Sas* the tide was out, all the doors open, and the land water had its free courfe through the fame; the depth of water running over the threfhold of the doors to landward was 4 feet 7 inches, and the water's furface had a fall from head to tail of the fluice of above $4\frac{1}{2}$ inches, confequently the threfhold of the doors to Trentward were below the furface of the tail water 4 feet $2\frac{1}{2}$ inches.

2d. Being met at the *Sas* by Mr. WILLIAM CROMPTON, he having made feveral exact obfervations upon the ftate of the waters here during the courfe of laft winter, informed me that the 21ft of May laft (which was the day before the moon quartered) he obferved that the tide rofe at the *Trent* 5 feet before it fenfibly rofe at the *Sas*, the tail water at the *Sas* being then the fame height as this day, viz. 10 feet 10 inches below the S. E. corner of the land wall at the *Sas*; now had there been no run of water through the *Sas*, then the water would have been upon a level from the *Trent* to the *Sas*, and of

consequence,

confequence, it would have appeared that the threfhold of the fluice would have been 9½ inches higher than low water mark at the *Trent*; but as the run of water through the fluice was then confiderable, as it was this day, it follows that as foon as the water begun to find any ftoppage at the fluice to its difcharge into the tail drain by the rifing of the tide, that the water at the fluice would begin to fwell or rife, though it ftill preferved its motion downwards, and confequently that it would begin to fwell before the water of the *Trent* was got up to the fame level; now if we allow 2 or 3 inches for this declivity from the *Sas* to the *Trent*, which muft be added to the former 9½, we fhall have about 12 inches that the threfholds of the fluice lay higher than low water mark at the *Trent*.

3d. Mr. CROMPTON alfo fhewed me a mark that the land waters were at on the head of the fluice the day before the bank broke at *Idle Stop* laft winter. This mark I found to be 5 feet 5 inches above the prefent head water, and confequently (allowing 4½ declivity on on the tail) 5 feet 9½ inches above the prefent tail water. He alfo fhewed me a mark, being the height of the water then in the tail of the *Sas*, when the doors were open and running with a full bore; and this mark I found to be 5 feet 1½ inch above the tail water, confequently the fall of water at the *Sas* was then at its greateft ftream 8 inches.

4th. The width of *Vicar's Dyke*, at a medium between the *Sas* and *Idle Stop*, was about 38 feet at the water line, the depth at a medium from 3 to 4 feet, and the water having a fmart run all the way, I fuppofe by eftimate that the fall of water from *Idle Stop* to *Mifterton Sas* was at leaft 1 foot per mile; that is between 3 and 4 feet, as I eftimate the diftance between three and four miles.

DEDUCTIONS.

AS it appears from the preceding obfervations, that the pen or head of water at *Mifterton Sas*, occafioned by want of capacity, never exceeded 8 inches in the greateft extremes of floods; hence it would feem that the flood water was never raifed more than 8 inches higher than it would otherwife have been, had the *Sas* been as wide as the river; and this conclufion would be quite juft, in cafe the flood water had been confined on both fides, fo as to be obliged to go off as faft as it came down; but as it was at liberty to

S 2   fpread ſpread over the lands, where it did not find a paſſage to its out-fall ſo faſt as it came down, it muſt keep accumulating till the diſcharge was equal to the influx.

Now it muſt be allowed that had the *Sas* been of a greater capacity, it would have run a greater quantity of water upon a given declivity; conſequently, from the firſt approach of floods by continually running more water, the accumulation would have been leſs, and the riſe of water leſs againſt the banks, which in all probability would have preſerved them from breaking at *Idle Stop.* It is by no means however hence to be inferred, that though the ſluice had been as wide as the river, that the floods would have been carried off as faſt as they came; for, in the firſt place, whenever the *Trent* floods or tides over-rode the land waters, the ſluice could not run at all, let its capacity be what it would; and at other times, as the effects depend jointly upon the capacity of the ſluice to diſ-charge, and upon the drain to bring the waters to it; and as *Vicar's Dyke* appears to be defective in point of depth, it muſt have had a conſiderable ſhare in the obſtruction: for as from obſervation the 4th, there appears a conſiderable fall from *Idle Stop* to the *Sas,* this cannot be otherwiſe occaſioned than by a riſe of the river's bottom, which thereby holds up the water, and muſt obſtruct its free paſſage in all degrees of floods: whether this obſtruction has gradually aroſe by means of weeds, &c. or it has been originally made ſo, may be a queſtion; but we may reaſonably ſuppoſe it was originally made ſo; for was this part of the river deepened, it would draw off the water from the higher parts of the river in dry ſeaſons to a greater degree, ſo as to incommode the navigation, and perhaps at ſome times to put an entire ſtop thereto for want of water over the ſhoals above.

Upon the whole, then, I look upon the enlargement of the water-way at *Miſterton Sas,* to be an adviſeable ſtep, and that it may be done in a proper degree relative to the drain, even upon a ſuppoſition that it was deep enough, we are to enquire what capacity the ſluice ought to have had.

The width of the drain 38 feet at the water line, ſuppoſing it to carry 3 feet water, it will batter 3 feet each ſide, and will have a 32 feet bottom: this ought to have been the width of the water-way, ſuppoſing the threſholds laid as low as the water-mark. The greateſt extremes of floods riſe per obſervation 10 feet above the threſholds of the ſluice, and conſequently 11 feet above low water mark, ſo that 11 feet multiplied by 32, the proper width, given 352 feet area, for the water-way; but 10 feet the preſent height, multiplied by 17 feet 8 inches, preſent width, gives 177 feet area nearly; which, being nearly half of the former, it ſhows that the preſent water-way ſhould be doubled, if laid at the ſame depth.

This

This enlargement may be made three ways:

1ft. By four draw-gates of 4 feet 6 inches wide each. 2d. By two pair of pointed doors, placed near together, one pair pointed to *Trent*, the other landwards, which latter may be gaged to the height requifite for navigation.

3d. By one pair of doors pointed to *Trent*, and by a fixed over-fall or weir, gaged to the height neceffary for navigation.

The doors in the 2d and 3d method may be the fame width as the prefent *Sas*, the threfhold being laid at the fame depth, or about 16 feet wide if laid down to low water mark; but in the 3d method, fuppofing the height neceffary for navigation to be 5 feet above the prefent cill, then the length of the crown of the over-fall muft be 35 feet, for then when the floods rife 5 feet above the top thereof, there will be 175 feet area of water-way, which, with 177 feet at the *Sas*, will be 352 feet, as required.

The firft method has preference in point of expence, but the gates will want opening on the approach, and fhutting on the decline of a flood; and as thefe are not fudden, or of very fhort continuance, may eafily be done.

The fecond method will be nearly as cheap as the firft, and will need attending at the fame time.

The third method will be fomewhat more expenfive than either of the former; will be preferable on account of needing no attendance; will do the fame office on the extremes of floods; but will be of lefs fervice in difcharging the water on the decline of floods; which, though of no immediate confequence to the banks when below a certain height, yet in cafe of fucceeding rains, the nearer the former are run off, the more room for thofe that follow.

That the third method will be inferior in point of difcharging water on the decline of floods, appears thus: fuppofe the water reduced fo as to make 1 foot over the crown of the weir, its area of difcharge will then be 35 feet, whereas it would make 6 feet over the threfhold of the gates or doors, and upon 17 feet 8 inches wide, 106 feet area: the weir indeed is not confined to 35 feet long, but in this cafe it would be required nearly three times as long to do the fame thing.

The ready difcharge of the water on decline of floods will be very beneficial to the drainage of the lands, which drain into *Idle* or *Vicar's Dyke*, and therefore ought to contribute if done on that principle.

O N

ON SNOW SEWER.

THIS drain leads the down-fall water from that part of the level adjacent to *Idle Stop*, &c. on the fouth fide of the ifle of *Axholme*, to a place called *Ferry*, where there is a fluice called *Ferry Sluice*, by means of which the water of this fewer is difcharged into the river *Trent*, and is the higheft fluice upon the river belonging to this level, and confequently has the leaft natural fall; it was however neceffary, on account of the drainage of that part of the level laying on the fouth fide of the ifland, the high land of which abuts eaftward on the river *Trent*, and thereby prevents a natural communication of internal drains to carry the waters of thefe parts to a lower point upon the *Trent*, without carrying them a great way round about the weft end of the ifland.

This drain is from 15 to 20 feet wide at the water line, and when I was there carried a full body of water, which at three miles diftant from the fluice had for the moft part a flow run, except in fome places where it appeared to be fanded; there the motion was fomewhat more lively; but as the drain was in moft places horfe belly deep, quite free from weeds, and no capital obftructions, there appeared upon the whole to be no remarkable lefs of fall. As we approached nearer the fluice, the water was in a manner ftagnant, the doors being fhut by the tide: in this ftate, the water was juft beginning to get upon the furface of the commons from a mile to a mile and a half weft of the fluice, which hence appears to be the loweft. I obferved at the fame time that the water was 3 feet 6 inches deep upon the land apron of the fluice.

The fluice confifts of two doors of 6 feet water-way each; but the tide being in, and the fluice-keeper abfent, there was no coming to the knowledge at this time how the threfholds of the fluice lay with refpect to low water mark in the *Trent*; accordingly orders were given that this fhould be taken at a proper opportunity, and the following were in confequence fent me.

				Feet.	Inches.
Above the threfhold,	~	-	-	2	2
On the floor,	-	-	-	2	9
The fall of water,	~	~	-	5	9

Mr. FORSTER fufpecting the above might not be rightly taken, defired me to go over again, but, being engaged at that time, fent my clerk, who took the levels the 9th of September,

tember, being the day before the full moon, and confequently between the neap and fpring tides: his account was

	Feet.	Inches.
The furface of the water in the *Trent* at low water, above the top of the threfhold, - - - - - - -	0	2
Thicknefs of water going over the threfhold, - - -	0	6
He was further informed that at dead of neap the furface of the *Trent*, at low water, was lower by - - - - -	0	6

From the laft obfervations it appears, that the threfhold of *Ferry Sluice* lays higher than low water mark at dead of neap (which here it feems makes the loweft water) by 4 inches; and allowing 7 inches for the height of the threfhold above the floor, (according to the former obfervations) and taking this from 3 feet 6 inches (meafured by myfelf) upon the land apron, there will remain 2 feet 11 inches defcent from the furface of the loweft lands to the threfhold of the fluice, and 3 feet 3 inches from ditto to low water mark, neap tides. Hence it appears, that as the fall is but barely fufficient to furnifh the means of drainage, the whole ought to be conftructed upon the nicest principles, and kept in exact order.

It does not appear to me, that any great matters can be done till the fluice is rebuilt, further than an effectual fcouring of the drain, and deepening where found neceffary; and if banks of 2½ or 3 feet high were raifed againft the low commons, it would prevent their being overflowed by the water coming down from the weftward, when the *Trent* floods over-ride the drain, and keep the doors conftantly fhut; but then tunnels with valves next the drain muft be laid through fuch banks, to take off the down-fall from the commons, where the water of the drain becomes lower, otherwife fuch banks will be a means of retaining the water upon the lands, as well as in preventing their being overflowed. A further temporary expedient might be, to turn as much of the water as may be from the weftern parts, towards *Aufthorpe Sluices*, which, laying lower upon the *Trent*, afford a better fall.

When *Ferry Sluice* is rebuilt I would advife its floor to be laid lower by 1 foot 6 inches, that is, 1 foot 2 inches below low water mark at neap tides, and to be made at leaft 15 feet clear water way, to be fhut by a pair of pointed doors.

I know this practice will be oppofed, upon a fuppofition, that being laid fo low it will not run fo long, and will be more liable to warp.

But

But it is very plain, that was the orifice a mile deep, it would always run when the water within was higher than the water without, and that at all other times the doors would be ſhut; and this will equally be the caſe if laid high, but with this difference, that by being dammed up by the floor and threſhold, it will not run when the water of the drain is lower than the threſhold, though higher than that of the river. To make the advantage clear, let us ſuppoſe 1 foot water going over the threſhold of the preſent ſluice, which being 12 feet water-way, the ſection of the column of water paſſing will be 12 ſquare feet; now ſuppoſe the water at the ſame height within, and the floor 1 foot 6 inches deeper, then it would run with the ſame velocity in a column 2 feet 6 inches in thickneſs and 12 feet wide, which makes 30 feet area of the column; ſo that in this caſe the ſluice would run as much in one tide as in the other it would run in $2\frac{1}{2}$ tides; but if the width is increaſed to 15 feet, the area will be $37\frac{1}{2}$ feet, ſo that it will then run more water in one tide than the preſent one in three. Again, when the preſent ſluice is run dry, there will be a column of 1 foot 2 inches thick upon the threſhold of the new, whoſe area will be $17\frac{1}{2}$ ſquare feet, which will vent as much water as the preſent ſluice will do when it has 11 inches water upon its cill; ſo that the conſtruction propoſed will not only, at all heights of the water, run much more in quantity, and thereby vent the water quicker, but run it down to a lower ſurface than it poſſibly can be by the preſent conſtruction.

With reſpect to ways, ſuppoſe the old and new ſluice both warped up to the ſame height to both without, and the water at the ſame height to both within, that is both to act from the ſame drain; it is plain that the old ſluice cannot act till a channel is made through the warp, whoſe bottom is lower than the ſurface of the water in the drain; it is alſo plain that the new one will begin to act at the ſame time; the only difference will be, that as the warp will lay 18 inches deeper againſt the doors of one than the others, there may be ſome little more trouble in clearing the warp from before the doors, ſo as to ſuffer them to open at the very firſt ſtarting; but after each has begun to run, and cleared away a part of their warp, the new ſluice will always have the advantage of the old one, becauſe, by carrying a greater body of water, it will open its channel quicker and more effectually keep it open at low water, ſo long as it continues to run.

The ſluice being thus conſtructed, it will be neceſſary to deepen the drain, making the bottom 15 feet wide, and to carry it as near as poſſible upon a dead level with the threſhold for 2 miles; from thence it may be regularly inclined towards its head: this being done, in my opinion, it will do its duty without ſuffering any of the lands to be overflowed by the *Trent.*

Auſthorpe, 19th September, 1764.   J. SMEATON.

EARL of KINNOUL's LANDS.

The REPORT of John Smeaton, Engineer, concerning the Works for the Defence of the Lands of the Right Honourable the Earl of Kinnoul, laying upon the Rivers *Ammon* and *Tay, North Britain.*

1ft. IT appears to me that the greateft part of the damage done by floods upon thefe lands, is owing to the fhallow channel of the river *Ammon*, and the infufficiency of its banks.

2d. That, in order to cure thefe defects, it will be neceffary to carry a bank from a point of land marked out, about half an *English* mile above *Ammon Bridge* down to the eaft abutment wall of that bridge, and from the faid eaft abutment to carry a bank coafting the eaft fide of the river *Ammon*, at a proper diftance to the point of land laying between the mouth of the *Ammon* and the *Tay*, which bank ought at a medium to be about 4 feet high and about 20 feet of bafe, the flopes to be fodded on both fides, or that next the river to be covered with large gravel.

3d. That as the aforefaid work will be of equal and immediate advantage to the grounds now liable to be flooded by the waters overflowing the banks of the *Ammon*, which are without the border of the eftate of the Earl of Kinnoul, (and upon which the faid banks are propofed to be made) therefore the proprietors to be at a joint expence with the Earl of Kinnoul for the compleating thereof.

4th. But in cafe the faid proprietors do not chufe to be at their proportion of expence, then I would advife the Earl of Kinnoul to make good the breach that has been made in the land contiguous to the bulwark erected at the end of the new road leading from *Perth* to *Ammon Bridge*, and to make the whole effectual, to take down the remains of the prefent bulwark, and to make the whole of rough or rubble ftone from the quarry, added to the prefent materials thrown together bank fafhion, fo as to flope 1½ feet bafe to 1 foot perpendicular towards *Ammon Bridge*, and 2½ feet bafe to 1 foot perpendicular on the fide next *Perth*, to make the fame 2 feet lower than the furface of the ground on which the faid bulwark abuts in the middle between the abutments, but to raife the fame fomewhat higher than the faid furface at the ends where the bulwark abuts upon the fame, and to extend the rubble work 1 rod at each end on the plain furface, and also to line the banks or abutments with rubble for 1 rod above, and 2 rods below the bulwark at each end; which said bulwark is intended to confine the waters of the *Ammon* or *Tay* in moderate speats from flowing down the old road, but in high floods to break the rapidity of the current, and to admit the same to have an easy passage over the bulwark.

5th In regard to the great bulwark, which was erected at the joint expence of the Earl of KINNOUL and the town of *Perth*, in order to preserve and regain the lands from the incroachments of the river before which it has been raised, I am of opinion that the lands might have been secured in a much easier and cheaper method, as hereafter described, and with respect to the regaining of lands they could never be worth the purchase: it further appears to be built of very bad stone, and therefore will be subject to a considerable annual repair, greater than will support the banks intended to be supported thereby; yet as some good has been produced from it, though not adequate to the expence of building or maintaining it, yet I would not advise any erasement thereof, but to leave the same to such events as the floods and weather may produce, and which in a state of rubbish, by keeping the channel of the river at a distance, will tend to lessen the repairs, which otherwise might be necessary on the said banks; and whenever the river shall begin hereafter to make any depredations on the land, to apply the cure immediately to the part affected, which I would advise to be done in the following manner:

Let a quantity of rubble stone be brought from the quarry, the more angular, rough, and irregular the better, and at a medium as big as a large cabbage; let as much be thrown up against the broken place (almost as steep as it will lay) as will form a natural slope against the bank as high as ordinary floods reach, or as the surface of the lands where lower, sloping away the land above the rubble where higher, observing to avoid all jetties and protuberances as much as may be, so as to give the water as free a passage as possible. In general I would advise my Lord KINNOUL, in case of breaches or incroachments upon the land by this or any other river, not to have recourse to jetties, or walls of masonry, but to line the banks with rubble thrown in, so as to form a natural slope, and the length of the work the nearer it is to a parallel direction with the current the better, by this means the quantity of materials necessary to form a jetty, breakwater, or bulwark (which being designed to resist and oppose the current must be made stronger) being disposed along the face of the bank, will in general be sufficient to defend the whole length that could be expected to be effected by the jetty; and with this difference, that the edge formed by the jetty itself, generally forms a pit or incroachment upon the land just below; whereas the work disposed in a parallel direction to the current equally protects and equally resists; so that the wreck and sullage of the river in time filling up the

interstices

interstices of the rubble makes it grow firmer, whereas the constant action of the current upon the weakest part of a bulwark or jetty, viz. the termination thereof, puts it in a constant state of waste and decay.

By the application of rubble we have stopped the most formidable breaches where the river has had its course through, by means thereof we secure our banks and the aprons of our locks and dams upon the river *Calder*, over which last the water in time of floods has much greater rapidity than the natural current of the *Tay* possibly can have in the neighbourhood of *Perth*; in short, we make use of it in all our defences upon the *Calder*, and have never found it to fail. I know it will readily be urged, that the *Tay* being a larger river than the *Calder*, that what will do upon the one, may not do upon the other; it is true, that the *Tay* is a wider river, but it does not appear to be more rapid, that depending chiefly upon the fall, which in the *Calder* is above 8 feet per mile for above 20 miles together, that we are concerned with it, nor does it appear that the *Tay* in time of floods rises to a greater height above its common surface. Hence I infer that the action of the *Calder* upon its banks is as great as that of the *Tay* upon its banks, because the quantity of this action depends upon the height and rapidity of the water acting immediately against them, and not upon that which passes by at a distance from them, so that the width of the river is totally out of the question.

In general I would advise my Lord KINNOUL to be as sparing of these kinds of works as may be; for without a great deal of land be got or saved by a moderate quantity of work, though the method I have chalked out is the plainest, easiest, most durable, and cheapest of any thing I know, where stone can be procured at a moderate expence, yet that land would come very dear that would require covering with rubble.

Perhaps it may be suggested that danger may arise from letting the great bulwark go to ruin; for when in that state, if an inconvenience should happen to arise, it would be much more expence to repair, than to keep it in repair. But this I apprehend to be quite otherwise; for a mass of rubble thrown promiscuously together, upon the ruins of the present bulwark, will be more lasting than the present one can be with its present materials and form, and can always be repaired by addition.

Upon the whole, it appears to me, that the greatest damage done, or likely to be done, to my Lord KINNOUL's estate at this place, arises from currents of water topping the banks of the *Ammon*, and running over the surface with great rapidity, thereby taking away the earth, wear gullies, and leaving tracts of barren gravel in its room,

T 2

which

which will be the moſt eaſily prevented by embanking the *Ammon* as before deſcribed, and ſtopping the mouth of any ſuch gullies as appear to lead the waters upon the land ; yet notwithſtanding this will not prevent the back water from returning up the ſlades from below, and ſtanding upon the land to the ſame level as the *Tay* at the places of communication ; however, the water there being in a manner ſtagnant, the ravage above mentioned will be prevented ; but a total prevention of the floods from coming upon the lands can no otherwiſe be effected, but by embanking the whole round, both againſt the *Ammon* and the *Tay*, ſo as to be flood proof againſt the greateſt extremes, with a proper ſluice to let out the down-fall and ſoakage waters when the floods are over ; and this, though I look upon it as a practicable work, yet the difference of rents upon the quantity of grounds concerned, does not ſeem to encourage an undertaking ſo conſiderable.

Having mentioned the expediency of banking againſt the *Ammon*, it may be under-ſtood I looked upon the *Ammon* waters to be the ſole cauſe of the overflowings already mentioned : but the caſe appears to me thus ; when the *Tay* is flooded, it would revert upon the channel of the *Ammon* to the ſame level, though no current was to come down the *Ammon* at all ; and were the banks of the *Ammon* lower than thoſe of the *Tay*, (as they really are about *Ammon Bridge*) the *Tay* would run up the *Ammon*, and firſt and moſt ſtrongly run over at the loweſt places, viz. near *Ammon Bridge* ; but if at the ſame time that there is a flood in the *Tay*, there is one in the *Ammon* alſo, as muſt often happen to be the caſe, the current of the *Ammon* being ſtopped by the *Tay*, the *Ammon* muſt then be forced to riſe to a greater height, till it can over-ride the *Tay*'s water, and for that cauſe riſing to a greater height, will the more plentifully overflow its banks ; but was the *Tay* low while the *Ammon* was in a flood, I don't apprehend much miſchief would enſue from the *Ammon* alone.

With reſpect to *Buſſey Mill*, I find that with the quantity of water iſſuing from the boot at the time I ſaw it, there is a power, when well applied and the machine rightly managed and uſed, of grinding a *Wincheſter* quarter of wheat per hour, and that ſuch an erection, if done here, would coſt from 4 to 500*l.*

Auſthorpe, 13th Dec. 1763.   J. SMEATON.

RIVER

RIVER DEVON NAVIGATION.

Some Points relative to an intended Navigation upon the River *Devon*, stated by Lord CATHCART, and answered by JOHN SMEATON.

Sir,

IF I rightly understand you in our late conversation, your opinion upon the points stated to you was as follows.

1st. That if the isthmus of *Long Cars*, betwixt *Alloa* and *Cambus*, were cut with a canal, the sides properly sloped and faced with rough stone, (as you may more particularly explain in the margin) and the present channel of the *Forth* allowed to remain as it does, such canal, the banks being of a height to contain the tide, would not endanger the adjacent lands by bringing more water that way than is intended., will have no occasion for flood-gates, and will be an effectual improvement to the navigation, by avoiding the *Thrask* shallows, and other impediments.

My Lord,

THE points stated by your lordship contain the substance of what passed betwixt your lordship and me in conversation, therefore, to avoid repetition, shall note in the margin what I have occasion to enlarge upon, or wherein your Lordship seems to have misunderstood me.

1st. In this particular I understood your Lordship that the *Thrask* shallow is a flat shallow at low water, not of such an height as to pen the water above it, but merely an impediment to navigation, through want of depth. This being the case, a canal cut through the isthmus will have no other effect than here described, and the sides of the canal being sloped from the proportion of 2 to 1, to 1 to 1, as the soil may happen to be from a loose earth or gravel to a firm clay, and being covered with rubble quarry stones (suppose one foot thick), so as to make a compleat cover, this will not only defend the bank from the action of the current, but of the waves occasioned by the wind; but in case the shoal abovementioned makes a considerable pen, so as to determine the current much more strongly through this new canal than through the course of the river, it will be necessary to defend

defend the *bottom also* with stones, to prevent the action of the water from deepening the same, and thereby sapping the foundation of the stone facing, and in consequence bringing down the banks and widening the canal. In case the pen should be very confiderable, it would be necessary to build a lock upon it; but the determination of this matter depends upon the length of the canal, and difference of level of the surface of the river at the head and tail thereof, taken at low water, when there is no fresh in the river, as also upon the quality of the ground forming the bottom.

2d. That if the river *Devon* was navigated by Sir JOHN ERSKINE, from the *Cobble Crook* to *Cambus*, by means of fluices on *Tilli Body Bridge*, that navigation may be better effected by the canal and lock proposed than it could have been by the fluices, and the ground through which the canal passes, viz. from *Minoſtrie Lint Miln Dam* to *Tilli Body Bridge*, being clay and perfectly level.

2d. There is no doubt but that locks are preferable to simple fluices.

3d. That from *Cobble Crook* to *Sauchie*, there being only two small fords in the way, the navigation may be effected by one lock and dam at the lowest ford, in case it should not be found better to avoid the fords by cutting from deep water to deep water, and making a channel behind the fords; but that this expedient, which is the best, cannot take place if the present fords act as dams, and the new cuts

3d. I beg leave to add, that if a dam is built upon the ford, or the upper ford be supposed to act as a dam, a canal with a lock upon it, brought down so as to drop into the river below the lower ford, it will also equally answer the end if found most easily practicable. Also, if instead of joining the deeps by cutting a channal behind the fords, the fords themselves be removed, or channels through them be made, should have the effect of letting down the river, and creating other fords in parts where the upper part of the navigation is intended to go.

4th. That you recommended carrying the navigation by locks out of the river at *Old Sauchie*, and raising it into a canal, upon the level of the river above *Tillicoutery Dam*, to be carried in the line and direction of Lord CATHCART's aqueduct, (till it falls under ground into the pipes where it crosses the *Devon*) and there to be carried in an aqueduct bridge over the river, and continued to the dam, and from thence to the foot of the *Rack Miln Dam*, where there must be locks to surmount the said dam, in case the navigation is carried on to *Vicar's Bridge*.

5th. That the level of the stretch from *Sauchie* to *Melloch* foot is proved by Lord CATHCART's aqueduct and the present state of the *Devon*, which is already navigable betwixt *Tillicoutery Dam* and *Melloch*.

6th. That the rising of the river in times of flood, so as to overflow the aqueduct bridge, does not infer any danger, either to the bridge or adjacent lands.

made, this will also answer; but in this case, care must be taken to make the channels on such side where the principal tendency of the water is to act in floods, otherwise they will be liable to be thereby filled up again.

4th. This seems to be the method from what was described to me upon the plan; but as it is scarcely possible to form adequate notions without ocular inspection, much must be left to the judgement of him who executes, in respect to the choice of the ground.

5th. Certainly, supposing the said aqueduct to be carried upon a level.

6th. It must be supposed that the dimensions of the water-ways, breadth and depth taken together, under the aqueduct bridge, must be such as to vent the water as fast as it comes in at extremes of floods, and also the ice in winter, otherwise great damage may ensue both to the works and adjacent lands, unless a certain length of the side walls of the bridge that sustain

suſtain the canal are very ſtrongly capped with ſtone, and left lower than the reſt, for the water to flow over like a dam; but this expedient I would not recommend to be uſed, if it can be poſſibly avoided. N. B. I don't at preſent remember why the paſſage of the river cannot be obtained by raiſing a dam in the river below the intended place of croſſing.

7th. That, upon the whole, as thus repreſented to you, the navigation of the *Devon*, and the improvements of the navigation of that part of the *Forth*, between *Cambus* and *Alloa*, ſeems very practicable, and, from the nature of the levels, at a moderate expence, conſidering the length of the navigation.

7th. Agreed.

8th. That from your experience in navigation bills, and their conſequences when paſſed into acts, it is your fixed opinion, that the execution can neither be anſwered for, nor depended upon, in the hands of truſtees, and that the only ſafe and ſure way is for the proprietors of coal within reach of *Devon*, and Mr. ABERCROMBIE, to be the undertakers, or for Lord CATHCART to be the undertaker, with a proviſo in favour of the other coal proprietors and of Mr. ABERCROMBIE, in caſe they ſhall chuſe to recede, and naming a number of Commiſſioners to be

8th. This I have enlarged upon in my letter from *Newcaſtle*; I have only to add, that in this caſe the adventurers ſhould be fixed down to take a reaſonable toll for coals from the other coal owners, who may not in their preſent ſituation chuſe to be adventurors themſelves, otherwiſe the proprietors of the navigation may chuſe to loſe thoſe tolls altogether, to prevent the others from working their collieries, which would be a detriment to the public.

referred

referred to, and to judge betwixt the un-dertakers and other proprietors in all queftions that may arife now or here-after, with refpect to damages, &c. in confequence of this act, by which means the parties interefted in the toll will attend to the execution; and as the toll never can be fuffered by the un-dertakers to rife to the price of land carriage, the difference, whatever it is, is fo much faved, and therefore a benefit to the public.

9th. I forgot to afk the dimenfions and fize of the boats proper for the carriage of coal, and how deep water they will require.

As alfo whether is a better method to land the coal from the canal on the pier, and load them from thence on board the fhips, or to let the boats down into the river by locks, and put them on board directly from the lighters.

Your certifying the above to be your opinion, or marking on the mar-gin where I have mifunderftood you, with fome explanation for the fa-tisfaction of the other perfons con-cerned in this bill, relative to the 1ft, 6th, 7th, and 8th articles, with your

9th. The fize of the boats ufed for carrying coals is various in different places, and differ in fize, fhape, and draught of water, according to the con-venience of the place; but I apprehend that fuch boats as are principally ufed in the *Yorkfhire* rivers, will anfwer as well as any for fuch a navigation, as propofed by your Lordfhip, viz. 54 feet long, ftem and ftern poft included, $13\frac{1}{2}$ feet wide, and 3 feet draught of water; thofe will carry from 20 to 30 tons, according as they are more light or heavy built.

If the fhips were always ready to be loaded, when the boats brought down coals, it would certainly be the moft ad-vantageous to lay the boats alongfide the fhips; but when the fhips are not ready, they muft neceffarily be landed upon fome quay or wharf common to

both,

opinion upon the 9th, will very much oblige, Sir,

Your moſt obedient

humble ſervant,

CATHCART.

London, Feb. 11, 1765.

both, which I apprehend ſhould be covered like the coal ſtaiths at *Newcaſtle.* Whether the quantity that can be delivered alongſide the ſhips, in proportion to what cannot, together with the advantage of an open communication of the canal with the *Forth*, for the conveyance of other goods and merchandize, will make it worth while to make the neceſſary lock, is a matter of convenience that can only be determined upon the place, by thoſe well acquainted with the nature of the trade thereof.

The caſes ſtated, conſidered with my anſwers thereupon, contain the opinion upon theſe matters of,

My Lord,

Your Lordſhip's

moſt humble ſervant,

J. SMEATON.

Auſthorpe, 20th April, 1765.

QUERIES

QUERIES, &c. communicated by Lord CATHCART, relative to a navigation on the *Forth*, November 5, 1767.

BY the Report of Meſſrs. WATT and MORISON to the Board of Police, it appears,

That a navigation may be opened at a ſmall expence from the valuable woods, lime and ſlate quarries of *Aberfoil* to the bridges of *Aberfoil* upon the *Forth*.

That it may be continued from thence to *Cardroſs*, by a lock below the ford of *Cardroſs*.

That it may be continued from thence to *Frew* by a lock below the ford of *Frew*.

That from thence the river is navigable to a rocky ford called *Craig Anet*, betwixt the *Bade* and *Drip Coble*, which is two feet higher than *Craigforth* mill-dam, which laſt is three feet higher than the cruives of *Craigforth*, which are four feet above the neap tides, in the lower part of the *Forth*.

That a dam of three feet ſhould be added for the ſake of deepening the water, as far up as the *Frew*, which water ſo raiſed would be 12 feet above the neap tide.

That a canal near a mile in length, from a point above the *Bade*, acroſs level ground of a clay ſoil, with a lock of 12 feet fall, would compleat the navigation from *Aberfoil* to the tides-way at the new mill of *Craigforth*.

And that the navigation from thence downwards may be ſhortened about ſeven miles by four cuts, as expreſſed in the plan, below *Stirling Bridge*.

It appears by Mr. SMEATON's report to the proprietors of the *Devon* collieries,

That *Cambus*, with proper improvements, may be made a very convenient port for exporting ſea coal, and for accommodating ſhips in that trade.

That the river *Devon* may be rendered navigable from *Mellock* foot to *Menſtree Lint* mill-dam, which ſpace includes five collieries.

And that the navigation may be continued from *Menſtrie Lint* mill-dam, to the tide-way in the *Forth* at *Cambus*.

Menſtrie mill-dam is 12 feet above the neap tides, therefore on a level with the water above the three-feet dam at *Craig Anet*, in the *Forth*, projected by Mr. WATT.

Suppoſe

Suppose $2\frac{1}{2}$ feet added to the height of each dam, the water in the *Forth* above *Craig Anet*, and in the dam above the *Lint* mill-dam, will still be equal, and $14\frac{1}{2}$ feet higher than the neap tides.

The ground is clay, and very level from *Menstrie Lint* mill-dam to a point betwixt the bridge at *Stirling* and the new mill at *Craigforth*, where the banks on both sides are pretty high; and Mr. WATT's canal may be brought, upon very favourable ground, to a point opposite to it.

Suppose an aqueduct bridge of a proper dimension, erected across the *Forth*, betwixt these two points, (the distance being 300 feet) there will be dead water from *Frew* to the *Lint* mill-dam, by which the upper part of the *Forth* will have an easy, short, and open access to the *Devon* collieries, and also have an opportunity of dropping into the tides-way at *Cambus*, by locks of $14\frac{1}{2}$ feet fall, the advantage of which, considering how much lime-stone, slates, wood, &c. must come down, and how much coal must go up the *Forth*, including the consumption of the town of *Stirling*, and the inhabitants of those parts of the country that come through *Dumblain*; and that the lock at *Craigforth* new mill, and a great length of navigation, and the loss of time in waiting for the tide, will be saved, is extreamly obvious.

The only circumstance of doubt is the practicability and expence of the aqueduct bridge, the length being 300 feet, and the bottom of the river clay, and far above rock; if it is executed in stone, the number of piers which it will require, as the level will admit of so small a rise for the arches, and the foundation which must be piled, it is apprehended must render the expence enormous. If it is executed in wood, upon the plan of *Julius Cæsar's* bridge, which is well-adapted to resist ice, or other floating bodies, or upon any better more modern construction, it is apprehended it would come much cheaper, would stand against the force of the stream, and of the ice in winter, and would not be affected by the land floods, which cannot rise to the sole of the aqueduct, but must be liable to the expence of repairs to which a stone bridge would not be subject.

Mr. SMEATON, who is acquainted with the nature of the rivers and country adjacent in question, and skilled in every expedient that may facilitate the junction of the two level canals, by an aqueduct, is desired to say,

1st. Which of the two plans, the aqueduct bridge and canal to join it to the *Devon* at the *Lint* mill-dam, or the lock at *Craigforth* new mill, seems, upon the face of them, the most eligible for the inhabitants of the upper part of the *Forth*?

2d. If

2d. If the aqueduct plan seems the most eligible, what *data* will be neceſſary to furniſh Mr. SMEATON with, to enable him, at his leiſure, to make out a deſign for the bridge.

3d. Does Mr. SMEATON think that the boats recommended for the *Devon*, drawing three feet water, of $13\frac{1}{2}$ feet width, and 56 feet long, will anſwer all the purpoſes of the *Forth* boats, or would it not be proper to allow for a foot more draught of ater, in order that their ſlates, &c. may be carried coaſtways, and that the locks and canals be for that purpoſe proportionably deepened ?

4thly. Suppoſe the aqueduct bridge rejected, and the lock at *Craigforth Mill* adopted, will it not be expedient to make the four cuts in the *Forth*, as marked in the plan ; and if any, but not all, which of them ?

5th. The ditches from *Tillibodie Bridge* to *Manner Pow* are from 8 to 10 feet deep, and about 12 feet wide, and are on a level with the *Devon*, at *Tillibodie Bridge*, and with Sir JOHN ERSKINE's canal at *Cambus*, would it not be right to build a lock at *Manner Pow*, and to enlarge theſe ditches, that *Upper Forth* boats might get, by that tract, to the collieries, whereby upwards of 6 miles navigation would be ſaved ?

ANSWER to five Queries concerning the improvement of the Navigation of the River *Forth* from the River *Devon* upwards, communicated by the Right Honourable the Earl of CATHCART, in a Letter of November 11th, 1767, to JOHN SMEATON.

1ſt. IF the communication of the *Devon* collieries with the upper *Forth* was the ſole object in view, then the long canal, from above *Stirling* to the *Lint Mill Dam*, upon the *Devon*, ſeems very well adapted for that purpoſe, and in that caſe would merit ſerious conſideration, how far the aqueduct bridge, over the *Forth* (which indeed ſeems the only difficulty) might not be (under the ſpecified circumſtance of elevation) an executable ſcheme ; but if the expence and difficulties of executing ſuch a bridge there, as well as the expences of land, cutting bridges ; and other contingencies attending the propoſed

canal

canal be confidered, and that at laft it will not fave above 5 miles * of diftance, though none of the loops below *Stirling* are fuppofed to be cut; if, on the other hand, the advantages arifing from a free and open navigation to all parts of the *Forth* below, for all kinds of traffick, be put in the other fcale, I cannot hefitate to 'fay, the advantages being confidered with the expence, nd probability of trade, that it appears to me, on my prefent view of the propofition, more eligible to lock down into the *Forth*, near *Craigforth* new mill, and below that to keep the river.

2d. This is anfwered by the firft.

3d. If the veffels were made of greater draught of water than 3 feet, and wider than 13 feet 6 inches, they would undoubtedly be more fafe in navigating the broad part of the *Forth*, and coafting, and could venture, and keep out in worfe weather; but fuch veffels, as defcribed for the *Devon*, not only go in the narrow rivers in *Yorkſhire*, &c. and down to *Hull*, but even go out to fea, and crofs the *Lincolnſhire* waſhes to *Spalding* for corn, to be carried in the fame veffel to *Leeds*, *Wakefield*, and *Halifax*; but as it is obvious that if the bulk of the veffel is increafed, it will occafion greater expences in executing the locks, cuts, canals, &c. it may therefore be worth while to confider, with *the degree of trade that is prcbable*, whether it may not be eligible to fave a capital that muft thereby be expended by changing: for though the veffels above-mentioned can, and do go as before fet forth, yet the bulk of trade is carried on by changing veffels at *Armine*, that is as foon as the river is capable of receiving floops of 50 and 60 tons.

4th. The moft important objeft in making artificial navigations, is to avoid dead ftoppages by want of water, &c. In many principal navigations in England, veffels are frequently ftopped in dry feafons for one, two and three days at a time, fometimes for a week together. Now, if they had a certainty of going at a particular time of tide, twice in 24 hours, they could fuit their times accordingly, and would be content to go feveral miles about, if they had a certain paffage, rather than lie ftill fo long together; for this reafon, cuts are feldom made merely and fimply for fhortening diftances; and though in the diftrift under confideration the river is remarkably crooked, yet, as the reft of it, both above and below, is but little better, it may deferve a ferious confideration whether it is worth while to make any of the cuts propofed below *Stirling*; for as, according to the plan I have, the difference of diftance is but about 5 miles, with the cuts and without them, the Engineers would therefore do well to confider, from aftual admea-

---

* The diftance up the *Devon* beïng taken into the account.

furements

furements of the refpective lengths, and levels taken, how deep, how wide at bottom and top, each cut will be required, in order that they may be materially more paffable than the prefent fords; and to effect that, how deep they will be required to be dug below low water, what land muft be cut and covered; thefe things being afcertained, and proper eftimates made from the price and quantity of excavation, the price and quantity of land, the charge of pumping water while the digging is going on under level, and the damages that may be done by the river's breaking in while the works are going on in that fituation, alfo the charge of making dams to turn the water from the cuts, or if none, the time loft in getting the tracking horfes acrofs the old loops; I fay all thefe things confidered, and eftimates formed from particulars, will foon direct you, whether from the probable quantity of trade, the expence of any, all, or fome of thefe cuts, will be balanced by the time in the paffage refpectively faved. The two upper ones feem the moft advantageous, the reft in order as they are lower; but it will be right to have a power in the Act to make any of thefe cuts; that after the neceffary canals, locks, &c. are made, if it fhall appear from the quantity of trade, and the goodnefs of the funds, that the thing is eligible, there ought to be a power of doing it without a frefh application.

5th. The expediency of this ftep confifts in the facility in doing it, becaufe the advantage will wholly confift in the trade with the *Devon*; for it will not be worth while for a veffel at the mouth of the *Devon*, and going up the *Forth*, to make ufe of this paffage, becaufe, in going round the great loop, fhe will be thrown about only $1\frac{1}{2}$ mile more than the artificial paffage, in which latter fhe would have to pafs two locks.

It is to be obferved, that by a double entry into *Devon* the leakage will be double; and if made ufe of as a paffage up and down the *Forth*, each veffel will expend two lockfulls, except in cafes of meetings.

Aufthorpe, November 21, 1767.   J. SMEATON.

Lord CATHCART's Queries relative to the River *Devon*.

MR. SMEATON to confider the *Cambus*, and the river below the *Cambus*, and to give his opinion, whether the *Cambus* can be made a proper port of exportation for great coals, and if it can, by what means, and at what expence.

Objections.

Objections. Want of depth of water, expence of making a new port, lofs of time to fhip-mafters to come fo much further; danger from ice in winter.

If either impracticable, or too expenfive, Mr. SMEATON will confider whether the coals cannot be carried in boats down the *Devon* and *Forth* to *Alloa*, and there fhipped for exportation.

Objections. Coals carried down to *Alloa* by water cannot be folded there without great expence, but muft be loaded from the lighters, which fhip-mafters object to, for reafons perhaps frivolous, but will beft be collected from themfelves, and judged of by Mr. SMEATON.

If coals brought down the *Devon* can be exported either from the port of *Alloa*, or of *Cambus*, Mr. SMEATON will then confider the beft method of rendering the *Devon* navigable, from *Mellock* foot to the *Forth*, either by a canal, or in the bed of the river, or partly by one, partly by the other, calculating the expence of the whole, and fpecifying the dimenfions of boats, what they are to carry, and how to be drawn.

The fize and dimenfion of boats will depend upon the ufe intended; if they are not to be let into the *Forth*, they may be very long, very narrow, and very fhallow, which will reduce the expence of the canal. If intended to go down to *Alloa*, or up the *Forth*, they will not admit of the fame conftruction.

N. B. The poffibility of going up the *Forth* by water from the collieries would be a great conveniency, becaufe were the navigation opened above *Stirling Bridge* by locks at *Craigforth*, *Frew*, and *Cardrofs*, all the country on each fide the *Forth* might, as well as the town of *Stirling*, be fupplied by water-borne coals from the *Devon* collieries.

If Mr. SMEATON finds any fpecies of navigation practicable and advifeable, he will favour the coal mafters with his ideas of the proper Act of Parliament to be petitioned for; and of the places, proportion, and manner of collecting tolls, and manner of fhipping the coals either from boats or quays; and if he will undertake, or recommend an undertaker for the whole, or the locks only, and on what terms.

To this may be added a remark of Meffrs. MACKELL and WATT lately made; that is, that a canal may be carried upon a dead level the whole way from *Tillicoutery* to a point oppofite to the fchoolmafter's houfe at *Alloa*, following the foot of the rifing grounds

the

the whole way, that it will be about 30 feet higher than the fea, and may either be carried betwixt banks acrofs the flat grounds, which is not far, to the fhore, otherwife the flat ground may be cut to bring the *Forth* up to the low grounds.

This would fave locks and wafte of water as far as *Tillicoutery*, and might be joined by a canal from *Mellock Foot*, the level of which would be a very little higher, and might require a lock.

Levels.				Feet.	Inches.
From *Forth* to *Sauchie*,	-	-	-	18	10
From *Sauchie* to *Mellock*,	-	-	-	19	6
From *Mellock* to *Vicar's Bridge*,	-	-	39	6
				77	10

The REPORT of John Smeaton, Engineer, concerning the practicability and expence of making navigable the River *Devon*, in the county of *Clackmannan*, from *Meliock Foot* to the River *Fanth*.

THE river *Devon* falls into the river *Forth* about $2\frac{1}{2}$ miles above, or to the weſt of *Alloa*, but according to the turns of the navigation, up *Forth*, about $3\frac{1}{2}$ miles. There are ſeveral valuable collieries upon the ſlope of the hills that decline towards the river *Devon*, the coals of which are now carried to *Alloa* over land, in order to be put there on board veſſels capable of carrying them to all parts where wanted. The more eaſy carriage therefore of thoſe coals, from the collieries to the ſhipping is, as I apprehend, the principal object of the preſent propoſed navigation.

At the mouth of the *Devon* the extreme ſpring tides are ſaid to riſe 20 feet perpendicular, and at ſuch tides the water flows one foot higher than the top of *Cambus Quay*, which is an old quay, at which formerly coals were ſhipped, about a furlong within the mouth of the *Devon*. The common neap tides are ſaid to riſe within five feet of the top of the ſaid quay, and that then there is 12 feet water in the river *Devon* oppoſite the ſaid quay. When I was there, the morning of the 20th of November, 1766, being the fourth day after the full moon, it appeared that the mark left by the laſt tide was as high as any that had been that ſpring, and what might be called an ordinary ſpring tide : this I found had been within 1 foot of the top of the ſaid quay; and conſequently, being 4 feet higher than the ordinary neap tide mark, made 16 feet water in the river oppoſite the quay. At the time I was there it was almoſt low water in the *Forth*, and then the current of the *Devon* run with a conſiderable declivity towards the *Forth*, having a fall of not leſs than 2 feet.

The declivity of the bottom of the river from *Cambus Quay* to the *Forth* appears pretty regular ; the bottom oppoſite to and above the quay ſeems to be mud, intermixed with large tumbling ſtones; theſe ſtones being removed, the mud would waſh away, ſo that I look upon it as very practicable to make 2 feet more water at *Cambus Quay* than at preſent, that is, to make 14 feet at ordinary neaps, and 18 feet at common ſpring tides.

If more water than the above ſhould be requiſite, I ſhould look upon it as more eligible to dig out a new channel and harbour from the *Forth*, which may be done on the
weſt

weſt ſide of the *Devon*, the ground there being low and flat, and gently riſing from low water mark : this work may, therefore, be done at a moderate expence in proportion to ſuch a work, but yet muſt, in digging, walling, &c. amount to a conſiderable ſum, more than would be neceſſary to rebuild and enlarge the old quay and deepen the river, as aforeſaid.

To the ſafety of the place there ſeems to me no material objection; for as to ice in winter, it cannot do much harm, as it muſt be much broken in paſſing the bridges and dams before it gets to the *Cambus*. It is no peculiarity of the river *Devon*, and is the caſe, more or leſs, with every ſea port which has the advantage of being ſcoured by a freſh water river, which is in itſelf very deſireable.

In going up the *Forth* from *Alloa* to the *Cambus*, the navigable channel of the river makes one large half moon, but as it is in general ſufficiently ſpacious for veſſels to turn, this caſe alſo differs little from what is common in other tide rivers; it will undoubtedly be ſome hindrance to veſſels going $3\frac{1}{2}$ miles further up, but as this can hardly ever be attended with more than one tide loſs of time, and often without the loſs of a tide, it may as well be ſaid that the coals ought be carried down to *Kincardine Road*, to prevent the poſſibility of the loſs of a tide in going to *Alloa*. The principal impediment in getting betwixt *Alloa* and *Cambus*, for veſſels of burthen, is occaſioned by a ſhoal called the *Fraſk*; and this ariſes not ſo much from want of depth of water, as from the narrowneſs of the channel; for in ſounding the river at low water the day above ſpecified, we ſounded in the channel over the *Fraſk* no leſs than 5 feet, which, though the ſhalloweſt place between *Alloa* and the *Cambus*, ſeems yet a very ſufficient paſſage, at all proper times of tide, for veſſels bound to an harbour, where they could lay dry at low water the ſame tide.

This ſhoal ſeems to conſiſt of a ledge of ſtones which lays almoſt acroſs the river from S. W. to N. E. confining the channel cloſe in with the point, which is an unnatural ſituation for the channel, but ariſes from the greater ſoftneſs of the ground in that part where the channel is. As this ſhoal is ſhort, according to the direction of the channel, it ſeems very practicable to remove the ſtones, ſo as to increaſe the ſame in width. There is at preſent a ſufficiency of width, when proper beacons are ſet, for the paſſage of veſſels right upon and down, but not of thoſe turning to windward.

This ſhoal may alſo be avoided by cutting through the neck of land; but if the great depth that ſuch cut will be required, (the ground ſeeming there 18 or 20 feet

X 2

higher

higher than low water) the depth to which it muſt be carried below low water, and the great width that it muſt have in the bottom, to make it a more eligible paſſage than by the *Fraſk*, be confidered, I believe it will appear that the canal may be extended to *Alloa* for almoſt as little, if not leſs expence. It perhaps may be expected that if the cut is made narrow, and down to low water, that in time it will wear itſelf wider and deeper, and ſo indeed it may, but whether this will happen in the compaſs of ſeven years or twenty, or whether it will ever happen, ſo as to be (as already ſaid) a more eligible paſſage than the *Fraſk*, I think is out of the power of any man to ſay with certainty; for it is to be obſerved, that till it becomes much wider than the *Fraſk* and equally deep, it will be more difficult to turn to windward through it on account of its greater length.

As the natural declivity of the river from head to tail of this ſuppoſed cut is very little, unleſs a dam was put acroſs the main river to force the current through the cut with ſome confiderable velocity, the water could not in its natural ſtate be expected to operate very ſpeedily; and as the width of the river through its ſeveral channels in this place is very confiderable, ſuch dam would be very expenfive, would obſtruct the navigation while the new channel was wearing larger, and by depofiting of the matter and diverting the prefent channel, there is no ſaying but that after all a ſhoal might be formed in ſome place where now there is none, as troubleſome as that we would mean to avoid; for theſe reafons I cannot, in my prefent view of the matter, recommend this divifion of the river from its prefent channel.

With reſpect to the dimenfions of the canals, cut out from the courſe of the river *Devon*, they depend upon the kind and ſort of veſſels to be employed, and the ſort of veſſels will again be determined by the uſes to which they are to be applied.

If the veſſels are to be employed merely in bringing down coals from the collieries to the quay, where the ſhips load without going into the *Forth*, veſſels long, narrow, and ſhallow, may be uſed with advantage, but if intended to go up and down the *Forth*, they will require a different conſtruction.

It ſeems to me, that if the navigation be limited to the canal only, without going into the *Forth*, it will be attended with many inconveniencies, but that it will be of more general uſe, if capable of containing veſſels capable of going up and down the *Forth*, as well as of navigating the canal; for by this means veſſels may be loaded at the *Cambus Quay*, or at *Alloa*, as may be moſt ſuitable to the ſea veſſels to be loaded,

or

or they may be carried up the *Forth* to *Stirling*, and up to *Gartmore*, in cafe the navigation above *Stirling* is compleated, which if confined to the winding courfe of the *Forth* may be done at a very moderate expence, as I have formerly fhewn in my report on the propofed canal from *Forth* to *Clyde*.

The very extenfive trade up the river *Aire* and *Calder* in *Yorkfhire*, which paffes under *Ferry Bridge*, and of which coals is the principal article, is carried on in veffels of 56 feet long, ftem and ftern, 13 feet 6 inches wide, and drawing 3 feet water at a medium; in very dry times in fummer they load 6 inches lefs, and in winter 6 inches more. Thefe veffels at 3 feet draught of water carry, by reputation, from 20 to 25 tons, but of neat dead weight 28 tons; they are generally drawn by one horfe, and make way nearly two miles an hour, ftoppage at the locks included; though fometimes, for the fake of expedition, and when there are frefhes in the river, and the veffels going againft ftream, they make ufe of two.

Thefe veffels not only navigate in the narrow rivers, but go round into the *Trent* to *Gainfborough* and *Newark*, and frequently down the *Humber* to *Hull*. This fort of veffel, I apprehend, by the fame rule, would not only go down to *Alloa*, and deliver their cargoes there on board fhips, but would occafionally go into the *Carron*, and through the great canal, in cafe the fame fhould take effect.

By this means, if a large fhip meets with contrary winds, or comes in at fuch a time as to expect being neaped at the *Cambus*, fhe may be loaded at *Alloa* from the boats, in the fame manner as all the fhips at *Newcaftle* and *Sunderland* are loaded from the keels there, which carry 21 tons each; on the other hand, when there are no fhips that want loading at *Alloa*, or they happen to be brought down fafter, then they are fhipped at the *Cambus*, or fent away in the fame bottoms to other places up or down the *Forth*, they then will be depofited in the coal-yard at *Cambus*, ready for the veffels that come up thither for a loading.

The dimenfions of the *Calder* cuts for the veffels above defcribed were, 16 feet bottom, the fides floped 5 feet for 3 feet of perpendicular, and carrying $3\frac{1}{2}$ feet of water; now in carrying canals upon a dead level on the decline of hills, the ground is feldom fo free from irregularities, but that it requires extra cutting in fome places, and extra banking in others, which, as it would be impoffible to determine exactly before the execution, as every variation, though but for a few yards, would vary the dimenfions, muft be allowed for according to the judgment of the artift; to make allowance therefore for the

common

common inequalities of ground in the prefent cafe, I compute upon a cut of 6 feet deep, that is, fuppofing the water 2½ feet within foil; not that I expect it to be fo in the general; but as in many places the extra cutting will be confiderably more, and the deficiencies remain to be made good by fo much labour, I make that fuppofition in order to come at the mean value.

Upon thefe general dimenfions I have computed the expence, upon a fuppofition of an entire canal, except where it is propofed to come into the river, for the fake of croffing the fame, to get the eligible ground, which amounts to the fum of 9357 *l.*

2d. Suppofing the river to be made ufe of in the general from *Tillibodie Bridge* to *Sauchie* new engine, with fhort cuts to take off loops and place the locks, in this cafe, though far lefs apparent work, yet, as the difadvantage of placing the locks, as well as of conftructing them, and laying their foundation below the level of the river, as it will require a lock more, a greater price for each lock, a greater depth of cut, and, on account of greater depth, as well as drainage of water, a greater price per yard of digging; I fay, all thofe being allowed and computed, as in my judgment they ought to be according to the following eftimate thereof, this will make the whole ftretch from *Tillibodie Bridge* to the elbow of the river above *Sauchie* old engine, near *Tillicoutery Burnfoot*, to amount to 4793 *l.* whereas if done by canal, according to the firft fuppofition, it will coft 5183 *l.* the difference being 390 *l.* in favour of the river navigation; but if it be confidered, that following the river increafes the length near 1½ mile in 6½ miles, and that the works themfelves will be perpetually in greater hazard from floods, and need more repair, this difference does not appear to be worth the faving.

As I obferved the ground very capable thereof, I have computed the value of two miles of canal, which I fuppofe, if turned fouthwards a little below *Menftrie Bridge*, will carry it to *Alloa:* this is done upon a fuppofition of 40 *l.* an acre for the land, which I apprehend to be very valuable in that diftrict, the reft of the dimenfions and prices as per firft fuppofition; this will coft the fum of 2408 *l.* This fuppofes a lock into *Forth*, but being nearly the fame as that at *Cambus*, the only addition is in the canal.

Refpecting the prices of land, I would be underftood once for all, that I don't in thefe eftimates by any means propofe to fix a value upon it, as being an affair quite out of my province; but when different fchemes are to be compared together, fome value muft be affixed to each of the component parts, in order to bring them to a comparifon; for the cuts upon the valley of the *Devon* I fuppofe 20 *l.* per acre average price, though

I am

I am very fenfible that fome of the grounds through which the cuts will pafs, are more than ten times the value that others are: but as I apprehend the whole of the fuppofed cut from near *Menftrie Bridge* to *Alloa*, will pafs through grounds as valuable as the beft in the *Devon* valley, the comparifon would in no refpect hold, unlefs an addition was made to thofe fuppofed for the *Allon* cut.

I now come to the article of water, and for this purpofe particularly obferved the new mill at *Tillibodie*, which is fituated upon the river *Devon*, and enjoys the whole ftream thereof; its water is penned by the fame dam, from whence the cut is propofed to be taken to *Cambus Quay*. This mill, when going at its common rate, requires the fluice to be drawn up 11 inches upon a breadth of 3 feet, there being then a depth of water upon the fole of 25 inches.

Having hence computed the quantity of water expended when the mill was going at this rate, it comes out to be 1180 cube feet per minute. A lock required to carry veffels of the fize above fpecified, will require to be 62 feet long, and 14 feet wide, whofe area upon each foot in depth will be 868 feet; and fuppofing a lock to be of 6 feet pen, this will require 5206 cube feet to fill it, and the paffage of each boat will require this quantity, unlefs two boats fhould meet together at a lock, one going up, and the other down, they then will both pafs with one lock-full; but as this does not always happen, I generally reckon upon a lock-full to each boat, the favings of water upon the aforefaid circumftance going in aid of the lofs of water at the locks by leakage. Now the contents of a lock 5206 cube feet, being divided by 1180 cube feet expended at *Tillibodie Mill* per minute, gives 4 $\frac{4}{10}$ minutes for the time in which the faid mill expends a lock-full of water of 6 feet high.

Again, if we fuppofe 10 boats to pafs in a day, that is, 5 up and 5 down, we may very well fuppofe that out of thefe 2 may meet at or within fight of the lock; and if fo, a lock-full of water will be faved, which I efteem equal to the daily leakage of a well-made lock; but however, to make an ample allowance for lofs of water, not only by leakage, but by evaporation and accidents in dry weather, I will further allow 4 locks-full per day; the total expenditure will then be 14 locks-full, which will be equivalent to 61.6 minutes, or 1ʰ 1 42″; and this will be the time that *Tillbodie* new mill fingly, and the two mills at the *Cambus* conjointly, will lofe in 24 hours in the drieft feafon; for at all other times, when the water runs wafte over the dams, the navigation will not leffen the time of the mills working.

By

By information of the miller, there is in fummer fcarcely half the above quantity of water in dry feafons, that is, they can fcarcely go at that rate above 12 hours in 24; hence the navigation, circumftanced as beforementioned, will confume about $\frac{1}{11}$ part of the water that now goes to the mills in dry feafons; or, dividing the whole quantity into 11 parts, the mills will get 10 and the navigation 1; but, upon my view, it appeared, that *Tillibodie* new dam was confiderably leaky, infomuch that it is probable that in dry times as much water goes through the dam as goes to the mill; this will be the cafe if the leakage is only half the mill ftream when working; for one being conftant, and the going but for half time, they will be equivalent to each other; but, as it may be neceffary to make fome alterations in the dam of *Tillibodie* new mill, if this is rendered water-tight at the expence of the navigation, this mill will be a gainer and not a lofer by the navigation. The *Cambus* mills, however, which are fituated upon the fame river, and take their water from the new mill of *Tillibodie*, and receive alfo the leakage from that dam, will not be compenfated by that alteration; but as both the mills at *Cambus* work from one head of water, the lofs to them both will be no greater than was eftimated for *Tillibodie* mill fingly; but the lofs to neither of thofe fets of mills will take place, as to the lockage, except for fuch veffels as go down into the *Firth*; for all fuch veffels as deliver their cargo into the yard at the *Cambus* for fhipping, which may be expected to be far the greateft part, will expend no more water from *Tillibodie* or *Cambus* mills.

It is true that, according to the different ftates of the tide, a perpendicular height might be wanted greater than fix feet; but as it will be often lefs, I fuppofe the one may nearly balance the other.

It would render the affair of the mills intirely free from compenfations if a ftream could be turned into the *Devon*, that now goes into fome other river, equivalent to what will fupply the navigation, which, from my view in paffing through the country near the head of the *Devon*, does not feem difficult to do.

However, upon the whole, it appears, that even in an extended view, the quantity of water that will be ufed by the navigation will bear but a fmall proportion to the currency of the river *Devon*, even in the drieft feafons; and as a ground-work for a compenfation, in cafe an equivalent quantity of water cannot be brought into the *Devon*, it appears that for every 5206 cube feet of water that is drawn out of each head, at fuch times when the refpective mills can ufe the whole, a fum equal in value to $4\frac{4}{10}$ minutes

work

work of such respective mills will be payable to the tenant or occupier of such mill or mills, he continuing to pay the same rent as before.

Now, exclusive of *Sauchie* engine, which will be proportionably affected with the rest, there are only three heads of water that will be affected, viz. the *Cambus* mills, which are corn-mills; *Tillibodie* new mill, which is also a corn-mill; and the mill above *Tillibodie Bridge*, which is a lint-mill; which, in proportion to the value of its time, will be affected in much about the same manner.

I make no account of soakage, because this, after the canals are seasoned, will be very trifling, and the greatest part will return into the river above the principal mills.

Austhorpe, September 14, 1767.   J. SMEATON.

P. S. In regard to the scheme that has occurred to Messrs. MACKELL and WATT, since I was upon the place, of carrying a canal upon a dead level from *Tillicoutery* to a point opposite the schoolmaster's house at *Alloa*, following the foot of the rising grounds the whole way, and which will be about 30 feet higher than the sea, proposing to continue the same from thence between banks across the flat ground to the waterside (which is not far), or making a cut through the flat grounds to the dead level termination of the canal, which plan would save locks and waste of water, I can only say, that, from my view of the country, I believe such a project practicable; but, as I have neither plans nor sections of the course that it would take, I am in no capacity to judge of the expence.

It is obvious that this canal would be defective in not suffering the vessels to pass into the *Forth*, and that either the banking across the valley, which would be a considerable height, or digging across it, which would be a considerable depth, would be a considerable article of expence; and that in any view of the affair, if a communication with the *Forth* is dispensed with, a considerable saving may be made, but I apprehend not above 1-3d, between carrying vessels to navigate the *Forth*, as above specified, and those the most curtailed that can any ways answer in point of quantity.

J. S.

ESTIMATE for making a Navigation through the valley of the river *Devon* from the *Cambus* to *Mellock Glen Foot*, fuppofed chiefly by a canal.

	£.	s.	d.
To widening and deepening the old cut from the *Cambus* into *Tillibodie* new mill-dam, which, from the depth of the ground, I eftimate as a new cut, the width at bottom being 16 feet, mean width at top 36 feet, mean depth 6 feet, at 3 *d.* per yard, will come to 47 *l.* 13 *s.* 4 *d.* per furlong, the length being 4¼ furlongs, - - - - -	214	10	0
To 1 lock from the cut into the tidefway, - - - - -	600	0	0
To 6,14 acres of land, if purchafed at 20 *l.* per acre, - - - -	122	16	0
To 1 cart-bridge for communicating with the land cut, - - -	40	0	0
To repairing *Tillibodie* new mill-dam, fo as to render the fame more nearly water-tight,	200	0	0
To extra cutting for paffing-places, &c. - - - - -	27	0	0
To extra land for ditto, - - - - - -	15	0	0
From *Cambus Quay* to *Tillibodie Bridge*, - - - - -	1219	6	0
To clearing up and deepening the river from *Tillibodie Dam*, through the bridge, to the tail of the next cut, - - - - - -	50	0	0
To cutting 3 miles 1 furlong of entire cut, of the dimenfions above fpecified, from *Tillibodie Bridge* to *Sauchie* new engine, that is, 25 furlongs, at 47 *l.* 13 *s.* 4 *d.* - -	1191	13	0
To 34,1 acre of land, if purchafed at 20 *l.* at a medium, - - -	682	0	0
To a road-bridge over the cut, anfwerable to *Menftrie Bridge*, with a ftone arch, -	80	0	0
To three cart-bridges to preferve the roads and communications between lands, from the above to *Sauchie* new engine, - - - - - -	120	0	0
To extra cutting for paffing-places, &c. - - - - -	149	0	0
To extra land for ditto, - - - - - -	85	0	0
To digging a cut from *Sauchie* new engine to the elbow of the river near *Tillicoutery Burn Foot*, being in length 1 mile or 8 furlongs, at 47 *l.* 13 *s.* 4 *d.* per furlong, - -	381	7	0
To 10,91 acres of land, at 20 *l.* - - - - -	218	4	0
To 2 cart-bridges over this cut, - - - - -	80	0	0
To 3 locks upon this diftrict, at 500 *l.* each, - - - -	1500	0	0
To extra cutting for paffing-places, &c. - - - -	48	0	0
To extra land for ditto, - - - - - -	27	0	0
To extra expence in cutting through the rifing ground at the *Coble Crook*, - -	100	0	0
From *Tillibodie Bridge* to the head of *Sauchie Cut*, - - - -	4712	4	0

To

	£.	s.	d.

To raiſing a dam to pen about 7 feet water in the elbow of the river next above *Sauchie* old engine, near the foot of *Tillicoutery Burn*, - - - - - - 500 0 0

To embanking the flat ground adjacent to the river *Devon*, on the north ſide from the ſaid dam upwards, ſo as to be flood-proof, ſuppoſing it, at a medium, to be ¼ of a mile in length, 6 feet height, 6 feet top, and 24 feet baſe, this will contain 4400 yards, ramming and ſodding or turfing included, at 4*d.* - - - - - 73 7 0

To 1½ acres of land, that will be cut and covered by this work, . - - 30 0 0

To extra expence in ſecuring the land near the foot of the dam, and in guarding the ſame from the effects of *Tillicoutery Burn*, ſuppoſe - - - - - 100 0 0

Expence of continuing the navigation half a mile up the river *Devon*, from the head of the *Sauchie Cut* to the tail of the cut near the bridge of *Tillicoutery*, - - - 703 7 0

To widening or making a new cut paſt the bridge of *Tillicoutery*, from the dam into the river below the tunnel wherein the engine water croſſes the ſame, being in length 2 furlongs, at 47*l.* 13*s.* 4*d.* per furlong, - - - - - - 95 7 0

The land cut and covered will contain 2,73 acres, which, at 20*l.* an acre, comes to - 54 12 0

To a lock upon the ſaid cut, - - - - - - 500 0 0

To a road-bridge over the ſaid cut, anſwerable to *Tillicoutery Bridge*, - 80 0 0

The cut, &c. to paſs by *Tillicoutery Bridge* into *Tillicoutery Dam*, - - 729 19 0

To cutting acroſs the flat grounds from the firſt elbow of the river above *Tillicoutery Dam* to *Mellock Glen Foot*, being in length 5½ furlongs, at 47*l.* 13*s.* 4*d.* - - - 262 3 0

The land cut and covered 7,5 acres, at 20*l.* per acre, - - - 150 0 0

To a lock upon the ſaid canal, - - - - - 500 0 0

Two cart-bridges for preſerving communications, - - - 80 0 0

To extra cutting for paſſing-places, &c. - - - - 33 0 0

To extra land for ditto, - - - - - 19 0 0

To carrying the navigation from *Tillicoutery Dam* to *Mellock Glen Foot*, - 1044 3 0

SUMMARY of the Eſtimate for making a Navigation through the valley of the river *Devon*, from the *Cambus* to *Mellock Foot*, ſuppoſed chiefly by canals.

From *Cambus Quay* to *Tillibodie Bridge*, - - - - 1219 6 0

From *Tillibodie Bridge* to the head of *Sauchie Cut*, at the elbow of the river above the old engine at *Sauchie*, and near *Tillicoutery Burn Foot*, - - - 4712 4 0

From thence, through the river, to the foot of the cut that paſſes *Tillicoutery Bridge*, - 703 7 0

The cut to paſs by *Tillicoutery Bridge* into *Tillicoutery Dam*, - - 729 19 0

From *Tillicoutery Dam* to *Mellock Glen Foot*, - - - - 1044 3 0

Carried over 8408 19 0

	£.	s.	d.
Brought over -	8408	19	0

To 6 miles of towing-path, which, with towing-bridges, gates, ſtiles, back drains, &c. is ſuppoſed to coſt, 15 *l.* per mile,   - - - - - - - - 97 10 0

	£.	s.	d.
	8506	9	0

Add 10 per cent. for unforeſeen accidents and expences not included in the foregoing eſtimate,   850 12 0

	£.	s.	d.
	9357	1	

ESTIMATE to ſhew the difference between keeping the river as much as poſſible from *Tillibodie Dam* to *Sauchie* new engine, and the entire canal before propoſed.

To clearing up and deepening *Tillibodie Dam,* through *Tillibodie Bridge,* to the tail of the cut, as before,   - - - - - - - - 50 0 0

To cutting from *Tillibodie Bridge* into the *Lint Mill Dam,* being in length 4 furlongs, and which paſſing through deeper grounds than if carried upon a dead level, may be ſuppoſed 7 feet mean depth, which, with bottom and ſlopes as before, will contain 18164 yards, and which being deeper, and partly under level of the river, ſo as to require artificial drainage, I reckon at 4 *d.* per yard,   - - - - - - 319 8 0

The ground cut and covered will be, at a medium, 100 feet wide, and therefore 4 furlongs will contain 6,06 acres, which, at 20 *l.* an acre, comes to   - - - 121 4 0

A lock upon ditto requiring drainage, and to be built higher than if upon a dead cut,   - 550 0 0

A cart bridge over the cut for communication,   - - - - - 40 0 0

The work to paſs the *Lint Mill* above *Tillibodie Bridge,*   - - - - 1080 12 0

To making a cut at the letter A, of 1 furlong of dimenſions, as the former, will contain 4791 yards, at 4 *d.*   - - - - - - - - 79 17 0

The cut and cover will contain 1,51 acres, which, at 20 *l.* comes to   - - - 30 2 0

A lock upon the cut as before,   - - - - - - - 550 0 0

A cart-bridge over the lock for communication to the iſland,   - - - 15 0 0

A dam to pen the water,   - - - - - - - 300 0 0

Cut, &c. at the letter A,   - - - - - - - 974 19 0

To making a ſimilar work at B, which will carry the navigation to *Sauchie* new engine,   - 974 19 0

To 1 mile of cut, from *Sauchie* new engine to the elbow of the river near *Tillicoutery Burn Foot,* as per former eſtimate,   - - - - - - 381 7 0

The land for ditto, as before,   - - - - - - 218 4 0

To two cart-bridges, as before,   - - - - - - 80 0 0

To a lock from the cut into the river,   - - - - - 550 0 0

To extra cutting for paſſing-places, &c. as before,   - - - - 48 0 0

To extra land for ditto, as before,   - - - - - 27 0 0

Cut from *Sauchie* new engine to *Tillicoutery Burn Foot,*   - - - 1304 11 0

SUMMARY

SUMMARY of the foregoing estimate.

	£.	s.	d.
Cut from *Tillibodie Bridge* into *Lint Mill Dam*, - - - -	1080	12	0
Cut, &c. at the letter A, - - - - - -	974	19	0
Ditto, at B, - - - - - - -	974	19	0
Cut from *Sauchie* new engine to *Tillicoutery Burn Foot*, - - -	1304	11	0
Increase of hawling track 1½ mile, at 15 *l*. - - - -	22	10	0
From *Tillibodie Dam* to *Sauchie Cut*, by keeping as much as possible the course of the river,	4357	11	0
Contingencies, at 10 per cent. - - - - - -	435	14	0
	4793	5	0

				£.	s.	d.			
By an entire canal, as before, - - - -	£. 4712	4	0						
Contingencies, at 10 per cent. - - -	471	4	0						
				5183	8	0			
Difference of expence in favour of the river navigation, - - - -				390	3	0			

ESTIMATE for continuing the navigation, by Canal, to or near *Alloa*.

IF, instead of dropping the cut into the river just above *Tillibodie Bridge*, the level be preserved from the *Coble Crook*, and turned from near *Menstrie Bridge* towards *Alloa*, the increase of distance, according to plan, will be about 2 miles.

	£.	s.	d.
To 2 miles of cut, at 47 *l*. 13 *s*. 4 *d*. - - - -	762	13	0
To 21,82 acres of land, at 40 *l*. per acre, - - - -	872	16	0
Suppose 2 road-bridges, at 80 *l*. - - - - -	160	0	0
To 4 cart-bridges, at 40 *l*. - - - - -	160	0	0
To 2 miles of hawling track, at 15 *l*. - - - -	30	0	0
To extra cutting for passing-places, &c. - - - -	95	0	0
To extra land for ditto, - - - - - -	109	0	0
	2189	9	0
Ten per cent. for unforeseen events, &c. - - - -	219	0	0
Addition, to carry the cut to *Alloa*, - - - -	2408	9	0

J. SMEATON.

Austhorpe, September 14, 1767.

Lord CATHCART's Queries of the 11th of September, 1767.

To Mr. SMEATON, from Lord CATHCART, September 11, 1767.

IN winter the freshes and quantities of ice are so great, that it is difficult for ships to lie in the *Forth*; they are obliged in that season to shelter themselves in what is called the *Pow* of *Alloa*; they cannot go up to *Cambus*, nor can boats come down, which would prevent a constant intercourse between the *Devon* collieries and the ships in the *Forth*, supposing the navigation to be made partly in the *Devon*, and partly in cuts from *Tillicoutery* to *Cambus*, where it joins the *Forth*.

There is another method which would be certain and constant *, except when the canal was frozen, and is as follows: suppose Lord CATHCART's aqueduct were to be widened to the proper size, from the pipes at *Tillicoutery* to the new engine at *Sauchie*, and from thence carried on upon the same level to the west end of the town of *Alloa*, it would finish upon a bank about 15 feet higher than the pier of *Alloa*, and about 300 yards distant from it; from this dead water canal a branch may be carried off, which will be very short, and which will terminate equally on a bank near the *Forth*, a little below the mouth of the *Devon*, from both which banks the coals may be conveyed in waggons to the sides of the ships at *Alloa*, or boats at *Cambus*, which come down the *Forth* from the upper parts of the river.

In this plan there are the following advantages:

There will be no locks; there will be no waste of water, which will be particularly agreeable to some proprietors principally concerned.

The boats may be contracted in width and increased in length, and may be very flat, and consequently the canal much shallower and narrower, than if it were to carry boats fit to navigate the *Devon* or *Forth*.

And for these reasons it is supposed the navigation may be executed cheaper, and with more certainty than in any other method, and may in the same manner be carried up the

* Since writing, I have been informed, that the water drawn from the pits, with which the canal before mentioned would be filled, never freezes.

river,

river, as far as proprietors pleafe, on the north bank, although on the upper part there will be a neceffity to have fome locks, as it muft be on a higher level than the under.

Query ift. Were fuch a canal to be executed, what would be the proper dimenfions of it, and of the boats, and what would be their burthen?

Query 2d. Would there be any difficulty in carrying fuch a canal over rough ground about *Cobble Brook*, or any danger that it fhould penetrate into the wafte of the *Alloa* coal over which it muft pafs, or that by any little falling in of that wafte, which now and then may happen, the canal may be loft?

N. B. The wafte is 20 fathom below the furface, and there are collieries which do not lie deeper, and are wrought under the fea without inconveniency; but as this danger ftruck the proprietor, it is thought proper to afk the queftion.

Query 3d. How much per mile ought fuch a canal at an average to coft?

ANSWER to Lord CATHCART's Queries of the 11th of September, 1767.

To query ift. THE boats proper in my opinion for a fmall canal, is not to make them of extraordinary length, but to make them go in pairs; the fternmoft boat ferving as a rudder to the headmoft boat, which not only gives them a very great advantage in turning, but by keeping them fhort renders them much ftiffer, and confequently fubject to lefs wear and tear.

This method is practifed in all the rivers and canals communicating with the great levels of the fens of *Lincolnfhire, Cambridgefhire, Norfolk,* &c. where they fometimes go in gangs of four, five, fix, fometimes feven, in a ftring, and where the fecond boat, fteering the firft, is followed by all the reft in the fame curve; their burthen is from 15 tons to 5.

I cannot, however, recommend fo many of them for your purpofe, as your voyages will be fhorter, the returns quicker, will be managed with fewer men and horfes, and in a very narrow canal more eafily directed.

The

The dimenfions I would recommend for your ufe are as follows :

		F.	I.	
	Extream length, - - -	38	0	
The head boat	Extream breadth, - - -	9	0	Burthen 12 tons.
	Draught of water loaded, -	2	6	
	Extream length, - - -	36	0	
The ftern boat	Extream breadth, - - -	9	0	Burthen 10 tons.
	Draught of water loaded, -	2	4	

Thefe two boats will be drawn with one horfe from 2 to $2\frac{1}{2}$ miles per hour, and will be managed by one man on board.

A canal proper for fuch boats, fo as to fuffer them to draw freely, fhould be 12 feet bottom, with 3 feet depth of water ; the width of the water-line will vary according to the batters ; but fuppofing thofe at a medium to be 3 to 5, and the furface at a medium 2 feet within foil, the ordinary expence per mile, at 3 *d*. per yard, will be 242 *l*. and the quantities of ground, including cut and cover per mile, will be about 6 acres *Englifh* meafure.

Where great hollows are to be filled, or hills to be cut, the extra expences thereof are to be further allowed, as all the charges of aqueduct and common bridges, tunnels, back-drains, towing-paths, &c. to be added; alfo allowance made for paffing-places, turning-places, &c. which may in a great meafure be judged of by my report and eftimate already delivered on the fubject of the river *Devon*, but cannot be more particular at prefent, for want of plans, fections, and time.

To query 2d. I don't apprehend any extraordinary difficulty with the rough ground about *Cobble Crook*, more than what happens in like cafes. As to danger from the falling in of the old waftes of the *Alloa* coal, I don't apprehend they can affect the canal, or the canal affect them, unlefs there happens a fail immediately under the canal which reaches the furface; in this cafe, the water of the canal will undoubtedly make its way down into the wafte; but if fteps are conftructed at proper places, as is done in the Duke of BRIDGEWATER's canals, no great quantity can go down, and the breach may be repaired fo as to be water-tight as at firft; but if waftes of collieries are fupported like thofe which are worked under the fea, and are not ufed to fall in fo far as the furface, I can fee no reafon for this apprehenfion.

Aufthorpe, 8th October, 1767.   J. SMEATON.

P. S. I don't

P. S.   I don't know that it is a property of coal-pit water *not to freeze :* it is certain that the water from all mines comes out of the earth at about the forty-eighth degree of FARENHEIT's scale of heat, it muſt therefore remain unfrozen till by the ſuperior cold of the external air, and ſurface of the earth, it is reduced to thirty-two degrees of the ſame ſcale.   If it has any property by which it remains unfrozen, after it's heat is reduced below that degree, it is a peculiarity I am unacquainted with.

MEMORIAL and QUERIES relative to Mr. SMEATON's Report of the Navigation of the *Devon*, of the 14th of September, 1767; from Lord CATHCART, the 14th of March, 1768.

MR. SMEATON, in his report of the *Devon Navigation*, dated September the 14th, 1767, lays down the following propoſition.

That the navigation may be carried up from the *Forth* at *Cambus* to old *Sauchie*, by two methods, which he deſcribes and eſtimates, by making a canal the whole way from *Tillibodie Bridge* to *Sauchie*, or by making a cut from *Tillibodie Bridge* to *Minſtrie Lint Mill Dam*,· and making uſe of the bed of the river from thence to old *Sauchie*. Mr. SMEATON eſtimates the expence of this part of the navigation from the *Forth* to *Sauchie* in the firſt manner, that is, uſing the river as little as poſſible, at 5183*l.* and in the ſecond, that is, uſing the river as much as poſſible, at 4793*l.* and though the former, according to his eſtimate, will coſt 390*l.* more than the latter, he prefers and recommends it, for the following reaſons, viz. becauſe the diſtance will be ſhortened 1½ miles in 6½ miles, and becauſe the works will be in leſs hazard from floods, and will require leſs repair.

The following conſiderations, in favour of the ſecond method, are ſubmitted to Mr. SMEATON, who, when he made his report, was under the diſadvantage of being deprived of papers and memorandums relative to the levels, and other circumſtances of the *Devon*.

1ſt. There is already 4½ feet of water in the *Devon*, from the *Lint Mill* as far up as *Coble Brook Ford*, ſo that the work at A, in Mr. SMEATON's Plan, eſtimated at

975 *l*. being in water 9 feet deep, cannot be neceffary, the price of it ought to be added to the balance in favour of the fecond method, and will raife it from 390 *l*. to 1465 *l*. which is an object.

2dly. From *Coble Crook* to *Hennie's Burn*, a convenient place for boats to lie in, a little below *Sauchie* new engine, there is a rife of no more than 3 feet 2 inches; at *Coble Crook* there is a foundation of rock, with rocky and fteep banks on each fide, and a very good quarry clofe to it, fo that there feems no reafon to believe a dam of 3 feet 2 inches high, and a lock of that rife, can poffibly coft a fum, upon any principle of Mr. SMEATON's other calculations equal, or near equal to 975 *l*. but it may be proper to leave that article as it ftands, becaufe if the people of *Alloa* are cut off from *Alloa*, by the ford being deftroyed by the dam, there will be a neceffity to build a bridge over the *Devon*, probably at *Sauchie*, as there is a good foundation and a quarry at hand, which will coft 200 *l*. if fo, the expence of the fecond method will remain 3818 *l*.

3dly. If the firft method is ufed, the expenditure of water from the *Tillicoutery Dam*, which fupplies *Sauchie* engine, will be increafed by the confumption of the *Sauchie* and *Collyland* coals, which in the fecond method would embark in the river above the *Coble Crook Dam*, and would wafte none of the water belonging to the *Tillicoutery Dam*; and it muft be remembered that the *Sauchie* engine can on no account give up any water which it has or may have occafion for, and has at prefent a right to.

4thly. The greateft difficulty attending works now to be carried on in *Scotland*, will be the want of labourers. The execution of the fecond method will not require above one-fixth part of the labourers the firft would require, becaufe the digging is as $\frac{1}{3}$ to 3, and the lockage as $3\frac{1}{2}$ to 20.

5thly. As the *Lint Mill* and *Tillibodie Mill Dams* have been proof againft the greateft floods, it may be prefumed that the *Coble Crook* work, which is better placed, and will be better, will be equally fafe, and will be a fecurity to the works below.

Query 1ft. Upon the whole of thefe confiderations, does Mr. SMEATON admit the deduction of his work at A, and it's expence 975 *l*. Does he recommend the canal from *Sauchie* to *Tillibodie Bridge*, or the river from *Sauchie* to the *Lint Mill*; and if the latter, would he place the lock at *Coble Crook*, or at any fituation above it, in which cafe the *Coble Crook Ford* muft be deepened?

Propofition

Propofition 2d. Mr. SMEATON propofes to carry up the navigation from *Sauchie to Tillicoutery Burn Foot* by canal, to raife the river by a dam to fupply that canal, to crofs the river and lock up into a cut on the north fide and on the level of *Tillicoutery Dam*, to repafs the river above *Tillicoutery Dam*, and lock' up into a cut on the level of the tail-race of the *Rack Mill*, and in that cut to proceed to *Mellock*, and for thefe operations he makes the following charge:

	£.	s.	d.
From *Sauchie* new engine to *Tillicoutery Burn Foot*, - - - - -	1304	11	0
From thence, through the river, to the next cut, - - - - -	703	7	0
Cut into *Tillicoutery Dam*, - - - - - - -	729	19	0
Cut from thence to *Mellock Foot*, - - - - - -	1044	3	0
Towing Path, at 15 *l.* per mile, for 2½ miles, - - - - -	37	10	0
	£. 3819	10	0

It is fubmitted to Mr. SMEATON, whether the following method would not be preferable, for the following reafons, viz. To enlarge the *Sauchie* aqueduct to the fize of a canal from the *New Engine* acrofs the road leading to *Tillicoutery Bridge*, to carry it either on the fame level as far as *Mellock*, being 2 miles and a half, and there raife it by a lock to a level of the tail-race of the *Back Mill*, and continue it from thence the fpace of 1 mile further to the tail-race of the faid mill, or by placing the lock nearer *Tillicoutery Bridge*, and raifing the level of the canal earlier, as may be thought moft convenient;

1ft. Becaufe this work will be entirely out of the reach of the higheft floods, and the works at *Tillicoutery Burn Foot*, the moft precarious and expenfive, in point of repairs, in the whole navigation, will be faved, and the price of it being 703 *l.* will probably more than anfwer the extra expence of carrying a canal along the fouth bank of the river, betwixt *Tillicoutery Bridge* and *Tillicoutery Dam*, where the ground is more narrow and difficult, as well as the additional length of canal beyond Mr. SMEATON's calculation, amounting to 6 furlongs, which, it is apprehended, will require lefs expence in digging and in land than the fhorter place, which is propofed to run through ground much more valuable, and to be cut much deeper within foil, efpecially betwixt *Sauchie* and *Tillicoutery Burn*.

2d. Becaufe by keeping the canal 20 feet above the level of the river at *Hennies Burn*, it may be, with the fame expence, communicated by locks at that point, as if the lockage had been difperfed along the whole courfe of it; and if either money or

hands

hands fhould fall fhort, the execution of thefe 20 feet of lockage might be poftponed, and an immediate communication opened, for the time being, betwixt boats coming up the *Devon,* as far as *Sauchie* from the *Forth,* and boats coming down from the *Rack Mill* to *Sauchie,* till the junction is compleated by locks.

3d. Becaufe, by carrying up the navigation 1 mile beyond *Mellock,* no additional lockage will be incurred, as the lock neceffary is marked in Mr. SMEATON's plan, and the expence included in his eftimate; fo that the additional expence will be no more than the digging, land-bridges, and towing-path of 1 mile, amounting, according to Mr. SMEATON's eftimate, to 769*l.* and the benefit of water carriage will be communicated to *Dollar* and the country above it, as there is now a bridge at the *Rack Mill,* and to the *Blairngon Colliery,* to which a road for the carriage of coal may eafily be made; and it is fuppofed that the produce of that colliery, whether carried to the fea or to the north country, would go down the *Devon,* which would both increafe it's produce and raife it's tolls.

Query 2d. Is Mr. SMEATON of opinion, that the navigation ought to be carried up to *Mellock* in the manner above defcribed, keeping the fouth fide of the water the whole way, and that the expence will not exceed the above eftimate of 3819*l.* 10*s.* ? That it ought alfo to be carried up to the *Rack Mill?* and that the additional expence will not exceed 769*l.*—in all 4588*l.* 10*s.*? To which fuppofing 3818*l.* to be added, for the fpace betwixt *Cambus* and the *Sauchie,* the two fums will make 8406*l.* 10*s.* and with 843*l.* 10*s.* for extraordinaries, the whole expence of the navigation from *Cambus* to the *Rack Mill,* for boats drawing 3 feet water, will amount to 9250*l.* according to the principles of Mr. SMEATON's eftimate.

Query 3d. As the boats defcribed by Mr. SMEATON, drawing 3 feet water, are only fit to go down the *Forth,* as far as *Carron,* with which the *Devon,* as both their produce in coal cannot have much intercourfe, it is defirable that a foot of additional depth fhould be given to the works below *Sauchie,* in order that they may be paffable for boats drawing 4 feet water, 13½ feet wide, 42 feet long, and carrying 25 tons; fuch boats being conftructed in the *Clyde,* for the navigation of the highland feas, and therefore fuppofed fit to go to *Leith,* and in fummer to the north country. Query, What additional expence would this alteration coft? It is fuppofed, that if a foot were to be added to the *Lint Mill* and *Tillibodie Mill Dams,* the river would ftill be within foil, and would require no banking, and, if fo, that a foot more water would be be thrown into the two cuts without any farther expence for extra digging, and that in the river there is a sufficient depth.

Query 4th. What would be the expence per mile of deepening the canal 1 foot between *Sauchie* and the *Rack Mill?*

Query 5th. The ground being favourable for cutting a canal, on a dead level, from the *Lint Dam* to *Stirling Bridge*, where it might be communicated, by a lock or locks of 11 feet fall, with the *Forth*, it would be proper to include this circumstance in the act of Parliament, because not only all the coals for the north country fale would be conveyed by it to *Stirling Bridge*, but also the *Upper Forth* boats coming to the *Devon* for coals would lock up at *Stirling Bridge*, rather than *Cambus*, as they would fave near 12 miles each trip; the expenditure of water would be diminished rather than increafed, because the lockage is not computed at more than one lock-full per day. The coals for the north country and for *Stirling* would wafte no water, which they muft do were they to go down the *Devon* and up the *Forth*, and the boats coming and going from and to *Craigforth* would wafte the same water, whether they entered the canal at *Stirling Bridge* or the *Devon* at *Cambus*. Mr. SMEATON eftimates 2 miles of canal between *Menftrie Bridge* and *Alloa*, at 2400*l.* and the lockage from the level of the former into the *Forth* of the latter, at 1100*l.*—in all, 3500*l.* Query, The height being the fame, and the diftance one third greater, is not 4700*l.* an adequate price for the branch from the *Lint Mill Dam* to *Stirling Bridge*, being 3 miles in length, and for the lockage into the *Forth?* viz. together with the former fum of 9250*l.* would make in all 13950*l.* for the navigation of the *Devon*, and for the branch to *Stirling*.

PERTH

PERTH BRIDGE.

MEMORIAL for Mr. SMEATON.

August, 1763.

THE Juftices of Peace for the county of *Perth*, at their quarter feffions in May laft, having entered into feveral refolutions to promote a fcheme for building a bridge acrofs *Tay*, at or near *Perth*, did, among others, appoint a committee of their number to meet with and confult Mr. SMEATON on this fubject.

Thefe gentlemen now take this opportunity of applying to Mr. SMEATON, that he will vifit and infpect the river at and near the town of *Perth*, and report to them the proper place for erecting fuch a bridge, paying alwife a particular attention to the fafety of the town of *Perth* and the adjacent grounds, as well as the bridge.

He will be pleafed, at the fame time, to confider how far a ftable bridge, of any other materials than ftone, can be conftructed, fo as to anfwer all the requifite purpofes of carriages, &c. and be made more properly adapted to the fituation and rapidity of the river and fafety of the town.

As Mr. SMEATON will fatisfy himfelf as to the meafures of the breadth of the river at the different places, it is only neceffary to obferve, that the land-floods often fwell the river, with great rapidity, 14 feet higher than the water is in fummer, and that the ftream-tides flow to the height of 8 feet, or thereby, oppofite to the *North Key*, where the former bridge was built, and that the bed of the river is generally hard gravel.

If Mr. SMEATON fhould approve of the fcheme, and determine on the fituation, it will be proper that, with conveniency, he make a plan of fuch bridge as he fhall judge moft eligible; for which plan, and his trouble in vifiting the river, the committee will properly gratify him.

The

The REPORT of JOHN SMEATON, Engineer, concerning the practicability of building a bridge over the river *Tay*, at *Perth*, in anfwer to a memorial thereupon addreffed to his confideration by the committee of Juftices, bearing date Auguft, 1763.

HAVING, purfuant to my inftructions contained in the faid memorial, examined the foundings of the river *Tay*, at and near the town of *Perth*, in the month of Auguft laft, as well as other circumftances relative thereto, I am of opinion as follows :

1ft. That from the rapidity of the river, and the quantity of ice, faid to come down the fame in winter, that though a bridge may be built of timber fufficient to anfwer the purpofe for a number of years, yet, to give the fame the neceffary degree of ftability, will, in it's firft erection, be near as expenfive as if built with ftone, and, from the perifhablenefs of the materials, be fubject, in the courfe of a few years, to great and expenfive repairs ; and withal confidering that this is a part of the country where good workable and durable ftone is cheap, and good oak timber dear, I can by no means recommend a bridge of any other materials than of ftone.

2d. I am of opinion, that it is practicable to build a durable and ufeful ftone bridge at or near the town of *Perth*, and without any danger or hazard to the town likely to arife therefrom, provided it be conftructed with a fufficiency of water-way.

3d. I am of opinion that two of the moft proper places for the fituation of a ftone bridge is either in a right line with the *Town Street*, nearly where the old * bridge was erected, or a little above the town, from the *Tenter* in the *North Inch* to the oppofite fhore in *James Biffett*'s garden.

4th. Of thefe two places, I prefer the latter, on account of lefs difficulty and lefs expence ; for though the river is wider at the latter fituation than at the former ; yet, as the depth is confiderably lefs, the expence and hazard of making coffer-dams for laying the foundation of the piers, will be very confiderably greater oppofite the town than at the *North Inch* ; and the expence of making dams and clearing the foundation will

* Built by *John Mylne*, and fwept away (in 1621) by a mighty inundation.

be

be further enhanced by the remainder of the old piers, all or most of whose foundations probably remain in the river.

5th. In consequence of this preference, I have made a design for a stone bridge to be erected from the tenter at the *North Inch* to the opposite shore, which accompanies this report, and have also annexed an estimate of the expence; the width of the river here I make to be about 653 feet.

6th. It is to be remarked, that it appeared to me, from sounding, that the bed of the river was every where a firm gravel, sufficient to support the weight of such a bridge as I have proposed; but from information I learnt, that, in digging near the river, there is every where a stratum of sandy clay, laying about 4 feet under the bed of the river, and about 4 feet thick: now, as some excavation in the bed of the river will be necessary, this will reduce the upper crust of gravel so thin, that the stratum of sandy clay, being of a yielding nature, the bridge cannot with safety be trusted upon it without piling, nor even with piling so securely; nor can it be done at so small an expence as by carrying the foundation down to the surface of the under-bed of gravel, which is said to reach to an unknown depth. For these reasons, I have supposed the foundation of the bridge to be laid 8 feet under the bottom of the deepest part of the river, where the bridge is proposed to be fixed, and have estimated the expence accordingly; but if it should turn out, on boring or digging, that the upper stratum of gravel is considerably *thicker* than here supposed, or that no such stratum of sandy clay subsists at this place, then a considerable expence will be saved, the foundation being here supposed to be laid 10 feet under the surface of the river at low water in dry seasons. On this account, I would advise the foundations to be tried before any thing definitive be determined.

7th. It is to be further remarked, that the prices in the following estimate are such as are usual for such kind of work in this part of the kingdom, and such as I apprehend it may be done for at *Perth*; but, for further satisfaction, if the committee please to order my estimate to be drawn out, with the quantities there inserted, without the prices, they will have an opportunity of having the sentiments of the workmen of the country thereupon, by causing them to fill up the same; only regarding the coffer-dams, as the method therein proposed cannot be explained without models, nor indeed successfully practised but by a person experienced therein; their sense thereupon will be best had, by stating the internal circumference of the dams, and that they are, at a medium, to pen out 6 feet water: the committee will thereby come at the cost thereof in such method as the workmen themselves would propose; but, as the method is put in daily

practice

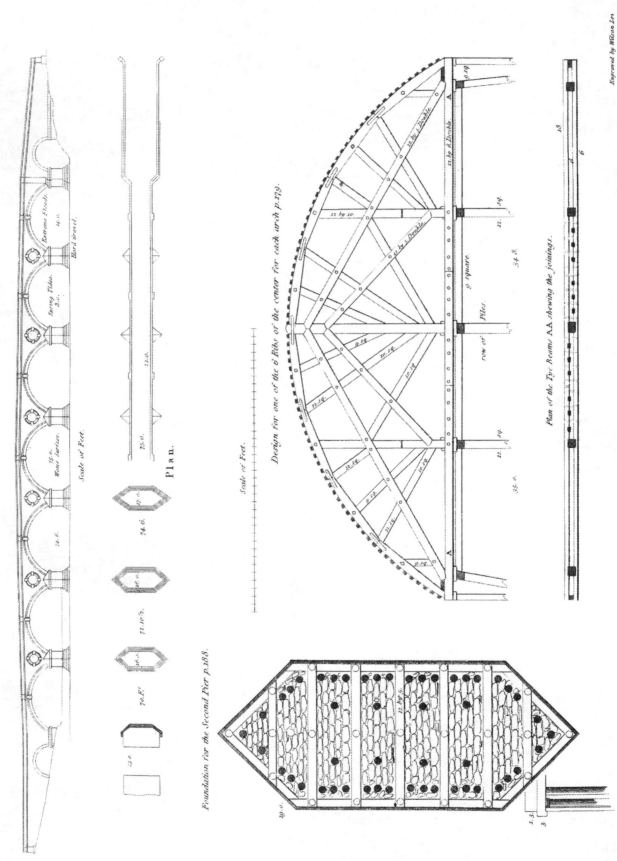

ELEVATION of the SOUTH FRONT for a STONE BRIDGE over the RIVER TAY at PERTH.

Plan.

Scale of Feet.

Design for one of the 6 Ribs of the center for each arch p.179.

Scale of Feet.

Plan of the Tye Beams AA shewing the joinings.

Foundation for the Second Pier p.188.

Published August 12 1800, by Longman, Hurst, Rees, & Orme, Paternoster Row, London.

Engraved by Wilson Lowry

practice here, the committee may depend on it's being practicable, and at the prices stated, unless there is a material difference in the value of timber and labour here and at *Perth*.

ESTIMATE for erecting a Stone Bridge over the river *Tay*, at *Perth*, from the *Tender* at the *North Inch* to the opposite shore; to have 7 principal arches, extending 605 feet 9 inches, and in the whole length 893 feet; to be 22 feet in the clear, within the parapets, and to have a walking path on the south side of 4 feet wide.

By JOHN SMEATON.

COFFER DAMS.

THERE being, according to my information, a stratum of hard gravel at the depth of 8 feet below the bed of the river, I propose to found the piers immediately thereupon, without piles or grating; and in order to come at this foundation, as the river will not in it's low state be above 2 feet deep of water, and does not rise at ordinary spring tides more than 8 feet above this mark, and at neap tides little worth regarding, I reckon that a dam, capable of holding out the water 4 feet above it's low state, will enable the workmen to work nine or ten days successively between each spring tide; and I apprehend a dam of this height will not only be constructed at a much less expence, but be less subject to hazard, than if raised so as to pen out the spring tides; this dam to have a sluice upon it, to let the water in and out, as occasion shall require; and, for the more safe and ready excavation of the matter, I propose the dam to be placed at a medium 16 feet distant from the base of the pier, and to be of an elliptical figure, the better to resist the tides and floods.

	£.	s.	d.
To 26 gage piles, of 10 feet long, at 10 s. each, - - -	13	0	0
To 2328 feet superficial of plank piling, 9½ feet long, at 1 s. 2 d. -	135	16	0
To 122 cube feet of timber, in string pieces, for supporting the pile heads, at 3 s. - - - - - - - - -	18	6	0
To extra work, in making a sluice for letting the water in and out, -	2	10	0
To timber work in one coffer dam, - - - - - - £. 169	12*	0

* In the estimate delivered in, this number was by mistake called 2 instead of 12 s. and the dependent sums being less accordingly, made the articles of the coffer dams be 724 l. 2 s. instead of 726 l. 2 s.

		£.	s.	d.
Brought forwards,		169	12	0

	£ s d	£.	s.	d.
To pile shoes, for 26 gage piles, at 1 *s.* each, - - -	1 6 0			
To plank pile shoeing, 245 running, at 6 *d.* - - - -	6 2 6			
To 25 bolts for the string pieces, at 2 *s.* each, - - -	2 10 0			
To extra iron-work about the shuttle, and contingencies, - -	2 0 0			
To iron-work about one coffer dam, - - - - - - -		11	18	6
A coffer dam complete, - - - - - - - -		181	10	6
The materials for the first pier is supposed to be of half value toward each succeeding pier, which will therefore be No. 6. at 90 *l.* 15 *s.* 3 *d.* each, - -		544	11	6
Coffer dams for the whole - - - - - -		726	2	0

Excavation and drainage.

	£ s d	£.	s.	d.
To excavation of the matter 722 yards, at 6 *d.* comes to, each pier, -	18 1 0			
To drainage of the water, supposed equal to 50 days, at 20 *s.* per day, per pier, - - - - - - -	50 0 0			
To excavation and drainage of 6 piers, the 2 abutment piers, and foundation for the wing walls, being supposed equivalent to 2 piers, the whole will be equivalent to 8 piers, at 68 *l.* 1 *s.* each, - -	68 1 0	544	8	0

Masonry in the piers and abutments below the springing of the arches.

	£ s d	£.	s.	d.
To 1080 feet superficial of ashler in each pier below water, at 7 *d.* -	31 10 0			
To 1176 ditto above water, at 8 *d.* - - - -	39 4 0			
The whole pier, in solid, contains 467 cube yards, including labour, carriage, tarras mortar 6 inches in the outside joints, and all materials, at 5 *s.* per yard, - - - - - -	116 15 0			
N. B. The ashler being at least 20 inches bed, and cubed into the solid, at 5 *s.* per yard, is supposed to pay for the tarras mortar and extra labour in setting thereof. - - - - - -				
To capping the pier with solid blocks jointed between the springer stones, 600 cube feet, at 6 *d.* - - - - -	15 0 0			
To capping the ends of the piers 148 feet superficial, at 8 *d.* - -	4 18 8			
To 6 piers, and 2 abutment piers, each reckoned as a pier, that is No. 8, at 207 *l.* 7 *s.* 8 *d.* - - - - - -	1659 1 4			
To walling-in the west land stool to bring it up to the springers, to be at a medium 5 feet thick, containing 490 cube yards, at 5 *s.* - -	122 10 0			
To hammer-dressing that part of the wall that comes in view below the plinth, containing 666 feet superficial, at 1½, - - -	4 3 3			
To working the plinth, being before reckoned as solid, containing 990 feet superficial, at 3 *d.* - - - - -	12 7 6			
To 78 cube yards of masonry in the east land stool, to bring it up to the height of the springers, at 5 *s.* - - - -	19 10 0			
To setting under the west abutment arch to prevent the water from affecting the foundations, 1353 feet, at 4 *d.* - - -	22 11 0			
Masonry in the piers and abutments below the springing of the arches,		1840	3	1

Centering for the arches.

To timber in one rib, 416 cube feet, and for 6 ribs - 2496 cube feet.
To timber in 30 bearing piles, and 5 capt-trees for support-
ing the ribs, - - - - - 750
To stays and bracings between the ribs to keep them upright 75
To covering for the centers in square scandings - - 525
To additional work to make the centers fit the larger arches, 188

	£. s. d.	£. s. d.
To timber in a center compleat, at 3 s. per foot, - 4034	605 2 0	

To ironwork in the six ribs, 1852 lb. at 5 d. - £. 38 11 8
To ditto in pila-shoes and hoops, 662 lb. at 5 d. 13 15 10
To spikes, nails, and other contingent articles, - 5 0 0

To ironwork for one center, - - - - - 57 7 6

		£. s. d.
To one center compleat, - - - - - -		662 9 6
To a set of piles and cap-pieces ready prepared for driving in the second arch before the first center is struck, containing 750 feet, at 2 s. - - - - -		75 0 0
To 5 booms, containing 375 feet of timber, at 2 s. to be fixed as struts between the piers of the second arch, while the center is taking down from the first, and putting up in the second,		37 10 0
To taking down the center, drawing the piles, driving ditto, and setting up the center six times, repairing and making good what is wanting, at 9 d. per foot solid upon the tim- ber, which being 4034 feet, comes to 151 l. 5 s. 6 d. each time, and for six times, -		907 13 0
To taking down and putting up the booms five times, at 6 d. per foot, - - -		46 17 6
To centering for one of the small arches, at 1 l. per square, - - - -		20 0 0
To taking down, removing, and setting-up ditto in the other arch, - - -		5 0 0
Centering for the bridge, compleat, - - - - - -		1754 10 0

Masonry in the superstructure.

		£. s. d.
To 15850 feet superficial in the soffite of the main arches, being three feet thick, set in place, and mortar included, at 20 d. - - - - -		1320 16 8
To 2000 feet superficial in the soffite of the abutment arches, at 12 d. - - -		100 0 0
To blocking up the spandrils of the arches solid, 6 feet high, containing 473 cube yards, at 5 s. - - - - - -		118 5 0
To cube masonry in the spandril walls, abutments, and wing walls, from the top of the piers to the top of the cordon, containing 3776 yards, at 5 s. - - - -		944 0 0
To hammer-dressing the plain superficies thereof, containing 33984 feet, at 1½ -		212 8 0
In the parapet 11856 feet superficial on both sides, being 15 inches thick, stone, workman- ship, mortar, and setting ditto, at 6 d. - - - - -		269 8 0
To 18382 feet superficial in the faces of the arches, bands, and keys, the cordon, mutules, capping, and pedestals, which being before reckoned in solid, except their projecting parts and all square work, I put at 4 d. per foot, - - - -		306 7 4
Carried forwards		3271 5 0

	£.	s.	d.
Brought forwards -	3271	5	0

To 2160 feet superficial in the 12 eyes, and 640 feet in the terminating pillars, in the whole 2800 feet superficial of circular work, (being before included in the folid) at 6*d*. - 70 0 0

The walking-path, being 4 feet wide, contains 3641 feet superficial, ftone, working, and laying, at 7*d*. - - - - - - - - 106 12 0

Mafonry in the fuperftructure, - - - - - - - 347 17 0

GRAVEL.

To 10948 cube yards of gravel to fit up the fpandrils and wing walls, and form the road, at 9*d*. per yard, - - - - - - - - - - - 410 11 0

N. B. No part of the road is confidered except what falls within the walls of the bridge.

CONTINGENCIES.

To piling engines, pumps, and other utenfils, fupervifal, unforefeen accidents, and expences, 1000 0 0

ABSTRACT.

	£.	s.	d.
To coffer dams, - - - - - - -	726	2	0
Excavation and drainage, - - - - - - -	544	8	0
Mafonry in the piers and abutments below the fpringing of the arches, - -	1840	3	1
Centering for the arches, - - - - - -	1754	10	0
Mafonry in the fuperftructure, - - - - - -	3447	17	0
Gravelling the bridge, - - - - - - -	410	11	0
Contingencies, - - - - - - -	1000	0	0
Total -	9723	11	1

N. B. In the batterdeaus and centers there will remain at leaft 5763 cube feet of timber, which, if fold for 9*d*. a foot cubic, will amount to 214*l*. 2*s*. 3*d*. befides ironwork, engines, and utenfils, which, it is prefumed, will be fufficient to make the road to and from the bridge.

The prices in the preceding eftimate includes all labour, carriage, mortar, and fetting-up in place, unlefs otherways particularly expreffed.

EXTRACT Minutes of the Truftees for building a Bridge over the *Tay*, at *Perth*.

AT *Perth*, the 26th day of September, 1765 years, at a meeting of the truftees for building a bridge over *Tay*, at *Perth*, four letters from Mr. SMEATON to the Earl of KINNOUL, dated 12th of July and 1ft of Auguft, 1764, and 9th of April and 3d of May, 1765, being read, upon confideration thereof, and of the fums fubfcribed in free gift towards building the bridge, it is the opinion of this meeting:

1ft. That the work fhall be begun next year, by raifing an experimental pier, under the direction of Mr. SMEATON, as propofed by him, and that the materials neceffary for raifing fuch a pier be prepared in due time.

2d. That Mr. JOHN ADAM, architect, is a proper perfon to be employed in preparing fuch materials.

3d. That Mr. ADAM be defired and authorifed to open, and try, proper and convenient quarries for that purpofe.

4th. That a committee be appointed to confer and treat with Mr. ADAM, and to receive propofals from him concerning fuch materials, which propofals he is defired to lay before the Committee.

5th. That the faid Committee fhall, from time to time, as they fhall think proper, report their proceedings to a meeting of the truftees, and that the clerk fhall call a meeting for that purpofe, whenever the faid committee, or any two of them, fhall defire it.

6th. That the Earl of KINNOUL; Lord GRAY; Mr. CRAWFORD, of *Errol*; Mr. GREENE, of *Balgovan*; Sheriff SWINTON; Mr. BELCHES; Provoft SIMPSON; Mr. OLIPHANT, of *Roffie*; Mr. CRAIGE, of *Dumbarney*; Meffrs. ROBERTSON, elder and younger, of *Tullibeltan*; Mr. RICHARDSON; Mr. MERCER; Mr. WOOD, Dean of *Guild* SANDEMAN; Baillie FYFE; Mr. WILLIAM SANDEMAN; Baillie RAMSAY; Baillie MARSHALL; Baillie FAICKNEY; Mr. THOMAS ANDERSON, and other Truftees that fhall pleafe to attend, fhall be of the faid Committee; and that five fhall be a quorum; and that Mr. MERCER fhall be convener.

7th. That

7th. That the clerk fhall tranfmit extracts of the foregoing refolutions to Mr. SMEATON and Mr. ADAM. Extracted from off the record of the minutes of the faid Truftees, by

PAT. MILLER, Clerk.

EXTRACT Minutes of the Commiffioners for the Bridge over the *Tay*, at *Perth*, in relation to Mr. JOHN GWINN trying the foundation, &c. and his report, 1766.

AT *Perth*, the 27th day of February, one thoufand feven hundred and fixty-fix years, federunt, the Earl of KINNOUL, Provoft SIMPSON, Mr. MERCER, Mr. WOOD, Baillie MARSHALL, Mr. WILLIAM SANDEMAN, Mr. DUNCAN, Mr. ALEXANDER FAICKNEY, Mr. THOMAS ANDERSON, and Mr. SAMUEL SAMPSON, commiffioners appointed by Act of Parliament for building a bridge over the river *Tay*, at *Perth*.

The Earl of KINNOUL chofen Præfes.

The committee appointed by the commiffioners the 26th day of September laft, gave in the following report of their proceedings, to wit,

At Perth, the 20th day of February, faiery ditto, and fixty years, at a meeting of the committee of the commiffioners for the bridge over the *Tay*, at *Perth*, federunt, the Earl of KINNOUL, Provoft SIMPSON, Mr. MERCER, Mr. WOOD, Mr. JAMES DUNCAN, Mr. THOMAS MARSHALL, Mr. ALEXANDER FAICKNEY, Mr. THOMAS ANDERSON, the Earl of KINNOUL Præfes.

The committee having communed with Mr. GWIN, the perfon recommended and fent by Mr. SMEATON, direct him to continue boring at that place, which Mr. SMEATON pointed out to be the propereft place for the bridge, according to the opinion he had formed when he furveyed the river, until he has difcovered, as well as he is able, the metals that are to be found in the bed of the river, the whole way acrofs the fame, and that he would likewife bore acrofs the river oppofite the town-houfe, and in any other part he fhall think proper to try; and that he will report to the commiffioners, at their meeting the 27th inftant, what place he in his judgment, upon full confideration of all circumftances, and upon the beft information he can get of the

ftate

ftate of the river at the different parts in the time of fpeat, thinks the moft eligible for erecting the bridge, with his reafons for fuch opinion; and that he will alfo report the particular ftate of the metals as he fhall find them at the different places by his boring, and that he fhall likewife include in the faid report a particular of the materials he fhall think neceffary in his branch of bufinefs for erecting the experimental pier this fummer, always underftanding that Mr. SMEATON is willing that fuch pier be erected in the moft difficult part of the river, and alfo what number of hands it will be neceffary for him to employ in his branch, in order to prepare every thing for erecting fuch pier as early this fpring as the ftate of the river will admit; and Mr. SMEATON's other engagements will allow him to come here for that purpofe, diftinguifhing what men he thinks it abfolutely neceffary to bring with him, and the terms upon which fuch men may be engaged, and what number of hands he would have engaged here; and laftly, that Mr. GWIN will acquaint the commiffioners at what time he propofes to return, to begin thefe preparations.

The committee order the clerk to communicate to Mr. GWIN Mr. SMEATON's plan, eftimate, and report anent the bridge, with his letters to the Earl of KINNOUL, and alfo to the clerk there anent.

The committee empower Mr. MILLER, their treafurer, to defray the expence of quarrying the ftones, and to pay Mr. GWIN fuch fums as fhall be neceffary for preparing the works which he is engaged in, and for providing materials.

The committee direct the treafurer to draw upon Mr. ANDREW DRUMMOND for fuch fums as he fhall inform him, from time to time, are in his hands, and to remit the fame to the bank at Edinburgh, with the profits of the exchange.

The committee direct the treafurer to remit to the bank fuch fums as fhall come into his hands, in the moft proper manner.

The committee appoint that thefe their proceedings to be reported to the next meeting of the commiffioners.

(Signed)   KINNOUL, P.

The clerk produced a copy of a letter from Mr. SMEATON to the Earl of KINNOUL, dated the 8th inftant, and alfo two letters from Mr. SMEATON addreffed to the clerk, dated the 6th and 10th inftant, all of which were read.

Mr.

Mr. Gwin gave in to the meeting his report, of which the tenor follows:

The REPORT of John Gwin, in anfwer to orders by him received, and appointed to his infpection and confideration at a meeting of the commiffioners for building a bridge over the river *Tay*.   February 27, 1766.

1ft. UPON founding with what inftruments was practicable to get down to prove the ftratum of matter in fundry places acrofs the river *Tay*, from *North Inch* to the oppofite fhore in James Bisset's garden, as well as the ftate of the river and metals would permit, find the ftratum of matter in the different foundings are as follow: that on founding and boring in fundry places both above and below James Bisset's garden, to the extent of about 150 feet in length up and down ftream, found a rock clofe in fhore upon an average lying upon 2 feet 9 inches below the top furface of the gravel, and extending itfelf from the fhore, towards *North Inch*, as near as I could judge, about 300 feet, before I could exactly fay I thought it left, and continued to be very level, not varying one foot in depth in the above length.   This top cruft, or fuppofed ftratum of rock or hard cemented gravel, confifts equally alike in all different places of trial by boring, and appears to be a fhaly hard confiftence for about 8 inches thick; but upon further fpeculation, to prove its confiftency of metal, found that we could force a fharp-pointed iron bar down 6 feet deep (in fome parts 8 feet deep) into the faid ftratum of fhaly matter, always obferving the bar went moderately eafy after it got through the upper cruft beforementioned, and did not begin to faften till at about 8 feet or 9 feet in general, and then it came to a matter much more firm and folid.   From this place, which is not quite the half over to the *North Inch*, the ftratum grows fomewhat fofter after we got down 7 feet from the top furface, which feems to run, on a medium, nearly on a level, it being a ftratum of found firm gravel, and then, for about 2 feet 9 inches, it appears to be a fandy gravel, (by what our rods brought up) and under that, at about $10\frac{1}{2}$ feet from the top furface, on an average, we come to a firm found gravel, as before.

Upon boring on the fhore in James Bisset's garden, in two places, at the diftance of 30 feet from the water's fide, find the ftratum of matter to be from the top furface to 6 feet deep a blue corn mold earth, and from that down $5\frac{1}{2}$ feet a quite fhear fand intermixed with a little gravel, which both together makes 11 feet 6 inches, at which depth we came at the rock, which lies nearly level, and rifing in its bed but very little up the hill.   On the *North Inch* fide on land we bored, we find corn mold earth to the depth of 5 feet from the furface, and from that to the depth of 3 feet a fharp fhear fand, then came to a loofe gravel for about 2 feet, after which it continues loofeifh to about the depth of 8 feet, at which depth it appears to be a quite folid gravel, and is all the

particular

particular fituations of the ftratum of matter confifting in the bed of the river, acrofs from fhore to fhore, at the abovementioned place, to the beft of my opinion.

2d. Upon founding the aforefaid river from the town-houfe to the oppofite fhore called bridge end, find the metals in the bed of the river as follows. Having drove a fharp pointed iron bar in fundry places up and down ftream for near 120 feet in length, but could find no place to get the bar down from the upper furface about 4 feet before it met with fome of the ruins of the old bridge, which lay fpread up and down in that channel for about 60 yards facing the high ftreet, and extending about 80 or 100 feet breadthways acrofs the river; after which, on founding from thence to about 80 feet of the oppofite fhore in fundry different places, found the ftratum of matter fo foft, as to admit a bar being forced eafily down into it 12, 14, and 16 feet, and even at that depth no folid matter appeared. The foil, from what I can judge, is a fandy clay, at about 6 or 7 feet from the top furface, which is all the particular defcription of the ftrata of matter in the above fituation, to the beft of my opinion.

3d. Regarding which of the two before-mentioned places is propereft to erect the bridge, my opinion is, that the fuitableft place for the bridge to be built near the town of *Perth*, is from the *North Inch* to the oppofite fhore, in JAMES BISSET's garden, (for reafon 1ft.) The river is more extenfive in breadth than in any other place adjacent to the town. (2dly.) In extreme floods the water having liberty to extend itfelf to a great furface, and by the intended fituation of the bridge being at a proper diftance from the mill lead, confequently will give room and fcope for a great quantity of water to iffue in there on the down-ftream fide of the bridge, which will caufe a lethe of water to conftantly be recoiling back to the bridge, and meet the currency, and thereby eafe in a great meafure the preffure and weight on the bridge. (3dly.) Its fituation in this place is much more defirable, as it is acrofs a ford, which by the beft accounts I can learn has not been known to fhift thefe many years. (And laftly.) It has been remarked, that during the late ftorms, wherein the *Tay* has difcharged great quantities of ice, which has floated up and down with the tide, it was not known that fcarcely any ice went up above the faid ford, but has been known to gorge up the river in different places to an almoft incredible height below the faid ford, particularly at or nearly oppofite the town-houfe, which would be a very great obftruction to the water-way in a flood time, provided the bridge was pitched upon to be built acrofs this part of the river; befides, another reafon in my opinion againft this fituation not being fuitable is, that the river is more contracted from fhore to fhore, it being but 567 feet acrofs from the town-houfe wharf to THOMAS TYFF's houfe, befides its bounds are fhorter than that, as much as it is acrofs from the wharf fide to his houfe, which is 34 feet, which reduces the water-way fo much lefs; and (3dly,) on continuing the proper length of the bridge, find that according to plan the bridge foot will terminate above 50 feet above *Waller Gate Street*; which will render the low rooms of the dwellings contiguous thereto invalid, by the bridge being fo high above them on both fides, fuppofing all other circumftances agreed with its fituation.

4th. Regarding the part of the river in which the firft pier fhould be fixed, am of opinion, that one of the center arch piers will be as difficult as any, for reafon, if we are to go down to that lower bed or ftratum of hard gravel, it will be a difficult matter to drain it, for the getting out the excavation and foundation laying, or the third pier heareft the bridge end fhore, it being the deepeft water there.

5th Regarding the quantity and quality of fundry materials in timber neceffary for the erection of one pier, in making a coffer-dam and pumps and engines, and all other materials, &c. fuch as tackles and fhear-poles for the mafonry, and hand and wheel barrows for the excavation, and likewife, in cafe the pier fhould be ordered by Mr. SMEATON to be piled in the foundation, the ftuff wanted will be as followeth: for the coffer-dam and other ufes 2274 cube feet of oak and elm, and 150 cube feet of *Riga* timber, about 200 fuperficial feet of afh plank for barrows, about 15 *Affar* baulks, 20 feet long, for ftages, and tackle poles, &c. about 30 *Dantzick* 3 and 4 inch planks, 20 feet long, for ftages and runs for the barrows in the excavation, likewife about 30 inch and half *Dantzick* planks for engines, and pumps, &c. about 14 or 16 feet long; and laftly, if it comes to be a timber foundation, (not that I pretend to know in what manner Mr. SMEATON will pitch on it to be done,) but only in cafe it fhould fo happen that he thinks it neceffary; in fuch a cafe, I have made a rough calculation what ftuff we fhould have in readinefs againft fuch thought as may to him feem beft, which appears it cannot be lefs than 1000 cube feet of oak and elm, though I think it would be full enough, only it would be proper to have fome to turn our hands on.

Regarding what number of my workmen I think neceffary to bring with me from *England*, I intend to bring two men and my apprentice. As to terms, Gentlemen, as they will be employed in your fervice about five months, or nearly fo, and then have to go home back again, I think I cannot engage them otherwife than at 14*s*. per week each man, and the apprentice to be 7*s*. with their time and moderate expences on the road going and coming paid them.

7th. Regarding the quantity of other workmen neceffary in my branch for carrying on the pier, to be affifting with my men, I think four carpenters and ten labourers will
be

be fufficient for the expediting the work; but the latter will not be wanted till we begin to take off the water.

With the bleffing of God, if I continue in good health, I propofe to be at *Perth* in fix weeks time, from the fetting off on my journey to my coming again, provided all materials, or part to begin, be got to a proper place to work, upon notice, which I prefume will be fent; and I think, if agreeable to you, Gentlemen, that Mr. SANDE-MAN's faw-mill will be the propereft place to work up the materials, as the ftuff may be fawed by the mill and worked up there, and then fent down to the work by water as wanted, and not be liable to be any of it loft by floods.

Signed,   JOHN GWIN.

Which report being read, the Commiffioners direct Mr. GWIN that he will immediately, upon his return to *England*, communicate the faid report to Mr. SMEATON, and defire Mr. SMEATON to afcertain the materials which he fhall think moft proper and neceffary for the timber work that is to be prepared for erecting the experimental pier; and that he would, as foon as poffible, tranfmit to Mr. PATRICK MILLER an account of the materials fo afcertained by him.

The Commiffioners approve of Mr. GWIN's terms upon which he propofes to bring down from *England* the two workmen and his apprentice.

The Commiffioners recommend it to Mr. GWIN to regulate his return fo that the neceffary preparations may be ready at the time it will fuit Mr. SMEATON's convenience to be here; and they direct their clerk to deliver to Mr. GWIN a copy of their minutes in fo far as relates to his report.

Extracted from the records of the faid Commiffioners by me

PAT. MILLER, Clerk.

DESCRIP-

DESCRIPTION and METHOD of fixing the foundation of the second pier of *Perth Bridge*, according to the plan.

Method of fixing the coffer-dam.

THE gravel turning out harder than was expected in the last pier, and it taking up much time in driving the piles of the coffer-dam down to their proper depth, and also finding them very difficult to draw, and much shattered when drawn, I propose for this pier that as many additional piles be procured as will set the whole at the distance of 9 feet from sheeting of the base of the pier, and to drive them no farther than to fix them firm in the ground, which if that happens at 2 feet will be sufficient. The dam being then compleated to its proper height, in order to guard against filteration of the water under the bottom of the piles, I propose to throw in all round on the outside a quantity of gravel and corn mold earth mixed together, so as to lay rather sloping against the piles, and extending about 6 feet all round: the gravel being mixed with the earth, will not only augment its quantity, but prevent its being carried away by the stream, the use of the earth being to choak up the chinks and pores of the gravel upon the bed of the river. I apprehend about a cube yard of compound matter, to a yard running, thrown in, will be sufficient, observing to begin the work at the salient angle up stream, and proceeding gradually downwards on both sides, closing at the salient angle down stream.

Method of making the excavation.

The pumps being fixed, and the water pumped out, begin the excavation no larger than the base of the pier, and having got down a space in the middle to its proper depth, increase it in width and length till the area is clear for driving the piles upon which the foundation frame is intended to rest, and no more, leaving the matter on the outside of that area to form its own slope toward the coffer-dam, so that the rest of the area will be left solid, to support the sheeting of the dam; and if any part seems feeble, or likely to give way, let it be strengthened by driving piles for supporting slate on edge, as the nature of the ground and circumstances shall shew to be necessary, observing, in beginning the excavation, that the matter be thrown out all round, so as to secure and strengthen the matter first thrown on the outside of the dam.

The depth of the excavation will be found by the following rule. It must at least be excavated 3 feet at a medium below the natural surface of the gravel where the pier stands;

ftands; but if this does not carry down the bafe of this pier within 2 feet of the level, at which the bafe of the firft pier was fixed, let the depth of the excavation be increafed till it is within 2 feet of the former depth.

Method of fixing the foundation, according to the plan.

The excavation being made, as far as is above directed, let the 21 piles, upon which the frame refts, be driven into their proper places : thefe piles are to be 10 inches heads, and of 6 feet long, fuppofing the gravel of equal ftrength with the laft, but if there is any reafon to fuppofe it ftronger or weaker, the length above mentioned fhould be increafed or diminifhed. This being done, and the pile heads reduced to a level, lay down the frame thereupon, which I fuppofe to be ready prepared in the yard, with the tye beams ready fitted with dovetails thereto, and being trenailed down upon the refpec-tive pile heads, proceed to drive the fheeting piles, which may be of oak, elm, beech, or fir, as can beft be got. I fuppofe them to be of 6 feet long; they may be driven pla n, as fhewn on one fide, as was done at *Coldftream Bridge*, but would be preferable if e-bated, as fhewn on the other half. The choice of the method depends on circumftances ; if, from experience of the other pier, they are like to drive regular, without tearing of the rebates, by meeting with great ftones, &c. then they will both drive more regular, and hold firmeft by being rebated, but if they are apt to fplit, then it will be as well to fave that time and labour, by making them plain, and more efpecially fo if the dif-ference of expence in workmanfhip, or hindrance of time in doing it, is likely to be a material object, in that cafe the rebating may be omitted.

N. B. If driven plain, the breadths of the piles are not material ; but if rebated, nar-row piles will enhance the workmanfhip in preparing. In order to fave timber (and efpecially if fir piles are made ufe of, it will be much ftronger) I propofe to groove the piles on both fides, and to nail in the tongue, which, if fir piles, may be of harder wood; the beft proportion for fir piles would be to make the tongue $1\frac{1}{4}$ inch thick, and $1\frac{3}{4}$ broad, to be let $\frac{3}{4}$ into the fide where it faftens, and to ftand out 1 inch ; but this may be done according as the tools already prepared may fuit, there being no need to make new ones on purpofe.

The tops of the fheeting piles being reduced to a level with the ftring pieces (and fpiked thereto as they are driven) the outfide muft be reduced to a regular breadth, fo as to take the notched ftones in a line. This being done, the reft of the bearing piles muft be driven, beginning with the outfide rows, and cut to a level with the top of the

ftring

ftring pieces; thefe piles may be of 6 feet, more or lefs, according as the others are found to go.

The fetting muft be compleated by firft underpinning the ftring pieces and tye beams, as firmly and *equally* as they can, by moderately driving ftones under them; and laftly, the other fpaces to be fet, and well drove down as before; but before they are rammed down, the joints of the fetting fhould be filled by fweeping in dry lime mixed with fand and fmall gravel, that when drove down the whole may be compact together.

When the pier is got above low water, I would have the matter taken out for 4 feet wide round the pier, down to the level of the top of the notch courfe, and filled with good lagging as before, ftanding fomewhat higher than the natural bed of the river, and the reft of the fpace covered with rubble to the fides of the dam.

N. B. I fuppofe the bearing piles to be fufficiently drove, when it takes 20 blows of a fufficient ram to drive an inch, and the fheeting piling to be fo when it takes 40 blows to drive the fame quantity; but the fheeting piles fhould be drove as near to a regular depth as poffible.

J. Smeaton.

Aufthorpe, April 23, 1767.

P. S. I don't mean to fet afide the ufe of fuch materials as were prepared according to the plan of laft year, unlefs utterly inconfiftent with the prefent.

PERTH BRIDGE.

Perth, October 5, 1787.

HAVING this day viewed the bridge of *Perth*, I have the fatisfaction to obferve every thing relative to it in perfect good condition, the walking path over it excepted; which, from the want of hardnefs in the ftone wherewith it has been laid, is not only much worn, but from the hard pebbles imbodied in the ftone itfelf is become very rough and uneven. For the effectual reftoration of this part, nothing would be fo compleatly durable as to remove the prefent ftone-work, and relay the fame with *Aberdeen* granite of the fame depth as the prefent. But as the prefent ftone-work of the walking path appears

to

to me to lay compleatly firm and folid, and being fhewn a fample of the *Kingudie* flat paving, which I underftand can be procured of any thicknefs, with parallel furfaces, and alfo appearing to me to be of a nature fufficiently durable, I apprehend the work may be executed in a fubftantial manner, as follows:

The ftone from *Kingudie* being procured of 4, 5, or 6 inches thicknefs, as can be moft conveniently had, and of fuch lengths as to make good the whole breadth of the walking path without a joint, but of promifcuous breadths in the direction of the bridge, I would advife to chiffel or broach off the upper furface of the prefent walking path till it comes to a regular height, and then with good mortar to lay down the *Kingudie* flooring, clofe jointed, upon it, making the joints of the flooring with the beft *Pozzelana* mortar; and in cafe there is *Pozzelana* remaining in plenty, it would be well to give the mortar wherewith the flooring is bedded an allowance of *Pozzelana*, as fuppofe, half the quantity; obferving to level the furface of the prefent mafs of ftone in fuch manner as to allow a drip or declivity from the parapet towards the carriage way of about $\frac{3}{4}$ of an inch; and alfo to make the breadth of the new flooring about $\frac{3}{4}$ of an inch fhort of the prefent breadth, fo that the tread of the carriages being taken off from rubbing againft the *Kingudie* flooring, it may remain undifturbed being defended by the folid of the prefent; and in the fame way the walking path may be fet with *Aberdeen* granite, provided it is worked to a parallel thicknefs.

With refpect to the paving of the bridge, there is no objection to it as to the ftructure, this being merely a matter of convenience, of which thofe who from their local fituations obferve and ufe it can be the beft judges. I have only to obferve, that the *Aberdeen* granite paving is not only the moft durable of any that I am acquainted with; but, from its roughnefs, the horfes feet are the moft fteady, and hold the firmeft in drawing upon it. The blue whin is the next in degree; fo that where the blue whin is procured upon the place, I cannot think it neceffary to fend for the *Aberdeen* granite from a diftance.

Having viewed the bulwarks that have been erected oppofite the *Inch* upon the northeaft fide of the river, I am of opinion that all fuch works as crofs and interfect the ftream of the river, or interrupt the water from gliding freely away, are the means of increafing the ftrefs upon other parts, and therefore, as affecting other properties, fhould be avoided. When properties want a defence againft the incroachments of the waters, it fhould be by difpofing thofe defences at the foot of the banks, in a direction parallel to the ftream, and without interrupting its free courfe.

J. SMEATON.

CHRISTCHURCH HARBOUR.

The REPORT of JOHN SMEATON, Engineer, upon the harbour of *Chriſtchurch* in *Hampſhire*, from a view thereof taken the 20th and 21ſt of May, 1762.

THE harbour of *Chriſtchurch* is ſituated in the bottom of a deep bay, formed between the iſles of *Wight* and *Purbeck*, and at the mouth of the two large united rivers *Avon* and *Stour*; the paſſage of which to ſea is between two natural points of land not much above 50 yards aſunder at low water, within which points the river forms a large inland bay or baſon, which is properly the harbour or haven of *Chriſtchurch*, and is defended from all winds: with thoſe outlines one would be naturally led to expect a good harbour, capable of receiving a number of large ſhips; yet, notwithſtanding theſe great advantages, nature has ordered it otherwiſe.

About a mile or better to the S. W. of the harbour's mouth begins an high point of land, called *Chriſtchurch Head* or *Heads*, for the coaſt, in running further to the S. W. forms another, which makes a double head, with a ſmall receſs or bay between; theſe heads, as well as a conſiderable part of the coaſt extending weſtward therefrom, ſtand bold upon the ſea, the foot thereof being waſhed by its waves at high water. Thoſe heads have formerly extended much further into the ſea than at preſent; but being compoſed of a looſe ſand, intermixed with ſome quantity of looſe iron ſtones, the action of the ſea upon the foot of theſe cliffs in time of ſtorms brings it down in great quantities, and is driven by the violence of the ſeas with wind from S. to S. W. into the bottom of the bay, and there being ſubject to no counteraction by the oppoſite winds, it has not only greatly obſtructed the bottom of the bay with ſand, but has ſpread itſelf to a conſiderable diſtance from the ſhore. It further ſeems to me that the harbour's mouth has formerly been much more extenſive than at preſent, having reached even to the heads; but the ſand gradually coming down from the cliffs, and being driven into the haven by the S. W. and S. E. winds, has gradually formed marſhes to the N. E. of the high lands, and thereby drove the mouth or channel of the river gradually to the N. E. and again, by the blowing of the ſand, left dry at low water, by the S. E. wind, it has formed a range of hommocks or ſand-hills, extending from the heads north-eaſtward to the ſouth point that now forms the harbour's mouth, and has thereby formed a natural bank, part of which ſeparates the baſon, now compoſing the harbour of *Chriſtchurch*, from the ſea. The ſands thus moving ſeem to have forced the mouth of the river as much to the

N. E.

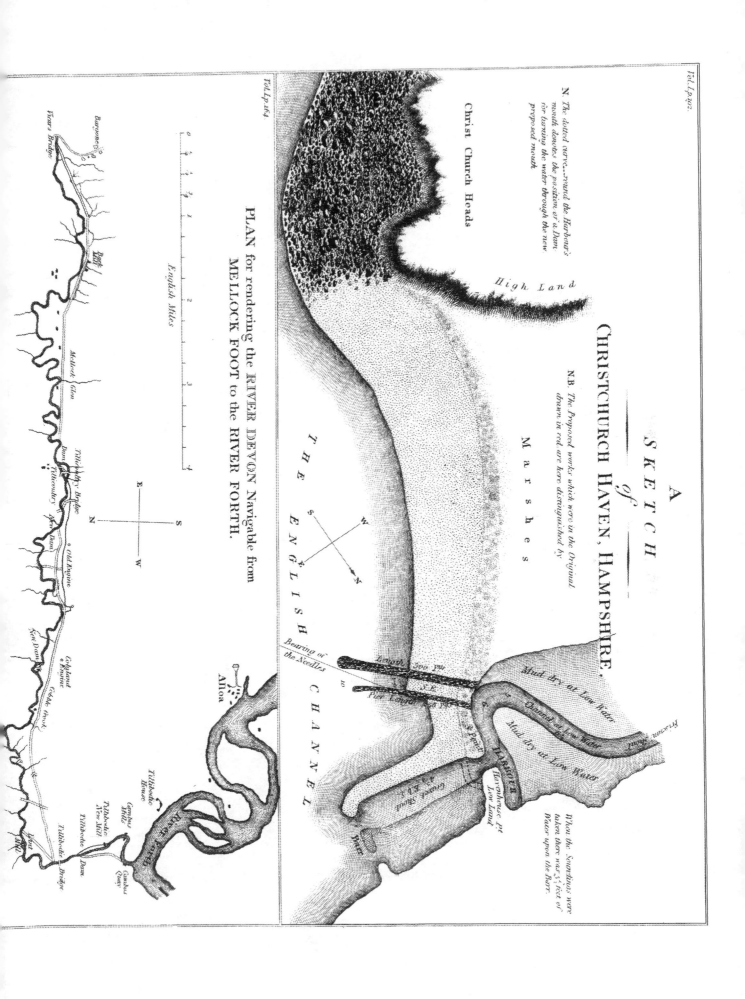

N. E. as they well can be; and undoubtedly the whole had been long ago shut up, had it not been for the powerful re-action of the fresh waters continually pressing toward the sea from the two rivers aforesaid, which, in wet seasons, as they drain a vast track of country, must be very considerable; and indeed, by the power of such a collection of fresh waters, great things might be done, did not nature throw out another rub in the way, and that is the small flow of the tides at this place.

The great depth of this bay from the main channel tide, the shoalness of the waters occasioned by the sands beforementioned, and the distraction of the current in going different ways round the Isle of *Wight*, I look upon to be the most probable cause of the smallness and irregularity of the tides here. It is not reckoned that the spring tides rise more than from 5 to 7 feet, and the neap tides from 4 to 6; so that it sometimes happens that the neap tides are higher than the springs, depending much upon the course of the winds; the tides are said to be highest with a S. E. wind, and least with wind at N.

I am also informed, that three hours after the regular time of high water, when the main tide in the channel begins to set towards the west, a second tide is formed in this bay, which is generally highest at neap tides, and that the ebb between the two tides is from 8 or 9 inches to 18; which second tide, proving a check of the reflowing power of the land waters, tends to weaken their force in getting to sea.

From the circumstances before described, viz. the flatness of the bottom, the constant motion and increase of the sands, and smallness of the tides, I cannot flatter the inhabitants ever to expect an harbour at *Christchurch* of any great depth or capacity; yet, at the same time, it seems to me capable of great improvement, as will appear from a further description.

Between the points I found a considerable depth of water, but as the width of the channel greatly enlarges without the points, the depth diminishes, and at the distance of about 200 yards an hard gravel shoal is formed, and still further out the bar. From the points to the bar the channel lays E. by S. and from the S. point there runs out a sand, which is dry at low water, and extends from the said point on the S. side of the the channel, and in a parallel direction thereto, as far as the bar. This view was taken on the second and third days before the change of the moon, so that the spring tides were scarcely set in.

At this time I found 16 feet water between the points, 4 feet 9 inches upon the gravel shoal, and $5\frac{1}{2}$ water upon the bar, and in the road, which lays about half a mile further out in the fame direction, 16 feet water; the bottom is faid to be a ftrong blue clay, the *Needles* bearing S. E. by S. and *Chriftchurch Heads* S. W. and juft open one with the other. Within the points the channel turns S. W. by the fide of the hommacks before-mentioned, and from 16 feet, as it is between the points, comes to 7, 6, and 5 feet.

Chriftchurch Quay lies about two miles up the river from the harbour's mouth, between which there are the following fhoals, beginning at the harbour, viz.

Frifcum Shoal, water thereon 4 feet 9 inches, (when $5\frac{1}{2}$ at the bar as above) a loofe gravel or fhingle 2 feet deep, then turns harder. *Ganbury Shoal,* 5 feet water, bottom foft mud and fand. *Saltmard Corner,* $5\frac{1}{2}$ water, bottom loofe gravel or fhingle. The *Pick* had 6 feet 3 inches water, and a loofe gravel or fhingle bottom. There was no other place in the river but what founded 6 feet or upwards at the faid tide.

About 1 furlong from the S. point of the harbour's mouth, towards the S. W. is run out a kind of jetty or pier in a ftraight line, compofed of round lumps of iron ftone, which have been brought from the *Heads*; its direction is S. E. and extends from high water mark 256 yards; the *Needles* bear from thence S. E. by S. fo that it is land-locked thereby a point of the compafs; its top gradually declines from the fhore towards the fea, the whole being uncovered at low water, but all or the greateft part covered at high water. Round the end of this pier I found about $7\frac{1}{2}$ feet water, and at about double this diftance from the fhore about 10 feet, (when $5\frac{1}{2}$ upon the bar) the water being rather better to the N. E. than to the S. W. of this line, the whole bottom being fand, and almoft regularly inclining from the fhore in the proportion abovementioned.

From information I learn, that the aforefaid pier or jetty was erected in the reign of King CHARLES the Second, and intended for fecuring a better paffage into the harbour, and that for this purpofe a cut was made through the hommacks, fo as to let the water through the fame out of the harbour, and fo as to direct its courfe to the S. W. fide of the pier.

This pier, it feems, was intended for the N. E. pier; another pier being defigned on the S. W. fide of the channel; the other paffage in or near the prefent place was then ftopped up with piles, &c. at a confiderable expence: this courfe was maintained for fome time, and a deep channel was made by the back waters alongfide the pier of 15 or 16 feet deep; but then the matter being depofited, and the force of the land water being fpent as foon as it quitted the end of the pier, there ftill muft remain there a bar of the fame height as the prefent bottom; however, as that bottom is at leaft 2

feet

feet lower than the prefent bar, it would make at leaft 2 feet more water into the harbour, which muft, of courfe, prove a very great improvement fo long as it lafted. But before a long time had paffed it happened that the back waters, not finding a paffage to fea fufficiently ready through this new channel, broke over, and forced themfelves a frefh paffage at the prefent place, which has ever fince continued, and the artificial one was prefently fhut up by the fea.

From a due confideration of the facts and circumftances above recited, it appears to me as follows.

1ft. That from the tendency of the land waters to open and preferve themfelves a paffage to fea at or near their prefent place, and from the tendency of the fea to fhut up any paffage made to the S. W. that the prefent courfe is beft adapted by nature to be maintained: this is further confirmed by the bottom of the road, which laying further out in the fame direction, is clear of fand; but as the diftances from the points to the bar, and from thence to a fufficient depth of water for an entry to a tolerable harbour, to which place two piers ought to be carried out to confine the land waters, and protect the channel from the driving in of the fand, in order to render the fame effectual; I fay, the great length required for fuch piers appears to me likely to be attended with too great an expence, added to the great trouble and difficulty in moving the gravel fhoal before mentioned, otherwife, in my opinion, this conftruction would be the leaft exceptionable.

2d. It appears to me that the grand miftake in the former attempt confifted in conftructing the wrong pier firft; or in other words in making the channel on the wrong fide of it: otherwife, for ought that to me appears, it might have maintained itfelf an open paffage to this day; for had the S. W. pier been built firft, or what amounts to the fame thing, had this been made the S. W. pier, by making the paffage on the N. E. fide of it, then it would not have only defended the paffage from the fands brought down from the S. W. by the action of the winds and ftorms from that quarter, but the fea, by breaking over the top of it, would have tended to have deepened the channel on the leeward fide; whereas by making the channel on the windward fide, it would tend to intercept the fands, and thereby immediately to fill up the channel, had not the fuperior force of the back water carried it out as faft as brought in; fo that I rather marvel a paffage was ever this way obtained, than that it fhould be filled up in the way it was managed.

That this muft be the cafe in fome meafure, appears from the manner in which the fand now lays contiguous to the pier; for notwithftanding it is within 2 or 3 feet of the

top,

top, yet it lays on the S. W. fide at leaft a foot higher than on the N. E. Indeed I cannot account for a conduct fo abfurd, otherwife than by fuppofing the projector imagined the fands to be immoveable, with refpect to the winds and feas, and not in a travelling ftate ; and obferving the ftrong tendency of the channel to travel to the N. eaftward, propofed to ftop it by interpofing the pier. From this attempt however, though unfuccefsful, we may learn how ftrongly the land waters acted, and what may be done by better management in the fame fituation.

The direction of the pier S. E. is very good, for veffels may fail in or out with a S. W. wind ; it could not be pointed more foutherly, fo as to give advantage to veffels going in with wind nearer weft, than they can now do, without giving advantage to the feas from S. S. E. to roll more directly in, as it would then not land-lock with the needles, but point to the open fea ; its fituation is alfo very good, as it ftands almoft direct in a right line with a reach of the river, and if a veffel fhould not make the entrance of the harbour, they will have the road to the leeward.

I would therefore advife to conftruct another pier parallel to the prefent one, but on the S. W. fide thereof, and at the diftance of about 240 feet from middle to middle ; and when this is carried out from 50 to 100 feet further than the prefent pier, then to attempt to open a paffage through the hommacks, fo as to turn the water between them, and at the fame time to divert the water from its prefent courfe at low water by a catch-dam of rough ftones, or by a compofition of piles, fafcines, ftones, &c. by thefe means a fufficient channel being procured between the two piers at low water, that channel will gradually deepen, and the prefent channel being deprived of the greateft part of the reflowing power, the fands that are now kept out by the fame will begin to clofe in, and in time will form hommacks fo as make an entire ftop at high water, and the progrefs thereof, as occafion may fhew neceffary, may be helped by art.

By thefe means the earlieft advantage may be taken of the undertaking, and veffels drawing 8 feet water may be brought in at a midling fpring tide ; and as I would advife the whole to be performed by throwing in of ftones upon the fame principles as the prefent pier has been built, the piers may be gradually lengthened, conftantly advancing the S. W. pier before the N. E. and it appears, that by extending the piers to double the length of the prefent, that is, to the length of about 500 feet, there will be $2\frac{1}{2}$ feet more water, that is, there will then at mean fpring tide be $10\frac{1}{2}$ feet water, and at neap tides $9\frac{1}{2}$ feet, which will make a very good harbour for fmall merchant fhips, coafting veffels, armed cutters, &c. And as it appears that an extenfion of about 250 feet procures

cures 2½ feet water, it follows that every 100 feet extent of the piers will procure an additional foot of water, so that the improvement of this harbour may be carried on to any extent, by gradually lengthening its piers, as time, circumstances, the utility of the harbour, and ability to execute, shall suggest.

I do not think it neceffary to do any thing to the prefent pier, till the weft pier is carried out as directed, and the water let in between them; but I would advife the weft pier never to be left till it has got above high-water. It muft at firft be made confiderably higher than high water, for as I would not advife attempting to dig away the fand for a foundation, whenever the current is turned againft it, it will fettle very confiderably, and unlefs a good body of ftone is originally laid, may fettle fo much as to make it difficult to add to the mafs at top. It is for this reafon I would not advife to make the prefent pier the weft pier, for having had a deep channel on the weft fide of it, the matter thereof on that fide had got fufficiently compacted to a due depth; but was the channel made on the eaft fide, the foundation being there fhallow, would be undermined, and occafion it to fettle afrefh, and require a large addition of materials to make it up to the fame height.

As the tides are faid to rife from 4 to 7 feet upon the bar, 5½ will be the mean, which was what I obferved; and as I found no part of the river between the harbour and the town of *Chriftchurch*, but what, at that time, founded 6 feet and upwards, except the fhoals before fpecified, all which are compofed of foft and loofe matter, and of no great extent, I look upon it as very practicable, by dredging, to make good a 6 feet channel from the harbour to the town quay, at a mean tide, which will be very fufficient for all kinds of lighters and fmall craft. This may poffibly be done by the river itself, whenever it gets a more fufficient outlet to fea; and much more cannot be expected, without a very confiderable expence.

The iron ftones now laying upon the fands under *Chriftchurch Heads*, are a very proper material for the conftruction of the works abovementioned; but I fear they will not be found in fufficient quantities, if not, rough unformed ftones may be brought from *Peveral Point*, or *Portland*, the cap of which is refufe, and will anfwer as well as fineft ftone.

I have added a fketch of the harbour, as it appeared to me on view, and the meafures above fpecified, wherein what is done in red is the propofed works.

As

As this is a work that depends much upon circumstances, it is not easy to make a tolerable estimate; yet, to give all the satisfaction in my power, the best I can judge of it is as follows.

ESTIMATE for the works proposed to be constructed at the harbour's mouth, according to the preceding scheme.

	£.	s.	d.
I suppose the great S. W. pier will, at a medium, take 224 cube feet of matter in each foot running, and for 1500 feet 336,000 feet; this, allowing 12 feet of iron stone to the ton, will produce 28,000 tons; and supposing this to be brought from the heads, and laid in place at 2 s. per ton, will come to - - - - -	2800	0	0
For the prolongation of the north-eastern pier 210 yards, I suppose 168 cube feet per foot running may be sufficient, and this for 630 feet is 105,840 cube feet, which will make 8820 tons, at 2 s. - - - - - - -	882	0	0
For making a cut through the hommocks, at a medium, 66 yards long, 66 yards wide, and 3 yards deep, will contain 13,068 cube yards, which at 4 d. comes to 217 l. 16 s. but as some work will be required in clearing away some of the sand between the piers, till a passage can be procured, if for this service we reckon 82 l. 4 s. the whole will be -	300	0	0
For covering the border of the new cut with stones, so as to prevent its washing, and thereby to prevent the water from getting part behind the piers; this, at a medium, being faced up half a yard thick, will take about 1500 tons, at 2 s. - - -	150	0	0
For making a catch-dam to force the water of the haven through the new cut and between the piers, at low water; this, if constructed wholly with rubble, and being supposed, at a medium, to contain 70 feet cube per foot running, this, for 720 feet in length, will require 4200 tons, at 2 s. - - - - - -	420	0	0
To incidental expences, at 10 per cent. - - - - -	455	0	0
	5007	0	0

N. B. As the quantities are given, if the iron stone can be moved cheaper than above set down, the saving will be in proportion; but if the quantity above specified cannot be got from the heads, what will be necessary to be brought from *Purbeck* or *Portland* will be at an advanced price, and will at least, I suppose, come to 5 s. per ton; but it is to be noted, that one ton of this stone makes 16 feet.

Austhorpe, August 13th, 1764.

J. SMEATON.

ADLING

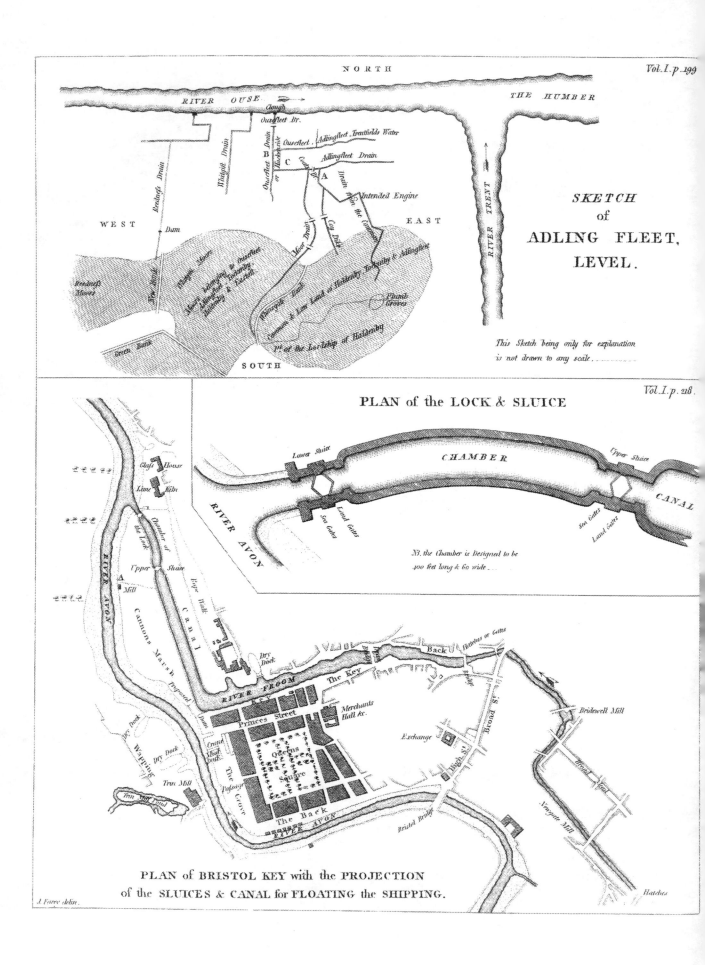

NORTH

RIVER OUSE

THE HUMBER

Clough
Ousefleet Br.
Ousefleet, Trenfields Water
B
Ousefleet or Hulverdrain
C
Adlingfleet Drain
A
Intended Engine
Drain from the Common

Reedness Drain

Whitgist Drain

RIVER TRENT

WEST

Dam

New Bank

Dam

Whique Stone

Moor Drains

Cay Dike

EAST

Meers belonging to Ousefleet
Adlingfleet, Fockerby,
Haldenby & Eastoft.

Reedness Moors

Whitgist Bank

Common & Low Land at Haldenby, Fockerby & Adlingfleet.

Plumb Groves

Greens Bank

Pt. of the Lordship of Haldenby.

SOUTH

SKETCH
of
ADLING FLEET,
LEVEL.

This Sketch being only for explanation
is not drawn to any scale.

PLAN of the LOCK & SLUICE

Lower Sluice

CHAMBER

Upper Sluice

RIVER AVON

Sea Gates

Land Gates

Sea Gates

CANAL

Land Gates

NB. the Chamber is Designed to be
400 feet long & 60 wide.

Glass House

Lime Kiln

Chamber of
the Lock

Upper Sluice

Edge Walk

A
Mill

RIVER AVON

Cannons Marsh

CANAL

Proposed

Dry
Dock

RIVER FROOM

Back

Hatches or Gates

The Key

Bridge

Broad St.

Bridewell Mill

Crane
Shaft
Dock.

Princes Street

Merchants
Hall &c.

Exchange

High St.

Broad Mead

Navigate Mill

Dry Dock

Wapping

Dry Dock

Tran Mill

The Grove

Queens
Square

Passage

The Back

RIVER AVON

Bristol Bridge

Hatches

Tran Mill Pond

PLAN of BRISTOL KEY with the PROJECTION
of the SLUICES & CANAL for FLOATING the SHIPPING.

J. Farre delin.

ADLING FLEET LEVEL.

The REPORT of John Smeaton, Engineer, upon a view and obfervation taken of the level of *Adling Fleet*, &c. from a plan of the faid level, taken by Mr. Charles Tate, Surveyor, in the year 1764.

IN the year 1755 I was employed by the owners of the manor of *Haldenby* to take a general view of this level, in order to form a fcheme for the drainage thereof; and finding that the great defect laid in the drains and out-fall clough, I made a report, fhewing how thefe defects were to be remedied, to the general advantage of the whole, as well as *Haldenby* in particular, as will more fully appear by reference to the faid report, not fuppofing at that time that the proprietors would be willing to be at the charge of getting an act of Parliament, in order to enable them to make new drains in any more proper direction.

The prefent view and report being made at the general requeft of the principal proprietors of the faid level, who not fcrupling the expence of an act of Parliament, in cafe it fhould be requifite, I have taken a further and more minute, as well as unconfined, view of the whole; and though from hence it appears that a more eligible courfe of drainage offers itfelf than the old one formerly propofed, yet it alfo appears, that had my former directions been put in effectual execution, the proprietors would have found no occafion for a fecond application, and would have reaped the benefit of the improvements during the intermediate time.—I alfo find the coincidence of the levels taken then, and now, furprifingly great, confidering the badnefs of the feafon then, and that the greateft part of the low grounds were then under water, there being but 2 inches difference between the fall from the low part of *Haldenby Common* (which is the loweft land) and the floor of our fleet clough, as taken then and now, as will appear by comparifon of the former obfervations with the prefent; but as the latter obfervations were made under more favourable circumftances, and with more accurate inftruments, I fhall chiefly rely upon my laft obfervations, which are as follow.

	Ft.	In.
Rife from low-water mark at the *Oufe*, September 1764, to the floor of *Hackenfyke* or *Oufefleet* Clough, - - - - - - - - -	3	$0\frac{1}{2}$
Rife from the floor of the *Clough* to the furface of the water in the drain at *Coat's Bridge*, -	4	9
Rife of water from low-water mark at the *Oufe* to *Coat's Bridge*, - - - -	7	$9\frac{1}{2}$

Many parts of the bottom of *Hackenfyke Drain* are not more than 14 inches below the level of the furface of the water at *Coat's Bridge*.

Rife

	Ft.	In.
Rife from low water at *Trent Fall* to the furface of the water in the drain at *Coat's Bridge,* -	9	5
Fall of the *Oufe* from *Hackenfyke Clough* to *Trent Fall,* - - - -	1	7½

N. B. The rife of the different points of the land above the water at *Coat's Bridge,* is inferted in circles upon the map.

| From *Coat's Bridge,* for the run of the water through the drains, I allow to the ftagnant water on *Haldenby Common* a rife of - - - - - - - - | 0 | 2 |

N. B. The depth of this ftagnant water was in general about 9 inches; from this ftagnant water to *Green Bank,* the water along *Eaftoft Drain* was in general ftagnant; but the fum of the rife taken at different ftoppages amounted to - - - - - | 0 | 3 |

Rife from thence to the mean furface of the land near the head of the divifion drain, between *Eaftoft* and *Whitgift,* on the north fide of *Green Bank,* - - - -	0	7
Rife from *Coat's Bridge* water to the general furface of the land on the north fide of *Green Bank,*	1	0
Rife from the general furface of the lands on the north to the furface of the water in *Eaftoft Drain,* fouth of *Green Bank,* which were upon a level with the loweft lands there, - -	1	2½
Rife from *Coat's Bridge* to the furface of the loweft lands in *Eaftoft,* fouth of *Green Bank,* -	2	2½

Confequently,

	Oufe at *Hackenfyke Clough.*		*Trent Fall.*	
	Ft.	In.	Ft.	In.
The loweft lands in *Haldenby* above low-water mark at - -	7	2½	8	10
The loweft lands in *Eaftoft* and *Whitgift Moors,* north of and contiguous to *Green Bank,* - - - - -	8	9½	10	5
The loweft lands in *Eaftoft,* fouth of *Green Bank,* - - -	10	0	11	7½

As I found no confiderable quantity of water remaining upon the tract of country under confideration, except upon *Haldenby Common* and adjacent places, it follows from hence that, agreeable to my former obfervations, *Haldenby Common* is the loweft part thereof, and confequently what will drain this part, will, of courfe, drain all the reft; and fince this part lays 4 feet 2 inches above the floor of *Hackenfyke Clough,* it may be wondered why 9 inches water fhould remain thereon in a dry feafon; but as it alfo appears, that many parts of the bottom of *Hackenfyke Drain* lay but 14 inches below the water of *Coat's Bridge,* it will of confequence be not more than 7 inches below the land furface of *Haldenby Common;* from which if we take 3 inches for the declivity of the water, to produce a fenfible run to the place of obftruction, there will remain only 4 inches for the depth of water upon the bottom of the drain, which is fo fmall a body that the water cannot be run off in the courfe of the fummer, if it fhould prove fhowery; nor otherwife, till it is evaporated by the fun and winds, which are the only means oy which this piece of ground can be drained, as things are now conftituted.

I thought

I thought proper more particularly to remark this fact, because it at once points out the cause and cure of the evils that attend the whole level.

That *Haldenby Common* admits of drainage by *Hackenſyke Clough*, even as it now ſtands, appears hence.

		Ft.	In.	Ft.	In.
The whole fall from the ſurface thereof to the *Clough* floor being - - - -				4	2
Suppoſe 6 inches thickneſs of water to go over the firſt floor, - -		0	6		
The ſurface of the water being reduced 2 feet within ſoil, makes a complete drainage,		2	0		
		Sum		2	6
Remains the declivity of the water's ſurface in the drains between *Haldenby Common* and the *Clough*,				1	8

The diſtance by the courſe of the drains, ſtraightened according to A B G H I e f, will be 3 miles 2½ furlongs nearly, which is full 6 inches per mile, which is within the limits of a good drainage.

Hence it appears, beyond a doubt, that the whole level may be drained by *Hackenſyke Clough*, as it now ſtands, provided drains of proper depth and capacity were made correſpondent thereto; but as that *Clough* lays full 3 feet higher than low-water mark, it is capable of being laid ſo much lower, and the drains being proportionably deepened correſpondent to this lower ſituation: this would occaſion ſo conſiderable a deſcent, as to run off the waters of the greateſt downfalls as faſt as they came down, without danger of overflowing any of the lower grounds, which might ſometimes be the caſe, was the *Clough* continued at it's preſent height *.—Let us now ſee what fall will be obtained, upon a ſuppoſition that the *Clough* floor was lowered 3 feet.

			Ft.	In.
The whole fall from the ſouth end of the moors contiguous to *Green Bank*, to the preſent *Clough* floor, is - - - - - - - - -			5	9
And the *Clough* floor being lowered 3 feet, would make, - - - -			8	9
The diſtance by the courſe of the drains ſtraightened, according to the letters A B C D E F h, will be not quite, but near upon five miles, and ſuppoſing we allow a deſcent of 1 foot per mile, which is very ample and ſufficient for any purpoſes of drainage, the whole deſcent would be, -	Ft. 5	In. 0		
And allowing for the thickneſs of water going over the floor, -	0	6		
Sum to be taken from the whole fall, - - - - - -			5	6
Remains the quantity that the water will be reduced within ſoil, at the moſt remote low places,			3	3

* *N. B.* This would be prevented by gates being erected, as mentioned in my former Report.

N. B. This is 1 foot 3 inches more than neceſſary, and will be more at all nearer diſtances, as further appears thus :

	Ft.	In.	Ft.	In.
The fall from *Haldenby Common* to the *Clough* floor, if laid 3 feet lower, will be	-	-	7	2
The deſcent for 3 miles 2½ furlongs, at 1 foot per mile, will be	3	3¼		
The water over the floor, - - - - -	0	6		
The ſum deduct from the whole, - - - - - -			3	9¼
And there remains for the reduction of the water within ſoil at *Haldenby Common*,	-	-	3	4¼

Hence it appears, that was *Hackenſyke Clough* floor laid lower by 3 feet, and the drains properly adapted thereto, that it would be as effectual as could be deſired.

It next comes in place to enquire, whether new drains in a different direction, and to a different out-fall, may not be more eligible than the former ; and from inſpection of the country it appears, that the natural courſe of drainage tends from *Haldenby Common* towards *Trent Fall*, which is undoubtedly the loweſt ground ; and it alſo appears from the levels that there is a greater fall thither than to the *Ouſe* at *Hackenſyke*, by 1 foot 7½ inches ; it alſo appears by the plan, that the diſtance, according to the courſe of the new propoſed drain, *a b c d e f g h*, is rather more than 5¼ miles, which is ſomewhat more than ¼ of a mile more than the former, which in this caſe is inconſiderable : if therefore the drainage to *Hackenſyke Clough* is as compleat as can be required, when laid 3 feet lower than at preſent, it will be ſtill more unexceptionable when laid at the ſame depth at *Trent Fall*, for as it will then lay 1 foot 8 inches above low-water mark, it will run a greater length of time at each tide, and therefore the drains, after making proper allowance for the difference of diſtance, may be of leſs width than would be required at *Hackenſyke* to be of equal effect.

The falls will then ſtand as follows :

	Ft.	In.	Ft.	In.
From the ſurface of the moors north of *Green Bank*, to the floor of the ſluice at *Trent Fall*, laid 3 feet below that now at *Hackenſyke*, - - - - -			8	9
Thickneſs of water over the floor, - - - - -	0	6		
Fall of the water 5¼ miles, at 1 foot per mile, - - - -	5	3		
The ſum to be deducted from the whole, - - - - -			5	9
Leaves for the reduction of the water within ſoil at *Green Bank*, - - -			3	0
Again. From the ſurface of the land of *Haldenby Common* to the floor of the ſluice at *Trent Fall*,				2
Thickneſs of water over the floor, - - - - -	0	6		
Fall of the water according the courſe *a b c d e f g*, 3½ miles, at 1 foot per mile,	3	6		
The ſum to be deducted from the whole, - - - - -			4	0
Remains the reduction of water within ſoil at the loweſt part of *Haldenby Common*,	-	-	3	2

This

This reduction would drain even *Plumb Groves* and *Robinson Deeps*, was it not advisable to referve thofe undrained for watering cattle, for which purpofe it will alfo be neceffary to have land-doors to the outfall clough or fluice, to pen the water at dry feafons, and alfo at fome other places; but as thofe will be private works it will be needlefs to infift thereupon. The proper widths, depths and dimenfions of the drains and fluice are contained in the following Eftimate. The courfe relative to *Trent Fall* are coloured yellow, thofe to *Hackenfyke* red.

This level is very well circumftanced with refpect to barrier banks. The only ones that appear neceffary to be repaired, on account of the general undertaking, is the fouth wing of *Green Bank* and *New Bank*, the particulars of which are contained in the Eftimate. I find the marks left by the floods laft winter, upon the fouth fide of the *Green Bank*, to be 3 feet 11 inches above the furface of the loweft grounds there, that is, 6 feet 10 inches above the loweft grounds of *Haldenby*; and as this body of water was brought hither by a general overflowing of the level of *Hatfield Chace*, occafioned by the breaking of the banks of the river *Idle*, it would in confequence have laid almoft the whole tract now under confideration under water, if it had failed. It therefore plainly appears that this bank fhould not only be continued as a barrier, but ftrengthened and prolonged, as fpecified in the Eftimate, for the fafety of all the lands laying north thereof.

It comes now under confideration how far the drainage of the land of *Eaftoft* fouth of *Green Bank*, into the drains propofed for this level north of *Green Bank*, can be complied with, with fafety to the latter: and I am of opinion it may be done with perfect fafety, provided the communication through *Green Bank* be made by a tunnel not more than 10 inches fquare, with a fhuttle or ftop fluice thereupon; for had fuch a tunnel been open and running during the flood of laft winter, had alfo the drains and outfall clough, fpecified in the following Eftimate, been then made, I am of opinion it would have been carried off as faft as it was uttered, without overflowing the level. But to take away all fcruple, I would propofe to lay the running of this tunnel under the following reftrictions.

1ft. It fhall always be kept fhut whenever the grounds to be drained thereby are overflowed by the waters from *Hatfield Chace*, or any other foreign waters, overtopping it's barrier banks, and to continue fhut fo long as the water thereupon has any communication with any fuch foreign waters.

2dly.

2dly. That it fhall be kept fhut at all other times, when the water in the mother drain rifes within 9 inches of the furface of the low part of *Haldenby Common*, or within 6 inches of the general furface of the lands laying north of *Green Bank*, which may be afcertained by fetting up ftones or marks for that purpofe.

The continuing of the barrier of this part of *Eaftoft* beyond the limits fpecified in the Eftimate, the internal drains, erections, and maintenance of the tunnel of communication, I look upon to be private works, refpecting this part of *Eaftoft* Lordfhip, and therefore not comprized in the Eftimate; and as this fcheme propofes nothing more than the carrying the mother drain to the boundary of each Lordfhip, fo as to give the waters thereof a proper outfall, all other drains and internal works are confidered as private works, and to be done at the particular expence of the refpective proprietors.

ESTIMATE for a Drainage, by a new courfe, to *Trent Fall*. The floor of the fluice to lay 3 feet lower than the floor of the prefent Clough at *Hackenfyke*, that is, about 1 foot 8 inches above low water at *Trent Fall*, the fluice to be 10 feet water-way, the drain to be 10 feet bottom, to rife from the Clough towards *Green Bank*, which will be at the rate of 10 inches per mile.

	£.	s.	d.
To digging the pit for the clough or fluice, 19 feet deep, 35 feet mean width, and 100 feet mean length, containing 2463 cube yards, at 4 *d.*	41	1	0
To 94 yards in length, from the *Trent* to *a*, exclufive of the fluice-pit, 15 feet deep, 10 feet bottom, 50 feet top, containing 4700 yards, at 3 *d.*	58	15	0
From thence to *b*, 387 yards, 12 feet deep, 10 feet bottom, 42 feet top, containing 13416 yards, at 3 *d.*	167	14	0
From thence to *Hoggard's Lane*, the end of *Long Dyke Bank*, at *c*, being in length 1150 yards, being 10 feet bottom, 36 feet 8 inches top, and at a medium 10 feet 3 inches deep, containing 30796 cube yards, at 3 *d.*	384	19	0
From thence through the rifing ground of *Adlingfleet*, by the fide of *Long Dyke Bank*, to *d*, length 550 yards, 10 feet bottom, 36 feet top, and mean depth 9 feet 7 inches, containing 13628 yards, at 3 *d.*	170	7	0
From thence to the north end of *Willow Bank*, *e*, 2550 yards long, 10 feet bottom, 29 feet mean width at top, and 8 feet 1 inch mean depth, containing 44989 yards, at 2½ *d.*	468	12	8½
From thence to *Green Bank*, by the letters *e f g h*, being in length 5496 yards, at a medium 8 feet bottom, 18½ feet top, and 5¼ feet deep, containing 42234 yards, at 2 *d.*	351	19	0
To making the branch drain *k, l*, for communicating the waters of *Whitgift* low grounds with the main drain, being 690 yards long, 5 feet bottom, 13 feet top, and 4 feet deep, containing 2760 yards, at 1½ *d.*	17	5	0
Carried forwards,	1660	12	8½

	£.	s.	d.
Brought forwards, -	1660	12	8½

To repairing and strengthening *New Bank*, by way of a barrier, to defend the whole level against *Reedness Common*, so as to have 12 feet base, 4 feet top, and 4 feet high, containing 2500 yards in length, and in the whole 8889 yards, at 1½ *d.* - -   55   11   1½

To repairing and heightening *Green Bank*, from the elbow southward, with an addition of 2 yards per yard running at a medium, being 1260 yards long, containing 2520 yards, at 2 *d.* - - - - - - - - - -   21   0   0

To extending *Green Bank* about 100 yards further south, so as to render the same effectual, to be 12 feet seat, 4 feet top, and 4 feet high, containing 355 yards, at 1½ *d.* -   2   4   4½

	£.	s.	d.
Spade work - -	1739	8	2½

Building.

To building a new sluice, of brick with stone facing, at *Trent Fall*, to be 10 feet clear water-way, including temporary dams, drainage of water, filling in the ground, and opening the sluice - - - - - - - - -   500   0   0

For a road bridge, of brick, at *Hoggard's Lane* - - - -   40   0   0

To a ditto at *Cow Pasture Lane* - - - - - -   30   0   0

To a bridge for cattle, the middle of *Haldenby Common* - -   15   0   0

To a road-bridge, at the road leading to *Whinsgate Bank* - -   30   0   0

To a cattle-bridge, over the main drain, to communicate the two parts of *Ousefleet Common*,   10   0   0

To a ditto, over the branch drain - - - - - -   5   0   0

	£.	s.	d.
Building - -	630	0	0

Abstract.

	£.	s.	d.
Spade work - - - - - -	1739	8	2½
Building - - - - - - -	630	0	0
Supervising and contingencies, at 10 *l.* per cent. - - -	237	0	0
Total,	2606	8	2½

The quantity of land used in this undertaking.

	Cut.			Covered.		
	A.	R.	P.	A.	R.	P.
In *Adlingfleet*, *Trantfield*, and high grounds from *Trent* to point *d*,	5	3	16	11	2	32
Adlingfleet low ground, from *d* to *e*, - - -	5	0	16	10	0	32
Willow Bank from *e* to *f*, there being space enough for the cut	-	-	-	2	0	0
From 5 to *m*, across *Haldenby Common* - - -	2	1	16	4	2	32
Through *Ousefleet Moor*, &c. from *m* to *h*, at *Green Bank* -	4	0	0	8	0	0
The branch drain to *Whitgift Moor*, from *k* to *i*, - -	0	2	20	1	1	0
	17	3	28	37	3	16

Abſtract of the Eſtimate by way of *Hackenſyke*.

The drainage by *Hackenſyke* being eſtimated in the ſame particular manner, and the main drain being made 11 feet bottom, to the point *B*, near *Coat's Bridge*, in order to be an equivalent to the greateſt length of time of running at *Trent Fall*; and being made from thence in two branches, one along the courſe *C, D, E, F, h*, which will drain *Ouſefleet, Whitgift*, and part of *Eaſtoft*, and the other by the courſe *B, G, H, I, e, f*, which will drain *Adling-fleet, Fockenby*, and *Haldenby*, and alſo a ſecond branch from *C*, by the *Folly* to *Bought Gate*, to make a proper out-fall for *Eaſtoft* waters.

	£.	s.	d.
The Spade Work - - - - - -	1833	4	10
Building - - - - - - - -	645	0	0
Contingencies, at 10 per cent. - - - - -	248	0	0
Total, £.	2726	4	0

Land uſed in this Undertaking.

	Cut.			Covered.		
	A.	R.	P.	A.	R.	P.
From *Ouſe* to *A*, - - - - - -	1	1	12	2	2	24
From *A* to *C*, - - - - -	8	0	35	16	1	30
From *C* to *Green Bank* - - - - -	3	1	20	6	3	0
From *B* to *e* - - - - -	2	1	20	4	3	0
Willow Bank, e to *f*, land enough for a cut, - - -	–	–		2	0	0
Branch from *C* to *Bought Gate* - - - -	1	0	0	2	0	0
	16	1	7	34	2	14

N. B. If *Hackenſyke Clough* was made uſe of, as long as it will ſtand in it's preſent form, and the drains dug of a proper width to admit of their being carried to a proper depth, when that Clough ſhall be obliged to be rebuilt on account of repairs, and lowered to the propoſed depth,

	£.	s.	d.
The Spade Work will then come to - - - - - -	1691	3	10
The Building to - - - - - - - -	145	0	0
Contingencies to - - - - - - - -	183	12	0
£.	2019	15	10

And in caſe *Ouſefleet Clough* was to remain as it does, without intention of lowering the ſame, the expence of proper drains, &c. ſuitable thereto, would amount to 1636 *l*. 5 *s*. 0½ *d*.

J. Smeaton.

Auſthorpe, December 3, 1764.

DRIFFIELD BECK CANAL.

ESTIMATE for making a navigable Canal from *Driffield Beck* to a place called the *Townfend*, near *Skerne*, to be 16 feet at bottom, and 4 feet deep of water, with batters or flopes according to the nature of the ground.

	£.	s.	d.
FROM *Driffield Beck* to the beginning of *Lewcop* pasture, being 15½ chains length, mean depth 6 feet 5 inches, batters 1 to 1, the mean width at top will be 28 feet 9 inches, containing 5432 yards, at 2 d. - - - - - - -	45	5	6
Crofs *Lewcop* pasture to the low corner of the *Holmes*, length 12.3 chains, mean depth 8 feet, the batters as 3 to 3½, the mean width at top will be 34 feet 9 inches, the folid contents 6110 yards, at 3 d. - - - - - - -	76	9	9
From the low corner of the *Holmes* to 19.6 chains up the fame to the point 1 in the map, mean depth will be 11 feet 8½ inches, and being of a marly nature, the batters as 3 to 4, the mean width at top will be 47 feet 2 inches, the folid contents 17712 yards, which being hard to dig may come to 4 d. - - - - - -	295	4	0
Cutting to the middle of the *Holmes*, - - - - - -	416	19	3
To enlarging the canal to 28 feet bottom, for 60 yards at the head, fo as to take 2 boats in breadth and 3 in length, for convenience of unloading at warehoufes, being there 12½ feet deep, - - - - - - - -	16	13	4
To drainage of water, fupervifing, and contingencies, - - - -	60	0	0
To the middle of the *Holmes*, - - - - - - -	493	12	7

From the middle of the *Holmes*, to the *Townfend*, upon a dead level.

	£.	s.	d.
To carrying on the cut from the middle of the *Holmes* to the top of the *Pighill* at P, being being 31.10 chains long and 18 feet mean depth, the batters being 3 to 4, the top width will be 64 feet, the folid contents 54720 yards, at 4 d. ½. - - - - -	1026	0	0
From thence to the *Townfend*, being 23.5 chains length, mean depth 20 feet, the batter 3 to 4, the top width will be 72 feet, and the folid contents 53079 yards, at 5 d. - -	1105	16	3
	2131	16	3

ESTIMATE for carrying the navigation to the *Townfend* by a lock.

	£.	s.	d.
To the middle of the *Holmes*, the cut as before, - - - -	416	19	3
A lock there to rife 10 feet, - - - - - -	600	0	0
To cutting from thence to the top of *Pighill* 31.1 chains, at a medium 8 feet deep, batter 3 to 3½, the top width will be 34 feet 9 inches, the folid contents 15443 yards, at 3 d.	193	9	9
Carried over	1210	9	0

	£.	s.	d.
Brought forwards	1210	9	0
To cutting from top of *Pighill* to *Townfend*, being 23.5 chains, mean depth 11 feet, batters as 3 to 4, the width at top will be 45 feet 4 inches, the solid contents 19399 yards, at 3 $d.$ $\frac{1}{2}$	282	18	0
To making the dock as before, - - - - - -	16	13	4
To bringing the water over the moor suppose - - - -	15	0	0
To supervisal and contingercies, - - - - - -	150	0	0
Total	1675	0	4

A DESCRIPTION of this plan, with a comparative calculation of its abilities with the present work, here follows :

1, 1, 1, &c. represent the different parts of the frame-work, 2, 2, 2, &c. the parts of the water-wheel; 3, 3 its starts, of which more hereafter; 4 the main shafts ends; 5, 5 the parts of the spur-wheel; 6 the wallowers; 7 the crank; 8 the crank rod, which communicates with the sub regulator; 9 and 10 the communicating rod between; 9 the sub, and 11 the top regulator; 12, 12 the arch heads to the top regulator, to enable the buckets to make a perpendicular stroke, thereby enabling them to last much longer, go loofer leathered, which will chamber or wear the barrels less, and lose less water. B. B. The chains to the bucket or piston rods; 14, 14 the bucket rods; 15 the bucket at the end of its rod in the section of the engine; 16, 16 and 17, 17 the face view of an engine together.

Now whereas the circumstances attending these works, being almost peculiar to themselves, it requires, in order to render them more efficacious and serviceable, a particular or peculiar application; for though there are many stream and current mills, yet they go with a much more uniform motion, having nearly a certain quantity of back water, or strength of current; but as both these articles are so varying at these works, it requires a varying application of machinery, which is performed as follows : supposing the wheel to be at work with the greatest strength of tide, and going three turns per minute, then the sub regular to 9 has its fulcrum or center of motion at a, which being 12 feet distance from b, where the crank rod lifts 2 feet 6 inches, and b being 6 feet from c in the sub, and d in the top regulator, both lift 2 feet 9 inches; and as d is 10 feet distant from its center of motion e, and 3 feet from f, the chains center, and that of the barrel, therefore it makes 4 $10\frac{1}{2}$ stroke in the barrel; and when the wheels are at work with a great quantity of water, and move at a flow rate, yet there is the sufficient momentum or
force

Design for a WATER ENGINE, communicated by Dr Birch to Mr Smeaton for his examination.

Scale of Feet.

force to raife much water; that force being always as the quantity of water multiplied into the velocity, fo that if there be three times the depth in water, and but one third of the velocity, that is, at the ftrength of the tide, nearly as much water may be raifed as at ftrength of tide, in order to attain which, it is neceffary the engines fhould make a ftroke proportionably longer, as they move fewer times, which will be obtained by moving the center of motion a to aa, then as aa will be 5 feet 6 inches from b, upon the crank-rod lifts 2 feet 6 inches, and b being 6 feet from c, therefore c and d in the top regulator are both lifted 5 feet $2\frac{3}{4}$ inches, and f the chain, and, confequently, the rod 6 feet $10\frac{1}{2}$, which is fuch a ftroke made in the engine, which compenfates in a great meafure for the flownefs of motion in the wheel; and all this is done in the moft fimple and lafting manner, by the application g at the end of the fub-re-gulator 9.

Now the comparative quantity of water raifed by the prefent, and what might be raifed, are as follows.

Having confidered that though there are rules in mechanics for finding the quantity of water paffing by in a given time, in a given fection, by knowing the height of the water, but as that is very difficult but where the back water is very inconfiderable, and that the velocity of the water at its furface might be obtained, I rejected both in this cafe, and noted, that the three-ring wheel, at the ftrongeft working, has gone $6\frac{3}{4}$ turns per minute, which is nearly 25 feet diameter, and the new wheel in the fame time made $5\frac{1}{2}$ turns per minute, which is nearly 30 feet diameter; the whole fpace paffed through in the minute, by each wheel, being 495 feet, this, with their charge of work on them, which muft impede the water's motion at leaft $\frac{1}{4}$; therefore, if neither had been doing work, the water, by going $\frac{1}{4}$ quicker, would have paffed through a fpace of 619 feet per minute, which multiplied into 5 feet, which is about the depth the wheels go the ftrongeft at, and the product in 12 feet from the width, gives 37140 cubic feet of water expended on the wheel per minute, which is 3612 hogfheads; now as the wheels revolution vary as $6\frac{3}{4}$ to $5\frac{1}{2}$, therefore the quantities raifed muft vary in like proportion, that I will reafon upon the greateft quantities raifed, which is $15\frac{1}{2}$ hogfheads per minute. Now as the difference or head of water is obtained by knowing the water's velocity, and that being known as above to be 619 feet per minute, it refults that the acting head to produce that muft be 2 feet nearly; and I will fuppofe that the average height of all the water then raifed by the four engines on the wheel did amount to 100 feet, that is what fome part of it might be raifed higher, other like part difcharged as much lower, and as 2 feet, the acting head, is contained five times in the height, we will fuppofe each hogfhead to be one pound; then fuppofe 3612 lb. (or hogfheads) expended on the wheel each minute, to be laid upon one end of a lever at 1 foot diſtance from the center, it is evident it would keep in equilibrio 72 lb. at the other end, which is ſuppoſed to be 50 lb. on the other ſide of the center, which 72 ſhould be the number of hogſheads of water the wheel ſhould keep ſuſpended on the engines, it being the 50th part of the water expended, and fluids act in reſiſting in this kind as ſolids, on levers, but to allow amply for friction, &c. and to give the part of the machine ſufficient motion, I will ſuppoſe, that nearly ⅓ of the 72 might be raiſed, (for in good machines, under favourable circumſtances, ¼ of the 72, or 54 hogſheads, might be raiſed) which will be 24, and, according to my expectation, ſomething more than that quantity, viz. 27 hogſheads per minute, for and by the following reaſons : as the wheels floats are now no more than from 15 to 24 inches wide, they can produce no greater effect by their reſiſtance than in proportion to their ſurface, for all the water that might be acting againſt them, extra to their preſent dimenſions, goes over, rather to the impediment of the wheel than not, whereas was this width, increaſed, the power of the wheel would be increaſed likewiſe to a certain meaſure, but not if the other parts remained the ſame as now, for as the wheels go now nearly the ſame pace as the water, therefore it is neceſſary to ſlacken the wheels motion, and increaſe the engines ſtrokes, to reſiſt the running water more, and thereby a proportionably greater quantity of water would be raiſed: then the ſtarts 3.3, ſhould be thus conſtructed ; they ſhould all ſtand out 3 feet from the ring, each other having the boards only up to the ring, as may be ſeen by inſpection, and the others having the boards within to 5 feet from the ſtarts end, as ſhewn : the method for doing them cheapeſt, moſt laſting, and ſerviceable, is to make the ſtarts pretty wide, cut a ſlit in the middle, and ſlip the boards down it, and the whole is ſecured with a ſmall bolt in the ſhort, and two in the long ones, without iron plates ; and up againſt each arm of the water-wheel to put boards 6 feet from the ſtarts end, by this method the wheel will be impeded getting into water leſs than if the ſtarts were all 5 feet long, and the boards as broad, and nearly the ſame effect produced.

Now by this proviſion, the wheel, when going ſo ſlow as 3 turns per minute, will ſo reſiſt the water as to give it an opportunity to act ſo powerfully as to work 6 engines of ſeven-inch barrels in this manner at ſtrength of tide, 3 turns the wheel, the wallowers going 3 to the wheels 1 makes 9, and the ſub-regulator moving on the center a, will produce 4 feet 10½ inches ſtroke, which multiplied into the 24 barrels will produce 27 hogſheads nearly per minute ; and in leſs ſtrength of tide, for ſome time before and after high water, the wheels will go from 1 to 2 turns per minute, by means of the large ſurface of floats, I will call it 1⅓ turns, and then the ſub-regulator will move on the

center

center *a a*, which will produce 6 feet 10½ inches stroke in the engine barrels, and that in the 24 barrels will give 19 hogsheads per minute.

3 rings at .6¾ turns rise 15 hogsheads per minute.	This design at 3 turns to rise with 4 feet 10½ inches stroke, 27 hogsheads per minute.	Ditto at 1½ 6 feet 10½ inches stroke, 19 hogsheads per minute.

The following is an examination of the said engine, in answer to the above.

Examination by JOHN SMEATON of a design for a Water-Engine, communicated by Dr. BIRCH.

This design, though not so mentioned, appears evidently intended for *London Bridge* water-works, and therefore as such I shall consider it; and though the unknown inventor of the design has shewn evident marks of genius, and a laudable attempt of improvement, yet as I cannot agree with him in the whole of his reasoning about it, I think it necessary to give my opinion with that freedom that becomes me in a matter wherein I am consulted, and therefore have a right to expect that what I may say will not be considered as the effects of a desire to criticise, but to do justice, where my opinion is desired in the way of my profession.

In the first place, I agree with the inventor in the use of arches and chains at the end of the regulator, having ordered the like in the engine lately erected for the *West Ham* Company at *Stratford*.

2d. I also agree with him in thinking the circumstances of these works are so peculiar to themselves as to require peculiar applications, in order to bring them to perfection, and that it is to be wished that means could be found out by which the load could be occasionally varied, in proportion to the variations of velocity and power, without rendering the engines complex, and more liable to be out of order. I also agree with him, that by means of a moveable center, to what he calls a sub-regulator, the stroke of the engine may be varied, and therefore the power of the engine in the same proportion; but I can by no means agree with him in the use to be made of this machinery; he supposes that when the tide is high, and the current moves slow, that the body of water being then great, the superior quantity will be equivalent to the want of velocity, so that if there be 3 times the depth in water, and but ⅓ of the velocity, that is at the strength of tide, nearly as much water may there be raised, as at the strength of tide.

E e 2

But

But had the inventor computed the head or acting column of water neceſſary to produce ⅓ of the velocity, by the ſame rules that he finds 2 feet neceſſary to produce the
velocity of 619 feet per minute, he would have found ⅓ of 619, viz. 206 feet per
minute, produceable by a head or column 2⅔ inches, which is only ⅑ of 2 feet, it being
well known that the ſquare of the head is as the velocity. Hence it appears, that as
the acting column is only ⅑ of the height, the impulſe or preſſure upon the ſame quantity of ſurface of float-board will be ⅑ alſo ; and even if we ſuppoſe the ſurface acted
upon to be increaſed in proportion to the depth of water, which is not the caſe, (in
the conſtruction before me) the whole impuſe or preſſure upon the wheel can be only ⅓
of what it would be at ſtrength of tide ; ſo that if the wheel is loaded as here propoſed, near high water more than at ſtrength of tide, in the proportion of 4 feet 10½
inches to 6 feet 10½ inches, which is as 5 to 7 nearly, it is very probable that the wheel,
inſtead of doing *nearly as much as at the ſtrength of tide*, would ſtand quite ſtill, and the
benefit of the ſlow motion, that would otherwiſe take place, quite loſt: in ſhort, it is
like a horſe moving ſlow with his load in conſequence of having carried it far, and being
wearied therewith, to load him harder in order that the greater burthen may compenſate
for the ſlowneſs of his motion. It therefore plainly appears, that if any good is to be
expected from this ſliding motion, it muſt be by adjuſting the longeſt ſtroke to the
ſtrength of tide, that as the tide grows weaker the ſtroke may be ſhortened, and the
power of the engine adapted to the power to move it.

In regard to the machinery of the ſliding center, as it is not perfectly made out, I
am enabled to ſay the leſs upon it ; but in an engine that works both ways, that is, lifts
up as much as it pulls down, any ſhake in the center work will be very detrimental to
its motion, and occaſion it to be frequently out of order ; and further I conceive
it difficult ſo to contrive it as to be, and keep laſtingly ſteady, eſpecially as in the
preſent engine, in ſome caſes, the action of the crank upon the center will be greater
than its action upon the piſton, as 11 to 4 ; but ſuppoſing the difficulties in the execution to be conquered, ſtill this muſt happen, that as the barrels in moderate ſpace of
time will ſenſibly chamber, and the middle part of the barrel, ſo far as the ſhort ſtroke
reaches, will be always in wear, but that part above and below the limits of the ſhort
ſtrokes only in wear when the long ſtroke is uſed, it follows that the barrels will chamber
unequally. An engine will go very well with its barrel a good deal chambered ; in
ſhort, they are ſeldom rebored ſo long as a new leathered piſton can be got in at the
mouth ſo as to fill in the chambered part, but then as they chamber nearly equal, and
the ſtroke remains the ſame, that of the barrel in which the piſton moves is ſtill nearly
a cylinder ; but, in the caſe of unequal ſtrokes, the piſton would be obliged to move
through a ſpace alternately narrower and wider, which would cauſe it to work very hard.

Again,

Again, as it might be fometimes for fome days together in neap tides that the long ftroke would not be made ufe of, the extra parts in that time would in iron barrels grow rufty, and when ufed again would not only caufe the engine to go ftill harder, but alfo deftroy the leathers. This laft inconvenience would indeed be remedied by brafs barrels; but where the charge and difficulty is great, and the effect not greatly fuperior, an invention fo circumftanced is lefs eligible. This thought of altering an engine's power by a different length of ftroke is not new to me, having had the fame thought ten years ago; but while I was contriving the machinery neceffary to perform it, the objection of the unequal chambering of the barrels occurred to me, which made me lay it afide, though cafes have occurred to me in which it would otherwife have been applicable and ufeful.

It now comes in place to enquire into the general proportions and adjuftments of the engine, to work at ftrength of tide; and I agree with the inventor, that a wheel of large diameter will wade in a great depth of water to more advantage than a moderate one; that a great breadth of float-board will refift the current more than a narrow one, and, confequently, give more power to the engine; and that the wheels, at ftrength of tide, may, with advantage, be made to move with a greater load than they do at prefent, but advantages carried to extremes often prove difadvantageous, according to the proverb, things in a middling way are frequently beft.

With refpect to the water wheel's height, that a wheel of 30 feet will get better through the water when wading at a given depth than one of 30 or 25 feet, is already allowed; but then as it moves proportionably flower, what is loft in number of revolutions of the firft mover (in order that the fame quantity of water may be raifed) muft be gained in the fecond; fo that the fame fpur wheel will act on a lefs wallower, or a larger fpur wheel acting upon the fame wallower, produces a proportionably greater ftrain or twift upon the axis of the water-wheel; again, if more engines are put on, or with longer ftrokes, or both, the ftrain will be greater in proportion to the increafe of water drawn thereby; if, therefore, the 25 feet wheel's axis goes $6\frac{3}{4}$ turns for the propofed wheel's 3, the ftrain upon the old axis to that of the new will be as 3 to $6\frac{3}{4}$, fuppofing the fame work done by both; but if the work done is more in the proportion of 15 to 27, the number of hogfheads fuppofed to be raifed by each, or, as I calculated it, 13,2 to 26,7, the compound proportion will be 39,6 to 17,8, that is, the ftrain or twift upon the new wheel's axis, when at its leffer ftroke, will be $4\frac{1}{2}$ times greater than that of the prefent 25 feet wheel; fo that it is much to be queftioned, whether an axis of 3 feet diameter, (which I apprehend to be that here propofed) or indeed any timber that can be got, will bear the ftrain fo as to be fufficiently lafting.

The

The fize, difpofition, and machinery of the floats I think is very good, but I think a fmaller number would do as well in this fituation: as to the fall propofed to the breaft of the wheel, I think it not only expenfive and difficult here to lay, but ufelefs in this place on tide of ebb, and detrimental to the action of the wheel on tide of flood. The propofition of increafing the number of barrels I can by no means approve, for either another crank muft be added, or there muft be fix barrels to each engine, either of which will be attended with inconveniencies, more complication, and more increafe of friction than is neceffary.

Laftly, with refpect to the comparifon of the effects of the old and new engine, I look upon it as a matter of certainty, from obfervation, that the 25 feet wheel moves $6\frac{2}{7}$ revolutions at ftrength of tide, and, therefore, that its mean circumference moves through a fpace of 495, or, as I make it, of 497 feet, and, in this cafe, bona fide raifes 13 hogfheads of 63 ale gallons each per minute; but what is the velocity of the water driving the wheel, by no means appears, we are fure the natural velocity of the water muft be greater than the wheel, but whether it be $\frac{1}{8}$, $\frac{1}{6}$, $\frac{1}{4}$, $\frac{1}{3}$, or $\frac{11}{2}$, by no means appears; the number 619 therefore, expreffing the velocity of the water per minute, cannot be confidered otherwife than as conjectural, and, confequently, the number 3612 hogfheads expended per minute, deduced therefrom, muft be conjectural alfo: the acting head to produce 619 feet velocity is 1 foot 8 inches nearly, not two feet as here fuppofed; but if 619 is conjectural, the head 1 foot 8 inches muft be alfo conjectural.

The mean height to which the water was fuppofed to be raifed, viz. 100 feet, I apprehend is alfo conjectural, fince it rifes higher or lower in the ftand-pipe, as there are a greater or lefs number of cocks open upon the mains: now if 100 be divided by 1 foot 8 inches, the quotient is 60; but as both the divifor and dividend are conjectural, the quotient will be ftill more fo, and this being again a divifor to the conjectural number 3612, the quotient, which will be 60, will be ftill more conjectural; but fuppofing the number 619 and 100 both right, or nearly fo, then the number of hogfheads equivalent to the power will be 60, but ftill there remains a difficulty what proportion of this quantity we muft take for the neat performance of the engine; few or no engines that I have feen have yielded $\frac{2}{3}$, moft fall fhort of $\frac{1}{3}$, and the prefent engine lefs than $\frac{1}{2}$, but more than $\frac{1}{3}$, that is, in cafe we are right in the two numbers before-mentioned, becaufe if we are not, we ftill remain uncertain what the effect thereof is, in proportion to the power producing it. All, therefore, that we can fairly conclude is this, that a greater quantity of float-board will give a greater power, and a greater capacity of pumps will raife a greater quantity of water, provided we do not overload our power, or break our tackles by overftraining.

GASCOIGNE

GASCOIGNE on RAISING WATER out of SHIPS.

EXAMINATION of Mr. Gascoigne's' propofals for raifing water out of Ships. By John Smeaton.

RESPECTING that part of his propofal which confifts in applying the forcing pumps to the raifing of water out of the hold of a fhip, by which means he is enabled to place the moft effential parts of his machinery below the water line, is a merit that will be obvious to every feaman; I fhall therefore not take up time in faying more about it than that it feems worth attending to, in cafe the conveniency of a fhip will admit its execution, and the more efpecially as I am very certain, from experience, that as much water may be raifed in this way as any other. But in regard to the great preference Mr. GASCOIGNE gives his pump above the chain pumps, in point of quantity delivered, and in point of power wherewith he propofes to work it, I can by no means agree with him. He propofes to raife 86 tons of water per hour to the height of 22 feet, by four men; whereas he gives us to underftand, that the common chain-pump requires 14 men to raife 60 tons per hour to the fame height; a very furprifing difference indeed! In order to prove this, he has recourfe to calculation, and, as a ground-work, make this *fuppofition*, that four men will turn round the winch or handle of his machine 60 turns per minute, in which cafe, as this will produce a ftroke of 1 foot long in four pump-barrels of 6 inches diameter each, this will neceffarily produce a certain quantity of water per hour, which he calls 86 tons, but which, according to my computation, (fuppofing none loft) is fcarcely 84; but this I pafs over: now if, on the other hand, we fuppofe that four men *cannot* turn round the winch 60 turns per minute, then the whole computation fails to the ground. He endeavours further to fupport himfelf by a comparifon of the friction of his engine with the chain-pump; in order to this, he calculates the number of frictions in his machine, and gives each of them a determinate value, viz. four pounds; he alfo calculates the number of frictions in the chain-pump, and calls each of *them* five pounds; but as this is a method of computation totally new to me, and as he has given no fufficient reafon why he calls a friction in one machine four pounds, and in the other five, nor why he might not as well have called them four ounces each, or 40 pounds, as beft ferved his purpofe, I fhall not take up any more time in purfuing him any farther in this road, but fhall endeavour to fet the whole in clear light.

DESAGU-

DESAGULIERS, in the second volume of his Experimental Philosophy, has taken a good deal of pains in finding out a kind of land-marks to guide us in those kinds of pursuits, and to enable us to value the pretensions of projectors in the art of raising water; and he has told us, that the mean strength of a man, when applied to the best kind of pump that has been yet in use, amounts to no more than the raising one hogshead of water in a minute to the height of 10 feet; for my own part, I have made a variety of machines and many observations of this kind, but never yet found the value of mens strength at a medium equal to what is set down by DESAGULIERS, unless they are supposed to work in haste, or distress, for a few minutes; however, as it is more favourable to Mr. GASCOIGNE's proposal, we will for the present suppose the performance of men equal to what is stated by DESAGULIERS, viz. one hogshead per minute at 10 feet high, that is, at the rate of 60 hogsheads per hour.

Now by the unalterable laws of hydrostaticks and mechanicks, if a man can only raise 60 hogsheads 10 feet high per hour, he can only raise 30 hogsheads to 20 feet, and only $27\frac{3}{11}$ hogsheads to 22 feet in an hour, by the same rule of proportion. Now $27\frac{3}{11}$ hogsheads, consisting of 54 ale gallons, as supposed by DESAGULIERS, makes $7\frac{1}{8}$ tons nearly, that can be raised by one man per hour, to the height of 22 feet, and consequently that $28\frac{1}{2}$ tons per hour is the utmost that can be raised by 4 men, instead of which Mr. GASCOIGNE proposes to raise 86.

If we examine what he has stated concerning the chain-pump, by the same rule, we shall find its pretensions more modest: he supposes the chain-pump to raise 60 tons per hour by 14 men; now if $7\frac{1}{8}$ tons per hour is all that can be raised by one man to the height of 22 feet, 14 times $7\frac{1}{8}$ tons equal to $99\frac{3}{4}$, or in round numbers 100 tons, is the utmost that can be raised by 14 men, instead of which the chain-pump only raises 60; so that here it falls considerably short of the mark. However, we may hence conclude, that as the chain-pump is deficient only 40 parts in 100, that all the pump-work that can be contrived will never exceed the present chain-pumps above the proportion of 60 to 100; whereas, men and quantity considered together, Mr. GASCOIGNE proposes to improve upon the chain-pumps in the proportion of 60 to 301, which is the number of tons that ought to be raised by 14 men, according to Mr. GASCOIGNE's method. For my own part, I believe that the friction naturally attending the chain-pump will never admit its performance to be quite equal to what can be done by other known kinds of pumps; but as it is capable of some improvement, I am clear that it might be made to raise 75 tons per hour instead of 60, and with more ease to the same hands.

It

It may perhaps be imagined that there is fomething in Mr. GASCOIGNE's machine that is new, and preferable to all thofe that may be made trial of; but I beg leave to obferve, that it differs in no effential point from the crank machines commonly made ufe of for raifing water by water or horfes 'for gentlemen's feats, brewers, diftillers, dyers, &c. though not that I know of applied to fhips; and in point of raifing water, I look upon it not quite fo well adapted as the machine he defcribes, and calls the ftore-pump at *Portfmouth*, becaufe a three-necked crank works more equably, and is attended with lefs friction than four: and in regard to his application of an air veffel, though ufeful on many occafions, is of no ufe on the prefent; it muft, however, be allowed, that the form of the pump in ftore at *Portfmouth* is much more cumberfome, and lefs adapted to the convenience of a fhip, befides the inconvenience of fome of its effential parts being above the water line. I apprehend Mr. GASCOIGNE's machine capable of fome improvements, by which it might be made to raife about 80 tons an hour with 14 men, inftead of raifing 36 tons with four men, and if its fituation will be agreeable to the convenience of fhips, may be ufed to a very good purpofe.

London, January 20, 1765.   J. SMEATON.

BRISTOL HARBOUR and CANAL.

PROPOSALS for laying the ships at the quay of *Bristol* constantly afloat, and for enlarging this part of the harbour by a new canal through *Cannon's Marsh*, by JOHN SMEATON.

1ft. IT is proposed to keep the water in the quay and new canal to the constant height of the 15 feet mark upon the lowermost marked staff upon the quay next the *Avon*, and clearing away 2 or 3 feet of the mud there laying, to make from 17 to 18 feet water.

N. B. The 15 feet mark is about 6 feet below the top of the quay, and about 4 feet below the spring-tide high water mark of the 24th and 25th of January, 1765, which, though not the largest, were nevertheless accounted considerable tides.

2dly. It is proposed to dig the new canal as far as the sluices, so deep as to make 18 feet water therein at the said proposed level, and to make the same at least 100 feet wide in the clear.

3dly. To drop the tail of the new canal into the river *Avon* at the bottom of *Cannon's Marsh*, just above the *Glass House*.

4thly. To construct two separate sluices, one as near as conveniently can be to the river *Avon*, upon the tail of the canal, the other at the distance of 400 feet from the former, further within the canal; both these sluices to be furnished with two pair of pointing gates, one pair in each sluice pointed to land, the other to seaward. The width of the chamber, or space intercepted between the two sluices, to be 60 feet, and the width of the sluices to be capable of taking in the largest ships that use the port, which I suppose will be done by an opening of 30 feet wide.

5thly. The threshold of the upper sluice to be laid at the depth of 18 feet below the constant water that is even with the bottom of the canal; but the floor of the chamber between the two sluices, as well as the threshold of the lower sluice, to be laid as low as the bottom of the river in the shallowest place, below the tail of the canal.

6thly. These things being executed as before mentioned, the present mouth or opening of the river *Froome* into the *Avon* to be stopped up by a solid dam of earth,

furnished,

furnished, however, with such draw-hatches as may be neceffary to affift the hatches in the gates of the fluices in difcharging the frefhes of the river *Froome* in rainy feafons, but yet fo as to make a communication for all kinds of carriages from the *Back* and *Quay* down alongfide of the new canal between the fame and the river.

7thly. The whole of the new work to be wharfed with ftone, fo as to form quays or fuch other conveniencies as fhall be found neceffary.

8thly. To erect draw-hatches at the new bridge at the head of the quay, capable of retaining the water behind them when the water in the new canal and quay is let off.

9thly. To have the command of the hatches, and to erect new ones, if neceffary, upon the pond of *Newgate Mill*.

N. B. By the conftructions above propofed, *Tom's Dock* and *Bridwell Mill* will be rendered ufelefs, but *Newgate Mill* will be benefited thereby.

OPERATION of the foregoing conftructions.

When the tide is out, the water of the canal is propofed to be retained by the land-gates of the upper fluice, all the reft being open on tide of flood. As the veffels come up, they go into the chamber between the fluices, where they always find equal water with that they came up with, which chamber is capable of holding eight fhips, or four fhips and fix troughs, at the fame time; here they wait at fpring tides till the flood in the chamber is upon a level with the canal, at which time the fea-gates of the lower fluice are put to, which prevents the tide's water flowing into the canal, the land-gates of the upper fluice are then opened, and the veffels proceed to their births.

Then the large veffels that are going down, that require to depart at high water, are brought down into the chamber while the tide is flowing; the fea-gates of the upper fluice being then put to, and the hatches of the fea-gates of the lower fluice drawn, the chamber fills to the level of the tide in the river, and the fea-gates of the lower fluice are opened; and if any deep veffels are arrived after the tide had rofe to the level of the canal, they may now be taken in, where they wait all together till high water, when the outward bound depart, with the firft moment of the ebb, and the inward bound wait till the tide has funk to the level of the canal; at which time the land-gates of the lower fluice are put to, and the fea-gates of the upper fluice are opened, which gives thofe fhips leave to go to their births, and at the fame time to take

F f 2

in

in fuch of the veffels as are outward bound, and can go down with the remainder of the ebb, after the water is fallen to the level of the canal; which veffels being brought into the chamber, the land-gates of the upper fluice are put to, and the hatches of the land-gates of the lower fluice drawn, by which means the water in the chamber is reduced to the level of the tide in the river; the land-gates of the lower fluice are then opened, and the veffels depart, leaving the fluice in the fame pofition as we found it.

Hence it appears, that two fets of veffels may go up and two down in one tide, when the fpring tides rife above the level of the canal's water, and that without the admiffion of any tide-water into the canal, except what happens to get in by the difturbance of the water by the paffing of veffels, which, as it will lodge near the upper fluice, the greateft part will be drawn through the hatch of the land-gates of the upper fluice; which ought to be drawn at low water, to let off the water accumulated in the canal and quays by the currency of the river *Froome*, and to fcour the chamber and the lower fluice from the mud left by the tide.

At neap tides the veffels inward bound come into the chamber as before, as foon as they have water, and wait all together till high water, which being below the level of the canal, the land-gates of the lower fluice are then put to, and the hatches of the land-gates of the upper fluice drawn; by which means the chamber will fill to the level of the canal, and as the land-gates of the upper fluice may then be opened, the veffels may proceed to their births, and thofe that are ready to go down may hawl in; after which the land-gates of the upper fluice being put to, and the hatches of the land-gates of the lower fluice drawn, the water in the chamber is then reduced to the level of the tide in the river; the gates of the lower fluice may then be opened, and the veffels proceed with the tide.

When water is plentiful in the river *Froome*, the veffels going up at neap-tides may be penned through the chamber, by drawing the hatches of the upper land-gates fome time before high water, which will afford more time for the veffels going down to get into the chamber before the tide is much abated; otherwife it will be moft advifeable, that after the veffels going up are gone out to their births, to keep the water againft the land-gates of the lower fluice till the next tide, when all the veffels going out will have time to get into the chamber, and be ready to go out all together at high water. By this method of paffing, the veffels inward bound one tide and outward bound the next, they will all have all the benefit of the full tide, and the whole of the water expended in twenty-four hours will be only fo much from the canal as is neceffary to fill the chamber from the level of high water to the level of the canal; and I apprehend the

feafon

feafon is feldom fo dry, but that the currency of the *Froome* will, at an average, replace this to the body of water contained in the new canal and quays in twenty-four hours; but, by way of further fupply, as no water will be wanted from the canal to pafs the veffels in fpring tides, an accumulation of 1 foot may be retained without prejudice, which, upon fo large a furface as will be contained in the new canal and quays, would alone be nearly equivalent to the water expended in the chamber for paffing the veffels, according to the laft propofed method. Yet, as a fheet anchor, the pond of *Newgate Mill* may be had recourfe to, upon paying an equivalent; but which, from the reafon already ftated, I don't apprehend can be wanted above once in feven years.

As by this method the tide-water will be almoft wholly excluded, there will not be a need of often fcowering; but, when this is done, the hatches propofed at *New Bridge* will be of ufe, and the hatches upon *Newgate Mill Pond* will be ftill of further ufe; but I don't apprehend this operation will be needed above twice, or at moft four times a year.

OBSERVATIONS.

1ft. A power of diverting other ftreams into the river *Froome* upon neceffary occafions may be of ufe, and of making refervoirs for water.

2dly. The fea-gates of the upper fluice are to have no draw-hatches, which will effectually prevent the fhips from penning into the canal with the tide's water.

3dly. By thefe conftructions, whenever there is water to bring up a fhip to the tail of the canal, fhe is always enabled to get to the quay.

4thly. The fhips being kept conftantly afloat, the river *Froome* will of itfelf birth a great number, and the new canal will birth twenty-four fhips, befides leaving a fufficient paffage; but, by making it wider, will birth a greater number; every fhip's breadth in width makes an addition of twelve births.

5thly. The expence, as near as I am at prefent enabled to calculate the fame, will be as follows.

	£.	s.	d.
To digging, — — — — —	6555	0	0
Quay walling, — — — — —	4887	0	0
The two fluices, — — — — —	8000	0	0
The dam and hatches acrofs the prefent mouth of *Froome* river,	1000	0	0
The hatches at *New Bridge* and upon *Newgate Mill Pond*, —	600	0	0
Contingent expences being fuppofed, — —	3958	0	0
£.	25000	0	0

Exclufive of purchafe of lands and damages to *Bridewell Mill* and *Tom's Deck*.

Briftol, January 26, 1765.

Briſtol, January 26, 1765.

AT a numerous meeting of the merchants of the city of *Briſtol,* this day held, John Smeaton, Eſq; having preſented to them a ſcheme and plan for laying the ſhips at the quay of *Briſtol* conſtantly afloat, and for enlarging that part of the harbour by a new canal through *Cannon's Marſh,* it was unanimouſly voted, that the thanks of the gentlemen preſent be given to Mr. Smeaton for his plan now offered, and for his diligence and attention in this matter.

Tho. Symons, Clerk.

Auſthorpe, December 31, 1766.

HAVING peruſed and conſidered the plans this day laid before me relative to *Briſtol Harbour,* * I am of opinion, that the uppermoſt and lowermoſt where the ſluices are made out of the river, and the dam upon the channel of the river, are more practicable and eligible than the middle ſcheme, where the whole is done within the bed of the river, and provided the expence of the execution of either of thoſe ſchemes is no objection, there is no other material one that occurs to me; and reſpecting the eligibility of the upper or lower ſcheme, as there is no difference but what relates to convenience and expence, this is a proper ſubject for the determination of the merchants of *Briſtol.* But whichever of theſe ſchemes are executed, I adviſe, if two paſſages are made, to keep them entirely ſeparated by a middle wall, and to raiſe theſe walls and gates at leaſt 5 feet higher than the crown of the dam, eſpecially at that end next *Briſtol.*

J. Smeaton.

* Deſigns of Mr. Champion, who came with them into *Yorkſhire* in company with Mr. Symons, Clerk of the Company.

PORTABLE

Ground Plan of the Portable Fire Engine.

See. Vol.I. p. 223.

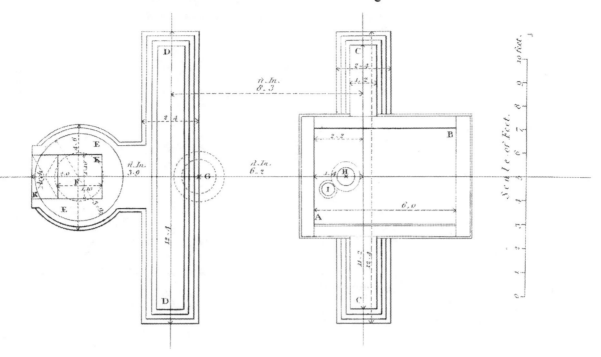

Vol. 1. page 230.

Sketch of the disposition of Thurlston Mills.

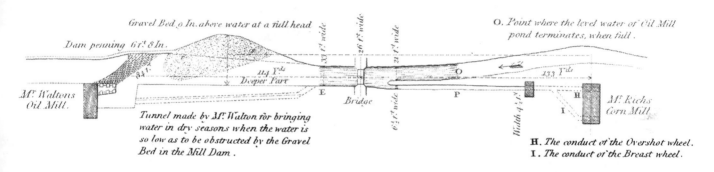

Gravel Bed, 9 In. above water at a full head

Dam penning 6 ft. 8 In.

O. Point where the level water of Oil Mill pond terminates, when full.

Mr. Waltons Oil Mill.

Tunnel made by Mr. Walton for bringing water in dry seasons when the water is so low as to be obstructed by the Gravel Bed in the Mill Dam.

Bridge

Mr. Richs Corn Mill

H. The conduct of the Overshot wheel.
I. The conduct of the Breast wheel.

SKETCH of the RIVER COLN.

Vol. 1. page 319.

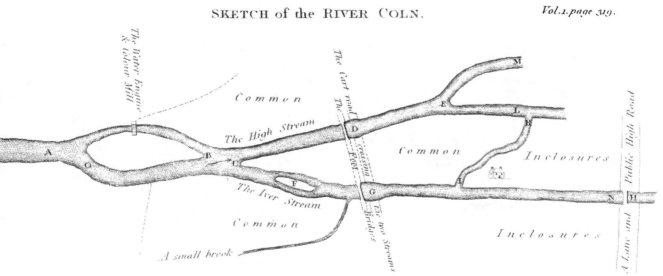

Common

The High Stream

Common

Inclosures

The Iver Stream

Common

A small brook

Inclosures

Jun. del.

Published as the Act directs, 1812, by Longman, Hurst, Rees, Orme and Brown, Paternoster Row, London.

W. Lowry sculp.

See Vol.I.p. 23.

No. 2.

ELEVATION of the PORTABLE FIRE ENGINE.

Side View.

End View.

Scale of Feet.

PORTABLE FIRE-ENGINE.

DESCRIPTION of a Portable Fire-Engine, invented by JOHN SMEATON, F. R. S. at the inſtance of the Right Honourable the Earl of EGMONT, 1765.

No. 1. SHEWS the ground plan of the walls for ſupporting the engine, which is ſuppoſed to be neceſſary, in order to keep the ſeveral parts of the machinery from ſettling under the weight, wherein,

A. B. is the pit or ſhaft.

C. C. foundation walls on each ſide of the pit, for ſupporting the fore part of the engine frame acroſs the pit.

D. D. a foundation wall in like manner, for ſupporting the back part of the frame.

E. E. walling under the boiler.

F. ſhews the center of the boiler.

G. the place of the cylinder.

H. the main pump.

I. the jack-head pump.

K. K. the aſh hole.

No. 2. contains elevations of the engine, viz. an end and ſide view thereof, when put together, wherein the ſame letters as are in the plan refer to each.

A. B. is the pit or ſhaft.

C. C. the upright of the foundation walls on each ſide of the pit, for ſupporting the groundſill *c.* acroſs the pit, upon which one ſide of the engine frame is raiſed.

D. D. the foundation wall, for ſupporting the groundſill *d.* upon which the other ſide is raiſed.

E. foundation wall for ſupporting the boiler, and forming the aſh-hole.

F. is the boiler, *f.* the fire-door, *g* the chimney, *s.* the ſteam-pipe, *p.* the puppet-clack, *v.* the feeding-pipe funnel, *z.* the man-hole.

G. the cylinder.

H. the main pump-ſpear.

I. the jack-head pump, by the continuation whereof *k. k. k.* the water is conveyed into

L. the injection ciſtern. *M.*

M. a wheel ſerving inſtead of the great beam, *m.* a rim of a ſmaller diameter, attached to the former, for working the jack-head pump *I.* and plug-frame *Q.*

a. a. pullies to bring their chains into a convenient place for working. The wheel is ſtopped at the end of it's intended ſtroke, which is to be 6 ½ feet, ſtop and ſtop, by means of the two iron fidds *b. b.* which, reaching out on each ſide of the great rim, ſtop againſt two ſtrong iron pins *e. e.* which are fixed into a croſs beam *S.* framed into the piece *T.* and the whole firmly bolted together, as ſhewn in the deſign ; *N.* is the injection-pipe, *n* the injection-cock, and *x.* the piſton water-cock.

O. is the hot well.

R. a ſtage for the perſon to ſtand upon, who hands the engine.

P. P. are the two main-beams or ſleepers, upon which the cylinder is ſeated upon it's bottom, and bolted down ; the whole is kept from ſpringing or flying off by the iron ſtrap *q.*

N. B. The waſte water-pipes are omitted to prevent confuſion.

No. 3. Fig. 1. ſhews a ſection of the boiler, cylinder, and pipes, with the working-gear, to a larger ſcale, the whole being diveſted of the framing, in order to render every thing more diſtinct.

N. B. The boiler is ſuppoſed to be turned one quarter round, from it's true poſition, as in No. 2. in order that the moſt material parts may be brought into one view. It is alſo to be noted, that every veſſel or pipe is ſuppoſed to be cut right through the middle, in order to ſhew the contents, and not that the ſection is confined to any particular plane ; but, for the more perfect explaining of the principal figure, it will be beſt to begin with the little plan marked Fig. 2. wherein

A. B. C. D. is a plan of the cylinder bottom, bolted down upon the two main beams *A. B.* and *C. D.* ; the dotted circle *E. F.* ſhews the extremity of the bottom flanch of the cylinder, and the circle *G. H.* the diameter of the cylinder within ; the hole *I.* anſwers the ſteam-pipe and regulator ; and the hole *K.* the eduction or ſinking pipe, and the circle *L. M.* it's flanch ; the circle *N. O.* ſhews the ſize and poſition of the regulator plate, and the dotted circle *P. Q.* the ſize of the receiver, in which the ſliding valve of the regulator *R.* works, and in this poſition is open ; *S. T.* is the lever by which it is worked ; and when that is brought forwards into the poſition *S. V.* then the valve covers the aperture of the regulator.

Explanation

Nº 3.

Fig. 1ª

Fig. 2ª

PLAN.

Inches

Scale of Feet.

6 Feet.

Explanation of Fig. 1.

A is the boiler, and

B the fire-place, which is intended to be of a fpherical figure, of caft iron, and intirely within the boiler; the coals are to be introduced by the large pipe or opening *C* and the fmoak carried off by the curved pipe *D*; and, in order to promote a fufficient draft, the iron funnel *E*. is added. The afhes fall through the grate *S* and wide pipe *F*, into the afh-holes below. The whole being joined to the boiler by proper flanches, as is fhewn in the figure, and always covered with water, as will be known by the two gage cocks *a, b*.

Though it is expected that a fmall force of fire thus applied will keep the engine going, yet as that force cannot be wholly exhaufted within the compafs of the boiler, it is propofed to furround the curved pipe *D* with a copper veffel, fomewhat adapted to the fhape thereof, as reprefented in the figure, in which it is propofed to bring the feeding water, which will hereby be prepared to a greater degree of heat than if brought immediately from the hot well into the boiler; into which it is to be introduced by the little hole at *c*.

The bars of the grate *S* are intended to be caft in a loofe ring, capable of being taken out, and replaced when occafion requires.

T a cock for emptying the boiler when it wants to be cleaned.

G is the cylinder into which the fteam afcends from the boiler, by the pipes *d e H I*, of which *d e* are the copper, and are difunited at *f*, for the fake of taking the engine eafily to pieces; and are joined by firft bending a piece of lead round the joint, and then wrapping them with cloths and cords, as is common in great engines.

H is the receiver for the fteam, of caft iron, containing the regulator valve; and *I* is the fteam pipe, by which the fteam paffes to the cylinder when the regulator valve is open, which in the prefent fituation of the engine it is fuppofed to be, in which cafe the pifton *K* will begin to return.

L is the fnifting clack, at which the fteam at this inftant blows out.

M the injection cock, which is now fhut.

N the injection pipe, which brings down the water from the ciftern above.

O that part of the injection pipe that conveys the water into the cylinder, when the injection cock is opened, and which terminates in a cap that directs the jet of water perpendicular; the injection cap is in the center of the cylinder, but as part of the termination of the injection pipe lays behind the fteam pipe *I*, it hinders the complete view thereof; the other parts will perhaps be better defcribed by an explanation of the operation of the engine.

Operation of the engine.

To render this explanation intelligible, it is to be premifed, that the plug-frame *P*, which moves up and down with the pifton, but with a different velocity, according to the diameters of the two wheels, (*M* and *m* No. 2) is furnifhed with pins, which lay in four different planes, anfwerable to four different detents or arms of the working gear: the pin 3 lays upon the fore fide; the pin *g* lays in a mortoife, which divides the plug-frame into two parts, the pins *S*, 1, 2, lay upon the far fide, and the peg *p* ftands in the place of the plug-frame, upon the further cheek. Now when the pifton is rifen as high in the cylinder as it's ftroke is intended, the pin *g* having met the arm *h* of the tumbler *i k*, overfets it into the pofition *i m*; fo that the point *k* moving into the place of *m*, the regulator valve is fhut, by drawing the rod *k o*, which takes hold of it's lever towards the plug-frame; and at the fame inftant the peg *p* rifing fo as to lift up the catch *q*, the beak of the faller (or *F* as it is commonly called) marked *r*, is difengaged therefrom, and the weight *w*, by defcending into the place *v*, carries the fork *x* along with it, and therewith the lever that turns the injection cock into the place *y*, and whereby that cock is opened, the jet played, and the fteam reduced into water, (or condenfed, as it is commonly called) hereby a vacuum being produced within the cylinder, the preffure of the air caufes the pifton to defcend, and in defcending, the peg *S*, on the far fide, meeting the faller at *t*, carries it down to *z*, which fhuts the injection cock, and alfo hooks the beak behind the catch *q*, and thereby the tail *t t* becoming parallel to the plug-frame, the pins fucceeding the pin *S*, retain it in the fame pofition, the pifton ftill defcending till the peg 3 on the fore fide laying hold of the arm 4 of the tumbler at *n*, thereby brings back the regulator into it's prefent pofition, and the further defcent of the pifton is ftopped by letting in the fteam.

The water thrown in by the injection at each ftroke, and alfo generated from the fteam, is evacuated while the pifton is rifing, by means of the eduction or finking-pipe, and valve *Q*; this pipe laying exactly behind the fteam-pipe *I*, is thereby, in a great meafure, hid; the fteam-pipe is carried feveral inches above the bottom of the cylinder, to prevent the injection water from running into the boiler; but the eduction-pipe rifes no higher than the bottom, in order to lead the water into it; and as the bottom of the cylinder is commonly elevated from $1\frac{1}{2}$ to 3 feet above the valve at the bottom of the eduction pipe, commonly called the horfe-foot valve, the preffure of this column of water opens the valve, and makes it's way into the ciftern *R*, called the hot well; but when the vacuum is made, this valve fhuts, and being immerfed under the furface of the hot well water, is thereby kept air-tight.

As

As there is a confiderable quantity of air lodged in water, when in it's natural ftate, which feparates itfelf by boiling, and, in fome degree, by confiderably heating, it follows that a quantity of air paffes along with the fteam into the cylinder, and that a further quantity efcapes from the injection water, by being confiderably heated with the fteam; and though air is capable of being confiderably expanded by heat, and contracted by cold, yet the degree is fo very much lefs than that of fteam, that if the air generated at each ftroke was not evacuated, it would quickly render the vacuum fo imperfect, that the pifton would ftop in the middle of it's defcent. Now as the air will be lodged, when the pifton is down, between the furface of the injection water laying upon the bottom of the cylinder and the pifton, in order to get rid of it, the fnifting clack L has been happily applied; for, on the firft rufh of the fteam into the cylinder, the pifton not being inftantly put into a contrary motion, the fteam, finding a paffage at the fnifting clack for a fmall fpace of time, blows out thereat, and therewith carries the whole or the greateft part of the air generated at each ftroke, fo as to prevent it's increafe beyond a certain degree.

The furface of the hot well water being in general from 3 to 5 feet higher than the furface of the water in the boiler, this height of column is fufficient to force it's way into the boiler, though refifted by the action of the fteam within, when fufficiently elaftic for ufe; it therefore finds it's way down the feeding-pipe 5, 6, through the feeding-cock 7, which is opened fo much as is found neceffary for fupplying water to the boiler as faft as it is confumed in fteam. It is evident, that whenever the repellancy of the fteam within the boiler is not too great to fuffer the furface of the water in the feeding-pipe to be below that of the hot well, that the boiler will feed by the paffage of the water into the pipe; but whenever the repellancy of the fteam is fuch as to keep the water in the feeding pipe above that point, that then the water will revert into the hot well; but as the repellancy of the fteam within the boiler is alternately greater and lefs, as the regulator valve is fhut or open, during each ftroke of the engine, it follows that the boiler may feed while the cylinder is drawing the fteam from the boiler, and revert while the pifton is defcending. In order, therefore, to make this matter fafe, and at the fame time to bring the engine into as fmall a compafs as poffible, the valve 8 is placed in a little box in the hot well, to prevent fuch a reverfion. It is neceffary to continue the feeding-pipe as ufual confiderably above the hot well; for as the water is in a vibrating ftate within this pipe, according to the variable repellancy of the fteam within the boiler, this extenfion is to prevent it's frequently overflowing; for it is neceffary to be open at the top, otherwife the fteam generated therein would prevent it's feeding at all, or very irregularly.

N. B.

N. B. The hot well is, in this view of the machinery, reprefented confiderably larger than it is; for fuppofing the boiler turned a quarter round while the feeding-pipe 5 6 falls directly behind the puppet clack 9, as fhewn in the general elevation, the hot well will then be fhorter by half the diameter of the boiler.

The puppet-clack 9 has no other ufe than being loaded with a certain weight, in proportion to it's fize, that whenever the repellancy of the fteam in the boiler is greater than to lift up this clack, it evacuates without burfting the boiler, which it other-wife might do, and, when the engine is ftopped, the perfon attending lifts it up by the cord 12, 13, in order to difcharge the fteam.

A pipe of communication for fteam, 10, 11, between the receptacle for feeding and the boiler, will be neceffary; for while the boiler is heating to make the engine work, (after ftanding fome time) the feeding-cock being then fhut, the water in this recep-tacle will boil before that in the boiler, and poffibly, by the fudden expanfion of the fteam upon boiling, might burft this veffel before the water could be evacuated at the little hole *c*, and yet, if fo, being emptied of the water, might, by overheating the copper, break the foldered joints.

N. B. It is to be underftood that in this, as in all other engines, the weight of the main pump-fpear is fo far to exceed the weight of the pifton as to raife it, and overhaul all the gear, and that if not fo, muft be weighted till it will do it.

I have faid nothing of the meafures, for as every thing is drawn to the fcale annexed, I did not chufe to perplex the account therewith.

Calculation of the effects of this engine.

The diameter of the cylinder being 18 inches, the area in circular inches will be 324 inches, and allowing 7 lb. to the inch, which fuch a cylinder will very well carry, we fhall have 2268 lbs. equal to the weight of the column of water to be lifted = 1 ton and 1 quarter of an hundred weight.

The pump working barrel being fuppofed of 7 inches diameter, the weight of a column of water that fize, and 1 foot high, is 16.7 lbs. by which dividing 2268 lbs. to be raifed, we have 135.9 feet for the height of the column = $22\frac{2}{3}$ fathoms nearly, by a fimilar procefs, if the working barrel is 8 inches, the height of the column raifed, will be $17\frac{1}{3}$ fathoms, and if of 9 inches, $13\frac{1}{3}$ fathoms.

Such

Such an engine may be expected to make ten strokes per minute, of 6 feet each, effectively; this, with the 7 inch bore, will produce $98\frac{1}{4}$ ale gallons per minute, that is 113 hogsheads wine measure per hour; the 8 inch bore will produce $128\frac{1}{4}$ ale gallons per minute, that is, 148 hogsheads per hour; and the 9 inch bore will produce $162\frac{1}{2}$ gallons per minute, or 187 hogsheads per hour.

It has been found by experience, that a 2 feet cylinder can be worked by one bushel of Newcastle coals per hour; the present cylinder being but 18 inches, the capacities will be as 16 to 9; therefore if a 2 feet cylinder takes 24 bushels per day, an 18 inch cylinder will take but $13\frac{1}{2}$ bushels per day, according to the common application of fire; but I have reason to think an engine constructed like this will not require above 9.

It has also been found by experience, that a horse will raise about 250 hogsheads 10 feet high per hour; consequently only $30\frac{1}{4}$ hogsheads at $13\frac{4}{7}$ fathom $=$ 82 feet; but 187 hogsheads raised to that height by the engine, is more than six times the quantity raised by one horse, and consequently acts with more than the power of six horses at a time; but in order to keep up this force with horses, night and day, three sets will be required, and consequently this engine will be more than equivalent to eighteen horses.

———

WHITBY

WHITBY HARBOUR.

Yorkshire, to wit,   At the affizes held at the caftle of *York*, in and for the faid county, on Saturday the 20th day of July, in the fifth year of the reign of our Sovereign Lord George the Third, by the grace of God, now King of *Great Britain*, &c. and in the year of our Lord 1765, before the Honourable Sir HENRY GOULD, Knight, one of the Juftices of his Majefty's Court of Common Pleas, and the Honourable Sir JOSEPH YATES, one of the Juftices of our Lord the King, affigned to take the faid affizes according to the ftatute.

CHOLMLEY, Efq; againft HOWLETT and MATHEWS.

IT is ordered by the confent of the faid parties, and their attornies, that the laft juror or jury empannelled and fworn in this caufe be withdrawn from the faid pannel, and by the like confent it is ordered that the plaintiff fhall execute, and the defendants fhall accept, a leafe with proper covenants for repairs by the defendant, and all other ufual covenants, of the plaintiff's mills and fifhery, in the pleading of this caufe, mentioned at a rent equal to the higheft neat profits, to be computed on a mean of any three fucceffive years to be named by the plaintiff, which fhall appear to the fatisfaction of FOUNTAIN WENT-WORTH OSBALDESTON, of *Hunmanby*, SIMON BUTTERICK, of *Thirfk*, and JOHN GRIMSTON, of *Kilnwick*, Efqrs. or any two of them, to have been made at the premifes by the plaintiff; and alfo to enter into fuch covenants for cleanfing the harbour of *Whitby* from the allum fhail, which hath come from the defendant's works, within fuch time and in fuch manner as JOHN SMEATON, Efq; and JOHN WOOLER fhall think reafonable, and alfo for the fecurity of the faid harbour from future damage from the defendant's allum works. The furvey and award of the faid JOHN SMEATON, Efq; and JOHN WOOLER to be made on or before the 7th day of November next, and at the joint expence of the faid parties; and it is further ordered that fuch fecurity fhall be given, and penalties provided for the performance of the aforefaid covenants, as the faid FOUNTAIN WENTWORTH OSBALDESTON, SIMON BUTTERICK, and JOHN GRIM-STON, or two of them, fhall think reafonable and fufficient, and that the leafe to be made fhall be executed on or before the 20th day of December next, and fhall commence, together with the rent, at that time, for the term of 99 years.

And it is alfo ordered that there fhall be no cofts on either fide, and that the defendants fhall confent that the plaintiff's bill, now depending in the Court of Chancery, fhall be dif-

miffed

miffed without cofts ; and that all other proceedings or actions now depending between the faid parties, either at law or in equity, touching the matter in queftion in this caufe, fhall ceafe, and that no writ of error fhall be brought, and that no bill in equity fhall be filed againft the faid FOUNTAIN WENTWORTH OSBALDESTON, SIMON BUTTERICK, JOHN GRIMSTON, JOHN SMEATON, and JOHN WOOLER, or any of them, for any thing done by them under or by virtue of this order; and that this order fhall be made an order of his Majefty's High Court of Chancery, if the Lord High Chancellor fhall fo pleafe.

By the Court.

To all to whom thefe prefents fhall come, JOHN SMEATON, of *Aufthcrpe*, in the county of *York*, Efq; and JOHN WOOLER, of *Whitby*, in the faid county, Gent. fend greeting. Whereas, by rule of court, made at the affizes held at the caftle of *York* in and for the county of *York* on Saturday the 20th day of July, in the 5th year of the reign of our Sovereign Lord George the Third, by the grace of God, now King of *Great Britain*, and fo forth, and in the year of our Lord 1765, before the Honourable Sir HENRY GOULD, Knight, one of the Juftices of His Majefty's Court of Common Pleas, and the Honourable Sir JOSEPH YATES, Knight, one of the Juftices of our Lord the King, affigned to hold pleas before the King himfelf, Juftices of our faid Lord the King, affigned to take the faid affizes according to the ftatute, &c. in a caufe then and there depending between NATHANIEL CHOLMLEY, Efq; plaintiff, and SAMUEL HOWLETT and JOHN MATHEWS, Gents. defendants, it was ordered, by the confent cf the faid parties and their attornies, that the laft juror of the jury impannelled in the faid caufe fhould be withdrawn from the faid pannel, and by the like confent it was ordered (among other things) that the faid defendants fhould enter into fuch covenants for cleanfing the harbour of *Whitby* from the allum fhail, which had come from the defendants works, within fuch time and in fuch manner as we the faid JOHN SMEATON and JOHN WOOLER fhould think reafonable, and alfo for the fecurity of the faid harbour from future damage from the defendants allum works. The furvey and award of us the faid JOHN SMEATON and JOHN WOOLER to be made on or before the 7th of November then next, as by the faid rule of court, reference thereunto being had, may amongft other things fully appear. Now know ye, that we the faid JOHN SMEATON and JOHN WOOLER having viewed, furveyed, and examined the faid harbour of *Whitby* and the river *Efke* as far upwards as *Ibrondale Beck*, and the faid *Beck* as far as the allum works of the faid defendants, which are fituate and lying contiguous to or near the faid *Beck*, and alfo the faid allum works, we find that not only the harbour of *Whitby* above the bridge there, but the channel of the river *Efke* as far upwards as the faid *Ibron-dale*

dale Beck, is greatly obftructed with allum fhail, and alfo that the channel of the faid *Ibrondale Beck* is greatly obftructed, and in fome places nearly filled up, by the allum fhail therein; and that the allum fhail being in the faid harbour, river, and beck as aforefaid, has all proceeded from the faid allum works of the defendants, and has been carried down into the faid river and harbour, in the time of floods and frefhes, from the faid beck; and that the faid harbour of *Whitby* above the bridge there is greatly damaged thereby; and we alfo find that the manner in which the faid allum work is carried on is fuch as will occafion ftill greater damage to the faid harbour than it has yet received, by reafon of other great heaps of fhail and rubbifh, from time to time proceeding from the faid works, muft neceffarily fall into the faid beck, and by the waters paffing through the fame in time of floods and frefhes be wafhed and carried down into the faid river, and from thence, by the faid waters, and the additional waters coming down the faid river above the faid beck, carried into the faid harbour, and there fcattered about in an irregular manner, to the great detriment thereof, and particularly by filling up and choaking the channel of the faid river, where fhips of great burthen lay or have ufually laid between the bridge of *Whitby* and about 160 yards above a place called the *Oil Houfe*, and which was formerly called the *Stone Key*.

We do therefore order, adjudge, determine, and award, that the faid defendants and their or one of their heirs, executors, adminiftrators, or affigns, or fome of them, fhall effectually cleanfe the prefent channel of the faid river *Efke*, running through that part of the faid harbour of *Whitby* laying above the bridge therefrom, and remove and carry away all the allum fhail that fhall be found at the time or times of fuch cleanfing laying in the faid river or harbour, between the faid bridge of *Whitby* to 160 yards above the fouth eaft corner of the building or warehoufe now commonly called the *Oil Houfe*, and which was formerly called the *Stone Key*, and which fhall be found above the furface of a plane regularly inclined fo as to be 14 feet below the top of the uppermoft aifler courfe of ftone in the prefent fouth eaft angle of the faid *Oil Houfe* as it now is, and 16 feet below the top of the uppermoft aifler courfe of ftone under the threfhold of the door on the eaft fide of the warehoufe or ftorehoufe belonging to Mr. PLUMMER, being fituate contiguous or near to the weft end of the faid bridge; and alfo that they fhall take and carry away all fuch allum fhail as at the time or times aforefaid fhall be found laying on the floping fides of the faid channel.

And we do further order, determine, and award, that the faid defendants and their or one of their heirs, executors, adminiftrators, or affigns, or fome of them, fhall effectually make, do, and perform, or caufe to be effectually made, done, and performed, all fuch cleanfing of the faid river and harbour as herein before ordered and awarded, on or before the 29th of September, which fhall be in the year of our Lord 1766.

And

And we do further order, determine, and award, that the said defendants and their or one of their heirs, executors, administrators, or assigns, shall from to time, after the said 29th of September, 1766, take away and remove, or cause to be taken away and removed, all such allum shail as shall be found above the level of the plane above specified, or laying upon the sloping sides of the said channel; which allum shail we adjudge must happen to be so found or laying so long as the said allum works of the said defendants shall be carried on in the manner they are at present, and so long afterwards as any of the shail proceeding therefrom, and laying in the said beck and river above the harbour of *Whitby*, shall remain therein in a state capable of being removed by floods. And we do also further order, determine, and award, that all such allum shail as shall, on cleansing the said harbour aforesaid, be taken away, shall be by, or by the order, and at the cost and charges of the said defendants, their or some of their heirs, executors, administrators, or assigns, carried or removed and lodged above the high water mark of spring tides, and deposited and laid in such a manner as no part thereof may at any future period of time slide or fall down into the said harbour, or otherwise that it shall be carried directly to sea, and discharged there in not less than 14 fathom of water. And lastly, we do order, adjudge, determine, and award, that the said defendants shall, within 40 days after the date of this our award, enter into and make, and duly execute, a deed of covenants between them and the said NATHANIEL CHOLMLEY, or his heirs, wherein and whereby the defendants shall, for themselves and each of them, and their and each of their heirs, executors, administrators, and assigns, and every of them, jointly and severally covenant, promise, and agree to and with the said NATHANIEL CHOLMLEY, and his heirs and assigns, that they the said defendants, or their or one of their heirs, executors, administrators, or assigns, or some of them, shall and will from time to time, and at all times hereafter, at their own cost and charges, well and truly make, do, perform, and execute, or cause to be well and truly made, done, performed, and executed, all and every the act and acts, thing and things whatsoever, before by us ordered, directed, determined, and awarded to be by them, or any of them, made, done, executed, and performed, or cause to be made, done, executed, and performed as fully and effectually, and at or within such time or times, and in such manner as herein before mentioned, and according to the true intent and meaning of this our award. In witness whereof we have hereunto set our hands and seals this 18th day of October, in the year of our Lord 1765.

Signed, sealed, published, and declared by the above-named JOHN SMEATON, as his final award and determination, in the presence of us.

Signed, sealed, published, and declared by the above-named JOHN WOOLER, as his final award and determination, in the presence of us.

MARKET WEIGHTON.

HAVING viewed the out-fall cloughs of *Furſdyke* and *Hudlett*, as well as the leading drains up to *Hotham Carrs*, and from thence the country between this and *Market Weighton*, it appears to me as follows:

1ſt. That the moſt flooded part of thoſe levels is *Hotham Carrs*, and parts adjacent to *Wholſea*.

2d. That the general ſurface of the lands in thoſe *Carrs* lay at leaſt 7 or 8 feet above the floor of *Hudlett Clough*; and therefore,

3d. That by ſufficient drains the ſurface of the water might be reduced 5 or 6 feet in *Hotham Carrs*, oppoſite *Wholſea*, even as *Furſdale* and *Hudlett Cloughs* now ſtand; and therefore

4th. That all the drainages which come to *Hotham Carrs*, by way of *Foulney* or *Black Dyke*, &c. may be equally reduced and improved; and conſequently,

5th. That all the adjacent country may by proper branch drains be refitted in like manner, by running their waters proportionably lower than they can by the preſent drains.

6th. It appears that *Hudlett Clough* (which I look upon to be lower than that and *Furſdyke*) lays at leaſt 3 feet above low water mark ſpring tides; and therefore,

7th. That by erecting a new clough of proper dimenſions, the waters might be run off at leaſt 3 feet lower than they can poſſibly be done by the preſent cloughs, though the drains leading thereto were perfect.

8th. That from *Hotham Carrs* the low grounds have a conſiderable riſe towards *Market Weighton*; and conſequently, that

9th. The affair, ſo far as regards to the drainage of theſe levels, will be perfectly eaſy and well conditioned, and executed at a very moderate expence, in proportion to the extent and value of the lands to be benefited thereby.

10th.

10th. Respecting navigation, it is no ways incompatible with drainage; for provided the cuts are made at an average from 18 inches to 2 feet deeper, the drainage will remain equally good, as if no navigation.

11th: A navigation may be made any where by means of locks, where there is water to supply them.

12th. Several locks will be required between the *Humber* and *Market Weighton*, besides the sea-lock; I apprehend at least 4.

13th. I am of opinion, that the brooks formed from the springs of *Saneton* and *Houghton*, which form *Beal's Beck*, the springs at *Godmanham*, which form *Weighton's Beck*, and those of *Londebrough*, forming *Shipton Beck*, when united, as they may easily be near *Weighton*, are amply sufficient for supplying the navigation-locks thither in the driest season, and I am inclined to think the two former becks will be sufficient, exclusive of the latter; but of this I cannot be certain, unless I saw the currents of those becks in the driest seasons.

14th. I apprehend it will be equally evident from the same principles that a navigation is practicable through the levels towards *Pocklington*, as I am informed the supply of water that way is at least equal if not better; but as I suppose *Pocklington* lays in an higher situation than *Weighton*, a greater number of locks will be needful on that account.

15th. It is not possible to ascertain any thing respecting the cost of drainage or navigation towards either the towns of *Weighton* or *Pocklington*, without an actual survey of the principal drains, with a sketch of the adjacent country, as also an accurate level taken from the low water mark at the *Humber*, distinguishing the heights of the relative surfaces of the water and lands up to the respective points where the navigation or drainage is supposed to terminate.

November 29, 1765.   J. SMEATON.

A NEW

A NEW BUCKET.

Defcription of a new Bucket for Fire Engines.

N. B. The fame things are marked with the fame letters, both in the plans and fection.

Fig. 1ft. A A is a ring of brafs about $\frac{1}{4}$ of an inch thick, to be turned upon the edge fo as to fit the working barrel as near as poffible, but not to ftick in any part; but it will not be a fault if not more than $\frac{1}{16}$ of an inch lefs than the barrel: this being prepared, all the reft is made from it.

Fig. 2d. B B is a ring of forged iron, about 1 inch thick, and turned or filed round upon the edge, fo as to be about $\frac{1}{8}$ of an inch lefs in diameter than the brafs ring; this ring muft be pierced with 4 oblong holes or mortices C C C C, of 1 inch long and $\frac{1}{4}$ inch wide, and 8 round holes $a\,a$, &c. which are to be tapped fo as to take an $\frac{1}{2}$ inch fcrew. This ring is alfo furnifhed with a bridge or bar D D, which may either be made of one piece with the ring, as reprefented at the end d, or let in with a dovetail, and rivetted, as reprefented at the end e, either way, as the fmith can beft do it, fo as to make all level on the upper fide. The bridge is alfo furnifhed with 3 round holes of the fame fize, and tapped as the former.

Fig. 3d and 4th. By means of the 4 fquare holes, the iron ring is to be faftened to the end of the fpear rod, whofe bottom part is to be divided into 4 branches, two of which, E E, are fhewn in the upright fection, fig. 4, and the horizontal fections thereof, fig. 3, fuppofed to be cut off a little above the ring, are marked with the fame letters; the dotted lines diftinguifh the mortices, as in fig. 2d, and what lays without fhews the fhoulders, againft which the upper fide of the ring is brought fquare, and rivetted on the under fide, by means of the tapt holes in the iron ring, and the plain holes in the brafs ring, which are to be made anfwerable to each other; the 2 rings are to be fcrewed together by 8 fcrews, such as reprefented $f f$, &c. and betwixt the rings is to be fcrewed the leather $g\,g\,g$, &c. turned up round the iron ring like a difh, the fkin or hair fide being next the iron ring, and the oppofite or flefh fide next the barrel, the middle part of the leather being cut out anfwerable to the infide of the rings.

H H are the valves which are to be fcrewed down upon the bridge by 3 crews $i\,i\,i$, which confine down the rider K K, which is to be fomewhat floped and rounded to-

ward

DESIGN for a NEW BUCKET for FIRE ENGINES.

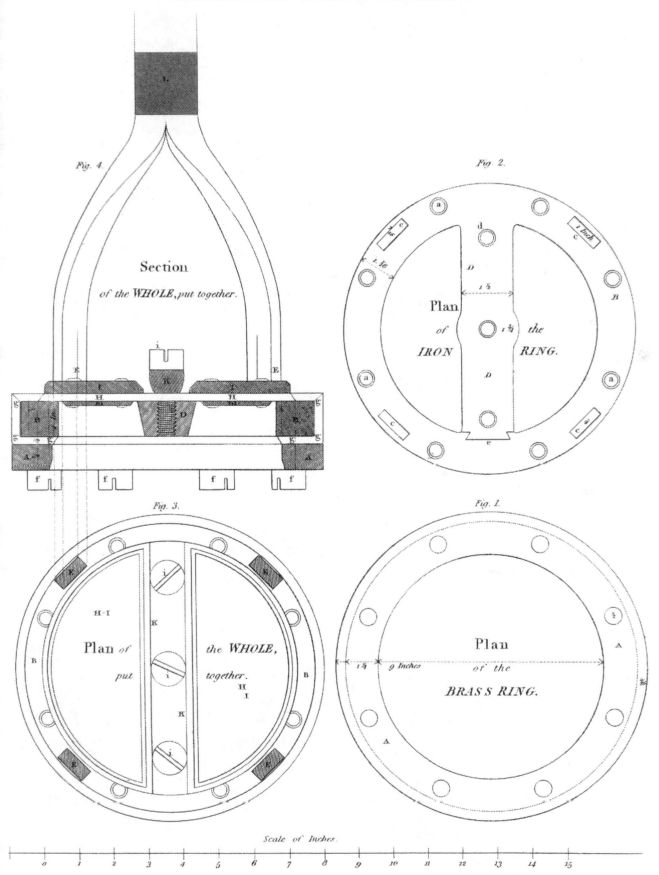

Fig. 4.

Section

of the WHOLE, *put together.*

Fig. 2.

Plan

of

IRON RING.

Fig. 3.

Plan *of* the WHOLE,

put together.

Fig. 1.

Plan

of the

BRASS RING.

Scale of Inches.

0 1 2 3 4 5 6 7 8 9 10 11 12 13 14 15

London, Published by Longman, Hurst, Rees & Orme, 1810.

Engraved by Wilson Lowry.

ward the under fide, to give more room for the leather of the valves to bend in the joints. I I are the upper plates upon the valves, and *m m* the under, which ought to be thin, to prevent ftopping the water.

N. B. Small fcrew bolts with thin flat heads laying underneath, will be preferable to rivets for the valves, as the leather may be more eafily fhifted.

L, the fhank, where the 4 arms are joined into one, by which it muft be united to the take-off joint.

OBSERVATIONS to be regarded in making the above.

1ft. The brafs ring had beft be caft without holes, that when the holes in the iron ring are tapped, the brafs may be marked off from it, drilled, and opened anfwerable to the iron.

2d. The iron ring had better not be edged till the two rings are fcrewed together, by which means the border may be reduced to a breadth all round.

3d. The fquare mortices muft be chamfered or opened on the under fide, in order to receive a firm rivet when filed flat, and particularly end-ways; for this purpofe the mortice fhould be at leaft $\frac{3}{8}$ longer and $\frac{3}{16}$ wider below than above, and the flope to reach $\frac{2}{3}$ upwards at the ends, and about $\frac{1}{16}$ at the fides.

4th. Particular care fhould be taken, that the tenons of thofe mortices at the end of the branches fhould be found and tough iron, but not the fofteft, and that they may be rivetted with a hammer as heavy as a common hand hammer, that the metal may fpread as well within as without.

5th. The tenons of the branches, I believe, had beft be formed angle-wife upon 4 fquare bars, for then they will be in right pofition, when laid flat together, in order to be welded into one.

6th. The leather difh is to be formed as follows. Prepare an iron hoop about $1\frac{1}{2}$ inch broad, as near as poffible the fize within of the barrel, but better leffer than bigger; prepare alfo a round plug of wood the fize of the iron ring, Fig. 2d. but rather bigger than lefs; let the plug be turned truly round, of fome clofe wood, and fquare at the end; let your leather be of the beft bend, but not the thickeft; thofe are beft that are eveneft of a thicknefs; cut out a circle of leather $2\frac{1}{2}$ inches more in diameter than the pump barrel, therefore for a nine-inch barrel $11\frac{1}{2}$ inches. When the leather is well
foaked

foaked in water, lay it upon the ring, with the hair fide uppermoft, fet the plug upon it, and with a few blows of a beetle, the leather will be forced into the ring, and will turn up round the fides in the fame manner it is to lay in the pump, and thereby form a border without a joint of about $1\frac{1}{4}$ inch broad. When it has ftood a while take it out, and put it upon the iron ring of the bucket, and with a round-faced hammer beat the leather a little down upon the ring oppofite to the holes, by which means their places will be marked; cut them out with any proper fharp tool, but the beft is a leather punch, which is made for the coachmakers, big enough for this purpofe. This done, fcrew it into its place, trim it to an equal breadth, and chamfer the edge towards the barrel, as reprefented in the fection, and cut out the middle anfwerable to the rings. In this way feveral leathers may be prepared at once, provided thofe that are to be kept are put on round boards, or fomething to keep them from drying into a leffer diameter. As the wet dries out, keep fupplying them with oil, either train oil or fweet oil, or any oil that is not of a drying nature, till the pores of the outward rim of the leather that works againft the barrel be in a good meafure faturated therewith, and let this be done for the firft leather as well as the reft; when the bucket is lowered down into its place, it would be well to pour down about $\frac{1}{8}$ of a pint of oil round the fides of the barrel, by which means; when the engine makes a ftroke, the infide of the barrel will become befmeared therewith; but oil in the bending joints of the valves is rather to be avoided.

N. B. If on cutting out the circle of leather from the hide it appears thicker on one fide than the other, let it be fhaved with a fharp knife, fo as to be of an even thicknefs.

If a barrel is very fmooth bored without ring-galls, I efteem the furface beft that is left by the tool; but if otherwife, let it be rubbed with a fine grit-ftone; none better than the grindftone kind that is got on *Gatefhead Fell.* After the barrel is bored or cleanfed as above, let its infide furface be oiled over, which will prevent its immediate rufting; and if fo preferved till ufed, will make a great difference in the firft leather.

The tenons at the end of the branches, by which the whole column is to be fufpended, will undoubtedly feem fmall and weak; but it is to be remembered, that the bucket I faw at *Aller Dean* hung by two parts of barely $\frac{5}{8}$ fquare each, that is 50 fquare eighths; whereas 4 Parts of 1 inch by $\frac{1}{4}$ are equal to 64 fquare eighths. After all, a column of 27 fathom and 9 inches diameter weighs but 2 tons, fo that each part has only 10 cwt. to carry; therefore there is no doubt of their fufficiency, if good iron and well put together.

N. B. There is no objection to lengthening the mortices.

Aufthorpe, 11th December, 1765.   J. SMEATON.

THURLSTON MILLS.

The REPORT of John Smeaton, Engineer, touching the matter in difpute between Mr. Rich and Meff. Waltons, concerning their mills at *Thurlſon*.

AS no particular queſtion has been formally ſtated to me in writing, I apprehend the matter in difpute to be reducible to the following, viz.

Whether Meff. Waltons have done any thing, by the erection of their oil mill dam, which they have no right to do, and whereby Mr. Rich's corn mill may at certain times be affected, and ſtopped by back water?

As it will ſave many words, I refer to a ſketch of the river and premiſes in queſtion, hereunto annexed.

The rule that I have conſtantly followed myſelf in regard to the placing intermediate dams, whether for the erection of mills or navigations, and the ſame rule I have found practiſed by the beſt engineers and millwrights, and which is found generally ſubſiſting in ancient mills. In flat countries, where levels are ſcarce, and conſequently tail or back water moſt burthenſome and annoying, is to build thoſe dams ſo, that each dam ſhall not pen into the wheel of the mill next above, when the water is in it's ordinary ſummer's ſtate.

This rule I apprehend to be founded upon the following reaſons: that if the erection of a dam does not affect the mill above by tail-water, when water is the moſt ſcarce in dry ſeaſons, as every mill that is well and properly conſtructed will clear itſelf of a conſiderable depth of tail water when it has an increaſe of head and an unlimited quantity of water to draw upon the wheel; and as in freſhes and floods, at the ſame time that they bring a quantity of tail-water upon the wheel, they alſo increaſe the head, and afford a ſuperior quantity to be expended. This is looked upon to be the proper means, and equivalent, by which mills are to be cleared of back-water, as far as is conſiſtent with the mutual enjoyment of thoſe great benefits of nature, namely, falls of water; and that this alone is very ſufficient, appears from hence, that, in common, mills will bear 2 feet of tail-water when there is an increaſe of head, and plenty of water to be drawn upon the wheel, without prejudice to their performance; but

mills

mills well conftructed will bear 3 and even 4 feet and upwards of tail water; I have feen an inftance of 6 feet; and it is a common thing in level countries, where (as faid before) tail water is moft annoying, to lay the wheels from 6 to 12 inches below the water's level of the pond below, in order to increafe the fall of water, and, if judicioufly applied, is attended with good effect.

If the rules above laid down are not decifive betwixt man and man, I believe it will be difficult otherwife to draw the line; for while fome may think 3 inches a fufficient clearance, others may think 3 feet too little; and a third may fubject himself to an action at law, after having been at a great expence and upon the beft advice, for having done fomething to interrupt the free paffage of the water 30 feet perpendicular below another's works, for there is no limits to fix the extent of imaginary evils.

I fuppofe it is a rule in the law, that no man can poffefs his own property in any new manner, that may be detrimental to his neighbour; but then I fuppofe it is equally a rule, that no man can acquire an exclufive power over another's property, to prevent him from turning it to profit, in the fame manner as the firft had done before him. It would feem very ftrange and unreafonable, and alfo very detrimental to the publick fervice, (of which the benefit of mills and machines worked by water is fo great as fcarcely to be eftimated) I fay it would feem very ftrange, if I have an eftate through which a river flows, to which no one has any controul but myfelf, in which there is 10 feet fall, and I ha.e an occafion for a mill as well as my neighbour, that I cannot pen up the water to the fame height as it before entered my grounds, and let it go at the fame level as it ufed to depart, becaufe the miller above fays, that by keeping up this body of water within my ground, the water does not get away from his mill fo freely in time of floods and frefhes as it ufed to do; and the miller below fays, Sir, you fhall not build a mill there, becaufe I cannot have the water from the mill above I ufed to do, but will be intercepted by your dam. To the former I fhould anfwer, the water fhall have the fame paffage into my eftate as it always had, but I *abfolutely deny* that you have ever had any right or occupation of a fall within my land; it is true, I have not made ufe of it myfelf before, but as I always had it in my power to do fo, as you have done before me, if my not doing it fo long has been an advantage to you, you ought to thank me for having it fo long, and not to think of precluding me from making the fame advantage of the fall within my land, as you have done in yours.

To the miller below I fhould anfwer, you fhall have the water delivered to you at the fame level as before, and in the fame quantity, for I neither intend to bottle it up, nor

divert

divert it from you; but as I have the prior right of uſing the water paſſing my premiſes, this I ſhall do in the ſame manner as you will do after me.

Thus much by way of explanation of thoſe principles and maxims that it my opinion either are, or ought to be, the medium by which diſputes of this kind ought to be adjuſted. If they are true and valid, as they appear to me to be, there is not the leaſt foundation for a complaint from Mr. Rich on account of Meſſ. Walton's oil-mill dam; for it appears to be below the floor of Mr. Rich's mill-race no leſs than 1 foot 4 inches, and 10 inches below the bottom of the wheel, in the whole 2 feet 2 inches fall in the compaſs of leſs than 100 yards from the wheel complained of to be put in back-water by the ſaid dam: on the contrary, had Mr. Walton penned conſiderably higher than he has done, he would not, in my opinion, have infringed upon the true rules of mill-building, eſpecially in ſuch a country as this, where the river runs ſo rapid as ſeldom to lay any mill in back-water above three hours together, and ſcarcely ever above ſix, not even the wheel complained of.

It is obſervable, that Mr. Walton's dam pens dead water a conſiderable way up Mr. Rich's goit towards the letter P; but as this goit is without any floor laid, it may happen that a flood coming and waſhing in gravel, &c. may raiſe the goit's bottom, while it is above Mr. Walton's dam's water; or Mr. Rich, by clearing the goit, may at pleaſure ſink it below; or the continual wearing of the mill's water may ſink it below; as therefore the bottom of an unfloored goit is of an uncertain level, nothing concluſive can be deduced therefrom: thus much however it is certain, that no part of the oil-mill's dam's water reaches any part of Mr. Rich's goit where any floor or ſetting is.

How far exactly Mr. Rich's premiſes extend down the river, I know not; but according to the rules already laid down, if Mr. Walton has penned the water ſo as to raiſe its ſurface againſt Mr. Rich's freehold, he has done what in my opinion he cannot vindicate; it is however very manifeſt, that a conſiderable length of the tail of the jetty has at ſome time or other been taken off the river, as appears by the river's contracted breadth oppoſite thereto; and if, by conſent of the Lord of the Manor, he has obtained a right of making this fence for the more effectually keeping open his water-courſe, he has not thereby deprived the Lord of the Manor of the uſe of ſuch part of the perpendicular fall of water, as Mr. Rich has not by preſcription or otherwiſe obtained the uſe of; for the ſufferance of the Lord of the Manor, in letting a part of the natural fall of the river lay vacant, next below Mr. Rich's premiſes, muſt be conſidered in the ſame light as every other part of the unoccupied fall below.

I ſhall now proceed to a determination of this ſimple queſtion, whether Meſſ. WAL-TON's oil-mill dam does or does not affect Mr. RICH's mill by back water, in any de-gree whatſoever, as they now both ſtand ? In order to this it muſt be remembered, that the bottom of Mr. RICH's mill wheel lays 2 feet 2 inches above Mr. WALTON's dam water, that is, higher by 2 feet 2 inches than the water under the bridge when the oil mill-pond is full : the water therefore under the bridge muſt be riſen 2 feet 2 inches before it comes upon a level with the bottom of Mr. RICH's mill wheel; and I look upon it as a certainty that Mr. RICH's mill would be going when the water was 18 inches higher than that, provided there were no impediments betwixt the bridge and mill, and the wheel itſelf properly conſtructed. Suppoſe then the water riſen to that height under the bridge, that is, 3 feet 8 inches above the dam's height, in which caſe its mean depth under the bridge will be about 4 feet 8 inches upon 26 feet wide. Suppoſe now Mr. WALTON's dam away, and the water tumbling from the rock at E, in the manner it is ſaid formerly to have done, ſtill not above a certain quantity can be vented through the bridge at that given height, no more than can be vented over a dam at a given thickneſs, though unim-peded by any thing. According to my computation, the quantity that would be vented over the rock and through the bridge at 4 feet 8 inches deep, (ſuppoſing the dam away) would be vented over the dam, which is 84 feet in length upon the crown, at a depth of 2 feet 1½ inch, or thereabouts. Hence it appears, that in this ſtate of the river there will be a fall from the bridge into the mill-pond of 18½ inches, at which difference the bridge and rocks will vent the ſame water as if the dam was away. This may appear ſomewhat paradoxical, to thoſe unacquainted with theſe matters; but it is well known that a ſtream of water iſſuing from a ſluice, or opening, will run the ſame quantity ſo long as it clears its tail, as if unaffected by tail water. At this height the balance is ſtruck, and if at this height Mr. RICH's mill is not going, it muſt be owing to ſome impediments between the bridge and the mill, or to ſomething wrong in the conſtruction of the mill itſelf; at all greater heights the effect of the dam upon the water above is leſs, at all leſſer heights it is greater; but if Mr. RICH's mill ought to go at the height above mentioned, it ought to go at all leſſer heights, and if it will not go at leſſer heights, it is very plain there is ſome obſtruction between the mill and the bridge.

That there are in fact ſome obſtructions, appear manifeſt from what JONATHAN LOCK-WOOD the millwright alledged, that is, that Mr. RICH's mill was in back water before the gravel bed in the oil-mill dam was covered; if ſo, ſince no part of the gravel bed was above 9 or at moſt 10 inches above the dam's water when full, it will appear that Mr. RICH's mill is in back water, when the ſurface of the water in the oil-mill dam (below the rocks) is 1 foot 4 inches below the bottom of Mr. RICH's mill wheel: hence it appears, that very great obſtructions are interpoſed betwixt the rocks and Mr.

RICH's

Rich's mill wheel. Nor indeed does it need the evidence of Mr. Lockwood to confirm this, the evidence arising from the things themfelves being to me more ftrong, than that of any man living; for as foon as I fet eyes upon Mr. Rich's mill tail goit, which is fome diftance below the covered part, not above $4\frac{1}{2}$ feet wide, and feems ftill lefs where covered; when I obferved that both wheels delivered into the fame goit, and the breaft wheel in a very bad angle, as reprefented in the fketch, fo that the breaft mill ftream muft greatly obftruct the other; add to this, that inftead of two fmall wheels of about 20 inches wide each, Mr. Rich has built one wheel of 5 feet wide, faid to be able to drive three pair of ftones at once, it is evident that the fuperior quantity of water neceffary for this purpofe, and the additional quantity neceffary to be laid on after the tail water begins to touch the wheel; this again, added to the additional quantity alfo neceffary on the fame account to be drawn on the breaft wheel, and this all crammed together into the fame narrow goit that fubfifted before the improvement; I fay all this confidered, it is very evident, that Mr. Rich's mill muft be choaked with water for want of fufficient vent. But this is not all; for as the jetty or fence that divides the tail of the goit from the river, as it narrows the river from about 30 feet, which is about the general width, to 21 feet, this will caufe the water to fwell at leaft a foot in the contracted part of the river alongfide the jetty, when the river is 3 feet 8 inches at the bridge above dam's height; and as the jetty itfelf, for about 60 feet above the tail, is not at a medium much more than 3 feet above the dam's water, it follows that before the water will rife to the height aforefaid, it will flow freely over the jetty for almoft 100 feet upwards into the goit, and thereby fill the goit to nearly the fame height as the water in the river abreaft of the jetty, which, added to the obftructions before mentioned, muft neceffarily lay faft the over-fhot wheel, long before the water rifes to the height under the bridge above fpecified, according to Jonathan Lockwood's obfervation.

From what is above laid down it appears, that when the water rifes 3 feet 8 inches perpendicular at the bridge above the dam, that then the dam has no obftruction, becaufe the dam will then vent the water as faft as it could have been vented through the the bridge and over the rocks if no dam was there: but this fuppofes a free paffage for the water between the rocks and the dam. How far the gravel bed at this height of the river acts as an obftruction, (the water being at that time not lefs than 79 feet wide acrofs the gravel bed) is not eafy to fay, without feeing the river in that ftate, the obftruction arifing from the gravel bed not being fubject to computation on account of the irregularity of its figure: however, as it muft add fomething, efpecially at leffer heights, I would advife Meff. Waltons, for the fake of peace and good neighbourhood, (provided Mr. Rich will be contented therewith) to oblige themfelves, on or before *Michaelmas Day* annually, fo long as their dam fhall remain where it now is, to remove all fuch gravel as fhall be found

in

in their mill-pond below the rocks, and within the ſtraight line from the ſouth end of their dam, to the ſouth ſide of the river where the rocks are, as ſhewn in the ſketch *r s*, and to clear the ſame ſo that every part may be at leaſt 8 inches below the top of their dam boards, and to lay the matter thence taken in ſuch manner as not to be ſubject to get in the ſame place again.　On the other hand, as it does not appear to me that Meſſ. WALTONS have done any thing but what they may juſtify; and further, that on the ſtricteſt examination it does not appear that Mr. RICH's mills receive any prejudice from Meſſ. WALTONS' works, but that the impediments found therein ariſe from the miſconſtruction of Mr. RICH's own works, I adviſe Mr. RICH, (if Meſſ. WALTONS will comply in removing the gravel bed as already ſpecified) for the ſake of peace and good neighbourhood, to be contented therewith, and drop all further proſecutions.

J. SMEATON.

Auſthorpe, December 14, 1765.

HUBBERT's

HUBBERT's MILL STREAM.

The REPORT of JOHN SMEATON, Engineer, concerning the power of HUBBERT's Mill Stream to raife water.

HAVING examined the capacities of the water-way at HUBBERT's mill, fituated upon a branch of the river *Coln*, near *Drayton*, in the county of *Middlefex*, I found them as follows, upon the 23d of February, 1766: at which time the currency of this branch of the river was faid to be nearly the fame as it always is when the mills above, upon the fame branch, are at work, or their wafte gates drawn, by which means the quantity of water going down this ftream is regulated.

	Cube Feet per Min.
At *Hubbert's Mill* the difcharge by a wafte gate within the mill was	2166
By the water falling over the top of the wafte gates without the mill	396
Total difcharge in cube feet per minute	2562

	Feet	Inches.
The whole fall or difference at the mill was at this time	5	7

By the help of an hydraulick engine, properly conftructed upon that head, and with the quantity of water above fpecified, the quantity of 356 feet cube thereof may be raifed per minute to a perpendicular height of 20 feet above the level of the mill pond, which quantity amounts to 2517 hogfheads per hour, accounting 52 ale gallons to the hogfhead.

N. B. If the height is greater or lefs than 20 feet, the quantity will be inverfely as the height.

It further appears on infpection, that the tail-water of HUBBERT's mill (which ftands upon a bye ftream of the river *Coln*, as already mentioned) is nearly upon a level with the head water of Lord UXBRIDGE's mill below, which ftands upon the main river; and that the tail-water of HUBBERT's mill being conveyed by a meandering courfe, a full mile in length, falls into the main river below Lord UXBRIDGE's mill: hence it is to be inferred, that in the tail-ftream of HUBBERT's mill there is a fall from that mill to the main river equal to the fall at Lord UXBRIDGE's mill, which being meafured the fame day was 5 feet 6 inches, the greateft part of which perpendicular defcent may be added

to

to that of HUBBERT's mill-fall, without affecting any other; that is, by straightening, widening, and deepening the said tail-water course from the main river to HUBBERT's mill.

Now this being done in a moderate degree, will add 4 feet to the fall of HUBBERT's mill, and still leave 18 inches for the declivity of the tail-stream; in which case, the quantity raised will be greater than before; that is, instead of 2517 hogsheads raised per hour, the quantity of 4138 hogsheads will be raised in the same time; but by a still greater enlargement of the tail-stream to about a 15 feet bottom, brought upon a dead level at the depth of $11\frac{1}{2}$ feet below HUBBERT's mill full head mark, it is practicable to add 5 feet to HUBBERT's mill-fall, leaving only $\frac{1}{2}$ a foot declivity in the tail-stream, in which case the quantity raised per hour will be 4482 hogsheads.

At other heights the quantities that may be raised are expressed in the following table.

It is further to be noted, that, according to the information of the millers, the river *Coln* in the driest seasons is not less than half of what it was upon the day above-mentioned; so that HUBBERT's mill can then go at least half its time, and with the supply above specified; but by information that Mr. FORDYCE afterwards procured, they never are obliged to stop above 7 hours in 24.

The driest months, it seems, are August, September, and October, so that as the scarcest time for water is when there is the least occasion for it at *London*, and as we may reckon upon a constant supply during the winter and spring months equal to what is above set forth, that is, during all such times as the town is fully inhabited, it follows that we may, in effect, compute upon the same supply throughout the year.

The whole quantity of water current in the river *Coln*, at the time abovementioned, was ascertained, by observing that two waste gates at Lord UXBRIDGE's mill being drawn, at that time discharged the currency of the main stream, the dimensions of the openings of those gates being taken, the quantity of water issuing was from thence computed; this, added to the quantity discharged by the bye stream at HUBBERT's mill, constitutes the whole quantity, amounting to 10463 cube feet per minute, that is of 73978 hogsheads per hour, produced by the river *Coln*: the proportionable quantity thereof proposed to be taken into the new canal, is set forth in the following table, according to the different quantities that a different fall at the mill, and height to which it is to be raised, will be produceable of, and is contained in the last column.

A TABLE,

A TABLE, fhewing the quantities of water capable of being raifed at HUB-BERT's mill, according to the different heads or falls, and according to different perpendicular heights to which it is required to be raifed.

Head or fall of water.		Perpendicular height to be raifed above the mill head.	Quantity raifed per hour.		Proportionable quantity taken to that of the river *Coln*, Feb. 23, 1766.
Feet.	Inches.	Feet.	Cube feet.	Hogfheads of 52 ale gallons.	
5	7	20	356	= 2517	$\frac{1}{30}$ full
9	7	20	585,3	= 4138	$\frac{1}{18}$ full
10	7	20	634	= 4482	$\frac{1}{16}$ fcarce
10	7	15	788,3	= 5573	$\frac{1}{13}$ fcarce
10	7	10	1024,8	= 7246	$\frac{1}{10}$ fcarce
10	7	8½	1125	= 7954	$\frac{1}{9}$ fcarce.

London, March 10th, 1766.   J. SMEATON.

P. S. Four Hogfheads as above make a ton liquid.

CORN

CORN MILL at WORKSOP.

The REPORT of John Smeaton, Engineer, concerning the practicability of erecting a Corn Mill, to be worked from the farm-yard pond, at *Workſop Manor*.

THE fall from the ſurface of the farm-yard pond to the ſurface of the canal, in the new menagerie, is 9 feet 6 inches, which is a ſufficient fall for the erection of a mill; the principal difficulty, therefore, attending this affair, is to ſupply the ſaid pond with water, ſufficient to anſwer the intended purpoſe.

The quantity of water neceſſary depends upon the quantity of corn to be ground, which was ſtated to me at 10 loads per week, that is 30 *Wincheſter* buſhels.

The quantity of water neceſſary to grind one buſhel of wheat into flour, will grind five quarters of malt, ſo that ſuppoſing 10 quarters of malt to be brewed per week, the quantity of water that is neceſſary to grind 32 buſhels of wheat per week will diſpatch the whole buſineſs.

Now 3600 cube feet of water will, in this ſituation, be required to grind one buſhel of wheat, and therefore 115200 cube feet will be neceſſary to grind 32 buſhels; and this quantity, at leaſt, muſt be ſupplied to the farm-yard pond in a week.

	Cube feet.
The overflowing of the pond at *Steetly* amount to, per week, - - - -	40019
A ſpring riſing ſomewhat below, but which, together with *Steetly* overflowings, may be brought to the farm-yard pond, - - - - - - -	15120
The pipes from *Steetly*, at 5 hogſheads per hour, which they are ſaid to run, gives 1018 cube feet per day, ⅔ of which I ſuppoſe will directly, or indirectly, come into the pond, amounting, per week, to - - - - - - - -	4751
The engine put in order, and the pipes repaired, as it now ſtands, will raiſe into the farm-yard pond per week, - - - - - - - -	24080
Total of the above, per week, - - - - - -	83970
The aggregate of the quantities before mentioned, - - - - -	83970
The quantity required, - - - - - - - -	115200
Deficient -	31230

The

The power 83970 cube feet is sufficient for grinding 23½ bushels, that is, besides grinding 10 quarters of malt, it will grind 21½ bushels of wheat, or about 7 loads; but this is not supposed enough, though there is no allowance made for waste.

Coldwell Spring, having been carefully levelled, has been found to rise 6 feet nearly higher than the surface of the farm yard pond, when that surface was 9½ feet above the canal of the *New Menagarie*.

The course for an aqueduct has also been traced out, and though it will be almost 2 miles in length, yet this spring may be thereby conducted, upon a sufficient declivity, to fall into the farm yard pond.

Coldwell Spring being gauged in the month of March, 1766, then afforded 161280 cube feet of water per week, a quantity capable of grinding near 45 bushels of wheat; so that here we shall have 46080 cube feet of water per week to spare, or to allow for waste, and what the spring may afford less in dry seasons; but as it is said to be nearly the same in the driest seasons as when it was measured, we may safely reckon upon the whole quantity as above specified; nay, considerably more, because the defects will be more than made up, by taking in the brook that runs by the *Coldwell Spring*, which, at the time of measuring, was nearly equal to the spring, and in the driest season is said to run half as much; but if we reckon it only ⅓ as much, viz. 53760 cube feet per week, we shall then have a surplusage upon the whole of 99840 feet per week, which is almost ⅞ of the whole quantity found necessary.

Here, then, is a sufficient source of power not only effectually to answer the present purpose, but others also that may occur, and which in so large a family, may, in all probability, be very usefully applied.

As this spring is alone sufficient to answer the end, it would hardly seem a question which ought to be preferred; but as an aqueduct for *Coldwell Spring* will pass through rocky ground, in one part at the depth of 15 feet, and which, at a medium, will hold nearly ⅛ of a mile, this, with some other difficulties, particularly the carrying it up the north lawn from the road, which being supposed a running sand, will be troublesome to dig, and will otherwise require arching; those impediments will induce a considerable extra expence; so that to overcome all probable difficulties, and to make the whole of proper dimensions and strength, will require the sum of 400*l.* to be expended upon it.

The deficiency of the former aggregates may, however, probably be made good by taking in the brook laſt mentioned: the particular obſervation was not made at the time, but, from the nature of the thing, it muſt be ſuppoſed that the water of this brook may be intercepted at ſuch a level as to be conducted over the principal impediments that affect the *Coldwell* courſe, and conſequently can be carried into the farm-yard pond, together with the water from *Steetly*, &c. now, if we reckon, as before, upon ⅐ of the *Coldwell* quantity for this brook in dry ſeaſons, we have 53760 to be added to the former aggregate of 83970, which together amount to 137730 cube feet per week, which affords a ſurpluſage of 12530. This, however, is but barely ſufficient to allow for waſte, even if all the quantities held out in ſummer what they have been ſuppoſed from obſervations at the ſame time as thoſe on *Coldwell Spring* were taken.

This aggregate ſcheme may probably be brought to bear for 150*l.* if not 200*l.* leſs than the *Coldwell* aqueduct; yet, as a material part of the ſupply depends on the performance of the engine, this if out of order, will render the mill defective alſo. The certainty of ſucceſs, therefore, attending the *Coldwell* aqueduct, and the permanency of the benefits ariſing therefrom, as depending wholly on natural cauſes, being conſidered, as every other part of the work will be the ſame, whichever way ſupplied with water, it ſeems that the value of 150*l.* or even 200*l.* ſaved in the firſt erection will no ways counterbalance the ſuperior degree of certainty attending the other ſcheme, as well as the further advantages that may probably be drawn from a ſuperior ſupply of water.

A further and ſubſtantial argument for executing the *Coldwell* aqueduct is, that by means thereof the whole of the waters mentioned may be *united* at a ſmall addition of charge; ſo that by this means, excluſive of the engine, and after deducting ⅐ of the whole quantity for waſte, we ſhall have remaining a neat natural power of 240564 cube feet of water per week, a quantity capable of grinding 66¾ buſhels, that is, above 22 loads of corn, being more than double the power required; ſo that, after ſerving very uſeful and valuable domeſtic purpoſes, in paſſing from the farm-yard pond to the canal of the new menagerie, it will there furniſh a fine ſupply of water for the caſcade in falling from the upper canal to the lower.

I have mentioned 400*l.* as the probable expence of an aqueduct from *Coldwell Spring* to the farm-yard pond, which ſum is drawn from an eſtimate made from ſuch obſervations as have already been collected, and is intended to give the beſt idea of the expence that I can at preſent: and I alſo reckon that the mill-work, together with building,

ing, the alterations that will be neceffary in the farm-yard pond, and the drain that will be neceffary for conveying the mill's water to the canal of the new menagerie, will coft 400*l.* more. If, therefore, it is not thought worth while to execute the fcheme at the expence of 800*l.* I would not advife to proceed upon it; but if fo, then I fhall be ready to make fuch further obfervations as the former have fuggefted, in order to make out a particular plan of the whole, from which a more exact computation may be drawn.

J. SMEATON.

Newcaftle, May 12, 1766.

SPURN

SPURN POINT LIGHTS.

DESCRIPTION of the Machine for fupporting the temporary Lights to be erected at the *Spurn Point*.

A B is the round pan, cage, or bafket of iron, wherein the coal fire is made, to be 18 inches diameter, and 18 inches deep for the great light, and 16 by 16 for the leffer light, a little tapering towards the bottom.

C D is the maft for fupporting the cage, at the height of 50 feet above the ground for the great light, and 35 feet above ditto for the leffer. The maft is hung up on an iron axis *E E* at the height of $22\frac{1}{2}$ feet above the ground, and confequently $27\frac{1}{2}$ feet below the center of the greater light, by means of which axis the fire-pan is brought down fufficiently near the ground to fupply the fame with fuel; the fire-pan turning upon an axis of its own or fwivel, fo as to keep it upright in every pofition of the maft.

F is the ftone, of fufficient weight with the butt end of the maft, to balance the fire-pan, coals and iron-work at the other end, that it may turn freely, and in moderate weather be hauled down and up by hand of one man by means of two ropes, one faftened near the upper end, the other at the lower end of the maft, the ftone to be hooped to prevent its fplitting.

G G is a roller with winches, to which the ropes aforefaid being refpectively applied with hooks for the more ready faftening to the ftaples in the roller, the maft will be managed in hauling down and up alfo by one man in the moft ftormy weather.

H H is a fixed piece of wood with a femicircular hollow, to which the lower end of the maft applies itfelf when in an upright pofition, and when neceffary is retained therein by an half circular keeper, plate, or clafp of iron.

a a the great axis of the maft, is fupported upon two upright pofts 22 feet 4 inches above ground, and 3 feet within ground, framed into groundfills at the bottom, and each poft braced in three directions; the feet of the braces to be framed into the ground-fills, and all the bearings fupported by piles underneath, difpofed as per plan.

I K are the two upright pofts.

LMN

MACHINE for supporting the TEMPORARY LIGHT
to be erected at
SPURN POINT.

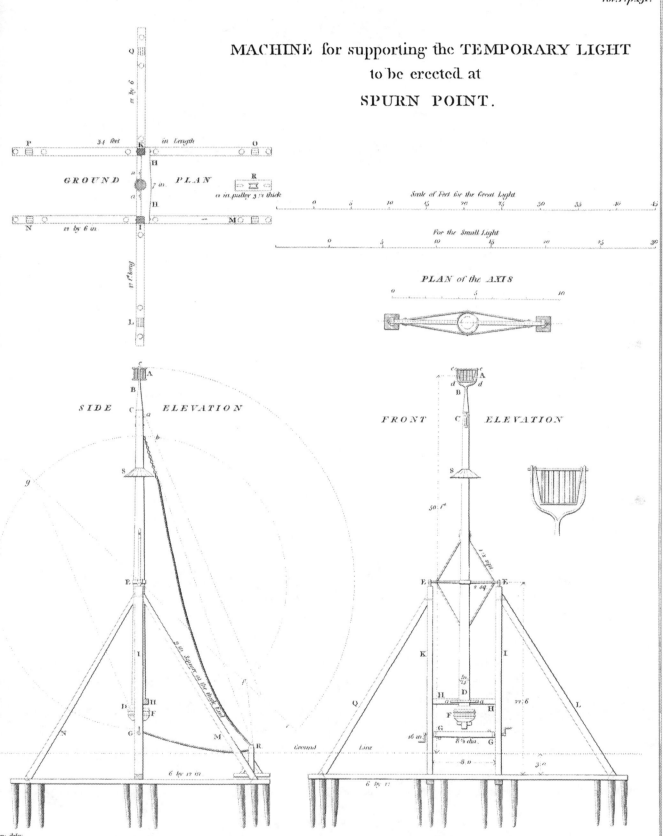

GROUND PLAN

PLAN of the AXIS

SIDE ELEVATION

FRONT ELEVATION

Scale of Feet for the Great Light

For the Small Light

Farey, delt.

W. Lowry sculp.

Published as the Act directs 1812 by Longman Hurst Rees Orme and Brown Paternoster Row London.

(253)

L M N are three braces belonging to the poſt *I*, and

O P Q are the braces belonging to the poſt *K*.

In order to keep the tops of the poſts at a ſtill more certain diſtance, the ends of the axis are to be finiſhed each by a knob, to lay upon the outſide of the bearing crutches or braſſes, which will hinder the tops of the poſts from flying out, and on the out ends of the knobs iron ſtuds are to be driven into the top of the poſts, which will keep them from coming together, the axis acting as a ſtretcher. The tops of the poſts are to be hooped, the more effectually to fix the work thereon, and covered each with an iron plate to defend them from the hot cinders.

R is a pulley in order to ſet the rope at a proper diſtance for hauling down the maſt by the windlaſs roll; this rope is to be annexed to about two yards of ſmall chain fixed at the point *b*; ſuch as is made for the ſmalleſt ſize of horſe traces, will be ſtrong enough.

S is an umbrella made of thin boards, to prevent coals, &c. from falling upon the perſon working at the roller, the pulley *R* is ſet at a diſtance in order that the rope for hauling down the maſt may have the better purchaſe upon it when upright; where note, that this rope being fixed to the maſt at *b*, when the pan is down, and the point *c* brought down to the point *e*, then the point *b* will come to the point *f*, and the tail of the maſt will be at the point *g*, and the line *G g* will be the direction of the rope when it begins to act from the roller upon the tail of the maſt, in order to hoiſt up the fire-pan, and ſet it upright.

N. B. The balance of the whole is to be ſo adjuſted, that when the pan is full of coals, the head of the maſt will be heavieſt, but when the fire is burnt low then the head of the maſt ſhall be lighteſt.

The ſame letters refer to the ſame thing in all the figures.

The meaſures ſet down in figures refer to the greater light, but the meaſures will be given for the leſſer light, by taking off the reſpective parts from the ſcale belonging to the leſſer, which will give every thing in proportion to their reſpective heights.

Directions for the ſmith.

It is to be obſerved that the fire-pan, with fork or crutch for ſupporting it, as well as all the iron-work at the maſt head, is to be made as light as poſſible, conſiſtent with the

necceſſary

neceſſary degree of ſtrength; 1½ inch diameter will be ſufficient for the two branches of the fork near their joining, and tapered to 1¼ near the holes for the axis on which the pan hangs, the reſt in proportion; the whole to be made as ſhort as poſſible between the top point of the wood of the maſt and the axis, whereon the fire-pan hangs. It is alſo to be obſerved that the fire-pan axis projects 6 inches on a ſide beyond the ring, and that an iron ſtrap be brought up from each ſide the bottom of the pan, and connected to the ends of the axis, as ſhewn in the front elevation, in order to prevent the axis from ſagging by the heat of the fire. It muſt alſo be obſerved to make the round gudgeons of the fire-pan axis not above ⅞ of an inch diameter in the round part, but the holes at leaſt 1¾ or 1½, and the gudgeons long enough that they may not jamb faſt, or draw out by a little bending or ſagging; one of the holes muſt alſo be made to open in order to change the pan occaſionally, as repairs may require.

c c is the fire-pan's axis.

d d the two traps from the bottom.

EXPLANATORY Remarks and Obſervations upon the deſigns for building the Light-houſes upon the *Spurn Point,* as approved of by the Honourable Corporation of Trinity-Houſe, *Deptford Strond, London.*

No. 1. The general plan.

As the preſent variation of the compaſs at the *Spurn Point* is not exactly known, in caſe it ſhould be found to differ from that ſuppoſed in this plan, viz. 20 degrees weſterly, the direction of the light-houſes in reſpect to one another are to be placed S. E. and N. W. by the compaſs, and the windows, &c. of the buildings to be placed according to the true meridian.

No. 2. The ſection and elevation of the great light-houſe.

The top of the ſtone ſetting or pitching of the foundation is herein ſuppoſed to be about 3 feet 6 inches below the general ſurface of the ground, from whence the height of 90 feet to the center of the lanthorn is taken; but as it is intended that the ſaid ſetting ſhall reſt upon the bed of gravel or ſhingle underneath the upper ſtratum of ſand, the

depth

depth of the foundation may be a little varied, according to the depth at which the gravel is found, so as to give the foundation a greater degree of solidity. The length of the piles may also be varied if they cannot be got down to the length specified, or in case they drive too easily to that depth.

In the section, *A* shews a pipe or passage-hole for the sacks of coals, from the coal-vault to the lanthorn, to be drawn up by the machine *B*, which also serves for drawing up the sacks of coals that are brought in carts from the waterside into the door *F*, by means of the small gibbet at *C*, from whence they are to be poured down into the vault by the trap-door *D*, when filled too high, to open the door *E*.

G is a pipe for bringing down the ashes.

N. B. The jaumbs of the doors are supposed in the estimate to be of stone.

No. 3. Section of the lanthorn pipe room.

The receptacle for the ashes, both bottom and sides, for $4\frac{1}{2}$ feet in height, are supposed to be compleatly lined with plate iron of $\frac{1}{16}$ of an inch thick, to prevent the hot cinders and ashes from burning the wooden case; the door must be made as tight as possible.

Between the stone covers of the air tunnels *a a* other stones are to be introduced, though not shewn on the outside, so as to compleat a circle of stones, which are to be well crampt together, in order to form a chain course for the springing of the brick arch thereupon.

B B are large bellows, to serve when the wind does not blow strong enough.

C is a tunnel and ash-pipe, for the speedy conveying the ashes and cinders to the outside of the bottom of the house, when the receptacle is emptied, as it ought to be every day.

D, air-holes in each face of the lanthorns, to be stopped or unstopped with sliders, in order to prevent the lanthorn from smoaking.

The hearth and floors of the lanthorn and balcony, together with the basement of the lanthorn, to be of stone; the roof and chimney to be of four-inch *Elland* edge flags, properly mitred together; the balcony rails to be of iron.

No. 4.

No. 4. Shews the plan of the lanthorn floor, and an horizontal section through the air pipes,

Where, in the plan, *A* is the passage or door-way up into the lanthorn, *B* the cover for the sack-hole.

At *a* is a hole for the rope to go down to the machine for hoisting the sacks, to be returned over pullies in the upper part of the lanthorn, so as to answer to the middle of the sack-hole.

b is a hole for a rope from the bellows, which, being returned in like manner over pullies, may go down into the pipe-room by the hole marked *c*, so as occasionally to be blown there as well as in the lanthorn, in case that in summer time the lanthorn shall prove too hot.

In the section, *C* shews the place of the sack-hole.

d is a multiplying wheel and axle for working the bellows with ropes instead of a lever, which in this place would be inconvenient, especially when the person working them is in the lanthorn, as in general he is supposed to be.

N. B.   The bellows are supposed to be made square, in the way of organ bellows, but with neat's leather, and nailed together.

e shews the flat of a slider, and *g* is the same in its proper position; each air-pipe to have one, in order to open any of them at pleasure, and regulate the force of the wind when too strong.

N. B.   In order to give the wind its full force, 2 or 3 of them to the windward to be open, and all the rest closed, and when the bellows are used, to be all closed.

No. 5. Plan and upright of one of the window-frames for the lanthorn,

Wherein the upright *A A* shews two of the upright pillars or stanchions to be of cast iron.

a a the sell, and *b b* the plating of strong iron bars, by which the pillars are connected; the window-frame is to be of wood, but strengthened by a bar of iron, laying within the middle horizontal bar, and screwed thereto, as represented in the plan at *c c c*.

No. 6.

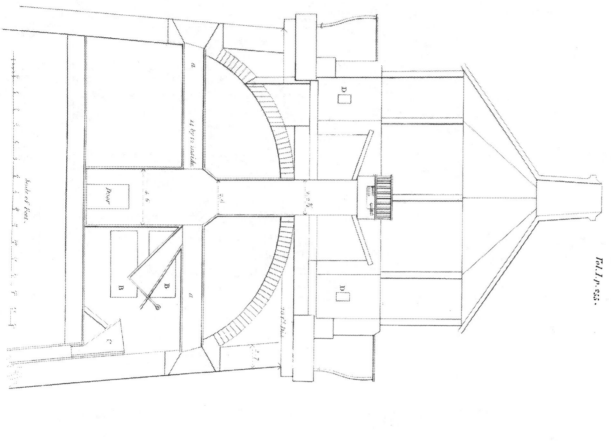

GREAT LIGHT HOUSE AT SPURN POINT.

Nº 3 Section of the Lanthorn Pipe Room.

Vol.1.p.256.

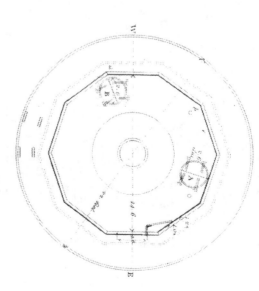

Nº 4 p.256 & Nº13 p.256.
Plan of the Lanthorn Floor.

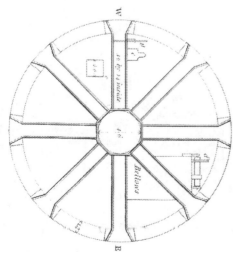

Nº 4 p.256 & Nº13 p.258.
Horizontal Section of the Air Pipes.

No 5. Plan and Upright of one of the Window Frames.

No 7. Feet and forms of one of the Stanchions.

Elevation

Ground line of the Great House.

Scale of Feet.

N.º 6.

Pipe Room.

Chamber.

Dwelling Room.

Section

Floor of the Goat Vault.

Published as the Act directs, 1812, by Longman, Hurst, Rees, Orme, and Brown, Paternoster Row London.

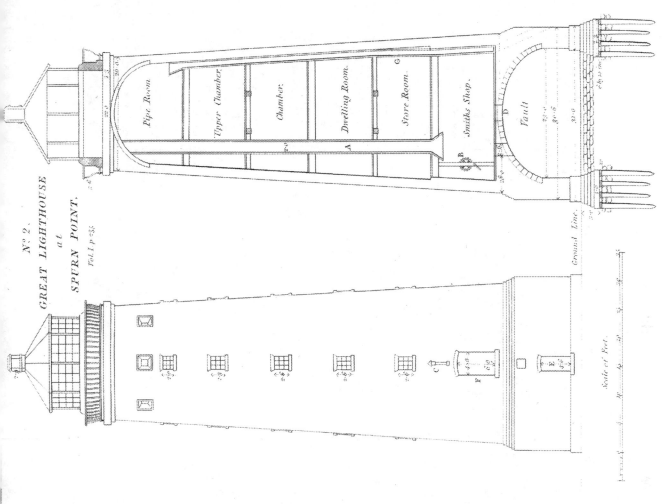

N.º 2.
GREAT LIGHTHOUSE
at
SPURN POINT.
Vol. I. p. 233.

Pipe Room.
Upper Chamber.
Chamber.
Dwelling Room.
Store Room.
Smiths Shop.
Vault

Ground Line.

Scale of Feet.

Lowry sculp.

Published as the Act directs, 1801 by Longman Hurst, Rees, Orme and Brown, Paternoster Row London.

Farey delin.

N.º 1. GENERAL PLAN of the Situation, Bearings, Distances &c. of the LIGHT HOUSES to be erected on SPURN POINT.
Vol. I. p. 234.

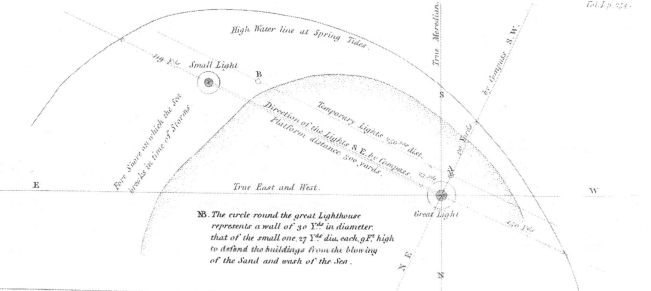

High Water line at Spring Tides.

True Meridian.

by Compass S. W.

Small Light

Temporary Lights 450 yds dist.
Direction of the Lights S.E. by Compass.
Platform distance 800 yards.

Fore Shore on which the Sea breaks in time of Storms.

True East and West.

E

W

Great Light

NB. The circle round the great Lighthouse
represents a wall of 30 Yds in diameter,
that of the small one, 27 Yds diam each, 9 Ft high
to defend the buildings from the blowing
of the Sand and wash of the Sea.

N

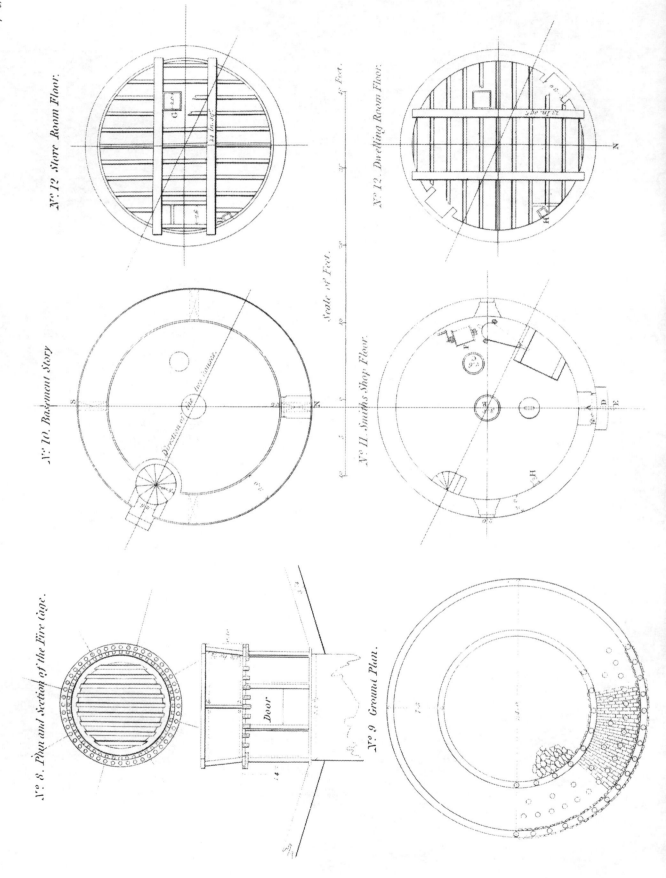

SMALL LIGHT HOUSE AT SPURN POINT.

No. 12. Store Room Floor.

No. 12. Dwelling Room Floor.

No. 10. Basement Story

No. 11. Smiths Shop Floor.

Scale of Feet.

No. 8. Plan and Section of the Fire Cage.

Door

No. 9. Ground Plan.

No. 6. The section and elevation of the small light-house.

As this light-house is to be constructed upon similar principles with that of the great one, and the difference of dimensions being assigned by this general design, it is presumed that a more particular description of the parts will be unnecessary, when reference is had to what precedes and succeeds relative to the great one.

No. 7. Design for one of the ten iron stanchions that form the windows, and support the roof of the lanthorn, drawn at large.

This, with reference to what is explained concerning No. 5, will be sufficiently clear from what is upon the face thereof.

No. 8. Plan and section of the fire-cage and hearth.

This is supposed to be sufficiently explained with what is upon the face thereof.

No. 9. Plan of the foundation.

Upon the outward and inward circles of piles a kirb of wood is to be nailed down upon their heads, which are first to be cut level; but before the kirbs of wood are fixed down, the whole intermediate space between the piles is to be pitched or set with *Elland* edge setters, of 9 inches in depth, set edgeways, in the manner the streets are paved about *Hallifax*; those are to be well rammed down with a two-man rammer in in the manner of a pavement, taking care that those setters that will be covered by the kirbs may be somewhat fuller than the pile heads, that the kirbs may take their bearings equally upon the setters as upon the piles: this done, the joints must be run full of grout, made of lime and sand made fluid with a proper quantity of water, which done the brick-work must be carried on thereupon as shewn in No. 2.

No. 10. Plan of the vault or basement story.

This is a plan of the vault at the top of the plinth or set-off above ground; the rest will sufficiently appear by reference to No. 2.

No. 11. Smith's shop floor and store-room floor,

Wherein the smith's shop floor *A* shews the great door, *D* the projecting landing-place, *E* the gibbet, *F* the machine or winch for hoisting the coals, *B* the hatchway for shooting the coals down into the vault, which being in the middle will be equally diftributed, *C* the hatchway for the facks to go up into the lanthorn, anfwerable to the fack-hole or pipe defcribed No. 2. *H* fhews the place of the afh-pipe.

In the plan of the ftore room floor, *G* is the fack-hole, and *H* the afh-pipe, the eaft and weft windows blank.

N. B. The doorway or hatchway had better be nearer the wall, as well in this as in the floors above.

No. 12. The dwelling-room floor and chamber-floor.

After what has been remarked on No. 11. it is only neceffary to obferve that there being two oppofite chimnies in the dwelling-room, they may be ufed the one or the other as beft fuits the wind ; in the chamber-floor the north and weft windows are fuppofed blank.

No. 13. The upper chamber-floor and pipe-room floor

Will be fufficiently explained from what has been already remarked, the north and weft windows in the upper chamber being fuppofed blank as in the chamber below, the pipe-room windows all open.

J. SMEATON.

The foregoing explanatory obfervations were fent to *London* for the approbation of the Corporation of Trinity Houfe, a copy of which was by them returned, in order to be returned to Mr. THOMPSON in their Common Seal, to which was fubjoined the following.

" Trinity-Houfe, *London*, March 21, 1767.

" Thefe explanatory remarks and obfervations upon the defign or plan of the two new light-houfes to be erected at the *Spurn Point*, the Mafter, Wardens and Affiftants of the Corporation of Trinity Houfe of *Deptford Strond*, do hereby, under their Common Seal, approve of, and do appoint the fame to be carried into execution, purfuant to the act of Parliament paffed in the fixth year of his prefent Majefty's reign.

By order of the faid Corporation,

CHARLES WILDBORE, Clerk."

ESTIMATE

ESTIMATE of the expence of building two Light-houses, with proper conveniencies, upon the *Spurn Point*, as designed by JOHN SMEATON, Engineer, from the orders and directions of the Honourable Corporation of Trinity-House of *Deptford Strond*.

Estimate of the great Light-house.

	£.	s.	d.
To casting, piling, and setting the foundation, as per plan,	123	10	0
To brick-work in the building,	482	13	1
To stone-work in ditto,	201	14	0
To carpenters work in ditto,	249	3	4
To iron-work in the lanthorn, — 100 14 4			
To ditto in the balcony rails, — 65 6 8			
To ditto in the fire-place, with 2 cages, — 30 8 0			
To ditto in the building, — 62 15 4			
Total of iron-work,	259	4	4
To plumbers-work, covering the balcony floor with lead, — 56 19 3			
To ditto in cistern and pipes to bring rain-water from the roof, — 15 6 0			
Total of plumbers-work,	72	5	3
To glazing the windows of the rooms, — 5 0 0			
To ditto in the lanthorn, — 12 5 0			
Total of glaziers-work,	17	5	0
Great light-house,	1405	15	0
The great light-house, as per estimate,	1405	15	0
The small light house, estimated at ¾ of the expence of the great one,	1054	6	0
The stone platform between the two houses,	90	0	0
The brick wall round the greater light-house, 30 yards diameter, with carriage and small door, and capped with stone,	118	12	0
Ditto round the small light-house, 27 yards diameter, but being more exposed, estimated at ditto,	118	12	0
	2787	5	0
To the above allow for accidents, contingencies, and difficulty of situation, 10 per cent. upon the whole,	278	15	0
	3066	0	0

N. B. Nothing is allowed in the above estimate on account of supervisal.

London, February 21, 1767.   J. SMEATON.

This eftimate was authenticated by the board, under their common feal, and with the following teftimony :

" This Eftimate of the expence of erecting two new light-houfes on the *Spurn Point*, the Mafter, Warden, and Affiftants of the Corporation of Trinity-Houfe of *Deptford Strond*, do hereby, under their common feal, approve of, and do appoint the fame to be carried into execution, purfuant to the act of Parliament paffed in the fixth year of his prefent Majefty's reign.

By order of the faid Corporation,

CHARLES WILDBORE, Clerk."

Trinity-Houfe, February 21, 1767.

(Duplicate.   C. W.)

ADDITIONAL Remarks and Obfervations, touching the conftruction of the Light-houfes upon the *Spurn Point*, as approved of by the Honourable Corporation of Trinity-Houfe, *Deptford Strond, London.*

Defign No. 1.   Being the general plan.

It is mentioned that the light-houfes are to be placed at the diftance of 300 yards center and center, and in a direction S. E. and N. W. by the compafs, in refpect to each other; to be joined by a platform of ftone, the conftruction of which I propofed to be as follows :

To be compofed of *Elland Edge* natural-faced flags, 2 feet in breadth and 4 inches thick ; to be fupported by a pavement or fetting of brick on the edge, and 3 bricks lengths wide, to be well beat down with a paviour's rammer, the ground being firft levelled and confolidated by ramming : the hand-rail to be $3\frac{1}{2}$ inches fquare, fupported by pofts of $4\frac{1}{2}$ inches and 6 feet long, fet in the ground, fo that the rail may not be more than 3 feet above the furface of the flagging.   This timber is fuppofed to be of *Riga* fir.

The circular brick wall round the great light-houfe, faid to be 30 yards diameter, that is, out and out, I propofe to found at the depth of 3 feet, or thereabouts, below the mean furface of the ground, but if at a lefs depth, a ftratum of gravel can be found tolerably compact to found upon it.   The bottom, when opened, to be confo-

lidated

lidated by ramming, and the first ground courfe to be 3 bricks length broad, fet upon the edge, and driven down like a pavement, then two courfes upon it to be laid flat-ways, as common, in mortar, of 2½ bricks wide; then to be carried up of two bricks till a foot above the ground; then to be raifed to 8 feet 8 inches high above ground, and to be capped with ftone 4 inches thick: this, if the undertaker chufes, may be of *Elland* edge flagging, with the natural faces, but hewn true to a joint and regular border; or with any other kind of ftone, fuch as ufed about the light-houfes, that will bear the weather: the capping to project about 2 inches on each fide, and to drip towards the outfide, to be laid on with mortar made of lime from *Barrow*, in *Leicefter-shire*, or any other lime of equal quality for water-works. The body of the wall to be built with lime from *Houghton*, near *Caftleford, Yorkfhire*, or any other of equal quality.

The fmall light-houfe circular wall to be founded as the former, but the mortar courfes on the 3 bricks length on edge fetting; to be raifed 2½ bricks thick to 1 foot above ground, and then 2 bricks to 8 feet 8 inches above ground, and covered with 4 inch capping like the former, without any projection on the outfide, and about 2 inches within, but laid fo as to drip outwards, the outfide brick breadth to be walled, and the capping to be laid on with *Barrow* lime, and the reft walled with *Houghton*, and both walls to be grouted or run with liquid mortar every four courfes.

The area of thefe two courfes between the light-houfes and the out-walls fhould be paved with good bowlers, fo as to refift the wheels of carriages carrying coals. This article has not been particularly confidered in my original eftimate, otherwife than in the articles of contingencies.

Defign No. 2. Being the fection and elevation of the great Light-houfe.

The external and internal circle of piles in the foundations are, as drawn, intended to be 10 feet long, and 10 inches diameter at the heads, and the internal piling of 9 feet long, and 9 inches diameter at the heads; but both thefe dimenfions to be varied according as the ground proves on trying it with piles: the piles here fuppofed are of oak, elm, beech, or alder, but may be of *Riga* fir, or any other kind of red wood fir of equal quality for duration under ground, in which cafe, if fquare 9 inches will do for the kirbs, and 8 inches fquare for the internal piling, the length being fuppofed the fame as before.

The thicknefs of that part of the fhell of brick-work marked 2 feet, is fuppofed 3½ bricks, and that marked 1 foot 7 inches of 2 bricks thick; the bricks in the north

being

being made larger than thofe in the fouth, it was fuppofed they might probably in walling make thofe thickneffes fpecified, but at the fame time it was not propofed to have bricks made on purpofe, but to be walled with the common fize o bricks ufually made in that part of the country, but they fhould not be lefs than the ſtatute thicknefs for *London*; and, N. B. wherever a difference in the dimenfions of the bricks, the thickneffes affigned to the feveral parts cannot exactly tally ; it is the outfide meafure which is to be preferved, unlefs particularly directed to the contrary. The fort of bricks propofed to be ufed is what in the north are called water-bricks, in contra-diftinction to ſtock-bricks, but thofe to be particularly hard and well burnt.

It was propofed to build the whole with *Houghton* lime, or other good ſtone lime of equal quality ; but I am of opinion, that, confidering the expofure of the fituation, it will anfwer a better purpofe to have the outfide bricks in breadth walled with *Barrow* lime, leaving the undertaker to make ufe of what lime he chufes for the internal parts of the wall, being ſtone lime good in its kind, and well tempered ; and that it will be better to allow the undertaker whatever difference there may be in the value of both forts together, if any, when ufed inſtead of *Houghton* lime for the whole, than that this precaution fhould be neglected. The whole of the infide to be walled fair, and to be grouted at every fourth courfe. The undertaker to be allowed to ufe, if he pleafes, either fea water, or fuch as can be obtained by digging a well upon the fpot, as he fhall chufe ; and to prevent any damp in the dwelling-room it will be proper to be ſtoothed, lathed, and plaiſtered, (the plaiſter being made up with frefh water) which will be a far more effectual defence againſt damp, than any difference that can arife from the quality of the water in the out-walls, having found that good mortar binds as well with falt water as frefh.

N. B. This article of ſtoothing and plaiſtering was not confidered in the original eſtimate.

In regard to the ſtone-work, all the parts that require large flat ſtones will be beſt fupplied from *Elland-Edge*, or from *Cromwell Bottom* quarries, which are of the fame quality ; but in regard to the ſtone-work for door-cafes, window-fills, ſteps, the air-pipe mouths, and girdle ſtones, to compleat and cramp that courfe together, with the mutules and facia compofing the balcony floor and bafement of the lanthorn, as there are a number of good quarries in the neighbourhood of *Aire*, *Calder*, and *Dun*, as well as at *Sunderland*, which afford the proper materials, the undertaker fhould have the choice of getting them where he can ferve himfelf with moſt advantage, being obliged to furnifh good ſtrong ſtone, and fuch as will endure the weather.

Inſtead

Inftead of lintells on the infides of the doors and windows, they are propofed to be arched with brick.

The timber every where to be made ufe of is fuppofed to be the beft *Riga* fir, or other red wood fir of equal quality, for the refpective purpofes, except where the fort of wood is particularly expreffed to be of a different kind. The doors between room and room are propofed to be trap-doors, and the afcent between room and rcom to be ftrong ftep ladders of equal width with the door-ways, the fides to be at leaft 8 inches by $1\frac{1}{2}$, and the fteps not to exceed 8 inches rife, and the ladders not to ftand fteeper than an angle of 45 degrees where the place will properly allow it.

The windows of the rooms to be of clean well feafoned *Englifh* oak; they are defigned to be fimply a frame, whofe outfide circumference is 3 inches by 2, and the infide bars of ftuff $1\frac{1}{2}$ by 2 inches; they are to be fixed up againft a check made by the projection of the outward bricks, and faftened by a pin, fo that the whole frame may be taken out at pleafure, in order to air and ventilate the rooms, when occafion fhall require, and the weather admit: there is a fmall error in the original drawings, in regard to the manner of forming the window-fole ftones, wherein the check is reprefented on the outfide, and that, for the fake of keeping out and venting the wet, ought to be within; and as this matter cannot be fo eafily defcribed in words as to prevent all uncertainty, I have added a drawing, intituled No. 14, wherein the particulars are expreffed more at large. The glazing of all the room windows fuppofed to be of common glafs; the clear opening of all the windows, when the frames are out, is 2 feet wide by 2 feet 6 inches high, the pipe-room windows excepted, which are to be 2 feet wide by 2 feet high.

Their number will be as follows:

In the fmith's fhop,	E. W. and N.	3	
In the ftore-room,	N. and S.	2	All the reft blanks, with arches and fole
In the dwelling-room,	E. W. N. and S.	4	ftones to preferve the regularity on the
In the chamber,	N. and S.	2	outfide, and to be opened afterwards, if
In the upper chamber,	N. and S.	2	need fhould happen to require.
In the pipe-room,	E. W. N. S.	4	

Defigns, being No. 3 and 4, being fections and plans of the lanthorn and pipe room.

Upon No. 3 I obferve, that the windows may, with more advantage, be placed two courfe of bricks higher, or nearer the pipe mouth-holes, that above the propofed lining with plate iron; of the receptable for the arches, it will, for further fecurity, be proper to line the whole infide of the wood-work, compofing the upright tube, with double tin-plate, and to extend the fame the breadth of a tin-plate within the air-pipes.

The ftones mentioned to be laid between the pipe-mouth ftones, marked *a a*, in order to form a chain courfe, are fuppofed to lay upon the fame bed as the cap-ftones of the air-holes, and to reach to the outfide, wanting only one brick's breadth, that is, they will be 1 foot 6 inches up and down, and 1 foot 9 inches infide and out, at the extreme breadth: the whole of this courfe to be of ftone of a firm quality, and double cramped upon the upper furface with cramps of 2 inches broad, $\frac{1}{2}$ an inch thick, and 14 inches long, and to be put in hot, and buried in a body of lead: the facia in like manner, compofing the balcony floor, to be cramped with a double fet of cramps fixed in the fame manner, the joints thereof to be filled, and very carefully pointed with cement made of equal parts of *Barrow* lime, and pozzolano or fmiths forge fcales: the aperture or crown of the arch to be fet round with an arched circle of ftone of 9 inches thick, and the height of a brick's length.

The top of the balcony rails to be at leaft 3 feet 6 inches above the floor, and 3 feet high in the bars, which are to be of $1\frac{1}{4}$ inch thick, and 100 in number in the whole circle, and the upper and under circle connecting them to be 3 inches broad and $\frac{5}{8}$ inch thick; this circular railing to be fupported by 20 ftuds leaded into the facia, and turned with a crutch at the top to take the lower circle of the railing without any other fixing thereto than the weight of the railing.

The lower fell of the lanthorn frame to be fet in putty, made of white lead and oil, the upper fell of ditto to be covered with a kirb of wood bolted down, to be cut to a proper bevil for fupporting the ftone roof; this kirb to be oak; the chimney to be compofed of five pieces, and to be hooped with two ftrong hoops round the whole, of 3 inches head and $\frac{5}{8}$ thick.

N. B. It will be neceffary to cut a fmall half circular grove under the facia, to prevent the wet from following the under fide to the wall. The door in the balcony from the lanthorn to be of oak.

Defigns No. 5. and 7. The former being a plan and upright of one of the window-frames for the lanthorn, and the latter a defign for one of the 10 caft iron ftanchions that form the windows, and fupport the roof of the lanthorn, drawn at large.

Upon

Upon which I have to remark, that the window-frames are fuppofed to be made of the beft clean dry *Englifh* oak, put together with white lead and oil, and glazed with the beft crown glafs, each frame to be fixed in place by 32 ftrong wood fcrews, and by two fmall bolts, that take the crofs bars; and that all the iron-work, together with the fcrews, bolts, &c. and window-frames, are to be put together with white lead and oil, the whole being firft painted twice over when tried together, and afterwards two coats when fixed in place.

Defign 6. being a fection and elevation of the fmall light-houfe.

Whatever has been or fhall be obferved regarding the great light-houfe, that will apply to the fmall one, is to be applied thereto, except what is particularly fpecified by the defign or in writing to be otherwife.

The piles under this light-houfe are fuppofed to be of the fame dimenfions, and in number proportionable to the circumference of the circle of their refpective bafes, the ftone fetting between the piles to be of equal depth and folidity.

It now feems more eligible to make the room above the vault a ftore-room, and to put the two fire-places into the room above, in order to convert it into a dwelling-room, to be ftoothed as the other.

The floors to be twelve-inch beams, and common joifts 4 by 5.

The height of the mutules are intended to be 6 inches, and the height of the facia 12 inches at the edge, and to rife $\frac{1}{2}$ an inch at the lanthorn, to be double cramped, as alfo the chain courfe at the air-pipe holes, as in the great light-houfe.

The number of windows in the fmall light-houfe as follows:

The room above the vault   N.   1 ⎫ The reft walled blank, with arches
The chamber and dwelling-room E. W. N. S. 4 ⎬ and fole ftones, as in the great
The pipe-room   -   -   -   E. W. N. S. 4 ⎭ light-houfe.
                                        ――
Open windows   9

N. B. The windows of the rooms and pipe-room to be of the fame dimenfions as the great light-houfe.

Vol. I.   M m   This

This light-houfe is propofed to be furnifhed with bellows of a proportionable fize to thofe of the great light-houfe; but I apprehend the bellows in both light-houfes may be omitted till it be feen whether the fire may not have a fufficient draught in calm weather by fetting all the air-pipes open, without working the bellows, for unlefs they are neceffary they may be cumberfome, and may at any time be added.

The fack-hole pipe is reprefented as broken off at top, not only in this elevation, but in that of the great light-houfe, the part of the arch wherewith it unites being that fuppofed to be removed from before the eye, but in reality thofe pipes are to be made to unite with the proper opening through the arch for the fack to pafs through up into the lanthorn.

The balcony rails are, as per defign, to be the fame height, and the iron of the fame thicknefs, as for the great light-houfe, but the number of bars to be only 80, the height of the lanthorn in the glafs to be the fame as the great light-houfe, and the caft-iron ftanchions the fame.

Defign No. 8. is a plan and fection of the fire-cage and hearth, upon which I have to remark, that it feems more eligible that the brick-work that fupports it fhould be raifed about a courfe higher, in order to bring the lower ring of the cage even with the top of the ftone bafement of the lanthorn; and N. B. the fpaces between the eight pillars that fupport it are to be clofed with milled plate iron $\frac{1}{8}$ thick, one fide being made to open with hinges and a latch like a door, in order to clear the grate.

Defign No. 9. is the plan of the foundation; to which I fhall add, that the kirbs, being 10 by 6, are to be of oak, elm, or beech, but that the internal piles are, as already mentioned, to be varied in number, fize, and difpofition, according as fhall appear upon trial by driving after the ground is opened: the foundation here fpecified being fuch as appeared proper upon fuch trials as were made in prefence of the gentlemen of Trinity Houfe, *Deptford Strand*, when I had the honour of attending them there.

Defign No. 10. being a plan of the vault or bafement ftory, there is nothing to add but that the dotted lines upon the points E. W. N. and S. fhew the places of four airholes to ventilate and give light into the vault.

N. B. I apprehend it may be more eligible to make the entry-doors to open internally.

Defign

Defign No. 11. is a plan of the fmith's fhop; floor to be flagged with natural-faced *Elland-Edge* flags, well jointed and laid; the two openings *B C* having a rebate cut round them, are to be covered with loofe lids (with a ring in the middle) made of a double thickneſs of oak plank of 1½ inch clinched together; the middle hole, though marked 3 feet, need not be larger than the other, viz. 2 feet 6 inches.

The gibbet *E* to be of oak, and to have a rope of a proper length, with guide pullies for hoifting facks of coals out of the carts, feparate from the rope for hoifting coals to the top of the houfe, each rope to remain reeved, and ready to be applied to the barrel of the machine as occafion fhall require; the machine to be made with an iron wheel and pinion compleat *.

In the ftore-room floor the door-way, upon the whole, may, in this as the reft, remain in the place fhewn in the plan; the beams to be 14 inches fquare, the joifts 4 by 8, and the joifts on each fide the door-way to be 6 by 8.

Defign No. 12. contains plans of the dwelling-room and chamber-floors, wherein it is to be remarked, that the girders lay alternately crofs of each other.

In the dwelling-room is propofed two fire-places, that either may be made ufe of as the wind blows; the funnels are to be carried up in the walls, and laftly carried to the outfide, and to be terminated like a cup by corbelling or overfetting the bricks near the top; thofe funnels to terminate at or about the height of the middle chamber-floor.

Before the chimnies are to be two hearth-ftones of *Elland-Edge* natural-faced flags of 2½ feet broad at leaft and 5 feet long; each fire-place to be furnifhed with a grate or range fet in ftones that will bear the fire; the girders of the dwelling-room floor to be 13 inches fquare, and thofe of the chamber 12 inches fquare; the joifts the fame as the ftore-room.

Defign No. 13. is added to fhew the relative fizes and difpofition of the floors, and feems to require no further directions than what is upon the face of it: the girders of the upper chamber-floor being 12 inches fquare, and thofe of the pipe-room 13 inches fquare; the common joifts being 4 by 8, and the door-way joifts 6 by 8, like all the other floors.

* The bellows and anvil are not fuppofed to be furnifhed by the undertaker.

The

The iron-work for hanging the doors as follows:

The double doors for carriages to be 9 feet clear width in each of the circular walls, to be hung upon well-made loops and crooks, not lefs than 8 lb. loop and crook together; the crooks to be leaded into ftone inlaid in the wall, and the loops to be fixed to the doors with fmall fcrew bolts. Thefe doors to be made with proper bars and faftenings to hold them open and keep them fhut. The fmall doors in the circular wall 2½ feet clear width, anfwerable to the platform from houfe to houfe, to be hung with loops and and crooks of 5 lb. per loop and crook, and leaded into ftone with proportionable latches and bars. The vault doors to be hung upon the fame loops and crooks as thofe fpecified for the double doors of the out-walls, and fixed in the fame manner, with each two bars or bolts of 4 lb. each bar, and a lock to each door. The entry doors to have the fame loops and crooks as fpecified for the fmall doors in the circular walls, with each a lock, bolt, and latch of proportionable ftrength. The crane doors and balcony doors to have loops and crooks the fame as the out-wall fmall doors, with each a bolt of proportionable fize. The trap doors to the floors to be hung upon good HL hinges of at leaft 10, or T hinges of 13 inches, with one bolt of a proportionable fize.

All the doors to be plain batten doors, except the two entry doors, which are fuppofed to be done with fomewhat more neatnefs; all the out-doors to be of whole deal, and the trap-doors, on account of lightnefs, not lefs than $\frac{7}{8}$ thick when worked; all the doors and floors to be planed and fhot clear of fap, and to be lathed, tongued, or rebated together.

The article of painting was not confidered in the original eftimate otherwife than by the general article of contingencies; but it is propofed that all the outfide wood and iron work be painted with at leaft two good coats, which has not been already fpecified to be done with more; all the fafh-frames with white lead and oil, all the iron-work with white lead and oil made of a dark lead colour with lamp black, and the doors, &c. with good red priming.

In refpeft to the lead covering of the balcony-floor (which was propofed to be done with lead of about 10 lb. to the foot) in cafe the joints are well cemented, as has been fpecified, I am of opinion, on reconfidering this article, that the lead may be omitted; and as the roof of the lanthorn and floor of the balcony will be greatly annoyed with foot and coal-duft, infomuch that it is probable but very little of good frefh water can be collected, it feems that the lead pipe and ciftern may alfo be omitted, and in lieu thereof that the undertaker furnifh each light-houfe with a good ftone trough or ciftern, to hold

at

at leaft two hogfheads each, properly fupported on brick-work, with a cover to each, for depofiting fuch frefh water as fhall be brought from the main land; and alfo to cover the hips of the lanthorn roofs with lead; and as in the above articles of lead-work to be omitted, there will be a deduction of 72 *l.* 5 *s.* 3 *d.* in the original eftimate upon the great light-houfe, and 54 *l.* 3 *s.* 11 *d.* upon the fmaller one, it may be reafonably expected that thofe fums, making together 126 *l.* 9 *s.* 2 *d.* will fully compenfate every article of additional expence which was not fully confidered in the firft eftimate, or has on this revifal been fuggefted.

I beg leave further to obferve to this Honourable Corporation, if they can admit both the light-houfes to be fomewhat altered from the places marked out in the plan No. 1, that is to go upon the fame line about 80 yards more to the N. W. in order to bring the fmall light-houfe more out of the way of the feas in time of ftorms at high water, that it would be a means of preventing unforefeen expences in the protecting the out-works of the fmall light-houfe from the effects of fuch infults; and this appeared to me the more defirable when I was upon the view of the temporary lights (in order to make an eftimate thereof) as fome derangements had happened to the platform and coal-yard near the fmall light-houfe by a ftorm happening at a great tide.

Aufthorpe, May 9, 1770. J. SMEATON,

The REPORT of JOHN SMEATON, Engineer, concerning the ftate of the Light-Houfes building at the *Spurn Point*, under direction of the Trinity Houfe, *Deptford Strond, London*.

THE beginning of December laft I was at the *Spurn Point*, in order to view the ftate of the works carrying on there by Mr. TAYLOR, and found that the fhell of the leffer light-houfe was erected, and the lanthorn compleatly framed, and fet up and ready for receiving the glafs, all the naked floors in, and the hearth erected ready for receiving the grate; fo that, exclufive of the balcony-rails, the glafs, and infide finifhing, this light-houfe may be confidered as erected.

The foundation for the circular wall round this houfe has alfo been for fome time laid, and brought even with the furface of the ground.

The

The great light-houfe was alfo then raifed five courfes of bricks above the fecond timber floor; both which floors were in place, and the arch of the coal vault compleated, as alfo the ftone ftairs up to the fmith's room floor.

The height of the greater light-houfe above it's foundation was then 44 feet 6 inches, and near 40 feet above the ground, which is fomewhat irregular.

The bricklayers were then at work, and as it is faid there is feldom any froft at the *Spurn Point*, it is probable that the brick-work done in winter may become even more folid than what is done in fummer. The brick-work of both houfes is fomewhat rough, but as Mr. TAYLOR feems very careful to have the courfes properly grouted, or run with liquid mortar, I have no doubt of the firmnefs of the work, and which, at a very little diftance, has all the effect upon the eye that can be expected.

On examining his ftores upon the place, I found all the timber floors prepared, together with a large quantity of boards planed and tried up ready for the floors, doors, air communications, &c. fo that I apprehend, taking the work done and preparations upon the place, as they appeared upon my view the beginning of December laft, in part of the whole, that 1000*l.* in addition would compleat the two light-houfes according to the contract.

Mr. TAYLOR applied to me to have his extras fettled, that is, the additional piles in the foundations, and depth of building, occafioned by the foundations being laid lower than the plan, and fome other things that will be due to him; but I told him that as there might yet be others before he had done, it might be as well to fettle all the extras together; to which he did not object.

Mr. TAYLOR has made a greater progrefs between the laft and the former vifitation than in any former period, and, if not cramped for men or money, I fhould expect to fee the light-houfes compleated for ufe in the courfe of the prefent year.

The variation of the *Point* is become ftill more favourable to the prefent fituation of the buildings than in my laft reprefentation.

Mr. TAYLOR remarked to me a new fand that the fea appeared to break upon at low water, being due eaft from the leffer light by the true meridian, and at about a mile's diftance; this I remarked to fome of the gentlemen of the Trinity Houfe on my return to *Hull,* on fuppofition they would more circumftantially inform themfelves, and acquaint this Honourable Board therewith.

London, 29th March, 1774.   J. SMEATON.

REPORT upon the Lower Light at the *Spurn Point*, by John Smeaton, Engineer.

FROM a view of the works at *Spurn Point*, taken the 25th of April, 1776, it appears to me, that fince my reprefentation, by letter of the 22d of January laft, the beach has confiderably increafed, not only in breadth but in height, and not only in the frontage of the low light-houfe and low temporary light, but for half a mile at leaft coaftwife towards the north eaft.

Since then a cargo of *Hazlecliff* ftone has been depofited at the foot of the low light-houfe, upon the bricks reported to have been there depofited in the faid letter, none of which appear to have been ftirred from their place; but as the cover of *Hazlecliff* ftone is not fully compleated, I have now ordered a further quantity, in order to compleat the fame. A great part of both bricks and ftone are buried in the beach, that a more favourable courfe of wind and tides have brought before the work as above mentioned; fo that, from the above ftate, it appears, that as things have taken that favourable turn that was wifhed, and hoped for as very poffible, the low light-houfe and low temporary light are not now in the imminent danger that they appeared in in January laft; and as there is now a greater appearance of probability that the lower light-houfe may become and continue ferviceable for fome years to come, I am of opinion, that the beft way to turn the work out of hand, and to give it the beft chance of continuance, will be to rebuild that part of the circular wall that the fea has taken down, and, to give it a greater depth and dimenfions than before, to make good the ground taken away in the court-yard; that will then again be inclofed folid with *Hazlecliff* ftone, and alfo to depofit a quantity of *Hazlecliff* ftone round the circumference of the new wall outfide, in the fame manner as is now done round the foot of the building; and laftly to conftruct fome grynes of fafcinery, or ftake and rice work, upon the beach, on both fides the building, in order to catch and detain the beach, in a manner fomething like what is practifed upon the coaft of *Suffex*, in the frontage of *Romney Marfh*, &c. This is what, from circumftances turning out favourable for the prefent, appears to me to be now advifeable. Yet the opinion will remain valid that is particularly expreffed in the 7th, 8th, 9th and 11th paragraphs of the faid letter of the 22d of January, and confirmed by the fketch of the gradual changes made in the *Spurn Point* fince and including the year 1766, remitted in my letter of the 24th of January, viz. that the whole coaft for feveral miles being in a confiderable ftate of wafte to feaward, the fandy beach compofing the *Spurn Point* muft follow it, and confequently the ground being taken away behind the light-houfe, it will be left an ifland, and therefore indefenfible, but at much

greater

greater expence than that of building a new houfe, even of the fame conftruction; but that, confidering the fluctuating ftate of the coaft to feaward, that it feems more advifeable to exhibit the lower light, whenever the prefent one fhall fail, by means of a *machine light-houfe*, built upon the fame principle as the prefent temporary high light, and that by way of provifion for the conftant exhibition of the lights, for the benefit and fafety of navigation; that, in the mean time, the prefent large temporary light machine (as foon as thofe lights are ordered to be ftruck) be removed into the line as near the low light-houfe as fhall appear convenient. This is the general fenfe and meaning of the paragraphs in the letter above referred to, and which ftill appear to me equally neceffary now as then appeared; but I now beg leave to add, that if the Honourable Board of *Trinity Houfe, Deptford Strond*, fhall think proper to order the rebuilding the circular wall, and the defences or out-works above mentioned, that it will then be impoffible for the fea to render the light-houfe unferviceable fo fuddenly as not to give time to do fome bufinefs. If it fhould be liked better, the large temporary light-machine may be taken down, repaired, marked ready for putting up again, and fafely depofited under cover, ready to put up, whenever, by the fea's deftroying the out-works, it fhall appear advifeable and neceffary; but yet, as the timber and iron-work thereof have already been expofed for feveral years to the weather, it is my opinion that they will laft as long, when expofed in the fame manner, as if put under cover.

Aufthorpe, 30th April, 1776.   J. SMEATON.

ESTIMATE for rebuilding the part of the wall of the low light at *Spurn Point*, that was taken away by the fea, and defending the fame, as per Report.

	£.	s.	d.
To thirteen rods of brickwork, at 10*l.*	130	0	0
To timber and piling under the foundations,	35	0	0
To *Hazlecliff* ftone, infide the wall and out, 360 tons, at 6*s.* 8*d.*	120	0	0
To clearing foundations,	5	0	0
To gryne-work of fafcinery,	10	0	0
Neat eftimate,	300	0	0
To 10 per cent. contingencies upon the whole,	30	0	0
£.	330	0	0

ESTIMATE

ESTIMAT] for taking down, moving, and re-erecting the great temporary light, and placing the same in line of the other two light-houses.

	£.	s.	d.
To taking down, - - - - - - - - -	5	0	0
Removing, - - - - - - - - -	5	0	0
Repairs that may be anted, - - - - -	15	0	0
New foundation, so as to be moveable, - - - -	25	0	0
Re-erecting the same, - - - - - - -	10	0	0
Neat estimate, - - - -	60	0	0
To 10 per cent. contingencies, - -	6	0	0
£.	66	0	0

Austhorpe, 30th April, 1776.   J. SMEATON.

ESTIMATE of what I have further ordered as necessary to compleat the light-houses at *Spurn Point.*

	£.	s.	d.
A copper funnel for the great light-house, to be fixed in the same manner as that of the low light, and of a proportionable size; this, after deducting the value of the present funnel, to be returned, - - - - - - -	18	0	0
To fixing, screws, bolts, &c. - - - - - -	5	10	0
New cast-iron fire-hearths, possibly may come to about - - -	5	0	0
Some partitioning in the small light-house pipe-room, in order to make it convenient to lodge in; an addition to the ash pipe; and several small jobs that I saw necessary, and ordered when I was there last, about - - - - -	6	10	0
£.	35	0	0

Austhorpe, 22d January, 1777.   J. SMEATON.

The conclusive REPORT of JOHN SMEATON, Engineer, concerning the *Spurn* Light-houses.

IN consequence of Mr. TAYLOR's letter of the 30th of March last, acquainting me that every thing I had ordered, as well extra as contract work, was done, I visited the light-houses, at *Spurn Point*, upon the 7th of April, and finding that the capping of the detached circular wall of the lower light was compleated, which for some months past had been the only thing wanted to the completion of his contract works, I gave him a certificate accordingly, of which I advised the Board by letter of the 20th of April; and also therein mentioned, that having staid the night of the 7th upon the *Spurn*, that the large copper funnel then fixed upon the great light-house compleatly answered the end, as the lesser one fixed upon the low light had done before, so that both lanthorns would go through the whole night, without any necessity for cleaning during the night; and that both lights appear exceedingly brilliant, and the heat within the lanthorns is proportionably less. These are, in fact, very great and essential improvements, both in regard to the light itself, and the advantage of keeping them, and therefore directly tending to keep the expence of maintenance as low as is consistent with the goodness of the light necessary to be exhibited, and which, as these light-houses differ materially in construction from any before erected, are matters that could only be adjusted by trial and experience, but which being once brought to bear, will be a model or example for the erection of others. On examination, I found that the grates I had ordered for the new hearths, being as much too small and narrow as the original ones were too large and wide, the light-keeper (being by trade a smith) had made one for the great light a medium between the two, which had answered, not only for the *Stone* coal, but for burning a mixture with the *Sunderland* coals, which, as the Board did not approve the disposal thereof, was become the more necessary; but the less lights grate being too narrow to burn the *Sunderland* coal, I thought proper to order another grate also for the lesser light, by means whereof they said they could burn one third of *Sunderland* with two thirds of *Stone* coals; and, according to this rate of consumption, they had as many of the *Stone* coals as would last till Midsummer, (of which I took care to apprize Mr. CORTHINE, the agent,) and as many *Sunderland* coals as would last several years. Indeed the *Sunderland* coals are much in the way, as, by occupying the coal vaults, the *Stone* coals have been obliged to be lodged in the yards, and receive much damage by being exposed to the rains and the frosts.

I observed that a good deal of gravel and beach had been laid on before the lesser light, and that no material variation had happened in the Point; in short, that things

appeared

appeared in as tenable fituation in every refpeft, as they had done twelve months before, when I advifed the rebuilding the wall; and though, according to the accounts I have fince received from Mr. Taylor, more beach is ftill laid on, and matters appear ftill more promifing, yet, as in the great ftorm at N. E. that happened in February laft, the whole of the Hazlecliff rubble was difperfed from the S. E. fide of the wall for 60 feet running; and though much pains and care appear to have been taken by Mr Taylor in collecting and replacing the fame from time to time, yet the total ftock laid outfide the wall has been upon the whole confiderably diminifhed; and as ftorms of this kind muft be expected every winter, and there does not appear to me, though a temporary defence, any thing more likely to be effectual, or to afford a better chance of faving the building for a term of years, without going into expences that cannot with any propriety be fupported, as being greater than the expence of the building itfelf, I would therefore by all means recommend that for the prefent year 150 tons of *Hazlecliff* ftone be got to the place ready to be applied as heretofore, that is, as it may be wanted; and as I have no doubt but that Mr. Taylor, while he remains an inhabitant of the *Spurn Point*, will not be wanting in his beft endeavours to apply thefe ftones to the beft advantage for the defence of the buildings, I would advife the application thereof to be put under his management until Mr. Corthine can fall upon fome more eligible perfon. Yet I muft do Mr. Taylor the juftice to fay, that exclufive of fuch delay and difappointment as has arifen from other perfons, that in his own perfon I think him ftrictly honeft and induftrious; and I apprehend it is very poffible that after they have got into a way of ufing the ftones in a leffer body, and occafionally as they are wanted, that 100 tons annually may fuffice, I mean till an extraordinary revolution happens, for in that cafe I don't apprehend that 1000 tons would be effectual.

I have already acquainted the board that the high light machine being erected upon the line, it can in two hours be lighted, fo that no damage can happen to navigation by any failure of exhibiting proper lights; and as the machine is placed upon ground walls, by continuing thefe walls, and getting the machine upon rollers, it can with great eafe be drawn further within land, whenever the wearing away of the coaft fhall require it.

J. SMEATON.

Aufthorpe, June 23, 1777.

P. S. The running out and fhaping of the point itfelf was, when I was there laft, much in the fame ftate as it was in the year 1774.

The

The Report of JOHN SMEATON, Engineer, upon the ftate and condition of the low light-houfe at *Spurn Point*, pointing out the moft likely means of preferving the fame at a moderate expence.

IN the year 1766, I attended a deputation of gentlemen of the Trinity-Houfes of *Deptford Strond* and of *Hull*, who were alfo attended by Capt. MITCHELL, who was fuppofed to know the coaft the beft of any body: he had peevioufly fet up marks for the placing of the light-houfes, according to his own opinion; the line of direction was the fame in which they now ftand as to the points of the compafs, but was more inland, that is, further from the Point than the line upon which the prefent buildings ftand. It was then obferved by the gentlemen, that the removal of the prefent light-houfe was on account of its being too far from the Point; and as the Point appeared to be increafing, and going out further and further yearly, that the new light houfes might not foon become again neceffary to be removed and rebuilt, it was defirable to have them as near the Point as poffible, as the probability was, that they would by the increafe of the Point leave the houfes more and more within the land. The only difficulty then feemed to be, whether the buildings could be fo founded as to ftand upright upon this great bed of fand, if built fo much nearer the high water mark, upon which I faid I could undertake to make foundations upon any part of the bed of fand, fo as to enable the buildings to ftand upright upon their bafes, provided they were out of the way of the immediate ftroke of the fea; and as it was univerfally allowed by all prefent that the land was increafing there in every direction, there could be little danger of a direct attack of the fea upon either building, and therefore the gentlemen ordered marks to be put down in the line on which they now ftand, at the diftance of 300 yards from each other, and which line was then only 115 yards diftant from the extreme point at high water mark.

It was not till the year 1771 that the buildings were begun to be erected, when on revifiting the Point I found that it had fo much increafed in *length* that it projected at high water mark 280 yards further out than it did in the year 1766. The land had alfo increafed on the fide next the *Humber*, but had fhewn a very apparent diminution to feaward. It had been determined to begin with the fmall light-houfe firft, which being a lefs ponderous building, if any difficulty fhould arife in making a foundation, it might be a forewarning, and thereby furnifh the means of conquering the difficulties that might attend the larger and more ponderous building.

Under

Under thefe circumftances of the Point's having lengthened 280 yards in five years, it did not feem at all prudent to carry the line of the building further from the Point than had been directed, nor, on account of the diminution to feaward, to carry it further out; but finding room on the fide next the *Humber*, I advifed that they fhould be carried 80 yards further towards the *Humber*, upon the fame line, than originally they had been propofed, and accordingly the foundation of the fmaller light-houfe in queftion was laid 80 yards more inland than originally marked out, being there no lefs than 90 yards within land from high water mark, which feemed to be a very ample allowance for the incroachment of the fea, that hitherto was not fuppofed to be any other than cafual, and that therefore in all probability would increafe again on that fide as well as the reft: I alfo on this account ordered the foundation of the building to be furnifhed with a greater number of piles than originally intended. Having never been at the *Spurn* otherwife than by water, previous to the laying the foundation of the leffer light-houfe, it was not till that building was confiderably advanced that I had an opportunity of remarking the progreffive effect of the fea upon the coaft, which my frequent journies by land during the progrefs of the work gave me an opportunity of feeing. In the year 1772 the great light-houfe was founded, and though there appeared no diminution of the land on that fide, yet by way of precaution I advifed it to be fet only 60 yards from its firft intended pofition towards the *Humber*, inftead of 80, which kept it 20 yards further from the *Humber* than according to the former pofition, and alfo by way of further fecurity, I ordered this foundation to have an additional number of piles in like manner as the former. During the carrying on of thefe buildings, I not only remarked that the fea was making gradual approaches toward the leffer light-houfe, but was wearing away the folid land of the coaft for many miles to the north of the *Spurn*: however, its progrefs was not fuch as to denote any immediate deftruction, till a great ftorm happening in January, 1776, that in two tides made fuch an incroachment upon the land as to take away the ground from under a part of the foundation of the circular wall, which occafioned one half of it to be beat down, and wafhed away the ground fo as to lay bare a part of the piling upon which the main building ftood; and had it not been for the precaution of the additional number of piles in its firft founding, it moft certainly had given way; however, there did not happen the leaft fhrink.

On this alarming occafion, I defended the building with all the expedition that could be ufed by a large quantity of *Hazlecliff* rubble ftone, forming a flope againft the fide of it to feaward, and in the advance of the fpring the fea rather retreated than further wafted the ground. Seeing therefore, from the gradual wafting of the whole coaft, that nothing could be a permanent defence to this building but what would defend it as an ifland, after the fea had taken the land away round about it, and as this could not be

done

done but at the expence of some thousand pounds, a much greater expence than what would erect a new building, I therefore advised, as the cheapest defence that could be made, so as to give it the best chance for a time, to rebuild the circular wall, founding it as deep as we were able at a moderate expence, and setting it upon piles, and surrounding the wall also with a slope of *Hazlecliff* stone, and, as a dernier resort, to erect the large temporary light machine in the line of the two buildings, 30 yards from the center of the smaller light-house more inland, and to repair and fit up the same ready for lighting, at two hours warning, so that in case any sudden or violent storm should render the house unfit for service, recourse could immediately be had to the machine light to continue the duty, all which was executed in the course of the following summer.

The beginning of the year 1777 there happened another violent storm at N. E. which the work sustained without any other derangement than that a part of the *Hazlecliff* stones laid on the outside of the wall was dispersed; therefore, after seeing the effects of this storm, I left it as my last advice, that " as storms of this kind must be expected every winter, there did not appear to me (though a temporary defence) any thing more likely to be effectual, or to afford a better chance of saving the building for a term of years, (without going into expences that cannot with any degree of propriety be supported, as being greater than the expences of the building itself,) than a proper application of *Hazlecliff* stones; I therefore recommended that for the present year (1777) 150 tons of *Hazlecliff* stones be got to the place ready to be applied as heretofore, that is, as it may be wanted, apprehending it is very possible that after they have got into the way of using the stones in a less body, and occasionally as they are wanted, that 100 tons annually might suffice, that is, till an extraordinary revolution happens, for in that case I don't apprehend that 1000 tons would be effectual."

At the same time I observed, that the high light machine being erected upon the line, it can in two hours be lighted, so that no damage can happen to the navigation by any failure of exhibiting proper lights; and as the machine is placed upon ground walls, by continuing these walls and getting the machine upon rollers, it can with great ease be drawn further within land, whenever the wearing away of the coast shall require it.

Austhorpe, 27th June, 1778.   J. SMEATON.

The

The REPORT of John Smeaton, Engineer, concerning the situation of the Mills and Bleach Field at *Waltham Abbey* in respect of water.

THE bleach field is at present supplied with water, without diverting any water from the mills, as follows; the ditches are filled by the water from the barge river, which in time of flushes rises high enough to fill them, which flushes are constantly twice a week in the driest seasons; the water for washing is the water that continually makes its way down the barge river, and in the driest seasons, when the mills keep the water below the top of Sir William Wake's turnpike, the leakage thereof is found sufficient for the purpose, as I am informed.

When the navigation is diverted from its present course, and this turnpike rebuilt, or something in lieu thereof, to hold up the head of water for the mills, it is apprehended that the turnpike may then be made so water-tight, and the leakage thereof so small as not to change the water of the present barge-river with sufficient speed, to answer the purpose of washing the linens; nor can the ditches be then supplied with water as they now are for want of the flushes.

But the ditches may be supplied with water by a bore running continually out of the *Waltham Abbey* mill-pond, and the washing may be supplied by a bore running continually (or in the day-time) from the new-constructed turnpike or flood-gate; this will, however, so far as it goes, be a subtraction from the mill's water, but yet may be done so as not to affect the powder-mills at all, and the Abbey mills very inconsiderably; on the other hand, it will be proved that both will be great gainers in point of water by the alteration.

Having, with the assistance of Mr. Yeoman, Engineer, carefully viewed, measured, and calculated the quantity of water discharged at Sir William Wake's turnpike in the driest seasons for passing the barges, it appears to amount to considerably more than 14 * millions of cubic feet of water weekly, which, reduced to an average of the whole week, will amount to 1429½ cubic feet per minute, flowing continually, and which would supply a bore or round hole in a plank of 23½ inches diameter, whose center is 2 feet below the surface of the water in the head from whence it is supplied; this is certainly a very great loss of water to the mills, and which must continue so long as the navigation remains in its present state, the greatest † part whereof will be saved to the mills jointly by the alteration.

---

* The number comes out 14,408,875 cube feet per week.

† The quantity expended by the new navigation will not be above $\frac{1}{18}$ part of the present to do the business.

Let

Let us now examine what will anſwer the purpoſes of the bleach-field: having computed the quantities of water taken in for the ſupply of the ditches weekly, according to
the information of the owner, I find it amounts to 140000 cube feet, that is at the rate
of 14 cube feet per minute nearly, which will be ſupplied by a hole of $2\frac{3}{4}$ inches diameter,
running conſtantly, made in a braſs or copper plate of $\frac{1}{8}$ of an inch thick, and whoſe
center is placed 1 foot below the ſurface of *Waltham Abbey* mill-pond.

The ſupply of water for waſhing, ſuppoſing it done in the open river, as at preſent,
would be conſiderable; but as the width of the ſtream, when barges ceaſe to paſs that
way, may, without detriment to the diſcharge of the flood water, be contracted at low
water from 36 to 9 feet before the waſhing-ſtages, it will follow, that $\frac{1}{4}$ of the ſupply
will produce the ſame velocity of the water in the river as at preſent, and conſequently
$\frac{1}{4}$ part of the leakage may ſupply it; but as the leakage of the new flood-gates may
not be an 100th part of that at preſent, and greater or leſs according to the different
ſtates of repair they may be in, we will calculate what opening will ſupply, ſuppoſing
no leakage at all.

The quantity neceſſary, when contracted as above, appears to be 135 cubic feet per
minute, which will be diſcharged by a hole in a braſs or copper plate of $7\frac{1}{8}$ inches
diameter, the center being placed at 2 feet below the ſurface of a full head.

This quantity, with the former for the ditches, makes 149 cube feet per minute; but
the quantity expended at the turnpike by the fluſhes being $1429\frac{1}{2}$ per minute, the
quantity requiſite for the bleach-field will be only betwixt $\frac{1}{9}$ and $\frac{1}{10}$ part of the water
expended at the turnpike for navigation. Hence it appears, that upon the whole, at
leaſt eight parts in nine of the preſent water loſt to the mill by the navigation will be
ſaved, and yet the bleach-field amply ſerved: hence, though the whole object of loſs is
trifling in proportion to the gain, yet there appears a method by which the waters gained
may be minutely and juſtly divided; for if an additional bore be allowed the powder-
mills, equivalent to the 7 inch bore at the turnpike, each property then will be equally
benefited; for as the water of the bore taken from *Waltham Abbey* mill head would otherwiſe be drawn at the mill, there ought to be no equivalent to the powder-mills on that
account.

The account therefore will ſtand thus: To avoid fractions, I will ſuppoſe $\frac{1}{9}$ part of
the ſavings to go to the bleach-field, which being wholly deducted from *Waltham* mill,
a $4\frac{1}{2}$ part will go to the powder-mill as its full due, and a $3\frac{1}{2}$ part to *Waltham* mill.

The

The *Waltham* miller on this occasion, as usual, may not think he has his due, because he will not get in the very same proportion as his neighbour; but let us examine what he will get, and then his right to complain will be better judged of.

When I measured the mill's draught of water on Wednesday the 13th instant, I found the mill expending at the rate of 1087 cube feet of water per minute, and, as the miller said, was capable with that water of grinding and finishing about 4 bushels of wheat per hour; and he further said, that in short water times he frequently had not the average of that water to go constant for the whole 24 hours; the quantity saved will therefore be as follows:

The average of water expended by the navigation per minute being 1429½ cube feet, and the half of this being supposed due to Sir WILLIAM WAKE, will be - - - - - - - - 714¾

Ft.

714¾

From this deduct the whole water for the bleach-field, - - 149

Saved to the miller by the alteration, besides supplying the bleach-field, 565¾

Which appears to be more than ½ of the water that he is in dry seasons possessed of, and sufficient to make an addition to his grinding of 2 bushels an hour constantly; so that instead of being injured, he will be greatly benefited.

But as some water will always leak at the turnpike, and as it is probable springs arise in the channel of the river, I apprehend a bore of 6 inches, at 2 feet under the top of the turnpike, will be a sufficient supply for the washing, and the equivalent will be most properly adjusted either by applying a new opening, or by widening the present one at the lowest orifice belonging to the powder mills. The size or widening of the present opening, if that method of adjustment is approved of, I shall be ready to compute.

London, May 16, 1767.   J. SMEATON.

N. B. The computation of 135 cube feet for the bleach-field washing, is computed upon a supposition of the waters moving 10 feet per minute in a channel of 9 feet wide, and at an average of 18 inches deep.

REPORT on *Waltham Abbey* Powder Mills, refpecting navigation on the river *Lea*.

WE, whofe names are underwritten, having, the 27th of February, 1771, infpected the powder-mills of *Waltham Abbey*, belonging to Bouchier Walton, Efq; as alfo the feveral works of navigation from *Rammy Mead* lock to *King's Weir*, upon the river *Lea*, in order to examine how far the faid mills are, or may be, affected by the faid navigation works, are of opinion as follows.

1ft. That the faid mills are confiderably affected in their going when the water is held up by the new ftop, called *Waltham* ftop, fo as to make more than 3 feet, which is efteemed navigable water, upon the threfhold of the lower gates of *Waltham* lock.

2d. That the faid mills are affected, though in a lefs degree, even when there is 3 feet, and not more, of water over the lower gate threfhold of *Waltham* lock.

3d. We alfo obferve, that the faid mills are affected by the water-courfe leading from the faid mills to the river, being not fufficiently clear of gravel, weeds, &c.

4th. It appears that the faid mills become alfo affected by the paffages for the water at Mr. Walton's weir, called the corning-engine weir, not being fufficiently ample, in confequence of the circumftance above mentioned.

Upon the foregoing matters we propofe and recommend as follows.

1ft. That a ftone fhould be firmly put down in a confpicuous place near *Waltham* ftop, to mark the height of 3 feet water upon the threfhold of the lower gates of *Waltham* lock, and that the keeper of the ftop fhould have ftrict orders from the Commiffioners of the navigation at all times to draw the gates of that ftop, fo far as to prevent the water rifing there at any times above the faid mark, unlefs requefted for the fake of navigation to the faid mills, or the town of *Waltham Abbey*, and unlefs in time of floods, when all the gates being drawn will not prevent it.

2d. After Mr. Walton has cleared the obftructions in the water-courfes leading from his mills to the river, that what obftruction to the going of the mill ftill remains, be relieved by enlarging the water-way at the corning-engine weir, which we are of opinion will be done by an additional conduit or paffage of 10 feet wide, its floor to

be

be laid as low as the floor of the said weir, and to be furnished with a draw-gate or pointing doors to pen the water occasionally, so as to enable the barges to pass to the mills as at present; and as this enlargement can only become necessary by the water being pent at *Waltham* stop too high for the powder-mills, even at 3 feet above the lower gate sill of the said *Waltham* lock, we are of opinion that this alteration should be made at the expence of the navigation.

Having also inspected JONES's turnpike, we found it not only out of repair, but materially defective, as the gate could not be shut down within some inches, and thereby a great quantity of water suffered to go down the old barge river, to the detriment of the mills aforesaid, as well as others dependant on the said head of water. Respecting which we are of opinion, that the said turnpike should be kept in good repair, on account of the said mills, and that the particular defect of not shutting down should be remedied as soon as possible.

We are informed, and believe it to be true, that the bargemen going downwards, after having passed the aqueduct lock next *King's Weir*, and taken the quantity of water necessary for passing them through the same, frequently draw a further quantity to keep them forward, by which means an unnecessary quantity of water is brought down the canal, whereby the said mills are not only detrimented by the loss of water, but the navigation itself; for besides impairing the banks of the canal, the current that helps barges going down obstructs those going up: it seems therefore necessary that proper orders should be given to the person having the care of the new stop of *King's Weir*, or otherwise to prevent these abuses.

London, March 27, 1771.   J. SMEATON.

The

The REPORT of John Smeaton, Engineer, upon the state of the river *Lea* navigation, so far as the mills abreast of *Waltham Abbey* canal are affected thereby.

April 3, 1779, at the desire of Bouchier Walton, Esq; owner of the powder-mills at *Waltham Abbey*, I viewed the state and condition of the river *Lea* navigation, from and inclusive of the lock upon the cut next below *Waltham Abbey* cut or canal, up by the course of the said canal to *King's Weir*, and found the same as follows.

All the locks constructed without walled chambers, by which means not only much more water is necessarily expended at each lock for the passage of every vessel, but the passage of the vessels themselves are proportionably retarded by taking more time to fill and empty.

The head gates of all the locks within the above district were so considerably leaky, against which the water ought constantly to lay, except during the time of vessels passing, that I could not estimate the constant leakage at less than one of Mr. Walton's mill streams, which in consequence in all dry seasons is lost amongst the three sets of mills abreast of this cut, viz. *Enfield* mills, *Waltham Abbey* powder-mills, and *Waltham Abbey* corn-mills, and which waste of water also retards the passage of the vessels, and which retardation, as well as waste of water, is also increased in case the tail gates are out of order, as I have reason to suppose they are, the tail gates of the lock near the head of the cut next below *Waltham Abbey* cut, which was the only lock through which I saw any vessels pass were very much so.

The wastes of water above specified, though very material to the mills, are yet very trifling in proportion to the waste that will be occasioned, in case what I was informed of be really the practice, as I have reason to believe it is, viz. that vessels going down very frequently, if not always, after the lock is emptied, and the vessel is let down to the level of the lower canal, draw the cloughs or slakers of the head gates, and leave them both running a full bore of water, the same as while the lock is filling, in order to make a current down the cut to ease the horses, and help them forward upon their passage; and leave them running without returning to shut them, so that in fact they run till some other person has occasion to shut them, and during this time, which is indeterminate, a considerable portion of the whole river when water is scarce will pass this way, and be lost to the mills abovementioned; it being a rule that what is lost at one lock, will also be lost to all the rest upon the same canal, or head of water. This is a practice that ought by no means to be suffered, as besides a damage of indeterminate magnitude to the mills,

it

it is a very great and manifeft detriment and hindrance to the navigation itfelf; becaufe whatever fmall benefit it may be to the eafe of paffage of veffels going down, it will be a greater hindrance to veffels going up; and when it happens, as muft frequently be the cafe, that when any of the reaches of the canal or heads of watei are drawn down from above, the veffels going up will be prevented navigating through the fame, and muft wait till thofe reaches are filled, by letting the water down from above in the canals, or till fupplied by the currency of the river *Lea* in the open river; which hindrances to the navigation itfelf very greatly furpaffes any advantage that can be drawn from the flafhing of the veffels downwards.

Thefe evils therefore are worthy of remedy merely for the facility of the navigation itfelf, but as relating to the mills,. which can only have the furplufage, will be very deftructive in dry feafons; and, I believe I may take upon me to fay, very contrary to the idea wherewith the improvements were firft framed before the laft Act of Parliament was applied for.

For remedy whereof, as far as regards the firft, viz. the wharfing up of the lock chambers, it is very difficult to be done now in a fubftantial manner with brick, as it will occafion the ftoppage of the navigation for the time; but th y may be wharfed up with piles, planks, and land ties, keeping the navigation open; and where any of the locks fo far fail as to need the water to be taken off, they may be wharfed with brick, as, to be fubftantial, they fhould have been done at firft.

2d. As the mills are more immediately hurt by the leakages of the lock gates, than the navigation, the mill owners and leffees fhould have power to repair the leakage of the gates, and charge thofe repairs to the truftees of the navigation, in cafe they do not do it on competent notice given by the refpective millers.

3d. The practice of flafhing I do not fee any adequate remedy to prevent, but by having a man or lock-keeper to attend each lock, by which the mills can be affected, with a proper hut to fkreen him from the weather; and two men will be neceffary in cafe the navigation is unreftrained to all hours of the night; which men, as they become neceffary by the mifapplication of the bargemen of the proper mode and utenfils of navigation, and being alfo for the benefit of the navigation, fhould, as it feems to me, be. paid by the navigation, or a tax laid upon the bargemen; but being for the fecurity of the millers, fhould be chofen or difmiffed by the mill owners or leffees immediately inxerefted. Thofe men (it being made their duty fo to do) will prevent much wear and tear in the ufe of the locks, and by attending to keep the refpective heads of water con-

ftantly·

ftantly full, with as little wafte as poffible, will thereby fave much more time to the bargemen in the courfe of a voyage up and down, than they can poffibly gain by any mifapplication of the water.

I muft alfo obferve that the banks in many places are too low and too weak, fo that when the water goes over them it cuts them down in gullies, and this will neceffarily, during the continuance thereof, occafion an extraordinary wafte of water through the whole of fuch canals.

I alfo viewed the old turnpike, called Sir WILLIAM WAKE's turnpike, which, before the navigation was altered, was ufed as a pen of water, by means whereof, and through which the navigation paffed, but now is of no other ufe but to open in time of floods, and to be kept fhut at all other times, to pen up water for the fervice of *Waltham Abbey* powder-mills, and corn-mill, as heretofore, and which for that reafon fhould be kept free from unneceffary leakage. When I faw it, by temporary repairs, it was fufficiently tight; but as it appeared to me, its main timbers and general ftate of repair and ftrength, was fo much impaired that I fhould not be furprifed if the firft great flood of the *Lea* fhould take it away, in which cafe both the fets of mills at *Waltham Abbey* would be deprived of their water; it therefore feems, that though it is by law to be repaired at the navigation's expence, yet being no longer neceffary thereto, it would be proper for the owners of thefe mills to take the rebuilding and future repairs upon themfelves upon a moderate allowance from the navigation.

J. SMEATON.

Aufthorpe, April 17, 1779.

To

To the Truſtees of the River *Lea*.

The REPORT of JOHN SMEATON, Engineer, reſpecting the alterations made at *Sewardſton* mill, ſo far as they concern the quantity of water taken from the river *Lea*, as alſo the loſs ſuſtained by *Sewardſton* mill by an alteration made at *Enfield* lock in the year 1781.

HAVING received no commiſſion from the Truſtees of the river *Lea* to determine any thing betwixt parties, I take the opportunity of reporting my opinion, as a profeſſional man, upon the premiſes.

On Saturday the 26th of October laſt I carefully viewed and examined the mill of *Sewardſton*, as alſo the preſent ſtate and condition of the gage ſluice called *Enfield* lock. by which water is taken to *Enfield* mill.

Reſpecting *Sewardſton* mill, and hearing what is alledged and agreed on both ſides, in point of fact, is, that it has undergone no alteration except that of laying the floor of the corn-mill conduit lower, and the conſtruction of the water-wheel correſpondent thereto; that the fell or threſhold over which the water iſſues, as well as the width of the gate, remains the ſame; this alteration, therefore, I am of opinion, will have the effect of grinding more corn with the ſame quantity of water, but not of requiring more water to grind the ſame quantity of corn, and to the height to which a miller may lift his gate or ſhuttle, I can conceive he can be under no reſtriction.

The mill being tried in my preſence, with a full head of water, it appeared to diſpatch at the rate of upwards of 100 quarters of wheat per week.

I alſo took an admeaſurement of the quantity of water uſed while working at the rate abovementioned.

I examined the preſent ſtate of *Enfield* lock, being now reſtored to its former ſtate before the alteration, and to the ſatisfaction of Mr. WHISLER; and comparing this with a model produced by Mr. WHISLER, and afterwards authenticated by Mr. NICHOLLS, as carefully made by him from meaſures taken at the time when the water was diverted into *Enfield* cut, in favour of the navigation in a greater proportion than formerly; I ſay, comparing this model with the ſtate of the lock as I found it, it appears to me, that there would go into *Enfield* cut or mill river at that time conſiderably more water (over and

above

above what ought to have gone through the proper gage) than was taken by *Sewardſton* mill to grind above 100 quarters per week, as above ſpecified.

But as at the time of the complaint the waters ran ſo ſhort that it was impoſſible to have kept up his mill-head to the height I ſaw it, and therefore could not have ground the ſame quantity of corn with the ſame quantity of water, Mr. WHISLER lays his account in his ability of only diſpatching 50 quarters per week had the water been undiſturbed; but reduced in the manner it appears to have been, he actually diſpatched but 20 quarters per week, thereby loſing *bonâ fide* 30 quarters per week of what he might, and would have done, agreeable to what he has ſtated in his caſe of the 14th of February laſt, addreſſed to the Truſtees of the river *Lea*.

As therefore it does not appear to me that Mr. WHISLER has made any alteration that enables him to take more water than he is entitled to; and as there does not appear any thing that ſhall checque, ſo as to reduce the quantity of grinding loſt per week, but rather that from the above circumſtances Mr. WHISLER's ſtatement of 30 quarters per week appears probable and well founded, I therefore ſee nothing that ought to hinder the admiſſion of that quantity loſt per week.

The whole length of time ſtated in Mr. WHISLER's caſe of 12 weeks and 5 days I don't find controverted, which he reduces a fortnight on account of the time the gages were ſhut down for cleanſing the navigation; but as during this time he would have the whole water of the river *Lea*, he would be enabled to maintain a full head, notwithſtanding the drineſs of the ſeaſon; and therefore in that fortnight could diſpatch above 200 quarters, that is, above 100 quarters more than the ordinary rate for a dry ſeaſon if the water had been divided betwixt *Enfield* mill and himſelf, as uſual. This 100 quarters will therefore compenſate the loſs of 30 quarters per week for three weeks and two days, which, applied as a further ſet off, will reduce the whole time that the loſs of grinding continued, to ſeven weeks and three days.

Reſpecting the rate at which he charges the loſs of grinding, viz. 9*l.* per week upon 30 quarters, that is, at the rate of 6*s.* per quarter, or of 30*s.* per load, a price that I apprehend to be very far beyond the ordinary accuſtomed price of grinding in that diſtrict of country.

This is not to be doubted, that about the time of the hindrance mentioned, there never was known in man's memory ſo great and long-continued a drought, and therefore all mills being ſhort of water, there would be a great want of meal at the *London* market,

and

and thofe who ground their own corn (as it is alledged Mr. WHISLER does) and could get it to market, would doubtlefs get extraordinary profits; but as on this head no evidence was laid before me, and it being a mere matter of traffic no ways determinable by rules of engineery, I muft of neceffity refer this point entirely to the Truftees, to fatisfy themfelves by fuch evidence of the fact at the time, as fhall further occur, or be laid before them.

It has been obferved to me, that the mouth of the mill-ftream of *Sewardfton* mill has been widened, contrary to a claufe in the Act of Parliament, which allows that every part may be made wide enough for navigation to *Sewardfton* mill, which widening, on the other hand, has been denied *as to the mouth*; I can therefore only fay, it is of little confequence to the navigation of the river if wide enough at the mouth for a barge, and there is no reftraint as to the depth. This reftriction as to the mouth feems to have been introduced as a fecurity to *Enfield* mill, that drawing from one common pond above *Enfield* lock, *Sewardfton* mill fhould not get more than its fhare.

Aufthorpe, November 12, 1782.   J. SMEATON.

To the Truſtees of the river *Lea.*

The REPORT of JOHN SMEATON, Engineer, reſpecting the loſs of grinding ſuſtained at *Tottenham* mills by the leakage of the lock gates, from the year 1778, till April, 1781.

HAVING received no commiſſion from the Truſtees of the river *Lea* to determine any thing betwixt parties, I take the opportunity of reporting my opinion, as a profeſſional man, upon the ſubject before me.

Being favoured by Mr. WYBURD with the ſtate of his demand upon the Truſtees of the river *Lea*, I find it conſiſting of various articles; but ſo far as my judgment may be ſuppoſed to be of uſe upon the ſame, it muſt be in thoſe articles containing a charge for loſs of grinding at thoſe mills during a term, from the year 1778, to the 2d of April, 1781, occaſioned by a needleſs loſs of water, ariſing from the diſrepair of *Tottenham* lock during that time.

In this account Mr. WYBURD particularly ſtates the loſs from the 30th of October, 1780, to the 2d of April, 1781, according to notice given to the Truſtees of the loſs he then ſuppoſed himſelf to be ſuſtaining, viz. at the rate of 5*l.* 10*s.* per week.

The whole time intervening being 22 weeks, from this he deducts 7 weeks that he was fully ſupplied with water, there then remains 15 weeks, wherein water was loſt in that period, which, charged as above, amounts to 82*l.* 10*s.*

No evidence was adduced to invalidate Mr. WYBURD's charge reſpecting the length of time as above; and it was very ſatisfactorily proved, that not only during that particular period, but for two years before, the lock-gates and ſlakers had been exceedingly leaky, and out of repair, and alſo had been miſuſed, and great quantities of water expended to flaſh boats over a ſhoal, that had remained in the tail of the cut ever ſince its firſt being opened, till deepened 20 inches by Mr. GLYNN, in April, 1781.

Mr. WYBURD being deſired to exhibit ſome teſtimony, whereby it might appear that his charge of 5*l.* 10*s.* per week was properly founded, Mr. BASS, his preſent millwright and foreman, alledged, that it was the general opinion of himſelf and millers,

that

that the leakage of the lock-gates was as much as would drive one pair of ſtones. In further teſtimony Mr. WYBURD produced a paper, ſaid to be extracted from his books, at the deſire of one of the Commiſſioners, by which, comparing what the mills had done for 12 weeks after the 20th of June, 1780, with what they did in the ſame period ſucceeding the 20th of June, 1781, after the lock had been repaired, he finds they did more by $30\frac{1}{2}$ quarters per week in the latter year than the former, though it muſt be acknowledged the year 1781 was a dryer year than the year 1780.

He ſtates, that in 12 ſummer weeks, 1780, they ground 1029 quarters
average, per week,   -   -   - $85\frac{1}{4}$
Ditto,   -   -   1781,   1395   - $116\frac{1}{4}$

Difference loſt is   Q'' $30\frac{1}{2}$

Upon which (as a fact) Mr. WYBURD reaſons thus: if, when we ground 85 quarters per week we loſt 30, in grinding double that quantity they muſt have a double loſs, and in a triple quantity a triple loſs, and ſo on till they came to five times as much ; ſo that when their grinding amounts to 5 times 85, or 425 quarters per week, their loſs amounts to 5 times 30, or 150 quarters.

The different grindings being therefore averaged thus :

1	85	loſt	30
2	170		60
3	255		90
4	340		120
5 times	425		150

divide by   5) 450 (90 quarters per week will therefore be the average loſs, amounting to 18 loads, which, at 7s. 3d. per load, amounts to 6l. 10s. 6d. per week.

Now Mr. WYBURD, in reaſoning upon the fact above ſtated, takes it for granted, that becauſe a greater head of water which enables them to grind *more* corn, produces alſo *more* leakage, he ſuppoſes them proportionable, ſo that when they can grind five times as much corn, there is five times the leakage ; but this is a very evident miſtake, for if with a 6 feet head, and ſuitable follow of water, they grind 425 quarters, the leakage through the ſame apertures, will only increaſe beyond what it would be at the ordinary ſummers head of 4 feet 4 inches by $\frac{1}{5}$ part of the whole, ſo that if, upon grinding 85 quarters, they loſe 30, upon 425 they will only loſe 36, and the average loſs will not exceed 33 quarters per week, that is, 6 loads 3 quarters.

                Mr.

Mr. Wyburd's mode of reasoning upon the subject, he seems himself apprehensive, if pursued to its extremity, was leading him into an incongruity, for, says he, " when we grind 500 quarters per week, we don't mind the loss of water so much," that is, though when grinding 425 they were reckoning themselves to lose, and ought to be paid for 150 quarters, amounting, at the above rate, to 10*l.* 17*s.* 6*d.* per week; yet, when they could do 75 quarters more, and, according to the same scale, would lose the grinding of 26½ quarters in addition, their loss would not then be worth minding.

That the loss of 33 quarters per week cannot be far from the truth, will appear by examining such collateral circumstances as have occurred.

According to the testimony of Messrs. BERNER and ROGERS, and also of JAMES FRENCH, who assisted them in examining the gates in question, by desire of the Trustees, (which they did the 24th of March, 1781) the whole value of the several openings, according to their estimation, and the water discharged thereby, compared with the quantity requisite to grind a given quantity of corn, (as deduced from an experiment made by myself upon this mill) could not amount to more than one quarter per day; but as the gates were doubtless then as carefully shut-to as the circumstances of their disrepair would admit of, which could not in general be the case when handled by bargemen, nor would they, from the same circumstances of disrepair, always shut alike, I look upon this experiment as made in their extream degree of tightness.

Again, it has been fully ascertained and agreed, that during this state of disrepair of the gates, that the lock would sometimes be 15 minutes in filling, and that it was frequently necessary to draw the head gates open by the tracking horse, sometimes being done by simply drawing them open, and sometimes by the use of a block; and that at such times, according to the opinion of WILLIAM BANNISTER, who preceded WILLIAM BASS as foreman at these mills, the water of the lock has not levelled by about 4 inches: he speaks of this, however, by estimation of the eye, not having ever actually measured it.

The tail-gates are also agreed to have been more leaky than the head-gates; had the tail-gates therefore been no more leaky than the head-gates, we may well suppose that 3 inches difference would have been sufficient to have brought as much water through the open slakers of the upper gates, as would have supplied their own leakage.

Now the quantity of water that would be vended by the two upper slakers upon a difference of 3 inches want of level, will be a given quantity, and will be equivalent

to

to the leakage of the upper gates at thefe times, and this checked with the quantity of water ufed for grinding a given quantity of corn, as before-mentioned, will amount to the grinding of 9½ quarters per day: but as it was not neceffary for the gates to have been always drawn open in this way, this appears to me to have been the extreme lofs the other way, it is therefore fair to check the refult obtained this way with what arifes from the experiment of Meff. BERNER and ROGERS, viz.

Qrs. per day.

When the gates were fo leaky as not to level within 3 inches, lofs   9½

tight as per Meff. BERNER and ROGERS, to lofe but   1

Sum   10½

Half will be the mean   5¼

So that the average lofs thus obtained will be 5¼ quarters per day, or 36¾ per week, which call 37.

And again, if we check the average refult obtained from Mr. WYBURD's experiment, viz. - -   33 quarters per week,

Againft the average refult laft collected - - 37

Sum   70

Average of the averages 35, that is 7 loads, which at Mr. WYBURD's prices, ftated at 7 s. 3 d. per load, is 2 l. 10 s. 9 d. per week, and which, in my eftimation, will be fo near the matter as not materially to injure either party.

£.2 10 s. 9 d. per week, then, for 15 weeks is £.38 1 s. 3 d.

The idea of the millers, that they were lofing as much water at the lock as would work a pair of ftones, I muft in this place obferve I can have no reliance upon; had it paffed through an orifice in one collected opening they might have had fome comparative notion, but when cafcaded in many different directions through the crevices of lock-gates the beft judge of thefe matters would be liable to be greatly deceived, and from the magnitude of the appearance, judge it much more than it really was, and in this manner their idea of lofs would be magnified from firft to laft.

Refpecting, therefore, the charge of £.200 for two years preceding the 30th of October, 1780, no particular evidence was offered upon it, but the general one, that during all this period the lock-gates and flakers were greatly out of order; yet, fince it appears that at three different times they were repaired, it is impoffible to judge now what degree

of

of lofs Mr. WYBURD might fuffer during that period; but if his own comparative idea of the matter be taken, viz. that while he was fuffering 5*l*. 10*s*. per week in the period fpecified between the 30th of October, 1780, to the 2d of April, 1781, he was fuffering at the rate of 100*l*. per annum for the two preceding years, then the yearly allowance muft be reduced in the fame proportion as the weekly.

	£.	s.	d.
That is as 5*l*. 10*s*. is to 2*l*. 10*s*. 9*d*. fo is 200*l*. to	92	5	5
Which, together with what was before afcertained,	38	1	3
Total for lofs of water	130	6	8

With which I am convinced Mr. WYBURD will be fully recompenfed for whatever lofs he has in reality fuftained.

I will only add that I would have it underftood, that I have fupported Mr. WYBURD's claim of reparation of injury to an individual as much as I can with juftice to the Truftees as a public body; at the fame time adverting, that as in the nature of the ufe thereof lock-gates cannot be made or kept perfectly tight for any length of time together, that a reafonable degree of leakage can be claimed by the Truftees as their right, by the fame rule as they can take water for the lockage of the veffels, the mill eftates upon this river being greatly benefited by the alteration of the mode of navigation from that of wears and flafhes to that of ciftern-locks.

J. SMEATON.

Auftborpe, November 12, 1782.

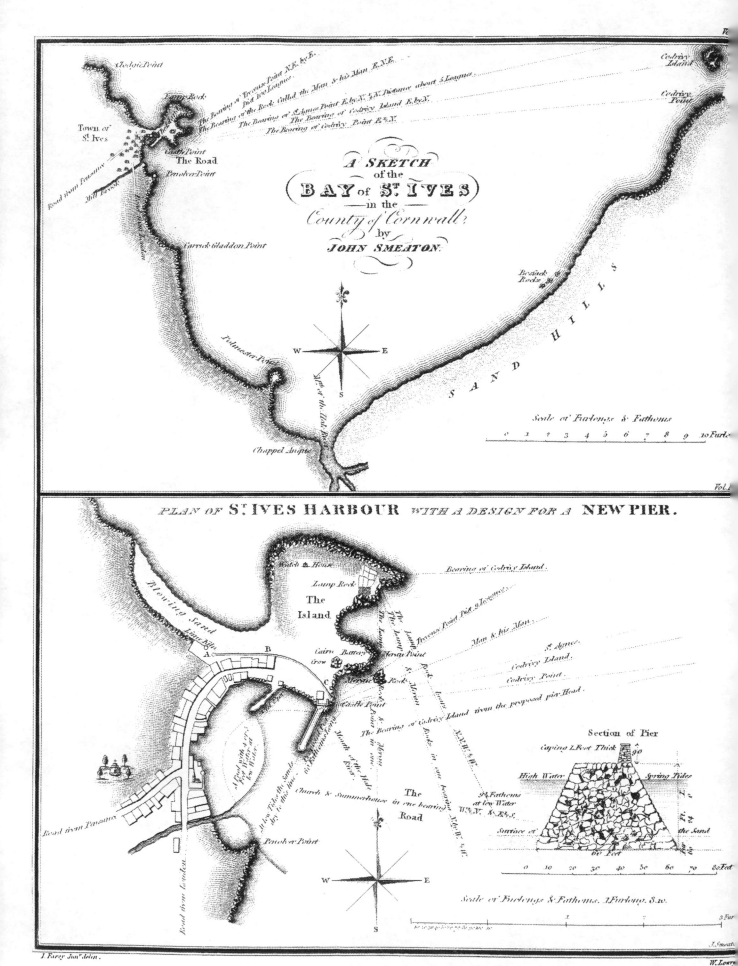

A SKETCH
of the
BAY of St IVES
in the
County of Cornwall
by
JOHN SMEATON

SAND HILLS

Scale of Furlongs & Fathoms

PLAN OF St IVES HARBOUR WITH A DESIGN FOR A NEW PIER.

The Island

The Road

Section of Pier

Scale of Furlongs & Fathoms. 1 Furlong. S.W.

Published as the Act directs 1812, by Longman Hurst Rees Orme and Brown, Paternoster Row London.

St. IVE's HARBOUR.

The REPORT of John Smeaton, Engineer, concerning the practicability of making the harbour of *St. Ive's* safe for ships in all winds.

THE bay of *St. Ive's* lays about five leagues to the north east of *Cape Cornwall*, and is the first harbour of any consequence after the entry of the north channel; it lays nearly opposite to *Mount's Bay*, upon the entry of the *British* channel; and as there is a great scarcity of harbours on the north side of *Cornwall*, it becomes of consequence from its situation, not only to ships trading through the north channel, but to such ships as homeward bound from long voyages, by hazy weather, or other accidents which often happen, get into the north channel, when they intended to make the south.

For these purposes the bay of *St. Ive's* is happily situated, and is sufficiently capacious, it being near four miles in width and above two miles in depth, having in general, and especially near the middle, full 10 fathoms at low water, with a clean bottom, being altogether a white sand, composed almost wholly of the small fragments of sea shells, so that having very little of what is gritty in its composition, and the particles being rounded by the motion of the sea, is so soft and smooth as not to hurt the cables of such vessels as anchor therein; and as underneath the sand there appears to be a blue clay (it being frequently brought up upon the flukes of the anchors) is very good holding ground, the anchors being never known to drag when drawing towards the land as the ground that way gently rises, and in the contrary direction, as the wind blows from the landward, the sea will necessarily be smooth, or if driven out to sea can be of no ill consequence, as the passage is sufficiently open, with sea room enough.

At the north-west corner of the bay a bold rocky promontory, called the *Island*, is joined by a narrow neck to the main land, and projecting considerably forwards towards the east, forms a natural harbour on the north-west side of the bay and defended from all winds except the north-easterly.

This interior bay forms the harbour of *St. Ive's*, and is for the most part left dry at low spring tides; but on account of the fine soft sand before mentioned, that universally lines the bottom of the whole bay, affords a soft easy bed for ships to lay upon when left dry by the tides; and for such ships as have not occasion, cannot, or chuse not to come upon ground, here is an excellent road where ships of any burthen may ride, safe

from

from all north-wefterly, wefterly, fouth-wefterly, foutherly, and fouth-eafterly winds, in fix and feven fathoms water, at low water fpring tides, as appears by infpection of the draught of the harbour accompanying this report, where at fig. 6. veffels may ride in fix fathoms, the point of the ifland called the lamp rock being open with the *Meran* point, and bearing N. by the compafs, (as all the bearings herein after mentioned were taken) the *Meran* point diftant fcarce a quarter of a mile. At 7 there is in like manner feven fathoms, the lamp rock bearing N. by W. and at fig. 9. nine fathoms, the lamp rock bearing N. N. W. $\frac{1}{2}$ W. from all which places the church tower bears nearly the fame, viz. W. $\frac{1}{2}$ N. and at the ifland of *Codrevy* E. by N. diftant about $3\frac{1}{2}$ miles; but veffels are by no means confined to thefe places, the water growing regularly and uniformly deeper towards the middle, where the general depth is ten fathoms, but thefe are the marks which fhips bring up by, who ufe the road, in order to be as much fheltered as poffible.

From the fketch of the bay it appears, that the rocks mentioned to be without *Codrevy* ifland, together with *St. Agnes* and *Trevonfe Point*, ftretch north as far as N. E. by E. fo that it appears that the road does not lie quite open except from the north to N. E. by E. thefe winds are not however dangerous on this coaft, as they blow almoft right out of the channel; yet it is defirable, for the fake of fuch veffels as come in here for fhelter from the N. W. and wefterly winds, or to prevent being driven back to *Milford Haven* * when outward bound, or towards the *Scilly Iflands* when homeward bound, and catched with contrary winds; I fay for whatever caufe it may have been advifeable or neceffary to come into this road, it is certainly very defirable that they fhould have a place of refuge in cafe they are catched with a hard gale of wind from N. E. while riding there; for to avoid this poffibility, many fhips are prevented from making ufe of the fhelter the place naturally affords, and by that means meet with an unhappy fate, that might have been very fafe in the road at *St. Ive's*, of which there are many examples.

Conformable to this idea, the ifland beforementioned ftretches away finely to the eaftward, and the caftle point aims very naturally towards the fouth, but does not ftretch away far enough to the fouth to make a fufficient cover for fhips laying aground within the fame from the fwell that is brought round the points when the wind is at N. E. or N. E. by N. for this purpofe it feems requifite that the caftle point fhould be lengthened by art, which, if done in a proper degree, will afford a fhelter for above 60 fail of fhips from all winds; and to this defign occurs the following natural and confiderable advantages.

* *Milford Haven* is 32 leagues to N. N. E. and though an excellent natural harbour when in it, yet its entrance is faid to be with difficulty diftinguifhed in hazy and dark weather.

1ft. There

1ft. There is a great flow of tide, the spring tides in general rise and fall from 20 to 24 feet; extraordinary great springs flow 26 feet from low water, the smallest at least 18, which least flow, leaving at least 3 feet of water upon the sand at low water at and within the greatest part of the space included between the castle and *Penolver Points*, it follows that there will be never less than 21 feet water at spring tides. A neap tide rises from 14 to 16 feet, and never less than 11, but as there will be at least 7 feet water left upon the sand at low water, it in like manner follows there will seldom be less than 20 feet water at high water round the pier head, and never less than 18.

2d. It is observed that on the west side of the bay, where the road of *St. Ive's* is situated, that for three hours flood from low water, the water runs into the bay in a direction N. by E. and after that, though the water continues rising three hours more, yet the set of the current changes to the contrary direction, so that the current sets out of the bay on this side nine hours, and into it only three; from hence arises this advantage, that if a vessel is too hard pressed in the road with wind at any point from N. to E. N. E. she can slip her cable, and sail within the pier whenever there is water, as well before as at or after high water; this set of the tide naturally tending to carry her thither, as also if outward bound she can go out at half flood, and save half her tide up channel.

In short, every circumstance seems to invite the compleating this harbour for the safety of ships where nature has been so bountiful, nor do I see but one untoward circumstance to hinder its perfection, or annoy the same; and that arises from the great quantity of sand, of the species before mentioned, that is brought by the sea into *that* bay, which is formed by the island on the north side of the town: this sand being thrown up by spring tides becoming dry, and being of a light nature, is blown by the wind over the neck that joins the *Peninsula* to the main land into the harbour, and comes in such quantities as sometimes almost to bury the houses that stand on that part of the neck. There is no appearance however that this sand increases in the harbour, or stays there beyond a certain degree, which is somewhat variable according to the winds and tides; from hence it is washed into the bay, and from thence part will be carried out to sea again by the reflux of the tides, and part in time crossing the bay by circulation, it is blown and heaped up in immense quantities on the S. E. side of the bay, and in and about the mouth of the *Hale* river at the bottom of the bay, which is now barred till about half tide, and would entirely be choaked up thereby if not kept open by the great land floods. So that upon the whole there is no appearance of the harbour or road being any otherwise than they now are in many ages, supposing all the solids to continue as they now are; but it may be reasonably expected, on the erection of a pier from the castle point, that a part of the sand that is blown over the neck into the harbour, and from thence now wafhed away again, may be intercepted by a pier, and there retained; and undoubtedly this in fome degree muft happen, yet with the precautions that I fhall mention, and the provifions that I fhall recommend, I am of opinion that the benefit to be expected from a pier ought not to be fufpended on account of the inconvenience that may be apprehended from the fands.

In the firft place, I would not recommend to carry out the pier further than is neceffary to fhelter fuch a number of fhips as may probably require to lay in this harbour together; this I apprehend will be done with the length I propofe, which is 60 fathoms.

2d. Had it not been on account of the fands, I fhould not only have propofed to carry the pier out further, but to have turned it more inward like the old pier; but this would in a greater degree have prevented the fands from wafhing out, nor can it be turned more outwards without laying the harbour too open, and expofing the pier to the direct fhock of the feas.

It is probable that, notwithftanding thefe precautions, the fands will be lodged higher on the infide of the pier than on the outfide, as may be feen in the old pier, but yet like thofe, thefe will never increafe beyond a certain degree, and as there will fcarcely ever be lefs than 20 feet at high water at the pier head, fome increafe may be admitted without lofing the expected benefit: this is exemplified at *Scarborough*, where a confiderable quantity of fand is lodged within the pier, yet the utility of the pier, which has been the work of many years, and many thoufand pounds, cannot be denied.

To diminifh the quantity of fand that now comes over the neck, in cafe it is found to annoy the harbour, I would propofe to build a wall 25 or 30 feet high, fupported by proper buttreffes, in the direction A B C, by which means the current of fand will be directed fo as to go over the low part of the ifland north of the battery on the *Caftle Point*, and be carried into the fea at the little cove between the *Caftle Point* and the battery upon *Meran Point*, and thereby *totally avoid* the harbour.

I would alfo recommend the planting of the fea rufhes which are found to entangle the fand, and thereby in great meafure prevent its blowing, fo that it would be retained in the north bay, where it arifes, and increafe the breadth of the neck of land that joins the ifland to the main land.

Thefe things being duly attended to, I am of opinion that the harbour may be kept in a great meafure, if not altogether, clear of fand, and if any remains it, may be driven

out

out to fea by conftructing a refervoir to take in the tide water, in order to make a fcower at low water.

With refpect to the conftruction of the pier, that will in a great meafure depend upon the ground whereon it is to be founded; the immediate bottom where the pier is propofed, is entirely fand, fuch as has been already defcribed, and is to an unknown depth: I endeavoured to perforate the fame by a proper inftrument, but there being 3 feet water over the fand at low water, though fpring tide when I was there, it was impracticable to make fo fatisfactory a trial as might have been done had the fand been left dry. However, this far appears, that at a little depth under the furface, it lays fo clofe and compact that it was with difficulty that a fharp inftrument could be got down 3 feet into the fame. It is fuppofed that at fome depth underneath there is a rock or clay, and it is probable that the rocks which compofe the *Caftle Point* may reach under the fand to a greater extent than they appear above the furface, but it feems very uncertain whether any rock can be met with whereon to found the pier, the whole, or any confiderable part of the length. I therefore in the following eftimate fuppofe that there cannot; and therefore propofe to build the pier without any piles or wood-work, upon the principle which the French call *Pierre perdue*, or caft ftones; that is to fay, to drop a large quantity of rough ftones in a proper direction and width, fo as to form an artificial rock or bafe for the pier; thefe ftones will by degrees fink into the fand, and being followed by others, thefe will reft upon the former, and fo on till the firft or loweft part becomes at reft; for the fand laying very clofe and compact underneath, will bear any weight when not affected by the action of the fea.

In this method a much greater quantity of ftone will be needed than if the pier was built upon a regular bafe; but the whole of the bafe being of rough ftones, the more irregular the better, of which great plenty may be got from the neighbouring rocks; as the whole will be done without timber work, and a large quantity of rough ftones that would be needed to defend the timber work will be avoided, or rather compofe a part of, and be included in the propofed fcheme, it will upon the whole not only be much cheaper, but when well fettled, more fecure than any thing can be made upon a foundation of piles and timber upon the fand.

Upon thefe principles I propofe to raife the pier to half tide, or even to the top, according as the materials are found to turn out; the principal ufe of this pier being a breakwater, or defence againft the fea, the uprightnefs or lining of the infide for the purpofes of a quay are lefs material; nor is it probable that it can be ufed for this pur-

pofe,

pofe, as the fpreading of the irregular ftones at the bottom will prevent veffels from laying clofe home to the pier.

Having carefully viewed the feveral places from whence ftones are likely to be got,
and conferred with Mr. RICHARDSON, mafon, who affifted me in this furvey, upon the
probable expence of winning, moving, and placing the fame in order, I have accordingly formed an eftimate of the probable expence, as follows.

ESTIMATE for building a Pier in the harbour of *St. Ivë's* of 60 fathoms in length,
according to the plan and fketch accompanying the fame.

The higheft fpring tides being 26 feet above the furface of the fand, the pier fhould
be carried up folid at leaft 30 feet above the fame, and fuppofing the whole to fettle into
the fand 6 feet, the whole height will be 36 feet, and admitting the fides to batter half
the height of the pier on each fide, and to be 24 feet broad at top, the bafe will be 60
feet, and the mean breadth 42 feet, or 14 yards; this multiplied by the height, 12 yards,
produces an area or fection of 168 yards in each yard running.

It is fuppofed that a pier built in the manner propofed with a parapet, regularly walled
with *Aberthaw* lime, will be done at the price of 6s. 6d. per cube yard; but as the quantity of fettlement into the fand is not quite certain, with other contingencies fufficiently
to allow for thofe, I eftimate the whole at 7s. 6d. per cube yard, and this for 168 yards
fection, come to 63l. per yard running.

	£.	s.	d.
To carrying out the pier 120 yards, at 63l. - - - -	7560	o	o
The parapet to be 9 feet high, 7 feet bafe, and 3 feet top, the mean thicknefs will be 5 feet, and contain 5 yards fection, which, at 7s. 6d. per yard cubic, is 1l. 17s. 6d. per yard running, and which for 120 yards is, - - - -	225	o	o
To extra work in finifhing the pier head, cramps, iron, and lead, - - -	200	o	o
	£. 7985	o	o

J. SMEATON.

Außhorpe, October 25, 1766.

TOPCLIFF MILL.

The REPORT of JOHN SMEATON, Engineer, upon the Practicability of removing *Topcliff* Mills, *Yorkshire*, to *Affenby* Stream, below *Topcliff Bridge*, confiftent with the propofed navigation of the river *Swale*.

HAVING viewed the fituation of *Affenby* ftream, as alfo the prefent fituation of *Topcliff* mills, I am of opinion as follows :

1ft. That exclufive of the dam, which is totally ruined, the mill appears to be in bad repair, and built upon fo bad a principle for doing bufinefs, as to be incapable of any confiderable improvement, without intirely rebuilding.

2d. That the fituation of *Affenby* ftream is preferable to the prefent one, as there may be a better fall.

3d. That fuppofing the mill and dam to be entirely rebuilt, the only difference, in point of expence, in the prefent fituation, or at *Affenby* ftream, will be in the carriage of the old materials from the old fituation to the new one, and in digging the cut at the new fituation, and perhaps fome additional charge about the mill ftable and out parts of the mill-houfe, which, in its prefent fituation, might poffibly be faved.

4th. That the removal of the mill and dam will be equally if not more beneficial to the navigation at *Affenby* ftream, than in its prefent fituation, becaufe it feems to me, that a dam raifing the water 7 feet, or thereabouts, at *Affenby* ftream, will pen the water up to the fame level of the prefent mill, as it has ever been penned by the dam before it was deftroyed ; and by building a dam at *Affenby* ftream, the navigation dam below needs not he raifed fo high as it otherwife muft be, in order to float the veffels over the fhoal at *Affenby* ftream in dry feafons.

Northallerton, 14th March, 1767.   J. SMEATON.

EYMOUTH HARBOUR.

The REPORT of JOHN SMEATON, Engineer, upon the Harbour of *Eymouth*.

THE harbour of *Eymouth* lays at the corner of a bay, at which ships can work in and out at all times of tide, or lay at an anchor secure from all winds, except the northerly or north-easterly. From this circumstance its situation seems very advantageous; but as the mouth of the river or harbour lies open to the northerly winds, ships cannot lay in safety therein without going up beyond the elbow of the present quay, where the water being shallower by several feet, and the breadth much contracted, the harbour is not only defective in point of capacity, but in safety also; for at a full sea the mouth being wide, the sea tumbles in with so much impetuosity, that great seas find their way round the elbow, and make the vessels even there lay not so quiet as is to be wished, in order therefore not only to enlarge the harbour, but very greatly to increase the safety of vessels laying therein, it is proposed to build a north pier to defend the harbour's mouth, and to this end nature has furnished a ledge of rocks, not only capable of making the most excellent of all foundations for such a pier, but in as advantageous a situation as could be wished, upon which a pier is proposed to be built according to the plans accompanying this report; for, according to the directions therein specified, the harbour will be defended from all such seas as annoy the bay, and the only point from whence the harbour could be affected by seas coming in through he mouth, are land-locked by the points of the bay; so that the harbour will, in its whole extent, be perfectly safe in all winds. It is also to be noted, that the same circumstances that concur to make the harbour safe in all winds, afford the vessels means for getting in and out at all winds *: and this proceeds from the entry into the harbour laying nearly at a right angle with the di-

---

1st. If the wind is right a-head to vessels coming into the bay, it will of course be smooth water, and there being room enough to turn, they can work in till they are near the bottom, and then sail with a fair wind right into the harbour. 2d. If a vessel comes into the bay before the wind with a great sea, she will also have the wind fair to sail into the harbour. 3d. If the wind is right a-head to her going into the harbour, she will have a fair wind into the bay with smooth water, so that after coming to an anchor, she can warp herself in. 4th. In like manner a vessel that wants to go out, if the wind blows right into the bay, she will have a fair wind out of the harbour, and having room in the bay, can work herself out to sea, unless it blows so hard as to bring on a great sea, and if so it would be undesirable to be out at sea upon a lee-shore. 5th. If the wind is right a-head to a vessel desiring to go out of the harbour, as the bay will be smooth, she can warp out, and being out, has a fair wind out of the bay. Lastly, a vessel going before the wind, out of or into the *harbour*, will have a fair wind out of or into the bay respectively; and a vessel going before the wind, out of or into the bay, will have a fair wind out of or into the harbour respectively.

rection

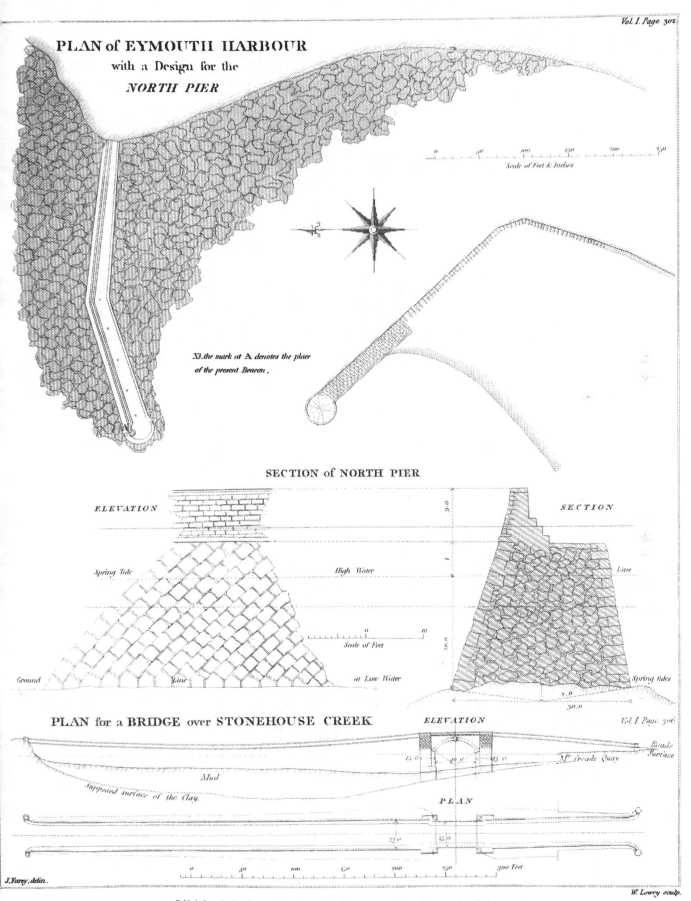

PLAN of EYMOUTH HARBOUR
with a Design for the
NORH PIER

Scale of Feet & Inches

N.B. the mark at A denotes the place
of the present Beacon.

SECTION of NORTH PIER.

ELEVATION

SECTION

Spring Tide

High Water

Line

Scale of Feet

Ground   Line

at Low Water

Spring tides

PLAN for a BRIDGE over STONEHOUSE CREEK.

ELEVATION

Roads
Surface

M.r Froads Quay

Mud

Supposed surface of the Clay.

PLAN

Feet

J. Farey, delin.

W. Lowry, sculp.

Published as the Act directs 1811. by Longman, Hurst, Rees, Orme and Brown, Paternoster Row, London.

rection into and out of the bay; it is also a great advantage that here is a good flow of tide, which at spring tides is said to be 20 feet, and there is at the lowest ebb several feet of water at low water between the proposed pier-heads, so that there will be seldom less at neap tides than 16 or 17 feet water in the harbour, which is capable of receiving vessels from 300 to 400 tons, according as they are more flat or more sharp built, and which afterwards can, upon a greater flow of tide, be got into a more advantageous birth.

Another advantage to the executing the proposed design, arises from a great quantity of rough rocks that lay at the north-westerly point of the bay, very proper for building the outsides of the body of the pier, the inside of which may be done with rough stones won or blasted from the neighbouring rocks to that upon which the pier is proposed to be built; by this means the pier may be executed at a trifle of expence, in proportion to the extent and utility of the design; for the rocks that are represented within the intended pier will be removed and made smooth, so as to procure an addition of harbour-room, at little or no charge, as they will be used within the pier: when this is done, there will be an addition of harbour-room in the space between the elbow before-mentioned and the pier-heads, capable of holding 30 ships of middle size, with sufficient passage, and which in time of war will be very useful on this coast, not only for the refuge of coasters from the enemy, but in bad weather for privateers and the smaller sized vessels acting offensively.

What relates to the method of the work itself, will be sufficiently explained by the plans and estimate; I have only to remark, that I do not mean to fix the place of the pier to such precision, as not to be subject to be somewhat varied.

If it is found convenient, on account of fixing the base, to be a little more in, or a little more out, or the head somewhat nearer or further from the present head, than specified in the plan, I expect the surveyor to use his judgment therein.

Also I don't mean that the ground course of the stones forming the base of the pier should be exactly in a right line, or the bases cut to the same level, or answerable to any given delineation lengthways of the pier; all I desire is, that a bed be cut for each stone declining towards the middle of the pier, as shewn in the plan, but they may be upon different levels, and a little more in or out, as best suits to get a firm footing for each particular stone, which stones must be suited in their sizes and thickness accordingly.

In regard to the repairs of the present pier and quay, where it is necessary to begin at the bottom, I advise to drive a row of piles 6 inches in thickness, and close together,

edge

edge and edge, and the heads being connected by a ſtring piece, to let the ground courſe of ſtones be notched upon them as was done at *Coldſtream Bridge.* The reſt of the quay will be defended by laying a tier of rough ſtones, ſloped up againſt it at the foot, but not ſo as to be in the bilgeway of the ſhip.

This would be ſtill more effectually done by driving a row of piles either cloſe together, or at moſt but 9 inches diſtant from one another, and at about a yard diſtance from the foot of the pier, ſo as not to be in the way of the veſſels, and to lay a ſlope of rubble ſtones againſt the foot of the pier, between the pile heads and the wall, as before deſcribed, obſerving always to ſlope the rubble down ſtream. This I think the beſt way of ſecuring the preſent quay; but as it will be altogether defended from ſeaward by the propoſed pier, and as the laſt propoſed defence muſt be attended with ſome expence and trouble, being only to be done at ſhort intervals of the tide, I adviſe to cut the matter of repair ſhort by laying ſtones only, and take a trial of this till the north pier is built.

Auſthorpe, May 2, 1767.   J. SMEATON.

ESTIMATE for *Eymouth* Harbour.   The expence of building a north pier.

The length of the outſide, from the elbow and round the head into the flank within,
  is 240 feet, this multiplied by 22 feet mean height, produces 5280 feet ſuperficial, and this by 5 feet mean thickneſs, produces ſolid   -   -   - 26400 cube feet.
The length within, from the elbow to the ſaid flank, is 132 feet, which multiplied
  by 22 feet high, is 2904 feet ſuperficial, and by 3 mean thickneſs, gives   - 8712

Total ſolidity of the firſt ſtretch next the head,   -   -   -   - 35112

It is ſaid, that ſuch works as are repreſented in the inſide can be brought from the rocks and
  laid in place at 6 *d.* per foot, but as I underſtand this of the looſe rocks already quarried,
  and as the quantity ſo produced may be ſhort of the whole, and the quarrying is ſuppoſed
  to coſt 2 *d.* per foot extra, therefore, to make a ſufficient allowance, I make 7 *d.* per foot
  on the whole: the outſide, the workmanſhip will be more rough, but the ſtuff being ſuppoſed larger, and worſe to place and handle, I reckon on that alſo 7 *d.* per foot,   £.   s.   d.
To 35112 cube feet of ſtone in the outſides, at 7 *d.*   -   -   -   - 1024   2   0
The whole circumference being 372 feet, this multiplied by 3½ feet mean breadth of the baſement courſe, produces 1302 feet ſuperficial, this quantity of the rock will be required to be
  cut ſloping towards the middle of the pier, and being tide-work, and the rock hard, I allow
To 1302 feet ſuperficial of rock cutting for baſement, at 8 *d.*   -   -   -   - 43   8   0
The length of the above being 173 feet, the mean width 24 feet, and mean height   feet
  22 feet, the whole content, in ſolid, will be   -   -   -   - 91344
From which, deducting the outſides,   -   -   -   - 35112

Remains for the ſolidity of the inſide filling   -   -   -   - 56232
  which is equal to 2083 cube yards.

                                        Carried forwards   1067   10   0

	£.	s.	d.
Brought forwards,	1067	10	0

To 2083 cube yards (after deducting the outside blocks) of filling with rough stones *, to be placed by hand, and well packed, at 4*s*. per yard,   - - - -   416 12 0

To 172 feet length of parapet, mean thickness 6 feet, and 9 feet high, produces 344 yards solid, which being well walled and filled with mortar, and built of free-stone rubble, I allow 7 *s*. 6 *d*. per cube yard,   - - - - -   129 0 0

To hammer-jointing and facing both the outsides, containing 3268 feet superficial, at 1 *d*. -   13 12 4

The cordon, being 172 feet long, and 2½ feet in breadth, and 1 foot thick, will contain solid   - - - - - - - -   430

The capping, being 174 feet long, 3 feet broad, and 1 foot thick, will contain   -   522.

                                      Sum   952

To 952 feet of *Leimerton* stone, worked, and laid in place, at 1 *s*.   - - -   47 12 0

To flooring for the top of the pier, being 172 feet long, and, at an average, 6 feet broad, containing 1032 feet superficial of the same stone as the outside of the pier, at 8 *d*.   -   34 8 0

To stone posts for mooring,   - - - - - - -   5 0 0

For 173 feet of pier next to and including the head,   - - - -   1713 14 4

The length of the pier, from the elbow to *Gunsgreen Point*, being 181 feet, upon a mean height of 13 feet, the superficies will be 2353 feet on each side; and allowing the mean thickness on the outside 4 feet, and the inside 2½ feet, the mean thickness of both sides will be 6¼ feet, and the whole solid formed thereby 15295 cube feet, at 8 *d*.   - -   446 2 1.

To 724 feet of cutting the rock for the basement courses, which being less in the tide's way, I reckon at 6 *d*.   - - - - - - -   18 2 0

The outside blocks being deducted from the solid contents, there remains for filling 1046 cube yards, which being more out of tide's way, I estimate at 3 *s*.   - - -   156 18 0

To free-stone rubble walling in the parapet, being 8 feet mean base, 2½ mean top, and 7½ mean height, contains 264 cube yards, at 7 *s*. 6 *d*.   - - - -   99 0 0

To hammer-jointing and facing both the outsides, containing 2896 feet superficial, at 1 *d*.   -   12 1 4.

To hewn work of *Leimerton* stone in the cordon and parapet, the cordon being 2½ feet broad, and the parapet the same, and 1 foot thick; this for 181 feet running contains 905 cube feet, at 1 *s*.   - - - - - - - -   45 5 0

To flooring the top of the pier between the parapet and aisler, the mean breadth being 5 feet, will contain 905 feet superficial, at 8 *d*.   - - - -   30 3 4

To rough stones to be laid in the angle of the pier, adjoining the land at *Gunsgreen Point*,   -   3 0 0

For 181 feet of pier from the elbow to the point,   - - - -   810 11 9

For 173 feet ditto next and including the head,   - - - -   1713 14 4

                                       Sum   2524 6 1

For contingent expences I generally allow 10 per cent. upon the whole,   - - -   252 8 7

                                                    2776 14 8

N. B. As the rocks within the pier head will be got and made use of in filling the pier, I suppose this to be included in filling of the pier; but if fender piles should be thought necessary within the pier for vessels to rub against, the expence of those must be added.

* All stones in the filling are proposed to be put in whole, unless they arise of above two tons.

STONEHOUSE CREEK BRIDGE.

METHOD of conftruction of the Bridge over *Stonehoufe Creek*, as defigned by JOHN SMEATON, Engineer.

ON the *Stonehoufe* fide of the bridge there appears, from the borings and foundings made by Mr. JOHN MUDGE, to be a good hard clay bottom, which gradually declines from the quay towards the middle of the creek, but which at the further fide of the channel at low water is 20 feet deep below the mark of low water fpring tides; from thence for a fpace of 250 feet, that is till within about 80 feet of the oppofite fhore, the clay bottom can no more be felt with founding rods of 26 feet long, which were the length of thofe made ufe of, fo that for the aforefaid fpace of 250 feet the depth of the mud is not known; but from the manner in which it declines from each fide, it is not unreafonable to fuppofe it to lay fomewhat like the line dotted out in the plan, but whether this be fo or not, the depth of the mud is affuredly fo great, that to found the whole upon piles would be fo very expenfive, as to render the conftruction in that refpect impracticable. It is therefore propofed by removing the water-way about 50 feet nearer the quay than it now is (that is, the middle of the arch to be about 100 feet diftant from the quay) to take the advantage of the rife of the clay bottom, in order to found a couple of piers whereon the arch may folely depend, and to make the reft of the paffage over the creek by forming a rampart with rubble ftone, and quarry rubbifh caft upon the furface of the mud, and heaped upon till the ftones firft caft, either ground themfelves upon the clay bottom, or by confolidating the mud by mixing therewith, fhall make an artificial foundation capable of fuftaining the incumbent weight of materials above the furface of the mud; for this purpofe, the piers of the arch being built fquare on the outfides next the ramparts, and quite upright, no fettlement of the rampart will affect the piers, nor will any of the work of the ramparts be difplaced in fettling by encountering with any projection of the piers, nor will any damage enfue to any part of the work by fuch fettlement, but what may be reftored by addition at the top; and as there is plenty of rubble to be obtained on the fide next *Plymouth Dock*, a confiderable part of which would have been neceffary to have been removed for the fake of forming a proper flope for the road up the hill, it is expected that this rampart may be formed at a moderate expence. The work of the rampart may be begun immediately; I will therefore firft defcribe the manner in which I would propofe to carry it on, fubject neverthelefs to fuch alterations as difference of circumftances arifing from the procefs of the works fhall indicate.

I would

I would propose then to begin at the end where the matter is to arise, bringing forwards the materials in wheelbarrows or carts as shall be found most convenient, merely to tumble them over the creek, observing to reserve the heaviest and best stones for the outside, the second best for the bottom, and the rubbish for the middle: I would advise to carry forward the work to its full height nearly as it advances, by which means the whole will obtain its full settlement in the least time. The breadth at top, and slopes therefrom, being as per section, the several widths at the surface of the mud, will be had by consulting the outermost ground lines of the plan; and as the work will begin from the shore, the additional width to begin with, in order to allow for settlement into the mud, will be found by experience as the work goes on.

The section of the rampart shewn in the design being adapted to the line *A B*, near the middle of the present channel, and supposing it to ground upon the clay bottom there, the beginning ought to be 72 feet wide, as therein shewn.

When the work is advanced some distance from the south-west side, and the mud grows deep, if it is found to swallow up a greater quantity of matter than is expected, it will be proper, by way of making a kind of bond or platform for the base, to stake down a double thickness of fascines or faggots upon the surface of the mud, and then proceed to throw the stones upon it, as is represented in the section; this will be not only a likely means of keeping the base from spreading as it goes down, but of producing an equilibrium sooner, in case it should not be found to go to the bottom where the mud is deep.

When the core of matter is found in some measure to come to rest, in order to get the proper breadth at top, it will be necessary to begin at the surface of the mud, and dispose the larger materials by hand, so as to form the slope or batter shewn in the section, which is nearly that of $\frac{1}{7}$ of the perpendicular above the surface of the mud, and is supposed to be the slope of an equilateral triangle below the same.

With respect to the founding of the pier, as the deeper will be near 10 feet below the low water spring tides, I apprehend it will be quite impracticable to get down to the clay without incasing; I therefore would propose to encompass a square area, capable of just containing the base of each pier, with a single row of dove-tailed piles, of 4 inches in thickness, to be driven a foot or 18 inches into the clay, more or less, as they are found to go harder or easier; and of a sufficient height to keep out the neap tides; that is, about 16 feet long, the heads of them to be regulated at top by strong pieces within, and supported by beams across, which may also be done in one or two tier below, as

R r 2

shall

ſhall be found neceſſary to ſupport the preſſure; which lower beams muſt be made moveable, and taken away as the work advances.

The mud below its ſurface will render the piles water-tight, and if not found ſo above, may eaſily be made tight, by throwing in ſome baſkets of coal aſhes, cloſe to the piles on the outſide, when the water lays againſt them.

As I do not expeꞇꞇ the bottom to be level, it muſt be reduced thereto by forming one or more ſteps, as ſhall be found moſt convenient, obſerving to form the flat of the ſteps rather inclining towards the hill; and unleſs the matter happens to be ſo hard, that the piles cannot be drove therein full 18 inches, I would have the ground courſe next the water-way of the arch, and the returns thereof, laid at leaſt 1 foot below the natural bed of clay, that the gulling of the water (which will ſoon carry away the ſoft matter down to the clay) may not eaſily get under the foundations of the piers.

When the firſt pier is raiſed ſufficiently above low water mark, the piles may be drawn, and made uſe of in like manner for the other; and if there appears to be the leaſt danger of the gulling of the bottom by the water, I would adviſe a part of the piles, of which the dam has been formed, to be cut to a proper length, and placed in the groove already formed, ſo as to be driven down, or cut off below the ſurface of low water ſpring tides; this to be done in the face of the piers, next the water-way, and the returns of the angles, but to the remaining parts of the piers it will be uſeleſs.

As this buſineſs will be tide-work, except at neap tides, it will be neceſſary to procure one or more good chain pumps, in order that the cavity may be expeditiouſly cleared of water; it will be adviſeable to have a couple of upright ſquare pumps, of about 8 inches, (as they will ſtand in leſs room) to keep the water out after the bulk is evacuated, and for the ſtanding of which an upright groove or receſs may be formed in the back ſide of the piers; I adviſe two, that one may be in order, while the other is cleaning or repairing.

The arch, the facings, cordon, and capings, I would propoſe to be of *Portland* ſtone, the ruſtic part of the pillars of *Moor* ſtone,, the body of the parapet over the arch of *Plymouth* marble, cut aiſler, the ſpandrills of the arch of the ſame, either courſed or rough, as may be thought moſt proper, and the body of the piers below the ruſtic may be aiſler'd, either with *Plymouth* marble or *Moor* ſtone, as may be thought proper on account of price; but if no great difference, I would adviſe *Moor* ſtone, as taking more kindly to the mortar, eſpecially where conſtantly wet. The whole of the inſide core I
propoſe

propofe to be of rubble from the neighbouring rocks. It will be advifeable to fet the whole outfide up to high water neap tides with *Watchet* or *Aberthaw* lime, and it would, as *Plymouth* lime is very tender in water, be alfo very advifeable that a quantity of the aforefaid lime was procured to mix with that of *Plymouth* for the infide work to high water fpring tides: this is the more neceffary, as *Plymouth* lime and marble do not feem difpofed to form of themfelves a very compact body, when conftantly fubject to the water.

Not having a plan of the quay at *Stonehoufe* and houfing adjacent, I have drawn the bridge ftraight; but as it may probably be found more fuitable and convenient to make the rampart fomewhat curved from the arch and termination upon the quay, I leave this to the determination of thofe concerned in the execution upon the place.

The above is, I think, the moft material of fuch directions as at prefent occur, and which I hope will be found fufficient for beginning; if any thing is not fufficiently explained, fhall be ready to do it by letter.

J. SMEATON.

London, June 15, 176⁻.

LINTON

LINTON DAM AND SWALE NAVIGATION.

The REPORT of JOHN SMEATON, Engineer, upon fundry points relative to the *Linton* Dam and Swale Navigation, referred to his confideration by JOHN SMITH, Engineer for the faid works; by order of the Commiffioners.

The points were the following:

1. WHETHER any, and what allowance may be made for the declivity of the rivers *Ouse* and *Swale* in dry feafons, fo as to depend on making a depth of water beyond the dead level of the height of the dam.

Anfwer. It is the practice of engineers in levelling to allow one inch per mile for the leaft fenfible current, and this I apprehend may be fafely allowed, but not more; I don't mean that there can be no current, under an inch in a mile; but that all methods of levelling are fo precarious, where fuch minute differences are concerned, that it is as fafe to make that allowance as to rely upon any other method to prove it, efpecially as it is eafy in practice to remedy the defect by adding a rib of wood to the crown of the dam, in cafe its height fhould be found defective by a few inches.

2d. Whether the height of 11 feet above the furface of low water at *Linton* is necef-fary for the dam there above that furface, in order to make good the water to the mark near *Milby Staith*, which, according to his levelling, he makes to be 11 feet above the faid low water furface at *Linton*.

Anfwer. The difference of 11 feet between the mark at *Milby*, and the low water at *Linton*, is precifely the fame that I made it; which I particularly remember, having explained it to the committee in *London*, how I came to expect to raife the water to my propofed height at *Milby* by a 10 foot dam at *Linton*, obferving that the diftance being eight or nine miles, according to the common allowance of an inch per mile, that would make fo many inches, and the remainder would be made by the thicknefs of the fheet of water going over the dam. I ftill remain of opinion, that, for the fame reafons, if the dam at *Linton*, its crown is raifed within one foot of the dead level of the propofed point at *Milby*, that the water will rife to its mark, at leaft fo as it may be helped by a rib of wood as beforementioned, it being impoffible to take levels with abfolute certainty for

fo

fo great a diftance. It is however to be remembered, when my plan was originally projected as above, the *Linton* dam was fuppofed one undertaking with the *Ure*, and being
no more than a general defign to fhew the practicability, the utmoft accuracy was not
wanted; but as it may prevent any jealoufy between the different parties interefted if the
Linton dam is raifed within half a foot of the dead level of the mark at *Milby*, I think it
cannot fail to raife the furface of the water in its drieft feafons to its mark at *Milby*.

3d. Whether the defign prepared by Mr. SMITH for the dam at *Linton* is a proper
one for the purpofe.

Anfwer. The defign exhibited is I apprehend upon the fame principles as that at
Naburne, but with improvements; and as that at *Naburne* has ftood the teft for feveral
years, I cannot doubt but this will do the fame if executed with the fame care and judgment. It would feem to me to be more unexceptionable if the bafe was enlarged by 6
feet, and the top diminifhed by 6 feet, the loweft ftep to be raifed 2 feet above low
water, and the afcen from thence to the top to be divided into three equal fteps inftead
of two. The greateft objection I have to this conftruction regards expence. It is
greatly different refpecting the body of the dam from what I propofed, and with the
principles of my propofed conftruction; but I have acquainted Mr. SMITH, where the
reputation of an artift is concerned in the fuccefs of his works, he certainly ought to proceed upon his own ideas, and not thofe of another. This is certain, had the navigation
been opened before the *Linton* lock and dam was begun, which was the declared preli-
minary of my original eftimation, in order to bring down ftone from above for the conftruction thereof, that it would have been erected at a much lefs expence; as it now is,
it may be a matter of computation into which my prefent occafions will not permit me
to enter.

4th. Whether the defign for *Linton* lock is properly adapted.

This lock is I apprehend upon the fame conftruction as I have feen feveral by Mr.
SMITH's father built feveral years ago, and which have ftood and anfwered very well;
the principal articles, in which I differ in grounds where I ufe wood bottoms, are the
following.

1ft. A bearing pile under each fill, ranging in the face of each wall (but this is
rendered lefs neceffary by a fheet of piles, in Mr. SMITH's conftruction, under the face
of each wall;) a ditto under each fill anfwering the middle of the chamber, and if the
ground is more foft, a pile under the outward end of each fill.

2d. The

2d. The great fill for the lower gates, the pointings framed therewith under the thresholds, in order the more firmly to be bolted thereto.

3d. A double row of rabbeted piling at the lower gate fill to prevent the passage of the water in case the chamber-floor should become defective.

4th. The coffin stones made alternately long and short, broad and narrow, in order to prevent their walling joint and joint, as it seems to me must be the case if made of one dimension, as prescribed by Mr. SMITH.

5th. In good gravel bottoms, where stone is cheap, I have used it instead of wood, still keeping a row of piles under the face of the walls, with a ribband or string piece upon their head, two good rows of rabbeted piling under the lower gate fills, and a row of ditto at the tail of all.

The masonry of the lock in general seems well designed, and substantial; but after all designs, good execution is a great matter.

KNOUCH

KNOUCH BRIDGE MILL.

Proportions and directions for building the Mill at *Knouch Bridge*, by JOHN SMEATON, Engineer.

THE two water-wheels for common use to be 11 feet 6 inches diameter, out and out, and 8 feet wide, the shrouds to be 9 inches above the soal, and to have 36 buckets, the rising boards to be 4½ inches broad, and the breadth of the bucket-board such, that the point of one bucket may advance to the center line of the heel of the next bucket, and the cutting edge to be thrown to the outside.

The bucket-boards should not be of above 1 inch in thickness, and to strengthen them, I recommend a shroud in the middle; the construction I commonly use in wheels of this sort, is three pair of clasp arms with three rings, and then to put on the boarding of the soal parallel to the axis, so that the boards are nailed down upon the rings like a floor upon joists. The wheel case or race to be made to a true sweep, answerable to the wheel, to be continued from the lowest point under the axis for a quarter of a circle, ending at the height of the center, above which the breast wall to be continued upright to a proper height for supporting the trough, which, if thought proper, may be made of stone to the front of this breasting. The water in taking the wheel shoots backwards, so that the wheel turns the same way round, and the water is delivered at the tail, as an under-shot wheel; the water is drawn by two shuttles, answerable to the partition shroud in the middle of the wheel; but as it is impossible to describe the particular form of the trough, so far as relates to the drawing on of the water, without a draft, this shall be supplied in due time.

The water-wheel being 11 feet 6 inches diameter, there will remain 2 feet to compleat the whole difference of 13 feet 6 inches; the whole height required for the surface of the water above the top of the wheel being only 1 foot 6 inches, there will remain 6 inches either to be added to the head of water, or to admit the bottom of the wheel to be laid 6 inches out of tail water, or to be expended partly one way and partly the other, according to the judgment of the artist.

Nos. for the two over-ſhot wheels.

The great cog wheel - - -	64	} at 5½ inches pitch.
The great lanthorn upon the upright axis	25	
The ſpur-wheel upon the upright axis -	72	
The 5 foot greyſtone lanthorn - -	19	
The 4 foot cullens or blue ſtone - -	15	} at 3¼ inches pitch.
The 3 foot 10½ *French* ſtones - -	14	
The 3 foot 7 inches cullens or blue ſtones -	13	
The 5 feet greyſtone for ſhelling oats, its lanthorn	15	

N. B. The numbers above being put upon the ſpindles of each pair of ſtones reſpec-tively, and all being *ſuppoſed* to be placed round the ſpur-wheel, they would all go at their proper paces if driven together: therefore they may be ſuited together to either mill, as beſt ſuits the convenience of the miller.

For the flood-mill, it being propoſed to remove one of the preſent water-wheels from the *Whiſton* old mill, which are 14 feet 8 inches diameter in the ring, I propoſe to con-tinue the ſame number of floats as at preſent, but to alter the mortices, ſo that the ſtarts may hold the floats pointing to the center.

The float-boards to be 1 foot broad, and ſo as to form a circle of 17 feet 4 inches, the reſt of the ſpace to be filled up by oblique breaſt-boards like the wheels at *Kilnburſt* forge; but ſhall ſhew the particular degree of obliquity, by a draft along with the trough for the over-ſhots.

The width of the wheel may continue the ſame as at preſent, viz. 5 feet 2 inches, but if it can conveniently be augmented to 6 feet, it will be the better.

The flood-wheel I propoſe to be a breaſt-wheel, and to be laid 7 feet below the full head, viz. the noſe of the gate to be when ſhut 2 feet below head, and 5 feet fall; now as this will make the bottom of the flood-wheel 6 feet or 6½ feet above the common tail-water, and as this wheel will do buſineſs with 3 feet or 3½ feet tail water, it follows, that it will do buſineſs when this river is from 9 to 10 feet higher than in its ordinary ſtate.

The

The numbers propofed for this wheel as follows :

The great cog wheel - - - 84 cogs ⎱
The greateft lanthorn on its upright axis - 25 ⎰ at a 5 inch pitch.

The fpur-wheel on the upright axis - - 72 ⎱
A pair of 5 feet grey ftones - - - 19 ⎰ at a 3¼ inch pitch.
A pair of 4 feet cullens - - - 15 ⎰

N. B. If any other forts or fizes are thought proper, the numbers or the fpindle lanthorn will anfwer, if made refpectively the fame as thofe for the over-fhot wheels.

The over-fhot mills above propofed will both be turned at once, with the fame quantity of water wherewith one of the wheels of *Whifton* old mill was worked when I was there, and which was faid to be about the whole quantity in dry feafons. This quantity will enable each of the over-fhot mills to grind with great eafe at the rate of a quarter of wheat per hour, that is 16 *Winchefter* bufhels per hour by the two wheels.

The breaft-wheel will grind the fame quantity as either of the over-fhot wheels, but will require a double quantity of water, that is, it will require as much water to grind eight bufhels per hour, as both the two over-fhot wheels will require when grinding at the rate of eight bufhels *each*; but as the two over-fhot wheels will work at the rate abovementioned with the common fummer's water, I apprehend it will feldom happen but there will be water to fpare, and therefore it may be worth while to confider whether one of the over-fhot wheels may not be omitted, and the breaft-wheel ufed in fhort water times in its ftead, and by that means the breaft-wheel be brought to act in a double capacity, as a fhort water wheel as well as a flood wheel.

The over-fhot wheels will work with 3 or 4 feet tail water, at which time there will be neceffarily fuch plenty, that it will be very immaterial whether the breaft-wheel takes more or lefs.

London, 15th June, 1767. J. SMEATON.

N. B.

P. S. If the ſtaves of the great lanthorns are made of caſt iron, as will be adviſe-able, they may be made of a flattiſh or oval figure, and thinner than if made of wood, ſo as to give room for a ſtronger cog.

The following ſketch reſpecting the ſituation will, I hope, make the whole clear.

Sketch

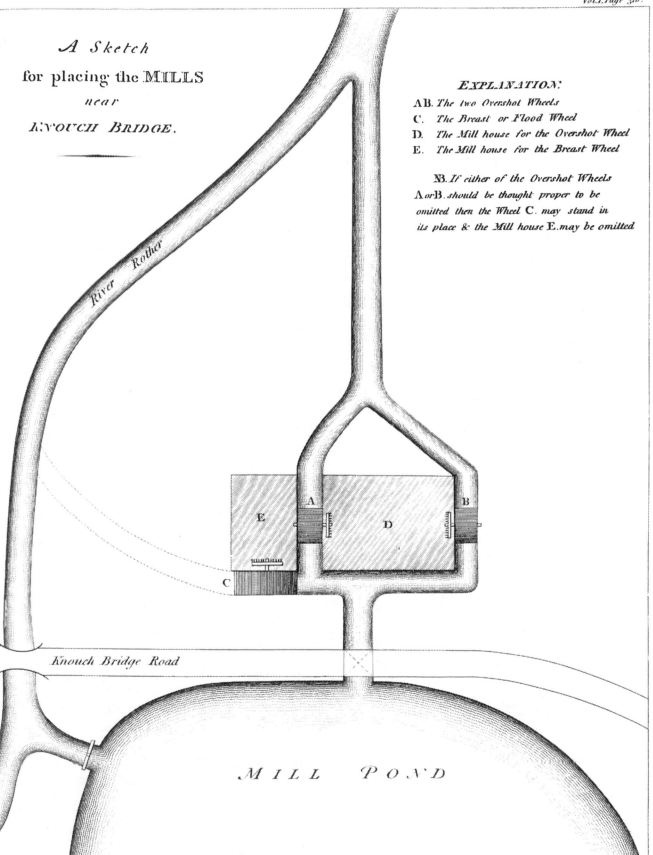

A Sketch
for placing the MILLS
near
KNOUCH BRIDGE.

River Rother

EXPLANATION:

EXPLANATION:
AB. *The two Overshot Wheels*
C. *The Breast or Flood Wheel*
D. *The Mill house for the Overshot Wheel*
E. *The Mill house for the Breast Wheel*

NB. *If either of the Overshot Wheels
A or B. should be thought proper to be
omitted then the Wheel* C. *may stand in
its place & the Mill house* E. *may be omitted*

E   A   B
       D
C

Knouch Bridge Road

MILL POND

Published as the Act directs, 1812, by Longman, Hurst, Rees, Orme and Brown, Paternoster Row, London.   Lowry sculp.

RIVER COLN.

PLAN for afcertaining the proportional quantities of water flowing down the high ftream and *Iver* ftream, being two divifions of the river *Coln* below *Uxbridge*, from whence alfo may be determined the quantity of water difcharged at each place per hour.

THE fketch annexed is folely explanatory to fave many words in defcription, and is therefore fuppofed not to be drawn from a fcale.

The point A fhews that branch of the river which comes from under the wefternmoft bridge of *Uxbridge*; this is not the whole of the river *Coln*, a confiderable ftream being diverted therefrom, called the *Cowley* ftream, which croffes the great weftern road nearer the body of the town.

Below the point A the branch in queftion divides, one part turning the water-engine or colour-mill, and feems to have been an artificial cut, but the greater part of the water goes down the old river; thofe ftreams unite at B, and are again divided at C into two ftreams, called the high ftream and *Iver* ftream, the former being much the largeft; from the point of divifion C the water runs with a gentle current to the bridge D, where, meeting the ford where the road croffes, and being fomewhat pent up, it runs more rapid from thence to E, where this branch fubdivides, but afterwards unite and join with the ftream beforementioned.

From the point C the *Iver* branch runs with a very languid current till it meets the ifland F, after which it runs more brifkly, as alfo at the bridge and ford at G it runs again languid till it gets into the inclofures, and then more brifkly through the inclofures till it gets to the fecond bridge at H, where there is a further obftruction and fall, and from thence it runs to *Iver* mill.

Now, if a water-gage is erected upon the high ftream, and another on the *Iver* ftream at any place fo far below the point of feparation at C, that the water running from C to D, and from C to G, fhall not be interrupted in its natural courfe, then thofe water-gages will refpectively fhew the proportion of the two ftreams, and afford a means of computing their real quantities, independent of any enquiries or evidence to be collected from the millers, and which may be executed in the following manner: Upon the branch of the high ftream E L, and near the point L, let a water-gage be erected of

N. B. The water-courfe I R feems intended to difcharge the overplus water in times of floods from the Iver ftream into the high ftream, the mouth of the paffage at I being ftopped up with piles.

30 feet in width, the fill whereof to lay even with the common furface of the water in dry times, to be terminated by two upright pofts, and if need be, one in the middle, fo to divide the fame into two paffages of 15 feet each, the whole to be made clofe and tight underneath the fill and on each fide the pofts, fo that no water may pafs during the ufe thereof but through the 30 feet paffage over the fill, and confequently will fall over the fame like a tumbling-bay. While this is erecting, the water may be turned through the paffage E M, which will go to the mills as at prefent, but when compleated, the water, being ftopped from going through E M, will wholly be obliged to pafs the water-gage at L, and will raife the water there fo little as not to affect the run of the water from C to D. Now, as the *Iver* ftream runs more languid than the high ftream, it will be neceffary to go fomewhat lower down, fuppofe to the bridge H, a little above which at N let a fimilar gage be erected, but with this difference, that as the *Iver* ftream is not fuppofed to be above half the currency of the high ftream, a gage of 15 feet will equally carry the water. As this width will not occupy the whole river there, the gage may be erected on one fide, while the water let down to the mills on the other fide, and being compleated, the bye paffage muft be ftopped up, and the whole of the water be obliged to pafs the water-gage, as in the other.

Now, upon turning the water through the two gages, if the depth of the current water upon the fill is equal, then the quantity will be in proportion to the widths; that is, that the currency of the high ftream is double the currency of the *Iver* ftream; but as the depths at firft trial will probably be found unequal, let as many boards be put into that gage (end-ways up) upon which the water runs *fhalloweft*, as by ftraightening the water-way will caufe it to run of equal depths with the other, then will the proportional quantities be as the widths refpectively, when fo adjufted, and this will be fhewn by infpection, according to the various ftates of the river in dry feafons, whether the mills are drawn or not, and the experiment may be continued (with a proper attendance) for a month, or fuch time as fhall be thought neceffary; and account being kept of the depth of the water at different times, anfwerable to given widths, will afford a means of computation of the real quantity in tons per hour; but the computation of the real quantities is more matter of curiofity than ufe in the prefent cafe, for as the propofition is to take away no more water from the confined ftream at A, than is due to the *Iver* ftream, in any one given ftate, therefore more efpecially in the loweft ftate, it will follow, that if the whole river at A was afterwards parted by a gage, fimilar to thofe in the experiments, whereof that reprefenting the *Iver* gage is conveyed to *London*, and the other to be conveyed down the high ftream, after the *Iver* ftream is ftopped up by a dam, then will the high ftream remain with its prefent quantity of water as heretofore, nor will it be furcharged in time of floods for want of paffage down the *Iver* branch; becaufe, whenever the river at C rifes fo high, as to afford more water than

the

the mills can ufe, the ftop or dam upon the *Iver* being made in the form of a tumbling-bay, the furcharge will be conveyed down the *Iver*, and for feveral months in the year will be a confiderable running ftream.

It will be neceffary alfo to put a fmall gauge upon the little brook that falls into the *Iver* at the bridge C, which, when reduced to the fame depth, muft be deducted from the width of the gauge at N, and the width fo reduced, in comparifon with the gauge at L, will give the true proportion of the feparation of the waters at C, and of the propofed feparation at A. Again, as a quantity of water is propofed to flow down the *Iver* ftream, in order to fupply the neighbouring meadows, villages, and the town of *Colnbrook* with water, whatever the aforefaid little brook fhall exceed or fall fhort of what fhall be thought proper for that purpofe, a due allowance can be made in the width of the gauge propofed to be erected at A.

It may be objected, that when the water due to the *Iver* ftream is deducted from the river at A, that then the engine or colour-mill will lofe a proportionable quantity of water; but as the water flowing down the main ftream is not employed in working any mill before this reunion, if, in dry feafons, the main river is ftraightened, in the fame proportion by a flood-gate to be erected at O, and to be drawn up in times of floods, then will the engine or colour-mill be in all refpects in the fame condition it now is

It may a fo be obferved, that the obliging the river to pafs the water-gauges at A, may, in floody feafons, pen the water upon the tail of the mills juft above the bridge of *Uxbridge*; but as this *partition* will only be of ufe in dry feafons, it is propofed that there fhall be a fet of flood-gates, that being drawn up, fhall leave the river as capacious as it is at prefent, and, confequently, the mills in the fame condition; it is alfo propofed, that the water-gauge at A fhall not be erected fo as in dry feafons to pen up the water above the bridge of *Uxbridge* higher than it now is, fo that the mills above the fame fhall not, in any feafon, be affected by the propofed undertaking. It is fuppofed, that this method of the partition of the water is (if poffible) more unexceptionable than that of taking a given quantity out of the river or colour-mill head near A, as formerly propofed; but that if this method be thought more eligible, as the gauges above-mentioned will afford a juft method of computing the real quantity of water difcharged by the *Iver* ftream, a quantity may be taken by the method already exhibited, which fhall

T t

never

never exceed the juſt proportion in the drieſt ſeaſons, and in all others rather fall ſhort than exceed it, and ſtill the ſurpluſage, when too much for the mills and grounds, be diſcharged by the *Iver* ſtream in the ſame proportion as heretofore.

Auſthorpe, July 8, 1767.   J. SMEATON.

PORT GLASGOW PUMP.

DESCRIPTION of a Pump for the dock at port *Glasgow*.

THE water left in the dock at a medium to be evacuated by pump-work, as taken the 22d day of Auguſt, 1767, was

Mean length	-	243 0	Solid contents 21141
Mean breadth	-	36 0	Cube feet = 627½ tons.
Mean depth	-	2 5	

This quantity to be raiſed in 4 hours to the mean height of 4 feet will require 6 men working at a time, and good *Engliſh* labourers, will continue at the ſame rate for the whole time; but as the labourers to be employed will probably be ſuch as can be promiſcuouſly picked up, it will be proper to have two ſets to relieve each other.

The diſtance of the chains from the axis of the lever to be ⅐ of the length of the lever; it would be moſt convenient to have the center of the chains 2 feet from the center of the lever, but ſhould not be leſs than 1 foot 6 inches.

The diameter of the working barrels to be 17 inches; and it would be well to have them lined with cylinders of hammered braſs or copper, as iron will ruſt in ſalt water, and the bare wood will chamber too faſt.

In the working of this pump it is to be noted, that when the height of the water without exceeds the height of delivery, that it will never riſe higher in the mounting pipes above the chamber than juſt to force its way outwards, ſo that the water will never be raiſed to any height that is unneceſſary, and with a proportional addition of force will throw out the water at all times of tide.

The 2 barrels A B are connected together by a ſquare box or trunk C D, into which are 2 ſquare paſſages through the working barrels E F, about 8 inches high by 10 or 12 inches wide; in the foreſide of the box is an hole 10½ diameter, ſo as to receive a pipe of 8½ or thereabouts, which pipe is to be rammed tight, and to lay through the wall or bank into the open ſea, the outward end of which may be guarded by a valve if thought neceſſary; but if the lower valves of the pump are tight, no water can revert into the dock; it will indeed riſe to an equal height in the mounting pipes, but will there be at reſt.

The

The buckets I would propose to be made in the same way as those for fire-engines, and the lower valves to be made double; I propose them to be framed upon a cast-iron plate, closing up the bottom of the barrel, and which may be screwed to the barrel by 6 or 8 bed-screws, the nuts of which to be let sideways into the wood.

H H H H are blocks for the pumps to rest upon.

The iron rods and buckets will, I expect, be of weight sufficient to carry them down, but they should be steadied by passing through a plug or collar in the top of the mounting pipes.

The valves must be made light, particularly of the buckets, that they may meet with the less check in descending, and the whole leathered with pliable leather, which will be fully sufficient for a column of so small a perpendicular.

If the employment of 12 men for 4 hours be thought too much, this work may be done in 3 hours 20 by 2 ordinary horses, the pumps being contrived upon the same principle, and 3 pumps to be worked by a triple crank, the proportions as follow.

Diameter of the working barrels   1 foot
Length of the stroke   -   -   -   3 feet

No.

Lanthorn on the crank spindles 19 ⎫ cogs at $4\frac{1}{2}$ inches pitch.
Face wheel for driving ditto   84 ⎭
Mean diameter of the horse-tract   -   21 feet

Austhorpe, 4th September, 1767.   J. SMEATON.

That is not to lift the water above four feet at low water, and no higher than to overcome the resistance from without, at all other times.

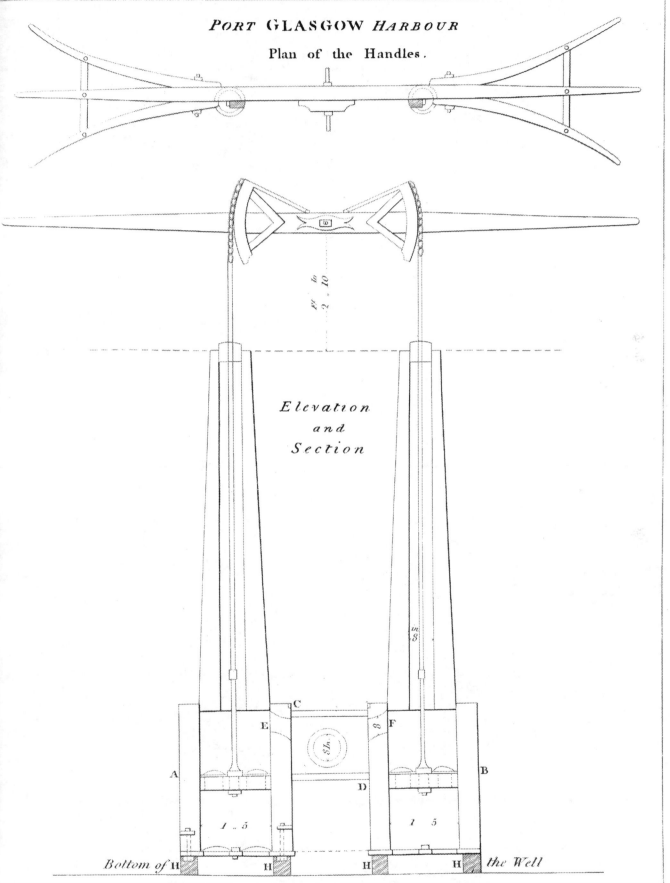

PORT **GLASGOW** *HARBOUR*

Plan of the Handles.

Elevation

and

Section

Bottom of H   H   H   H   the Well

Published as the Act directs, 1812, by Longman, Hurst, Rees, Orme and Brown, Paternoster Row, London.

Lowry sculp

DESIGNS for the FLOOD ROAD over the TRENT, from MUSKHAM, to NEWARK.

Elevation of the Bridging.

Section for the Bridging.

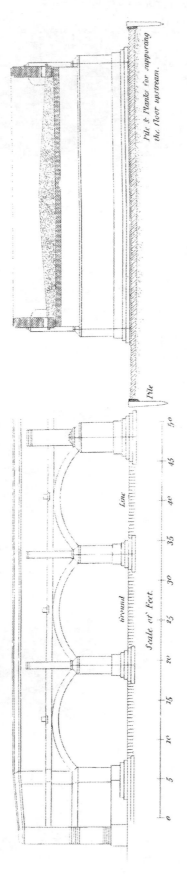

Pile & Planks for supporting
the floor upstream.

Pile

Ground Line

Scale of Feet.

0   5   10   15   20   25   30   35   40   45   50

Section of the RAMPART for the FLOOD ROAD, with the excavations necessary to form it.

Natural surface of the ground.

Base of the Rampart 45 feet
Width over all 103 feet.

Top width 29.6

The dotted lines shew the manner of placing the Tunnels through the Rampart, wherein A.B. shews the floor, C.D. the crown of the arch,
C.E.D.E. the terminations of the arches, F.F.G.H. shew the width of two contiguous Tunnels and F.G. the Pier between.

Profile of the Ground over which the FLOOD ROAD is to pass from MUSKHAM to NEWARK.

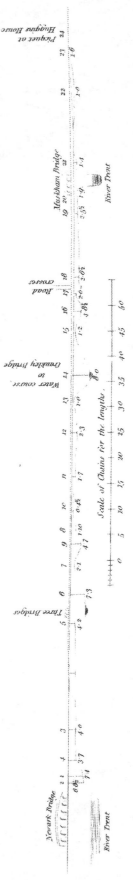

Parapet at
Huggins House

Muskham Bridge

River Trent

Road Crosses

Water course
to
Crankley bridge

Three Bridges

Newark Bridge

River Trent

Scale of Chains for the length.

0   5   10   15   20   25   30   35   40   45   50

Scale of Chains for the depths.

The dotted Line is supposed Horizontal from the primary point.
The black Line beneath is the Water line in the extreme Floods.
The Numbers below express the depths in feet and inches.

Reduced by I Farey.

RIVER TRENT.

The REPORT of John Smeaton, Engineer, concerning the Water-Road proposed to be carried across the valley of the river *Trent* from *Muskham* to *Newark*.

THE points relating to the road abovementioned, referred to my confideration by the truftees thereof, at a meeting on the 19th day of December ult. were as follow :

1ft. The propriety of the choice of the ground for the new road.

2d. The proper height of the road in refpect of the water-line at the extreme of high floods.

3d. The proper quantity of water-way for the neceffary paffage of the water acrofs the faid road in time of the faid floods.

4th. The particular places where the arches ought to be fituated, and the number and dimenfions of the arches proper at each particular place.

5th. The beft method of conftruction of the faid arches, fo that they may be done at as little expence as poffible, confiftent with their being effectual.

6th. The proper fection of the road where it paffes through the grounds to be ramparted.

Thefe are the propofitions as I underftand them, being verbally delivered.

1ft. I am of opinion, that the ground marked out in the plan for the track of the new road is very properly chofen, being in general over the higheft grounds, and fufficiently ftraight; and I look upon it to be an advantage that the arches will be as much as poffible together.

2d. I apprehend that, to prevent damage to the road by its being overtopped, it will be advifeable to make up its crown or fummit to the height of 1 foot above the refpective water-line at the extremes of floods; and the top of the road being convex about

6 inches,

6 inches, the fides of the road will then be about fix inches above the faid water-line, which height above the water-line will alfo be neceffary on account of the fettlement, even after finifhed, though confolidated in the beft manner practicable while making.

In order to afcertain the refpective heights of the road above the furface of the ground, a point at *Newark Bridge* was fhewn me by Mr. HANDLEY, as that to which the higheft floods were never known to rife, and which has not been touched thefe 30 years: from this point I took a level to a mark at *Mufkham Bridge*, fhewn me by a perfon of *Mufkham*, as the point to which the faid floods arofe; from whence it appears that at a medium of two operations the flood-mark is lower at *Mufkham Bridge* than that at *Newark Bridge* by 17 inches; and though this medium differed 5 inches from the extremes (which difference of the two operations was the refult of carrying the level 3 miles) yet it is probable it is very near the truth, as it differs but $1\frac{1}{2}$ inch from the level put down upon Mr. WILKINSON's plan in the middle of Lord MIDDLETON's lands, between No. 18 and 19, near *Mufkham Bridge*. The level of the high water mark upon the bridge itfelf was fhewn me by a different perfon from him that fhewed the high water mark to Mr. WILKINSON, therefore they probably are not the fame; and I have reafon to believe, that from that part of the bridge having been repaired fince the great flood abovementioned, the point fhewn me was at leaft 6 inches lower than the real height of the great flood referred to, fo that the fall of the water's furface from *Newark* to *Mufkham Bridge* will be reduced to about 11 inches. I have driven piquets near the courfe of the propofed road, between the two bridges, to the places of which the numbers in red refer upon the plan; and having given, by a fection of the tract of ground, the refpective depreffions of the faid picquet heads below the water-line, upon a fuppofition of 11 inches fall of the water's furface between the two bridges, this will be a fufficient guide for the laying out and forming the road.

3d. The proper quantity of water-way cannot, as it feems to me, be determined upon any fixed principles, becaufe it is very difficult, if not impoffible, to determine exactly what proportion of water in great floods runs over the furface to that which runs through the two bridges; all that can be done, therefore, is to make the beft eftimation we can, rather erring by allowing *too much*.

It happened fomewhat luckily on this head, that I paffed between the two bridges in a boat at the very higheft of the great flood which happened on the melting of the fnow in February, 1766. I then remarked the height of the flood by a fixed mark, to which on this occafion I referred, and found that the furface of the water was then within $6\frac{1}{2}$ inches of the height that was now fhewn me at *Mufkham Bridge* as the higheft of all. I

alfo

also then took particular notice of the quantity of water flowing through the rails, gates, and void spaces in the hedges, and confidering the great depth of the river in its own channel, and the great obftructions the flood waters met with in paffing the hedges from wreck, &c. depofited therein, I cannot in my own mind fuppofe that the whole water paffing over the furface of the lands could equal that which paffed through *Mufkham Bridge* alone; but, that we may err on the fafe fide, let us confider the capacity of both bridges. Having, on the prefent occafion, taken dimenfions of the water-ways of both bridges, and compared them with the length of the arching that will be equivalent thereto, upon a fuppofition that the flood arches upon an extreme flood carry a depth of water upon their floors of 6 feet at a medium, I find them as follow:

	Yards running.
Mufkham Bridge equal to flood bridging —	154
Newark ditto — — — — —	99
Equivalent of both bridges in flood bridging	253

In order to check the above, I took an eftimatory account of the whole openings in the line of the hedge on one fide the prefent road through which all the flood waters muft pafs that run over the furface of the lands, and make them amount to an equivalent of flood bridging of 333 yards.

Now the mean of the two determinations will be 293 yards, but for a round number let us fay 300 yards, which is near $\frac{1}{3}$ more than the fum of the capacities of both bridges: now this quantity, properly difpofed of, will, in my opinion, be amply fufficient for difcharging the flood waters, without the leaft danger or detriment of either the lands above the road, or to the road itfelf; and if the expence fhould make it needful, I am of opinion that the quantity above mentioned may be retrenched.

4th. The next article is the proper difpofition of the arching above mentioned; and on viewing the face and levels of the country, it appears that the places where the flood-bridges now are, viz. at *Crankley*, and the three bridges, are the principal outlets for the flood waters. This experience has taught our forefathers, as is manifefted by their placing bridges in thofe places; it follows therefore that thofe natural hollows, which lead the waters to thofe points, will be the propereft places for the new flood-bridges, at the fame time difpofing of fome arches or tunnels quite through the whole, to prevent any water remaining pent between the hedges in any particular place.

VOL. I.   U u   The

The arches I would recommend are of 12 feet wide, and 6 feet from the floor to the springer; they may be nearly all alike, except that in such places as will admit thereof, the floors may be laid lower, and the piers raised higher above the foundation than before specified, in order that one with another they may be of 6 feet depth of water; for lesser communications, I would propose tunnels of 5 feet width, covered by semicircular arches, the depth from the crown to the floor to be 6 feet, and the crown of the arch on the under side to be 2 feet 6 inches under the crown or summit of the road. According to these dimensions, three of these tunnels will be equivalent to one of the arches.

The places of the arches and tunnels as follows:

	Arches.	Tunnels.	Extent in clear water-way. Yards.	Feet.
In the low ground between the north end of *Newark Bridge*, and the higher grounds opposite the warehouse, - - -	9	0	36	0
In Mr. RIDGELL's close, - - - -	2	2	2	2
In THOMAS WOOD's ditto, - - - -	0	1	1	1
In JAMES HANKER's, - - - -	0	2	2	2
Cross the valley at the three bridges - - -	24	0	96	0
The further hollow in Mr. STEVENSON's close, where the piquet, No. 8, is placed, - - - - - -	0	3	4	0
In the drivers, where the piquet, No. 12, is placed, - -	0	1	1	1
In the great hollow from the drivers to *Langdale*, crossing the water-course that leads to *Crankley Bridge*, - - -	24	0	96	0
In the low slade in the rector of *Kelham*'s ground at No. 16, -	6	0	24	0
In the crossing of the old road, - - -	3	0	12	0
In Lord MIDDLETON's land, near the south end of *Muskham Bridge*,	3	0	12	0
Between *Muskham Bridge* and the high land at the north end thereof,	3	0	12	0
	72	9	300	0

The above is the best disposition I can form for the placing of the water-ways from my own observations and the information I have had; but as the going away of the present snow may probably furnish a good opportunity of making observations upon the currency, it would not be improper to appoint a discreet person for that purpose. I am opinion, however, that if the arches in those two places, which are laid out for 24 arches each, were reduced to 21, the water-way would be very ample.

5th. With respect to the construction of the arches, having explained myself by a design, I have the less to say thereon: it is necessary however to observe, that respecting the

the foundations, I have suppofed it a firm gravel or clay, at the depth to which it will be neceffary to excavate; but where it proves a foft clay, loofe gravel, or fand, or ftill fofter matter, it will be neceffary to pile under the piers. In ordinary cafes, piles from 5 to 8 feet long, and from 6 to 8 inches diameter, driven about 2 or $2\frac{1}{2}$ feet diftance, middle and middle, will fuffice; but as nothing can be afcertained on this head, without trial of the individual fpot of ground in queftion, and as the firmnefs of the ground will frequently vary one pier from its next neighbour, the quantity and fize muft be increafed or diminifhed, at the difcretion of the furveyor.

Where piles are not ufed, I propofe the firft courfe of bricks to be fet edgeways up-wards, the length of the bricks croffing the bafe of the pier, the whole to be driven down with a paviour's rammer in the manner of a pavement, and after that the inter-ftices run full of grout or putty, or if wet, to be filled with quick lime. If piles are ufed, bricks or half bricks to be drove down in the fame manner in the interftices be-tween the pile heads, and then to begin the regular courfes upon the paving and pile heads promifcuoufly, being grouted as before. It is hardly neceffary to fay, that where a good foundation can be come at by going deeper, at a lefs expence than piling, it will be proper to do it.

As the arches are propofed to be but 12 feet wide, in order to avoid an unneceffary quantity of brick work, I have fuppofed the fhafts of the piers to be but $2\frac{1}{2}$ bricks thick, which, if built firm infide and out, will be very fufficient to carry the loads in fuch fhort fpans; the arches themfelves I have fuppofed to be no more than one brick thick, which I am alfo fatisfied, if well done with good materials, will be quite fufficient: yet, as the fupporting parts in the elevation have fomewhat of a light appearance, if to fa-tisfy the eye the truftees think it proper, half a brick may be added to the piers, and alfo half a brick to the arches within, which will make but little alteration in the defign.

To fave expence, I have fuppofed the whole to be of brick, the cap ftones for the terminating pillars of the parapet excepted, which are neceffary to be of ftone, on ac-count of weight to keep on the brick caping; but if the expence can be admitted, it would give the whole a more fubftantial appearance to thofe who travel the road, to have the whole caping of ftone. I fuppofe that the fhoulder angles and fpringers of the piers, together with the capings, if of brick, to be made of their proper figure in moulds for that purpofe.

To make all the piers thick enough to fupport all the adjacent arches *fingle*, without the counterbalance from the neighbouring arches, would bury a large quantity of ma-

U u 2   terials;

terials; I have therefore adopted the thought of my ingenious friend Mr. MITCHELL, in making every third pier or every fifth strong enough for this purpose, that in case of accident the damage may not be progressive.

6th. In regard to the proper section of the road, it appears from the general section, that the flat ground from the point No. 4, to the three bridges, is the deepest flooded of any part that will be done by ramparting, and that the depth at a medium below the water's surface is 4 feet, the mean height therefore of the crown of the road will be 5 feet; and for this height a section is drawn, shewing the excavations necessary on each side, in order to furnish matter to form it when consolidated; but if the bottoms of the canals on each side do not afford gravel for a cover, then the excavations may be of less width on account of this part of the matter being brought from a distant place; but whatever be the height of the rampart, the same section will regulate it, by supposing the top of the road and angle of the slopes on each side to remain the same, and therefore the width only of the base to be variable, according to the quantity of matter required.

I suppose that in a few years the ditches will silt and grass over so as to become pasture land, but as it will not only be unavoidable, but in some measure useful for the water, in time of great floods, to have a current along those ditches, it will be proper, as early as possible, to sow them with hay seeds, to prevent their sides from slipping, or from being galled by the current while they are new.

In order to prevent the surge, which in time of great floods will be raised by the action of the wind from washing down the sides of the rampart before it can get firmly swarthed over, it will be necessary to set the slopes of the ramparts with sods, in the manner shewn in the section; and if the slope of the ditch next the rampart, as well as the opposite side where it faces the arches, was sodded also, it would be still better.

I have drawn the section of the road so as to afford a breadth of 30 feet for the tread of the wheel, which I apprehend will be quite sufficient, especially where the rampart is raised high, as well as in the bridging; but in the high grounds, where the road is to be but little raised, it will not be necessary to be confined to this width.

Austhorpe, January 11, 1768.   J. SMEATON.

GLASGOW

GLASGOW BRIDGE.

Copy of a REPORT delivered at *Glasgow* by Mr. SMEATON, in October, 1760, from a copy thereof received from Mr. MURDOCK in a letter, dated April 20, 1768.

" Report concerning the situation of the intended new bridge over the river *Clyde* at *Glasgow*."

HAVING carefully examined the river at seven different places, viz. 1st, opposite *Jamaica Street*; 2d, at the middle of the island, commonly called *Ducat Green*; 3d, in a line passing behind the *Gorbal* church; 4th, in a line agreeing with the street that runs before the *Gorbal* church; 5th, at the present bridge; 6th, at the slaughter-house, in a line with the new street; and 7th, at the *Green* of *Glasgow*, almost opposite to the gate leading from the bottom of the *Salt-Market*, of which a particular account is contained in the paper annexed, from whence it appears to me that the situation of the present bridge is not the most eligible, for the following reasons: 1st, On account of the greatness of the length which will increase the expence; 2d, by the street answering thereto on the *Gorbal* side being too narrow, and embarrassed for the main avenue to a bridge of 30 feet wide; that street being not above 22 feet at a medium, and in several places not 18 feet; 3d, because it would not be safe to build a new bridge in the same place, except conformable with the old foundations, which would subject the new bridge to great irregularities; for as the present bridge appears to be founded upon the surface of a crust of gravel, covering mud or sleech to an unknown depth, was the new foundation upon the interstices, and the old ones removed for the sake of giving a free passage to the water, as this crust is undoubtedly broke through in many places by piles, &c. it would be dangerous to remove them, lest, by giving advantage to the speats to gull away the ground from thence, a free passage is given to the mud to escape, and thereby to render the new pier liable to settlements. 4th, The disadvantage of wanting a bridge during the time of building a new one, or the charge of a temporary bridge balanced against the small value of the old materials, are too obvious to need insisting upon. 2d, The position agreeing with the front of the *Gorbal* church is not the most eligible on account of the great length between the top of the bank on each side, so that it would require the extent of the bridge to be greater than its present situation; and as the north end would abut upon the workhouse dyke, would be too near, and too confined, without an opportunity of forming any new street in any good direction from thence, nor is

the

the avenue from the fouth abutment free from objections, being but 27 feet in the wideft part, and not above 19 oppofite the church wall, which would require to be removed, and fome private property purchafed; nor is the crofs ftreet leading to the turnpike lefs exceptionable.

3d. The pofition agreeing with a line paffing behind the *Gorbal* church, will clear the fouth abutment of all incumbrances, and mend the north in regard to the practicability of making an opening into the green beyond the row of trees called the *Old Green*; but till that is done will be as much confined as the former, nor will this fituation admit of any ftreet in any good direction into the town, without paffing through gardens and private properties; add to this, that here the bridge will be required the longeft of all, the diftance from the tops of the banks being upwards of 600 feet.

4th. To the pofition agreeing with *Jamaica Street*, are the following objections: the bottom is worft of all, and the water deepeft, nor does the line of this ftreet produced cut the ftream at right angles, which is a difadvantage that ought always to be avoided if poffible; but without infifting on any objection to this fituation on account of its being too near, and too much confining and embarrafing the prefent wharf or landing-place, or on account of its being too far removed from the prefent bulk of inhabitants, the foundation is a matter of confequence, for though the mud or fleech that lies under the bed of gravel is much of the fame confiftence as above (if any thing more foft), and may be made capable by proper care and caution of bearing the fuperftruction of a bridge; yet as the upper cruft is confiderably thinner, and lefs compact than above, it is juftly to be apprehended that when the channel comes to be contracted by the piers, the increafe of velocity of the water, in time of fpeats, may take away the bed of gravel between the piers, and by laying the mud expofed to the action of the water, may produce fatal confequences upon the adjoining piers, and this cannot be prevented but by a confiderable addition of expence in the original conftruction, in piling, fetting, and framing the whole of the fpaces between the piers.

5th. At the flaughter-houfe, in a line with the new ftreet, the river is of a moderate width, the running fand below the gravel lies the clofeft I ever met with at that depth; yet as the upper ftratum of gravel is but loofe, and the under cruft very thin, this foundation is not without fufpicion on account of the fpeats, nor does the line of the new ftreet make a right angle with the ftream of the river; fo that after pulling down feveral houfes in order to open an avenue thereto, the direction of the bridge cannot properly ftand in a continued line with the ftreet; the avenue on the fouth fide will alfo be embarraffed in paffing the *Gorbals*, for after pulling down fome houfes to make an avenue

answerable

anſwerable to the croſs ſtreet leading to the turnpike on *Paiſley* road, that ſtreet itſelf is in many places not more than 16 or 17 feet wide.

6th. The foundation at the green at *Glaſgow*, oppoſite the gate leading from the *Salt-Market*, is much the ſame as at the ſlaughter-houſe; the objection with reſpect to a paſſage through the *Gorbals* the ſame; the avenue from the bottom of the *Salt-Market* might be ſomewhat enlarged, by removing the garden wall, but the clear between the houſes in the narroweſt place is not more than 25½ feet.

7th. It now remains that we examine the poſition at or near the middle of the *Ducat Green*; the width of the river between water and water is leaſt of all, being at the boiler 345 feet, and from the top of the bank on the ſouth ſide, to the top of the high ground on the iſland, 495 feet; from that point meaſuring acroſs the *Green*, to the middle of the road down the avenue of trees, is 180 feet; from the top of the bank on the ſouth ſide, to the *Paiſley* road in a direct line through the arable ground, 600 feet, which, allowing the breadth of the road to be 40 feet, will ſcarcely amount to half an acre *Scots :* in this poſition the new bridge will be about 900 feet diſtant from the preſent bridge, unembarraſſed at either end, and capable of joining a new ſtreet that might hereafter be made acroſs the *Old Green*, which may be made in a right line upon an arable cloſe, and join the *Troangate-Street* near to Mr. BUCHANAN's houſe, without interfering with any preſent buildings or gardens. The obliquity of the ſtream of the *Clyde* with the line will indeed occaſion the poſition of the bridge not to be in the ſame line, but the obliquity will not be ſuch as to occaſion any material inconvenience with reſpect to the uſeful part. The foundation at this place, though not perfectly the beſt, is yet as good at bottom as any, and the bed of gravel as thick, and in general as compact as any, but the upper cruſt for about 8 or 9 inches not quite ſo hard as at the ford oppoſite the *Gorbal Church*, and at the preſent bridge, but much more compact than it is lower down; however, to remove all objections on account of the ground, I would propoſe to make the ſum of the openings of the new bridge equal to the ſpan of the river in that place; and conſequently, as the velocity of the water in time of ſpeats would not be increaſed, there is no reaſon for ſuppoſing that the ſaid gravel that now ſuſtains their efforts, will not continue ſo to do; and this may be done two ways, 1ſt, by digging away ſo much of the ſouth ſide of the *Ducat Green* next the river as ſhall be equal to the ſum of the ſolids of the bridge, and with the earth to fill up the back drain; 2d, by ſetting the abutments a little within the land on each ſide, and to procure a further addition of free paſſage by widening and deepening the back drain, over which I would throw a ſingle arch.

The

The former way would be the more eligible, on account of the conveniency of paffages to the bridge, the latter will in that refpect be fufficient and amply fo whenever a new ftreet is made; but I apprehend the latter would better anfwer the conveniencies of trade; for the widening this back drain to 40 feet, fo as to admit of two veffels a-breaft, will admit of a convenient wharf on both fides, and will have this further effect, that a great quantity of water coming down this back drain in time of fpeats, would cleanfe the face of the prefent quay, which towards the upper end is almoft choaked up, arifing from the main ftream being chiefly on the fouth fide.

It therefore feems to me that this fituation of a new bridge will, upon the whole, be attended with the leaft inconveniences, be executed at the leaft expence, fuit the conveniences of the prefent inhabitants, and favour any improvements that may be made further.

(Signed)   J. SMEATON.

Glafgow, October 20, 1760.

Measures, Soundings, and Observations made upon the river *Clyde*, relative to the choice of a proper place for the intended new bridge at *Glasgow*, made the 13th, 15th, 16th, and 17th of October, 1760, by John Smeaton.

	Span of the river water and water.	Slope to the top of the Bray. On the South;	On the North	Sum.	Depth.		Qualities of the soil in the middle of the river to 10 feet deep.
	Feet.	Feet.	Feet		Ft.	In.	
1ft. Opposite *Jamaica Street*, -	384	54	50	488	3	6	3 feet of loose channel, below mud or sleech.
2d. At the upper boiler on the island,	345	100	50	495	2	6	5 feet of good channel, below ditto.
3d. Behind the *Gorbal* church, -	348	150	150	648	1	6	4 feet of good channel, below ditto.
4th. Before the *Gorbal* church,	389	68	133	590	1	6	1 foot of hard channel, 3 feet looser ditto, and mud below.
5th. At the present bridge, -	536	21½	28½	586	3	0	1 foot very hard channel, and below ditto.
6th. At the slaughter-house, -	360				2	0	3 feet loose channel, 1 foot hard ditto, below a running sand.
7th. At the *Green of Glasgow*, -	370				2	0	Ditto.

N. B. The general height of the bank on the south side is 13 feet above low water; the height on the north side about 9 feet; there being them about 2 feet water upon the hirst.

WHITE-

WHITEHAVEN HARBOUR.

The REPORT of JOHN SMEATON, Engineer, upon a View of the Harbour of *Whitehaven*.

HAVING carefully viewed the harbour of *Whitehaven* upon the 7th and 8th of April, 1768, I am of opinion as follows:

That in cafe the expence and length of time attending fuch a work would permit its execution, that the nobleft and beft fcheme would be to carry out a north pier, and to lengthen the new pier, till the heads of the two piers fhould be within a competent diftance (fuppofe 200 feet) of each other; but as I apprehend it would be many years before much relief could be procured to the trade by fo extenfive a work, the moft ready way of enlarging the harbour would be by extending the old pier by fome additional works, the particulars of which it will require leifure to judge of; but I am clearly of opinion, that if during the coming fummer the old pier can be lengthened 30 yards, and turned a little more outward than the prefent direction, it will perfectly agree with every juft idea of what is to follow, and that the prolongation aforefaid fhould be the firft work done; and if during this time a correct plan of the harbour, piers, and appurtenances, together with the coaft as far as *Rednefs Point*, is prepared to be laid before me, I fhall then be in a condition to judge more accurately of what is to follow.

Cockermouth, 8th April, 1768.

DUMBAR-

DUMBARTON BRIDGE.

The REPORT of John Smeaton, Engineer, upon the rebuilding the
sunken pier of *Dumbarton Bridge*.

HAVING viewed and examined the sunken pier of the bridge of *Dumbarton*, and the
nature of the ground upon which it stands, and finding that it is a soft mud to a
depth unknown, it being tried to the depth of 46 feet below low water mark, I do not
know of any certain method of founding in such a situation; but, considering the very
great difficulty and expence that will probably attend the taking up the present work to
the bottom, being about 17 feet below low water mark, and the great uncertainty of
better success, if that could be done, I am of opinion that the best probable chance of
success is to found a new pier upon the ruins of the old, and to make the superstructure
as light as possible; the particular methods of doing which I have pointed out to Mr.
John Brown, mason of the said bridge; and as the other piers and arches seem to stand
firm, I think in the above way there is so far a reasonable prospect of success as to de-
serve to be attempted.

Dumbarton, May 31, 1768.   J. Smeaton.

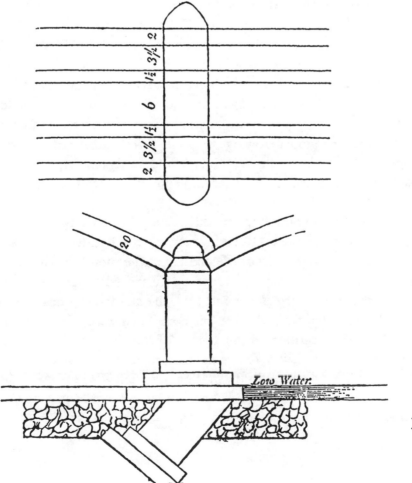

LEWES

LEWES LAUGHTON LEVEL.

The REPORT of John Smeaton, Engineer, concerning the Drainage of *Lewes Laughton* Level, in the County of *Sussex*.

HAVING carefully viewed and examined the state of this level, upon the 17th, 18th, 19th, and 20th days of June, 1767, I found its condition as follows:

The preceding part of the season having proved wet, the level meadows called *Brooks*, laying upon the river *Ouse*, were in general under water from *Land Port* above *Lewes*, to *White Wall*, below *Rodmill*. I observed that the surface of the water in the brooks of *Southover*, *Itford*, *Pool Bar*, *Shine*, and *Rodmill*, was nearly upon one common level, which several tracts of ground, for the ease of expression, I beg leave to call by the general name of the *West Level*: That there was but an inconsiderable fall of the surface of the water from the west level into the river, when the tide was down, and was some inches below the surface of the river when the tide was in: the same observation equally applied itself to *Ranscombe*. That the artificial banks or walls contiguous to the river bordering on both these levels, were low, and in very bad condition, so that if the river was to swell 6 inches higher than it then was, the two levels and river would have one common surface. I observed, at the same time, that the lands below *White Wall*, from the south-east downwards, on the west side, and those of *Tarring* on the east, were in general dry, and in a tolerable state of drainage, which preferable condition thereof was undoubtedly owing to these three causes: the land itself is considerably higher, the banks made up higher, and in better repair; and their out-fall sluices fixed lower upon the river, which in consequence affords them a better fall.

It was observable during my stay, the tides being then in a mean state betwixt spring and neap, and the river pretty full of water, that the tides were scarcely sensible at *Lewes Bridge*, and but a few inches rise and fall at the mouth of the river *Glynd*; while at the sheep-wash above *Piddinghoe*, the tides rose and fell 5 feet, and not above half a mile below, at the head of the *Broad Salts*, the rise and fall was near 8 feet; the greatest part of the whole fall lying betwixt the last-mentioned place and *White Wall*, a space not above $2\frac{1}{2}$ miles, according to the course of the river, and which includes at least $\frac{7}{8}$ of the whole fall, from *Lewes Bridge* to the head of the *Broad Salts*, which is a length of near 7 miles. This great declivity in the river from *White Wall* to the *Broad Salts* is doubtless owing to a series of shoals laying in that space, the principal of which is *Piddinghoe*, which alone occasions a fall of 3 feet, and which, as well as the narrowness and

winding

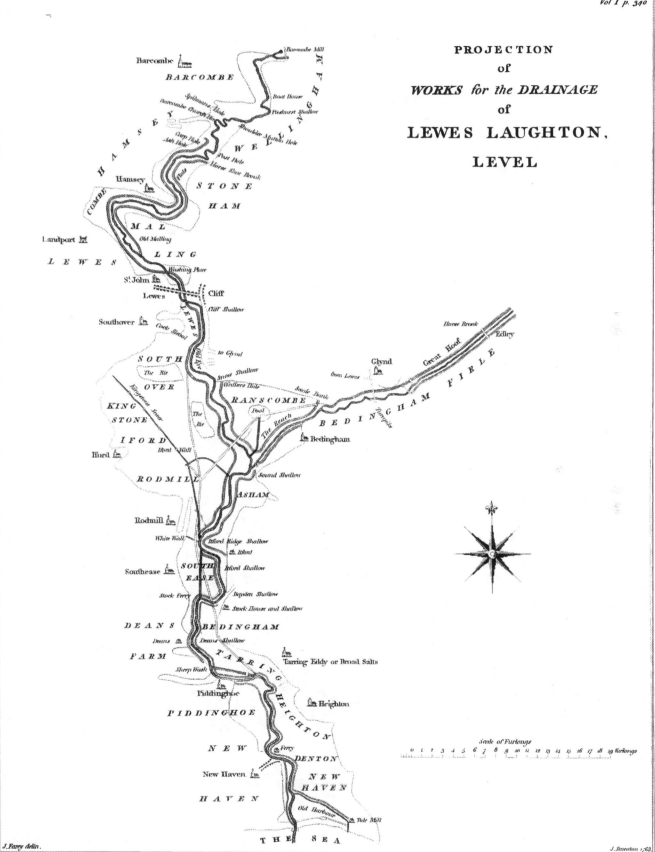

PROJECTION
of
WORKS for the DRAINAGE
of
LEWES LAUGHTON,
LEVEL

Barcombe Mill

Barcombe

BARCOMBE

Boat House

Piedmont Shallow

WE

LLINGHAM

Spithurst Shoals

Barcombe Cherry Hole

Shoulder Mutton Hole

HAMSEY

Deep Hole

Ash Hole

Post Hole

Horse Shoe Brook

STONE

Hamsey

HAM

COMBE

MAL

Old Malling

Landport

LING

LEWES

Malling Place

St John

Cliff

Lewes

Cliff Shallow

Horse Brook

Edley

Southover

Cock Shoal

LEWES GUT

Great Hoof

BEDINGHAM FIRLE

to Glynd

Glynd

SOUTH

The Rit

Snow Shallow

from Lewes

OVER

Walkers Hole

Swale Bank

KING

RANSCOMBE

Pool

Turnpike

STONE

The Rit

The Reach

Bedingham

IFORD

Iford

Horse Mill

Sound Shallow

RODMILL

ASHAM

Rodmill

White Wall

Iford Ridge Shallow

Iford

Iford Shallow

Southease

SOUTH

EASE

Stock Ferry

Bayview Shallow

Stock House and Shallow

DEANS

BEDINGHAM

Deans

Deans Shallow

FARM

TARRING

Tarring Eddy or Broad Salts

Sheep Wash

HEIGHTON

Piddinghoe

Heighton

PIDDINGHOE

NEW

Ferry

DENTON

New Haven

NEW

HAVEN

HAVEN

Old Harbour

Tide Mill

THE SEA

Scale of Furlongs

0 1 2 3 4 5 6 7 8 9 10 11 12 13 14 15 16 17 18 19 Furlongs

J. Farey delin.

J. Smeaton 1763.

W Lowry sculp.

Published as the Act directs 1811. by Longman, Hurst, Rees, Orme and Brown, Paternoster Row, London.

winding courfe of the river, altogether occafion the holding up the water in the river above *White Wall*, and which in confequence oppreffes the levels laying thereupon, and ftill the more in proportion as their natural furfaces lay 2 feet at an average lower than the grounds below *White Wall*.

From the head of the *Broad Salts* downwards, the river is more fpacious and open, and wherein the tides have full liberty to flow and reflow, and may be confidered as an open tide's way. The declivity of the furface at low water is very gentle, till we come near the harbour's mouth of *Newhaven*, where the river *Oufe* falls into the fea, and where the water is held up by a bank of fhingle, thrown in by the great feas and tides, and in part wafhed out again by the united force of the frefhes and reflux of the tides, and which finds a balance betwixt thefe contrary powers, being fomewhat variable according as one or the other happens to have the prevalence. From the furface of the water above this bank or bar, that is, from the furface of the water in the pool where the fhips lay, called *Sleeper's Pool*, I found a fall of 6½ feet to the low water mark at fea, which at fpring tides is ftill greater.

The ftate of the brooks above, or north of *Lewes Bridge*, and which for the fake of a general name I beg leave to call the *North Level*, was as follows: they were almoft entirely under water, as high up as *Land Port*; from thence up as high as *Iron Hole*, they were in part under water; but in general where no water upon the furface, low and moift, and the appearance of being oppreffed with water, a too great length of time; but from thence to *Barcombe* mill, the meadows lay confiderably higher, being in general 3 or 4 feet above the furface of the river, as it then was; however, as the whole courfe of the river through the *North Level*, from *Barcombe* mill to *Lewes Bridge*, has but an inconfiderable fall, is very crooked and winding, and in fome places obftructed with fhallows, the upper as well as the lower part of this level muft be fubject to be flooded on moderate down-falls of rain.

With refpect to the brooks upon the river *Glynd*, eaftward of *Ranfcombe*, they appeared to be in general above water, but yet fubject to too great a continuance of ftagnant water upon them, partly from want of a fufficient fall in the river *Glynd*, and partly from crookednefs and obftructions therein; however, as they appeared in general fo much higher, that by whatever means the drainage of *Ranfcombe* would be effected, muft necessarily furnifh the means of draining thofe brooks, I was lefs folicitous about the exact ftate of particulars.

It appears moreover, from trying the different depths of the water in the different brooks, that the deepeft under water were *Ranfcombe* on the eaft fide, and the S. E. part of *Itford* and part of *Rodmill* brooks in the weft level, the general furface of thofe low parts being then about 3 feet under water.

From this general view of the ftate of the level, it would feem, that if the obftructions arifing from the feveral fhallows from the narrownefs and crookednefs of the river, between the mouth of the river *Glynd* and the top of the *Broad Salts*, were removed, which have been defcribed to be the caufe of the holding up of the river at and above the aforefaid limits, that the confequence would be a general drainage of all the levels; and it is certain, if thefe things were done, that this alone would be a great help to the whole of the grounds in queftion; but yet, as the taking away thefe obftructions would in confequence let the tides flow in with more rapidity, the natural declivity of the river being fmall, there would be fcarcely time for the tide and frefh water to evacuate itfelf, before another tide would return, and thereby prevent its ever running fo low as to admit of a compleat drainage of the adjacent levels.

Towards an effectual drainage of thefe levels, two methods offer themfelves; one is to ftraighten the river, and remove all obftructions as before defcribed, and furthermore, to prevent the tides from having the effect abovementioned, to place a large out-fall fluice at its entrance into the open tide's way, with gates to fhut out the tides from flowing up the river, and of fufficient dimenfions to difcharge the frefh waters at their greateft extream; and laftly, to embank *Ranfcombe* and the weft level againft the overflow of the land floods, fo as to convey the flood waters directly to fea, placing fufficient fluices upon their refpective out-falls into the river, fo as to fhut out the land floods, and give an opportunity of drainage when thefe floods are run off, which they will eafily do, when not fuffered to fpread upon the adjacent levels; and indeed, without embanking thofe levels as aforefaid, every method of drainage will be no more than a palliative help.

The fecond method fuppofes the river to remain in its prefent courfe, or without great alteration, to embank the lands to be drained againft all extreams of floods, and to convey their internal down-fall waters by a feparate canal or fewer to the open tide's way, with a fluice upon the out-fall of the faid canal, to prevent the reflux of the tides.

Each of thefe methods have their particular advantages; the firft feems better adapted to give all the fuccour poffible to the *All Country* dependant on this out-fall; the fecond is more particularly adapted to the drainage of *Ranfcombe* and the weft level, the north

and

and eaſt levels being leſs advantageouſly ſituated by nature for drainage this way, as will more particularly appear from a further deſcription and eſtimates that will follow of each method.

From an accurate level taken the 18th and 19th of June laſt, it appears as follows:

	Feet	In.
Riſe from low water to the head of *Broad Salts*, to the ſurface of the water in the weſt level,	6	5
The river being then charged with freſh water, the low water ſurface at *Broad Salts* was ſaid to be 2 feet, at leaſt 18 inches above its low water height in dry ſeaſons, but taking it at - -	1	0
Riſe from low water at the *Broad Salts* in dry ſeaſons to the ſurface of the water in the weſt level,	7	5
The mean depth of water in the low parts of the weſt level and of *Ranſcombe*, (ſubtract) -	3	0
Riſe from low water in dry ſeaſons at the head of the *Broad Salts*, to the mean ſurface of the low parts of the weſt level and *Ranſcombe*, - - - - - - - -	4	5
Now in order to produce a compleat drainage of thoſe low grounds, it will be neceſſary to reduce the ſurface of the water, below the ſurface of the ground, - - - -	2	0
There will then remain - - - - - - - -	2	5

It therefore appears that the water may, in dry ſeaſons, be retained in the river 2 feet 5 inches above low water in the tide's way, and yet the ſurface reduced full 5 feet below the height it was in June 1767; and as the deepeſt parts of the pool in *Ranſcombe* (which is deepeſt of all) ſounded only 4 feet 6 inches, it follows that the water may be reduced in the drains 6 inches below the bottom of the pool in *Ranſcombe*.

In regard to the 2 feet 5 inches of water retained in the river above low water, it will be uſeful for navigation in dry ſeaſons; and in ſmall freſhes, by affording ſo much fall, will thereby give the river a better current to ſea, without overcharging the drains. In larger freſhes, and great downfalls, the river's water will be prevented from over-riding the drains by their reſpective ſluices, and the water will quickly diſcharge itſelf to ſea, on account of its being confined between the banks, which are propoſed to be made to prevent the rivers from overflowing the adjacent levels, as they do at preſent.

To effect theſe purpoſes, I would propoſe a new cut or river to be made acroſs a corner of *Tarring Tenantry*, by which means *Piddinghoe* ſhoal will be avoided: a ſluice is to be placed at the tail of this cut of three paſſages, 2 of 13 and 1 of 14, containing in the whole 40 feet clear water-way; the latter paſſage to be furniſhed with a double pair of pointing doors to ſeaward, and ditto to landward, for the ſake of navigation; the other paſſages each to be furniſhed with a ſingle pair of pointing doors to ſeaward, to ſhut out the tides, and a ſingle pair to landward, to retain the freſh waters at a given height in dry ſeaſons.

A dam

A dam to be put across the river at *Piddinghoe* sheep-wash, so as to shut out the tides, and to prevent the floods from passing that way after the aforesaid works are erected *.

In order to avoid a crooked part of the river in passing by *Itford* and *Stockhouse*, containing a number of shoals, I propose to cut a new river from *Stockferry* to the turn below the *White Wall*, of the same dimensions as the former.

All the other shoals I propose to deepen, so as not only to lower the surface of the water at *Lewes Bridge* from 4 to 5 feet, but also to make full 3 feet 3 inches water over the shallows in the driest seasons, which will be a great improvement to the navigation, as vessels will not be stopped by neap tides in dry seasons, nor obliged at any time to wait for the tides betwixt the sea sluice and *Lewes*.

These works being effected, all the levels in question will be in a *capacity* of drainage, so that each performing the particular works that relate to themselves, the whole will be in a condition of improvement.

As the west level and *Ranscombe* lay considerably lower than the rest, it is impossible they should be in a good state of drainage without being embanked against the freshes and floods of the river *Ouse* and *Glynd*; but instead of setting the banks close upon the river, I would, in the general, leave a space of 50 feet between the bank and the river, however varying this quantity, so that without following the sudden turns of the river, the bank may be reduced in length; observing, that where the bank is near the river on one side, it be put further off on the other, still forming an open space to give room for the passage of the floods in wet seasons.

According to this method, there will still be a necessity of sluices for the particular drainage of each tract of embanked land, to shut against the river in time of floods. Those already constructed might have answered the purpose had their thresholds been laid low enough, but as the thresholds of *Shine* and *Ranscombe* sluices, which lay the lowest, are at a medium but about 2 feet below the mean surface of the lowest lands respectively, they are insufficient for an effectual drainage, because before the water can come down to its proper pitch of level for drainage, its thickness over the thresholds will be so much diminished, as not to afford the water a sufficient passage. I therefore

---

* It is to be observed, however, that if there should happen to be any solid objection to putting a dam across the river at *Piddinghoe* sheep-wash, that the same purpose may be effected by putting sluices, instead of a dam at the sheep-wash, in which case there will need no more than the 14 foot passage for the joint purposes of navigation and drainage upon the new cut proposed across *Tarring* brooks.

recommend

recommend a new fluice of brick for the weft level, to be placed down as low as the *White Wall*, and another for *Ranfcombe*, near the mouth of the river *Glynd*, their threfholds to be laid 2 feet lower than thofe of the fluices abovementioned refpectively.

In regard to the internal drains, what will be wanted further will be in the weft level, one to join the fluice at *Kingftone* fewer, which fewer, when properly fcoured out, will drain the weftern parts of the level; and thofe parts laying near the river, as far north as *Cockfhut:*, will be drained by the back drain, which will of courfe be formed, by taking the matter for embanking. In *Ranfcombe* a new drain muft be made, or the old ones fcoured out from the fluice to the pool; but the back drain of the bank will be an effectual drainage for all the parts of the level near the river.

This is the whole, therefore, that can be expected to be done at a joint expence in thefe two levels; the divifion and other drains are to be made by the refpective proprietors, at their particular expences, and which I don't confider as any part of the object of this report.

At the time of my view the river had but an inconfiderable fall from *Lewes Bridge* to the mouth of the river *Glynd*, fo that when the fhallows are removed, the water in the river, as already mentioned, will, in its ordinary ftate, be reduced 4 feet at *Lewes Bridge* below what I found it *, and fometimes near 5, fo that in the *Lewes* brooks above *Cockfhutt*, the ordinary furface of the water in the river will be about 3 feet below the furface of the land; and in the brooks north of *Lewes Bridge* from $3\frac{1}{2}$ to 4 feet and upwards; fo that, taking away fome fhoals above bridge to facilitate the paffage of the water, I look upon all thefe brooks as in a ftate of drainage, liable, indeed, to be overflowed upon great downfalls of rain; but as, according to this conftruction, thefe downfalls will fpeedily run off, and leave the meadows dry, they will be liable to no other inconveniencies than what waterfide meadows generally are; what little banking or drainage will be further neceffary for their fecurity, I fuppofe to be left to the difcretion and management of each particular proprietor.

The fame reafoning will hold with refpect to the brooks upon the *Glynd*, eaft of *Ranfcombe*, for the water being reduced from the furface, I found it full 5 feet perpendicular at the out-fall of the *Glynd* into *Oufe*, there will be little further to do, than to fcour out the river *Glynd*, fo as to take advantage of the falls fo obtained; the fcouring out of the river *Glynd* I look upon as a work particular to the brooks eaft of *Swale*

* The water under *Lewes Bridge*, when the levels were taken, was 3 feet 8¼ inches below the top of the aifler courfes of the S. E. wing of the bridge.

Vol. I. Y y *Bank;*

Bank ; and what further banking and draining may be neceffary, I in like manner fup-pofe to be the work of the refpective proprietors, and not the object of this fcheme, which is to point out the general methods by which the whole will be put in a *capacity* of drainage, not to drain the lands, ready for the hufbandman.

I have already fhewn that the work of the drainage thus conftituted will be advantageous to the navigation of the river for the barges, and an advantage for which, in my opinion, they ought to pay a toll towards the eafe of the general undertaking : it now remains to fhew that the conftructions propofed will be no ways detrimental to the harbour of *Newhaven* ; on the contrary, I propofe to demonftrate, that it will be a confiderable advantage, upon the principles of the firft fcheme now defcribed, for as to the fecond it cannot be made a queftion.

I know it will be immediately apprehended, that the tides being ftopped at *Pidding-hoe*, will occafion a lefs influx of the tide at the mouth of the harbour ; and as a lefs in-flux will produce a lefs reflux, the power will thereby be diminifhed, by which the fand, fhingle, &c. is driven out to fea, that is brought into the harbour's mouth by ftorms and hard gales of wind bearing ftrong upon the coaft ; but this reafoning, however plaufible it may appear, and however true it may be in fome cafes, yet in the prefent it will not hold ; but I muft obferve, that if admitted, the quantity in queftion is fo fmall in proportion to the whole, that its effects can produce no fenfible difference in the fcour of the harbour ; the quantity of tide water then in queftion will be only fuch as flows into and out of the river above *Piddinghoe* fhallow ; this, at the time I was there, amounted to a rife and fall of 5 feet, as already ftated at *Piddinghoe* fheep-wafh, but at *White Wall*, not $2\frac{1}{2}$ miles up the river, the rife and fall were not above a foot, and at *Lewes Bridge* fcarcely fenfible, fo that the greateft part of the influent water was contained in about $2\frac{1}{2}$ miles of river, at the mean depth of 3 feet, and at a mean width not exceeding 30 or 35 feet *, which will evidently bear but a fmall proportion to the water contained in the river from the pier of *Newhaven* to *Piddinghoe*, where the mean rife and fall was three times as great, the mean breadth more than double, nearer three times, and the length above three miles, befides the water flowing a confiderable breadth near a mile up the old harbour, as far as the tide mill : this would be the proportion, fuppofing all the tide's water above *Piddinghoe* to be quite loft ; but the real quantity of reflux loft by the river above *Piddinghoe* will be greatly diminifhed, below what is

* I am fenfible that in dry feafons, when there is lefs land water in the river, the rife and fall of the tides will be greater, and be fenfible further up the country ; but as the efflux will be lefs for want of the land water, the effect in fcouring muft be lefs than at the time above ftated.

above

above stated, when it is known that the tide at *Piddinghoe* did not rise so high by above a foot (I made it 1 foot 3 inches) as it did at the pier head the same tide; from whence it follows that the tide having room to spread and spend itself faster than it can be supplied at the mouth, the ponds within are never filled within 6 or 7 inches at a medium so high as they would be if they were so much less, as to have time to fill to the level of the tide at sea: we have therefore grounds to say, that if the tide was prevented from spending itself so far up the river, it would occasion the remaining space to fill to a higher level, and thereby take in a quantity upon the whole nearly as large as if suffered to flow further; and that this reasoning is true, further appears from this fact, that in spring tides the water gets so far up the river, that not having tide to get back again, the same tide fills the river above *White Wall* fuller and fuller, which is not evacuated but by the neaps that succeed *.

From what has been said we may be assured, that the stop of the tides at *Piddinghoe* could be of no great consequence to the harbour, even upon a supposition that the tide water there lodged *is useful* towards clearing the harbour's mouth, which I come now to shew that it is not, but in the present case detrimental.

When the wind is *in shore*, and brings an heavy sea upon the harbour's mouth, the shingle is thereby put in agitation; and if a strong tide of flood happens during such violent agitation, the indraught of the tide brings in a quantity of shingle, and loads the entry of the harbour, and this effect will (*cæteris paribus*) be greatest when the indraught is strongest, that is, when there is the greatest tides, and the least fresh water in the river to oppose them; and this indraught will also be strongest, when there is a narrow entry, and a great space wherein the water may expand itself, for there the tides of flood will set in through the harbour's mouth the most rapidly. These circumstances concur in a strong degree in the present case, and therefore a diminution of their *expansion* must diminish the *rapidity of tide of flood*; at such a time when the river has no great currency downwards, the tides, as already observed, instead of returning wholly to sea, are spending themselves up the river to *Lewes*, which occasions a rapid influx, and a languid efflux; the river is therefore at this time in no condition to evacuate the shingle so brought in; here it must lie till something happens to turn the balance the contrary way, and this is done by the land floods joining with the tides, which promote a brisk reflow to sea. Now at such times, the land floods will at *Piddinghoe over-ride* the tides, and the sluice doors will be open the whole time of tide; the sluice therefore will not in any respect impede the land floods from getting to sea, and by the embanking

* N. B. The high water before referred to was near 1 foot higher at *Piddinghoe* than it was at *Lewes Bridge.*

of

of the river, they will be brought down with greater rapidity, and thereby produce a scour superior to what it can obtain in the present state of things. Since therefore the rapidity of the tide of flood will be diminished, and the ebb tide increased, at such times when alone they can be of use in scouring, the effect upon the clearing of the harbour's mouth must be beneficial *.

I come now to describe the second method of drainage, whereby the river will be left in its natural course; and whereby, if the drainage of the west level and *Ranscombe* were the only objects in view, the work would be done at the easiest expence, as will be more particularly seen by the estimates.

This consists of an entire embankment of the rivers against all extremes of floods, so far as the drainage is carried, thereby shutting the river entirely out; so that instead of discharging the down-fall waters into the river at the point opposite the respective tracts of ground, it is to be collected into one drain, and finally discharged into the open tide's way by means of a sluice, which, shutting out the tides, prevents at once the reversion of the water for the whole level. This sluice and drain will be far less in point of water-way than that before proposed, having nothing to convey to sea but the down-fall water of the levels to be drained; whereas the other must be large enough to afford a sufficient passage to sea to the flood waters of the whole river in the greatest extremes of floods. This second method is in many cases to be preferred, as it stands clear of all difficulties respecting the altering the current or navigation of the river, and is in itself *most perfect*; but in the present case the north and east levels are situated so disadvantageously, with respect to their communication with the general out-fall, that to accomplish the whole in this way will be more expensive than by the first method. But to proceed:

I propose the out-fall sluice to be nearly at the same place of the river as before proposed, and to be of 12 feet water-way; from hence a drain of 12 feet bottom to be carried through *Tarring Tenantry*, and by means of a subterraneous tunnel, to cross the river *Ouse* in a proper point between *Stock Ferry* and *Stockhouse*, from thence through the low grounds of *South Ease*, and cross the *White Wall* to a point of division in *Rodmill Tenantry*, there to branch off in three directions; the N. W. branch to fall in with *Kingston* drain; the north branch to pass between the two *Ries* to bring down the cock-shot water, which will be useful for the cattle, and prevent its being particularly embanked; from thence through *Lewes* brooks below bridge, and under the river *Ouse* in a subterraneous tunnel, answerable to one of the old passages that cross the street east of *Lewes*

* By fixing doors proper for that intent, this sluice may be made useful for procuring artificial scours at low water in dry seasons.

Bridge

Bridge; from thence through the *Malling* brooks, and again crossing the river into *Lewes* brooks above bridge, from thence upland port brooks, skirting the river with a bank and drain (without following the minute windings) as far as the drainage is wanted to be carried, which, on the west side, I have supposed to be as far up as the iron-hole; for the sake of the brooks east of the river another tunnel will be necessary to convey their drainage across the *Ouse* a little above Mr. KEMP's, and thence skirting the river with bank and drain as on the east side, as far as the artificial drainages are wanted, which I have supposed to be the *Carp-Hole or Horse-shoe* brook.

Returning now to the point of division, the N. E. branch is intended to cross the river *Ouse* by a subterraneous tunnel, and proceed directly to the pool in *Ranscombe*, from thence proceeding eastward to cross the boundary of *Ranscombe*, and after that skirting the river *Glynde* with a bank and drain on the north side till we are past the turn-pike-road, and the brooks grow broad and open on the south side the river; from this point the drain is to be pursued on the north side, supposed to *Edley*, for draining the great hoof, &c. crossing the *Glynde* from the said point, by a subterraneous tunnel, and in like manner carrying a bank and drain on the south side; this will serve for a drainage of the *Firle* brooks, and what else on that side of the river may be further necessary.

The *Beddingham*, *Asom*, and *Itford* brooks are also to be drained by a subterraneous tunnel under the river *Glynde*, to communicate its drainage with *Ranscombe*.

The carrying the drainage through the *South Ease* and *Tarring* brooks may possibly be objected to, as bringing the waters upon them; but as they lay higher than the rest, and the earth dug out of the drains forming, of course, a much more than sufficient barrier bank, they cannot possibly receive any prejudice, but, on the contrary, will have their drainage rendered more effectual by draining into the new cuts proposed to pass through them.

J. SMEATON.

Austhorpe, 27th July, 1768.

P. S

P. S. The general level, as taken the 18th and 19th of June, 1767, from the sea to *Lewes Bridge*, the latter being the moon's quarter-day, was as follows :

	Ft.	In.
Rise from the sea (at a flowing water) to the pier head at *Newhaven*, - - -	4	0¼
From the pier head to *Sleeper's Pool*, - - - - - -	1	8½
From *Sleeper's Pool* to the top of the *Broad Salts*, below *Piddinghoe*, by estimation, - -	0	10
From low water surface, at the top of the *Broad Salts*, to the water's surface in the west level near *Sbine* sluice, - - - - - - - - -	6	5
Rise from the surface of the west level water to the surface of ditto, at *Lewes Bridge*, by estimation, - - - - - - - - - -	0	4
	13	4

N. B. On comparing the high water mark at the pier head at *Newhaven* on the 17th, with the foregoing levels it appears, that the high water at the pier head was above the level of the surface of the water at *Lewes Bridge* the same day 2 feet 2 inches.

ESTIMATE for *Lewes Laughton* Level, upon the principles of the first scheme.

GENERAL WORKS.

	£.	s.	d.
To a sea-sluice of 40 feet water-way, containing three passages, two of 13 feet each, with pointing doors to seaward to keep out the tides, and ditto to the land, for holding up water for the navigation in dry seasons, and one passage of 14 feet, to be furnished with a double pair of gates pointing to seaward, in order not only to keep out the tides, but to form a navigable lock to let the vessels pass at all times ; to be built with brick, with stone quoins and facings, the thresholds to be laid 2 feet below low water mark, in that part of the river opposite the sluice, - - - - - - - - -	4000	0	0
To cutting a new river opposite *Piddinghoe*, to be 27 feet bottom, and sloped in proportion of 3 to 5, (that is 3 perpendicular to 5 horizontally) and being 9½ feet deep, will be 59 feet at top, and which, for 4 furlongs 3 chains length, will contain 42,948 yards, at 5d. including drainage, - - - - - - - - -	894	15	0
To 7 $\frac{61}{100}$ acres of land for the cut and cover, the cover being supposed at half value, is reckoned at half quantity ; the value per acre I do not pretend to judge of, but if, for the sake of estimation, it be reckoned at 40l. an acre, this will come to, - -	307	4	0
To a new cut from the turn of the river below *White Wall*, to the turn of the river above *Stock Ferry*, being of the same dimensions as the other, and 4,6 furlongs in length, will, at the same price, come to - - - - - - - - -	957	3	9
To 8 $\frac{22}{100}$ acres of land, at the same price, cut and cover, - - -	328	16	0
In order to prevent the necessity of letting in the tides, for the sake of the navigation in dry seasons, and also to give the water a more free passage in its lowest state, it will be necessary to deepen the following shoals, viz. *Dean* shallow, *Sound* shallow, *Bramble Bush* ditto, *Snow* ditto, *Cliff* ditto, and *Tapsall* ditto, these at 100l. each, will come to -	600	0	0
General works, - -	7087	18	9

Parti-

Particular Works for the Levels weſt of the *Ouſe*, below *Lewes-Bridge*, and on both ſides above, on north of ditto.

	£.	s.	d.
To making new banks on the weſt ſide of the river, from the head of the new cut below *White Wall*, to the high land at *Southover*, being in length 28 furlongs, to be at a medium 24 feet ſeat, 6 feet top, and 6 feet high, the matter being taken out on one ſide, ſo as to form a back drain, at 3 *d.* - - - - - - -	770	0	0
To land to be converted into a drain, in order to make the bank, (the land being low, I reckon no ſpoil of land by the cover of the bank,) this, for 28 furlongs length, will be 10,1 acres, which, if valued at 15 *l.* per acre, will come to - - -	151	10	0
To making a new ſluice of 6 feet clear water-way on the north ſide of *White Wall*, the threſhold to be laid two feet lower than *Sbine* ſluice, to be built of brick, with ſtone facings, - - - - - - - - - -	300	0	0
To making a drain from the new ſluice to join *Kingſton* ſewer, to have a 6 feet bottom, ſlopes as 3 to 4, and, at a medium, 5 feet deep, this, for 7½ furlongs, at 2½ *d.* per yard, including drainage, is - - - - - - - - -	120	6	3
To land to be cut for the ſaid drain, the land being low, I reckon no damage for cover 2 7/10 acres, which if reckoned at 15 *l.* per acre, - - - - - -	33	0	0
To taking out four ſhallows above *Lewes*, that obſtruct the regular courſe of the current, viz. the waſhing-place oppoſite *St. John's*, *Bell Shallow*, above Mr. KEMP's, *Stoneham* ſheep-waſh, and *Hanſey Flats*, at 50 *l.* each, - - - - -	200	0	0
Particular expence of the weſt and north levels, — — -	1574	16	3

Particular Works for *Ranſcombe* Level, and Level on the *Glynde*, on the eaſt of the *Ouſe*.

	£.	s.	d.
To embanking *Ranſcombe*, from the high lands at *Walker's Hole*, 10 furlongs, and up the river *Glynde* to *Swale Bank*, 9 furlongs, of the ſame dimenſions and price as before, -	522	10	0
To 6 24/100 acres of land, to be converted into a drain to make the bank, at 15 *l.* -	102	12	0
To a new ſluice at *Ranſcombe* of 4 feet clear water-way, the threſhold to be laid 2 feet lower than the threſhold of the preſent ſluice, to be built as the former, - - -	200	0	0
To embanking of *Ranſcombe* as before propoſed, ſuppoſes the matter to be taken at the greateſt convenience all round, but for the more perfect drainage of the brooks upon the *Glynde*, above *Swale Bank*, it will be neceſſary to take out a part of the earth from the river *Glynde*, in order to dyke it out; *the extra expence*, therefore, in dyking out the river *Glynde*, from its mouth to *Swale Bank*, and therewith in part making the bank alongſide, ſo as to make it 1 foot deeper than the preſent threſhold of *Ranſcombe* ſluice, may be ſet at	90	0	0
To dyking out and ſcouring the river *Glynde*, from *Swale Bank* to the weſt end of the *Great Hoof*, for procuring a general out-fall to the eaſtern brooks, being in length 12 furlongs, that is 480 roods, at 10 *s.* - - - - - -	240	0	0
Particular works for *Ranſcombe*, and levels on the *Glynde*, - — -	1155	2	0

ABSTRACT

ABSTRACT.

	£.	s.	d.
General Works, - - - - - - - -	7087	18	9
Particular expence of the weſt and north levels, - - - -	1574	16	3
Particular works for *Ranſcombe*, and levels upon the *Glynde*, - - -	1155	2	0
	9817	17	0
Upon the above we may allow 10 per Cent. for unforeſeen accidents, and contingent works not brought to account in the above, together with utenſils and ſuperviſal, - -	981	15	8
	10,799	12	8

SECOND ESTIMATE for *Lewes Laughton* Level, upon the principles of the ſecond ſcheme.

GENERAL WORKS.

	£.	s.	d.
To the ſea ſluice at the tail of the main drain of 12 feet clear water-way, the threſhold to be laid 1 foot below low water mark, with pointing doors to ſeaward, and draw gates to landward, for holding up water in dry ſeaſons for the uſe of cattle, to be built with brick, with ſtone facings, - - - - - - - - -	1200	0	0
To the main drain, to be carried as per plan, through *Tarring Tenantry* to *White Wall*, to have a 12 feet bottom, ſlopes as 3 to 4, to be dug as deep as the ſill of the ſluice, that is at a medium 8½ feet deep, the length being 15 furlongs, at 4¼ d. per yard, including drainage, - - - - - - - - -	1361	5	0
To putting a ſubterraneous tunnel acroſs the river *Ouſe*, in the reach between *Stock Ferry* and *Stockhouſe*, of 12 feet water-way, - - - - - -	1000	0	0
To continuing the main drain from *White Wall* to the point of diviſion, bottom and ſlopes as before, the depth being about 6 feet, and 5½ furlongs length, at 4 d. including drainage,	268	17	7
To purchaſe of lands from the out-fall ſluice to *White Wall*, cut and damage of cover at 66 feet broad, and 15 furlongs length, will contain 15 acres, which, if eſtimated as before at 40 l. will come to - - - - - - -	600	0	0
To purchaſe of lands for the cut from *White Wall* to the point of diviſion, (the land being low, I reckon no damage of cover) at 27 feet breadth, and 5½ furlongs length, make 2⅟₁₆ acres, which, if valued at 15 l. per acre, comes to - - -	34	5	0
General works, - - -	4464	7	7

ESTIMATE of works to be done in the weſt level.

	£.	s.	d.

To continuing the drain from the point of diviſion, up to meet *Kingſton* ſewer, upon a 6 feet bottom; the batters 3 to 4, and at a medium 5 feet deep; this for 2,4 furlongs, at $2\frac{1}{2}d$. per yard, including drainage, comes to - - - - - - **38 10 0**

To land for the drain to join *Kingſton* ſewer, containing $\frac{11}{100}$ acres, at 15 *l.* - - **5 5 0**

To embanking the river *Ouſe* from *White Wall* to the top of *Lewes* brooks below bridge, to be at a medium 24 feet ſeat, 6 feet top, and 6 feet high, at 3 *d.* per yard; the forming a back drain included, will, for 30 furlongs, come to - - - - **825 0 0**

To 10 $\frac{8}{13}$ acres of land, converted into a drain for forming the aforeſaid bank, at 15 *l.* - **162 0 0**

To cutting a new north ſewer, from the point of diviſion to its junction with the bank drain, to have a 6 feet bottom, batters as 3 to 4, and five feet mean depth, containing 11 furlongs in length; this at $2\frac{1}{2}d$. per yard, including drainage, comes to - - - **176 9 2**

To land for the above cut, no ſpoil of cover, containing $3\frac{23}{100}$ acres, at 15 *l.* per acre, - **48 6 0**

Particular charge of the weſt level, - - - - **1255 10 2**

Eſtimate for the north Brooks above *Lewes Bridge*.

To making a 5 feet tunnel acroſs the river, at the head of *Lewes* brooks, - - **600 0 0**

To making a ſewer of 6 feet bottom, with ſlopes as 3 to 4, and therewith forming a bank, by laying the earth on one ſide, at a medium 5 feet deep, will make a bank 20 feet ſeat, 5 feet top, and 5 feet high; this at $2\frac{1}{2}d$. per yard, cutting and banking included, for 30 furlongs, from the river oppoſite the head of *Lewes* brooks, below bridge, to the iron hole at the head of *Hanſey* farm, - - - - - **481 5 0**

To land for the above ſewer, containing $8\frac{8}{10}$ acres, at 15 *l.* an acre, no ſpoil allowed for banks, - - - - - - - - - **132 0 0**

To probable extra expences in the cut paſſing the ſtreet eaſt ſide of *Lewes Bridge*, - **250 0 0**

To a 5 feet tunnel to paſs the river, from *Malling* brooks to *Lewes* brooks, above bridge, **500 0 0**

To a 3 feet tunnel to paſs the river above Mr. KEMP's, to communicate the drainage from the eaſt ſide, - - - - - - - - **400 0 0**

To making a bank and ſewer from the ſaid tunnel on the eaſt, to the *Horſe-Shoe* brooks, of the ſame dimenſions as the former, being 21 furlongs, - - - **336 17 6**

To land for the above drain $6\frac{15}{100}$ acres, at 15 *l.* - - - - **92 5 0**

North brooks - - **2792 . 7 6**

Eſtimate for the drainage of *Ranſcombe*.

To cutting a main drain, from the point of diviſion to *Ranſcombe* pool, to have a 6 feet bottom, batters as 3 to 4, and at a medium of 5 feet deep, the length being $8\frac{1}{2}$ furlongs, at $2\frac{1}{4}d$. per yard, - - - - - - - - - **136 7 1**

To land for the above cut, containing $2\frac{40}{100}$ acres, at 15 *l.* - - - **37 7 0**

	£.	s.	d
Brought forward, - -	173	14	1
To making a 6 feet tunnel acrofs the river *Oufe*, - - - - -	800	0	0

To embanking *Ranfcombe*, from the high lands at *Walker's Hole*, by the river *Oufe*, to the *Glynde*, and up the river *Glynde* to *Swale Bank*, to have a 24 feet feat, 6 feet top, and 6 feet high; this for 19 furlongs, at 3 *d.* per yard, back drains included, comes to - 522 10 0

To 6,84 acres of land, occupied by the drain from whence the bank is to be taken, at 15 *l.* 102 12 0

Particular charge for *Ranfcombe*, - - £. 1598 16 1

Charge of draining the eaft brooks, or brooks eaft of *Ranfcombe*, as alfo thofe of *Beddingham*, *Afem*, and *Itford*.

To cutting a drain, from *Ranfcombe* pool to the eaft extremity of *Ranfcombe*, to have a 6 feet bottom, flopes as 3 to 4, and at a medium 5 feet deep; this, for 6 furlongs, at $2\frac{1}{2}d.$ per yard, will come to - - - - - - - - 96 5 0

To land for the above 1 $\frac{76}{100}$ acres, at 15 *l.* - - - - - - 26 8 0

To cutting a drain of 6 feet bottom, with flopes as 3 to 4, and therewith forming a bank againft the river *Glynde*, by laying the earth on one fide, at a medium 5 feet deep, will make a bank of 20 feet feat, 5 feet top, and 5 feet high; this, for 18 furlongs from the head of *Swale Bank*, through the *Great Hoof* to *Horfe Brook*, at $2\frac{1}{4}d.$ per yard, will come to 336 3 0

To land for the above drain 5 $\frac{22}{100}$, at 15 *l.* 79 0 0

To putting a 3 feet tunnel acrofs the river *Glynde* below the *Great Hoof*, in order to communicate the drainage of *Firle* brooks with the former drain on the north fide, - - 150 0 0

To embanking the *Firle* brooks againft the river *Glynde*, oppofite the *Great Hoof*, and therewith forming a drain, fuppofed of the fame dimenfions as the north fide; this for 9 furlongs, will come to, - - - - - - - - - 144 7 6

To land for ditto 2 $\frac{64}{100}$ acres, at 15 *l.* - - - - - 39 12 0

To putting a tunnel acrofs the river *Glynde*, in order to drain *Beddingham* brooks, of 3 feet water-way, - - - - - - - - 200 0 0

To embanking thofe brooks againft the river *Glynde*, and thereby making a drain behind the bank, which is to have a 24 feet feat, 6 feet top, and 6 feet high; this, at 3 *d.* per yard, for 7 furlongs, will come to - - - - - - - 192 10 0

To land for the above drain 2 $\frac{55}{100}$ acres, at 15 *l.* - - - - 3 16 0

To embanking *Afem* and *Itford* brooks, againft the river *Oufe*, and thereby making a drain behind the bank to communicate with that of *Beddingham*, being in length 14 furlongs, which being of dimenfions and price as *Beddingham*, will come to - - - - 385 0 0

To land for the above drain 5 $\frac{4}{100}$ acres, at 15 *l.* - - - - 75 12 0

Particular charge of the brooks upon the *Glynde*, exclufive of *Ranfcombe*, - - 1762 13 6

Abftract

Abſtract of the drainage of *Lewes Laughton* Level, by the ſecond method.

	£.	s.	d.
The general works for bringing the drainage to the point of diviſion in the weſt level, -	4464	7	7
The particular charge of the works for the drainage of the weſt level, - -	1255	10	2
Eſtimate for the north brooks above *Lewes Bridge*, - - - - -	2792	7	6
Eſtimate for the drainage of *Ranſcombe*, - - - - -	1558	16	1
Charge of draining the brooks eaſt of *Ranſcombe*, as alſo thoſe of *Beddingham, Aſem*, and *Itford*,	1762	13	6
Upon the above we may allow 10 per cent. for unforeſeen accidents and contingent works not brought to account in the above, together with utenſils and ſuperviſal. - -	1187	7	6
	13061	2	4

Auſthorpe, July 27, 1768.

J. SMEATON.

A SHIP's

A SHIP's PUMP.

DESCRIPTION of a Ship's Pump, defigned by JOHN SMEATON, Engineer.

A Pump of this conftruction was defigned in the year 1765 by Mr. SMEATON, and executed from his directions by Meff. HURREY and Co at *Howden Dock*, upon the river *Tyne*, the latter end of the fame year, which meeting with the approbation of the mafter of the fhip on board which it was firft fixed, who reported that it had actually faved the fhip, fome others have fince been made nearly fimilar by the fame company, but the fuperior expence has hitherto prevented fo great a demand as might have been expected. In the prefent defign, in which the whole has been carefully reconfidered, I have not rigidly adhered to the particularities of the firft conftruction, but altered fuch fmaller matters as convenience feemed to fuggeft.

Befides the advantages that were expected to accrue above the common form from better mechanifm and proportion of the parts, the following was in view: the common fhip's pump in general delivers its water upon the main deck, which, according to the largenefs and conftruction of the fhip, is 4, 5, and 6 feet above the load water line, at the fame time that the load water line is not above from 14 to 18 feet above the fhip's bottom; it therefore appears, that the ordinary pumps lift the water from $\frac{1}{7}$ to $\frac{1}{4}$ higher than the level at which the water might be delivered, and thereby require $\frac{1}{7}$ or $\frac{1}{4}$ more power to do the fame work, or with the fame power to do lefs work than they might do by $\frac{1}{7}$ or $\frac{1}{4}$, in cafe the water was delivered at or juft above the water line for this purpofe.

A A, boxes let in through the fhip's fide, and caulked juft above the load water line.

B B are fide pipes, jointed with the boxes, and with

C C, ftrong planks bolted againft the fides of the pump, in order that the fide pipes may be got out and in without difturbance to the pump.

D D is a ftand-pipe, to be carried up to the main deck, or as high as is thought neceffary, that when the feas rife above the orifices, or the fhip in diftrefs, fhould be under her load water line, that the water may not revert and run into the fhip: and
here

SHIPS PUMP.

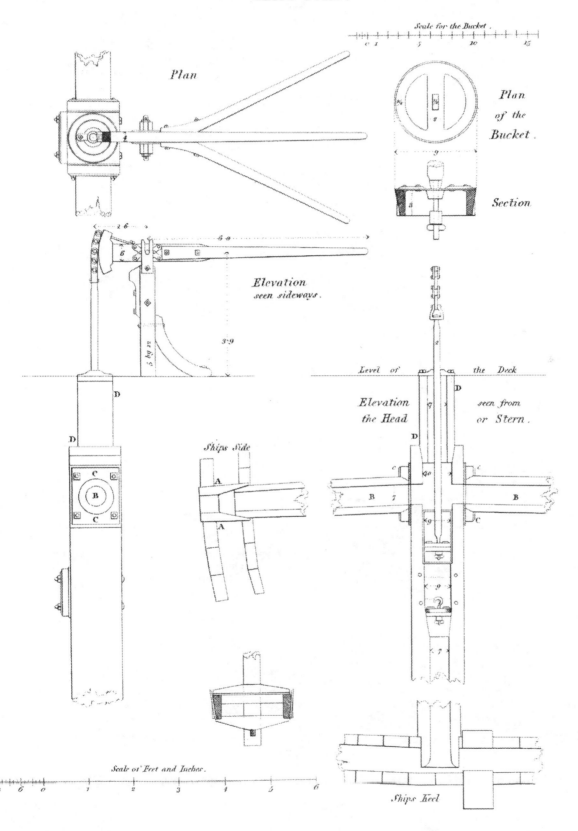

Plan

Scale for the Bucket.

Plan
of the
Bucket.

Section

Elevation
seen sideways.

Level of the Deck

Elevation seen from
the Head or Stern.

Ships Side

Ships Keel

Scale of Feet and Inches.

London. Published by Longman Hurst, Rees & Orme, 1809.

rry delin.

Lowry sculp.

here it is to be noted, that both boxes and pipes should be wholly under water, yet it will no ways interrupt the action of the pump; for whenever the water in the stand-pipe rises above the level of the water without, the pressure of the column in the stand-pipe will cause it to make its way through the side pipes; so that in this case no level will be lost, and though the pump is at rest, no water can revert down the pump, because there are the valves of both bucket and fixed box to prevent it.

The present design is adapted to be worked at the height of 22 feet by four men, who working at a moderate rate, so as to hold it an hour, will in that time deliver 20 tons. This is upon a supposition of raising the water to the usual height; but if, by the application of the maxims above described, this perpendicular is shortened to 16 or 17 feet, then will the same delivery nearly be made by three men, or proportionably more by four men, that is, as 17 : 22 :: 20 : 26 tons at 17 feet; but in this case, the distance of the center of the lever or brake must be lengthened from 1 foot 6 inches to 1 foot 11 inches 3, and the barrel must be lengthened 4 inches.

According as the design is drawn, viz. for a perpendicular of 22 feet by four men, they are supposed to make no more than 25 strokes per minute, moving the pump-rod $13\frac{1}{4}$ up and down at each stroke. This will be much better than to make shorter strokes and quicker, as they usually do; in this case their hands will move up and down about 4 feet 6 inches, and the same number of strokes, scope, and pressure at the hand will be sufficient for the reduced perpendicular, but then the stroke of the pump-rod will be $17\frac{1}{4}$ inches.

With respect to the mechanism, I believe it will appear sufficiently plain by the designs, which are drawn true to a scale; but it may be necessary to remark, that the working-barrel is to be of brass, and very truly bored, the bucket and fixed box of the same construction as those used in the steam-engines, and the pump-rod is to be made of the bulk represented in the figures, not by way of strength, but by way of weight; that when the brake is lifted up the pump-rod may readily descend by its own weight; and it is to be noted, that if the weight arising from the dimensions specified does not carry it down with sufficient readiness, that it is a sign the bucket is too hard leathered, or the valves too heavy.

It is to be observed, that the foot of the pump is to be let through the cieling betwixt two of the floor timbers, and not to touch the bottom or outside planking within $2\frac{1}{2}$ inches, and that the lower end be rounded trumpet fashion. I entirely object to the pump's standing upon its lower extremity, with holes bored to let in the water.

N. B

N. B. If the foot ſtands cloſe to one or both timbers, there ought to be left 3 inches between the bottom and the planking.

In caſe the pump is made to the 22 feet height the ſtand-pipe will then become un-neceſſary; and therefore to allow a proper length and weight to the pump-rod it will be proper to let down the working-barrel door and box lower down in the tree. The quantity muſt be aſſigned by the convenience of coming at the door; but the working-barrel had better not be above 16 or 17 feet above the bottom, if it can be avoided.

The four men are ſuppoſed to ſtand one on each ſide the middle ſtem of the brake, and one on each outſide of the branches, and every quarter of an hour they will find an eaſement by changing hands, which is done by changing places.

This pump may be worked by ſix men, but not ſo as to produce a greater quantity in proportion to four; it may alſo by three, but then they muſt change every quarter of an hour.

It may be made alſo to work double, in which caſe eight men may be employed with advantage; but as I imagine two independent pumps will be better adapted to ſhips uſe, that if one be out of order, or happen an accident, the other may be ſerviceable, it is for this reaſon I have not given a deſign for a double pump.

I ſuppoſe it ſcarce needful to ſay, that it would proper that a bit of the cieling ſhould be made to lift up near the pump's foot, that a man may occaſionally get in his arm to clear away any chips, ſand, dirt or other matter that may happen to be drawn thither.

Auſthorpe, 9th Auguſt, 1768.   J. SMEATON.

CARRON

CARRON FURNACE.

The REPORT of JOHN SMEATON, Engineer, concerning the Improvements of the Blaſt at the furnace at *Carron*, No. 4.

HAVING maturely conſidered the eaſieſt and moſt effectual way of altering the blaſt No. 4, ſo as to perform its buſineſs equally with No. 1, I recommend the following alterations, yet, without a total change, which is not the preſent object, the company will be obliged to ſubmit to its uſing more water than No. 1, though, in this reſpect, they will find it greatly improved beyond its preſent ſtate.

I would adviſe that the water-wheel and the three cylinders, with their reſpective beams, remain as they now do, as alſo the frame that holds the crank, but to add a fourth cylinder abreaſt of the other three, on the outſide or furtheſt off from the water-wheel, as alſo a fourth beam abreaſt of the other; the fourth cylinder to be of the ſame ſize, and in all reſpects fitted up ſimilar to the other three. On this occaſion it will be neceſſary to caſt a new crank with four necks, making right angles with one another, and at diſtances anſwerable to the four beams, and having the ſame ſweep as at preſent. I am not perfectly clear whether there may be room enough between the preſent outmoſt cylinder and the wall to place the new one, but if not, the wall muſt be cut away to make room for it; with reſpect to the beam, it is no matter if it works very near the wall. Another couple or frame muſt be added for the crank like the preſent, and like the preſent the fourth neck may work in the air without an outward ſupport. The receiver or air veſſel will probably want recaſting, to receive a fourth air-pipe from the fourth cylinder, unleſs the workmen can contrive to cut a hole into it, and by proper ſtraps to confine the additional pipe thereto.

As I obſerved a great deal of friction in the rods paſſing the collars in the top of the cylinder, and yet loſt a great deal of air, I mentioned laſt ſummer a method of leathering them, as well as thoſe of the fire-engine, in a different way, whereby they would not only be rendered air-tight, but the friction in a great meaſure avoided; and, that this method may be properly and ſucceſsfully applied, I incloſe a drawing, which method I adviſe to be applied not, only to the new cylinder but to the three old ones, which may be done by cutting off the preſent necks, and drilling holes for the bolts.

DECRIP-

DESCRIPTION of the Collar of Leather to be applied to the Blowing machine at *Carron*, No. 4.

A B reprefents a portion of the cylindrical rods that work though the collar of leather.

C D is a portion of the fection of the great plate that covers the top of the cylinders.

E F is a fection of a cylindrical piece of wood, having a cylindrical hole through the middle, through which the rod may flide freely, but with as little fhake as poffible, which is to be made of beech, crab-tree, yew, or fome hard or tough wood that will wear well with iron.

a b c a b c fhews the fection of the leather by which the hole is made air-tight, and is like an hat with the top of the crown cut out.

G H I K G H I K is a fection of a cylindrical box for holding the cylindrical piece of wood, with proper flanches, by which the box is fcrewed down to the cover C D, and by which the plate, of which L M is the fection, is fcrewed down fo as to hold faft.

N O is the fection of a piece of leather for fecuring the joint betwixt the box and the cover.

It is obvious from the figure, that no part of the cylindrical rod is intended to touch the ironwork nor the leather N O, but that it is to be kept fteady by the wooden cylinder, and the joint rendered air-tight by the pliable cylinder of leather *b c b c*, which, as well as the wood, are to be changed whenever they are found to fail.

The method of making thofe leathers is as follows:

P Q reprefents the fection of a cylindrical iron ring, whofe external diameter is equal to that of the wood C D, and whofe internal diameter is about $\frac{1}{4}$ of an inch larger than the diameter of the cylindrical iron rod A B.

R S is the fection of a flat round piece of leather of about $\frac{1}{4}$ of an inch thick, being of the thickeft fort of leather ufed for the upper leathers of fhoes.

T V W X

DESIGN *for a* **COLLAR** *of* **LEATHERS**,
for the Blowing Engine Nº 4, at Carron.

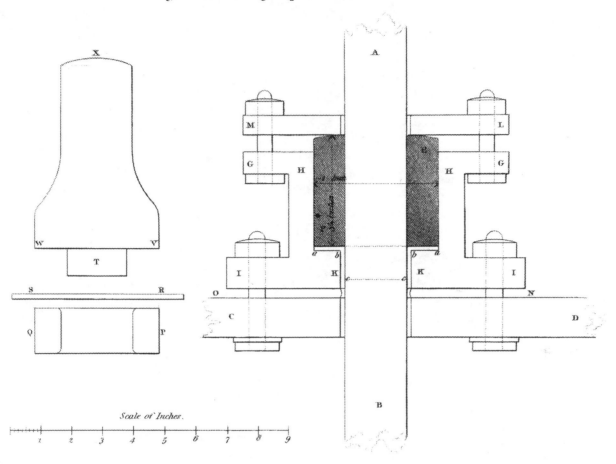

Scale of Inches.
1   2   3   4   5   6   7   8   9

DESIGN *for a* **NOSE PIPE** *for* **CARRON**.

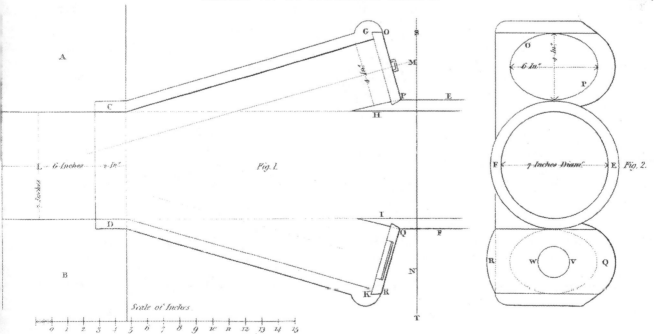

Fig. 1.

Fig. 2.

Scale of Inches.
0 1 2 3 4 5 6 7 8 9 10 11 12 13 14 15

d by J. Farey.   London, Published by Longman, Hurst, Rees & Orme, 1810.   Engraved by Wilson Lowry.

T V W X is a piece of hard wood, turned to the ſhape here repreſented, whereof the part T is of the ſame diameter as the cylindrical rod A B and V W, to the ſame diameter as the wood E F ; then having cut the piece of leather to about an inch more in diameter than V W, with a mallet ſticking upon the head of the piece of wood at X, the leather will be forced into the iron ring, and form the ſhape of an hat, and with a knife cutting off the ſuperfluities even with the outſide of the wood V W, it will then be of a ſize proper for uſe ; after ſtaying ſome little time, releaſe it, and with a ſharp narrow-bladed knife cut out the crown even with the inſide of the cylindrical part of the leather, and by holding the blade of the knife parallel with the axis of the cylinder, it will give it the ſhape *a b c a b c*.

The leather will be rendered more compliable, if need be, by being firſt wet, and will keep its ſhape better if ſuffered to dry in a thin hoop, whoſe inſide is the ſame as the inſide of the ring P Q ; if it cannot be made without puckering, it is a ſign that the part T is too prominent, for even ½ an inch of turn down will anſwer the purpoſe ; dintle leather wetted is alſo more compliable than the common tanned.

It is to be obſerved, that the rods be drawfiled very ſmooth, and firſt of all worked with a mixture of ſoft greaſe and powder of black lead, and afterwards black lead ſimply.

It will alſo be of further advantage, in reſpect to the ſaving of water, to lay the water about three buckets higher upon the wheel, according to the method firſt propoſed for No. 1.

J. SMEATON.

Auſthorpe, February 11, 1769.

Anſwer to Queries by Meſſ. GRIEVE and BENSON.

Carron, July 10, 1769.

Mr. GASCOIGNE having ſhewn me Mr. SMEATON's letter to-day, in which there is the following query, viz.

" Mr. GRIEVE informed me, that at the rate I ſaw No. 4 a-going, viz. 18 cylinders per minute, that ſhe did 30 baſkets per day : query, what is her common rate of blowing, that is, how many cylinders in common with a full head, and how many baskets is then done?"

To which I answer, that 18 cylinders per minute is the usual rate of blowing at No. 4; that she blows down from 30 to 35 charges per day; she is not now allowed to go more than 18 cylinders a minute, which is performed at the lower gate at all times, and with the upper gate when the pool is very full. Some time ago both gates were used, even then she never went more than 21 or 22 cylinders per minute, nor more than between 30 and 35 charges per day, yet I have known her drive as many as 45 charges per day; such is the uncertainty of founding on the number of charges as the basis of a calculation.

He also informed me, that No. 3 made 15 cylinders per minute with 1 gate, and 18 cylinders with both; query, how many baskets respectively?

To this I reply, that No. 3, with a full head, does make these cylinders; at this furnace we always blow with both gates, and therefore I cannot say how many charges she may run at 15 cylinders per minute; but at 18 she blows down from 25 to 29 charges per day, and if the water in the pool be 2 feet or 30 inches lower than full head, this No. 3 furnace will not drive above 15 or 16 charges per day.

Mr. SMEATON will please to advert, that a charge consists of several baskets of mine, coal, and lime-stone, which is put into the furnace when the materials are sunk in her to a certain depth; now this charge consists sometimes of more or less baskets than at other times, just as the working of the furnace requires it; and it must likewise be observed, that the quality of the materials has great influence on the driving of the furnace.

JOHN GRIEVE.

When No. 1 blows 25 cylinders per minute, she will make 28 baskets per day.

When No. 2 blows 34 bellows per minute, she will make 20 baskets per day.

J. BENSON

Mr.

Mr. BENSON's Anſwers to Mr. SMEATON's Queries of the 11th, as far they reſpect No. 1 and 2.

Carron, July 12, 1769.

IN the firſt place Mr. SMEATON will pleaſe to obſervé, that the coals and lime-ſtones uſed in each furnace are all of the ſame qualities, and nearly the ſame quantities; the difference is not worth notice.

Query 1ſt. Anſwer. The mines uſed in No. 1 and 4 are quite different qualities, ſo can only ſay what difference there is in the weights of the mine uſed to a charge; No. 1 charge of mine is about $\frac{1}{10}$ to $\frac{1}{11}$ heavier than No. 4; when No. 1 is running 28, and No. 4, 30 to 35 charges per day, ſuppoſing both furnaces of the ſame ſhape, but they are not, No. 1 blaſt is more repelled than No. 4.

Query 2d. Anſwer. The materials of No. 1 and 2 are much the ſame; the mine of No. 1 charge weighs about $\frac{1}{12}$ heavier than No. 2; this difference ariſes chiefly from the ſhapes of the furnaces, and not from the blaſt.

Query 3d. Anſwer. The quality of the iron in No. 1 may be as good when ſhe runs 28 charges per day, as when ſhe runs 18 and 23, provided ſhe be working what we call clean natural mines, or mines not poſſeſſed of poiſonous matters; but the quality of the iron depends upon that, and the quantity of mine uſed to a charge.

Query 4th. Anſwer. I never wrought No. 2 at 10 to 12 charges per day; but was that the caſe, ſhe would take a double ſet of men to work her, and the iron would be ſo cold for want of its mother cinder, which cinder can only be produced in a blaſt fur-nace by a proper quantity of blaſt, it would be of no ſervice but for pigs, and ſcarcely would run out of the hearth even into them.

JOHN BENSON.

Mr. GRIEVE's Anſwers to Mr. SMEATON's ſix Queries, dated the 11th inſtant, as far as they reſpect No. 3 and 4. B. Furnaces.

Carron, July 12, 1769.

TO Query 1ſt. The coal and limeſtone uſed to a charge is much the ſame in all the furnaces.

No. 1

No 1. carries commonly $\frac{1}{11}$ or $\frac{1}{12}$ part of more mine to a charge than No. 4. but it must be observed that the quality of the mines used at No. 1. and No. 4. are always different, and to come at the ability of each, they should be loaded with equal materials.

To Query 2d. I reckon No. 3 carries $\frac{1}{11}$ or $\frac{1}{12}$ part more mine than No. 4; but this is as uncertain as the answer to query 1st, on account they are never loaded with the same sort of mine.

To Query 5th. With the same materials, I believe, No. 1 and No. 4 will make nearly the same quality of iron, yet there may be a difference in favour of No. 1, on account of her drier situation, and her better make.

To Query 6th. This depends entirely upon the nature of the materials; No. 3, when she drives 25 to 29 charges a day, will make as good iron as when she drives only 15 or 16 charges a day, provided, in both cases, she be working what we call wholesome mines; but if the materials are endued with any pernicious qualities, every furnace will make better iron by working than fast: The reason is obvious, by driving slow the materials remain longer in the body of the furnace, and so have more time to throw out their sulphurs, or the heterogeneous matter, with which they abound, escapes by sublimation or attraction, which hard driving would carry down with and poison the iron.

JOHN GRIEVE.

EXPLANATION for the Design of the Blast Machine for the Furnace No. 2, at *Carron*.

AS in this machine I have the advantage of ordering the water wheel, which I judge best to be over-shot, this circumstance reduces its height so much, that, by a small enlargement of the cylinders, it can be allowed to go at such a speed as to do without geer, which however well they have answered in No. 1, where they were necessary, yet, where the same proportions in the movements can be accomplished without geer, are more properly avoided.

I have also chose, instead of making two regulator beams working a cylinder at each end, as in No. 1, to make four beams or great levers with cylinders at one end only, by this means, the strain of the crank always laying downwards, and bearing upon its

brasses

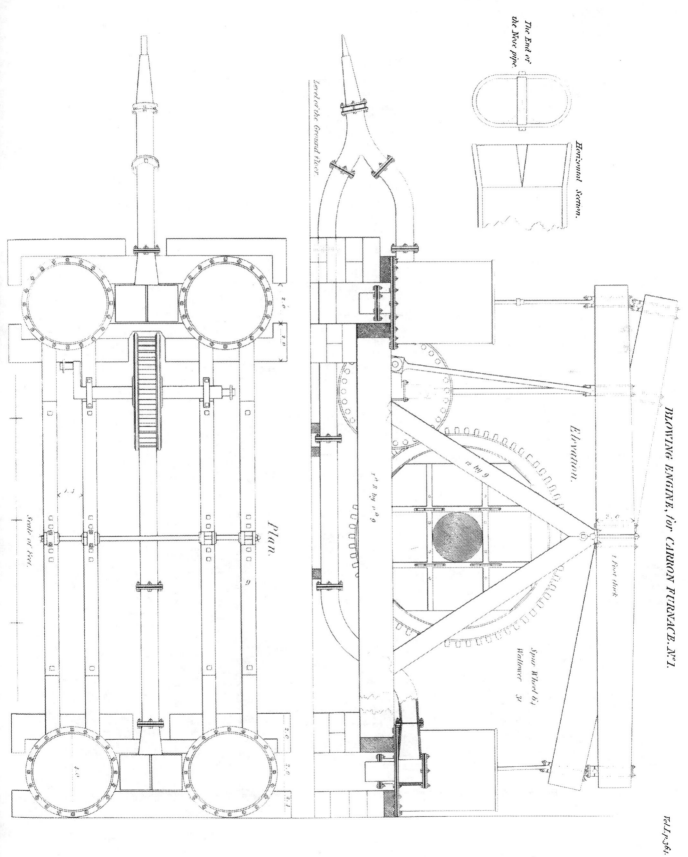

BLOWING ENGINE, for CARRON FURNACE. Nº 1.

Vol I, p. 361.

The End of the Nose pipe.

Horizontal Section.

Look at the Ground Floor.

Elevation.

Plan.

Scale of Feet.

Spur Wheel 61
Wallower 31

1 Foot thick

Design for the BLOWING MACHINE *for the Furnace N.º 2. at Carron.*

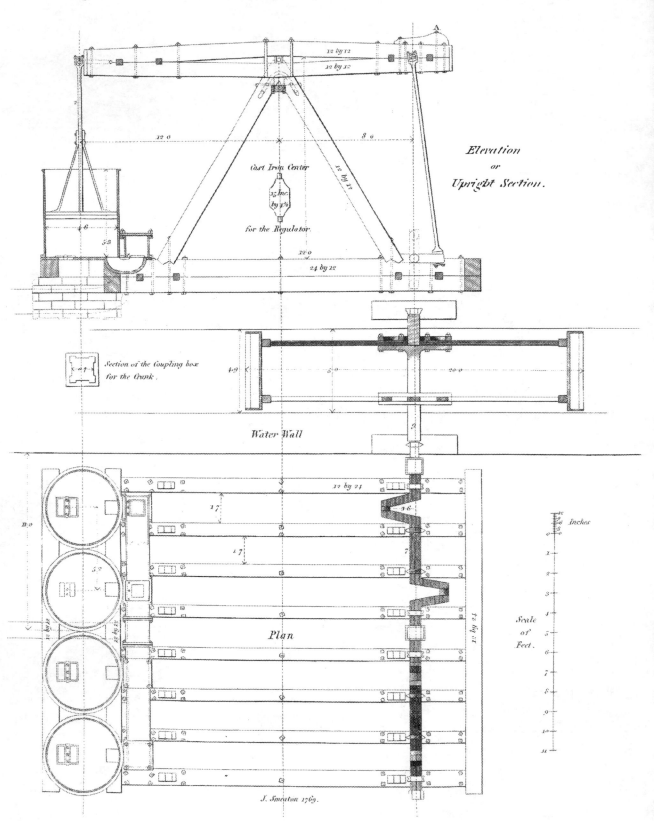

Elevation
or
Upright Section.

Cast Iron Center

for the Regulator.

Section of the Coupling box
for the Crank.

Water Wall

Plan

Inches

Scale
of
Feet.

J. Smeaton 1769.

Reduced from Mr Smeatons drawing by Jos. Farey.   London, Published by Longman, Hurst, Rees & Orme, 1810.   Engraved by Wilson

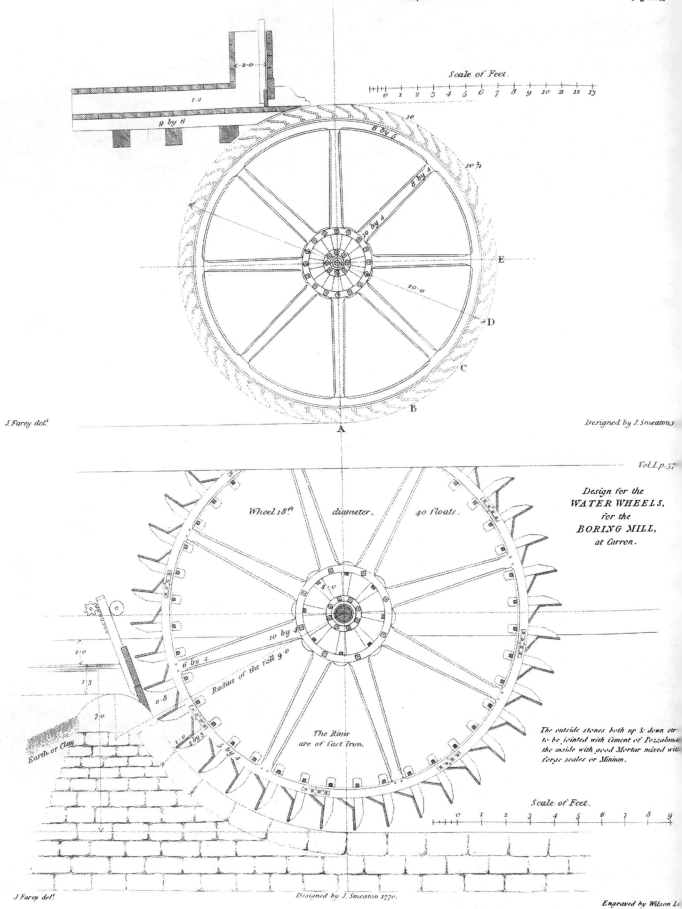

Scale of Feet.

0 1 2 3 4 5 6 7 8 9 10 11 12 13

J. Farey delt.

Designed by J. Smeaton,

Vol.I.p.37.

Design for the
WATER WHEELS,
for the
BORING MILL,
at Carron.

Wheel 18ᶠᵗ diameter, 40 floats.

Radius of the rail 9.0

The Rims
are of Cast Iron.

Earth or Clay

The outside stones both up & down str
to be jointed with cement of Pozzalaua
the inside with good Mortar mixed wit
forge scales or Minium.

Scale of Feet.

0 1 2 3 4 5 6 7 8 9

J. Farey delt.

Designed by J. Smeaton 1770.

Engraved by Wilson L

Published August 1, 1810, by Longman, Hurst, Rees, & Orme, Paternoster Row, London.

braffes the fame way as the water-wheel, will work more eafy and pleafant, and be lefs liable to get a fhake, and be out of order by continuance of wear : The whole, therefore, of the motions being performed with more eafe and fimplicity than No. 1, I expect it to be fubject to lefs attention and repairs, and that it will not require above ¾ of the water to work it, taken by No. 1.

There will be more timber in the framing, but as it will be nothing but common fir timber, I apprehend this will be no object, and this will be more than faved in the water-wheel and axis, the fpurn-wheel, and pinion.

No. 1 is a defign for the upright of the water-wheel; it is here fhewn to be of 20 feet diameter, but as, on my laft view at *Carron*, I underftand that the wheel No. 2 lays lower than the reft, and is fometimes affected by tail water, when *Stenhoufe* milldam is full, a circumftance I was not before apprifed of; in order to avoid that, it may, perhaps, be neceffary to reduce the diameter of the new wheel from 20 feet to 19 feet 6 inches; but, yet, if *Stenhoufe* mill-dam never throws above 3 inches dead water upon the bottom of the prefent wheel, then the new wheel may be laid as low as the prefent wheel, becaufe that quantity of dead water, fuppofing the tail water-courfe from the wheel be open and free, will be of no prejudice to the going of the new wheel.

The reduction of the water-wheel to 19 feet 6 inches is, again, only upon a fuppofition that the pond is fubject to be reduced 1 foot 9 inches below head, as I faw it the 7th inftant; but if it is never fuffered to go above 1 foot below head, as advifed in my report of this day, or, at moft, 14 or 15 inches, then the water-wheel may be of its full fize, though it fhould be obliged to be raifed at the bottom from 3 to 6 inches, to fufficiently clear the tail water.

The elevation here given is fuppofed to be of the outward front, but as I find the tail water goes off the contrary way to what is here fhewn, and will require a different kind of penftock, for which I will fend a particular defign when I return to *England*, it will be proper to lay a fweep to the breaft of this wheel, to fit it as clofe as poffible, but it may either embrace the wheel a quarter round, or only ⅛ of the circle as is found moft convenient in the execution; the two different ways are fhewn according to the letters A B C and A D E.

The width of the wheel is fuppofed to be as great as the conduit will allow, as it will work fteady like No. 1, no allowance need be made for fhake.

No.

No. 2 is a plan of the whole machine, and an elevation of one of the truſs frames and beams, with a ſection of one of the cylinders; upon which it is only neceſſary to obſerve, that as the method of framing the truſs-frames are the ſame as No. 1, whatever difference there is in the diſpoſition, will be ſufficiently obvious from the draught.

It is, however, to be obſerved, that as, for the eaſe of caſting, I have ſuppoſed the crank to be caſt in two pieces, particular notice is taken that one of the heads be ſet a ſmall matter atwiſt, with the arms of the crank, that when the whole crank comes to a bearing in the box that couples them together, the arms of the firſt half of the crank may make a perfect right angle with the arms of the ſecond, otherwiſe if this circumſtance is not attended to, the clearance neceſſary to get the box entered upon the two heads, will produce a ſhake, that when the whole comes to a bearing, the arms of the two halves of the crank will not ſtand ſquare to each other, which will produce an inequality in the blaſt.

The crank end of the regulator beam or lever has a piece of caſt iron A, which is to be made of ſuch a weight as to overhaul the piſton, which, for the ſake of lightneſs in this machine, is to be made of wood,, or as light of iron as it can be properly caſt; the piſtons, however, are to be leathered, as in No. 1; the propoſed uſe of the weight at A overhauling the piſton, is to prevent the crank-rod from changing its bearings upon the crank neck, for, by always bearing downwards, it will be no matter whether the neck-collars be tight or not, ſo that the only collars that will be needed to be kept tight, (which they very eaſily may, having but little motion,) are the tops of the crank and piſton rods, and the center gudgeon of the levers.

B is a proviſionary flanch, which is here ſhewn to be mute; the opening to be about 6 inches diameter in the clear, and the uſe is, that in caſe a perfect equality in the blaſt ſhould be afterwards found to be preferable to all others, as I am at preſent much inclined to ſuppoſe, from hence there may be made a communication to an air receiver or veſſel, which will fully effect that purpoſe.

J. SMEATON.

Kerſe Houſe, July 31, 1769.

The

The WATER at CARRON.

The REPORT of JOHN SMEATON, Engineer, concerning the quantity and difpofition of the water at *Carron*, from a view taken thereof the 7th of July,. 1769.

AS the feveral blaſt furnaces at *Carron* are of different dimenfions, work upon different kinds of ore, and take different quantities thereof at a charge, the wheels take their water at different heights, and, at the time of this view, the pond from which they were fupplied was fo low, that the head of water upon each wheel was a good deal uncertain in the different penftocks ; it is not to be expected that any very accurate conclufion can be drawn by way of comparifon of the feveral machines, in regard to their powers of reducing the ores or mine into metal; yet, in attempting the comparifon in the beft way I am able, it appears to me that feveral matters offer themfelves which feem worthy of ferious attention from the Company.

Amidft the uncertainties above mentioned, it feems impoffible to fix upon any abfolute criterion or common meafure to which they can all be reduced. The quantity of metal produced from the furnace feems improper, becaufe the pooreft ore (I muft prefume) takes moft labour of the furnace, and yields the leaft iron; the different quantity of air that each machine throws into its refpective furnace appears alfo equally unfit, becaufe, if we are to judge by this alone, it will appear that the machine No. 4 will, with an equal fupply of water, throw out more air in a minute than No. 1 ; and this will alfo hold with No. 3, and therefore we muft conclude that the machine No. 1 is inferior to No. 4, and alfo to No. 3. A conclufion which I fuppofe muft be rejected from all experience hitherto had, and confequently the premifes from which it is drawn.

It remains therefore that the number of charges, as they do not much differ in weight, which each furnace can work off in a given time, relative to a given quantity of water, is the only handle we can at prefent lay hold of, and is, as I perceive, the fame by which the managers and workmen reckon; and though, on the account before mentioned, it may not be very exact as common meafure, yet I find the differences of the effects of the furnaces relative to a given quantity of water are fo very remarkable, that though our conclufion formed from thence will be fhort of perfect accuracy, yet they may enable us to adopt a better diftribution of the water than at prefent.

The

The diftribution and effects of the water on the day of view was as follows :

	Strokes per minute.	Charges per day	Cube feet of water expended per minute.
No. 1.	19	23	267
Table 1. 2.	28	18	555
4.	16½	30	780
Total charges per day		71 with	1602 cube feet of water per minute.

N. B. At this time No. 3 was ftanding ftill.

When all the furnaces have a full head and fupply of water, the number of ftrokes of the cylinders and bellows per minute, relative to the number of charges per day, as per information of Meffrs. BENSON and GRIEVE, are in the following table ; and comparing the feveral heads of water and apertures that thefe muft obtain with the prefent, the expence of water relative to thofe ftrokes and charges will alfo be as therein fpecified.

	Strokes per minute.	Charges per day.	Cube feet of water.
No. 1.	25	28	481
Table 2. 2.	34	20	761
3.	18	27	1362
4.	18	32½	852
		107½	3456

Now, comparing the refpective numbers in the fecond table with thofe of the firft, it appears, that the quantity of water expended to drive an increafed number of charges, greatly exceeds the proportion in which the number of charges increafe ; for taking the totals, to advance the charges from 71 to 107½, that is nearly as 2 to 3, the water muft be increafed from 1602 to 3456, that is more than in the proportion of 2 to 4. Again, in the furnace No. 1, to advance the charges from 23 to 28, the water muft be almoft doubled, and the difproportion greater or lefs is obfervable in all the reft. Mr. GRIEVE reports, that refpecting the furnace No. 3, with the upper gate drawn alone, with a full head of water, it will give 15 cylinders per minute, but with both gates drawn, in which cafe the expenditure of water will be doubled, the number of cylinders are no more than 18 ; and as it otherwife appears that the quantity of charges relative to each furnace is almoft, but not quite, proportionable to the number of cylinders, in the furnace alfo the difproportion between the water and the charges is as great as in any of the reft, and indeed the proportion, though in fomewhat different degrees, appears from the united teftimony of the machines of every conftruction.

Obferving

Obferving this difproportion, and my mind fuggefting to me the ufe that might be made thereof, towards a better allotment of the water, I found it neceffary to know whether the iron produced by the feveral furnaces at their low rates of working was as good as the iron produced at their higher rates of working; and from the anfwers I have received from Meffrs. BENSON and GRIEVE, it appears that the low rates of working produces quite as good iron as the higher, and in cafes of impure mine confiderably better; however, it feems there are rates of working fo flow, that the iron would not be put in a fufficient fufion, as would happen if No. 2 was reduced from 18 to 10 or 12 charges per day.

From a diligent comparifon of the above particulars with each other, and alfo with the theory which they ought to conform to, if the experiments could have been made with accuracy, I have endeavoured to fettle the proportions in which each furnace would work with an equal diftribution of water, according to the quantity in which it was ufed during my obfervations on the day of trial, which, according to table 1, was at the rate of 1602 cube feet per minute, fay 1600; by this means we fhall be enabled in fome meafure to enter into the merits of each, as well as to elucidate fome other points. Suppofing then the 1600 feet equally divided amongft the whole four, each will work with 400 cube feet per minute, and their feveral performances may be expected as follows.

		Strokes.	Charges.	Cube feet of air per minute.
Table 3.	No 1.	$23\frac{1}{4}$	27	1194
	2.	25	16	
	3.	12	18	1459
	4.	13	24	1811

Total No. of charges	85
Ditto per table 1.	71
Difference	14 in favour of difpofition table 3.

If we fuppofe 1600 feet of water divided equally amongft the three furnaces of table 1, they will each have 533 cube feet per minute; they may then be expected to move as follows:

Table 4.	No. 1.	26	29	
	2.	$27\frac{1}{2}$	$17\frac{1}{2}$	533 cube feet per minute.
	4.	$14\frac{1}{2}$	$26\frac{1}{2}$	

Total number of charges	73
Ditto per table 1ft	71
Difference	2 in favour of difpofition table 4.

B b b N. B.

N. B. This laſt diſpoſition, though it advances the number of charges by two, yet as it throws more work upon No. 1 and 2 collectively, and leſs upon No. 4, which works ſingle, I ſuppoſe the convenience upon the whole may be leſs.

The following equal diſpoſition of the water amongſt three furnaces may perhaps anſwer better, as it not only makes a better produce, but divides the work of the two houſes more equally.

Table 5. {
No. 1.	26	29
3.	13¼	19¼
4.	14½	26½
} 533 cube feet per minute.

Total charges		75¼
Ditto per table 1ſt		71

Difference - - 4¼ in favour of diſpoſition Table 5.

From the above diſpoſition, I deduce the following probable inferences.

1ſt. That the number of charges does not depend wholly upon the quantity of air produced by the machines, but in a great degree upon the regularity of the blaſt.

2d. That the number of charges does not depend upon the velocity wherewith the air is thrown into the furnace, but rather upon the quantity of air that is made to paſs regularly through the materials contained in the furnace in a given time.

3d. That this quantity ſo made to paſs may have its limits, for too much may ſpoil the metal by over-heating it, and too little will not produce heat enough to give it, and keep it in the neceſſary ſtate of fuſion, and which limits can only be aſcertained by ex perience.

4th. That the worſt machine is capable of working a given number of charges with leſs expence of water than will be required to be added to the beſt, to advance its pro duce by an equal number.

6th. That the moſt advantageous way, when water is ſhort, is to keep down No. 2 and 3 to as few charges as can be admitted to do their buſineſs well, in point of qua lity, and to divide the water, after theſe are ſerved, equally betwixt No. 1 and 4; but when No. 1, ſo ſerved, runs above 28 charges, or No. 4 above 30, then ſuch overplus to be equally drawn upon 2 and 3, and ſo on, upon the waters mending, till they are all advanced to their higheſt pitch, and the contrary method upon its decline.

We

We will now examine the real fupplies at the times of fhorteft water, and endeavour to afcertain the beft means of ufing it.

From the gage of the river's water taken at the long arch it appears, that at that time it amounted to 990 cube feet per minute; but as the water was faid to come down more in the day than the night, on account of ftoppage of mills above, and alfo that fometimes by continuance of drought runs ftill fhorter than at prefent, it was thought it was in the greateft fcarcity on an average not more than ⅔ of what we then meafured.

The fire-engine at that time went from 6 to 8 ftrokes per minute of $5\frac{1}{2}$ feet each; but as fhe was frequently obliged to ftop to gather fteam, this with other ftoppages in the 24 hours, together with the lofs by fhutting of valves, makes me reduce her average rate to five ftrokes per minute at 5 feet each.

The fire-engine will therefore raife per minute   440

And the river *Carron* at loweft   -   -   660

Total   -   1100

I underftand from Mr. GRIEVE that No. 3 makes good iron at 15 charges per day, and from Mr. BENSON that No. 2 will not anfwer at 10 or 12; but I will fuppofe that No. 2 will work as well at 15 charges as No. 3 does, and as they are allowed to work well at that rate, they may be fuppofed to do fo at a fomewhat a fmaller rate; dividing, therefore, the 1100 feet equally amongft the four furnaces (which reduces No. 2 and 3 nearly to the rates abovementioned) we fhall have as follows:

		Strokes.		Charges.	
No. 1.	-	21	-	23.8	
2.	-	12	-	14.1	
3.	-	10½	-	15.9	275 cubic feet per minute.
4.	-	11½	-	21.2	

Total charges   -   75

Ditto per table 1ft   -   71

Difference   4 in favour of difpofition No. 6.

Hence it appears that in the loweft ftate of the river *Carron*, by difpofition table 6th, there will be 4 charges per day worked by 1100 feet of water per minute more than is done by difpofition table 1ft by 1600.

To

To compleat this view, I will suppose all the furnaces equally perfect as No. 1, and that they are confined to the supply of the river *Carron* alone in its lowest state, that is, 660 cube feet per minute; there will be therefore a supply of 165 feet for each machine. These 4 machines with that supply will go $17\frac{1}{2}$ cylinders each, and work $19\frac{1}{2}$ charges, in the whole 78 charges per day, that is, 7 charges more without the fire-engine than they do with it at the time that the river *Carron* supplies 990 feet of water per minute.

In these computations I reject the circumstance that No. 1 and 3 carry about $\frac{1}{12}$ more weight of ore to the furnaces at a charge than No. 2 and 4, which is much in favour of the two former; but as there appears to be several other differences of circumstances as well as those, I rather chose to take the whole in the gross from the number of charges, without dwelling on minute circumstances.

Concerning the Nose-pipes.

It is suggested in the 2d deduction, that the effect of the furnace does not depend upon the velocity wherewith the air is thrown in, but rather upon the quantity of air that is made to pass regularly through the materials contained in the furnace in a given time.

My reasons for this inference are the following: that in all cases the number of charges worked by each furnace are, when proper deductions are made for the friction of the machine, very nearly proportionable to the quantity of air thrown in by the same machine, and though it will hold equally true, that when different quantities of air pass through the same nose-pipe, the velocity will be proportionable to the quantity, and, therefore, in like manner proportionable to the number of charges; yet, as a double quantity of air applied to a double or two furnaces with an equal velocity, produces a double effect, it is most probable that a double quantity of air producing a double effect in the same furnace, is also owing simply to the double quantity of air thrown in, the double velocity being only a concomitant circumstance attending the throwing a double quantity through the same orifice; and this appears still the more probable, as within certain limits a less velocity of air as effectually converts a proportionable quantity of mine into metal as a greater. Now suppose any furnace, for instance No. 1, will do her work well at 14 cylinders per minute, in which case she is said to dispatch 18 charges with a nose-pipe of 3 inches, if the machine is made to go 28 cylinders, and drive her air through a nose-pipe of double area, viz. $4\frac{1}{4}$, she would then blow a double quantity of air, and would only require a double quantity of water; but if she

is

is made to blow 28 cylinders through the same nose-pipe of 3 inches, it will require *eight times* the quantity of water, and yet the number of charges *scarcely doubled*, and the metal itself, at the best, no better, and in some cases not so good. Hence appears not only the great advantage in point of water, of working a greater number of furnaces at low charges, rather than a smaller number at higher, but also the advantage of applying as wide a nose-pipe as can be admitted, so that the air may really enter the furnace, and not be repelled back again; and in this respect an equal blast will have very greatly the advantage over an unequal one; but I apprehend that it may be practicably known when any part of the air is repelled, because when there is no sensible reverberation on the hand or face, it is evident it must enter the furnace. If, therefore, it should be found, that when No. 1 goes 25 cylinders, all the air will enter the furnace from a nose-pipe of $4\frac{1}{2}$ inches, or, for the sake of an addition of velocity to make it enter, suppose of $3\frac{3}{4}$, it will then work with 247 cube feet of air per minute, instead of 481, which, per Table 2, is requisite for the same number of cylinders through a 3 inch nose-pipe; and, consequently, if all the furnaces were equally perfect with No. 1, they would be capable, in the very lowest state of the river *Carron*, (with the present help of the fire-engine) of doing more work than they now do with a full supply of water, and without the fire-engine would do more work than they now do with it.

After all, I do not pretend to determine that things will succeed exactly in this manner. The physical nature of bodies is not to be circumscribed by geometrical reasonings, which have only quantity for their object; all I mean really to investigate is, that if the nature and conveniencies will, *upon trial*, admit of their being worked in the manner suggested, then such advantages in point of power will follow; yet I do not mean to say that the advantages will follow precisely in the quantities I have set down; this is not to be expected, unless the data on which I have been obliged to proceed could have been more accurately had: however, notwithstanding a degree of inaccuracy in the data, I presume it cannot be so great but that the reasonings thereon founded will at least shew which way the advantage lies, and thereby furnish matter for experiments, which, as they could easily be tried, and if attended with success will be of great consequence in the application of the present powers to the best advantage, I cannot but earnestly recommend the trial thereof as speedily as convenience will admit, which is the whole aim of what I have delivered.

Concerning

Concerning the Improvement of the Blaft Machines.

No. 1 is now fuppofed compleat, and a ftandard for the reft.

No. 2 appears at prefent to be the moft faulty, but when rebuilt according to the plan given in with this report, I fuppofe will perform at leaft equal with No. 1 in making iron, and go with $\frac{1}{4}$ or $\frac{1}{5}$ lefs water.

No. 3 appears to take confiderably more water than any of the cylinder machines relative to the number of charges; what preference it has in reducing thofe charges into metal I can be no judge of. I apprehend, however, it would be confiderably improved in its prefent form if the two blow-pipes were connected by an air-cheft furnifhed with valves, and from thence to blow from one nofe-pipe: As this alteration may be eafily made it feems worth the trial; but I apprehend it will never perform quite well till it is put into the form of either No. 1 or 2.

No. 4 will, I apprehend, perform nearly with No. 1, when furnifhed with a fourth cylinder. This I fuppofe, becaufe when their effects are compared when working with the fame quantity of water as per table 3, the difference is not much greater than what fhould arife from the wrong proportion of the parts of No. 4, which will be in a great meafure corrected by the addition of a fourth cylinder.

It would be a faving of water in the whole if the pond of *Carron* was never fuffered to go lower than from 6 inches to a foot below a full head, and rather than fuffer that, to draw the neceffary water from the refervoir at *Larbet*, or to reduce a number of cylinders blown at each machine, according to the proportions fuggefted in tables 3d and 6th.

Concerning the Boring Machines.

	Cube feet.
The over-fhot wheel in boring a gun of $6\frac{1}{2}$ inches, ufed per minute - - -	341
The cutting-machine - - - - - - - -	168
Together	509
But as one cutting-mill fupplies two boring, fubtract half the cutting-mill's water - -	84
Neat quantity expended to keep a cutting and boring machine at work continually - -	425

In

In regard to the small boring and turning mill at the side above, I find it takes 495 cube feet per minute; but as I understand it only goes when there is a full head and plenty of water, I lay it out of the consideration.

It appears then, that to keep one boring machine, with the necessary cutting, going continually, they take near $\frac{1}{T}$ of the whole produce of the river *Carron* in short water times, that is, almost as much as the fire-engine draws; and though these machines be supposed to go only 12 hours in 24, yet they will still consume as much water as will work the furnace-machine No. 1 at 22 charges per day; a destruction of power which has been very properly seen by the Company, and therefore proposed it as very desirable that those machines should be intirely silenced in short water times, and a new one erected in lieu thereof upon the tail water proceeding from all the furnaces collectively.

Now if these 2 machines require 569 cube feet per minute to work them when there is a fall of at least 20 feet, a fall of 6 feet, (which is the utmost I think can be well had for the tail-water into the tide's way) will require 1697 feet; whereas the river *Carron* does not supply half of this water in very dry seasons, and the engine water will not apply itself to this machine; notwithstanding, I can assure the Company that I can undertake to furnish a design, wherein the water can be applied in so superior a manner, in point of power, to what it is to the present machines, that the river *Carron*, at 660 cube feet per minute, upon a fall of 6 feet only, shall drive those machines as effectually as they are now driven with 509 feet upon their present head.

Kerse-House, July 31, 1769.   J. SMEATON.

RESOLUTIONS of the *Carron* Company.

AT a monthly meeting of the partners of *Carron* company, held at *Carron*, 10th of August, and following Days, 1769.

Present,   Mr. JOHN ADAMS,
            Mr. CHA. GASCOYNE,
            Mr. THOMAS ROEBUCK,
            Mr. WM. CADELL, jun. and
            Mr. JOHN CADELL.

Mr.

Mr. SMEATON's report of the 7th of July laft, made in confequence of our letter, dated July 1, having been read to the meeting,

Refolved, That the faid report be approved of, and that the neceffary fteps be taken, as foon as convenient, to make fuch trials and experiments of the ufe and diftribution of the water, according to the tables contained in the faid report.

Refolved, That Mr. SMEATON be requefted to give the company a fcheme and plan of the boring-mill mentioned in his report, as foon as it fuits his conveniency.

Refolved, That the thanks of the meeting be tranfmitted to Mr. SMEATON, as a mark of the fenfe they entertain of the attention he is pleafed to pay to their works.

CHA. GASCOYNE, P.

Some Remarks concerning the defign for a double boring mill for cylinders and guns, to be erected upon the tail-water of the *Carron* works.

I propofe the machine to be erected upon the oppofite fide of the tail water-courfe to that on which the blaft furnaces ftand, and in any part of the yard that upon the whole fhall be thought moft convenient, which depending upon a great number of circumftances that I cannont be acquainted with, muft be judged of by the Company; nor is it all material to the action of the machines whether they ftand as clofe to this water-courfe as they can well be difpofed of, or be carried further into the yard. According to the general defign No. 1, it is propofed to turn the tail water-courfe of thefe mills a quarter round, fo as to proceed nearly in a parallel direction to that of the prefent courfe to *Stenhoufe* mills, and to fall into the tail water courfe at *Stenhoufe* mills, at fuch point as fhall be thought moft convenient on account of digging, feparation of lands, &c. but in cafe the tail water-courfe is made to fall into that of *Stenhoufe*, above the loweft point, to which Mr. LAURIE levelled, it will be neceffary to clear up fo much of the old water courfe as fhall prevent any material lofs of fall between that loweft point and the falling in of the new water-courfe.

Mr. LAURIE makes a fall of 8 feet 5 inches from the *bottom* of the furnace tail lead, at the lower fide of the bridge next below the boring houfe, to the loweft point to which

he

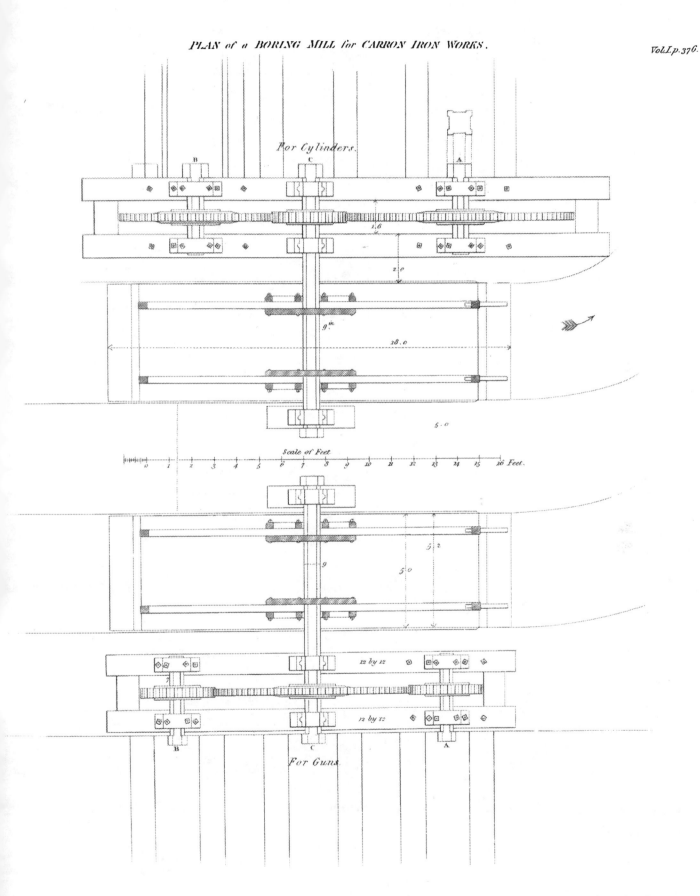

For Cylinders

Scale of Feet.

For Guns

ty Jun.del.

London, Published by Longman, Hurst, Rees & Orme, 1810.

Engraved by Wilson Lowry.

Upright of the *BORING MILL* for *CYLINDERS*,
for *Carron Works*.

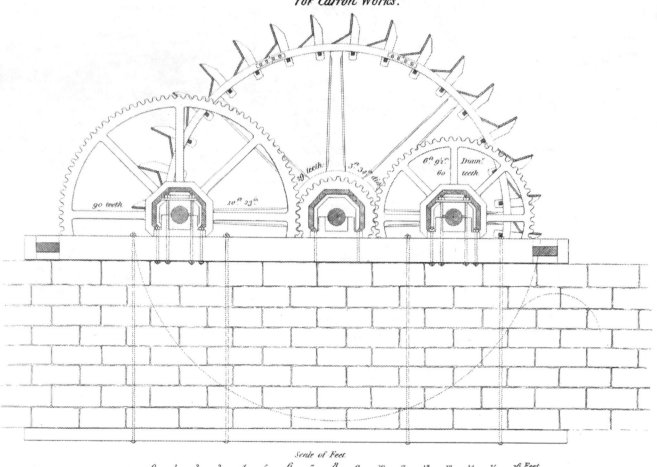

Scale of Feet

0 1 2 3 4 5 6 7 8 9 10 11 12 13 14 15 16 Feet

Upright of the *BORING MILL* for *GUNS*.

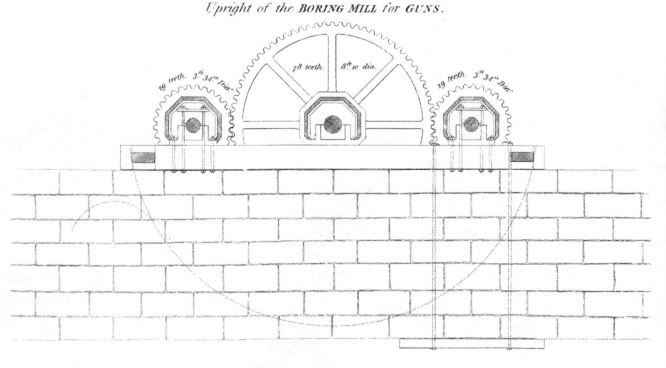

London, Published by Longman, Hurst, Rees & Orme, 1810.

Engraved by Wilson Lowry.

he levelled, but as the furnace tail lead will be charged with some depth of water *above its bottom*, before the tails of any of the furnace wheels will be affected thereby, we may account the whole fall, from surface to surface, to be somewhat more than he has stated. In the present design I have supposed a neat descent at the mill of 7 feet only, for this principal reason, that I observe the ordinary spring tides flow within about 3 feet of the top of *Stenhouse* mill-dam, and as the neap tides flow within 4 feet at the height of the spring tides, I have therefore laid the wheels so that they may not be interrupted daily by the tides. I propose, therefore, that an over-fall of 50 feet length in the crown be erected at or near the place where the present one now is, at *Stenhouse* mills, to be laid 3 inches lower than the height of the water in the tail water-course at the works, when the wheels there are just free of tail-water, by which means the whole water will be vented over the over-fall, without affecting the furnace wheels, when the tail-mills are all shut; the height, therefore, of the water marked in the design for the water-wheel to be of 1 foot 3 inches above the crown of the fall, will be 1 foot 3 inches below the top of the over-fall; and allowing 2 inches for the run of the water from the works to the over-fall, this crown will be 1 foot 8 inches below the highest state of the water in the tail water-course, that will not affect the furnace wheels; but in case all the water from the furnace can be pent over *Stenhouse* dam without putting them in tail water, then this over-fall will be unnecessary. The rest of the fall to Mr. LAURIE's lowest point of level will be 1 foot, or something better, for declivity between the boring-mills and the said lowest point; but if it shall appear upon further examination that the wheels can be laid lower than I have supposed, without being affected by the ordinary neap tides, then I would add so much to the fall of the mills marked in the said water-wheel design 5 feet 9 inches, keeping the crown of the fall at the same height respecting the furnace-wheels, or not exceeding 1 inch or 2 lower, and for which, if necessary, I will send a new curve for the fall, every thing else remaining the same. It is therefore the height of the neap tides at high water that determines me as to the fall to be taken at the boring mills; and as this height will not be diminished by any cut that may be made on the loops of the river below, that circumstance may fairly be laid out of the question, there being at present more descent to *Reay's Ford* than can be taken in for the reasons abovementioned.

The power required for boring depends so much upon the circumstances of the thing to be bored, that it is a matter that cannot be reduced to any exact calculation; but this I am not in the least doubtful of, that in the very lowest state of the *Carron* water it will carry the gun-mill with two guns boring and one cutting off, which is, I apprehend, more than the three machines at present do, and that in all ordinary times the cylinder-mill requiring less power, may be worked at the same time. It will, however, be neceffary that the mill-gates, &c. at the *Stenhouse* mills be kept in good repair, otherwife a quantity of water will be expended there in leakage.

The rings of the two water-wheels I have defigned to be of caft iron, in order that they may act as loaded flies, and thereby preferve the motion more fteady.

I have fuppofed all the axes to be of caft iron, with fluted heads inftead of fquares, to keep them from wearing off the corners, and are what I would recommend; but forged iron fpindles with fquare ends may be made ufe of inftead thereof, if better approved of, for reafons I don't fee. I have fhewn the fame fluted heads upon the two ends of the water-wheel axis that are next one another, by means whereof, if an extraordinary occafion fhould offer, the power of both wheels can be combined fo as to act on either fide.

I have been in fome doubt whether fo large a wheel as is reprefented for boring the large cylinders could be caft upon that plan; if not, the fame fized wheel of 78, as is reprefented on the main axis for guns, being applied on each fide, anfwers to the mean motion for cylinders; and I apprehend it may be worth while to have two motions, as the wheel will bore two cylinders at once, or a cylinder may be placing on one carriage and got ready while the other is boring: as the motions ftand in the plan they anfwer nearly to 3, 2, and 1.

If it is found convenient to have the boring-mills fo much further from the furnaces that the gangways may come towards the prefent tail-water courfe, then the quarter round turn may be made in the new lead to be cut from the fame to the new mills, fo that the tail-water of the boring-mills will go away directly without any turn. I don't mention this as preferable to the fituation in which they are fhewn in the plan, but as an hint to fhew the different fituation in cafe it fhould happen to be more fuitable to the general convenience.

N. B. A beam being fupported aloft acrofs the three gangways for the guns, with a tackle hanging from a running roller upon the beam, will take up the gun from the gun-head carriage, and put it upon either of the boring carriages. The fame may be done by a crane in the middle.

The width of the new tail-water courfe fhould be a 10 feet bottom with proper flopes, but where walled 9 feet will be fufficient

Concerning

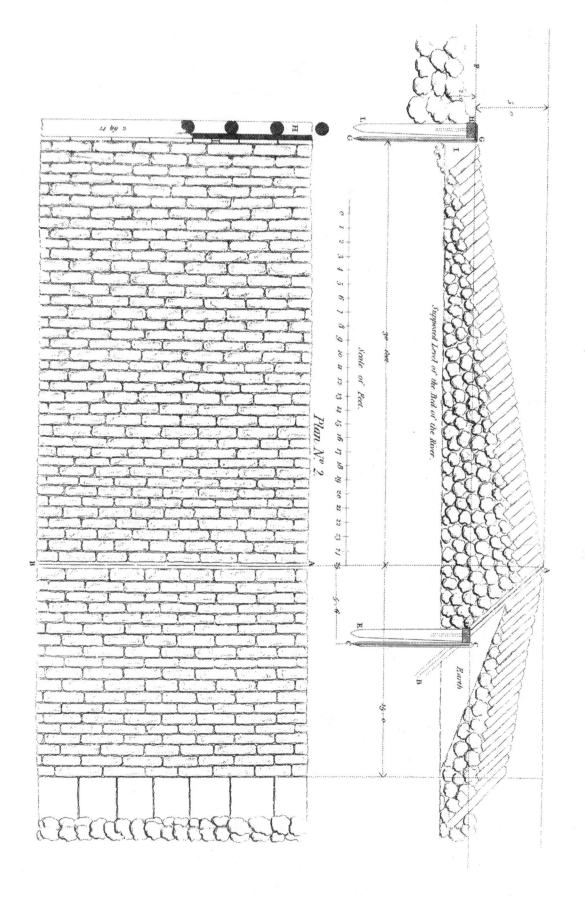

Design for a DAM, upon the River Curron, at Dunu-pace.

Section Nº.1.

Supposed Level of the Bed of the River.

Earth

Plan Nº.2.

Scale of Feet.

0 1 2 3 4 5 6 7 8 9 10 11 12 13 14 15 16 17 18 19 20 21 22 23 24 25

Concerning the alteration of the prefent mill for cylinders and gun-heads, if the fame motions are adapted thereto as are defigned for the new mills, they will equally anfwer. But it would go with ftill lefs water if the wheels were made fo much lower as to be overfhot.

In its prefent ftate it would go with far lefs water, and do its bufinefs better, if the motion it now has for gun-heads was adapted for cylinders, and the cylinder motion (that is, of the great axis,) was applied to the gun-heads; if made new it would be right to ufe iron rings for the fake of the weight, whether of its prefent fize or reduced to an overfhot.

JOHN SMEATON.

Aufthorpe, October 15, 1770.

EXPLANATION of the Defign for building a Dam for the *Carron* Works at *Duni Pace*.

THIS defign is made upon a fuppofition that the bed of the river where it is to be built lays about 7 feet below the level of the pen required. Mr. GASCOIGN's letter of January 16, acquaints that the bed of the river is 4 feet deeper than the top of the fill of the flood gates; fuppofing therefore the water over that fill at dam's height to be 3 feet, the whole height of the dam's crown above the bed of the river will be 7 feet, as drawn in this defign, of which the declivity of the flope furface of the dam is intended to be 5 feet; but if the height of the dam's crown fhould require to be either higher or lower by 1 foot, it will make no material alteration in the defign; for if it is higher than 7 feet, as it is prefumed that this is reckoned from the *deepeft part* of the bed of the river, there is no need to increafe the declivity of the flope furface of the dam between the crown and the fkirt; but if it is lower than 7 feet, the flope of the dam may be diminifhed fo much as to leave the fkirt about 2 feet above the bed of the river.

It is obvious from the defign that the body of the dam is intended to be of quarry rubble; and as the greateft part of what relates to it will be readily comprehended from the defign, it will be fufficient to explain thofe things that are lefs obvious.

A B,

A B, No. 1 and 2, reprefent two courfes of flags or flat ftones from 2 feet to 3 feet fquare, or oblong, as they can be got, and of 4 or 5 inches thicknefs: thofe flags are propofed to form the grand ftop or pen of the water: if the whole bed of the river at the place where thefe rows of flags are to be footed can be come at, fo as to get them inferted about 1 foot below the bed of the river, it will be fufficient without any piles for footing the fame upon; but if this fhould prove otherwife, it will be proper to drive a row of grooved fheet piling, as reprefented at C C, No. 1, fupported by a ftring piece D, and that fupported and trenailed down upon the bearing piles D E; this piling to be carried on at leaft acrofs fuch deep part where a proper footing for the flags cannot be come at, and the terminations fecured with the projecting part of the flags fo as to make nearly a water tight joint: but was it not on account of expence it would be ftill more eligible if this row of piling was carried quite acrofs, and inferted into the dam's end walls.

At any rate, the firft thing to be done, is to lay in fo much rubble as will fupport the floping flags, and fill up the downftream fide of the fheet piling, fo as to break the fall of the water over them, at the height of the ground line D F; while this is doing, it will be proper to go on with the fheet of plank piling at the tail of the dam G G, fupported in like manner by the ftring piece H, and that by the bearing piles H L, and the whole is covered by a 2 inch fir plank to preferve the parts above-mentioned from the wear of the water, and which may be renewed when worn out in a courfe of years, without difturbing any thing upon which the folidity of the ftructure depends. This fheet of plank piling in all grounds that are not rocks, is indifpenfible; but as the ufe of them is not to ftop the water, but to keep in the fand and other matter, if the expence of grooving the plank piles is thought material, and the ground is fufficiently uniform to admit their being drove clofe edge to edge, without grooving, then this part of the bufinefs may be difpenfed with: by the time the tail fheet piling is compleated, the whole area betwixt C and G fhould be got filled with rubble, and the row of ftones marked I, which are fuppofed to ftand edgeways to the reft, are to be got into their places: in this fituation the dam will be entirely fafe from derangements by floods, which will go over the work without hurting it. As the work advances, the flag ftones A B are to be got in gradually, the apron of earth upwards of the flags, and the rubble and upftream fetting as fhewn in the fection.

It is to be noted that the two rows of flags are intended to break joint one upon the other, and to be fcappelled fo as to lay or to pack together tolerably true; the joints all the way up are to be well ftuffed with fog or *live mofs*, and to be bedded with the fame between the two rows of flags, this will prevent the earth from being forced through the

joints

joints by the preſſure of the water, and will render the whole perfectly water tight if properly attended to; the earth itſelf being guarded by the rubble and ſetting above it.

While the dam is raiſing, there is no doubt but that the ſpeats going over it will ſcoop out the ground below the tail ſheeting, ſo as to become 2 or 3 feet deeper than the natural bed of the river; when this happens the whole muſt be filled up with whin ſtones, or, what is beſt, large whin ſtones ſplit into three or four pieces by powder, which will enable the angular fragments to ſtick together better then the whole round ſtones; and if any derangement happens here by ſpeats, which is the likelieſt place to happen, it muſt be attended to, and ſupplied till the water makes its exit from the tail ſheeting by a regular declining current.

I think it not only unneceſſary, but impracticable, to give directions about the building of the dam's end walls, as I cannot determine the ſituation of the body of the dam reſpecting the land on each ſide from any thing that is before me, and the method of returning the ends of the walls into the land, ſhewn for the dam at *Larbet*, will be ſufficient guidance here; I have only to remark, that it will be proper to make thoſe walls, for ſome ſpace on each ſide of the crown of the dam, higher than any flood is known to riſe, and that the back of theſe walls, where the ground is diſturbed or new made, muſt be well covered or even *ſet* with quarry rubble, in caſe the flood water is liable to get behind them from the adjacent haughs; for want of this precaution, I have in more inſtances than one known the river to make itſelf a new courſe round the outward end of the dam.

It will alſo be proper to make the crown of the dam about 3 inches higher at the ends than the middle, and eſpecially towards that end where the water is diſpoſed to act the ſtrongeſt, when the crown does not make a line right acroſs the river, which is not always proper.

Table

Table shewing the expenditure of water, &c. in the furnaces at *Carron*, inclosed in Mr. SMEATON's letter to *Carron* Company of the 23d of July, 1776, in answer to theirs of the 14th ditto.

Number of the furnace.	Tons per Day expended by each furnace.	Cube feet of air protruded per minute.	Velocity of the protruded air in miles per minute.	Proportional effect produced.	Power required in proportion to the effect produced by No. 2.	Excess of power used more than in proportion to No. 2.
					Tons per day.	Tons per day.
1	11774	1288.7	8.838	100.672	10964	810
2	15760	1673.7	9.298	144.711	15760	
3	17630	1344.2	8.117	88.575	9647	7983
4	24972	1301.5	8.926	89.585	9757	15215
	70136				46128	24008

DIRECTIONS and Observations concerning the clay-mill to be built upon the tail-water at *Carron*.

THE water-wheel, its conduits and gate, to be in all respects the same as those of the boring-mill, except that the rings need not be of iron, observing, that in order to preserve the same head of water over the crown of the fall, that the whole be laid a few inches lower, in order to allow for the run of the water from the yard of the works to the place of the clay-mill.

I suppose the rollers themselves to be nearly the same as those now used, and to be cast upon wrought iron spindles or gudgeons: the principal difference here proposed, besides that of a very different proportion between the turns of the water-wheel and the rolls, is the addition of a fly to each roll, a larger to the driving roll, and a less to the roll driven; those are intended to keep the motion more uniform and steady, and so as not to affect the geer that drives them by the little inequalities in the passage of the clay.

These rolls are intended to go about 50 turns per minute, which, as it is considerably quicker than the present, it would greatly tend to make the work go perfectly smooth and pleasant, if they were but 18 inches instead of 2 feet length, and yet they by their greater velocity will dispatch more work.

The

The work is fo placed that if ftampers are defired, they may be applied for beating the clay, fo as to prepare it for the rolls; but if the grinding it to a fine tough pafte would be of ufe, for this purpofe nothing would equal the runners on the edge, fuch as are ufed for oil and gunpowder mills: this would perform the whole operation from firft to laft, but would not reduce the clay to the confiftence that the rolls do, fo fpeedily as the rolls. A work of this kind might afterwards, if found occafion, be added to the other end of the axis, or in its prefent form it is capable of having a boring apparatus, or even a forge hammer applied to it if thought proper; for this reafon, I would advife to make the building roomy, (of which I fuppofe the water-wheel to ftand crofsways in the center) or to leave room on each fide for building I apprehend the wheel will ftand beft crofsways upon the prefent lead or leet, fo that the building will range along-fide thereof. In this cafe, the tail-water muft be turned with a quarter round, the more gentle the better, but if need be, may be turned almoft in its own breadth.

This water-wheel will drive two fets of rollers at once, at each end, or other equivalent works, and for one pair of rolls will go with fo little water, that I believe you will fcarcely find the corn-mill the worfe.

J. SMEATON.

Aufthorpe, Feb. 21, 1777.

The REPORT of John Smeaton, Engineer, concerning the quantity, regulation, and diftribution of the water for working the Blaft Machine for the four furnaces at *Carron* in dry feafons, together with the improvements that may be made therein, fo far as regards the power of water to be employed.

IN order to anfwer the above purpofes, I fhall not only found myfelf upon the obfervations I made myfelf upon my view thereof in October 1776, but alfo upon fuch deductions as may be made from a thorough revifal of all the obfervations I have formerly made, or that have been communicated to me, of the ftate of thefe machines, by the Company at different periods; and the feveral computations thereon having in general been performed when I was from home, and thereby not having the opportunity of recourfe to my former papers, they have been drawn up in different terms, and with different views of the fubject; and alfo obferving, in the courfe of my laft view, fome particularities which could not be fo noticed when the meafures were fent me, which would materially affect the calculation of the quantity of water expended, I have in the following table corrected the fame, and reduced the whole to the fame ftandard.

Table

Table shewing a comparative view of the several Blast machines as used at *Carron*, at different periods, from the year 1769 to the year 1776 inclusive.

	No.	Diameter of nose-pipe.	Number of cylinders.	Cube feet of air per minute.	Velocity of air per second.	Tons of water expended per 24 hours.
1769, working with short water,	1	3	19	1066	361½	10680
- - - - -	4	2⅛	15.3	1820	803	31200
	Sum			2886	1164½	41880
	Mean			1443	582	
Ditto, with full blast, -	1	3	25	1403	475½	19240
- - - - -	4	2⅝	18	2258	945	34080
	Sum			3661	1420½	53320
	Mean			1830	710	
1773, February, with full blast,	1	2½	20	1122	547	
- - - - -	2	2⅝	18	1255	557	
- - - - -	3	2¼	17½	1237	747	
- - - - -	4	2⅛	10	1183	577	
	Sum			4797	2428	
	Mean			1199	607	
1776, July, with full blast, -	1	2¼	23	1289	778	15245
- - - - -	2	2¼	24	1674	818	15506
- - - - -	3	2 7/16	19	1343	691	18210
- - - - -	4	2¼	11	1302	785	25669
	Sum			5608	3072	74630
	Mean			1402	768	
Ditto, on view in October, with full blast, - -	1	2¼	28	1571	947	16502
- - - - -	2	2½	24½	1708	835	16047
- - - - -	3	2 7/16	19	1343	691	15732
- - - - -	4	2¼	12½	1459	881	17769
	Sum			6081	3354	66050
	Mean			1520	838	

From the above table it will evidently appear, that the machines, when worked with a full blaft, have taken lefs and. lefs water, ever fince the firft view in 1769. It alfo appears, that the quantity and velocity of the air does not obferve any regular proportion to the quantity of water expended: but it appears in general that the lefs quantity of air is difcharged from any given machine, and the lefs its velocity, and the lefs water it will take to work it; this alfo is obvious from what occurs every day, that more water produces more blaft in the fame machine, and the contrary.

A ftate of the works in February, 1773, I received from the Company, with this obfervation: " From our prefent experience of the matter, the number of ftrokes per " minute, quoted in the annexed table, throws the air into each furnace with a degree " of velocity fufficient to keep the hearths open, and to work each machine with due " fteadinefs and regularity." Now from hence it appears, in particular, (fee the preceding table, 1773,) that the quantity of air difcharged, as well as the velocity wherewith it was projected, was remarkably near the fame in all the four machines, the mean quantity being 1199 cube feet per minute, and the mean velocity 607 feet per fecond, on fuppofition (as in all the reft) of its being difcharged with an equal velocity; and as, at this feafon of the year, I can apprehend no fcarcity of water, I muft fuppofe the furnace then working with full blaft and effect: and, as I am furthermore told, in the Company's letter of the 2d of March, that " for fome years paft we have fallen into " the method of making the iron at the blaft furnaces into pigs proper for remelting " in the reverberatory furnace, for the purpofe of working up our gun-heads and run- " ners, which practice requires lefs velocity of blaft than when we caft the guns imme- " diately from the blaft furnaces, and alfo admits of more regularity in the whole pro- " cefs; fo that perhaps we can now manage with lefs water than it was thought we could " have done in 1769 or 1773." I fay, thefe things confidered, we may ground ourfelves here, that if 1200 cube feet of air is thrown into each furnace per minute, and with a velocity of from 5 to 600 feet per fecond, we fhall certainly have fufficient blaft to keep all regularly going in times of fcarcity of water. I am therein alfo informed, that many experiments having been made in confequence of my report of 1769, " from " all which we can clearly collect, that a nofe-pipe for our purpofe fhould not be lefs " than $2\frac{1}{2}$ inches, nor more than $2\frac{3}{4}$ inches." Suppofe then that the nofe-pipe to be fettled at a mean between them, viz. $2\frac{5}{8}$, it is not to be doubted but a little lefs water upon the wheel when the furnace is new, and a little more when it is worn wider, will equally anfwer the end as a variation of the nofe-pipe, as has been remarked by the workmen as neceffary: 1200 cube feet of air per minute driven through this nofe-pipe will produce a velocity of 532 feet per fecond; and that this will be fully fufficient to keep all regularly going, though perhaps not producing the greateft quantity of metal, is evident

dent from the state of the furnace No. 1 in 1769 and 1773. The nose pipe being now proposed the same in all, viz 2$\frac{1}{4}$, 1200 cube feet of air will be discharged per minute when the different machines go respectively as follows:

$$\text{No. 1,} \quad 21\tfrac{30}{100} \text{ cylinders.}$$
$$\text{No. 2,} \quad 17\tfrac{22}{100}$$
$$\text{No. 3,} \quad 16\tfrac{97}{100}$$
$$\text{No. 3,} \quad 10\tfrac{14}{100}$$

But as fractions may be inconvenient to the workmen, I will suppose that in short water times the several machines are regulated to the number of cylinders, as in the following table; and then the quantity of water that may be expected to be expended, proportionable to what I found in October, 1776, is contained in the four last columns of the following table:

A Table shewing the expence of water according to the regulation proposed for short water seasons, and according to different states of improvement of the machines.

No.	Cylinders per minute.	Cube feet of air per minute.	Velocity of air per second.	Tons of water expended per day, as per Oct. 1776.	Expence of water No. 3 and 4 improved.	Expence of water of all improved to a 23 feet fall.	Expence of water of all improved to a 24 feet fall.
1	22	1234	547	12966	12966	12312	11800
2	18	1255	556	11789	11789	10251	9824
3	17	1202	533	14076	12240	12240	11730
4	11	1301	577	15852	12312	12312	11800
				54683	49307	47115	45154
1	2	3	4	5	6	7	8

By the first table it appears, that the blast machines, as they were working in October, 1776, were consuming at the rate of 66,000 tons per 24 hours; but by the disposition and distribution according to this last table, without any correction or alteration of the machines themselves, that quantity would be reduced to about 54,700 tons; and as it appears that the principal defects of No. 3 and 4 arise from their not taking their water so high upon their respective wheels as No. 1 does, in case these two were altered so as that the top of their upper gates should be 23 feet above the bottom of their respective wheels, then the four furnaces may be expected to work with the quantity exhibited in the 6th column, viz. about 49,300 tons per day.

If

If all the four furnaces were furnished with upper gates, and No. 2 wheel made larger, so as all to take the water at the same height, viz. 23 feet above their bottoms, then they may be expected to work according to column 7, that is, 47,100 tons per day; and if they were all made to take the water 24 feet above their bottoms, then they would work as per column 8, that is, with 45,200 tons per day.

As No 3 is proposed to have an high gate, and the wheel of No. 4 to be rebuilt, and as I suppose both will be done this summer during the season of scarcity, it appears that no other provision will be wanted for the approaching season than per column 6, that is, 49,300 tons per day, because, if one of the furnaces is laid off in order to be reformed, there will be a full sufficiency of water for the other three; for it is ascertained that the river *Carron* in its lowest state affords 660 cube feet per minute, amounting to 26,400 tons per day, so that a supply of 22,900 tons per day is the utmost that can be wanted to keep all going; and this quantity can be raised by the fire-engine in its present state at the average rate of $6\frac{1}{2}$ strokes per minute, which as she may very well perform, it seems advisable not to embarrass the progress of the other business by rebuilding of the engine this season, but to give her a good overhaul to render her performance secure *

It will now be proper to enquire what is to be expected from the home reservoirs, made and making, towards supplying the 22,900 tons per day, above stated as the deficiency of *Carron* in dry seasons; and I suppose the dam-head of *Larbett* is to be advanced one foot higher, and all the banks raised in proportion, so as to pen the water in the furnace pool and bog reservoir to 27 feet above the bottom of the furnace-wheels; these reservoirs are stated altogether at 36 *Scots* acres; and as each *Scots* acre upon 1 foot in depth contains 1521 tons, the 36 acres will contain 54,756 tons, and upon 3 feet depth (supposing the same surface at a medium) will be contained 164,268 tons, which, divided by 22,900, gives $7\frac{17}{50}$ days.

Now when 3 feet is drawn off from 27 feet, there will remain 24 feet, which will reduce the head upon the gates at 23 feet to 1 foot, and as this is as low an head as the water can properly act upon the wheels, it will then be time to open the lower gates to draw off the remainder. As the water will there act to a considerable disadvantage, it will be ineligible to use the engine, but when the furnace-wheels take their water from their upper gates; whatever, therefore, is drawn out of the furnace-pool below the 24 feet, must be replaced again before the engine-water can produce the proper effect upon the wheel;

By the way, the greatest defect of the present engine is the not having a sufficiency of steam; and for this reason, the speediest remedy would be to cast and set up a new 10 feet boiler in the manner of those at Cronstadt, which may be placed so as to serve the new engine when erected without a removal.

and

and as this will create a pauſe or ſtop of the whole, it will therefore be proper that it be
as ſhort as poſſible; for this reaſon it would be proper to have a ſtop-ſluice upon
the lead in the narrow part eaſt of Mr. Lowe's houſe, to ſhut down when the ſurface is
reduced to 24 feet, ſo that the *Carron* may conſtantly pay its tribute by caſcading over
the ſaid ſtop, and then the furnace pool only, properly ſpeaking, with the bog reſervoir,
will be emptied together below the 24 feet. Now ſuppoſe that from hence 2 feet more is
drawn, which will nearly empty the bog reſervoir, if the wheels take this water at 21
feet above the bottom, then they will expend by theſe lower gates, to produce the ſame
effect as before, at the rate of 55,200 tons per day, from which deducting 26,400, the
ſupply of *Carron*, there will want 28,800 from the reſervoirs. I muſt here obſerve,
that the quantity that we can in reality draw off, will be only from the bog reſervoir, for
what is drawn from the furnace-pool, will be again ſupplied from ſome recource above
the 24 feet, in order to fill it to the level of 24 feet in common with the lead and *Larbett* dam, becauſe what is reſerved in the dam of *Duni Pace*, or elſewhere, in order to
fill it, might, if not ſo wanted, have been diſcharged at the upper gates *. Two feet
then upon 24 acres is 73,000 tons, which divided by 28,800 gives $2\frac{51}{100}$ days, and this,
with $7\frac{17}{100}$ from the firſt 3 feet over all, makes in the whole $9\frac{7}{100}$ days water, a treaſury
very eſſential to prevent frequent ſtoppages, and thoſe of ſhort duration, but no ways
adequate to the purpoſe of going through a long drought, which generally happens once
in a ſummer.

We will now ſee how the account will ſtand, on ſuppoſition that the high gates are all
fixed at 24 feet above the bottom of the furnace-wheels, inſtead of 23 feet before ſuppoſed,
all the reſt remaining as before ſtated. Now as only 2 feet can be drawn off from the
whole 36 acres, they will contain 109,512 tons; and on ſuppoſition that the effect is
greater from a fall of 24 feet than upon a fall of 23 feet, in the proportion 24 to 23, then
the quantity of water before ſpecified to be wanted at the high gates, viz. 49,300 tons,
will be leſs by $\frac{1}{24}$ part, viz. 47,200, from which taking 26,400, the ſupply of *Carron*,
there will remain 20,800 to be ſupplied from the reſervoirs; and then 109,512 tons,
the content of the uppermoſt 2 feet, divided by 20,800, gives $5\frac{26}{100}$ days. Again, we
ſhall now have 24 acres upon 3 feet deep, that is, 109,512 tons in the content, and the
lower gates being ſuppoſed fixed at 21 feet as before, we ſhall have the ſame diviſor,
viz. 28,800, which gives us $3\frac{80}{100}$ days; and which added to the former make $9\frac{6}{100}$ days;
hence it appears, that this latter proportion of 24 feet height of top gates does not make
ſo much of the reſervoirs as of the former 23 feet height; but this regards only the

---

* The communication-ſtop between the bog reſervoir and furnace pool before ſuch filling muſt ſhut in, ſo
that when the furnace pool is filled, the bog reſervoir may remain empty.

home reservoirs, whereas all water treasured up above the level of these reservoirs will doubtless have an effect in proportion to the fall from the gate.

This enquiry, however, leads us once more to see how very inefficacious reservoirs are likely to be when applied to a long-continued drought; and there is nothing so likely to prove a sheet-anchor as a plain, simple, well-constructed, powerful fire-engine, which when it does nothing will consume nothing, and being plain and strong, will be always in condition to work when needed, and the several parts to be easily inspected, so as to see whether they are or are not in working order.

From the above comparison of fixing the height of the highest gates at 23 or 24 feet, they are so nearly alike that the difference may well give way to convenience; and in this respect, unless that steps have already been taken in the works of *Carron* to the contrary, it would seem to me that the convenience would be in favour of the 23 feet; for, in the first place, it is indifferent to the engine, because she will draw at 23 feet so much water more than at 24 as the wheels will want to use. 2dly. Having been informed that the working of the forges is become so material an object, that it will be even worth while to assist them with engine-water, it will follow that it will be worth while to assist them with what will be equivalent to it.

Now on a former occasion I have laid it down, that a properly constructed engine of a 72 inch cylinder will, at 26 feet high, raise 56,000 tons per day; and supposing all the four furnaces reformed and regulated, so as to use according to column 7 of the last table, viz. 47,100 tons per day, *Carron* furnishing 26,400, there will be only wanted 20,700 tons of engine-water to them, the remainder 35,300 tons to be thrown into the forge-pool: now if the upper gates are fixed at 23 feet, they at once take off as much water from the reservoirs as will keep the furnaces going above seven days, whereas the whole of the remainder will only keep them going about 2½ days more; and if engine-water is to be raised for the forges, why not let off the 2 feet remaining in the bog reservoir into the furnace pools, and begin to work the engine 2½ days sooner; for this will serve instead of so much engine water to the forges, and then all perplexities will be avoided with respect to the use of different gates, as well as all attentions necessary to keep a quantity of water to refill the furnace-pool up to a level to work the upper gates, and also the necessity of a stop upon the lead avoided, as well as every attention to the use of it, so that the whole will be reduced to this simple point, that whenever the upper reservoirs are exhausted, and the lower ones reduced to 24 feet above the bottom of the wheels, then the engine begins to work, and continues till the water mends.

One

One thing however muſt be very carefully attended to during the working of the engine, and that is, as it only circulates the water, without increaſing its real quantity, that care muſt be taken when the engine is working not to allow the boring-mills more water than is coming down into the furnace pool from *Carron*; and at the ſame time, during the working of the engine, that all the water drawn by the engine, and delivered into the pools, be regularly diſcharged by the furnace and forge wheels, *together with the ſupply of Carron*; for if leſs is let down than the engine draws, it will not only deprive the boring-mills of *Carron*'s ſupply, (which in thoſe caſes is *the whole they can be allowed:*) but *Stenhouſe* dam being reduced, the engine will want water to draw; again, if more water is let down than is drawn by the engine, and *Carron*'s ſupply together, then the ſurplus quantity, after *Stenhouſe* dam is full, will either run over the dam, or be ſpent at the boring-mills; but either way the water will be loſt to the furnace-pools, which will thereby be reduced without a poſſibility of raiſing them, otherwiſe then by ſtopping the boring-mills, and letting down no more water than what the engine will draw, and then the pools will riſe by the continual influx of *Carron*. Theſe matters, ſo very neceſſary to be regulated, will, I apprehend, be done by ſtrictly obſerving the following rules, a proper perſon being appointed to ſee to the obſervance of them.

When the furnace-pools are reduced to 24 feet, let the boring-mills be ſtopped, either altogether, or at nights, but ſo long, and at ſuch intervals, as to ſuffer no water to go over *Stenhouſe* dam, drawing at the ſame time as much water at the furnaces and forges as will ſupply the engine; by this treatment, the furnace-pools will gradually riſe to 25 feet by the continual influx of *Carron*, which in this caſe they ſhould not exceed.

When you find it exceeding that height, allow a little more water to the forges, and before it begins to run over *Stenhouſe* dam, let the boring-mills draw ſo much as to keep it under, but not materially reduce it; by this means the boring-mills can never have more than *Carron* affords, nor the engine leſs than its proper quantity, nor yet the forges more than the ſurpluſage *.

The only preſent difficulty is *Stenhouſe* dam being leaky, and thereby letting a conſiderable part of *Carron*'s ſupply eſcape, that ſhould work the boring mills; but having a lighter or punt upon the dam, if fine earth is ſcattered over the whole ſurface of the ſlope, for 30 or 40 yards above the dam, or ſo far up till you come at the natural bot-

---

* Perhaps the beſt huſbandry of all, of the reſervoir water, inſtead of throwing the loweſt 2 feet of the bog water immediately into the furnace-pools, will be to let it out gradually there into in ſuch quantity, as being expended at the forges, it will, together with *Carron*'s ſupply, fully work the boring-mills.

tom,

tom, and this being ſtirred and puddled with cow-rakes, by ſome pains of this kind of three or four men for a couple of days, I doubt not but that it may be rendered ſufficiently tight for the exigencies of the preſent year ; but if you think not, if you will be preparing a quantity of ſtone and piling, ſuch as was directed to be uſed at *Dunipace*, I will ſettle the particular plan for it immediately at my return from the *Derwentwater* ſpring receipt, which I apprehend will be about the middle of May.

The moſt preſſing thing for this year's ſervice is to make the alterations at No. 3, and new wheel conformable to the above, 23 feet high, for No. 4 ; but if made 24 feet, as formerly propoſed, then all the upper gates muſt be made conformable, and it will be adviſeable to have low gates about 3 feet below the other.

When No. 3 ſtands ſtill, it will be worth while to get out and rebore the cylinder that is taper, as a conſiderable loſs of power appears to be there ; and when No. 2 is ſtopped, it will be proper to reſtore the original conveyance pipes, as not only the ſtraightneſs of the pipes of 7 inches, ſince ſupplied, but the driving the air through a box, when it is unconfined, to a particular direction, is, as I have experienced, a conſiderable loſs of power. The beſt thing that can be done with No. 2 wheel, will be to clear it of the preſent buckets and ſhrouds, to mortice the rings for 16 ſtuds in each, and upon thoſe apply new rings, which, on account of being ſupported in 16 points inſtead of 8, need not be above half the ſcantling of the others ; then cloathing theſe new rings with new ſhrouds and buckets, it may be made the ſame ſize as No. 4, the axis and crank being raiſed on chocks, and the crank-rods ſhortened, leaving all the reſt, inſide the houſe, ſtanding as at preſent. The water penſtock muſt alſo be raiſed, but if made 24 feet high, ſhould have a lower gate like the reſt, and then it muſt be bucketed the contrary way, and have a penſtock of a different kind to throw the water back, in which however near 6 inches of perpendicular will be loſt ; ſo that to draw down the pool to 24 feet, leaving 1 foot head upon the penſtock, (the over-ſhot wheels to go the reverſe way) cannot be more than $23\frac{1}{2}$ feet high.

In regulating the noſe-pipes, I would adviſe their being brought to a clear regular ſurface inſide, to ſome diſtance back from their very noſe ; and if thoſe that are too ſmall are bored to the gage of $2\frac{1}{8}$ inches, ſo as to leave the noſe-part a cylinder, I have experienced it in water to throw out a more clean and leſs ſcattered column. An attention to this, and alſo to keep the tuires as narrow as poſſible, ſo as juſt to receive the column and no more, I am convinced of it, will be found very beneficial in regard to the ſaving of power, or rather to make the very moſt of the power ſtipulated.

The

The beſt practical way of keeping the machines to the number of cylinders ſpecified in the latter table, will be to furniſh each furnace-keeper with a minute glaſs, ſuch as are uſed by the ſhipping for the log , they muſt, however, be ordered on purpoſe to be an *exact minute*, becauſe thoſe made for ſea are generally ſome ſeconds ſhort, for reaſons given by mariners. I have now a couple by me, which I got made in *Wapping*, for experiments, in a better manner than common, inſtead of ſand, being furniſhed with granulated lead, and are very exact: but after all, unleſs the leathering of the piſtons could always be kept equally tight, an equal number of cylinders will not always give an equal quantity of blaſt; but if when the leathers are in their beſt ſtate, the furnaces

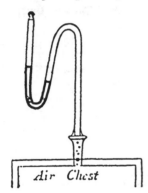

Air Cheſt

were furniſhed with a gage, conſiſting of a glaſs tube, fixed with cement to a bored braſs ſtopple, as per margin, with a little quick-ſilver, this applied to a hole in any part of the air-cheſt, or ge-neral conveyance pipe, by obſerving the height that the quick-ſilver riſes in one leg above the other, as much water applied to the wheel as will raiſe the gage to the difference experienced, when all was tight, will not only in all ſtates of the leathers reduce the machine to the ſame degree of blaſt, but diſcover when the leathers are defective, becauſe then it will require more cylinders to keep the ſame difference of gage. Theſe gages need only to be applied occaſionally, when any deficiency is apprehended, and 1 or 2 may ſerve the 4 furnaces. If the top of the tube, which is properly to be open, has a bit of porous cane by way of peg, it will not only prevent the quickſilver ſcattering out, but prevent its vibrating ſo much by the inequality of the blaſt.

J. SMEATON.

Auſthorpe, April 6, 1777.

P. S. I don't find I have given an anſwer to that letter which tranſmitted to me a ſketch for the new furnace No. 5 for my approbation, being upon the conſtruction of No. 2, only the water-wheel placed between the four cylinders, that is, a pair on each ſide, to which, if you find it more convenient in point of ſituation, I ſee no objection, or, if otherwiſe, no preference. It would be better with reſpect to the neceſſary ſpeed of the water-wheel, if the cylinders were not quite ſo large as No. 2, viz. about 4 feet 3 inches; but as I apprehend you have already a ſet of models for the bottoms and air-cheſts ready made, by which No. 2 were caſt, it will anſwer nearly the ſame end if you ſomewhat ſhorten the ſtroke, that is, not to exceed 4 feet. The wheel ſhould be over-ſhot, and the ſame height as No. 4 is to be made, and No. 2 to be raiſed; but by all means let the air-cheſt be continued to join croſs the ſeparation of the two ſets of machinery, and the blaft-pipe go out from the middle in the moft direct manner to the tuire, and to taper from the fize originally propofed for No. 2, from the air-cheft to the nofe-pipe.

In confidering further upon the propofition contained in the note annexed to page 8, it appears ftill more advantageous, if you were to keep part of the water in *Dunipace* refervoir to apply in the fame manner; for by this means the boring-mills need never be fhort of water, nor yet any refervoir water mifapplied on fuppofition of the forges being fupplied with engine-water, or what is equivalent, and by referving thus a fufficient part of the refervoir water, it will even anfwer to the leakage of *Stenhoufe* dam, fuppofe you cannot get it tight in the way I have mentioned.

Kefwick, April 10, 1777.   J. SMEATON.

DESCRIPTION of the Apparatus for putting in motion, and difcharging any of the particular motions for boring the Gafconades at *Carron.*

Fig. 1. The dotted fquare *a b c d* reprefents the fquare end of the axis of the water wheel, or any of the fide motions driven by toothed wheels therefrom as ufual, and whether this is a plain fquare or citadel head, is here immaterial. To this fquare end is firmly attached an arm A B, which fpreading both ways C D, and applying itfelf to the angle of the fquare, this, by means of a fimilar piece E F G, and a couple of bolts, the arm is brought on perfectly firm and folid, and will therefore continually revolve with the axis. At A is a mortoife through the arm 3 inches broad, and about $1\frac{1}{4}$ wide, capable of admitting a piece of iron faced with fteel, and hardened, fhaped fomewhat like a blunt plane iron, but $\frac{1}{8}$ inch thicknefs, fo as to fill up exactly half the mortoife, and confequently its working or fteel face will be in the direction of the radius; the other half of the mortoife is occupied by iron wedges for fixing it: upon this arm may be fuppofed to be imboffed, but in reality caft along with it in the fame piece a projecting part B *e f g h* before the plane C D, and alfo before E F G, being attached to the former, but detached from the latter, which projecting piece terminates forward in the ring *i k l m,* which forms a focket H, alfo cocentrical with the axis, and firmly connected therewith, which being fully underftood, the reft will be eafily comprehended.

Fig. 2.

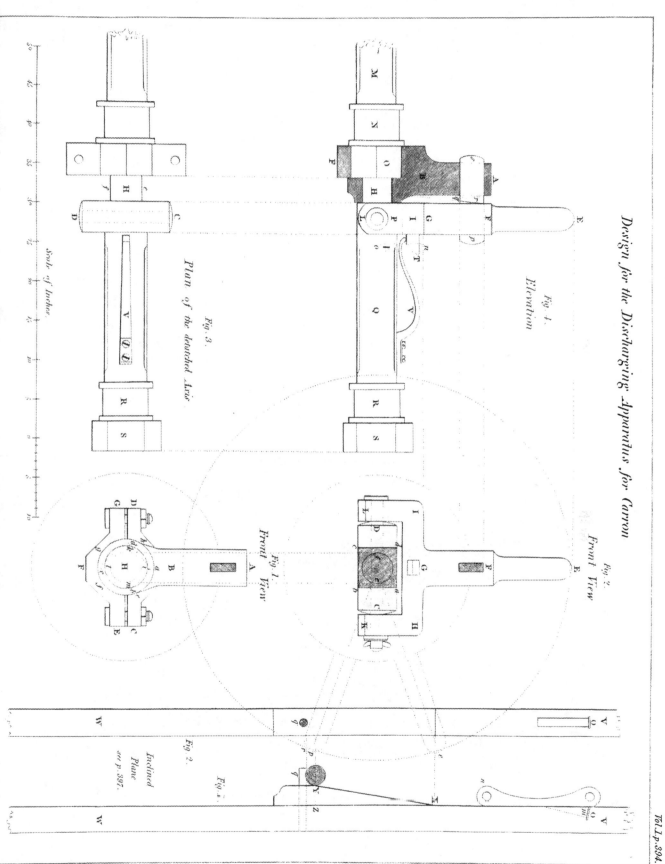

Design for the Discharging Apparatus for Carron

Fig. 1.
Elevation

Fig. 2.
Front View

Fig. 3.
Plan of the detached Axis

Fig. 1.
Front View

Fig. 2.
Front View

Scale of Inches.

Fig. 2.
Inclined
Plane
see p. 397.

Fig. 1.

Fig. 2. The fquare *a b c d* reprefents the fquare of a detached axis; the dotted circle *e f* reprefents the fize of a gudgeon, which is adapted to the focket H in the former figure: C D are two projecting arms, that, with the axis and gudgeon, form a +, as will be readily underftood from fig. 3, which reprefents a part of the plan of the detached axis, and wherein the fame letters refer to the fame parts as fig. 2. The center of the crofs C D is pierced lengthways, with a fmooth hole capable of receiving an inch and ½ bolt, upon which, as a center is hung in fig. 2, the arm E F G H I K L, which in like manner contains a mortoife at F of equal fize and diftance from the center, as the former one at A, propofed to hold in like manner a fteeled iron tooth or kamm, like the former each made to project about an inch from their refpective arms, and the fteeled faces being contrary ways, they will meet one another with their flat faces; and it being fuppofed that the gudgeon *e f* being introduced into the focket H, fig. 1, that when the two kamms are engaged, the detached axis will be made to turn along with the original one whofe fquare is *a b c d*, but not otherwife; this will now be made more plain by

Fig. 4, wherein M is a part of the fquare of the original axis, N the road, O the fquare head feen upon the angle, as at *a b c d*, fig. 1, H the gudgeon of the detached axis, P the bolt hole through the arm fig. 2 and +, Q the main body of the detached axis, R the road (not to confine it while turning the gun, but to fupport it when the gun is taken away), and S the fquare focket, that receives the fquare at the breach of the gun, by which it is turned round; the two arms in this figure being marked with the refpective letters, as the correfpondent ones fig. 1 and 2, will receive a fufficient explanation, efpecially when it is obferved further that T is a ftud caft upon that arm, which is acted upon by V, a ftrong fpring fufficient to give the arm E F G a conftant tendency to go towards the arm A B, and *n o* in dotted lines is a ftaple to ftop the ftud and fpring from rifing too far, and from carrying the arm beyond its due pofition.

Now *p q* reprefents the kamm of the arm F G, and *r s* reprefenting the kamm of the arm A B, which overlaying one another, the arm F G will neceffarily be compelled to go round with the arm A B fo long as they remain in this pofition; but to difengage it, the outlaying part of the arm E F meeting in a certain part of its revolution with an inclined plane (of wood faced with a plate of iron) that can at pleafure be interpofed, this plane or wedge by acting upon the outlayer fo as to feparate the two arms, the kamms will be releafed from each other, and the outlayer, refting upon a projecting part of the wedge, will remain at reft, the other arm continuing its revolutions. The gun is then to be removed as at prefent, and when another is adapted to the fquare at S, there is nothing to do but to draw away the inclined plane or wedge; the fpring throws

out

out the arm F G fo as to form a right angle with the axis, and the next time the kamm r s meets the kamm p q it will quietly lay hold of it, and take it along with it, and fo continue till difcharged as before.

N. B. It is neceffary that the edges of the kamms at the leaving each other fhould be parallel; for this reafon they muft not be fquare, but inclined according to the line r t; nor muft the edges be quite fharp, but a little rounded; and as the continual chafing of the guns may wear the focket S fafter than might be convenient, this focket may be caft with a citadel head large enough to inclofe a piece with a common fquare within it. If the ftrength of the fpring is not found fufficient to keep the arms together when in full ftrain, it is only making the kamms a little proud at the leaving edges, fo that being a little matter out of parallel with the axis, they may be made fo as to draw themfelves together.

EXPLANATION of the Apparatus for holding and pufhing forward the boring bars for the carronades without a carriage.

A B C D is the fection of a fquare focket of caft iron, 5 inches fquare and 2 feet long, which is to be firmly bolted down upon a proper blocking of wood.

E F is a fquare of iron of the fame fize; and 2 feet 2 inches long, which muft be fitted to the former with fome degree of curiofity, fo as to flide eafily, and with as little fhake as may be; this folid piece is to have a tapering fquare hole at each end, proper to receive as a focket the fquare of the boring-bar. This would in reality only be needed at one end for fixing the bar G G; but as it may be fubject to wear, the lafting will be doubled by having a fimilar focket at each end.

At the oppofite end of the folid piece, the piece H is inlaid for receiving the point of the fcrew I K, by which the folid piece and bar are to be forced forwards. L M N is a lever of wood, footed at bottom in two ftrong ftaples O P, one on each fide; the lever L firmly bolted and fupported by the folid blocking.

Q is a brafs or a wrought iron box for the fcrew, hung upon trunnions as q, fo as to give liberty to the threads of the box clofely to fit and embrace the fcrew, notwithftanding the different pofition of the lever L M N.

N R

Design for the *APPARATUS* for moving forward the *BORING BARRS* for the *CARRONADES* at *CARRON*, without a Carriage.

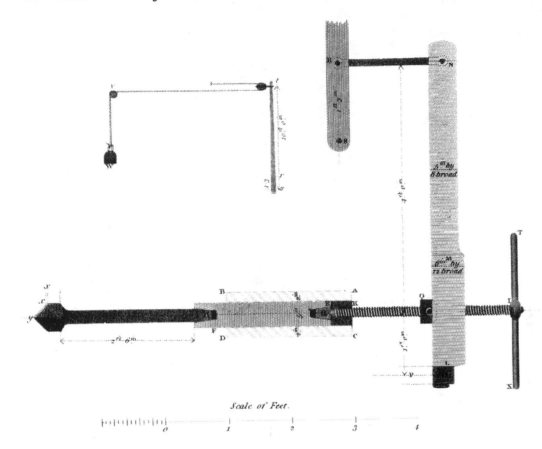

Scale of Feet.

Design for Two Methods of raising the *SLIDE CARRIAGES* for the *CARRONADES*.

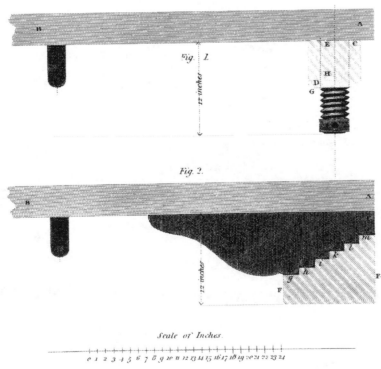

Fig. 1.

Fig. 2.

Scale of Inches.

Designed by J Smeaton 1770.

Engraved by Wilson Lowry.

London, Published by Longman, Hurst, Rees & Orme, Paternoster Row.

N R is a bar of iron, by which the top of the main lever is connected with a fecondary one, whofe center of motion is fuppofed to be at S, and which going upwards beyond the limits of the paper, is reprefented to a fmaller fcale *s r t*, where there is attached a fingle block with an 8 or 9 inch light fheave, and a rope of about 2 inches circumference being reeved, as fhewn and paffing over the fixed pulley *v*, the weight W will force the point of the fcrew againft the piece H with any degree of force required; and as I don't expect the great lever to work kindly, when more than 1 inch out of perpendicular at the height of the fcrew, this will give it leave to act by the weight through a fpace of about 2 inches, when the perfon attending fetting forwards the fcrew by means of the fixed bar T X, brings up the lever and weight into its original pofition, and fo on, till the bore is carried on to its proper length. The apparatus, in the proportion here defigned, will admit of a chafe of near 30 inches length, which, I apprehend, will be fully fufficient for your 24 pounders.

N.B. I am told, that a bit, whofe cutting edges are brought to a proud edge by being filed to an hollow, as is fhewn at *x y*, is marvelloufly good for boring holes in caft iron; but in this cafe the two edges cannot be brought into one, but the obtufe angled edge, formed by the thicknefs of the metal of the bit, joins the two cutting edges crofsways, and forces itfelf forwards by being near the center, but requires a confiderable preffure. I am told that 800 lb. weight will be required to bore an inch hole; and though thefe hollow edged bits are not fo well adapted to continuance of grinding as plain ones, yet make full amends by their much lefs frequently wanting fharpening. How far this kind of bit may be adapted to gun boring, I leave to your trial.

Aufthorpe, January 9, 1779.   J. SMEATON.

EXPLANATION of the Sketch, fhewing the manner of applying the inclined plane for releafing the work of the difcharging apparatus for the carronades.

Fig. 2 fhews the fame face of the work as is fhewn in fig. 2 of the defign for the difcharging apparatus fent before, wherein E F G is the difcharging arm, and V W is an upright piece of wood capable of fliding up and down, but in no other direction, and the fame letters denote the fame thing in the fide view thereof, fig. 1. to which is attached or made out of the fame folid X Y Z, the inclined plane or wedge. In the

present

present position of it, it is in a posture for acting upon the discharging arm, and is kept up by means of the catch *m n* dropping into a notch under the piece of iron at O, when the arm E comes into the position *g*; it then begins to touch upon the inclined face X Y, and going forwards, by degrees gets discharged before it comes to the position *p*, which shews it discharged and resting upon the pin *q*, where it remains till the gun is shifted, and the rotation is wanted to be commenced, then the catch *m n* is drawn back by a cord, which lets the piece V W drop, till the line X *e* goes down to the line *q r*, viz. about $16\frac{1}{2}$ inches, which entirely clears the discharging arm, and then its own spring brings it into its working position, where the next time the revolving arm meets it, takes it along with it, and the motion will be continued till the piece V W is drawn up again by a cord, lever, or other equivalent contrivance, till it is supported by the catch *m n*, when at the first meeting it will be discharged as before.

J. SMEATON.

Austhorpe, January 9, 1779.

EXPLANATION of the Design for turning Shot Moulds.

THE semi-circle A B C, fig. 1st, is supposed to be the horizontal section of an half mould, seen from above, which, together with C, *a*, *b*, *c*, *d*, *e*, *f*, *g*, *h*, A, is supposed to compleat the whole of the section, and is supposed to be properly fixed upon the arbour or mandrell of a stout chock lathe, capable of turning it with steadiness.

D is the center of the sphere, and, upon an axis passing perpendicularly through this center a frame is supposed to turn, that carries the tool, so as to describe the quadrant A B, and by that means the semicircle A B C, *i*, *k*, *l*, *m*, is the upper surface of the cutting-tool, *l m* being the cutting edge. Now if the edge *l m* be formed into an arch of a circle, whose radius is less than the sphere to be described, and whose center (suppose at *n*) is capable by the inclination of the frame to be brought into the radius line A D, then it is evident, that if, while the mould *f c d e* turns round its axis D B, the tool, by gradual inclination of its frame, passes from A to B, the tool will cut off all superfluous matters that projected beyond its sweep, and also in case the cutting-edge of the tool is regulated to a just height, so as to pass through the center of motion of the mould at B, then it is plain that the hollow figure thus described must be an exact hemisphere.

Nothing

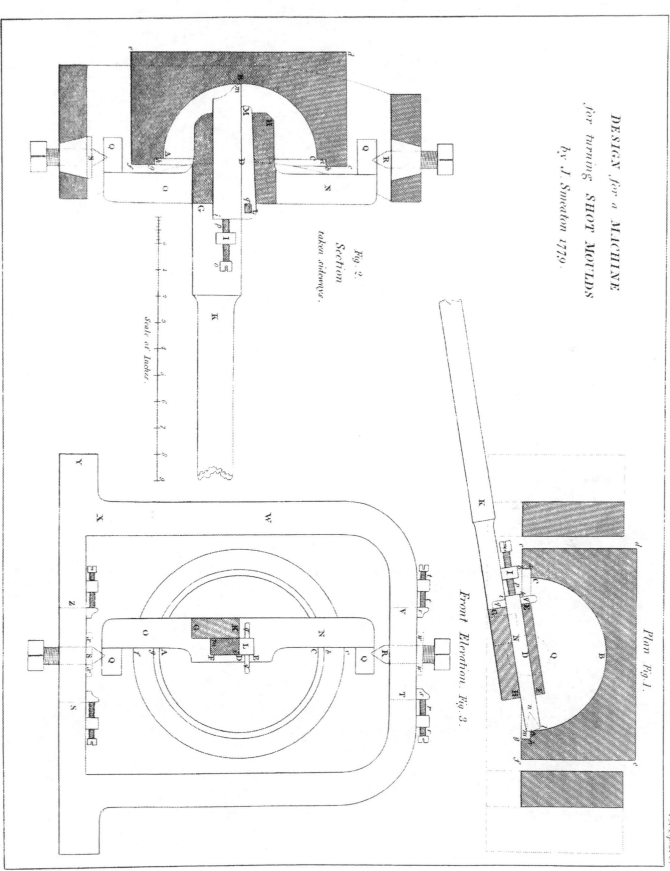

DESIGN for a MACHINE
for turning SHOT MOULDS
by J. Smeaton 1779.

Plan Fig. 1.

Fig. 2.
Section
taken sideways.

Scale of Inches.

Front Elevation. Fig. 3.

J. Farey delin.

London, Published by Longman, Hurst, Rees & Orme, 1811.

Lowry sculp.

Nothing can be more evident and simple than this propofition, the whole difficulty confifts in having thofe exact adjuftments that are requifite to perform the neceffary conditions, and, at the fame time, all the ftrength and fteadinefs in the framing that is neceffary to work upon and cut clean a mafs of caft iron; for this purpofe

E F is a fection of one cheek, and G H that of the other, of a mortice through the folid metal, for lodging the tool *i k l m*, and the prolongation G K is for the reception of an hollow wooden handle, fufficiently long for turning the frame fteadily round upon its axis, while the cutting-edge of the tool is defcribing the quadrant A B.

Fig. 2 fhews an upright fection of the mould, wherein the fame letters denote the fame things as in the former figure, *i m* now fhewing the upright of the tool whofe cutting-edge is at *m*, this is pufhed towards it works by the fcrew *o p*, which paffes through the ftud I, affixed to the projecting part G K, and the tool is tightly held down in its mortice or focket by L M, a wedge, which laft is flacked or drawn out by *q*, a counter wedge. The focket G H, the prolongation or tail G K, are caft in one folid piece with N O, the upright axis, and thofe with the projecting ears Q Q, which are fupported by and turned round upon the points of the fcrews R S, by which means the frame is made capable of turning round upon the line R C D A S, paffing through the center of the hemifphere A B C, at the fame time that the frame will clear the face of the mould when in its moft inclined pofition, as is fhewn in fig. 1; where obferve, that the dotted fquare G N fhews the fection of the upright axis above and below the focket, as at N and O, fig. 2, and the dotted fpace G N Q, fig. 1, fhews the figure or plan of the ears at top and bottom, where they engage with the points of the fcrews R and S.

Fig. 3 fhews the fore front of the mould in the lathe, and the fame letters will denote the fame matters, befides which T V W X Y Z, &c. denotes a ftrong frame that furrounds the whole mould, and fupports the fcrews R S upon which the upright moveable turns upon as a center, as already defcribed, which outward frame is to be firmly bolted down upon its flat bafe upon a ftout plank, which plank is to be made to flide with eafe and certainty between the cheeks of the lathe, fo as to move in a line parallel to the axis of the mandrill, and to fix at any diftance required from the end of the mandrill. It is alfo fuppofed, that the axis of the mandrill is adjufted as nearly as poffible to a parallelifm with the cheeks and platform of the lathe.

Now the firft neceffary condition and adjuftment is, that the height of the cutting-edge of the tool fhall exactly pafs through the center of motion of the mould, which

will

will beft be done by trial, becaufe if it leaves no extuberance in the center, it is plain it has paffed through it; if an extuberance is left, it muft be by paffing either above or below it, and which of them it is may be feen, and the moving frame fet higher or lower, by flacking one and tightening the other of the fcrews R S, and repeating the trial till the furface is left without an extuberance in the center.

The fecond neceffary condition and adjuftment is, that the line joining the points of the fcrews R S fhall pafs through D, the center of the fphere, that is, through the axis of the mandrell produced, which will alfo be beft known by trial; for this purpofe, let a gage circle be turned from thin plate brafs to the intended diameter of the ball or fphere of the mould; turn out alfo the central part of the area, leaving it a ring about $\frac{3}{4}$ or $\frac{1}{2}$ of an inch broad, and cut this in two, which will thereby make two gages: thus provided, let a fweep be made for trial, and it will be known by the gages fitting the fweeped furface whether the cutting edge of the tool is at its proper diftance from the center, becaufe then the gage will fit the fweeped furface when directed towards the center; if not, let the tool be fet forward by the fcrew o p, till they perfectly agree, then running the gage through the center and *beyond* it, if the gage bites hard upon the further quadrant, then the axis of R S is beyond the axis of the mandrell; but if the matter beyond the center leaves the gage, then it is plain that the axis of R S is on the fide of the axis of the mandrell that was the cutting fide of the mould, and, accordingly, this is corrected by flacking the fcrew r r, and tightening the fcrew t t, or the contrary, till a fweep being taken, the gage every where applies itfelf to the hollow furface of the mould; and this adjuftment being once performed, there is nothing but gradual wear or violence to put it out again, and the gage being applied to every mould, it will always be feen whether any apparent error gradually arifes.

The fcrew r r acts upon the ftud S, and the fcrew t t upon the ftud V, both of which are caft upon the fame piece of metal with T V, which carries the fcrew R, and flides fideway in a chamfered groove in the upper bar of the outward frame, as is more particularly feen in fig. 2. I have defcribed the fame kind of flide at the bottom Z S, &c. but this is fcarcely neceffary; for if the whole frame is bolted down upon the fliding plank, fo that the line R S may originally be nearly right, when T V is in the middle, the adjuftment may be fufficiently performed by fliding the fcrew R only, for it is no ways requifite that the line R S fhould be exactly perpendicular; but only that it paffes exactly through the axis of the mandrell produced, but it will be neceffary that both the fcrews R and S fhould have a counter nut, as at the dotted lines w w and x x, unlefs they are made to fcrew ftiffly through their carriage-pieces.

It

It is to be obferved, that, on changing the fize of the mould, there ought to be nothing wanting in the way of adjuftment, but to fet the cutting edge of the tool to its juft diftance from the center; and as the tool changes in its height by grinding, or a different tool, to fee that it paffes through the center, that is, fuppofing the flide of the plank duly performed; and as, upon this flide's being correctly performed, a great deal of the eafe and facility of the ufe of this machine will depend; and as this correctnefs may feem difficult to arrive at, I will take occafion to make an obfervation upon lath-making, which may apply itfelf to feveral other things in the *Carron* works. To make the heads, &c. of a lath to flide in a right line between the two parallel cheeks with eafe and facility, and without vaccilation or fhaking, is in reality no eafy matter to perform; but if the near upright face of the further cheek is fhot true and ftraight with a plane, and the upper face or platform of the two cheeks fhot ftraight and flat, that is, out of winding, all which in carpentry is an eafy propofition; if then all the matter compofing the feat of the heads is cut away or hollowed off, except about the value of $1\frac{1}{2}$ or 2 inches fquare, at the four corners, and thefe prominences brought to a juft flat, fo as to fit true without fhake upon the platform of the lath; if alfo the far fide of the tenant is made to take its bearings at the outfides, fo as to apply itfelf fairly and fteadily to the far cheek of the lath; then, if the heads (or any other fliding piece formed in this way) are pufhed home againft the far cheek with one hand, at the fame time that the wedge or fcrew is tightened by the other, it is plain that thefe heads or fliders will obey the fame right lines that form the upright face of the back cheek and platform, and it is then no matter whether the tenant fills the groove or not, but when flacked will be always at perfect liberty. It feems hardly needful to fay, that for correct work the cheeks of a lath fhould not only be made of dry feafoned wood, but clean and free from crofs baits, to prevent their warping after made.

N. B. I am not well acquainted how well the *Carron* metal works with a file, but, to avoid all intricacy and trouble in forging, I would chufe the work to be caft of gunmetal, or perhaps what may be better, 1 ounce of tin to 1lb. of copper.

The mould being fuppofed hollowed to a true fphere, but a little too deep, then there will be nothing to do but to turn down the face of the rabbat *h* A C *a*, till the depth D B is exactly half of the width A C; and then two fuch will form a fphere.

It is plain from the figure, that to give the tool a proper bearing in its focket, that one upright frame will not do for all fizes; the prefent one is drawn at large to anfwer any fize, from a 24lb. fhot to a 9lb. another one will go from that to a 3lb. under which it will be proper to have one of a proportionable fize; but they will all apply themfelves to the screws R S, and without any other adjustment than that of height. I must, however, observe that the screws R and S must, in proportion to their size, be cut with a fine thread and with sharp stocks, that being first truly turned, they may not cast in stocking, so that when turned round in their sockets, their centers will not sensibly vary. This is a matter requiring attention, but being duly attended to, is not difficult to be practically performed.

J. SMEATON.

Austhorpe, 16th January, 1779.

EXPLANATION of two methods of raising the Slide Carriages for the Carronades.

Fig. 1. A B represents the slide carriage plank.

C D. a piece of wood bolted on crossways upon the under side; this transverse piece is pierced towards each end by a female screw capable of receiving a male screw, one of which is denoted by

E F. a wood screw 10 inches long in the screwed part, and 2 inches long in the head part F, which is well bound with an iron hoop, and perforated crossways with a couple of holes for small handspikes. The position here shewn of the slide plank is horizontal, or parallel to the deck, which, according to the sketch sent, its under side in that position was 12 inches, and in this position the part of the screw shewn clear, viz. F G, is 4 inches; so that when the head F comes close to the transverse piece C D, the end A will be lowered 4 inches, and then the top of the screw will just reach to the upper surface of the slide plank, but without reaching through, so that the hole cut through it to clear the screw, may be covered with a thin plate if thought necessary; but if the screw is unscrewed 4 inches more than is shewn in this position of the figure, so that the top of the screw E will come down to H, then the end A will be raised 4 inches higher, and yet the screw will have 2 inches hold of the box, which, containing three threads, will be sufficient to keep it steady.

Fig. 2. A B represents the slide carriage plank as before; C D shews one of two planks, bolted edgeways under the carriage plank, cut into 6 steps *a b c d e f*, each 1 inch in height, and 2 inches in breadth.

E F

E F ſhews a piece of wood ſeen endways, long enough to take both the ſtepped planks, and ſtepped alſo into 6 ſteps, *g h i k l m*. Now if the height of the loweſt ſtep *g* is 4 inches, and increaſe by 1 inch, then it is evident, if this ſtepped wood is drawn gradually back, the plank A will deſcend 1 inch at a time, till the ſtep *g* comes under the ſtep *e*, and the ſtep *h* under the ſtep *f*; then will the end A have deſcended 4 inches; but if from the preſent poſition the ſtepped wood is puſhed in one ſtep at a time, then the end A will riſe accordingly, till the ſtep *m* being under the ſtep *h*, and the ſtep *l* under the ſtep *a*, ſo that the plank A, or rather the point *a*, will be raiſed 4 inches; and if it is thought expedient to keep them from jumping out of their places, the ſmall ſtaples *n o* being ſtruck in at each end, and the parts laſhed together with a marline, this will be ſufficient to keep them from ſhifting the ſteps upon a diſcharge, as I apprehend.

J. SMEATON.

Auſthorpe, Jan. 20, 1779.

EXPLANATION of the Deſign for a new Noſe-Pipe for *Carron*.

Fig. 1. A B is ſuppoſed to repreſent the fire ſtone that now makes the tuire of the furnace, which is ſuppoſed to be of the accuſtomed thickneſs, but perforated with a round hole of 7 inches diameter, or of ſuch other width as it may be thought proper firſt to try.

C D E F ſhews the horizontal ſection of an iron tube ſerving for the noſe-pipe, alſo of 7 inches diameter, and checked into the ſtone, and the joint made good with fire clay, which round tube branches out ſideways into

C G H and D I K, which are the ſections of two oval tubes, whoſe axis M L and N L meet the axis of the main tube at L.

O P Q R repreſent two dove-tailed ſliders, that ſhut up the orifices of the oval ſide tubes, ſo as to be air tight; thoſe oval openings are propoſed to be 4 inches wide by 6 inches high, ſo that on removal of the ſliders every part of the opening of the tuire into the furnace may be ſeen, and the arm and inſtruments introduced by which it may occaſionally be luted; and when ſhut the wind will take its courſe from the part of the tube E F towards C D, in a parallel direction.

N. B.

N. B. About 8 or 10 inches of the external part E F is propoſed to be kept ot a width, but from thence to increaſe gradually tapering to the ſize of the main conveyance pipe.

Fig. 2 repreſents an upright ſection of the main tube at the line S T upon fig. 1.

E F is the main tube.

O P ſhews the oval hole with the ſlider drawn out.

Q R repreſents the ſlider in its place, wherein, if thought convenient, *v w* in both figures repreſents an hole, whereto a piece of plate glaſs being adapted, and fixed in each ſlider, the condition of the tuire may, at all times, be inſpected, without drawing the ſliders, or diſturbing the blaſt.

J. SMEATON.

Auſthorpe, May 2, 1779.

A Comparative View of the State of the *Carron* Furnaces in October, 1776, and in September, 1778.

	No.	Gate drawn.	Head of Water.		Diameter of nose-pipe.	Number of Cylinders.	Cube feet of air per minute.	Velocity per second.	Tons of water expended per 24 hours.
State of Furnaces, October, 1776.	1				2¼	28	1571	947	16,502
	2				2½	24½	1708	835	16,047
	3				2 7⁄16	19	1343	691	15,732
	4				2¼	12⅓	1459	831	17,769
	Sums						6081	3354	66,050
	Means						1520	838	
			ft.	in.					
State of Furnaces, September, 1778.	1	1¼	3	7	2¼	25	1402	846	16,322
	2	0⅞	4	8¼	2½	16	1116	546	11,724
	3	1⅛	3	10½	2 7⁄16	17½	1237	562	15,286
	4	0¼	3	0½	2¼	20½	1309	529	7,396
	6	0⅝	3	1¼	2¼	21	1341	542	6,630
	Sums						6405	3025	57,358
	Means						1281	605	

From.

From the preceding table there appears a great improvement in the dispensing of the water, for in the year 1776 four furnaces expended 66,000 tons per 24 hours, and in the year 1778 five furnaces expended but 57,300.

It is, however, remarkable, that of the last-mentioned quantity, numbers 1 and 3 expended 31,608 tons per 24 hours, while the other three furnaces expended but 25,750, the cause of which disparity it may be proper to enquire; for though every degree of accuracy, I doubt not, has been exerted in the new building of No. 6, and the rebuilding of No. 4, yet there is not that difference in the principle of action that can make these two machines so very much exceed those of No. 1 and 3; for in point of construction I should not expect them to fall short of the performance of No. 4 and 6 more than 20 per cent. This difference I must therefore attribute in a great measure to the different widths of the nose-pipes, which, as I have never heard of their being varied, I take for granted they continue the same they were in the year 1776, that is, as I have put them down. And I have no doubt but that if they, as well as No. 2, were furnished with the same kind of nose-pipes that No. 4 and 6 blow with, that they would then perform within a reasonable difference of those last furnaces; if not, the rest of the difference must be sought for elsewhere, that is, either in the untruth of the cylinders, too great friction of the leathers, a straightening of the wind passages, or a general disrepair of the machines; all which are matters well worth looking into; for if two furnaces can be worked with 14,026 tons per day, this is less than the average quantity for each of the other three, which is 14,444.

Again, although it appears that the expenditure of No. 2 is greatly reduced, owing in part to the removal of Mr. DOWNING's incumbrances, and in part to the reduction of the number of cylinders per minute, (which I suppose was also a consequence of the restitution,) yet if the expenditure of No. 2, viz. 11,724 tons per day, be reduced in proportion of 23 to 20 (which would certainly be the case if that wheel was raised to 23 feet high, like Nos. 4 and 6,) it would still expend 10,195 tons, which is 2799 tons per day more than that of No. 4; and as there does not appear to me any other thing in the construction of the machine No. 2, that should make it fall short of No. 4, this extra expenditure by No. 2 remains to be accounted for, and which in part I doubt not is owing to the difference in its nose-pipe.

That the difference of the friction of the leathers is capable of considerably varying the expenditure of the water, I think appears pretty plain from Nos. 4 and 6, the former consuming more water by 11½ per cent. upon the lesser quantity, than the latter does; and therefore, as they are both as nearly alike as possible, the No. 4 being the last

built

built furnace, it feems moft probable that the fides of its cylinders were not at that time got to fo great a fmoothnefs as thofe of No. 6, or that cafually No. 4 was at that time harder in its leathers.

Now, if we fuppofe Nos. 1 and 3 to be reformed fo as to perform within 20 per cent. of No. 4, and No. 2 reformed fo as to perform as well as No. 4, then the expenditures will ftand as follows, viz.

No. 1,	8875	No. 4,	7396
No. 2,	7396	No. 6,	6630
No. 3,	8875		———
			39,172

From this ftatement it appears probable, that the confumption of all the five furnaces may be reduced to 39,172 tons per 24 hours; and as *Carron* furnifhes in dry feafons 26,400 tons (fee report of 6th April, 1777,) there will then only remain 12,772 tons per 24 hours to be provided for out of the refervoirs; and as it is ftated in the fame report that the home refervoirs alone contain, upon three feet depth to be drawn off, a treafury of 164,268 tons, this would fupply *five* furnaces at the rate above ftated for near upon 13 days; whereas the fame quantity, according to the view of the fubject at that time, was not likely to ferve *four* furnaces much above feven days. But further, in cafe No. 1 or No. 3 were laid off in times of fcarcity, or that they both together were allowed but 8875 tons per day to keep them alive, then there would be only 3897 tons per day to be provided for out of the refervoirs, which would laft the furnaces at this allowance full fix weeks, which, together with the other command of water the company already have, feems to render the building a fire-engine of any conftruction totally unneceffary, efpecially if the old engine is kept in working order to ferve an emergence.

For fome time No. 1 led the van of all the works, now it is got into the rear of all; but if you had an opportunity of applying the nofe-pipe I tranfmitted in my letter of the 13th ult. I have reafonable expectation that this furnace would once more lead the van.

J. SMEATON.

Aufthorpe, June 11, 1779.

The

The REPORT of John Smeaton, Engineer, concerning the expediency of opening the temporary Cut and Lock near *Dalderse,* from the canal of *Forth* and *Clyde* to the river *Carron.*

THE utility of this cut, from *Carron* shore and parts adjacent, appears from its first construction, which was to bring the stones got from the quarries at and near *Kinnaird,* and brought down by the coal waggons to *Carron* shore, there put on board small lighters, was brought through the temporary cut, and brought to build the first land lock, and other works in that quarter; also the lime, pozzelana, and timber were brought for some time that way; and it being a work ordered by the Committee, principally by the advice of Mr. MACKELL, he urged in favour of its expediency, that it would be the properest accommodation to the *Carron* works, and that (in his way of expressing himself) that Company should never get any other. From this it will appear (which I perfectly remember) what were Mr. MACKELL's sentiments concerning it at that time. On examining it, which, at the request of the *Carron* Company, I did the 6th of November last, I found both the cut and lock to all appearance in much better condition than I expected; the principal thing wanted to restore it, will be a little more room, to get earth to strengthen and heighten the banks, equivalent to those of the main canal; and respecting the lock, for any thing that appears, it seems to be likely to want little for some time to come, more than new gates; and the lock is of so small a size, that the head of the lock may be shut by a single gate, in such a way as to occasion much less leakage than the larger pointed gates, and in a mode that I first put in practice upon the river *Calder,* in or about the year 1761, and which the last December I had the pleasure to see in perfect good order, without having had any derangement or repair.

The constant leakage being in this manner secured to all small vessels, having a right to pass the canal proceeding singly upwards, as much water will be saved to the last, or sea reach, as is equal to the difference of area between the temporary lock and the canal locks, which is much more than double, and will be more than equivalent to the consumpt of such vessels as may happen to have occasion to go downwards, from the temporary cut; besides, as this reach is of a considerable length, and pretty capacious, and naturally receives the regulating water, and all the leakages from above, there is the least fear of wanting water in this than any other of the reaches.

I remember

I remember myfelf that this accommodation was frequently mentioned as proper for the *Carron* Company, but which at that time they did not think fufficiently commodious, and near their works.

As therefore it appears likely, that by opening this temporary cut and lock, there will be a confiderable increafe of freight and tolls, without any lofs, that it will, for the advantage of the whole, be a proper meafure to be carried into execution.

Aufthorpe, 7th February, 1782.   J. SMEATON.

N. B. I apprehend that fmall veffels will generally pafs fingle, for it is to avoid waiting for freight that larger veffels are not ufed.

To

To the CARRON COMPANY.

GENTLEMEN,

IT is from what has occurred to me in the experience of 30 years in the profeffion of civil engineery, that I have long entertained an idea that caft iron anchors, I mean thofe of the largeft fizes, would be found of equal if not fuperior ftrength to thofe of wrought iron; and though in a cafe where not only the lives of men, but the welfare of nations is concerned, no mercantile confideration ought to take place, nor ought any thing to be fpared that can add to the perfection of fo very material an utenfil as that of the anchor; yet if, upon a fair and full trial, it fhall appear that caft iron ones, of a proper compofition of metal, are in reality equally or preferably to be depended upon, then the readinefs, cheapnefs, and facility wherewith they are to be produced, appears to me a very fufficient reafon (to fay nothing of the encouragement of a *Britifh* in contra-diftinction to a foreign production) why fuch a fair and full trial fhould be made as fhall be fufficient to put the matter beyond a doubt.

I never fuppofed that any kind of caft iron would be equal in bearing a ftrefs with that of wrought iron, even of a tolerable quality, provided the fize and fhape of the matter to be formed of wrought iron is capable of being firmly welded, and united in one folid mafs; for this reafon, I cannot fuppofe any anchor can be formed of caft iron, that fhall bear a ftrefs equal with one of wrought metal, whofe fhank is in the fmalleft part not more than 3 inches, or $3\frac{1}{2}$ inches in diameter: but obferving in fuch large anchors for firft and fecond rate fhips of war, as I have had the opportunity of feeing when broken, that the wrought bars of which they are compofed are very imperfectly welded and united together in the infide; and having alfo experienced on the other hand the very great ftrain that large maffes of well-mixed caft iron will bear, when applied to the greateft ftreffes in mill and engine work, I have been naturally led to put the query, whether beyond fome certain medium, that is, whether in thofe very large and heavy anchors for the largeft fhips, the fubftitution of caft iron, inftead of wrought, may not be in every refpect ufeful and advantageous.

Had the trial you have communicated to me, made by the officers of his Majefty's yard at *Deptford*, appeared to me conclufive, I fhould have there refted the matter with them, as fully and fufficiently tried; but, with all due deference to thofe gentlemen, whofe knowledge in their profeffion entitles them to the greateft refpect from the public, I beg leave to fay, that this is a new cafe, and therefore till it is tried, in a manner fimilar to that in which it is to be ufed, it is in fact no trial at all.

VOL. I.   G g g   Had

Had the propofition been to try whether a wrought or a caft iron anchor, or indeed a bar of metal of any fize, would beft bear the blows of an iron ram or beetle, the mode of trial was perfectly adapted to prove the point; and I am fo far fatisfied of the fact, as it turned out, that I even wonder that the palms were not broken by the hammers; but I conceive there is nothing like the collifion of hard bodies in the real ufe of an anchor at fea; on the contrary, no ftrefs can poffibly be communicated more kindly than that of a fhip to its anchor, through the intervention of a long cable. It is poffible, in letting go an anchor, it may fall upon a rock, but I conceive an anchor is never let go in foul ground by defign, and by choice, but yet it may happen and be neceffary. The anchor in its defcent having neceffarily the cable to haul out after it, and the ftock of the anchor, like the log, to haul croffways through the water, the velocity natural to the defcent of heavy bodies is hindered from taking place in fo great a degree, that let the water be ever fo deep, the velocity wherewith it ftrikes the ground is very moderate, and with this further circumftance that muft attend it, that, from the anchor ftock and cable both confpiring to act as a rudder, the anchor will neceffarily fall with its fhank near a perpendicular direction, and therefore have the beft chance of impinging upon fome part of the crown that is fortified in the beft manner to refift blows, as well as every other violence; befides, the rocks below the furface of the fea, being fuppofed a continuation of the ftrata above it, and nearly of the fame hardnefs, they are comparative to iron generally foft bodies, and the hardeft of them all that lay in maffes in this kingdom, that we know of, would, by fuch a ftroke, be *bruifed*, lefs or more; and this is certain, that the effect of a ftroke, where either of the bodies is bruifed, or will rebound by elafticity, is widely different from what will happen when neither of them will give way in a fenfible degree; I muft therefore conclude, that there is not, nor can be, any thing in the real ufe of an anchor that is in any degree analagous to the ftroke of an iron ram, much lefs to fuch a ftroke applied croffways upon its fhank.

The windmill, axis and oil-prefs that you caft for me the year before the laft, the former has withftood the fury of all the ftorms that have happened fince, without the leaft likelihood of injury; and yet one blow of the *Deptford* piling-ram, properly directed, would deftroy it. The oil-prefs is in conftant work, and every five or fix minutes is fubject to an alternate preffure and releafe from it equivalent to 300 tons of dead weight, tending directly to rend it in two; and yet I believe a fingle well-directed blow of a fledge hammer would break it. If the length of time of the ufe of thefe utenfils is not thought fufficient, I muft add, that in the year 1755, that is 27 years ago, for the firft time, I applied them as totally new fubjects, and the cry then was, that if the ftrongeft timbers are not able for any great length of time to refift the action of the powers,

powers, what muft happen from the brittlenefs of caft iron? It is fufficient to fay, that not only thofe very pieces of caft work are ftill in work, but that the good effect has in the north of *England*, where firft applied, drawn them into common ufe, and I never heard of any one failing. Your own method of breaking up the largeft iron guns is alfo an example to the fame purpofe, where the blow arifing from the fall of an iron ball of 7 or 8 cwt. produces an effect that ten times the power of gunpowder would not; for the action of powder, though very quick, yet differs from the inftantaneous action of a blow, in much the like manner as a line does from a furface.

The mode of trial that would appear to me conclufive would be as follows: I would take two anchors, as nearly of a weight and dimenfions as poffible, the one of wrought, the other of caft iron, not lefs than three tons weight each (two tons I think too much in favour of the wrought iron for a *firft trial*,) and placing them at a competent diftance in a right line, with the rings towards each other, for each I would dig a pit in the firm ground, capable of burying both the palms of each anchor: at the bottom of each pit I would fix, edgeways upward, a large elm plank of 10 inches or a foot thick, into the middle of which I would make a moderate perforation of about 3 inches, to receive the point of the fluke of each anchor; thefe planks I would guard with piles in the fecureft manner poffible, to prevent them, on the application of a great preffure, from moving towards each other, and then well ramming up the whole with earth, fo as to bury the anchor, the fhanks of each to be inclined upwards, fo that the rings may be at or near the furface.

Then having provided two pair of purchafe-blocks capable of purchafing 15 or 20 tons each, with fuitable tackle-falls, and cap-ftands, crabs, or tooth and wheel gins, I would hook one block of each pair to the ring of one anchor, and the other to the other, fecuring every thing as much as poffible; and the tackle-falls being made to go off to the capftands, each by a fnatch block fideways, it is plain, that whatever ftrain is upon one anchor, the fame will be on the other; I would then proceed to heave till fomething gave way, and which ever of them kept the ground, after the other, by failure, was drawn out of it, would be the anchor upon which I fhould be ready, in cafe of the greateft extremities, to pin my faith.

The expence of the trial I fhould think no object, for in cafe the caft-iron anchor was broke, and the other unhurt, there would be no lofs but of a little labour, and was I to go to fea, I fhould chufe the anchor that had been fo feverely tried, in preference of all others of the fame fize and kind; but if the wrought iron one gave way,

by

by binding or breaking, so as to quit the ground, while the cast-iron one remained unhurt, then a discovery will result worth the price of 20 anchors.

In this manner, if the cast-iron anchor proved the conqueror, I would proceed to try those of a lesser weight, so as to find somewhat nearly the medium, at which the wrought iron anchor would have the preference, keeping always on the safe side of the question.

These, gentlemen, after full consideration, are the result of my genuine sentiments of this subject, which you have desired; and if found useful towards determining a point that may be of much utility to the public service, shall think my pains and study well employed, and remain,

Gentlemen,

With much esteem and respect,

Your most humble servant,

Austhorpe, February 7, 1782.   J. SMEATON.

END OF VOL. I.

Printed in the United States
By Bookmasters